EUROPA-FACHBUCHREIHE
für metalltechnische Berufe

Prüfungsbuch Metall

Dr. Ignatowitz   Hillebrand   Kinz   Vetter

29. neu bearbeitete Auflage

Teile des Buches:

Technologie
Technische Mathematik
Technische Kommunikation
Wirtschafts- und Sozialkunde

Leistungsüberprüfungen zu den Lernfeldern
Übungs-Abschlussprüfungen
Lösungen

Arten von Fragen, Aufgaben und Prüfungen:

- Fragen aus der Fachkunde Metall, 57. Auflage mit Antworten und Erklärungen
- Ergänzende Fragen mit Antworten und Erklärungen
- Testaufgaben mit Auswahlantworten
- Rechenaufgaben mit Lösungen
- Leistungsüberprüfungen Lernfelder mit Lösungen
- Musterabschlussprüfung mit Lösung

VERLAG EUROPA-LEHRMITTEL · Nourney, Vollmer GmbH & Co KG
Düsselberger Straße 23 · 42781 Haan-Gruiten

Europa-Nr.: 10269

Die Autoren des PRÜFUNGSBUCHS METALL:

Hillebrand, Thomas,	Studiendirektor	Wipperfürth
Ignatowitz, Eckhard	Dr.-Ing., Studienrat a. D.	Waldbronn
Kinz, Ullrich	Studiendirektor	Groß-Umstadt
Vetter, Reinhard	Studiendirektor	Ottobeuren

Lektorat und Leitung des Arbeitskreises:
Dr. Eckhard Ignatowitz

Bildbearbeitung:
Zeichenbüro des Verlages Europa-Lehrmittel, Ostfildern

Die Leistungsüberprüfungen für die Lernfelder wurden auf der Basis des lernfeld-orientierten Lehrplans der Kultus-ministerkonferenz (KMK) für den Ausbildungsberuf Industriemechaniker(in) erstellt.

Die Übung-Abschlussprüfungen wurden gemäß den Prüfungsordnungen der Industrie- und Handelskammern gestaltet.

29. Auflage 2015

Druck 5 4 3 2 1

Alle Drucke derselben Auflage sind parallel einsetzbar, da sie bis auf die Korrektur von Druckfehlern untereinander unverändert sind.

ISBN 978-3-8085-1260-9

Umschlaggestaltung: Grafische Produktionen Jürgen Neumann, 97222 Rimpar
Umschlagfotos: TESA/Brown & Sharpe, CH-Renens und Seco Tools GmbH, Erkrath

© 2015 by Verlag Europa-Lehrmittel, Nourney, Vollmer GmbH & Co. KG, 42781 Haan-Gruiten
        http://www.europa-lehrmittel.de

Satz: rkt, 42799 Leichlingen, www.rktypo.com
Druck: Konrad Triltsch, Print und digitale Medien, 97199 Ochsenfurt-Hohestadt

5 **Maschinentechnik** 149
5.1 Einteilung der Maschinen 149
5.2 Funktionseinheiten von Maschinen 152
 Sicherheitseinrichtungen an Maschinen 153
5.3 Funktionseinheiten zum Verbinden 153
 Gewinde 153
 Schraubenverbindungen 154
 Stift-und Nietverbindungen 157
 Welle-Nabe-Verbindungen 158
5.4 Funktionseinheiten zum Stützen und Tragen 160
 Reibung und Schmierstoffe 160
 Gleitlager 161
 Walzlager 163
 Magnetlager 166
 Führungen 167
 Dichtungen 169
 Federn 170
5.5 Funktionseinheiten zur Energieübertragung 171
 Wellen und Achsen 171
 Kupplungen 171
 Riementriebe, Kettentriebe 173
 Zahnradtriebe 175
5.6 Antriebseinheiten 177
 Elektromotoren 177
 Getriebe 179
 Linearantriebe 181
Testfragen zur Maschinentechnik 183

6 **Elektrotechnik** 189
6.1 Der elektrische Stromkreis 189
6.2 Schaltung von Widerständen 189
6.3 bis 6.8 Stromarten, elektrische Leistung und Arbeit, Schutzeinrichtungen, Fehler an elektrischen Anlagen und Schutzmaßnahmen, Umgang mit Elektrogeräten 191
 Leiter, Isolatoren, Magnetismus 195
Testfragen zur Elektrotechnik 196

7 **Montage, Inbetriebnahme, Instandhaltung** 198
7.1 Montagetechnik 198
7.2 Inbetriebnahme 200
7.3 Instandhaltung 201
 Wartung 202
 Inspektionen, Instandsetzung, Verbesserungen 203
7.4 Korrosion und Korrosionsschutz 204
7.5 Schadensanalyse und Schadensvermeidung 206
7.6 Beanspruchung und Festigkeit 206
Testfragen zu Montage, Inbetriebnahme, Instandhaltung 208

8 **Automatisierungstechnik** 212
8.1 Steuern und Regeln 212
8.2 Grundlagen und Grundelemente von Steuerungen 213
8.3 Pneumatische Steuerungen 214
 Baugruppen, Bauelemente 214
 Schaltpläne 218
 Beispiele pneumatischer Steuerungen 220
 Vakuumtechnik 221
8.4 Elektropneumatische Steuerungen 221
 Bauelemente 221
 Signalelemente, Sensoren 223
 Beispiele elektropneumatischen Steuerungen 224
8.5 Hydraulische Steuerungen 225
8.6 Speicherprogrammierbare Steuerungen 228
 Aufbau, Arbeitsweise, Programmieren einer SPS, Logische Verknüpfungen 228
8.7 Handhabungstechnik in der Automation 231
 Einteilung, Bauarten, Programmierung, Koordinatensysteme, Sicherheit 231
Testfragen zur Automatisierungstechnik 234

9 **Automatisierte Fertigung** 244
9.1 CNC-Steuerungen 244
 Merkmale CNC-gesteuerter Maschinen 244
 Koordinaten, Null- und Bezugspunkte 245
 Steuerungsarten, Korrekturen 245
 Erstellen von CNC-Programmen 247
 Zyklen und Unterprogramme 250
 Programmieren von CNC-Drehmaschinen 250
 Programmierbeispiele 252
 Programmieren von NC-Fräsmaschinen 253
 Programmierverfahren 253
 5-Achs-Bearbeitung 256
9.2 Automatisierte Fertigungseinrichtungen 257
Testfragen zur Automatisierten Fertigung 259

10 **Technische Projekte** 263
10.1 bis 10.4 Grundlagen der Projektarbeit 263
10.5 Technische Projekte dokumentieren 264
 Textverarbeitung 264
 Tabellenkalkulation, Präsentations-Software 265
 Technische Kommunikation 266
Testfragen zu Technische Projekte 268

Teil II   Aufgaben zur Technischen Mathematik   270

1   Grundlagen der Technischen Mathematik ____ 270

1.1   Dreisatz-, Zins- und Prozentrechnen _____ 270

1.2   Umstellen von Gleichungen _____ 270

2   Physikalisch-technische Berechnungen _____ 271

2.1   Umrechnen von Größen _____ 271

2.2   Längen und Flächen _____ 271

2.3   Körpervolumen, Dichte, Masse _____ 272

2.4   Geradlinige und kreisförmige
        Bewegungen _____ 274

2.5   Kräfte, Drehmomente _____ 274

2.6   Arbeit, Leistung, Wirkungsgrad _____ 275

2.7   Einfache Maschinen _____ 275

2.8   Reibung _____ 276

2.9   Druck, Auftrieb, Gasinhalt _____ 276

2.10 Wärmeausdehnung, Wärmemenge _____ 277

3   Festigkeitsberechnungen _____ 277

4   Berechnungen zur Fertigungstechnik _____ 279

4.1   Maßtoleranzen und Passungen _____ 279

4.2   Umformen _____ 279

4.3   Schneiden _____ 280

4.4   Schnittgeschwindigkeiten, Drehzahlen _____ 281

4.5   Schnittkräfte, Leistung beim Zerspanen _____ 281

4.6   Kegeldrehen _____ 282

4.7   Teilen mit dem Teilkopf _____ 283

4.8   Hauptnutzungszeit, Kostenberechnung _____ 283

5   Berechnungen an Maschinenelementen _____ 285

5.1   Gewinde _____ 285

5.2   Riementriebe _____ 285

5.3   Zahnradtriebe _____ 285

5.4   Zahnradmaße _____ 286

6   Berechnungen zur Elektrotechnik _____ 286

7   Berechnungen zur Automatisierungstechnik __ 288

        Pneumatik und Hydraulik _____ 288

        Logische Verknüpfungen _____ 288

8   Berechnungen zur CNC-Technik _____ 289

Testaufgaben zur technischen Mathematik _____ 290

        Dreisatz, Prozent- und Zinsrechnung _____ 290

        Physikalisch-technische Berechnungen _____ 290

        Festigkeitsberechnungen _____ 293

        Berechnungen zur Fertigungstechnik _____ 294

        Berechnungen an Maschinenelementen _____ 296

        Berechnungen zur Elektrotechnik _____ 299

        Berechnungen zur Automatisierungstechnik _____ 300

        Berechnungen zur CNC-Technik _____ 301

**Tabelle: Physikalische Größen und Einheiten
        im Messwesen** _____ 302

Teil III   Aufgaben zur Technischen Kommunikation   304

**1   Fragen zur technischen Kommunikation am
        Lernprojekt Laufrollenlagerung** _____ 304

**2   Testaufgaben zur technischen
        Kommunikation** _____ 309

3   Testaufgaben zu Ansichten _____ 310

Teil IV   Aufgaben zur Wirtschafts- und Sozialkunde   316

1   Berufliche Bildung _____ 316

2   Eigenes wirtschaftliches Handeln _____ 318

**3   Grundlagen der Betriebs- und
        Volkswirtschaft** _____ 323

4   Sozialpartner im Betrieb _____ 329

5   Arbeits- und Tarifrecht _____ 331

6   Betriebliche Mitbestimmung _____ 338

7   Soziale Absicherung _____ 343

Teil V   Lösungen der Testaufgaben in den Teilen I bis IV   351

Lösungen der Testaufgaben zu **Teil I**
Technologie _____ 351

Lösungen der Testaufgaben zu **Teil II**
Technische Mathematik _____ 354

Lösungen der Testaufgaben zu **Teil III**
Technische Kommunikation _____ 354

Lösungen der Testaufgaben zu **Teil IV**
Wirtschafts- und Sozialkunde _____ 355

Zusatzbuch: Leistungsüberprüfungen und Abschlussprüfungen

Teil VI   Leistungsüberprüfungen zu den Lernfeldern   357

Leistungsüberprüfung zu **Lernfeld 1** _____ 359
Leistungsüberprüfung zu **Lernfeld 2** _____ 365
Leistungsüberprüfung zu **Lernfeld 3** _____ 371
Leistungsüberprüfung zu **Lernfeld 4** _____ 377
Leistungsüberprüfung zu **Lernfeld 5** _____ 383
Leistungsüberprüfung zu **Lernfeld 6** _____ 389
Leistungsüberprüfung zu **Lernfeld 7** _____ 395

Leistungsüberprüfung zu **Lernfeld 8** _____ 401
Leistungsüberprüfung zu **Lernfeld 9** _____ 407
Leistungsüberprüfung zu **Lernfeld 10** _____ 413
Leistungsüberprüfung zu **Lernfeld 11** _____ 419
Leistungsüberprüfung zu **Lernfeld 12** _____ 423
Leistungsüberprüfung zu **Lernfeld 13** _____ 431

Teil VII   Übungs-Abschlussprüfungen   437

Übungs-Abschlussprüfung Teil 1 _____ 437
  Schriftliche Aufgabenstellungen Teil A _____ 437
  Schriftliche Aufgabenstellungen Teil B _____ 451

Übungs-Abschlussprüfung Teil 2 _____ 457
  Auftrags- und Funktionsanalyse Teil A _____ 457

Auftrags- und Funktionsanalyse Teil B _____ 467
Fertigungstechnik Teil A _____ 471
Fertigungstechnik Teil B _____ 479
Wirtschafts- und Sozialkunde Teil A _____ 483
Wirtschafts- und Sozialkunde Teil B _____ 489

Teil VIII   Lösungen der Leistungsüberprüfungen   491

Leistungsüberprüfung zu **Lernfeld 1** _____ 491
Leistungsüberprüfung zu **Lernfeld 2** _____ 495
Leistungsüberprüfung zu **Lernfeld 3** _____ 499
Leistungsüberprüfung zu **Lernfeld 4** _____ 503
Leistungsüberprüfung zu **Lernfeld 5** _____ 507
Leistungsüberprüfung zu **Lernfeld 6** _____ 511
Leistungsüberprüfung zu **Lernfeld 7** _____ 515

Leistungsüberprüfung zu **Lernfeld 8** _____ 519
Leistungsüberprüfung zu **Lernfeld 9** _____ 523
Leistungsüberprüfung zu **Lernfeld 10** _____ 527
Leistungsüberprüfung zu **Lernfeld 11** _____ 531
Leistungsüberprüfung zu **Lernfeld 12** _____ 537
Leistungsüberprüfung zu **Lernfeld 13** _____ 543

Teil IX   Lösungen der Übungs-Abschlussprüfungen   547

Übungs-Abschlussprüfung **Teil 1** _____ 547
Übungs-Abschlussprüfung **Teil 2** _____ 549

Bewertungsrichtlinien: **hintere, innere Umschlagseite Hauptbuch**

Teil I   Aufgaben zur Technologie

1 Prüftechnik

1.1 Größen und Einheiten

Fragen zu Größen und Einheiten

1

Welche Basisgrößen sind im Internationalen Einheitensystem festgelegt?

Im Internationalen Einheitensystem SI (System International) sind folgende Basisgrößen festgelegt:

- die Länge l
- die Masse m
- die Zeit t
- die thermodynamische Temperatur T
- die elektrische Stromstärke I
- die Lichtstärke I_v

2

Welches ist die Basiseinheit der Länge?

Die Basiseinheit der Länge ist das Meter (m).

Ein Meter ist die Länge des Weges, den das Licht im luftleeren Raum in einer 299 729 458stel Sekunde durchläuft.

3

Welche Bedeutung hat der Vorsatz „Mikro" vor dem Namen der Einheit?

„Mikro" bedeutet Millionstel.
So ist z.B. 1 Mikrometer (μm) der millionste Teil eines Meters.

Weitere Vorsätze für physikalische Einheiten sind:

Vorsatz		Faktor		
M	Mega	millionenfach	10^6	= 1 000 000
k	Kilo	tausenfach	10^3	= 1 000
h	Hekto	hundertfach	10^2	= 100
da	Deka	zehnfach	10^1	= 10
d	Dezi	Zehntel	10^{-1}	= 0,1
c	Zenti	Hundertstel	10^{-2}	= 0,01
m	Milli	Tausendstel	10^{-3}	= 0,001
μ	Mikro	Millionstel	10^{-6}	= 0,000 001

4

Was gibt die Masse eines Körpers an?

Die Masse eines Körpers gibt seine Materiemenge an.
Die Masse eines Körpers ist unabhängig vom Ort, an dem sich der Körper befindet.

5

Welche Basiseinheit hat die Masse?

Die Basiseinheit der Masse ist das Kilogramm (kg).

6

Wie groß ist die Gewichtskraft eines Körpers mit der Masse 1 kg?

Ein Körper mit der Masse 1 kg hat die Gewichtskraft 9,81 Newton (9,81 N).

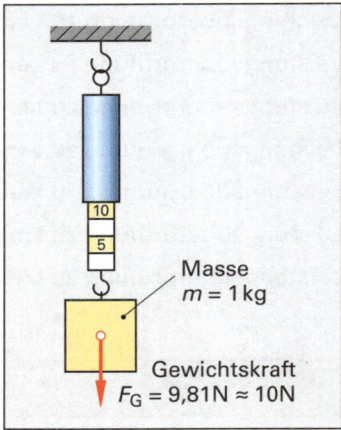

7

Welches ist die gebräuchlichste Temperatureinheit?

Die gebräuchlichste Einheit der Temperatur ist das Grad Celsius (°C).

8

Was versteht man unter der Periodendauer?

Unter Periodendauer versteht man die Zeitdauer eines regelmäßig sich wiederholenden Vorgangs.

Beispiel: Die Schwingungsdauer eines Pendels oder die Umdrehung einer Schleifscheibe sind Vorgänge mit Periodendauer.

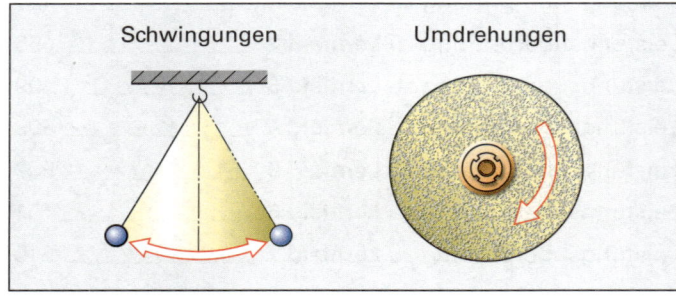

Schwingungen   Umdrehungen

9

Was versteht man unter der Frequenz und in welcher Einheit wird sie angegeben?

Die Frequenz gibt an, wie viele regelmäßig sich wiederholende Vorgänge in der Sekunde stattfinden. Die Basiseinheit ist 1/Sekunde (1/s) oder Hertz (Hz). 1/s = 1 Hz

Die Umdrehungsfrequenz n (auch Drehzahl genannt) ist die Anzahl der Umdrehungen je Sekunde oder Minute.

1.2 Grundlagen der Messtechnik

Fragen aus Fachkunde Metall, Seite 22

1

Wie wirken sich systematische und zufällige Messabweichungen auf das Messergebnis aus?

Systematische Abweichungen machen den Messwert unrichtig, d.h. sie weichen in einer Richtung vom richtigen Messwert ab.

Zufällige Abweichungen machen den Messwert unsicher, d.h. sie schwanken um den richtigen Wert.

Systematische Messabweichungen können ausgeglichen werden, wenn Größe und Richtung bekannt sind. Zufällige Abweichungen sind nicht ausgleichbar.

2

Wie kann man systematische Messabweichungen einer Messschraube ermitteln?

Die systematische Messabweichung einer Messschraube wird ermittelt, indem man Endmaße mit der Messschraube misst und die Abweichungen der Anzeige mit dem richtigen Wert der Endmaße vergleicht.

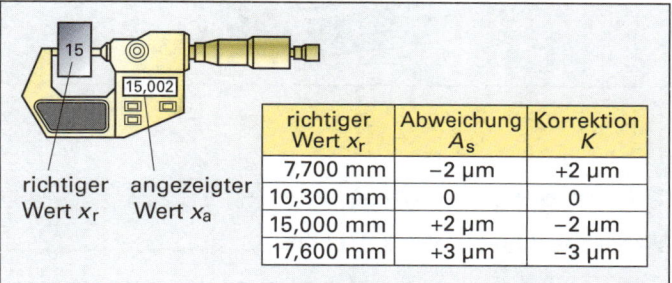

richtiger Wert x_r	Abweichung A_s	Korrektion K
7,700 mm	−2 µm	+2 µm
10,300 mm	0	0
15,000 mm	+2 µm	−2 µm
17,600 mm	+3 µm	−3 µm

Die Differenz vom angezeigten Wert und dem Endmaßwert ist die systematische Abweichung A.

3

Warum ist das Messen dünnwandiger Werkstücke problematisch?

Dünnwandige Werkstücke werden beim Messen durch die Messkraft elastisch verformt. Der angezeigte Messwert ist kleiner als das tatsächliche Werkstückmaß.

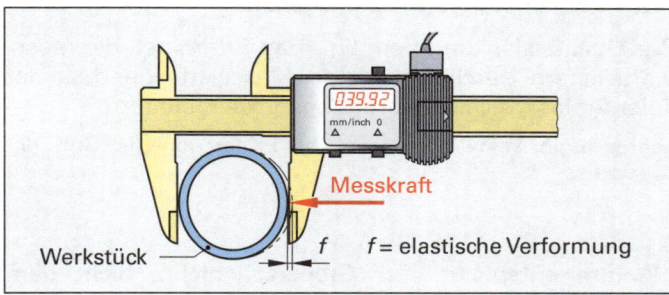

4

Warum können durch das Abweichen von der Bezugstemperatur bei Messgeräten und Werkstücken Messabweichungen entstehen?

Wenn Messgerät und Werkstücke aus unterschiedlichen Werkstoffen bestehen, führen Abweichungen von der Bezugstemperatur wegen der unterschiedlichen Ausdehnungskoeffizienten zu Messabweichungen.

Bei der Bezugstemperatur von 20 °C sollen alle Messgeräte, Lehren und die Werkstücke in der vorgeschriebenen Toleranz liegen.

5

Worauf können systematische Abweichungen bei Messschrauben voraussichtlich zurückgeführt werden?

Systematische Abweichungen bei Messschrauben werden z.B. durch zu große Messkraft, durch Abweichungen der Gewindesteigung, durch gleichbleibende Abweichungen von der Bezugstemperatur und durch Abnutzung der Messflächen verursacht.

Die zufälligen Abweichungen, die z.B. durch Schmutz, einen Grat oder Schwankungen der Messkraft entstehen, können in ihrer Größe und Richtung nicht erfasst werden.

6

Warum wird beim Messen in der Werkstatt der angezeigte Messwert als Messergebnis angesehen, während im Messlabor oft der angezeigte Wert korrigiert wird?

Werkstattmessgeräte werden so ausgewählt, dass im Verhältnis zur Werkstücktoleranz die Messabweichungen vernachlässigbar sind.

Im Messlabor müssen bei der Überwachung (Kalibrierung) von Messgeräten die systematischen Abweichungen korrigiert und die zufälligen Abweichungen so klein wie möglich gehalten werden.

7

Welche Vorteile hat die Unterschiedsmessung und Nulleinstellung bei Messuhren?

Wenn die Messuhr mit einem Endmaß, dessen Nennmaß möglichst nahe bei der zu prüfenden Messgröße liegt, auf Null gestellt wird, werden systematische Messabweichungen durch die Temperatur, die Maßverkörperung im Messgerät und die Messkraft (beim Messen mit Stativen) stark verkleinert.

Die Messabweichung ist deshalb sehr klein.

8

Warum ist bei Aluminiumwerkstücken die Abweichung von der Bezugstemperatur messtechnisch besonders problematisch?

Aluminium hat gegenüber Stahl, aus dem die Maßverkörperungen z.B. von Messschiebern und Messschrauben bestehen, einen größeren Längenausdehnungskoeffizienten. Dies bedeutet, dass sich die Maße von Werkstück und Maßverkörperung unterschiedlich ändern, wenn die Bezugstemperatur nicht eingehalten wird.

Beim Messen von Werkstücken aus Stahl ist die Abweichung von der Bezugstemperatur weniger problematisch: Werkstück und Messgerät besitzen etwa den gleichen Längenausdehnungskoeffizienten. Deshalb ist die Messabweichung minimal.

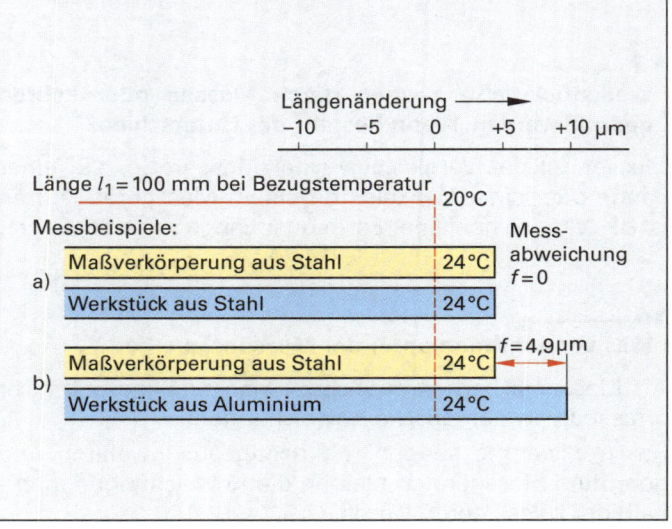

9

Wie groß ist etwa die Längenänderung eines Parallelendmaßes (l = 100 mm, α = 0,000 016 1/°C), wenn es durch Handwärme von 20 °C auf 25 °C erwärmt wird?

Die Längenänderung beträgt

$\Delta l = l_1 \cdot \alpha \cdot \Delta t; \quad \Delta t = 25\ °C - 20\ °C = 5\ °C$

$\Delta l = 100\ mm \cdot 0,000\,016\ 1/°C \cdot 5\ °C$

$\Delta l = 0,008\ mm = 8\ \mu m$

10

Wie viel Prozent der Werkstücktoleranz dürfen die Messabweichungen höchstens betragen, damit sie beim Prüfen vernachlässigt werden können?

Die Messunsicherheit darf höchstens 10% der Maß- oder Formtoleranz betragen.

Messverfahren mit einer wesentlich kleineren Unsicherheit sind unnötig teuer. Eine größere Messunsicherheit würde dazu führen, dass zu viele Werkstücke nicht mehr eindeutig als „Gutteil" oder „Ausschuss" zu erkennen wären, wenn die Maße im Bereich der Toleranzgrenzen liegen.

11

Welche Messunsicherheit ist bei einer mechanischen Messuhr (Skw = 0,01 mm) zu erwarten?

Die Messunsicherheit beträgt bei Messgeräten mit Skalenanzeige 1 Skalenteilungswert, entsprechend 0,01 mm.

Diese Messunsicherheit gilt nur, wenn die Messuhr kalibriert ist, normale werkstattübliche Messbedingungen vorliegen und ein qualifizierter Prüfer die Messung ausführt.

Ergänzende Fragen zu Grundlagen der Längenprüftechnik

12

Was versteht man unter Prüfen?

Durch Prüfen kann man feststellen, ob ein Prüfgegenstand den geforderten Maßen und geometrischen Formen entspricht.

Prüfen wird unterteilt in Messen und Lehren.

13

Werkstückmaße können durch Messen oder Lehren geprüft werden. Worin besteht der Unterschied?

Messen ist das Vergleichen einer Messgröße, z.B. einer Länge oder eines Winkels, mit einem Messgerät. Lehren ist das Vergleichen einer Form oder Länge mit einer Lehre.

14

Was versteht man unter der Messunsicherheit?

Als Messunsicherheit bezeichnet man zufällige und nicht erfassbare systematische Abweichungen.

Bei Werkstattmessungen mit richtig ausgewählten und geprüften Messgeräten bleiben die Abweichungen innerhalb der zulässigen Grenzen.

15

Wie entstehen Messabweichungen durch Parallaxe beim Ablesen eines Messschiebers?

Messabweichungen durch Parallaxe entstehen, wenn der Beobachter unter schrägem Blickwinkel abliest.

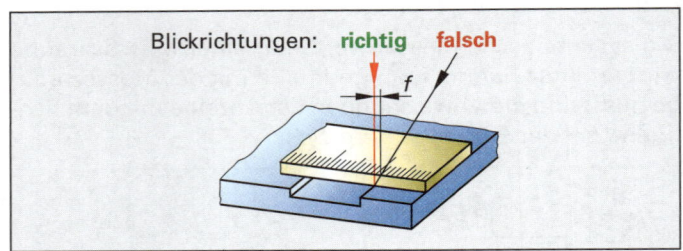

1.3 Längenprüfmittel

Maßstäbe, Lineale, Winkel, Lehren

Fragen aus Fachkunde Metall, Seite 24

1

Warum haben Haarlineale und Haarwinkel geläppte Prüfschneiden?

Die Prüfschneiden von Haarlinealen und Haarwinkeln müssen eine besonders hohe Geradheit besitzen, die durch Läppen am besten zu fertigen ist.

2

Warum eignet sich das Prüfen mit Lehren nicht zur Qualitätslenkung, z.B. beim Drehen?

Zur Qualitätslenkung benötigt man Prüfmittel, die Messwerte liefern. Durch die Lage der Messwerte innerhalb der Toleranz lässt sich der Fertigungsprozess steuern.

Lehren ergibt keine Messwerte. Das Prüfergebnis ist Gut oder Ausschuss.

3

Warum entspricht eine Grenzrachenlehre nicht dem Taylorschen Grundsatz?

Nach dem Taylorschen Grundsatz soll die Gutseite der Lehre so ausgebildet sein, dass Maß und Form des Prüfstücks geprüft werden können.

Mit der Grenzrachenlehre kann nur das Maß, nicht aber die Form geprüft werden.

4

Woran erkennt man die Ausschussseite eines Grenzlehrdornes?

Die Ausschussseite eines Grenzlehrdornes erkennt man an der roten Farbkennzeichnung, am kurzen Prüfzylinder und am eingravierten oberen Grenzabmaß.

Die Ausschussseite ist außerdem mit dem Wort „Ausschuss" gekennzeichnet.

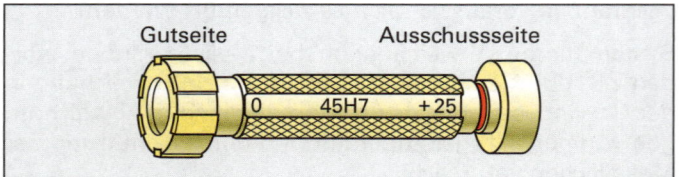

5

> **Warum verschleißt die Gutseite einer Grenzlehre schneller als die Ausschussseite?**

Die Gutseite gleitet bei jeder Prüfung über die Messflächen des Werkstücks, die Ausschussseite lediglich bei Ausschussteilen.

Endmaße, Messschieber und Messschrauben

Fragen aus Fachkunde Metall, Seite 29

1

> **Aus welchen Parallelendmaßen lässt sich das Maß 97,634 mm zusammensetzen?**

Das Maß 97,634 mm wird aus folgenden Endmaßen zusammengesetzt:

1,004 mm + 1,030 mm + 1,600 mm + 4 mm + 90 mm.

Man beginnt mit der letzten Ziffer des Maßes, d.h. mit dem kleinsten Endmaß.

2

> **Worin unterscheiden sich Parallelendmaße der Toleranzklasse „K" und „0"?**

Die Toleranzen der Endmaße sind beim Genauigkeitsgrad „K" kleiner.

Endmaße mit dem Genauigkeitsgrad „K" werden zum Kalibrieren anderer Endmaße, solche mit dem Genauigkeitsgrad „0" zum Kalibrieren von Messgeräten verwendet.

3

> **Warum dürfen Stahlendmaße nicht tagelang angesprengt bleiben?**

Es besteht die Gefahr, dass sie kalt verschweißen.

Stahlendmaße sollten höchstens 8 Stunden angesprengt bleiben.

4

> **Welchen Vorteil hat das Nullstellen der Anzeige bei elektronischen Messschiebern?**

Durch das Nullstellen der Anzeige an beliebiger Stelle werden viele Messungen einfacher.

Die Differenz der Messgröße zu einem bekannten Einstellwert oder der Unterschied zwischen zwei Messwerten muss nicht mehr berechnet werden; er wird direkt angezeigt.

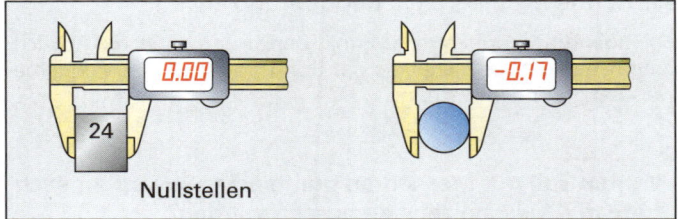

Nullstellen

5

> **Warum sollte man die Messspindel einer Messschraube nicht zu schnell an das Werkstück herandrehen?**

Durch zu schnelles Herandrehen wird das Messergebnis verfälscht.

Ergänzende Fragen zu Endmaßen, Messschiebern und Messschrauben

6

> **Welche Vorteile haben Endmaße aus Keramik?**

Endmaße aus Keramik besitzen eine stahlähnliche Wärmedehnung und eine hohe Verschleißfestigkeit. Sie sind korrosionsbeständig, benötigen keine besondere Pflege und verschweißen nicht.

7

> **Welchen Vorteil haben Messschieber mit Rundskale?**

Die Anzeige auf der Rundskale kann im Vergleich zur Noniusanzeige schneller und sicherer abgelesen werde.

Die Grobanzeige der Schieberstellung erfolgt am Lineal, die Feinanzeige an der Rundskale.

8

> **Mit einem digital anzeigenden Messschieber sollen Abstände von Bohrungen mit gleichem Durchmesser gemessen werden. Welcher Messvorgang ist am zweckmäßigsten?**

Zunächst wird der Durchmesser einer Bohrung gemessen und die Anzeige auf Null gestellt. Anschließend wird der größte Abstand der Bohrungen gemessen.

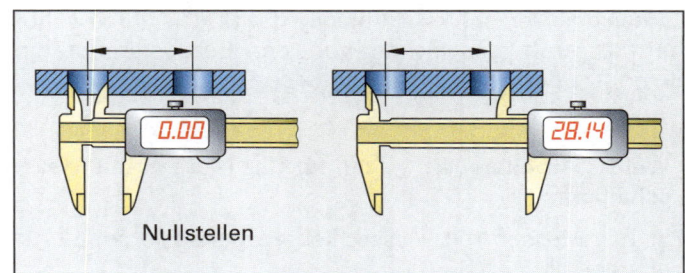

Nullstellen

9

> **Welche Eigenschaften besitzen Endmaße aus Hartmetall?**

Endmaße aus Hartmetall haben einen 20fach höheren Verschleißwiderstand und eine um 50% geringere Wärmedehnung als Stahlendmaße.

10

> **Welche Messungen können mit Messschiebern durchgeführt werden?**

Mit Messschiebern können Innen-, Außen- und Tiefenmessungen durchgeführt werden.

Der Messschieber ist wegen der vielseitigen Messmöglichkeiten und der einfachen Handhabung das wichtigste Messgerät in Metall verarbeitenden Betrieben.

11

> **Welche Vorteile besitzen Messschieber mit elektronischer Ziffernanzeige?**

Messschieber mit elektronischer Ziffernanzeige (Bild nächste Seite) zeigen die Messwerte durch Leuchtziffern an. Dadurch werden Ablesefehler vermieden.

Durch Tasten lassen sich außerdem die Anzeige auf Null stellen und Messwerte speichern.

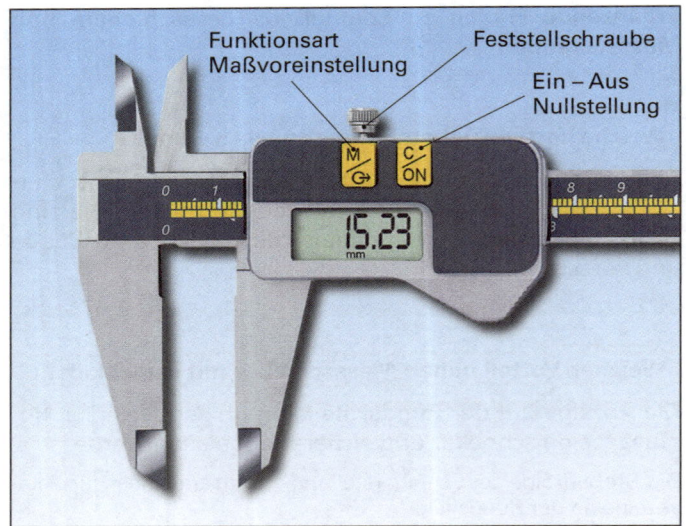

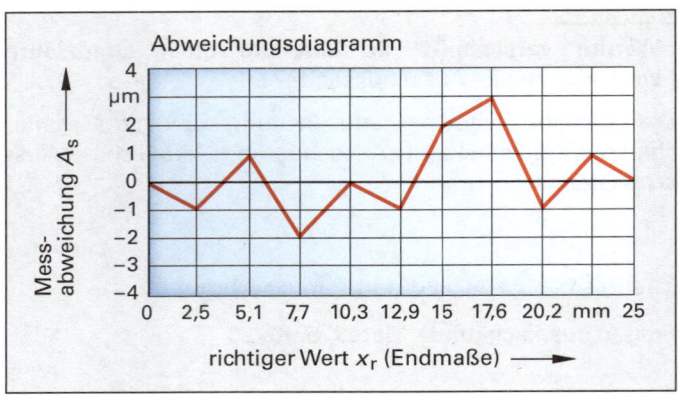

12

Wie können Messabweichungen beim Messen mit Bügelmessschrauben entstehen?

Messabweichungen können durch Fehler entstehen, die im Messgerät ihre Ursache haben, wie z.B. Steigungsfehler und Spiel in der Messspindel, Unparallelität und Unebenheit der Messflächen.

Weitere Ursachen sind Fehler in der Anwendung, z.B. Verkanten des Werkstücks, Aufbiegen des Bügels durch zu hohe Messkraft, Abweichen von der Bezugstemperatur, Schmutz oder Grat am Werkstück sowie Ablesefehler.

13

Welche Arbeitsregeln gelten für das Messen mit Messschiebern?

Für das Messen mit Messschiebern gelten folgende Arbeitsregeln:

- Die Mess- und Prüfflächen sollen sauber und gratfrei sein.
- Ist die Ablesung an der Messstelle erschwert, klemmt man den Schieber fest und zieht den Messschieber vorsichtig ab.
- Messabweichungen durch Temperatureinflüsse, zu hohe Messkraft (Kippfehler) und schräges Ansetzen des Messschiebers sollten vermieden werden.

14

Welche Aufgabe hat die Kupplung der Messschraube?

Die Kupplung der Messschraube begrenzt die Messkraft auf 5 bis 10 N.

Infolge der geringen Steigung der Messspindel wird die Drehkraft verstärkt, sodass ohne Kupplung sehr große Messkräfte wirksam würden.

15

Wie kann das Abweichungsdiagramm einer Bügelmessschraube ermittelt werden?

Das Abweichungsdiagramm wird durch Prüfung der systematischen Abweichungen im ganzen Messbereich ermittelt. Dabei werden die Abweichungen der Anzeige von den z.B. durch Endmaße vorgegebenen Sollwerten ermittelt und in ein Diagramm übertragen.

Die Sollwerte sind so zu wählen, dass die Messspindel bei verschiedenen Drehwinkeln geprüft wird.

16

Eine Bügelmessschraube mit dem Messbereich bis 25 mm zeigt den Messwert 17,60 mm an. Aus dem Abweichungsdiagramm (Aufgabe 15) ist die Abweichung von der Anzeige zu entnehmen und das richtige Maß des Werkstückes anzugeben.

Beim Messwert 17,60 mm weicht die Anzeige um + 3 μm vom Sollwert ab. Damit beträgt das Werkstückmaß 17,597 mm.

Um das Werkstückmaß zu erhalten, müssen positive Abweichungen vom Messwert subtrahiert, negative Abweichungen zum Messwert addiert werden.

17

Aus welchen wesentlichen Teilen besteht die Bügelmessschraube?

Wesentliche Teile der Bügelmessschraube sind Bügel mit Amboss, Skalenhülse, Messspindel, Skalentrommel und Kupplung.

Damit die Messkraft einen bestimmten Wert nicht überschreitet, besitzen Messschrauben eine Kupplung.

Innenmessgeräte, Messuhren, Fühlhebelmessgeräte, Feinzeiger

Fragen aus Fachkunde Metall, Seite 33

1

Warum kann mit Innenmessschrauben mit 3-Linien-Berührung präziser gemessen werden als mit Innenmessschrauben mit 2-Punkt-Berührung?

Innenmessgeräte mit 3-Linien-Berührung zentrieren sich selbst und richten sich in der Bohrung aus.

Bei Innenmessgeräten mit 2-Punkt-Berührung muss die Ausrichtung senkrecht zur Mittellinie der Bohrung durch eine Pendelbewegung gefunden werden.

2

Warum soll mit Messuhren nur in einer Bewegungsrichtung des Messbolzens gemessen werden?

Die mechanische Übersetzung der Messbolzenbewegung verursacht eine Reibung, die bei hineingehendem Messbolzen größer ist und dadurch die Messkraft erhöht. Aus diesem Grund werden bei hineingehendem und herausgehendem Messbolzen unterschiedliche Werte angezeigt.

3

Warum eignen sich Fühlhebelmessgeräte gut zum Zentrieren und zur Rundlaufprüfung von Bohrungen?

Fühlhebelmessgeräte besitzen einen schwenkbaren Taster, der leicht an schwer zugänglichen Messstellen positioniert werden kann.

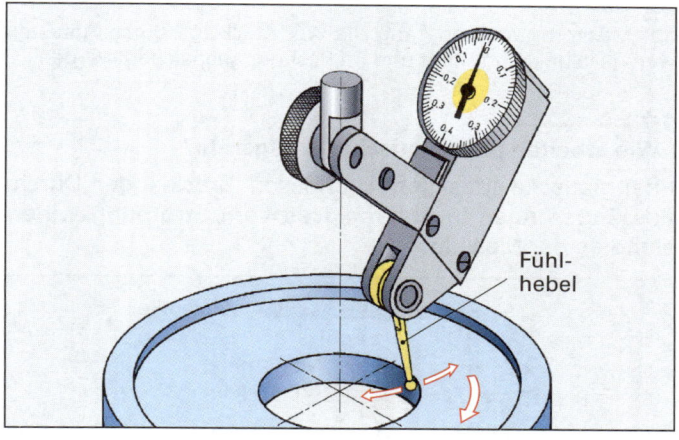

Fühl-
hebel

4

Warum sind bei Rundheits- und Rundlaufprüfungen Feinzeiger günstiger als Messuhren?

Mit Feinzeigern sind Rundheits- und Rundlaufabweichungen genauer feststellbar als mit Messuhren.

5

Eine elektronische Messuhr zeigt bei einer Rundlaufprüfung den Höchstwert + 12 μm und den Kleinstwert – 2 μm an. Wie groß ist die Rundlaufabweichung?
($f_L = M_{wmax} = M_{wmin}$)

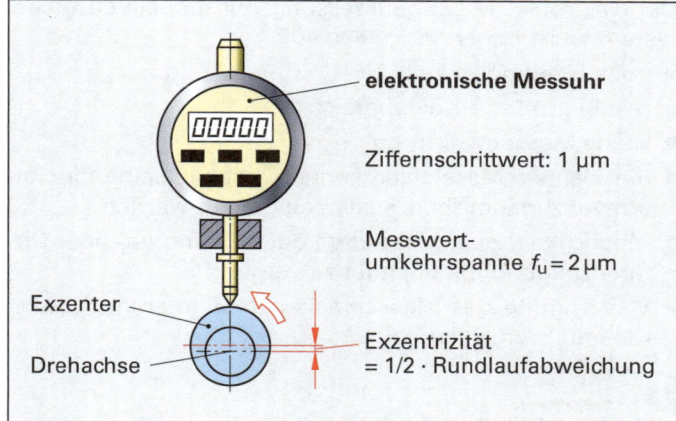

elektronische Messuhr

Ziffernschrittwert: 1 μm

Messwert-
umkehrspanne $f_u = 2$ μm

Exzenter

Drehachse

Exzentrizität
= 1/2 · Rundlaufabweichung

$f_L = M_{wmax} - M_{wmin} = 12$ μm $- (- 2$ μm$) = 14$ μm

Ergänzende Fragen zu Messuhren und Feinzeigern

6

Mit einer Messuhr soll das Werkstückmaß 30 mm geprüft werden. Wie wird die Messung durchgeführt?

Das Werkstückmaß wird mit Hilfe eines Endmaßes eingestellt. Dabei wird die Messuhr auf Null gestellt. Beim Prüfen der Werkstücke kann der Maßunterschied zum eingestellten Maß direkt abgelesen werden.

Im Gegensatz zur Absolutmessung treten bei der Unterschiedsmessung durch den kleinen Messbolzenweg auch kleinere Messabweichungen auf.

7

Wie wird bei Messuhren der Messbolzenweg in eine drehende Bewegung umgewandelt und vergrößert?

Die Umwandlung der Bewegung erfolgt durch Zahnstange und Zahnrad, die Vergrößerung durch ein Zahnradgetriebe.

8

Welches sind die genauesten mechanischen Längenmessgeräte?

Die genauesten mechanischen Längenmessgeräte sind die Feinzeiger (Feintaster) mit einem Skalenteilungswert von meist 1 μm.

Feinzeiger besitzen ein Hebelsystem, das über Zahnradsegmente und Ritzel die Messbolzenbewegung auf den Zeiger überträgt.

Pneumatische, elektronische und optoelektronische Messgeräte, Multisensortechnik in Koordinatenmessgeräten

Fragen aus Fachkunde Metall, Seite 40

1

Welche Vorteile haben pneumatische Messungen?

Die Vorteile pneumatischer Messungen sind:
- Die Messkraft durch die Druckluft ist meist vernachlässigbar klein
- Sicheres und schnelles Messen mit hoher Wiederholgenauigkeit
- Die Druckluft reinigt die Messstellen von anhaftenden Kühlschmierstoffen, Öl oder Läpppaste.
- Die Messung erfolgt berührungslos.

2

Warum wirken sich bei der Dickenmessung mit induktiven Messtastern Formabweichungen des Werkstücks nicht aus?

Zur Dickenmessung werden zwei Messtaster verwendet, zwischen denen sich z.B. das zu messende Blech befindet. Infolge der nur punktartigen Berührung der Messtaster an der Messstelle haben Formabweichungen keinen Einfluss auf den Messwert.

3

Warum können mit Wellenmessgeräten Durchmesser genauer gemessen werden als Längen?

Das Messen von Durchmessern ist genauer, weil das Messergebnis nicht durch die Bewegung des Messschlittens beeinflusst wird.

4

Mit welchem Messgerät kann die Positionsgenauigkeit von Werkzeugmaschinen geprüft werden?

Die Positionsgenauigkeit wird mit dem Laser-Interferometer geprüft.
(Siehe Bild nächste Seite.)

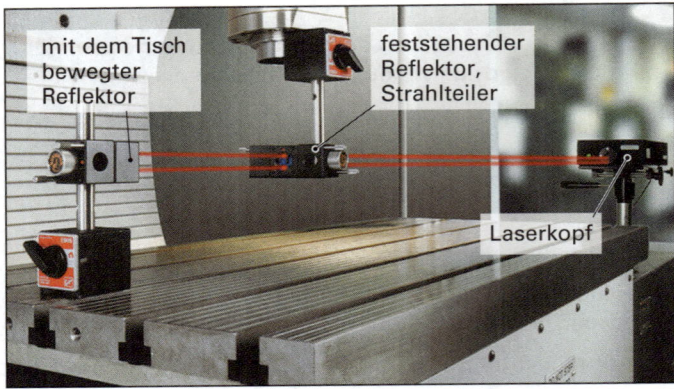

5

Welche Vorteile haben optische Formmessungen auf Koordinatenmessgeräten gegenüber den berührenden (taktilen) Tastsystemen?

Optische Sensoren tasten in der gleichen Zeit 20mal mehr Punkte an als berührende (taktile) Taster.

Das optisch erfasste Bild wird in Form digitalisierter Bildpunkte (Pixel) im Bildspeicher abgelegt.

6

Welche Vorteile hat das Scannen gegenüber der Einzelpunktmessung?

Beim Scannen kann die Oberfläche des Messobjektes viel schneller erfasst werden, weil je Sekunde bis zu 200 Messpunkte ertastet werden können.

Die Genauigkeit von Formprüfungen nimmt beim Scannen mit der Punktdichte zu.

Ergänzende Fragen zu elektronischen und optoelektronischen Messgeräten und Multisensortechnik in Koordinatenmessgeräten

7

Wie wird bei der optoelektronischen Längenmessung der Prüfgegenstand erfasst?

Bei der optoelektronischen Längenmessung wird der Prüfgegenstand mit Lichtstrahlen berührungslos erfasst.

Beispiel: Optoelektronische Wellenmessgeräte erfassen nach dem Schattenbildverfahren Profile von Rundteilen (Bild). Durch die parallelen Lichtstrahlen entsteht am Empfänger ein Schattenbild, dessen Maße dem Werkstück entsprechen.

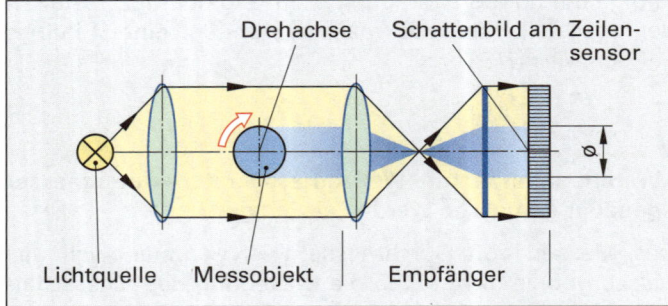

8

Welche Antastmöglichkeiten gibt es bei vertikalen Längenmessgeräten?

Das Antasten kann durch starres Antasten, durch dynamisches Antasten sowie durch messendes Antasten erfolgen.

Vertikale Längenmesser sind durch das eingebaute Wegmesssystem ihrer Funktion nach Einkoordinaten-Messgeräte.

9

Welche Vorteile haben Koordinatenmessgeräte?

Im Vergleich zu konventionellen Prüfverfahren entfällt bei Koordinatenmessgeräten das Ausrichten der Werkstücke. Gekrümmte Flächen können formgeprüft werden. Der Messablauf kann bei Koordinatenmessgeräten automatisiert werden.

Mit Messprogrammen kann die Werkstücklage durch Antasten weniger Punkte ermittelt und im Rechner gespeichert werden.

10

Wie arbeiten pneumatische Messgeräte?

Pneumatische Messgeräte erfassen Druck- oder Durchflussänderungen in Abhängigkeit vom Strömungswiderstand an der Messdüse.

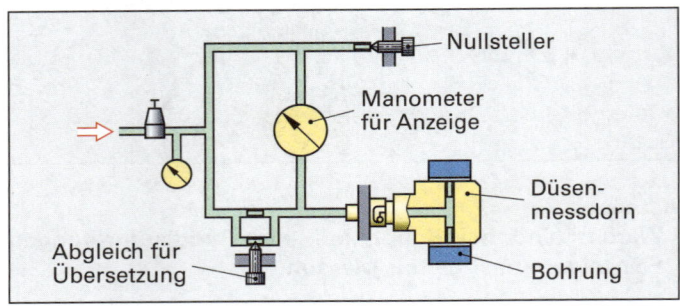

Durch einen veränderten Staudruck am Messwertaufnehmer, hervorgerufen durch Maßabweichungen, wird am Manometer eine Druckdifferenz bzw. an einem Durchflussmessgerät eine Änderung der durchströmenden Luftmenge angezeigt.

11

Welche Vorteile besitzen Messgeräte mit induktivem Messsystem?

Die elektronische Längenmessung mit induktiven Messtastern weist folgende Vorteile auf:
- hohe Empfindlichkeit
- relativ großer Anzeigebereich
- kleine Messabweichung
- die kleinen Messtaster können nahe beieinander an schwer zugänglichen Stellen eingebaut werden
- Möglichkeit, zwei Messwerte durch Summen- oder Differenzbildung miteinander zu vergleichen
- Verwendung des Messsignals zum Sortieren, Klassieren und Protokollieren

12

Welches sind die wichtigsten Bauteile bei Messgeräten mit optoelektronischen Messsystemen?

Die wichtigsten Bauteile sind der Glasmaßstab mit inkrementaler Teilung und der Messkopf.

Der Messkopf misst durch Zählen der Einzelsignale den Verfahrweg.

1.4 Oberflächenprüfung

Fragen aus Fachkunde Metall, Seite 44

1

Wie kann die Rauheit durch Tast- oder Sichtvergleich geschätzt werden?

Beim Schätzen der Rauheit werden Oberflächen-Vergleichsmuster verwendet.

Voraussetzung für die Vergleichbarkeit der Werkstückoberfläche mit dem Vergleichsmuster sind gleiche Werkstoffe und ein gleiches Fertigungsverfahren, z.B. Drehen.

2

Warum wird bei Rautiefen Rz < 3 µm eine dünne Tastspitze mit einem Spitzenradius von 2 µm empfohlen?

Mit dem Spitzenradius von 2 µm können kleine Profiltäler besser ertastet werden.

Die ideale Form der Tastspitze ist ein Kegel (60° oder 90°) mit gerundeter Spitze.

3

Welche Funktionseigenschaften eines Motorzylinders können aufgrund einer Materialanteilkurve beurteilt werden?

Aufgrund der Materialanteilkurve können im Profilspitzenbereich die Einlaufzeit, im Kernbereich die Schmiergleiteigenschaft und im Riefenbereich die Speicherfähigkeit für Schmieröl beurteilt werden.

Ideal sind wenig Profilspitzen, ein großer Materialanteil im Kernbereich und ausreichend Riefen zum Speichern des Schmieröls.

4

Ein Werkstück wurde mit 0,2 mm Vorschub gedreht. Mit welcher Grenzwellenlänge λ_c und mit welcher Gesamtmessstrecke ln ist die Oberfläche zu prüfen?

Grenzwellenlänge und Gesamtmessstrecke können Richtwerttabellen entnommen werden: In der Spalte „Rillenbreite" (Tabelle) wird die Zeile gesucht, die den Vorschub 0,2 enthält. In den Spalten λ_c und ln können die Werte abgelesen werden.

Rillenbreite RSm mm	Rz, $Rmax$ µm	Ra µm	λ_c mm	lr/ln mm
> 0,04 … 0,13	> 0,1 … 0,5	> 0,02 … 0,1	0,25	0,25/1,25
> 0,13 … 0,4	> 0,5 … 10	> 0,1 … 2	**0,8**	0,8/**4**
> 0,4 … 1,3	> 10 … 50	> 2 … 10	2,5	2,5/12,5

Tabellenwerte: λ_c = 0,8 mm; ln = 4 mm

5

Worauf ist die leichte Schräglage des ungefilterten D-Profils im Bild zurückzuführen?

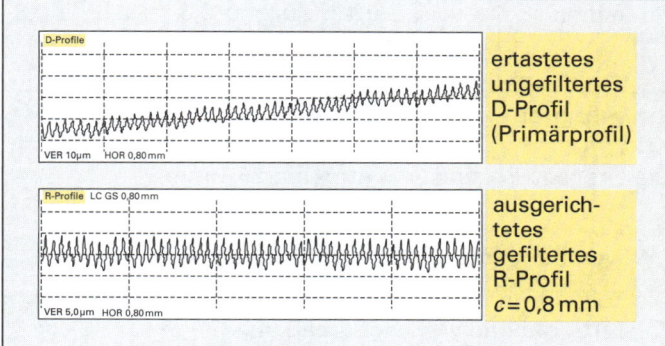

ertastetes ungefiltertes D-Profil (Primärprofil)

ausgerichtetes gefiltertes R-Profil c = 0,8 mm

Das Profil besitzt eine Schräglage, weil über die Neigungseinstellung im Vorschubgerät die Bezugsebene parallel zur Werkstückoberfläche ausgerichtet wurde.

Bei zu starker Schräglage muss die Bezugsebene besser ausgerichtet werden.

6

Welches Profil in der Tabelle besitzt die besten Funktionseigenschaften für ein Gleitlager?

Tabelle: Oberflächenprofile			
$Rmax$ µm	Rz µm	Profilform	Materialanteilkurve Abbott-Kurve
1	1		
1	1		
1	0,4		
1	1		

Das zweite Profil von oben ist für ein Gleitlager am besten geeignet: Es besitzt nur flache Profilspitzen, einen hohen Materialanteil sowie ausreichend Riefen für die Ölaufnahme.

Ergänzende Fragen zur Oberflächenprüfung

7

Welche Ursachen können Welligkeit und Rautiefe eines Drehteils haben?

Welligkeit wird z.B. verursacht durch Schwingungen des Werkzeugs oder des Werkstücks, große Rautiefe durch die Form der Werkzeugschneide, durch große Zustellung oder großen Vorschub.

Welligkeit und Rauheit bewirken eine Abweichung des Werkstücks von der geometrisch idealen Form.

8

Welche Anteile des Istprofils sind beim Rauheitsprofil (R-Profil) herausgefiltert?

Beim Rauheitsprofil werden die Welligkeitsanteile herausgefiltert.

Rauheit entsteht beim Spanen durch den Vorschub und die Spanbildung.

9

Welches Tastsystem ist im Bild dargestellt und welche Vorteile und Nachteile hat es?

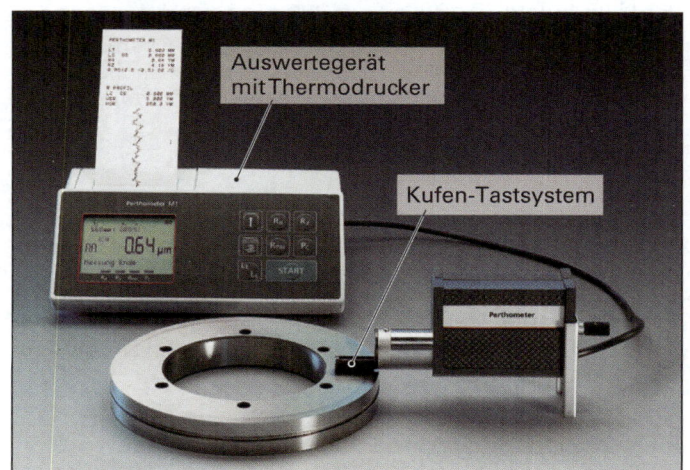

Auswertegerät mit Thermodrucker

Kufen-Tastsystem

Das Bild zeigt ein tragbares Messgerät mit Kufen-Tastsystem und einem Auswertegerät mit Thermodrucker.

Das Gerät ist tragbar und somit überall einzusetzen. Nachteilig ist, dass es wegen der fehlenden mechanischen Geradführung nur die Rautiefe voll erfasst, die Welligkeit durch die Gleitkufe teilweise „ausfiltert" und Formabweichungen nicht erfassen kann.

10

Welcher Oberflächenmesswert ändert sich durch einen vom Messgerät erfassten Kratzer auf einer polierten Oberfläche am meisten?

Die stärkste Veränderung durch den Kratzer erfährt der Wert *Rmax*.

Rmax ist die größte Einzelrautiefe innerhalb der Gesamtmessstrecke.

11

Wie unterscheiden sich die Begriffe „wirkliche Oberfläche" und „Istoberfläche"?

Die wirkliche Oberfläche weist fertigungsbedingte Abweichungen von der geometrisch idealen Oberfläche auf. Die Istoberfläche ist die messtechnisch erfasste Oberfläche.

12

Wie arbeiten Oberflächenmessgeräte nach dem Tastschnittverfahren?

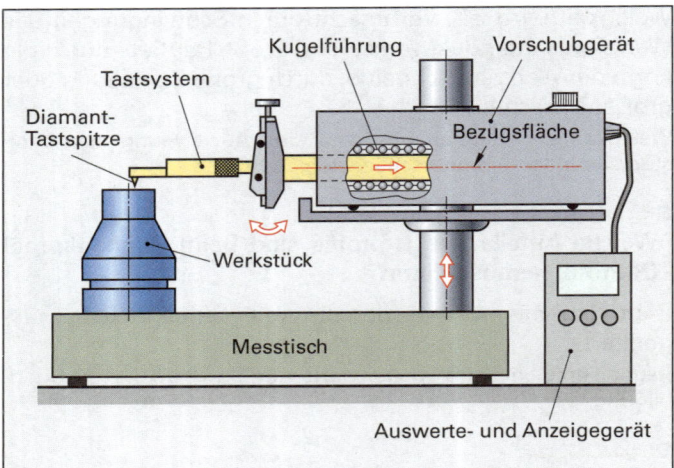

Die Gestaltabweichungen der Oberfläche werden mit einer Diamantspitze erfasst.

Ein Vorschubgerät führt das Tastsystem über die Oberfläche. Dabei werden Lageänderungen der Tastspitze in elektrische Signale umgewandelt und an das Anzeigegerät oder den Profilschreiber weitergeleitet.

13

An welcher Stelle einer Werkstückoberfläche müssen die Rauheitskenngrößen ermittelt werden?

Die Messungen müssen an der Stelle der Oberfläche durchgeführt werden, an der die schlechtesten Messwerte zu erwarten sind.

Bei periodischen Profilen, z.B. bei Drehprofilen, muss die Tastrichtung senkrecht zur Rillenrichtung gewählt werden.
Bei aperiodischen Profilen mit wechselnder Rillenrichtung, wie sie z.B. beim Schleifen oder Läppen entstehen, ist die Tastrichtung beliebig.

14

Wie wird die zulässige gemittelte Rautiefe nach DIN EN ISO 1302 in einer Zeichnung angegeben?

Unter dem Querstrich des entsprechenden Sinnbilds trägt man das Kurzzeichen und den entsprechenden Wert ein.

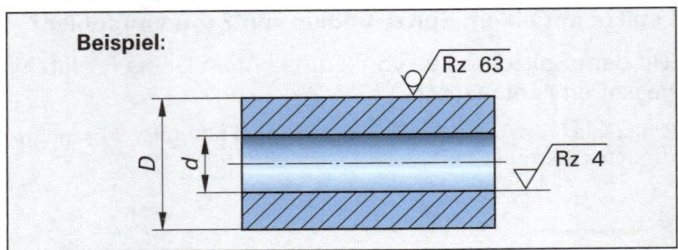

Außendurchmesser *D*: spanlos hergestellte Oberfläche mit gemittelter Rautiefe kleiner oder gleich 63 µm.
Innendurchmesser *d*: spanend hergestellte Oberfläche mit gemittelter Rautiefe kleiner oder gleich 4 µm.

1.5 Toleranzen und Passungen

Fragen aus Fachkunde Metall, Seite 52

1

Wie ist bei den ISO-Toleranzen die Lage der Toleranzfelder zur Nulllinie festgelegt?

Die Lage der Toleranzfelder zur Nulllinie wird durch das Grundabmaß angegeben.

Das Grundabmaß ist das der Nulllinie am nächsten liegende Abmaß.

2

**In einer Zeichnung steht für die Maße ohne Toleranzangabe der Hinweis: ISO 2768 – f.
Welche Grenzmaße darf das Nennmaß 25 haben?**

Allgemeintoleranzen für Längenmaße						
Toleranz-klasse	Grenzabmaße in mm für Nennmaßbereich in mm					
	0,5 bis 3	über 3 bis 6	über 6 bis 30	über 30 bis 120	über 120 bis 400	über 400 bis 1000
f fein	± 0,05	± 0,05	± 0,1	± 0,15	± 0,2	± 0,3
m mittel	± 0,1	± 0,1	± 0,2	± 0,3	± 0,5	± 0,8
c grob	± 0,2	± 0,3	± 0,5	± 0,8	± 1,2	± 2
v sehr grob	–	± 0,5	± 1	± 1,5	± 2,5	± 4

Die Grenzmaße sind 24,9 mm und 25,1 mm.

3

Wovon hängt die Größe einer Toleranz ab?

Die Toleranzgröße bei ISO-Toleranzangaben hängt vom Toleranzgrad und vom Nennmaß ab.

4

Welche Passungsarten unterscheidet man?

Man unterscheidet Spielpassungen, Übermaßpassungen und Übergangspassungen.
Bei Übergangspassungen kann Spiel oder Übermaß auftreten.

5

Wodurch unterscheiden sich die Passungssysteme „Einheitsbohrung" und „Einheitswelle"?

Beim Passungssystem Einheitsbohrung werden alle Bohrungsmaße mit dem Grundabmaß H, beim Passungssystem Einheitswelle alle Wellen mit dem Grundabmaß h gefertigt.

6

In einer Gesamtzeichnung ist die Passung ⌀ 40H7/m6 eingetragen. Erstellen Sie mithilfe eines Tabellenbuches eine Abmaßtabelle und berechnen Sie das Höchstspiel und das Höchstübermaß.

Passmaß	ES, es μm	EI, ei μm
⌀ 40H7	+ 25	0
⌀ 40m6	+ 25	+ 9

$P_{SH} = G_{oB} - G_{uW} = 40{,}025\ mm - 40{,}009\ mm = \mathbf{0{,}016\ mm}$

$P_{\ddot{U}H} = G_{uB} - G_{oW} = 40{,}000\ mm - 40{,}025\ mm = \mathbf{-\,0{,}025\ mm}$

7

Für die Laufrolle mit Lagerdeckel (Bild) sind zu bestimmen:

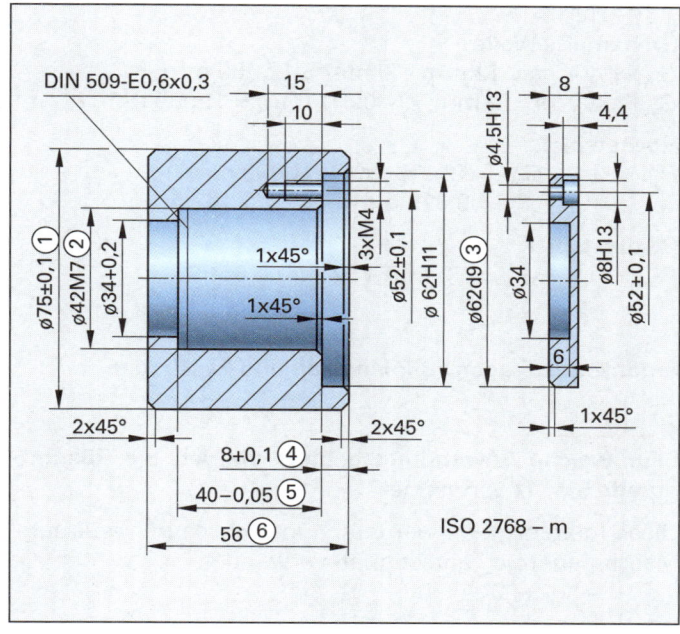

a)

die Höchst- und Mindestmaße sowie die Toleranz für sechs Maße nach freier Wahl.

Nr.	Werkstück-maß	Höchst-maß	Mindest-maß	Toleranz
1	⌀75 ± 0,1	75,1	74,9	0,2
2	⌀42M7	42,000	41,975	0,025
3	⌀62d9	61,900	61,826	0,074
4	8 + 0,1	8,1	8,0	0,1
5	40 − 0,05	40,00	39,95	0,05
6	56	56,3	55,7	0,6

b)

das Höchst- und Mindestspiel für die Passung des Deckels in der Laufrolle

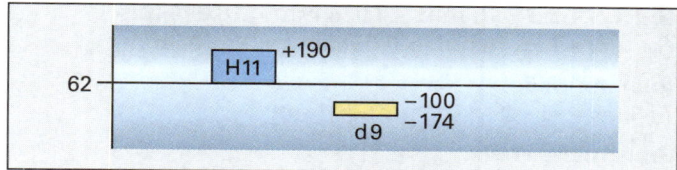

$P_{SH} = G_{oB} - G_{uW} = 62{,}190\ mm - 61{,}826\ mm = \mathbf{0{,}364\ mm}$

$P_{SM} = G_{uB} - G_{oW} = 62{,}000\ mm - 61{,}900\ mm = \mathbf{0{,}100\ mm}$

c)

das Höchstspiel und das Höchstübermaß zwischen dem Außenring des einzubauenden Wälzlagers und der Bohrung 42M7 der Laufrolle. Der Außendurchmesser des Wälzlagers ist mit 42-0,011 toleriert.

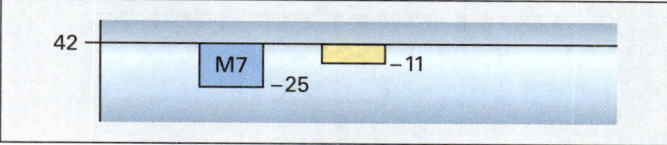

$P_{SH} = G_{oB} - G_{uW} = 42{,}000\ mm - 41{,}989\ mm = \mathbf{0{,}011\ mm}$

$P_{\ddot{U}H} = G_{uB} - G_{oW} = 41{,}975\ mm - 42{,}000\ mm = \mathbf{-\,0{,}025\ mm}$

8

Bei der Zahnradpumpe (Bild) sind einige der für den Zusammenbau und die Funktion notwendigen Toleranzen und Passungen eingetragen.

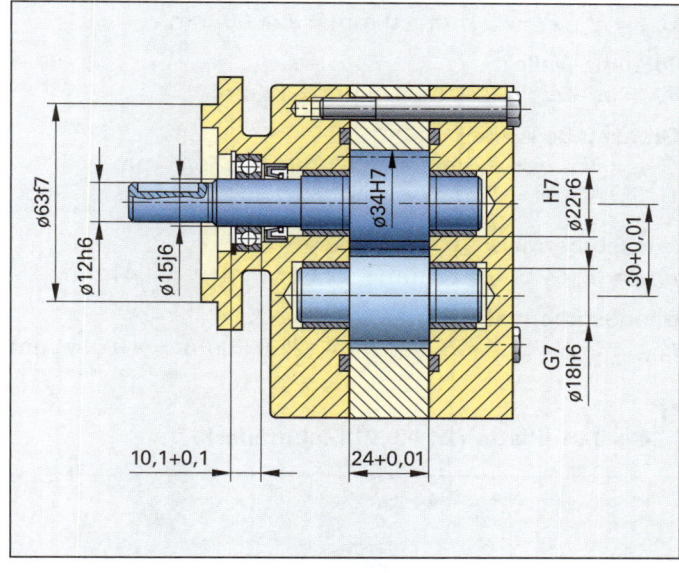

Berechnen Sie die Toleranzen, die Grenzmaße sowie das Höchst- und Mindestspiel bzw. das Höchst- und Mindestübermaß für

a)

⌀ 18G7 (Gleitlager) /h6 (Welle)

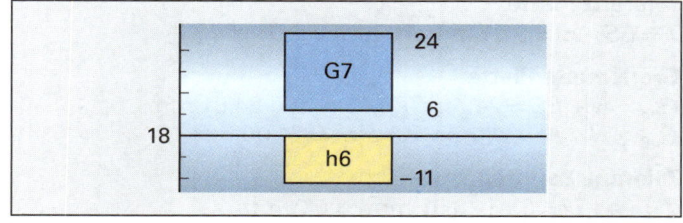

Toleranz Bohrung:
$T_B = ES - EI = 24\ \mu m - 6\ \mu m = 18\ \mu m$

Grenzmaße Bohrung:
$G_{oB} = N + ES = 18\ mm + 0{,}024\ mm = 18{,}024\ mm$
$G_{uB} = N + EI = 18\ mm + 0{,}006\ mm = 18{,}006\ mm$

Toleranz Welle:
$T_W = es - ei = 0 - (-11\ \mu m) = 11\ \mu m$

Grenzmaße Welle:
$G_{oW} = N + es = 18\ mm + 0\ mm = 18{,}000\ mm$
$G_{uW} = N + ei = 18\ mm + (-0{,}011\ mm) = 17{,}989\ mm$

Höchstspiel:
$P_{SH} = G_{oB} - G_{UW} = 18{,}024\ mm - 7{,}989\ mm = 0{,}035\ mm$

Mindestspiel:
$P_{SM} = G_{uB} - G_{oW} = 18{,}006\ mm - 18\ mm = 0{,}006\ mm$

b)
∅ 22H7 (Deckel)/r6 (Gleitlager)

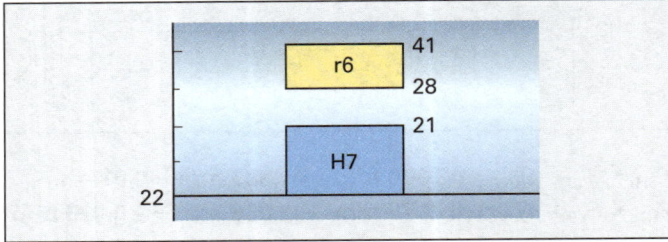

Toleranz Bohrung:
$T_B = ES - EI = 21\ \mu m - 0\ \mu m = 21\ \mu m$

Grenzmaße Bohrung:
$G_{oB} = N + ES = 22\ mm + 0{,}021\ mm = 22{,}021\ mm$
$G_{uB} = N + EI = 22\ mm + 0\ mm = 22{,}000\ mm$

Toleranz Welle:
$T_W = es - ei = -41\ \mu m - 28\ \mu m = 13\ \mu m$

Grenzmaße Welle:
$G_{oW} = N + es = 22\ mm + 0{,}041\ mm = 22{,}041\ mm$
$G_{uW} = N + ei = 22\ mm + 0{,}028\ mm = 22{,}028\ mm$

Höchstübermaß:
$P_{ÜW} = G_{uB} - G_{oW} = 22\ mm - 22{,}041\ mm = -0{,}041\ mm$

Mindestübermaß:
$P_{ÜW} = G_{oB} - G_{uW} = 22{,}021\ mm - 22{,}028\ mm = -0{,}007\ mm$

c)
24 + 0,01 (Platte)/24 – 0,01 (Zahnräder)

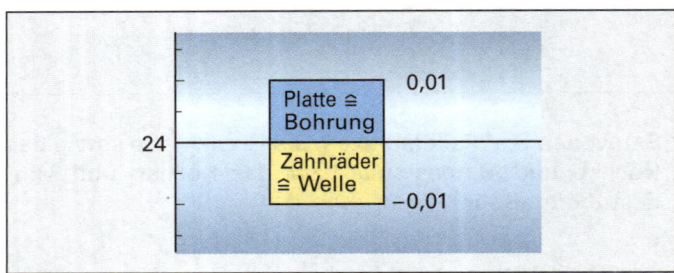

Toleranz Platte:
$T = ES - EI = 0{,}01\ mm - 0\ mm = 0{,}01\ mm$

Grenzmaße Platte:
$G_{oB} = N + ES = 24\ mm + 0{,}01\ mm = 24{,}01\ mm$
$G_{uB} = N + EI = 24\ mm + 0\ mm = 24{,}00\ mm$

Toleranz Zahnräder:
$T = es - ei = 0 - (-0{,}01\ mm) = 0{,}01\ mm$

Grenzmaße Zahnräder:
$G_{oW} = N + es = 24\ mm + 0\ mm = 24{,}00\ mm$
$G_{uW} = N + ei = 24\ mm + (-0{,}01\ mm) = 23{,}99\ mm$

Höchstspiel:
$P_{SH} = G_{oB} - G_{uW} = 24{,}01\ mm - 23{,}99\ mm = 0{,}02\ mm$

Mindestspiel:
$P_{SM} = G_{uB} - G_{oW} = 24\ mm - 24\ mm = 0$

d)
∅12h6 (Welle)/∅12H7 (Riemenscheibe)

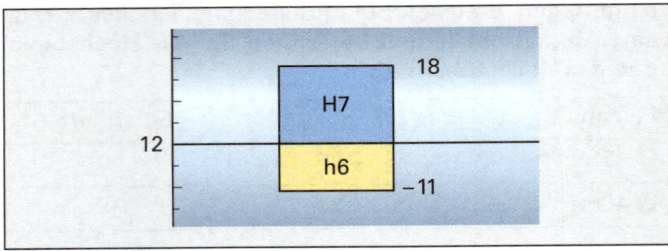

Toleranz Bohrung:
$T = ES - EI = 18\ \mu m - 0\ \mu m = 18\ \mu m$

Grenzmaße Bohrung:
$G_{oB} = N + ES = 12\ mm + 0{,}018\ mm = 12{,}018\ mm$
$G_{uB} = N + EI = 12\ mm + 0\ mm = 12{,}000\ mm$

Toleranz Welle:
$T = es - ei = 0 - (-11\ \mu m) = 11\ \mu m$

Grenzmaße Welle:
$G_{oW} = N + es = 12\ mm + 0\ mm = 12{,}000\ mm$
$G_{uW} = N + ei = 12\ mm + (-0{,}011\ mm) = 11{,}989\ mm$

Höchstspiel:
$P_{SH} = G_{oB} - G_{uW} = 12{,}018\ mm - 11{,}989\ mm$
$= 0{,}029\ mm$

Mindestspiel:
$P_{SM} = G_{uB} - G_{oW} = 12\ mm - 12\ mm = 0$

Ergänzende Fragen zu Toleranzen und Passungen

9
Für welche Anwendungsgebiete werden die Toleranzgrade 5 ... 11 verwendet?

Diese Toleranzgrade werden hauptsächlich im Werkzeug-, Maschinen- und Fahrzeugbau verwendet.

10
Was versteht man unter Austauschbau?

Austauschbau bedeutet, dass Werkstücke unabhängig von ihrer Herstellungsart und Herstellungszeit ohne Nacharbeit ausgetauscht werden können.

11
Wie wird nach ISO die Lage eines Toleranzfeldes zur Nulllinie angegeben?

Die Lage des Toleranzfeldes wird durch Buchstaben angegeben. Für Bohrungen verwendet man große Buchstaben von A bis Z, für Wellen kleine Buchstaben von a bis z.

Für die Toleranzgrade 6 bis 11 wurden die Toleranzen um die Grundabmaße ZA, ZB und ZC bzw. za, zb und zc erweitert.

Außerdem gibt es für alle Nennmaße Toleranzklassen, die symmetrisch zur Nulllinie liegen und mit JS bzw. js bezeichnet werden.

12 _____

| Wie viel Toleranzgrade werden in der ISO-Normung un-
| terschieden?

Man unterscheidet 20 Toleranzgrade, welche mit den Zahlen 01, 0, 1 bis 18 angegeben werden.

Je größer die Zahl ist, desto größer ist die Toleranz.

13 _____

| Welche Toleranzgrade sind für Passmaße im Maschinen-
| bau bestimmt?

Für Passmaße im Maschinenbau verwendet man die Toleranzgrade 5 bis 11 (Tabelle).

Anwendungsgebiete der ISO-Toleranzgrade	
ISO-Toleranzgrade	5 6 7 8 9 10 11
Anwendungsgebiete	Werkzeugmaschinen, Maschinen- und Fahrzeugbau
Fertigungsverfahren	Reiben, Drehen, Fräsen, Schleifen, Feinwalzen

14 _____

| Wie werden nach DIN die Allgemeintoleranzen in Zeich-
| nungen angegeben?

Der Hinweis auf die Allgemeintoleranzen erfolgt meist im Schriftfeld in der Spalte „Zulässige Abweichung" z.B. durch die Angabe „ISO 2768-m".

1.6 Form- und Lageprüfung

Fragen aus Fachkunde Metall, Seite 65

1 _____

| Welche Rundlaufabweichung muss mit der Toleranz
| verglichen werden, wenn der Rundlauf in mehreren
| Messebenen gemessen wurde?

Die größte Rundlaufabweichung ist mit dem Toleranzwert t_L zu vergleichen.

Der Toleranzwert t_L ist der Abstand zwischen zwei gedachten koaxialen Zylindern, deren Achsen mit den Bezugsachsen übereinstimmen.

2 _____

| Worin unterscheidet sich eine Rundheits- von einer
| Rundlaufmessung?

Bei der Rundheitsmessung wird geprüft, ob sich die Kreisform innerhalb zweier konzentrischer Kreise mit demselben Mittelpunkt befindet. Bei der Rundlaufmessung wird die Abweichung des Rundlaufs zur Bezugsachse geprüft.

3 _____

| Warum ist das sorgfältige Ausrichten der Bezugsachse
| vor einer Rundlaufmessung wichtig?

Die Messgenauigkeit wird erheblich verbessert, wenn die Bezugsachsen sorgfältig im µm-Bereich ausgerichtet sind.

4 _____

| Beim Schleifen eines Zylinders entsteht eine leicht ton-
| nenförmige Abweichung (Bild).
| Liegt die Zylinderform aufgrund der gemessenen Durch-
| messer noch in der Toleranz von 0,01 mm?

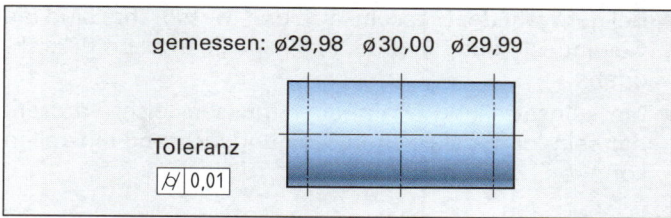

Die Zylinderform muss zwischen zwei koaxialen Zylindern liegen, die voneinander einen radialen Abstand von 0,01 mm haben. Mit $D = 30,000$ mm ($R = 15,000$ mm) und $d = 29,98$ mm ($r = 14,99$ mm) beträgt die maximale Abweichung 0,01 mm; die Zylinderform liegt somit gerade noch innerhalb der Toleranz.

5 _____

| Mit welchem Messverfahren kann der Rundlauf einer
| Getriebewelle funktionsgerecht geprüft werden?

Zur funktionsgerechten Prüfung werden die Lagerzapfen der Getriebewelle in Prismen aufgenommen und der Rundlauf, z.B. mit einer Messuhr, geprüft.

6 _____

| Auf dem Formmessgerät wird an einer gedrehten Buch-
| se eine Rundheitsabweichung von 7 µm gemessen
| (Bild).

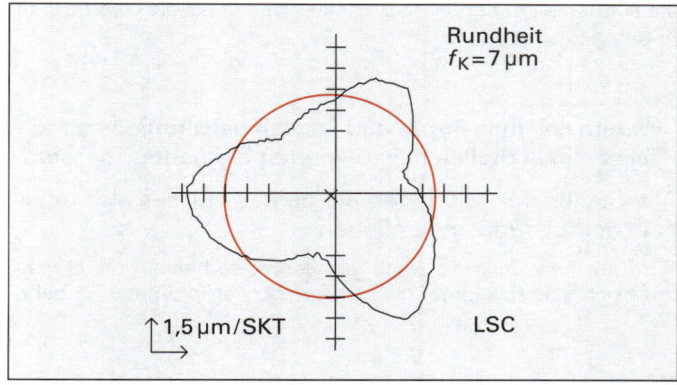

a)

| Wodurch kann die Abweichung entstanden sein?

Die Rundheitsabweichung kann durch zu starkes Spannen im Dreibackenfutter entstanden sein.

b)

| Welche Anzeigeänderung ist bei einer Rundheitsabwei-
| chung von 7 µm bei einer Dreipunktmessung mit einem
| 90°-Prisma zu erwarten?

Wird die Buchse in einem 90°-Prisma gemessen, so ist die Anzeigenänderung doppelt so groß wie die Rundheitsabweichung.

Sie beträgt demnach 14 µm.

7

Welche Arbeitsregeln müssen beim Gewindemessen mit der Dreidrahtmethode beachtet werden?

Beim Gewindemessen mit der Dreidrahtmethode sind folgende Arbeitsregeln zu beachten:

● Bei der Wahl der Messeinsätze und Messdrähte sind die Gewindesteigung und der Flankenwinkel zu berücksichtigen.

● Messeinsätze und Drahthalter müssen leicht verdrehbar sein, damit sie sich in Steigungsrichtung einstellen können.

8

Wie kann die Übereinstimmung eines Werkstückkegels mit der Kegellehre sichtbar gemacht werden?

Auf den Werkstückkegel wird ein dünner Fettkreidestrich in axialer Richtung aufgetragen. Anschließend wird die auf den Werkstückkegel gesteckte Kegellehrhülse gegen das Werkstück verdreht. Wenn der Kreidestrich gleichmäßig verwischt ist, stimmen die Formen überein.

Ergänzende Fragen zur Form- und Lageprüfung

9

Welche Fertigungseinflüsse führen zu Form- und Lageabweichungen?

Form- und Lageabweichungen bei der Fertigung werden z.B. verursacht durch Schneidstoffverschleiß, Bearbeitungswärme, Werkzeugführung, Eigenspannungen im Werkstück, Spannkräfte, Abdrängkräfte und falsche Aufspannung.

Die Maß- und Formabweichungen von Werkstücken beeinflussen die Fügbarkeit mit anderen Bauteilen stärker als die Oberflächengüte.

10

Warum soll man Form- und Lageabweichungen an möglichst vielen Stellen des tolerierten Elementes messen?

Alle Stellen des tolerierten Elementes müssen sich innerhalb der Toleranzzone befinden.

Wird nur an wenigen Stellen gemessen, so besteht die Gefahr, dass sich Teile des Elementes außerhalb der Toleranzzone befinden.

11

Wie können Kegelabweichungen gemessen werden?

Kegelabweichungen sind am einfachsten mit pneumatischen Messgeräten feststellbar.

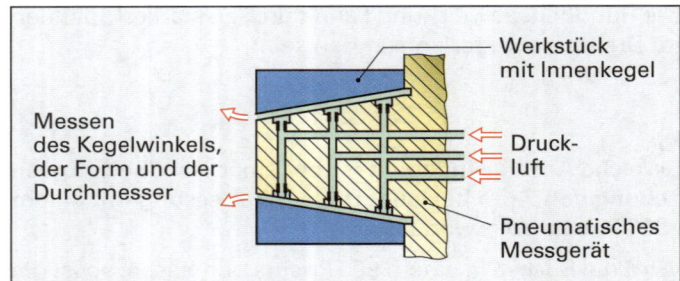

Messen des Kegelwinkels, der Form und der Durchmesser — Werkstück mit Innenkegel — Druckluft — Pneumatisches Messgerät

Kegelmessgeräte sind mit Feinzeigern oder induktiven Tastern ausgerüstet und messen entweder den Kegelwinkel oder zwei Prüfdurchmesser in festgelegtem Abstand.

12

Warum genügt es nicht, Präzisionsgewinde nur mit Lehren zu prüfen?

Gewindelehren prüfen nur die Austauschbarkeit von Gewinden.

Ein Gewinde, das „lehrenhaltig" ist, kann trotzdem Durchmesser- und Flankenwinkelfehler aufweisen, die sich auf die Flankenberührung ungünstig auswirken.

13

Welche Abweichungen eines Elementes von seiner geometrisch idealen Form werden mit Formtoleranzen begrenzt?

Formtoleranzen begrenzen die Abweichungen in Bezug auf die Geradheit ihrer Achsen, die Ebenheit ihrer Flächen, die Rundheit der Umlauflinien ihrer Oberflächen und die Exaktheit ihrer Form.

Formtoleranzen können deshalb in Flachform-, Rundform- und Profilformtoleranzen eingeteilt werden.

14

Was versteht man unter dem Begriff „Toleranzzone"?

Die Toleranzzone ist der Bereich, innerhalb dessen sich alle Punkte eines geometrischen Elementes (z.B. Linie, Fläche) befinden müssen.

Die Toleranzzone für eine Fläche z.B. befindet sich zwischen zwei gedachten Ebenen, die im Abstand t parallel zueinander verlaufen. Alle Punkte der Werkstückoberfläche müssen zwischen diesen beiden Ebenen liegen.

15

Mit welchen Messgeräten können die Ebenheit und die Parallelität geprüft werden?

Zum Prüfen der Ebenheit können z.B. Haarlineale oder Planglasplatten verwendet werden.

Die Parallelitätsprüfung erfolgt mit anzeigenden Messgeräten, wie z.B. Messuhr oder Feinzeiger (Bild).

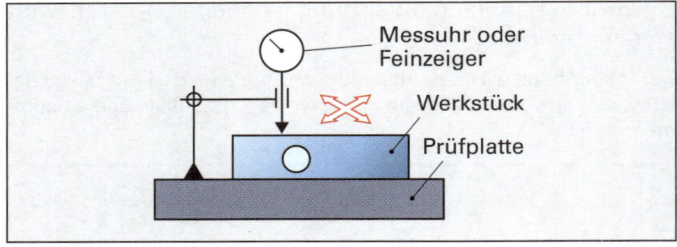

Messuhr oder Feinzeiger — Werkstück — Prüfplatte

16

Wozu dienen Haarlineale?

Haarlineale dienen zum Prüfen der Ebenheit von Flächen.

Dazu wird ein Haarlineal in verschiedene Richtungen über die ganze Fläche geführt. Unebenheiten werden durch einen Lichtspalt sichtbar.

17

Für welche Winkel gibt es zur Winkelprüfung Formlehren?

Am gebräuchlichsten sind 90°-Winkel. Daneben gibt es feste Winkel mit 45°, 60° und 135°.

Der Form nach unterscheidet man Flachwinkel, Anschlagwinkel und Haarwinkel. Sonderformen der festen Winkel sind die Schleiflehren für Werkzeuge.

18

Durch welche Bestimmungsgrößen sind Gewinde festgelegt?

Die Bestimmungsgrößen für Gewinde sind:
- Außendurchmesser (Nenndurchmesser)
- Flankendurchmesser
- Kerndurchmesser
- Steigung
- Flankenwinkel

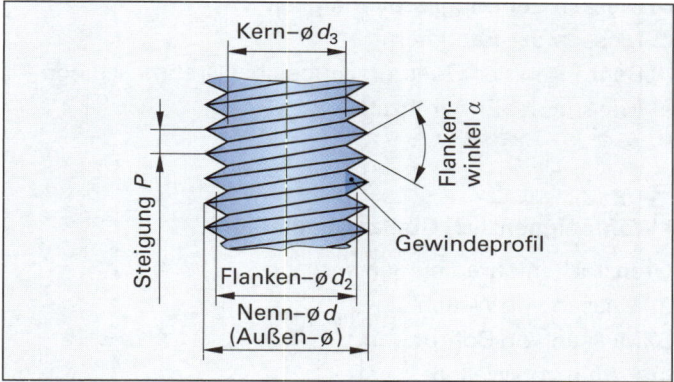

Flankendurchmesser, Flankenwinkel und Steigung sind entscheidend für die Güte eines Gewindes.

19

Welchen Nachteil hat das Prüfen von Gewinden mit Gewindelehren?

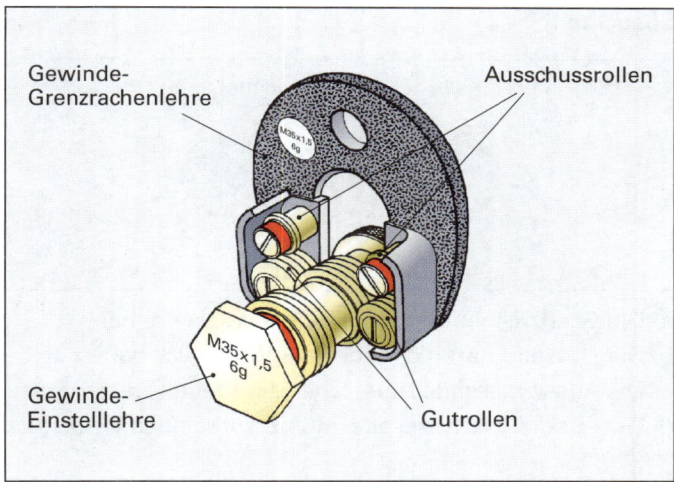

Mit Gewindelehren wird die Gängigkeit eines Gewindes geprüft. Lehrenhaltige Gewinde können Fehler aufweisen, die mit einer Gewindelehre nicht feststellbar sind: Steigungs-, Durchmesser- und Flankenwinkelfehler.

Die Gewindeprüfung durch Lehren ist jedoch sehr einfach.

20

Welche Gewindelehren unterscheidet man?

Für Außengewinde unterscheidet man Gewindelehrringe und Gewinde-Grenzrachenlehren, für Innengewinde Gewindelehrdorne und Gewinde-Grenzlehrdorne (Bild).

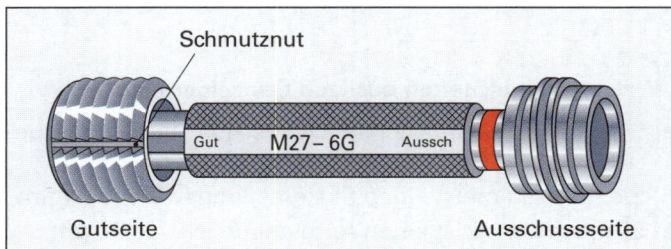

Gewinde-Grenzrachenlehren und Gewinde-Grenzlehrdorne besitzen eine Gut- und eine Ausschussseite.

21

Wie können Steigungsprüfungen bei Gewinden durchgeführt werden?

Steigungsprüfungen können mit Gewindeschablonen, mit Messschiebern oder Gewindemessgeräten mit Feinzeigern sowie mit Koordinatenmessgeräten durchgeführt werden (Bild).

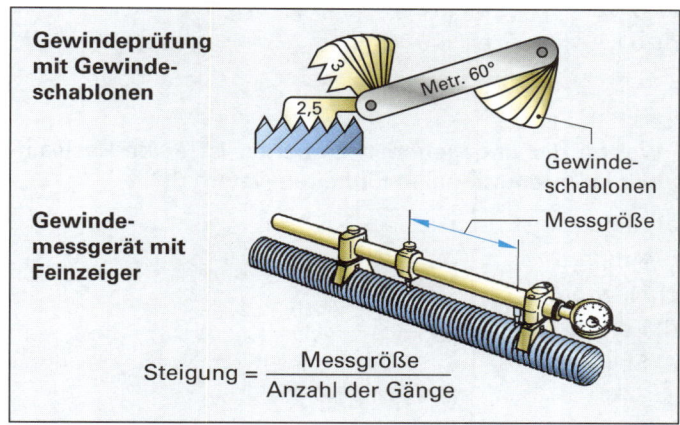

$$\text{Steigung} = \frac{\text{Messgröße}}{\text{Anzahl der Gänge}}$$

Mit Gewindeschablonen wird auf Lichtspalt geprüft. Mit Messschiebern oder Gewindemessgeräten misst man den Abstand mehrerer Gewindegänge und teilt den Messwert durch die Anzahl der Gewindegänge.

22

Welche Bedeutung hat folgende Zeichnungsangabe?

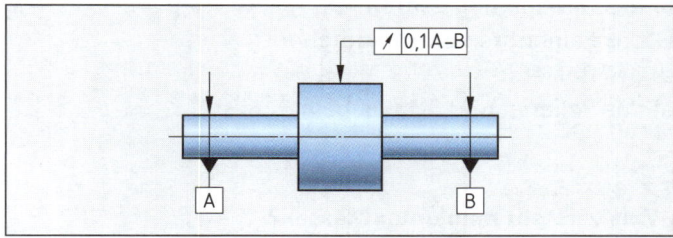

Bei Drehung um die gemeinsame Bezugsachse A–B darf die Rundlaufabweichung in jeder senkrechten Messebene $t = 0{,}1$ mm nicht überschreiten.

Die angegebene Lagetoleranz ist eine Lauftoleranz.

23

Erklären Sie, wie Sie den Winkel eines Werkstückes mit einem Sinuslineal (siehe Bild unten, $L = 100$ mm) messen können.

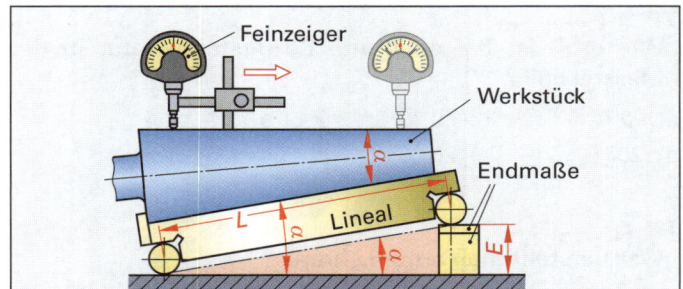

Das Sinuslineal besteht aus zwei Zylinderendmaßen, die mit dem Lineal fest verbunden sind. Der Abstand L der Rollen beträgt 100 mm. Mit den Endmaßen werden das Lineal und das Werkstück so ausgerichtet (Maß E), dass der Feinzeiger beim Abfahren des Werkstückes keinen Ausschlag mehr anzeigt.

Mit der Formel $E = L \cdot \sin \alpha$ können das Endmaß E und mit $\alpha = \text{INV} \sin (E/L)$ der Winkel α berechnet werden.

Testfragen zur Prüftechnik

Größen und Einheiten

TP 1
Bei welcher Temperatur liegt angenähert der absolute Nullpunkt?

a) 0 °C   b) 273 K   c) 273 °C
d) 0 K   e) 100 °C

TP 2
Welche der angegebenen Einheiten ist *keine* Basiseinheit im Internationalen Einheitensystem SI?

a) Meter
b) Ampere
c) Newton
d) Kelvin
e) Sekunde

Grundlagen der Messtechnik

TP 3
Was versteht man unter Prüfen?

Unter Prüfen versteht man …
a) das Honen und Läppen
b) das Messen und Lehren
c) das Feinbohren und Feindrehen
d) das Rollieren
e) das Polieren und Schwabbeln

TP 4
Was versteht man unter Messen?

Messen ist …
a) das Feststellen von absolut genauen Größen
b) ein zahlenmäßiges Vergleichen einer unbekannten Größe mit einer Einheit
c) das Ermitteln der Nennmaße mit Messzeugen
d) das Lehren von Abmaßen
e) das Ermitteln von Übermaßen

TP 5
Wie groß ist die genormte Bezugstemperatur in der Messtechnik?

a) 0 °C   b) 10 °C   c) 15 °C
d) 20 °C   e) 25 °C

TP 6
Was versteht man unter Lehren?

Beim Lehren …
a) erhält man Zahlenwerte
b) stellt man das Maß mit einem Messschieber fest
c) vergleicht man ein unbekanntes Maß mit einer Einheit
d) stellt man fest, ob das Prüfobjekt die geforderten Bedingungen in Bezug auf Größe und Form erfüllt
e) vergleicht man eine unbekannte Größe mit einer Einheit

Längenprüfmittel

TP 7
Wozu benötigt man unter anderem Parallelendmaße?

a) Kontrollieren anderer Messgeräte
b) Messen der Endgeschwindigkeit
c) Messen der Rautiefen
d) Begrenzen des Quervorschubes bei Drehmaschinen
e) Messen der Enddrehzahl

TP 8
Wofür eignen sich Grenzrachenlehren?

Grenzrachenlehren eignen sich zum …
a) Messen von Wellen
b) Messen von Bohrungen
c) Prüfen von Wellen
d) Prüfen von Bohrungen
e) Feststellen der Wellentoleranz

TP 9
Was ist beim Gebrauch einer Grenzrachenlehre zu beachten?

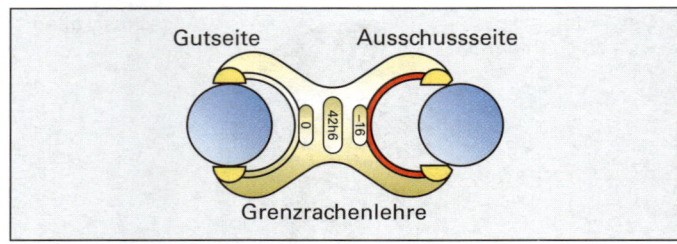

a) Die Grenzrachenlehre muss Handwärme haben.
b) Die Gutseite darf nicht über das Werkstück gehen.
c) Die Ausschussseite muss über das Werkstück gehen.
d) Gut- und Ausschussseite müssen über das Werkstück gehen.
e) Keine der genannten Antworten ist richtig.

TP 10
Wozu benutzt man Messuhren?

a) Zum Einstellen der Messzeit
b) Zum Durchführen von Vergleichsmessungen
c) Zum Messen von Schnittgeschwindigkeiten
d) Zum Messen der Drehzahl
e) Zum Feststellen des Nennmaßes

TP 11
Welche Eigenschaften besitzen Feinzeiger *nicht*?

a) Sie sind die genauesten mechanischen Längenmessgeräte.
b) Sie besitzen meist einen Skalenteilungswert von 1 μm.
c) Sie besitzen meist einen Anzeigebereich von 10 μm.
d) Sie besitzen einen Zeigerausschlag von 360°.
e) Sie eignen sich zur Prüfung der Rundheit.

TP 12
Wozu dient der Nonius?

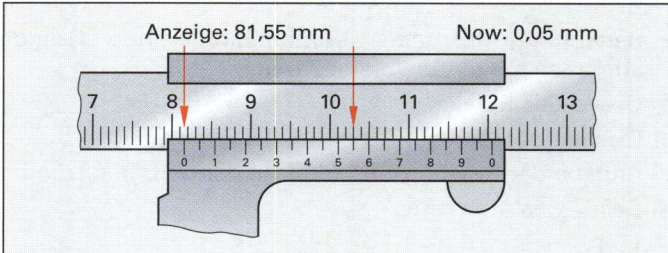

Er dient …
a) zum Messen von Kegeln
b) als Hilfsmaßstab auf einem Messzeug
c) als Hilfsgerät zum Messen von Zylindern
d) als Hilfsgerät zum Messen von Rundungen
e) zum Messen von Drehzahlen

TP 13
Wie erreicht man eine Ablesegenauigkeit von 0,1 mm auf einem Messschieber?

Durch einen …
a) 9-teiligen Nonius auf 10 mm Länge
b) 19-teiligen Nonius auf 20 mm Länge
c) 10-teiligen Nonius auf 9 mm Länge
d) 49-teiligen Nonius auf 45 mm Länge
e) 49-teiligen Nonius auf 50 mm Länge

TP 14
Wozu dient die Kupplung an der Messschraube?

Sie dient zum …
a) Begrenzen der Messkraft
b) Einstellen auf einen bestimmten Wert
c) Ausrichten der Messschraube
d) Ausgleich der Wärmedehnung
e) Anschluss an einen Rechner

TP 15
Welche Antwort zum Bild ist richtig?

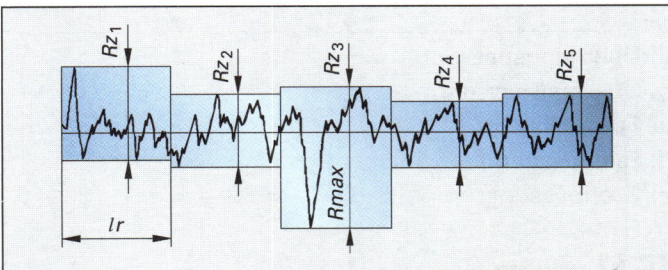

a) Die Werte $Z_1 … Z_5$ zeigen die Glättungstiefe der Einzelmessstrecken.
b) Der Wert Z_3 entspricht dem Mittenrauwert.
c) Aus den Werten $Z_1 … Z_5$ kann die gemittelte Rautiefe berechnet werden.
d) Die maximale Rautiefe ist der fünfte Teil der Einzelrautiefen $Z_1 … Z_5$.
e) Die gemittelte Rautiefe entspricht der Hälfte des Wertes aus größter Einzelrautiefe (Z_3) und kleinster Einzelrautiefe (Z_4).

TP 16
Welcher Faktor hat bei spanender Fertigung keinen Einfluss auf die Oberflächenrauheit?

a) Der Schneidstoff
b) Der Schneidenradius
c) Die Kühlschmierung
d) Der Spanwinkel
e) Die Toleranz

TP 17
Welches Prüfmittel eignet sich *nicht* zum Messen?

a) Messschieber
b) Maßstab
c) Messuhr
d) Feinzeiger
e) Grenzrachenlehre

Oberflächenprüfung

TP 18
Was bedeutet die Zeichnungsangabe?

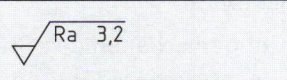

a) Größte zulässige Rockwellhärte: 3,2 N/mm²
b) Größter zulässiger Mittenrauwert: 3,2 µm
c) Größte zulässige gemittelte Rautiefe: 3,2 µm
d) Größter zulässiger Radius: 3,2 mm
e) Keine der genannten Antworten ist richtig

TP 19
Welche Abbott-Kurve entspricht etwa dem gezeigten Oberflächenprofil?

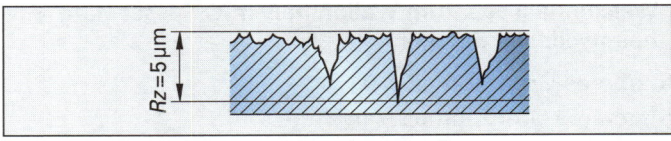

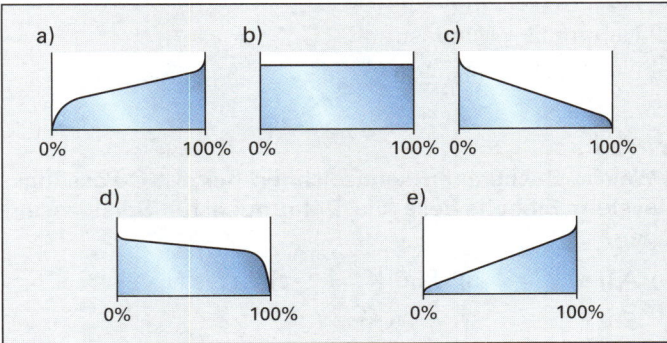

Toleranzen und Passungen

TP 20
Auf einer Zeichnung ist das Maß 70 eingetragen. Wie wird dieses Maß bezeichnet?

a) Istmaß
b) Höchstmaß
c) Mindestmaß
d) Nennmaß
e) Übermaß

TP 21
Welche Passung gehört zum ISO-Passungssystem Einheitswelle?

a) F8/h6
b) P8/d9
c) H7/f7
d) H7/g6
e) D7/r6

TP 22

Auf der Zeichnung steht die Angabe ⌀ 70H7. Was erkennt man am Buchstaben H?

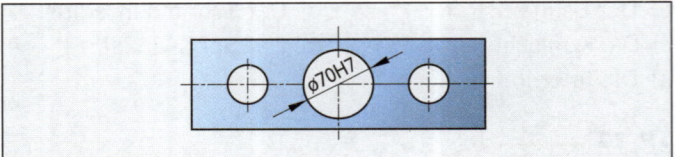

a) Die Größe der Rautiefe
b) Die Lage des Toleranzfeldes zum Istmaß
c) Das Grundabmaß der Bohrung
d) Die Größe der zulässigen Toleranz
e) Den Toleranzgrad der Bohrung

TP 23

Welche Aussage über das ISO-Passungssystem Einheitsbohrung ist *falsch*?

a) Alle Bohrungen erhalten das Grundabmaß H
b) Das Mindestmaß der Bohrung entspricht dem Nennmaß
c) Das Höchstmaß der Bohrung entspricht dem Nennmaß plus Toleranz
d) Das Mindestmaß der Bohrung ist kleiner als das Nennmaß
e) Das Höchstmaß der Bohrung ist größer als das Nennmaß

TP 24

Welche Aussage zum Wellenmaß (ISO-Passsystem Einheitswelle) ist richtig?

a) oberes Grenzabmaß = 0
b) unteres Grenzabmaß = 0
c) Nennmaß = Mindestmaß
d) Nennmaß < Mindestmaß
e) Nennmaß > Höchstmaß

TP 25

Welche Buchstaben kennzeichnen beim ISO-Passungssystem Einheitswelle die Bohrungen für Spielpassungen?

a) A bis H   b) J bis K   c) M bis N
d) P bis R   e) S bis ZC

TP 26

Wie groß ist das Höchstspiel der Paarung Bohrung ⌀ 63 (Abmaße: +0,25; +0,1) mit der Welle ⌀ 63 (Abmaße: –0,1; –0,25)?

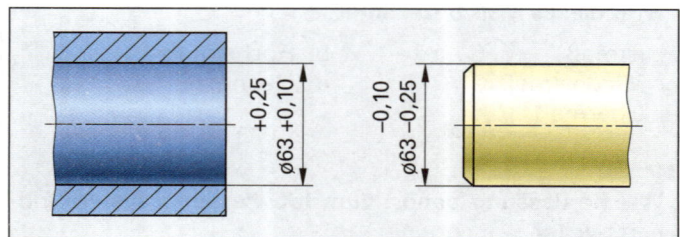

a) 0,1 mm   b) 0,25 mm   c) 0,3 mm
d) 0,35 mm   e) 0,5 mm

TP 27

Was versteht man bei den Passungen unter „Toleranzklasse"?

a) Benennung für eine Kombination eines Grundabmaßes mit einem Toleranzgrad
b) Größe des Spieles
c) Qualität des Werkstoffes
d) Angabe der Passungsverhältnisse der gefügten Teile
e) Größe des Aufmaßes

TP 28

Was bedeuten bei ISO-Toleranzkurzzeichen die Großbuchstaben?

a) Lage des Wellentoleranzfeldes zur Nulllinie
b) Lage des Bohrungstoleranzfeldes zur Nulllinie
c) Toleranzklasse
d) Größe der Toleranzen
e) Größe der Abmaße

TP 29

Wie groß ist die Toleranz bei der Maßangabe ⌀ 20 +0,018/–0,003?

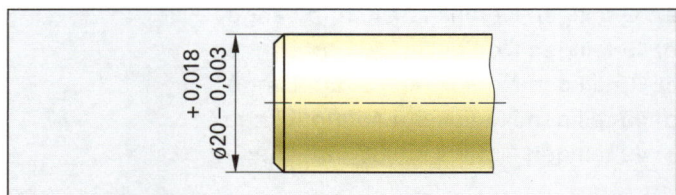

a) 0,005 mm   b) 0,006 mm
c) 0,011 mm   d) 0,021 mm
e) Keine der genannten Antworten ist richtig

TP 30

Welche Passungsart ergibt die Angabe ⌀ 40H7/f7?

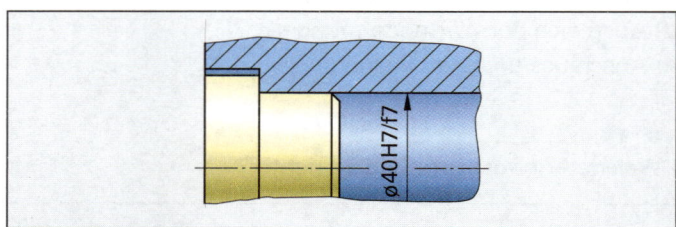

a) Übergangspassung
b) Übermaßpassung
c) Spielpassung
d) Feinpassung
e) Grobpassung

TP 31

Wie werden Allgemeintoleranzen nach DIN ISO 2768 auf der Zeichnung angegeben?

a) Auf der Zeichnung erfolgt keine Angabe.
b) Jedes Maß der Zeichnung erhält die Zusatzangabe + 0,2 mm.
c) Jedes Maß der Zeichnung erhält die Zusatzangabe ± 0,1 mm.
d) Z.B. durch den Hinweis „DIN ISO 2768-mittel".
e) Durch den Hinweis „Abmaße nach DIN ISO 2768 sehr fein".

Form- und Lageprüfung

TP 32 _____

| Welche Aussage über das Prüfen von Form- und Lage-
| toleranzen ist richtig?

a) Die Ebenheit einer Fläche kann nur mit einem Haarlineal geprüft werden.

b) Die Winkligkeit kann mit einer Planglasplatte geprüft werden.

c) Bei der Winkelprüfung wird die Lage von Kanten und Flächen
   geprüft.

d) Mit Richtwaagen können Steilkegel geprüft werden.

e) Mit festen Winkeln können nur Winkelabweichungen über 2°
   festgestellt werden.

TP 33 _____

| Mit welchem Messgerät werden im allgemeinen Winkel
| übertragen?

a) Zentrierwinkel

b) Kegellehre

c) Streichmaß

d) Winkelmesser

e) Sinuslineal

TP 34 _____

| Welche Aussage zur Gewindeprüfung ist *falsch*?

a) Gewindelehren prüfen die Austauschbarkeit von Gewinden.

b) Der Gewindegrenzlehrdorn besitzt eine Gutseite und
   eine Ausschussseite.

c) Mit Gewinde-Gutlehrringen wird die Aufschraubbarkeit
   auf das Gewinde geprüft.

d) Gewinde-Ausschusslehrringe sind rot gekennzeichnet
   und schmaler ausgeführt als Gutlehrringe.

e) Gewinde-Grenzrachenlehren besitzen Prüfbacken.

TP 35 _____

| Wozu benötigt man einen Kegellehrdorn?

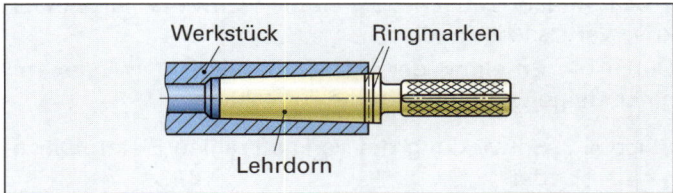

a) Zum Messen von Außenkegeln

b) Zum Messen von Innenkegeln

c) Zum Prüfen der Werkzeugkegel von Spiralbohrern

d) Zum Prüfen von Innenkegeln

e) Zum Prüfen der Werkzeugkegel von Fräsern

TP 36 _____

| Der Winkel α des Werkstückes wird mit einem Sinus-
| lineal (L = 200 mm) gemessen. Das Maß E beträgt
| E = 46,804 mm. Wie groß ist der Winkel α?

a) $\alpha = 46{,}804°$ b) $\alpha = 13° \ 32' \ 2''$

c) $\alpha = 13{,}32°$ d) $\alpha = 76° \ 27' \ 58''$

e) $\alpha = 27{,}907°$

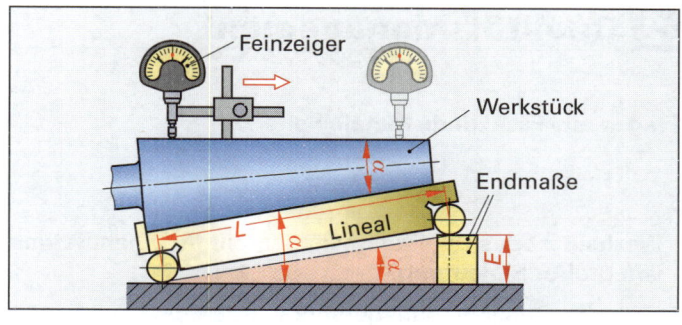

TP 37 _____

| Welche Aussage zu Rundheitsmessungen ist richtig?

a) Rundheitsabweichungen an Gleichdickformen können
   mit Zweipunktmessungen gemessen werden.

b) Rundheitsmessungen mit Dreipunktmessung dürfen
   nur an Gleichdickformen durchgeführt werden.

c) Rundheitsabweichungen sind nur durch eine Dreipunktmessung mit zwei Auflagepunkten im Prisma
   messbar.

d) Das Messverfahren hat auf die Erfassung der Rundheitsabweichungen keinen Einfluss.

e) Die Gleichung für die Rundheitsabweichung f_k bei ova-
   len Formabweichungen lautet:

$$f_k = \frac{A_{min} - A_{max}}{k}$$

TP 38 _____

| Wodurch können Gleichdickformen entstehen?

a) Gleichdickformen entstehen durch Überlagerung von
   Rundheits-, Geradheits- und Parallelitätsabweichungen.

b) Gleichdickformen entstehen bei der Fertigung mit
   stumpfen Werkzeugen.

c) Gleichdickformen entstehen durch Überlagerung von
   Rundheits- und Parallelitätsabweichungen.

d) Gleichdickformen entstehen durch Überlagerung von
   Geradheits- und Parallelitätsabweichungen.

e) Gleichdickformen entstehen durch die Spannkräfte im
   Dreibackenfutter.

TP 39 _____

| Welche Aussage ist *falsch*?

a) Koaxialitäts-Abweichungen können bei Wellen oder bei
   Achsen von Bohrungen auftreten.

b) Um den größten Achsenversatz zu erkennen, sollten
   mindestens in drei Messebenen Rundlaufmessungen
   durchgeführt werden.

c) Die Koaxialitätsabweichung f_{KO} wird aus der größten
   und kleinsten Anzeige ermittelt.

d) Zur Koaxialitäsabweichung kommt immer auch eine
   Rundheitsabweichung hinzu.

e) Der größte zulässige Achsenversatz entspricht der
   Koaxialitätstoleranz t_{KO}.

2   Qualitätsmanagement

Fragen aus Fachkunde Metall, Seite 72

1

Weshalb ist das Qualitätsmanagement für einen Betrieb von großer Bedeutung?

Durch das Qualitätsmanagement werden die Qualität der Produkte eines Betriebes erhöht und die Fertigungskosten gesenkt.

Das Qualitätsmanagement sorgt dafür, dass den Kunden Produktqualität, Liefertreue sowie Service- und Beratungsqualität zuverlässige geboten werden. Außerdem werden im Betrieb Qualitätsziele vorgegeben, die Organisation geplant, Arbeitsmittel bereit gestellt und die Verantwortlichen definiert.

2

In welche Arbeitsbereiche lässt sich das Qualitätsmanagement eines Betriebes einteilen?

Die Arbeitsbereiche des Qualitätsmanagements sind: Qualitätsplanung, Qualitätslenkung, Qualitätssicherung und Qualitätsverbesserung. Sie können anschaulich in einem Qualitätskreis dargestellt werden.

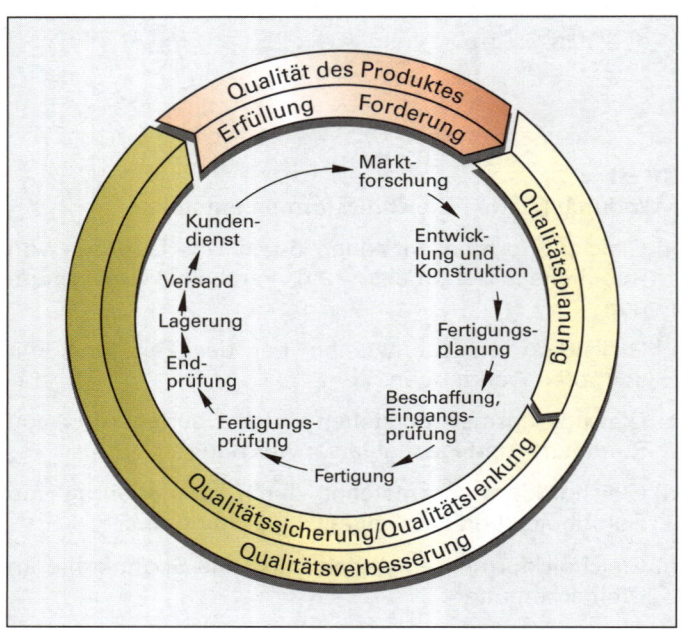

Für die Verwirklichung der Qualitätsziele ist jeder Mitarbeiter in seinem Arbeitsbereich verantwortlich.

3

Weshalb zählen die Normen DIN EN ISO 9000 und DIN EN ISO 9001 zu den wichtigsten Normen im Qualitätsmanagementbereich?

DIN EN ISO 9000 beschreibt wichtige Qualitätsgrundsätze für Qualitätsmanagementsysteme und legt die Terminologie, d.h. die Bedeutung der Fachbegriffe, fest.

DIN EN ISO 9001 beschreibt die Anforderungen an ein Qualitätsmanagementsystem.

Die DIN EN ISO 9000 und die DIN EN ISO 9001 gehören zur ISO 9000-Familie.

4

Beschreiben Sie mindestens drei Beispiele für Verlaufsdiagramme, die Ihnen in Ihrem beruflichen oder privaten Umfeld begegnet sind.

Beispiel 1: Federkennlinie einer Tellerfeder

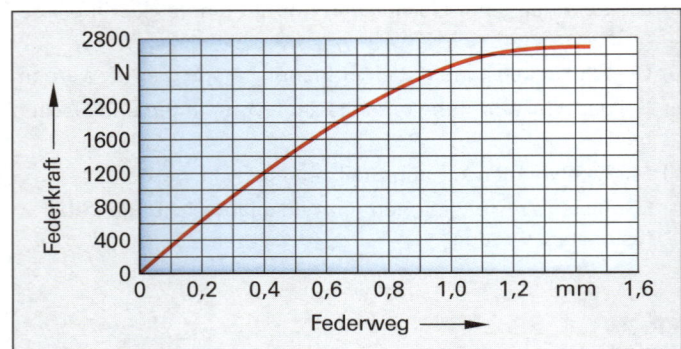

Die Kurve zeigt die Abhängigkeit zwischen der Federkraft F und dem Federweg s: Der Kraftaufwand beim Zusammendrücken der Feder wird mit zunehmendem Federweg immer größer. Die Kurve zeigt, dass sich Kraftaufwand und Federweg nicht proportional zueinander verhalten.

Beispiel 2: Deutsche Ausfuhren (Export) in den Jahren 2000 bis 2009

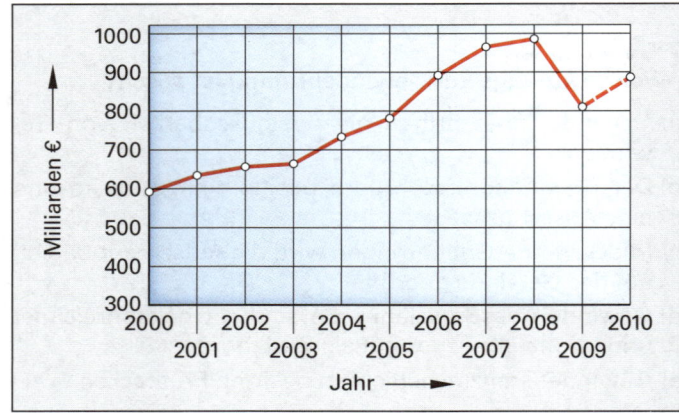

Das Diagramm zeigt die Höhe des deutschen Exports in Milliarden Euro von 2000 bis 2009. Den stetigen Ausfuhrsteigerungen zwischen 2000 und 2008 folgt ein Einbruch im Jahr 2009, der durch die weltweite Wirtschaftskrise verursacht wurde.

Durch die Erholung der Märkte ist für 2010 wieder mit einer steigenden Exportquote zu rechnen.

Beispiel 3: Entwicklung der Verkaufszahlen Elektrofahrräder

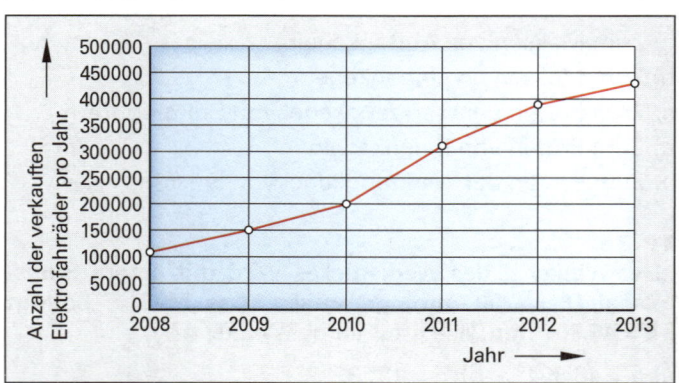

Das Diagramm zeigt die Verkaufszahlen Elektrofahrräder in Deutschland von 2008 bis 2013. Die stetige Steigerung der Verkaufzahlen ist neben der kontinuierlichen Weiterentwicklung der Batterie- und Antriebstechnologien sowie neuer Modelle auf das bewusstere Umwelt- und Gesundheitsverhalten der Bevölkerung zurückzuführen.

5

Welches Ergebnis liefert die Überprüfung eines quantitativen Merkmals und welches die Überprüfung eines qualitativen Merkmals?

Die Überprüfung eines quantitativen Merkmals liefert entweder Zahlenwerte, z.B. Werkstückmaße, oder Zählwerte, z.B. die Anzahl von Werkstücken.

Die Überprüfung eines qualitativen Merkmals liefert Prüfentscheide, z.B. „i.O." (in Ordnung) bzw. „n.i.O." (nicht in Ordnung) oder Noten: „sehr gut", „gut", „schlecht".

6

Formulieren Sie die „Null-Fehler-Strategie" mit eigenen Worten.

Bei der „Null-Fehler-Strategie" muss jeder einzelne Fertigungsschritt in einer Fertigungslinie fehlerlos bleiben. Nur dadurch ist gewährleistet, dass am Ende der Fertigungslinie fehlerfreie Produkte vorhanden sind.

7

Wodurch unterscheidet sich ein kritischer Fehler von einem Nebenfehler?

Ein kritischer Fehler schafft für Personen gefährliche oder unsichere Situationen oder führt im Schadensfall zu hohen Folgekosten. Kritische Fehler sind z.B. eine defekte Bremse oder Korrosion am Lenksystem eines Autos.

Ein Nebenfehler ist ein Fehler, der voraussichtlich die Brauchbarkeit für den vorgesehenen Zweck nicht wesentlich herabsetzt, wie z.B. bei einem Pkw Lackfehler oder ein schwer gängiger Fensterheber.

8

Wodurch unterscheidet sich eine Fehlersammelkarte von einer Strichliste?

In einer Fehlersammelkarte wird die Anzahl der aufgetretenen Fehler mit Zählstrichen aufgelistet.

Teileanlieferung für Druckluftzylinder-Montage Monat: *Mai 2014*	
Fehlerarten	**Fehlerhäufigkeit**
Zylinderplanfläche beschädigt	///
Bodendeckelgewinde fehlt	/
Bohrungen im Flansch nicht angesenkt	HHT HHT /
Kolbenstangengewinde nicht angefast	HHT //
Radius am Dämpfungskolben zu klein	////
Kolbenstange hat Oberflächenfehler	HHT HHT HHT /
Dicht-Abstreif-Element beschädigt	////
falsche Runddichtringe angeliefert	//
Gesamt	48

In einer Strichliste wird die Anzahl der Messwerte eines kontinuierlichen Qualitätsmerkmals, z.B. eines Durchmessermaßes, mit Zählstrichen erfasst.

Messwert-Klasse Nr.	Durchmesser-bereich d in mm ≥ <	Messwerte pro Durchmesserbereich	Anzahl
1	60,00 ... 60,02	//	2
2	60,02 ... 60,04	HHT ////	9
3	60,04 ... 60,06	HHT HHT HHT /	16
4	60,06 ... 60,08	HHT HHT HHT HHT HHT //	27
5	60,08 ... 60,10	HHT HHT HHT HHT HHT HHT /	31
6	60,10 ... 60,12	HHT HHT HHT HHT ///	23
7	60,12 ... 60,14	HHT HHT //	12
8	60,14 ... 60,16	///	3
9	60,16 ... 60,18	//	2
10	60,18 ... 60,20		0

9

Welches Ergebnis liefert eine Pareto-Analyse?

Die Pareto-Analyse klassifiziert Fehler oder Fehlerursachen nach ihrer Häufigkeit und zeigt, dass unter vielen Fehlern meist nur wenige besonders häufig auftreten (Bild).

Das bedeutet, dass sich durch das Beheben sehr weniger, aber wichtiger Problem- oder Fehlerarten eine starke Verminderung der Fehlerhäufigkeit erreichen lässt.

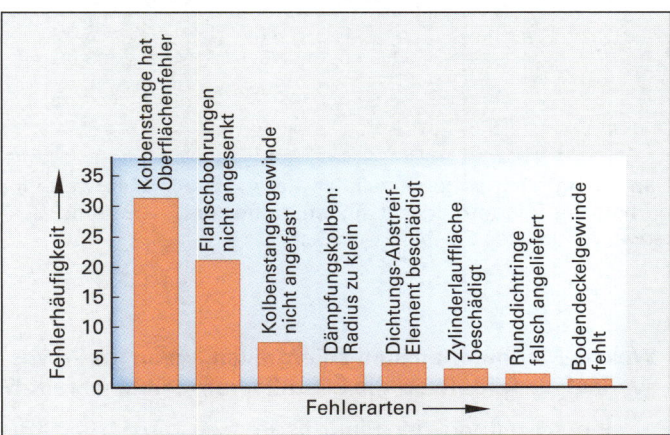

Fragen aus Fachkunde Metall, Seite 84

1

Welche Vorteile hat eine Stichprobenprüfung gegenüber einer 100-%-Prüfung?

- Eine geringe Anzahl von Prüfungen und damit kleinere zu verarbeitende Datenmengen. Durch statistische Methoden werden trotzdem sichere Aussagen über das Gesamtlos gemacht.
- Geringere Prüfkosten.

Bei zerstörender Prüfung ist die Stichprobenprüfung das einzig sinnvolle Verfahren.

2

Welches Ziel verfolgt man mit der statistischen Prozess-regelung (SPC)?

Das Ziel der statistischen Prozessregelung ist es, sich ab-zeichnende Abweichungen im Fertigungsprozess frühzei-tig zu erkennen, damit rechtzeitig in den Prozess einge-griffen und Ausschuss vermieden werden kann.

Dazu wird der Fertigungsprozess mit Hilfe von Qualitäts-regelkarten fortlaufend beobachtet und geregelt.

3

Was bedeutet es, wenn die Prozessfähigkeitsindices C_p und C_{pk} gleich groß sind?

Wenn C_p und C_{pk} gleich groß sind, liegt der Prozessmittel-wert genau in der Mitte des Toleranzfeldes zwischen dem oberen und unteren Grenzwert, d.h., der Prozess ist ideal zentriert.

Gleiche Größen von C_p und C_{pk} allein bedeuten nicht, dass die Prozessfähigkeit gewährleistet ist:
Sind die Werte für C_p und C_{pk} < 1, so liegen die einzelnen Mess-werte außerhalb des Toleranzfeldes.
Bei zu großen C_p- bzw. C_{pk}-Werten, z.B. C_p und C_{pk} = 3, wird die Fertigung zu teuer, weil dann nur ein kleiner Bereich des Tole-ranzfeldes ausgenutzt wird.

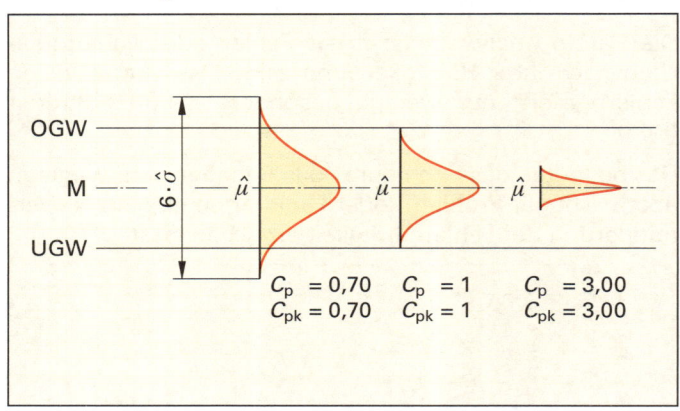

Damit langfristig sichergestellt ist, dass sich alle Messwerte in-nerhalb des Toleranzfeldes befinden, sollte der C_p-Wert (und idea-lerweise auch der C_{pk}-Wert) ≥ 1,33 sein.

4

Welche Maßnahmen sind zu ergreifen, wenn im Prozes-sverlauf ein Mittelwert die Eingriffsgrenze überschreitet?

Bei Überschreitung der Eingriffsgrenzen muss die Stör-größe beseitigt werden.

Alle seit der letzten Stichprobe gefertigten Teile müssen einer 100-%-Prüfung unterzogen und nachgearbeitet oder als Aus-schuss entsorgt werden.

5

Welche Regelkarte ist für die Auswertung von Hand ge-eignet (mit Begründung)?

Für die Auswertung von Hand eignet sich die Median-Spannweitenkarte ($\tilde{x}$-R-Karte). (Bild rechts oben.)

In der oberen Spur sind die Medianwerte $\tilde{x}$ (Zentralwerte), in der unteren Spur die Spannweiten R eingetragen.

Diese Kennwerte sind sehr leicht zu bestimmen. Deshalb ist diese Karte für eine einfache, überschaubare Lage- und Streu-ungsüberwachung ohne Rechner geeignet.

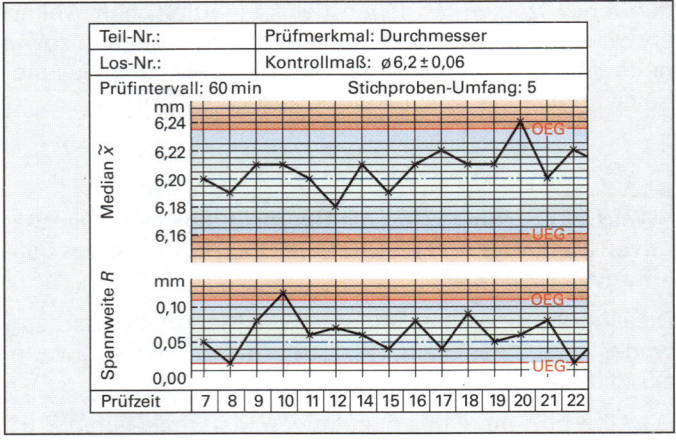

Ergänzende Fragen zum Qualitätsmanagement

6

Was versteht man unter einer Zertifizierung?

Die Zertifizierung ist ein Verfahren, bei dem eine unabhän-gige akkreditierte (anerkannte) Zertifizierungsgesellschaft das Qualitätsmanagement eines Unternehmens prüft und bestätigt, dass es die Forderungen nach DIN EN ISO 9001 erfüllt.

Die Zertifizierung erfolgt nach den Vorgaben der international standardisierten ISO-9000-Normenreihe.

7

Welches Ziel hat die Qualitätslenkung?

Ziel der Qualitätslenkung ist das Erreichen von Qualitäts-forderungen durch vorbeugende, überwachende und kor-rigierende Maßnahmen sowie die Beseitigung von Feh-lerursachen. Dadurch wird eine hohe Wirtschaftlichkeit er-reicht.

Bei der Qualitätslenkung werden in festgelegten Abständen aus der laufenden Fertigung Stichproben entnommen und geprüft. Weichen die Messwerte von den geforderten Werten ab, werden Maßnahmen zur Vermeidung fehlerhafter Teile ergriffen.

8

Welches Hauptziel hat die Qualitätssicherung?

Hauptziel der Qualitätssicherung ist der Nachweis, dass die Qualitätsforderungen in der Produktion erfüllt werden.

9

Was versteht man unter der Maschinenfähigkeit?

Unter der Maschinenfähigkeit versteht man die Fähigkeit einer Maschine, bei gleich bleibenden Bedingungen feh-lerfreie Teile fertigen zu können.

Die Maschinenfähigkeit ist Voraussetzung für die Prozess-fähigkeit, für die statistische Prozesslenkung und für den Einsatz von Qualitätsregelkarten.

10

In welchen Fällen wird eine Maschinenfähigkeitsunter-suchung durchgeführt?

Eine Maschinenfähigkeitsuntersuchung wird durchge-führt vor der Einführung von Qualitätsregelkarten, vor dem Einsatz oder der Änderung von Maschinen und Be-triebsmitteln, bei Maschinenabnahmen, Werkzeug- und Vorrichtungswechseln sowie nach Wartungsarbeiten und Reparaturen.

11

Welches Ziel hat die statistische Prozesslenkung?

Die statistische Prozesslenkung hat das Ziel, einen optimierten Fertigungsprozess durch Stichproben zu kontrollieren und beim Auftreten von Störungen die optimierte Fertigung wieder herzustellen.

Die statistische Prozesslenkung senkt bei der Fertigung großer Stückzahlen die Prüfkosten erheblich.

12

Welche Vorteile hat bei der Fertigungsüberwachung die Qualitätsregelkarte (Bild)?

Durch die Qualitätsregelkarte kann die Fertigung einfach und wirkungsvoll überwacht werden.

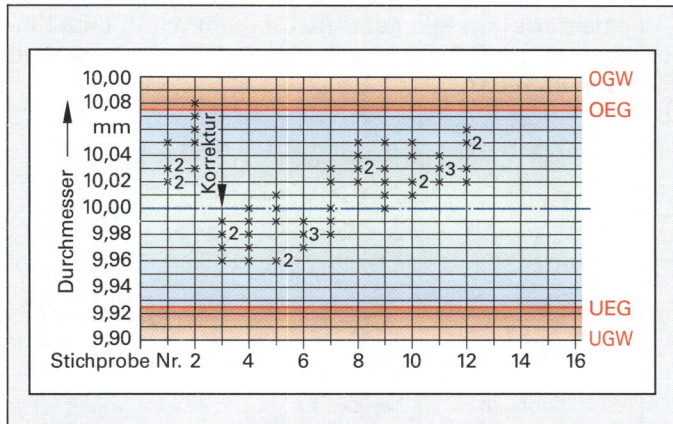

13

Worin besteht der Unterschied zwischen einer Innovation und dem Kontinuierlichen Verbesserungsprozess?

Unter einer Innovation versteht man eine neue Erfindung oder einen neuen Fertigungsprozess. Eine Innovation führt zu einem sprunghaften Fortschritt.

Bei einem „Kontinuierlichen Verbesserungsprozess" (japanischer Begriff: KAIZEN) werden in vielen kleinen Schritten die Qualität verbessert und die Kosten gesenkt.

14

Welche Störeinflüsse können im Fertigungsprozess auftreten?

Störeinflüsse im Fertigungsprozess sind z.B. Mitarbeiterwechsel, Wärmegang der Maschine, Verschleiß und Materialwechsel.

15

Welche Stichprobenfolge im Bild zeigt einen „Trend" und welche einen „Run" an?

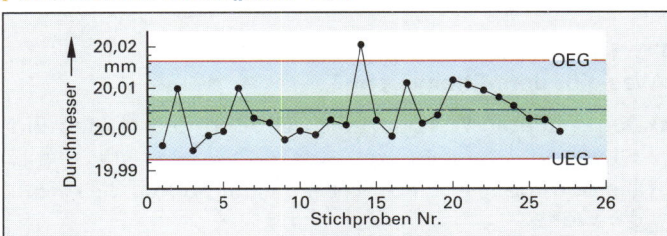

Einen Trend zeigt die Stichprobenfolge bei den Stichproben von 21 bis 27, einen Run bei den Stichproben von 7 bis 13.

Unter einem Trend versteht man sieben hintereinander steigende oder fallende Werte. Bei einem Run liegen sieben hintereinander liegende Werte oberhalb oder unterhalb der Mittellinie.

16

Welche Maßnahmen sind zu ergreifen, wenn die Mittelwert-Qualitätsregelkarte einen Trend anzeigt?

Beim Auftreten eines Trends (Bild) muss der Fertigungsprozess unterbrochen, die Ursache ergründet und beseitigt werden.

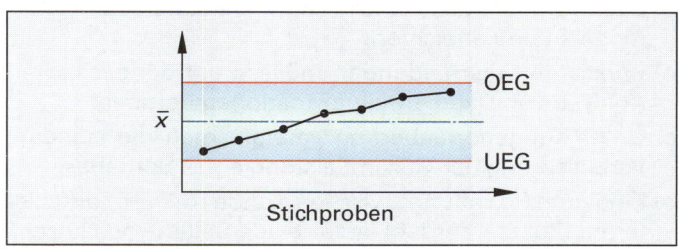

17

Berechnen Sie den Mittelwert $\bar{x}$, den Medianwert $\tilde{x}$ und die Spannweite R der folgenden Stichprobenwerte eines Werkstückmaßes:
$l_1 = 79{,}95$ mm; $l_2 = 80{,}25$ mm; $l_3 = 80{,}15$ mm; $l_4 = 80{,}00$ mm; $l_5 = 80{,}10$ mm.

$$\bar{x} = \frac{l_1 + l_2 + l_3 + l_4 + l_5}{n} =$$

$$= \frac{(79{,}25 + 80{,}25 + 80{,}15 + 80{,}10 + 80{,}00)\ \text{mm}}{5} =$$

$$= 80{,}09\ \text{mm}$$

$\tilde{x} = 80{,}10$ mm

$R = x_{max} - x_{min} = (80{,}25 - 79{,}95)\ \text{mm} = 0{,}30\ \text{mm}$

18

Was ist ein Qualitätsaudit?

Ein Qualitätsaudit ist eine systematische und unabhängige Untersuchung der Qualität gefertigter Teile mit dem Ziel, Schwachstellen aufzudecken, Verbesserungen anzuregen und ihre Wirksamkeit zu überprüfen.

Qualitätsaudits werden von unabhängigen, eigens geschulten Auditoren nach Plan durchgeführt.

19

Welche Maßnahmen sind bei den im Bild markierten Kennwerten 1 und 2 zu ergreifen?

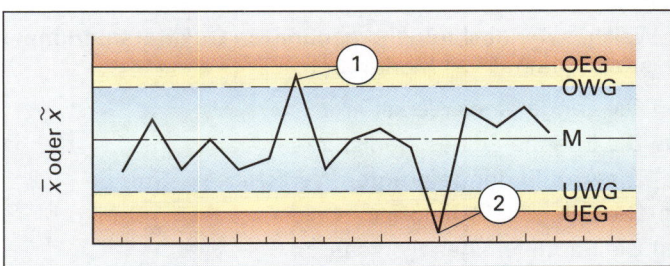

Punkt 1: Der Kennwert liegt zwischen der Warn- und der Eingriffsgrenze. Es besteht die Gefahr einer systematischen Veränderung. Die Prüfintervalle müssen verkürzt werden, damit schneller auf die Veränderung reagiert werden kann.

Punkt 2: Der Kennwert liegt außerhalb der Eingriffsgrenze. Die Produktion ist zu stoppen. Die seit der letzten Stichprobe produzierten Teile sind einer 100%-Prüfung zu unterziehen. Fehlerhafte Teile müssen aussortiert, die Störungsursachen beseitigt werden.

Testfragen zum Qualitätsmanagement

TQ 1

Welche Aussage zu den Grundsätzen des Qualitätsmanagements ist *falsch*?

a) Führungskräfte schaffen und gewährleisten ein betriebliches Umfeld, das die Erreichung der Qualitätsziele ermöglicht und erleichtert.

b) Wirksame Entscheidungen müssen auf der sachlichen Analyse von Daten und Informationen beruhen.

c) Unter Kundenorientierung versteht man die ständige Verbesserung der Gesamtleistung eines Betriebes.

d) Eine gute Beziehung zwischen Kunde (Betrieb) und Lieferant (Zulieferbetrieb) ist für beide Seiten von Nutzen.

e) Ergebnisse werden effizienter erreicht, wenn alle Tätigkeiten und dazugehörigen Mittel als Prozess geleitet und gelenkt werden.

TQ 2

Was ist in der Normenreihe DIN EN ISO 9000 enthalten?

a) Die Verpflichtung zur Einführung eines Qualitätsmanagements.

b) Die Gebühren für die Zertifizierung des Qualitätsmanagements.

c) Die Anforderungen an ein Qualitätsmanagementsystem.

d) Die Befreiung zur Einführung eines Qualitätsmanagements.

e) Die Vorschrift für eine umweltschonende Fertigung.

TQ 3

Was ist *keine* Kundenforderung für ein geliefertes Produkt?

a) Zuverlässigkeit

b) Termingerechte Lieferung

c) Fertigungsbegleitende Prüfungen

d) Funktionsfähigkeit

e) Beratung bei Störungen

TQ 4

Welches der nachfolgend genannten Qualitätsmerkmale ist ein qualitatives Merkmal?

a) Die Länge eines Werkstücks

b) Die Ebenheit eines Werkstücks

c) Die Anzahl der gefertigten Werkstücke je Stunde

d) Die Fehler je Prüfeinheit

e) Die Rautiefe eines Werkstücks

TQ 5

Welcher Begriff stellt *keine* Maßnahme zur Qualitätslenkung dar?

a) Die Kundenbefragung

b) Die Qualitätsprüfung

c) Die Trenderkennung

d) Die unmittelbare Messwertverarbeitung

e) Die Prozessregelung

TQ 6

Was gibt die Maschinenfähigkeit an?

a) Die Fähigkeit einer Maschine, in der Stunde mehr als 100 Teile zu fertigen.

b) Die Fähigkeit einer Maschine, ein Jahr ohne Instandhaltung auszukommen.

c) Die Fähigkeit einer Maschine, automatisch zu fertigen.

d) Die Fähigkeit einer Maschine, eine Störung selbsttätig zu beseitigen.

e) Die Fähigkeit einer Maschine, im laufenden Betrieb fehlerfreie Teile zu fertigen.

TQ 7

Wie heißt das im Bild gezeigte Diagramm, mit dem Einflüsse auf eine Problematik ermittelt und dargestellt werden können?

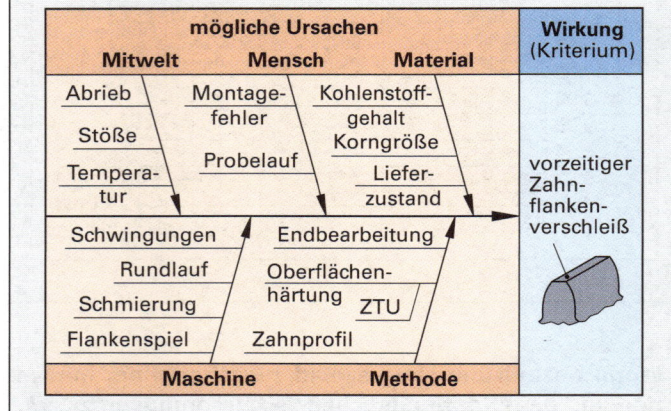

a) Flussdiagramm   b) Streudiagramm

c) Matrixdiagramm   d) Korrelationsdiagramm

e) Ursache-Wirkungsdiagramm

TQ 8

Welches Diagramm wird *nicht* für Analyse und Dokumentationsmethoden im Qualitätsmanagementbereich verwendet?

Das ...

a) Flussdiagramm   b) Histogramm

c) Verlaufsdiagramm   d) Balkendiagramm

e) Verkaufsdiagramm

TQ 9

Welchem M-Einfluss auf die Streuung von Merkmalswerten ordnen Sie den Begriff „Prüfverfahren" zu?

a) Mensch   b) Methode   c) Maschine

d) Material   e) Mitwelt

TQ 10

Was gibt der Mittelwert an?

a) Den mittleren Wert der nach Größen geordneten Einzelwerte.

b) Die Summe aller Einzelwerte dividiert durch die Anzahl der Werte.

c) Den Unterschied zwischen größtem und kleinstem Einzelwert.

d) Die Summe von größtem und kleinstem Einzelwert dividiert durch 2.

e) Die mittlere Anzahl der Einzelwerte.

TQ 11

Welche Aussage zur Auditierung ist *falsch*?

a) Qualitätsaudits werden von unabhängigen, geschulten Auditoren nach Plan durchgeführt.

b) Bei Produktaudits werden Produkte z.B. daraufhin untersucht, ob ihre Qualitätsmerkmale mit den Vorgaben übereinstimmen.

c) Durch Zertifizierungsaudits bewerten Firmen ihre Lieferanten, meist in Form von Prozessaudits.

d) Mit einem Prozessaudit sollen Verbesserungsmöglichkeiten eines Prozesses aufgezeigt werden.

e) Durch Systemaudits werden u.a. Schwachstellen sowie Korrektur- und Verbesserungsmaßnahmen ermittelt.

TQ 12

Welche Aussage zum dargestellten Prozessverlauf in der Qualitätsregelkarte ist richtig?

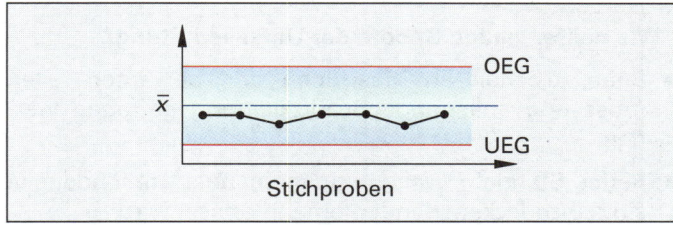

a) Die Werte steigen hintereinander an.

b) Die Werte fallen von der oberen zur unteren Eingriffsgrenze.

c) Die Werte liegen zu nahe an der oberen Eingriffsgrenze.

d) Die Werte liegen zu weit von der Toleranzmitte entfernt.

e) Die Werte liegen unterhalb der Mittellinie.

TQ 13

Welche Ursache kann der in der Qualitätsregelkarte gezeigte Prozessverlauf haben?

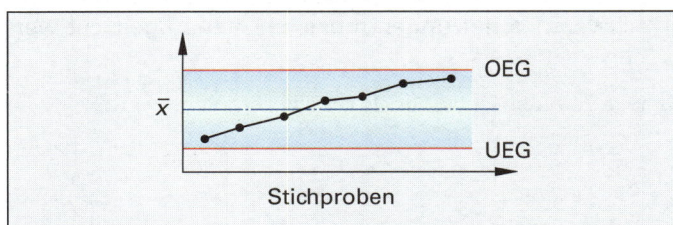

a) Zunehmender Werkzeugverschleiß.

b) Erwärmung der Maschine.

c) Verwendung eines anderen Prüfmittels.

d) Verwendung eines ungeeigneten Kühlschmierstoffes.

e) Schichtwechsel des Anlageführers.

TQ 14

Welche Aussage über die dargestellten Prozessverläufe in Qualitätsregelkarten ist richtig?

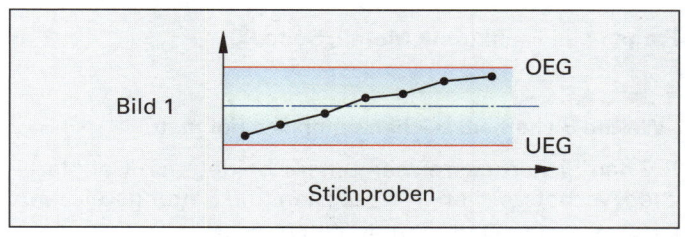

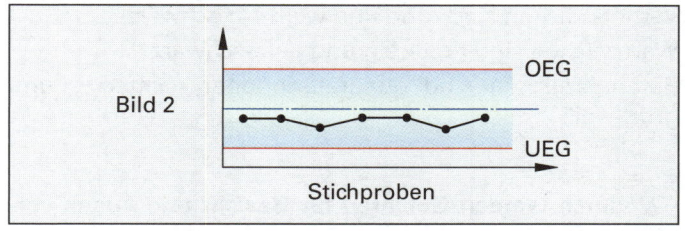

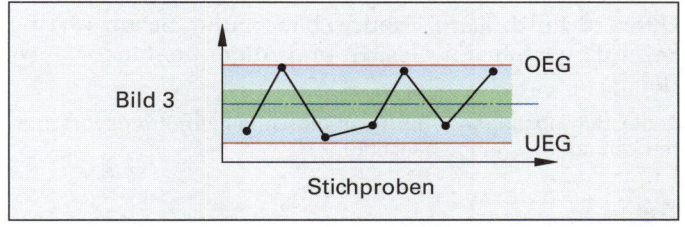

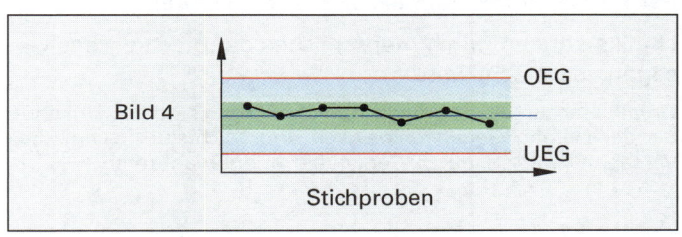

a) Die Bilder 1 und 3 zeigen einen Run.

b) Die Bilder 1 und 2 zeigen einen Middle Third.

c) Die Bilder 2 und 4 zeigen einen Trend.

d) Die Bilder 1 und 4 zeigen einen Run.

e) Die Bilder 3 und 4 zeigen einen Middle Third.

TQ 15

Welche der genannten Maßnahmen ist eine Innovation?

a) Die geringfügige Verkürzung der Fertigungszeit für ein Teil.

b) Die Optimierung der Schmierung der Maschine.

c) Die Anpassung der Arbeitsschritte.

d) Die Einführung eines wesentlich schnelleren Arbeitsverfahrens.

e) Die Senkung des Energieverbrauchs durch bessere Schmierung.

3 Fertigungstechnik

3.1 Arbeitssicherheit

Fragen aus Fachkunde Metall, Seite 90

1

| Welche Sicherheitszeichen unterscheidet man?

Bei den Sicherheitszeichen unterscheidet man Gebotszeichen, Verbotszeichen, Warnzeichen und Rettungszeichen.

Gebotszeichen sind rund und blau-weiß

Verbotszeichen sind rund und weiß-rot-schwarz

Warnzeichen sind dreieckig und gelb-schwarz

Rettungszeichen sind quadratisch oder rechteckig und grün-weiß

2

| Wodurch werden Gefahren für Gesicht und Augen verhindert?

Durch Schutzbrillen, Schutzschilder und Schutzschirme kann die Gefahr für Gesicht und Augen verhindert werden.

Jeder Betriebsangehörige muss die Unfallverhütungsvorschriften kennen und genau beachten.

3

| Wodurch können Unfälle verursacht werden?

Unfälle können durch menschliches oder technisches Versagen verursacht werden.

Unfallursachen durch menschliches Versagen sind z.B. Unkenntnis der Gefahr, Gedankenlosigkeit und Leichtsinn. Technisches Versagen kann z.B. durch Werkstoffermüdung auftreten.

4

| Welche Schutzmaßnahmen gelten für elektrische Betriebsmittel?

Schutzmaßnahmen sind:

- Schutzisolierung: Alle Spannung führenden Teile müssen isoliert sein.
- Schutzmaßnahmen im TN-System: Alle Gehäuse elektrischer Betriebsmittel sind mit dem Schutzleiter PE verbunden.
- Schutzkontakt: Alle elektrische Anschlüsse müssen einen Schutzleiter PE haben.
- Schutztrennung: Das elektrische Betriebsmittel ist durch einen Transformator vom Stromkreis getrennt.
- Schutzschalter: Jedes elektrische Betriebsmittel muss durch einen Schutzschalter abgesichert sein.

Ergänzende Fragen zur Arbeitssicherheit

5

| Welchen Zweck hat die Unfallverhütung am Arbeitsplatz?

Durch Unfallverhütung am Arbeitsplatz sollen Menschen und Einrichtungen vor Schaden bewahrt werden.

Berufsgenossenschaften erlassen für jeden Berufszweig Unfallverhütungsvorschriften, die zu beachten sind.

6

| Wie sehen Verbotszeichen aus?

Verbotszeichen sind rund und zeigen die verbotene Handlung als schwarzes Schild auf weißem Grund mit roter Umrandung.

Ein roter Querbalken durchkreuzt die verbotene Handlung.

7

| Durch welche vorbeugenden Sicherheitsmaßnahmen können Unfälle vermieden werden?

Unfälle können durch Beseitigung der Gefahren, durch Abschirmen und Kennzeichnen von Gefahrenstellen und durch Verhinderung der Gefährdung vermieden werden.

Jeder Mitarbeiter eines Betriebes ist verpflichtet, an der Verhütung von Unfällen mitzuarbeiten.

8

| Wie heißen einige Gebote der Unfallverhütung?

- Beim Arbeiten an Maschinen und bewegten Teilen muss eng anliegende Schutzkleidung getragen werden.
- Räder, Spindeln, Wellen und ineinander greifende Teile sind abzudecken, damit niemand erfasst wird.
- Sicherheitseinrichtungen und Schutzvorrichtungen dürfen nicht entfernt werden.
- Beschäftigte mit langen Haaren müssen Kopfbedeckungen tragen.
- Beim Schleifen ist eine Schutzbrille zu tragen.
- Ventile und Anschlüsse an Sauerstoffflaschen sind frei von Fett und Öl zu halten.
- Gasflaschen sind beim Transport mit einer Schutzkappe zu versehen.
- Elektrische Sicherungen dürfen nicht geflickt werden.
- Jede Verletzung ist sofort fachgerecht zu versorgen. Bei schweren Verletzungen muss ein Arzt aufgesucht werden.

Unfälle verhüten ist besser als Unfälle vergüten!

3.2 Gliederung der Fertigungsverfahren

Fragen aus Fachkunde Metall, Seite 92

1

| Welche Hauptgruppen werden bei den Fertigungsverfahren unterschieden?

Die Hauptgruppen der Fertigungsverfahren sind:
- Urformen
- Umformen
- Trennen
- Fügen
- Beschichten
- Stoffeigenschaft ändern

2

| **Beschreiben Sie je ein Verfahren einer Hauptgruppe.**

Hauptgruppe Urformen, Verfahren Gießen: Eine Metallschmelze wird in Formen gegossen, wo sie erstarrt.

Hauptgruppe Umformen, Verfahren Tiefziehen: Eine Blechronde wird mit einem Stempel durch eine Matrize gezogen.

Hauptgruppe Trennen, Verfahren Fräsen: Mit einem Fräswerkzeug werden Späne abgehoben und dadurch die Werkstückform erzeugt.

Hauptgruppe Fügen, Verfahren Verschrauben: Mit einer Schraube werden zwei Werkstücke verbunden.

Hauptgruppe Beschichten, Verfahren Elektrotauchlackieren: Autokarosserien werden unter der Wirkung einer elektrischen Spannung mit einem Lack überzogen.

Hauptgruppe Ändern der Stoffeigenschaft, Verfahren Härten: Durch Erwärmen und Abschrecken werden Werkstücke aus Stahl gehärtet.

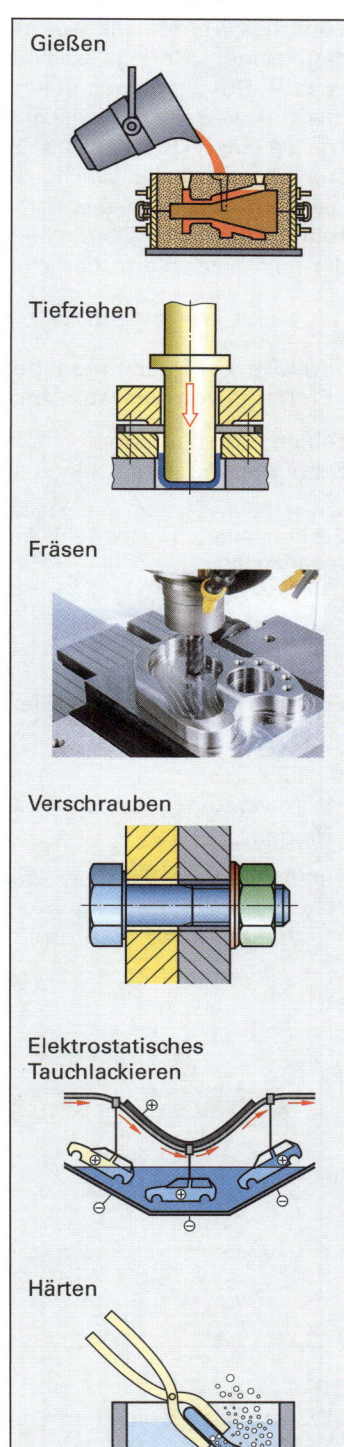

Gießen

Tiefziehen

Fräsen

Verschrauben

Elektrostatisches Tauchlackieren

Härten

Ergänzende Fragen zur Gliederung der Fertigungsverfahren

3

| **Welche Fertigungsverfahren gehören zur Hauptgruppe Trennen?**

Zur Hauptgruppe Trennen zählen z.B. Schneiden, Drehen, Bohren, Sägen, Schleifen und Abtragen.

4

| **Welche Fertigungsverfahren gehören zur Hauptgruppe Fügen?**

Zur Hauptgruppe Fügen zählen z.B. Verschrauben, Kleben, Löten, Schweißen, Einpressen und Eingießen.

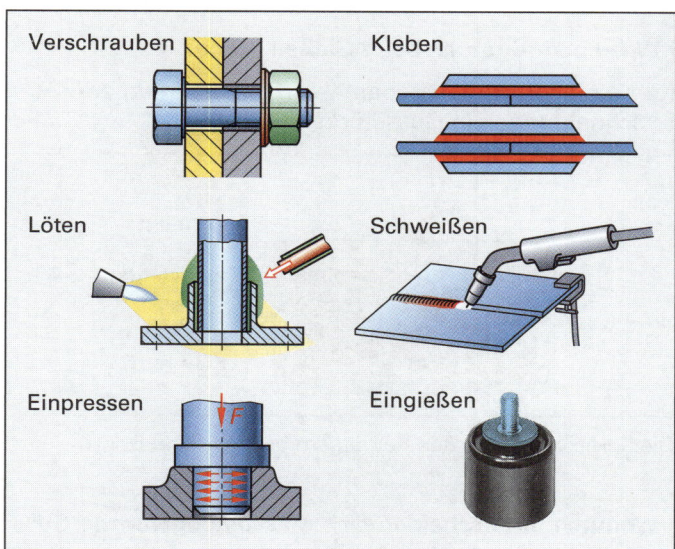

Verschrauben   Kleben

Löten   Schweißen

Einpressen   Eingießen

5

| **Durch welche Fertigungsverfahren wird der Stoffzusammenhalt vergrößert?**

Fertigungsverfahren, die den Stoffzusammenhalt vergrößern, sind z.B. Schweißen, Löten, Verschrauben, Lackieren und Galvanisieren.

6

| **Zu welcher Hauptgruppe gehören die Fertigungsverfahren Druckumformen und Zugumformen?**

Diese Fertigungsverfahren gehören zur Hauptgruppe Umformen.

7

| **Wie können die Stoffeigenschaften eines festen Körpers geändert werden?**

Die Stoffeigenschaften können geändert werden durch Umlagern, Aussondern oder Einbringen von Stoffteilchen.

Ein Umlagern von Stoffteilchen findet statt z.B. beim Härten, ein Aussondern beim Entkohlen und ein Einbringen beim Nitrieren.

3.3 Gießen

Fragen aus Fachkunde Metall, Seite 98

1

| **Aus welchen Gründen werden Werkstücke durch Gießen hergestellt?**

Werkstücke werden gegossen, wenn ihre Herstellung durch andere Fertigungsverfahren unwirtschaftlich oder nicht möglich ist oder wenn besondere Eigenschaften des Gusswerkstoffs, wie z.B. gute Gleiteigenschaften, ausgenutzt werden sollen.

Beim Gießen wird flüssiger Werkstoff in Formen gegossen. Dort erstarrt er zu einem Gussstück.

2

| **Warum sind die Modellmaße größer als die Maße des herzustellenden Gussstücks?**

Die Modellmaße müssen größer sein, weil das in die Form gegossene Metall beim Abkühlen schwindet.

Würde das Schwindmaß bei der Herstellung des Modells nicht berücksichtigt, so wäre das Gussstück zu klein.

3

Wozu benötigt man beim Gießen Kerne?

Kerne dienen zum Aussparen von Hohlräumen oder Hinterschneidungen in Gussstücken (Bild).

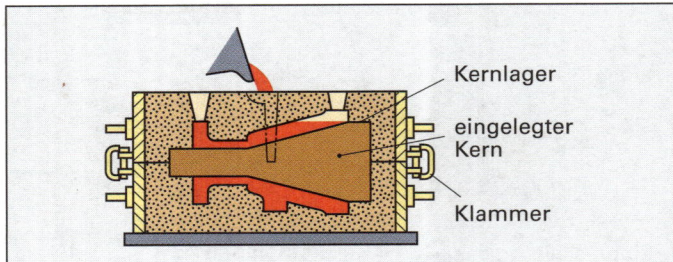

Die Kerne werden in den Kernlagern befestigt und fixiert.

4

Wodurch unterscheiden sich maschinengeformte Gussstücke von handgeformten?

Maschinengeformte Gussstücke sind maßgenauer als handgeformte und besitzen eine bessere Oberfläche.

Maschinenformen ist erst bei mittleren Stückzahlen wirtschaftlich.

5

Wie werden die Formen für das Vakuumformen hergestellt?

Zuerst wird eine Kunststofffolie auf die Modellhälfte gelegt und durch Erwärmen mit Wärmestrahlung formbar gemacht. Sie schmiegt sich durch den angelegten Unterdruck an die Modelloberfläche an. Formsand wird durch Vibrieren vorverdichtet und nach dem Abdecken mit einer zweiten Folie fertigverdichtet.

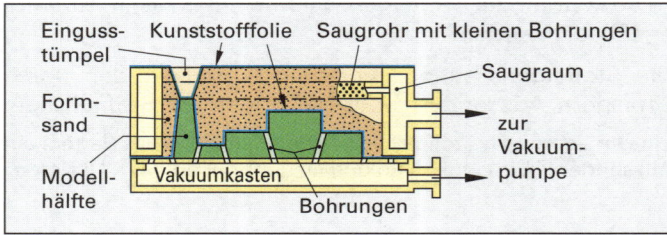

Nach dem Abschalten des Unterdrucks im Vakuumkasten wird der Formkasten abgehoben. Die zweite Formhälfte wird gleichermaßen hergestellt. Anschließend werden beide Formhälften miteinander verklammert und unter Beibehaltung des Unterdrucks im Formkasten abgegossen.

6

Welches Gießverfahren eignet sich zur Herstellung dünnwandiger Werkstücke aus NE-Metallen bei großen Stückzahlen?

Das geeignetste Verfahren ist das Druckgießen (Bild).

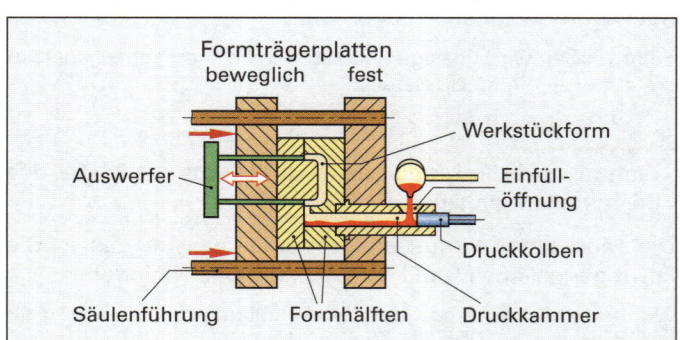

7

Wie werden Gussstücke durch Feingießen hergestellt?

Zunächst werden die aus Wachs oder Kunststoff spritzgegossenen Modelle zu einer Modelltraube zusammengesetzt. Durch Tauchen in einer Aufschlämmung aus keramischer Masse und anschließendes Trocknen erhält die Traube einen Überzug aus Keramik-Rohmasse. Nach dem Trocknen wird das Wachs durch Ausschmelzen entfernt. Die nun hohle Form aus Keramik-Rohmasse wird bei etwa 1000 °C gebrannt. Dadurch wird sie zu Keramik und erhält die zum Gießen erforderliche Festigkeit.

8

Welche Fehler können beim Einformen, Gießen und Erstarren von Gussstücken auftreten?

Fehler, die beim Einformen vorkommen können, sind Schülpen und versetzter Guss.

Fehler beim Gießen und Erstarren sind Schlackeneinschlüsse, Gashohlräume (Gasblasen), Lunker, Seigerungen und Gussspannungen.

Ergänzende Fragen zum Gießen

9

Was versteht man in der Gießereitechnik unter einem Modell?

Ein Modell ist eine um das Schwindmaß vergrößerte Nachbildung des fertigen Gussstücks (Bild). Es wird zur Herstellung einer Gießform benötigt.

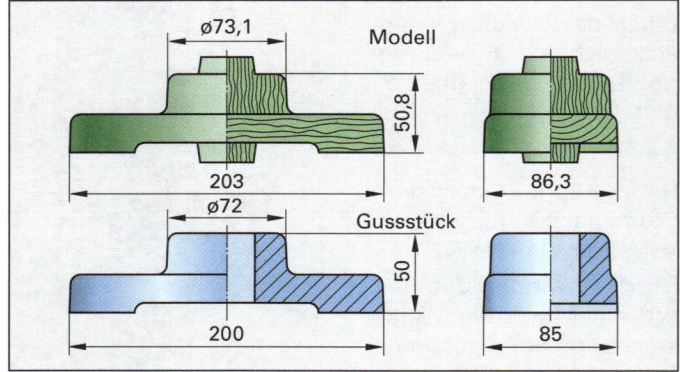

10

Warum besitzt eine Form außer dem Einguss meist auch Speiser?

Durch Speiser kann beim Gießen die Luft entweichen und beim Erstarren die Flüssigkeitsschwindung der in der Form abkühlenden Schmelze ausgeglichen werden. Dadurch werden Lunker vermieden.

Die Querschnitte der Speiser müssen so groß sein, dass in ihnen das flüssige Metall zuletzt erstarrt.

11

Wie erfolgt das Schleudergießen?

Beim Schleudergießen wird das flüssige Metall in eine sich schnell drehende Stahlform gegossen.

Durch die Fliehkraft wird das Gießmetall gleichmäßig an der Innenwand der Form verteilt. Dort erstarrt es.

Formgebung und Weiterverarbeitung der Kunststoffe

Fragen aus Fachkunde Metall, Seite 105

1

Welche Formgebungsverfahren gibt es für Thermoplaste bzw. für Duroplaste und Elastomere?

Formgebungsverfahren für Thermoplaste sind Extrudieren und Spritzgießen, für thermoplastische Schaumstoffe zusätzlich Schäumen.

Formgebungsverfahren für Duroplaste und Elastomere sind Formpressen, Spritzpressen, Schäumen und in begrenztem Maß auch Spritzgießen.

Besondere Urformverfahren für Thermoplaste sind das Extrusionsblasen für Hohlkörper, z.B. von Fässern oder Tanks, das Folienblasen zur Herstellung von Folien und das Kalandrieren (Warmwalzen) von Kunststoffbahnen.

2

Welche Formteile werden durch Extrudieren hergestellt?

Durch Extrudieren werden Profile, Rohre, Stäbe, Platten und Bänder hergestellt.

3

Aus welchen Maschinen-Baugruppen besteht eine Spritzgießmaschine?

Eine Spritzgießmaschine besteht aus den Maschineneinheiten Plastifizier- und Spritzeinheit sowie Öffnungs- und Schließeinheit (Bild unten).

4

Beschreiben Sie einen Arbeitszyklus einer Spritzgießmaschine.

Das Formwerkzeug wird geschlossen und der herangefahrene Plastifizierzylinder spritzt fließfähige Kunststoffmasse in das Formwerkzeug (Bild unten).

Nach dem Erstarren der Kunststoffmasse im gekühlten Formwerkzeug fährt der Spritzzylinder zurück, das Formwerkzeug wird geöffnet und das Werkstück ausgestoßen.

Dann wird das Formwerkzeug geschlossen und ein neuer Fertigungzyklus beginnt mit dem Einspritzen der Kunststoffmasse.

5

Welches sind die wichtigsten Prozessparameter beim Spritzgießen?

Die wichtigsten Prozessparameter sind:
- Die Schmelztemperatur der Kunststoffmasse
- Die Temperatur des Formwerkzeugs
- Der Einspritzdruck.

6

Welche Verfahren gibt es zur Fertigung von Bauteilen aus Schaumstoff?

Für die verschiedenen Schaumstoffe gibt es unterschiedliche Fertigungsverfahren:

Bauteile aus Polystyrol-Schaumstoff fertigt man durch Vorschäumen eines treibmittelhaltigen Polystyrolgranulats und Fertigschäumen mit Hilfe von heißem Wasserdampf in einem Formwerkzeug.

Bauteile aus Polyurethan-Schaumstoff werden durch Spritzgießen der gemischten PolyurethanVorprodukte in ein Formwerkzeug gefertigt.

7

Welche Kunststoffe sind nicht klebbar?

Nicht oder schlecht verklebbar sind die Kunststoffe Polyethylen (PE), Polypropylen (PP), Polytetrafluorethylen (PTFE) und die Silikonkunststoffe.

8

Zwei PE-Kunststoffrohre sollen durch Schweißen zu einem langen Rohr gefügt werden. Welche Schweißverfahren sind dazu geeignet?

Kunststoffrohre können geschweißt werden durch Reibschweißen, Heizelementschweißen oder Heißgasschweißen.

Ergänzende Fragen zur Formgebung und Verarbeitung der Kunststoffe

9

Wozu dient das Spritzgießen?

Durch Spritzgießen werden kompliziert geformte Thermoplast-Bauteile geringer bis mittlerer Größe in einem Arbeitsgang gefertigt.

Typische Spritzgussteile sind z.B. Gehäuse für Kleingeräte, Zahnräder, Eimer und Bierkästen.

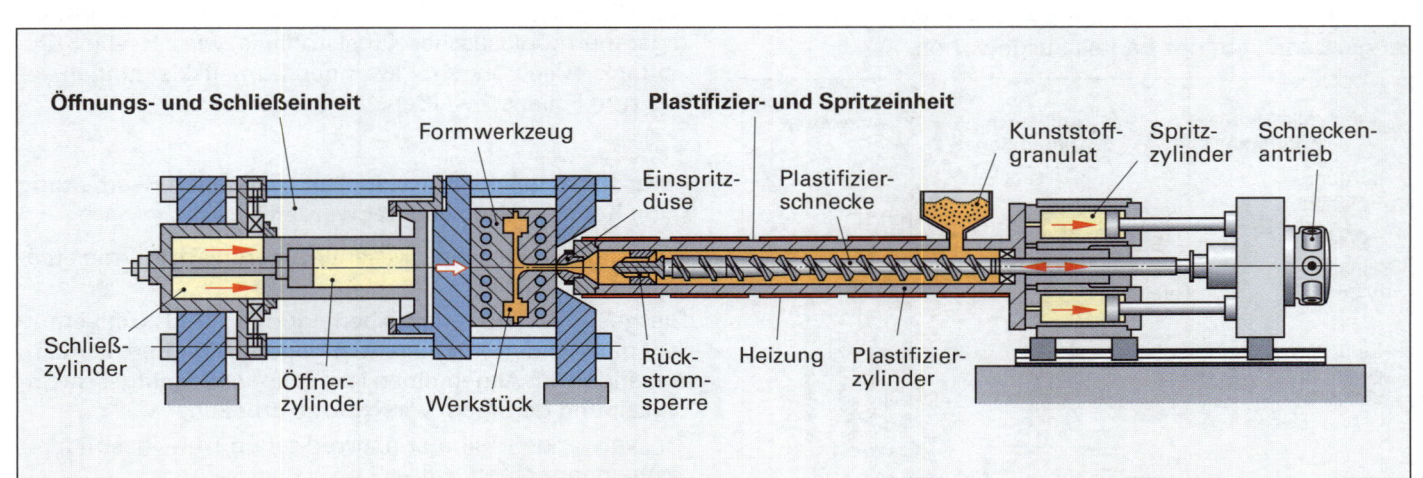

Öffnungs- und Schließeinheit — Formwerkzeug — Einspritzdüse — Plastifizierschnecke — Kunststoffgranulat — Spritzzylinder — Schneckenantrieb — Plastifizier- und Spritzeinheit — Schließzylinder — Öffnerzylinder — Werkstück — Rückstromsperre — Heizung — Plastifizierzylinder

10

Welche Auswirkungen hat eine zu niedrige Schmelzetemperatur der Kunststoffmasse beim Spritzgießen?

Zu niedrige Schmelzetemperatur führt zu unvollständigem Füllen des Formwerkzeug-Hohlraums und damit zu Ausschuss.

11

Welche Kunststoff-Bauteile werden durch Warmumformen hergestellt?

Durch Warmumformen werden meist großformatige, dünnwandige Bauteile aus thermoplastischen Kunststoffen hergestellt.

Beispiele: Kühlschrankverkleidungen, Badewannen

12

Wie arbeitet ein Extruder?

Der Extruder ist eine stetig arbeitende Schneckenstrangpresse. Sie drückt die plastifizierte Kunststoffmasse durch eine Profildüse. Dort tritt die Kunststoffmasse als endloser, weicher Strang aus. Er durchläuft eine Kalibrierstrecke, wo er seine genaue Profilform erhält und erstarrt vollends in einer nachgeschalteten Kühlstrecke.

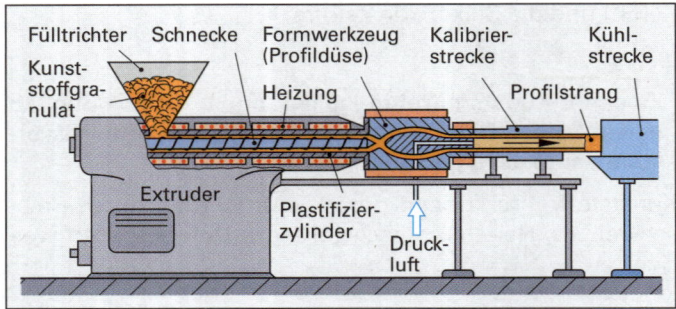

13

Wie werden Hohlkörper aus Kunststoff, wie z.B. Pkw-Tanks, hergestellt?

Hohlkörper werden in einem mehrschrittigen Fertigungsverfahren durch Extrusionsblasen hergestellt (Bild).

Aus einem Extruder mit einem speziellen Düsenkopf wird ein warmes und formbares Schlauchstück in ein geöffnetes Hohlformwerkzeug geführt. Nach Schließen des Werkzeugs wird das Schlauchstück aufgeblasen und erstarrt in seiner Endform an den gekühlten Wänden des Formwerkzeugs. Dann wird das Bauteil ausgeworfen.

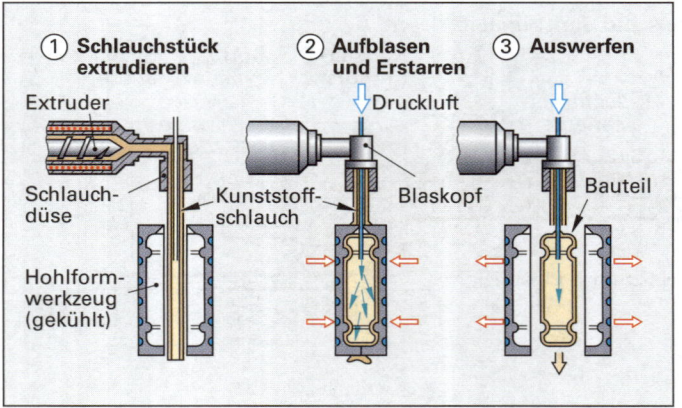

14

Welche Fügeverfahren gibt es für Kunststoffe?

Die Kunststoffe können durch Schrauben und Schnappverbindungen sowie durch Nieten, Eingießen und teilweise durch Kleben verbunden werden.

Die thermoplastischen Kunststoffe können zusätzlich geschweißt werden.

15

Welches sind die bevorzugten Verbindungstechniken bei Gehäusen aus Kunststoff?

Bauteile in Kunststoffgehäusen oder Teile von Kunststoffgehäusen werden bevorzugt durch **Schnappverbindungen** (oberes Bild) oder durch **Schraubenverbindungen** (unteres Bild) miteinander gefügt.

Schraubenverbindungen sind lösbar, Schnappverbindungen gibt es als lösbare oder nicht lösbare Ausführung.

Fest im Kunststoffbauteil sitzende Metallteile, wie Gewindebuchsen, Lagerschalen und Wellenzapfen, werden durch **Eingießen** unlösbar im Bauteil verankert.

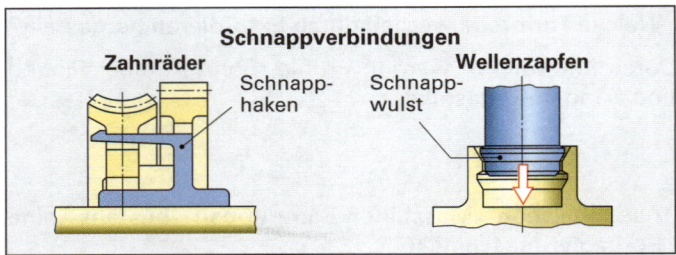

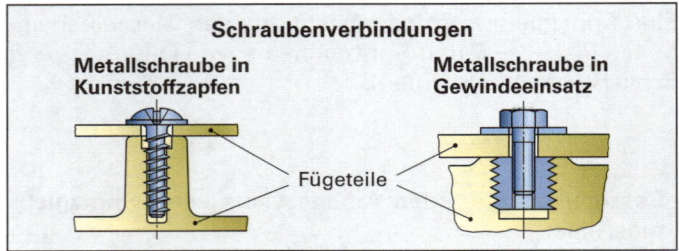

16

Welche Kunststoffe lassen sich gut kleben?

Gut verklebbar sind: Polyvinylchlorid (PVC), Acrylglas (PMMA), Polystyrol (PS), Polycarbonate (PC), Epoxidharze (EP), Polyurethane (PU).

17

Welche Kunststoffbauteile werden mit dem Ultraschallschweißen gefügt?

Das Ultraschallschweißen dient zum Verbinden dünnwandiger thermoplastischer Kunststoffteile, wie z.B. von Kühlschrankverkleidungen, Pkw-Innenraumauskleidungen sowie zum Folienschweißen.

18

Was muss bei der maschinellen spanenden Bearbeitung von Kunststoffen beachtet werden?

Kunststoffe haben eine wesentlich geringere Wärmeleitfähigkeit als Metalle.

Die geeigneten Spanungsbedingungen und Kühlverfahren, die von den Herstellern angegeben werden, sind anzuwenden. Im Allgemeinen ist mit hoher Schnittgeschwindigkeit und geringem Vorschub zu arbeiten.

Zu verwenden sind Spanwerkzeuge mit besonderer Schneidengeometrie.

3.4 Umformen

Fragen aus Fachkunde Metall, Seite 112

1

| Wie wird die gestreckte Länge von Biegeteilen ermittelt?

Die gestreckte Länge von Biegeteilen entspricht der Länge der neutralen Faser und wird durch Addieren der Teilstücke ermittelt (Bild).

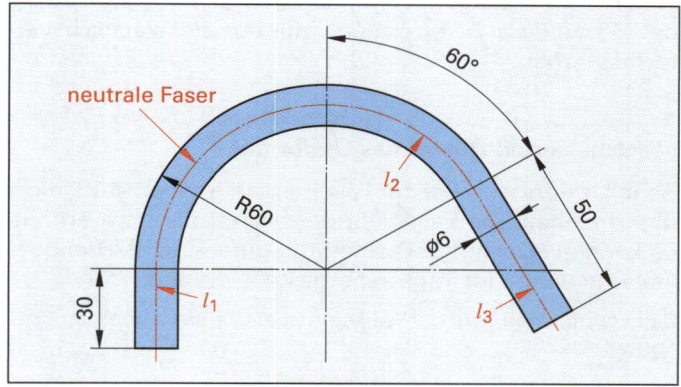

2

| Warum darf der Biegeradius nicht zu klein gewählt werden?

Bei zu kleinem Biegeradius bilden sich in der Biegezone Risse. Außerdem kann es zu Querschnittsänderungen kommen.

Der Mindestbiegeradius ist vom Werkstoff und von der Blechdicke abhängig und wird Tabellen entnommen.

3

| Wovon hängt der Überbiegungswinkel beim Biegen ab?

Der Überbiegungswinkel hängt vom Werkstoff und dem Verhältnis Biegeradius zur Blechdicke ab.

Beim Biegen muss das Werkstück um die Größe der elastischen Rückfederung nach dem Biegen überbogen werden.

4

| Aus welchen Bauteilen bestehen Tiefziehwerkzeuge?

Tiefziehwerkzeuge bestehen aus der Ziehmatrize, dem Niederhalter und dem Ziehstempel.

Eine Zentrierung hält den Zuschnitt in der richtigen Position.

5

| Welche Fehler können an Ziehteilen auftreten?

Ziehfehler sind Risse am Boden, Falten und Ziehriefen.

Verursacht werden Ziehfehler durch das Ziehwerkzeug, den Ziehvorgang oder den zu ziehenden Werkstoff.

6

| Was versteht man unter dem maximalen Ziehverhältnis eines Bleches?

Das maximale Ziehverhältnis ist das höchstzulässige Durchmesserverhältnis zweier aufeinander folgender Züge.

Ist das Ziehverhältnis zu groß, so muss in zwei oder mehreren aufeinander folgenden Zügen gezogen werden.

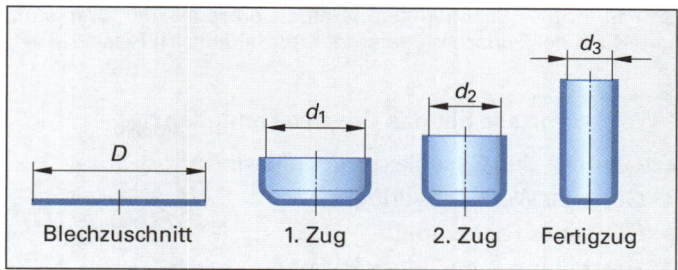

7

| Wovon hängt das maximale Ziehverhältnis ab?

Das maximale Ziehverhältnis hängt ab von der Festigkeit des Werkstoffs, der Blechdicke, dem Stempel- und Ziehkantenradius, der Niederhalterkraft und dem verwendeten Schmiermittel.

8

| Welche Vorteile hat das hydromechanische Tiefziehen gegenüber dem konventionellen Tiefziehen?

Das hydromechanische Tiefziehen (Bild unten) besitzt gegenüber dem konventionellen Tiefziehen folgende Vorteile:

- Das erreichbare Ziehverhältnis ist wegen der Gefügeumformung im Blech im Bereich des Ziehwulstes größer.
- Die Änderung der Blechdicke an den Bodenradien ist sehr gering. Damit können auch sehr kleine Radien gezogen werden.
- Die äußere Oberfläche der Ziehteile ist besser, weil keine Reibungsspuren einer Matrize auftreten.
- Die Fertigungskosten sind geringer, weil die Werkzeugkosten geringer und weniger Ziehstufen erforderlich sind.

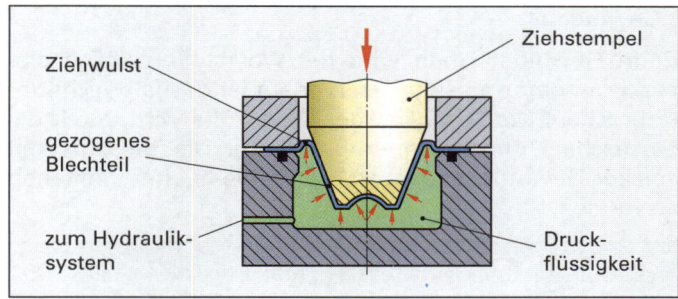

Fragen aus Fachkunde Metall, Seite 116

1

| Wovon hängt die Schmiedetemperatur ab?

Die Schmiedetemperatur richtet sich nach dem Werkstoff. Bei unlegierten Stählen ist die Schmiedetemperatur vom Kohlenstoffgehalt abhängig (Bild).

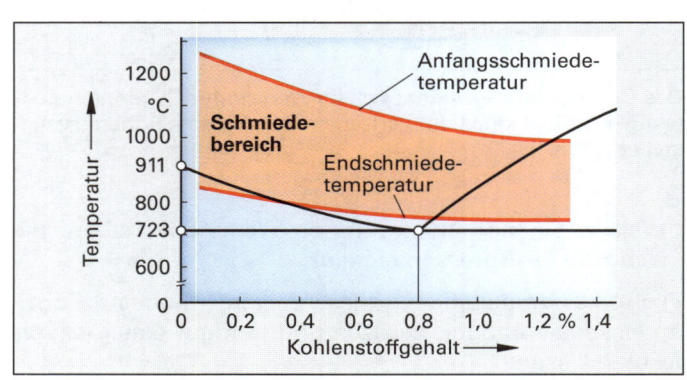

Bei zu hoher Schmiedetemperatur verbrennt der Werkstoff, unterhalb der Endschmiedetemperatur bilden sich Risse.

2 _____
| Welche Vorteile hat das Gesenkschmieden?

Die Vorteile des Gesenkschmiedens sind:

● Geringer Werkstoffverlust
● Günstiger Faserverlauf
● Herstellung schwieriger Formen möglich
● Hohe Wiederholgenauigkeit

Beim Gesenkformen wird das Schmiedestück in einem zweiteiligen Gesenk aus einem Rohteil geschlagen.

3 _____
| Nennen Sie einige typische Werkstücke, die durch Gesenkschmieden hergestellt werden.

Durch Gesenkschmieden werden z.B. Achsschenkel (Bild), Kurbelwellen, Nockenwellen, Pleuelstangen und Schraubenschlüssel hergestellt.

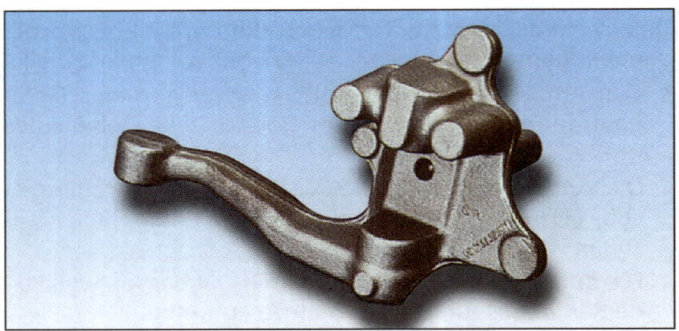

4 _____
| Wodurch unterscheiden sich Gewinde, die durch Gewindeformen hergestellt wurden, von geschnittenen Gewinden?

Beim Gewindeformen wird der Werkstoff lediglich plastisch umgeformt; sein Faserverlauf ist deshalb nicht unterbrochen. Die Festigkeit des Werkstoffs wird durch die plastische Umformung erhöht (Bild). Die Belastbarkeit solcher Gewinde ist deshalb höher als bei geschnittenen Gewinden.

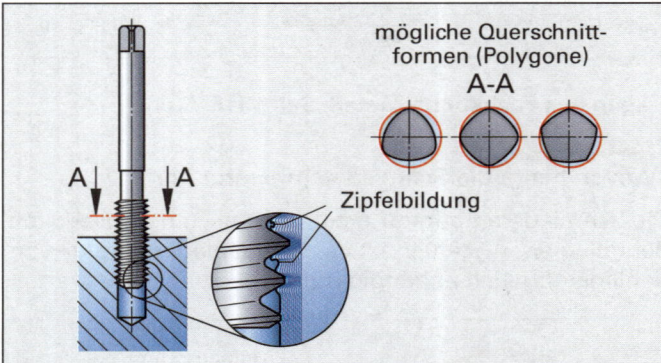

Das Gewindeformen eignet sich für Werkstoffe mit geringer Zugfestigkeit, die dadurch im verformten Bereich eine höhere Festigkeit erhalten.

5 _____
| Welche Eigenschaften müssen Werkstoffe haben, die sich zum Fließpressen eignen?

Fließpress-Werkstoffe müssen ein hohes Formänderungsvermögen besitzen und sich gut plastisch verformen lassen.

Zum Fließpressen eignen sich Stahl mit geringem C-Gehalt, z.B. C10, Aluminium und Aluminium-Legierungen, Kupfer und weiche Cn-Zn-Legierungen sowie Blei und Zinn.

Ergänzende Fragen zum Umformen

6 _____
| Wie verhalten sich die Werkstoffe beim Umformen?

Die Werkstoffe setzen dem Umformen einen Verformungswiderstand entgegen. Um eine dauernde Formänderung der Werkstücke zu erreichen, müssen sie plastisch verformt werden.

7 _____
| Welche Vorteile bietet das Umformen?

Beim Umformen wird der Faserverlauf im Werkstück nicht unterbrochen; die Festigkeit des Werkstoffs wird erhöht. Es können schwierige Formen mit guter Oberflächenqualität und engen Toleranzen hergestellt werden.

Beim Umformen wird der Werkstoff in eine andere geometrische Form gebracht.

8 _____
| In welchem Bereich des Spannungs-Dehnungs-Diagramms erfolgt das Umformen?

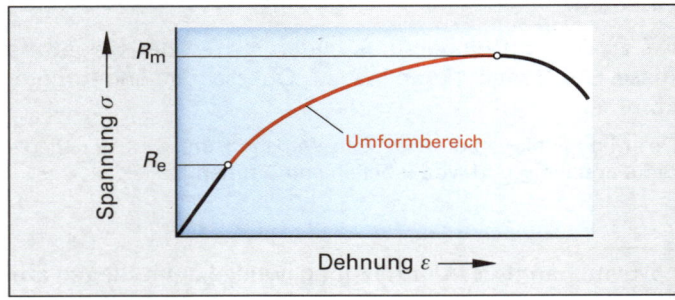

Das Umformen erfolgt zwischen der Streckgrenze R_e und der Zugfestigkeit R_m.

Werkstoffe mit niedriger Streckgrenze und hoher Dehnung lassen sich deshalb besonders gut umformen.

9 _____
| Welche Unterschiede bestehen zwischen Warmumformen und Kaltumformen?

Warmumformen erfolgt im Bereich der Schmiedetemperatur. Mit kleinen Umformkräften sind große Formänderungen erreichbar.

Beim Kaltumformen werden große Umformkräfte benötigt. Die erreichbaren Formänderungen sind verhältnismäßig klein.

Durch Warmumformen werden Festigkeit und Dehnung des Werkstoffs nicht verändert. Kaltumformung dagegen bewirkt durch Gefügeänderung eine Erhöhung der Festigkeit und eine Verringerung der Dehnung.

10 _____
| Welchen Zweck hat das Zwischenglühen beim Kaltumformen?

Durch Zwischenglühen wird die beim Kaltumformen entstandene Kaltverfestigung beseitigt.

Beim Zwischenglühen (Rekristallisationsglühen) wird das durch die Kaltverformung verzerrte Gefüge wieder in einen unverzerrten Zustand zurückgeführt.

Ergänzende Fragen zum Biegen

11

Was versteht man beim Biegen unter der neutralen Faser eines Werkstücks?

Die neutrale Faser ist diejenige Werkstückfaser, die beim Biegen weder gestreckt noch gestaucht wird.

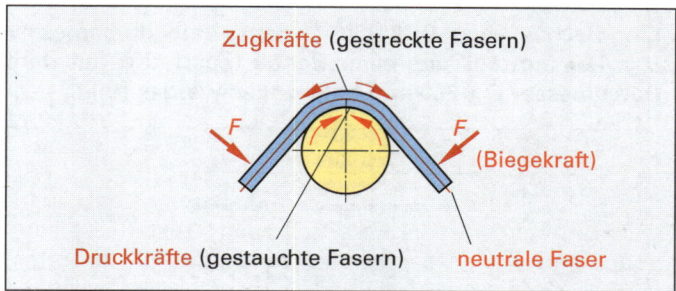

Zugkräfte (gestreckte Fasern)

F   F

(Biegekraft)

Druckkräfte (gestauchte Fasern)   neutrale Faser

Die neutrale Faser liegt bei großem Biegeradius ungefähr in der Mitte des Werkstücks, bei kleinem Biegeradius ist sie zur Innenseite verschoben.

12

Ein Rundstab (d = 8 mm) aus Aluminium wird zu einem 3/4-Ring mit dem Außendurchmesser D = 140 mm gebogen.

Zu berechnen sind:

a) Die Länge der neutralen Faser

$$l = \frac{D_m \cdot \pi \cdot a}{360°} = \frac{132\,mm \cdot \pi \cdot 270°}{360°} = \textbf{311 mm}$$

b) Das Volumen des Ringes

$$V = A \cdot l \qquad V = \frac{d^2 \cdot \pi}{4} \cdot l$$

$$V = \frac{(8\,mm)^2 \cdot \pi}{4} \cdot 311\,mm = \textbf{15633 mm}^3$$

c) Die Masse des Rings

$$m = V \cdot \varrho$$

$$m = 15{,}633\,cm^3 \cdot 2{,}7\,g/cm^3 = \textbf{42,2 g}$$

13

Das Rahmenprofil (Bild) aus DC04 soll durch Biegen hergestellt werden.

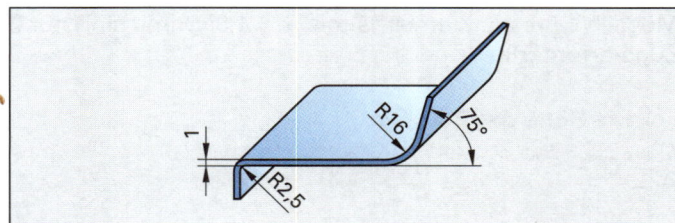

R16   75°

1

R2,5

Zu ermitteln sind:

a) Das Verhältnis $r_2 : s$

$r_2 : s$ = 2,5 mm : 1 mm = 2,5 (links)
$r_2 : s$ = 16 mm : 1 mm = 16 (rechts)

b) Der Rückfederungsfaktor k_R

k_R = 0,99 (links) k_R = 0,96 (rechts)

c) Die Winkel α_1 am Werkzeug

$$\alpha_{1\,links} = \frac{a_2}{k_R} = \frac{90°}{0{,}99} = 90{,}9°$$

$$\alpha_{1\,rechts} = \frac{a_2}{k_R} = \frac{75°}{0{,}96} = 78{,}1°$$

d) Die Radien am Werkzeug

$$r_1 = k_R \cdot (r_2 + 0{,}5 \cdot s) - 0{,}5 \cdot s$$

$$r_{1\,links} = 0{,}99 \cdot (2{,}5\,mm + 0{,}5 \cdot 1\,mm) - 0{,}5 \cdot 1\,mm$$
$$= \textbf{2,47 mm}$$

$$r_{1\,rechts} = 0{,}96\,(16\,mm + 0{,}5 \cdot 1\,mm) - 0{,}5 \cdot 1\,mm =$$
$$= \textbf{15,34 mm}$$

14

Für einen Fensterrahmen soll das Profil (Bild) aus EN AW-Al MgSi gebogen werden.

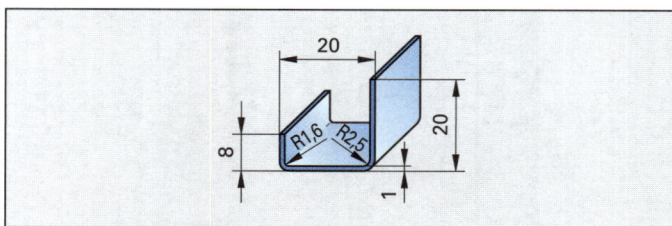

20

8   R1,6 R2,5   20

1

Zu bestimmen sind:

a) Die gestreckte Länge nach Tabelle

Ausgleichswerte v für Biegewinkel $\alpha = 90°$							
Biege-radius r in mm	Ausgleichswert v je Biegestelle in mm für Blechdichte s in mm						
	0,4	0,6	0,8	1	1,5	2	2,5
1	1,0	1,3	1,7	1,9	–	–	–
1,6	1,3	1,6	1,8	2,1	2,9	–	–
2,5	1,6	2,0	2,2	2,4	3,2	4,0	4,8

$$L = l_1 + l_2 + l_3 - n_1 \cdot v_1 - n_2 \cdot v_2$$
$$L = (8 + 20 + 20)\,mm - 1 \cdot 2{,}4\,mm = \textbf{43,5 mm}$$

b) Das Verhältnis $r_2 : s$

$r_{2\,links} : s$ = 1,6 mm : 1 mm = **1,6 mm**
$r_{2\,rechts} : s$ = 2,5 mm : 1 mm = **2,5 mm**

c) Die Rückfederungsfaktoren nach Tabelle

Rückfederungsfaktoren k_R								
Werkstoff der Biegeteile	Verhältnis $r_2 : s$							
	1	1,6	2,5	4	6,3	10	16	25
	Rückfederungsfaktor k_R							
DC 04	0,99	0,99	099	0,98	0,97	0,97	0,96	0,94
EN AW-Al CuMg1	0,98	0,98	0,98	0,98	0,97	0,97	0,96	0,95
EN AW-Al SiMgMn	0,98	0,98	0,97	0,96	0,95	0,93	0,90	0,86

$k_{R\,links}$ = 0,98 $k_{R\,rechts}$ = 0,97

d) Die Winkel α_1 am Werkzeug

$$\alpha_1 = \frac{a_2}{k_R} = \frac{90°}{0,99} = \mathbf{91,83°} \text{ (links)}$$

$$\alpha_1 = \frac{a_2}{k_R} = \frac{90°}{0,97} = \mathbf{92,78°} \text{ (rechts)}$$

e) Die Rundungen r_1 am Werkzeug

$r_1 = k_R \cdot (r_2 + 0,5 \cdot s) - 0,5 \cdot s$

$r_{1\,links} = 0,98 \cdot (1,6 + 0,5 \cdot 1) \text{ mm} - 0,5 \cdot 1 \text{ mm} = \mathbf{1,56 \text{ mm}}$

$r_{1\,rechts} = 0,97 \cdot (2,5 + 0,5 \cdot 1) \text{ mm} - 0,5 \cdot 1 \text{ mm} = \mathbf{2,41 \text{ mm}}$

Ergänzende Fragen zum Tiefziehen

15 _____

Die Abdeckhaube (Bild) aus EN AW-AlMg1 w soll durch Tiefziehen hergestellt werden.

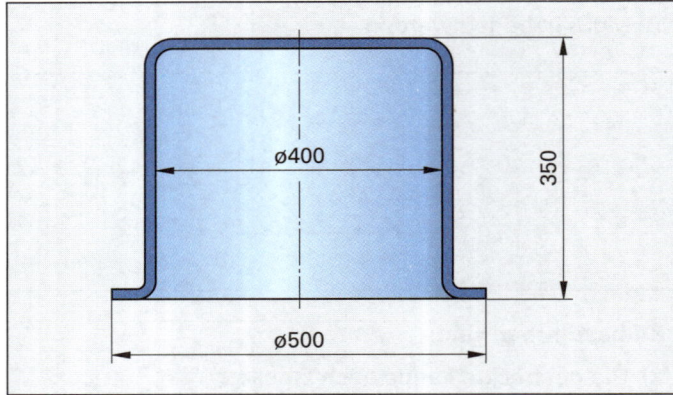

Wie groß sind:

a) Der Durchmesser des Zuschnittes

$$A_1 = \frac{d^2 \cdot \pi}{4} + d_1 \cdot \pi \cdot h$$

$$A_1 = \frac{(50 \text{ cm})^2 \cdot \pi}{4} + 40 \text{ cm} \cdot \pi \cdot 35 \text{ cm}$$

$$A_1 = 6361,7 \text{ cm}^2$$

$$A_2 = A_1 \qquad\qquad A_2 = \frac{D^2 \cdot \pi}{4}$$

$$D = \sqrt{\frac{4 \cdot A_2}{\pi}} = \sqrt{\frac{4 \cdot 6361,7 \text{ cm}^2}{\pi}} = \mathbf{90 \text{ cm}}$$

b) Das erreichbare Ziehverhältnis β_1

$\beta_{1\,max} = 1,85$ (nach Tabellenbuch)

c) Die Anzahl der notwendigen Züge

$$\beta_1 = \frac{D}{d_1}; \quad d_1 = \frac{D}{\beta_1} = \frac{900 \text{ mm}}{1,85} = 486 \text{ mm}$$

$$\beta_2 = \frac{d_1}{d_2} = \frac{486 \text{ mm}}{400 \text{ mm}} = \mathbf{1,22}$$

Möglich wäre ein Ziehverhältnis von 1,3 (ohne Zwischenglühen). Damit sind nur 2 Züge erforderlich.

16 _____

Ein durch Tiefziehen hergestellter Napf zeigt am Boden Risse, ein anderer am oberen Ende der Zarge senkrechte Falten. Welche Ursachen können für diese Fehler vorliegen?

Ursache für Bodenreißer können sein: Zu enger Ziehspalt, zu große Niederhalterkraft, zu kleine Rundungen an der Ziehmatrize und am Stempel, zu hohe Ziehgeschwindigkeit, zu großes Ziehverhältnis.

Ursache für die senkrechten Falten können sein: Zu weiter Ziehspalt, zu kleine Niederhalterkraft, zu große Rundungen an der Ziehmatrize.

17 _____

Ein Becher aus DC04 mit dem Innendurchmesser $d = 120$ mm soll aus einer Ronde (Zuschnitt) mit dem Durchmesser $D = 260$ mm tiefgezogen werden (Bild).

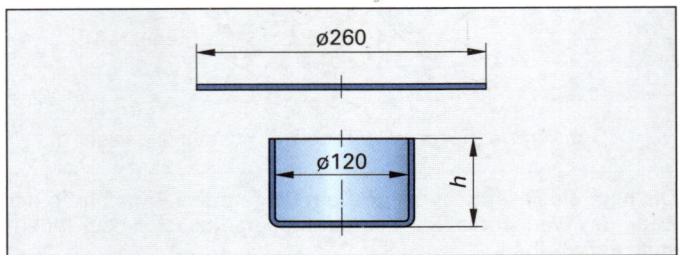

Zu bestimmen sind:

a) Das erreichbare Ziehverhältnis $\beta_{1\,max}$

Werkstoffe zum Tiefziehen			
	erreichbares Ziehverhältnis		
Ziehwerkstoff	β_1 max (1. Zug)	β_2 max (2. Zug)	
		ohne	mit
		Zwischenglühen	
DC 01	1,8	1,2	1,6
DC 04	2,0	1,3	1,7
EN AW-Al Mg1 w	1,85	1,3	1,75

$\beta_{1\,max} = 2$ (nach Tabelle)

b) Die Anzahl der notwendigen Züge ohne Zwischenglühen nach Tabelle

$$\beta_1 = \frac{D}{d_1} \qquad d_1 = \frac{D}{\beta_1} = \frac{260 \text{ mm}}{2} = \mathbf{130 \text{ mm}}$$

$$\beta_2 = \frac{d_1}{d_2} = \frac{130 \text{ mm}}{120 \text{ mm}} = \mathbf{1,08}$$

Möglich wäre ein Ziehverhältnis $\beta_2 = 1,3$. Damit sind nur 2 Züge erforderlich.

c) Die Höhe des Bechers

$$A_1 = \frac{D^2 \cdot \pi}{4} \qquad\qquad A_2 = \frac{d^2 \cdot \pi}{4} + d \cdot \pi \cdot h$$

$$A_2 = A_1$$

$$\frac{d^2 \cdot \pi}{4} + d \cdot \pi \cdot h = \frac{D^2 \cdot \pi}{4}$$

$$h = \frac{\frac{D^2 \cdot \pi}{4} - \frac{d^2 \cdot \pi}{4}}{d \cdot \pi} = \frac{\frac{(260 \text{ mm})^2 \cdot \pi}{4} - \frac{(120 \text{ mm})^2 \cdot \pi}{4}}{120 \text{ mm} \cdot \pi}$$

$$= \mathbf{110,8 \text{ mm}}$$

Ergänzende Fragen zum Schmieden

18

Wodurch kommen die guten Festigkeitseigenschaften gesenkgeschmiedeter Werkstücke zustande?

Wegen des nicht unterbrochenen Faserverlaufs besitzen gesenkgeschmiedete Werkstücke bessere Festigkeitseigenschaften als Werkstücke, bei denen durch spanende Formgebung die Werkstofffasern zerschnitten sind.

Durch Gesenkschmieden lassen sich Werkstücke herstellen, die höchsten Beanspruchungen gewachsen sind.

19

Welche Vorteile bietet das Gesenkformen?

Durch Gesenkformen können kompliziert geformte, hochbeanspruchte Werkstücke maßgenau und kostengünstig hergestellt werden.

Die Werkstoffverluste beim Gesenkformen sind gering.

20

Wodurch unterscheidet sich das Freiformen vom Gesenkformen?

Während beim Freiformen der Werkstoff beim Umformvorgang frei fließen kann, ist er beim Gesenkformen ganz oder zu einem wesentlichen Teil durch das Gesenk umschlossen. Gesenkgeformte Werkstücke sind deshalb form- und maßgenau.

Freiformen wird bei der Herstellung von Einzelstücken und zum Vorformen von Gesenkschmiedestücken angewandt.

21

Warum darf unterhalb der Endschmiedetemperatur nicht mehr geschmiedet werden?

Die Formbarkeit wird durch die niedrige Temperatur so gering, dass der Werkstoff beim Schmieden Risse bekommt.

Das Schmieden soll grundsätzlich von der Ausgangstemperatur bis zur Endtemperatur durchgehend erfolgen. Dadurch erhält man ein besonders feinkörniges Gefüge.

22

Bei den verschiedenen Umformverfahren kommen unterschiedliche Maschinen zum Einsatz. Nennen Sie drei Maschinen, die hier zum Einsatz kommen und einige ihrer Einsatzgebiete.

Beim Umformen kommen, je nach Antriebsart, unterschiedliche Maschinen zum Einsatz. Dies sind beispielsweise mechanische Pressen, hydraulische Pressen und Maschinenhämmer.

Mechanische Pressen können für das Gesenkschmieden, Biegen und Tiefziehen eingesetzt werden; hydraulische Pressen für Tiefziehen, Fließpressen und Strangpressen. Maschinenhämmer nutzt man für freies Schmieden und Gesenkschmieden.

23

Der Kopf von Zylinderschrauben wird aus Stangenmaterial durch Kaltverformung hergestellt (Bild). Wie groß ist die Ausgangslänge l_1 des Stangenmaterials für die gezeigte Schraube?

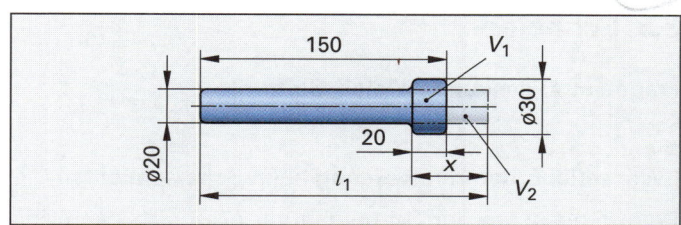

Das Volumen des Schraubenkopfes (V_1) ergibt sich durch Umformen der Länge x des Stangenmaterials. Dieser Stangenabschnitt hat dasselbe Volumen wie der Schraubenkopf ($V_1 = V_2$).

$$V_1 = \frac{D^2 \cdot \pi}{4} \cdot h = \frac{(30 \text{ mm})^2 \cdot \pi}{4} \cdot 20 \text{ mm}$$

$$= 14137 \text{ mm}^3 \qquad V_1 = V_2$$

$$V_2 = \frac{d^2 \cdot \pi}{4} \cdot x$$

$$x = \frac{4 \cdot V_2}{d^2 \cdot \pi} = \frac{4 \cdot 14137 \text{ mm}^3}{(20 \text{ mm})^2 \cdot \pi} = 45 \text{ mm}$$

$$l_1 = 130 \text{ mm} + 45 \text{ mm} = \mathbf{175 \text{ mm}}$$

24

Eine Rolle wird gratfrei und ohne Abbrand in einem Gesenk warmgepresst. Welche Länge L_1 muss das Rohrstück mit dem Durchmesser 60 mm haben?

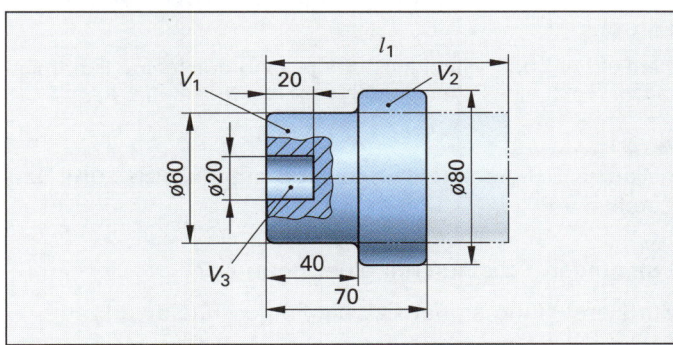

$$V = V_1 + V_2 - V_3$$

$$V_1 = \frac{d^2 \cdot \pi}{4} \cdot h = \frac{(60 \text{ mm})^2 \cdot \pi}{4} \cdot 40 \text{ mm}$$

$$= 113097 \text{ mm}^3$$

$$V_2 = \frac{D^2 \cdot \pi}{4} \cdot h = \frac{(80 \text{ mm})^2 \cdot \pi}{4} \cdot 30 \text{ mm}$$

$$= 150797 \text{ mm}^3$$

$$V_3 = \frac{d_1^2 \cdot \pi}{4 \cdot h} = \frac{(20 \text{ mm})^2 \cdot \pi}{4} \cdot 20 \text{ mm} = 6283 \text{ mm}^3$$

$$V = 113097 \text{ mm}^3 + 150797 \text{ mm}^3 - 6283 \text{ mm}^3$$
$$= 257611 \text{ mm}^3$$

$$V = \frac{d^2 \cdot \pi}{4} \cdot l_1$$

$$l_1 = \frac{4 \cdot V_1}{d^2 \cdot \pi} = \frac{4 \cdot 257611 \text{ mm}^3}{(60 \text{ mm})^2 \cdot \pi} = \mathbf{91 \text{ mm}}$$

3.5 Schneiden

Fragen aus Fachkunde Metall, Seite 121

1

| Wie verläuft der Trennvorgang beim Scherschneiden?

Beim Eindringen der Schneiden verformt sich der Werkstoff zunächst elastisch. Anschließend wird ein Teil der Querschnittsfläche durchschnitten. Danach wird der Restquerschnitt abgeschert.

Beim Schneidvorgang entstehen Einziehrundungen.

2

| Für die Halterung von Lichtmaschinen in Kraftfahrzeugen werden 1 mm dicke Blechteile aus Baustahl (R_m = 520 N/mm²) ausgeschnitten. Wie groß muss der Schneidspalt des Werkzeuges sein (Schneidplattendurchbruch mit Freiwinkel)?

Die maximale Scherfestigkeit beträgt:

$\tau_{aB\,max} = 0{,}8 \cdot R_{m\,max} = 0{,}8 \cdot 520$ N/mm² = 416 N/mm²

Aus einem Tabellenbuch wird abgelesen:

u = 0,04 mm

3

| Wie können Scherschneidwerkzeuge nach ihrer Führungsart eingeteilt werden?

Nach der Führungsart unterscheidet man Schneidwerkzeuge ohne Führung und Schneidwerkzeuge mit Führung.

Die Führung der Schneidwerkzeuge kann durch eine Führungsplatte, durch eine Schneidplatte oder durch Säulen erfolgen.

4

| Welche Scherschneidwerkzeuge eignen sich zum Herstellen von …

| a) runden Scheiben mit einer Bohrung?

Zur Herstellung eignet sich ein Folgeschneidwerkzeug.

| b) Werkstücken, bei denen die Außenkontur genau zur Bohrung liegen muss?

Solche Werkstücke werden mit Gesamtschneidwerkzeugen hergestellt.

| c) Werkstücken mit gratfreier Schnittfläche?

Werkstücke mit gratfreier Schnittfläche werden mit Feinschneidwerkzeugen gefertigt.

| d) Werkstücken mit gebogenen Bereichen?

Zur Herstellung solcher Werkstücke werden Folgeverbundwerkzeuge benutzt.

Fragen aus Fachkunde Metall, Seite 125

1

| Welche Aufgabe hat die Vorwärmflamme beim autogenen Brennschneiden?

Mit der Vorwärmflamme wird der Stahl an der Anschnittstelle auf Zündtemperatur erwärmt.

Die Zündtemperatur von Stahl liegt bei etwa 1200 °C.

2

| Welche Strahlschneidverfahren eignen sich für das Trennen von unlegiertem Stahl?

Unlegierte Stähle können durch autogenes Brennschneiden (Bild), Laserstrahlschneiden und Wasserstrahlschneiden getrennt werden.

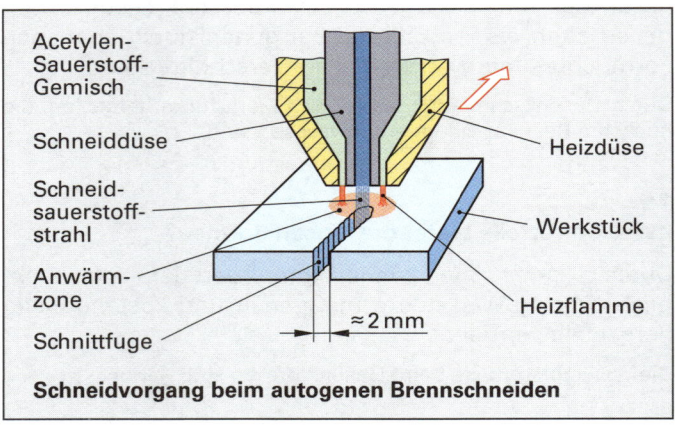

Schneidvorgang beim autogenen Brennschneiden

Das am besten geeignete Verfahren hängt von der Werkstoffdicke und der gewünschten Schneidkantenqualität ab.

3

| Woran erkennt man die richtige Schneidgeschwindigkeit beim autogenen Brennschneiden?

Bei richtiger Schneidgeschwindigkeit ergeben sich fast senkrechte Schnittriefen.

Bei schrägen Riefen ist die Schneidgeschwindigkeit zu hoch, bei einem Schlackenbart an der Schnittunterkante zu niedrig.

4

| Mit welchen Schneidverfahren können die folgenden Werkstoffe geschnitten werden: Nichtrostender Stahl, EN AW-AlCuMg3, Schaumstoffe, Keramik?

Plasma-Schmelzschneiden:
Nichtrostender Stahl, EN AW-AlCuMg3

Laserstrahlschneiden:
Nichtrostender Stahl, EN AW-AlCuMg3, Schaumstoffe, Keramik

Wasserstrahlschneiden:
Nichtrostender Stahl, EN AW-AlCuMg3, Schaumstoffe

5

| Welche Sicherheitsregeln müssen beim Plasma-Schmelzschneiden eingehalten werden?

Es sind folgende Sicherheitsregeln einzuhalten:
- Schutz vor Lärm (durch Schneiden im Wasserbad oder durch Einspritzen von Wasser in den Plasmastrahl)
- Schutz vor giftigen Gasen (durch Absaugen)
- Schutz vor ultravioletter Strahlung (durch Schutzgläser und Abdeckungen).

Ergänzende Fragen zum Schneiden

6

| Wie werden Laserstrahlen erzeugt?

Laserstrahlen werden mithilfe von Gaslaser oder von Festkörperlaser erzeugt.

Durch Fokussieren des Laserstrahls (Bündeln) auf eine sehr kleine Fläche des Werkstücks entsteht eine hohe Energiedichte.

7

Für welche Werkstoffe wird das Laserstrahl-Schneiden eingesetzt?

Das Laserstrahl-Schmelzschneiden (Bild) eignet sich zum Trennen von metallischen und nichtmetallischen Werkstoffen.

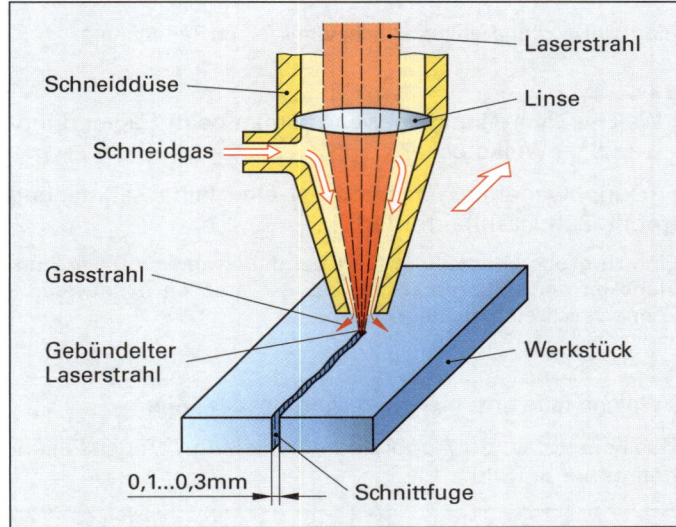

Durch die Bündelung des Laserstrahls auf einen Durchmesser von 0,1 bis 0,2 mm entsteht eine hohe Energiedichte, die den zu schneidenden Werkstoff schnell auf Schmelztemperatur bringt.

8

Worin besteht der Unterschied zwischen dem Laser-strahl-Schmelzschneiden und dem Laser-Brennschneiden?

Beim Laserstrahl-Schmelzschneiden wird der durch den Laserstrahl geschmolzene Werkstoff durch ein inertes Gas, meist Stickstoff oder Argon, aus der entstehenden Schnittfuge geblasen. Beim Laser-Brennschneiden erwärmt der Laserstrahl den Werkstoff auf Entzündungstemperatur. Dieser verbrennt im gleichzeitig zugeführten Sauerstoffstrahl, der auch die Oxide aus der Trennfuge bläst.

9

Wie wird der Werkstoff beim Wasserstrahl-Schneiden getrennt?

Beim Wasserstrahl-Schneiden trägt ein unter hohem Druck (4000 bar) stehender 0,1 … 0,5 mm dünner Wasserstrahl den Werkstoff in der Schnittfuge ab. Zur Verstärkung der Abtragwirkung ist dem Wasser meist ein Strahlmittel, z.B. Quarzsand, beigegeben.

Das Schneidwasser wird durch eine Pumpe auf einen Druck von etwa 4000 bar gebracht und einem Schneidkopf zugeleitet. In diesem wird es mit dem Strahlmittel vermischt und mit hoher Druckenergie auf die Schnittfuge gespritzt.

10

Welche Werkstoffe können durch Wasserstrahl-Schneiden getrennt werden?

Durch Wasserstrahl-Schneiden können Metalle, NE-Metalle, Kunststoffe, Verbundwerkstoffe, aber auch laminierte Werkstoffe und Textilien getrennt werden.

3.6 Spanende Fertigung

3.6.1 Grundlagen

3.6.2 Fertigen mit handgeführten Werkzeugen

Fragen aus Fachkunde Metall, Seite 130

1

Welcher Winkel beeinflusst hauptsächlich die Spanbildung?

Die Spanbildung wird hauptsächlich durch den Spanwinkel γ beeinflusst. Er wird um so größer gewählt, je weicher der Werkstoff ist. Ein großer Spanwinkel führt zur Bildung von langen Spänen.

Ein kleiner oder sogar negativer Spanwinkel hat einen größeren Keilwinkel und damit eine stabilere Werkzeugschneide zur Folge. Durch einen negativen Spanwinkel werden die Späne kurz gebrochen.

2

Welche Forderungen müssen beim Anreißen beachtet werden?

Folgende Forderungen müssen beim Anreißen beachtet werden:

- Die Anrisslinien müssen gut sichtbar angebracht werden.
- Die Zeichnungsmaße sind möglichst genau zu übertragen.
- Der Anriss soll möglichst dünn sein und darf die Werkstückoberfläche nicht beschädigen.

3

Nach welchem Prinzip arbeitet der digitale Höhenanreißer?

Digitale Höhenanreißer arbeiten optoelektronisch nach dem inkrementalen Messverfahren. Ein Glasmaßstab dient als Maßverkörperung. Ein Abtastkopf liest die Teilung des Maßstabes ab.

Die Anzeige eines digitalen Höhenanreißers kann in jeder Höhenlage auf Null gestellt werden. Maße können addiert oder auch subtrahiert werden.

4

In welcher Richtung muss das Sägeblatt gespannt werden?

Eine Handbügelsäge schneidet in Stoßrichtung. Deshalb muss das Sägeblatt so eingespannt sein, dass die Zähne in Vorschubrichtung zeigen (Bild).

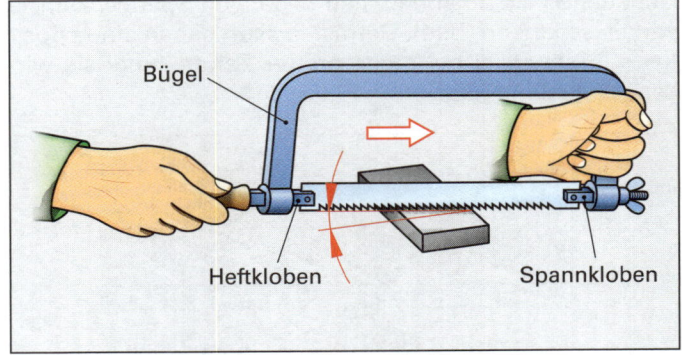

Das Ansägen soll unter kleinem Winkel und mit geringer Kraft erfolgen. Durch Anfeilen mit einer Dreikantfeile kann das Ansägen erleichtert werden.

5

Wodurch erreicht man das Freischneiden von Sägeblättern?

Das Freischneiden von Sägeblättern, insbesondere bei Sägen mit großer Zahnteilung, wird durch das Schränken sichergestellt. Unter Schränken versteht man das nach links und rechts abwechselnde Ausbiegen der Sägezähne (Bild).

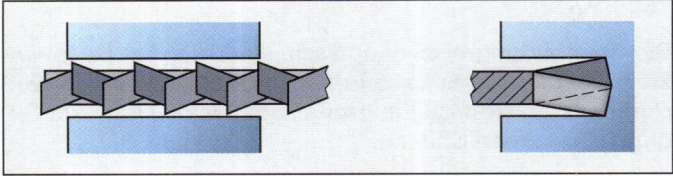

6

Welche Arbeitsregeln müssen beim Sägen beachtet werden?

Beim Sägen sind folgende Arbeitsregeln zu beachten:
- Das Sägeblatt der Bügelsäge ist gerade und straff einzuspannen. Die Zähne müssen in Stoßrichtung zeigen.
- Das Werkstück muss nahe an der Schnittstelle eingespannt werden.
- Bei der Sägearbeit muss die ganze Sägeblattlänge benutzt werden.

7

Für welche Sägearbeiten ist die Stichsäge geeignet?

Bei einer Stichsäge wird mit Hilfe eines schmalen, einseitig eingespannten Sägeblattes gesägt. Dabei führt das Sägeblatt eine stetige Pendelhubbewegung aus. Auf diese Weise können Metallbleche, Profile und auch kleine Werkstücke gesägt werden.

8

Weshalb werden Feilen kreuzhiebig gehauen?

Durch den Kreuzhieb sind die Zähne in Richtung der Feilenachse seitlich versetzt. Dadurch erfolgt ein gleichmäßiger Werkstoffabtrag. Riefenbildung und einseitiges Feilen werden vermieden.

Man unterscheidet den Unterhieb und den Oberhieb, die beide mit unterschiedlichem Winkel schräg zur Achse der Feile verlaufen und sich kreuzen.

9

Welche Unterschiede bestehen zwischen gehauenen und gefrästen Feilen?

Gehauene Feilen haben einen negativen Spanwinkel; sie wirken schabend (Bild). Gefräste Feilen haben einen positiven Spanwinkel bei meist großer Zahnteilung; sie wirken schneidend (Bild).

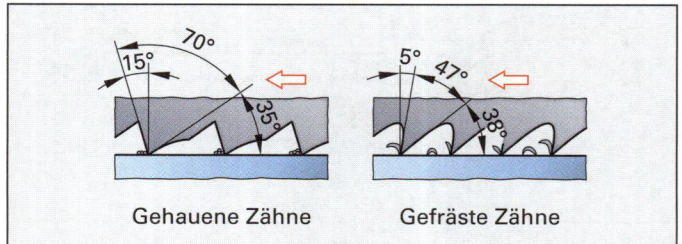

Gehauene Zähne   Gefräste Zähne

Gefräste Feilen werden zur Bearbeitung weicher Werkstoffe, wie Holz oder Kunststoffe, verwendet.

Ergänzende Fragen zum Fertigen mit handgeführten Werkzeugen

10

Wie wird bei Sägeblättern die Zahnteilung angegeben?

Angegeben wird die Zahl der Zähne je 25,4 mm (1 inch) Sägeblattlänge.

Eine große Zähnezahl entspricht einer feinen Zahnteilung.

11

Welche Zahnteilung verwendet man beim Sägen dünnwandiger Werkstücke?

Für dünnwandige Werkstücke ist eine feine Zahnteilung (große Zähnezahl) erforderlich.

Eine zu grobe Zahnteilung führt bei dünnwandigen Teilen zum Einhaken und Ausbrechen der Zähne. Es sollen mindestens 3 Zähne gleichzeitig im Eingriff sein.

12

Welche Teile unterscheidet man bei der Feile?

Das Feilenblatt, die Angel und den Feilengriff, auch Feilenheft genannt (Bild).

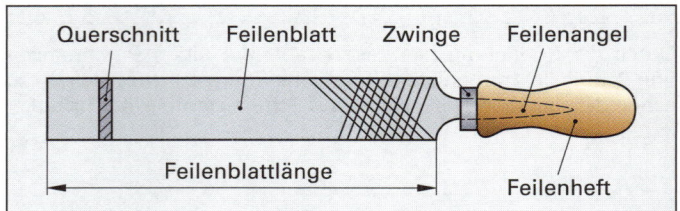

Auf dem gehärteten Feilenblatt befinden sich die Zähne der Feile. Die Feilenblattlänge ist das Nennmaß der Feile.

13

Welche Regeln gelten für die Auswahl der Feilen nach der Hiebzahl?

- Grober Hieb für weiche Werkstoffe, grobe Bearbeitung (Schruppen) oder große Feillänge.
- Feiner Hieb für harte Werkstoffe, feine Bearbeitung (Schlichten) oder kurze Feillänge.

Die Hiebzahlen werden mit Nummern von 1 bis 8 bezeichnet Je größer die Hiebzahl, desto feiner ist der Feilenhieb.

14

Wozu wird der Reifkloben verwendet?

Der Reifkloben dient zum Anfeilen von Fasen an flache Werkstücke.

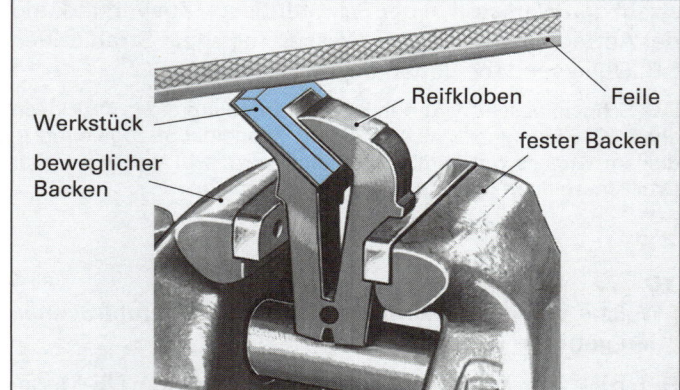

Der Reifkloben hat schräge Backen und wird in den Schraubstock gespannt.

3.7 Fertigen mit Werkzeugmaschinen

Ergänzende Fragen zur Werkzeugschneide

1 _____

| **Welche Eigenschaften müssen die Schneiden von Werkzeugen besitzen?**

Die Werkzeugschneiden müssen hart, verschleißfest und ausreichend zäh sein. Sie sind keilförmig ausgebildet.

Für den Einsatz an Maschinen müssen die Werkzeugschneiden auch bei höheren Temperaturen verschleißfest sein.

2 _____

| **Warum muss jede Werkzeugschneide einen Freiwinkel haben?**

Ohne Freiwinkel würde die Freifläche des Werkzeugs auf der bearbeiteten Werkstückoberfläche stark reiben (Bild).

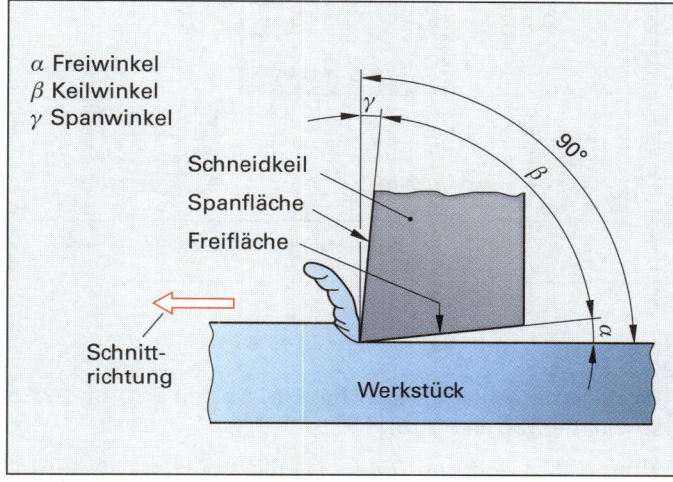

α Freiwinkel
β Keilwinkel
γ Spanwinkel

Schneidkeil
Spanfläche
Freifläche

Schnitt-
richtung

Werkstück

3 _____

| **Für welche Werkstoffe muss ein großer Span- und ein großer Freiwinkel gewählt werden?**

Weiche Werkstoffe, z.B. Aluminium, erfordern einen großen Span- und Freiwinkel.

Ein großer Span- und Freiwinkel verringert den Keilwinkel und damit die Standfestigkeit der Schneide.

4 _____

| **In welchen Fällen wird ein kleiner oder negativer Spanwinkel gewählt?**

Bei harten und spröden Werkstoffen, wie z.B. Hartguss, und bei spröden Schneidstoffen, z.B. Schneidkeramik.

Ein kleiner oder negativer Spanwinkel und ein kleiner Freiwinkel führen zu einem großen Keilwinkel und damit zu kompakten, bruchsicheren Schneiden.

5 _____

| **Wie heißen die wichtigsten Winkel an der Werkzeugschneide?**

Die wichtigsten Winkel sind Freiwinkel α, Keilwinkel β und Spanwinkel γ.

Die Größe der Winkel richtet sich vor allem nach dem zu bearbeitenden Werkstoff und dem Bearbeitungsverfahren.

6 _____

| **Wie groß ist der Spanwinkel γ, wenn der Keilwinkel β = 68° und der Freiwinkel α = 10° betragen?**

$\gamma = 90° - \alpha - \beta = 90° - 10° - 68° = 12°$

Freiwinkel, Keilwinkel und Spanwinkel betragen zusammen immer 90°.

7 _____

| **Welche Flächen bilden den Schneidkeil an einem Werkzeug?**

Die Werkzeugschneide wird durch die Kante zwischen der Spanfläche und der Freifläche gebildet (Bild). Werkzeuge können Haupt- und Nebenschneiden besitzen.

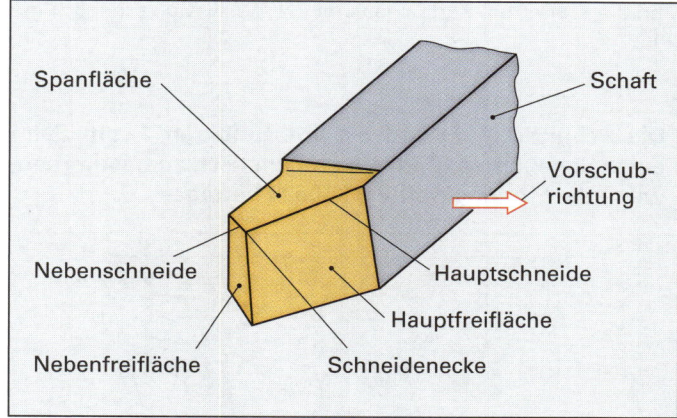

Spanfläche
Schaft
Vorschub-
richtung
Nebenschneide
Hauptschneide
Hauptfreifläche
Nebenfreifläche
Schneidenecke

Die Hauptschneide weist in Vorschubrichtung. Zwischen Haupt- und Nebenschneide liegt die Schneidenecke.

8 _____

| **Wovon hängt die erforderliche Größe des Keilwinkels ab?**

Von der Härte und Festigkeit des zu bearbeitenden Werkstoffs. Für harte Werkstoffe sind große, für weiche Werkstoffe kleine Keilwinkel erforderlich.

9 _____

| **Welche Regel gilt für die Wahl des Spanwinkels?**

Der Spanwinkel wird um so größer gewählt, je weicher der Werkstoff ist.

Ein großer Spanwinkel begünstigt die Spanbildung, verringert aber die Stabilität der Schneidkante.

10 _____

| **Nennen Sie die wichtigsten Einflüsse auf die Zerspanbarkeit der Werkstoffe.**

Die wichtigsten Einflüsse sind Festigkeit, Zähigkeit und Härte des Werkstoffs.

Diese Eigenschaften bestimmen die Größen von Schnittgeschwindigkeit, Vorschub, Zustellung sowie die Wahl des Schneidstoffs, seiner Schneidengeometrie und des Kühlschmierstoffs.

11 _____

| **Nach welchen Kriterien wird die Bewertung der Zerspanbarkeit vorgenommen?**

Bewertungsgrößen der Zerspanbarkeit sind die
● Maß- und Oberflächengüte am Werkstück
● Spanbildung und Schnittkraft
● Standzeit und Verschleiß des Werkzeugs

Die Einsatzbereiche der Schneidstoffe und die Richtwerte für die Zerspanung werden nach diesen Kriterien in Versuchen ermittelt.

Ergänzende Fragen zu Kräften an der Werkzeugschneide

1

Wovon sind die Kräfte an der Werkzeugschneide beim Zerspanen abhängig?
Vergleichen Sie dazu z.B. die Festigkeit von S235 und EN AW-Al Mg3.

Die Kräfte an der Werkzeugschneide hängen von der Festigkeit des zu bearbeitenden Werkstoffs, von den Winkeln an der Werkzeugschneide und von der Größe und Form des Spanungsquerschnitts ab.

Der Baustahl S235 hat eine Zugfestigkeit von 340 bis 470 N/mm², die Aluminiumlegierung EN AW-Al Mg3 nur 180 N/mm². Daher sind die Kräfte zum Zerspanen von EN AW-Al Mg3 erheblich geringer.

2

Die Schnittkraft F_c und die Vorschubkraft F_f am Zahn eines Sägeblattes (Bild) sind rechnerisch zu bestimmen, wenn die Eindringkraft $F = 3500$ N beträgt.

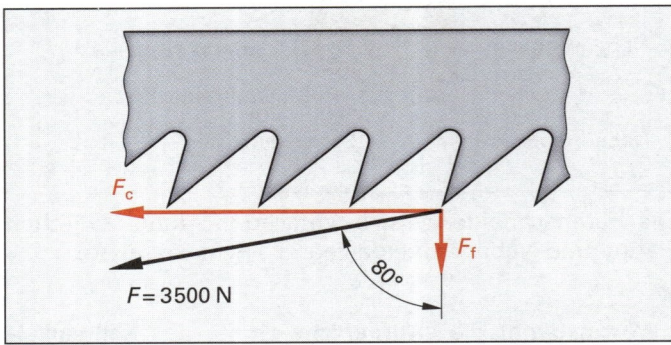

$$\sin \alpha = \frac{F_c}{F} \qquad \cos \alpha = \frac{F_f}{F}$$

$F_c = F \cdot \sin 80° = 3500 \text{ N} \cdot 0,9848 = \textbf{3447 N}$

$F_f = F \cdot \cos 80° = 3500 \text{ N} \cdot 0,17365 = \textbf{608 N}$

3

Auf einen Drehmeißel wirkt eine Zerspankraft $F = 5500$ N (Bild).
Wie groß sind die nach unten wirkende Teilkraft F_1 und die waagerecht wirkende Teilkraft F_2? Der Winkel zwischen F und F_1 ist $\alpha = 20°$.
Die Teilkräfte F_1 und F_2 sind in einem Kräfteparallelogramm darzustellen und zu berechnen.

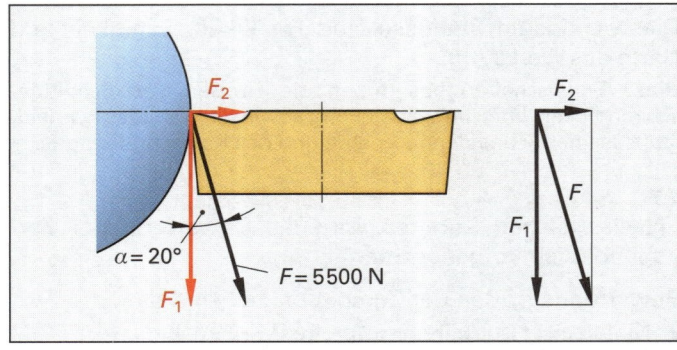

$$\sin \alpha = \frac{F_2}{F} \qquad \cos \alpha = \frac{F_1}{F}$$

$F_1 = F \cdot \cos 20° = 5500 \text{ N} \cdot 0,9397 = \textbf{5168 N}$

$F_2 = F \cdot \sin 20° = 5500 \text{ N} \cdot 0,3420 = \textbf{1881 N}$

3.7.1 Schneidstoffe

Fragen aus Fachkunde Metall, Seite 134

1

Warum ist die Schnittgeschwindigkeit beim Einsatz von HSS niedriger als bei HM?

Schnellarbeitsstahl (HSS) hat gegenüber Hartmetall (HM) eine geringere Verschleißfestigkeit und (Warm-) Härte (Bild). Schnittgeschwindigkeiten, wie sie bei Hartmetall-Schneidstoffen üblich sind, würden eine HSS-Schneide beschädigen.

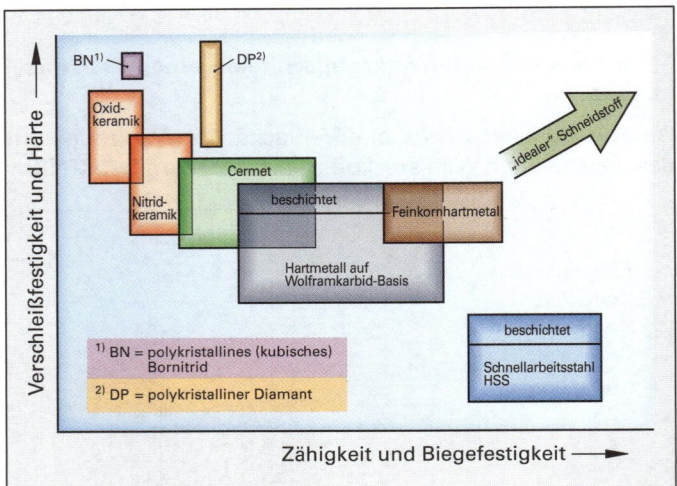

2

Worin unterscheiden sich die HM-Sorten P20 und K20 sowie die Sorten P01 und P50?

P20 und K20 gehören unterschiedlichen HM-Hauptgruppen an. Die Hauptgruppe P steht für die Zerspanung langspanender Werkstoffe, die Hauptgruppe K für die Zerspanung kurzspanender Werkstoffe.

Die Anhängezahl hinter den Buchstaben für die HM-Hauptgruppen gibt Auskunft über die jeweilige Verschleißfestigkeit. Eine kleine Anhängezahl (z.B. 01) steht dabei für eine höhere, eine große Anhängezahl (z.B. 50) für eine niedrigere Verschleißfestigkeit.

3

Welche Vorteile hat Mischkeramik gegenüber Oxidkeramik?

Mischkeramik (Al_2O_3 mit TiC) ist zäher als Oxidkeramik und besitzt eine bessere Widerstandsfähigkeit gegen Temperaturwechsel.

4

In welchen Fällen ist die Verwendung von Diamant als Schneidstoff vorteilhaft?

Mit polykristallinem Diamant (PKD) beschichtete Werkzeuge eignen sich besonders für die Feinbearbeitung von Nichteisenmetallen und ihren Legierungen sowie von Verbundwerkstoffen und Hartstoffen.

Zum Zerspanen von eisenhaltigen Werkstoffen, wie den Stählen und Eisengusswerkstoffen, ist Diamant ungeeignet, weil Stahl aus dem Diamantgitter Kohlenstoff aufnimmt und dadurch starken Werkzeugverschleiß (Diffusionsverschleiß) verursacht.

Ergänzende Fragen zu den Schneidstoffen

5

Welche Schneidstoffe werden zum Spanen von Metallen eingesetzt?

Zum Zerspanen von Metallen werden Schnellarbeitsstahl, beschichtete und unbeschichtete Hartmetalle, Schneidkeramik, Diamant und polykristalline Schneidstoffe eingesetzt.

Die Auswahl richtet sich vor allem nach dem zu spanenden Werkstoff und danach, welcher Schneidstoff eine geforderte Spanarbeit am wirtschaftlichsten erfüllen kann.

6

Was versteht man unter der Warmhärte eines Schneidstoffs?

Unter der Warmhärte versteht man die Härte bei höheren Temperaturen.

Die Schneidstoffe haben unterschiedliche Warmhärten (Bild).

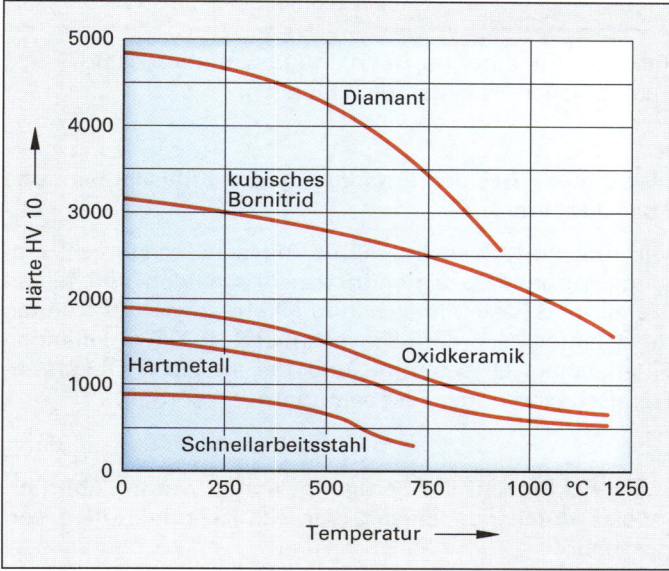

Wegen der beim Spanen entstehenden Wärme müssen die Schneidstoffe auch noch bei hohen Temperaturen eine ausreichende Härte besitzen.

7

Für welche Werkzeuge verwendet man hauptsächlich Schnellarbeitsstahl?

Für Werkzeuge, die aufgrund ihrer geringen Größe, ihrer außergewöhnlichen Form oder ihres großen Spanwinkels den Einsatz von Wendeschneidplatten nicht zulassen.

Beispiele sind Bohrer, Fräser, Profilwerkzeuge oder Werkzeuge für die Bearbeitung thermoplastischer Kunststoffe.

8

Welche Vor- und Nachteile besitzt Schneidkeramik?

Vorteile:
Große Warmhärte und Verschleißfestigkeit

Nachteile:
Große Sprödigkeit und geringe Temperatur-Wechselbeständigkeit

Schneidkeramik kann bei gleichmäßigen Schnittbedingungen und ohne Kühlschmierung bei sehr hohen Schnittgeschwindigkeiten eingesetzt werden.

9

Welche Vorteile haben beschichtete Schneidstoffe in der Zerspantechnik?

Beschichtete Schneidstoffe haben eine höhere Verschleißfestigkeit und damit eine höhere Standzeit. Sie bilden keine Aufbauschneide.

Sowohl Schnellarbeitsstähle als auch Hartmetalle können mit einer mehrlagigen Schicht aus Titancarbid, Titannitrid und Aluminiumoxid beschichtet werden.

10

Wovon ist die Härte und Zähigkeit der Hartmetallsorten abhängig?

Härte und Zähigkeit hängen von unterschiedlichen Gehalten der harten Carbide und des weichen Bindemetalls Cobalt ab.

Hohe Anteile von TiC, WC und TaC bewirken hohe Härte und Verschleißfestigkeit. Mit zunehmendem Cobaltgehalt nimmt die Zähigkeit zu.

11

Welche Hartmetallsorten eignen sich besonders für die Schlichtbearbeitung von Stahl und Gusseisen?

Für die Schlichtbearbeitung von Stahl und Gusseisen sind vor allem Feinkorn-Hartmetalle und Cermets geeignet.

Diese Schneidstoffe sind verschleißfester als normale Hartmetalle und kantenfester als Schneidkeramik.

12

Welche Einteilung gibt es bei den Hartmetallen für die spanende Bearbeitung?

Die Hartmetalle werden in die Zerspanungs-Hauptgruppen P, M und K eingeteilt (Tabelle).
Diese werden weiter nach ihrer Verschleißfestigkeit und Zähigkeit in die Anwendungsgruppen 01 bis 50 unterteilt.

Tabelle: Hauptgruppen der Hartmetalle			
Hauptgruppe		Anwendung	Eigenschaft
P für langspanende Werkstoffe, z.B. Stahl, Temperguss	01	Schlichten	Verschleißfestigkeit zunehmend ↑ Zähigkeit zunehmend ↓
	10		
	20	Kopierdrehen	
	30		
	40		
	50	Schruppen	
M für lang- und kurzspanende Werkstoffe, z.B. rostfreier Stahl, Automatenstahl	10	Schlichten	Verschleißfestigkeit zunehmend ↑ Zähigkeit zunehmend ↓
	20	Kopierdrehen	
	30		
	40	Schruppen	
K für kurzspanende Werkstoffe, z.B. Gusseisen, NE-Metalle, gehärteter Stahl	10	Schlichten	Verschleißfestigkeit zunehmend ↑ Zähigkeit zunehmend ↓
	20	Kopierdrehen	
	30		
	40	Schruppen	

3.7.2 Kühlschmierstoffe

Fragen aus Fachkunde Metall, Seite 137

1

Wozu enthalten Emulsionen Zusätze?

Emulsionen enthalten Zusätze (Additive), um ihre Eigenschaften zu verbessern.

Als Zusätze werden Emulgatoren, Korrosionsschutzmittel, Konservierungsstoffe und Hochdruckzusätze verwendet.

2

Welche gesundheitlichen Probleme können bei unsachgemäßem Umgang mit Kühlschmierstoffen auftreten?

Bei unsachgemäßem Umgang mit Kühlschmierstoffen können Hautreizungen und Allergien auftreten. Das Wasser und das Öl der Kühlschmierstoffe wirken auf die Haut entfettend. Eventuell vorhandene Konservierungsstoffe (Biozide) können Allergien auslösen.

3

Welche Anforderung wird bei der Trockenbearbeitung an den Schneidstoff gestellt?

Bedingt durch die fehlende Kühlung muss der Schneidstoff bei der Trockenbearbeitung über eine sehr große Warmhärte verfügen.

Ergänzende Fragen zu Kühlschmierstoffen

4

Wodurch wird die Auswahl der Kühlschmierstoffe bestimmt?

Die Auswahl eines Kühlschmierstoffs richtet sich nach dem Fertigungsverfahren, der Schnittgeschwindigkeit, dem verwendeten Schneidstoff und dem zu zerspanenden Werkstoff.

Zusätzlich ist auf die Gesundheits- und Umweltverträglichkeit sowie auf die erforderliche Entsorgung zu achten.

5

In welchen Fällen werden vorwiegend wassermischbare Kühlschmierstoffe verwendet?

Wassermischbare Kühlschmierstoffe werden bei Zerspanungsaufgaben verwendet, bei denen die Kühlwirkung wichtiger ist als die Schmierwirkung.

6

Worin besteht der wesentliche Unterschied zwischen wassermischbaren und nicht wassermischbaren Kühlschmierstoffen?

Wassermischbare Kühlschmierstoffe bestehen aus Öl-in-Wasser-Emulsionen oder aus Lösungen von anorganischen Stoffen, wie Soda oder Natriumnitrid in Wasser. Bei den wassermischbaren Kühlschmierstoffen überwiegt die Kühlwirkung des Wassers.

Nicht wassermischbare Kühlschmierstoffe (Schneidöle) bestehen aus Mineralölen mit Zusätzen. Bei ihnen steht die Schmierwirkung im Vordergrund.

Wassermischbare Kühlschmierstoffe werden daher vorwiegend bei hohen Schnittgeschwindigkeiten, nicht wassermischbare Kühlschmierstoffe bei großen Schnittkräften verwendet.

7

Vergleichen Sie die in der folgenden Tabelle aufgeführten Kühlschmierstoffe mit denen, die in Ihrem Tabellenbuch angegeben sind.

Tabelle: Kühlschmierstoffe für das Bohren, Aufbohren und Senken	
Werkstoff	Kühlschmierstoff
Stahl, Kupfer, Zink, Al und Al-Legierungen, Cu-Legierungen	wassermischbare Kühlschmierstoffe
Mn-Stahl > 10% Mn	Schneidöl oder trocken
Grauguss, Temperguss	trocken oder wassermischbare Kühlschmierstoffe
Mg- und Mg-Legierungen, Duroplaste, faserverstärkte Kunststoffe	Druckluft
Ti- und Ti-Legierungen	Schneidöl
Thermoplaste	wassermischbare Kühlschmierstoffe oder Wasser

Tabellen für einzelne Bearbeitungsverfahren sind meist ausführlicher als allgemeine Tabellen.

8

Was muss bei der Entsorgung der Kühlschmierstoffe beachtet werden?

Verbrauchte Kühlschmierstoffe müssen sachgerecht entsorgt werden. Dazu gehört das Abscheiden von feinen Metall- und Feststoffteilchen in Filtern sowie das Trennen des Ölanteils aus dem Kühlschmierstoff. Die anfallenden Filterkuchen, Ölschlämme und das restliche Öl-Wasser-Gemisch sind durch Fachbetriebe zu entsorgen.

9

Wie viel Prozent der Fertigungskosten werden üblicherweise durch den Einsatz von Kühlschmierstoffen verbraucht?

Die (Gesamt-) Kosten für den Einsatz von Kühlschmierstoffen (einschließlich Pflege und Entsorgung) an den Fertigungskosten sind teilweise höher als die Werkzeugkosten und betragen üblicherweise zwischen 7 und 11 Prozent (Bild).

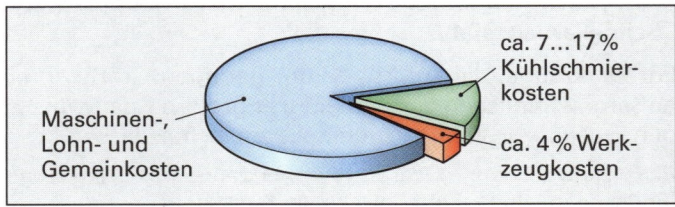

Maschinen-, Lohn- und Gemeinkosten
ca. 7...17% Kühlschmierkosten
ca. 4% Werkzeugkosten

10

Welche Vorteile hat die Minimalmengenschmierung?

Vorteile dieses Verfahrens sind:
- Geringer Schmiermittelverbrauch
- Sauberes Arbeitsumfeld, keine gesundheitliche Gefährdung der Mitarbeiter, geringe Umweltbelastung
- Trockene Werkstücke und saubere Späne, die nicht gereinigt werden müssen
- Keine Pflege- und Entsorgungskosten des Kühlschmiermittels notwendig
- Meist höhere Standzeit der Werkzeuge

3.7.3 Sägen

Fragen aus Fachkunde Metall, Seite 138

1

Wonach richtet sich die Auswahl der Zahnteilung von Sägeblättern?

Die Zahnteilung bei der Auswahl von Sägeblättern richtet sich hauptsächlich nach dem zu bearbeitenden Werkstoff (Tabelle). Eine grobe Zahnteilung ist bei weicheren Werkstoffen, eine feine Zahnteilung bei härteren Werkstoffen zu wählen.

Auch dünnwandige Werkstücke erfordern die Auswahl eines fein geteilten Sägeblattes.

Tabelle: Zahnteilung von Sägeblättern zum Sägen verschiedener Werkstoffe	
Zahnteilung	Werkstoffe
16 Zähne je Inch ≙ grob	Aluminium, Kupfer Kunststoffe
22 Zähne je Inch ≙ mittel	unlegierte Baustähle, CuZn-Legierungen
32 Zähne je Inch ≙ fein	Legierte Stähle, Stahlguss

2

Für welchen Einsatz eignen sich die verschiedenen Sägemaschinen?

Zum Sägen von Halbzeugen bis zu einem Durchmesser von 500 mm werden häufig die kostengünstigen **Bügelsägemaschinen** eingesetzt.

Eine **Bandsägemaschine** zeichnet sich durch eine schmale Schnittfuge und damit geringe Werkstoffverluste aus. Sägebänder mit Schneiden aus Hartmetall lassen auch das Sägen von legierten Stählen zu.

Kreissägemaschinen eignen sich für das Sägen von Halbzeugen bis zu einem Durchmesser von ca. 140 mm. Sägeschnitte mit Kreissägeblättern weisen eine relativ geringe Rautiefe auf.

Ergänzende Fragen zum Sägen

3

Wodurch erreicht man das Freischneiden von Sägeblättern?

Bandförmige Sägeblätter werden geschränkt oder gewellt, Metallkreissägeblätter hohlgeschliffen, gestaucht oder mit Zahnsegmenten versehen.

Gewellte Blätter sind besonders bei feinen Zahnteilungen zweckmäßig.

4

Was versteht man unter einem geschränkten Sägeblatt?

Ein Sägeblatt, dessen Zähne abwechselnd nach links und rechts ausgebogen sind (Bild).

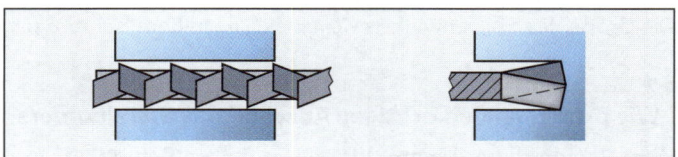

Das Schränken dient zur Sicherstellung des Freischneidens bei Sägen mit großer Zahnteilung.

3.7.4 Bohren, Senken, Reiben

Fragen aus Fachkunde Metall, Seite 145

1

Wovon hängt beim Bohren die Wahl der Schnittgeschwindigkeit ab?

Die Schnittgeschwindigkeit v_c richtet sich nach dem Bohrertyp bzw. dem Bohrverfahren, dem Werkstoff des Werkstücks und der geforderten Arbeitsqualität. Man wählt sie aus Tabellen aus.

Tabelle: Schnittwertempfehlung für Spiralbohrer aus HSS bei Bohrtiefen bis 3 × Bohrerdurchmesser					
Werkstoff des Werkstücks Zugfestigkeit R_m	v_c in m/min[1]	f in mm für Bohrungs-∅			Kühlung[2]
		2...5	5...10	10...16	
Stahl $R_m < 700$ N/mm²	25...30	0,10	0,20	0,28	E
Stahl $R_m < 700...1000$ N/mm²	15...30	0,07	0,12	0,20	E
Stahl $R_m < 1000$ N/mm²	10...15	0,05	0,10	0,15	E, S
Grauguss 120 ... 260 HB	25...30	0,14	0,25	0,32	E, M, T
Aluminium-Legierung kurzspanend	40...50	0,12	0,20	0,28	E, M
Thermoplaste $R_m < 700...1000$ N/mm²	25...30	0,14	0,25	0,36	T

[1] Bei beschichteten Werkzeugen kann die Schnittgeschwindigkeit um 20 bis 30 % erhöht werden.
[2] E = Emulsion (10 – 12 %), S = Schneidöl, M = Minimalmengenschmierung, T = trocken, Druckluft

2

Welche Bohrbedingungen erfordern beim Bohren eine Änderung der Schnittgeschwindigkeit oder des Vorschubs?

Bei schrägem Bohrerein- bzw. austritt, bei einer unregelmäßigen Werkstückoberfläche, beim Bohren in Vorbohrungen und beim Bohren in Querbohrungen sind die Schnittgeschwindigkeit bzw. der Vorschub anzupassen.

3

Bei welchen Bohrtiefen ist der Spiralbohrer das meist verwendete Werkzeug?

Für das Bohren im Durchmesserbereich bis 20 mm und bei Bohrtiefen bis 5 mal Bohrerdurchmesser ist der Spiralbohrer das am häufigsten verwendete Werkzeug.

4

Wie groß ist der Spitzenwinkel beim Spiralbohrer für Stahl?

Der Spitzenwinkel beträgt 118° (Bild).

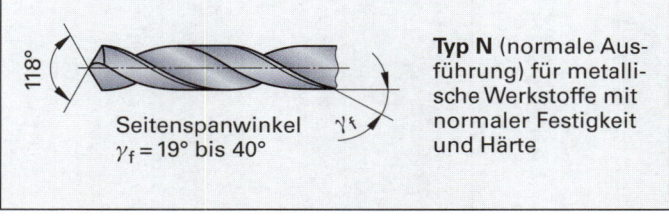

Typ N (normale Ausführung) für metallische Werkstoffe mit normaler Festigkeit und Härte

118°

Seitenspanwinkel γ_f = 19° bis 40°

5

Durch welche Maßnahmen kann ein starker Haupt-schneidenverschleiß verringert werden?

In vielen Fällen kann ein starker Hauptschneidenver-schleiß durch Verringern der Schnittgeschwindigkeit und/oder des Vorschubs vermieden werden.

Weitere Abhilfemaßnahmen sind:
Einen verschleißfesteren Werkzeugwerkstoff wählen, die Kühlmittelzufuhr verbessern und die Stabilität von Werk-zeug und Werkstück erhöhen.

6

Warum werden große Bohrer ausgespitzt?

Das Ausspitzen verringert die Länge der Querschneide und ergibt eine kleinere Vorschubkraft.

Die verbleibende Restlänge der Querschneide soll mindestens 10% des Bohrerdurchmessers betragen, damit die Bohrerspitze nicht ausbricht.

7

Welche Vorteile haben beschichtete Spiralbohrer?

Bei beschichteten HSS-Spiralbohrern ist die Standzeit we-sentlich größer als bei unbeschichteten. Außerdem ist die erreichbare Oberflächengüte besser. Beschichtete HSS-Spiralbohrer sind für alle Werkstoffe mit Ausnahme von verschleißend wirkenden faserverstärkten Kunststoffen (z.B. glasfaserverstärkte Kunststoffe) verwendbar.

8

Welche Vorteile haben Vollhartmetallbohrer?

Vollhartmetallbohrer eignen sich auch für das Bohren har-ter und verschleißender Werkstoffe. Sie besitzen eine hohe Standzeit trotz hoher Schnittgeschwindigkeiten. Ihre große Steifigkeit erlaubt das Anbohren von Werkstücken ohne vorheriges Zentrierbohren bzw. ohne das Verwen-den von Bohrbuchsen.

9

Wozu dient das Aufbohren?

Das Aufbohren dient zur Fertig- oder Feinbearbeitung vor-gebohrter Bohrungen. Aufbohrwerkzeuge verbessern die Maß-, Form- und Lagegenauigkeit sowie die Obeflächen-güte von Bohrungen.

10

Welche Vorteile haben die Tiefbohrverfahren?

Während beim Bohren mit Spiralbohrern die Bohrtiefe maximal 5 mal Bohrerdurchmesser beträgt, lassen sich beim Tiefbohren, bei nur geringem Bohrungsverlauf, Bohrtiefen bis 100 mal Bohrerdurchmesser fertigen.

Durch die Kühlschmierung an der Wirkstelle kann ein hohes Zeitspanungsvolumen erzielt werden. Außerdem wird eine hohe Maßgenauigkeit und Oberflächengüte (bis IT 8 und bis $Rz = 2\ \mu m$) erreicht.

Ergänzende Fragen zum Bohren

11

In welche Typen werden die Bohrwerkzeuge nach dem zu bearbeitenden Werkstoff eingeteilt?

Die Bohrwerkzeuge werden in die Werkzeugtypen N, H und W eingeteilt.

Die verschiedenen Typen dienen zum Bearbeiten von metallischen Werkstoffen mit *normaler* Festigkeit und Härte, für *harte* und kurz-spanende Werkstoffe und für *weiche* und langspanende Werkstoffe.

12

Warum sollen große Löcher vorgebohrt werden?

Das Vorbohren verhindert ein Verlaufen des Bohrers und verringert die Vorschubkraft.

Der Durchmesser des Vorbohrers soll mindestens so groß sein wie die Querschneide des Bohrers, mit dem fertig gebohrt wird.

13

Worauf ist beim Einspannen von Bohrern mit kegeligem Schaft zu achten?

Zu achten ist auf unbeschädigte, saubere Schäfte, Redu-zierhülsen und Aufnahmekegel.

Schon eine geringe Verschmutzung führt zum Schlagen des Boh-rers und zur Beschädigung der Schäfte, Reduzierhülsen oder Spindeln.

14

Woran ist der Bohrertyp H zu erkennen?

Der Spitzenwinkel ist 118°, der Seitenspanwinkel 10° bis 19° (Bild).

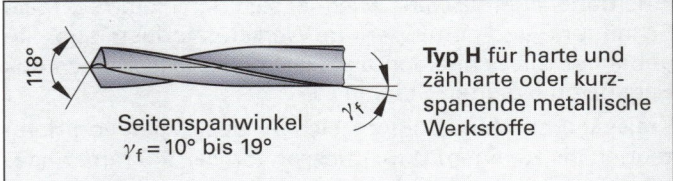

118°

Seitenspanwinkel
$\gamma_f = 10°$ bis 19°

γ_f

Typ H für harte und zähharte oder kurz-spanende metallische Werkstoffe

Durch den kleinen Seitenspanwinkel ergibt sich ein großer Keil-winkel.

15

Welche Schneiden unterscheidet man beim Spiral-bohrer?

Man unterscheidet die beiden Hauptschneiden, die beiden Nebenschneiden und die Querschneide.

Die Querschneide verbindet die beiden Hauptschneiden an der Bohrerspitze.

16

Wie wird der Winkel zwischen den beiden Hauptschneiden des Spiralbohrers bezeichnet?

Der Winkel zwischen den Hauptschneiden ist der Spitzen-winkel.

Die Größe des Spitzenwinkels richtet sich nach dem Bohrertyp.

17

Wie prüft man den richtigen Anschliff des Spiralbohrers?

Zum Prüfen dienen feste oder verstellbare Schleiflehren.

Zum genauen Anschleifen der Spiralbohrer verwendet man meist besondere Schleifeinrichtungen.

18

Wozu werden Bohrer mit Wendeschneidplatten verwendet?

Bohrer mit Wendeschneidplatten (Bild) dienen zum Bohren ins Volle mit hoher Schnittgeschwindigkeit.

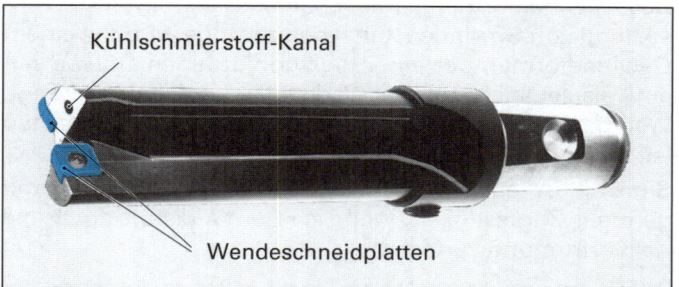

Kühlschmierstoff-Kanal

Wendeschneidplatten

Wegen der Bruchgefahr für die Schneiden darf nicht vorgebohrt werden. Die Kühlschmiermittelzufuhr erfolgt meist von innen an die Bohrerspitze.

19

Welche verschiedenen Bohrwerkzeuge gibt es?

Man unterscheidet Spiralbohrer, Kleinstbohrer, NC-Anbohrer, Kurzstufenbohrer, Zentrierbohrer, Aufbohrer (Spiralsenker), Bohrer mit Wendeschneidplatten und Tiefbohrer.

Der Spiralbohrer ist das meist verwendete Bohrwerkzeug zum Bohren ins Volle.

20

Welche Drehzahlen sind nach dem gezeigten Drehzahlschaubild zum Bohren der Durchmesser 5 mm, 8 mm, 10 mm und 15 mm bei Schnittgeschwindigkeit von 16 m/min erforderlich?

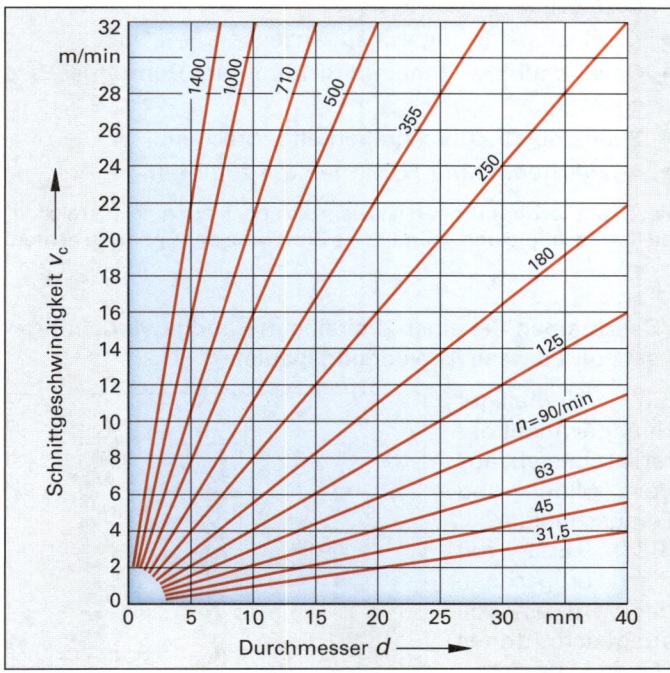

d	5 mm	8 mm	10 mm	15 mm
n	1000/min	710/min	500/min	355/min

21

An dem Maschinengehäuse aus EN-GJL-200 (Bild) sollen die Kernlochbohrungen für die Gewindebohrungen M10 gebohrt werden.

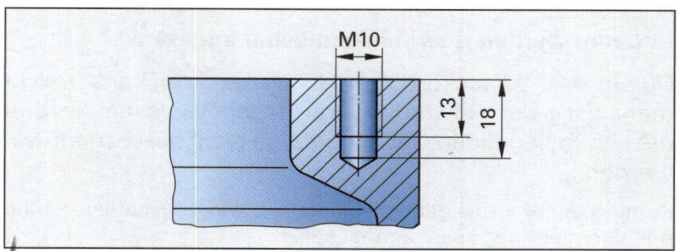

a)

Mit welchem Bohrerdurchmesser muss das Gewindekernloch gebohrt werden?

Der Bohrerdurchmesser für das Bohren eines Gewindekernlochs M 10 beträgt 8,5 mm.

b)

Wie groß müssen Schnittgeschwindigkeit und Vorschub nach der Tabelle gewählt werden?

Richtwerte für Spiralbohrer aus HSS			
Werkstoff	Bohrtiefe	v_c m/min	f in mm je Umdrehung für $d = 4$ bis 10 mm
Stahl $R_m < 700$ N/mm²	bis 5 · d 5 ... 10 · d	32 25	0,08 ... 0,16 0,06 ... 0,12
Stahl $R_m > 700$ N/mm²	bis 5 · d 5 ... 10 · d	20 16	0,08 ... 0,16 0,06 ... 0,12
Stahl $R_m > 1000$ N/mm²	bis 5 · d 5 ... 10 · d	12 10	0,05 ... 0,1 0,04 ... 0,08
Gusseisen $R_m < 300$ N/mm²	bis 5 · d 5 ... 10 · d	16 12,5	0,1 ... 0,2 0,08 ... 0,16
Temperguss und Kugelgraphitguss	bis 5 · d 5 ... 10 · d	20 16	0,1 ... 0,2 0,08 ... 0,16
Al-Legierungen	bis 5 · d 5 ... 10 · d	63 50	0,12 ... 0,25 0,1 ... 0,2

Die Einstellwerte für den Kernlochdurchmesser $d = 8,5$ mm sind gemäß Tabelle:
$v_c = 16$ m/min; $f = 0,1 ... 0,2$ mm;

c)

Für eine Bohrmaschine mit stufenlosem Drehzahlbereich ist die Drehzahl zu berechnen.

$$n = \frac{v_c}{\pi \cdot d} = \frac{16 \text{ m/min}}{\pi \cdot 0,0085 \text{ m}} = \textbf{600/min}$$

d)

Welche Drehzahl ergibt sich nach dem Drehzahlschaubild von Frage 20?

$n = 500$/min

e)

Wie groß ist die Vorschubgeschwindigkeit v_f in mm/min?

$v_f = n \cdot f = 600$/min $\cdot 0,15$ mm $= \textbf{90 mm/min}$ bzw.
$v_f = n \cdot f = 500$/min $\cdot 0,15$ mm $= \textbf{75 mm/min}$

f)

Welchen Weg muss der Bohrer mit selbsttätigem Vorschub mindestens zurücklegen?

$l = L + 0,3 \cdot d = 18$ mm $+ 0,3 \cdot 8,5$ mm $= \textbf{20,55 mm}$

Gewindebohren

Fragen aus Fachkunde Metall, Seite 147

1

Warum werden Gewindekernlöcher angesenkt?

Durch das Ansenken der Gewindekernlöcher erreicht man, dass der Gewindebohrer besser anschneidet und die außen liegenden Gewindegänge nicht herausgedrückt werden.

Kernlöcher für Durchgangsgewinde werden von beiden Seiten mit einem 90° Kegelsenker angesenkt.

2

Was versteht man unter Aufschneiden beim Gewindebohren?

Unter Aufschneiden versteht man das Verdrängen des Werkstoffs beim Gewindeschneiden. Gewindebohrer z.B. verdrängen den Werkstoff nach innen. Dadurch wird die Bohrung kleiner.

Kernlöcher müssen so groß wie zulässig gebohrt werden, da sonst der Gewindebohrer klemmt und bricht.

3

Wann werden Maschinengewindebohrer eingesetzt?

Mit Maschinengewindebohrern (Bild) werden Gewinde in einem Schnitt und bei Grundlöchern bis dicht an den Grund geschnitten. Mit ihnen lässt sich eine hohe Spanleistung erzielen.

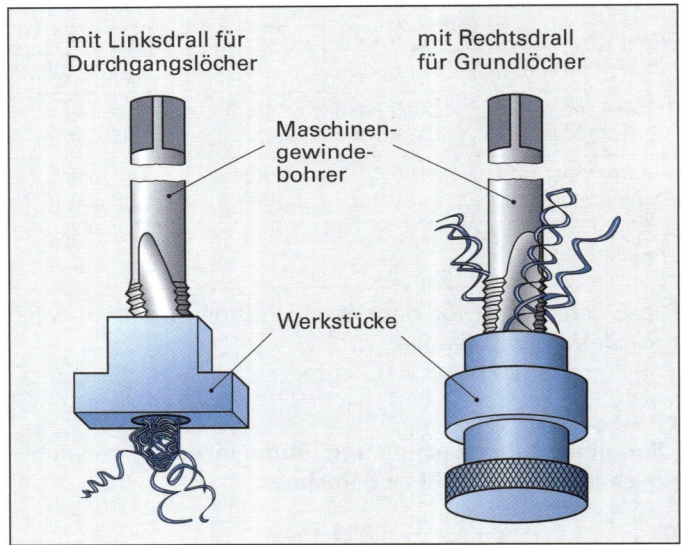

mit Linksdrall für Durchgangslöcher
mit Rechtsdrall für Grundlöcher
Maschinengewindebohrer
Werkstücke

4

Worauf ist beim Gewindeschneiden in Grundlöchern zu achten?

Die Kernlöcher müssen tiefer als die nutzbare Gewindelänge gebohrt werden, da das Gewinde nicht bis auf den Grund der Bohrung geschnitten werden kann. Auf die Entfernung der Späne ist besonders zu achten.

5

Wann verwendet man den 2-teiligen Gewindebohrersatz?

Man verwendet einen 2-teiligen Gewindebohrersatz für Feingewinde und Whitworth-Rohrgewinde wegen der geringeren Gewindetiefe als bei Regelgewinden.

Ergänzende Fragen zum Gewindebohren

6

Was versteht man unter Gewindeformen und welchen spezifischen Vorteil bietet dieses Verfahren?

Das Gewindeformen ist ein spanloses Verfahren zur Herstellung von Gewinden. Ein Innengewinde wird mit einem Gewindeformer, der einen polygonförmigen Querschnitt aufweist, ausgeformt. Der Werkstoff wird dabei verdrängt. Weil der Faserverlauf des Werkstoffs nicht unterbrochen ist, entstehen hochbelastbare Gewinde.

Sinnvoll ist auch die Anwendung bei Werkstoffen mit geringer Zugfestigkeit, weil sich der Werkstoff durch die Kaltverformung verfestigt.

Da das umzuformende Material nicht entfernt wird, muss der Kernlochdurchmesser größer sein als beim Gewindebohren. Der zu bearbeitende Werkstoff muss zudem eine gute Verformbarkeit aufweisen.

7

Wie können Innengewinde hergestellt werden?

Innengewinde können von Hand und auf Maschinen gebohrt oder spanlos geformt werden. Als Werkzeuge verwendet man Gewindebohrersätze, Einschnitt-Gewindebohrer, Maschinengewindebohrer oder Spanlos-Gewindeformer.

Größere Innengewinde können auch mit dem Gewindedrehmeißel, dem Gewindestrehler oder mit Wirbelwerkzeugen auf der Drehmaschine gefertigt werden.

8

Welche Arbeitsregeln sind beim Herstellen von Innengewinden zu beachten?

- Kernloch so groß wie zulässig bohren.
- Kernloch beidseitig mit 90° ansenken.
- Gewindebohrer genau in Richtung der Bohrungsachse ansetzen.
- Späne durch Zurückdrehen öfter brechen.
- Ausreichend (Kühl-) Schmierstoff zuführen.

Bei Grundlochbohrungen ist zusätzlich noch auf eine ausreichende Kernlochtiefe und gründliches Entfernen der Späne zu achten.

9

Beschreiben Sie einen dreiteiligen Handgewindebohrersatz und dessen Anwendungsgebiet.

Ein dreiteiliger Handgewindebohrersatz besteht aus Vor-, Mittel- und Fertigschneider (Bild). Erst mit dem Fertigschneider wird ein voll ausgeschnittenes Gewinde erreicht.

Ein solcher Satz kommt beim Gewindeschneiden von Hand in Grundlöcher bzw. bei durchgehenden (Gewinde-)Bohrungen zur Anwendung.

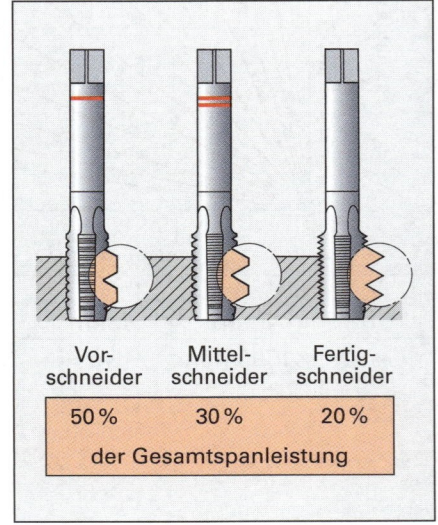

Vor-schneider	Mittel-schneider	Fertig-schneider
50 %	30 %	20 %
der Gesamtspanleistung		

Senken

Fragen aus Fachkunde Metall, Seite 131

1

Welche Vorteile bieten Senker mit auswechselbaren Führungszapfen?

Auswechselbare Führungszapfen erleichtern das Nachschleifen der Senker und ermöglichen den Einsatz der Senker bei verschiedenen Bohrungsdurchmessern (Bild).

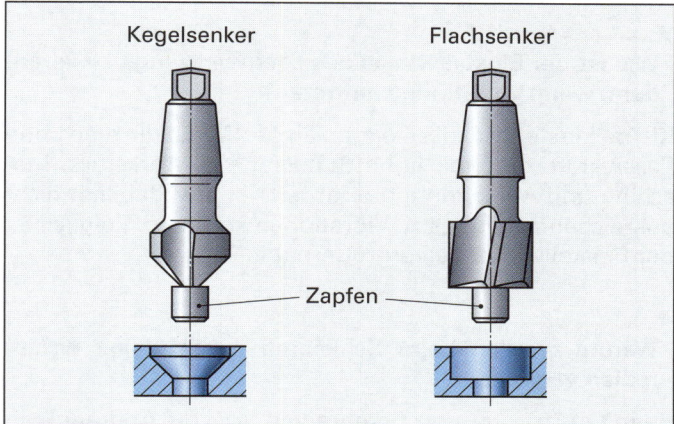

Führungszapfen werden bei Flach- und Kegelsenkern verwendet.

2

Wozu können Kegelsenker verwendet werden?

Kegelsenker dienen zum Profilsenken kegeliger Schrauben- und Nietlöcher und zum Entgraten von Bohrungen (Bild).

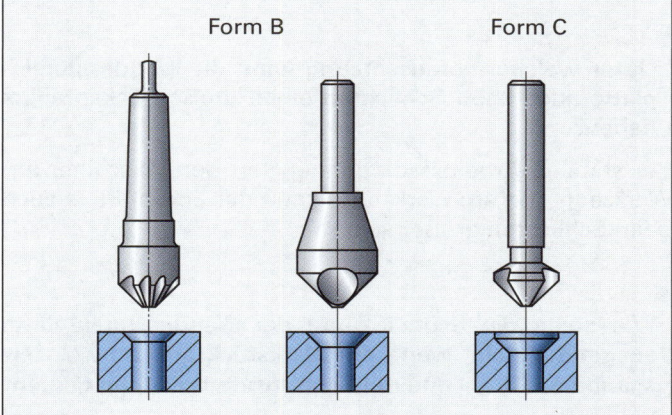

Die häufigsten Spitzenwinkel der Kegelsenker sind 60° zum Entgraten und 90° für Senkschrauben.

Ergänzende Fragen zum Senken

3

Wozu werden Senkwerkzeuge verwendet?

Senkwerkzeuge dienen zum Herstellen von ebenen Auflageflächen (Plansenken und Planeinsenken) sowie zur Herstellung von kegeligen oder profilierten Senkungen (Profilsenken).

4

Wie groß ist die Schnittgeschwindigkeit beim Senken zu wählen?

Beim Senken ist die Schnittgeschwindigkeit gleich oder kleiner der beim Bohren zu wählen. Der Vorschub kann bis zu 50 Prozent kleiner sein.

Reiben

Fragen aus Fachkunde Metall, Seite 133

1

Wie unterscheiden sich Schnittgeschwindigkeit und Vorschub beim Reiben und Bohren?

Die Schnittgeschwindigkeit beim Reiben ist wesentlich niedriger, der Vorschub größer als beim Bohren.

Richtwerte für die unterschiedlichen Werkstoffe können Tabellen entnommen werden.

2

Wodurch unterscheidet sich eine Handreibahle von einer Maschinenreibahle?

Handreibahlen haben einen langen, kegeligen Anschnitt und am Schaftende einen Vierkant zur Aufnahme des Windeisens. Der Anschnitt der Maschinenreibahlen ist kurz, der Schaft zylindrisch oder kegelig.

Handreibahlen haben eine gute Führung in der vorgefertigten Bohrung, mit Maschinenreibahlen können auch Grundlöcher gerieben werden.

3

Welche Vorteile haben Reibahlen mit Linksdrall?

Durch den Linksdrall kann die Reibahle nicht in die Bohrung hineingezogen werden. Die Spanabfuhr erfolgt in Vorschubrichtung.

Für Grundlöcher dürfen Reibahlen mit Linksdrall nicht verwendet werden.

4

Warum verwendet man Reibahlen mit gerader Zähnezahl und ungleicher Teilung?

Die gerade Zähnezahl erleichtert das Messen des Durchmessers, durch die ungleiche Teilung sollen Schwingungen, Rattermarken und Kreisformfehler vermieden werden.

Die Teilung ist so ausgeführt, dass sich immer zwei Schneiden gegenüber liegen.

Ergänzende Fragen zum Reiben

5

Was versteht man unter Reiben und was ist der Zweck des Reibens?

Reiben ist ein Aufbohren mit geringer Spanungsdicke. Es dient zur Herstellung passgenauer Bohrungen bis IT 5 und der Erzielung einer hohen Oberflächengüte.

Es kann nur ein geringes Aufmaß entfernt werden.

6

Wie groß kann die Reibzugabe gewählt werden?

Reibzugaben müssen so gewählt werden, dass eine Mindestspanungsdicke gegeben ist, aber keine Überlastung durch zu große Spanabnahme erfolgt. Je nach Bohrungsdurchmesser beträgt sie 0,1 bis 0,5 mm, bei Schälreibahlen bis zu 0,8 mm.

Bei zu großer Reibzugabe wird die Bohrung unsauber. Die Reibahle neigt zum Festfressen.

7

Wozu werden Kegelreibahlen verwendet und welche Besonderheit weisen sie auf?

Kegelreibahlen werden zum kegeligen Profilreiben von Bohrungen verwendet, die z.B. für die Aufnahme von Kegelstiften dienen (Bild).

Kegelreibahlen spanen über die gesamte Einsatzlänge der Schneiden.

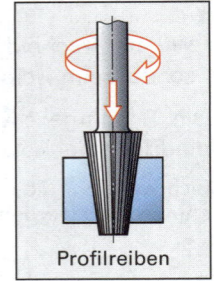

Profilreiben

8

Welche Werkzeuge sind für die Bearbeitung der Bohrungen des nachstehend dargestellten Auflagewinkels erforderlich?

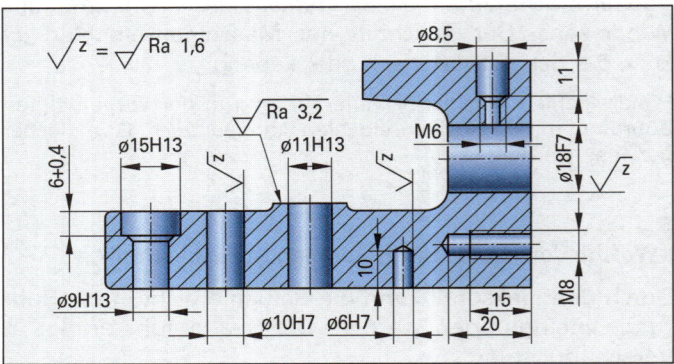

Spiralbohrer: ∅ 9 für Senkung
      ∅ 9,7 für Bohrung 10H7
      ∅ 11 für Bohrung ∅ 11
      ∅ 5,8 für Bohrung 6H7
      ∅ 6,8 für Kernloch M8
      ∅ 6 und ∅ 17,8 für Bohrung 18F7
      ∅ 5 für Kernloch M6
      ∅ 8,5 für Freibohrung bei M6

Senker: Flachsenker ∅ 15 mit Zapfen ∅ 9
      Flachsenker ∅ 16 mit Zapfen ∅ 11
      Kegelsenker 90° für Fasen, Gewinde-
      Bohrungen und zum Entgraten

Maschinenreibahlen: ∅ 6H7, ∅ 10H7, ∅ 18F7

Gewindebohrer: M6, M8

3.7.7 Drehen

Drehverfahren

Fragen aus Fachkunde Metall, Seite 155

1

Durch welche Flächen wird der Schneidkeil des Drehmeißels begrenzt?

Der Schneidkeil des Drehmeißels wird durch die Spanfläche und die Freifläche begrenzt (Bild). Die Kanten der beiden Flächen bilden die Hauptschneide.

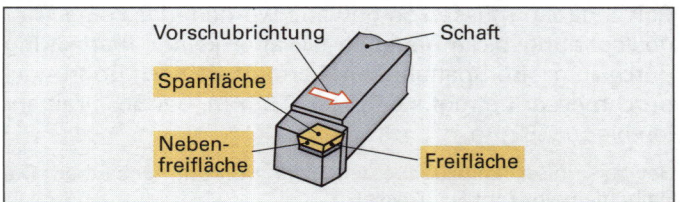

2

Berechnen Sie die theoretische Rautiefe beim Drehen, wenn der Eckenradius 0,4 mm und der Vorschub 0,15 mm betragen?

$$R_{th} = \frac{f^2}{8 \cdot r}$$

$$R_{th} = \frac{(0,15 \text{ mm})^2}{8 \cdot 0,4 \text{ mm}} = 0,007 \text{ mm} = \mathbf{7 \text{ µm}}$$

3

Wie ist der Einstellwinkel des Drehwerkzeugs zu verändern, wenn Vibrationen auftreten?

Kleine Einstellwinkel erzeugen an der Wirkstelle eine hohe Passivkraft, die eine hohe Stabilität von Werkstück, Maschine und Aufspannung erfordert. Ist die Stabilität nicht ausreichend, kann es zu Vibrationen kommen. Folglich ist der Einstellwinkei zu vergrößern (bis 90°).

4

Warum werden beim Schlichten meist kleine Eckenradien verwendet?

Beim Einsatz größerer Eckenradien wird die Abdrängkraft für das Werkzeug und das Werkstück durch die größere Passivkraft FP stärker. Dies kann zu Schwingungen und damit zu einer Verschlechterung der Oberflächengüte führen.

Größere Eckenradien ermöglichen bei gleichem Vorschub höhere Oberflächengüten. Trotzdem werden beim Schlichten meist kleine Eckenradien eingesetzt, da in der Regel auch mit kleinem Vorschub gedreht wird.

5

Unter welcher Voraussetzung kann die Wendeschneidplatte auch beim Schlichten einen großen Eckenradius haben?

Bei stabilen Arbeitsbedingungen (an der Maschine, am Werkzeug und am Werkstück) kann der Eckenradius auch beim Schlichten größer sein.

6

Wie sollte die Schneidkante der Wendeschneidplatte ausgeführt sein, wenn ein Werkstück aus schwer zerspanbarem Stahl und mit Schnittunterbrechung gedreht wird?

Die Schneidkante einer Wendeschneidplatte (Bild) sollte für eine solche Bearbeitung mit Fase und Verrundung ausgeführt sein (Ausführung S).

Eine solche Schneidkantenausführung erhöht jedoch die Schnittkraft, die Temperatur an der Schneide und die Ratterneigung.

7

Welchen Vorteil bietet ein negativer Neigungswinkel des Werkzeughalters?

Bei unterbrochenem Schnitt verlegt ein negativer Neigungswinkel (– 4° bis – 8°) den Erstkontakt zwischen Werkstück und Werkzeug von der Schneidenecke weg (Bild). Dadurch wird die Gefahr von Schneidkantenausbrüchen vermindert.

8

Warum sollte beim Schlichten von Bohrungen ein positiver Neigungswinkel des Werkzeughalters vorgesehen werden?

Positive Neigungswinkel lenken den Span von der Werkstückoberfläche weg. Deshalb sollten beim Schlichten und bei Innendreharbeiten neutrale oder positve Neigungswinkel gewählt werden, damit die Werkstückoberfläche nicht durch Späne beschädigt wird.

9

Ermitteln Sie den jeweils kleinsten und größten Einstellwinkel beim Kopierdrehen des Einstichs im Bild.

Der größte Einstellwinkel ist am 30°-Kegel vorzufinden und beträgt dort:
Größter Einstellwinkel = 93° + 30° = 123°

Der kleinste Einstellwinkel ist an der Planfläche vorzufinden und beträgt dort:
Kleinster Einstellwinkel = 93° – 90° = 3°

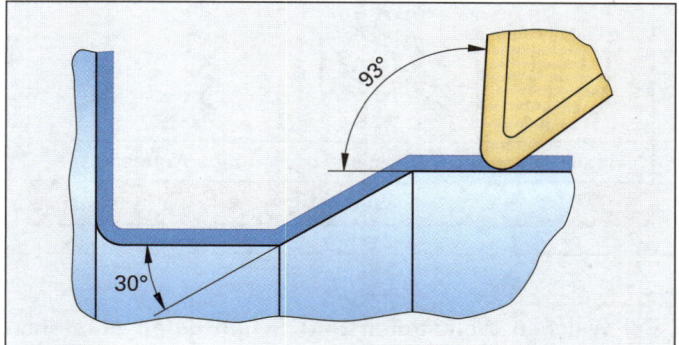

10

Bei welchem Einstellwinkel ist die Passivkraft am kleinsten?

Bei einem Einstellwinkel von 90° ist die Passivkraft am kleinsten.

Eine kleine Passivkraft hat eine geringe Durchbiegung des Drehteils und eine geringe Ratterneigung zur Folge. Sie ist deshalb bei Schlichtbearbeitungen und bei Innendreharbeiten anzustreben.

11

Wodurch wird die Bildung unterschiedlicher Spanarten beeinflusst?

Die Bildung unterschiedlicher Spanarten wird vor allem durch den Werkstoff beeinflusst (Bild).

Reißspäne entstehen beim Drehen von spröden Werkstoffen. Kleine Spanwinkel und niedrige Schnittgeschwindigkeit begünstigen ebenfalls deren Bildung.

Scherspäne bilden sich beim Drehen von zäheren Werkstoffen bei mittleren Spanwinkeln und niedriger Schnittgeschwindigkeit.

Fließspäne entstehen bei langspanenden Werkstoffen, vor allem bei hoher Schnittgeschwindigkeit und großen Spanwinkeln.

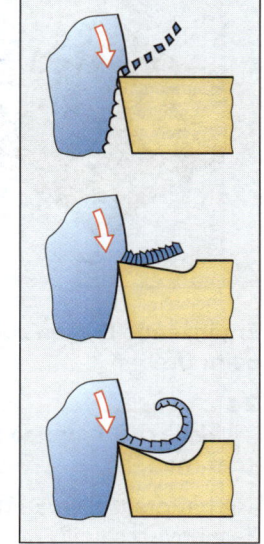

12

Warum sind lange Späne beim Drehen unerwünscht?

Lange Späne ergeben ein großes Spanvolumen und lassen sich schlecht aus dem Arbeitsraum der Maschine abführen. Sie behindern die Werkzeuge und können zu Beschädigungen der Werkstückoberfläche führen. Außerdem wird die Verletzungsgefahr durch die scharfen Späne erhöht.

Bei zu kleinen Spänen besteht die Gefahr, dass die Filter der Kühlschmieranlage zugesetzt werden. Deshalb sind beim Drehen kurze Wendel- oder Spiralspäne anzustreben.

13

Welche Möglichkeiten gibt es, kurz gebrochene Späne zu erzeugen?

Zur Erzeugung kurz gebrochener Späne sind folgende Möglichkeiten geeignet:

- Verwendung von Wendeschneidplatten mit Spanleitstufen.
- Auswahl passender Spanleitstufen für den vorgesehenen Vorschub und die Schnitttiefe.
- Einsatz von legierten Werkstoffen mit erhöhter Spanbrüchigkeit.
- Erhöhung des Vorschubs.

Ergänzende Fragen zu Grundlagen des Drehens

14

Welche Drehverfahren unterscheidet man nach der Richtung des Vorschubs?

Man unterscheidet Längsdrehen und Querdrehen.

Mit beiden Drehverfahren können zylindrische oder ebene Flächen am Drehteil erzeugt werden. Vorwiegend werden jedoch beim Längsdrehen zylindrische, beim Querdrehen ebene Flächen erzeugt.

15

Wie werden die Drehverfahren nach der erzeugten Werkstückform unterteilt?

Man unterscheidet Runddrehen, Plandrehen, Schraubdrehen, Unrunddrehen, Profildrehen und Formdrehen.

Die genaue Bezeichnung eines Verfahrens setzt sich aus der Benennung der Vorschubrichtung und der erzeugten Werkstückform zusammen, z.B. Längs-Runddrehen oder Quer-Plandrehen.

16

Welcher Unterschied besteht zwischen Runddrehen und Plandrehen?

Beim Runddrehen wird am Werkstück die Mantelfläche eines Zylinders, beim Plandrehen die ebene Deckfläche (Planfläche) des Zylinders erzeugt.

Bei beiden Verfahren kann die Vorschubrichtung längs oder quer zur Drehachse sein. Bevorzugt wird jedoch zum Runddrehen die Vorschubrichtung längs, zum Plandrehen quer zur Drehachse eingestellt.

17

Unter welchen Bedingungen entstehen Fließspäne und warum sind sie beim Drehen oftmals erwünscht?

Fließspäne entstehen bei langspanenden Werkstoffen, vor allem wenn hohe Schnittgeschwindigkeiten und große Spanwinkel gewählt werden. Da der Zerspanungsvorgang gleichmäßig und ohne größere Schnittkraftschwankungen abläuft, ist die dabei erzielte Oberflächengüte meist hoch, weshalb beim Drehen unter Umständen Fließspäne in Kauf genommen werden.

18

Wie werden die Drehverfahren nach der Lage der Bearbeitungsstelle unterteilt?

Man unterscheidet Außen- und Innendrehen (Bild).

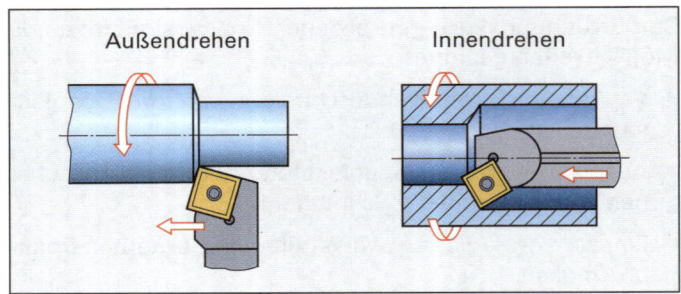

Außendrehen   Innendrehen

Im Gegensatz zum Bohren kann beim Innendrehen eine sehr kleine Lagetoleranz der Bohrungsmitte zur Außenfläche eingehalten werden.

19

Wodurch unterscheiden sich Formdrehen und Profildrehen?

Beim Formdrehen wird die Kontur des Werkstücks durch die Steuerung der Vorschubrichtung erzeugt (Bild).

Beim Profildrehen wird die Form des Profilwerkzeuges auf der Werkstückoberfläche abgebildet. Der Vorschub ist längs oder quer zur Drehachse.

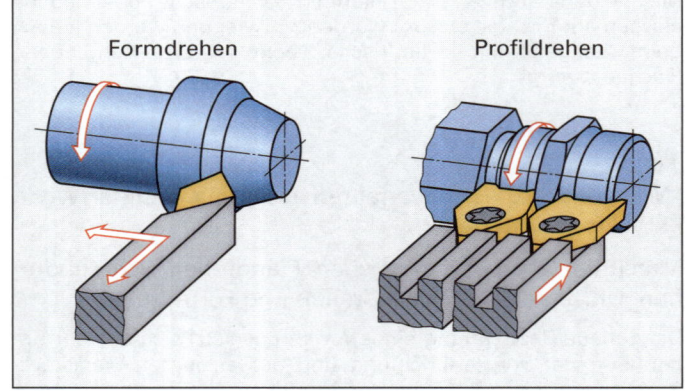

Formdrehen   Profildrehen

Die Vorschubsteuerung beim Formdrehen kann durch Einstellen an der Drehmaschine (Kegeldrehen), durch Nachformsteuerung oder durch numerische Steuerung des Vorschubs geschehen.

20

Welche Folgen hat ein kleiner Einstellwinkel beim Längsdrehen?

Durch Vergrößerung der Spanungsbreite und Verringerung der Spanungsdicke wird die Standzeit des Drehmeißels erhöht.

Gleichzeitig steigt die Passivkraft an. Bei ausreichend stabilem Drehteil werden Einstellwinkel von 45° bis 75° gewählt.

21

Welche Spanformen sind günstig und welche sind ungünstig?

Kurze Wendelspäne, Spiralspäne und Bröckelspäne sind günstig, Band- und Wirrspäne sowie lange Wendelspäne sind ungünstig (Bild).

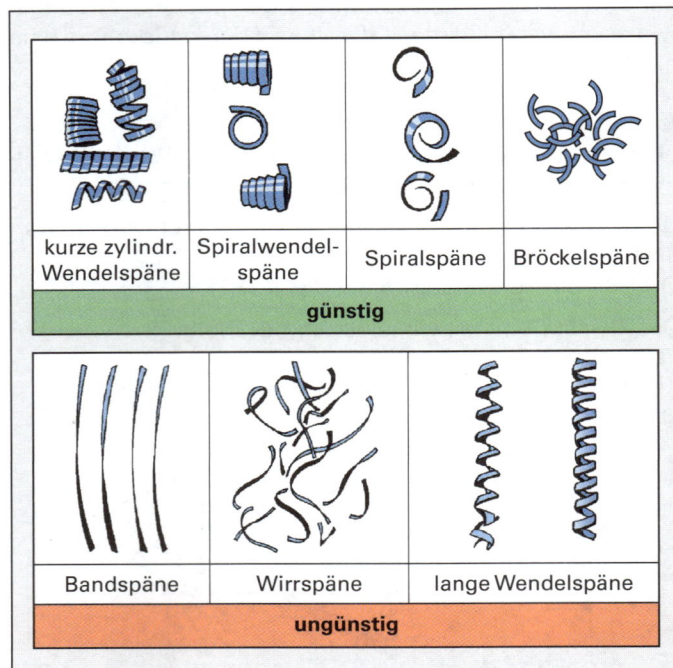

kurze zylindr. Wendelspäne	Spiralwendelspäne	Spiralspäne	Bröckelspäne
günstig			
Bandspäne	Wirrspäne	lange Wendelspäne	
ungünstig			

22

Bei welchen Werkstoffen und Schnittdaten entstehen Reißspäne?

Reißspäne entstehen bei spröden Werkstoffen, niedrigen Schnittgeschwindigkeiten und großer Schnitttiefe.

Auch ein kleiner oder negativer Spanwinkel begünstigt die Bildung von Reißspänen.

23

Durch welche konstruktive Maßnahme an Wendeschneidplatten kann die Spanform beeinflusst werden?

Die Spanform kann durch die Ausgestaltung einer Spanformstufe beeinflusst werden. Mittlerweile werden eine Vielzahl unterschiedlicher Spanformstufen genutzt.

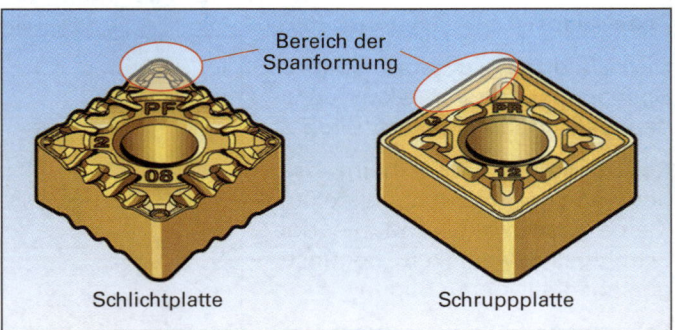

Bereich der Spanformung

Schlichtplatte   Schruppplatte

Ergänzende Fragen zu Verschleiß und Standzeit beim Drehen

24

Welche drei hauptsächlichen Verschleißarten unterscheidet man?

Die hauptsächlich auftretenden Verschleißarten sind: Freiflächenverschleiß, Kolkverschleiß und Kantenverschleiß.

25

Was versteht man unter der Standzeit eines Werkzeugs?

Als Standzeit bezeichnet man die Zeit des Werkzeugeingriffs bis zum Erreichen des zulässigen Verschleißes.

Das Ende der Standzeit ist beim Schlichten an der schlechten Oberfläche und an Maßabweichungen des Werkstücks erkennbar, beim Schruppen an den Verschleißauswirkungen an der Werkzeugschneide.

26

Welche Schnittgeschwindigkeit ist aus wirtschaftlichen Erwägungen als günstig anzusehen?

Aus wirtschaftlichen Erwägungen sollte eine Schnittgeschwindigkeit gewählt werden, die so hoch ist, dass die Aufbauschneidenbildung vermieden wird (Bild). Sie sollte aber auch nicht zu hoch gewählt werden, damit sich der Verschleiß durch Oxidation und Diffusion in Grenzen hält.

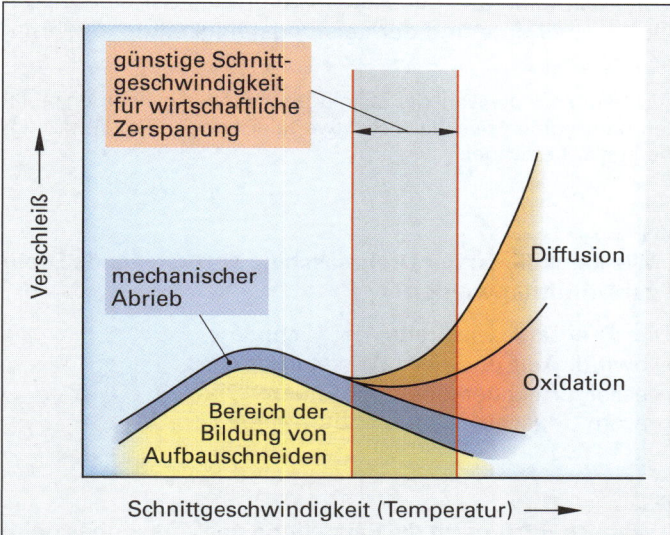

27

Was kann die Folge übermäßiger Verschleißerscheinungen sein?

In Folge übermäßiger Verschleißerscheinungen kann es zum Schneidkantenbruch kommen.

Ein gleichmäßiger Verschleißfortschritt ist normal. Plattenbruch durch zu starke Verschleißauswirkungen ist aber in jedem Fall zu vermeiden.

28

Wie entsteht eine Aufbauschneide?

Vor allem bei kleiner Schnittgeschwindigkeit können sich an der Spanfläche, aber auch an der Freifläche kleine Werkstoffteilchen festschweißen, die dann eine Aufbauschneide bilden (Bild).

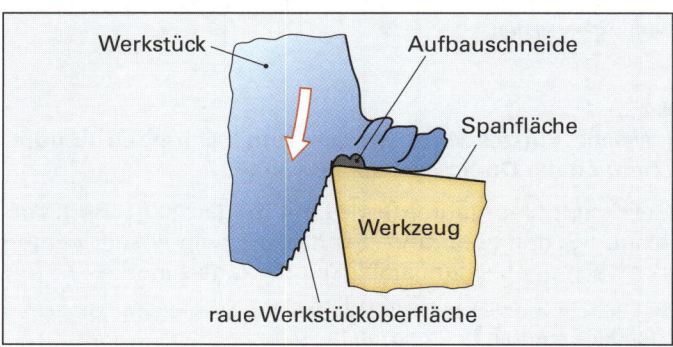

29

Welchen Einfluss hat der Freiflächenverschleiß (Bild) auf den Zerspanungsvorgang und dessen Ergebnis?

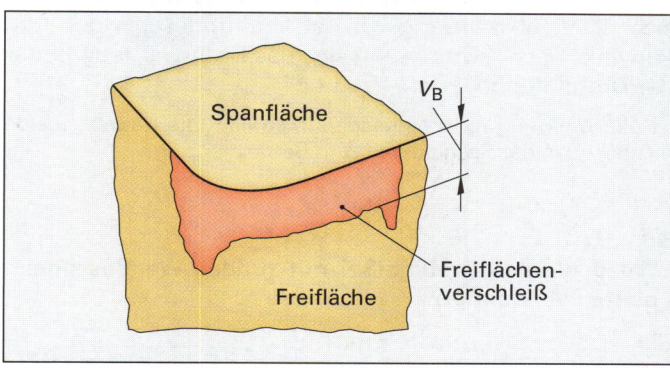

Der Freiflächenverschleiß beeinflusst die Maßgenauigkeit und die Oberflächengüte des bearbeiteten Werkstückes. Darüber hinaus führt er zu höheren Temperaturen an der Schneide und zum Ansteigen der Schnittkräfte.

30

Wie kann die Aufbauschneidenbildung verringert werden?

Die Bildung einer Aufbauschneide kann verringert werden durch

- Erhöhung der Schnittgeschwindigkeit,
- Einsatz von beschichteten Schneidstoffen,
- glatte, geläppte Spanflächen und
- reichlich Verwendung von Kühlschmiermittel.

Ergänzende Fragen zu Drehwerkzeugen

31

Welche Vorteile bieten Wendeschneidplatten?

Wendeschneidplatten werden nicht nachgeschliffen. Sie können ohne Umspannen des Werkzeuges maßgenau gewendet oder ausgewechselt werden.

Wendeschneidplatten sind daher sehr wirtschaftlich.

32

Warum ist die Schneidenecke des Drehmeißels gerundet?

Die Eckenrundung verringert die Rauheit der Werkstückoberfläche und die Bruchgefahr des Drehmeißels.

Die Wendeschneidplatten haben genormte Eckenrundungen von 0,4 bis 2,4 mm.

33

Wie werden Wendeschneidplatten bezüglich ihrer Schneidrichtung eingeteilt?

Die Lage der Hauptschneide zum Schaft bestimmt die Schneidrichtung (Bild). Man unterscheidet die Ausführungen R (rechtsschneidend), L (linksschneidend) und N (neutral).

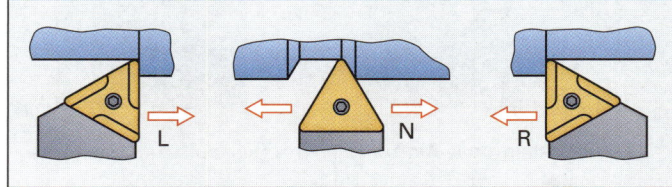

34

Woran erkennt man einen rechten Drehmeißel?

Rechte Drehmeißel schneiden von rechts nach links, wenn sich das Drehwerkzeug vor der Drehmitte befindet, und von links nach rechts, wenn sich das Drehwerkzeug hinter der Drehmitte befindet.

Ist das Werkzeug nicht eingespannt, so liegt die Hauptschneide rechts, wenn der Schneidkopf zum Betrachter zeigt.

35

Wozu werden Drehmeißel mit runden Wendeschneidplatten verwendet?

Sie dienen zum Breitschlichtdrehen und zum Formdrehen.

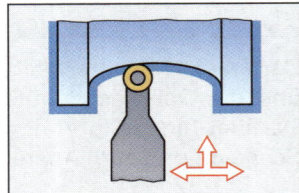

Die runde Form führt zu einer Glättung der bearbeiteten Fläche durch den großen Schneidenradius. Der Einstellwinkel ist in jeder Vorschubrichtung gleich groß.

36

Welcher Einstellwinkel ist zum Drehen rechtwinkliger Absätze erforderlich?

Der Einstellwinkel muss mindestens 90° sein, z.B. 90° bis 107°.

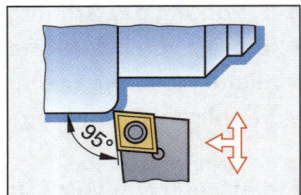

Mit Einstellwinkeln über 90°, z.B. 95°, lässt sich ein Absatz in einem Zug längs- und querdrehen.

37

Welchen Vorteil besitzen Drehmeißel mit einem Einstellwinkel von 107,5°?

Mit diesem Drehmeißel lässt sich die Kontur eines Werkstückes mit Fasen, Rundungen und Freistichen in einem Arbeitsgang fertigdrehen (Bild).

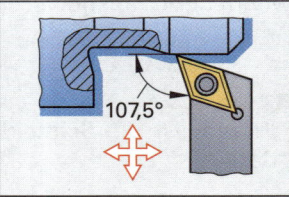

Wegen des kleinen Spitzenwinkels von 55° bis 35° sind die Schneidplatten für große Spanungsquerschnitte nicht geeignet.

38

Wie werden Wendeschneidplatten mit Bohrungen befestigt?

Die Wendeschneidplatten werden mit Hilfe eines Hebelspannsystems oder eines Schraubspannsystems im Werkzeughalter befestigt (Bild).

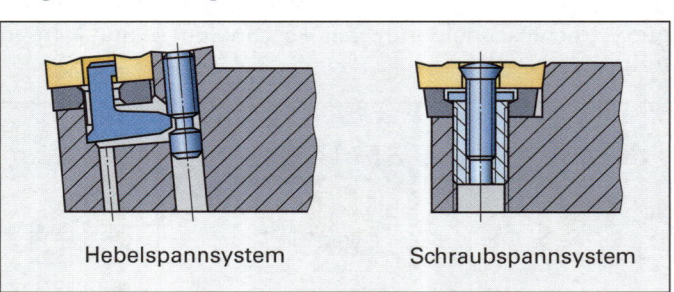

Hebelspannsystem   Schraubspannsystem

Ergänzende Fragen zu den Schnittdaten beim Drehen

39

Wie sind Vorschub und Schnittgeschwindigkeit beim Schlichten (Fertigdrehen) zu wählen?

Zum Schlichten wählt man einen kleinen Vorschub und eine hohe Schnittgeschwindigkeit. Eine Ausnahme bildet das Breitschlichtdrehen, bei dem mit sehr kleinen Einstellwinkeln und großem Vorschub geschlichtet wird.

Der Vorschub darf 0,05 mm nicht unterschreiten, weil sonst das Werkzeug drückt und der Verschleiß stark zunimmt.

40

Welche Einflussgrößen sind bei der Wahl der Schnittgeschwindigkeit zu berücksichtigen?

Die Wahl der Schnittgeschwindigkeit hängt vom Werkstoff, vom Schneidstoff, der Kühlschmierung, der verlangten Oberflächengüte und der Leistungsfähigkeit der Drehmaschine ab.

Richtwerte für die Wahl der Schnittgeschwindigkeit werden Tabellen entnommen und nach Richtwertgleichungen der Werkzeughersteller berechnet.

41

Wie kann die an der Drehmaschine einzustellende Drehzahl ermittelt werden?

Die Drehzahl wird aus der Schnittgeschwindigkeit und dem Werkstückdurchmesser errechnet oder aus einem Diagramm (Maschinentafel) entnommen.

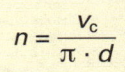

$$n = \frac{v_c}{\pi \cdot d}$$

42

Wonach richtet sich die Einstellung des Vorschubes beim Drehen?

Der Vorschub f in mm (mm je Umdrehung) wird in Abgängigkeit von der Leistungsfähigkeit der Drehmaschine und von der verlangten Oberflächengüte gewählt. Je größer der Vorschub ist, desto größer werden das Zeitspanungsvolumen Q und die Rautiefe R_t und desto kleiner wird die spezifische Schnittkraft k_c.

Daher wählt man zum Vordrehen einen möglichst großen Vorschub, zum Fertigdrehen einen Vorschub, mit dem sich die verlangte Oberflächengüte noch erreichen lässt.

43

In welchem Verhältnis sollen beim Drehen Schnitttiefe und Vorschub stehen?

Das Verhältnis $a_p : f$ soll zwischen 4:1 und 10:1 liegen.

Mit diesem Verhältnis der Einstellwerte lässt sich eine gute Spanbildung erreichen.

44

Welche Einstellwerte werden zum Schruppen (Vordrehen) an der Drehmaschine gewählt?

Geschruppt (vorgedreht) wird mit möglichst großem Vorschub. Schnitttiefe und Schnittgeschwindigkeit richten sich nach der Leistungsfähigkeit der Maschine.

Ziel ist, ein möglichst großes Zeitspanungsvolumen bei ausreichender Standzeit zu erreichen.

45

Wodurch werden Form und Größe des Spanungsquerschnittes A bestimmt?

Die Form des Spanungsquerschnittes A wird durch den Einstellwinkel $\varkappa$ sowie durch das Verhältnis von Vorschub f und Schnitttiefe a_p bestimmt (Bild).

Die Größe des Spanungsquerschnittes kann aus dem Produkt von Vorschub mal Schnitttiefe berechnet werden.

$$A = a_p \cdot f$$

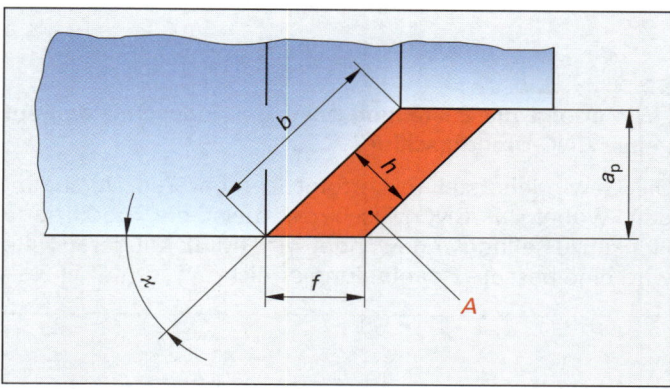

Größe und Form des Spanungsquerschnittes haben wesentlichen Einfluss auf die Schnittkraft beim Drehen.

46

Wie groß sind die Schnittwerte für das Vordrehen einer rohen Welle aus C45E (Ck 45) mit beschichteten Hartmetall-Schneidplatten zu wählen?

Nach Tabelle 3 (Frage 50) ist für den Werkstoff C45E bei a_p = 4 mm und f = 0,63 mm eine Schnittgeschwindigkeit von v_c = 202 m/min zulässig.

Wegen der Walzhaut der rohen Welle muss ein Korrekturfaktor berücksichtigt werden (Tabelle 1).

Daraus ergibt sich v_c = 0,75 · 202 m/min ≈ **150 m/min**.

Tabelle 1: Korrekturfaktoren für Schnittgeschwindigkeits-Richtwerte

Einfluss auf Zerspanung	Korrekturfaktor
Schmiede-, Walz- oder Gusshaut	0,7 … 0,8
Unterbrochener Schnitt	0,8 … 0,9
Innendrehen	0,75 … 0,85
Wenig stabiles Werkstück	0,8 … 0,95
Sehr stabiles Werkstück	1,05 … 1,2
Schlechter Maschinenzustand	0,8 … 0,95
Sehr guter Maschinenzustand	1,05 … 1,2

Tabelle 2: Zulässige Schneidenbelastung für Wendeschneidplatten

Schneidplatte Form mm	Größe l mm	Schnitttiefe a_p mm	Vorschub f mm	Schnittkraft F_c N
C	9	6	0,4	5 000
	12	8	0,6	10 000
	16	10	0,8	16 000
S	9	7	0,4	5 000
	12	9	0,6	10 000
	15	12	0,8	16 500
	19	14	1,0	23 000

Werte in Tabelle 1 sind für eine wirtschaftliche Standzeit von T = 15 min ermittelt.

Für die verwendete Schneidplatte muss noch die zulässige Schneidenbelastung ermittelt werden (Tabelle 2).

Außerdem sind die Leistungsfähigkeit der Maschine und die Stabilität der Einspannung zu überprüfen (Aufgabe 47).

47

Wie groß sind Schnittgeschwindigkeit v_c, Drehzahl n, Schnittkraft F_c und Antriebsleistung P_e zum Drehen von Werkstücken aus 9SMn28 zu wählen:
Durchmesser d = 120 mm; Schnitttiefe a_p = 4 mm; Vorschub f = 0,4 mm; Einstellwinkel $\varkappa$ = 75°; Maschinenwirkungsgrad η = 0,8 und Werkzeuge mit beschichteten Hartmetall-Schneidplatten?

Tabelle 3: Richtwerte für das Drehen mit Wendeschneidplatten HC-P20

Werkstoff	Schnitttiefe a_p mm	Schnittgeschwindigkeit v_c in m/min bei Vorschub f in mm			
		0,16	0,25	0,40	0,63
C15E (Ck 15)	1	474	447	420	–
15S10	2	442	417	392	–
9SMn28	4	412	389	366	345
E295 (St 50)	1	335	300	267	–
C45E (Ck 50)	2	311	278	247	–
34CrMo4	4	288	258	229	202

Schnittgeschwindigkeit v_c = 366 m/min (Tabelle 3)

$$n = \frac{v_c}{\pi \cdot d} = \frac{366 \text{ m/min}}{\pi \cdot 0,12 \text{ m}} = \textbf{971/min}$$

Berechnung des Spanungsquerschnitts A:

$A = a_p \cdot f$ = 4 mm · 0,4 mm = 1,6 mm²

Berechnung der Spanungsdicke h:

$h = f \cdot \sin \chi$ = 0,4 mm · 0,9659 = 0,386 mm ≈ 0,4 mm

Tabelle 4: Richtwerte für die spezifische Schnittkraft k_c beim Drehen

Werkstoff	spezifische Schnittkraft k_c in N/mm² für die Spanungsdicke h in mm				
	0,1	0,16	0,3	0,5	0,8
E295 (St 50)	2995	2600	2130	1845	1605
C35E (Ck 35)	2700	2380	1990	1750	1540
C60E (Ck 60)	2805	2530	2185	1970	1775
9SMn28	1985	1820	1615	1485	1365
16MnCr5	2795	2425	1990	1725	1495

Spezifische Schnittkraft k_c ≈ 1550 N/mm² (Tabelle 4)

Berechnung der Schnittkraft F_c

$F_c = k_c \cdot A$ = 1550 N/mm² · 1,6 mm² = **2480 N**

Berechnung der Antriebsleistung P_e

$$P_e = \frac{F_c \cdot v_c}{\eta} = \frac{2480 \text{ N} \cdot 366\,\frac{\text{m}}{\text{min}}}{0,8 \cdot 60\,\frac{\text{s}}{\text{min}}} = 18910\,\frac{\text{N} \cdot \text{m}}{\text{s}} \approx \textbf{19 kW}$$

Ergänzende Fragen zu Kräften und Leistung beim Drehen

48

Aus welchen Teilkräften setzt sich die Zerspankraft F zusammen (Bild)?

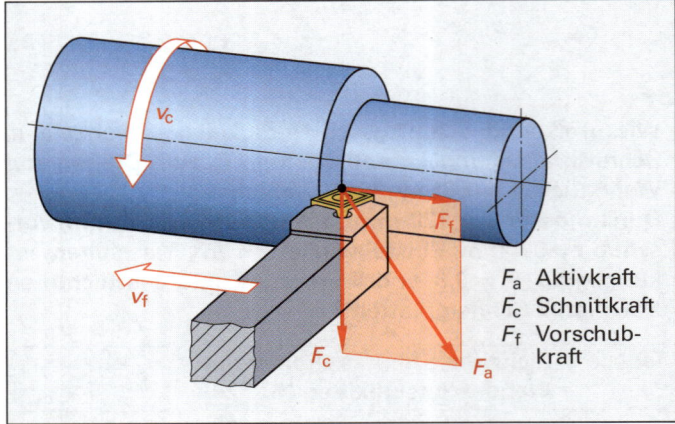

Die Zerspankraft F setzt sich aus der Passivkraft F_p und Aktivkraft F_a zusammen. Die Aktivkraft ist das Ergebnis aus dem Zusammenwirken von Vorschubkraft F_f und Schnittkraft F_c.

Den größten Anteil an der von der Maschine aufzubringenden Leistung hat dabei die Schnittkraft F_c.

49

Was versteht man unter der spezifischen Schnittkraft k_c beim Drehen?

Die spezifische Schnittkraft k_c ist die Kraft, die zum Zerspanen eines Werkstoffes mit der Spanungsbreite $b = 1$ mm, dem Vorschub $f = 1$ mm und dem Einstellwinkel $\kappa = 90°$ erforderlich ist.

Aus der spezifischen Schnittkraft und dem Spanungsquerschnitt lässt sich die erforderliche Schnittkraft F_c errechnen.

50

Welcher Zusammenhang besteht zwischen der Schnittgeschwindigkeit und den Kräften beim Drehen?

Bei einer Erhöhung der Schnittgeschwindigkeit steigen im Bereich der Aufbauschneide die Schnittkraft F_c, die Vorschubkraft F_f und die Passivkraft F_p an (Bild). Bei einer weiteren Erhöhung der Schnittgeschwindigkeit gehen die Kräfte wieder zurück.

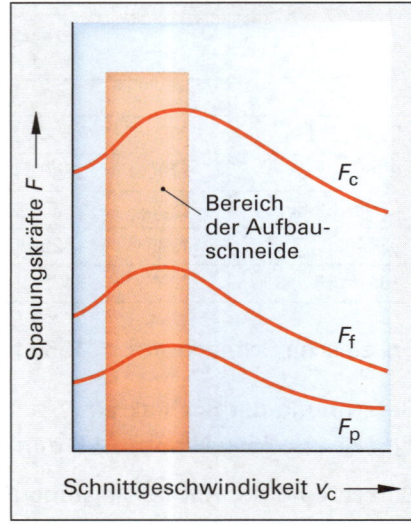

Die vorhandene Maschinenleistung lässt sich daher mit einer hohen Schnittgeschwindigkeit besser nutzen als mit niedriger Schnittgeschwindigkeit. Gleichzeitig werden Form- und Maßfehler geringer.

Ergänzende Fragen zum Gewindedrehen und zur Innenbearbeitung beim Drehen

51

Wie müssen Gewindedrehmeißel eingestellt werden?

Gewindedrehmeißel müssen genau auf Werkstückmitte und rechtwinklig zur Drehachse eingestellt werden.

Eine ungenaue Einstellung des Gewindedrehmeißels führt zu Formfehlern an den Gewindeflanken.

52

Wie erfolgt die Zustellung beim Gewindeschneiden auf einer CNC-Drehmaschine?

Die Gewindeherstellung erfolgt in mehreren Durchgängen, wobei auf CNC-Maschinen meist die modifizierte Flankenzustellung angewendet wird (Bild). Mit deren Hilfe wird eine bessere Spanbildung erreicht.

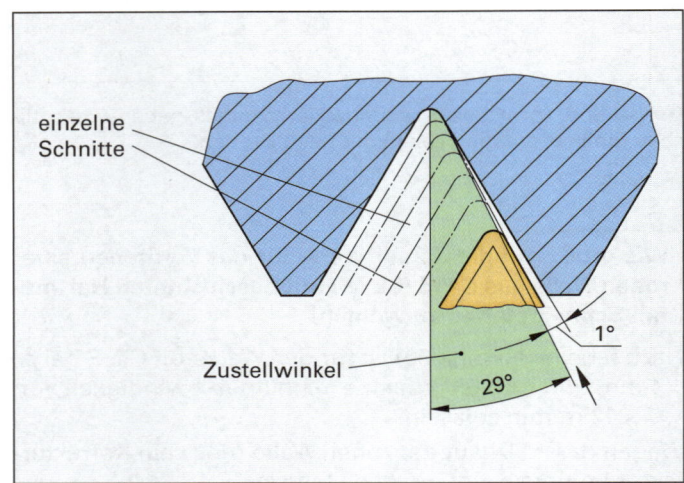

53

Mit welchen Bauteilen wird auf einer konventionellen Drehmaschine der Vorschub beim Gewindedrehen erzeugt?

Der Vorschub beim Gewindedrehen erfolgt durch Wechselräder, Leitspindel und Schlossmutter.

Die Größe des Vorschubs muss in einem genauen Verhältnis zur Werkstückumdrehung stehen. Daher sind Keilriemen und Rutschkupplungen beim Vorschubantrieb nicht zulässig.

54

Welche Regeln sind bei der Werkzeugauswahl für die Innenbearbeitung zu beachten?

Bei der Werkzeugauswahl für die Innenbearbeitung gilt es, folgende Regeln zu beachten:

- Der Einstellwinkel ist möglichst groß zu wählen (90°), um die Passivkraft klein zu halten.
- Für das Fertigdrehen sind Wendeschneidplatten mit positivem Spanwinkel zu verwenden.
- Bei einer Bearbeitung mit nur geringer Schnitttiefe ist ein kleiner Eckenradius vorzusehen.
- Es ist das Werkzeug mit dem größtmöglichen Schaftdurchmesser zu verwenden.

Ergänzende Fragen zum Außen-Stechdrehen, zum Hartdrehen und zum Rändeln

55

Was versteht man unter Einstech-, was unter Abstechdrehen?

Durch Einstechen werden beim Drehen Nuten in Werkstücken hergestellt (Bild). Beim Abstechdrehen wird das Werkstück vom Stangenmaterial getrennt.

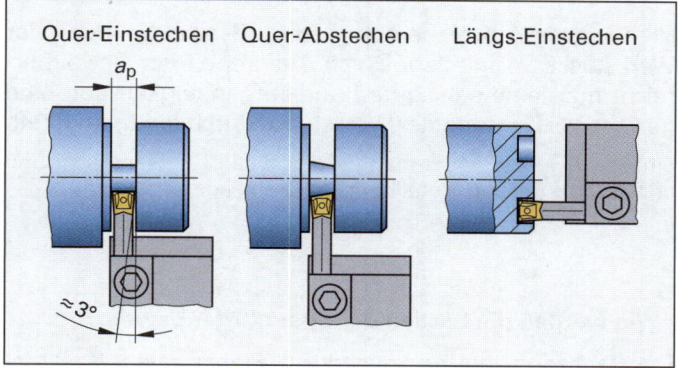

56

Welche Probleme können beim Abstechdrehen auftreten?

Bei einem zu großen Einstellwinkel der Abstechwerkzeuge oder einer zu hohen Schnittkraft werden die Planflächen durch die Werkzeug-Abdrängung hohl oder gewölbt.

Beim Abstechen mit konstanter Schnittgeschwindigkeit erhöht sich die Drehzahl mit kleiner werdendem Werkstückdurchmesser bis zur Grenzdrehzahl. Damit die Zentrifugalkraft nicht zum vorzeitigen Wegbrechen des Werkstücks führt, muss der Abstechvorgang mit kleinerer Drehzahl und einem Vorschub unter 0,1 mm beendet werden.

57

Was versteht man unter Hartdrehen und welche Vorteile weist dieses Verfahren auf?

Beim Hartdrehen werden gehärtete Werkstücke durch Drehen fertig bearbeitet. Als Schneidstoffe werden hierfür Schneidkeramik oder polykristallines Bornitrid (PKB) verwendet.

Durch Hartdrehen kann teilweise das Schleifen ersetzt werden.

Die Maschineninvestitionen und die Werkzeugkosten für das Hartdrehen sind gegenüber dem Schleifen niedriger. Die Aufbereitung und Entsorgung der Kühlschmiermittel wird kostengünstiger oder entfällt bei einer möglichen Trockenbearbeitung ganz.

58

Was ist beim Rändeln zu beachten?

Zum Rändeln wählt man eine niedrige Drehzahl, einen großen Vorschub und verwendet reichlich Kühlschmierung.

Beim Rändeln wird die Werkstückoberfläche entweder durch Rändelräder spanlos umgeformt oder spanabhebend durch Rändelfräswerkzeuge hergestellt.

59

Was ist beim Hartdrehen bezüglich der Schneidstoffauswahl und bezüglich der Schnittdaten zu beachten?

Schneidkeramik kann im Bereich des Hartdrehens bei Werkstoffen bis zu einer Härte von 64 HRC eingesetzt werden. Mit polykristallinem Bornitrid (PKB) sind Bearbeitungen bis zu einer Werkstoffhärte von 70 HRC möglich. Allerdings weist PKB unterhalb einer Werkstoffhärte von 50 HRC einen erhöhten Verschleiß auf.

Die Schittgeschwindigkeit liegt beim Hartdrehen von 100 m/min bis 300 m/min. Je größer die Werkstoffhärte ist, desto geringer ist die Schnittgeschwindigkeit zu wählen. Die Vorschubwerte betragen 0,06 bis 0,12 mm.

60

Wie sind die Schneidkanten an Wendeschneidplatten beim Hartdrehen beschaffen, um der Gefahr von Kantenausbrüchen entgegenzuwirken?

Die Gefahr von Kantenausbrüchen an der Werkzeugschneide wird durch eine kleine Schutzfase an der Schneidkante deutlich verringert (Bild).

Bei unterbrochenem Schnitt ist eine Wendeschneidplatte mit größerem Fasenwinkel einzusetzen.

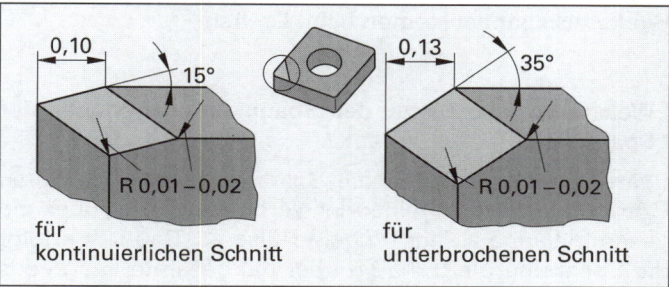

61

Wie groß ist die Hauptnutzungszeit zum Plandrehen des Deckels (Bild) in einem Schnitt mit v_c = 400 m/min, f = 0,15 mm und l_a = 3 mm? (Schnittgeschwindigkeit konstant)

Formeln:

$$L = \frac{d - d_1}{2} + l_a$$

$$d_m = \frac{d + d_1}{2}$$

$$t_h = \frac{\pi \cdot d_m \cdot L \cdot i}{n \cdot f}$$

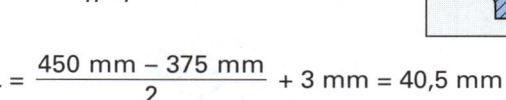

$$L = \frac{450 \text{ mm} - 375 \text{ mm}}{2} + 3 \text{ mm} = 40{,}5 \text{ mm}$$

$$d_m = \frac{450 \text{ mm} + 375 \text{ mm}}{2} = 412{,}5 \text{ mm}$$

$$t_h = \frac{\pi \cdot 0{,}4125 \text{ m} \cdot 40{,}5 \text{ mm} \cdot 1}{400 \ \frac{\text{m}}{\text{min}} \cdot 0{,}15 \text{ mm}} = \mathbf{0{,}87 \ min}$$

Werkzeug- und Werkstück-Spannsysteme

Frage aus Fachkunde Metall, Seite 167

1

Warum muss beim Querdrehen die Schneidkante des Drehwerkzeuges genau auf Mitte gestellt werden?

Die Schneidkante des Drehwerkzeugs muss auf Mitte eingestellt werden, da Abweichungen Änderungen der wirksamen Winkel an der Schneide verursachen (Bild). Eine Einstellung über der Mitte verkleinert den Freiwinkel, das Werkzeug drückt. Eine Einstellung unter der Mitte erzeugt beim Abstechen einen Butzen.

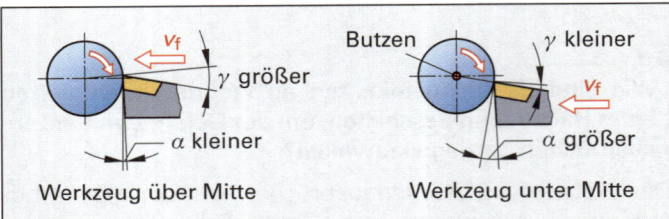

Ergänzende Fragen zu Werkzeug- und Werkstückspannsystemen beim Drehen

2

Welche Vorteile bietet der Spannkopf gegenüber der Spannzange?

Beim Spannkopf liegen die Spannsegmente, die durch Gummi elastisch miteinander verbunden sind, über die gesamte Länge an der (Kegel-) Hülse an. Dadurch erfolgt die Spannung gleichmäßig über die gesamte Länge des Spannkopfes. Durch einen Spannkopf können größere Maßbereiche überbrückt werden als durch eine Spannzange.

3

Welche Drehteile werden im Dreibackenfutter gespannt?

Runde oder regelmäßig geformte 3- und 6-kantige Werkstücke sowie rundes Roh- (Stangen-) material werden im Dreibackenfutter gespannt (Bild).

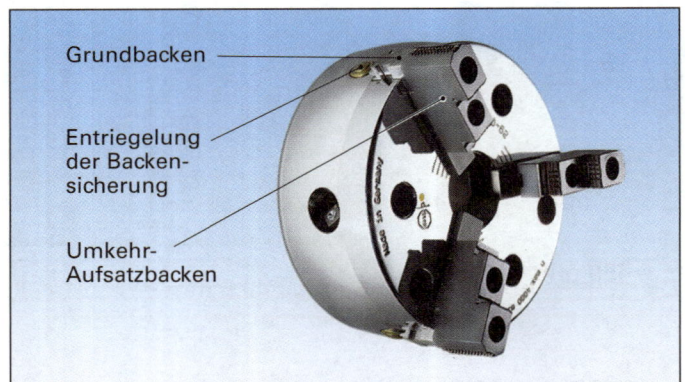

4

Welche Unfallverhütungsmaßnahmen sind beim Spannen im Drehmaschinenfutter zu beachten?

Beim Spannen im Drehmaschinenfutter sind folgende Unfallverhütungsmaßnahmen zu beachten:

- Die Spannbacken dürfen nicht weit aus dem Futter vorstehen.
- Der Schlüssel des Drehmaschinenfutters ist immer abzuziehen.
- Längere Drehteile müssen mit der Zentrierspitze und evtl. mit dem Setzstock abgestützt werden.

5

Wozu werden weiche Aufsatzbacken verwendet?

Mit weichen Aufsatzbacken werden Beschädigungen der Werkstücke vermieden. Durch Ausdrehen der Backen erreicht man eine sehr gute Rundlaufgenauigkeit und eine geringe Verformung der Werkstücke durch die Spannkraft.

Ein Absatz in der Ausdrehung ergibt einen Längsanschlag und erlaubt eine genaue Einhaltung der Drehlänge.

6

Wie werden die Backen der Spannfutter bewegt?

Die Backenbewegung kann durch Planspiralen, Keilstangen oder Keilhaken erfolgen (Bild).

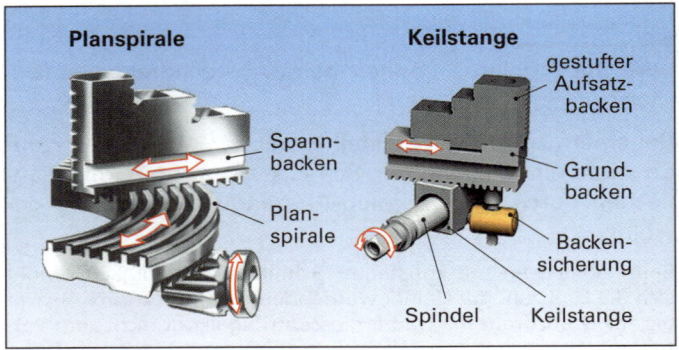

Planspiralen ergeben geringere Spannkräfte und schlechteren Rundlauf als Keilstangen. Keilhaken werden vorwiegend für Kraftspannfutter verwendet.

7

Welche Spannmittel sind besonders für sehr hohe Drehzahlen geeignet?

Für sehr hohe Drehzahlen sind besonders Spannzangen und Stirnmitnehmer geeignet.

Bei diesen Spannmitteln ist die Fliehkraft auch bei hohen Drehzahlen gering, weil sie einen kleinen Durchmesser und eine geringe Masse haben.

Bei Backenfuttern werden bei hohen Drehzahlen die Backen durch die Fliehkraft nach außen gezogen; dadurch lässt die Spannkraft nach. Für sie muss daher ein Fliehkraftausgleich vorhanden sein.

8

Was ist beim Einsetzen der Zentrierspitzen zu beachten?

Zentrierspitzen und deren Aufnahmen sind vor dem Einsetzen sorgfältig zu reinigen.

Verunreinigungen bewirken, dass die eingestellten Werkstückdurchmesser nicht stimmen und beim Umspannen der Werkstücke Lagefehler entstehen.

9

Welche Teile werden in die Pinole des Reitstocks gespannt?

Feste und mitlaufende Zentrierspitzen sowie Bohr-, Senk- und Reibwerkzeuge.

Die Werkzeuge werden in den Innenkegel der Pinole eingesetzt. Der Reitstock ist auf dem Drehmaschinenbett längs und quer verstellbar, die Pinole kann von Hand oder hydraulisch längs verschoben werden.

10

Welche Zentrierspitzen eignen sich zum Drehen schnell rotierender oder schwerer Werkstücke?

Hierzu eignen sich mitlaufende Zentrierspitzen.

Bei mitlaufenden Zentrierspitzen besteht keine Reibung und damit keine Erwärmung oder Abnutzung zwischen Zentrierspitze und Zentrierbohrung.

11

Welche Einspannung wird gewählt, um bei einer beidseitig zu bearbeitenden Welle eine hohe Rundlaufgenauigkeit zu erzielen?

Die Werkstücke werden zwischen Spitzen gespannt.

Zum Spannen zwischen Spitzen müssen die Werkstücke beidseitig zentriert werden. Die Übertragung des Drehmoments erfolgt durch Mitnehmer.

12

Die Bohrung eines Stehlagers soll parallel zu der ebenen Unterseite ausgedreht werden. Wie kann dieses Teil hierzu auf der Drehmaschine gespannt werden?

Die Spannung kann mit Hilfe eines Spannwinkels auf der Planscheibe erfolgen (Bild).

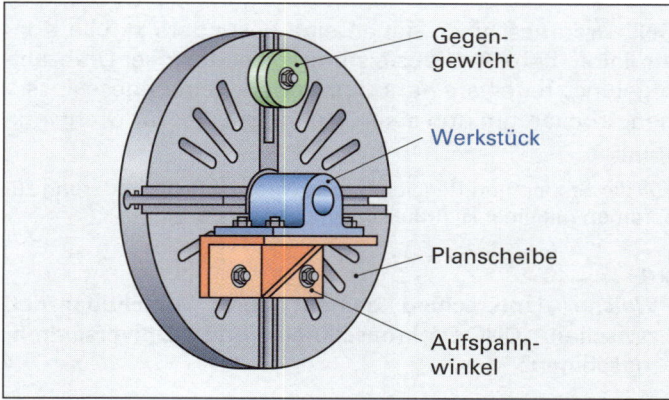

- Gegengewicht
- Werkstück
- Planscheibe
- Aufspannwinkel

Drehmaschinen

Fragen aus Fachkunde Metall, Seite 170

1

Nach welchen Merkmalen können Drehmaschinen eingeteilt werden?

Drehmaschinen werden meist nach der Art ihres Maschinenbettes (z.B. Flachbett- oder Schrägbettdrehmaschine), nach der Lage ihrer Spindel (z.B. Senkrecht-Drehmaschine) oder der Anzahl der Spindeln (z.B. Mehrspindeldrehmaschine) eingeteilt.

2

Welche Einrichtungen muss eine CNC-Drehmaschine zum außermittigen Bohren besitzen?

Zur Fertigung außermittiger Querbohrungen muss die Drehmaschine angetriebene Bohr- bzw. Fräswerkzeuge mit Arbeitsmöglichkeiten in drei Achsrichtungen (x, y und z) besitzen (Bild).

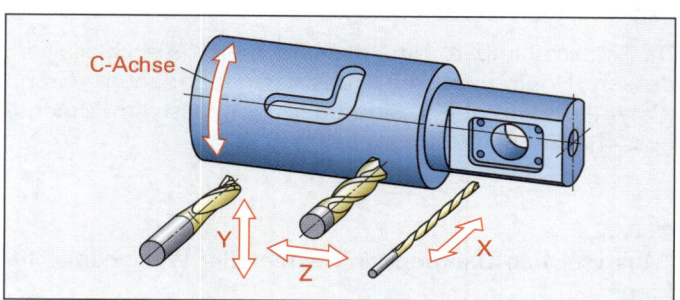

C-Achse · Y · Z · X

Ergänzende Fragen zu Drehmaschinen

3

Welches sind wichtige Kenngrößen einer Drehmaschine?

Wichtige Kenngrößen sind der maximale Drehdurchmesser und die größte Drehlänge des Werkstückes, die maximale Antriebsleistung und Spindeldrehzahl sowie die Anzahl der Werkzeugträger mit den verfügbaren Werkzeugschlitten.

4

Welches sind die Hauptbaugruppen einer Universaldrehmaschine?

Die Hauptbaugruppen sind Gestell, Drehmaschinenbett, Spindelstock, Werkzeugschlitten und Reitstock (Bild).

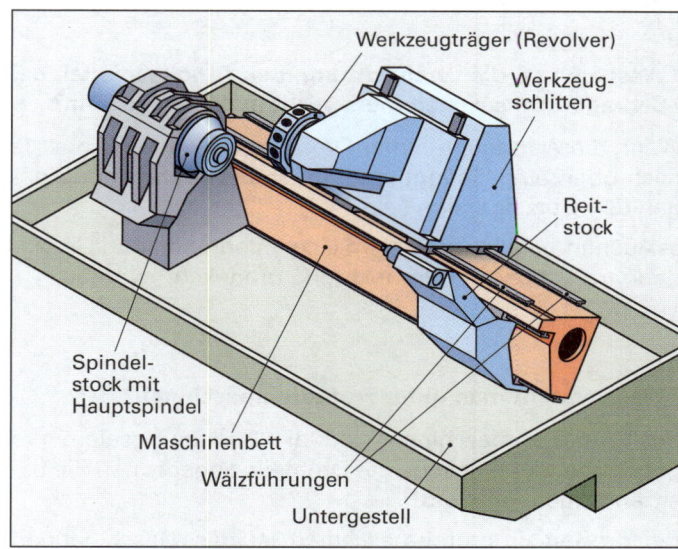

- Werkzeugträger (Revolver)
- Werkzeugschlitten
- Reitstock
- Spindelstock mit Hauptspindel
- Maschinenbett
- Wälzführungen
- Untergestell

Das Drehmaschinenbett ruht auf dem Gestell und trägt auf seinen Führungsbahnen die übrigen Baugruppen.

5

Wie muss die Arbeitsspindel gelagert sein?

Die Lagerung der Arbeitsspindel muss besonders stabil und spielfrei sein.

Hierzu dienen kräftige, nachstellbare Präzisionswälzlager, die regelmäßig auf richtige Einstellung und Vorspannkraft überprüft werden müssen.

6

Welche Anforderungen werden an das Maschinenbett einer Drehmaschine gestellt?

Das Maschinenbett einer Drehmaschine muss besonders verwindungssteif und schwingungsdämpfend ausgeführt sein, damit die Oberflächenqualität des gedrehten Werkstücks und die Werkzeugstandzeit nicht durch Schwingungen verringert werden.

Das Maschinenbett wird deshalb meist aus Gusseisen, dessen Hohlräume mit kunstharzgebundenem Granit (Polymerbeton) gefüllt sind oder aus massivem Mineralguss (Reaktionsharzbeton) hergestellt.

7

Aus welchen Baugruppen besteht der Werkzeugschlitten?

Der Werkzeugschlitten besteht aus Schlosskasten, Bettschlitten, Planschlitten, Oberschlitten und Spannvorrichtung.

Der Werkzeugschlitten ermöglicht den Längs- und Quervorschub der Werkzeuge beim Drehen.

8

Wie sind die Führungen bei Schrägbettmaschinen angeordnet?

Die Führungen liegen hinter der Drehachse und sind schräg angeordnet. Es sind meist kunststoffbeschichtete Flachführungen, die mit einer Abdeckung versehen sind.

Die Anordnung ermöglicht einen ungehinderten Zugang zum Arbeitsraum und bewirkt einen guten Abfluss der Späne.

9

Weshalb ist die Drehrichtung der Arbeitsspindel bei Schrägbettmaschinen meist nicht im Uhrzeigersinn?

Wenn die Werkzeuge hinter Drehmitte mit ihrer Schneide nach oben eingespannt sind, muss die Drehrichtung gegen den Uhrzeigersinn sein.

In Ausnahmefällen, z.B. beim Gewindedrehen und Gewindebohren, muss die Drehrichtung umgekehrt werden.

10

Was versteht man unter Frontdrehmaschinen?

Bei Frontdrehmaschinen sind die Bedienungselemente gegenüber der Planseite der Drehteile angeordnet. Sie besitzen keinen Reitstock.

Bei großen Frontdrehmaschinen ist das Maschinenbett quer zur Drehachse angeordnet.

11

Wie können Drehautomaten gesteuert werden?

Die Steuerung von Drehautomaten kann mechanisch, hydraulisch oder numerisch erfolgen.

Mechanische Drehautomaten besitzen meist mehrere Werkzeugschlitten und werden nur in der Großserienfertigung verwendet.

12

Wozu dienen Karusselldrehmaschinen?

Auf Karusselldrehmaschinen werden große, sperrige Werkstücke bearbeitet, die sich an Maschinen mit horizontaler Spindel nur schwer spannen und ausrichten lassen (Bild).

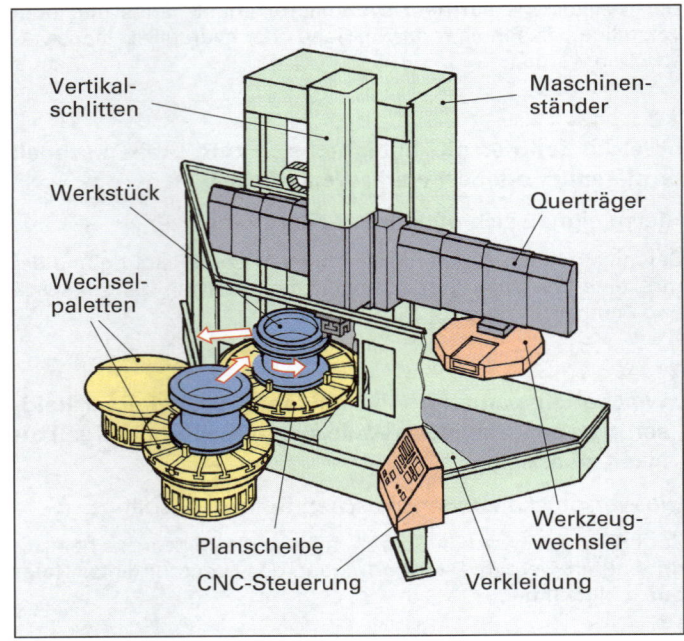

Ergänzende Fragen zu CNC-Drehmaschinen

13

Welche Konstruktionsmerkmale weisen CNC-Drehmaschinen auf?

CNC-Drehmaschinen haben eine besonders stabile Konstruktion, hohe Antriebsleistung mit stufenloser Drehzahlregelung, regelbare Vorschubantriebe, einen geschlossenen Arbeitsraum und einen Mehrfachhalter für Drehwerkzeuge.

Für die Steuer- und Regelaufgaben wird die CNC-Steuerung zusammen mit einer Hydraulikanlage verwendet.

14

Welcher Unterschied besteht beim Vorschubantrieb zwischen CNC-Drehmaschinen und Universaldrehmaschinen?

CNC-Drehmaschinen besitzen für jede Vorschubrichtung einen gesteuerten Antriebsmotor. Bei Universaldrehmaschinen wird der Vorschubantrieb von der Hauptspindel abgeleitet.

Durch die gleichzeitige Steuerung von Längs- und Quervorschub einer CNC-Drehmaschine lassen sich ohne Umrüstung und mit einfachen Werkzeugen Kegel, Rundungen und Kugeln fertigen.

15

Worauf ist beim Programmieren eines Konturzuges zum Fertigdrehen zu achten?

Der Einstellwinkel des Drehmeißels ändert sich mit der Vorschubrichtung. Bei sehr kleinen Einstellwinkeln wird die Spanungsdicke zu gering, die Späne brechen nicht mehr und können zu Störungen führen.

Ein Einstellwinkel von 107° beim Längsdrehen geht beim Querdrehen auf 17° zurück.

16

Wie wird die Arbeitsspindel von CNC-Drehmaschinen angetrieben?

Zum Antrieb von CNC-Drehmaschinen dienen Gleichstrommotore oder frequenzgeregelte Drehstrommotore. Der Antriebsmotor der Arbeitsspindel muss stufenlos regelbar sein und eine hohe Leistung bereitstellen.

Mit stufenlosen Antrieben kann die jeweils günstigste Schnittgeschwindigkeit eingestellt werden.

17

Warum muss der Arbeitsraum von CNC-Drehmaschinen geschlossen werden können?

Die völlig geschlossene Verkleidung ist wegen der hohen Drehzahlen zum Schutz vor herausfliegenden Spänen und spritzender Kühlschmierflüssigkeit erforderlich.

Ein Kontaktsicherheitsschalter verhindert das Einschalten der Maschine bei offener Schiebetür.

18

Welche Drehteile lassen sich vorteilhaft auf numerisch gesteuerten Drehmaschinen herstellen?

Herstellbar sind Drehteile auch mit nicht zylindrischen Formen, wie Kegel, Profileinstiche oder Rundungen (Bild).

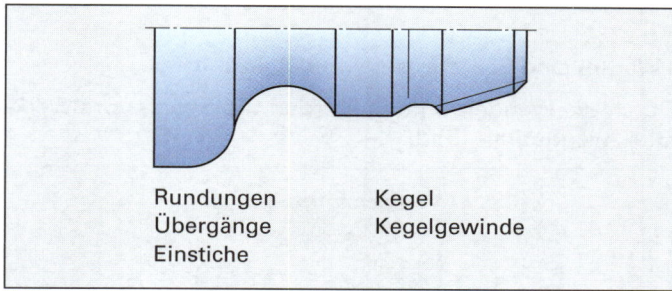

| Rundungen Übergänge Einstiche | Kegel Kegelgewinde |

Diese Formen sind ohne Umrüstung der Maschine und ohne besondere Profilwerkzeuge durch die Bahnsteuerung der Vorschübe herstellbar.

19

Welche Bearbeitungsmöglichkeiten bieten angetriebene Werkzeuge bei CNC-Maschinen?

Drehteile können in einer Einspannung zusätzlich mit Nuten, Querbohrungen, Lochkreisen und Anfräsungen versehen werden (Bild).

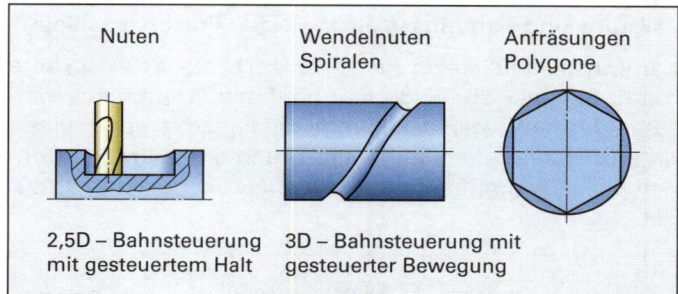

| Nuten | Wendelnuten Spiralen | Anfräsungen Polygone |
| 2,5D – Bahnsteuerung mit gesteuertem Halt | 3D – Bahnsteuerung mit gesteuerter Bewegung | |

Damit kann häufig die Bearbeitung auf weiteren Maschinen eingespart werden.

3.7.8 Fräsen

Zerspanungsgrößen

Fragen aus Fachkunde Metall, Seite 172

1

Welche Wirkungen ergeben sich aus dem unterbrochenen Schnitt beim Fräsen?

Beim Fräsen ändern sich wegen des unterbrochenen Schnitts die Schnittkraft wie auch die Temperatur an der Fräserschneide (Bild).

Jede Schneide ist nur bei einem Teil einer Fräserumdrehung im Eingriff.

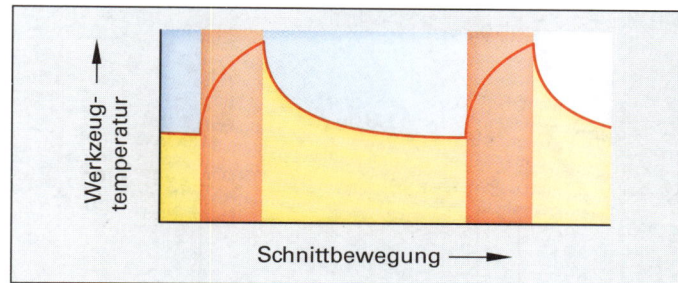

2

Warum sollte eine möglichst große Schnittgeschwindigkeit gewählt werden?

Hohe Schnittgeschwindigkeiten ergeben kleine Schnittkräfte, hohe Oberflächengüten und ein großes Zeitspanungsvolumen (Bild).

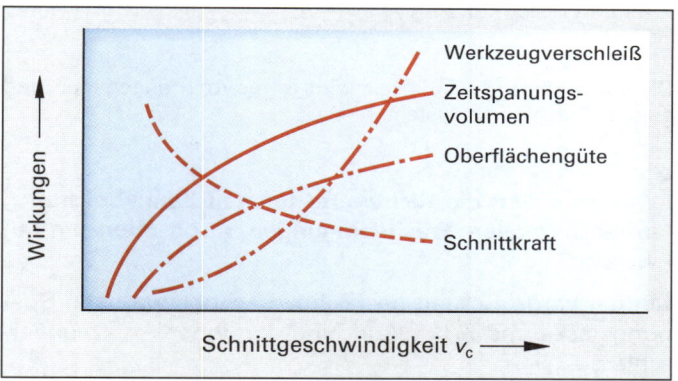

Nachteilig ist der größere Werkzeugverschleiß.

3

Warum muss beim Nutenfräsen mit kleinen Schnitttiefen a_e der Vorschub f_z erhöht werden?

Während die Spanungsdicke h und damit auch die Schneidenbelastung beim Stirnfräsen eine feste Größe darstellt, ist sie beim Umfangsfräsen (also auch beim Nutenfräsen) schwer anzugeben. Man erreicht beim Umfangsfräsen nur dann ausreichende Spanungsdicken, wenn der Vorschub je Zahn f_z erhöht wird (Tabelle).

Erhöhung des empfohlenen Vorschubes je Zahn f_z beim Nutenfräsen in Abhängigkeit von der Schnitttiefe a_e				
$a_e =$	$1/3 \cdot d$	$1/6 \cdot d$	$1/8 \cdot d$	$1/10 \cdot d$	$1/20 \cdot d$
Vorschub	empfohlener Vorschub f_z	Erhöhung des Vorschubes f_z			
		15 %	30 %	45 %	100 %
f_z mm	z.B. 0,25	0,29	0,32	0,36	0,5
h_m mm	0,11	0,11	0,11	0,11	0,11

4

Mit einem Planfräser (d = 100 mm) mit sechs Hartmetall-Schneidplatten soll ein 80 mm breites Werkstück fertig gefräst werden (v_c = 300 m/min, f_z = 0,1 mm). Wie groß sind n, v_f und Q, wenn a_p = 3 mm beträgt?

$$n = \frac{v_c}{\pi \cdot d} = \frac{300 \text{ m/min}}{\pi \cdot 0,1 \text{ m}} = \textbf{955/min}$$

$$f = f_z \cdot z = 0,1 \text{ mm} \cdot 6 = \textbf{0,6 mm}$$

$$v_f = f_z \cdot z \cdot n = 0,1 \text{ mm} \cdot 6 \cdot 955 \text{ / min} = \textbf{573 mm/min}$$

$$\sin \frac{\varphi_s}{2} = \frac{a_e}{d} = \frac{80 \text{ mm}}{100 \text{ mm}} = 0,8; \qquad \varphi_s = \textbf{106,3°}$$

$$z_e = \frac{\varphi_s \cdot z}{360°} = \frac{106,3° \cdot 6}{360°} = \textbf{1,8}$$

$$Q = a_p \cdot a_e \cdot v_f = 3 \text{ mm} \cdot 80 \text{ mm} \cdot 573 \frac{\text{mm}}{\text{min}} = \textbf{137,5} \frac{\textbf{cm}^3}{\textbf{min}}$$

Ergänzende Fragen zu den Zerspangrößen beim Fräsen

5

Wie ermittelt man die Vorschubgeschwindigkeit v_f beim Fräsen?

Die Vorschubgeschwindigkeit beim Fräsen wird aus dem Zahnvorschub f_z, der Zähnezahl z und der Drehzahl n des Fräsers berechnet.

$$v_f = f_z \cdot z \cdot n$$

Die Vorschubgeschwindigkeit wird in mm/min angegeben und an der Maschine eingestellt.

6

Warum sollen die Richtwerte für den Zahnvorschub f_z unter normalen Fräsbedingungen nicht überschritten werden?

Mit der Vergrößerung des Zahnvorschubs wachsen Spanungsdicke und Schnittkraft und damit der Werkzeugverschleiß.

Richtwerte für den Zahnvorschub können Tabellen entnommen werden.

7

Was versteht man unter dem Zeitspanvolumen Q und worüber gibt es Auskunft?

Das Zeitspanvolumen Q gibt das abgetragene Werkstoffvolumen in Kubikzentimeter pro Minute an und ist ein Maß für die Wirtschaftlichkeit eines spanenden Fertigungsverfahrens.

Fräswerkzeuge

Ergänzende Fragen zu Fräswerkzeugen

8

Nach welchen Merkmalen werden Fräser eingeteilt?

Fräswerkzeuge werden unterteilt

- nach der Art der Mitnahme des Fräsers in Aufsteck- und Schaftfräser

- nach der Lage und Form der Schneiden, z.B. Walzenfräser und Scheibenfräser

- nach dem Zweck, z.B. Nutenfräser oder Schlitzfräser

9

Welche Vor- und Nachteile haben Steilkegelaufnahmen?

Steilkegelaufnahmen (Bild) sind durch ihren großen Kegelwinkel gut in den Spindelkopf einführbar und mit geringer Kraft wieder lösbar.

Ihre Nachteile sind die geringe Steifigkeit und die nicht exakte axiale Fräserlage.

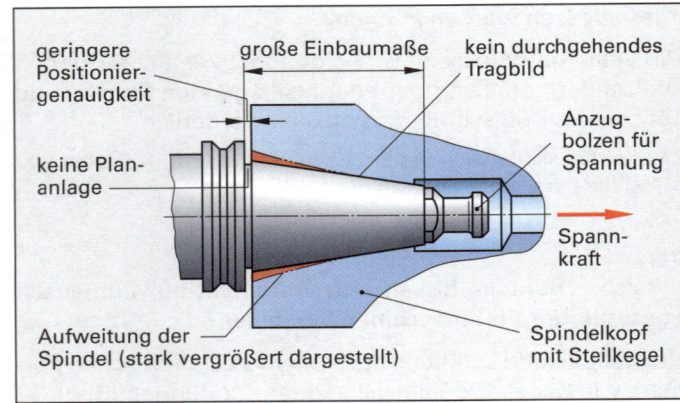

10

Warum sind Schaftfräser wendelgezahnt?

Durch die Wendelzahnung werden die Späne vom Werkstück weggeführt (Bild).

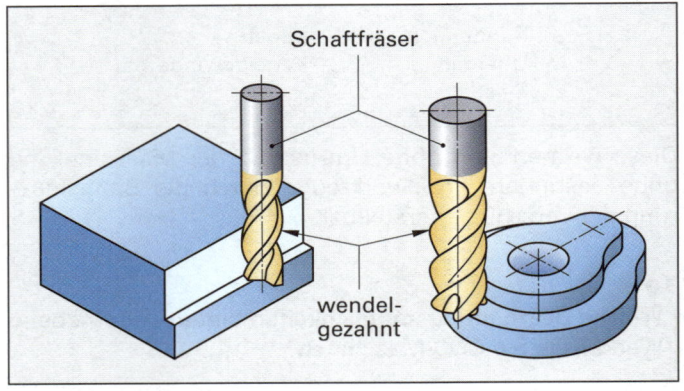

Wendelgezahnte Schaftfräser besitzen meist einen Rechtsdrall.

11

Warum sind Kammrisse ein typischer Fräserverschleiß?

Kammrisse sind kleine Risse senkrecht zur Schneidkante (Bild). Sie sind die Folge von häufigen Temperaturwechseln (Wärmewechselbelastung), die typisch sind für einen unterbrochenen Schnittverlauf. Durch andauerndes Dehnen und Schrumpfen wird hierbei der Schneidstoff ermüdet.

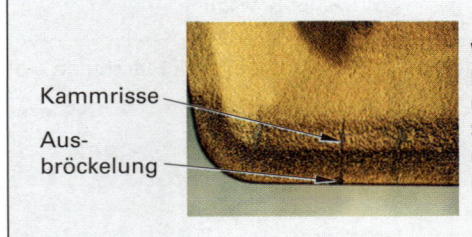

12

Welche Vorteile haben Schaftfräser aus Vollhartmetall gegenüber Schaftfräsern aus HSS?

Schaftfräser aus Vollhartmetall haben gegenüber Schaftfräsern aus HSS eine höhere Steifigkeit und Standzeit. Ihr Einsatz ist somit auch bei der Hochgeschwindigkeitsbearbeitung (HSC) und der Hartbearbeitung möglich.

13

Welche Vorteile bringt beim Fräsen der Einsatz von Hartmetall-Wendeschneidplatten?

Mit Hartmetall-Wendeschneidplatten (Bild) lassen sich höhere Schnittgeschwindigkeiten als mit Schnellarbeitsstahl erzielen. Es stehen mehrere Schneiden je Platte zur Verfügung.

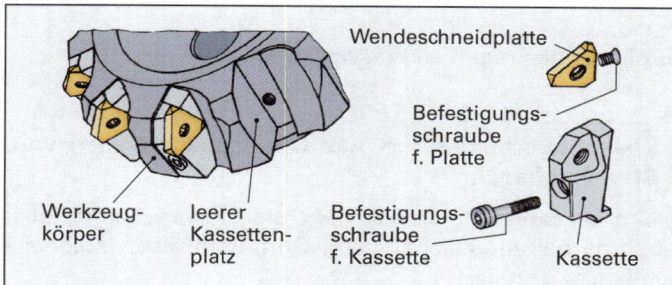

Bei Fräsköpfen mit Kassetten lassen sich in den gleichen Grundkörper unterschiedliche Wendeschneidplatten einsetzen. Damit ist eine einfache Anpassung der Werkzeuge an verschiedene Fräsarbeiten, z.B. Schruppen und Schlichten, möglich.

14

Welche Verschleißformen treten beim Fräsen an den verwendeten Wendeschneidplatten auf und welche Ursachen haben sie?

Plattenbrüche entstehen bei mechanischer Überbeanspruchung der Schneidplatte. Diese kann z.B. hervorgerufen werden durch zu spröden Schneidstoff, zu großen Vorschub oder durch schlechten Sitz der Platten im Fräserkörper.

Kantenausbröckelungen kommen bei sehr verschleißfesten und daher spröden Schneidkanten vor. Ursachen können zu hohe Schnittkräfte, Temperaturschwankungen, eine ungünstige Fräserposition oder auch ein zu schwacher Schneidkeil bei stark positiver Schneidengeometrie sein.

Freiflächenverschleiß ist die „normale" Verschleißart und lässt sich nicht vermeiden. Der mechanische Abrieb ist besonders hoch, wenn die Härte des Fräswerkzeugs sich nur wenig von der Härte des Werkstücks unterscheidet, z.B. wenn ein Werkstück aus Stahl mit einem unbeschichteten HSS-Werkzeug gefräst wird.

Kerbverschleiß wird durch Werkstücke mit einer harten Werkstückrandzone (z.B. mit einer Schmiede- oder Gusshaut) verursacht.

Aufbauschneiden bilden sich bei der Stahlbearbeitung, indem Werkstoffteilchen mit der Werkzeugschneide verschweißen. Durch entsprechende Beschichtungen kann die Aufbauschneidenbildung deutlich verringert werden.

Kammrisse sind die Folge von häufigen Temperaturwechseln. Sie ermüden den Schneidstoff durch dauerndes Dehnen und Schrumpfen. Kammrisse zeigen sich als kleine Risse senkrecht zur Schneidkante.

15

Welche Fräsertypen unterscheidet man nach dem zu spanenden Werkstoff?

Man unterscheidet die Fräsertypen W (weich), N (normal) und H (hart und zäh).

Die Typen besitzen unterschiedliche Zahnteilungen und Schneidenwinkel.

Der Typ W wird für weiche Werkstoffe, z.B. Aluminium und Kupfer eingesetzt, der Typ N für Werkstoffe bis zu R_m = 1000 N/mm², der Typ H für höhere Festigkeiten.

Anwendungsgruppe	Werkstoffbereiche	Werkzeug
N	Stahl und Gusseisen mit normaler Festigkeit	
H	Harte, zähharte oder kurzspanende Werkstoffe	
W	Weiche, zähe oder langspanende Werkstoffe	

16

Welcher Unterschied besteht zwischen Hartmetall-Wendeschneidplatten zum Vorfräsen (Schruppen) und zum Fertigfräsen (Schlichten)?

Zum Vorfräsen verwendet man Platten mit einem Eckenradius, zum Fertigfräsen Platten mit Planfase oder Breitschlichtfase (Bild).

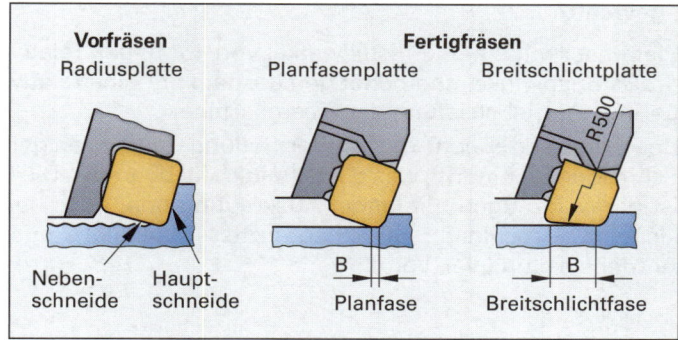

Platten mit Plan- oder Breitschlichtfase haben eine große Eckenrundung. Der Vorschub je Fräserumdrehung muss kleiner sein als die Breite der Schlichtfase.

17

Mit einem Fräskopf mit Hartmetall-Wendeschneidplatten (d = 250 mm, 18 Schneiden) wird an einem Gehäuse eine Fläche von 560 mm Länge und 180 mm Breite geschlichtet. Gegeben sind: v_c = 160 m/min; f_z = 0,1 mm; i = 1; l_a = l_u = 1,5 mm. Zu berechnen sind n, f, L und t_h.

$$n = \frac{v_c}{\pi \cdot d} = \frac{160 \text{ m/min}}{\pi \cdot 0,25 \text{ m}} = \textbf{204 min}^{-1}$$

$$f = f_z \cdot z = 0,1 \text{ mm} \cdot 18 = \textbf{1,8 mm}$$

$$L = l + d + l_a + l_u$$
$$= 560 \text{ mm} + 250 \text{ mm} + 1,5 \text{ mm} + 1,5 \text{ mm} = \textbf{813 mm}$$

$$t_h = \frac{L \cdot i}{n \cdot f} = \frac{813 \text{ mm} \cdot 1}{204 \text{ / min} \cdot 1,8 \text{ mm}} = \textbf{2,2 min}$$

Fräsverfahren

Fragen aus Fachkunde Metall, Seite 181

1

Wodurch können beim Konturfräsen im Gleichlauf am Werkstück Formabweichungen entstehen?

Beim Gleichlauffräsen wird der Schaftfräser durch die Kraftrichtung vom Werkstück weg gedrängt (Bild). Die Schnittkräfte führen beim Konturfräsen im Gleichlauf zu elastischen Verformungen am Schaftfräser und an dünnwandigen Werkstücken. Dadurch können Maß- und Formabweichungen entstehen.

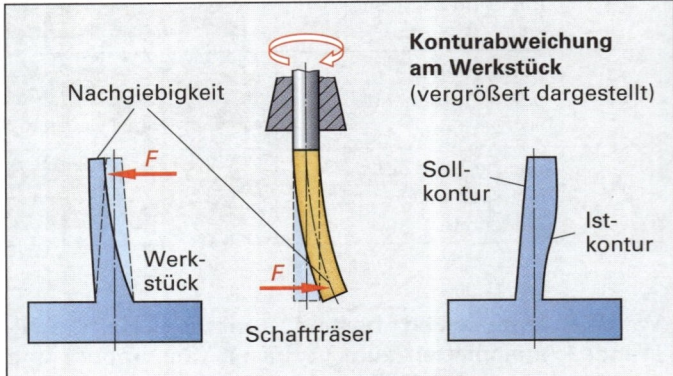

2

Warum werden zum Planfräsen vorzugsweise Fräser mit einem Einstellwinkel von 45° und mit weiter Teilung gewählt?

Planfräser mit einem Einstellwinkel von 45° haben relativ große Spanwinkel und benötigen deshalb nur eine relativ geringe Antriebsleistung der Fräsmaschine.

Bei Fräswerkzeugen mit weiter Teilung sind weniger Schneiden im Eingriff, was die Schnittkräfte begrenzt. Dies ist bei Werkzeugen mit langer Auskragung oder auch bei kleinen Maschinen mit begrenzter Stabilität und Antriebsleistung von Vorteil.

3

Eine 80 mm breite Fläche soll plan gefräst werden. Welchen Durchmesser sollte der Planfräser mindestens haben?

Beim Planfräsen sollte der Fräserdurchmesser etwa das 1,2fache bis 1,5fache der Schnittbreite betragen, um die Schneiden beim Eintritt in das Werkstück vor Kantenausbrüchen und beim Austritt vor Plattenbruch durch extreme Druckentlastung zu schützen.

Bei einer 80 mm breiten Fläche ergibt sich ein Durchmesser des Fräsers von 96 mm bis 120 mm.

4

Warum ist beim Planfräsen die außermittige Fräserposition zum Werkstück vorteilhaft?

Im Gegensatz zur mittigen Lage des Fräskopfs werden bei einer außermittigen Lage Vibrationen vermieden. Die Abdrängkraft auf den Fräser ist hierbei immer auf eine Seite gerichtet, während sie bei mittiger Lage wechselt (Bild).

Die wechselnde Richtung der Zerspankraft bei mittiger Fräserlage kann Vibrationen (Rattern) auslösen, wenn die Fräsmaschine oder auch das Werkzeug nur eine geringe Steifigkeit aufweisen.

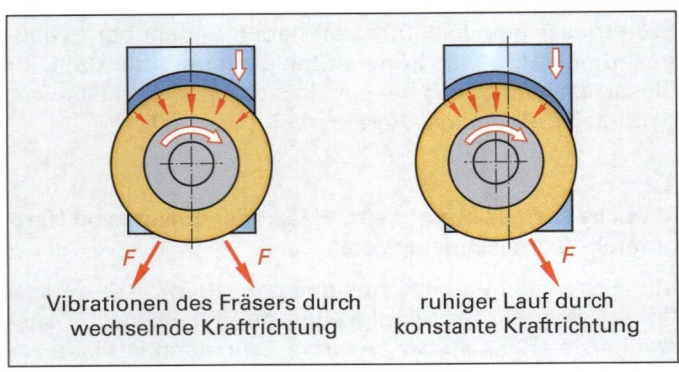

Ergänzende Fragen zu Fräsverfahren

5

Wie unterscheidet sich das Umfangs-Planfräsen vom Stirn-Planfräsen?

Beim Umfangs-Planfräsen liegt die Fräserachse parallel zur Bearbeitungsfläche, beim Stirn-Planfräsen steht sie senkrecht dazu (Bild).

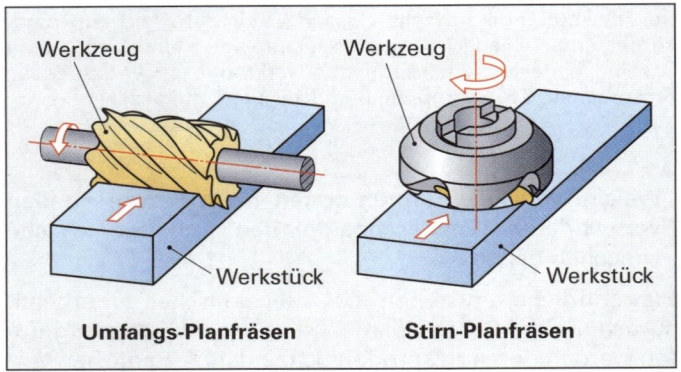

Beim Stirn-Planfräsen erfolgt die Spanabnahme vorwiegend durch die Hauptschneiden (Umfangsschneiden) des Fräsers. Die Nebenschneiden glätten die gefräste Oberfläche.

6

Wie unterscheiden sich die Schnitt- und Vorschubbewegungen beim Gleichlauffräsen und Gegenlauffräsen?

Beim Gleichlauffräsen sind die Schnittbewegung des Werkzeugs und die Vorschubbewegung des Werkstücks gleichgerichtet, beim Gegenlauffräsen sind sie entgegengesetzt.

7

Warum ist das Stirn-Planfräsen wirtschaftlicher als das Umfangs-Planfräsen?

Beim Stirn-Planfräsen lässt sich ein größeres Zeitspanungsvolumen erreichen als beim Umfangs-Planfräsen.

Gründe:

● Es sind stets mehr Zähne gleichzeitig im Eingriff.
● Durch die höhere Werkzeugsteifigkeit können größere Kräfte übertragen werden.
● Durch den Einsatz von Wendeschneidplatten lassen sich höhere Schnittgeschwindigkeiten erreichen.

8

In welche Gruppen werden die Fräsverfahren nach der gefertigten Werkstückfläche unterteilt?

Die Fräsverfahren werden in Planfräsen, Rundfräsen, Schraubfräsen, Wälzfräsen, Profilfräsen und Formfräsen unterteilt.

Nach der Lage der Fräserachse wird noch unterteilt in Umfangs- und Stirnfräsen, nach der Vorschubrichtung in Gleich- und Gegenlauffräsen.

9

Wie unterscheiden sich die Spanformen beim Umfangs- und beim Stirnfräsen?

Beim Umfangsfräsen sind die Späne kommaförmig, beim Stirnfräsen sichelförmig mit geringem Dickenunterschied.

Wegen der gleichmäßigeren Spanungsdicke und der größeren Zahl von Zähnen, die gleichzeitig im Eingriff sind, ist das Stirnfräsen wirtschaftlicher als das Umfangsfräsen.

10

Welche Vorteile hat das Stirn-Planfräsen gegenüber dem Umfangs-Planfräsen?

Die Vorteile des Stirn-Planfräsens sind:

- ruhiger Lauf durch den gleichzeitigen Eingriff mehrerer Zähne und Kraftausgleich für Gleich- und Gegenlauf (Bild)

- große Werkzeugsteifigkeit

- große mittlere Spanungsdicke und damit hohes Zeitspanungsvolumen

- einfacher Einsatz von Wendeschneidplatten

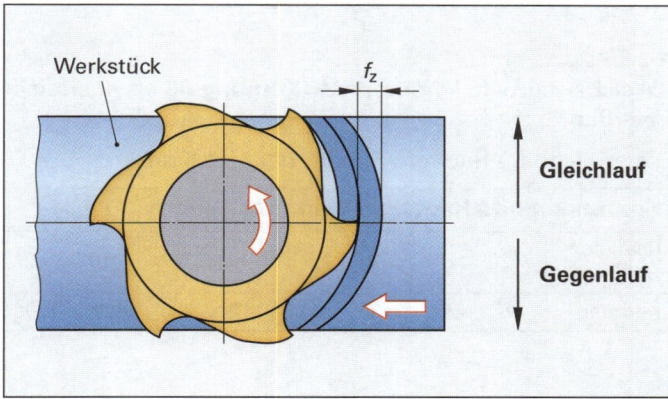

11

Welche Vorteile hat beim Umfangsfräsen das Gleichlauffräsen gegenüber dem Gegenlauffräsen?

Beim **Gleichlauffräsen** wird das Werkstück auf die Unterlage gedrückt (Bild). Spandicke und Schnittkraft sind beim Eintritt des Fräserzahns in das Werkstück am größten und verringern sich während der Bildung des Kommaspans. Dadurch lässt sich eine hohe Oberflächengüte erzielen.

Beim **Gegenlauffräsen** sind die Schnittkraft und die Spandicke am Ende des Kommaspans am größten (Bild). Dadurch wird das Werkstück hochgezogen. Beim Eintritt des Fräserzahns gleitet die Freifläche des Fräserzahns über die Oberfläche. Dies ergibt einen erhöhten Freiflächenverschleiß.

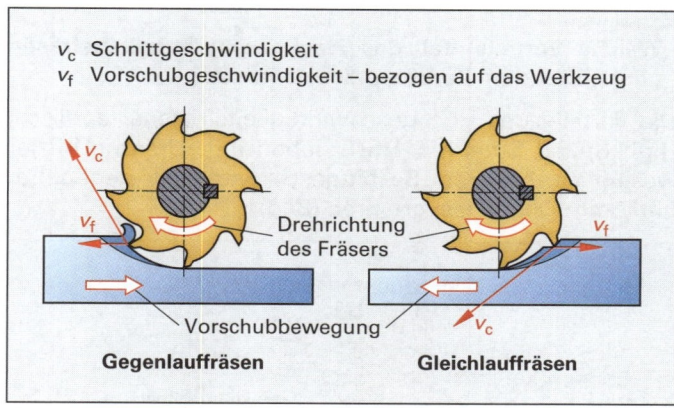

Gegenlauffräsen ist nur vorteilhaft, wenn das Werkstück harte und verschleißend wirkende Randzonen aufweist. Für das Gleichlauffräsen muss der Tischantrieb spielfrei und gegen Mitziehen gesichert sein.

12

Was versteht man unter Formfräsen und welche Besonderheit weisen die hierbei eingesetzten Werkzeuge auf?

Beim Formfräsen (auch Kopier-, Profil- oder Gesenkfräsen genannt) werden durch Fräsbearbeitungen und/oder Bohrbearbeitungen komplizierte Außenformen und Kammern gefertigt (Bild).

Als Fräswerkzeuge werden beispielsweise Kugelschaftfräser sowie Schaftfräser mit runden Wendeschneidplatten eingesetzt. Sie ermöglichen die Fräsbearbeitung in allen Vorschubrichtungen.

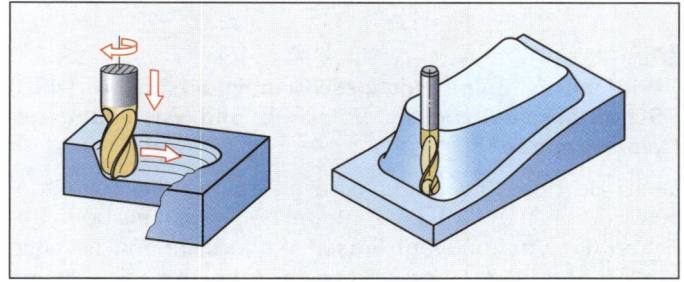

Hochgeschwindigkeitsfräsen (HSC-Fräsen) und Fräsmaschinen

Fragen aus Fachkunde Metall, Seite 186

1

Welche Schneidstoffeigenschaften sind zur Trockenbearbeitung notwendig?

Der Schneidwerkstoff muss eine große Temperaturbeständigkeit (Wärmhärte) und eine hohe Verschleißfestigkeit besitzen.

Der Grund hierfür ist die sehr hohe Werkzeugtemperatur bei der Trockenbearbeitung.

Geeignete Schneidstoffe zur Trockenbearbeitung sind TiCN-beschichtete Hartmetalle (HC) sowie Schneidkeramiken (CC), Bornitrid (CBN) und Polykristalliner Diamant (PKD).

2

Welche Vorteile hat das Hochgeschwindigkeitsfräsen gegenüber dem herkömmlichen Fräsen?

Die Vorteile des Hochgeschwindigkeitsfräsens (englisch: **H**igh **S**peed **C**utting = **HSC**) haben ihre Ursache in der wesentlich höheren Schnittgeschwindigkeit gegenüber herkömmlichen Fräsverfahren (Bild).

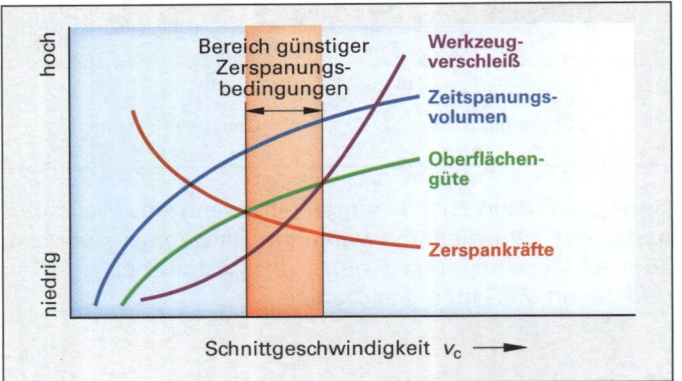

Durch die Anwendung des Hochgeschwindigkeitsfräsens ergeben sich folgende Vorteile:
- Hohes Zeitspanungsvolumen (Bearbeitung von Formen, Gesenken, usw.)
- Hohe Oberflächengüte (Herstellung feinmechanischer Teile, Spritzgießformen, usw.)
- Niedrige Zerspankräfte (Bearbeitung dünnwandiger Werkstücke)
- Hohe Maß- und Formgenauigkeit bei der Herstellung von Präzisionsteilen
- Keine Kühlschmierung erforderlich

3

Wie sollen beim Hochgeschwindigkeitsfräsen (HSC) Schnittgeschwindigkeit, Vorschub und Zustellung gewählt werden?

Beim Hochgeschwindigkeitsfräsen sollten die Schnittgeschwindigkeiten fünf- bis zehnmal höher sein als beim üblichen (konventionellen) Fräsen. Kennzeichnend ist auch die Erhöhung des Vorschubes je Zahn und eine kleine radiale Schnittiefe ae des Schaftfräsers.

Die axiale Schnitttiefe a_p liegt meist im Bereich von 0,2 bis 5 mm.

4

Warum werden im Werkzeugbau vor allem Universal-Fräsmaschinen eingesetzt?

Im Werkzeug- und Formenbau werden möglichst universell einsetzbare Fräsmaschinen benötigt.
Diese zeichnen sich durch folgende Merkmale aus:
- Schnelles, einfaches Umrüsten
- Schwenkbarer Fräskopf
- Verschiedene Tischvarianten
- Am Fräskopf ausfahrbare Pinole

Laserbearbeitung

1

Was versteht man unter Laserbearbeitung?

Unter Laserbearbeitung versteht man die materialabtragende oder schneidende Bearbeitung von Werkstoffen mit Hilfe eines gebündelten Laserstrahls.

Laserlicht ist eine energiereiche Lichtart. Der Name **LASER** ist eine Abkürzung aus dem Englischen für **L**ight **A**mplification by **S**timulated **E**mission of **R**adiation. Übersetzt heißt das: Lichtverstärkung durch angeregte Strahlungsemission.

2

Welche Vorteile hat die Laserbearbeitung?

Die Laserbearbeitung hat folgende Vorteile:
- Bearbeitung fast aller Werkstoffe möglich, z.B. Kunststoffe, Stahl, gehärteter Stahl, NE-Legierungen, Grafit, Hartmetall, Keramik und Glas.
- Bearbeitung sehr feiner Konturen mit Laserstrahldurchmessern ab 0,04 mm.
- Berührungsfreies und somit verschleißfreies Bearbeitungsverfahren.
- Relativ geringe Wärmebeeinflussung des Werkstücks bzw. der Werkstückoberfläche.

3.7.9 Schleifen

Schleifkörper, Einflüsse auf den Schleifprozess, Schleifverfahren, Schleifmaschinen

Fragen aus Fachkunde Metall, Seite 199

1

Welche Rautiefe kann mit der Körnung 60 etwa erreicht werden?

Die erreichbare Rautiefe R_z beträgt 8 ... 1,5 µm

Körnungen und Rautiefen beim Schleifen				
Rautiefe R_z in µm	20 ... 8	8 ... 1,5	1,5 ... 0,3	0,3 ... 0,2
Körnung	8 ... 24	30 ... 60	70 ... 220	230 ... 1200

2

Welche Aufgabe hat die Bindung einer Schleifscheibe?

Die Bindung hat den Zweck, die einzelnen Körner zu einem Schleifkörper zusammen zu fügen (Bild). Sie hält die Körner an der Schleiffläche fest.

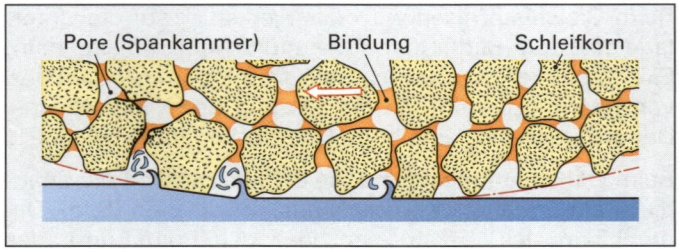

3

Welche Vorteile haben keramische Bindungen beim Profilschleifen?

Scheiben mit keramischer Bindung haben Porenräume und sind gut abrichtbar.

Profilschleifscheiben werden durch Abrichten in die gewünschte Form gebracht.

4

Was versteht man unter der Härte einer Schleifscheibe?

Unter der Härte einer Schleifscheibe versteht man den Widerstand der Bindung gegen das Ausbrechen der Schleifkörner.

Die Bindungshärte wird mit den Buchstaben A (äußerst weich) bis Z (äußerst hart) gekennzeichnet.

5

Warum ist der Verschleiß auch von der Scheibenhärte abhängig?

Der Verschleiß von Schleifscheiben entsteht durch das Brechen und Ausbrechen der Körner. Weiche Scheiben haben einen größeren Verschleiß als harte, da sie die Körner leichter ausbrechen lassen.

6

Warum verwendet man für harte Werkstoffe weiche Schleifscheiben und für weiche Werkstoffe harte Schleifscheiben?

Beim Schleifen von harten Werkstoffen splittern die Körner stärker als bei weichen Werkstoffen. Die Bindung muss die stumpf gewordenen Körner rechtzeitig freigeben, damit neue Körner zum Einsatz kommen (Selbstschärfung).

Bei weichen Werkstoffen erfordern die dickeren Späne eine größere Kornhaltekraft, also härtere Schleifscheiben.

7

Warum werden beim Bohrungs- und Tiefschleifen offenporige Schleifscheiben empfohlen?

Die Poren des Gefüges bilden Spankammern und fördern die Kühlung (Bild). Dies ist besonders bei großen Kontaktlängen erforderlich, wie sie beim Bohrungs- und Tiefschleifen auftreten.

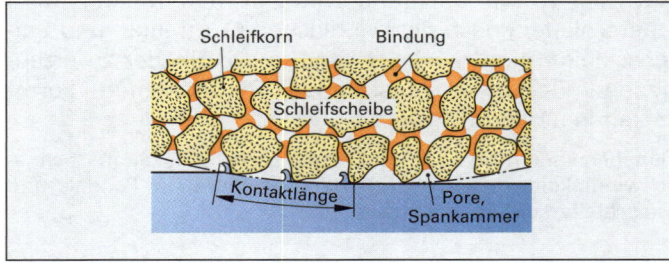

8

Warum müssen Schleifscheiben abgerichtet werden?

Durch Abrichten werden die Schleifscheiben in die gewünschte Form gebracht und geschärft.

Das Abrichten geschieht mit Stahlrollen, einem Schärfblock oder einem Einzeldiamanten.

9

Welche Unfallverhütungsvorschriften sind beim Prüfen und Aufspannen von Schleifscheiben zu beachten?

Beim Prüfen und Aufspannen von Schleifscheiben sind folgende Unfallverhütungsvorschriften zu beachten:

- Durch eine Klangprobe unmittelbar vor dem Spannen wird die Schleifscheibe auf Risse geprüft.
- Die Schleifscheibe muss sich leicht auf die Spindel schieben lassen.
- Die Mindestdurchmesser der Flansche sind einzuhalten.
- Zwischen den Flanschen und der Schleifscheibe müssen elastische Zwischenlagen sein.
- Vor dem ersten Lauf muss die Scheibe ausgewuchtet werden.
- Jede neu gespannte Schleifscheibe muss mindestens 5 min mit der höchstzulässigen Drehzahl Probe laufen.

10

Welche Auswirkungen hat eine große Schleifwärme auf das Werkstück?

Bei einer zu hohen Schleiftemperatur entstehen Maßabweichungen und Risse durch Ausdehnen und nachfolgendes Schrumpfen der Werkstücke.

Durch die übermäßige Erwärmung der Werkstückoberfläche entstehen Gefügeveränderungen, die meist zur Verringerung der Oberflächenhärte führen.

Eine zu große Erwärmung kann durch kleine Zustellung, kleine Kontaktlänge, ein geringes Geschwindigkeitsverhältnis, weiche Schleifscheiben und intensive Kühlschmierung vermieden werden.

11

Welchen Vorteil hat das abschnittsweise Einstechschleifen (oberes Bild) gegenüber dem Längsschleifen (unteres Bild)?

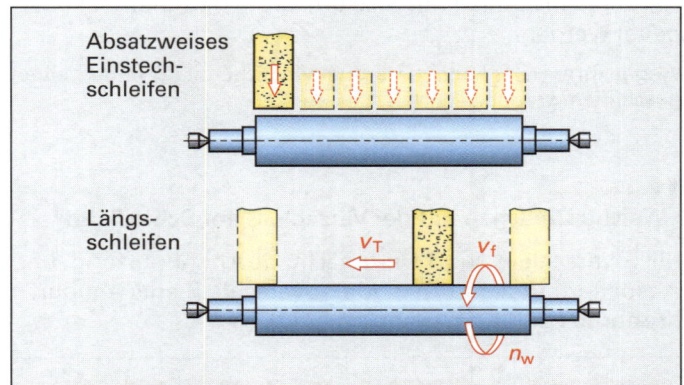

Das Einstechschleifen ist durch das hohe Zeitspanvolumen sehr wirtschaftlich.

Nach dem Einstechschleifen auf Fertigmaß wird das Werkstück durch Längsschleifen ohne Zustellung geglättet.

Ergänzende Fragen zum Schleifen

12

Welche Vorteile hat das Schleifen gegenüber anderen spanenden Fertigungsverfahren?

Vorteile des Schleifens sind gute Bearbeitbarkeit harter Werkstoffe, hohe Maß- und Formgenauigkeit und hohe Oberflächengüte.

Die Maßabweichungen beim Schleifen liegen im Bereich von IT 5 bis 6, die Oberflächengüte bei $R_z = 1 \dots 3\ \mu m$.

13

Für welche Werkstoffe ist Edelkorund als Schleifmittel geeignet?

Edelkorund eignet sich zum Schleifen von zähen und harten Stählen.

Edelkorund und Normalkorund sind die am häufigsten verwendeten Schleifmittel.

14

Welcher Gruppe der Fertigungsverfahren Trennen ist das Schleifen zugeordnet?

Schleifen ist Spanen mit geometrisch unbestimmter Schneide.

Durch die unterschiedliche Form und Lage der Körner entstehen verschieden große, meist negative Spanwinkel (Bild).

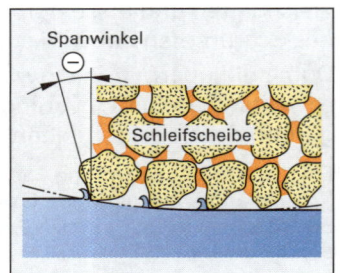

15

Mit welchen Schleifmitteln können Hartmetalle bearbeitet werden?

Hartmetalle können mit Siliciumcarbid und Diamant bearbeitet werden.

Wegen ihrer Härte können Hartmetalle nicht mit Korundscheiben geschliffen werden.

16

Welche Ursachen hat der Verschleiß am Schleifkorn?

Mikroverschleiß wird verursacht durch Abnutzung und Absplitterung der Körner. Makroverschleiß entsteht durch Kornbruch und Kornausbruch (Bild).

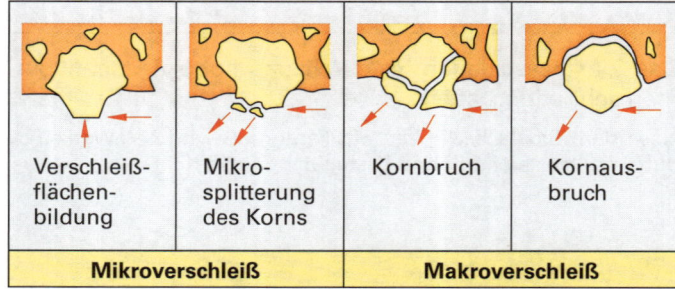

Verschleißflächenbildung	Mikrosplitterung des Korns	Kornbruch	Kornausbruch
Mikroverschleiß		**Makroverschleiß**	

Durch das Splittern und Ausbrechen der Körner bilden sich neue Schneidkanten (Selbstschärfung der Schleifscheibe).

17

Was versteht man unter der Körnung einer Schleifscheibe?

Unter der Körnung versteht man die Korngröße des gemahlenen Schleifmittels.

Von der gewählten Korngröße hängen die Oberflächengüte und die Schleifzeit ab.

18

Wie werden die Körnungen der Schleifscheiben angegeben?

Körnungen werden durch Zahlen angegeben.

Die Zahlen entsprechen der Maschenzahl des Siebes je 25,4 mm (1 inch), durch das die jeweilige Körnung gesiebt wurde.

Für Diamant und Bornitrid kann die Korngröße auch in µm angegeben werden.

19

Wonach richtet sich die Auswahl des Schleifscheibengefüges?

Das Gefüge muss um so offener sein, je größer die Zustellung und die Vorschubgeschwindigkeit sind.

Die Spankammern müssen so groß sein, dass sie die beim Werkzeugeingriff auf der ganzen Kontaktlänge entstehenden Späne aufnehmen und anschließend wieder herausschleudern können.

20

Welche Arten von Bindungen werden hauptsächlich verwendet?

Die hauptsächlich verwendeten Bindungen sind die keramische Bindung (V), die Kunstharzbindung (B), die Metallbindung (M), die galvanische Metallbindung (G) und die Gummibindung (R).

Art und Menge des verwendeten Bindemittels beeinflussen den Härtegrad und den Verwendungszweck der Schleifkörper.

21

Wie werden die Schleifverfahren unterteilt?

Nach der Vorschubrichtung unterteilt man in Längs- und Querschleifen, nach der Wirkfläche in Umfangs- und Seitenschleifen und nach der Lage und Form der zu erzeugenden Fläche in Planschleifen, Rundschleifen, Formschleifen und Profilschleifen.

Daneben kann noch nach der Schnittgeschwindigkeit in Hochgeschwindigkeitsschleifen, nach der Zustellung in Pendel- und Tiefschleifen unterteilt werden.

22

Wie wird der Härtegrad von Schleifscheiben angegeben?

Der Härtegrad von Schleifscheiben wird durch die Buchstaben von A bis Z angegeben.

Schleifscheiben von A bis D sind äußerst weich, E bis G sehr weich, H bis K weich, L bis O mittel, P bis S hart, T bis W sehr hart und X bis Z äußerst hart.

23

Wie groß sollen beim Außen-Rundschleifen der Längs-vorschub und die Zustellung sein?

Der Längsvorschub f wird zum Vorschleifen auf 2/3 ... 3/4 der Scheibenbreite eingestellt, beim Fertigschleifen auf 1/4 ... 1/3. Die Zustellung a beträgt zum Vorschleifen 0,01 ... 0,04 mm, zum Fertigschleifen 0,005 ... 0,01 mm.

Am Ende des Fertigschleifen werden meist noch ein bis zwei Durchgänge ohne Zustellung ausgeführt.

24

Wozu dienen die Pappscheiben an den Seitenflächen der Schleifscheiben?

Die elastischen Pappscheiben sollen die Unebenheiten der Schleifscheiben ausgleichen und ein gleichmäßiges Anliegen der Flansche gewährleisten (Bild).

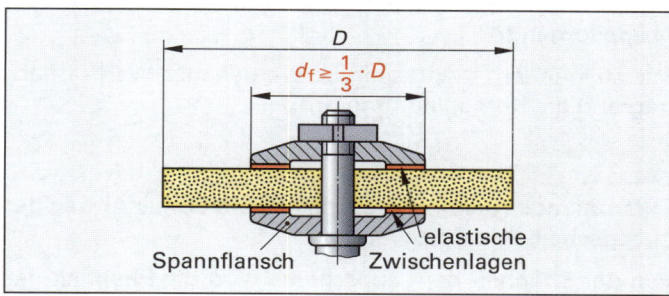

25

Welche Einstellgrößen sind bei Schleifarbeiten festzu-legen?

Bei Schleifarbeiten sind festzulegen (Bild):
- die Umfangsgeschwindigkeit v_s (Arbeitsgeschwindig-keit) der Schleifscheibe
- die Vorschubgeschwindigkeit v_f
- der Vorschub f (Quer- oder Längsvorschub)
- die Zustelltiefe a_e (Arbeitseingriff)

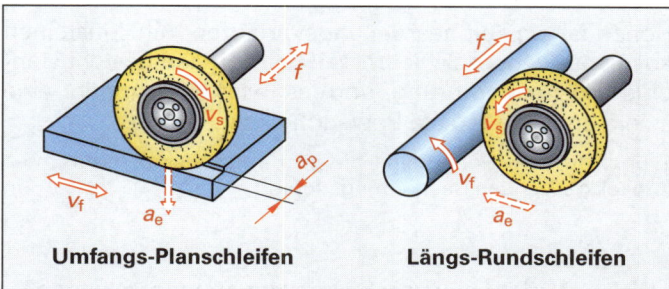

Umfangs-Planschleifen **Längs-Rundschleifen**

26

Welche Vorteile bieten CNC-gesteuerte Rundschleif-maschinen?

Beim CNC-Schleifen können mit nur einer Scheibenform unterschiedliche Werkstückformen bahngesteuert ge-schliffen werden (Bild). Auch das Profilieren von Schleif-scheiben wird durch das bahngesteuerte Abrichten sehr flexibel, d.h. mit einem Diamantabrichter können an Schleifscheiben unterschiedliche Profile geformt werden.

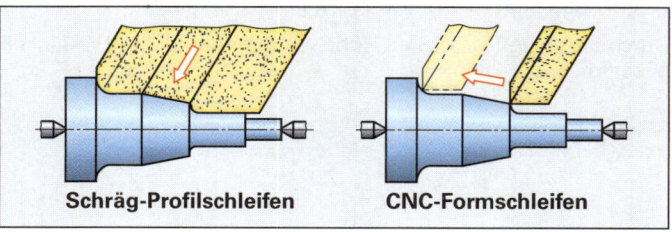

Schräg-Profilschleifen **CNC-Formschleifen**

3.7.10 Räumen

Fragen aus Fachkunde Metall, Seite 200

1

Warum ist Räumen nur für Mittel- und Großserienferti-gung rationell?

Mit Hilfe des Räumens können Werkstücke mit komplizier-ten Innen- oder Außenformen erzeugt werden. Die Ferti-gung solcher komplizierter Profile durch Räumen verlangt die Konstruktion und die Herstellung teurer Räumwerk-zeuge, die nur diesem einen Einsatzzweck dienen und den Einsatz entsprechender Räummaschinen.

Trotzdem ist die Wirtschaftlichkeit für mittlere Serien und vor allen Dingen in der Großserienfertigung gegeben.

Bei der Fertigung kleinerer Stückzahlen durch Räumen hängt die Wirtschaftlichkeit in hohem Maße von den Anforderungen an die Form und die Genauigkeit der zu fertigenden Profile ab.

2

Wann spricht man von einem Räumdorn, einer Räum-nadel oder einer Räumplatte?

Bei den Verfahrensvarianten des Räumens kommen unterschiedliche Räum-werkzeuge zum Einsatz:

- Ein Räumdorn (Bild) wird am Werkstück vorbei oder durch eine vorgefertigte Öffnung des Werkstückes ge-drückt (Druckräumen).

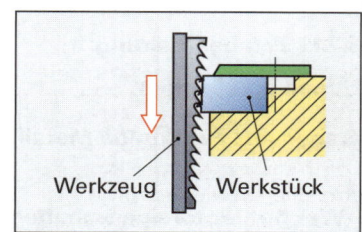

Werkzeug Werkstück

- Eine Räumnadel (Bild) kommt beim Zugräu-men von Werkstück-Innenkonturen zum Einsatz.

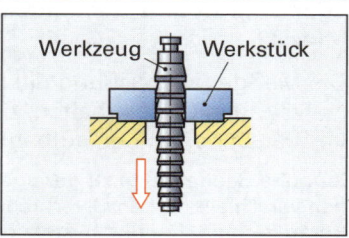

Werkzeug Werkstück

- Beim Kettenräumen werden die Werk-stücke mit ihrer Außenkontur an der feststehenden Räumplatte vorbeigezogen.

3

Wie hängen Aufbau und Funktion eines Räumwerk-zeuges zusammen?

Die Spanabnahme erfolgt beim Räumen durch mehrzah-nige Werkzeuge (Bild). Die geforderten Maß- und Formge-nauigkeiten wie auch die Oberflächengüten werden durch einen gestuften Aufbau der Schneidenzähne erzielt.

Die jeweilige Bearbeitungsaufgabe beim Räumen erfolgt voll-ständig mit nur einem Durchlauf des Räumwerkzeuges.

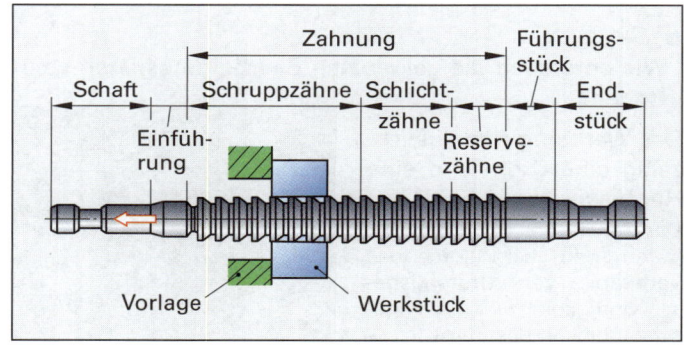

4

Wie kann eine Waagerecht-Außenräummaschine kürzer gebaut werden als das Werkzeug?

Waagerecht-Räummaschinen werden zur Bearbeitung langer, auch sperriger Werkstücke eingesetzt. Sie beanspruchen von daher relativ viel Platz.

Um die Maschinenlänge kürzer zu halten als die benötigte Werkzeuglänge kann das Räumwerkzeug geteilt ausgeführt und nacheinander zum Einsatz gebracht werden. Voraussetzung für einen solchen Einsatz ist eine numerische Steuerung der Räummaschine.

5

Wozu dienen die Reservezähne am Räumwerkzeug?

Die Reservezähne am Räumwerkzeug dienen dazu, das Werkzeug auch nach einem gewissen Verschleiß weiter benutzen zu können.

In einem solchen Fall können die Reservezähne durch Nachschleifen auf die jeweiligen Maße und Formen gebracht werden. Sie übernehmen dann die Rolle der (verschlissenen) Schlichtzähne, so dass weiterhin maß-und formgenaue Profile mit dem Räumwerkzeug hergestellt werden können.

3.7.11 Feinbearbeitung

Honen und Läppen

Fragen aus Fachkunde Metall, Seite 207

1

Welche Motoreigenschaften werden durch die Maßgenauigkeit und die Rautiefe der Kolbenlaufbahn beeinflusst?

Die Maßgenauigkeit und die Rautiefe bestimmen die Einlaufzeit, das Gleitverhalten, die Gasdichtheit und den Ölverbrauch der Kolbenlaufbahn.

Zu hohe Rautiefe und zu geringe Maßgenauigkeit bewirken hohen Verschleiß, hohen Ölverbrauch und geringen Wirkungsgrad. Bei zu geringer Rauheit besteht die Gefahr, dass der Schmierfilm abreißt und der Kolben frisst.

2

Welche Forderungen werden an Feinbearbeitungsverfahren gestellt?

Feinbearbeitungsverfahren sollen die folgenden Eigenschaften erbringen:
- Hoher Traganteil bei Gleit- und Dichtflächen
- Kleine Rautiefen zur Erhöhung des Traganteils und der Verschleißfestigkeit
- Hohe Maß-, Form- und Lagegenauigkeit
- Keine Schädigung der Werkstückrandzone durch Bearbeitungsdruck oder -wärme.

3

Wie entstehen die gekreuzten Bearbeitungsriefen beim Honen?

Das Werkzeug führt gleichzeitig eine Dreh- und eine Hubbewegung aus.

Der Winkel der Bearbeitungsriefen (Bild) wird durch das Verhältnis von Umfangsgeschwindigkeit und Axialgeschwindigkeit bestimmt.

4

Wodurch kann eine tonnenförmige Zylinderabweichung beim Langhubhonen korrigiert werden?

Die Hublänge wird so weit vergrößert, dass die Honsteine oben und unten jeweils etwa die Hälfte ihrer Länge aus der Bohrung austreten (Bild).

Bei zylindrischen Bohrungen wird der Hub so eingestellt, dass die Hohnsteine etwa 1/3 aus der Bohrung austreten. Durch die Vergrößerung der Hublänge wird der Abtrag an den Bohrungsenden größer.

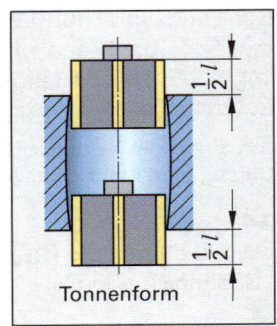

Tonnenform

5

Welche Wirkung hat ein hoher Anpressdruck auf den Läppvorgang?

Mit steigendem Anpressdruck werden der Werkstoffabtrag und die Kornsplitterung größer.

6

Warum muss beim Läppen ein gleichmäßiger Abtrag der Läppscheibe erreicht werden?

Von der Ebenheit der Läppscheibe wird die Ebenheit der geläppten Werkstücke bestimmt.

Gekrümmte Läppscheiben ergeben auch gekrümmte Läppflächen.

Ergänzende Fragen zu Honen und Läppen

7

Was versteht man unter Honen?

Honen ist ein Feinbearbeitungsverfahren mit Honsteinen aus gebundenem Schleifmittel. Beim Honen besteht ständige Flächenberührung und es wird gleichzeitig eine axiale und eine radiale Bewegung ausgeführt.

Typisch für das Honen sind die sich unter einem bestimmten Winkel kreuzenden Bearbeitungsriefen.

8

Welche Verfahren werden beim Honen unterschieden?

Man unterscheidet das Langhub- und das Kurzhubhonen.

Das Kurzhubhonen wird auch als Superfinish-Verfahren bezeichnet.

9

Wie erfolgt das Kurzhubhonen?

Die Honsteine schwingen auf dem Werkstück quer zu den Riefen der Vorbearbeitung. Sie werden mit 10 bis 40 N/cm^2 gegen das sich drehende Werkstück gedrückt.

Durch die kurzen, schnellen Hübe werden Rauheit und Welligkeit beseitigt.

10

Welche Schleifmittelarten werden zum Honen verwendet?

Zum Honen werden vorwiegend Diamant und Bornitrid in den Korngrößen von 20 bis 100 μm verwendet.

Die Körner müssen auch bei den kleinen Anpressdrücken, die zum Honen angewandt werden, splittern und ausbrechen können, damit die Honsteine selbstschärfend wirken.

11

Für welche Werkstücke ist das Kurzhubhonen geeignet?

Durch Kurzhubhonen werden vorwiegend zylindrische Außenflächen, z.B. Lagerzapfen von Wellen, bearbeitet (Bild).

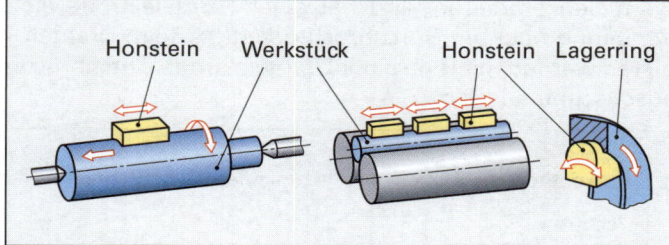

Auch die Laufbahnen von Wälzlagern können durch Kurzhubhonen feinbearbeitet werden.

12

Weshalb werden beim Honen von Gleit- und Führungsflächen keine extrem kleinen Rauheitswerte angestrebt?

Bei zu kleinen Rauheitswerten haftet der Schmierstoff nicht genügend an der Werkstückoberfläche; die Schmierung setzt aus.

Beim Honen dieser Flächen wird meist eine gemittelte Rautiefe R_z = 1 bis 4 μm angestrebt (Bild).

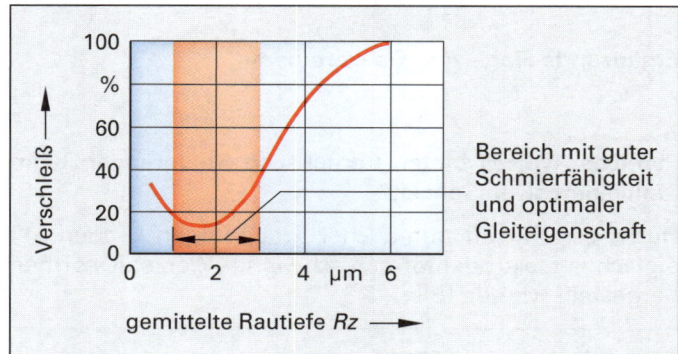

13

Wodurch unterscheidet sich das Honen vom Läppen?

Beim Honen werden Leisten aus gebundenem Schleifmittel verwendet. Es entstehen gekreuzte Bearbeitungsriefen mit guter Haftung für Schmierstoffe.

Beim Läppen bewirken lose auf der Werkstückoberfläche abrollende Körner den Abtrag. Es entstehen Flächen mit ungerichteten Bearbeitungsspuren und sehr großer Maß- und Oberflächengüte.

14

Was versteht man unter Läppen?

Läppen ist ein Feinbearbeitungsverfahren, bei dem mit nicht gebundenem Korn und formübertragenden Werkzeugen gearbeitet wird.

Die Körner des Läppmittels rollen zwischen dem Läppwerkzeug und dem Werkstück ab und hinterlassen in diesem kraterförmige Vertiefungen.

15

Welche Stoffe werden als Läppmittel verwendet?

Als Läppmittel werden Korund, Siliciumcarbid, Bornitrid und Diamant in Korngrößen von 5 bis 100 μm verwendet.

Das Läppmittel wird mit Wasser, Öl oder Pasten vermischt zum Läppen verwendet.

16

Wie lassen sich Oberflächengüte und Werkstoffabtrag beim Läppen beeinflussen?

Je kleiner die Korngröße ist, desto geringer sind die Rautiefe und der Werkstoffabtrag (Bild).

Ein hoher Anpressdruck vergrößert den Werkstoffabtrag und den Kornverschleiß. Je höher die Läppgeschwindigkeit ist, desto größer wird der Werkstoffabtrag.

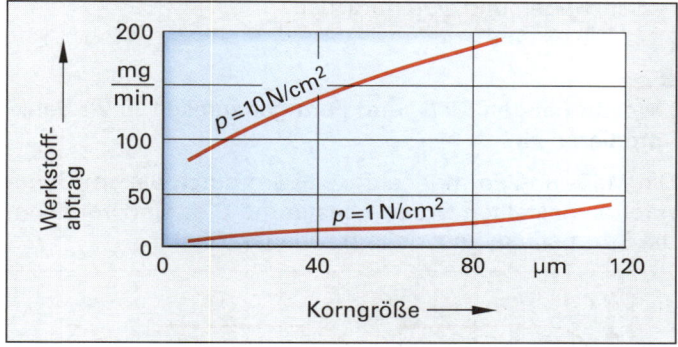

17

Wie erfolgt das Planparallelläppen?

Beim Planparallelläppen werden gleichzeitig zwei parallele Werkstückflächen zwischen zwei Läppscheiben bearbeitet.

Typische Anwendungsbeispiele sind Abstandsringe, Dichtungsscheiben und Parallelendmaße.

18

Wie müssen die Abrichtringe verteilt werden, damit eine konvexe bzw. eine konkave Läppscheibe wieder eben wird?

Zur Wiederherstellung der Ebenheit werden die Läppscheiben abgerichtet (Bild).

Bei einer konvex veränderten Läppscheibe werden die Abrichtringe in Stufen von 2,5 mm nach innen verstellt, bis wieder Ebenheit erreicht ist.

Bei einer konkaven Läppscheibe werden die Abrichtringe nach außen verstellt.

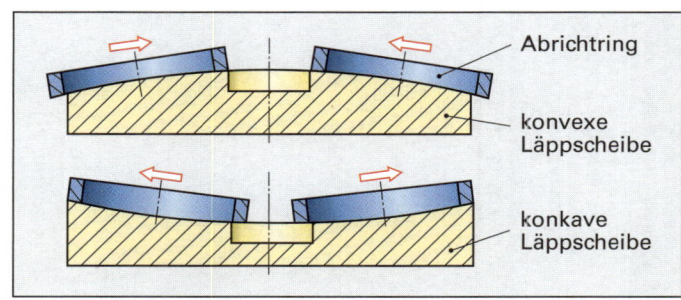

3.7.12 Funkenerosives Abtragen

Funkenerosives Senken und Schneiden

Fragen aus Fachkunde Metall, Seite 211

1

| Welche Werkstoffe können durch funkenerosives Abtragen bearbeitet werden?

Durch funkenerosives Abtragen können alle metallischen Werkstoffe bearbeitet werden.

Das Verfahren wird vorwiegend für die Bearbeitung von Werkstücken aus gehärtetem Stahl oder Hartmetall verwendet.

2

| Welche Vorteile besitzt das Senkerodieren gegenüber dem Fräsen?

Vorteile des Senkerodierens gegenüber dem Fräsen sind:

- Bearbeitung aller elektrisch leitender Werkstoffe, unabhängig von ihrer Härte, wie z.B gehärteter Stahl und Hartmetall.
- Fertigung von schwierig herzustellenden Hohlformen, Senkungen und Durchbrüchen.

3

| Wovon hängen Maß- und Formgenauigkeit beim Senkerodieren ab?

Die Maß- und Formgenauigkeit wird durch die am Generator eingestellten Größen bestimmt. Dies sind vor allem die Stromstärke und die Impulsdauer (Bild).

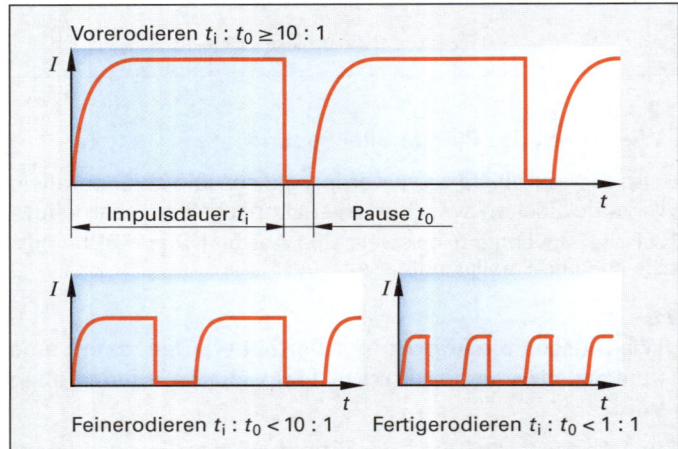

Mit der Stromstärke und der Impulsdauer steigt die abgetragene Werkstoffmenge. Deshalb sind sie beim Vorerodieren groß.

Je niedriger die Stromstärke ist und je kleiner die Impulsdauer im Verhältnis zur Impulspause ist, desto größer sind die Maß- und Formgenauigkeit sowie die Oberflächengüte. Deshalb werden sie beim Feinerodieren und Fertigerodieren eingesetzt.

4

| Welche Werkstoffe werden für die Elektroden beim Senk- bzw. Drahterodieren verwendet?

Zum Senkerodieren werden Elektroden aus Grafit, Kupfer, Wolfram-Kupfer- und Kupfer-Zink-Legierungen verwendet. Beim Drahterodieren kommt wegen des geringen Drahtverschleißes vorwiegend Messingdraht zum Einsatz.

Die Elektrodenwerkstoffe müssen elektrisch leitend sein und einen hohen Schmelzpunkt sowie einen kleinen elektrischen Widerstand aufweisen.

5

| Wodurch unterscheidet sich das Senkerodieren vom Drahterodieren?

Beim Senkerodieren wird mit einer Formelektrode eine Vertiefung oder ein Durchbruch gefertigt. Beim Drahterodieren werden mit Hilfe einer Drahtelektrode Durchbrüche ausgeschnitten (Bild).

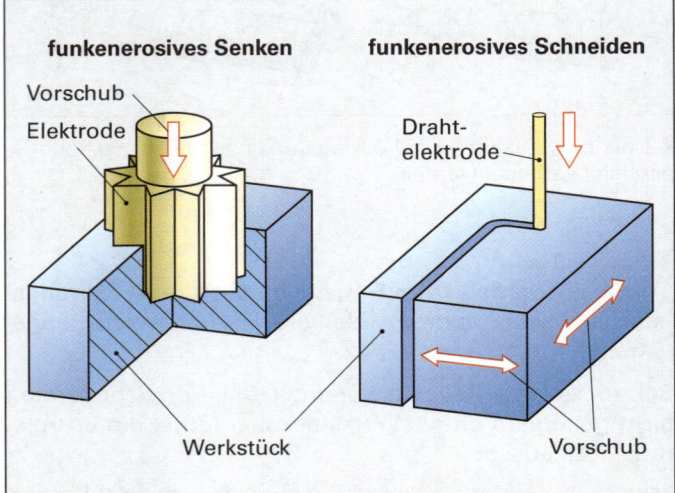

Ergänzende Frage zum Senkerodieren

6

| Welchen Vorteil bieten numerische Steuerungen beim funkenerosiven Senken?

Durch den Einsatz numericher Steuerungen können mit einfachen Elektrodenformen schwierige Werkstückformen hergestellt werden (Bild).

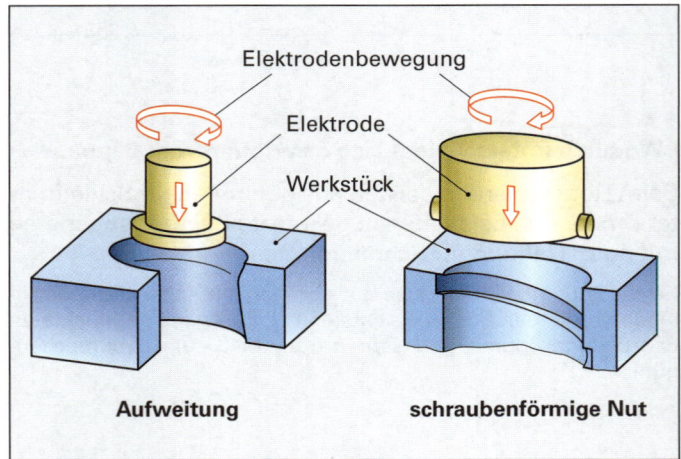

3.7.13 Vorrichtungen und Spannelemente an Werkzeugmaschinen

Fragen aus Fachkunde Metall, Seite 218

1

| **Welche Vorteile hat der Einsatz von Vorrichtungen in der spanenden Fertigung?**

Vorrichtungen führen zu einer wirtschaftlicheren Fertigung durch

- Verkürzung der Fertigungszeit, insbesondere der Vorbereitungszeit (Anreißen) und der Nebenzeiten für das Spannen und Prüfen
- Verbesserung der Wiederholgenauigkeit
- einfache Bearbeitungsmöglichkeiten für schwierig geformte Werkstücke

2

| **Welche Anforderungen werden an Spannvorrichtungen für Werkzeugmaschinen gestellt?**

An Spannvorrichtungen für Werkzeugmaschinen werden folgende Anforderungen gestellt:

- Sicheres Spannen des Werkstücks
- Geringe Werkstückverformung und hohe Wiederholgenauigkeit
- Einfache, schnelle und sichere Handhabung
- Leichter Austausch, Vielseitigkeit und Wiederverwendbarkeit der Elemente
- Möglichst geringe Vorrichtungskosten

3

| **Welchen Vorteil hat eine Dreipunktauflage beim Spannen von Werkstücken?**

Das Werkstück liegt an jedem dieser Punkte sicher auf und ist eindeutig bestimmt (Bild).

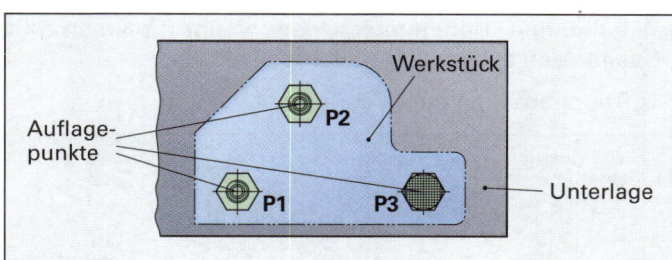

Für die Position der Punkte ist zu beachten, dass der Werkstückschwerpunkt innerhalb der durch die Auflagepunkte begrenzten Zone liegt.

4

| **Warum wird beim Spannen mit Flachspannern das Werkstück gleichzeitig auf den Maschinentisch gedrückt?**

Durch die Schrägstellung der Spannschraube wird das Werkstück beim Spannen gegen die Anlage und gleichzeitig auf den Maschinentisch gepresst. Dies bewirkt eine nach unten gerichtete Spannkraft.

5

| **Erläutern Sie das Spannen nach dem Kniehebelprinzip.**

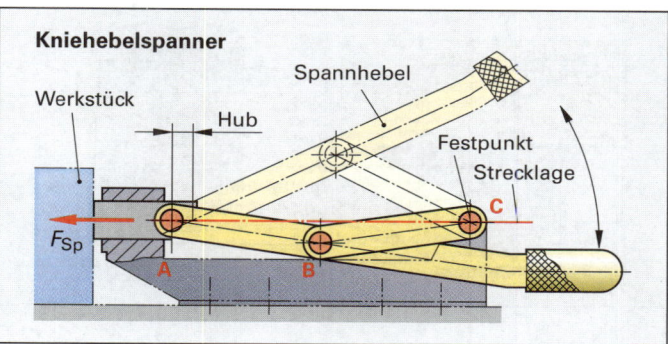

Festpunkt der Kniehebel-Spannvorrichtung ist der Gelenkpunkt C. Durch Bewegen des Spannhebels wird das Gelenk B nach oben und unten, das Gelenk A horizontal verschoben (Bild).

Kniehebelspanner erreichen die größte Spannkraft, wenn die Gelenke A, B und C fluchten. Nach dem Überschreiten der Strecklage besteht Selbsthemmung.

6

| **Welche Vorteile hat der Einsatz von pendelnden Auflagen?**

Pendelnde Auflagen passen sich der Werkstückform an. Sie erlauben ein Spannen ohne Verformung des Werkstücks und ohne Beschädigung der Oberfläche.

Pendelnde Auflagen bestehen meist aus abgeflachten, drehbar gelagerten Kugeln.

7

| **Welche Vorteile hat das magnetische Spannen?**

Durch magnetisches Spannen können Werkstücke schnell, sicher und verzugsarm gespannt und an fünf Seiten bearbeitet werden.

Magnetisierte Werkstücke müssen nach dem Spannen entmagnetisiert werden.

8

| **Warum erlaubt das Spannen mit Elektro-Dauermagnetspannplatten besonders hohe Bearbeitungsgenauigkeit?**

Während der Bearbeitung des Werkstücks ist die Dauermagnetspannplatte stromlos und erwärmt sich daher nicht. Es entstehen somit keine Maß- und Formfehler durch eine Wärmedehnung des Werkstücks und der Spannvorrichtung.

Das Spannen wird durch die Magnetisierung der Pole eingeleitet und durch deren Entmagnetisierung beendet.

9

| **Welche Vorteile haben hydraulische Spannsysteme?**

Die Vorteile hydraulischer Spannsysteme (Bild nächste Seite) sind:

- Hohe, gleichmäßige Spannkraft bei geringem Platzbedarf und großer Steifigkeit
- Vielseitiger Einsatz
- Schneller Aufbau des Spanndrucks
- Spanndruck einstellbar

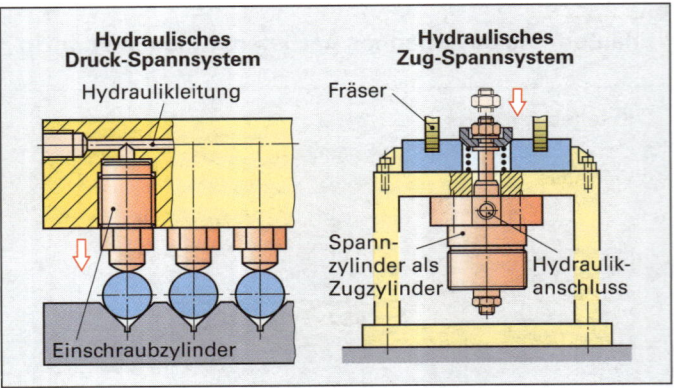

10

Warum ist gerade in der Serienfertigung das hydraulische Spannen vorteilhaft?

Die Werkstücke können schnell und einfach mit gleich bleibender Spannkraft gespannt werden.

Die Spannkraft kann über die Maschinensteuerung eingestellt und überwacht werden.

11

In welchen Fällen werden Schwenkzylinder zum Spannen eingesetzt?

Schwenkzylinder (Bild) werden eingesetzt, wenn die Spannpunkte während des Einlegens und Herausnehmens des Werkstücks frei sein müssen.

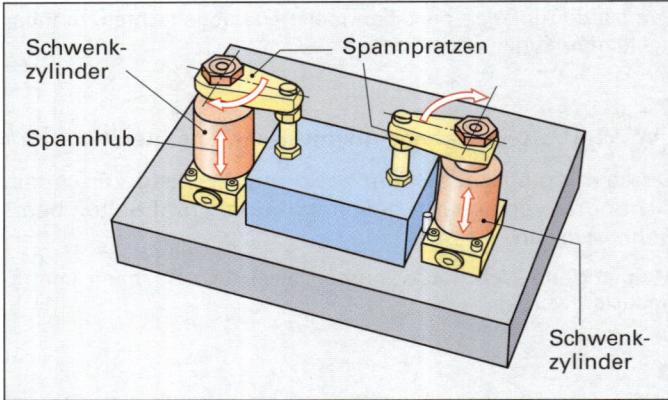

12

Für welche Einsatzzwecke eignen sich Baukastenvorrichtungen besonders?

Baukastensysteme eignen sich besonders für kleine Serien oder Einzelstücke, da sie sich schnell an die Werkstückform anpassen lassen.

Ergänzende Fragen zu Vorrichtungen und Spannelementen an Werkzeugmaschinen

13

Welche Aufgaben haben Vorrichtungen und Spannelemente?

Sie sollen Werkstücke in einer genau bestimmten, eindeutig wiederholbaren Lage festhalten.

Sie dienen außerdem zur Bearbeitung an Werkzeugmaschinen, zum Prüfen von Werkstücken und als Hilfsmittel bei der Montage.

14

Welche mechanischen Spanneinrichtungen unterscheidet man?

Spannschrauben mit Spanneisen und Spannunterlagen, Flachspanner, Kniehebel- und Exzenterspanner sowie Maschinenschraubstöcke.

15

In welche Systeme werden Baukastenvorrichtungen unterteilt?

Bei den Baukastenvorrichtungen unterscheidet man zwischen Nutsystemen und Bohrungssystemen (Bild).

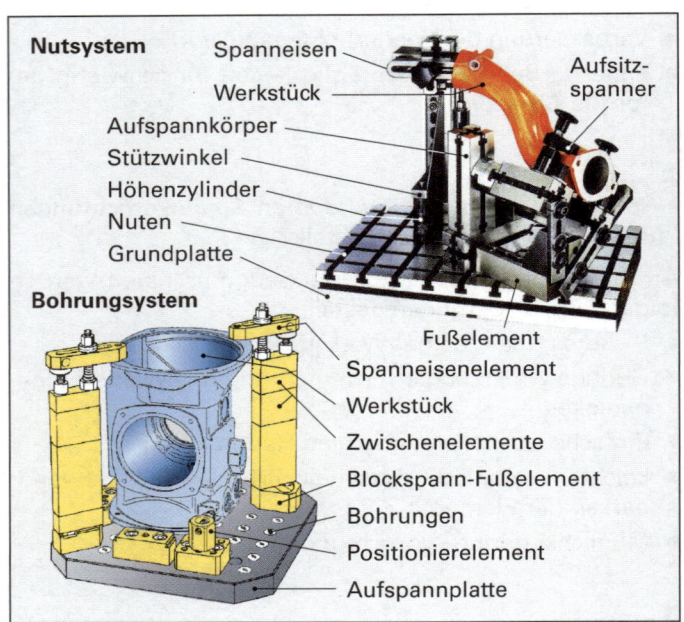

Bei Bohrungssystemen sind die Spannelemente an vorbestimmten Punkten zu befestigen. Bei Nutsystemen ist eine Verstellung der Spannelemente in zwei verschiedenen Richtungen möglich.

16

Wie können Höhenunterschiede beim Spannen mit Spanneisen ausgeglichen werden?

Mit Treppenböcken oder Schraubböcken.

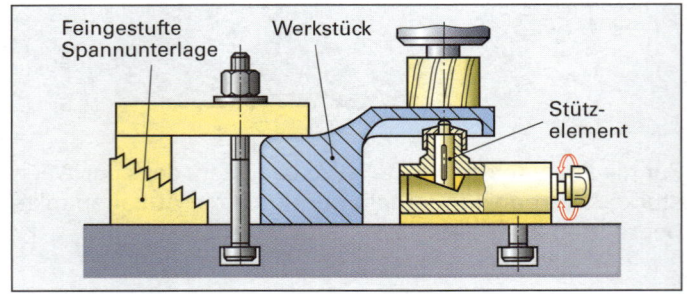

Treppenböcke gleichen die Höhe in groben Stufen aus, Schraubböcke sind stufenlos einstellbar.

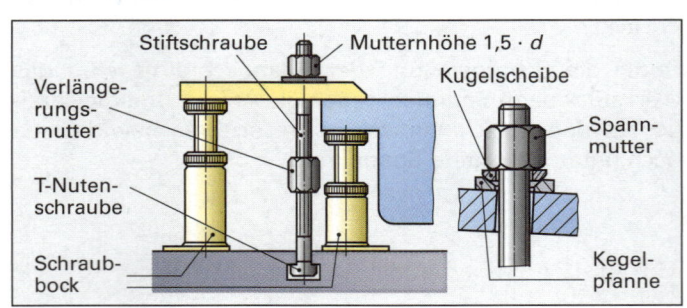

3.7.14 Fertigungsbeispiel Spannpratze

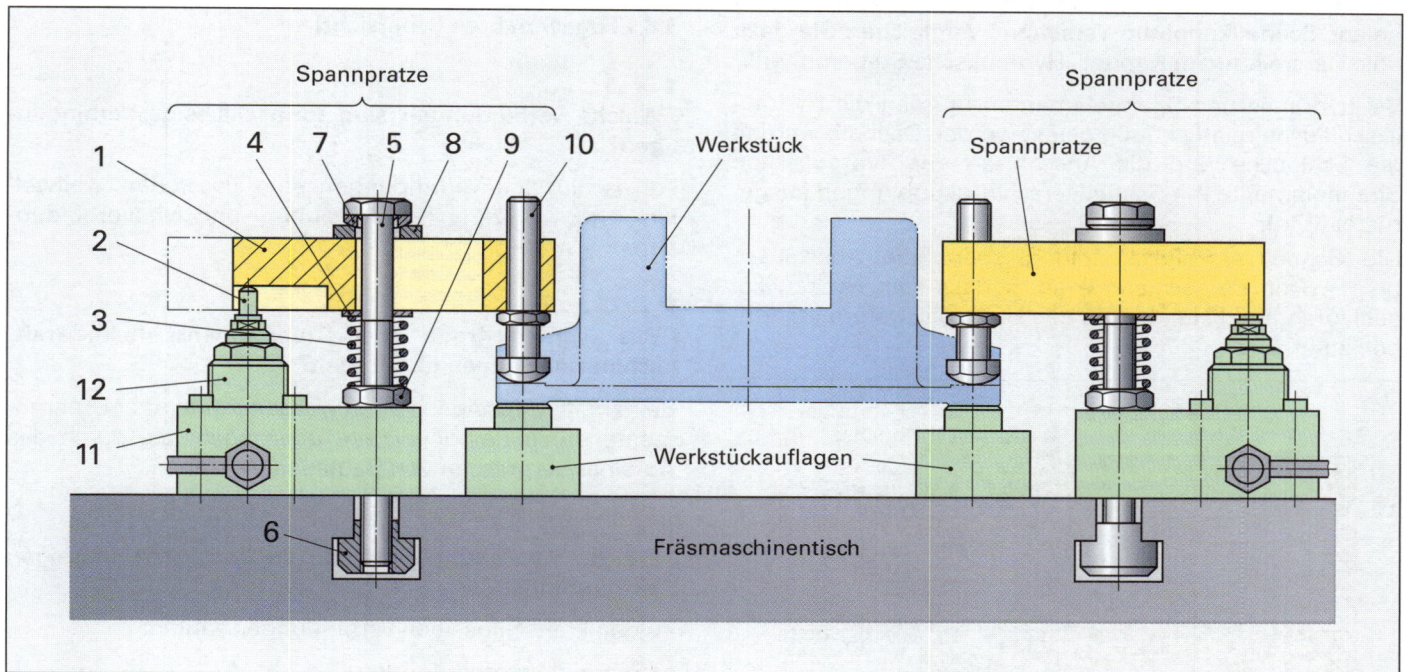

Stückliste zur Spannpratze

Pos.	Menge	Benennung	Norm-Kurzbezeichnung z.B. Werkstoff
1	1	Spannpratze	C45E
2	1	Druckschraube	16MnCr5
3	1	Druckfeder	DIN 2098 – 1,6×15×70
4	1	Scheibe	ISO 7090 – 13 –200HV
5	1	Sechkantschraube	ISO 4014 – M12×130-8.8
6	1	Mutter	DIN 508 – M12×25
7	1	Kugelscheibe	DIN 6319 – C13
8	1	Kegelpfanne	DIN 6319 – D13
9	1	Sechskantmutter	ISO 6768 – M12
10	1	Spannschraube	16MnCr5
11	1	Grundkörper	S235JR(St 37-2)
12	1	Einschraubzylinder	⌀ 16×12

Fragen aus Fachkunde Metall, Seite 222

1 _____

Warum wird die Spannschraube (Pos. 10) aus dem Stahl 16MnCr5 gefertigt?

Der legierte Einsatzstahl 16MnCr5 kommt zum Einsatz, da er durch Vergüten im Kern hohe Festigkeit und Zähigkeit und durch Einsatzhärten große Oberflächenhärte im Druckkopfbereich besitzt. Diese Eigenschaften muss die Spannschraube haben, um den wechselnden Druckbelastungen und der Flächenpressung im Kopfbereich beim Spannen der Werkstücke standhalten zu können.

2 _____

Welche Angaben sind in einem Arbeitsplan enthalten?

Der Arbeitsplan enthält die einzelnen Arbeitsvorgänge in der Reihenfolge der Fertigung mit den dazu erforderlichen Werkzeugen, Vorrichtungen und Maschinen.

Neben den einzelnen Arbeitsvorgängen werden weitere Angaben aufgenommen, wie die Auftrags-Nummer, die Benennung des Werkstücks, die zu fertigende Stückzahl (Losgröße) sowie der Fertigungstermin. Jeder Arbeitsgang wird durch den Ausführenden auf dem Arbeitsplan abgezeichnet und die benötigten Zeiten werden eingetragen.

3 _____

Erstellen Sie den Arbeitsplan für die Herstellung der Spannschraube (Pos. 10).

Arbeitsplan		Bearbeiter:
Auftrags-Nr.: XYZ		Datum:
Benennung: Spannschraube		Losgröße: 10
Werkstoff und Erzeugnisform:		
Sechskant DIN 176 – 16 MnCr5 – 20		Gewicht: 0,2 kg
Abmessungen: 72×20		Termin:
Nr.	Arbeitsvorgang	Werkzeug
10	Runddrehen auf 11,8 mm	Drehmeißel
20	Anfasen 45°	Drehmeißel
30	Gewindeschneiden	Schneideisen M12
40	Abstechen	Stechdrehmeißel
50	Runden der Kuppe	Drehmeißel
60	Vergüten und Einsatzhärten	

4 _____

Welche Kenntnisse muss ein Sachbearbeiter in der Fertigungsplanung haben?

Ein Sachbearbeiter in der Fertigungsplanung muss über folgende Kenntnisse verfügen:

● Auswahl des geeigneten Werkstoffes für die Werkstücke.
● Auswahl der jeweils sinnvoll einzusetzenden Fertigungsverfahren (Maschinen- bzw. Fertigungsschritte).
● Auswahl der Vorrichtungen und Spannelemente.
● Auswahl der benötigten Werkzeuge und Maschinen.

5

Warum werden die hydraulischen Spannelemente mit einer Schnellkupplung versehen? Vergleichen Sie dazu die Darstellung im Kapitel „Hydraulische Steuerungen".

Bei hydraulischen Spannelementen müssen die Hydraulikschläuche relativ häufig gelöst werden Deshalb werden die Schläuche und die Anschlüsse der hydraulischen Spannelemente mit Schnellverschlusskupplungen ausgerüstet (Bild).

Die Schnellverschlusskupplung sperrt die Anschlüsse beim Lösen der Schläuche ab, sodass kein Hydrauliköl auslaufen und keine Luft in das Hydrauliksystem eindringen kann.

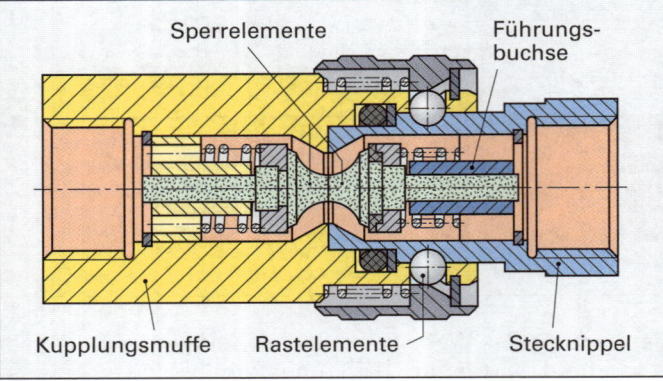

6

Wovon hängen die einzustellende Drehzahl *n* und der Vorschub f_z beim Fräsen ab? Begründen Sie Ihre Meinung mithilfe eines Tabellenbuches.

Die einzustellende Drehzahl n und der Vorschub je Fräserzahn f_z hängen beim Fräsen hauptsächlich von der Art und vom Durchmesser des Werkzeugs (Fräsers) ab. Daneben haben der Werkstoff des zu bearbeitenden Werkstücks und die Bearbeitungsbedingungen (z.B. Schruppen – schwere Bearbeitungsbedingungen – oder Schlichten – leichte Bearbeitungsbedingungen) Bedeutung.

Diese Zusammenhänge lassen sich z.B. aus einem Tabellenbuch entnehmen.

Bei der Optimierung des Fräsprozesses spielen die gewünschte Standzeit des Werkzeugs bzw. der Werkzeugverschleiß und die geforderte Oberflächengüte des Werkstücks eine Rolle.

Ergänzende Frage zum Fertigungsbeispiel Spannpratze

7

Welche Möglichkeiten der Einsparung gibt es bei den Fertigungskosten?

Einsparungsmöglichkeiten ergeben sich durch:

> Auswahl eines geeigneteren Ausgangsmaterials, z.B. eines vorgefertigten Rohteils.

> Einsatz leistungsstärkerer Werkzeugmaschinen, z.B. mit größerer Antriebsleistung und CNC-Steuerung.

> Einsatz von Vorrichtungen, z.B. zum Aufspannen mehrerer Werkstücke.

> Vergabe von Teilaufträgen, wie z.B. zum Einsatzhärten, an Spezialfirmen.

3.8 Fügen

3.8.1 Fügeverfahren (Übersicht)

1

Welche Verbindungen sind formschlüssige Verbindungen?

Formschlüssige Verbindungen sind Passfeder-, Keilwellen-, Stift-, Bolzen-, Passschrauben- und Nietverbindungen.

2

Wie werden Kräfte oder Drehmomente beim kraftschlüssigen Fügen übertragen?

Beim kraftschlüssigen Fügen werden Kräfte oder Drehmomente durch Reibungskräfte übertragen, die durch das Aufeinanderpressen von Bauteilen entstehen.

3

Welche Verbindungen zählen zu den kraftschlüssigen Verbindungen?

Zu den kraftschlüssigen Verbindungen zählen:

- Schraubenverbindungen
- Klemmverbindungen
- Kegelverbindungen
- Einscheibenkupplungen

4

Wie erfolgt die Kraftübertragung beim stoffschlüssigen Fügen?

Beim stoffschlüssigen Fügen werden Kräfte oder Drehmomente durch die Kohäsions- und Adhäsionskräfte zwischen den Werkstoffteilchen übertragen.

Beispielsweise wird bei der aus zwei Teilen gefügten Lenkspindel (Bild) das Drehmoment von der Gabel über die Schweißnaht auf die Schneckenwelle übertragen.

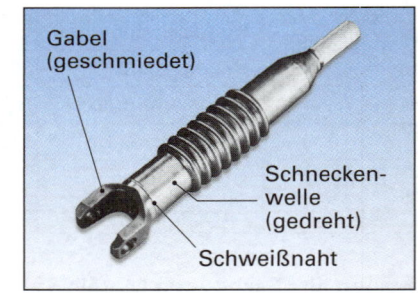

3.8.2 Press- und Schnappverbindungen

Fragen aus Fachkunde Metall, Seite 227

1

Welche Arbeitsregeln sind beim Anwärmen von Werkstücken für eine Pressverbindung zu beachten?

Beim Anwärmen der Werkstücke für eine Pressverbindung sind folgende Arbeitsregeln zu beachten:

- die vorgeschriebenen Anwärmtemperaturen genau einzuhalten.
- große, sperrige Teile gleichmäßig zu erwärmen.
- wärmeempfindliche Teile (z.B. Dichtungen) vor dem Erwärmen zu entfernen.

2

In welchen Fällen werden Pressverbindungen durch Kühlen angewendet?

Pressverbindungen werden durch Kühlen hergestellt, wenn Außenteile wegen ihrer Größe, ihrer Form oder wegen möglicher Gefügeänderungen nicht erwärmt werden können.

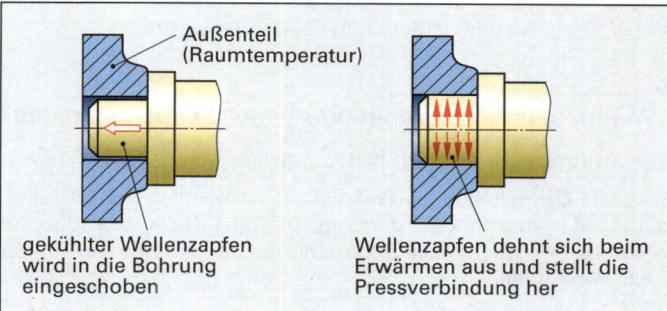

Außenteil (Raumtemperatur)

gekühlter Wellenzapfen wird in die Bohrung eingeschoben

Wellenzapfen dehnt sich beim Erwärmen aus und stellt die Pressverbindung her

3

Wie wird eine kegelige Pressverbindung mithilfe des Hydraulikverfahrens hergestellt?

Durch eine in die Bohrung eingearbeitete Ringnut wird Maschinenöl zwischen die Passflächen gepresst (Bild). Die Bauteile verformen sich dabei elastisch und können mit geringem Kraftaufwand gegeneinander verschoben werden.

Das Hydraulikverfahren wird z.B. zur Montage und Demontage von großen Wälzlagern verwendet (Bild).

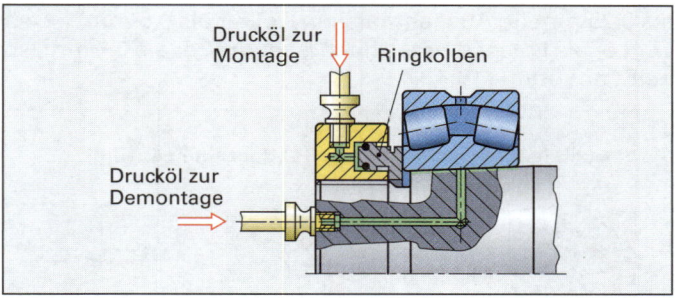

Drucköl zur Montage   Ringkolben

Drucköl zur Demontage

4

Wodurch unterscheiden sich lösbare und unlösbare Schnappverbindungen?

Bei unlösbaren Schnappverbindungen besitzen beide Fügeteile auf der Ausrückseite Planflächen (Bild). Eine Trennung nach erfolgtem Fügen ist deshalb nicht mehr möglich.

Bei lösbaren Schnappverbindungen hat zumindest ein Bauteil in Löserichtung z.B. eine steile Schräge. Mit Kraftaufwand können die Bauteile wieder auseinander gezogen werden.

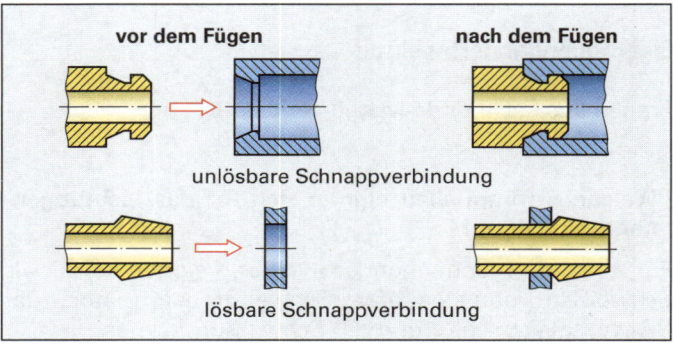

vor dem Fügen   nach dem Fügen

unlösbare Schnappverbindung

lösbare Schnappverbindung

3.8.3 Kleben

Fragen aus Fachkunde Metall, Seite 229

1

Weshalb sind beim Kleben große Fügeflächen wichtig?

Die Festigkeit der Klebstoffe ist gegenüber der Festigkeit metallischer Werkstoffe gering. Die geringere Festigkeit wird durch große Fügeflächen ausgeglichen.

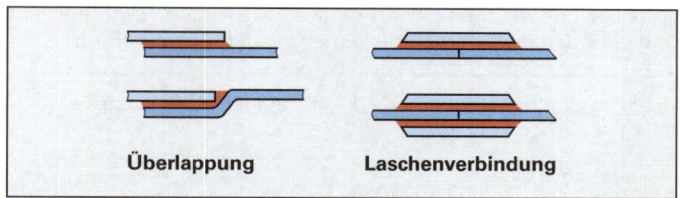

Überlappung   Laschenverbindung

Die Überlappungslänge muss etwa 5- bis 20mal so groß wie die Bleckdicke sein.

2

Wie müssen Klebeflächen vorbehandelt werden?

Die Klebeflächen werden durch Feinsandstrahlen oder Schmirgeln mechanisch vorbehandelt, entfettet und sorgfältig getrocknet. Anstelle der mechanischen Vorbehandlung kann eine chemische Vorbehandlung durch beizen erfolgen.

Durch chemische Vorbehandlung werden die Oberflächen gleichzeitig gereinigt und aufgeraut.

Ergänzende Fragen zum Kleben

3

Wovon hängt die Festigkeit einer Klebeverbindung ab?

Die Festigkeit einer Klebeverbindung ist abhängig von der
- Klebstoffart (Kohäsionskräfte)
- Vorbehandlung der Klebeflächen (Adhäsionskräfte zwischen Klebstoff und Fügeflächen)

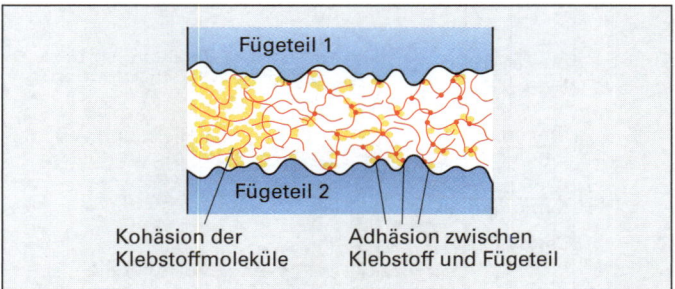

Fügeteil 1

Fügeteil 2

Kohäsion der Klebstoffmoleküle

Adhäsion zwischen Klebstoff und Fügeteil

4

Für welche Werkstoffe sind Klebeverbindungen geeignet?

Klebeverbindungen sind besonders für wärmebehandelte Leichtmetallteile oder Stahlteile, für Schichtstoffe, Kunststoffe sowie Reibbeläge geeignet.

Durch Klebeverbindungen lassen sich sowohl gleiche als auch verschiedene Werkstoffe fügen.

3.8.4 Löten

Fragen aus Fachkunde Metall, Seite 235

1

Was versteht man unter Löten?

Löten ist ein stoffschlüssiges Fügen und Beschichten von Bauteilen mithilfe eines geschmolzenen Zusatzmetalls, dem Lot.

Die Werkstoffe der zu fügenden Teile (Grundwerkstoffe) werden vom Lot benetzt, ohne geschmolzen zu werden. Zwischen Lot und Grundwerkstoff tritt eine Legierungsbildung ein (Bild).

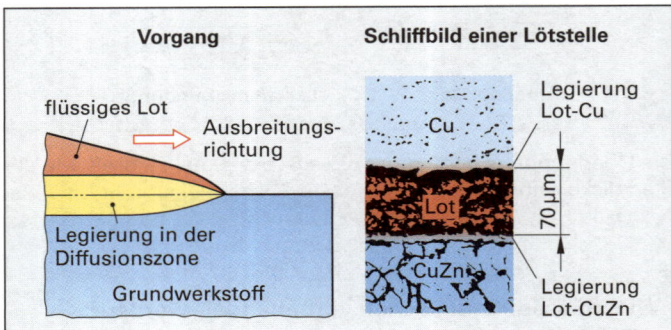

2

Welche Anforderungen können an eine Lötnaht gestellt werden?

Lötnähte müssen entweder fest oder dicht oder leitfähig für Wärme und elektrischen Strom sein.

Für Konstruktionsteile ist besonders die Festigkeit der Verbindung wichtig, im Behälterbau die Dichtheit, in der Elektrotechnik die elektrische Leitfähigkeit.

3

Was versteht man unter der Arbeitstemperatur eines Lotes?

Die Arbeitstemperatur ist die niedrigste Oberflächentemperatur des Werkstückes, bei der das Lot benetzt, fließt und mit dem Grundwerkstoff legiert (Bild).

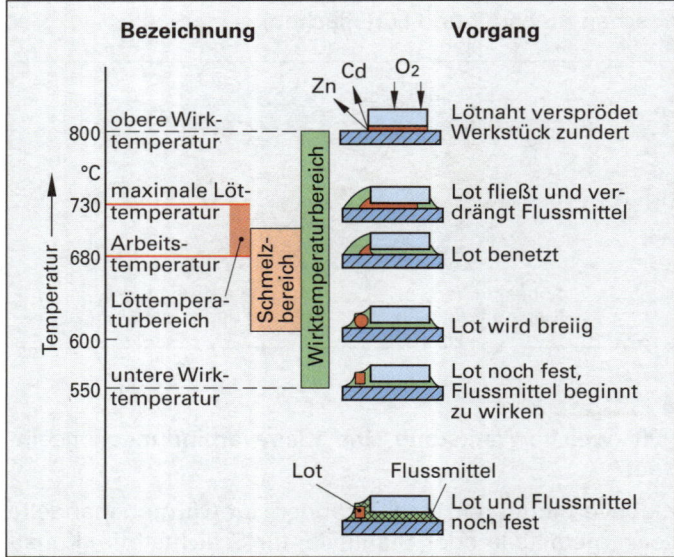

4

Wodurch unterscheidet sich das Weichlöten vom Hartlöten?

Weich- und Hartlöten unterscheiden sich in der Arbeitstemperatur. Sie liegt beim Weichlöten unter 450 °C, beim Hartlöten darüber.

Die Bezeichnung Weichlöten kommt von der geringeren Festigkeit der überwiegend verwendeten Zinn-Blei-Lote.

5

Welche Aufgaben haben Flussmittel?

Flussmittel haben die Aufgabe, an der Lötstelle Oxide zu lösen und weitere Oxidation zu verhindern.

Anstelle von Flussmitteln können auch Schutzgase oder Vakuum zum Verhindern der Oxidbildung verwendet werden.

6

Warum müssen Flussmittelreste meist entfernt werden?

Flussmittelreste können Korrosion verursachen.

Je nach Flussmittelart kann mit warmem Wasser, durch Lösungsmittel oder mechanisch gereinigt werden. Nicht korrodierend wirkende Flussmittel, wie z.B. Kollophonium, können an der Lötstelle verbleiben.

Ergänzende Fragen zum Löten

7

Was bedeutet die Bezeichnung S-Sn50Pb49Cu1?

Es handelt sich um ein Zinn-Blei-Kupfer-Weichlot mit 50 % Zinn, 49 % Blei und 1 % Kupfer.

8

Welcher Unterschied besteht zwischen Lötspalt und Lötfuge?

Wenn der Zwischenraum zwischen den Fügeteilen kleiner als 0,25 mm (in Ausnahmefällen kleiner als 0,5 mm) ist, so wird er als Lötspalt bezeichnet. Ist er größer als 0,5 mm, so heißt er Lötfuge (Bild).

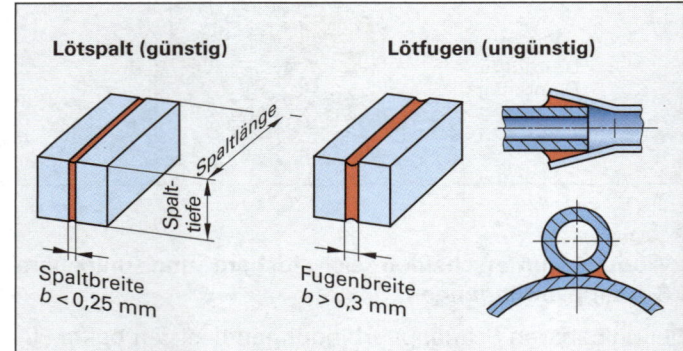

Die Breite des Zwischenraumes ist für das Eindringen des Lotes in den Spalt entscheidend. Nach Möglichkeit sollte die Lötstelle stets als Lötspalt ausgeführt werden, weil hierbei durch Kapillarwirkung das Füllen des Spaltes mit flüssigem Lot begünstigt wird.

3.8.5 Schweißen

Lichtbogenhandschweißen

Fragen aus Fachkunde Metall, Seite 240

1

Welche Stromquellen eignen sich für das Lichtbogenhandschweißen?

Für das Lichtbogenhandschweißen eignen sich als Schweißstromquellen der Schweißtransformator, der Schweißgleichrichter und der Schweißumformer.

Schweißtransformatoren erzeugen Wechselstrom, Schweiß-gleichrichter und Schweißumformer Gleichstrom. Neben diesen Stromquellen gibt es auch Schweißstromquellen, die wahlweise Gleichstrom oder Wechselstrom erzeugen.

2

Welche Kriterien sind bei der Auswahl einer Stabelektrode zu beachten?

Wichtige Eigenschaften einer Stabelektrode sind: Mecha-nische Kennwerte des Kerndrahtwerkstoffs, chemische Zusammensetzung, Umhüllungstyp und Ausbringung.

3

Welche Aufgabe hat die Umhüllung der Stabelektrode beim Schweißen?

Die Umhüllung entwickelt beim Abschmelzen Gase, die den Lichtbogen stabilisieren und den flüssigen Werkstoff-übergang sowie das Schmelzbad gegen die umgebende Luft abschirmen.

Die abschmelzende Umhüllung schwimmt als Schlacke auf der Schweißnaht und verhindert eine schnelle Abküh-lung.

4

Wie kann die Blaswirkung beim Schweißen verringert werden?

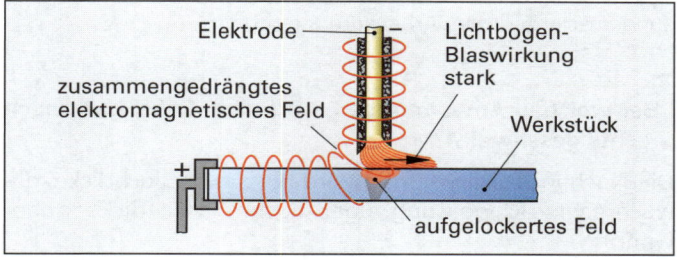

Die Blaswirkung kann verringert werden durch Neigen der Elektrode gegen die Blasrichtung, Verlegen der Polklem-me am Werkstück, Ändern der Schweißrichtung, Verwen-dung dickumhüllter Elektroden und Schweißen mit Wech-selstrom.

Je länger der Lichtbogen ist, desto stärker ist die Blaswirkung. Am Werkstückrand und in Polnähe ist sie am größten.

Ergänzende Fragen zum Lichtbogenhandschweißen

5

Wie entsteht ein Lichtbogen?

Ein Lichtbogen entsteht, wenn die negativ ge-polte Stabelektrode und das positiv gepolte Werkstück zu-nächst durch Berühren kurzgeschlossen und anschließend so auseinander gezogen werden, dass zwischen ihnen ein geringer Abstand vorhanden ist. Der beim Kurzschließen einsetzende Stromfluss erfolgt nach dem Abhe-ben der Elektrode vom Werkstück durch eine kur-ze Luftstrecke und bewirkt dadurch den Lichtbogen.

6

Woraus bestehen Stabelektroden?

Stabelektroden bestehen aus dem Kerndraht und der Um-hüllung (Bild).

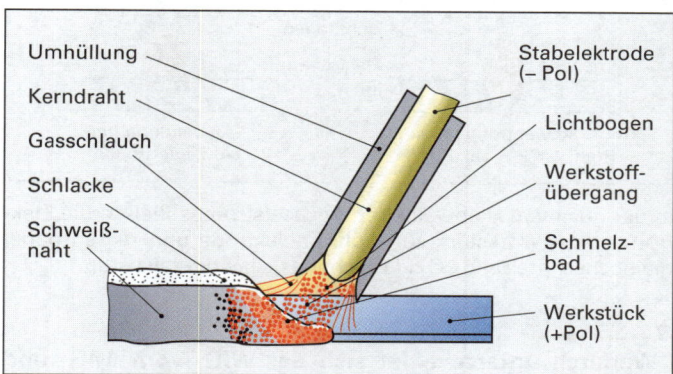

Der Kerndraht ergibt beim Schweißen die Schweißnaht. Die Um-hüllung entwickelt beim Abschmelzen Gase, die den Lichtbogen stabilisieren und das Schmelzbad gegen die umgebende Luft ab-schirmen. Sie enthält meist Legierungselemente, welche die Festigkeit und Zähigkeit der Schweißnaht verbessern.

7

Wie werden große Schweißfugen geschweißt?

Große Schweißfugen schweißt man in mehreren Lagen (Bild).

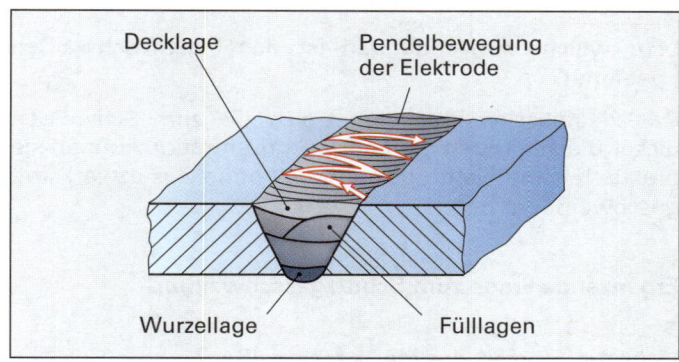

Die Schlacke der zuvor geschweißten Lage muss vollständig ent-fernt werden.

Schutzgasschweißen

Fragen aus Fachkunde Metall, Seite 243

1

Welche Vorteile hat das Schutzgasschweißen gegenüber dem Lichtbogenhandschweißen?

Beim Schutzgasschweißen werden der Lichtbogen und das Schmelzbad durch ein Schutzgas gegen die Atmo-sphäre abgeschirmt. Dadurch können endlose, nicht um-hüllte Drahtelektroden als Zusatzwerkstoff verwendet werden.

2

In welchen Fällen wird beim WIG-Schweißen mit Wech-selstrom und in welchen mit Gleichstrom geschweißt?

Wechselstrom wird meist zum Schweißen von Leichtme-tallen, Gleichstrom zum Schweißen von legierten Stählen, NE-Schwermetallen und deren Legierungen eingesetzt.

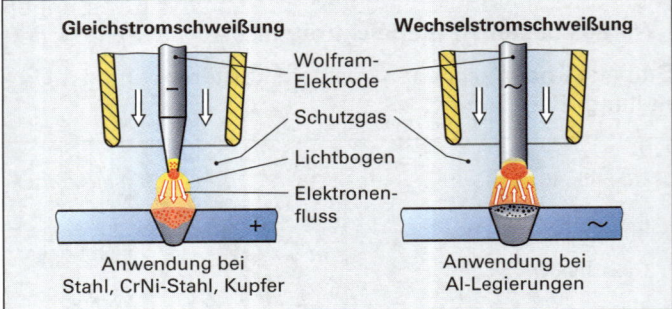

Gleichstromschweißung   Wechselstromschweißung

Wolfram-Elektrode
Schutzgas
Lichtbogen
Elektronen-fluss

Anwendung bei   Anwendung bei
Stahl, CrNi-Stahl, Kupfer   Al-Legierungen

In der positiven Halbwelle des Wechselstromes fließen die Elektronen vom Werkstück zur Wolframelektrode und reißen dabei die hochschmelzende Oxidschicht des Leichtmetalls auf.

3
Wodurch unterscheidet sich das WIG- vom MIG- und MAG-Schweißen?

Beim WIG-Schweißen brennt der Lichtbogen zwischen der nicht abschmelzenden Wolfram-Elektrode und dem Werkstück, während er beim MIG- und MAG-Schweißen zwischen einer abschmelzenden Drahtelektrode und dem Werkstück brennt.

Bei allen Schutzgasschweißverfahren werden Lichtbogen und Schmelzbad durch ein Schutzgas gegen die Atmosphäre abgeschirmt.

4
Für welche Anwendungen ist das Plasmaschweißen geeignet?

Das Plasmaschweißen eignet sich z.B. zum Schweißen dicker Bleche. Durch die Energiekonzentration können sie praktisch ohne Nahtfuge mit oder ohne Zusatzwerkstoff geschweißt werden.

Ergänzende Frage zum Schutzgasschweißen

5
Wie funktioniert das Plasmaschweißen?

Im Plasma-Schweißbrenner wird ein Gasstrom vom Lichtbogen einer Wolfram-Elektrode so stark erhitzt und dadurch ionisiert, dass er den Plasmazustand erreicht. Er tritt scharf gebündelt als heißer Plasma-Gasstrahl auf das Schweißgut und schmilzt es in einer schmalen Wärmeeinflusszone auf.

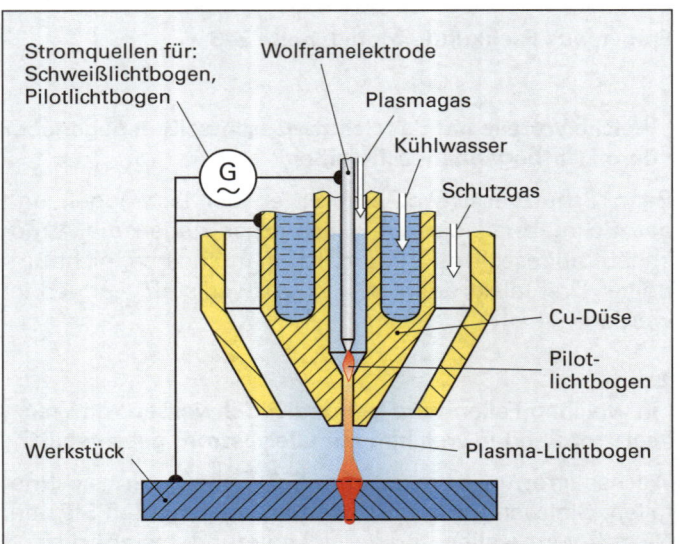

Stromquellen für: Wolframelektrode
Schweißlichtbogen,
Pilotlichtbogen   Plasmagas
                           Kühlwasser
        G   Schutzgas
                                         Cu-Düse
                                         Pilot-lichtbogen
Werkstück   Plasma-Lichtbogen

Gasschmelzschweißen

Fragen aus Fachkunde Metall, Seite 245

1
Welche Drücke werden für das Gasschmelzschweißen an den Arbeitsmanometern eingestellt?

An den Arbeitsmanometern der Gasflaschen werden folgende Drücke eingestellt:
- 2,5 bar an der Sauerstoff-Gasflasche
- 0,25 bis 0,5 bar an der Acetylen-Gasflasche

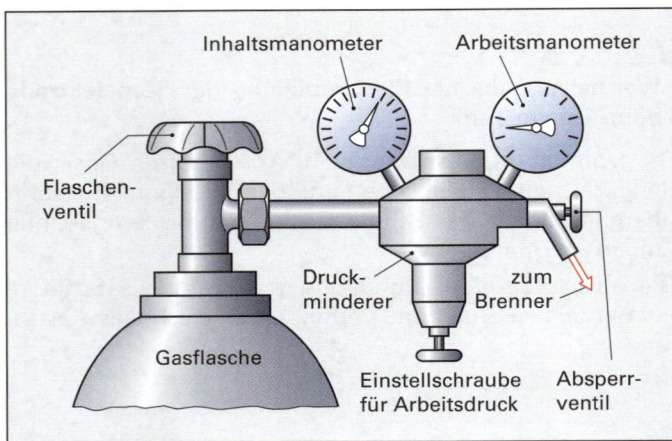

Inhaltsmanometer   Arbeitsmanometer

Flaschen-ventil

                          Druck-minderer   zum Brenner
Gasflasche
                 Einstellschraube   Absperr-ventil
                 für Arbeitsdruck

Das Inhaltsmanometer der Gasflasche zeigt den Druck in der Gasflasche an. Dieser Druck wird durch den Druckminderer, der sich zwischen dem Inhalts- und dem Arbeitsmanometer befindet, auf den erforderlichen Arbeitsdruck reduziert.

2
Bei welchen Anwendungen wird nach links, bzw. nach rechts geschweißt?

Die Nachlinks-Schweißung wird bis 3 mm Blechdicke, die Nachrechts-Schweißung über 3 mm Blechdicke angewandt.

Beim Nachlinks-Schweißen liegt das Schmelzbad außerhalb der höchsten Temperaturzone.

3
Welche Regeln müssen beim Umgang mit Gasflaschen beachtet werden?

Folgende Regeln sind zu beachten:
- Gasflaschen sind gegen Umfallen zu sichern und vor Stoß und Erwärmung zu schützen.
- Gasflaschen dürfen nur mit abgeschraubtem Druckminderer und aufgeschraubter Schutzkappe transportiert werden.
- Die Armaturen der Sauerstoffflaschen sind frei von Öl und Fett zu halten.

Ergänzende Fragen zum Gasschmelzschweißen

4
Nennen Sie Anwendungsbeispiele für die Acetylen-Sauerstoffflamme.

Die Acetylen-Sauerstoffflamme wird vorwiegend zum Schweißen im Rohrleitungsbau, aber auch zum Wärmen, z.B. beim Löten, Biegen, Richten, Härten, Brennschneiden und Flammspritzen, eingesetzt.

5

In welchem Mischungsverhältnis werden Acetylen und Sauerstoff verwendet?

Bei der normalen Einstellung der Flamme werden Acetylen und Sauerstoff im Volumenverhältnis 1:1 gemischt.

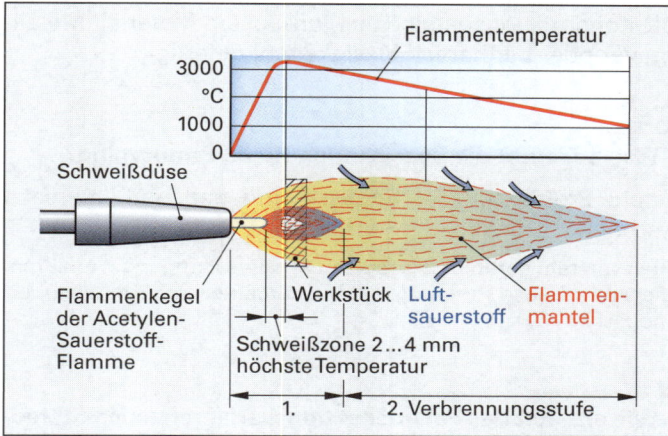

Die Verbrennung des Gemisches beim Verhältnis 1:1 ist unvollständig, weil zur vollständigen Verbrennung des Acetylengases das 2,5fache Sauerstoffvolumen erforderlich ist (1. Verbrennungsstufe). Der für die vollständige Verbrennung noch fehlende Sauerstoff wird der umgebenden Luft entnommen (2. Verbrennungsstufe).

Strahlschweißen, Pressschweißen, Prüfen von Schweißverbindungen

Fragen aus Fachkunde Metall, Seite 248

1

Welche Vorteile hat das Laserstrahlschweißen gegenüber dem Metall-Lichtbogenschweißen?

Die Vorteile des Laserstrahlschweißens sind:
- Für fast alle Werkstoffe und Werkstoffkombinationen einsetzbar
- Hohe Vorschubgeschwindigkeit
- Kleine Nahtbreite
- Geringer Verzug
- Gut automatisierbar

2

Warum sind beim Laserstrahlschweißen große Vorschubgeschwindigkeiten möglich?

Der stark gebündelte Laser-Schweißstrahl hat eine hohe Energiedichte und schmilzt den Werkstoff sehr schnell auf.

3

Warum ist sowohl beim Laser- als auch beim Elektronenstrahlschweißen eine sorgfältige Abschirmung erforderlich?

Die beim Laserschweißen entstehende Strahlung kann biologische Schäden, z.B. Verbrennungen von Auge und Haut, verursachen. Zudem besteht das Risiko einer Krebserkrankung.

Die beim Elektronenstrahlschweißen entstehende Röntgenstrahlung kann ebenfalls Veränderungen im Gewebe hervorrufen und Krebs verursachen.

Anlagen für Laser- und Elektronenstrahlschweißungen müssen deshalb eine strahlungsdichte Verkleidung aufweisen.

4

Beschreiben Sie den Ablauf des Punktschweißens.

Zwei aufeinander liegende Bleche werden mit zwei wassergekühlten Kupferelektroden punktförmig zusammengedrückt. Kurzfristig fließt ein hoher Strom von einer Elektrode durch die Bleche zur anderen Elektrode. Durch den hohen elektrischen Widerstand an der Pressstelle der Bleche entsteht ein kurzer Lichtbogen. Es bildet sich ein linsenförmiger Schweißpunkt.

5

Für welche Art von Bauteilen ist das Reibschweißen geeignet?

Die Werkstücke müssen zylinderförmig (rotationssymmetrisch) sein (Bild).

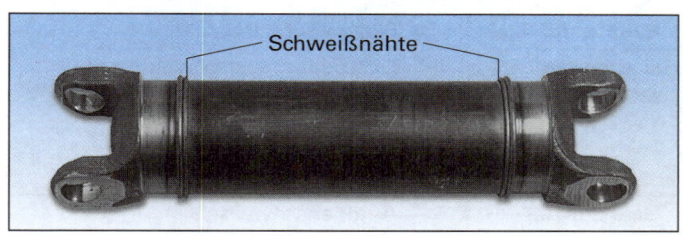

6

Welche Fehler einer Schweißnaht können mithilfe der Biegeprobe festgestellt werden?

Mit der Biegeprobe können Bindefehler und Schlackeneinschlüsse in der Schweißnaht festgestellt werden.

Die Schweißnaht wird im Schraubstock oder unter einer Presse so gebogen, dass die Nahtwurzel in der Zugzone liegt (Bild).

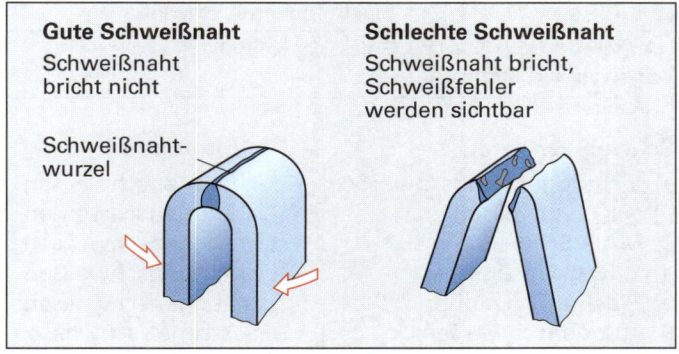

Ergänzende Fragen zu Schweißverfahren und Prüfen von Schweißverbindungen

7

Welche zerstörungsfreien Schweißnahtprüfungen gibt es?

Zerstörungsfreie Schweißnahtprüfungen sind das Farbeindringverfahren, das Magnetpulververfahren, die Ultraschallprüfung und die Durchstrahlungsprüfung mit Röntgen- und Gammastrahlen.

8

Ordnen Sie die in Tabelle 1 aufgeführten Schweißverfahren den in Tabelle 2 genannten Hauptgruppen der Schweißverfahren zu.

Tabelle 1: Schweißverfahren

	Verfahren, Kurzzeichen, Kennnummer		
a	Lichtbogenhandschweißen	E	111
b	MIG-Schweißen	MIG	131
c	MAG-Schweißen	MAG	135
d	WIG-Schweißen	WIG	141
e	Plasma-Schweißen	WP	15
f	Gasschweißen	G	311
g	Laserstrahlschweißen		751
h	Punktschweißen	RP	21
i	Reibschweißen	FR	42

Tabelle 2: Einteilung der Schweißverfahren (nach ISO 4063, Auswahl)

Hauptgruppe	Schweißverfahren
Lichtbogen-schweißen	Lichtbogenhandschweißen
	Schutzgasschweißen
	Plasmaschweißen
	Unterpulverschweißen
Gasschmelz-schweißen	Autogenschweißen
Pressschweißen	Punktschweißen
	Reibschweißen
Widerstands-schweißen	Punktschweißen
	Buckelschweißen
	Rollennahtschweißen
	Abbrennstumpfschweißen
Strahlschweißen	Laserstrahlschweißen
	Elektronenstrahlschweißen
Andere Schweißverfahren	Bolzenschweißen

Schweißverfahren		Hauptgruppe
a) Lichtbogenhandschweißen	→	Lichtbogenschweißen
b) MIG-Schweißen	→	Lichtbogenschweißen
c) MAG-Schweißen	→	Lichtbogenschweißen
d) WIG-Schweißen	→	Lichtbogenschweißen
e) Plasma-Schweißen	→	Lichtbogenschweißen
f) Autogenschweißen	→	Gasschmelzschweißen
g) Laserstrahlschweißen	→	Strahlschweißen
h) Punktschweißen	→	Pressschweißen
i) Reibschweißen	→	Pressschweißen

9

Welche Schweißverfahren zählen zu den Widerstandspressschweißverfahren?

Zu den Widerstandspressschweißverfahren zählen das Punkt-, das Buckel-, das Rollennaht- und das Abbrennstumpfschweißen.

Beim Widerstandspressschweißen müssen die Schweißmaschinen-Einstelldaten Strom, Zeit und Druck auf den Werkstoff und die Abmessungen der Schweißstelle abgestimmt sein.

3.9 Generative Fertigungsverfahren

1

Wie erfolgt die Fertigung bei den generativen Verfahren?

Die Formteile werden schichtweise mit vorhandenen 3D-Konstruktionsdateien aus formlosem Material (Metallpulver oder härtbaren Flüssigkeiten) gefertigt.

2

Was bedeutet die Bezeichnung Rapid Prototyping?

Rapid Prototyping ist Englisch und bedeutet übersetzt „schneller Modellbau".

Man versteht darunter moderne generative Fertigungsverfahren, die eine schnelle Fertigung von Musterbauteilen (Prototypen) ermöglichen.

3

Wie arbeitet das Polymerisationsverfahren (auch Stereolithografie genannt) zur Herstellung von Formteilen?

Mit dem Polymerisationsverfahren wird aus einem flüssigen, aushärtbaren Harz mit Hilfe eines Laserstrahls der Formkörper schichtweise durch Polymerisation aus dem Harz aufgebaut (Bild).

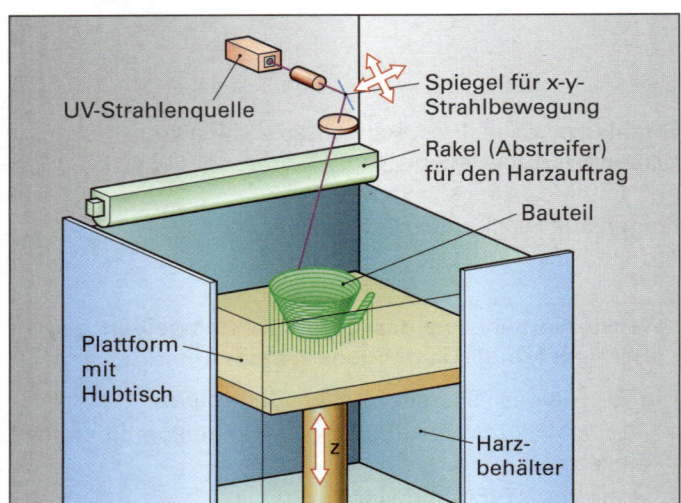

4

Nach welchem Fertigungsprinzip arbeitet das selektive Schmelzen?

Beim selektiven Schmelzen wird der Formkörper schichtweise durch Schmelzen eines verfestigbaren Pulvers aufgebaut.

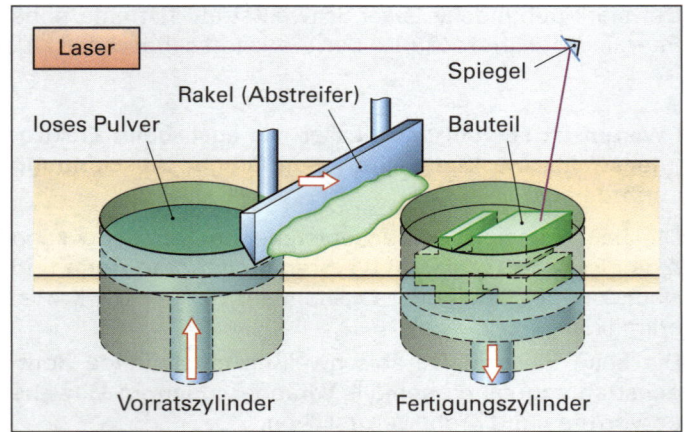

5

Welche Bauteile werden durch generative Fertigungsverfahren hergestellt?

Hauptanwendungsgebiet ist bislang die Fertigung von Musterbauteilen (Rapid Prototyping).

Daneben werden auch Spezial-Werkzeuge (Rapid Tooling) und kompliziert geformte Einzelteile für die Medizin (Implantate) sowie die Luft- und Raumfahrt gefertigt (Rapid Manufactoring).

3.10 Beschichten

Fragen aus Fachkunde Metall, Seite 255

1

Mit welchem Verfahren erhält ein Stahlbauteil einen Haftgrund für das Beschichten?

Stahlbauteile erhalten durch Phosphatieren einen Haftgrund für das Beschichten.

2

Welche Vorteile hat das elektrostatische Pulverbeschichten gegenüber dem Spritzlackieren?

Die Vorteile des elektrostatischen Pulverbeschichtens sind:

* Umweltfreundliches Beschichten ohne Freisetzen von Lösungsmittel.

* Allseitige Beschichtung und gute Haftung.

* Wiederverwendung des Overspraypulvers.

3

Wozu setzt man das Auftragsschweißen ein?

Das Auftragsschweißen wird zum Auftragen von Verschleißschichten oder zur Reparatur und Erneuerung abgenutzter Bauteile eingesetzt.

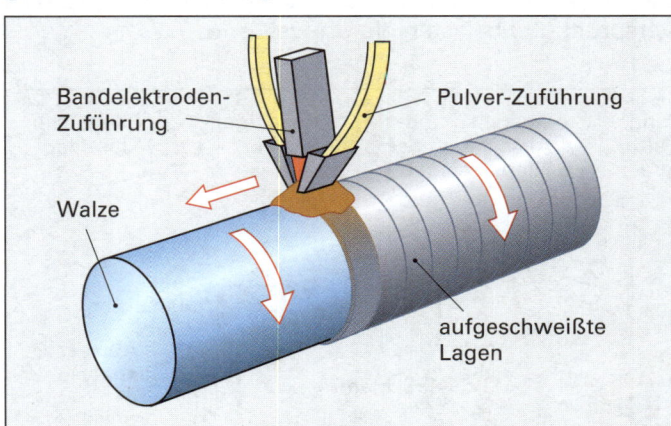

Bandelektroden-Zuführung

Pulver-Zuführung

Walze

aufgeschweißte Lagen

4

Welche Metallbeschichtungen werden bevorzugt durch Galvanisieren hergestellt?

Durch Galvanisieren werden hauptsächlich Nickel- und Chromschichten aufgetragen.

Nickel- und Chromschichten werden auf dekorativen Bauteilen oder auf Verschleißteilen aufgebracht.

5

Welche Schichten fertigt man mit Plasmaspritzen?

Durch Plasmaspritzen werden Metall- und Keramikbeschichtungen mit Verschleiß- und Gleiteigenschaften aufgetragen.

Ein mehrmaliger Auftrag nach Abnutzung der Schicht ist möglich.

6

Welche Bauteile werden CVD-beschichtet?

CVD-beschichtet werden vor allem Werkzeuge und Wendeschneidplatten. Deren Oberflächen werden mit Hartstoffschichten aus Titancarbid, Titannitrid und Aluminiumoxid überzogen.

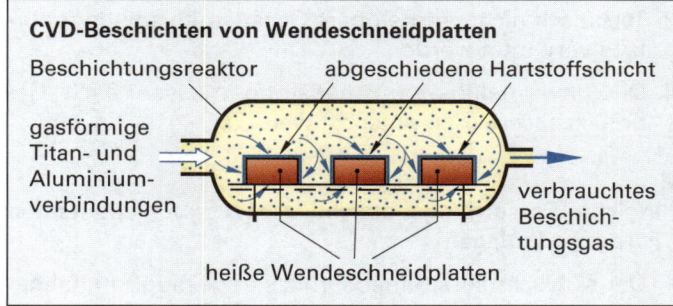

CVD-Beschichten von Wendeschneidplatten

Beschichtungsreaktor

abgeschiedene Hartstoffschicht

gasförmige Titan- und Aluminiumverbindungen

verbrauchtes Beschichtungsgas

heiße Wendeschneidplatten

Mikroprozessoren und optische Gläser werden mit Metallen und Metalloxiden CVD-beschichtet.

Ergänzende Fragen zum Beschichten

7

Weshalb werden Werkstücke beschichtet?

Die Beschichtung kann unterschiedlichen Zwecken dienen:

* Dem Korrlosionsschutz.

* Der Vorbereitung auf nachfolgende Verfahren.

* Der Verminderung des Verschleißes.

* Der Verbesserung des Aussehens.

* Dem Aufbringen einer elektrischen Isolierschicht.

8

Welche Vorteile hat das elektrostatische Lackieren gegenüber dem Spritzlackieren und dem Hochdruckspritzen?

Beim elektrostatischen Lackieren wird der feinneblig zerstäubte Lack durch die elektrostatische Anziehung allseitig auf das Werkstück aufgetragen (Bild). Der Lackauftrag ist, im Gegensatz zum Spritzlackieren, an Ecken und Kanten besonders dick.

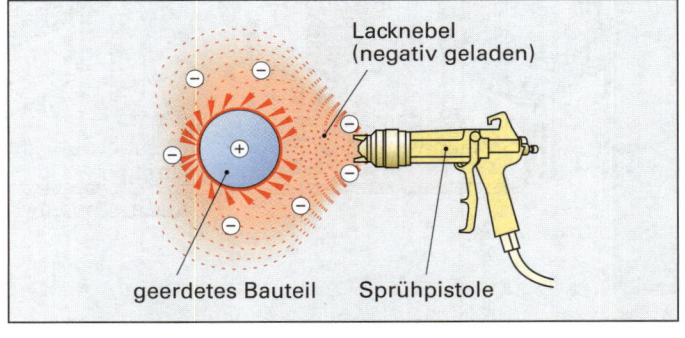

Lacknebel (negativ geladen)

geerdetes Bauteil

Sprühpistole

3.11 Fertigungsbetrieb und Umweltschutz

Fragen aus Fachkunde Metall, Seite 258

1

Erläutern Sie die Forderung beim Umgang mit Schad-stoffen:
Vermeiden – Vermindern – Verwerten – Entsorgen.

Beim Einsatz und Umgang mit Schadstoffen sollte folgende Rangfolge der Umwelt-Schutzmaßnahmen eingehalten werden:

1. Schadstoffe sollten möglichst vermieden werden.

2. Wenn möglich, sollte die Menge der Schadstoffe vermindert werden.

3. Technisch nicht vermeidbare Schadstoffe sollten mehrfach verwertet werden.

4. Die unvermeidbaren Schadstoffe müssen nach Gebrauch sachgemäß entsorgt werden.

2

Welche Entsorgungsbereiche gibt es bei spanenden Fertigungsanlagen?

- Der Kühlschmierstoffnebel muss abgesaugt und abgeschieden werden.

- Die Metallspäne müssen aus dem Arbeitsbereich der Maschine entfernt und anschließend entölt werden. Die entölten Späne sind zu recyceln, der abgetrennte Kühlschmierstoff wird aufgearbeitet.

- Verbrauchter Kühlschmierstoff muss gereinigt und wieder verwertet werden. Der Kühlschmierstoffschlamm wird auf Sondermülldeponien entsorgt.

3

Nennen Sie einige umweltbelastende Abfälle in Metall-betrieben, die gesammelt und entsorgt werden müssen.

Umweltbelastende Abfälle sind verbrauchte Öle (Altöle), Rückstände von Entfettungs- und Reinigungsmitteln, verbrauchte Härtesalze, Filterrückstände, Kühlschmierstoffschlamm, Lackschlamm.

4

Warum müssen Abgase aus Schweißereien und Härte-reien gereinigt werden?

Abgase aus Schweißereien enthalten schwermetallhaltige Feinstäube sowie Stickoxid- und Kohlenmonoxidgase.

Abgase aus Härtereien können zusätzlich mit Dämpfen und Aerosolen von giftigen Härtesalzen und ätzenden Säuren durchsetzt sein.

Diese Schadstoffe müssen aus den Abgasen abgeschieden werden, da sie die Umwelt schädigen.

Ergänzende Fragen zum Umweltschutz

5

Welche Reinigungsstufen durchläuft das Abwasser aus einem Metallbetrieb?

Die Reinigung von Abwässern aus metallverarbeitenden Betrieben erfolgt in aufeinander folgenden Reinigungsstufen (Bild unten).

- Grobklärung

- Abscheiden von Ölrückständen

- Neutralisieren der Säuren und Laugen, Entgiften der Salze

- Ausfällen und Abscheiden der Niederschläge

- Entgiften der Reststoffe

6

Warum ist das Pulverlackieren von Metallbauteilen umweltschonender als das Spritzlackieren?

Beim **Pulverlackieren** werden pulverförmige Lackpartikel elektrostatisch auf dem Bauteil niedergeschlagen und anschließend bei rund 200 °C zur Lackschicht zusammen geschmolzen. Es werden keine Lösungsmittel benötigt.

Beim **Spritzlackieren** werden lösungsmittelhaltige Lacke versprüht und belasten die Umwelt.

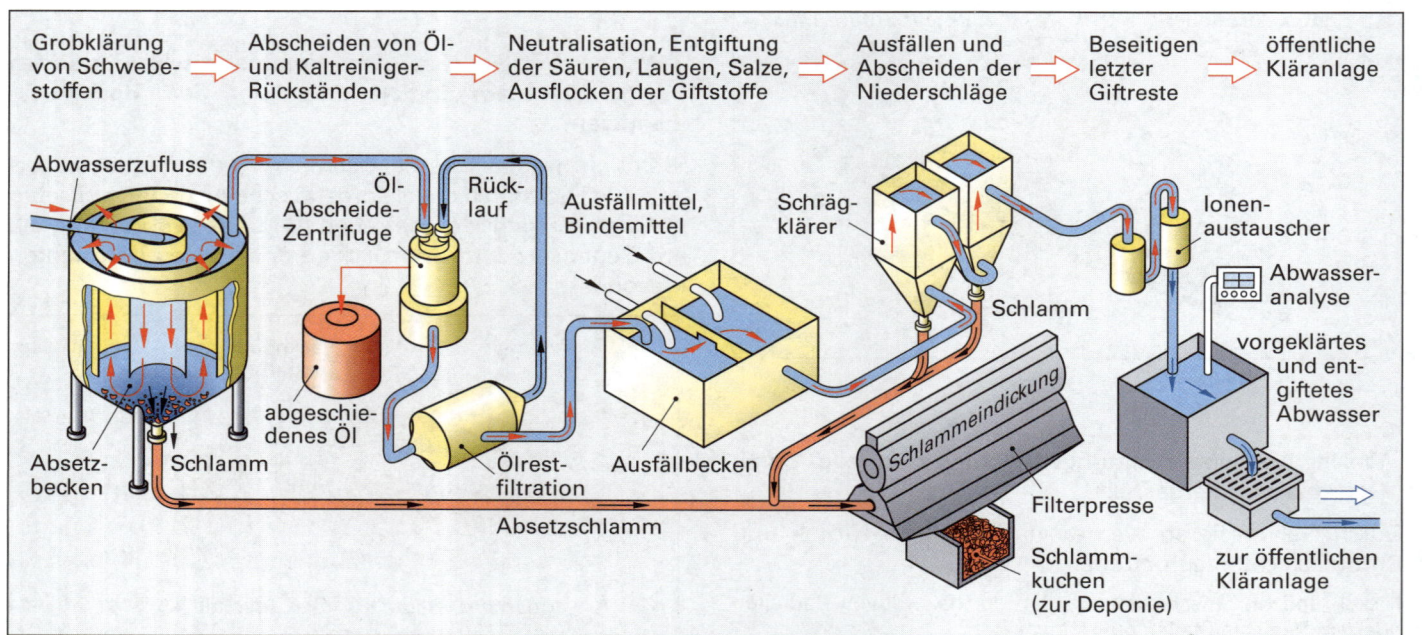

Grobklärung von Schwebe-stoffen ⇒ Abscheiden von Öl- und Kaltreiniger-Rückständen ⇒ Neutralisation, Entgiftung der Säuren, Laugen, Salze, Ausflocken der Giftstoffe ⇒ Ausfällen und Abscheiden der Niederschläge ⇒ Beseitigen letzter Giftreste ⇒ öffentliche Kläranlage

Abwasserzufluss — Öl-Abscheide-Zentrifuge — Rücklauf — Ausfällmittel, Bindemittel — Schrägklärer — Ionenaustauscher — Abwasseranalyse — vorgeklärtes und entgiftetes Abwasser — abgeschiedenes Öl — Schlamm — Absetzbecken — Schlamm — Ölrestfiltration — Ausfällbecken — Schlammeindickung — Filterpresse — Absetzschlamm — Schlammkuchen (zur Deponie) — zur öffentlichen Kläranlage

Testfragen zur Fertigungstechnik

Arbeitssicherheit

TF 1

Welche Aussage über die Unfallverhütung ist *falsch*?

a) Verkehrswege stets freihalten!

b) Mängel an Maschinen und Werkzeugen sofort dem Vorgesetzten melden!

c) Beim Schleifen Schutzbrille tragen!

d) Sauerstoffflaschen sind frei von Fett und Öl zu halten!

e) Bei kleinen blutenden Wunden die Wunde sofort unter einen Wasserstrahl halten!

TF 2

Welche Art von Kennzeichen sind *keine* Sicherheitskennzeichen?

a) Gebotszeichen

b) Vorsichtszeichen

c) Warnzeichen

d) Rettungszeichen

e) Verbotszeichen

TF 3

Welcher der folgend beschriebenen Unfälle ist durch *technisches* Versagen verursacht?

a) Ein Schweißer „verblitzt" sich beim Schweißen die Augen, weil er ohne Schweißbrille arbeitet.

b) Ein hydraulisch gespanntes Werkstück wird durch Abfallen des Hydraulikdruckes aus der Spanneinrichtung gerissen und verletzt den Bediener der Maschine.

c) Ein Arbeiter verwendet zum Antrieb seiner Handschleifmaschine ein beschädigtes Verlängerungskabel. Beim Berühren des Kabels erleidet er einen Stromschlag.

d) Ein Gabelstapler verliert bei seiner Fahrt durch die Werkhalle Öl, weil eine Hydraulikleitung undicht ist. Der Staplerfahrer, der vom Ölverlust weiß, vermeidet aus Bequemlichkeit das Abschranken des mit Öl verunreinigten Hallenbodens bzw. das Säubern des Bodens. Ein Arbeiter, der die Ölspur nicht beachtet, rutscht aus und verletzt sich.

e) Ein Arbeiter der Reparaturabteilung füllt, weil kein geeignetes Gefäß vorhanden ist, Maschinenöl in eine leere Limonadenflasche. Sein Kollege, der glaubt, dass in der Flasche Limonade sei, nimmt einen kräftigen Schluck. Er muss anschließend ärztlich behandelt werden.

Gliederung der Fertigungsverfahren

TF 4

Welches Fertigungsverfahren gehört *nicht* zur Hauptgruppe Fügen?

Gliederung der Fertigungsverfahren

a) Schrauben

b) Auftragschweißen

c) Weichlöten

d) Schmelzschweißen

e) Hartlöten,

TF 5

Zu welcher Hauptgruppe der Fertigungsverfahren gehört das Drehen?

Zur Hauptgruppe …

a) Urformen   b) Fügen

c) Trennen   d) Beschichten

e) Umformen

TF 6

Welche Aussage zu den Fertigungsverfahren ist richtig?

Der Zusammenhalt des Werkstoffs wird durch …

a) Urformen verkleinert

b) Trennen beibehalten

c) Schweißen vergrößert

d) Umformen geschaffen

e) Fügen beibehalten

TF 7

Bei welchem Verfahren wird der Werkstoff getrennt?

a) Aufdampfen   d) Tiefziehen

b) Abtragen   e) Lackieren

c) Galvanisieren

TF 8

Durch welches Verfahren wird ein Werkstück *nicht* plastisch umgeformt?

a) Walzen   d) Abkanten

b) Extrudieren   e) Gesenkformen

c) Tiefziehen

TF 9

Welches Verfahren gehört *nicht* zur Hauptgruppe Beschichten?

a) Auftragsschweißen

b) Galvanisieren

c) Lackieren

d) Thermisches Spritzen

e) Aufkohlen

Gießen

TF 10

Welche Aussage zum Gießen ist richtig?

a) Dauerformen werden verwendet, wenn Gussstücke aus Gusseisen hergestellt werden müssen.

b) Verlorene Formen bestehen meist aus Nichteisenmetallen.

c) Alle Oberflächen der Gussstücke müssen spanend bearbeitet werden.

d) Das Schwindmaß ist vom Modellwerkstoff abhängig.

e) Mit Kernen werden Hohlräume oder Hinterschneidungen in Gussstücken ausgespart.

TF 11

Aus welchem Grund wird das Zylinderkurbelgehäuse (Bild) durch Gießen hergestellt? Welche Aussage ist *falsch*?

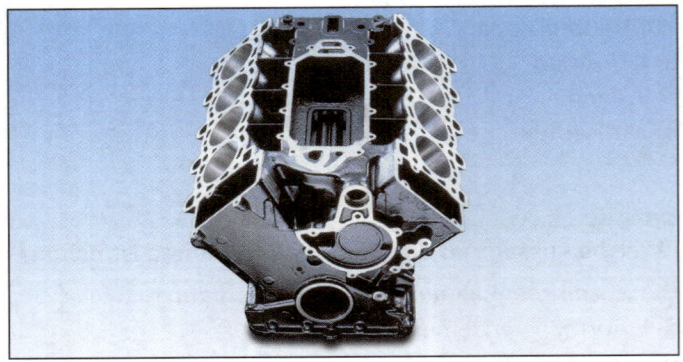

a) Die Herstellung der Gehäuse-Geometrie wäre durch ein anderes Verfahren nicht möglich.

b) Schwingungen, die beim Lauf des Motors auftreten, werden durch den Gusswerkstoff gedämpft.

c) Die guten Gleiteigenschaften des Gusswerkstoffes sind für die Zylinderlaufflächen von großer Bedeutung.

d) Durch das Herstellverfahren Gießen ergibt sich für das Zylinderkurbelgehäuse die geringste Zerspanung bei der Fertigbearbeitung.

e) Das Zylinderkurbelgehäuse muss wegen der Ölhaftung eine raue Oberfläche aufweisen.

TF 12

Bei welchem Gießverfahren werden Modelle benötigt?

a) Druckgießen

b) Feingießen

c) Kokillengießen

d) Schleudergießen

e) Stranggießen

TF 13

Welche Werkstoffe eignen sich *nicht* für Druckgussteile?

a) Aluminiumlegierungen

b) Gusseisen

c) Magnesiumlegierungen

d) Kupferlegierungen

e) Zink

TF 14

Welche Aussage trifft für das Formmaskenverfahren zu?

a) Es ist nicht für alle gießbaren Werkstoffe geeignet.

b) Es ist nicht für die Herstellung von Hohlkörpern geeignet.

c) Die Gussteile sind rau und wenig maßhaltig.

d) Die Gussteile haben saubere Oberflächen und gute Maßhaltigkeit.

e) Die Formmaske kann mehrfach verwendet werden.

TF 15

Welche Antwort zu Fehlern beim Gießen und Erstarren ist *falsch*?

a) Schlackeneinschlüsse werden durch unzureichendes Entschlacken der Schmelze und durch ein falsches Eingusssystem verursacht.

b) Gashohlräume entstehen, wenn Gase im erstarrenden Metall nicht mehr entweichen können.

c) Lunker bilden sich vor allem dann, wenn das Gussstück überall dieselbe Wanddicke aufweist.

d) Seigerungen sind Entmischungen einer Schmelze.

e) Gussspannungen ergeben sich z.B. durch unterschiedliche Wanddicken.

TF 16

Welche Aussage zum Feingießen ist *falsch*?

a) Beim Feingießen verwendet man verlorene Formen.

b) Das Modell wird aus einem niedrigschmelzenden Werkstoff hergestellt.

c) Mehrere Modelle werden zu einer Modelltraube zusammengesetzt.

d) Die Modelltraube erhält einen feinkeramischen Überzug.

e) Der Keramiküberzug verbleibt nach dem Erstarren des Gusswerkstoffs als Korrosionsschutz auf dem Gussstück.

Formgebung und Weiterverarbeitung der Kunststoffe

TF 17

Welche Bauteile können nicht durch Extrudieren hergestellt werden?

a) PVC-Fußbodenbeläge

b) Rohre

c) Polystyrol-Profile

d) Polyethylen-Fässer

e) Bohrmaschinengehäuse

TF 18

Welche Vorteile hat das Spritzgießen?

a) Geringer Energieverbrauch gegenüber den anderen Formgebungsverfahren

b) Kostengünstige Fertigung komplizierter Bauteile in einem Arbeitsgang

c) Besonders flexible Fertigung kleiner Losgrößen

d) Kontinuierliche Fertigung von Stangen, Rohren, Profilen und Bändern

e) Fertigung sowohl dünner Folien als auch dicker Bänder und Platten

TF 19
Wie werden Kunststofffolien gefertigt?

a) Durch Kalandrieren

b) Durch Blasextrudieren

c) Durch Spritzgießen

d) Durch Formpressen

e) Durch Tiefziehen

TF 20
Welches Formgebungsverfahren zeigt das Bild?

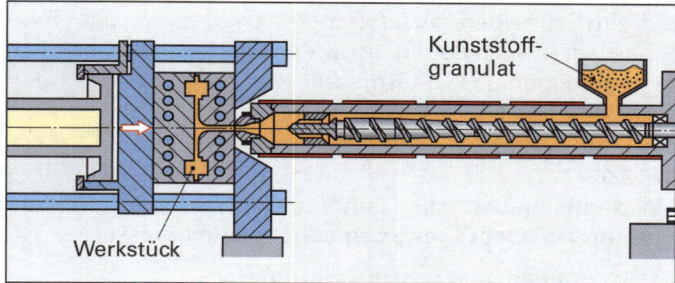

a) Extrudieren

b) Spritzgießen

c) Form pressen

d) Schäumen

e) Kalandrieren

TF 21
Welche der Aussagen trifft für das Spritzgießen von Kunststoffen zu?

a) Mit dem Spritzgießen fertigt man Profile.

b) Mit dem Spritzgießen werden überwiegend duroplastische Kunststoffe verarbeitet.

c) Das Spritzgießen eignet sich zur Fertigung von Rohren.

d) Mit Spritzgießen werden Folien hergestellt.

e) Beim Spritzgießen entsteht ein kompliziert geformtes Bauteil in einem Fertigungsschritt.

TF 22
Welcher Kunststoff lässt sich gut verkleben?

a) Polyethylen

b) Polytetrafluorethylen

c) Polypropylen

d) Polystyrol

e) Silikon-Kunststoffe

Umformen

TF 23
Welche Aussage über das Umformen ist *falsch*?

Durch Umformen ...

a) wird der Faserverlauf des Werkstoffs nicht unterbrochen.

b) vermindert sich die Festigkeit des Werkstoffs.

c) tritt kein Werkstoffverlust auf.

d) sind auch schwierige Formen herstellbar.

e) erreicht man eine gute Maß- und Formgenauigkeit.

TF 24
Welche Aussage zum Biegen ist *falsch*?

a) Als Biegeradius bezeichnet man den an der Innenseite des Biegeteils liegenden Radius nach dem Biegen.

b) Der Stempelradius hängt von der Größe des zu biegenden Blechteiles ab.

c) Um Risse zu vermeiden, darf der Biegeradius nicht beliebig klein sein.

d) Der Stempelradius ist etwas kleiner als der Radius am gebogenen Werkstück.

e) Der Mindestbiegeradius ist vom zu biegenden Werkstoff und von der Blechdicke anhängig.

TF 25
Welches Umformverfahren ist im Bild dargestellt?

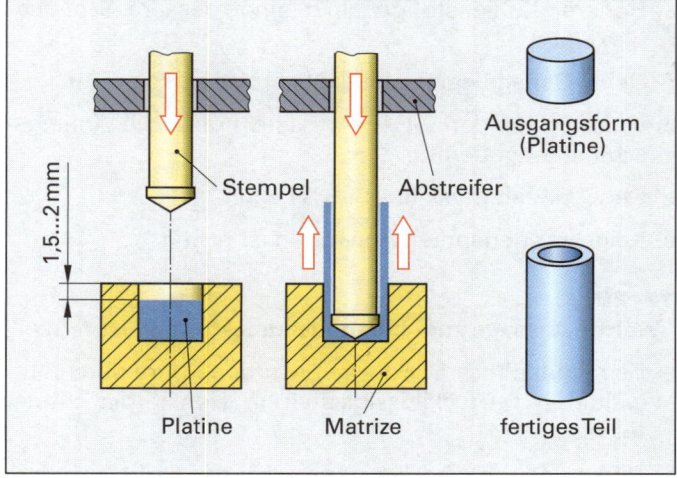

a) Hohlstrangpressen

b) Rückwärts-Fließpressen

c) Vorwärts-Fließpressen

d) Vorwärts-Rückwärts-Fließpressen

e) Rohrpressen

TF 26

| **Was versteht man unter Tiefziehen?**

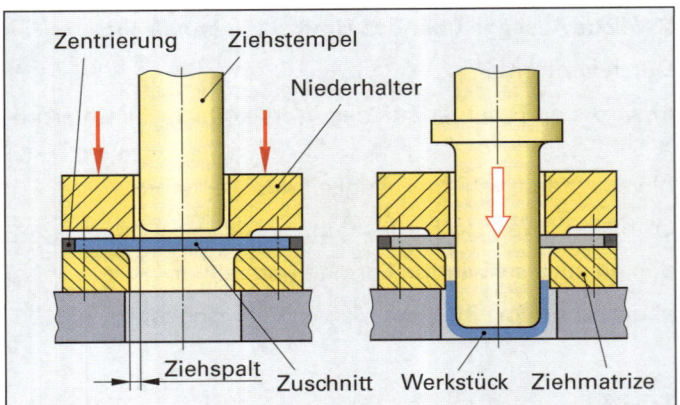

Zentrierung   Ziehstempel

Niederhalter

Ziehspalt
Zuschnitt   Werkstück   Ziehmatrize

Das Formen eines Hohlkörpers aus einem Blechzuschnitt ...

a) ohne beabsichtigte Änderung der Blechdicke.

b) mit wesentlicher Verringerung der Blechdicke am Boden.

c) mit wesentlicher Verringerung der Blechdicke an der Zarge.

d) mit wesentlicher Verringerung der Blechdicke an der gesamten Oberfläche.

e) mit wesentlicher Vergrößerung der Blechdicke am Boden.

TF 27

| **Welchen Einfluss hat der Kohlenstoffgehalt auf die Schmiedbarkeit des Stahles?**

a) Höherer Kohlenstoffgehalt bedingt bessere Schmiedbarkeit.

b) Der C-Gehalt beeinflusst die Schmiedbarkeit nicht.

c) Je niedriger der C-Gehalt, desto höher die Anfangsschmiedetemperatur.

d) Der C-Gehalt muss über 1,5% liegen.

e) Keine der genannten Antworten ist richtig.

TF 28

| **Welche Aussage zum Innenhochdruckformen ist *falsch*?**

a) Beim Innenhochdruckformen werden Rohre durch Aufweiten mit Druckflüssigkeiten in Hohlkörper umgeformt.

b) Durch Innenhochdruckformen können schwierig geformte Werkstücke aus einem Stück hergestellt werden.

c) Das Innenhochdruckformen eignet sich nicht für die Serienfertigung.

d) Innenhochdruckgeformte Bauteile besitzen eine hohe Steifigkeit.

e) Durch Innenhochdruckformen können strömungsgerechte Querschnittsübergänge hergestellt werden.

Schneiden

TF 29

| **Welche Aussage zum Schneiden mit Scheren ist *falsch*?**

a) Mit Handscheren können nur dünne Bleche geschnitten werden.

b) Mit Durchlaufscheren werden gerundete Formen geschnitten.

c) Nibbelscheren dienen zum Ausschneiden beliebiger Formen in Blechen.

d) Mit Tafelscheren werden Streifen von Blechtafeln abgeschnitten.

e) Beim Schneiden mit Tafelscheren bewegt sich das Obermesser je nach Bauart entweder senkrecht oder schwingend gegen das Untermesser.

TF 30

| **Weshalb haben die Führungssäulen eines Säulenführungsgestelles unterschiedliche Durchmesser?**

a) Sie ergeben eine bessere Führung.

b) Sie haben geringeren Verschleiß.

c) Sie ersparen Werkstoff.

d) Sie verhindern falsches Zusammenstecken.

e) Sie benötigen kein Schmiermittel.

TF 31

| **Welche Aussage zu Scherschneidwerkzeugen ist *falsch*?**

a) Feinschneidwerkzeuge stellen in einem Arbeitshub gratfreie Werkstücke her.

b) Mit Folgeschneidwerkzeugen werden Schneid- und Umformarbeiten in einem Werkzeug durchgeführt.

c) Gesamtschneidwerkzeuge werden bei geringen Stückzahlen eingesetzt.

d) Mit Folgeschneidwerkzeugen werden Werkstücke in einem Werkzeug in mehreren Stufen hergestellt.

e) Folgeverbundwerkzeuge eignen sich zur Herstellung schwieriger kleiner Werkstücke.

TF 32

| **Welchen Vorteil besitzt ein Gesamtschneidwerkzeug?**

a) Es eignet sich für kleine Stückzahlen.

b) Stempel und Matrize müssen nicht hart sein.

c) Gesamtschneidwerkzeuge sind billig.

d) Alle Schneidarbeiten des Betriebes können mit einem Werkzeug durchgeführt werden.

e) Innen- und Außenform eines Schnittteiles werden in einem Pressenhub hergestellt.

TF 33

Welche Aussage zum im Bild gezeigten Schneidwerkzeug ist richtig?

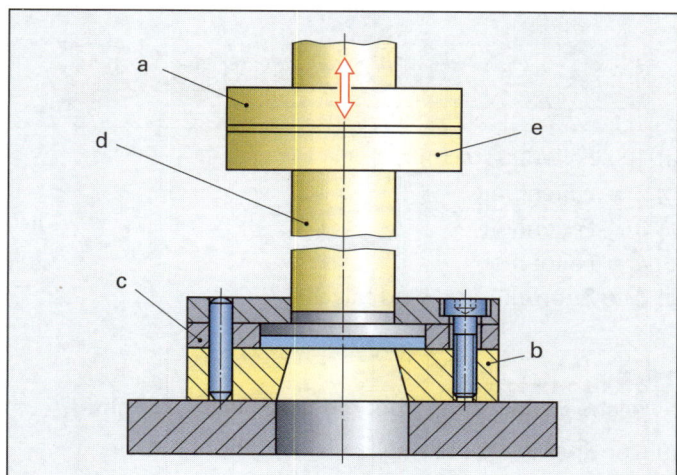

Das mit ...

a) bezeichnete Bauteil heißt Grundplatte.

b) bezeichnete Bauteil heißt Schneidplatte.

c) bezeichnete Bauteil heißt Führungsplatte.

d) bezeichnete Bauteil heißt Stempelhalteplatte.

e) bezeichnete Bauteil heißt Kopfplatte

TF 34

Welche Aussage zum Wasserstrahl-Schneiden ist *falsch*?

a) Mit Wasserstrahl-Schneiden können Metalle und NE-Metalle, aber keine Kunststoffe getrennt werden.

b) Beim Wasserstrahl-Schneiden wird dem Wasserstrahl meist ein Strahlmittel beigemischt, um die abtragende Wirkung zu erhöhen.

c) Der Durchmesser des Wasserstrahls beträgt 0,1 mm bis 0,5 mm.

d) Die Scheidgeschwindigkeit hängt von der Härte und der Zähigkeit des Werkstoffes sowie von der geforderten Schnittgüte ab.

e) Der beim Wasserstrahl-Schneiden entstehende Lärm kann durch Schneiden unter Wasser vermindert werden.

TF 35

Welche Aussage zum autogenen Brennschneiden ist *falsch*?

Die Oberfläche der Schnittfuge hängt ab ...

a) vom Düsenabstand zur Schnittoberkante.

b) von der Breite der Schnittfuge.

c) von der Größe der Schneiddüse.

d) vom Sauerstoffdruck.

e) von der Vorschubgeschwindigkeit.

Spanende Fertigung

Spanende Formgebung von Hand

TF 36

Welche Arbeit darf auf der Anreißplatte *nicht* ausgeführt werden?

a) Richten von dünnen Blechen

b) Anreißen von Tempergussstücken

c) Anreißen von Magnesiumblechen

d) Anreißen von Schablonen

e) Prüfen mit Messuhren

TF 37

Welche Aufgabe haben Kontrollkörnerpunkte?

a) Sie kennzeichnen Bohrungsmittelpunkte.

b) Sie dienen als Einstichpunkte für den Zirkel.

c) Sie kennzeichnen Biegelinien auf Al-Blechen.

d) Sie erleichtern das Anlegen von Winkeln.

e) Sie kennzeichnen Anrisslinien.

TF 38

Welcher Meißel wird im Maschinenbau *nicht* verwendet?

a) Flachmeißel

b) Kreuzmeißel

c) Spitzmeißel

d) Nutenmeißel

e) Aushaumeißel

TF 39

Nach welchem Gesichtspunkt wird die Größe des Keilwinkels eines Meißels ausgewählt?

a) Nach der Härte des zu bearbeitenden Werkstoffs

b) Nach der Härte des verwendeten Werkzeugs

c) Nach dem Werkstoff des Werkzeuges

d) Nach der Arbeitszeit

e) Nach der Stückzahl

TF 40

Warum muss ein Grat am Meißelkopf unbedingt entfernt werden?

a) Der Hammer prallt zu sehr durch den Grat ab.

b) Der Hammer wird zu leicht beschädigt.

c) Der Meißel ist zu schwer.

d) Es können Verletzungen entstehen.

e) Der Blick auf die Meißelschneide wird erschwert.

TF 41

Wie wird das im Einsatz dargestellte Werkzeug bezeichnet?

a) Trennstemmer

b) Aushaumeißel

c) Flachmeißel

d) Nutmeißel

e) Kreuzmeißel

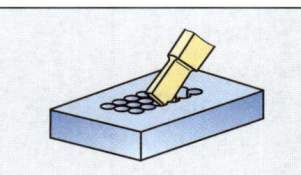

TF 42
Welche Zahnteilung verwendet man beim Sägen dünnwandiger Rohre?

a) Grobe Zahnteilung
b) Mittlere Zahnteilung
c) Raue Zahnteilung
d) Feine Zahnteilung
e) Sehr grobe Zahnteilung

TF 43
Welche Behauptung über die Zähnezahl eines Handsägeblattes ist richtig?

a) Für dünne und harte Werkstücke muss die Zähnezahl groß sein.
b) Für dicke und weiche Werkstücke muss die Zähnezahl groß sein.
c) Für dünne und dünnwandige Werkstücke muss die Zähnezahl klein sein.
d) Für harte Werkstücke muss die Zähnezahl klein sein.
e) Für Werkstücke mit hoher Festigkeit muss die Zähnezahl klein sein.

TF 44
Was versteht man bei einem Sägeblatt unter der Zähnezahl?

a) Die Zähne auf 10 mm Sägeblattlänge
b) Die Zähne auf 24,5 mm Sägeblattlänge
c) Die Zähne auf 25,4 mm Sägeblattlänge
d) Die Zähne auf 32 mm Sägeblattlänge
e) Die Zähne auf 35,4 mm Sägeblattlänge

TF 45
Welche Aussage über die Bogenzähne eines Sägeblattes ist richtig?

a) Bogenzähne werden nur für Handsägeblätter verwendet.
b) Bogenzähne werden vorwiegend für Maschinensägeblätter verwendet.
c) Bogenzähne werden nur für Kreissägeblätter verwendet.
d) Bogenzähne sind immer als Segmente eingesetzt.
e) Bogenzähne sind hohl geschliffen oder gestaucht.

TF 46
Welche Bezeichnung führt die Feilenverzahnung?

a) Raster
b) Hieb
c) Riefen
d) Furchen
e) Zähne

TF 47
Welche Bezeichnung kennt man bei der Unterteilung der Feilen *nicht*?

a) Hiebart
b) Hiebnummer
c) Form des Querschnitts
d) Größe der Feile
e) Härte der Feile

TF 48
Welche Bezeichnung ist *falsch*?

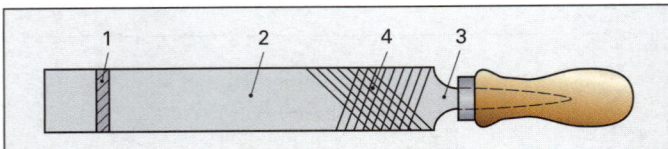

a) 1 ≙ Feilenquerschnitt
b) 2 ≙ Feilenblatt
c) 3 ≙ Feilenheft
d) 4 ≙ Feilenhieb
e) Alle Zuordnungen sind falsch

TF 49
Welche Behauptung über gefräste Feilen ist richtig?

a) Der Spanwinkel der Feilen ist negativ.
b) Gefräste Feilen wirken schabend.
c) Gefräste Feilen wirken schneidend.
d) Gefräste Feilen können nur zum Schlichten verwendet werden.
e) Gefräste Feilen werden nur zum Bearbeiten harter Werkstoffe verwendet.

TF 50
Welche Hiebart ist im Bild dargestellt?

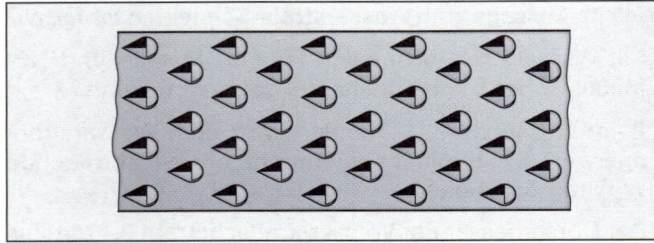

a) Unterhieb
b) Oberhieb
c) Kreuzhieb
d) Einhieb
e) Pocken oder Raspelhieb

TF 51
Welche Regel gilt für die Auswahl der Feilen für weiche Werkstoffe?

a) Grober Hieb, kleine Hiebnummer
b) Feiner Hieb, große Hiebnummer
c) Grober Hieb, große Hiebnummer
d) Feiner Hieb, kleine Hiebnummer
e) Keine der genannten Antworten ist richtig

TF 52
Die Angabe der Hiebnummer 1 bei eine Feile bedeutet:

a) sehr fein
b) fein
c) halbgrob
d) grob
e) sehr grob

Spanende Fertigung mit Maschinen

Werkzeugschneide

TF 53

Welche Grundregel für die Wahl des Spanwinkels einer Werkzeugschneide ist richtig?

a) Weicher Werkstoff bedingt großen Spanwinkel
b) Harter Werkstoff bedingt großen Spanwinkel
c) Je spröder der Schneidstoff, desto größer der Spanwinkel
d) Der Spanwinkel ist vom Werkstoff unabhängig
e) Der Spanwinkel ist nur vom Schneidstoff abhängig

TF 54

In welchem Falle ist die Reibung zwischen Werkzeugschneide und Werkstück am größten?

a) Wenn der Keilwinkel kleiner als 45° ist.
b) Wenn der Freiwinkel besonders klein ist.
c) Wenn der Freiwinkel besonders groß ist.
d) Wenn der Keilwinkel über 60° beträgt.
e) Wenn der Spanwinkel besonders groß ist.

TF 55

Welcher Winkel an der Werkzeugschneide wird mit β bezeichnet?

a) Freiwinkel
b) Keilwinkel
c) Spanwinkel
d) Einstellwinkel
e) Neigungswinkel

TF 56

In welchen Fällen verwendet man einen negativen Spanwinkel?

a) Wenn ein großer Freiwinkel erforderlich ist.
b) Wenn ein kleiner Keilwinkel gewünscht wird.
c) Zur Bearbeitung weicher Werkstoffe.
d) Zur Bearbeitung besonders harter und spröder Werkstoffe.
e) Wenn die Schnittkraft besonders klein gehalten werden soll.

Schneidstoffe

TF 57

Welche der genannten Eigenschaften ist bei Schneidstoffen *unerwünscht*?

a) Große Warmhärte
b) Große Verschleißfestigkeit
c) Hohe Wärmeleitfähigkeit
d) Temperaturwechselbeständigkeit
e) Große Sprödigkeit

TF 58

Bis zu welcher Temperatur besitzen Schnellarbeitsstähle (HSS) eine ausreichende Warmhärte?

a) 270 °C   b) 400 °C
c) 600 °C   d) 900 °C   e) 1200 °C

TF 59

Wofür ist Schnellarbeitsstahl besonders geeignet?

a) Für Werkzeuge mit Wendeschneidplatten
b) Für Werkzeuge mit negativem Spanwinkel
c) Für Werkzeuge mit kleinem Spanwinkel
d) Für Werkzeuge mit großem Spanwinkel
e) Für Werkzeuge mit Arbeitstemperaturen über 600 °C

TF 60

Welcher der genannten Schneidstoffe besitzt bei einer Temperatur von 600 °C die höchste Warmhärte?

a) Oxidkeramik
b) Kubisches Bornitrid
c) Hartmetall
d) Schnellarbeitsstahl
e) Unlegierter Werkzeugstahl

TF 61

Welche der genannten Eigenschaften spielt bei der Auswahl der Schneidstoffe keine Rolle?

a) Temperaturwechselbeständigkeit
b) Zugfestigkeit
c) Anlassbeständigkeit
d) Verschleißfestigkeit
e) Warmhärte

TF 62

Woraus bestehen Hartmetalle?

a) Aluminiumoxid und Metallcarbide
b) Metallcarbide und Cobalt
c) Siliciumnitrid und Stahl
d) Metalloxide und Cobalt
e) Bornitrid und Aluminiumoxid

TF 63

Was bewirkt die Beschichtung von Schneidstoffen, z.B. mit TiN, TiC oder Al_2O_3?

Durch die Beschichtung wird …
a) die Standzeit erhöht.
b) die Zähigkeit verbessert.
c) das Nachschleifen erleichtert.
d) die Wirkung des Kühlschmierstoffs verbessert.
e) das Ausbrechen der Schneide verhindert.

TF 64

Welche Aussage trifft für einen Schneidstoff mit der Bezeichnung P20 zu?

a) Er ist besonders für die Bearbeitung von Grauguss geeignet.
b) Er hat eine relativ niedrige Verschleißfestigkeit.
c) Er hat eine sehr hohe Zähigkeit.
d) Er ist besonders für die Bearbeitung von Kunststoffen und Hartpapier geeignet.
e) Er hat die Kennfarbe gelb.

TF 65

Welches sind die Zerspanungshauptgruppen der Hartmetalle?

a) P, M, K   b) H, S, T
c) H, K, S   d) A, L, S
e) P, L, S

TF 66

Für welchen Werkstoff ist ein mit roter Farbe und dem Kurzzeichen K10 gekennzeichneter Drehmeißel geeignet?

a) Stahl   b) Gusseisen
c) PVC   d) Kupfer
e) Aluminium

TF 67

Für welche Zerspanungsarbeiten ist Schneidkeramik geeignet?

a) Spanen mit unterbrochenem Schnitt
b) Schruppen mit großem Vorschub
c) Feinbearbeiten von NE-Metallen
d) Drehen und Fräsen mit fortlaufender oder aussetzender Kühlschmierung
e) Drehen und Fräsen ohne Kühlschmierung

TF 68

Wozu kann polykristalliner Diamant als Schneidstoff verwendet werden?

a) Schruppen von Stahl
b) Schlichten von Stahl
c) Feinbearbeiten von NE-Metallen
d) Drehen mit unterbrochenem Schnitt
e) Feindrehen von Stahl

Kühlschmierstoffe, Trockenbearbeitung

TF 69

Welche der genannten Aufgaben kann *nicht* von Kühlschmierstoffen erfüllt werden?

a) Erhöhen der Standzeit der Werkzeugschneide
b) Erhöhen der Warmhärte eines Schneidstoffes
c) Verringern des Werkzeugverschleißes
d) Verbessern der Oberflächengüte am Werkstück
e) Verringern der Reibung beim Zerspanungsvorgang

TF 70

Welche Aussage über die Kühlschmierung von Hartmetallen ist richtig?

a) Der Kühlschmierstoff darf nur tropfenweise zugeführt werden.
b) Es darf überhaupt nicht gekühlt werden.
c) Es dürfen nur wasserfreie Kühlschmierstoffe verwendet werden.
d) Es kann ohne Kühlschmierung oder mit fortlaufender, intensiver Kühlschmierung gespant werden.
e) Es dürfen nur mineralölfreie Kühlschmierstoffe verwendet werden.

TF 71

Welche der Aussagen zur Auswahl des Bearbeitungsverfahrens trifft *nicht* zu?

a) Die Gesamtkosten für den Einsatz von Kühlschmierstoffen sind teilweise höher als die Werkzeugkosten.
b) Späne dürfen sich nicht im Arbeitsraum anhäufen.
c) Für das Gewindebohren ist die Trockenbearbeitung sehr gut geeignet.
d) Schneidstoffe für die Trockenbearbeitung müssen eine hohe Warmhärte haben.
e) Die Trockenbearbeitung belastet die Umwelt weniger als die Bearbeitung mit Kühlschmierstoffen.

Minimalmengenschmierung

TF 72

Was versteht man unter Minimalmengenschmierung?

Unter Minimalmengenschmierung versteht man:

a) Schmierung eines Gleitlagers mit wenig Öl.
b) Bearbeitung von Werkstücken ohne Kühlschmiermittel.
c) Schmierung einer Werkzeugmaschine einmal im Jahr.
d) Zuführung sehr geringer Mengen eines Schmierstoffs zur Zerspanstelle.
e) Bearbeitung eines Werkstücks unter Einsatz von reichlich Kühlschmiermittel.

Bohren, Senken, Reiben

TF 73

Wie heißt der Winkel, der durch die Schraubenlinie der Nebenschneide mit der Bohrerachse gebildet wird?

a) Freiwinkel
b) Seitenspanwinkel
c) Keilwinkel
d) Spitzenwinkel
e) Winkel an der Querschneide

TF 74

Welcher Begriff ist der Kennziffer im Bild zuzuordnen?

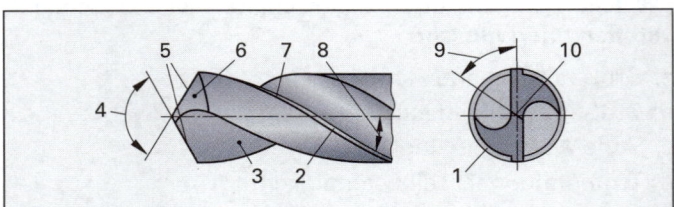

a) 1 ≙ Nebenschneide
b) 2 ≙ Führungsfase
c) 4 ≙ Spanwinkel
d) 7 ≙ Keilwinkel
e) 10 ≙ Hauptschneide

TF 75

Welcher Begriff ist der Kennziffer im Bild zu Frage TF 74 zuzuordnen?

a) 1 ≙ Hauptschneide
b) 1 ≙ Querschneide
c) 4 ≙ Keilwinkel
d) 6 ≙ Spanfläche
e) 8 ≙ Seitenspanwinkel

TF 76

Wie groß ist der mit 9 gekennzeichnete Winkel beim Spiralbohrer für Stahl im Bild zu Frage TF 74?

a) 30°   b) 45°
c) 55°   d) 62°
e) 75°

TF 77

Wie groß ist der Spitzenwinkel am Spiralbohrer für Stahl?

a) 140°   b) 130°
c) 118°   d) 108°
e) 80°

TF 78

Wie groß ist der Spitzenwinkel am Spiralbohrer für Messing?

a) 140°   b) 130°
c) 118°   d) 108°
e) 80°

TF 79

Welchen Zweck hat der besondere Anschliff des abgebildeten Bohrers?

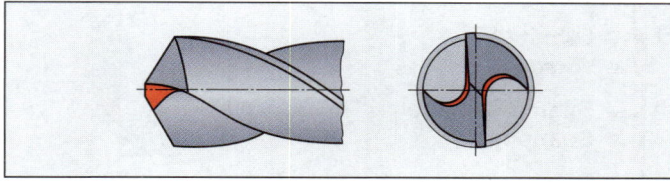

a) Verbesserung der Spanabfuhr
b) Erhöhung der Standzeit
c) Verringerung der Vorschubkraft
d) Verringerung der Schnittkraft
e) Veränderung des Bohrungsdurchmessers

TF 80

Welcher Schleiffehler ist im Bild dargestellt?

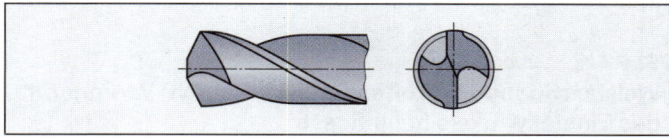

a) Freiwinkel zu groß
b) Freiwinkel zu klein
c) Spanwinkel zu groß
d) Spanwinkel zu klein
e) Spitzenwinkel zu groß

TF 81

Für welche Werkstoffe ist der abgebildete Spiralbohrer geeignet?

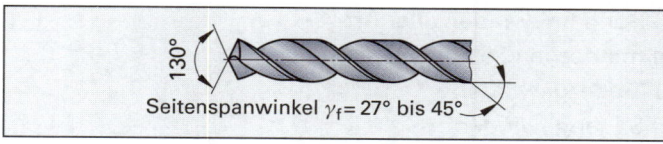

Seitenspanwinkel γ_f = 27° bis 45°

a) Stahl und Gusseisen
b) Kunststoffe mit Füllstoffen
c) Kupfer und Aluminium
d) Stahl hoher Festigkeit
e) Automatenmessing

TF 82

Welche Wirkung verursacht ein Spiralbohrer, dessen Schneiden ungleich lang sind?

a) Die Bohrung wird zu klein.
b) Die Bohrung wird zu groß.
c) Nur eine Schneide schneidet, der Bohrer wird schnell stumpf.
d) Die Bohrung wird zu klein, die Schneiden werden zu schnell stumpf.
e) Ungleich lange Schneiden haben keine Auswirkung.

TF 83

Für welchen Werkstoff sind beschichtete HSS-Spiralbohrer *nicht* geeignet?

a) Gusseisen mit Kugelgrafit
b) Aluminium-Knetlegierungen
c) Vergütungsstahl
d) Glasfaserverstärkter Kunststoff
e) Kupfer-Knetlegierungen

TF 84

Welcher der genannten Gründe führt an einem Spiralbohrer *nicht* zum Verschleiß an den Schneidenecken und Fasen?

a) Schnittgeschwindigkeit zu hoch
b) Verschleißfestigkeit des Werkzeugs zu gering
c) Kühlschmierung unzureichend
d) Vorschub zu niedrig
e) Werkstück aus Baustahl

TF 85

Wie wird der Kernlochdurchmesser für metrische ISO-Gewinde berechnet?

Kernlochdurchmesser = ...
a) Kerndurchmesser
b) Kerndurchmesser + Steigung
c) Außendurchmesser × 0,7
d) Außendurchmesser − Steigung
e) Kerndurchmesser × 0,7

TF 86

Wozu dient ein zweiteiliger Handgewindebohrersatz?

Er dient zum Bohren von ...
a) Sondergewinden aller Art
b) metrischen Feingewinden
c) Trapezgewinden
d) Sägengewinden
e) Regelgewinden mit Maschinen

TF 87

Wodurch unterscheiden sich Handreibahlen von Maschinenreibahlen?

Durch ...
a) die Zähnezahl   b) die Teilung
c) den Werkstoff   d) den Spanwinkel
e) die Länge des Anschnitts

TF 88

Warum sollen Kernlöcher angesenkt werden?

Damit ...
a) sich die Späne nicht verklemmen.
b) der Gewindeauslauf kürzer wird.
c) man besser schmieren kann.
d) man Gewinde in Grundlöcher schneiden kann.
e) der Gewindebohrer besser anschneidet.

TF 89

Warum besitzen Reibahlen meist eine ungleiche Zahnteilung?

a) Rattermarken werden vermieden.
b) Sie sind leichter nachzuschleifen.
c) Höhere Schnittgeschwindigkeiten sind möglich.
d) Sie haben eine größere Spanleistung.
e) Höhere Standzeiten werden erzielt.

TF 90

Welches der dargestellten Werkzeuge ist eine Schälreibahle?

a) Bild 1
b) Bild 2
c) Bild 3
d) Bild 4
e) Keines der Werkzeuge

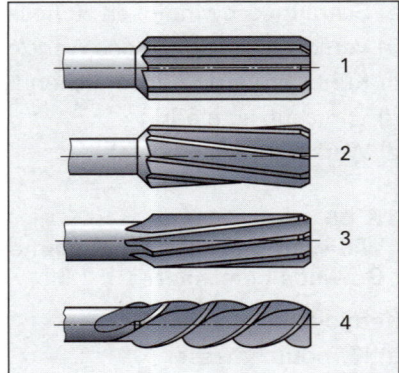

TF 91

Welches der bei Frage TF 90 dargestellten Werkzeuge ist eine Reibahle mit Linksdrall?

a) Nur Bild 2
b) Nur Bild 3
c) Bilder 2 und 3
d) Bilder 3 und 4
e) Bilder 2 und 4

TF 92

Wie muss die Reibahle beschaffen sein, damit man eine Bohrung mit Längsnut reiben kann?

a) Gerade genutet
b) Gerade Zähnezahl
c) Ungerade Zähnezahl
d) Kurzer Anschnitt
e) Schraubenförmig genutet

TF 93

Wie werden die Drehverfahren nach der Vorschubrichtung unterteilt?

a) Außendrehen und Innendrehen
b) Längsdrehen und Querdrehen
c) Runddrehen und Plandrehen
d) Runddrehen, Plandrehen, Formdrehen und Profildrehen
e) Wälzdrehen und Schraubdrehen

TF 94

Welchem Drehverfahren ist das Kegeldrehen zuzuordnen?

a) Runddrehen
b) Plandrehen
c) Schraubdrehen
d) Formdrehen
e) Profildrehen

TF 95

Welche Bezeichnung für die im Bild mit x und y eingetragenen Größen ist für das Querplandrehen richtig?

a) x ≙ Vorschub
   y ≙ Schnitttiefe

b) x ≙ Zustellung
   y ≙ Vorschub

c) x ≙ Schnitttiefe
   y ≙ Vorschub

d) x ≙ Spanungsbreite
   y ≙ Spanungsdicke

e) x ≙ Spanungsdicke
   y ≙ Vorschub

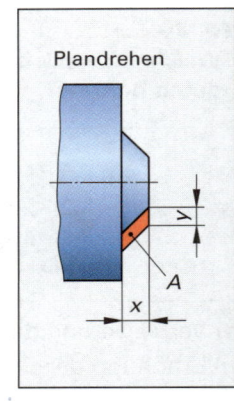

Plandrehen

TF 96

Welcher Einstellwinkel ist zum Drehen von dünnen, schlanken Drehteilen erforderlich?

a) 0°   b) 15°
c) 0° ... 45°   d) 30° ... 60°
e) 90°

TF 97

Welche Spanungsgrößen werden durch Veränderung des Einstellwinkels beeinflusst?

a) Schnitttiefe und Vorschub
b) Spanungsdicke und Schnitttiefe
c) Spanungsbreite und Schnitttiefe
d) Größe des Spanungsquerschnitts
e) Form des Spanungsquerschnitts

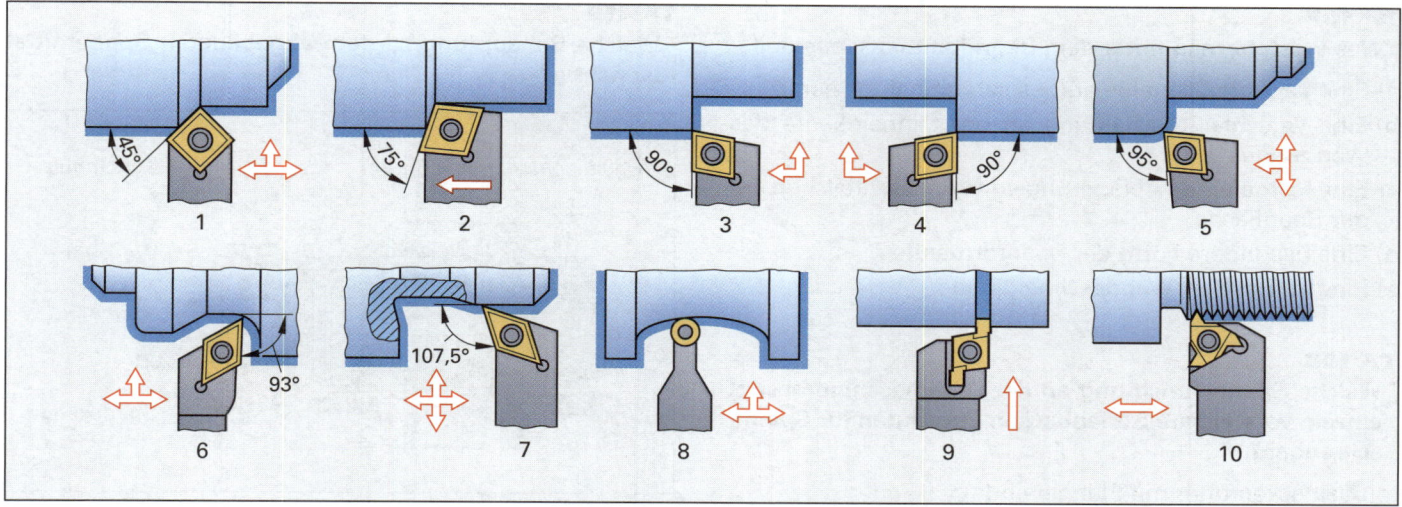

Bild zu den Testaufgaben TF 98 bis TF 105

TF 98

Welche Drehmeißel (Bild oben) sind besonders zum Vordrehen mit großem Zeitspanungsvolumen geeignet?

a) Nr. 1, Nr. 2, Nr. 6, Nr. 7

b) Nr. 1, Nr. 2, Nr. 8

c) Nr. 1, Nr. 2, Nr. 3, Nr. 4, Nr. 5

d) Nr. 6, Nr. 7, Nr. 8

e) Nr. 6, Nr. 7, Nr. 8, Nr. 9

TF 99

Welche Aussage zum Drehmeißel Nr. 2 ist richtig (Bild
oben)?

Der Drehmeißel …

a) ist vorwiegend zum Schlichten (Fertigdrehen) geeignet.

b) erreicht ein sehr großes Zeitspanungsvolumen.

c) ist linksschneidend.

d) ist zum Längs- und Querdrehen geeignet.

e) ist nur zum Querdrehen geeignet.

TF 100

Mit welchen Drehmeißeln (Bild oben) lassen sich Form-
dreharbeiten ausführen?

Mit den Meißeln …

a) Nr. 1, Nr. 2, Nr. 6, Nr. 7   b) Nr. 1, Nr. 2, Nr. 8

c) Nr. 5, Nr. 6, Nr. 7, Nr. 8   d) Nr. 6, Nr. 7, Nr. 8, Nr. 9

e) Nr. 1, Nr. 2, Nr. 9, Nr. 10

TF 101

Welcher Drehmeißel (Bild oben) ist besonders zum
Formdrehen geeignet?

a) Nr. 1   b) Nr. 2

c) Nr. 3   d) Nr. 4

e) Keiner der genannten Drehmeißel

TF 102

Welcher Drehmeißel (Bild oben) ist besonders zum
Breitschlichtdrehen geeignet?

a) Nr. 1   b) Nr. 3

c) Nr. 5   d) Nr. 8

e) Keiner der genannten Drehmeißel

TF 103

Welche Aussage zum Drehmeißel Nr. 6 (Bild oben) ist
richtig?

Der Drehmeißel …

a) ist vorwiegend rechtsschneidend.

b) ist nur zum Querdrehen geeignet.

c) ist nur zum Längsdrehen geeignet.

d) ist geeignet zum Formdrehen von Konturen.

e) wird meist zum Schruppen (Vordrehen) verwendet.

TF 104

Welcher Drehmeißel (Bild oben) ist zum Einstechdrehen
geeignet?

a) Nr. 1

b) Nr. 5

c) Nr. 8

d) Nr. 9

e) Keiner der genannten Drehmeißel

TF 105

Welche Aussage zu den Drehmeißeln Nr. 6 und Nr. 7 (Bild
oben) ist richtig?

Die Drehmeißel …

a) sind besonders zum Vordrehen (Schruppen) geeignet.

b) erreichen ein großes Zeitspanungsvolumen.

c) sind besonders zum Konturschruppen geeignet.

d) sind besonders zum Konturschlichten geeignet.

e) sind nur zum Querdrehen geeignet.

TF 106

Welche Aufgabe haben Spanformstufen?

a) Spanformstufen beeinflussen die Spanform und die
Spanablaufrichtung.

b) Spanformstufen werden besonders zur Bearbeitung
spröder Werkstoffe eingesetzt.

c) Spanformstufen erhöhen die Standzeit der Werkzeugschneide wesentlich.

d) Spanformstufen vergrößern den Keilwinkel der Werkzeugschneide.

e) Spanformstufen werden nur zur Bearbeitung sehr weicher Werkstoffe benutzt.

TF 107
Was versteht man unter dem Begriff Aufbauschneide?

a) Einen auf die Schneide aufgesetzten Spanformer

b) Eine Verschleißerscheinung an der Schneidkante des Werkzeuges

c) Eine festhaftende Ablagerung von Werkstoffteilchen auf der Spanfläche

d) Eine besondere Form der Spanformstufe

e) Eine aufgesetzte Wendeschneidplatte

TF 108
Welche Spanneinrichtung an der Drehmaschine besitzt einzeln verstellbare Stufenbacken und Nuten für Spann-schrauben?

a) Dreibackenfutter mit Plangewinde

b) Mitnehmerscheibe

c) Stirnmitnehmer

d) Exzenterdrehkopf

e) Planscheibe

TF 109
Welche Aussage zum Hartdrehen ist *falsch*?

Beim Hartdrehen ...

a) werden gehärtete Werkstücke durch Drehen fertig bear-beitet.

b) erwärmt sich das Werkstück sehr stark.

c) bereitet das Bearbeiten von längeren Werkstücken mit kleinem Durchmesser Probleme.

d) kommt u.a. Schneidkeramik zum Einsatz.

e) treten große Zerspankräfte auf.

TF 110
In welchen Fällen ist eine Zentrierbohrung mit Schutz-senkung erforderlich?

a) Bei verschmutzter Zentrierspitze

b) Bei Kegeldreharbeiten

c) Bei Schrupparbeiten

d) Bei Verwendung einer festen Zentrierspitze

e) Bei nicht ebener Stirnfläche

TF 111
Wann ist ein feststehender Setzstock erforderlich?

a) Zum Drehen einer langen Gewindespindel.

b) Zum Kegeldrehen durch Oberschlittenverstellung.

c) Zum Ausdrehen einer Bohrung am Ende eines langen Werkstücks.

d) Zum Drehen scheibenförmiger Werkstücke.

e) Zum Drehen einer kurzen Gewindespindel.

TF 112
Wozu wird die Schlossmutter verwendet?

a) Zum Vorschubantrieb beim Gewindedrehen.

b) Zum Vorschubantrieb beim Längsdrehen.

c) Zum Vorschubantrieb beim Querdrehen.

d) Zur Verriegelung des Revolverkopfs.

e) Zur Sicherung des Vorschubs gegen Überlastung.

TF 113
Welche Behauptung zu dem abgebildeten Spannmittel ist richtig?

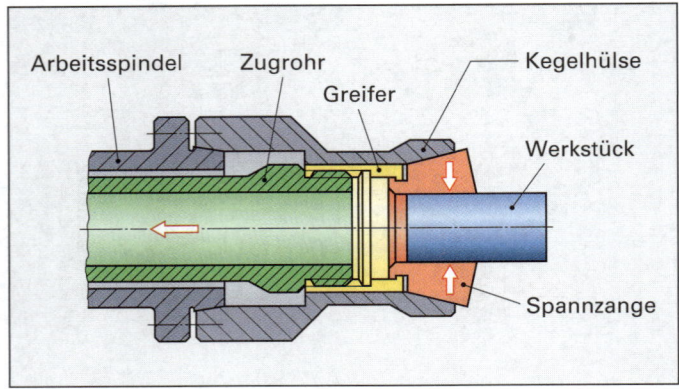

a) Es können runde, drei- und sechseckige Werkstücke ge-spannt werden.

b) Die Spanneinrichtung ist für blanke und rohe Rundteile geeignet.

c) Der Spannvorgang lässt sich nicht automatisieren.

d) Die Spanneinrichtung ist für sehr hohe Spindeldreh-zahlen verwendbar.

e) Die erzielbare Rundlaufgenauigkeit ist gering.

TF 114
Welchen Vorteil hat ein Stirnmitnehmer?

a) Das Werkstück wird nicht beschädigt.

b) Das Werkstück kann ohne Umspannen auf der ganzen Länge überdreht werden.

c) Auch bei schweren Schnitten reicht eine einfache Zen-trierspitze in der Reitstockpinole aus.

d) Auf Zentrierbohrungen kann verzichtet werden.

e) Eine halbe Zentrierspitze im Reitstock reicht aus.

TF 115
Wozu dient der Spindelstock einer Drehmaschine?

a) Zur Lagerung der Arbeitsspindel.

b) Zur Lagerung von Leit- und Zugspindel.

c) Zur Unterstützung einer langen Spindel beim Gewinde-drehen.

d) Zur Aufnahme einer mitlaufenden Zentrierspitze.

e) Zur Aufnahme von Werkstücken.

TF 116
Welche Aufgabe hat das Wendegetriebe einer Univer-saldrehmaschine?

a) Umkehr der Spindeldrehrichtung

b) Umkehr der Vorschubrichtung nur beim Längsdrehen

c) Umkehr der Vorschubrichtung nur beim Querdrehen

d) Umkehr der Vorschubrichtung nur beim Gewindedrehen

e) Umkehr der Vorschubrichtung beim Längs-, Quer- und Gewindedrehen

TF 117

Welche Aussage trifft für eine CNC-Drehmaschine mit Schrägbett zu?

a) Ein Revolverkopf kann nicht verwendet werden.
b) Ein Reitstock kann nicht verwendet werden.
c) Der Arbeitsraum ist schwer zugänglich.
d) Der Spanabfluss wird behindert.
e) Die Werkzeuge sind hinter der Drehmitte angeordnet.

TF 118

Welche Aussage über Karusselldrehmaschinen ist richtig?

Karusselldrehmaschinen ...

a) besitzen eine waagerechte Arbeitsspindel.
b) sind besonders für hohe Drehzahlen geeignet.
c) besitzen mehrere Arbeitsspindeln.
d) sind besonders für große, sperrige Werkstücke geeignet.
e) können nicht mit CNC-Steuerungen ausgestattet werden.

TF 119

Welche Aussage über Frontdrehmaschinen ist richtig?

a) Sie dienen zum Drehen langer, schlanker Drehteile.
b) Sie werden von der Planseite der Werkstücke aus bedient.
c) Sie besitzen stets mehrere Arbeitsspindeln.
d) Sie sind besonders lang.
e) Sie sind nur zum Querdrehen geeignet.

Fräsen

TF 120

Es ist eine Passfeder mit einer Stirnrundung von $r = 5$ mm zu fräsen. Welcher Fräser ist zu verwenden?

a) Konvexer Profilfräser mit $r = 5$ mm
b) Scheibenfräser mit $r = 5$ mm
c) Schaftfräser mit $d = 10$ mm
d) Konkaver Profilfräser mit $r = 5$ mm
e) Keine der genannten Antworten ist richtig

TF 121

Wie wird der dargestellte Fräser benannt?

a) Winkelfräser
b) Nutenfräser
c) Prismenfräser
d) Schlitzfräser
e) Profilfräser

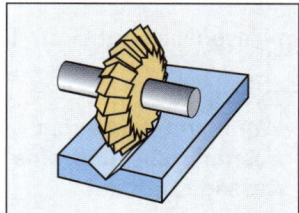

TF 122

Mit welchem Fräser kann eine Winkelführung hergestellt werden?

a) Walzenfräser
b) Walzenstirnfräser
c) Prismenfräser
d) Winkelstirnfräser
e) Formscheibenfräser

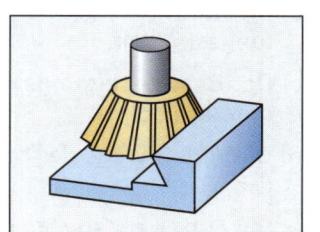

TF 123

Mit welchem Fräser kann eine Passfedernut hergestellt werden?

a) Walzenfräser
b) Scheibenfräser
c) Prismenfräser
d) Formscheibenfräser
e) Langlochfräser

TF 124

Welcher der genannten Fräser wird im allgemeinen *nicht* mit einem Aufsteckdorn gespannt?

a) Walzenfräser
b) Scheibenfräser
c) Prismenfräser
d) Walzenstirnfräser
e) Schaftfräser

TF 125

Welche Schneidstoffe werden bei Schneidplatten für Fräsköpfe verwendet?

a) Einsatzstähle
b) unlegierte Werkzeugstähle
c) hochfeste Vergütungsstähle
d) Hartmetalle
e) Kunststoffe

TF 126

Welche Behauptung über das Umfangsfräsen ist richtig?

Beim Umfangsfräsen ...
a) steht die Fräserachse senkrecht zur Bearbeitungsfläche.
b) kann nur im Gegenlauf gefräst werden.
c) bewegt sich das Werkstück, der Fräser ist in Ruhe.
d) kann nur im Gleichlauf gefräst werden.
e) verläuft die Fräserachse parallel zur Bearbeitungsfläche.

TF 127

Welche Form haben die Späne beim Umfangsfräsen?

a) sichelförmig
b) rechteckig
c) quadratisch
d) kommaförmig
e) trapezförmig

TF 128

Welche Behauptung über das Gegenlauffräsen ist *falsch*?

a) Beim Gegenlauffräsen sind Schneidrichtung des Fräsers und Vorschubrichtung des Werkstücks entgegengesetzt gerichtet.
b) Beim Gegenlauffräsen dringt der Fräserzahn sofort in den Werkstoff ein.
c) Beim Austreten des Fräserzahns aus dem Werkstück hat der Span seine größte Dicke erreicht.
d) Beim Gegenlauffräsen dringt der Fräserzahn allmählich in den Werkstoff ein.
e) Die Schneiden des Fräsers werden schneller stumpf als beim Gleichlauffräsen.

TF 129

Welche Forderungen werden an Gleichlauffräsmaschinen gestellt?

a) Sie müssen einen Vertikalkopf besitzen.

b) Die Drehrichtung der Frässpindel darf nicht umkehrbar sein.

c) Sie müssen eine spielfreie Tischspindel besitzen.

d) Sie müssen einen zusätzlichen Eilgang besitzen.

e) Sie müssen eine zweigängige Tischspindel besitzen.

TF 130

Welcher Werkzeugtyp wird zum Fräsen eines Stahles mit 600 N/mm² Mindestzugfestigkeit verwendet?

a) N   b) H

c) W   d) A

e) Z

TF 131

Wie kann dem Entstehen zu dünner Späne beim Fräsen einer Nut geringer Tiefe mit einem Scheibenfräser entgegen gewirkt werden?

a) Erhöhen der Schnittgeschwindigkeit

b) Erhöhen des Zahnvorschubs

c) Verringern der Schnittgeschwindigkeit

d) Verringern des Zahnvorschubs

e) Wahl eines größeren Scheibenfräsers

TF 132

Welche Aussage zu einer CNC-Konsolfräsmaschine ist richtig?

a) Die Maschine hat meist 2 gesteuerte Achsen.

b) Die Vorschubantriebe werden von der Hauptspindel abgeleitet.

c) Die Konsole ist um 45° nach beiden Seiten schwenkbar.

d) Bei Verwendung eines NC-gesteuerten Rundtisches sind 4 Achsen erforderlich.

e) Die Maschine wird nur als Vertikalfräsmaschine gebaut.

TF 133

Welche Aussage über Bettfräsmaschinen trifft *nicht* zu?

a) Fräs-Bohr-Zentren sind eine Sonderform der Bettfräsmaschine.

b) Bettfräsmaschinen werden vornehmlich zur Bearbeitung von großen und schweren Werkstücken eingesetzt.

c) Die Zerspankräfte werden bei einer Bettfräsmaschine vom Maschinenbett aufgenommen.

d) Der Maschinentisch einer Bettfräsmaschine ist höhenverstellbar.

e) Bei Bettfräsmaschinen ergeben sich auch in den Endlagen der Schlittenbewegung keine Lageabweichungen.

TF 134

Welche Aussage bezüglich der Schnittgeschwindigkeit beim Fräsen ist *falsch*?

Mit zunehmender Schnittgeschwindigkeit …

a) steigt das Zeitspanvolumen.

b) steigt der Werkzeugverschleiß.

c) wird eine bessere Oberfläche erzielt.

d) steigen die Zerspankräfte.

e) nimmt die Maß- und Formgenauigkeit zu.

TF 135

Beim Fräsen bilden sich Aufbauschneiden. Welche der folgenden Maßnahmen verhindert dies?

a) Schnittgeschwindigkeit vermindern

b) Schnitttiefe vermindern

c) Zähere Schneidplatten wählen

d) Keinen Kühlschmierstoff verwenden

e) Vorschub je Zahn f_z erhöhen

TF 136

Beim Fräsen treten an den Wendeschneidplatten Kammrisse auf. Durch welche Maßnahme kann dies verhindert werden?

a) Schnittgeschwindigkeit erhöhen

b) Fräser und Werkstück stabiler spannen

c) Zähere Schneidplatten wählen

d) Positiveren Spanwinkel wählen

e) Vorschub je Zahn f_z vermindern

TF 137

Welche Aussage bezüglich des Hochgeschwindigkeitsfräsens ist *falsch*?

Beim Hochgeschwindigkeitsfräsen …

a) lassen sich gut dünnwandige Werkstücke herstellen.

b) wird die Oberflächengüte der gefertigten Werkstücke schlechter.

c) sind die Schnittgeschwindigkeiten fünf- bis zehnmal höher als beim üblichen Fräsen.

d) ist der Vorschub je Fräserzahn fz höher als beim üblichen Fräsen.

e) lassen sich gut Grafit-Elektroden bearbeiten.

TF 138

Worin unterscheiden sich eine Hochgeschwindigkeitsfräsmaschine und eine Universalfräsmaschine? Welche Aussage trifft zu?

a) Sie nutzen unterschiedliche CNC-Programme.

b) Sie haben in jedem Fall unterschiedliche Hochleistungsspindeln.

c) Das Beschleunigungsvermögen der Vorschubachsen ist unterschiedlich.

d) Die Verfahrwege des Maschinentischs sind unterschiedlich.

e) Sie nutzen unterschiedliche Fräs- und Bohrwerkzeuge.

Schleifen

TF 139
Was geben die Zahlen zur Kennzeichnung der Körnung bei Schleifscheiben an?

Die Anzahl der Maschen des verwendeten Siebes auf ...
a) 1 Quadratzoll ≙ 1 Quadratinch
b) 1 Quadratzentimeter
c) 1 Quadratmillimeter
d) 1 inch Sieblänge
e) 1 Zentimeter Sieblänge

TF 140
Welche Bindung ist für Schleifscheiben *ungeeignet*?

a) Gummibindung
b) Kunststoffbindung
c) keramische Bindung
d) metallische Bindung
e) keine der genannten ist ungeeignet

TF 141
Was ist beim Auswuchten einer Schleifscheibe zu beachten?

a) Die Wuchtgewichte müssen gleichmäßig verteilt sein.
b) Die Wuchtgewichte müssen in einem Flansch oben, im anderen unten stehen.
c) Die Schleifscheibe muss gleichmäßig pendeln.
d) Die Schleifscheibe muss in jeder Stellung stehen bleiben.
e) Die Schleifscheibe muss in kurzer Zeit zur Ruhe kommen.

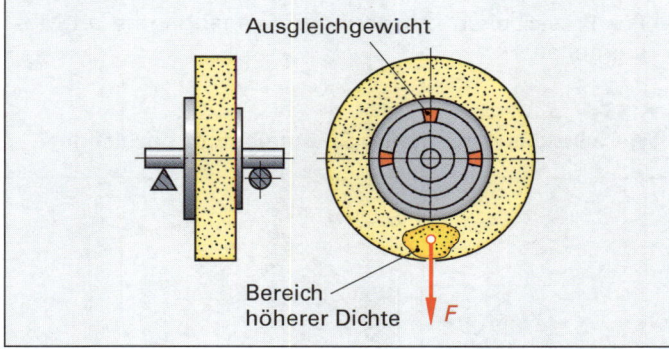

TF 142
Eine Schleifscheibe trägt folgende Bezeichnung: DIN 69120-450x100x127-A60K8V35. Welche der folgenden Aussagen ist *falsch*?

a) Außendurchmesser = 450 mm
b) Breite der Scheibe = 100 mm
c) Körnung 60
d) Gefüge K
e) Zulässige Umfangsgeschwindigkeit = 35 m/s

TF 143
Welcher Kühlschmierstoff wird beim Schleifen verwendet?

a) Schleiföl
b) Bohröl
c) Bohrölemulsion
d) Schneidöl
e) Mineralöl

TF 144
Welche Aussage zum Schleifen ist richtig?

a) Für harte Werkstoffe verwendet man harte Schleifscheiben.
b) Schleifscheiben mit dem Härtegrad A sind äußerst hart.
c) Für weiche Werkstoffe verwendet man harte Scheiben.
d) Das Gefüge der Schleifscheiben muss umso offener sein, je kleiner die Schnitttiefe ist.
e) Beim Trockenschliff dürfen keine Schutzbrillen getragen werden.

TF 145
Welches Schleifmittel wird zum Schleifen von Stahl meist verwendet?

a) Schmirgel
b) Edelkorund
c) Siliciumcarbid
d) Normalkorund
e) Diamant

TF 146
Wie groß ist im Allgemeinen die Arbeitsgeschwindigkeit beim Schleifen von Stahl?

a) 18 m/s
b) 25 m/min
c) 35 m/s
d) 40 m/min
e) 60 mm/s

TF 147
Wie werden die Werkstücke beim Spitzenlosschleifen gespannt?

a) Im Dreibackenfutter
b) Mit der Magnetspannplatte
c) In der Spannzange
d) Im Maschinenschraubstock
e) Überhaupt nicht

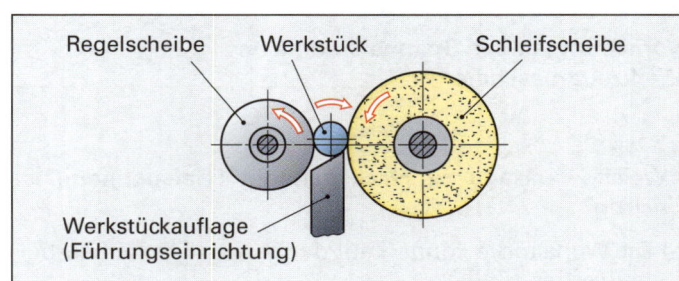

TF 148
Wozu wird der Schleifbock verwendet?

a) Zum Einstechschleifen
b) Zum Schleifen von Hand
c) Zum spitzenlosen Schleifen
d) Zum Flächenschleifen
e) Zum Trennschleifen

Feinbearbeitung: Honen und Läppen

TF 149

Welches Arbeitsverfahren zählt *nicht* zur Feinbearbeitung?

a) Langhubhonen

b) Polieren

c) Außenrundläppen

d) Kurzhubhonen

e) Planläppen

TF 150

Welche Schleifkörper verwendet man beim Honen?

a) Feinkörnige Flachscheiben mit kleinem Durchmesser

b) Topfscheiben

c) Tellerscheiben

d) Schleifleisten

e) Schleifstifte

Funkenerosives Abtragen

TF 151

Welches Verfahren zählt *nicht* zu den abtragenden Fertigungsverfahren?

a) Funkenerosion

b) Feinbohren

c) Elektrochemisches Abtragen

d) Thermisches Entgraten

e) Brennschneiden

TF 152

Mit welchem Verfahren können Durchbrüche in Hartmetall hergestellt werden?

a) Läppen unter Zuhilfenahme einer Läppkluppe

b) Honen

c) Funkenerosives Abtragen

d) Feinbohren

e) Räumen

Vorrichtungen und Spannelemente an Werkzeugmaschinen

TF 153

Welche Aussage zu Flachspannern (Tiefspannern) ist richtig?

a) Die Werkstücke können auf der ganzen Fläche bearbeitet werden.

b) Sie dienen zum Spannen von Werkstücken mit Vertiefungen.

c) Eine zusätzliche Spanneinrichtung ist zur Verhinderung von seitlichen Verschiebungen des Werkstücks nötig.

d) Eine zusätzliche Spanneinrichtung ist zum Niederhalten des Werkstücks nötig.

e) Flachspanner sind für alle Werkstückformen gleich gut geeignet.

TF 154

Welchen Zweck haben Kugelscheiben und Kegelpfannen bei mechanischen Spannelementen?

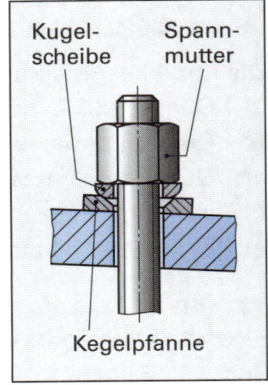

a) Sie erhöhen die Spannkraft.

b) Sie erlauben eine leichte Schrägstellung des Spanneisens.

c) Sie dienen zum Spannen von gewölbten Werkstückflächen.

d) Sie erleichtern das Zentrieren von Rundteilen.

e) Sie dienen als Ersatz für T-Nutenschrauben.

TF 155

Für welche Arbeiten ist das dargestellte Spannelement besonders geeignet?

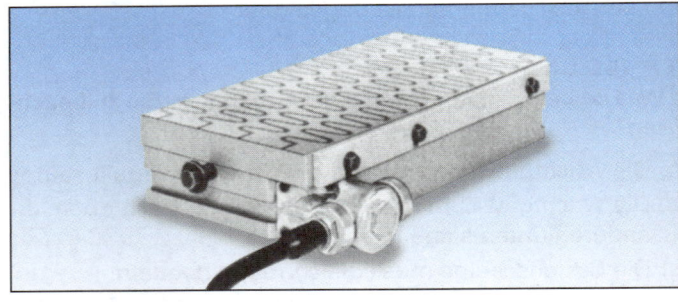

a) Zum Schleifen kleiner Teile aus Stahl

b) Für Planfräsarbeiten mit Fräskopf

c) Zum Gegenlauffräsen mit großer Spanabnahme

d) Zum Feinschleifen von Leichtmetallteilen

e) Für Fräsarbeiten mit geringer Spanabnahme an Messingteilen

TF 156

Wie wird das dargestellte Spannelement bezeichnet?

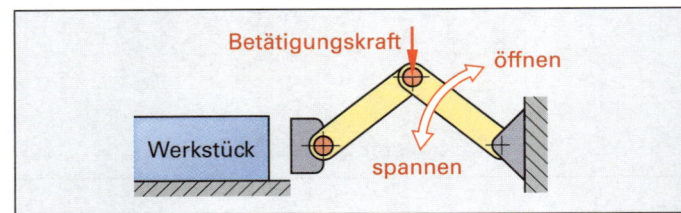

a) Exzenterspanner

b) Kurvenspanner

c) Kniehebelspanner

d) Schnellspannpratze

e) Winkelspanner

TF 157

Welche Aussage trifft *nicht* für hydraulische Spanneinrichtungen zu?

Das Merkmal einer hydraulischen Spanneinrichtung ist …

a) eine hohe Spannkraft.

b) eine gleich große Spannkraft an allen Spannstellen.

c) ein großer Platzbedarf.

d) ein schneller Aufbau des Spanndrucks.

e) die Möglichkeit einer automatischen Steuerung.

TF 158

Welche Aussage zur Spanneinrichtung im Bild ist richtig?

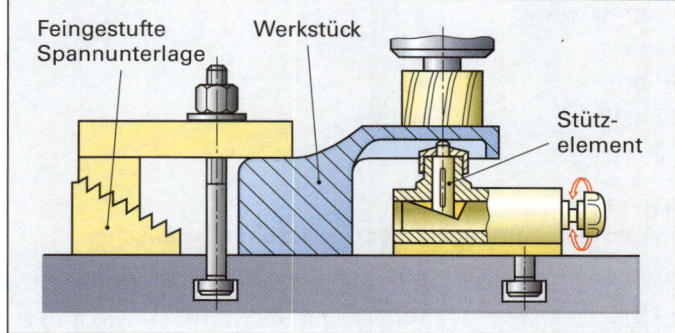

a) Die T-Nutenschraube soll möglichst nah an der Spannunterlage sein.

b) Die Spannunterlage ist stufenlos höhenverstellbar.

c) Das Stützelement ist stufenlos höhenverstellbar.

d) Der Abstand zwischen T-Nutenschraube und Werkstück soll möglichst groß sein.

e) Es ist ein möglichst langes Spanneisen zu wählen.

Fügen

TF 159

Welche Aussage zu den im Bild gezeigten Fügeverfahren ist richtig?

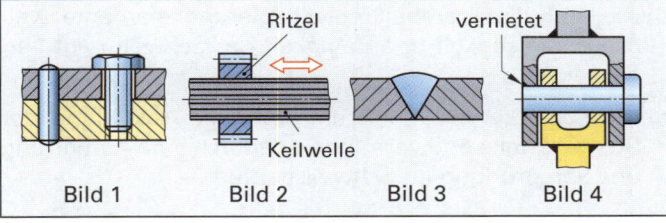

a) Bild 1 zeigt eine bewegliche, lösbare Verbindung.

b) Bild 2 zeigt eine unlösbare, feste Verbindung.

c) Bild 3 zeigt eine bewegliche, feste Verbindung.

d) Bild 4 zeigt eine unlösbare, bewegliche Verbindung.

e) Bild 2 und Bild 4 zeigen feste Verbindungen.

TF 160

Welche Aussage zum Fügen ist *falsch*?

a) Durch Fügen entstehen ausschließlich feste Verbindungen.

b) Bei lösbaren Verbindungen können die zusammengebauten Teile ohne Zerstörung gelöst werden.

c) Bei festen Verbindungen haben die Werkstücke stets die gleiche Lage zueinander.

d) Bei unlösbaren Verbindungen müssen zum Zerlegen Verbindungsteile oder Bauteile zerstört werden.

e) Bei beweglichen Verbindungen kann sich die Lage der gefügten Teile zueinander ändern.

TF 161

Welche Antwort zu den Pressverbindungen ist richtig?

a) Pressverbindungen werden z.B. durch Erwärmen des Innenteils hergestellt.

b) Beim Längseinpressen soll die Stirnseite des Innenteils scharfkantig sein, damit vorhandene Rauheitsspitzen eingeebnet werden.

c) Zur Erwärmung der Bauteile werden z.B. induktive Anwärmgeräte und Ölbäder verwendet.

d) Beim hydraulischen Fügen ist die Haftkraft unmittelbar nach Wegnahme des Öldruckes in voller Höhe vorhanden.

e) Pressverbindungen übertragen Kräfte und Drehmomente stoffschlüssig.

TF 162

Welche Arbeitsregel zu Pressverbindungen ist *falsch*?

a) Vorgeschriebene Anwärmtemperaturen sind genau einzuhalten, um Gefügeänderungen zu vermeiden.

b) Werkstücke aus Gusseisen mit Lamellengrafit dürfen nicht über 200 °C erwärmt werden, weil sich der Lamellengrafit in Temperkohle umwandeln könnte.

c) Große, sperrige Teile sind gleichmäßig zu erwärmen, da sie sich sonst verziehen könnten.

d) Wärmeempfindliche Teile, z.B. Dichtungen, müssen vor dem Erwärmen entfernt werden.

e) Zum Erwärmen können z.B. Gasbrenner verwendet werden.

TF 163

Welche Aussage über Klebeverbindungen ist *falsch*?

a) Klebeverbindungen sollen vorwiegend auf Abscherung beansprucht werden.

b) Die Überlappungslänge soll höchstens 2-mal so groß wie die Blechdicke sein.

c) Die Fügeflächen sollen sauber und trocken sein.

d) Die Belastbarkeit hängt wesentlich von der Art der Beanspruchung ab.

e) Schälbeanspruchungen führen leicht zum Aufreißen der Klebeverbindungen.

TF 164

Welchen Vorteil hat das Kleben gegenüber dem Hartlöten?

a) Der Gefügezustand der Werkstücke wird nicht verändert.

b) Klebeverbindungen sind temperaturbeständiger.

c) Es ist weniger Vorarbeit für die Reinigung der Verbindungsstelle erforderlich.

d) Die verbundenen Teile können schneller weiterverarbeitet werden.

e) Es lassen sich höhere Festigkeitswerte erzielen.

TF 165

| Wie werden die Kleber für Metalle eingeteilt?

a) In Thermoplaste und Duroplaste

b) In natürliche und synthetische Kleber

c) In Kleber für Stahl und Kleber für Nichteisenmetalle

d) In Warm- und Kaltkleber

e) In Plastomere und Duromere

TF 166

| Welche Aussage zur Beanspruchung einer Klebeverbindung ist richtig?

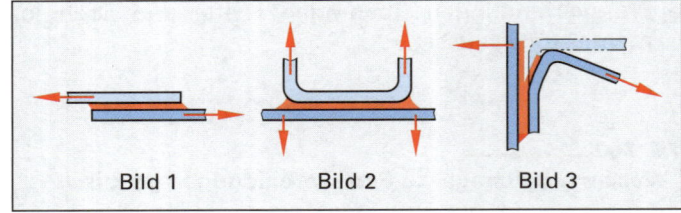

Bild 1   Bild 2   Bild 3

a) Bild 1 zeigt eine ungünstige Beanspruchung auf Zug.

b) Bild 2 zeigt eine günstige Beanspruchung auf Druck.

c) Bild 3 zeigt eine nicht zulässige Beanspruchung auf Abscherung.

d) Bild 2 zeigt eine nicht zulässige Beanspruchung auf Zug.

e) Bild 1 zeigt eine günstige Beanspruchung auf Abscherung.

TF 167

| Bis zu welcher Temperatur spricht man von Weichlöten?

a) 182 °C

b) 327 °C

c) 450 °C

d) 560 °C

e) 723 °C

TF 168

| Welche Aufgaben haben die Flussmittel beim Löten?

a) Sie verhindern Korrosion an der fertigen Naht.

b) Sie setzen den Schmelzpunkt des Lotes herab.

c) Sie erniedrigen die Arbeitstemperatur des Lotes.

d) Sie lösen Oxide und verhindern deren Bildung.

e) Sie erhöhen die Kapillarwirkung.

TF 169

| Welche Aussage über Flussmittel ist richtig?

a) Beim Löten an elektrischen Bauteilen darf kein Flussmittel verwendet werden.

b) Flussmittelreste müssen meist entfernt werden, da sie Korrosion verursachen.

c) Flussmittel verhindern Korrosion, können aber keine Oxidreste lösen.

d) Für die Auswahl der Flussmittel spielt die Art des zu lötenden Werkstoffes keine Rolle.

e) Flussmittel enthalten stets Säuren.

TF 170

| Welche Kennfarbe hat eine Acetylengasflasche?

a) blau

b) grau

c) rot

d) grün

e) gelb

TF 171

| Welche Arbeitsregel über Gasflaschen ist *falsch*?

a) Sauerstoffflaschen sind frei von Öl und Fett zu halten.

b) Alle Gasflaschen sind vor starker Wärmeeinwirkung zu schützen.

c) Gasflaschen sind vor Umfallen zu sichern.

d) Gasflaschen dürfen nur mit aufgeschraubter Schutzkappe transportiert werden.

e) Die Acetylengasentnahme darf bei einer Einzelflasche nie mehr als 3000 Liter pro Stunde betragen.

TF 172

| Welche Aussage zu Schweißelektroden ist *falsch*?

a) Bei allen Schweißverfahren bestehen die Elektroden aus dem Kerndraht und der Umhüllung.

b) Die abschmelzende Umhüllung schwimmt auf der Schweißnaht und verhindert eine Verzunderung der Schweißstelle.

c) Die Umhüllung entwickelt beim Abschmelzen Gase, die den Lichtbogen stabilisieren.

d) Die Umhüllung enthält meist Legierungselemente, welche die Festigkeit und Zähigkeit der Schweißnaht verbessern.

e) Die Schlacke verhindert eine schnelle Abkühlung der Schweißstelle und vermindert dadurch eine Aufhärtung und Versprödung im Schweißnahtbereich.

TF 173

| Bei welchem Verfahren des Schutzgasschweißens ist die Elektrode zugleich Zusatzwerkstoff?

a) Beim WSG-Schweißen

b) Beim Wolfram-Plasmaschweißen

c) Beim WIG-Schweißen

d) Beim WP-Schweißen

e) Beim MSG-Schweißen

TF 174

| Welches Schweißverfahren eignet sich zum Schweißen von Aluminiumlegierungen?

a) MAG-Schweißen

b) WIG-Schweißen

c) Gasschmelzschweißen

d) Elektronenstrahlschweißen

e) Lichtbogenhandschweißen

TF 175

Welche Bezeichnung für die Schweißposition (Bild) ist *falsch*?

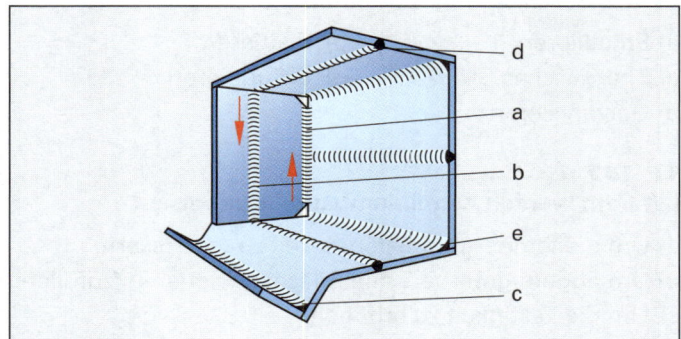

a) Steigposition
b) Fallposition
c) Querposition
d) Überkopfposition
e) Horizontalposition

TF 176

Welche Aussage über das Schweißen ist *falsch*?

a) Beim Schweißen werden die Bauteile stoffschlüssig miteinander verbunden.
b) Alle Metalle eignen sich zum Schweißen.
c) Der Werkstoff wird an der Fügestelle durch Wärme oder Reibung in den plastischen oder flüssigen Zustand gebracht.
d) Bei den meisten Schweißverfahren wird Zusatzwerkstoff zum Füllen der Fugen benötigt.
e) Schweißverbindungen sind unlösbare Verbindungen.

TF 177

Welches Schweißverfahren ist *kein* Pressschweißverfahren?

a) Punktschweißen
b) Buckelschweißen
c) Lichtbogenhandschweißen
d) Rollennahtschweißen
e) Reibschweißen

TF 178

Welches der angegebenen Gase, die zum Schweißen verwendet werden, ist brennbar?

a) Wasserstoff
b) Stickstoff
c) Kohlendioxid
d) Argon
e) Helium

TF 179

Welches Prüfverfahren wird *nicht* zur Prüfung von Schweißverbindungen verwendet?

a) Farbeindringverfahren
b) Dauerschwingversuch
c) Magnetpulververfahren
d) Ultraschallprüfung
e) Röntgenprüfung

TF 180

Welche Aussage zu den Schutzgas-schweißverfahren ist richtig?

a) Beim Metall-Schutzgasschweißen wird eine nicht abschmelzende Wolfram-Elektrode verwendet.
b) Beim MAG-Schweißen wird Helium oder Argon als Schutzgas verwendet.
c) Beim WIG-Schweißen wird immer mit Gleichstrom geschweißt.
d) Beim WIG-Schweißen wird eine abschmelzende Drahtelektrode verwendet.
e) Beim Wolfram-Plasmaschweißen stabilisiert ein Schutzgasmantel den Lichtbogen und schützt das Schmelzbad vor Oxidation.

TF 181

Welche Arbeitsregel für das Lichtbogenhandschweißen ist *falsch*?

a) Schweißen mit entblößten Armen ist verboten.
b) Die Arbeitsstelle ist so abzuschirmen, dass andere Personen durch die Strahlen nicht geschädigt werden.
c) Zum Schweißen wird ein Schutzschild mit Seitenschutz benötigt.
d) Um das Schrumpfen nicht zu behindern, muss die Schlacke sofort nach dem Erstarren entfernt werden.
e) Beim Entfernen der Schlacke muss ein Schutzschild benutzt werden.

Generative Fertigungsverfahren

TF 182

Was versteht man unter generativen Fertigungsverfahren?

Darunter versteht man die Fertigungsverfahren, die ...

a) durch Glühen von gepressten Metallpulvern Formteile erzeugen.
b) ein festes Werkstück oder ein Rohteil durch plastisches Verformen erstellen.
c) formlosen Werkstoff als fest haftende Schicht auf ein Werkstück aufbringen.
d) reale Formteile aus vorhandenen CAD-Volumenmodellen aus formlosem Material erzeugen.
e) ausschließlich zur Fertigung von Formteilen aus Duroplasten dienen.

TF 183

Welcher der genannten Anwendungsbereiche gehört *nicht* zur Anwendung generativer Fertigungsverfahren?

a) Fertigung von Prototypen
b) Fertigung von Feingussmodellen, Formen oder Formeinsätzen
c) Fertigung einer mittleren Anzahl von ähnlichen Werkstücken im Rahmen der Serienfertigung
d) Fertigung einer geringen Zahl von Endprodukten in der Vorserienfertigung
e) Endprodukt-Fertigung von Teilen mit komplizierter Geometrie bzw. besonderen Funktionsmerkmalen

Beschichten

TF 184

Wie wird auf einem Stahlblech ein Haftgrund für eine Lackschicht hergestellt?

a) Durch Galvanisieren

b) Durch Metallisieren

c) Durch Phosphatieren

d) Durch Anodisieren

e) Durch CVD-Beschichten

TF 185

Was versteht man unter Thermischem Spritzen?

a) Das Aufspritzen von geschmolzenem Beschichtungswerkstoff.

b) Das Übergießen mit flüssigem Kunststoff.

c) Das Aufspritzen von erwärmten Lacken.

d) Das Schmelztauchen von Metallen.

e) Das Galvanisieren bei erhöhten Temperaturen.

TF 186

Welche Beschichtung wird durch Abscheiden aus dem gasförmigen Zustand hergestellt?

a) Die Lackschicht auf Karosserieblech.

b) Die CVD-Beschichtung auf Schneidplatten.

c) Die Anodisierschicht auf Aluminium-Bauteilen.

d) Die Metallschicht durch Galvanisieren.

e) Die Zinkschicht auf Stahlblech.

TF 187

Welches Bild zeigt das elektrostatische Pulverbeschichten?

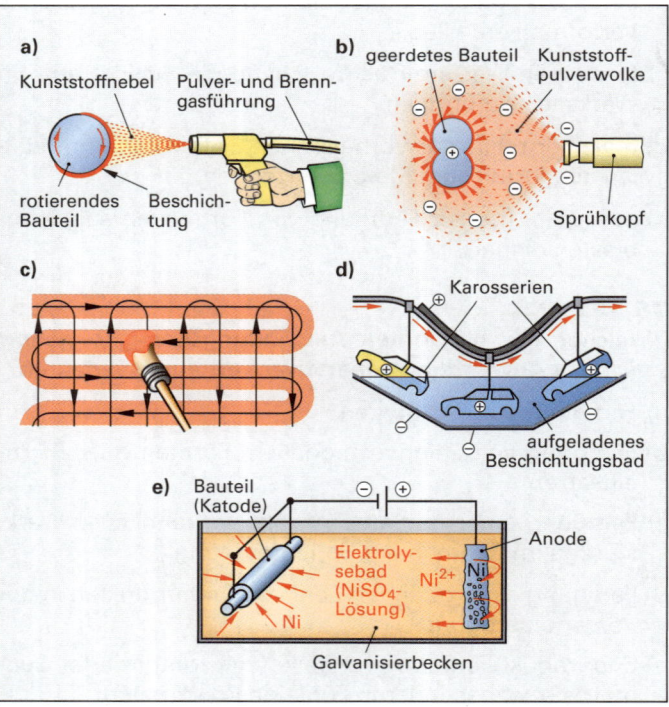

TF 188

Bei welchem Verfahren zum Aufbringen einer Korrosionsschutzschicht handelt es sich um ein elektrochemisches Beschichtungsverfahren?

a) Emaillieren   b) Plattieren

c) Thermisches Spritzen   d) Diffundieren

e) Galvanisieren

TF 189

Warum werden Aluminiumbauteile anodisiert?

a) Um die Temperaturbeständigkeit zu verbessern.

b) Um abgetragene Verschleißflächen wieder aufzufüllen.

c) Um die Festigkeit zu erhöhen.

d) Um einen Haftgrund für eine Lackschicht zu erzeugen.

e) Um eine Korrosionsschutzschicht für die Aluminiumbauteile zu erhalten.

TF 190

Warum muss der Kühlschmierstoffnebel einer gekapselten Drehmaschine abgesaugt werden?

a) Zur Rückgewinnung des Kühlschmierstoffs.

b) Zur Vermeidung von Gesundheitsschäden durch Einatmen des Kühlschmierstoffnebels.

c) Zum Korrosionsschutz der Drehteile.

d) Zum Schutz der Drehmaschine.

e) Zur Entölung der Drehspäne.

TF 191

Was versteht man unter Recycling?

a) Die Verbilligung der Werkstoffe durch preisgünstigen Großeinkauf.

b) Die Sammlung, Aufarbeitung und Wiederverwendung von gebrauchten Stoffen.

c) Die Verschwendung von Werkstoffen.

d) Die Abtrennung des Kühlschmierstoffs von den Spänen.

e) Die Verwendung einer Umlaufschmierung.

TF 192

Der Umgang mit Schadstoffen erfolgt in einer sinnvollen Rangfolge verschiedener Maßnahmen. Bei welcher Auswahlantwort ist die Zuordnung des Beispiels zu der entsprechenden Maßnahme falsch dargestellt?

a) Entsorgung
  – Öl- bzw. Emulsionsnebel der Kühlschmierstoffe werden abgesaugt, abgeschieden und entsorgt.

b) Vermeidung
  – Werkstücke werden durch Kaltreiniger-Flüssigkeiten, z.B. Trichlorethylen, gereinigt.

c) Verminderung
  – Metallteile werden unter Verwendung lösungsmittelarmer Lacke lackiert.

d) Entsorgung
  – Die Abluft von Metallbetrieben mit schmutzintensiver Fertigung wird gereinigt. Giftige Stoffe werden entsorgt.

e) Verminderung
  – Metallteile werden unter Verwendung einer Pulverlackier-Anlage beschichtet.

4 Werkstofftechnik

4.1 Übersicht der Werk- und Hilfsstoffe

4.2 Auswahl und Eigenschaften der Werkstoffe

Fragen aus Fachkunde Metall, Seite 268

1

Ordnen Sie die Metalle Kupfer, Eisen, Titan, Zink, Magnesium, Blei und Aluminium in die Gruppen Leichtmetalle und Schwermetalle ein.

Leichtmetalle sind:
Titan, Magnesium, Aluminium.

Schwermetalle sind:
Kupfer, Eisen, Zink und Blei.

Zur Information:
Leichtmetalle haben eine Dichte von weniger als 5 kg/dm³, Schwermetalle von mehr als 5 kg/dm³.

2

Auf welchen Eigenschaften beruht die vielseitige Verwendung der Kunststoffe?

Die vielseitige Verwendung der Kunststoffe beruht auf ihren besonderen Eigenschaften:

● Geringe Dichte
● Elektrisch isolierend und wärmedämmend
● In Sorten von gummiartig bis formstabil und hart erhältlich.
● Beständig gegen viele Chemikalien

3

Aus welchen Werkstoffen könnten der Fräser und das bearbeitete Werkstück im gezeigten Bild bestehen? Begründen Sie Ihre Antwort.

Der Fräser besteht aus Werkzeugstahl.

Werkzeugstähle sind im gehärteten Zustand hart und verschleißfest. Sie eignen sich zum Spanen von Werkstoffen.

Das bearbeitete Werkstück besteht aus einem Gusseisenwerkstoff.

Begründung:
Bauteile mit komplizierten geometrischen Formen werden aus Gusseisenwerkstoffen gefertigt.

4

Ein Werkstück hat eine Masse von 6,48 kg und ein Volumen von 2,4 dm³.
a) Welche Dichte hat der Werkstoff des Werkstücks?
b) Um welchen Werkstoff könnte es sich handeln?

a) Aus der Beziehung $\varrho = \dfrac{m}{V}$ folgt:

$$\varrho = \frac{6{,}48 \text{ kg}}{2{,}4 \text{ dm}^3} = 2{,}7 \text{ kg/dm}^3$$

b) Es könnte sich um Aluminium handeln, da Aluminium eine Dichte von 2,7 kg/dm³ besitzt.

5

Beschreiben Sie das elastisch-plastische Verformungsverhalten eines Stahlstabs.

Biegt man einen Stahlstab nur wenig, so federt er nach Entlastung vollständig in seine Ausgangsform zurück. Er verformt sich rein elastisch.

Biegt man einen Stahlstab hingegen stark, so federt er nicht vollständig, sondern nur teilweise in seine Ausgangsform zurück (Bild).

Ein Teil der Verformung bleibt dauerhaft erhalten. Er hat sich teilweise plastisch verformt.

Dieses gemischte Verhalten nennt man ein elastisch-plastisches Verformungsverhalten.

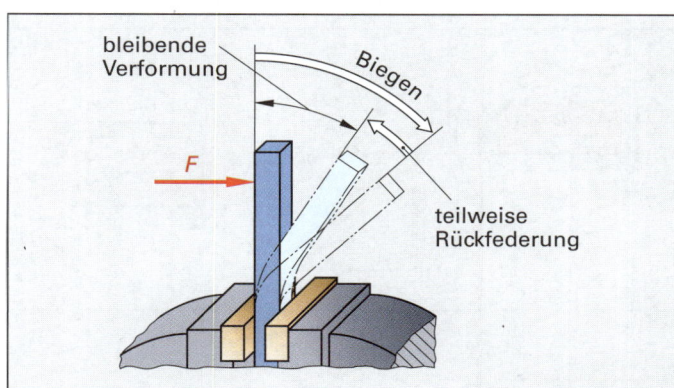

6

Was geben die Streckgrenze R_e und die Zugfestigkeit R_m eines Werkstoffs an?

Die **Streckgrenze R_e** gibt die Zugspannung an, die unmittelbar vor Beginn des Streckens im Werkstoff herrscht. Es ist die Zugspannung, die der Werkstoff ohne wesentliche plastische Verformung tragen kann.

Die **Streckgrenze R_e** wird in N/mm² angegeben, z.B. $R_e = 285$ N/mm².

Die **Zugfestigkeit R_m** ist die größte Zugspannung, die in einem Werkstoff herrschen kann.

Einheit der Zugspannung ist N/mm².

Beispiel: $R_m = 520$ N/mm²

Streckgrenze und Zugfestigkeit sind Kenngrößen, um die Belastbarkeit eines Werkstoffs beurteilen zu können. Sie dienen zur Berechnung der Abmessungen der Werkstücke und Bauteile.

7

Nennen Sie drei fertigungstechnische Eigenschaften. Erläutern Sie diese Eigenschaften an jeweils einem Werkstoff, der für dieses Fertigungsverfahren gut geeignet ist.

a) **Umformbarkeit**. Gut umformbar sind z.B. kohlenstoffarme Stähle. Sie eignen sich daher zum Biegeumformen (Bild).

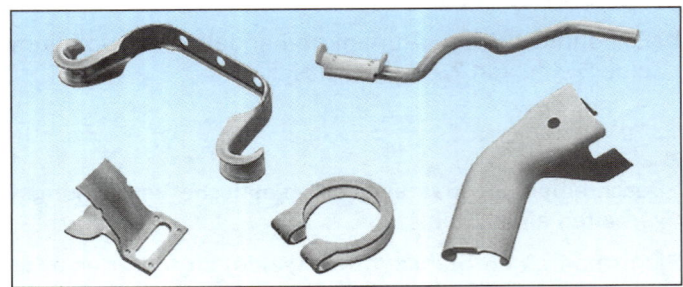

b) **Zerspanbarkeit**. Gut spanbar sind z.B. die Automatenstähle. Sie enthalten einen erhöhten Schwefel- und/oder Bleigehalt, der kurzbrechende Späne bewirkt.

c) **Härtbarkeit**. Gut härtbar sind z.B. die Werkzeugstähle. Sie werden nach der Formgebung zum Werkzeug in einem mehrschrittigen Prozess gehärtet (Bild).
Dadurch erhalten sie ihre hohe Gebrauchshärte und Verschleißfestigkeit.

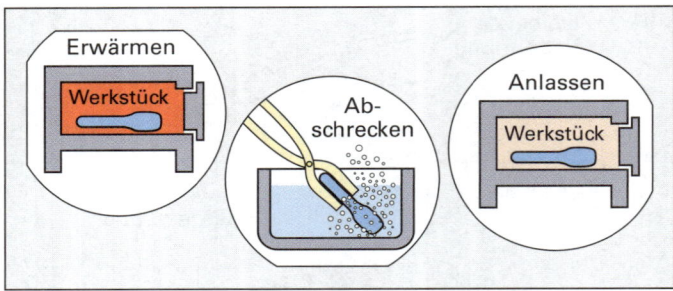

8

Wie kann die Korrosion von Metallteilen vermieden werden?

Die Korrosion von Metallteilen kann vermieden werden:

● Durch Auswahl eines korrosionsbeständigen Werkstoffs.

● Durch einen korrosionsschützenden Anstrich oder eine korrosionsschützende Beschichtung.

Ergänzende Fragen zu Eigenschaften und Auswahl der Werkstoffe

9

In welche drei Hauptgruppen teilt man die Werkstoffe ein?

Die Werkstoffe werden in Metalle, in Nichtmetalle und in Verbundwerkstoffe eingeteilt.

Metalle sind z.B. Eisen, Kupfer, Aluminium.
Zu den Nichtmetallen gehören z.B. Kunststoffe, Keramiken, Glas.
Verbundwerkstoffe sind z.B. Hartmetalle oder Schleifkörper.

10

Welches sind wichtige, in der Technik verwendete Hilfsstoffe?

Wichtige Hilfsstoffe sind:

Schmier- und Kühlschmierstoffe

Schleif- und Poliermittel

Reinigungs- und Löt-Hilfsmittel

Beschichtungs- und Treibstoffe.

Als Hilfsstoffe bezeichnet man Stoffe, die bei der Herstellung und Verarbeitung der Werkstoffe verbraucht werden oder zum Betreiben von Maschinen notwendig sind.

11

Welche Gesichtspunkte sind bei der Auswahl eines Werkstoffs für ein Bauteil maßgebend?

Die Auswahl eines Werkstoffs für ein bestimmtes Bauteil erfolgt nach mehreren Gesichtspunkten:

● Nach den mechanisch-technologischen, physikalischen und chemisch-technologischen Eigenschaften des Werkstoffs. Sie entscheiden, ob ein Werkstoff die Funktion des Bauteils und die an ihn gestellten Anforderungen erfüllen kann.

● Nach fertigungstechnischen Gesichtspunkten. Sie entscheiden, ob ein Werkstück mit einem bestimmten Fertigungsverfahren hergestellt werden kann.

● Nach wirtschaftlichen Überlegungen, wie z.B. dem Werkstoffpreis, den Fertigungskosten, den Hilfsstoffkosten, den Kosten der Abfallbeseitigung.

● Nach Gesichtspunkten des Umweltschutzes, wie z.B. Ungiftigkeit, umweltverträglicher Herstellung, Fertigung und Entsorgung sowie den Recyclingmöglichkeiten.

12

Nach welchen Formeln berechnet man die thermische Längenausdehnung und die Zugfestigkeit?

Thermische
Längenausausdehnung: $\Delta l = l_1 \cdot \alpha \cdot \Delta t$

Zugfestigkeit: $R_m = \dfrac{F_m}{S_0}$

13

Nennen Sie vier physikalische Eigenschaften und erläutern Sie ihre Bedeutung.

Die **Dichte** ϱ eines Stoffes gibt an, welche Masse ein Würfel eines Stoffes von 1 dm Kantenlänge hat.

Dichte $\varrho = \dfrac{m}{V}$

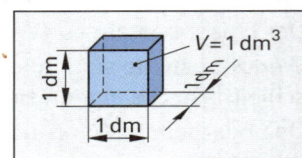

Sie ist ein Maß dafür, wie schwer ein Stoff ist.

Der **Schmelzpunkt** eines Stoffes ist die Temperatur, bei der er zu schmelzen beginnt.

Die **elektrische Leitfähigkeit** ist ein Maß für die Fähigkeit eines Stoffes, den elektrischen Strom zu leiten.

Die **thermische Längenausdehnung** gibt an, um welchen Betrag sich ein Körper bei Änderung seiner Temperatur verlängert.

14
Welche fertigungstechnischen Eigenschaften sind für die Auswahl der Werkstoffe wichtig?

Wichtige fertigungstechnische Eigenschaften sind: Gießbarkeit, Umformbarkeit, Zerspanbarkeit sowie die Schweißbarkeit.

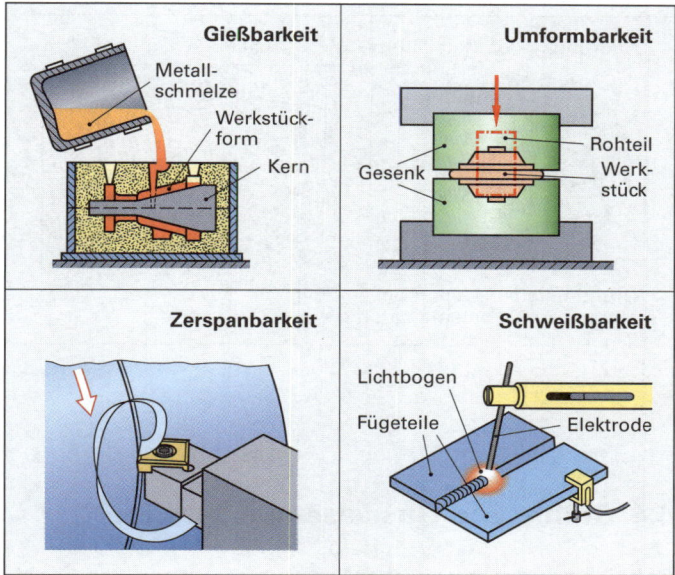

3
Welche drei Kristallgittertypen findet man bei den Metallen?

Bei den Metallen gibt es drei Gittertypen:

Das kubisch-raumzentrierte Kristallgitter

Das kubisch-flächenzentrierte Kristallgitter

Das hexagonale Kristallgitter

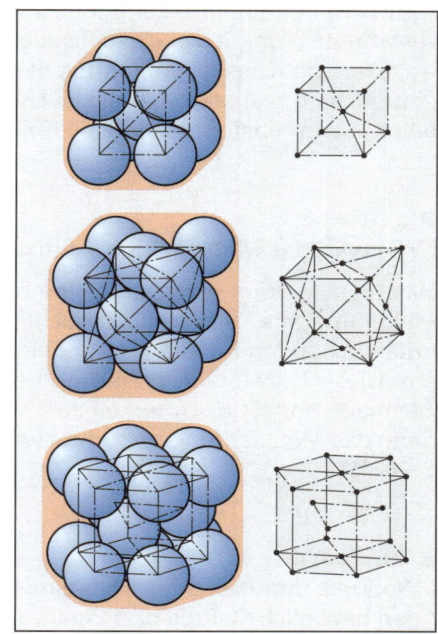

15
Welche gesundheitsschützende Vorsorge sollte beim Löten mit cadmiumhaltigem Weichlot getroffen werden?

Die Abluft muss abgesaugt und der Arbeitsraum muss gut gelüftet werden.
Wenn möglich sollten keine cadmiumhaltigen Weichlote verwendet werden.

4.3 Innerer Aufbau der Metalle
Fragen aus Fachkunde Metall, Seite 273

1
Was zeigt das Gefüge eines Metalls?

Das Gefüge eines Metalls zeigt (unter dem Metallmikroskop) die Gliederung des Werkstoffs in Körner und die als dünne Linien zwischen den Körnern verlaufenden Korngrenzen (Bild).

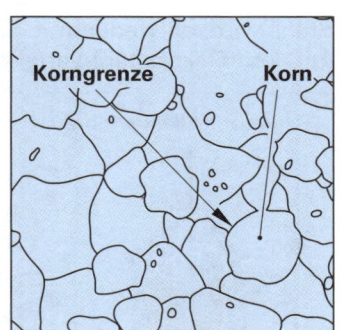

2
Wie sind die Metalle im atomaren Größenbereich aufgebaut?

Im atomaren Größenbereich sind die Metalle aus Metallatomen in regelmäßiger Anordnung aufgebaut (Bild). Sie werden von einer sie umgebenden Elektronenwolke fest zusammengehalten.

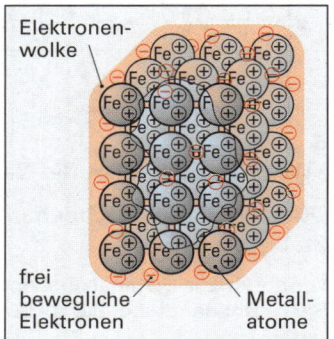

4
Welche Kristallbaufehler gibt es?

Lücken: Ein Gitterplatz im Kristallgitter ist unbesetzt.

Versetzungen: Eine ganze Lage von Metallatomen ist eingeschoben oder fehlt.

Fremdatome: Auf einem Gitterplatz oder in einem Zwischenraum sitzt ein artfremdes Metallatom.

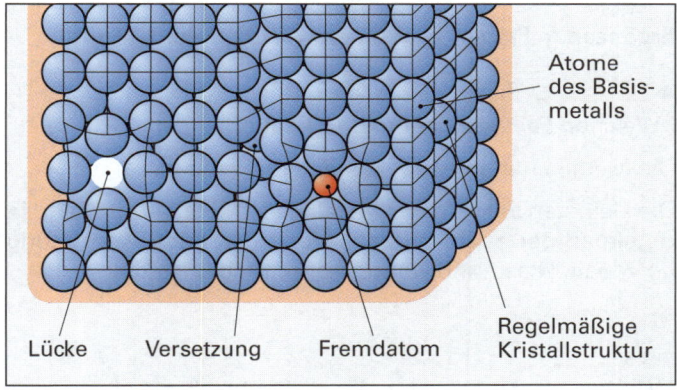

5
Worauf beruht die elastische und die plastische Verformbarkeit der Metalle?

Bei der **elastischen Verformung** werden die Metallatome nur geringfügig von ihrem Gitterplatz verschoben und federn bei Wegnahme der Kraft wieder in ihre Ausgangslage zurück.

Bei der **plastischen Verformung** werden die Metallatomlagen durch eine große Krafteinwirkung in eine andere stabile Anordnung verschoben. Diese Anordnung bleibt erhalten, auch wenn die Kraft weggenommen wird. Der Körper hat sich plastisch (bleibend) verformt.

6

Wie entsteht das Metallgefüge?

Das Metallgefüge entsteht beim Erstarren der Metall-schmelze. Zuerst lagern sich an vielen Stellen in der Schmelze einzelne Metallatome zu Kristallisationskeimen zusammen. Von diesen Kristallisationskeimen ausgehend wachsen die Kristalle weiter, bis die ganze Schmelze auf-gebraucht, d.h. erstarrt ist. Die Flächen, an denen die Kris-talle zusammenstoßen, sind die Korngrenzen.

7

Wie wird das Metallgefüge sichtbar gemacht?

Das Metallgefüge wird durch eine besondere Technik, die Metallographie, sichtbar gemacht. Eine Probe des zu untersuchenden Stoffes wird auf einer Seite plan geschlif-fen. Diese Fläche wird poliert und mit einem geeigneten Ätzmittel angeätzt. Unter einem Metallmikroskop kann dann das Metallgefüge betrachtet werden (Bild zu Frage 1, Seite 111).

8

Wodurch unterscheiden sich reine Metalle von Legierun-gen bezüglich Gefüge und Eigenschaften?

Die reinen Metalle haben ein einheitliches (homogenes) Gefüge und besitzen eine relativ geringe Festigkeit.

Legierungen bilden entweder ein einheitliches Mischkris-tall-Gefüge oder ein uneinheitliches (heterogenes) Kris-tallgemisch-Gefüge.

Legierungen haben gegenüber den reinen Metallen häu-fig verbesserte Eigenschaften: höhere Festigkeit, größere Härte, verbessertes Korrosionsverhalten.

Ergänzende Fragen zum inneren Aufbau der Metalle

9

Welchen Feinbau haben die Metalle?

Die Metalle haben einen kristallinen Feinbau.

Die kleinsten Teilchen der Metalle, die Metallatome, sind in regelmäßiger, sich immer wiederholender Anordnung gestapelt. Diese Anordnung nennt man kristallin.

10

Wodurch unterscheidet sich das kubisch-raumzentrierte vom kubisch-flächenzentrierten Gitter?

Beim kubisch-raumzentrierten Gitter befindet sich ein Metallatom in der Würfelmitte. Beim kubisch-flächenzen-trierten Gitter sitzen Metallatome auf der Flächenmitte der Würfelseiten (siehe Bild zu Frage 3, Seite 111).

Das dritte, bei Metallen häufig vorkommende Kristallgitter ist das hexagonale Kristallgitter. Es besteht aus einem sechseckigen Prisma.

11

Was ist eine Mischkristall-Legierung?

Eine Legierung, die im kristallinen Aufbau aus Mischkris-tallen besteht (Bild).

Bei Mischkristallen sind die Legierungselementteilchen gleich-mäßig im Kristallgitter des Grundmetalls verteilt.

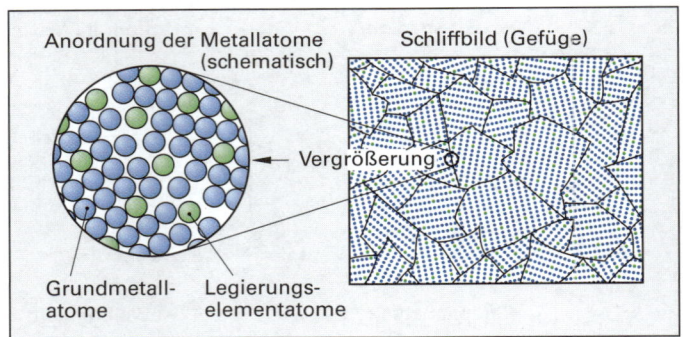

4.4 Stähle und Gusseisenwerkstoffe

Roheisen, Herstellung und Weiterverarbeitung von Stahl

Fragen aus Fachkunde Metall, Seite 277

1

Was versteht man unter dem „Frischen" des Stahls?

Unter Frischen versteht man die Umwandlung von Rohei-sen in Stahl durch Ausbrennen eines Teils des Kohlen-stoffs sowie der unerwünschten Eisenbegleiter.

Gefrischt wird z.B. durch Einblasen von Sauerstoff in die Roh-eisenschmelze.

2

Nach welchen Verfahren wird Stahl hergestellt?

Stahl wird entweder mit Sauerstoff-Blasverfahren oder mit dem Elektrostahl-Verfahren hergestellt.

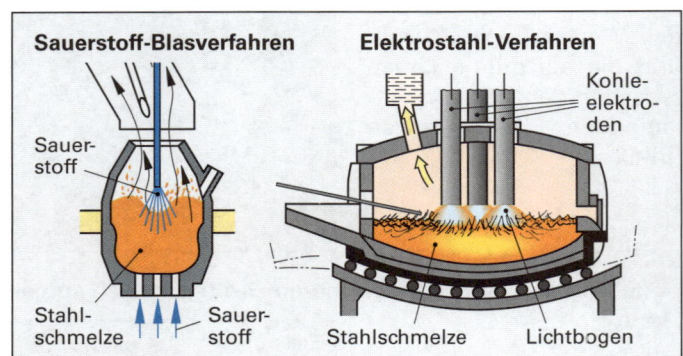

3

Welchen Zweck hat die Nachbehandlung des Stahls?

Durch die Stahlnachbehandlung wird die Qualität des Stahls gesteigert.

Verfahren zur Stahlnachbehandlung sind das Desoxidieren, die Spülgasbehandlung, die Vakuumentgasung und das Umschmel-zen.

4

Welche Auswirkung hat die Desoxidation auf das Stahlgefüge?

Durch die Desoxidation haben die Stähle nach dem Vergießen zu Blöcken ein gleichmäßiges Gefüge über den ganzen Blockquerschnitt.

Durch Desoxidieren (Beruhigen) wird den Stählen Sauerstoff entzogen. Daher sind sie alterungsbeständiger.

5

Wie wirkt sich die Vakuumbehandlung auf die Qualität des Stahls aus?

Vakuum-entgaste Stähle sind weitgehend frei von gelösten Gasen. Sie besitzen verbesserte Dehnbarkeit und Alterungsbeständigkeit.

Im Gegensatz dazu neigen nicht entgaste Stähle, z.B. durch einen hohen Wasserstoffgehalt, zu Sprödigkeit und Alterungsunbeständigkeit.

6

Welche Vorteile hat der Strangguss von Stahl gegenüber dem Blockguss?

Das Stranggießen hat gegenüber dem Vergießen in Kokillen (Blockguss) mehrere Vorteile:

- Der erzeugte Strang hat einen wesentlich geringeren Querschnitt als der Kokillenblock. Dadurch spart man Arbeitsgänge beim Walzen.
- Durch die rasche Abkühlung in der wassergekühlten Strangguss-Kokille erhält der Stahl ein feineres Gefüge.
- Der Werkstoffverlust durch den „verlorenen Kopf" (Kopflunker) ist wesentlich geringer als beim Kokillenguss.

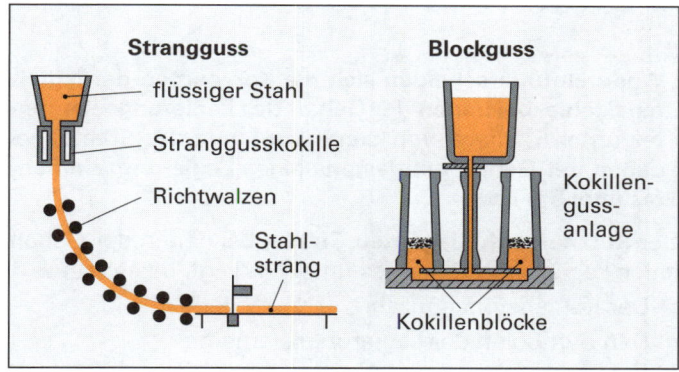

Ergänzende Fragen zur Herstellung von Stahl

7

Wie verändert sich die Zusammensetzung bei der Umwandlung von Roheisen in Stahl?

Der Kohlenstoffgehalt im Roheisen wird stark herabgesetzt, die unerwünschten Eisenbegleiter werden größtenteils entfernt.

Roheisen enthält 3% bis 5% Kohlenstoff und unerwünscht hohe Mengen an Silicium, Mangan, Schwefel und Phosphor.

8

Wie arbeitet das Sauerstoff-Blasverfahren (LD-Verfahren) zur Herstellung von Stahl?

Beim Sauerstoff-Blasverfahren wird reiner Sauerstoff mit einem Druck von 8 bar bis 12 bar in die Roheisenschmelze im Konverter geblasen (Bild zu Frage 2, vorhergehende Seite).

Er verbrennt die Eisenbegleiter Kohlenstoff, Phosphor und Schwefel in der Eisenschmelze. Dadurch wird aus dem Roheisen Stahl.

9

Welche Stahlsorten können mit dem Elektrostahl-Verfahren hergestellt werden?

Mit dem Elektrostahl-Verfahren können alle Stahlsorten hergestellt werden.

Besonders geeignet ist das Elektrostahl-Verfahren zur Herstellung hochschmelzender Stahlsorten, wie z.B. der nichtrostenden Stähle.

10

Warum wird bei der Stahlherstellung dem Stahlroheisen zusätzlich Stahlschrott beigemischt?

Bei den Sauerstoff-Blasverfahren dient der am Ende des Blasvorgangs zugegebene Stahlschrott zum Kühlen der Schmelze.

Beim Elektrostahl-Verfahren ist Stahlschrott neben Eisenschwamm und flüssigem Roheisen Ausgangsstoff der Stahlherstellung.

Außerdem werden durch die Wiederverwendung (Recycling) von Stahlschrott Rohstoffe und Energie gespart.

11

Was versteht man unter Desoxidation der Stahlschmelze?

Unter Desoxidation (Stahlberuhigen) versteht man eine geringe Zugabe von Silicium oder Aluminium zur Stahlschmelze vor dem Vergießen zu Blöcken oder Strängen.

Diese Elemente binden den beim Erstarren der Stahlschmelze frei werdenden Sauerstoff. Desoxidierte Stähle haben ein gleichmäßiges Gefüge und eine erhöhte Alterungsbeständigkeit.

12

Wie werden aus der flüssigen Stahlschmelze gelöste Gase entfernt?

Gelöste Gase werden durch Vakuumentgasung entfernt.

Dazu wird die Stahlschmelze in einem Gefäß unter Vakuum umgegossen (Bild). Die gelösten Gase entweichen dabei aus dem flüssigen Stahl.

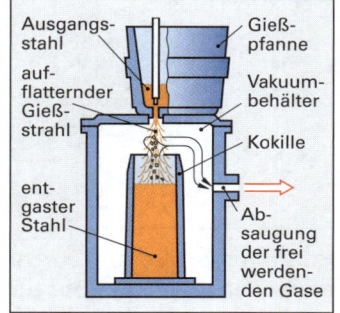

13

Wozu dient das Umschmelzverfahren?

Das Umschmelzverfahren dient zum Reinigen des Stahls.

Dazu wird ein Rohstahlblock in einer Kokille abgeschmolzen (Bild). Er tropft durch eine Reinigungsschlacke und erstarrt gereinigt zum Edelstahlblock.

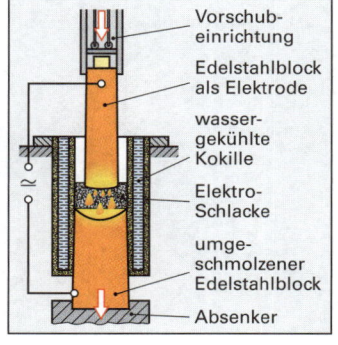

14

Was geschieht mit dem Stahl nach dem Frischen und der Nachbehandlung?

Er wird entweder in Kokillen zu Blöcken oder in Stranggussanlagen zu Strängen vergossen (siehe Bild zu Frage 6 auf vorheriger Seite).

Die Blöcke und Stränge dienen als Vormaterial für die weitere Verarbeitung des Stahls zu Halbzeugen.

Ergänzende Fragen zur Weiterverarbeitung von Stahl und Stahlerzeugnissen

15

Welche Vorteile hat das Warmwalzen gegenüber dem Kaltwalzen?

Beim Warmwalzen können in einem Walzgang größere Umformungen des Walzgutes als beim Kaltwalzen erzielt werden.

16

Wie verändert sich das Gefüge beim Warmwalzen und wie beim Kaltwalzen?

Beim Warmwalzen bildet sich nach jedem Walzschritt das Gefüge durch die hohe Warmwalz-Temperatur neu aus (Rekristallisation).
Beim Kaltwalzen wird das Gefüge verformt und bleibt in diesem Zustand.
Kaltgewalzte Halbzeuge sind deshalb durch die Gefügeverformung verfestigt, warmgewalzte nicht.

17

Wie werden geschweißte Rohre hergestellt?

Rohre mit einem Durchmesser bis 500 mm werden durch fortlaufendes Rundwalzen eines Stahlbandes in Bandrichtung zu einem Schlitzrohr und Verschweißen der geraden Schlitznaht hergestellt (Bild).

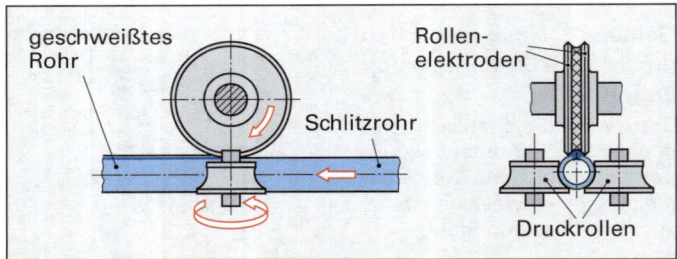

Rohre mit größerem Durchmesser werden aus Breitband entweder zu einem Rohr mit Längsnaht oder schraubenlinienförmiger Naht gebogen und die Fuge anschließend verschweißt (Bild). Abschließend wird die Schweißnaht geschliffen.

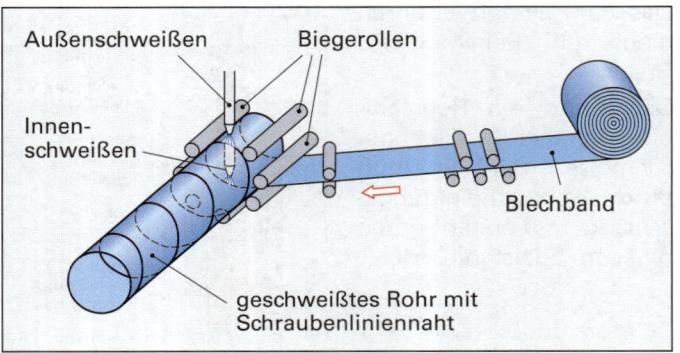

18

Welches sind die wichtigsten Legierungsmetalle für Stahl?

Chrom (Cr), Nickel (Ni), Mangan (Mn), Vanadium (V), Cobalt (Co), Wolfram (W), Molybdän (Mo), Aluminium (Al).

Das Bezeichnungssystem für Stähle

Fragen aus Fachkunde Metall, Seite 280

1

Wie sind die Kurznamen von Stählen nach dem Verwendungszweck aufgebaut?

Die Kurznamen nach dem Verwendungszweck bestehen aus einem Hauptsymbol und Zusatzsymbolen.

Das **Hauptsymbol** besteht aus Kennbuchstaben für die Stahlgruppe (z. B. S) sowie Zahlen, z.B. 235 zur Kennzeichnung der Streckgrenze.

Die **Zusatzsymbole** enthalten Buchstaben und Ziffern zur Kennzeichnung von Eigenschaften oder Verwendungen.

Beispiel: **S235 JR**

Hauptsymbol	**Zusatzsymbole**
Stahlbaustahl (S) mit 235 N/mm^2 Mindeststreckgrenze	JR: Kerbschlagarbeit 27 J bei + 20 °C

2

Wodurch unterscheiden sich die Kurznamen der legierten Stähle, bei denen der Gehalt des Legierungselementes unter 5% liegt, von den Kurznamen der Stähle, bei denen der Gehalt mindestens eines Legierungselementes über 5% liegt?

Der **Kurzname der legierten Stähle,** bei denen der Gehalt jedes Legierungselementes unter 5% liegt, besteht aus:
* Der Kohlenstoffkennzahl
* Den Symbolen der Legierungselemente
* Den mit Faktoren multiplizierten Gehalten der Legierungselemente.

Beispiel:
34CrMo4 ist ein legierter Vergütungsstahl mit 34 : 100 = 0,34% Kohlenstoff, 4 : 4 = 1% Chrom und nicht angegebenem Molybdängehalt.

Der **Kurzname der legierten Stähle,** bei denen der Gehalt mindestens eines Legierungselementes größer als 5% ist, besteht aus:
* Dem Kennbuchstaben X
* Der Kohlenstoffkennzahl
* Den Symbolen der Legierungselemente
* Den Gehalten der Legierungselemente in %.

Beispiel:
X37CrMoV5-1 ist ein legierter Werkzeugstahl mit 37 : 100 = 0,37% Kohlenstoff, 5% Chrom, 1% Molybdän und nicht angegebenem Vanadiumgehalt.

3

Ordnen Sie die folgenden Werkstoffbezeichnungen den richtigen Stahlgruppen zu: S355JR, 42CrMo4, X30Cr13.

S355JR: Stahl für den Stahlbau

42CrMo4:   Legierter Stahl, bei dem der Gehalt jedes Legierungselementes unter 5% bleibt.

X30Cr13:   Legierter Stahl, bei dem der Gehalt mindestens eines Legierungselementes größer als 5% ist.

Ergänzende Fragen zu Kurznamen und Werkstoffnummern der Stähle und Gusseisenwerkstoffe

4

Welchen Zweck haben die genormten Werkstoffbezeichnungen?

Durch die genormten Werkstoffbezeichnungen wird eine klare, eindeutige und kurze Bezeichnung des Werkstoffs erreicht.

Die Werkstoffe werden mit Kurzzeichen (Kurznamen) oder Werkstoffnummern bezeichnet.

5

Was kann aus dem Stahl-Kurznamen S355J0 abgelesen werden?

Unlegierter Baustahl mit 355 N/mm² Mindeststreckgrenze, Kerbschlagarbeit 27 J bei 0 °C (J0).

6

Welchen Kurznamen hat ein unlegierter Stahlbaustahl mit einer Mindeststreckgrenze von 275 N/mm² und einer Kerbschlagarbeit 27 J bei + 20 °C?

Der Kurzname lautet: S275JR

7

Welcher Stahl wird mit dem Kurznamen DD03T bezeichnet?

Der Kurzname DD03T bezeichnet einen Stahl für Flacherzeugnisse zum Kaltumformen.

Es bedeuten: Warmgewalzter Stahl für Flacherzeugnisse (DD), Eignungszahl 03, für Rohre (T).

8

Welche Stahlsorte und welche Merkmale können aus dem Kurznamen C45R abgelesen werden?

Es kann erkannt werden: Unlegierter Stahl mit einem Kohlenstoffgehalt 45 : 100 = 0,45% und einem vorgeschriebenen Bereich des Schwefelgehaltes (R).

9

Was bedeutet die Werkstoffkurzbezeichnung 36NiCrMo16?

Unlegierter Stahl mit 36 : 100 = 0,36% Kohlenstoff, 16 : 4 = 4% Nickel sowie geringem Chrom- und Molybdän-Gehalt.

10

Für welche Legierungselemente wird im Kurznamen bei legierten Stählen der Multiplikator 4 verwendet?

Der Multiplikator 4 wird bei den Legierungselementen Chrom (Cr), Cobalt (Co), Mangan (Mn), Nickel (Ni), Silicium (Si) und Wolfram (W) verwendet.

Neben dem Multiplikator 4 gibt es für andere Legierungselemente die Multiplikatoren 10 und 100.

11

Wie ist der Werkstoffkurzname der legierten Stähle zusammengesetzt, bei denen der Gehalt eines Legierungselementes größer 5% ist?

Der Kurzname besteht aus einem vorangestellten X, der Kohlenstoffkennzahl, den chemischen Kurzzeichen der Legierungselemente und den Prozentgehalten der Legierungselemente.

Beispiel: X5CrNiMo17-12-2 ist ein hochlegierter Stahl mit 0,05% Kohlenstoff, 17% Chrom, 12% Nickel und 2% Molybdän.

12

Wie lautet der Kurzname für einen legierten Stahl mit 0,5% Kohlenstoff, 20% Mangan, 14% Chrom und geringem Vanadiumgehalt?

Der Kurzname lautet: X50MnCrV20-14.

Legierungselemente, die nur mit geringen Anteilen vorhanden sind, werden ohne Prozentangabe genannt.

13

Welche Stahlsorte und welche Zusammensetzung kann aus dem Werkstoff-Kurznamen X38CrMoV5-1 abgelesen werden?

Es kann erkannt werden:
Legierter Stahl mit 38 : 100 = 0,38% Kohlenstoff, 5% Chrom, 1% Molybdän, geringer Vanadiumgehalt.

14

Wie ist der Kurzname der Schnellarbeitsstähle aufgebaut?

Der Kurzname der Schnellarbeitsstähle wird aus den Kennbuchstaben HS und den Prozentgehalten für die Legierungsmetalle in der Reihenfolge Wolfram, Molybdän, Vanadium und Cobalt gebildet.

Beispiel:
HS10-4-3-10 ist ein Schnellarbeitsstahl mit 10 % Wolfram, 4 % Molybdän, 3 % Vanadium und 10 % Cobalt.

Der Chromgehalt beträgt bei den Schnellarbeitsstählen etwa 4%, der Kohlenstoffgehalt liegt zwischen 0,7% und 1,4%.

Der Chrom- und der Kohlenstoffgehalt werden im Kurzzeichen nicht angegeben.

15

Wie lautet der Kurzname für Gusseisen mit Lamellengrafit (Grauguss), das eine Mindestzugfestigkeit von 300 N/mm² besitzt?

Der Kurzname nach DIN EN lautet: EN-GJL-300

Der frühere Kurzname war: GG-30

16

Wie setzen sich die Werkstoffnummern für Stähle zusammen?

Die Werkstoffnummern setzen sich zusammen aus der einstelligen Werkstoff-Hautgruppennummer, der vierstelligen Sortennummer und eventuell einer zweistelligen Anhängezahl.

Beispiel: Der Stahl S275J0 hat die Werkstoffnummer 1.0143.

Bei diesem Bezeichnungssystem werden alle Angaben über die Werkstoffe durch Zahlen ausgedrückt. Es ist deshalb besonders für die Datenverarbeitung geeignet.

17

Welche Kennzahl hat die Werkstoffhauptgruppe Stahl und Stahlguss in der Werkstoffnummer?

Die Werkstoffhauptgruppe Stahl und Stahlguss haben die Kennzahl 1.

Roh- und Gusseisen haben die Kennzahl 0,
Schwermetalle und ihre Legierungen die Kennzahl 2,
Leichtmetalle und ihre Legierungen die Kennzahl 3

18

Vergleichen Sie die gültigen mit den bisherigen Werkstoffnummern bei den Stählen.

Die Werkstoffnummer für Stähle besteht aus einer 5-ziffrigen Nummer.

Beispiel: 1.0038 für den Stahl S235JR

Sie ist gegenüber der bisherigen Werkstoffnummer für Stähle unverändert.

19

**Was bedeuten die folgenden Stahl-Kurznamen:
S235J0W, S460Q, E295, DX51D, C35E, 28Mn6, HS2-9-1-8?**

S235J0W

Stahlbaustahl mit 235 N/mm² Mindeststreckgrenze, 27 J Kerbschlagarbeit bei 0 °C (J0), wetterfest (W).

S460Q

Stahlbaustahl mit 460 N/mm² Mindeststreckgrenze, vergütet (Q).

E295

Maschinenbaustahl mit 295 N/mm² Mindeststreckgrenze.

DX51D

Warm- oder kaltgewalzter Stahl für Flacherzeugnisse zum Kaltumformen (DX), Kennzahl 51, für Schmelztauchüberzüge geeignet (D).

C45E

Unlegierter Stahl mit 45 : 100 = 0,45% Kohlenstoff (45) und vorgeschriebenem maximalen Schwefelgehalt (E).

28Mn6

Niedrig legierter Stahl mit 28 : 100 = 0,28% Kohlenstoff und 6 : 4 = 1,5% Mangan.

HS2-9-1-8

Schnellarbeitsstahl mit 2% Wolfram, 9% Molybdän, 1% Vanadium, 8% Cobalt.

20

**Welche Werkstoffe bezeichnen die nachfolgenden alten Stahl-Kurznamen?
USt37-2, Ck60, GTS-45-06, X6CrMo17, S12-1-4-5.**

(Diese Kurznamen sind nicht mehr normgerecht, sie sind aber häufig noch in Büchern und Herstellerkatalogen zu finden).

USt37-2

Unberuhigt vergossener allgemeiner Baustahl mit 37 · 9,81 N/mm² = 362,97 N/mm², gerundet 360 N/mm² Mindestzugfestigkeit, Stahlgütegruppe 2.

Ck60

Edelstahl mit niedrigem Phosphor- und Schwefel-Gehalt, 0,60% Kohlenstoff.

GTS-45-06

Schwarzer Temperguss mit 440 N/mm² Mindestzugfestigkeit (45 · 9,81 N/mm² = 441,45 N/mm², ergibt gerundet 440 N/mm²) und 6% Bruchdehnung.

X6CrMo17

Hochlegierter Stahl mit 0,06% Kohlenstoff, 17% Chrom und geringem Molybdängehalt.

S12-1-4-5

Schnellarbeitsstahl mit 12% Wolfram, 1% Molybdän, 4% Vanadium, 5% Cobalt.

21

Wie ist die Werkstoffnummer für Gusseisenwerkstoffe aufgebaut?

Die Werkstoffnummer für Gusseisenwerkstoffe besteht aus vier Buchstaben und einer vierstelligen Kennziffer.

Beispiel: EN-JL1030 für Gusseisen mit Lamellengrafit (JL) und der Kennziffer 1030. (Kurzname EN-GJL-200)

Früher hatten die Gusseisenwerkstoffe eine 5-ziffrige Werkstoffnummer.

Einteilung, Verwendung und Handelsformen der Stähle

Fragen aus Fachkunde Metall, Seite 284

1

Nach welchen Unterscheidungsmerkmalen werden die Stähle eingeteilt?

Die Stähle können nach unterschiedlichen Merkmalen eingeteilt werden:

- Nach der Zusammensetzung in **unlegierte Stähle, nichtrostende Stähle** und **andere legierte Stähle.**
- Nach der Reinheit und der Toleranz der Zusammensetzung in **Qualitätsstähle** und **Edelstähle.**

2

Wodurch unterscheiden sich die Edelstähle von den Qualitätsstählen?

Edelstähle besitzen eine größere Reinheit als Qualitätsstähle, d.h. weniger Eisenbegleitstoffe wie Phosphor, Schwefel, gelösten Wasserstoff und Sauerstoff. Außerdem haben sie eine genauere Zusammensetzung als die Qualitätsstähle.

Diese beiden Bedingungen bewirken bei Edelstählen eine geringere Schwankung der Eigenschaftswerte, insbesondere der gewährleisteten Härte- und Festigkeitswerte durch Härten und Vergüten.

3

Welche Hauptgüteklassen unterscheidet man bei den Stählen?

Man unterscheidet vier Hauptgüteklassen:
Unlegierte und legierte Qualitätsstähle
sowie
unlegierte und legierte Edelstähle.

4

Nennen Sie mindestens vier zu den Baustählen gehörende Stahlgruppen.

Zu den Baustählen gehören: unlegierte Baustähle, schweißgeeignete Feinkornbaustähle, Vergütungsstähle, Automatenstähle.

Weitere Baustähle sind: Einsatzstähle, Nitrierstähle, Nichtrostende Stähle, Druckbehälterstähle, Stähle für Stahlbleche.

5

Aus welchen Teilen besteht die Bezeichnung eines Stahlerzeugnisses?

Sie besteht aus dem Erzeugnisnamen, der Norm-Nummer, einem Erzeugnis-Kurzzeichen oder Maßangaben und dem Werkstoff-Kurznamen.

Beispiel: L - Profil EN 10056 – 80 × 40 × 6 – S235JR ist ein ungleichschenkliger Winkelstahl nach DIN EN 10056 mit folgenden Maßen: Höhe $a = 80$ mm, Breite $b = 40$ mm, Dicke $t = 6$ mm.
Werkstoff: Unlegierter Baustahl S235JR.

6

Nennen Sie je einen Kurznamen eines unlegierten Vergütungsstahls, eines legierten Einsatzstahls, eines Automatenstahls und eines Warmarbeitsstahls.

Unlegierter Vergütungsstahl:	C45E
Legierter Einsatzstahl:	16NiCr4
Automatenstahl:	10SPb20
Warmarbeitsstahl:	55NiCrMoV7

Ergänzende Fragen zur Einteilung, Verwendung und Handelsformen der Stähle

7

Wodurch sind die unlegierten Stähle, die nichtrostenden Stähle und die anderen legierten Stähle festgelegt?

Unlegierte Stähle sind Stahlsorten, bei denen bestimmte Grenzwerte der Gehalte an Legierungselementen nicht erreicht sind.

Nichtrostende Stähle enthalten mindestens 10,5% Chrom (Cr) und höchstens 1,2% Kohlenstoff (C).

Andere legierte Stähle sind Stahlsorten, bei denen wenigstens einer der Grenzwerte der unlegierten Stähle überschritten wird und die keine nichtrostenden Stähle sind.

8

Welche Eigenschaften müssen Baustähle haben?

Baustähle müssen Eigenschaften haben, die ihrem Verwendungszweck angepasst sind.

So ist z.B. für die unlegierten Baustähle die Zugfestigkeit im Anlieferungszustand und der niedrige Preis entscheidend.

Für die Feinkornbaustähle sind die hohe Streckgrenze und die Schweißeignung das Wichtigste.

Für die Vergütungsstähle sind die Vergütbarkeit auf hohe Streckgrenze und eine hohe Zähigkeit erforderlich.

9

Wozu werden die unlegierten Baustähle hauptsächlich verwendet?

Unlegierte Baustähle werden für normal beanspruchte Stahlkonstruktionen, einfache Maschinengestelle, Bleche, Stäbe, Nieten, Schrauben usw. verwendet.

Aus unlegierten Baustählen werden Bauteile hergestellt, die nicht für eine Wärmebehandlung vorgesehen sind.

10

Welche Zusammensetzung haben Einsatzstähle?

Einsatzstähle sind unlegierte oder niedrig legierte Stähle mit einem Kohlenstoffgehalt von weniger als 0,2%.

Beispiele für Einsatzstähle: C10E oder 17Cr3

Durch den niedrigen Kohlenstoffgehalt von weniger als 0,2% sind Einsatzstähle eigentlich nicht härtbar. Um sie härtbar zu machen werden sie zuerst in der Randzone aufgekohlt und dann gehärtet. Diese Behandlung heißt Einsatzhärten.

11

Welche Legierungselemente bewirken die besondere Eigenschaft der Automatenstähle?

Die Automatenstähle erhalten durch einen erhöhten Schwefelgehalt und/oder einen Bleigehalt ihre vorteilhafte Eigenschaft kurze Bröckelspäne zu bilden.

Beispiele für Automatenstähle: 10S20, 35SPb20.

12

Welche besonderen Eigenschaften haben die Vergütungsstähle?

Vergütungsstähle erhalten durch Vergüten eine Eigenschaftskombination aus hoher Festigkeit bei gleichzeitig hoher Zähigkeit.

Aus Vergütungsstählen werden hauptsächlich dynamisch belastete Bauteile gefertigt, wie z.B. Wellen, Bolzen, Schnecken, Zahnräder.

13

Welche Zusammensetzung haben die nichtrostenden Stähle?

Die nichtrostenden Stähle haben einen Chromgehalt von mindestens 10,5% und einen Kohlenstoffgehalt von höchstens 1,2%.

Beispiel:

X39CrMo17-1 ist ein härtbarer, nichtrostender Stahl mit 39 : 100 = 0,39% Kohlenstoff, 17% Chrom und 1% Molybdän.

14

Was versteht man unter Feinblech?

Feinbleche sind Bleche mit einer Dicke von weniger als 3 mm.

Feinbleche sind bevorzugt kaltgewalzt und können aus unlegiertem oder legiertem Stahl bestehen.

15

Auf welche Weise können die Werkzeugstähle unterteilt werden?

Werkzeugstähle können eingeteilt werden:

- Nach ihrer Zusammensetzung in unlegierte, legierte und hochlegierte Werkzeugstähle oder
- Nach ihrer zulässigen Arbeitstemperatur bei der Verwendung in Kaltarbeitsstähle, Warmarbeitsstähle und Schnellarbeitsstähle.
- Nach dem anzuwendenden Abschreckungsmittel beim Härten in Wasserhärter, Ölhärter und Lufthärter.

16

Bestimmen Sie mit Hilfe eines Tabellenbuches den Winkel der Schräge der Flansche eines U-Profils DIN 1026-1 – U120.

In Tabellenbüchern ist der Querschnitt von U-Profilstählen dargestellt (Bild).

Daraus kann abgelesen werden:

Der Winkel der Schräge eines U-Profilstahls U120 nach DIN 1026 beträgt 8%.

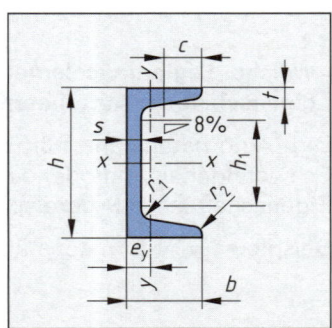

17

Welche Legierungselemente enthalten die Schnellarbeitsstähle?

Die Schnellarbeitsstähle enthalten die Eigenschaftsbestimmenden Legierungselemente Wolfram, Molybdän, Vanadium und Cobalt.

Aus den Kurznamen sind die Gehalte ablesbar.

Beispiel: HS6-5-2-6 enthält 6% Wolfram, 5% Molybdän, 2% Vanadium und 6% Cobalt.

Zusätzlich enthalten die Schnellarbeitsstähle rund 4% Chrom und 0,7 bis 1,4% Kohlenstoff. Diese Legierungselemente werden im Kurznamen nicht genannt.

18

Worum handelt es sich bei folgender Kurzbezeichnung?
80 kg Flach DIN 1017 – 60 x 14 – S235JR

Es handelt sich um eine normgerechte Kurzbezeichnung zur Bestellung von

80 kg Flachstahl nach DIN 1017, Breite 60 mm, Dicke 14 mm, aus unlegiertem Baustahl S235JR.

Gusseisenwerkstoffe

Fragen aus Fachkunde Metall, Seite 287

(Verwenden Sie zum Beantworten der Fragen die Fachkunde Metall oder ein Tabellenbuch.)

1

Erläutern Sie den Gusseisen-Kurznamen EN-GJL-200.

Gusseisen (GJ) mit Lamellengrafit (L) mit einer Mindestzugfestigkeit von 200 N/mm².

2

Entschlüsseln Sie die Gusseisen-Werkstoffnummer EN-JS1015.

Gusseisen (J) mit Kugelgrafit (S), Hauptmerkmal: Zugfestigkeit (1), Werkstoffkennziffer: 01, Schlagzähigkeit bei Tiefziehtemperatur (5).

Fragen aus Fachkunde Metall, Seite 290

1

Welche Eigenschaften verleihen die Grafitausscheidungen dem Gusseisen mit Lamellengraphit?

Der Lamellengrafit verleiht dem Gusseisen gute Gleiteigenschaften, leichte Zerspanbarkeit und hohes Schwingungsdämpfungsvermögen.

Nachteilig ist die Kerbwirkung der Grafitlamellen (Bild). Sie hat niedrige Festigkeitswerte und Sprödigkeit zur Folge.

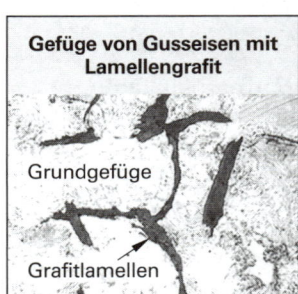

Gefüge von Gusseisen mit Lamellengrafit

Grundgefüge

Grafitlamellen

2

Welche Vorteile hat Gusseisen mit Kugelgrafit gegenüber Gusseisen mit Lamellengrafit?

Gusseisen mit Kugelgrafit (Bild) hat annähernd stahlähnliche Eigenschaften, wie z.B. Zähigkeit, hohe Festigkeit und Härtbarkeit.

Außerdem hat es den Vorteil der Formgebung durch Gießen, d.h. die Herstellung selbst kompliziertest gestalteter Werkstücke ist in einem Arbeitsgang möglich.

Gefüge von Gusseisen mit Kugelgrafit

Grundgefüge

Kugelgrafit

3

Erläutern Sie die Werkstoffbezeichnungen EN-GJL-300, EN-GJMW-400-5, GE240.

EN-GJL-300: Gusseisen mit Lamellengrafit mit einer Mindestzugfestigkeit von 300 N/mm².

EN-GJMW-400-5: Entkohlend geglühter Temperguss (Weißer Temperguss) mit einer Zugfestigkeit von 400 N/mm² und einer Bruchdehnung von 5%.

GE240: Stahlguss mit einer Zugfestigkeit von 240 N/mm².

4

Wodurch unterscheidet sich Weißer Temperguss von Schwarzem Temperguss?

Schwarzer Temperguss (EN-GJMB), auch „Nicht entkohlend geglühter Temperguss" genannt, hat eine schwarzgraue Bruchfläche.

Weißer Temperguss (EN-GJMW), auch „Entkohlend geglühter Temperguss" genannt, hat eine metallisch helle Bruchfläche.

Das Gefüge von Schwarzem Temperguss enthält flockenförmige Grafitausscheidungen (Temperkohle).

Weißer Temperguss hat ein stahlähnliches Gefüge (Ferrit-Perlit) ohne Grafitausscheidungen.

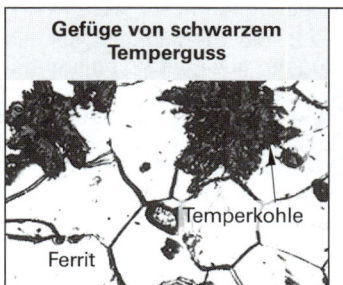

Gefüge von schwarzem Temperguss

Temperkohle

Ferrit

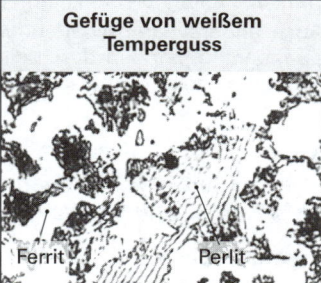

Gefüge von weißem Temperguss

Ferrit   Perlit

Ergänzende Fragen zu Gusseisenwerkstoffen

5

Welche Öfen werden zum Erschmelzen der Gusseisenwerkstoffe eingesetzt?

Es kommen verschiedene Öfen zum Einsatz:

Kupolöfen. Es sind Schachtöfen, in denen der Einsatz (Gießereiroheisen, Schrott, Koks, Zuschläge) durch den verbrennenden Koks niedergeschmolzen wird.

Lichtbogenöfen. Hier erhitzt ein Lichtbogen zwischen Grafitelektroden und dem Einsatz die Ofenfüllung. Die entstehende Wärme schmilzt den Einsatz nieder.

Induktions-Tiegelöfen. Sie bestehen aus einem Tiegelgefäß, in dem sich der Einsatz befindet, und einer den Tiegel umgebenden, Hochfrequenzstrom durchflossenen Kupferspule. Der Hochfrequenzstrom induziert im Einsatz Ströme, die den Einsatz erhitzen und niederschmelzen.

6

Wodurch unterscheiden sich die Gusseisenwerkstoffe von den Stahlwerkstoffen?

In der Zusammensetzung unterscheiden sie sich durch den Kohlenstoffgehalt, der bei Eisen-Gusswerkstoffen 2,5% bis 3,6% beträgt, während er bei Stahl meist zwischen 0,1% und 1,5% liegt.

Bezüglich der Eigenschaften sind Gusseisenwerkstoffe meist spröd-hart, während die Stähle hartelastische Werkstoffe sind.

7

Welche Teile werden aus Gusseisen mit Kugelgrafit gefertigt?

Gusseisen mit Kugelgrafit ist geeignet für hochbelastete Bauteile, die aus einem hochfesten und zähen Werkstoff bestehen müssen und deren schwierige geometrische Form am wirtschaftlichsten durch Gießen herstellbar ist.

Bauteile, die aus Gusseisen mit Kugelgrafit gefertigt werden, sind z.B. Turbinengehäuse und Kurbelwellen.

8

Wozu wird Temperguss verwendet?

Temperguss wird vor allem für kleine bis mittelgroße Massenteile im Maschinen- und Fahrzeugbau verwendet.

Man fertigt daraus z.B. Hebel, Griffe, Schaltgabeln, Pleuelstangen und Fittings.

9

**Ordnen Sie die Werkstoffe
EN-GJS-500-7 (früher GGG-50),
GS-45,
EN-GJMW-400-5 (früher GTW-40-05)
EN-GJL-250 (früher GG-25)
den Bauteilen Rohrformstück, Getriebegehäuse, Werkzeugschlitten und Schraubstock zu und begründen Sie Ihre Zuordnung.**

EN-GJS-500-7 (GGG-50): ⇒ Getriebegehäuse

Begründung: Gusseisen mit Kugelgrafit besitzt ausreichende Festigkeit und Bruchdehnung.

GS-45: ⇒ Schraubstock

Begründung: Stahlguss hat eine hohe Festigkeit und Zähigkeit, so dass große Kräfte sowie Schläge ohne Bruch ertragen werden.

EN-GJMW-400-5 (GTW-40-05): ⇒ Rohrformstück

Begründung: Aus Temperguss können kostengünstig kleine, dünnwandige Massen-Gussteile mit hoher Festigkeit und Zähigkeit hergestellt werden.

EN-GJL-250 (GG-25): ⇒ Werkzeugschlitten

Begründung: Gusseisen mit Lamellengrafit besitzt gute Gleiteigenschaften und dämpft Schwingungen.

4.5 Nichteisenmetalle (NE-Metalle)

Leichtmetalle

Fragen aus Fachkunde Metall, Seite 292

1

Welche Dichte haben die NE-Metalle Aluminium, Magnesium und Titan?

Aluminium: Dichte 2,7 kg/dm³
Magnesium: Dichte 1,8 kg/dm³
Titan: Dichte 4,5 kg/dm³

2

Welche Al-Werkstoffe eignen sich besonders für hoch belastbare Bauteile?

Für hoch belastbare Bauteile eignen sich besonders die aushärtbaren Al-Knetlegierungen.

3

Was kann aus dem Kurznamen der Al-Legierung EN AW-Al Zn5Mg3Cu abgelesen werden?

Es handelt sich um eine Al-Knetlegierung mit 5% Zink, 3% Magnesium und nicht genanntem Kupferanteil.

4

Welche besonderen Eigenschaften haben die Magnesiumwerkstoffe bzw. die Titanwerkstoffe?

Magnesiumwerkstoffe:

Sie haben die geringste Dichte der metallischen Werkstoffe: 1,8 kg/dm³ bis 2,0 kg/dm³. Ansonsten haben sie eine mittlere Festigkeit und eine gute Korrosionsbeständigkeit.

Titanwerkstoffe:

Sie haben eine geringe Dichte (4,5 kg/dm³), sie sind hochfest sowie zäh und sind korrosionsbeständig.

Ergänzende Fragen zu den Leichtmetallen

5

Welche Dichte und welchen Schmelzpunkt hat Aluminium?

Dichte: 2,7 kg/dm³, Schmelzpunkt: 658 °C.

Aluminium ist ein Leichtbauwerkstoff, seine Dichte beträgt rund 1/3 der Dichte von Stahl. Wegen des niedrigen Schmelzpunktes dürfen Al-Werkstücke nicht zu stark erwärmt werden.

6

Wie ist der Kurzname von Aluminiumwerkstoffen aufgebaut?

Er besteht aus dem Vorzeichen EN AW für Al-Knetwerkstoffe oder EN AC für Al-Gusswerkstoffe. Nach einem Bindestrich folgt das Symbol Al und die Symbole der Legierungselemente und deren Gehalte in Prozent. Nach einem weiteren Bindestrich kann zusätzlich der Behandlungszustand angegeben sein.

Beispiel: EN AW - Al Mg3-H112 ist ein Al-Knetwerkstoff mit 3% Magnesium, Behandlungszustand H112 (geringfügig kaltverfestigt).

7

In welche Gruppen werden die Aluminiumlegierungen unterteilt?

Aluminiumlegierungen unterteilt man in Knetlegierungen und Gusslegierungen.

Weiter lassen sich noch unterscheiden: aushärtbare und nichtaushärtbare Aluminiumlegierungen. Aushärtbar können sowohl Knet- als auch Gusslegierungen sein.

8

Wozu werden Aluminium-Knetlegierungen und wozu Aluminium-Gusslegierungen verarbeitet?

Al-Knetlegierungen werden zu Stangen, Profilen, Blechen, Drähten und Pressteilen (Bild) verarbeitet, aus denen durch spanlose oder spanende Formung das fertige Werkstück entsteht.

Al-Gusslegierungen werden durch Gießen zu kompliziert geformten Werkstücken, wie z.B. Gehäusen, verarbeitet.

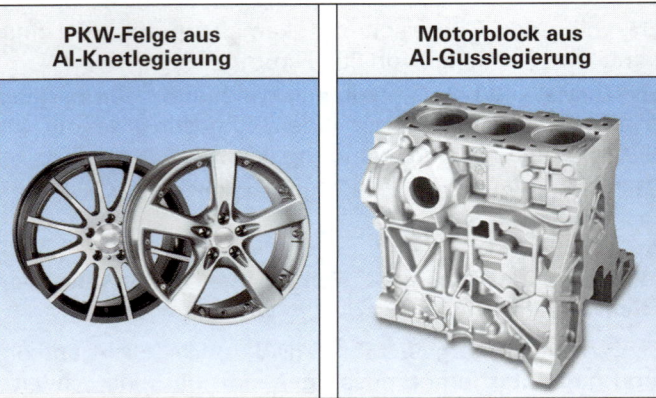

PKW-Felge aus Al-Knetlegierung	Motorblock aus Al-Gusslegierung

9

Welches sind die wichtigsten Legierungsmetalle für Aluminium?

Die wichtigsten Legierungsmetalle für Aluminium sind: Magnesium, Kupfer, Silicium, Zink, Mangan und Blei.

Durch das Legieren wird vor allem die Festigkeit und die Korrosionsbeständigkeit der Aluminiumlegierungen verbessert.

Auch andere Eigenschaften, wie z.B. die Gießbarkeit oder die Spanbarkeit, können durch die Zugabe geeigneter Legierungselemente beeinflusst werden.

10

Wie lautet der Kurzname einer Al-Knetlegierung mit 4% Kupfer und 1% Magnesium?

Er lautet: EN AW-Al Cu4Mg1

11

Was kann man aus dem Kurznamen EN AC-Al Si12 ablesen?

Es handelt sich um eine Aluminium-Gusslegierung (EN AC) mit 12% Silicium (Si12).

12

Welche Informationen kann man aus dem Kurznamen EN AW-7020 [AlZn4,5Mg1] ablesen?

Der numerische Kurzname der Legierung ist EN AW-7020.

Es handelt sich um eine Knetlegierung mit 4,5% Zink und 1% Magnesium.

13

Welche Legierungselemente bewirken die Aushärtung bei Al-Legierungen?

Kupfer, Zink sowie Magnesium mit Silicium.

Durch das Aushärten kann die Festigkeit um mehr als das Doppelte gesteigert werden.

14

Wie werden Aluminiumlegierungen ausgehärtet?

Sie werden einer Wärmebehandlung aus Lösungsglühen, Abschrecken und Auslagern unterzogen.

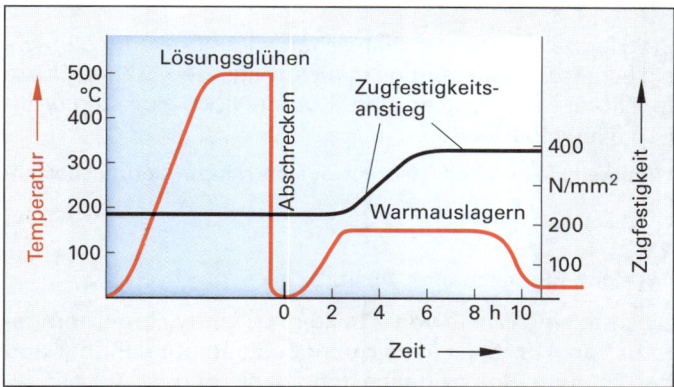

15

Unter welchen Spanungsbedingungen lassen sich Aluminium-Werkstoffe zerspanen?

Es muss mit hoher Schnittgeschwindigkeit ($v_c > 90$ m/min) gespant werden, die Werkzeuge müssen große Spanwinkel und große Spanlücken sowie große Zahnteilungen haben.

Besonders zum Spanen geeignet sind Automaten-Aluminiumlegierungen mit Zusätzen von Blei (Pb), Zinn (Sn), Cadmium (Cd) und Wismuth (Bi).

16

Wie groß sind die Dichte und die Festigkeit der Magnesiumlegierungen?

Dichte: rund 1,8 kg/dm³,
Festigkeit: 160 N/mm² bis 280 N/mm².

Magnesiumlegierungen sind die leichtesten metallischen Konstruktionswerkstoffe.

17

Womit wird Magnesium hauptsächlich legiert?

Magnesium wird meistens mit Aluminium, Zink, Mangan und Silicium legiert.

Man erzielt dadurch Festigkeiten bis 280 N/mm² bei Bruchdehnungen von 2% bis 12%.

18

Welche Festigkeitseigenschaften haben Titan-Legierungen?

Sie haben Zugfestigkeiten von 540 N/mm² bis 1320 N/mm² bei Bruchdehnungen von 16% bis 4%.

In Verbindung mit ihrem geringen Gewicht eignen sie sich deshalb für hochbelastete Bauteile von Flugzeugen.

19

Wofür verwendet man Titanwerkstoffe?

Haupteinsatzgebiet der Titanwerkstoffe sind hoch belastete Bauteile von Luft- und Raumfahrzeugen, wie z.B. Rotoren, Fahrgestelle, Triebwerkteile, Rumpfteile (Bild).

Wegen des hohen Materialpreises und der schwierigen Verarbeitung werden Titanwerkstoffe nur für Sonderzwecke eingesetzt.

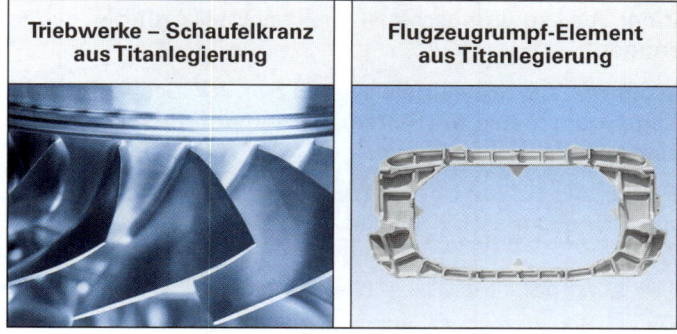

| Triebwerke – Schaufelkranz aus Titanlegierung | Flugzeugrumpf-Element aus Titanlegierung |

20

Was ist bei der spanenden Bearbeitung von Magnesium- und Titanlegierungen zu beachten?

Magnesium-Legierungen sind mit Werkzeugen mit großem Spanwinkel (15° bis 20°) und hoher Schnittgeschwindigkeit zu spanen.

Titanlegierungen werden mit großer Schnitttiefe, mittleren Vorschüben und niedriger Schnittgeschwindigkeit gespant.

Mg-Legierungen werden wegen der Brandgefahr beim Spanen mit wasserfreien Kühlschmierstoffen gekühlt.

Schwermetalle

Fragen aus Fachkunde Metall, Seite 295

1

Welche Angaben enthalten die Kurznamen von Kupferlegierungen?

Die Kurznamen der Kupferlegierungen enthalten das chemische Symbol des Kupfers und danach die Symbole der wesentlichen Legierungselemente mit Gehaltsangaben in Prozent.

Beispiel: **CuNi18Zn20** ist eine Kupferlegierung mit 18% Nickel und 20% Zink.

2

Nennen Sie zwei Arten von Kupferlegierungen mit je einer konkreten Legierung und ihren Eigenschaften.

- Kupfer-Zink-Legierungen, z.B. CuZn37.
  Diese Legierungen sind gut kalt und warm verformbar, gut zerspanbar, gut polierbar.

- Kupfer-Zinn-Legierungen, z.B. CuSn8.
  Diese Legierungen haben hohe Festigkeit und Eignung als Federwerkstoff, gute Korrosionsbeständigkeit, gute Gleiteigenschaften.

3

Welche Schwermetalle bzw. Schwermetalllegierungen eignen sich für Gleitlager?

Für Gleitlager eignen sich verschiedene Kupferlegierungen wie z.B. CuSn8P, CuPb9Sn5, CuSn12Pb2, CuZn31Si1, CuZn37Mn2Al2Si.

4

Wofür werden die folgenden Schwermetalle eingesetzt: Kupfer, Chrom, Zinn, Wolfram, Platin?

Kupfer: Für elektrische Leitungen, für Wärmetauscherrohre, als Legierungsmetall.

Chrom: Für Chrombeschichtungen, als Legierungsmetall für Stähle.

Zinn: Als Legierungsmetall für Weichlote (Zinn-Blei-Legierungen).

Wolfram: Als Schweißelektroden zum WIGSchweißen, als Legierungsmetall für Stähle, als Hartstoff-Bestandteil der Hartmetalle.

Platin: Als Schutzrohr für Thermoelemente, als Beschichtung für elektrische Kontakte.

Ergänzende Fragen zu den Schwermetallen

5

Welche Eigenschaften besitzt Kupfer?

Kupfer ist weich, dehnbar und hat eine geringe Festigkeit. Es besitzt sehr gute Leitfähigkeit für Elektrizität und Wärme, ist korrosionsbeständig und ergibt mit anderen Metallen technisch wertvolle Legierungen.

6

Was bedeuten die folgenden Kurzzeichen: CuZn38Mn1Al und CuZn40Pb2?

CuZn38Mn1Al ist eine Kupfer-Zink-Legierung (Messing) mit 38% Zink, 1% Mangan und geringem Aluminiumgehalt.

CuZn40Pb2 ist eine Kupfer-Zink-Legierung (Messing) mit 40% Zink und 2% Blei.

7

Durch welche Maßnahmen kann die Härte von Kupfer-Zink-Legierungen (Messing) erhöht werden?

CuZn-Legierungen können durch Kaltumformen (Walzen, Ziehen, Hämmern usw.) kaltverfestigt werden.

Harte Messingbleche können aus derselben Legierung bestehen wie weiche. Sie haben ihre Härte durch das Kaltwalzen erhalten.

8

Wodurch wird hart gewordenes Messing wieder weich?

Durch Glühen bei etwa 600 °C.

Soll hartes Messing z. B. kalt umgeformt werden, so muss es vorher weichgeglüht werden.

9

Durch welche Eigenschaften zeichnen sich Kupfer-Zinn-Legierungen (Bronze) gegenüber Kupfer-Zink-Legierungen (Messing) aus?

Durch höhere Zug- und Verschleißfestigkeit, bessere Gleiteigenschaften und Korrosionsbeständigkeit.

Kupfer-Zinn-Legierungen eignen sich für Gleitteile und Lagerbuchsen sowie für Federn und federnde Elektrokontakte, die korrosionsbeständig sein müssen (Bilder rechts oben).

Lagerbuchsen aus CuSn8P

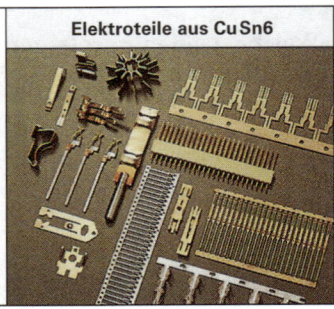

Elektroteile aus CuSn6

10

Wozu wird Nickel verwendet?

Zur Herstellung von galvanischen Nickelüberzügen sowie als Legierungsbestandteil in nichtrostenden Stählen, Kupfer-Nickel-Legierungen und Kupfer-Nickel-Zink-Legierungen (Neusilber).

Vernickelte Teile sehen dekorativ aus und sind witterungsbeständig.

11

Welche Eigenschaften besitzt Zink?

Zink hat eine Dichte von 7,14 kg/dm^3, eine Schmelztemperatur von 418 °C, ist in warmem Zustand gut dehnbar und besitzt gute Korrosionsbeständigkeit gegen Atmosphäreneinflüsse.

Da Zinkverbindungen giftig sind, dürfen Nahrungsmittel nicht in Zinkgefäßen oder verzinkten Gefäßen aufbewahrt werden.

12

Wozu wird Zink verarbeitet?

Bevorzugte Einsatzgebiete von Zink sind:
- Beschichtungsmetall für Stahlbauteile
- Legierungselement
- Basismetall für Zink-Druckgusslegierungen.

Eine besondere Eigenschaft von Zink ist die Möglichkeit, Stahlbauteile durch Tauchen in flüssigem Zink mit einer dünnen Zinkschicht zu beschichten (Feuerverzinken).

13

Welche Eigenschaften haben Werkstücke aus Zink-Druckgusslegierungen?

Werkstücke aus Zink-Druckgusslegierungen sind korrosionsbeständig sowie maßgenau und haben eine hohe Oberflächengüte sowie eine mittlere Festigkeit.

Durch Druckgießen können sehr dünnwandige und feingliedrige Bauteile aus Zink-Druckgusslegierungen hergestellt werden.

14

Welches sind die wichtigsten Zinnlegierungen?

Wichtige Zinnlegierungen sind die Zinn-Blei-Lote (Weichlote) und die Zinn-Blei-Lagermetalle.

Zinn-Blei-Legierungen (Weißmetalle) mit bis zu 90% Zinn (Lg-Sn90) eignen sich für Gleitlager, die auf Schlag und Stoß beansprucht werden.

15

Welches sind die wichtigsten Legierungs-Schwermetalle?

Wolfram (W), Molybdän (Mo), Chrom (Cr), Mangan (Mn), Vanadium (V) und Cobalt (Co).

Weniger häufig sind Legierungen mit Tantal (Ta), Cadmium (Cd) oder Wismut (Bi).

4.6 Sinterwerkstoffe

Fragen aus Fachkunde Metall, Seite 297

1

Was versteht man unter Sintern?

Sintern ist eine Wärmebehandlung vorgepresster Rohlinge aus Metallpulver, um daraus Formteile herzustellen.

Dabei Verschweißen die Pulverteilchen an den Berührungsstellen zu einem festen Werkstoff. Aus den Rohlingen, die aus gepressten Pulverteilchen bestehen, werden durch Sintern die Formteile.

2

Wie heißen die Fertigungsstufen zur Herstellung von Sinter-Formteilen?

Die Fertigungsstufen für Sinter-Formteile sind (Bild):
1. Herstellung der Metallpulver
2. Zusammenstellen und Mischen der Metallpulver
3. Pressen der Rohlinge aus dem Metallpulver
4. Sintern der Presslinge zu Formteilen.

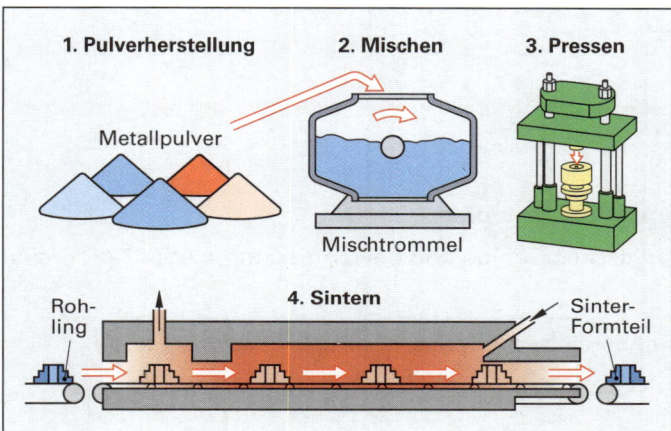

Bei besonders hoher Anforderung an die Maßgenauigkeit und die Oberflächengüte werden die Sinter-Formteile anschließend noch kalibriert.

Werkstücke, die hohe mechanische Belastungen tragen müssen, werden zusätzlich sintergeschmiedet, d.h. bei Rotglut in einem Schmiedegesenk gepresst.

3

Welche Vorteile haben gesinterte Teile?

- Massenteile sind preisgünstig herzustellen.
- Sie brauchen nach dem Sintern entweder überhaupt nicht oder nur geringfügig nachgearbeitet werden.
- Die gewünschten Werkstoffeigenschaften können durch entsprechende Pulvermischungen eingestellt werden.
- Je nach Anforderung können Bauteile mit dichtem Gefüge (für Sinterformteile, wie Hebel, Zahnräder) oder mit hohem Porenanteil (für Filter oder tränkbare Lager) gefertigt werden.

4

Wie werden pulvermetallurgische Werkzeugstähle hergestellt?

Der Ausgangsstoff für die pulvermetallurgischen Werkzeugstähle, eine Metallpulvermischung mit der gewünschten Zusammensetzung des späteren Werkzeugstahls, wird in Stahlbehälter eingeschweißt.

Diese werden evakuiert und bei Temperaturen von 1000 °C bis 1100 °C und Drücken von etwa 1000 bar in Heißpressen zu porenfreien Blöcken verdichtet. Dieses Material wird warmgewalzt. Daraus werden die Werkzeuge gefertigt.

Ergänzende Fragen zu Sinterwerkstoffen

5

Bei welchen Temperaturen erfolgt das Sintern?

Das Sintern erfolgt bei 60 bis 80% der Schmelztemperatur des Sinterwerkstoffs. Die Sintertemperaturen betragen bei Sinterstahl 1000 bis 1300 °C, bei Sinterkupferlegierungen 600 bis 800 °C.

6

Welche Teile können *nicht* durch Sintern hergestellt werden?

Es können keine großen Werkstücke und keine Werkstücke mit quer zur Pressrichtung liegenden Bohrungen, Einstichen oder mit Gewinden hergestellt werden.

Durch Sintern werden deshalb vor allem Kleinteile hergestellt. Quer zur Pressrichtung liegende Bohrungen und Einschnitte sowie Gewinde müssen durch spanende Formung nach dem Sintern gefertigt werden.

7

Nennen Sie Bauteile, die aus Sinterwerkstoffen hergestellt werden.

- Aus Sinterstahl: Massenformteile, wie z.B. Zahnräder, Zahnriemenscheiben, Hebel, Beschläge (Bild).
- Aus Sintermessing: Hochporöse Metallfilter (Bild).
- Aus Sinter-Werkzeugstahl: Werkzeuge (Bild).
- Aus Kupfer-Zinn-Legierungen oder Sinterstahl: Schmierstoffgetränkte Sintergleitlager.

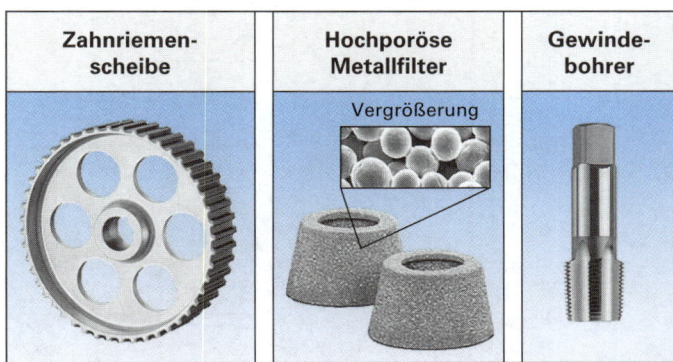

4.7 Keramische Werkstoffe

Fragen aus Fachkunde Metall, Seite 299

1

Welche besonderen Eigenschaften haben die keramischen Werkstoffe?

Keramische Werkstoffe besitzen eine gleitfähige Oberfläche mit großer Härte und Verschleißfestigkeit, sind temperaturbeständig und korrosionsbeständig. Sie haben außerdem eine geringe Dichte und sind elektrisch isolierend.

2

| Wozu verwendet man gesintertes Aluminiumoxid?

Aus Aluminiumoxid-Keramik werden Schneidplatten (Bild), Gleitringdichtungsringe, Biegerollen, Fadenführungen, Dichtscheiben und ähnliche Bauteile gefertigt.

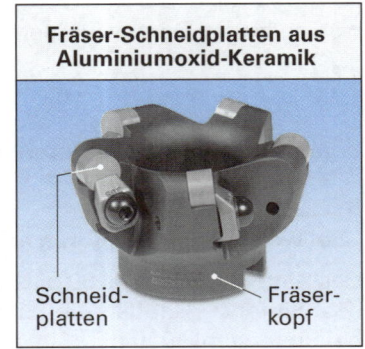

Fräser-Schneidplatten aus Aluminiumoxid-Keramik

Schneidplatten   Fräserkopf

3

| Warum beschichtet man Stahlbauteile mit einer Keramikschicht?

Die Keramikschicht verleiht den Stahlbauteilen die positiven Oberflächeneigenschaften der keramischen Werkstoffe: Große Härte, Druckbelastbarkeit, Verschleißfestigkeit, Chemikalienbeständigkeit, elektrische Isolation.

Dadurch erhält man Bauteile mit den kombinierten Eigenschaften beider Werkstoffe: der Festigkeit und Schlagbelastbarkeit des Stahlkerns sowie der Härte, Verschleißfestigkeit und Korrosionsbeständigkeit der keramischen Beschichtung.

Ergänzende Frage zu den keramischen Werkstoffen

4

| Welche Bauteile werden aus Siliciumnitrid-Keramik gefertigt?

Aus Siliciumnitrid-Keramik fertigt man Wälzkörper, Kugeln und Laufringe für Lager (Bild), Gleitringe für Gleitringdichtungen und Werkzeuge für die Gussbearbeitung.

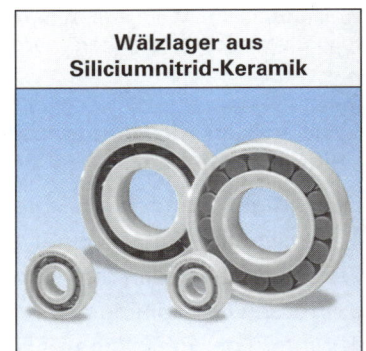

Wälzlager aus Siliciumnitrid-Keramik

4.8 Wärmebehandlung der Stähle

Fe-C-Zustandsdiagramm und Gefügearten

Fragen aus Fachkunde Metall, Seite 302

1

| Welches Gefüge hat Stahl mit 0,8% Kohlenstoff bei Temperaturen über bzw. unter 723 °C?

Stahl mit 0,8% Kohlenstoff hat bei Temperaturen unter 723 °C perlitisches Gefüge und bei Temperaturen über 723 °C austenitisches Gefüge.

Eisen-Kohlenstoff-Zustandsdiagramm und Gefügebereiche kohlenstoffhaltiger Eisenwerkstoffe

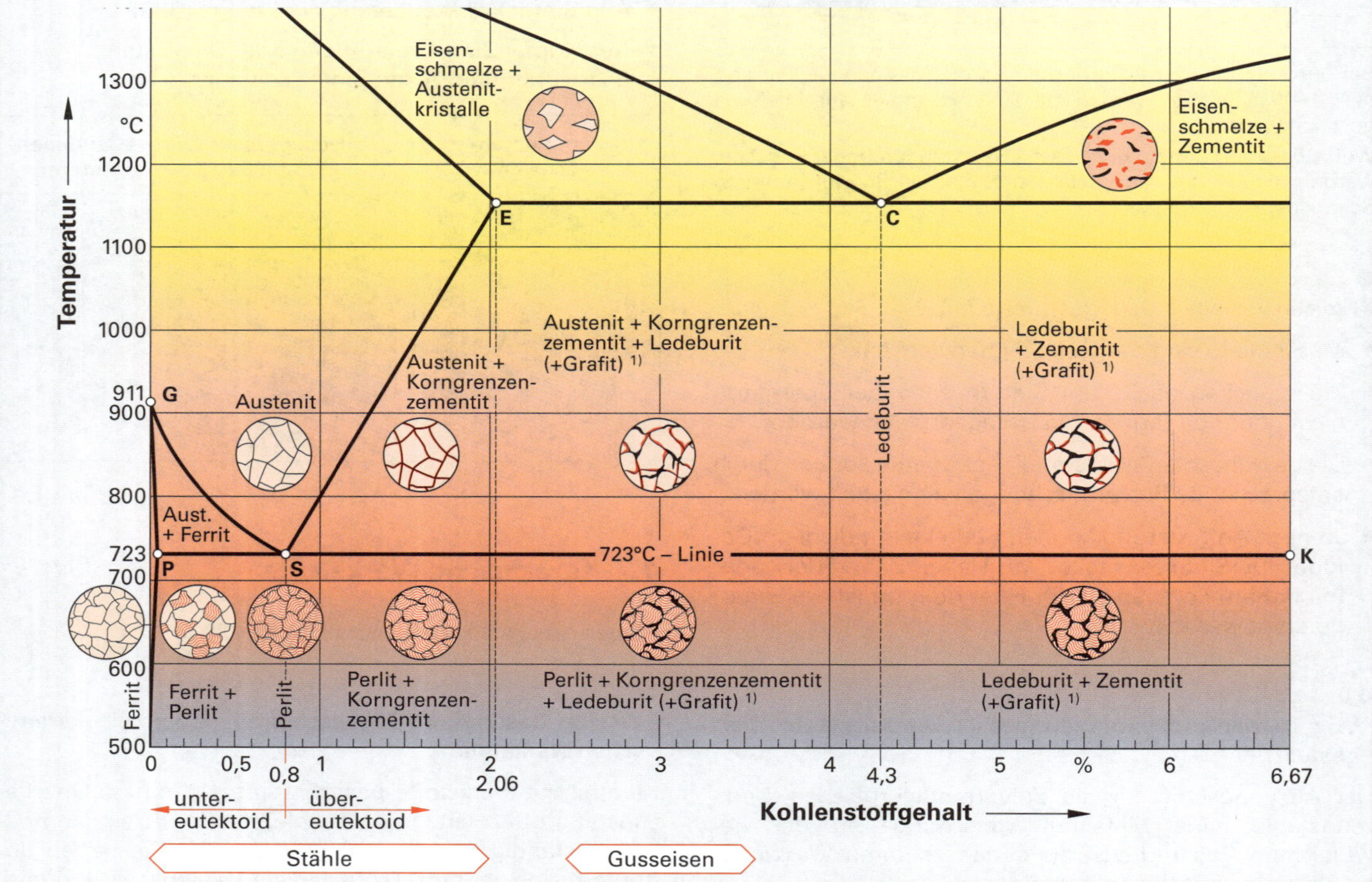

Temperatur

1300 °C
1200
1100
1000
911 / 900 — G
800
723 / 700 — P — S
600
500

Eisenschmelze + Austenitkristalle

Eisenschmelze + Zementit

E

C

Austenit

Austenit + Korngrenzenzementit

Austenit + Korngrenzenzementit + Ledeburit (+Grafit) [1]

Ledeburit + Zementit (+Grafit) [1]

Aust. + Ferrit

723°C – Linie   K

Ledeburit

Ferrit + Perlit

Perlit + Korngrenzenzementit

Perlit + Korngrenzenzementit + Ledeburit (+Grafit) [1]

Ledeburit + Zementit (+Grafit) [1]

Ferrit

Perlit

0   0,5   0,8 1   2 / 2,06   3   4 / 4,3   5 %   6   6,67

untereutektoid | übereutektoid

Kohlenstoffgehalt

Stähle   Gusseisen

2

Welche Gefügebestandteile enthält Gusseisen?

Gusseisen enthält die Gefügebestandteile Ferrit und Perlit sowie Grafit in Lamellenform.

3

Was kann man aus dem Eisen-Kohlenstoff-Zustandsdiagramm ablesen?

Aus dem Eisen-Kohlenstoff-Zustandsdiagramm kann man die Gefügeart ablesen, die in einem Eisenwerkstoff mit einem bestimmten Kohlenstoffgehalt bei einer bestimmten Temperatur vorliegt.

Siehe Fe-C-Diagramm auf vorhergehender Seite.

4

Welche Gefügeanteile hat Stahl mit 0,4% C?

Stahl mit 0,4% Kohlenstoff hat die Gefügebestandteile Ferrit und Perlit (Bild auf vorhergehender Seite).

5

Wie ändert sich das Gefüge von Stahl mit 1% Kohlenstoff beim Erwärmen von Raumtemperatur auf 1000 °C?

Stahl mit 1% Kohlenstoff hat bei Raumtemperatur ein Gefüge aus Perlit und Korngrenzenzementit.

Bei Erwärmung über 723 °C wird der Perlit in Austenit umgewandelt. Gleichzeitig beginnt die Umwandlung des Korngrenzenzementits in Austenit, die bei rund 800 °C vollständig abgelaufen ist. Bei weiterer Erwärmung bis auf 1000 °C bleibt das Austenitgefüge erhalten.

Ergänzende Fragen zum Fe-C-Zustandsdiagramm und den Gefügearten

6

Welche Gefügearten kommen in ungehärteten Stählen vor?

Ungehärtete, nicht legierte Stähle enthalten Ferrit, Perlit, Zementit sowie Mischungen dieser Gefüge.

Gehärteter Stahl enthält zudem noch Martensit, hocherhitzter oder hochlegierter Stahl Austenit.

7

Was stellen die Linien im Fe-C-Schaubild dar?

Die Linien im Fe-C-Zustandsschaubild begrenzen die Gefügebereiche.

Beispiel: Die senkrechte Linie von der Diagramm-Basislinie bei 0,8% C bis zum Punkt S trennt den Gefügebereich Ferrit + Perlit vom Gefügebereich Perlit + Korngrenzenzementit.

8

In welcher Form liegt der Kohlenstoff im Stahl vor?

Im Stahl liegt Kohlenstoff in chemisch gebundener Form als Eisenkarbid Fe_3C vor.

Eisenkarbid Fe_3C wird in der Metallkunde Zementit genannt.

9

Aus welchen Bestandteilen setzt sich das Gefüge Perlit zusammen?

Perlitkörner haben eine Ferrit-Grundmasse, die mit feinem Streifenzementit durchzogen ist.

Perlitgefüge hat im Schliffbild ein perlmuttartiges Aussehen; daher der Gefügename Perlit. Der Kohlenstoffgehalt von Stahl mit rein perlitischem Gefüge beträgt 0,8%.

10

Was bezeichnet man bei Stahl als eutektoide Zusammensetzung?

Als eutektoide Zusammensetzung bezeichnet man einen Kohlenstoffgehalt im Stahl, der zu rein perlitischem Gefüge führt. Dies entspricht einem Kohlenstoffgehalt von 0,8%.

Stahl mit mehr als 0,8% Kohlenstoff nennt man übereutektoid, Stahl mit weniger als 0,8% heißt untereutektoid.

11

Was passiert beim Überschreiten einer Gefügebegrenzungslinie im Eisen-Kohlenstoff-Zustandsdiagramm?

Das Gefüge des Werkstoffs wandelt sich um.

Bei Erwärmung von eutektoidem Stahl z.B. wandelt sich der Perlit bei Überschreiten der 723 °C-Linie in Austenit um.

12

Welche Veränderungen laufen im Kristallgitter von Stahl bei Erwärmung über 723 °C ab?

Das kubisch-raumzentrierte Gitter klappt in das kubisch-flächenzentrierte Gitter um.

Bei anschließender Abkühlung unter 723 °C läuft der Vorgang umgekehrt ab: Das kubisch-flächenzentrierte Gitter wandelt sich wieder in das kubisch-raumzentrierte Gitter zurück.

Glühen, Härten

Fragen aus Fachkunde Metall, Seite 307

1

Welche Glühverfahren gibt es?

Es gibt die Glühverfahren Spannungsarmglühen, Rekristallisationsglühen, Weichglühen, Normalglühen und Diffusionsglühen.

Die einzelnen Glühverfahren unterscheiden sich durch die Glühtemperatur und die Glühdauer.

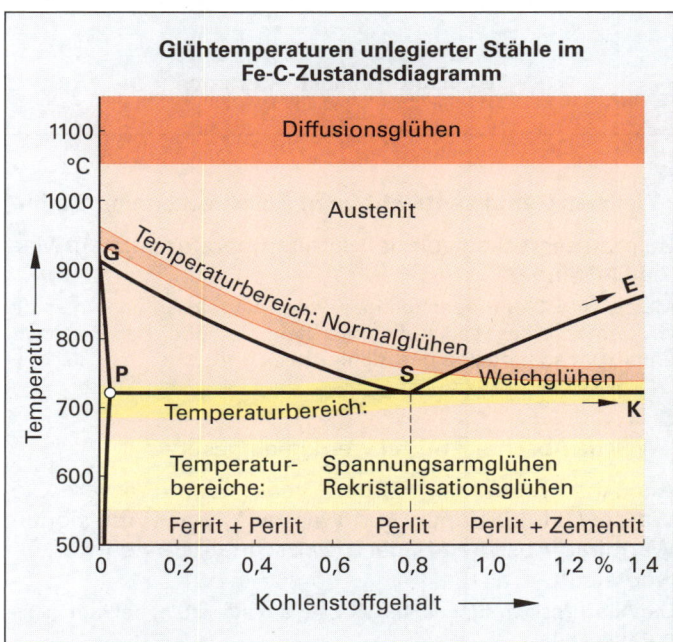

2

Wie beseitigt man grobkörniges Gefüge?

Grobkörniges Gefüge wird durch Normalglühen beseitigt.

In der Fachsprache bezeichnet man diesen Vorgang auch als „Rückfeinen".

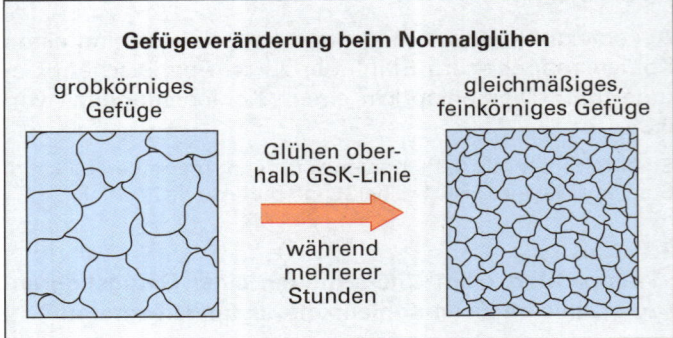

Gefügeveränderung beim Normalglühen

grobkörniges Gefüge   gleichmäßiges, feinkörniges Gefüge

Glühen oberhalb GSK-Linie

während mehrerer Stunden

3

Aus welchen Arbeitsgängen besteht das Härten?

Härten besteht aus den Arbeitsgängen Erwärmen, Halten auf Härtetemperatur und Abschrecken sowie dem Anlassen (Bild).

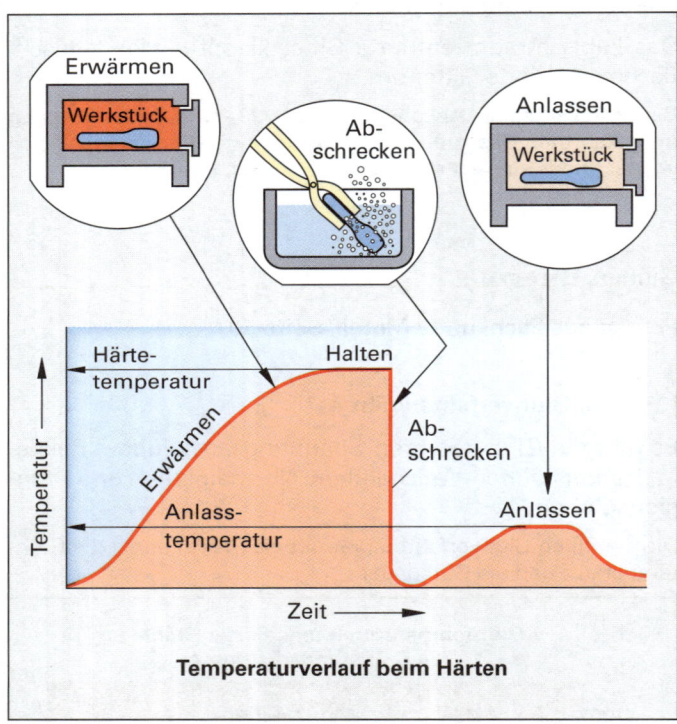

Erwärmen

Werkstück

Abschrecken

Anlassen

Werkstück

Härtetemperatur

Halten

Erwärmen

Abschrecken

Anlasstemperatur

Anlassen

Temperatur

Zeit

Temperaturverlauf beim Härten

4

Welches Gefüge entsteht beim Abschrecken von Stahl?

Beim Abschrecken von der Härtetemperatur entsteht Martensit-Gefüge.

Martensit ist ein feinnadeliges, sehr hartes Gefüge, das die Grundmasse des Werkstoffs durchzieht. Je höher der Martensitanteil, um so härter ist der Stahl.

5

Welche Abschreckmittel werden eingesetzt?

Als Abschreckmittel werden verwendet: Wasser, Öle, Wasser-Öl-Emulsionen und Wasser-Polymer-Emulsionen, Warmbad-Abschreckbäder (Salzschmelzen) sowie bewegte Luft.

Die Abschreckwirkung ist bei Wasser am stärksten, bei Luft ist sie am mildesten.

6

Welche Härtetemperatur haben unlegierte Stähle?

Unlegierte Stähle werden bei einer Temperatur gehärtet, die rund 40 °C über der Linie GSK im Eisen-Kohlenstoff-Zustandsdiagramm liegt (Bild).

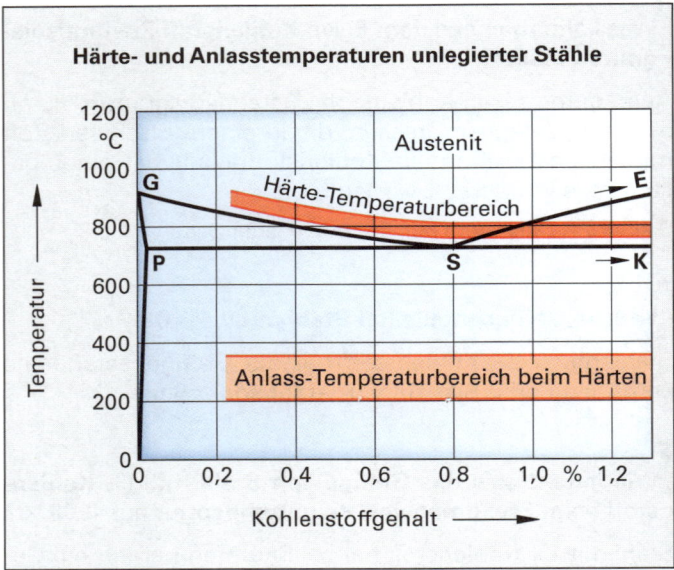

Härte- und Anlasstemperaturen unlegierter Stähle

Austenit

Härte-Temperaturbereich

Anlass-Temperaturbereich beim Härten

Temperatur

Kohlenstoffgehalt

Legierte Stähle haben höhere Härtetemperaturen. Sie werden von den Stahlherstellern angegeben.

7

Wie entsteht Härteverzug in einem Drehteil?

Härteverzug entsteht durch das schroffe Abkühlen des heißen Werkstücks beim Abschrecken.

Die Entstehung von Härteverzug und der Härterisse läuft in zwei Phasen ab (Bild unten):

Phase 1: Direkt nach dem Eintauchen des Drehteils in das Abschreckbad zieht sich die abgeschreckte Randzone zusammen, während der noch heiße Werkstückkern seine ursprüngliche Größe hat und die Randzone am Schrumpfen behindert. Dies führt zu Spannungen in der Werkstückrandzone.

Phase 1: Dann kühlt der Werkstückkern ab und will schrumpfen, wird aber dabei von der bereits abgekühlten starren Randzone behindert. Es entstehen Verspannungen zwischen der Randschicht und dem Werkstückkern, die Härteverzug oder sogar Härterisse zur Folge haben können.

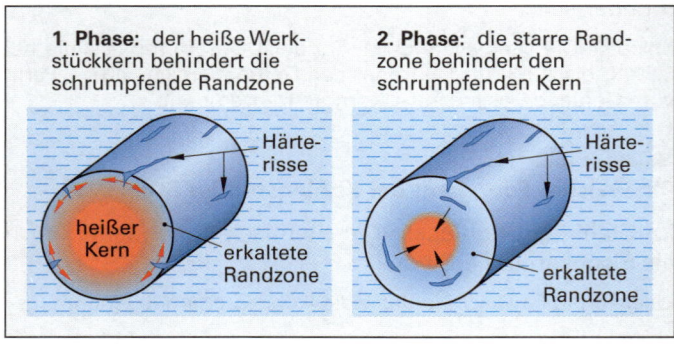

1. Phase: der heiße Werkstückkern behindert die schrumpfende Randzone

2. Phase: die starre Randzone behindert den schrumpfenden Kern

Härterisse

heißer Kern

erkaltete Randzone

Härterisse

erkaltete Randzone

Ergänzende Fragen zum Glühen und Härten

8

Welche Arten der Wärmebehandlung gibt es?

Glühen, Härten, Vergüten, Randschichthärten, Einsatzhärten, Nitrierhärten und Carbonitrieren.

Die einzelnen Wärmebehandlungsverfahren unterscheiden sich durch die Höhe der Temperatur sowie die Behandlungsdauer. Zusätzlich können durch die Art der Umgebung, in der die Behandlung durchgeführt wird, Veränderungen in der chemischen Zusammensetzung des Stahls erzielt werden.

9

Wodurch unterscheidet sich das Glühen vom Härten?

Glühen und Härten unterscheiden sich durch die Höhe der Temperatur und die Art der Abkühlung. Beim Glühen wird langsam abgekühlt, beim Härten wird abgeschreckt.

10

Welche Vorgänge spielen sich beim Härten im Kristallgitter des Stahls ab?

Beim Abschrecken klappt das kubisch-flächenzentrierte Gitter wieder ins kubisch-raumzentrierte Gitter um (Bild). Das Kohlenstoffatom kann in der kurzen Zeit nicht aus der Gittermitte herauswandern und verspannt das Gitter. Der Stahl wird dadurch hart.

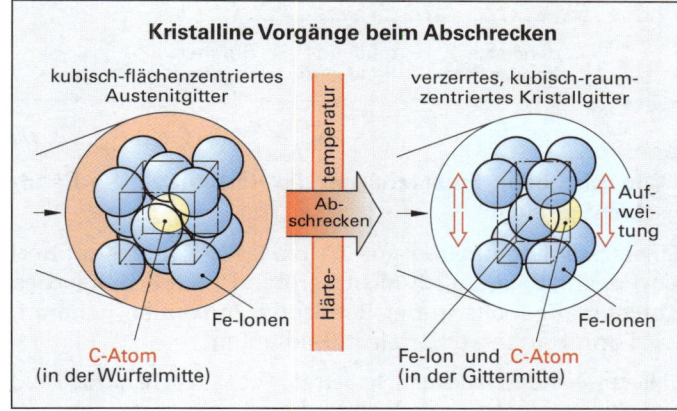

Kristalline Vorgänge beim Abschrecken

kubisch-flächenzentriertes Austenitgitter — verzerrtes, kubisch-raumzentriertes Kristallgitter

temperatur — Abschrecken — Härte — Aufweitung

Fe-Ionen

C-Atom (in der Würfelmitte) — Fe-Ion und C-Atom (in der Gittermitte)

11

Was versteht man unter der Einhärtetiefe?

Die Dicke der gehärteten Werkstückrandschicht (Bild).

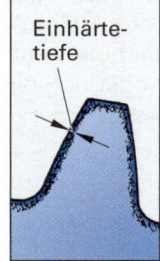

Einhärtetiefe

Durch die unterschiedlich rasche Ableitung der Wärme beim Abschrecken in der Randschicht und im Inneren des Werkstücks wird nur eine äußere Schicht des Werkstücks gehärtet.

Dies gilt nur bei unlegierten Stählen.

12

Wie erreicht man verzug- und rissfreies Härten?

Man erreicht es je nach Stahlsorte:

- Durch ein mildes Abschreckmittel, z.B. Wasser/Öl-Emulsionen.
- Durch kurzes Abschrecken in Wasser und anschließendes Abkühlen im Ölbad (gebrochenes Härten).

- Durch Abschrecken in einem warmen Salzbad (400 bis 500 °C) und anschließendes Abkühlen an der Luft (Stufenhärten, Warmbadhärten).

13

Warum werden beim Abschrecken Werkstücke mit Grundlöchern mit dem Boden voraus eingetaucht (Bild)?

Damit Luft- und Dampfblasen nach oben entweichen können.

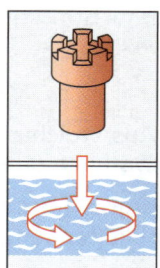

Luft- und Dampfblasen verhindern eine gleichmäßige, schnelle Wärmeabfuhr und damit die Härtung. Sie verursachen am Werkstück nicht gehärtete, d.h. weiche Stellen.

14

Welchen Einfluss haben die Legierungselemente auf das Härten der Stähle?

Viele Legierungselemente, wie z.B. Chrom, Wolfram, Mangan und Nickel bewirken, dass die Stähle auch bei weniger schroffem Abschrecken gehärtet werden.

Ursache ist die Herabsetzung ihrer kritischen Abkühlungsgeschwindigkeit zur Bildung von Martensit. Legierte Stähle brauchen deshalb nur in Öl, im Warmbad oder in bewegter Luft abgekühlt werden.

15

Welche Abschreckmittel werden beim Härten von Werkzeugstählen eingesetzt?

Es werden eingesetzt: Wasser, Öl, Warmbad (Salzschmelze) und Luft.

Unlegierte Werkzeugstähle sind Wasserhärter, niedrig legierte Werkzeugstähle Ölhärter und hoch legierte Werkzeugstähle Lufthärter.

16

Wie unterscheidet sich die Durchhärtung bei unlegierten, niedrig legierten und hoch legierten Werkzeugstählen?

Unlegierte Werkzeugstähle härten nicht durch. Die Einhärtetiefe beträgt 2 mm bis 5 mm. Niedrig legierte und hoch legierte Werkzeugstähle härten überwiegend durch.

17

Wie wirkt sich das Anlassen bei hoch legierten Werkzeugstählen aus?

Durch das Anlassen tritt bei legierten Werkzeugstählen eine geringfügige Härteminderung ein.

Bei den Schnellarbeitsstählen kommt es bei höheren Anlasstemperaturen (rund 500 °C) zu einer leichten Steigerung der Härte.

Ursache der Steigerung der Härte beim Anlassen von Schnellarbeitsstählen ist die Ausscheidung sehr harter Karbide während des Anlassens (Ausscheidungshärten).

Vergüten, Härten der Randzone

Fragen aus Fachkunde Metall, Seite 312

1

Welche Eigenschaften soll ein Werkstück aus Stahl durch das Vergüten erhalten?

Durch Vergüten sollen die Werkstücke hohe Festigkeit und hohe Streckgrenze sowie ausreichende Zähigkeit erhalten.

2

Aus welchen Arbeitsgängen besteht das Vergüten und wodurch unterscheidet es sich vom Härten?

Vergüten besteht aus den Arbeitsgängen Härten und anschließendem Anlassen (Bild).

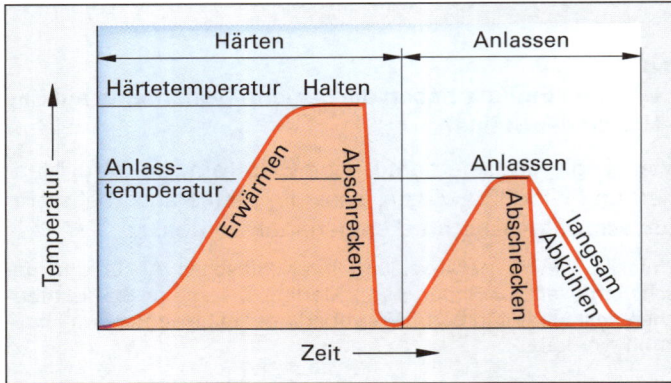

Die Anlasstemperaturen beim Vergüten sind wesentlich höher als beim Anlassen nach dem Härten.

3

Was kann aus dem Vergütungsschaubild eines Stahls abgelesen werden?

Aus dem Vergütungsschaubild (Bild) kann abgelesen werden, welche Zugfestigkeit, welche Streck- bzw. Dehngrenze und welche Bruchdehnung ein Werkstoff durch eine bestimmte Anlasstemperatur erhält.

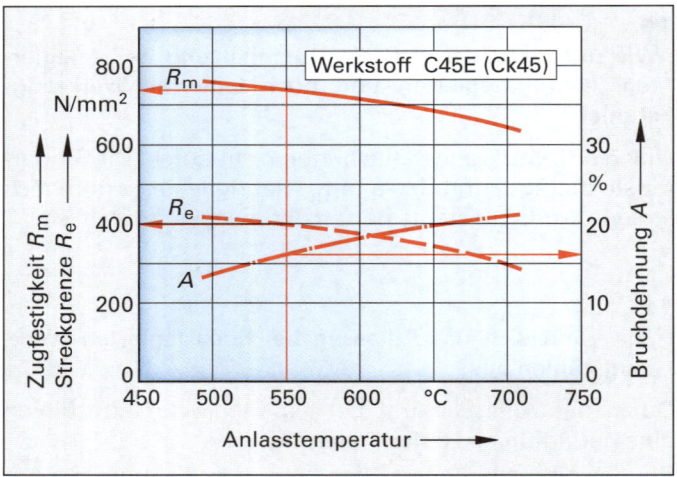

4

Welche Streckgrenze hat ein Werkstück aus dem Stahl 34Cr4, das beim Vergüten auf 550 °C angelassen wurde?

Aus dem Vergütungsschaubild (Anlassschaubild oben) des Stahls 34Cr4 kann abgelesen werden: Das Werkstück hat nach dem Vergüten auf 550°C eine Streckgrenze von rund 620 N/mm².

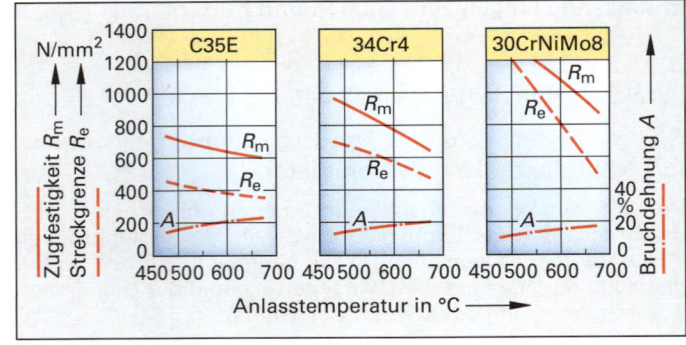

5

Wie wird das Randschichthärten ausgeführt?

Beim Randschichthärten wird eine dünne Außenschicht des Werkstücks durch starke Wärmezufuhr rasch erwärmt und durch sofort anschließendes Abschrecken gehärtet. Tiefer liegende Werkstückbereiche bleiben ungehärtet.

Die Erwärmung kann mit Flammen (Bild), durch Induktionsströme oder durch Tauchen in einem Warmbad erfolgen.

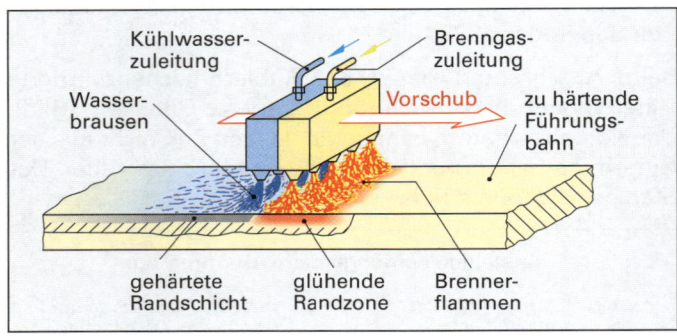

6

Wie wird beim Einsatzhärten die Härtbarkeit der Randschicht erreicht?

Einsatzstähle enthalten nur 0,1 bis 0,2% Kohlenstoff und sind deshalb eigentlich nicht härtbar. Durch Erhöhen des Kohlenstoffgehalts in der Randzone, Aufkohlen genannt, wird dort Härtbarkeit erreicht (Bild unten).

Einsatzgehärtete Werkstücke haben eine gehärtete Randzone und einen ungehärteten, zähen Werkstückkern.

7

Welche Verfahren des Aufkohlens gibt es?

Es gibt Aufkohlen im festen Einsatzmittel (Pulveraufkohlen), Aufkohlen im flüssigen Einsatzmittel (Salzbadaufkohlen) und Aufkohlen im gasförmigen Einsatzmittel (Gasaufkohlen). Siehe Bild.

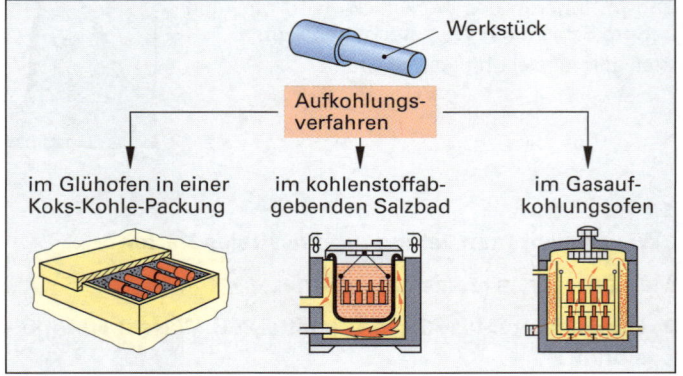

Beim Aufkohlen diffundiert Kohlenstoff in die Randzone des Werkstücks und lagert sich in das Kristallgitter ein.

8

Welche Einsatz-Härteverfahren gibt es?

Für Einsatzstähle gibt es eine Reihe von Einsatz-Härteverfahren, die sich durch unterschiedliche Temperaturführung unterscheiden

- das Direkthärten (aus der Aufkohlungswärme)
- das Einfachhärten (nach Abkühlen u. Wiedererwärmen
- das Härten nach isothermischer Umwandlung im Warmbad.

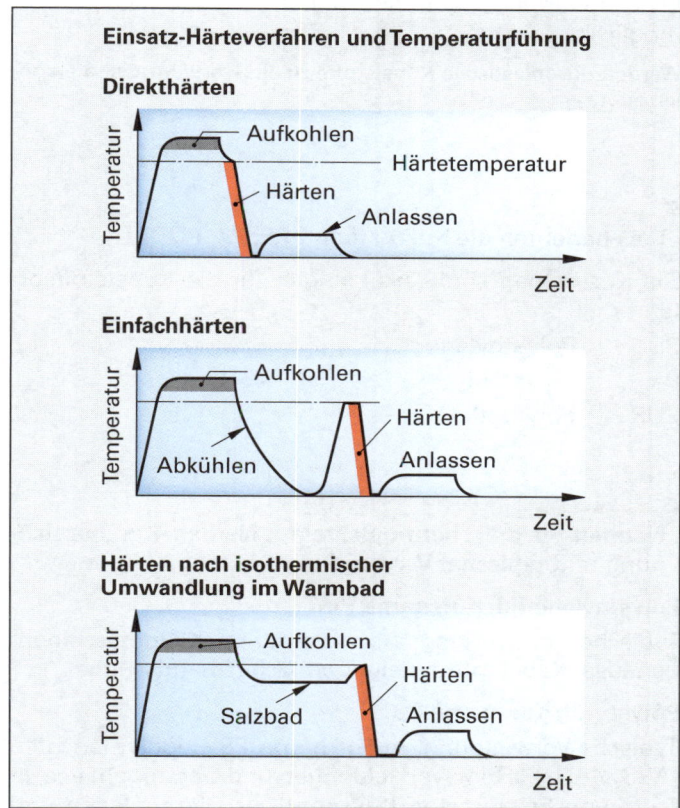

Einsatz-Härteverfahren und Temperaturführung

Direkthärten

Einfachhärten

Härten nach isothermischer Umwandlung im Warmbad

9

Was versteht man unter Nitrieren?

Nitrieren ist ein Verfahren zum Härten der Randzone eines Werkstücks durch Anreicherung mit Stickstoff.

Der Stickstoff diffundiert in die Randzone des Werkstücks und bildet dort sehr harte Nitride (Stickstoffverbindungen).

10

Welche Eigenschaften haben Nitrierschichten?

Nitrier-Härteschichten sind äußerst hart sowie verschleißfest und besitzen gute Gleiteigenschaften. Die Härte der Nitrierschicht bleibt bei Erwärmung bis rund 500°C erhalten.

Nachteilig ist die geringe Verklammerung der Nitrierschicht mit dem Grundwerkstoff. Bei hoher Flächenpressung besteht die Gefahr des Abplatzens der Nitrierschicht.

11

Ermitteln Sie mit einem Tabellenbuch die Härtebedingungen für einen Hammer aus dem Werkzeugstahl C80U. Seine Oberflächenhärte soll nach dem Anlassen mindestens 60 HRC betragen.

Die Härtebedingungen können aus einer Tabelle ermittelt werden (rechts oben).

Die Härtebedingungen lauten: Härtetemperatur 780°C bis 820°C, Abschrecken in Wasser, Anlassen auf 200°C.

Wärmebehandlung von unlegierten Kaltarbeitsstählen

Stahlsorte		Härten		Oberflächenhärte in HRC			
Kurz-name	Werk-stoff-Nr.	Tempe-ratur °C	Ab-kühl-mittel	nach dem Här-ten	nach dem Anlassen bei		
					100 °C	200 °C	300 °C
C45U	1.1730	800…820	Wasser	58	58	54	48
C70U	1.1520	790…810	Wasser	64	63	60	53
C80U	1.1525	780…820	Wasser	64	64	60	54
C90U	1.1535	800…830	Wasser	64	64	61	54
C105U	1.1545	770…800	Wasser	65	64	62	56

Ergänzende Fragen zum Vergüten und Härten der Randzone

12

Wie kann ein Vergütungsstahl auf eine gewünschte Festigkeit und Zähigkeit vergütet werden?

Durch Vergüten nach seinem Anlassschaubild, auch Vergütungsschaubild genannt (vorhergehende Seite).

Das Anlassschaubild eines Vergütungsstahls gibt an, welche Festigkeit, Streckgrenze und Bruchdehnung beim Anlassen mit einer bestimmten Temperatur erreicht werden kann.

13

Was sind Vergütungsstähle?

Vergütungsstähle sind unlegierte sowie legierte Baustähle, die durch Vergüten hohe Festigkeit sowie große Zähigkeit erlangen.

Vergütungsstähle haben meist einen Kohlenstoffgehalt von 0,2% bis 0,6%. Legierte Vergütungsstähle enthalten zusätzlich wenige Prozent an Chrom, Nickel, Molybdän oder Mangan.

14

Was ist Randschichthärten?

Unter Randschichthärten versteht man das auf die Randschicht eines Werkstücks beschränkte Härten durch schnelles Erwärmen und sofort anschließendes Abschrecken.

Dabei wird nur die Randschicht des Werkstückes gehärtet, während der Werkstückkern ungehärtet bleibt.

15

Welche Stähle eignen sich zum Einsatzhärten?

Zum Einsatzhärten eignen sich unlegierte und niedrig legierte Stähle mit einem Kohlenstoffgehalt von 0,1% bis 0,2%.

Einsatzstähle dürfen nicht mehr Kohlenstoff enthalten, da sonst der Kern mithärtet.

Beispiel für Einsatzstähle: Ck10, 17Cr3, 16 MnCr5.

16

Welcher Wärmebehandlung werden die Nitrierstähle unterworfen?

Vor dem Nitrieren werden die Werkstücke aus Nitrierstahl vergütet, um die Festigkeit des Werkstückkerns zu verbessern. Dann wird die Oberfläche bei 500 bis 600 °C mit Stickstoff angereichert. Dabei entsteht die harte Nitrierschicht.

17
Was ist Carbonitrieren?

Carbonitrieren ist Härten einer Werkstückrandschicht durch gleichzeitiges Aufkohlen und Nitrieren.

Carbonitrierschichten sind härter als Einsatzhärte-Randschichten und haben eine besonders feste Bindung mit dem nicht gehärteten Werkstückkern.

18
Welche Gusseisensorten sind härtbar?

Härtbar sind Gusseisensorten, die aus einer perlitischen oder perlitisch-ferritischen Grundmasse bestehen und keine grobblättrigen Grafitausscheidungen besitzen. Dies sind die Gusseisensorten Meehanite-Guss (Gusseisen mit feinblättrigen Grafitlamellen), Gusseisen mit Kugelgrafit (Sphäroguss), Temperguss und Stahlguss mit perlitischer oder perlitisch-ferritischer Grundmasse.

Gusseisen wird jedoch meist im ungehärteten Zustand eingesetzt.

4.9 Kunststoffe

Eigenschaften, Einteilung, Thermoplaste, Duroplaste, Elastomere

Fragen aus Fachkunde Metall, Seite 320

1
Welche typischen Eigenschaften haben die Kunststoffe?

Die typischen Eigenschaften der Kunststoffe sind:
- Geringe Dichte (meist 0,9 bis 1,4 kg/dm^3)
- Elektrisch isolierend und wärmedämmend
- Verschiedene mechanische Eigenschaften von weich oder elastisch bis hart und fest
- Korrosionsfest und chemikalienbeständig
- Gut formbar und bearbeitbar
- Glatte, dekorative Oberfläche

2
Welche Eigenschaften begrenzen die Verwendung der Kunststoffe in der Technik?

- Die geringe Wärmebeständigkeit, zum Teil sogar Brennbarkeit
- Die niedrige bis mittlere Festigkeit
- Die Unbeständigkeit einiger Kunststoffe gegen Lösungsmittel

3
In welche Gruppen teilt man die Kunststoffe ein?

Die Kunststoffe teilt man in der Technik nach ihren mechanischen Eigenschaften in drei Gruppen ein: Thermoplaste, Duroplaste und Elastomere.

In der Chemie unterteilt man sie auch nach ihren Herstellungsverfahren in Polymerisate, Polykondensate und Polyaddukte.

4
Warum sind Thermoplaste schweißbar, Duroplaste nicht?

Thermoplaste erweichen und schmelzen bei Erwärmung. Deshalb können sie durch Erwärmung der Fügestellen zum Schmelzen und Zusammenschweißen gebracht werden.

Duroplaste dagegen erweichen und schmelzen nicht beim Erwärmen, sondern bleiben hart.

Schweißverbindungen sind daher bei Duroplasten nicht möglich.

Werden duroplastische Kunststoffe zu stark erwärmt, so verkohlen sie.

5
Was bedeuten die Kurznamen PE, PA, PUR?

Die Kurznamen sind Abkürzungen für die Kunststoffsorten:

PE   Polyethylen
PA   Polyamide
PUR   Polyurethan

6
Nennen Sie drei Thermoplaste mit Namen, Kurzbezeichnung und typischer Verwendung.

Polyvinylchlorid, Kurzname PVC
Typische Verwendung: Abwasserrohre, Kleinmaschinengehäuse, Kabelummantelungen, Schutzhandschuhe.

Polystyrol, Kurzname PS
Typische Verwendung: In Form von PS-Copolymerisaten (ABS, SAN) als Pkw-Verkleidungen und Gerätegehäuse, in Form von Schaumstoff (Styropor) als Dämmplatten und Verpackungsmaterial.

Polyoxymethylen, Kurzname POM
Typische Verwendung: Kleinteile, wie z.B. Zahnräder, Kettenglieder, Hebel, Schnapphaken.

7
Warum nennt man die Duroplaste auch aushärtbare Kunststoffe bzw. Harze?

Man nennt sie aushärtbare Kunststoffe, weil die flüssigen Vorprodukte der Duroplaste durch Zugabe eines Härters oder unter Druck und Hitze erst ihre endgültige feste Gestalt als Bauteil erhalten, d.h. aushärten.

Der Name Harze leitet sich von dem baumharzähnlichen Aussehen einiger duroplastischer Kunststoffe ab.

8
Was versteht man unter Polymerblends?

Polymerblends sind Mischkunststoffe aus mehreren Kunststoffsorten.

Der Name Polymerblend besteht aus Polymer für Kunststoff und blend, in Englisch Mischung.

Beispiel: Der ASA/PC-Blend ist ein Mischkunststoff aus dem copolymeren Kunststoff Acrylnitril/Styrol/Acrylester und dem Kunststoff Polycarbonat.

9

Wozu werden Polyurethanharze verwendet?

Die Verwendung der Polyurethanharze (PUR) richtet sich nach ihrer Spezifikation:

Hart-PUR: Hartelastische Lagerschalen, Zahnräder, Rollen.

Mittelhartes PUR: Elastische Zahnriemen, Puffer, Stoßfänger, Dichtungen.

Weiches PUR: Weichelastische Dichtungen, Manschetten, Kabelummantelungen.

10

Welche Vorteile haben thermoplastische Elastomere gegenüber nicht thermoplastischen Elastomeren?

Die thermoplastischen Elastomere lassen sich mit den kostengünstigen Formgebungsverfahren Spritzgießen und Extrudieren zu Formteilen verarbeiten.

Dieser Kostenvorteil macht sie gegenüber den nicht thermoplastischen (duroplastischen) Elastomeren wettbewerbsfähiger.

11

Mit welchen Kennwerten misst man die Formbeständigkeit eines Kunststoffs bei Erwärmung?

Kennwerte für die Formbeständigkeit der Kunststoffe sind die Vicat-Erweichungstemperatur für die kurzzeitige maximale Gebrauchttemperatur und die Dauergebrauchstemperatur für die langfristige maximale Gebrauchttemperatur.

12

Welche Zugfestigkeit und Steifigkeit (E-Modul) haben Kunststoffe im Vergleich zu Stahl?

Kunststoffe haben Zugfestigkeiten von 20 N/mm² bis 80 N/mm². Stähle hingegen besitzen Zugfestigkeiten von 300 N/mm² bis 1500 N/mm².

Kunststoffe haben bei Raumtemperatur einen E-Modul von rund 1000 N/mm² bis 5000 N/mm², Stähle hingegen einen E-Modul von rund 210 000 N/mm².

Ergänzende Fragen zu
Eigenschaften, Einteilung, Thermoplaste, Duroplaste,
Elastomere, Kunststoff-Kennwerte

13

Beschreiben Sie die Bildung eines Polyethylen-Makromoleküls aus Ethylen-Molekülen.

Reaktionsfähige Ethylenmoleküle reagieren unter Aufhebung ihrer Doppelbindung miteinander und reihen sich zu Makromolekülen aneinander.

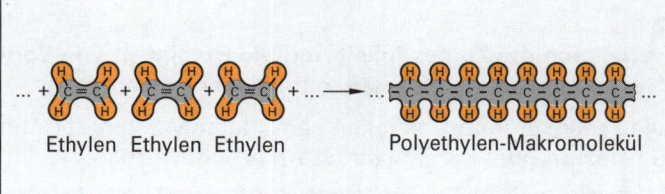

Ethylen Ethylen Ethylen   Polyethylen-Makromolekül

14

In welchen Teilschritten erfolgt die Herstellung der Kunststoffe?

Zuerst werden aus den Ausgangsstoffen Erdöl oder Erdgas reaktionsfähige Vorprodukte hergestellt, die dann in einem zweiten Produktionsprozess, z.B. durch Polymerisation, zu den Kunststoffen synthetisiert werden.

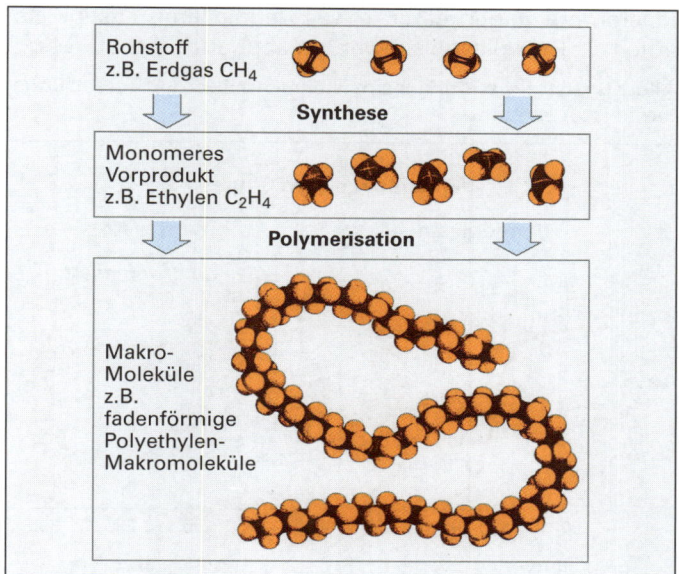

Rohstoff z.B. Erdgas CH₄

Synthese

Monomeres Vorprodukt z.B. Ethylen C₂H₄

Polymerisation

Makro-Moleküle z.B. fadenförmige Polyethylen-Makromoleküle

15

Was versteht man unter einer Polymerisation?

Eine Polymerisation ist ein chemischer Vorgang, bei dem aus ungesättigten Molekülen einer Monomerart durch Aufhebung der chemischen Doppelbindung Makromoleküle entstehen.

Beispiel: PVC. Aus den ungesättigten Vinylchloridmolekülen entsteht durch Aufhebung der Doppelbindung und Aneinanderreihung das Polyvinylchlorid-Makromolekül.

Vinylchlorid-Moleküle   Polyvinylchlorid-Makromolekül

16

Warum können Thermoplaste leicht verarbeitet werden?

Thermoplaste können leicht verarbeitet werden, weil sie in der Wärme erweichen und damit leicht umformbar und schweißbar sind.

Kunststoffbauteile aus Thermoplasten können durch Extrudieren und Spritzgießen urgeformt werden.

17

Welches sind die gebräuchlichsten Thermoplaste?

Polyethylen (PE), Polypropylen (PP), Polyvinylchlorid (PVC), Polystyrol (PS), Polycarbonat (PC), Polyamide (PA), Acrylglas (PMMA), Polyoxmethylen (POM), Polytetrafluorethylen (PTFE).

Häufig sind die Kunststoffe nur unter ihrem Handelsnamen bekannt, ohne dass ihr eigentlicher Name genannt wird, wie z.B. Plexiglas für Acrylglas, Teflon oder Hostaflon für PTFE.

18

Wie ändert sich die Festigkeit der Kunststoffe beim Erwärmen?

Thermoplaste werden beim Erwärmen weich und sogar flüssig (linkes Bild).

Duroplaste behalten ihre ursprünglichen Festigkeitseigenschaften fast unverändert bei (rechtes Bild).

Elastomere zeigen einen etwas deutlicheren Festigkeitsabfall als Duroplaste; sie werden aber auch nicht flüssig.

Alle Kunststoffe werden beim Überschreiten der Zersetzungstemperatur zerstört.

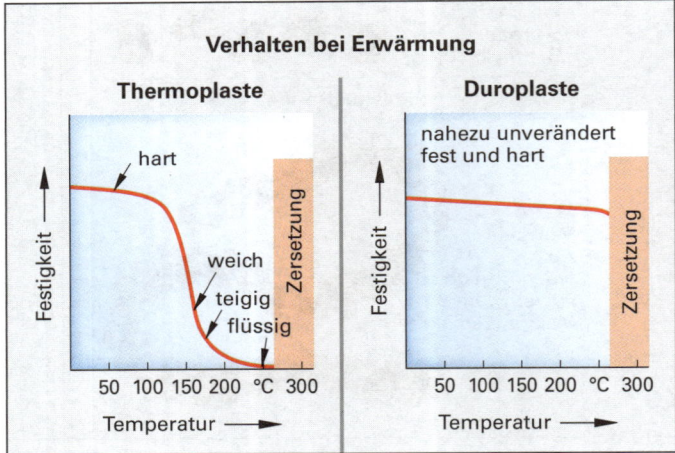

19

Welche Eigenschaften hat Polyethylen?

Polyethylen (PE) gibt es als Weich-PE und als Hart-PE. Weich-PE ist weich und flexibel, Hart-PE ist steifer, aber noch flexibel. Beide PE-Sorten sind säure- und laugenbeständig.

Polyethylen wird wegen seiner Chemikalienbeständigkeit und guten Formbarkeit zu Behältern aller Art, zu Rohren und Folien verarbeitet.

20

Welche Bauteile werden aus Polyamiden (PA) gefertigt?

Aus Polyamiden werden Bauteile gefertigt, die hoher Belastung ausgesetzt werden können und eine gleitfähige, abriebfeste Oberfläche haben müssen:

Lagerschalen, Gleitschienen, Steuernocken, Zahnräder, Keilriemenscheiben, Schutzhelme, Lauf- und Führungsrollen.

21

Welche Kunststoffe sind ähnlich wie Glas unverzerrt durchscheinend und werden zu durchsichtigen Bauteilen verarbeitet?

Kunststoffe, die wie Glas eine unverzerrte Durchsicht ermöglichen, sind Polycarbonat und Acrylglas (Polymethylmethacrylat).

Man fertigt aus ihnen z.B. Rückleuchtenabdeckungen für Pkw, Schutzbrillengläser, durchsichtige Gehäuse, Dachverglasungen und durchsichtige Abdeckungen.

22

Welche besonderen Eigenschaften hat Polytetrafluorethylen (PTFE)?

Es ist temperaturbeständig bis 280°C, besonders chemikalienfest und hat eine gleitfähige Oberfläche. Auch von Lösungsmitteln und vielen Chemikalien wird PTFE nicht angegriffen.

23

Welchen inneren Aufbau haben die Duroplaste?

Duroplaste bestehen aus engmaschig miteinander vernetzten Makromolekülen.

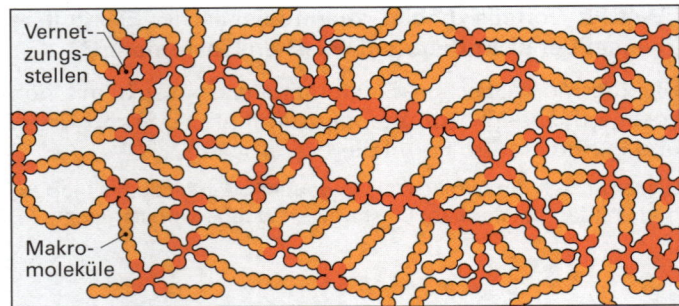

Die Vernetzungsstellen sind unlösbar. Deshalb sind die Duroplaste durch Erwärmen nicht erweichbar sowie nicht schmelzbar und nicht schweißbar.

24

Welche Eigenschaften unterscheiden die Duroplaste von den Thermoplasten?

Duroplaste sind nach dem Aushärten nicht mehr erweichbar, deshalb nicht spanlos umformbar und nicht schweißbar.

Sie werden von Lösungsmitteln nicht angelöst und quellen nur schwach bei langandauernder Lösungsmitteleinwirkung.

25

Welche besonderen Eigenschaften haben die Epoxidharze?

Epoxidharze sind im flüssigen Zustand gut vergießbar und besitzen eine außerordentlich gute Haftfähigkeit mit anderen Stoffen.

Sie werden deshalb zu Klebstoffen verarbeitet sowie als Einbettmasse für Elektroteile und als Bindung für glasfaserverstärkte Kunststoffe verwendet.

26

Welches sind die besonderen Eigenschaften der Elastomere?

Sie sind gummielastisch, d.h. sie lassen sich um mehrere hundert Prozent dehnen und nehmen nach Entlastung ihre ursprüngliche Form wieder an.

Sie sind nicht warm umformbar und nicht schweißbar.

27

Wie kann die Zugfestigkeit und die Steifigkeit von Bauteilen aus Kunststoffen wesentlich erhöht werden?

Die Festigkeit und Steifigkeit kann durch Verstärkung mit Glasfasern oder Kohlenstofffasern erhöht werden.

Glasfaser- und Kohlenstofffaserverstärkte Kunststoffe besitzen die Festigkeit von unlegiertem Baustahl.

28

Welche mechanischen Kennwerte beschreiben das mechanische Festigkeitsverhalten der Kunststoffe?

Das mechanische Festigkeitsverhalten beschreiben
– die Zugfestigkeit σ_B
– die Streckspannung σ_S
– die Reißdehnung ε_R (Bild)

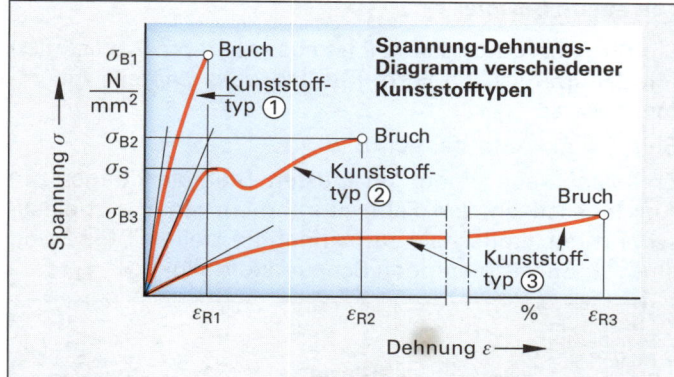

4

Beschreiben Sie das Herstellungsverfahren Warmformpressen für ein CFK-Bauteil.

Passend zugeschnittene Fasermattenstücke aus CFK werden dünn mit Harz besprüht, in eine Pressenform eingelegt und zu einem Vorformteil warm geformt (Bild). Dabei härtet das Harz aus und das Vorformteil hat eine stabile Form.

Diese Vorform wird in ein Formwerkzeug gelegt, das Formwerkzeug wird geschlossen und evakuiert. Dann wird flüssiges Harz in das Formwerkzeug gespritzt und umschließt sowie imprägniert das Vorformteil. Durch Erwärmen des Formwerkzeugs härtet das Formteil zum fertigen Bauteil aus.

Anschließend wird es aus dem Formwerkzeug ausgestoßen und der nächste Fertigungszyklus beginnt.

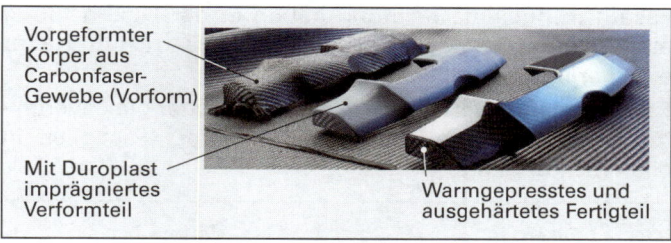

Vorgeformter Körper aus Carbonfaser-Gewebe (Vorform)

Mit Duroplast imprägniertes Verformteil

Warmgepresstes und ausgehärtetes Fertigteil

4.10 Verbundwerkstoffe

Fragen aus Fachkunde Metall, Seite 325

1

Welche Vorteile haben Verbundwerkstoffe gegenüber Einzelwerkstoffen?

Verbundwerkstoffe haben den Vorteil, dass in einem Werkstoff die vorteilhaften Eigenschaften mehrerer Werkstoffe vereinigt sind. Dadurch lassen sich Werkstoffeigenschaften erzielen, die ein Einzelwerkstoff nicht haben kann.

Beispiel: Hartmetalle haben sowohl die große Härte des Wolframcarbids als auch die Zähigkeit des Bindemetalls Cobalt.

2

Was bedeuten die Kurznamen GFK bzw. CFK?

Das Kurzzeichen GFK bedeutet *Glasfaserverstärkte Kunststoffe,* das Kurzzeichen CFK heißt *Kohlenstofffaserverstärkte Kunststoffe* (C von Carbonfaser).

Es handelt sich dabei um Verbundwerkstoffe auf Basis Kunststoff, die mit Glasfasern oder Kohlenstofffasern verstärkt sind (Bild).

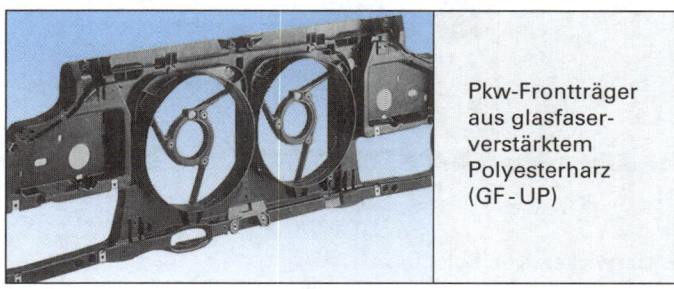

Pkw-Frontträger aus glasfaserverstärktem Polyesterharz (GF - UP)

3

Welche besonderen Eigenschaften haben GFK und CFK?

Glasfaser-verstärkte Kunststoffe (GFK) und Kohlenstofffaser-verstärkte Kunststoffe (CFK) haben ähnlich hohe Zugfestigkeitswerte wie Vergütungsstähle bei einer geringen Dichte von 1,5 bis 2,0 kg/dm³.

Sie werden deshalb zu hoch belasteten Leichtbauteilen verarbeitet, wie z.B. Windkraftrotoren, Pkw- und Flugzeugteile.

5

Welchen Aufbau haben Schleifkörper?

Die gebräuchlichen Schleifkörper bestehen aus einem körnigen Schleifmittel (harte Edelkorund- oder Siliciumcarbidkörner), die mit einer Kunststoffbindung zum Schleifkörper verpresst sind (Bild).

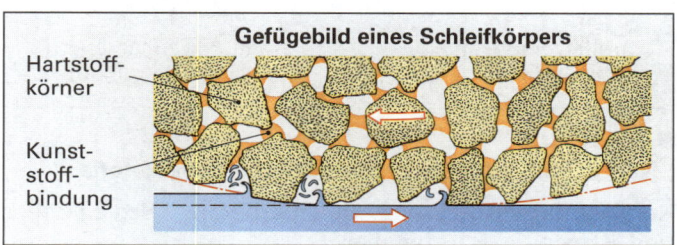

Gefügebild eines Schleifkörpers

Hartstoffkörner

Kunststoffbindung

6

Beschreiben Sie die verschiedenen Werkstoffe bei einer Pkw-Karosserie in Verbundbauweise.

Die Fahrgastzelle besteht aus formstabilen Stahlblech-Formteilen höchster Festigkeit (Bild).

Die Stütz- und Tragsättel des Motors und der Radaufhängung sind aus legiertem Aluminiumguss oder Sphäro-Gusseisen gefertigt.

Die Verkleidungsbleche (Türen, Hauben usw.) bestehen aus dünnen Al-Legierungsblechen oder leicht verformbaren Stahlblechen.

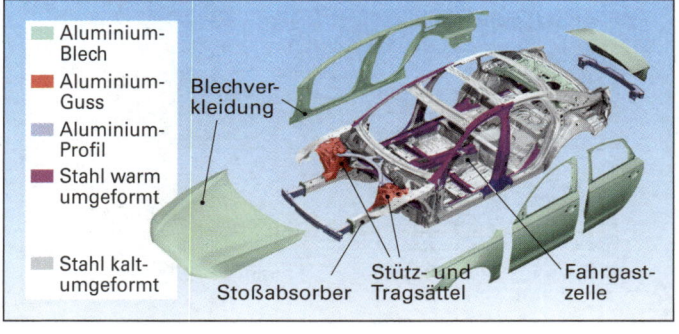

Aluminium-Blech
Aluminium-Guss
Aluminium-Profil
Stahl warm umgeformt
Stahl kalt-umgeformt

Blechverkleidung

Stütz- und Tragsättel
Stoßabsorber
Fahrgastzelle

Ergänzende Fragen zu Verbundwerkstoffen

7

Welche Arten von Verbundwerkstoffen gibt es?

Man unterscheidet faserverstärkte und teilchenverstärkte Verbundwerkstoffe sowie Schichtverbundwerkstoffe und Strukturverbunde.

Die faserverstärkten Verbundwerkstoffe enthalten zur Verstärkung Fasern, bei den teilchenverstärkten Verbundwerkstoffen sind unregelmäßig geformte Teilchen eingelagert. Die Schichtverbundwerkstoffe und die Strukturverbunde sind aus mehreren Schichten bzw. Strukturteilen zusammengesetzt.

8

Wie wirkt sich die Anordnung der Fasern in einem faserverstärkten Verbundwerkstoff aus?

Faserverstärkte Verbundwerkstoffe mit Ausrichtung der Fasern in nur eine Richtung haben in der Faserrichtung eine sehr große Festigkeit, quer zur Faserrichtung aber eine geringe Festigkeit (Bild).

Faserverstärkte Verbundwerkstoffe mit einer gleichverteilten Faserausrichtung haben eine mittlere Festigkeit in allen Richtungen.

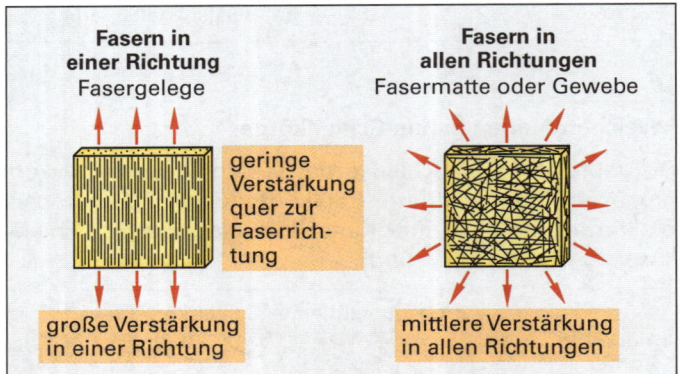

Fasern in einer Richtung — Fasergelege — geringe Verstärkung quer zur Faserrichtung — große Verstärkung in einer Richtung

Fasern in allen Richtungen — Fasermatte oder Gewebe — mittlere Verstärkung in allen Richtungen

9

Nennen Sie teilchenverstärkte Verbundwerkstoffe.

Kunststoff-Pressmassen, Polymerbeton, Schleifkörper und Honsteine, Hartmetalle.

10

Beschreiben Sie den inneren Aufbau von Schichtverbundwerkstoffen.

Schichtverbundwerkstoffe sind aus mehreren Lagen verschiedenartiger Werkstoffe gefertigt.

11

Was ist ein Strukturverbund? Erläutern Sie den Begriff an einem Beispiel.

Ein Strukturverbundbauteil ist aus mehreren Werkstoffen mit der spezifischen Form (Struktur) des Bauteils zusammengesetzt.

Beispiel: Pkw-Stoßfänger (Bild).

Er besteht aus einem hochfesten Stahlblechträger mit Anschlüssen an den Fahrzeugrahmen, einer hart-elastischen Kunststoffschale zur Aufnahme kleiner Stöße und einer stoßabsorbierenden Schaumstofffüllung.

Stahlblechträger — Kunststoffschale aus Polypropylen — Schaumstofffüllung aus PU

12

Welche Herstellungsverfahren gibt es für GFK?

Für die Herstellung von GFK-Bauteilen gibt es eine Reihe von Verfahren:

- Laminieren von Hand und mit Maschinen (Bild)
- Faserharzspritzen (Bild)
- Nasswickeln von Rohren und Behältern (Bild)
- Profilziehen
- Schleudergießen von Rohren und Behältern
- Vorgemischte Verbund-Pressmassen werden durch Formpressen, Spritzpressen und Spritzgießen verarbeitet.
- Vorgefertigte Verbundlaminate werden durch Vakuumtiefziehen geformt.

Herstellungsverfahren für GFK

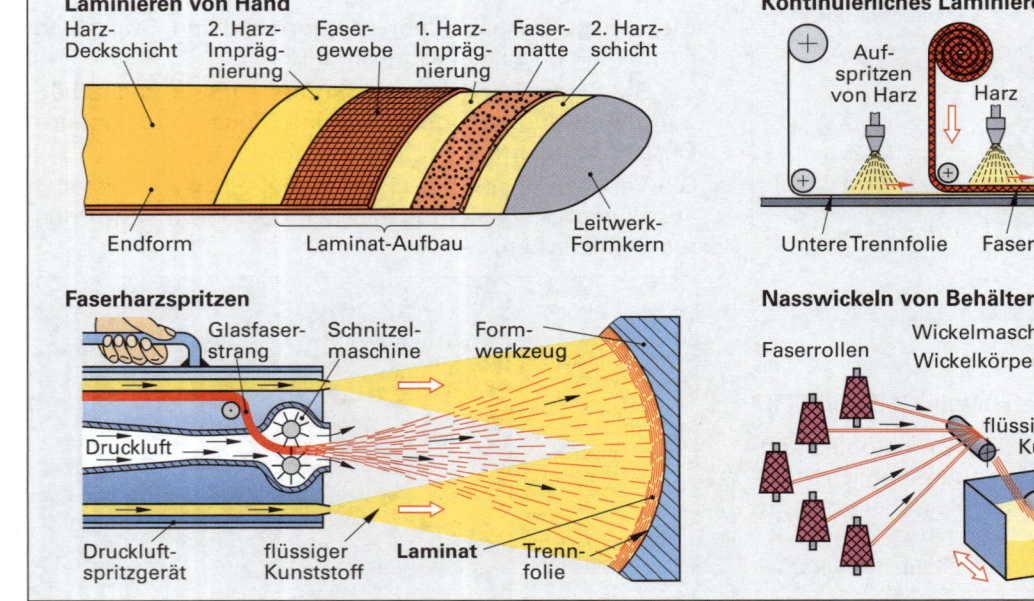

Laminieren von Hand — Harz-Deckschicht — 2. Harz-Imprägnierung — Fasergewebe — 1. Harz-Imprägnierung — Fasermatte — 2. Harzschicht — Endform — Laminat-Aufbau — Leitwerk-Formkern

Kontinuierliches Laminieren mit einer Laminiermaschine — Aufspritzen von Harz — Harz — Obere Trennfolie — Verdichten mit Anpresswalzen — Vorlaminat (Prepreg) — Untere Trennfolie — Fasermatte

Faserharzspritzen — Glasfaserstrang — Schnitzelmaschine — Formwerkzeug — Druckluft — Druckluftspritzgerät — flüssiger Kunststoff — Laminat — Trennfolie

Nasswickeln von Behältern — Faserrollen — Wickelmaschine — Wickelkörper — Aushärtelampen — flüssiger Kunststoff — Umlenkrolle

4.11 Werkstoffprüfung

Prüfung mechanischer Eigenschaften

Fragen aus Fachkunde Metall, Seite 329

1

Welche Werkstoffkennwerte liefert der Zugversuch eines Werkstoffs mit ausgeprägter Streckgrenze?

Der Zugversuch liefert die Kennwerte (Bild):

- Zugfestigkeit R_m
- Streckgrenze R_e
- Bruchdehnung A
- Elastizitätsmodul E

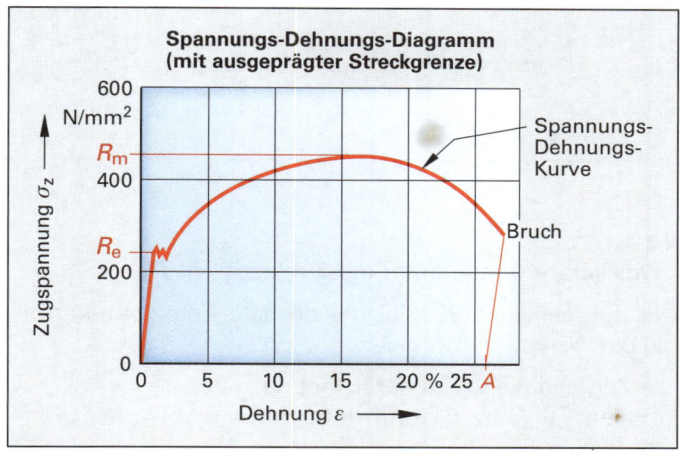

Spannungs-Dehnungs-Diagramm (mit ausgeprägter Streckgrenze)

2

Was gibt die 0,2-%-Dehngrenze an?

Die 0,2-%-Dehngrenze $R_{p0,2}$ ist ein mechanischer Werkstoffkennwert für Werkstoffe ohne ausgeprägte Streckgrenze (Bild unten). Sie gibt die Spannung an, bei der der Werkstoff nach Entlastung eine bleibende Dehnung von 0,2 % aufweist.

Die 0,2-%-Dehngrenze kann aus dem Spannungs-Dehnungs-Diagramm bestimmt werden.

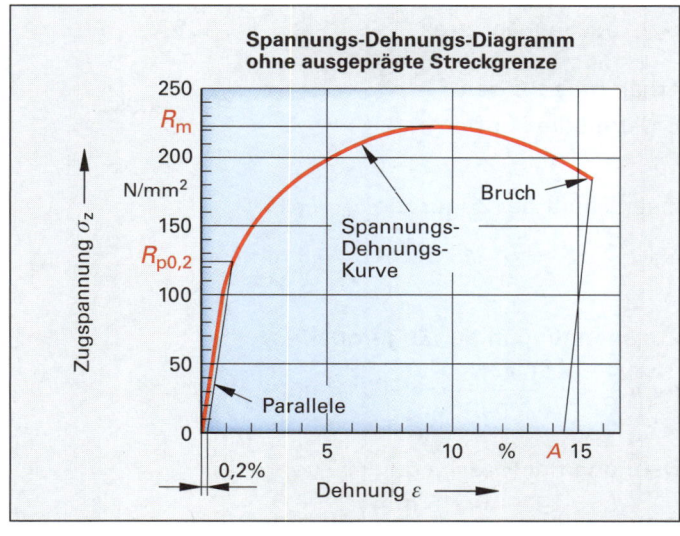

Spannungs-Dehnungs-Diagramm ohne ausgeprägte Streckgrenze

3

Wie wird der Kerbschlagbiegeversuch durchgeführt?

Beim Kerbschlagbiegeversuch fällt ein Pendelhammer auf einer kreisförmigen Bahn herunter und trifft waagerecht auf eine genormte Probe mit Kerbe (Bild oben rechts).

Je nach Werkstoff durchschlägt er die Probe oder verformt sie und zieht sie durch die Widerlager. Die dabei verbrauchte Energie kann an einem Schleppzeiger oder auf einem Display abgelesen werden.

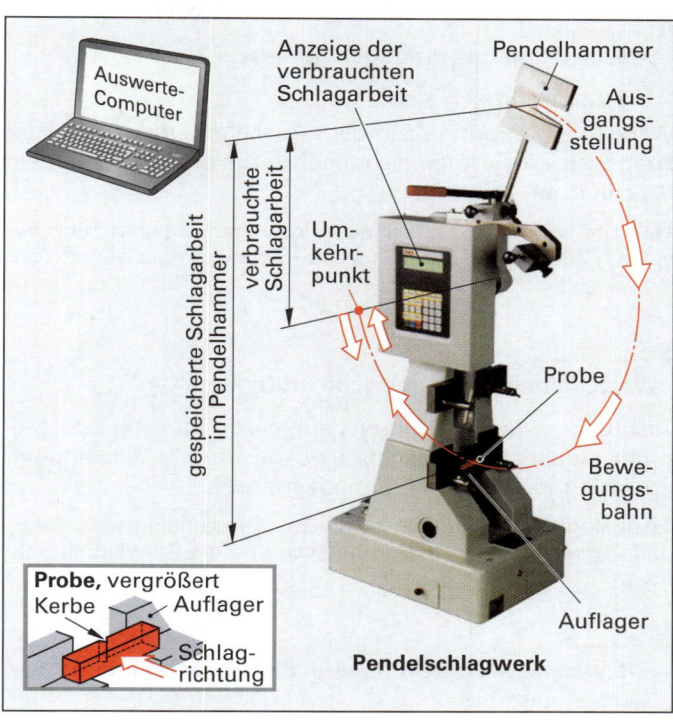

Pendelschlagwerk

4

Der Zugversuch an einer Zugprobe ($d_0 = 16$ mm, $L_0 = 80$ mm) liefert folgende Messwerte: Zugkraft bei der Streckgrenze $F_e = 55\,292$ N, Höchstzugkraft $F_m = 96\,510$ N, Messlänge nach dem Bruch $L_u = 96,8$ mm.
Zu berechnen sind die Streckgrenze, Zugfestigkeit und Bruchdehnung.

$$S_0 = \frac{\pi}{4} \cdot d_0^2 = \frac{\pi}{4} \cdot (16 \text{ mm})^2 = 201 \text{ mm}^2$$

Streckgrenze $\quad R_e = \dfrac{F_e}{S_0} = \dfrac{55\,292 \text{ N}}{201 \text{ mm}^2} = \mathbf{275\ \dfrac{N}{mm^2}}$

Zugfestigkeit $\quad R_m = \dfrac{F_m}{S_0} = \dfrac{96\,510 \text{ N}}{201 \text{ mm}^2} = \mathbf{480\ \dfrac{N}{mm^2}}$

Bruchdehnung $\quad A = \dfrac{L_u - L_0}{L_0} \cdot 100\,\%$

$$A = \frac{96,8\,\text{mm} - 80\,\text{mm}}{80 \text{ mm}} \cdot 100\,\% = \mathbf{21\%}$$

Ergänzende Fragen zur Prüfung mechanischer Eigenschaften

5

Welche Aufgaben hat die Werkstoffprüfung?

Die wesentlichen Aufgaben der Werkstoffprüfung sind:

- Die Bestimmung der technologischen Eigenschaften der Werkstoffe, wie z.B. Festigkeit, Härte, Verarbeitbarkeit
- Die Überprüfung von Werkstücken und Bauteilen auf Fehler und Funktionstüchtigkeit

- Die Ermittlung von Schadensursachen an einem zu Bruch gegangenen Bauteil, z.B. durch Gefügeuntersuchungen.

6
Welche Werkstattprüfungen gibt es?

Werkstattprüfungen sind:

Werkstofferkennung nach dem Aussehen und durch Funkenprobe sowie Eigenschaftsprüfung durch Biege- und Bruchflächen-Prüfung.

Werkstattprüfungen sind einfache Prüfungen, die erste Hinweise auf die Zusammensetzung und die Eigenschaften eines Werkstoffes geben.

7
Wozu dienen technologische Prüfungen?

Technologische Prüfungen dienen zur Prüfung der Eignung eines Werkstoffs für eine bestimmte Anwendung oder ein mögliches Fertigungsverfahren.

Technologische Prüfungen sind z.B. der technologische Biege- und Faltversuch, der Tiefungsversuch und die Schweißnahtprüfung.

8
Mit welchem Verfahren wird die Tiefziehfähigkeit von Blechen geprüft?

Mit dem Tiefungsversuch nach Erichsen (Bild).

Als Erichsentiefung IE bezeichnet man die Tiefe der Ausbuchtung eines Bleches durch einen kugelförmigen Stempel bis zum Einreißen des Bleches.

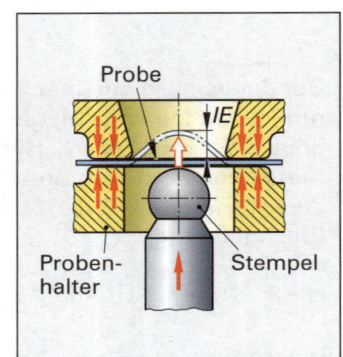

9
Welches Diagramm erhält man beim Zugversuch?

Beim Zugversuch erhält man das Spannungs-Dehnungs-Diagramm.

Fortlaufend gemessen werden beim Zugversuch die Zugkraft und die zugehörige Verlängerung. Daraus werden die Spannungen und die zugehörigen Dehnungen berechnet. In einem Schaubild aufgetragen, ergeben sie das Spannungs-Dehnungs-Diagramm.

10
Was versteht man unter der Bruchdehnung A?

Die Bruchdehnung A ist die prozentuale Verlängerung des Werkstoffs nach Belastung bis zum Bruch.

Sie wird berechnet aus der Verlängerung des gebrochenen Probestabes bezogen auf seine Ausgangslänge:
$$A = \frac{\Delta L}{L_0} \cdot 100\,\%$$

Wird z.B. eine Zugprobe mit 100 mm Messlänge durch Belastung bis zum Bruch auf 130 mm verlängert, so beträgt die Bruchdehnung des Werkstoffs

$$A = \frac{130\ \text{mm} - 100\ \text{mm}}{100\ \text{mm}} \cdot 100\,\% = \mathbf{30\,\%}$$

11
Welche beiden Werkstofftypen gibt es bezüglich des Verlaufs der Spannungs-Dehnungs-Kurve?

Werkstoffe mit ausgeprägter Streckgrenze (linkes Bild) und Werkstoffe ohne ausgeprägte Streckgrenze (rechtes Bild).

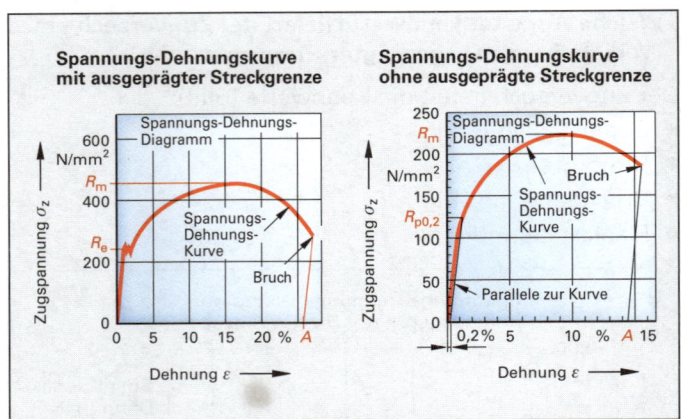

12
Was versteht man unter der Zugfestigkeit R_m?

Die Zugfestigkeit R_m gibt die höchste Zugspannung an, die der Werkstoff ertragen kann.

Die Zugfestigkeit wird berechnet aus der maximalen Zugkraft F_m und dem Probenquerschnitt S_0:
$$R_m = \frac{F_m}{S_0}$$

Die Einheit der Zugfestigkeit ist N/mm².

13
Bei einem Zugversuch an einer Zugprobe mit 10 mm Anfangsdurchmesser und 50 mm Anfangsmesslänge erhält man bei einer Zugkraft von 5000 N eine Verlängerung der Messlänge von 0,015 mm. Welchen Elastizitätsmodul (E-Modul) hat der untersuchte Werkstoff?

Durch Umformung des Hooke'schen Gesetzes
$$\sigma_z = E \cdot \frac{\varepsilon}{100\,\%}$$

erhält man für den E-Modul die Formel:
$$E = \frac{\sigma_z}{\varepsilon} \cdot 100\,\%$$

Querschnitt der Zugprobe S_0:
$$S_0 = \frac{\pi}{4} \cdot d_0{}^2 = \frac{\pi}{4} \cdot (10\ \text{mm})^2 = 78{,}5\ \text{mm}^2$$

Zugspannung in der Zugprobe:
$$\sigma_z = \frac{F}{S_0} = \frac{5000\ \text{N}}{78{,}5\ \text{mm}^2} = 63{,}66\ \text{N/mm}^2$$

Dehnung der Messlänge der Zugprobe:
$$\varepsilon = \frac{\Delta L}{L_0} \cdot 100\,\% = \frac{0{,}015\ \text{mm}}{50\ \text{mm}} \cdot 100\,\% = 0{,}03\,\%$$

Eingesetzt in die Formel für den E-Modul:
$$E = \frac{\sigma_z}{\varepsilon} \cdot 100\,\% = \frac{63{,}66\ \text{N/mm}^2}{0{,}03\,\%} \cdot 100\,\%$$

$$= \mathbf{212\,200\ \text{N/mm}^2}$$

14

| Wie berechnet man die Scherfestigkeit?

Die Scherfestigkeit τ_{aB} berechnet man aus der maximalen Kraft F_m, die man in einem Scherversuch (Bild) zum Abscheren einer Scherprobe mit der Querschnittsfläche S_0 benötigt.

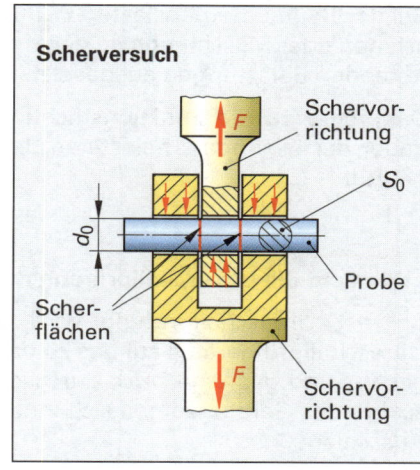

Die Formel für die Scherfestigkeit lautet:

$$\tau_{aB} = \frac{F_m}{2 \cdot S_0}$$

15

| Was wird mit dem Kerbschlagbiegeversuch geprüft?

Mit dem Kerbschlagbiegeversuch wird die verbrauchte Schlagarbeit beim Durchschlagen einer Probe gemessen.

Härteprüfungen

Fragen aus Fachkunde Metall, Seite 333

1

| Wie wird die Vickershärteprüfung durchgeführt?

Bei der Vickershärteprüfung wird die Spitze einer vierseitigen Pyramide aus Diamant mit einer Prüfkraft F in die Probe eingedrückt und die Diagonalen des entstandenen Pyramideneindrucks gemessen (Bild).

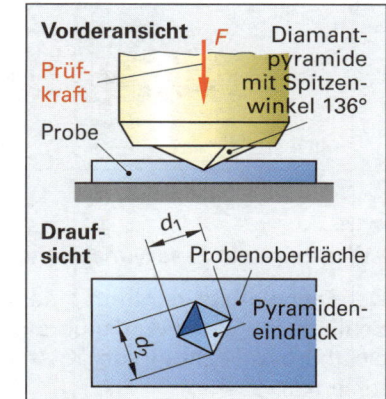

Die Diagonale d bestimmt man durch Ausmessen der beiden Diagonalen d_1 und d_2 des Eindrucks und Bildung des Mittelwertes: $d = \dfrac{d_1 + d_2}{2}$

2

| Wozu dient die Mikrohärteprüfung?

Mit der Mikrohärteprüfung wird die Härte kleiner Werkstoffbereiche, z.B. einzelner Gefügekörner, eines Werkstoffs bestimmt.

Die Prüfkörpereindrücke sind so klein, dass sie unter einem am Härteprüfgerät eingebauten Mikroskop ausgemessen werden müssen.

3

| Für welche Werkstoffe ist die Brinell- bzw. die Vickershärteprüfung geeignet?

Die Brinellhärteprüfung ist nur zur Prüfung weicher und mittelharter Werkstoffe geeignet.

Mit der Vickershärteprüfung (Bild oben) können sowohl weiche als auch harte Werkstoffe geprüft werden.

4

| Welche Vorteile hat die Martenshärteprüfung gegenüber der Härteprüfung nach Brinell?

Der Vorteil der Martenshärteprüfung ist ihre universelle Einsetzbarkeit zum Prüfen von Werkstoffen aller Härtegrade.

Darüber hinaus erhält man bei der Martenshärteprüfung ein Diagramm über das elastisch-plastische Verformungsverhalten des Werkstoffs.

Bei der Prüfung großer Stückzahlen gleicher Bauteile besteht die Möglichkeit der Automatisierung des Prüfvorgangs.

5

| Die Vickershärteprüfung HV 50 eines Werkstücks aus gehärtetem Stahl ergibt die Eindruckdiagonalen 0,35 mm und 0,39 mm. Wie groß ist die Vickershärte des Stahls?

Die Prüfkraft bei der Vickershärteprüfung HV 50 beträgt $F = 50 \cdot 9{,}81$ N $= 490{,}5$ N.

Der Mittelwert der Eindruckdiagonalen ist

$$d = \frac{d_1 + d_2}{2} = \frac{0{,}35 \text{ mm} + 0{,}39 \text{ mm}}{2} = 0{,}37 \text{ mm}$$

$$\textbf{HV} = 0{,}189 \cdot \frac{F}{d^2} = 0{,}189 \cdot \frac{490{,}5}{0{,}37^2} = \textbf{677}$$

6

| In welchen Fällen wird die Härte mit mobilen Härteprüfgeräten geprüft?

Mobile Härteprüfungen werden eingesetzt, wenn die Härte an fertigen, großen Bauteilen oder an schwer zugänglichen Stellen von Bauteilen geprüft werden muss.

Ergänzende Fragen zur Härteprüfung

7

| Was versteht man unter Härte?

Härte ist der Widerstand, den ein Werkstoff dem Eindringen eines Prüfkörpers entgegensetzt.

Zur Bestimmung der Härte eines Werkstoffs wird eine Probe des Werkstoffs mit einem genormten Eindrückkörper belastet und die Abmessungen des Eindrucks gemessen.

Die gebräuchlichsten Prüfverfahren sind die Brinell-, die Vickers- und die Rockwellhärteprüfung.

8

| Was bedeutet das Kurzzeichen der Härteangabe 120 HBW 5/250/30?

Das Kurzzeichen bedeutet:
120 Härtewert

HBW Härte nach Brinell mit Hartmetallkugel (W) geprüft

  5 Kugeldurchmesser 5 mm

250 Prüfkraft $= 250 \cdot 9{,}81$ N $= 2450$ N

 30 Einwirkdauer 30 Sekunden

Beträgt die Einwirkdauer 10 s bis 15 s, so wird sie im Kurzzeichen weggelassen.

Die Härteangabe lautet dann z.B. 180 HBW 10/3000.

9

Was bedeutet das Kurzzeichen der Härteangabe 190 HV 50/30?

Das Kurzzeichen bedeutet:

190 Härtewert
HV   Härte nach Vickers
50   Prüfkraft 490 N (entspricht 50 · 9,81)
30   Einwirkdauer 30 Sekunden

10

Welche Vorteile hat die Vickershärteprüfung?

- Weiche als auch harte Werkstoffe werden mit nur einem Prüfkörper geprüft (Bild zu Aufgabe 1 Seite 137).
- Die Eindringtiefe ist bei der Vickers-Kleinlast-Härteprüfung gering, sodass auch dünne Randschichten und einzelne Gefügebestandteile geprüft werden können.

11

Wie wird die Rockwell-Härteprüfung durchgeführt?

Die HRC-Prüfung wird in folgenden Schritten durchgeführt (Bild rechts):

1. Diamantkegel (Prüfkörper) auf die Probenoberfläche aufsetzen
2. Mit der Prüfvorkraft (98 N) belasten und das Anzeigegerät auf Zeigerstellung 0 stellen
3. Die Prüfkraft (1373 N) aufgeben
4. Die Prüfkraft abheben
5. Den Härtewert auf der Messuhr ablesen.

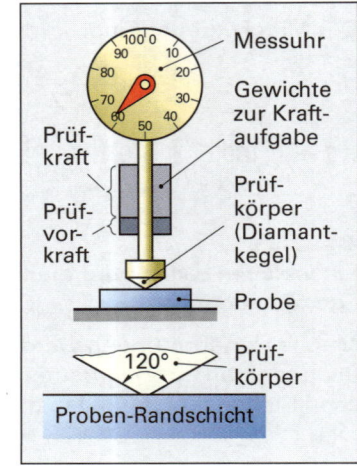

12

Welche Vorteile hat die Härteprüfung nach Rockwell gegenüber der Härteprüfung nach Brinell und Vickers?

Die Vorteile der Rockwell-Härteprüfung sind die rasche Durchführbarkeit der Prüfung und die sofortige Anzeige des Härtewertes auf der Messuhr.

Die Probe muss nicht blank geschliffen sein und der Härtewert kann direkt am Prüfgerät abgelesen werden.

Dauerfestigkeitsprüfung, Bauteilprüfung

Fragen aus Fachkunde Metall, Seite 336

1

Wie sieht eine Ermüdungsbruchfläche aus?

Ermüdungsbrüche haben ein typisches Aussehen:

Ihre Bruchfläche zeigt einen Anriss am Umfang der Bruchfläche, davon ausgehend konzentrische, halbkreisförmige Rastlinien und eine Gewaltbruch-Restfläche (Bild).

Durch das typische Aussehen können Ermüdungsbrüche von Gewaltbrüchen unterschieden werden.

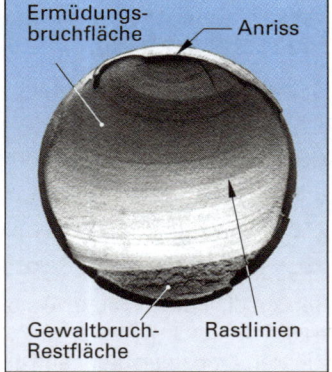

2

Wozu dient die Bauteil-Betriebslasten-Prüfung?

Bei der Bauteil-Betriebslasten-Prüfung werden ganze Maschinen oder Maschinenteile den im späteren Betrieb auftretenden Belastungen ausgesetzt.

Dadurch wird die Funktionstüchtigkeit und die Lebensdauer der besonders belasteten Bauteile einer Maschine geprüft.

3

Wie wird die Ultraschallprüfung durchgeführt?

Bei der Ultraschallprüfung wird der Schallkopf eines Ultraschallprüfgerätes auf das zu prüfende Werkstück aufgesetzt und das Werkstück durchschallt. Auf einem Bildschirm des Gerätes zeigen sich innere Werkstückfehler als Ausschläge.

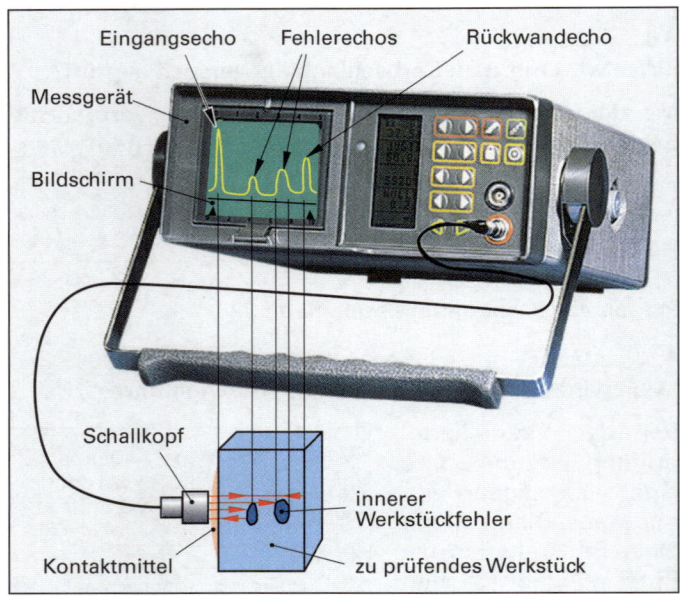

4

Was zeigt ein Faserverlauf und was ein Schliffbild?

Der **Faserverlauf** zeigt auf einer polierten und angeätzten Schlifffläche eines Werkstücks die mit dem bloßen Auge sichtbare Ausrichtung der Kristallite im Werkstoff (Bild unten links).

Ein **Schliffbild** zeigt bei Betrachtung einer geschliffenen und angeätzten Metalloberfläche unter dem Metallmikroskop (vergrößert) die einzelnen Gefügebestandteile des Werkstoffs, z.B. ein Ferrit/Perlit-Gefüge (Bild unten rechts).

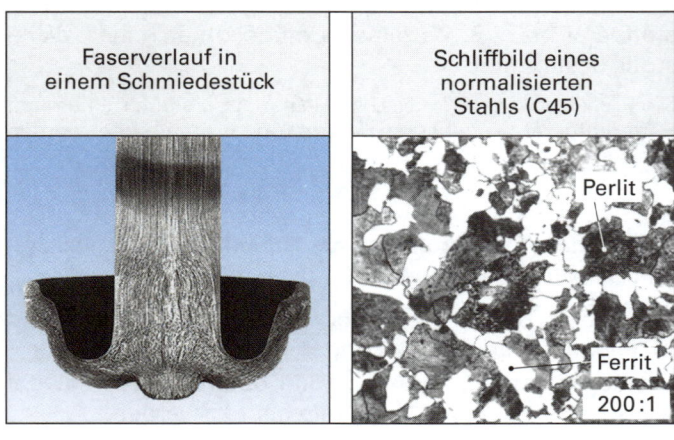

Ergänzende Fragen zur Dauerfestigkeitsprüfung, Bauteilprüfung, zerstörungsfreien Prüfung und metallografischen Untersuchungen

5

| Wozu dient der Dauerschwingversuch?

Im Dauerschwingversuch wird das Werkstoffverhalten bei lang andauernder, wechselnder Belastung geprüft.

Da viele Bauteile nicht einer konstanten Kraft, sondern wechselnden Kräften ausgesetzt sind, ist der Dauerschwingversuch ein wichtiges Prüfverfahren für wechselbelastete Bauteile.

6

| Was kann aus einem Wöhler-Diagramm ermittelt werden?

Aus dem Wöhler-Diagramm (Bild) kann das Dauerfestigkeitsverhalten eines Werkstoffs ermittelt werden.

Eine Kennzahl für das Dauerfestigkeitsverhalten ist die Dauerschwingfestigkeit σ_D.

Sie wird aus dem Wöhler-Diagramm ermittelt. Dazu zieht man im Diagramm bei einer Schwingungszahl von $N = 10^6$ ($\triangleq$ 1 Million Lastwechsel) eine waagrechte Hilfslinie zur senkrechten Achse und liest dort die Dauerschwingungfestigkeit ab. Beispiel: $\sigma_D = 180$ N/mm².

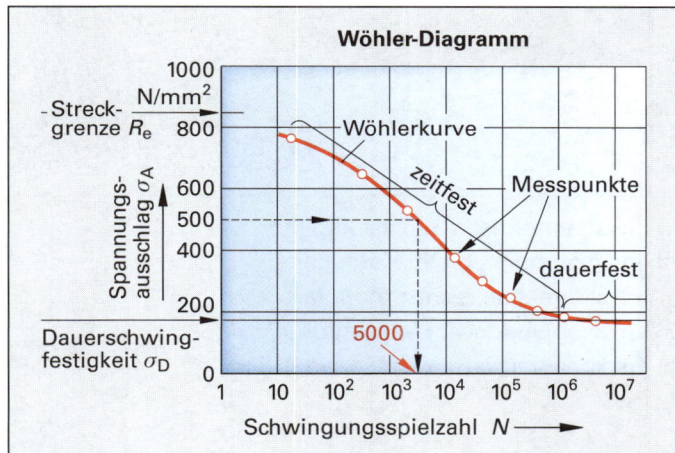

Wöhler-Diagramm

7

| Welche Werkstofffehler kann man durch die zerstörungsfreie Werkstoffprüfung feststellen?

Es können festgestellt werden: eingeschlossene Blasen, Lunker und Fremdstoffeinschlüsse im Werkstückinnern und Risse an der Werkstückoberfläche.

Das Werkstück bleibt dabei vollkommen unversehrt. Durch die Prüfung entstehen keine bleibenden Spuren am Werkstück.

8

| Was kann man mit metallografischen Untersuchungen prüfen?

Mit metallografischen Untersuchungen wird der innere Aufbau der Werkstoffe, ihre Struktur, sichtbar gemacht.

9

| Welche Verfahren der zerstörungsfreien Prüfung gibt es?

Zerstörungsfreie Prüfverfahren sind:

- Prüfung mit Eindringverfahren, wie z.B. Kapillarverfahren oder dem Met-L-Chek-Verfahren
- Prüfung mit Ultraschall
- Prüfung mit Röntgen- und Gammastrahlen
- Prüfung mit dem Magnetpulververfahren

Fragen zur Prüfung der Kunststoff-Kennwerte

1

| Mit welchen mechanischen Kennwerten wird das mechanische Verhalten der Kunststoffe bechrieben?

Die mechanischen Kennwerte der Kunststoffe sind: die Zugfestigkeit σ_B, die Streckspannung σ_S und die Reißdehnung ε_R.

2

| Mit welchen Kennwerten wird die Formbeständigkeit bei erhöhten Temperaturen bei Kunststoffen gemessen?

Mit der Vicat-Erweichungstemperatur wird die kurzzeitig zulässige obere Temperatur angegeben.

Die Dauergebrauchs-Temperatur gibt die höchste Temperatur an, bei der ein Kunststoff nach 20 000 Stunden (rund 2,3 Jahre) noch 50% seiner ursprünglichen Zugfestigkeit besitzt.

4.12 Umweltproblematik der Werkstoffe und Hilfsstoffe

1

| Nennen Sie fünf Werkstoffe und fünf Hilfsstoffe, von denen gesundheitsschädliche und umweltbelastende Wirkungen ausgehen können.

Gesundheitsschädliche Werkstoffe:
Blei, Cadmium, Asbest, PVC, Quecksilber, Metallstäube

Gesundheitsschädliche Hilfsstoffe:
Kaltreiniger, Kühlschmierstoffe, Härtesalze, Schutzgase zum Schweißen, Acetylen.

2

| Worauf sollte bei der Auswahl von Werk- und Hilfsstoffen unter Umweltgesichtspunkten geachtet werden?

Es sollten möglichst nur Werk- und Hilfsstoffe eingesetzt werden, die nicht gesundheitsschädlich sind und die ohne Schädigung der Umwelt zu erzeugen, zu verarbeiten und zu entsorgen sind.

3

| Was versteht man unter Recycling?

Unter Recycling versteht man die stoffliche Wiederverwertung von unbrauchbar gewordenen Bauteilen oder Hilfsstoffen. Dazu werden die Stoffe aufgearbeitet.

Testfragen zur Werkstofftechnik

Übersicht, Auswahl, Eigenschaften der Werkstoffe

TW 1

In welche zwei Untergruppen teilt man die Eisen-Werkstoffe ein?

a) In Sintermetalle und Hartmetalle
b) In Stahl und Eisen-Gusswerkstoffe
c) In Schwermetalle und Leichtmetalle
d) In Baustahl und Werkzeugstahl
e) In Natur-Werkstoffe und künstliche Werkstoffe

TW 2

Zu welcher Gruppe der Werkstoffe gehören die Hartmetalle?

a) Nichtmetalle
b) Eisenmetalle
c) Schwermetalle
d) Synthetischen Werkstoffe
e) Verbundstoffe

TW 3

Wie lautet die Formel für die Berechnung der Zugfestigkeit?

a) $R_m = F_m \cdot S_0$ b) $R_m = \dfrac{S_0}{F_m}$

c) $R_m = \dfrac{F_m}{S_0}$ d) $R_m = \dfrac{\Delta L}{L_0}$

e) $R_m = \dfrac{F_e}{S_0}$

TW 4

Was beschreiben die fertigungstechnischen Eigenschaften eines Werkstoffs?

a) Die Veränderung des Werkstoffs bei Erwärmung.
b) Die Wirkung des Werkstoffs auf die Umwelt.
c) Die Eignung und das Verhalten des Werkstoffs bei der Verarbeitung und Fertigung.
d) Die Veränderung des Werkstoffs bei technischen Fehlern am Bauteil.
e) Das technische Verhalten des Werkstoffs bei Korrosion.

TW 5

Welches der folgenden Bilder zeigt eine Biegebeanspruchung?

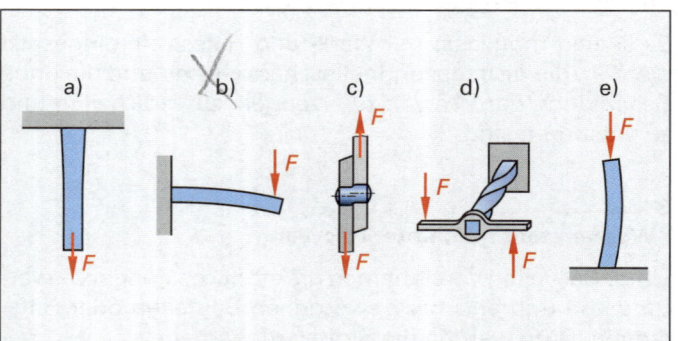

Innerer Aufbau der Metalle

TW 6

Welchen Kristallgittertyp hat Eisen bei Raumtemperatur?

a) kubisch-raumzentriert
b) hexagonal
c) kubisch-flächenzentriert
d) rhombisch
e) hexagonal-raumzentriert

TW 7

Welchen inneren Aufbau haben die Metalle?

a) Kristallinen Aufbau
b) Amorphen Aufbau
c) Unregelmäßigen Aufbau
d) Ungeordneten Aufbau
e) Flüssigkeitsähnlichen Aufbau

TW 8

Welche beiden Kornformen zeigen die folgenden Bilder?

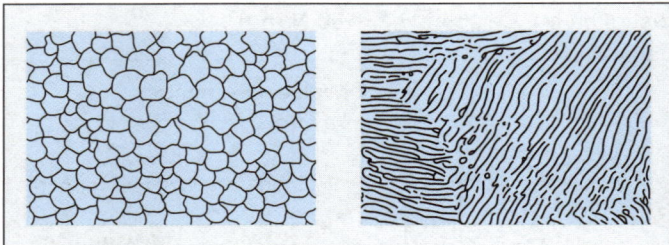

a) links: dendritisch, rechts: lamellar
b) links: globular, rechts: lamellar
c) links: lamellar, rechts: globular
d) links: polyedrisch, rechts: globular
e) links: polyedrisch, rechts: dendritisch

Roheisengewinnung, Herstellung von Stahl

TW 9

Welches Element wird den Erzen bei der Roheisengewinnung im Hochofen entzogen?

a) Stickstoff   b) Sauerstoff
c) Kohlenstoff   d) Phosphor
e) Mangan

TW 10

Welches Element bewirkt bei Stahl-Roheisen das helle Bruchgefüge?

a) Chrom   b) Nickel
c) Silicium   d) Mangan   e) Phosphor

TW 11

Nach welchem Verfahren wird Stahl hergestellt?

a) Vakuumverfahren
b) Sauerstoffaufblasverfahren
c) Direktreduktionsverfahren
d) Umschmelzverfahren
e) Hochofenverfahren

TW 12

Zu welchem Zweck erfolgt die Desoxidation (Beruhigen) von Stahl?

a) Zur Erniedrigung des Schwefel- und Phosphorgehaltes

b) Zur Beseitigung von Gasblasen und zur Erzielung eines gleichmäßigen Gefüges

c) Zur Zufuhr von Legierungselementen

d) Zur Vermeidung von Spannungen im erstarrten Stahl

e) Zur Verbesserung der Gießbarkeit des Stahls

Das Bezeichnungssystem für Stähle

TW 13

Was bedeutet der Kurzname S355J0?

a) Stahlbaustahl mit 355 N/mm² Mindestzugfestigkeit

b) Schienenstahl mit 355 N/mm² Mindeststreckgrenze

c) Spannstahl mit 355 N/mm² Mindeststreckgrenze

d) Stahlbaustahl mit 355 N/mm² Mindeststreckgrenze

e) Schienenstahl mit 355 N/mm² Mindestzugfestigkeit

TW 14

Wie lautet der Kurzname für den folgenden Stahl: Unlegierter Stahl mit einem Kohlenstoffgehalt von 0,45%?

a) C45

b) 45C

c) 45CC

d) X45C

e) CX45

TW 15

Welchen Kurznamen hat folgender Werkstoff: Unlegierter Stahl mit 0,25% Kohlenstoff, 1% Chrom sowie geringem Molybdän- und Schwefelgehalt?

a) X25MnCr1-1

b) 25CMnCr1-1

c) 25MnCrMo2-5

d) X25CrMoS1-1

e) 25CrMoS4

TW 16

Welchen Kurznamen hat ein Schnellarbeitsstahl mit 6% Wolfram, 5% Molybdän, 3% Vanadium und 8% Cobalt?

a) XWMoVCo18-1-2-5

b) 18WMoVCo18-1-2-5

c) HS6-5-3-8

d) W18Mo1V2Co5

e) S5-2-1-18

TW 17

Was geben die Zahlen in der alten Kurzbezeichnung St 37-2 an?

a) Druckfestigkeit – Gütegruppe

b) Mindestzugfestigkeit – Gütegruppe

c) Bruchdehnung – Gütegruppe

d) Chemische Zusammensetzung

e) Mindestbiegefestigkeit – Biegezahl

TW 18

Was besagt der vorangestellte Buchstabe X in einem Kurznamen für Stahl?

a) Werkzeugstahl

b) Die Legierungsmetalle sind mit ihrem tatsächlichen Prozentgehalt angegeben

c) Der Stahl ist härtbar

d) Der Stahl ist korrosionsbeständig

e) Der Stahl besitzt hohe Zugfestigkeit

TW 19

Welcher der folgenden Ausdrücke ist ein normgerechte Werkstoffnummer?

a) 1.00.37

b) 100.37

c) 1 0037

d) 1.0037

e) 1.0.0.3.7

TW 20

Welchen Werkstoff und welche Eigenschaften kann man aus dem Kurznamen EN-GJL-200 entnehmen?

a) Gusseisen mit Lamellengrafit und 200 N/mm² Mindestzugfestigkeit

b) Gusseisen mit Kugelgrafit und 200 N/mm² Zugfestigkeit

c) Gusseisen mit Kugelgrafit und 200 N/mm² Streckgrenze

d) Nichtentkohlend geglühter Temperguss mit 2,00% Kohlenstoff

e) Stahlguss mit 200 N/mm² Mindestzugfestigkeit

TW 21

Was versteht man unter Edelstahl?

a) Nichtrostenden Stahl

b) Besonders hochfesten Stahl

c) Elektrochemisch stabilen Stahl

d) Besonders rein hergestellten Stahl mit besonderen gewährleisteten Eigenschaften

e) Mit Silber legierten Stahl

TW 22

Welcher der folgenden Kurznamen kennzeichnet einen Einsatzstahl?

a) 35S20

b) C80U

c) 32CrMo12

d) 16MnCr5

e) X100CrWMo4-3

Einteilung, Verwendung und Handelsformen der Stähle

TW 23

Welche Eigenschaft ist bei den Feinkornstählen für ihre Verwendung entscheidend?

a) Korrosionsbeständigkeit

b) Verschleißfestigkeit

c) hohe Streckgrenze und gute Schweißeignung

d) Härtbarkeit

e) Dehnbarkeit

TW 24

Welche mechanische Eigenschaft des Stahls wird durch einen steigenden C-Gehalt vermindert?

a) Zugfestigkeit

b) Scherfestigkeit

c) Zähigkeit

d) Sprödigkeit

e) Biegefestigkeit

TW 25

Welche Stahlsorte enthält bis zu 0,3% Schwefel?

a) Automatenstahl

b) Einsatzstahl

c) Vergütungsstahl

d) Federstahl

e) Nitrierstahl

TW 26

In welcher Spanne des Gehalts bewegt sich der Kohlenstoffgehalt der Vergütungsstähle?

a) Unter 0,05 %

b) 0,06 bis 0,18 %

c) 0,2 bis 0,65 %

d) 0,8 bis 1,7 %

e) 1,8 bis 2,1 %

TW 27

Bis zu welcher Arbeitstemperatur dürfen Schnellarbeitsstähle verwendet werden?

a) bis 200 °C

b) bis 400 °C

c) bis 500 °C

d) bis 600 °C

e) bis 900 °C

TW 28

Wie lautet die Kurzbezeichnung für einen Doppel T-Träger gemäß DIN 1025, Werkstoff: Stahl S275JR, Profil-Hauptmaße: Höhe = 340 mm, Länge = 5000 mm?

a) T-Profil DIN 1025 – S275JR –T340 x 5000

b) Z-Profil DIN 1025 – S275JR – Z340 x 5000

c) U-Profil DIN 1025 – S275JR – U340 x 5000

d) I-Profil DIN 1025 – S275JR – I340 x 5000

e) I-Profil S275JR – I340 x 5000

Gusseisen-Werkstoffe

TW 29

Wie hoch ist der Kohlenstoffgehalt von Gusseisen mit Lamellengrafit?

a) 0,1% bis 0,8%

b) 2,6% bis 3,6%

c) 1,0% bis 2,0%

d) 0,5% bis 1,5%

e) 0,7% bis 2,0%

TW 30

Welches Gefüge zeigt das nachstehende Bild?

a) Gusseisen mit Kugelgrafit

b) Gusseisen mit Korngrenzenzementit

c) Unlegierten Stahlguss

d) Gusseisen mit Lamellengrafit

e) Nichtentkohlend geglühten Temperguss

TW 31

Welche Vorgänge bzw. Veränderungen laufen beim Tempern von Weißem Temperguss ab?

a) Der Werkstück-Randschicht wird Kohlenstoff entzogen.

b) Der Werkstück-Randschicht wird Kohlenstoff zugeführt.

c) Den Werkstücken wird Sauerstoff entzogen.

d) Der Werkstück-Randschicht wird Stickstoff zugeführt.

e) Es bildet sich Temperkohle.

Nichteisenmetalle (NE-Metalle)

TW 32

Was will man bei NE-Metallen hauptsächlich durch Legieren erreichen?

a) Den Schmelzpunkt erhöhen

b) Die elektrische Leitfähigkeit verbessern

c) Die Korrosionsbeständigkeit vermindern

d) Die Zugfestigkeit erhöhen

e) Die Dehnbarkeit herabsetzen

TW 33

Welcher Werkstoff hat die Kurzbezeichnung CuZn40Al2?

a) Zink-Kupfer-Legierung mit 40% Kupfer, 2% Al

b) Kupferlegierung mit 40% Zn, 2% Al

c) Aluminiumlegierung mit 40% Cu und Zn sowie 20% Al

d) Zinnlegierung mit 40% Cu, 2% Al

e) Kupferlegierung mit 40% Zinn, 2% Al

TW 34

Welche Eigenschaft besitzt reines Kupfer im Allgemeinen *nicht*?

a) Hohe Zugfestigkeit

b) Gute Dehnbarkeit

c) Gute elektrische Leitfähigkeit

d) Gute Wärmeleitfähigkeit

e) Gute Korrosionsbeständigkeit

TW 35 _____

Bei welcher Temperatur lässt sich Zink am besten biegen?

a) 20 °C   b) 60 °C   c) 120 °C
d) 250 °C   e) 345 °C

TW 36 _____

Aus welchen Legierungsbestandteilen besteht Messing?

a) Cu und Sn
b) Cu und Zn
c) Cu, Sn und Pb
d) Cu, Sn und Ni
e) Cu, Zn und Ni

TW 37 _____

Wodurch wird bei CuZn-Legierungen eine gute Spanbrüchigkeit erreicht?

a) Durch hohen Cu-Gehalt
b) Durch Zusatz von S
c) Durch Zusatz von Ni
d) Durch Zusatz von Pb
e) Durch Zusatz von Sn

TW 38 _____

Wie kann die Zugfestigkeit von CuZn-Legierungen verbessert werden?

a) Durch hohen Cu-Gehalt
b) Durch Warmumformen
c) Durch Kaltumformen
d) Durch Glühen und Abschrecken in Wasser
e) Durch Glühen und langsames Abkühlen

TW 39 _____

Welche der angegebenen Cu-Legierungen ist für Gleitlager am besten geeignet?

a) G-CuZn35
b) CuZn40Pb2
c) CuNi25
d) CuNi25Zn15
e) G-CuPb15Sn

TW 40 _____

Welche besondere Eigenschaft besitzen Werkstücke aus Feinzink-Druckgusslegierungen?

a) Hohe Festigkeit
b) Gute Zähigkeit
c) Gute Maßgenauigkeit
d) Gute Warmfestigkeit
e) Gute Kaltformbarkeit

TW 41 _____

Wofür werden Blei und Bleilegierungen *nicht* verwendet?

a) Lagermetalle
b) Wälzlagerkörper
c) Abschirmung gegen Röntgenstrahlen
d) Akkumulatorplatten
e) Kabelummantelungen

TW 42 _____

Wie groß ist die Dichte von Aluminium in kg/dm^3?

a) 1,7 kg/dm^3
b) 2,7 kg/dm^3
c) 4,5 kg/dm^3
d) 7,2 kg/dm^3
e) 7,8 kg/dm^3

TW 43 _____

Wie lautet der Kurzname einer Al-Knetlegierung mit 1% Magnesium?

a) Al-Mg-1
b) EN AW-Al Mg1
c) DIN EN Alu-Mag
d) DIN AlMg
e) Al99Mg1

TW 44 _____

Welche Eigenschaften haben kupferhaltige Al-Legierungen?

a) Korrosionsbeständig, gut gießbar
b) Gut anodisch oxidierbar, weich
c) Aushärtbar und hohe Zugfestigkeit
d) Sehr weich, korrosionsbeständig
e) Besonders gut dehnbar

TW 45 _____

Welcher Werkstoff hat das Kurzzeichen MgAl8Zn?

a) Al-Legierung mit 80 N/mm^2 Mindestfestigkeit
b) Zink-Knetlegierung mit 8% Al und etwas Magnesium
c) Magnesium-Knetlegierung mit 8% Al und etwas Zink
d) Magnesium-Gusslegierung mit 8% Zink
e) Al-Knetlegierung mit 8% Magnesium und etwas Zink

TW 46 _____

Welche Aussage trifft auf Titan zu?

a) Es ist leicht umformbar.
b) Es ist wenig korrosionsbeständig.
c) Seine Festigkeit ist gering.
d) Sein Schmelzpunkt ist sehr niedrig.
e) Es besitzt hohe Festigkeit und ist zäh.

Sinterwerkstoffe, Keramische Werkstoffe

TW 47

Welche Vorteile hat die Sintertechnik für die Herstellung von Bauteilen?

a) Sie ist besonders für die Fertigung von Einzelteilen geeignet.

b) Die Pressformen sind einfach und preiswert herzustellen.

c) Es können Bauteile aller Größen hergestellt werden.

d) Man erhält einbaufertige, preisgünstige Massenteile.

e) Die Bauteile werden beim Fertigungsvorgang gehärtet.

TW 48

Welche Sinterformteile werden nach dem Sintern zusätzlich kalibriert?

Formteile mit besonders hohen Ansprüchen …

a) an die Festigkeit

b) an die Maßgenauigkeit

c) an die Dehnbarkeit

d) an das Gefüge

e) an die Porosität

TW 49

Welche Eigenschaft haben die keramischen Werkstoffe *nicht*?

a) Große Härte

b) Oberflächenverschleißfestigkeit

c) Schlagzähigkeit

d) Chemikalienbeständigkeit

e) Elektrische Isolierfähigkeit

TW 50

Welche Eigenschaft schränkt den Einsatz keramischer Bauteile ein?

a) Die hohe Druckfestigkeit

b) Die Korrosionsanfälligkeit

c) Die geringe Dichte

d) Die Schlagempfindlichkeit

e) Die gleitfähige Oberfläche

TW 51

Welcher der genannten Werkstoffe ist ein keramischer Werkstoff?

a) Aluminiumoxid

b) Titanzink

c) Kunststoff-Pressmasse

d) Sinterstahl

e) Kohlenstoffdioxid

Wärmebehandlung der Stähle

TW 52

Was kann man aus dem Eisen-Kohlenstoff-Zustandsdiagramm ablesen?

a) Die Härte- und Anlasstemperaturen von Werkzeugstählen.

b) Die Einhärtetiefen von unlegierten Werkzeugstählen.

c) Die Zugfestigkeit und Streckgrenze nach dem Vergüten bei verschiedenen Temperaturen.

d) Die Temperatur-Zeit-Folge beim Härten.

e) Die Gefügearten von Stählen und Gusseisen bei den verschiedenen Temperaturen.

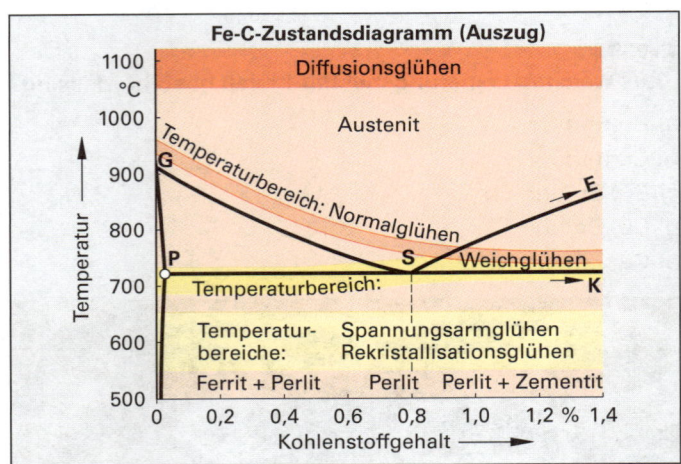

TW 53

Welches Gefüge hat ein Stahl mit 0,8% Kohlenstoff, der von 750 °C langsam auf 20 °C abgekühlt wurde?

a) Perlit　　　　　　　b) Martensit

c) Ferrit　　　　　　　d) Austenit

e) Zementit

TW 54

Welches Gefüge entsteht beim Erhitzen von Stahl mit 0,8% Kohlenstoff über eine Temperatur von 723 °C?

a) Perlit　　　　　　　b) Martensit

c) Ferrit　　　　　　　d) Austenit

e) Zementit

TW 55

Bei welchem Kohlenstoffgehalt der Eisenwerkstoffe liegt die Grenze zwischen Gusseisen und Stählen?

a) 2,86%　　　　　　　b) 0,8%

c) 2,06%　　　　　　　d) 4,3%

e) 1,86%

TW 56

Bei welchem Glühverfahren wird ein durch Kraftverformung verzerrtes Gefüge beseitigt und ein neues Gefüge gebildet?

a) Weichglühen

b) Anlassen

c) Spannungsarmglühen

d) Diffusionsglühen

e) Rekristallisationsglühen

TW 57

In welchen Arbeitsgängen erfolgt das Härten von Stahl?

a) Erwärmen, Anlassen, Härten

b) Glühen, Abschrecken, Auslagern

c) Erwärmen, Halten, Abschrecken, Anlassen

d) Erwärmen, Abschrecken, Glühen

e) Glühen, Anlassen, Abschrecken

TW 58

Welches Abschreckmittel hat die schroffste Abschreckwirkung?

a) Wasser-Öl-Emulsion
b) Bewegte Luft
c) Wasser-Polymer-Emulsion
d) Wasser
e) Öl

TW 59

Welcher Stahl wird nach seinem Abschreckmittel beim Härten als Wasserhärter bezeichnet?

a) Unlegierter Werkzeugstahl
b) Niedriglegierter Vergütungsstahl
c) Automatenstahl
d) Hochlegierter Stahl
e) Schnellarbeitsstahl

TW 60

Was ist Einhärtungstiefe?

a) Die Dicke des gehärteten Bauteils
b) Die Tiefe der erwärmten Schicht beim Härten
c) Die Dicke der gehärteten Randschicht
d) Die Tiefe der Aufkohlungsschicht
e) Die Tiefe der Härtetemperatur

TW 61

Welche Eigenschaften erhält Stahl durch das Vergüten?

a) Hohe Festigkeit und Zähigkeit
b) Glatte Oberfläche
c) Korrosionsbeständigkeit
d) Warmfestigkeit
e) Hohe Dehnbarkeit

TW 62

Was versteht man unter Vergüten?

a) Legieren mit anderen Metallen
b) Erwärmen mit langsamen Abkühlen
c) Zuführen von Kohlenstoff
d) Härten mit Anlassen auf hohe Temperaturen
e) Härten der Werkstückrandschicht

TW 63

Welche Eigenschaften erhält Stahl durch Einsatzhärten?

a) Hohe Festigkeit
b) Hohe Dehnbarkeit
c) Harter Kern, weiche Randschicht
d) Er ist durchgehärtet
e) Weicher Kern, harte Randschicht

TW 64

Welcher Stoff wird dem Stahlwerkstück im Randbereich beim Nitrieren zugeführt?

a) Wasserstoff
b) Kohlenstoff
c) Stickstoff
d) Sauerstoff
e) Schwefel

TW 65

Welche Stahlsorte ist *nur* nach der Zufuhr von Kohlenstoff härtbar?

a) Einsatzstahl
b) Kaltarbeitsstahl
c) Federstahl
d) Vergütungsstahl
e) Warmarbeitsstahl

TW 66

Welches Gefüge muss die Eisen-Grundmasse eines Gusseisens haben, damit es härtbar ist?

a) Ferrit
b) Austenit
c) Ferrit und Graphit
d) Perlit bzw. Ferrit-Perlit
e) Zementit

Kunststoffe

TW 67

Was versteht man unter Polymerisation?

a) Ein Verfahren zur Feinbearbeitung von Kunststoffen
b) Die Korrosion durch elektrochemische Einflüsse
c) Die Zerlegung einer chemischen Verbindung in ihre Elemente
d) Eine Zusammenlagerung gleichartiger Moleküle zu Makromolekülen
e) Das Strangpressen thermoplastischer Kunststoffe

TW 68

Was sind Thermoplaste?

a) Geräte zur Temperatursteuerung
b) Kunststoffe, die beim Erwärmen weich werden
c) Gehärtete Kunststoffe
d) Abdeckpasten beim Einsatzhärten
e) Einsatzmittel beim Warmbadhärten

TW 69

Welche Aussage trifft sowohl für Thermoplaste als auch für Duroplaste zu?

a) Sie werden in der Wärme formbar und sind schweißbar
b) Sie werden von Lösungsmitteln nicht angegriffen
c) Sie zerfallen bei Einwirkungstemperaturen über 300 °C
d) Sie lassen sich gut im Spritzgießverfahren formen
e) Sie erweichen *nicht* in der Wärme

TW 70

Welcher der genannten Kunststoffe entwickelt beim Überhitzen und Verbrennen das stechend riechende, giftige Chlorgas?

a) Acrylglas (PMMA)

b) Polycarbonat (PC)

c) Polyethylen (PE)

d) Polystyrol (PS)

e) Polyvinylchlorid (PVC)

TW 71

Welche Kunststoff können geschäumt werden?

a) Polycarbonate (PC)

b) Polytetrafluorethylen (PTFE)

c) Polystyrol (PS) und Polyurethan (PU)

d) Epoxidharze (EP) und Formaldehydharze (PF, MF, UF)

e) Silicon-Kunststoffe

TW 72

Aus welchem Kunststoff könnten die gezeigten Bauteile gefertigt sein?

Zahnräder   Pkw-Saugmodul

a) Polystyrol (PS)

b) Epoxidharz (EP)

c) Polyamid (PA) oder Polyoximethylen (POM)

d) Silikonharz

e) Acrylglas (PMMA)

TW 73

Zu welchen Bauteilen lassen sich Polyurethan-Kunststoffe *nicht* verarbeiten?

a) Zu formstabilen Rollen und Lagerschalen

b) Zu temperaturbeständigen Beschichtungen

c) Zu hartelastischen Zahnriemen und Puffern

d) Zu weichen Kabelummantelungen

e) Zu weichen Schaumstoffteilen

TW 74

Welche besonderen Eigenschaften haben Silikon-Kunststoffe?

a) Sie sind Wasser abstoßend und verhältnismäßig hoch temperaturbeständig.

b) Sie sind besonders billig.

c) Sie sind aus Makromolekülen mit einem Grundgerüst aus Kohlenstoffketten aufgebaut.

d) Sie bestehen aus abgewandelten Naturstoffen.

e) Sie sind wenig alterungsbeständig.

TW 75

Welche Kunststoffe eignen sich besonders gut für das Spritzgießen?

a) Überwiegend Thermoplaste

b) Nur Epoxidharze

c) Ausschließlich Duroplaste

d) Hauptsächlich Elastomere

e) Vor allem Siliconharz

TW 76

Welcher Kennwert macht eine Aussage über die kurzzeitige Formbeständigkeit eines Kunststoffs bei erhöhter Temperatur?

a) Die Zugfestigkeit

b) Die Dauergebrauchstemperatur

c) Der E-Modul

d) Die Reißdehnung

e) Die Vicat-Erweichungstemperatur

TW 77

Wie kann die Festigkeit eines Kunststoffs wesentlich erhöht werden?

a) Durch Härten

b) Durch Bestrahlen mit UV-Licht

c) Durch Kneten

d) Durch Einlagern von Glasfasern

e) Durch Aufschäumen

TW 78

Welcher der genannten Kunststoffe hat eine hohe Wärmebeständigkeit?

a) Polyethylen (PE)

b) Polypropylen (PP)

c) Polystyrol (PS)

d) Polyvinylchlorid (PVC)

e) Polyamid (PA)

Verbundwerkstoffe

TW 79

Welche Eigenschaften haben glasfaserverstärkte Kunststoffe?

a) Weich und gummiartig

b) Hart und spröde

c) Gut umformbar

d) Hohe Dichte und große Dehnung

e) Hohe Zugfestigkeit und Formbeständigkeit

TW 80

Welcher Stoff ist *kein* Verbundwerkstoff?

a) Polymerbeton

b) Hartmetalle

c) GFK

d) PVC

e) Plattiertes Blech

TW 81

Welches Verfahren ist kein Fertigungsverfahren für faserverstärkte Verbundwerkstoffe?

a) Handlaminieren

b) Faserharzspritzen

c) Elektrostatisches Beschichten

d) Nasswickeln

e) Kontinuierliches Laminieren

Werkstoffprüfung

TW 82

Worüber gibt die Funkenprobe bei unlegiertem Stahl Aufschluss?

a) Zugfestigkeit

b) Kohlenstoffgehalt

c) Dehnbarkeit

d) Dichte des Stahls

e) Streckgrenze

TW 83

Was wird mit dem Technologischen Biegeversuch (Faltversuch) geprüft?

a) Das Umformvermögen

b) Das Hin- und Herbiegeverhalten

c) Die Rückfederung

d) Das Bruchverhalten

e) Die Biegefestigkeit

TW 84

Was wird durch den Zugversuch ermittelt?

a) Härte und Sprödigkeit

b) Ziehfähigkeit

c) Schlagzähigkeit

d) Zugfestigkeit, Streckgrenze, Bruchdehnung

e) Biegeverhalten

TW 85

Was gibt die Streckgrenze R_e an?

a) Die Festigkeit

b) Die Spannung, ab der der Werkstoff gestreckt wird, ohne dass die Belastung erhöht wird

c) Die Bruchbelastungsgrenze

d) Die Spannung beim Bruch

e) Die Spannung, ab der sich der Werkstoff elastisch verformt

TW 86

Was gibt die Zugfestigkeit R_m an?

a) Die maximale Kraft im Prüfstab

b) Die Spannung, ab der der Werkstoff „fließt"

c) Die Dehngrenze

d) Die höchste Spannung, die ein Werkstoff ertragen kann

e) Die Streckgrenze

TW 87

Mit welcher Formel wird die Zugspannung σ_z berechnet?

a) $\sigma_z = \dfrac{S_0}{F}$ b) $\sigma_z = E \cdot \varepsilon$

c) $\sigma_z = F \cdot S_0$ d) $\sigma_z = E/\varepsilon$

e) $\sigma_z = \dfrac{F}{S_0}$

TW 88

Welcher Werkstoffkennwert wird mit dem Kerbschlagbiegeversuch ermittelt?

a) Die Zugfestigkeit

b) Die Biegefestigkeit

c) Die verbrauchte Schlagarbeit

d) Die Dauerfestigkeit

e) Die Federschlaghärte

TW 89

Welchen Eindrückkörper benutzt man bei der Vickers-Härteprüfung?

a) Diamantkegel 120°

b) Diamantkegel 136°

c) Stahlkugel mit $\varnothing$ 5 mm

d) Diamantpyramide 136°

e) Hartmetallkugel mit $\varnothing$ 1,5 mm

TW 90

Welche Bedeutung hat das Kurzzeichen der Härteangabe 640 HV30?

a) Vickershärte 640, Prüfkraft 30 N, Einwirkdauer der Prüfkraft 10 bis 60 s

b) Vickershärte 640, Prüfkraft 294 N (30 kp), Einwirkdauer der Prüfkraft 10 bis 15 s

c) Vickershärte 640, Prüfkraft 294 N (30 kp), Einwirkdauer der Prüfkraft 10 bis 30 s

d) Vickershärte 30, Prüfkraft 640 N, Einwirkdauer der Prüfkraft 10 bis 15 s

e) Vickershärte 64, Prüfkraft 300 N, Einwirkdauer 10 bis 15 s

TW 91

Welche Bedeutung hat das Kurzzeichen der Härteangabe 260 HBW 2,5/187,5/30?

a) Brinellhärte 187,5, Stahlkugel 2,5 mm Durchmesser, Prüfkraft 260 N, Prüfdauer 30 s

b) Brinellhärte 260, Hartmetallkugel, 2,5 mm Durchmesser, Prüfkraft 1840 N (187,5 kp), Prüfdauer 30 s

c) Brinellhärte 30, Stahlkugel, 2,5 mm Durchmesser, Prüfkraft 187,5 N, Prüfdauer 30 min

d) Brinellhärte 2,5, Hartmetallkugel, 260 mm Durchmesser, Prüfkraft 187,5 N, Prüfdauer 30 s

e) Brinellhärte 260, Prüfkraft 2,5 N, Hartmetallkugel, 187,5 mm Durchmesser, Prüfdauer 30 s

TW 92

| Welchen Vorteil hat die Rockwell-Härteprüfung?

a) Es gibt nur einen Eindrückkörper für alle HRC-Prüfungen.

b) Werkstoffe jeglicher Härte können mit einem HRC-Verfahren geprüft werden.

c) Der Prüfvorgang erfolgt in einem Arbeitsschritt.

d) Der Härtewert kann direkt an der Messuhr abgelesen werden.

e) Es wird mit nur einer Prüfkraft geprüft.

TW 93

| Woran erkennt man einen Ermüdungsbruch?

Er hat eine ...

a) samtartige Bruchfläche

b) ausgefranste Bruchfläche

c) geneigte Bruchfläche

d) Bruchfläche mit Noppen und Zacken

e) Bruchfläche mit Anriss, Rastlinien und Restgewaltbruch

TW 94

| Welches Verfahren zählt *nicht* zu den zerstörungsfreien Prüfverfahren?

a) Magnetpulververfahren

b) Farbeindringverfahren

c) Prüfung durch Ultraschall

d) Ölkochprobe

e) Härteprüfung nach Rockwell

TW 95

| Wozu dient die Bauteilprüfung mit Eindringverfahren?

Sie sind auch unter den Bezeichnungen Kapillarverfahren, Saugverfahren oder Penetrierverfahren bekannt.
Zur Prüfung auf

a) Werkstofflunker

b) feine Haarrisse

c) Gefügeveränderungen

d) Werkstoffzusammensetzung

e) Faserverlauf

TW 96

| Was stellt man durch metallografische Untersuchungen fest?

a) Die Härte des Werkstoffes

b) Die Zugfestigkeit des Werkstoffes

c) Das Gefüge des Werkstoffs

d) Die magnetischen Eigenschaften

e) Die Elastizitätsgrenze

TW 97

| Welche mechanischen Kennwerte eines Kunststoffs zeigen die mit $\otimes$ und $\otimes$ gekennzeichneten Werte der Spannungs-Dehnungskurven im nachfolgend gezeigten Spannungs-Dehnungs-Diagramm?

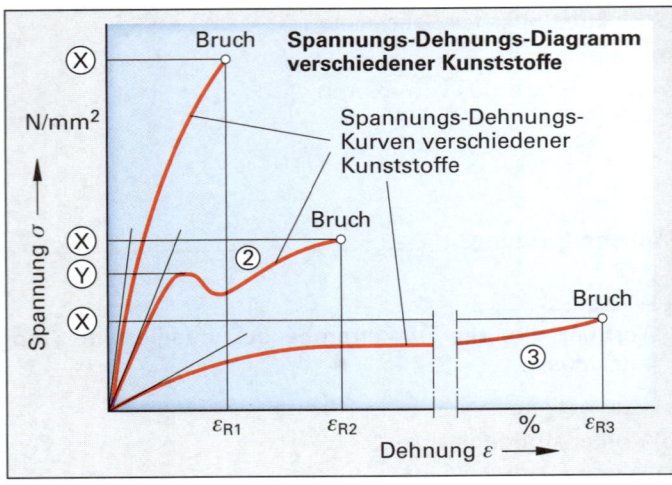

a) X: Reißdehnung,   Y: Zugfestigkeit

b) X: Streckspannung,   Y: Zugfestigkeit

c) X: Zugfestigkeit,   Y: Streckspannung

d) X: Streckspannung,   Y: Bruchdehnung

e) X: Dehnung,   Y: Zugspannung

Umweltproblematik der Werk-und Hilfsstoffe

TW 98

| Warum sollten Metallabfälle sortenrein gesammelt werden?

a) Damit es im Betrieb ordentlich aussieht.

b) Damit man die Metallabfälle besser transportieren kann.

c) Damit man noch verwertbare Teile für die Fertigung heraussuchen kann.

d) Damit die Metallabfälle möglichst kostengünstig wiederverwertet werden können.

e) Damit man weiß, welchen Materialverbrauch man hat.

TW 99

| Wie sollte mit verbrauchten Hilfsstoffen, wie z.B. Altöl, umgegangen werden?

Sie sollten ...

a) verbrannt werden.

b) mit Wasser verdünnt in die Kanalisation gekippt werden.

c) mit Sand vermischt vergraben werden.

d) ins Ausland verschifft werden.

e) sortenrein gesammelt und der Herstellerfirma übergeben werden.

5 Maschinentechnik

5.1 Einteilung der Maschinen

Fragen aus Fachkunde Metall, Seite 345

1

Welche Hauptfunktion haben Kraftmaschinen bzw. Arbeitsmaschinen?

Die Hauptfunktion von Kraftmaschinen ist die Energieumwandlung, die Hauptfunktion der Arbeitsmaschinen ist der Stoffumsatz.

Kraftmaschinen sind z.B. Elektromotore, Verbrennungsmotore und Hydrozylinder.
Arbeitsmaschinen sind z.B. Fördermittel und Werkzeugmaschinen.

2

Erläutern Sie mit einer Handskizze und einer Beschreibung den Energiefluss an einem Verbrennungsmotor.

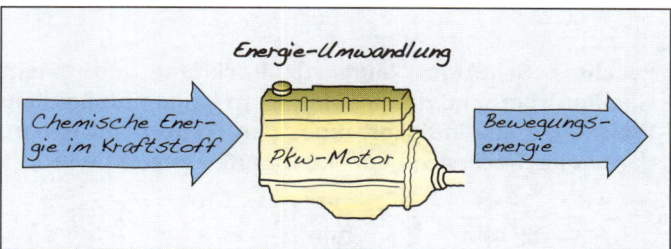

Dem Verbrennungsmotor wird Energie in Form der im Kraftstoff chemisch gespeicherten Energie zugeführt. Er wird durch Verbrennen im Zylinder des Motors zuerst in Wärmeenergie umgewandelt und dann über den Motorkolben in Bewegungsenergie umgesetzt.

3

Mit welcher physikalischen Größe kann man das Arbeitsvermögen von Maschinen beschreiben?

Das Arbeitsvermögen einer Maschine wird mit der Leistung P beschrieben.

Es ist die pro Zeiteinheit t verrichtete Arbeit W.

$$P = \frac{W}{t}$$

4

Was versteht man unter dem Wirkungsgrad einer Maschine?

Als Wirkungsgrad η bezeichnet man das Verhältnis der von der Maschine technisch nutzbaren Leistung P_2 zur zugeführten Leistung P_1.

$$\eta = \frac{P_2}{P_1}$$

Der Wirkungsgrad η wird entweder als Dezimalbruch oder als Prozentsatz angegeben.
Beispiel: $\eta = 0{,}72$ entspricht $\eta = 72\%$.

5

Mit welcher Energie prallt ein Gesenkschmiedehammer auf ein Schmiedestück, wenn der Hammer ($m = 1{,}2$ t) aus 0,8 m Höhe auf das Schmiedestück fällt?

$$W_{pot} = F_G \cdot h = m \cdot g \cdot h$$

$$\mathbf{W_{pot}} = 1200 \text{ kg} \cdot 9{,}81 \frac{m}{s^2} \cdot 0{,}8 \text{ m} = 9417{,}6 \frac{kg \cdot m^2}{s^2}$$

$$= 9417{,}6 \text{ N} \cdot m = 9417{,}6 \text{ J} \approx \mathbf{9{,}4 \text{ kJ}}$$

6

Der Elektromotor eines Hebezeugs entnimmt während des Betriebs aus dem Leitungsnetz eine Leistung von 8,4 kW. Der Motor und das Hebezeuggetriebe haben einen Wirkungsgrad von insgesamt 82 %. Welche Last kann das Hebezeug in 20 Sekunden auf eine Höhe von 4 m anheben?

Geg.: $P_1 = 8{,}4$ kW $= 8400$ W $= 8400 \dfrac{N \cdot m}{s}$

$\eta = 0{,}82$; $t = 20$ s; $h = 4$ m

$$P_2 = \eta \cdot P_1 = 0{,}82 \cdot 8400 \text{ W} = 6888 \text{ W} = 6888 \frac{N \cdot m}{s}$$

$$P_2 = \frac{W}{t} = \frac{F_G \cdot h}{t}$$

$$\Rightarrow F_G = \frac{P_2 \cdot t}{h} = \frac{6888 \frac{N \cdot m}{s} \cdot 20 \text{ s}}{4 \text{ m}} = 34440 \text{ N}$$

$$F_G = m \cdot g \quad \Rightarrow \quad m = \frac{F_G}{g} = \frac{34440 \text{ N}}{9{,}81 \text{ N/kg}} = \mathbf{3511 \text{ kg}}$$

Ergänzende Fragen zur Einteilung der Maschinen und zu Kraftmaschinen

7

Was bezeichnet man als potenzielle Energie und was als Bewegungsenergie?

Potenzielle Energie ist Arbeitsvermögen, das in Körpern oder Flüssigkeiten durch ihre Höhenlage gespeichert ist.

Als Bewegungsenergie (kinetische Energie) bezeichnet man das Arbeitsvermögen, das in bewegten Körpern oder Flüssigkeiten steckt.

Im stehenden Wasser eines hochgelegenen Stausees z.B. ist potenzielle Energie (Lageenergie) gespeichert.
Ein bewegtes Maschinenteil, z.B. das rotierende Spannfutter einer Drehmaschine, besitzt Bewegungsenergie.

8

Mit welcher Formel berechnet man die potentielle Energie?

Die Formel zur Berechnung der potentiellen Energie lautet:

$$W_{pot} = m \cdot g \cdot h$$

9

Mit welcher Formel berechnet man die kinetische Energie eines Körpers?

Die Formel für die Berechnung der kinetischen Energie lautet:

$$W_{kin} = \frac{1}{2} \cdot m \cdot v^2$$

10

Was versteht man in der Physik unter Leistung?

Leistung ist die pro Zeiteinheit verrichtete Arbeit.

Man berechnet sie mit nebenstehenden Gleichungen:

$$P = \frac{W}{t} = \frac{F \cdot s}{t} = F \cdot v$$

Die Leistung hat die Einheit Watt (W).

$$1 \text{ W} = 1 \frac{J}{s} = 1 \frac{N \cdot m}{s}$$

$$1 \text{ kW} = 1{,}36 \text{ PS}$$

$$1 \text{ PS} = 0{,}736 \text{ kW}$$

11

Eine Pumpe mit Antriebsmotor entnimmt aus dem elektrischen Netz eine Leistung von 31,4 kW. Der von ihr geförderte Flüssigkeitsstrom beinhaltet eine Leistung von 23,7 kW. Wie groß ist der Wirkungsgrad der Pumpe mit Antriebsmotor?

Gegeben sind: $P_{Nutz} = P_1 = 23,7$ kW
$P_{zu} = P_2 = 31,4$ kW

$$\eta = \frac{P_1}{P_2} = \frac{23,7 \text{ kW}}{31,4 \text{ kW}} \approx 0,755 \approx \textbf{75,5\%}$$

12

Erläutern Sie den Begriff „energieumsetzende Maschine" am Beispiel eines Druckluftzylinders (Bild).

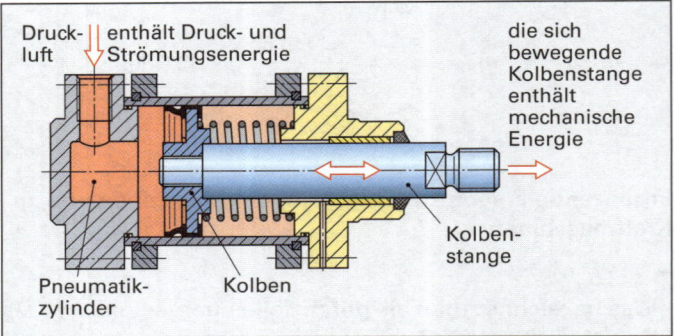

Die Druckluft tritt mit der in ihr gespeicherten Druck- und Strömungsenergie in den Pneumatikzylinder ein, entspannt sich im Zylinder und gibt dabei einen Teil ihrer Druckenergie über Kolben und Kolbenstange als mechanische Energie an die zu bewegenden Maschinenteile ab.

Energetisch betrachtet erfolgt im Pneumatikzylinder eine Umsetzung von Druck- und Strömungsenergie in Bewegungsenergie und einen geringen Anteil Wärmeenergie.

Nur die Bewegungsenergie wird im Pneumatikzylinder technisch genutzt, während die Wärmeenergie technisch ungenutzt an die Umgebung abgegeben wird.

Arbeitsmaschinen und EDV-Anlagen

Fragen aus Fachkunde Metall, Seite 349

1

Erklären Sie den Begriff stoffumsetzende Maschine am Beispiel der im Bild rechts oben gezeigten Fräsmaschine.

Eine Fräsmaschine ist systemtechnisch betrachtet eine stoffumsetzende Maschine, da der Hauptzweck der Maschine die Stoffumformung ist.

Das Ausgangsmaterial wird auf dem Fräsmaschinentisch eingespannt, dort durch den Fräser spanend umgeformt und verlässt die Maschine in Form des Werkstücks sowie der abgehobenen Späne.

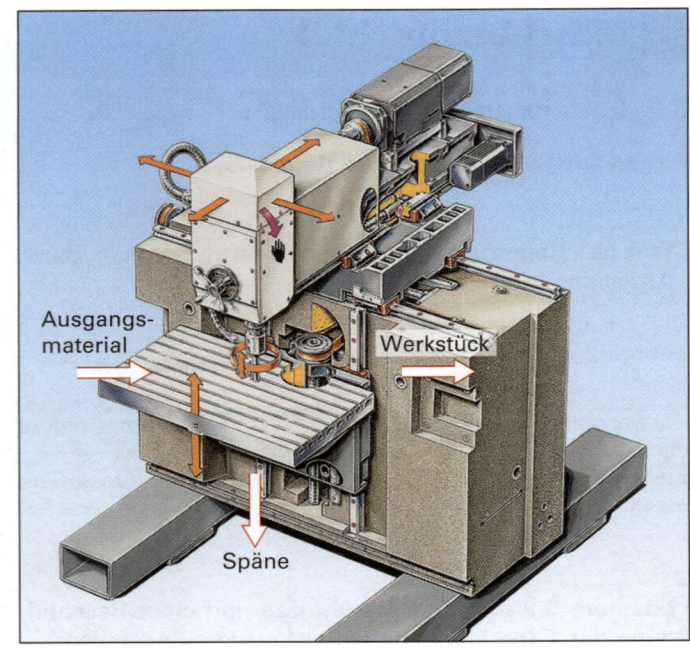

2

Feuchtes Schüttgut läuft zur Trocknung auf einem Gliederförderband durch einen 12 m langen Tunnelofen. Welche Geschwindigkeit muss das Förderband haben, damit eine Trockenzeit von 1,6 Minuten erreicht wird?

$$v = \frac{s}{t} = \frac{12 \text{ m}}{1,6 \text{ min}} = \textbf{7,5} \frac{\textbf{m}}{\textbf{min}} = \frac{7,5 \text{ m}}{60 \text{ s}} = \textbf{0,125} \frac{\textbf{m}}{\textbf{s}}$$

3

Wie lautet die Berechnungsformel für die Dichte?

Sie lautet $\varrho = \dfrac{\text{Masse}}{\text{Volumen}} = \dfrac{m}{V}$

4

Wie groß ist die Drehzahl eines Elektromotors in 1/min, wenn er in 3 Sekunden 36 Umdrehungen ausführt?

$$n = \frac{z}{t} = \frac{36}{3 \text{ s}} = \frac{36}{3 \cdot \frac{1}{60} \text{ min}} = \frac{36}{0,05 \text{ min}} = \textbf{720} \frac{\textbf{1}}{\textbf{min}}$$

5

Mit welcher Gleichung berechnet man den Massestrom auf einem Transportband?

Der Massestrom $\dot{m}$ gibt die pro Zeiteinheit t transportierte Masse m an. Die Formel lautet: $\dot{m} = \dfrac{m}{t}$

6

Welche Umwandlungen erfährt die der Antriebswelle einer Kreiselpumpe (Bild) zugeführte Energie bis zum Austritt aus der Druckleitung?

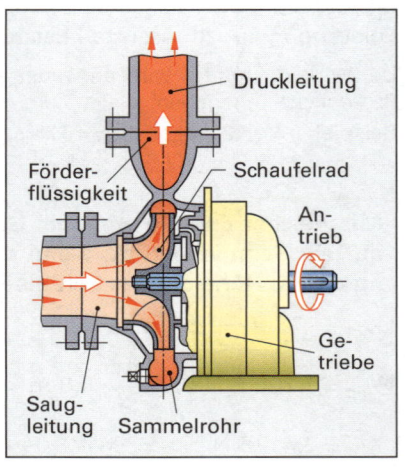

Der Antriebswelle einer Kreiselpumpe wird die Energie in Form von kinetischer Rotationsenergie zugeführt (Bild unten).

Sie fließt über das Getriebe zum Kreiselrad der Pumpe. Dort wird die Energie in Form von kinetischer Strömungsenergie auf die Förderflüssigkeit übertragen.

Im Spiral-Sammelrohr der Pumpe und in der Druckleitung wird ein Teil der kinetischen Strömungsenergie in Druckenergie umgewandelt.

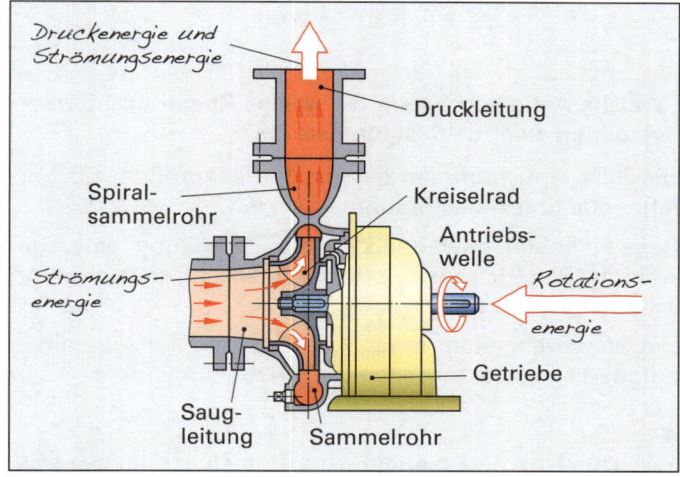

7

Was versteht man bei Computern unter dem EVA-Prinzip?

Das EVA-Prinzip beschreibt die grundsätzliche Arbeitsweise von Datenverarbeitungsanlagen:
Daten-**E**ingabe, Daten-**V**erarbeitung, Daten-**A**usgabe.

Beispiel Taschenrechner: Die Daten-Eingabe erfolgt durch Eintippen der Zahlen und Rechenbefehle, die Daten-Verarbeitung durch den Chip im Rechner und die Daten-Ausgabe durch die Anzeige auf dem Display.

Ergänzende Fragen zu Arbeitsmaschinen und EDV-Anlagen

8

Was kann mit einer Stoffbilanz deutlich gemacht werden?

Mit einer Stoffbilanz werden die Stoffe, die in die Maschine eintreten, und die Stoffe, die die Maschine verlassen, aufgezeigt.

Die Summe der eintretenden Stoffe ist gleich der Summe der austretenden Stoffe.

Dazu zeichnet man sich um die Skizze der Maschine eine gedachte Systemgrenze in Form einer unterbrochenen Linie und trägt dort alle Stoffe ein, die in das System eintreten bzw. aus dem System austreten (Bild).

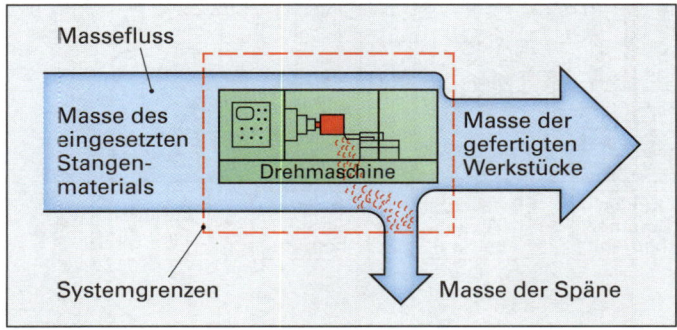

9

Zeigen Sie an einer elektrischen Hebevorrichtung die Stoffumsetzung, die Energieumsetzung und die Informationsumsetzung auf.

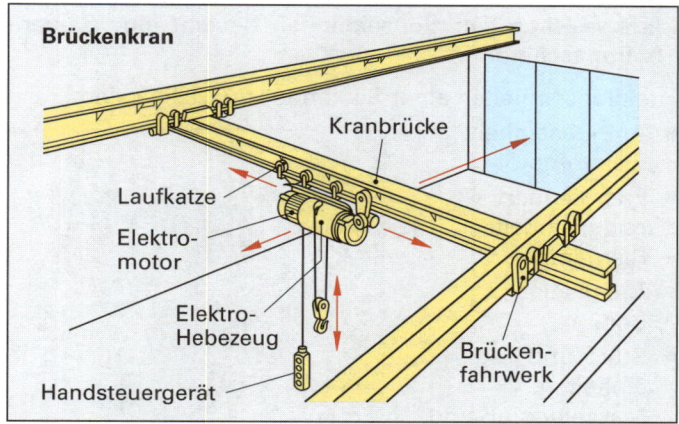

Die **Stoffumsetzung** erfolgt mit der Hebevorrichtung (Elektro-Hebezeug) beim Transport einer Last an einen bestimmten Ort in der Fertigungshalle (Bild oben).

Die dazu erforderliche mechanische Energie wird im Elektromotor des Hebezeugs aus der elektrischen Energie des Stroms durch elektromagnetische Umwandlung (= **Energieumsetzung**) gewonnen.

Die **Informationsübermittlung** erfolgt in der Leitungsbahn vom Handsteuergerät zum Elektromotor. Hierbei werden Knopfdrücke in elektrische Schaltimpulse für den Elektromotor umgesetzt.

10

Warum bezeichnet man eine Werkzeugmaschine als Arbeitsmaschine?

Werkzeugmaschinen sind Arbeitsmaschinen, da deren Hauptzweck die Stoffumsetzung ist.

Mit Werkzeugmaschinen werden aus Rohteilen durch Stoffabtrag oder Stoffumformung Werkstücke gefertigt; es findet Stoffumsetzung statt.

Zum Antrieb einer Werkzeugmaschine wird ebenfalls Energie umgesetzt. Moderne Werkzeugmaschinen besitzen zusätzlich einen informationsumsetzenden Maschinenteil, z.B. die CNC-Steuerung.

11

Welche Transportsysteme führen in Fertigungsanlagen den Stofftransport durch?

Transportsysteme in Fertigungsanlagen sind z.B.:
– Schienen- und Bodenkabel-geführte Fahrzeuge
– Gliederkettenförderer, Transportbänder, Hängebahnen
– Portallader, Industrieroboter, Handhabungsgeräte.

12

Welche EDV-Maschinen spielen im Metall verarbeitenden Betrieb eine Rolle?

● Taschenrechner zum Lösen einfacher Rechenaufgaben, z.B. bei der Arbeitsvorbereitung
● Personalcomputer zur Steuerung von Maschinen und Fertigungsanlagen
● CNC-Steuerungen zur Steuerung von Werkzeugmaschinen
● CAD-Anlagen zum Anfertigen von Konstruktionszeichnungen

5.2 Funktionseinheiten von Maschinen

Fragen aus Fachkunde Metall, Seite 354

1

Aus welchen Funktionseinheiten besteht eine Säulenbohrmaschine?

Funktionseinheiten einer Säulenbohrmaschine sind:

- Antriebseinheit: Elektromotor ①
- Energieübertragungseinheit: Riementrieb ②
- Arbeitseinheit: Bohrer ③
- Stütz- und Trageinheiten: Maschinenfuß und -tisch, Säule ④
- Verbindungseinheit: Bohrfutter ⑤
- Steuereinheit: Schalttafel ⑥
- Funktionseinheit für Arbeitssicherheit: Not-Aus ⑦
- Funktionseinheit für den Umweltschutz: Kühlschmiermittel-Auffangwanne ⑧.

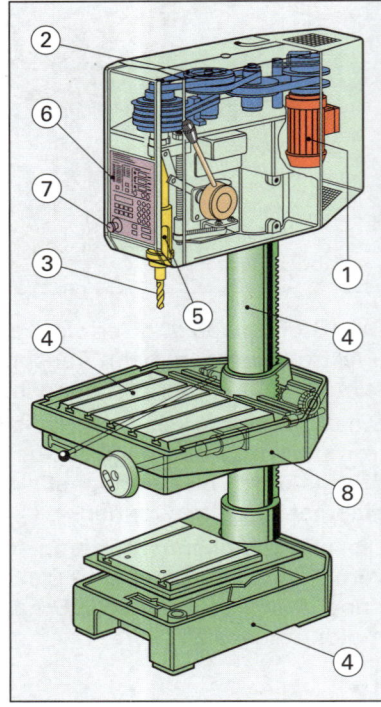

2

Nennen Sie drei Grundfunktionen bei Maschinen und die dazu verwendeten Bauelemente.

Grundfunktionen bei Maschinen sind z.B.

Umformen: Die Drehzahlen und Drehmomente werden im Riementrieb umgeformt.

Stützen, Tragen: Das Maschinengestell trägt den Werkzeugschlitten.

Speichern: Schweißgase werden in Druckgasflaschen gespeichert.

3

Welche Aufgaben haben die Mess-, Regel- und Steuereinheiten einer CNC-Drehmaschine?

Die Messeinrichtungen messen Betriebsgrößen, z.B. Verfahrwege und Werkstückabmessungen.

Regeleinheiten gewährleisten die Einhaltung einer gewählten Betriebsgröße, z.B. der Drehzahl oder des Vorschubwegs.

Die Steuereinheiten lassen Arbeitsgänge auf Maschinen automatisch ablaufen, z.B. eine Bearbeitungsfolge.

4

Welche Funktionseinheiten besitzt eine Klimazentrale (Bild unten)?

Die Funktionseinheiten einer **Klimaanlage** sind:

- Reinigen der Umluft und Zumischen von Reinluft
- Erwärmen der Luft im Winterbetrieb bzw. Kühlen der Luft im Sommerbetrieb
- Befeuchten der Luft im Winterbetrieb bzw. Trocknen der Luft im Sommerbetrieb
- Zuführen und Verteilen der aufbereiteten Luft in der Fertigungshalle (Bild Mitte).

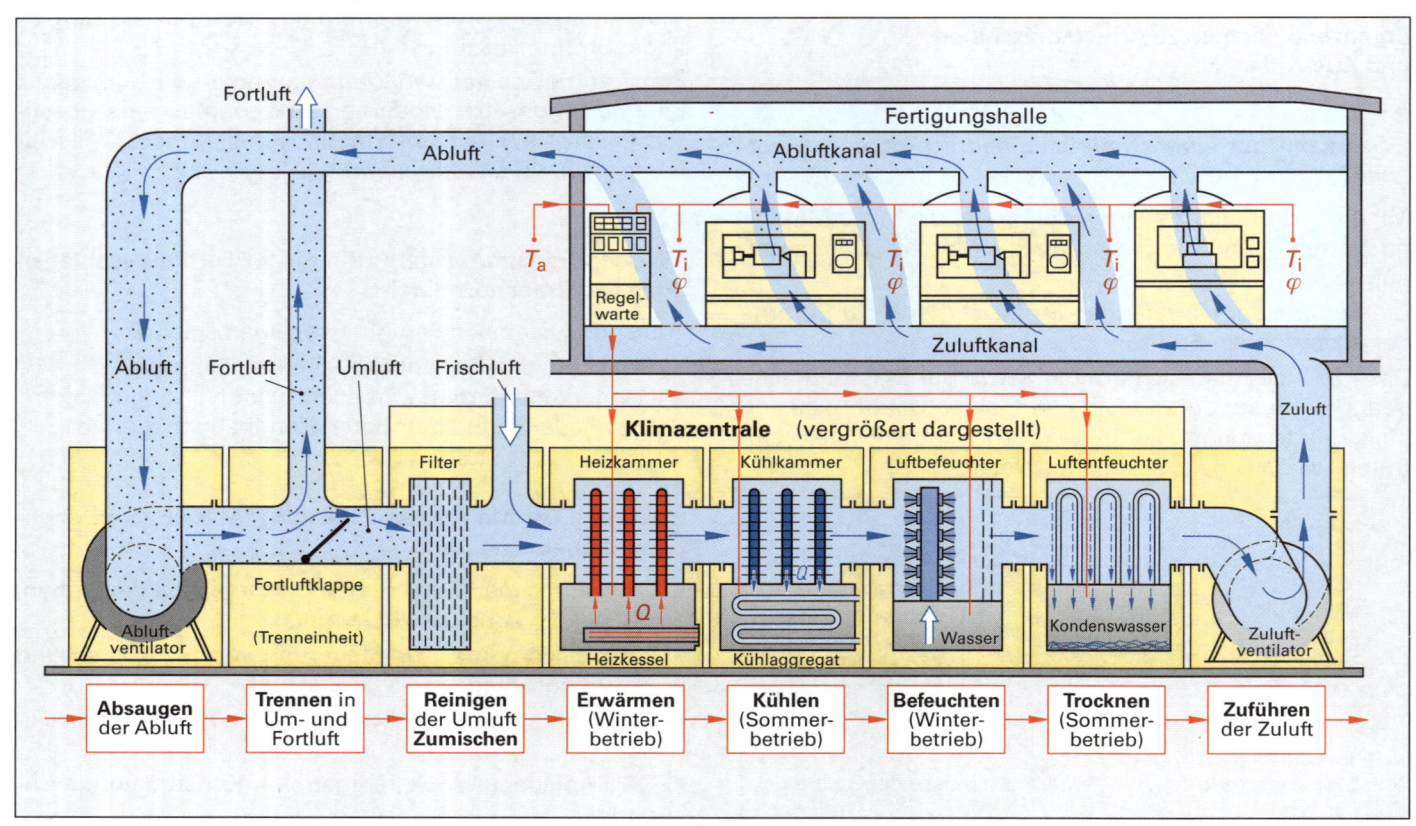

Sicherheitseinrichtungen an Maschinen

Fragen aus Fachkunde Metall, Seite 356

1

Nennen Sie drei Arten von Sicherheitsschaltern und beschreiben Sie ihre Arbeitsweise.

Der **Schlüsselschalter:**

Er ist nur mit einem Schlüssel zu betätigen. Damit verhindert er die Inbetriebnahme einer Maschine durch unbefugte Personen.

Der **Not-Aus-Schalter:**

Er ermöglicht im Notfall durch einen Handgriff den sofortigen Stillstand der gesamten Maschine.

Der **Zweihandschalter:**

Er muss ununterbrochen gleichzeitig von beiden Händen gedrückt werden. Dadurch wird ein Hineinfassen in eine laufende Maschine verhindert.

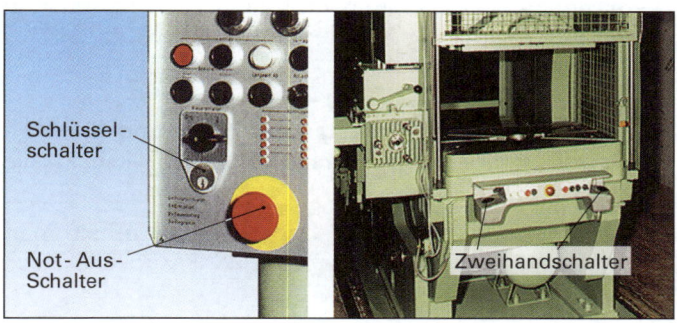

2

Welche Aufgabe haben Grenztaster?

Grenztaster begrenzen den Verfahrweg eines beweglichen Maschinenteils durch Abschalten des Verfahrantriebs.

Sie verhindern dadurch eine Beschädigung der Maschine durch das gewaltsame Auffahren des Maschinenteils.

3

Wie funktioniert eine Schutzzonen-Sicherung?

Bei der Schutzzonen-Sicherung ist in das Programm der Steuerung eine Schutzzone eingespeichert, die das Spannfutter und den Reitstock umfasst. Beim Verfahren des Werkzeugs in die Schutzzone schaltet die Maschine ab.

Die Schutzzonen-Sicherung verhindert eine Kollision des Werkzeugs mit dem Spannfutter oder dem Reitstock.

Ergänzende Frage zu Sicherheitseinrichtungen

4

Welche Funktion hat eine Sicherheitskupplung?

Eine Sicherheitskupplung verhindert eine mechanische Überlastung von Antriebs- und Energieübertragungsbauteilen einer Maschine.

Sicherheitskupplungen sind z.B. die mechanisch wirkenden Rutschkupplungen oder die elektronisch wirkende Schleppfehlerkupplung.

5.3 Funktioneinheiten zum Verbinden

Gewinde

Fragen aus Fachkunde Metall, Seite 358

1

Welches sind die wichtigsten Gewindemaße?

Die wichtigsten Gewindemaße sind der Außendurchmesser d (Nenndurchmesser), die Steigung P, der Kerndurchmesser d_3, der Flankendurchmesser d_2, der Flankenwinkel α und der Steigungswinkel (Bild).

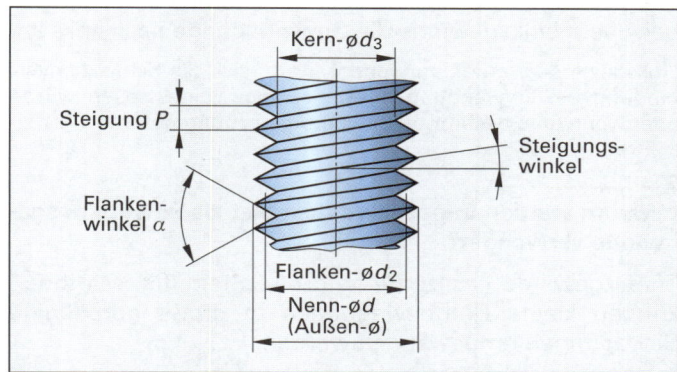

Der Steigungswinkel des Gewindes ist der von der Senkrechten auf die Gewindeachse und der Gewindesteigung eingeschlossene Winkel (Bild oben).

2

Wie werden Gewinde nach dem Verwendungszweck eingeteilt?

Nach dem Verwendungszweck unterteilt man die Gewinde in Befestigungsgewinde und Bewegungsgewinde.

3

Welche Aufgaben haben Befestigungsgewinde?

Mit Befestigungsgewinden werden Bauteile miteinander verspannt und damit aneinander befestigt.

Schrauben und Muttern besitzen ein Befestigungsgewinde. Um ein selbstständiges Lösen zu erschweren, verwendet man für Befestigungsgewinde eingängige Spitzgewinde. Solche Gewinde besitzen einen kleinen Steigungswinkel und sind immer selbsthemmend.

Ergänzende Fragen zu Gewinden

4

Wie entsteht eine Schraubenlinie?

Eine Schraubenlinie entsteht, wenn auf der Mantelfläche eines Zylinders eine schiefe Ebene aufgewickelt wird (Bild).

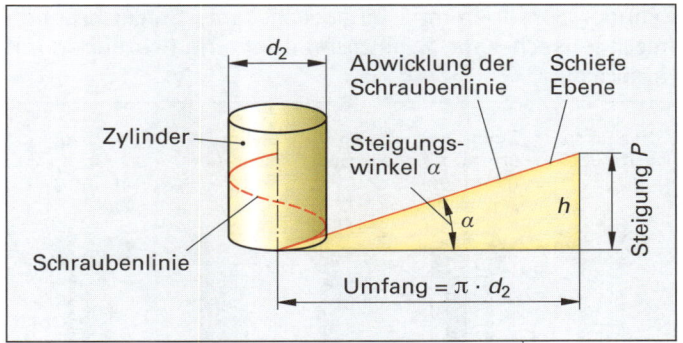

Die Höhe h der schiefen Ebene entspricht der Steigung P des Gewindes.

5

Welche Gewinde unterscheidet man nach dem Gewindeprofil?

Nach dem Gewindeprofil unterscheidet man Spitz-, Trapez-, Sägen-, Rund- und Sondergewinde.

Sondergewinde sind z.B. Gewinde für Kugelumlaufspindeln an Werkzeugmaschinen.

6

Wie erkennt man ein Linksgewinde?

Wenn eine Schraube senkrecht gehalten wird, so steigen bei einem Linksgewinde die Gewindegänge nach links an.

Linksgewinde werden verwendet, wenn sich die Schraubenverbindung bei Verwendung eines Rechtsgewindes lösen würde oder wenn eine bestimmte Bewegungsrichtung gefordert wird.

7

Warum werden Trapezgewinde meist als Bewegungsgewinde verwendet?

Trapezgewinde besitzen eine große Steigung. Mit ihnen können kleine Drehbewegungen in große geradlinige Bewegungen umgewandelt werden.

8

Was bedeuten folgende Gewindebezeichnungen: M 16, M 24 × 1,5, M 8-LH, R 1 ¼, Tr 36 × 12 ?

M 16	Metrisches Regelgewinde mit 16 mm Außendurchmesser;
M 24 × 1,5	Metrisches Feingewinde mit 24 mm Außendurchmesser und 1,5 mm Steigung;
M 8-LH	Metrisches Linksgewinde mit 8 mm Außendurchmesser;
R 1 ¼	Whitworth-Rohrgewinde mit 1 ¼ inch Rohrnennweite;
Tr 36 × 12	Trapezgewinde mit 36 mm Außendurchmesser und 12 mm Steigung.

Schraubenverbindungen

Fragen aus Fachkunde Metall, Seite 366

1

Wie können Schrauben nach der Kopfform eingeteilt werden?

Im Wesentlichen unterscheidet man Sechskantschrauben, Zylinderschrauben mit Innensechskant, Senkschrauben mit Innensechskant, Schlitzschrauben und Schrauben mit Kreuzschlitz.

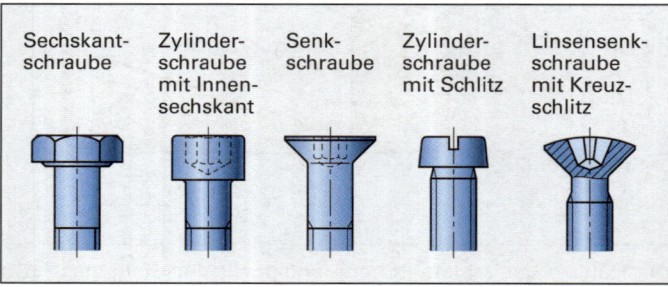

| Sechskant-schraube | Zylinder-schraube mit Innen-sechskant | Senk-schraube | Zylinder-schraube mit Schlitz | Linsensenk-schraube mit Kreuz-schlitz |

2

Wie kann erreicht werden, dass Innengewinde in Al-Legierungen große Kräfte übertragen können?

Aluminium-Bauteile mit Innengewinde, die große Kräfte übertragen sollen, werden mit einem Gewindeeinsatz versehen.

Dadurch wird die zu übertragende Kraft auf eine größere Fläche verteilt und daher die zulässige Grenzspannung nicht überschritten.

3

Warum darf die Zugspannung in einer Schraube nicht größer sein als R_e bzw. $R_{p0,2}$?

Überschreitet in einer Schraube die Zugspannung die Streckgrenze R_e bzw. die 0,2%-Dehngrenze $R_{p0,2}$, dann verlängert sich die Schraube bleibend und nimmt bei Entlastung nicht mehr ihre ursprüngliche Länge an.

Die Schraubenverbindung steht dann nicht mehr unter ausreichender Vorspannung und kann sich lockern. Sie verliert ihre zuverlässig zusammenhaltende Kraft.

4

Wie groß sind die Mindestzugfestigkeit und die Mindeststreckgrenze einer Schraube der Festigkeitsklasse 8.8 ?

Die Mindestzugfestigkeit R_m der Schraube erhält man durch Multiplizieren der ersten Ziffer der Festigkeitsklasse mit 100:

$$8 \cdot 100 = 800 \quad \Rightarrow \quad R_m = 800 \text{ N/mm}^2$$

Die Mindeststreckgrenze R_e bzw. Mindest-0,2%-Dehngrenze $R_{p0,2}$ wird durch Multiplizieren der ersten Ziffer der Festigkeitsklasse mit dem 10fachen Wert der zweiten Ziffer ermittelt:

$$8 \cdot 10 \cdot 8 = 640 \quad \Rightarrow \quad R_e = 640 \text{ N/mm}^2$$

5

Welche Mindestzugfestigkeit muss eine Mutter besitzen, die zusammen mit einer Schraube der Festigkeitsklasse 10.9 verwendet wird?

Die zu einer Schraube passende Mutter muss mindestens dieselbe Festigkeitsklasse wie die Schraube besitzen.

Im vorliegenden Fall muss die Mutter mindestens die Festigkeitsklasse 10 haben. Ihre Mindestzugfestigkeit beträgt $R_m = 10 \cdot 100 \text{ N/mm}^2 = 1000 \text{ N/mm}^2$

6

Worin besteht der Unterschied zwischen Losdreh- und Verliersicherungen?

Losdrehsicherungen verhindern das Losdrehen der Schraubenverbindung. Dadurch bleibt die Vorspannkraft erhalten.

Verliersicherungen verhindern das Auseinanderfallen von Schraubenverbindungen. Sie halten die Schraubenverbindung zusammen, auch wenn keine Vorspannkraft mehr vorhanden ist.

Als Losdrehsicherungen verwendet man Sperrzahnschrauben, Sperrzahnmuttern und Klebstoffe.

Verliersicherungen sind z.B. Sicherungsbleche, Kronenmuttern mit Splint, Muttern mit Kunststoffring, Drahtsicherungen und kunststoffbeschichtete Schrauben.

7

Warum können kleinere Schraubendurchmesser verwendet werden, wenn die Vorspannkraft F_V ganz ausgenützt wird?

Jede Schraube hat eine von ihrem Spannungsquerschnitt abhängige maximale Vorspannkraft F_V.

Wird sie voll ausgenutzt, d.h. die Schraube mit der maximalen Vorspannkraft angezogen, dann genügen Schrauben mit einem kleineren Durchmesser zum Aufbringen der Gesamtvorspannkraft einer Schraubenverbindung.

Würde man die Schrauben nur mit einem Bruchteil ihrer Vorspannkraft anziehen, so müssten Schrauben mit größerem Durchmesser zur Aufbringung der erforderlichen Gesamtvorspannkraft der Schraubenverbindung eingesetzt werden.

8

Zwei Platten werden mit einer Schraube M16 der Festigkeitsklasse 12.9 verbunden. Welche Sicherheit gegen R_e ist vorhanden, wenn die Vorspannkraft F_V = 110 kN beträgt?

Die Mindeststreckgrenze der Schraube berechnet man aus der Festigkeitsklasse. Sie beträgt:

$R_e = 12 \cdot 10 \cdot 9 \text{ N/mm}^2 = 1080 \text{ N/mm}^2$

Die Zugspannung im Schraubenschaft ist $\sigma_z = \dfrac{F_V}{A_s}$

mit $A_s = 157 \text{ mm}^2$ und $F_V = 110000$ N erhält man

$\sigma_z = \dfrac{110\,000 \text{ N}}{157 \text{ mm}^2} \approx 701 \text{ N/mm}^2$

Die Sicherheit wird berechnet mit der Formel: $\sigma_z = \dfrac{R_e}{\nu}$

Durch Umstellung und Einsetzen folgt: $\nu = \dfrac{R_e}{\sigma_z} = \dfrac{1080 \text{ N/mm}^2}{701 \text{ N/mm}^2} \approx \mathbf{1{,}54}$

9

Welches Anziehdrehmoment muss aufgebracht werden, wenn in einer Schraube M10 eine Vorspannkraft von 70 kN herrschen soll und der Wirkungsgrad $\eta = 0{,}12$ beträgt?

Aus dem Tabellenbuch: Steigung P für M10 : $P = 1{,}5$ mm

Formel für das Anziehdrehmoment: $M_A = \dfrac{F_V \cdot P}{2 \cdot \pi \cdot \eta}$

$M_A = \dfrac{70000 \text{ N} \cdot 1{,}5 \text{ mm}}{2 \cdot \pi \cdot 0{,}12} = 139\,260 \text{ N} \cdot \text{mm} \approx \mathbf{139 \text{ N} \cdot \text{m}}$

Ergänzende Fragen zu Schraubenverbindungen

10

In welchen Fällen verwendet man Zylinderschrauben mit Innensechskant?

Zylinderschrauben mit Innensechskant werden verwendet, wenn die Schraubenabstände klein sind oder wenn der Schraubenkopf nicht aus dem Werkstück herausragen darf.

Zylinderschrauben mit Innensechskant werden häufig als hochfeste Schrauben ausgeführt.

11

Welche Schraubenarten unterscheidet man nach der Schaftform?

Nach der Schaftform unterscheidet man Stiftschrauben, Dehnschrauben, Passschrauben, Gewindestifte, Blechschrauben und Bohrschrauben.

12

Wie können Schraubenverbindungen ausgeführt werden?

Schraubenverbindungen können mit Durchsteckschrauben, Einziehschrauben und Stiftschrauben ausgeführt werden (Bild).

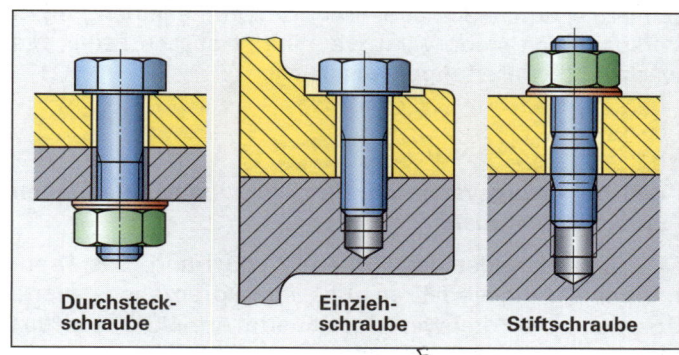

Durchsteckschraube · Einziehschraube · Stiftschraube

13

In welchen Fällen verwendet man Stiftschrauben?

Stiftschrauben verwendet man anstelle von Kopfschrauben, wenn die Verbindung häufig gelöst werden muss, ohne dass die Schraube herausgedreht werden soll (Bild).

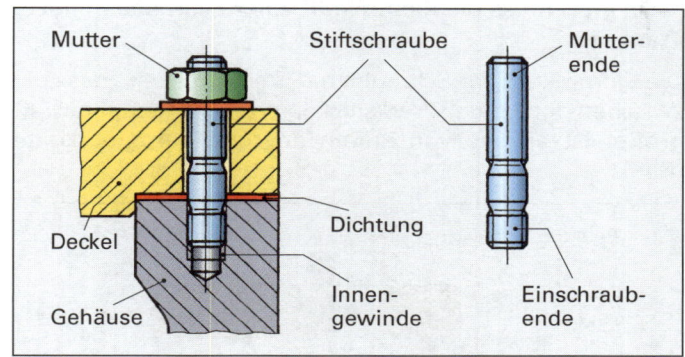

Mutter · Stiftschraube · Mutterende · Deckel · Dichtung · Gehäuse · Innengewinde · Einschraubende

Dadurch werden die Innengewinde der Bauteile, z.B. im Motorengehäuse, geschont.

14

Welchen Vorteil haben spanlos hergestellte Schrauben?

Durch spanlose Umformung hergestellte Schrauben besitzen durch den nicht unterbrochenen Faserverlauf des Schraubenwertstoffs eine höhere Festigkeit.

Bei den durch Spanen hergestellten Schrauben ist der Faserverlauf in den Gewindegängen und am Übergang vom Schaft zum Kopf durchtrennt.

15

Welche Form besitzen Dehnschrauben?

Dehnschrauben besitzen im Unterschied zu den übrigen Schrauben einen langen, dünnen Schaft.

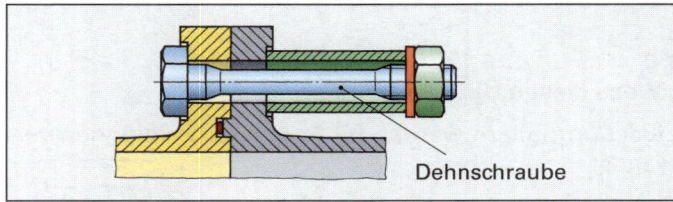

Dehnschraube

Sie werden mit großer Vorspannkraft montiert. Dabei wird der Schaft der Schraube elastisch gedehnt. Die Klemmkraft ist so groß, dass keine Schraubensicherung benötigt wird.

16

Welchen Vorteil in Bezug auf dynamische Belastung besitzen Dehnschrauben gegenüber anderen Schrauben?

Dehnschrauben können hohe dynamische Belastungen aufnehmen.

Der lange, dünne Schraubenschaft, der unter einer großen Vorspannkraft steht, wirkt wie eine elastische Feder, die wechselnde Belastungen ausgleicht.

17

Welche Anzugsverfahren für Schraubenverbindungen unterscheidet man?

Man unterscheidet das Anziehen von Hand, das Drehmoment-Anzugsverfahren, das streckgrenzengesteuerte Anziehen, das drehwinkelgesteuerte Anziehen und das ultraschallgesteuerte Anziehen.

Mit streckgrenzenkontrolliertem Anziehen und mit dem Winkelanzugsverfahren werden die vorgeschriebenen Vorspannkräfte am genauesten erreicht.

18

Wie groß muss die Klemmkraft einer Schraube mindestens sein?

Die Klemmkraft der Schraube muss so groß sein, dass die zwischen den beiden Werkstücken erzeugte Reibungskraft größer ist als die von außen angreifenden Querkräfte (Bild).

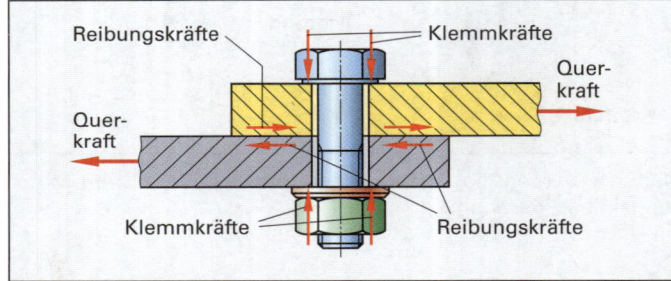

Bei zu geringer Klemmkraft wird der Schraubenschaft zusätzlich auf Abscherung beansprucht.

19

Was besagt folgende Schraubenbezeichnung: Sechskantschraube ISO 4014 - M12 × 50 – 10.9?

Es handelt sich um eine Sechskantschraube, die in DIN EN 24014 (ISO 4014) genormt ist. Die Schraube hat ein Gewinde M12, eine Länge von 50 mm und die Festigkeitsklasse 10.9.

Aus der Festigkeitsklasse 10.9 kann berechnet werden:
Mindestzugfestigkeit $R_m = 10 \cdot 100 = 1000$ N/mm^2
Mindeststreckgrenze $R_e = 10 \cdot 10 \cdot 9 = 900$ N/mm^2

20

Wozu dienen Überwurfmuttern?

Überwurfmuttern werden für Rohrverschraubungen verwendet.

Die Überwurfmutter presst die beiden Rohrverschraubungsteile zusammen. Die Abdichtung kann mit oder ohne eingelegte Dichtungen erfolgen.

21

Wozu werden Nutmuttern und wozu Hutmuttern verwendet?

Nutmuttern (Bild) werden vorwiegend zum Einstellen des axialen Spiels von Wellen und Lagern verwendet. Sie dürfen nur mit passenden Hakenschlüsseln angezogen werden.

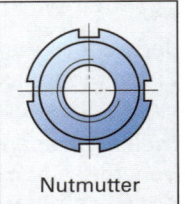

Nutmutter

Hutmuttern (Bild) werden eingesetzt, wenn verhindert werden muss, dass das Gewindeende beschädigt wird oder dass Verletzungen durch das scharfkantige Schraubenende entstehen.

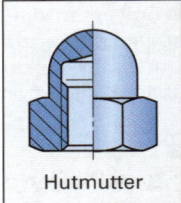

Hutmutter

22

Welche Bedeutung hat die Angabe der Festigkeitsklasse 6 bei Muttern?

Sie gibt die Mindestzugfestigkeit der Mutter mit $6 \cdot 100 = 600 \Rightarrow R_e = 600$ N/mm^2 an.

Die Mindestzugfestigkeit errechnet man aus der Festigkeitsklasse mal 100. Die Zugfestigkeit der Mutter muss mindestens so groß sein wie die der zugehörigen Schraube.

23

Was versteht man unter einer Setzsicherung?

Eine Setzsicherung ist eine Schraubensicherung, die Verkürzungen der Klemmlänge durch Kriechen und Setzen ausgleicht und so verhindert, dass die Vorspannkräfte zu klein werden.

Als Setzen wird das Einebnen der Oberflächenrauheiten im Gewinde und unter dem Schraubenkopf bezeichnet.
Zu den Setzsicherungen zählen z.B. Spannscheiben und Tellerfedern.

24

Wie wirkt eine Schraubensicherung mit Klebstoff?

Die Klebstoffmasse ist als dünne, leicht formbare Schicht auf dem Schraubengewinde aufgetragen (Bild). Der Klebstoffhärter ist in winzigen Kapseln gebunden. Beim Eindrehen der Schraube platzen die Kapseln und setzen den Härter frei. Er mischt sich mit der Klebstoffgrundmasse und härtet sie aus. Dadurch wird die Schraubenverbindung verklebt und gegen Losdrehen geschützt.

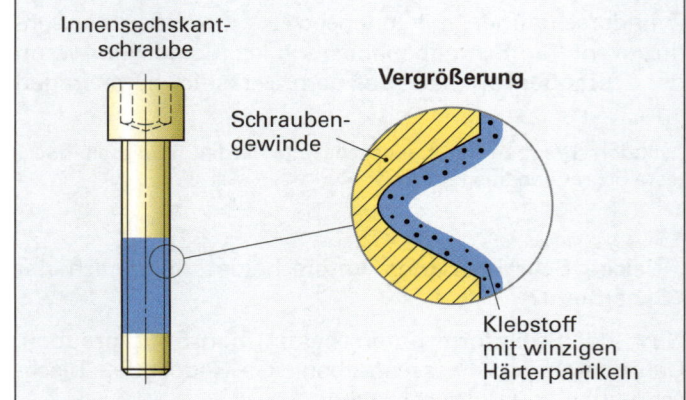

Stiftverbindungen

Fragen aus Fachkunde Metall, Seite 368

1

| Wozu werden Passstifte verwendet?

Passstifte sichern die exakte Lage von Bauteilen zueinander.

Sie werden besonders dann verwendet, wenn die Verbindung großen Querkräften standhalten muss oder die Bauteile nach dem Zerlegen und dem erneuten Zusammenbau die frühere Lage zueinander genau einhalten sollen.

2

| In welchen Toleranzklassen werden ungehärtete Zylinderstifte (DIN EN ISO 2338) hergestellt?

Sie werden in den Toleranzklassen m6 und h8 hergestellt.

3

| Warum werden für Grundlöcher Zylinderstifte mit Längsrillen verwendet?

Damit beim Eintreiben des Zylinderstifts (Bild) die Luft aus dem Grundloch entweichen kann.

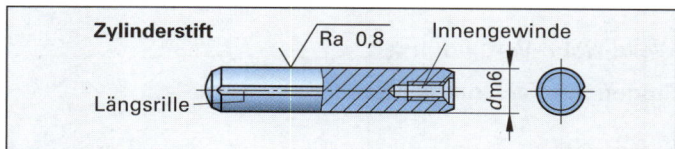

Zum Herausziehen der Zylinderstifte aus Grundlöchern besitzen sie ein Innengewinde.

4

| Beim Fügen eines Zylinderstiftes 8h8 mit einer Bohrung 8H7 ergibt sich eine Spielpassung. Wie groß sind Höchst- und Mindestspiel?

Für die Paarung 8H7/h8 ergeben sich nach Tabellenbuch:

Höchstmaß Bohrung: $G_{oB} = 8{,}015$ mm

Mindestmaß der Welle: $G_{uW} = 7{,}978$ mm

Höchstspiel $P_{SH} = G_{oB} - G_{uW} = 8{,}015$ mm $- 7{,}978$ mm
              $= \mathbf{0{,}037}$ **mm**

Mindestmaß der Bohrung $G_{uB} = 8{,}000$ mm

Höchstmaß der Welle $G_{oW} = 8{,}000$ mm

Mindestspiel: $P_{SM} = G_{uB} - G_{oW} = 8{,}000$ mm $- 8{,}000$ mm
              $= \mathbf{0}$ **mm**

5

| Wie groß ist die Verjüngung von Kegelstiften?

Die Kegelverjüngung beträgt bei Kegelstiften $C = 1{:}50$ (Bild).

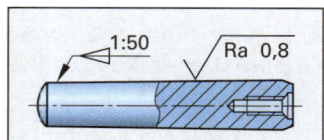

Ergänzende Fragen zu Stiftverbindungen

6

| Worin unterscheiden sich Kerbstifte von Zylinderstiften?

Kerbstifte besitzen an ihrem Umfang drei Längskerben. Zylinderstifte haben eine glatte Oberfläche.

7

| Welche Stiftformen unterscheidet man?

Man unterscheidet Zylinderstifte, Kegelstifte, Kerbstifte und Spannstifte (Bild).

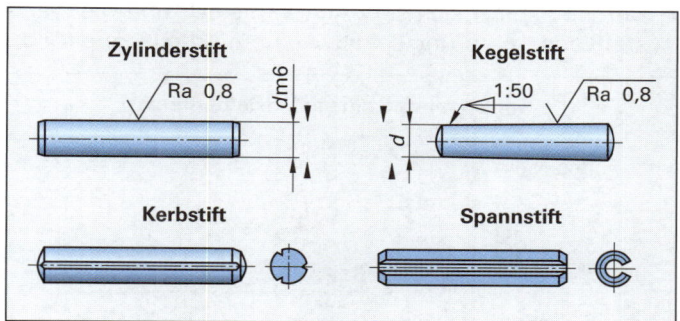

8

| Welche Vorteile besitzen Spannstifte?

Die Aufnahmebohrung für Spannstifte muss nicht gerieben werden, die Stifte lassen sich leicht ein- und austreiben.

Bei Schraubenverbindungen können Spannstifte zur Aufnahme von Querkräften anstelle der teureren Passschrauben verwendet werden, wenn an die Genauigkeit keine großen Ansprüche gestellt werden.

Nietverbindungen

Fragen aus Fachkunde Metall, Seite 370

1

| Wie können Nietverbindungen nach den an sie gestellten Anforderungen eingeteilt werden?

Nietverbindungen werden eingeteilt in:

- feste Nietverbindungen
- feste und dichte Nietverbindungen
- extrem dichte Nietverbindungen

2

| Welche Vorteile hat das Nieten gegenüber dem Schweißen?

Die Vorteile des Nietens sind:

- Keine Festigkeitsminderung in den zu verbindenden Blechen.
- Bleche aus gänzlich unterschiedlichen Werkstoffen können gefügt werden.
- Durch das Nieten wird die Oberflächenbeschichtung der Bleche nicht zerstört.
- Spezielle Nietverbindungen sind auch bei einseitiger Zugänglichkeit durchführbar.

3

| In welchen Fällen verwendet man Blindniete?

Blindniete werden verwendet, wenn die Nietstelle nur von einer Seite aus zugänglich ist.

4

Welche Vorteile bietet das Stanznieten?

Die Vorteile des Stanznietens sind:

- Kurze Nietzeit.
- Der Niet stanzt sich sein Aufnahmeloch und die Werkstoffverklammerung selbst in einem Arbeitsgang (Bild).

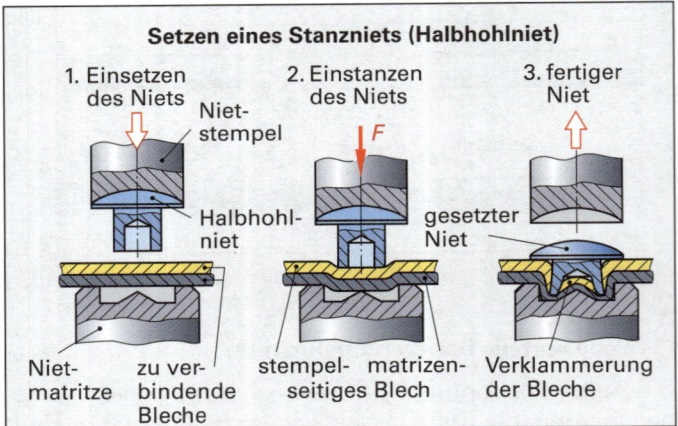

Setzen eines Stanzniets (Halbhohlniet)

1. Einsetzen des Niets — Niet-stempel — Halbhohl-niet — Niet-matritze — zu verbindende Bleche
2. Einstanzen des Niets — F — stempel- matrizen-seitiges Blech
3. fertiger Niet — gesetzter Niet — Verklammerung der Bleche

5

Aus welchen Werkstoffen werden Niete hergestellt?

Als Nietwerkstoffe kommen zum Einsatz: Stahl, Kupfer, CuZn-Legierungen, Aluminiumlegierungen, in Sonderfällen auch Kunststoffe und Titan.

6

Warum sollen die Bauteile und die zum Fügen verwendeten Niete aus demselben Werkstoff bestehen?

Wenn die Bauteile und die Niete aus den selben Werkstoffen bestehen, kann es zu keiner Kontaktkorrosion kommen.

Außerdem kann sich bei Erwärmung die Verbindung lockern, da die verschiedenartigen Werkstoffe unterschiedliche Längenausdehnungskoeffizienten besitzen.

Ergänzende Fragen zu Nietverbindungen

7

Wie wird eine Nietverbindung durch Hammernieten hergestellt?

Die Nietverbindung wird in einem vierschrittigen Fertigungsverfahren erstellt (Bild).

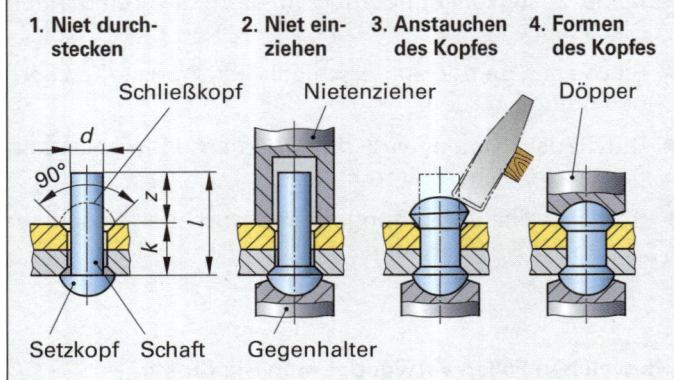

1. Niet durch-stecken — Schließkopf — d — 90° — z — l — k — Setzkopf — Schaft
2. Niet ein-ziehen — Nietenzieher — Gegenhalter
3. Anstauchen des Kopfes
4. Formen des Kopfes — Döpper

Der fertige Niet besteht aus Setzkopf, Schaft und Schließkopf.

8

Wie erfolgt jeweils die Kraftübertragung beim kalt geschlagenen und beim warm geschlagenen Niet?

Beim **kalt geschlagenen Niet** erfolgt die Kraftübertragung überwiegend durch den Formschluss des Nietquerschnitts. Der Niet wird auf Abscheren beansprucht (Bild).

Beim **warm geschlagenen Niet** erfolgt die Kraftübertragung überwiegend durch Reibungs-Kraftschluss. Der heiße Niet schrumpft beim Abkühlen und presst dadurch die Bleche aufeinander.

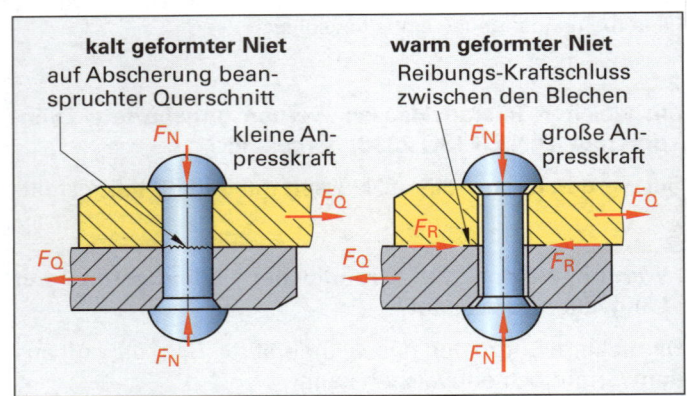

kalt geformter Niet auf Abscherung beanspruchter Querschnitt — F_N kleine Anpresskraft — F_Q — F_Q — F_N

warm geformter Niet Reibungs-Kraftschluss zwischen den Blechen — F_N große Anpresskraft — F_Q — F_R — F_Q — F_R — F_N

Welle-Nabe-Verbindungen

Fragen aus Fachkunde Metall, Seite 374

1

In welche Gruppen lassen sich die Welle-Nabe-Verbindungen einteilen?

Man unterscheidet Formschluss-, vorgespannte Formschluss-, Kraftschluss- und Stoffschlussverbindungen.

Bei vorgespannten Formschlussverbindungen werden die Kräfte durch Form- und Kraftschluss übertragen.

2

Welche Fügeart liegt bei einer Keilwellen-Verbindung vor?

Nach der Art der Kraftübertragung ist eine Keilwellen-Verbindung eine Formschluss-Verbindung.

Keilwellen-Verbindungen können radial große Kräfte übertragen und sind axial verschiebbar.

3

Worin unterscheiden sich Passfeder- und Keilverbindungen?

Passfederverbindungen sind reine Mitnehmer-Verbindungen (Bild). Sie übertragen die Umfangskräfte nur mit den Seitenflächen.

Bei Keilverbindungen werden Welle und Nabe durch den eingetriebenen Keil zusätzlich verspannt.

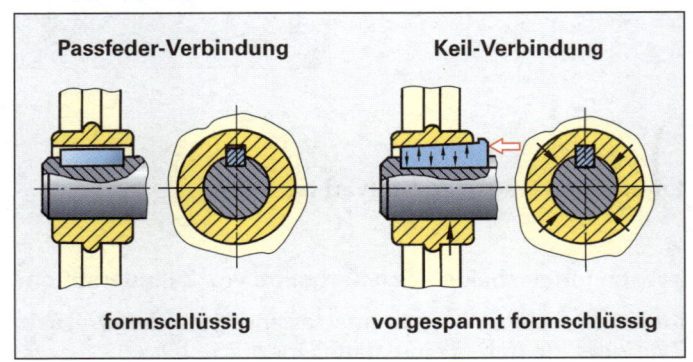

Passfeder-Verbindung — formschlüssig

Keil-Verbindung — vorgespannt formschlüssig

4

Wie erfolgt die Übertragung des Drehmomentes bei einer Passfederverbindung?

Die Passfeder befindet sich teils in der Wellennut, teils in der Nabennut (Bild zu Aufgabe 3, vorhergehende Seite). Das Drehmoment wird über diesen Formschluss z.B. von der Welle über die Passfeder auf die Nabe übertragen.

5

Warum sind Passfederverbindungen für stoßartige Belastungen *nicht* geeignet?

Für stoßartige Belastungen sind Passfederverbindungen nicht geeignet, weil dabei Passfeder und Seitenflächen der Nut schlagartig aufeinander prallen. Dabei können sie plastisch verformt und damit zerstört werden.

6

In welchen Fällen verwendet man Zahnwellen-Verbindungen?

Zahnwellen-Verbindungen werden bei großen zu übertragenden Drehmomenten und bei stoßartiger Drehmoment-Belastung eingesetzt.

Bei gleichem Durchmesser können mit Zahnwellen noch größere Drehmomente als mit Keilwellen übertragen werden.

7

Wie wird das Drehmoment bei einer Ringfeder-Spannverbindung übertragen?

Das Drehmoment wird durch Kraftschluss übertragen. Ringförmige, kegelige Spannelemente (Ringfedern) werden durch eine Axialkraft radial aufgeweitet bzw. zusammengedrückt und verspannen Welle und Nabe miteinander (Bild).

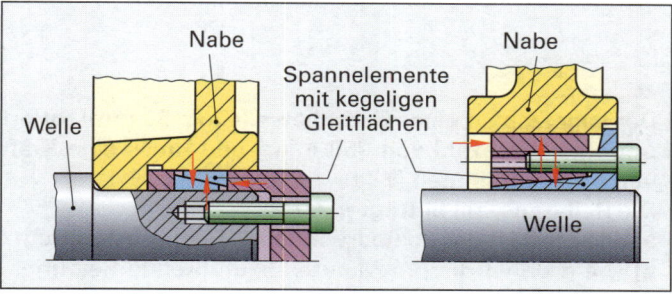

8

Warum können Polygonwellen-Verbindungen größere Drehmomente übertragen als Keilwellen-Verbindungen?

Polygonwellen-Verbindungen haben keine scharfkantigen Einschnitte, wie z.B. die Wellen- und die Nabennut bei Keilwellen-Verbindungen. Es treten deshalb keine Belastungseinschränkungen durch Kerbwirkung auf.

9

Auf welche Weise können Naben gegen axiales Verschieben gesichert werden?

Die Sicherung erfolgt meist formschlüssig durch genormte Sicherungselemente wie Stellringe, Kegelstifte, Sicherungsringe (Spannringe) und Sicherungsscheiben (Bild rechts oben).

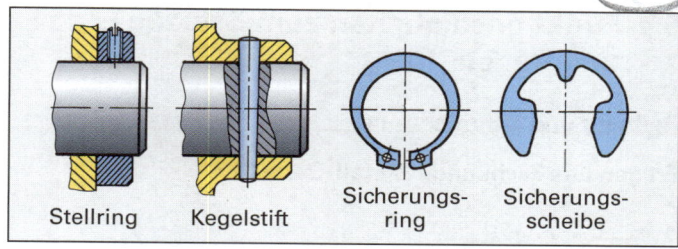

Stellring — Kegelstift — Sicherungsring — Sicherungsscheibe

Die aufnehmbaren axialen Kräfte sind von der Bauart des Sicherungselementes und von der konstruktiven Gestaltung der Maschinenteile abhängig.

10

Welche Funktion haben Stützscheiben?

Stützscheiben werden bei angefasten Wellenenden verwendet, um die Auflagefläche des Sicherungsrings am zu sichernden Maschinenteil zu vergrößern.

Ergänzende Fragen zu Welle-Nabe-Verbindungen

11

Wie werden Passfedern beansprucht?

Passfedern werden auf Flächenpressung und Abscherung beansprucht.

Um die zulässigen Festigkeitswerte nicht zu überschreiten, soll die Länge der Passfeder mindestens 1,2 mal Wellendurchmesser betragen.

12

Welche Welle-Nabe-Verbindungen sind besonders für hohe Drehmomente geeignet?

Zur Übertragung hoher Drehmomente eignen sich besonders Keilwellen- und Zahnwellen-Verbindungen, Kerbverzahnungen und Polygonprofile (Bild).

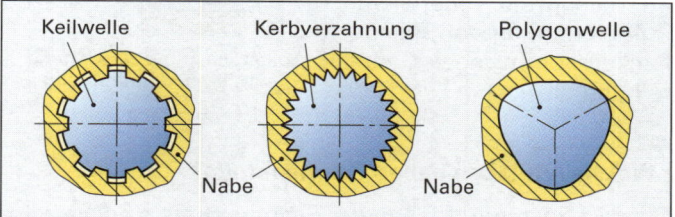

Keilwelle — Kerbverzahnung — Polygonwelle — Nabe — Nabe

Diese Verbindungen übertragen das Drehmoment über den ganzen Umfang verteilt und erzeugen keine Unwucht.

13

Wie sind Stirnzahn-Verbindungen aufgebaut?

Stirnzahnverbindungen sind selbstzentrierende Verbindungselemente an den Stirnflächen zweier Wellen (Bild). Sie besitzen an den Stirnflächen radial angeordnete Zähne, die ineinander greifen.

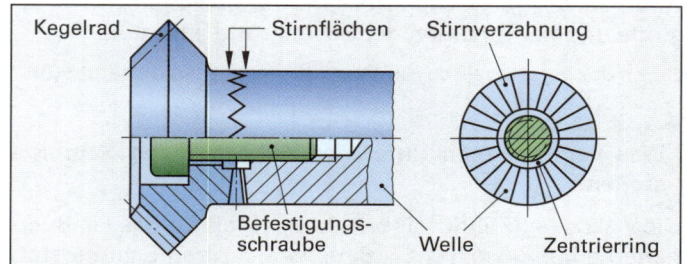

Kegelrad — Stirnflächen — Stirnverzahnung — Befestigungsschraube — Welle — Zentrierring

Ein konzentrischer Zentrierring garantiert die achsenmittige Zentrierung. Eine oder mehrere Schrauben halten die Fügeteile, z.B. eine Welle und ein Kegelrad, zusammen.

5.4 Funktionseinheiten zum Stützen und Tragen

Reibung und Schmierstoffe

Fragen aus Fachkunde Metall, Seite 377

1

Wie groß ist die zum Verschieben des Reitstockes erforderliche Kraft F, wenn seine Masse $m = 80$ kg und die Reibungszahl zur Führungsbahn $\mu = 0{,}09$ beträgt?

Die zum Verschieben erforderliche Reibungskraft F_R berechnet man aus der Normalkraft F_N und der Reibungszahl μ mit der Formel: $F_R = \mu \cdot F_N$

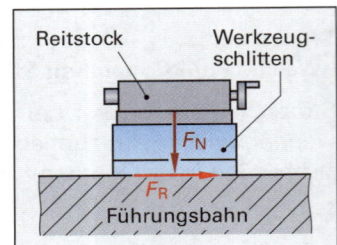

Die Normalkraft ist die Gewichtskraft $F_N = F_G = m \cdot g$ $= 80$ kg $\cdot$ 9,81 N/kg $= 785$ N
$F_R = 0{,}09 \cdot 785$ N $= \mathbf{70{,}6\ N}$

2

Welche Reibungsarten unterscheidet man?

Man unterscheidet Gleitreibung, Rollreibung und Wälzreibung.
Wälzreibung ist eine Mischung aus Rollreibung und zusätzlich Gleitreibung.

3

Welche Reibungsart tritt in einem Rillenkugellager auf?

In einem Rillenkugellager tritt Wälzreibung auf, d.h. eine Kombination aus Roll- und Gleitreibung.

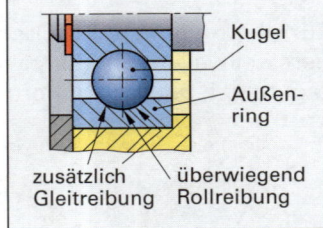

Im Rillengrund überwiegt Rollreibung, an den Rillenflanken kommt noch Gleitreibung dazu.

4

Welche Aufgaben haben Schmierstoffe?

Die wichtigsten Aufgaben der Schmierstoffe sind: Verminderung der Reibung, Dämpfung von Stößen, Korrosionsschutz, Wärmeabfuhr, Austrag von Verschleißteilchen.
Zur Schmierung werden flüssige Schmierstoffe, Schmierfette, Festschmierstoffe und Gase verwendet.

5

Welche Ursachen kann das Verschweißen (Fressen) beim Gleitvorgang haben?

Das Verschweißen kann durch ungünstige Werkstoffpaarung, zu große Flächenpressung, ungeeignete Schmierstoffe und bei Versagen der Schmierung eintreten.
Durch das Verschweißen der Gleitflächen werden diese zerstört.

6

Was versteht man unter der Viskosität von Schmierstoffen?

Die Viskosität (Zähflüssigkeit) ist ein Maß für das Fließverhalten einer Flüssigkeit, z.B. eines flüssigen Schmierstoffes.
Flüssigkeiten mit hoher Viskosität sind zähflüssig, Flüssigkeiten mit niedriger Viskosität sind dünnflüssig.

7

In welchen Fällen werden Festschmierstoffe verwendet?

Festschmierstoffe verwendet man, wenn sich wegen zu geringer Gleitgeschwindigkeit ein Schmierfilm aus Ölen oder Fetten nicht bilden kann oder wenn die Betriebstemperatur sehr niedrig oder sehr hoch ist.

Als Festschmierstoffe werden z.B. Pulver aus Grafit, Molybdändisulfid (MoS_2) und dem Kunststoff PTFE verwendet.

Ergänzende Aufgaben und Fragen zu Reibung und Schmierstoffen

8

Wovon hängt die Größe der Reibungskraft vor allem ab?

Die Größe der Reibungskraft hängt vor allem ab von

- der senkrecht zur Reibfläche wirkenden Normalkraft F_N
- der Werkstoffpaarung der reibenden Flächen
- dem Schmierzustand
- der Oberflächenbeschaffenheit der Reibfläche
- der Reibungsart (Haft-, Gleit, oder Rollreibung)

9

Welche Eigenschaften sollen Schmierstoffe besitzen?

Schmierstoffe sollen folgende Eigenschaften besitzen:

- Druckfest, alterungsbeständig
- Frei von Wasser, Säuren und festen Fremdpartikeln
- Geringe innere Reibung
- Geringe Viskositätsänderung bei Temperaturschwankungen
- Hoher Flamm-, Brenn- und Zündpunkt

10

Der Lagerzapfen einer Getriebewelle ($d = 50$ mm) rotiert mit einer Drehzahl von 350 min⁻¹ und muss eine Kraft von 5 kN aufnehmen (Bild).
Die Reibungszahl beträgt $\mu = 0{,}10$.
a) Wie groß ist das zu überwindende Reibungsmoment?
b) Wie groß ist die pro Minute abzuführende Reibungsenergie?

a) Reibungsmoment:

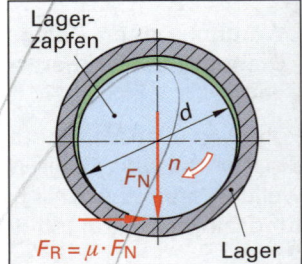

$$M_R = F_R \cdot r = \mu \cdot F_N \cdot r$$
$$= 0{,}10 \cdot 5000\ \text{N} \cdot 0{,}025\ \text{m}$$
$$= \mathbf{12{,}5\ Nm}$$

b) Pro Minute abzuführende Reibungsarbeit:

$$W_R = \frac{F_R \cdot v \cdot t}{t} = F_R \cdot v$$

mit $v = \pi \cdot d \cdot n$ und $F_R = \mu \cdot F_N$ folgt:

$$W_R = F_R \cdot \pi \cdot d \cdot n = \mu \cdot F_N \cdot \pi \cdot d \cdot n$$

$$W_R = 0{,}10 \cdot 5000\ \text{N} \cdot \pi \cdot 0{,}050\ \text{m} \cdot 350\ \text{min}^{-1}$$

$$W_R = 27\,489\ \frac{\text{N} \cdot \text{m}}{\text{min}} \approx \mathbf{27{,}5\ \frac{kJ}{min}}$$

Gleitlager

Fragen aus Fachkunde Metall, Seite 380

1
Welche Ursache hat das Ruckgleiten (Stick-Slip-Effekt)?

Ruckgleiten tritt auf, wenn durch mangelnde Schmierstoff-zufuhr, z.B. beim Anlauf oder beim Abreißen des Schmier-films, sich Welle und Lager zeitweise berühren.

2
Wie entsteht der Schmierfilm bei Gleitlagern mit hydro-dynamischer Schmierung?

Bei Gleitlagern mit hydro-dynamischer Schmierung wird das Schmieröl durch die Drehung des Wellen-zapfens in den sich veren-genden Schmierspalt gezo-gen. Es baut sich dort ein Druck im Schmierfilm auf, der den Wellenzapfen trägt.

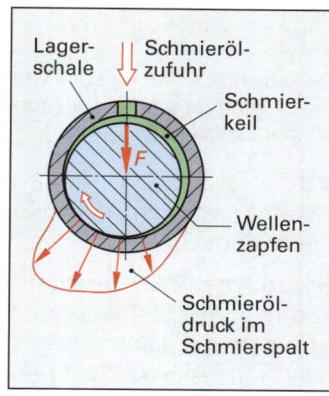

3
Warum laufen hydrostatisch geschmierte Lager ver-schleißfrei?

Bei hydrostatischer Schmierung wird das Schmieröl von einer Pumpe in den Schmierspalt gepresst. Zapfen und Lagerschale berühren sich weder im Stillstand noch beim Anlaufen.

Ein Ruckgleiten (Stick-Slip) ist deshalb bei hydrostatisch ge-schmierten Lagern ausgeschlossen.

4
Welche Vor- und Nachteile besitzt eine hydrostatische Schmierung gegenüber einer hydrodynamischen Schmierung?

Vorteile:
- Kein Verschleiß beim Anlauf
- Geringe Erwärmung durch sehr kleine Reibung
- Hohe Rundlaufgenauigkeit
- Kein Ruckgleiten

Nachteile:
- Teure Herstellung
- Aufwändige Schmiereinrichtung
- Sorgfältige Überwachung der Funktion erforderlich

5
Warum muss bei starker Schmierölerwärmung ein Öl-kühler verwendet werden?

Das Schmieröl muss so weit zurückgekühlt werden, dass der Temperatur-Einsatzbereich des Öls nicht überschritten wird.

Überhitzung würde zu verminderter Schmierwirkung oder sogar zur Zersetzung des Öls und damit zum Ausfall der Schmierung führen.

6
Welche Ursachen kann eine starke Erwärmung des Schmieröles haben?

Ursachen für eine starke Schmierölerwärmung können sein:
- Zu große Lagerkräfte
- Unzureichende Schmierung infolge Schmierölmangel oder zu kleiner Gleitgeschwindigkeit
- Welle und/oder Lager haben eine zu raue Oberfläche
- Die Umlaufgeschwindigkeit der Welle ist zu groß für das gewählte Lager

7
Wie funktioniert eine Ölumlaufschmierung?

Bei der Ölumlaufschmierung wird das Schmieröl von ei-ner Pumpe in den Lagerspalt gepresst. Nach Durchströ-men des Lagerspaltes fließt es in den Ölsammelbehälter zurück.

Hat sich das Schmieröl beim Durchströmen des Lagers stark erwärmt, so muss es durch einen Ölkühler geleitet werden.

8
Welche Werkstoffe werden als Lagerwerkstoffe verwen-det?

Als Werkstoffe für Gleitlager eignen sich Legierungen aus Kupfer, Zinn, Blei, Zink und Aluminium sowie Gusseisen, einige Sintermetalle und Kunststoffe, wie z.B. Polyamid.

Mehrstoff-Gleitlager bestehen aus einer Stahlstützschale und mehreren dünnen Lagermetallschichten (Bild).

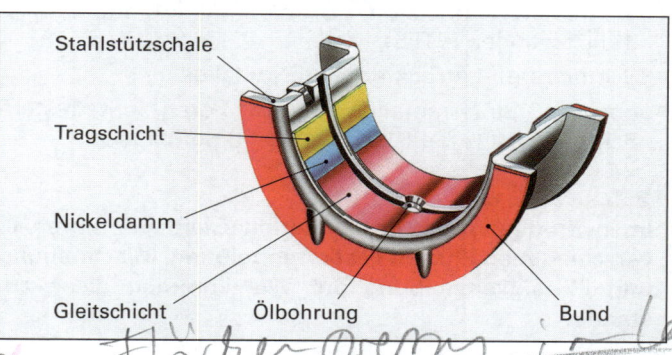

9
Welcher Gleitlagerwerkstoff aus der Tabelle kann ver-wendet werden, wenn die Abmessungen des Lagerzap-fens einer Welle $d = 30$ mm und $l = 25$ mm betragen und die Lagerstelle eine Kraft von 9 kN aufnehmen muss?

Die Flächenpressung im Gleitlager berechnet man mit:

$$p = \frac{F}{A} = \frac{F}{d \cdot l};$$

Daraus folgt:

$$p = \frac{9000\ \text{N}}{30\ \text{mm} \cdot 25\ \text{mm}}$$

$$p = 12\ \frac{\text{N}}{\text{mm}^2}$$

Tabelle: Zulässige Flächenpressung p_{zul}	
Gleitlager-Werkstoffe	p_{zul} N/mm²
SnSb12Cu6Pb	15
PbSb14Sn9CuAs	12,5
G-CuSn12	25
EN-GJL-250	5
PA 66	7

Als Gleitwerkstoff aus der Tabelle können PbSu14Sn9CuAs, SuSb12Cz6Pb oder G-CuSu12 verwendet werden.

Ergänzende Fragen zu Gleitlagern

10

Ein Wellenzapfen mit einem Durchmesser von 40 mm dreht sich in einer Lagerschale aus Gusseisen (EN-GJL-250). Wie groß muss die Länge _l_ des Zapfens mindestens sein, wenn dieser eine Kraft von 7,5 kN aufnehmen muss?

Die zulässige Flächenpressung von EN-GJL-250 beträgt $p_{zul} = 5$ N/mm² (aus Tabelle vorhergehende Seite).

Aus der Gleichung für die Flächenpressung $p = F/A$ folgt: $F = p \cdot A$

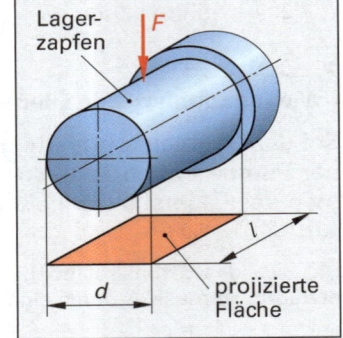

Die tragende Fläche A ist die Fläche des projizierten Wellenzapfens: $A = d \cdot l$

Eingesetzt in F erhält man:

$$F = p \cdot A = p \cdot d \cdot l$$

$$\Rightarrow l = \frac{F}{p \cdot d}$$

$$l = \frac{7500 \text{ N}}{5 \text{ N/mm}^2 \cdot 40 \text{ mm}} = \textbf{37,5 mm}$$

11

Aus welchem Material können wartungsfreie Gleitlager bestehen?

Wartungsfreie Gleitlager können bestehen aus:

- gleitfähigem Kunststoff, z.B. Polyamid (PA) oder Polytetrafluorethylen (PTFE)
- Schmierstoff-getränkten Sintermetallen
- porösen Sintermetallen, deren Poren mit festem Schmierstoff (z.B. PFTE oder Grafit) gefüllt sind

12

Im hydrodynamisch geschmierten Gleitlager treten in verschiedenen Phasen Festkörperreibung, Mischreibung und Flüssigkeitsreibung auf. Wie kommen diese zustande?

Festkörperreibung:
Im Ruhezustand liegen die Wellenzapfen direkt auf der Lagerschale auf. Es herrscht die Festkörperreibung zwischen den Werkstoffen des Wellenzapfens und des Lagers.

Mischreibung:
Mit zunehmender Drehfrequenz nimmt der Wellenzapfen eine größere Menge des durch Adhäsion an ihm haftenden Öls mit und drückt es in das Lagerspiel (Schmierkeil). Durch den Druckanstieg wird der Wellenzapfen etwas angehoben.

Flüssigkeitsreibung:
Bei ausreichend hoher Drehfrequenz steigt der Flüssigkeitsdruck im Schmierkeil und der Wellenzapfen schwimmt auf dem Schmiermittel.

13

In welchen Fall wird eine hydrostatische Schmierung im Gleitlager verwendet?

Hydrostatische Schmierung verwendet man, wenn im Lager auch bei sehr geringer Drehzahl keine Mischreibung auftreten darf.

14

Was sind Mehrflächengleitlager?

Bei Mehrflächengleitlagern ist die Lauffläche in mehrere Teilflächen mit jeweils eigener Schmierölzufuhr unterteilt (Bild).

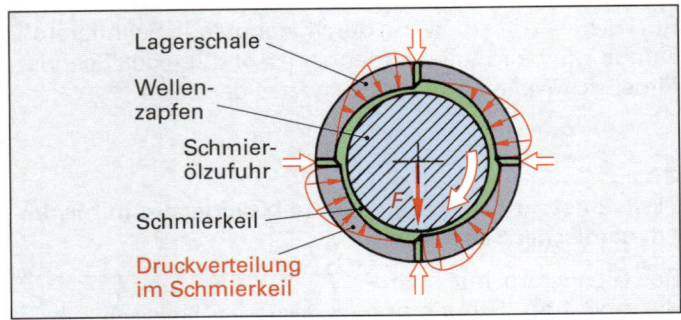

Bei exzentrischer Lage des Wellenzapfens werden in den betroffenen Schmierspalten Öldrücke aufgebaut, die den Zapfen sofort wieder zentrieren.

15

Wofür werden Axialgleitlager mit Kippsegmenten verwendet?

Hydrodynamisch geschmierte Axialgleitlager mit Kippsegmenten (Bild) werden z.B. für Spurlager von Wasserturbinen mit senkrechter Welle verwendet. Sie können sehr hohe Axialkräfte aufnehmen.

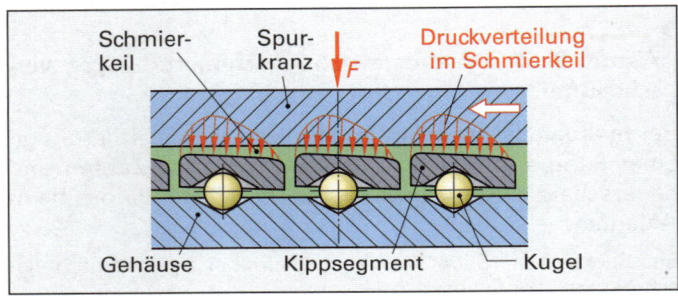

16

Worin unterscheiden sich wartungsarme Gleitlager von wartungsfreien Gleitlagern?

Wartungsarme Gleitlager besitzen einen Schmierstoffvorrat, der für längere Zeit, z.B. für mehrere Monate, reicht.

Bei wartungsfreien Gleitlagern reicht der vorhandene Schmierstoffvorrat für die gesamte Lebenszeit des Lagers.

Wartungsfreie Verbundgleitlager können auch aus einer Stahlstützschale mit aufgesinterter Bronze-Laufschicht bestehen (Bild). In der Laufschicht ist der Festschmierstoff Grafit fein verteilt enthalten.

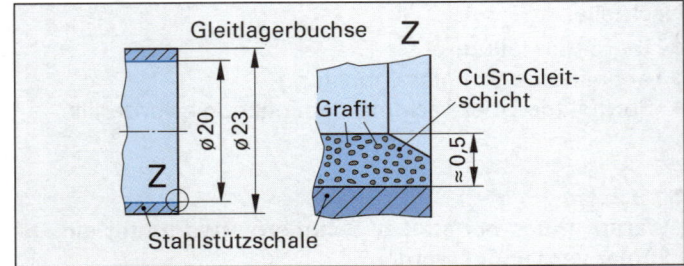

17

An welchen Stellen im Gleitlager dürfen Ölnuten und Öltaschen nicht eingearbeitet werden?

Ölnuten und Öltaschen dürfen nicht im belasteten Lagerteil eingearbeitet sein.

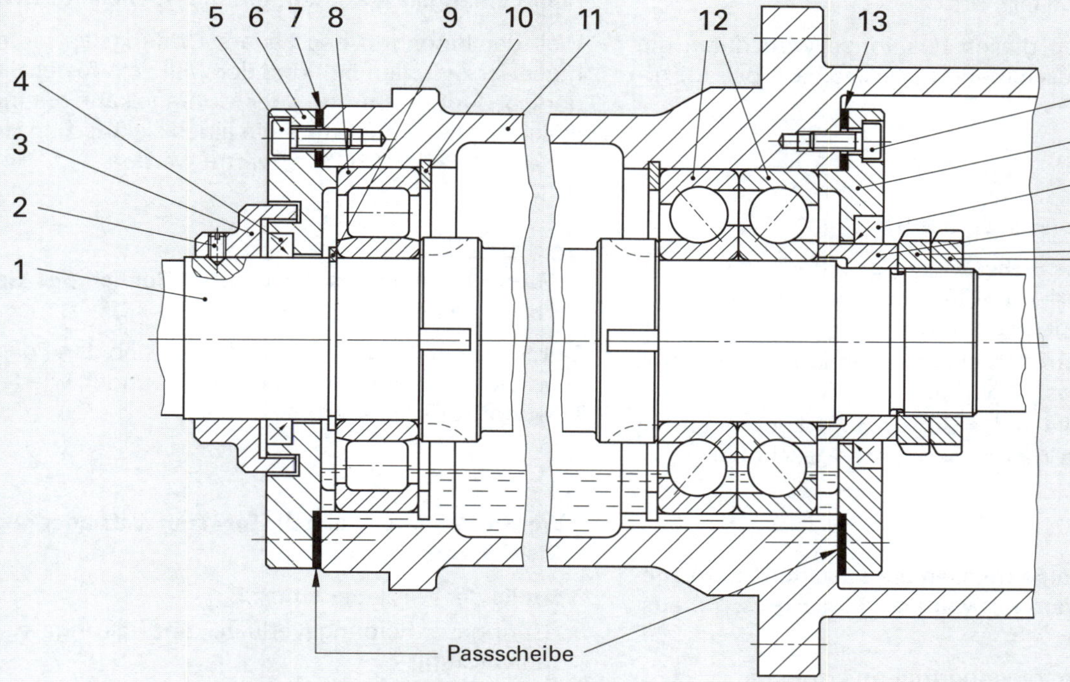

Lagerung einer Pumpenwelle

Labels in figure: 1, 2, 3, 4 (left), 5, 6, 7, 8, 9, 10, 11, 12, 13 (top), 14, 15, 16, 17, 18 (right), Passscheibe

Wälzlager

Fragen aus Fachkunde Metall, Seite 385

Die Fragen 1 bis 16 beziehen sich auf die in obigem Bild gezeigte Pumpenwellenlagerung.

1

Welche Wälzlagerarten werden bei der Pumpenwellenlagerung verwendet?

Für die Lagerung der Pumpenwelle sind eingebaut:
- Zwei Schrägkugellager (Pos. 12)
- Ein Zylinderrollenlager (Pos. 8)

2

Welches Lager dient als Loslager?

Als Loslager dient das Zylinderrollenlager (Pos. 8)

3

Warum ist bei der Pumpenwellenlagerung ein Loslager erforderlich?

Die Pumpenwelle erwärmt sich im Betriebszustand; im Stillstand kühlt sie sich auf Raumtemperatur ab. Dadurch dehnt sich bzw. schrumpft die Welle. Ohne Ausdehnungsmöglichkeit würden sich die Wälzkörper in den Laufringen verspannen.

4

Welche Art von Schmierung wird verwendet?

Die Lager werden durch eine Ölbadtauchschmierung geschmiert.

Die jeweils unteren Wälzkörper tauchen in das Ölbad ein und werden vom Schmieröl benetzt. Durch die Drehbewegung werden alle Lagerteile ausreichend mit Öl versorgt.

5

Aus welchem Grund ragt Pos. 3 in eine Ausdrehung des Lagerdeckels (Pos. 6)?

Der mit der Welle umlaufende Deckel (Pos. 3) bildet mit der Ausdrehung von Pos. 6 eine Labyrinthdichtung, die das Lager vor eintretendem Staub schützt.

Labyrinthdichtungen dichten berührungsfrei ab.

6

Welche Aufgabe haben die sinnbildlich dargestellten Pos. 4 und 16?

Die Pos. 4 und 16 sind Radial-Wellendichtringe. Sie verhindern, dass Öl aus dem Lagerinnenraum nach außen gelangen kann.

7

Welcher Lagerring von Pos. 8 hat Umfangslast, wenn die Pumpenwelle (Pos. 1) immer in derselben Kraftrichtung belastet wird?

Der Innenring von Pos. 8 trägt Umfangslast, weil jeder Punkt dieses Rings bei einer Umdrehung des Lagers einmal belastet wird.

8

Wie wird erreicht, dass zwischen den Pos. 10, 12 und 15 kein Spiel vorhanden ist?

Spielfreiheit zwischen diesen Positionen wird durch die auf genaue Dicke geschliffene Passscheibe (Pos. 13) erreicht.

9

Wie wird das Lager (Pos. 8) montiert?

Nach dem Einbau des Sicherungsringes (Pos. 10) wird der Außenring des Lagers mit Käfig und Wälzkörpern bis zur Anlage am Sicherungsring gefügt.

Der Innenring wird auf den entsprechenden Wellenabsatz der Pumpenwelle (Pos. 1) gefügt.

Beim Einbau der Welle in das Gehäuse wird der Innenring in den Hohlraum des Wälzkörperkranzes geschoben.

10

In welcher Reihenfolge müssen die Einzelteile der Lagerung demontiert werden, wenn die Lager (Pos. 12) auszutauschen sind?

Die Demontage kann folgendermaßen erfolgen:

Pos. 2 lösen, Pos. 3 nach links abziehen, Pos. 14 abschrauben, Pos. 1 mit allen auf ihr befestigten Teilen nach rechts herausziehen. Anschließend Pos. 18 abschrauben, Pos. 17, 15 und 13 nach rechts abziehen, dann Lager (Pos. 12) ausbauen.

11

Wozu dient der Gewindestift (Pos. 2)?

Er sichert die Lage des Labyrinthringes (Pos. 3).

12

Warum hat die Pumpenwelle (Pos. 1) im Bereich der Distanzbuchse (Pos. 17) einen kleineren Durchmesser als im Bereich der Pos. 12?

Die Montage der Schrägkugellager (Pos. 12) wird bei abgesetzter Welle erleichtert.

13

Welche Forderung muss an die Oberfläche der Pumpenwelle (1) im Bereich von Pos. 4 gestellt werden?

Weil in diesem Bereich die Dichtlippe des RadialWellendichtringes (4) auf der Pumpenwelle gleitet, muss die Oberfläche bei einem Rz-Höchstwert von 4 µm drallfrei geschliffen werden. Die Oberflächenhärte der Welle muss außerdem an dieser Stelle mindestens 45 HRC aufweisen.

14

Aus welchem Grund sind die Wellenbunde der Pumpenwelle (Pos. 1), an denen die Pos. 8 und 12 anliegen, mit Nuten versehen?

Die Nuten sind zur Demontage des Lagerinnenrings der Pos. 8 bzw. zur Demontage der Lager (Pos. 12) erforderlich. Durch sie können die Haken einer Abziehvorrichtung an den Innenringplanflächen angreifen.

15

Wie kann die Montage desjenigen Laufringes von Pos. 8, der Umfangslast aufnehmen muss, erleichtert werden?

Weil der Innenring des Lagers Umfangslast aufnehmen muss, ist zwischen ihm und der Welle ein fester Sitz erforderlich. Zur Erleichterung der Montage kann der Innenring in einem Ölbad oder mit Hilfe eines elektrischen Heizgerätes auf ca. 80 bis 100 °C erwärmt werden.

16

Warum befindet sich im unteren Bereich des Gehäuses (Pos. 11) eine Nut?

Durch die Nut kann Öl, das sich zwischen den Pos. 6 und 8 bzw. zwischen den Pos. 15 und 12 befindet, wieder in den Ölsumpf zurückfließen.

17

Welche Vor- und Nachteile besitzen Wälzlager gegenüber Gleitlagern?

Vorteile der Wälzlager sind z.B.:

- Geringere Reibungsverluste und geringere Wärmeentwicklung
- Hohe Tragfähigkeit bei kleinen Drehzahlen
- Geringer Schmierstoffverbrauch
- Austauschbarkeit durch genormte Größen

Nachteile der Wälzlager sind:

- Empfindlichkeit gegen Schmutz, Stoß und hohe Temperaturen
- Höhere Geräuschentwicklung
- Größerer Einbaudurchmesser
- Geringere Schwingungsdämpfung

18

Warum erwärmt sich ein Hybridlager bei gleicher Belastung weniger als ein herkömmliches Wälzlager?

Die bei Hybridlagern verwendeten Keramikwälzkörper haben eine geringere Dichte als Wälzkörper aus Stahl. Deshalb sind die auftretenden Fliehkräfte kleiner und damit die Reibungsarbeit geringer.

Hybridlager lassen höhere Drehzahlen zu.

19

Warum soll der Lagerring eines Wälzlagers, der Umfanglast aufnehmen muss, mit einer Übermaßpassung gefügt werden?

Der Lagerring und die Welle dürfen sich nicht gegeneinander bewegen.

Bei einer Spielpassung zwischen den Teilen würde der Ring in Laufrichtung „wandern"; Laufring und Gegenstück würden dadurch beschädigt (Passungsrost).

20

Was versteht man bei Wälzlagern unter dem Betriebsspiel?

Das Betriebsspiel ist das Spiel zwischen den Wälzkörpern und den Lagerringen, das nach der Montage im betriebswarmen Zustand vorhanden ist.

21
Was versteht man unter Punktlast?

Punktlast liegt vor, wenn die Belastung ständig auf denselben Punkt des Laufringes gerichtet ist.

Dies ist der Fall, wenn

- der Außenring im Gehäuse feststeht und der Innenring sich mit der Welle dreht (oberes Bild).

- sich der Innenring auf einer feststehenden Achse befindet und der Außenring mit der Spannrolle umläuft (unteres Bild).

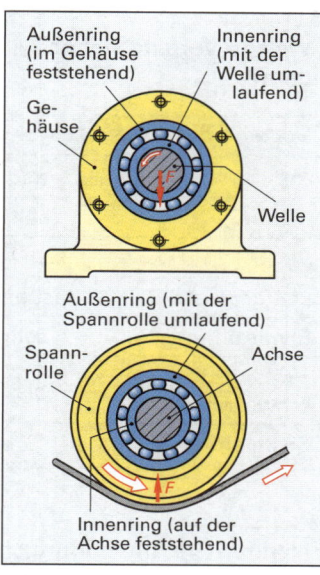

Außenring (im Gehäuse feststehend)   Innenring (mit der Welle umlaufend)
Gehäuse
Welle

Außenring (mit der Spannrolle umlaufend)
Spannrolle   Achse

Innenring (auf der Achse feststehend)

22
Worauf ist beim Einbau von Wälzlagern zu achten?

Beim Wälzlagereinbau muss beachtet werden:
- Die Lager müssen wegen der Empfindlichkeit gegen Schmutz und Korrosion bis zum Einbau in der Originalverpackung aufbewahrt werden.
- Bei der Montage darf die Fügekraft nicht über die Wälzkörper übertragen werden.
- Die Lager sollten entweder mit mechanischen Pressen oder besser mit hydraulischen Pressen eingebaut werden.
- Größere Lagerinnenringe, die Umfangslast aufnehmen müssen, sollten vor dem Einbau erwärmt werden.

23
Welche Auswirkungen auf die Lagerluft hat die Montage eines Wälzlagers, wenn beim Fügen eine Übermaßpassung entsteht?

Die Lagerluft, d.h. das zwischen den Wälzkörpern und den Lagerringen in axialer und radialer Richtung vorhandene Spiel, wird kleiner.

24
Wie können Wälzlager mit Vorspannung montiert werden?

Vorspannung (negatives Betriebsspiel) erreicht man z.B. durch axiales Verschieben einer kegeligen Spannhülse in einem kegeligen Lagerinnenring mit Hilfe einer Einstellmutter oder durch Einlegen von Passscheiben.

25
Worauf ist beim Ausbau eines Wälzlagers zu achten?

Beim Ausbau darf die Abziehkraft nicht über die Wälzkörper übertragen werden. Die Abziehvorrichtung muss am Lagerring ansetzen (Bild)

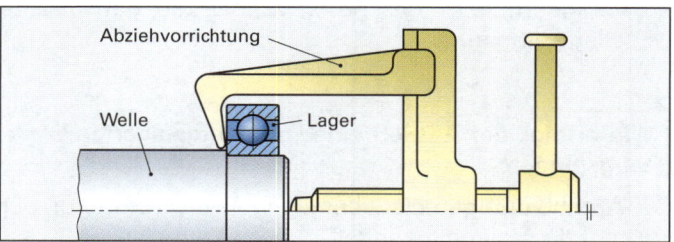

Abziehvorrichtung
Welle   Lager

Ergänzende Fragen zu Wälzlagern

26
Welche Wälzkörper werden für Wälzlager verwendet?

Als Wälzkörper werden Kugeln, Zylinderrollen, Kegelrollen, Tonnenrollen und Nadelrollen verwendet.

Die Wälzkörper können ein- oder zweireihig angeordnet sein.

27
Was sind Hybridlager?

Hybridlager sind Wälzlager, deren Laufringe aus Wälzlagerstahl und deren Wälzkörper aus Keramik (Siliziumnitrid Si_3N_4) bestehen.

Hybridlager werden z.B. zur Lagerung von Arbeitsspindeln in Werkzeugmaschinen verwendet.

28
Welche Vorteile besitzen Vollkeramiklager?

Vollkeramiklager sind korrosionsbeständig gegen viele Säuren und Laugen, warmfest bis 800 °C und unmagnetisch.

29
Wie unterscheidet sich die Tragfähigkeit von Rollen- und Kugellagern?

Wegen der größeren Berührungsflächen ist die Tragfähigkeit der Rollenlager größer als die der Kugellager.

30
Wann verwendet man Axiallager bzw. Radiallager?

Axiallager werden verwendet, wenn die Lagerkräfte längs der Welle wirken.

Radiallager werden verwendet, wenn die Lagerkräfte quer zur Welle wirken.

31
Nennen Sie Ursachen die zu vorzeitigen Schäden an Wälzlagern führen können.

- Mögliche Ursachen sind
- Gewalteinwirkung beim Einbau
- zu wenig Lagerspiel
- falsche oder unzureichende Schmierung
- Einwirkung von Staub, Metallspänen, Korrosion

32
Zur leichteren Montage eines Rillenkugellagers DIN 625 – 6208 auf eine Welle, soll das Lager so erwärmt werden, dass es im Durchmesser um 40 μm größer wird. Bestimmen Sie die erforderliche Temperaturerhöhung.
α_{Stahl} = 0,000 016 1/K

Die thermische Ausdehnung berechnet man mit:
$\Delta l = \alpha \cdot l_1 \cdot \Delta T;$

Durch Umstellen folgt: $\Delta T = \dfrac{\Delta l}{\alpha \cdot l_1}$

$$\Delta T = \frac{0{,}04 \text{ mm}}{0{,}000\,016 \text{ 1/K} \cdot 40 \text{ mm}} = \mathbf{62{,}5 \text{ K}} \, \widehat{=} \, \mathbf{62{,}5 \text{ °C}}$$

Magnetlager

Fragen aus Fachkunde Metall, Seite 386

1

| Wie funktionieren Magnetlager?

Ein Magnetlager besteht aus einem Stator mit eingebauten Elektromagneten (Bild). Auf der zu lagernden Welle ist
ein ferromagnetischer Rotor fixiert. Die paarweise angeordneten Elektromagnete erzeugen im Spalt zwischen
Stator und Rotor starke Magnetfelder, die den Rotor mit
der Welke zentrieren, sodass er den Stator nicht berühren
kann.

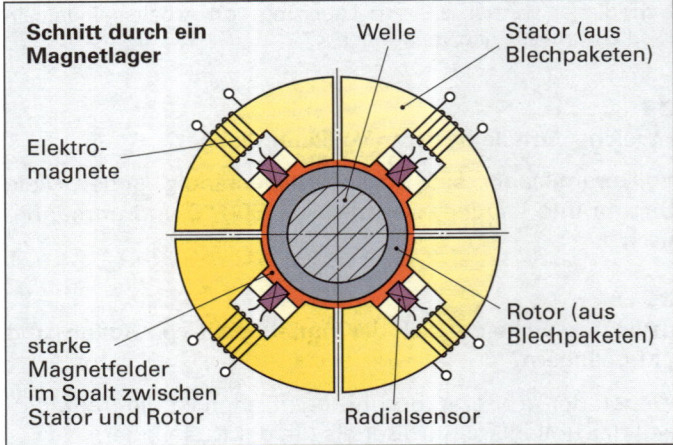

Sensoren überwachen ständig die Mittellage des Rotors. Bei
einer Abweichung von der Mittellage regeln sie das Magnetfeld
so, dass der Rotor wieder in die Mittellage kommt.

2

| Welche Aufgabe haben die Fanglager?

Die Fanglager (Wälzlager) verhindern bei Magnet-gelager-
ten Werkzeugspindeln, dass sich z.B. bei einem Stromausfall Rotor und Stator der Magnetlager berühren und dadurch die Lager beschädigen (Bild).

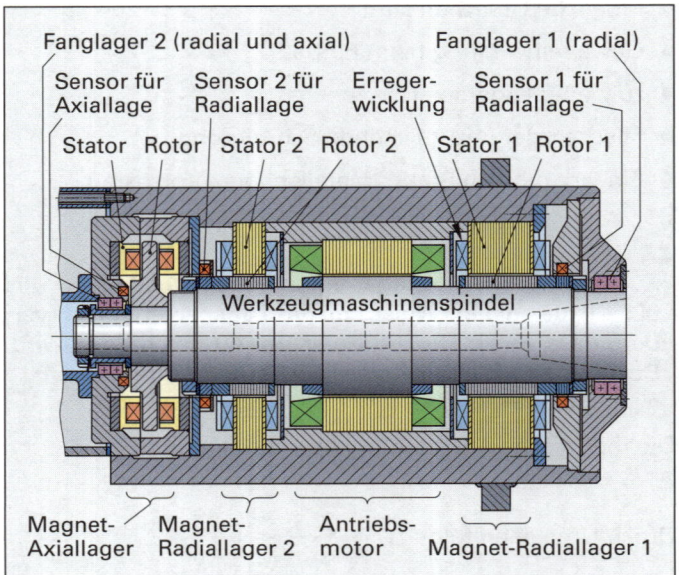

Das zwischen den Fanglagern und der gelagerten Welle
vorhandene Spiel ist kleiner als das Spiel im Magnetlager.

Ergänzende Fragen zu Magnetlager

3

**| Welche Vorteile haben Magnetlager gegenüber Wälzla-
gern?**

Vorteile der Magnetlager gegenüber Wälzlagern		
	Magnetlager	Wälzlager
Reibung	sehr gering	gering
Verschleiß	kein Verschleiß	mittel
Laufgeräusch	fast geräuschlos	mittel
Erwärmung	sehr gering	gering
Umfangsge-schwindigkeit	bis 200 m/s	bis 100 m/s
Schmierung	keine	Fett oder Öl

4

| Nennen Sie Anwendungsbeispiele für Magnetlager.

Magnetlager werden z.B. zur Lagerung schnelllaufender
Rotoren in Zentrifugen, Verdichtern und Turbinen sowie
zur Lagerung von Werkzeugspindeln in Hochgeschwindig-
keits-Zerspanungsmaschinen verwendet.

5

| Wie ist ein Axial-Magnetlager aufgebaut?

Axial-Magnetlager besitzen einen scheibenförmigen
Rotor aus massivem Stahl, der von zwei ringförmigen
Statoren eingefasst ist (Bild). Der Stator enthält zwei Ring-
magnete, deren Magnetfelder den Rotor in seiner Lage
halten. Axial-Sensoren überwachen die Lage des Rotors.

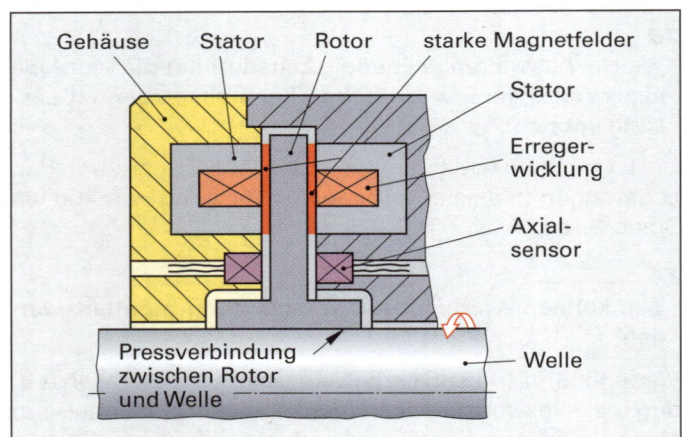

6

| Wie funktioniert der Regelkreis eines Magnetlagers?

Die Messsignale der Sensoren werden in einer Regelelek-
tronik verarbeitet. Bei Abweichungen des Rotors von der
mittigen Solllage werden über Leistungsverstärker die
Erregerströme in den Feldwicklungen der Elektromagnete
so verändert, dass der Rotor wieder die gewünschte
Mittellage einnimmt.

7

**| Wie erfolgt der Antrieb einer magnetgelagerten Werk-
zeugspindel?**

Der Antrieb erfolgt meist über einen Asynchronmotor, der
sich auf der Spindel befindet.

Führungen

Fragen aus Fachkunde Metall, Seite 389

1
Welche Eigenschaften sollen Führungen besitzen?

Führungen sollen folgende Eigenschaften aufweisen:

- Hohe Führungsgenauigkeit
- Nachstellmöglichkeit des Führungsspiels
- Geringe Reibung und niedriger Verschleiß
- Gute Dämpfungseigenschaften
- Einfache Wartung und Schmierung

2
Welche Führungen unterscheidet man nach der Form der Führungsbahn?

Nach der Form der Führungsbahn unterscheidet man:

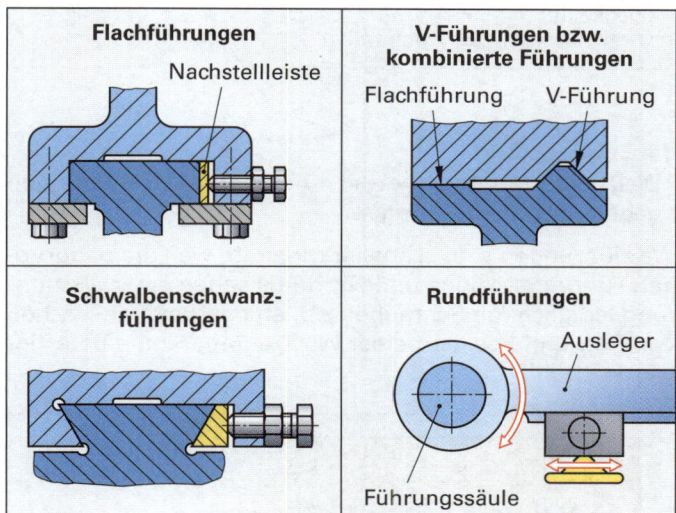

3
Welche Bewegungen sind mit Rundführungen möglich?

Rundführungen gestatten Dreh- und Längsbewegungen zur Führungsbahn (Bild).

So kann der Arbeitstisch der Säulenbohrmaschine hoch und runter gekurbelt werden und um die Säule gedreht werden.

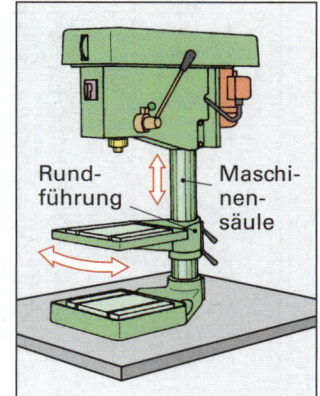

4
Was versteht man unter geschlossenen Führungen?

Bei geschlossenen Führungen umfasst z.B. ein Schlitten die Führungsbahn allseitig.

Dadurch können Kräfte in allen Richtungen quer zur Führungsbahn übertragen werden.

5
Welchen Nachteil besitzen offene Führungen?

Bei offenen Führungen kann der Schlitten nur in bestimmten Richtungen Kräfte aufnehmen.

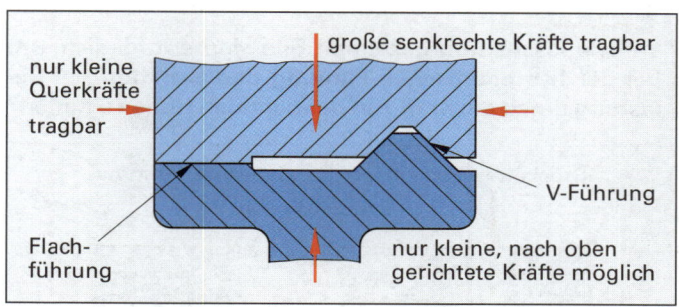

Bei der im Bild oben gezeigten kombinierten Flach-V-Führung sind z.B. große senkrechte, aber nur kleine Querkräfte möglich. Müsste der Schlitten eine große Kraft senkrecht nach oben aufnehmen, würde er abheben.

6
Warum tritt bei hydrodynamisch geschmierten Führungen häufig Mischreibung auf?

Infolge der meist geringen Gleitgeschwindigkeiten kann sich zwischen den Gleitteilen kein ununterbrochener Schmierfilm bilden. Dies hat zur Folge, dass sich die Gleitflächen an einzelnen Stellen berühren.

7
Warum ist das Ruckgleiten (Stick-Slip-Effekt) bei Führungen unerwünscht?

Durch Ruckgleiten wird z.B. das genaue Positionieren eines Werkzeugschlittens oder eines Handhabungsgerätes erschwert bzw. unmöglich gemacht.

8
Bei welchen Führungen wird das Ruckgleiten vermieden?

Bei Gleitführungen, die hydrostatisch oder aerostatisch gelagert sind, kommt das Ruckgleiten wegen der nur minimalen Reibung nicht vor.

9
Wie funktionieren Wälzführungen für unbegrenzte Verschiebewege?

Wälzführungen für unbegrenzte Verschiebewege besitzen im Werkzeugschlitten eine Wälzkörperkette mit Wälzkörperrückführung (Bild). Dadurch kann der Schlitten auf beliebig langen Führungsbahnen verschoben werden.

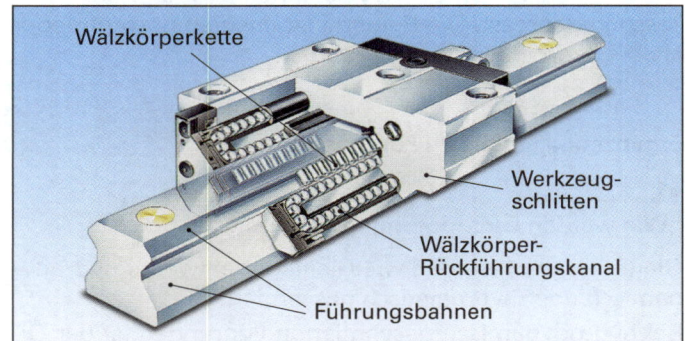

10
Warum ist die Reibung bei aerostatischen Gleitführungen geringer als bei hydrostatischen?

Bei aerostatischen Gleitführungen wirkt ein Druckluftpolster, bei hydrostatischen Gleitführungen ein Ölfilm als Gleitschicht. Wegen der sehr geringen Viskosität der Luft gleitet der Schlitten fast reibungsfrei auf dem Luftpolster.

11

Welche Taschen im gezeigten Bild sind erforderlich, um bei der hydrostatischen Führung den Schlitten bei Belastung durch die Kraft *F* in der richtigen Höhe zu halten?

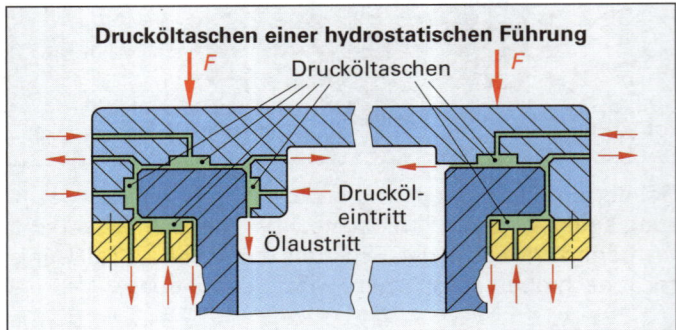

Für die Höhenlage sind die Drucköltaschen oben und unten an der Führungsbahn erforderlich.

12

Warum bleibt der Schlitten im obigen Bild in gleicher Höhenlage, auch wenn die Kraft *F* größer wird?

Bei größer werdender Kraft wird der Schlitten geringfügig nach unten gedrückt. Dadurch verengen sich die Spalten der oberen Taschen und erweitern sich die unteren Taschen. Das Drucköl wird mit konstantem Volumenstrom und sich anpassendem Öldruck in die Taschen gepresst. Verringert sich der Volumenstrom durch eine Spaltenverengung, so steigt der Öldruck an. Dadurch wird der Schlitten so weit angehoben, bis er wieder seine Normallage erreicht hat.

13

Welche Taschen im obigen Bild werden benötigt, um den Schlitten bei nicht senkrechten Bearbeitungskräften in seiner Position zu halten?

Bei nicht senkrechten Bearbeitungskräften halten die seitlich angeordneten Taschen den Schlitten in seiner Position. Sie gleichen die waagrechten Anteile der Bearbeitungskräfte aus.

14

Wie funktionieren aerostatische Gleitführungen?

Aerostatische Gleitführungen funktionieren wie hydrostatische. Anstelle von Öl wird bei ihnen Druckluft durch die Taschen gepresst. Die Reibung ist deshalb noch geringer als bei hydrostatischen Führungen.

Ergänzende Fragen zu Führungen

15

Wie werden Gleitführungen geschmiert?

Gleitführungen werden wie Gleitlager entweder hydrodynamisch oder hydrostatisch geschmiert.

Bei hydrodynamisch geschmierten Führungen ist der Öldruck zwischen den gleitenden Teilen wegen der geringen Gleitgeschwindigkeit häufig gering. Dadurch kommt es zu Mischreibung und erhöhtem Verschleiß.

Bei hydrostatisch geschmierten Führungen wird der erforderliche Öldruck außerhalb der Führungen in besonderen Pumpen erzeugt. Er ist so geregelt, dass immer ausreichend Öl zwischen den Führungsflächen vorhanden ist. Dadurch ist immer Flüssigkeitsreibung gewährleistet.

16

Wie ist eine verdrehfeste Kugelführung aufgebaut und warum ist sie verdrehfest?

Eine verdrehfeste Kugelführung besteht im Wesentlichen aus einer Profilwelle, einer Kugelbuchse und den zwischen der Welle und der Kugelbuchse sich befindenden Kugeln (Bild). Die Kugeln sind zwischen den Laufbahnrillen der Profilwelle und der Kugelbuchse angeordnet. Sie sind dadurch nicht um die Achse drehbar.

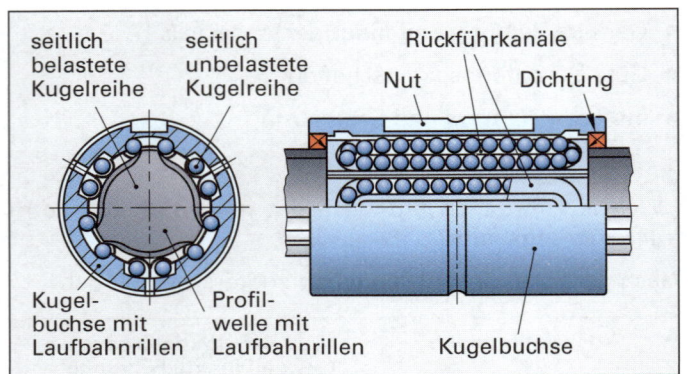

17

Welchen Montage-Vorteil besitzen Wälzführungen gegenüber Gleitführungen?

Wälzführungen sind schneller montiert, weil die Baugruppen Führungsschiene und Führungswagen einer Wälzführung lediglich mit Schrauben z.B. an bearbeiteten Flächen von Bett und Schlitten einer Werkzeugmaschine befestigt werden (Bild).

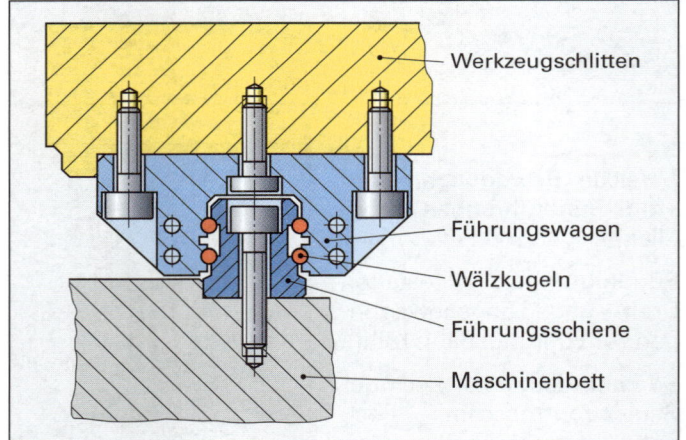

18

Wo liegt der Haupteinsatzbereich von Wälz- und Gleitführungen?

Wälz- und Gleitführungen werden meist im Maschinenbau und in Handhabungseinrichtungen zur exakten Führung der Schlitten verwendet

19

Welchen Vorteil haben aerostatische Gleitführungen?

Bei aerostatischen Gleitführungen, bei denen Druckluft anstelle von Drucköl verwendet wird, ist die Reibung noch geringer als bei hydrostatischen Gleitführungen.

Dichtungen

Fragen aus Fachkunde Metall, Seite 391

1

Welche Dichtungsarten unterscheidet man?

Man unterscheidet ruhende Dichtungen (statische Dichtungen) und Bewegungsdichtungen (dynamische Dichtungen).

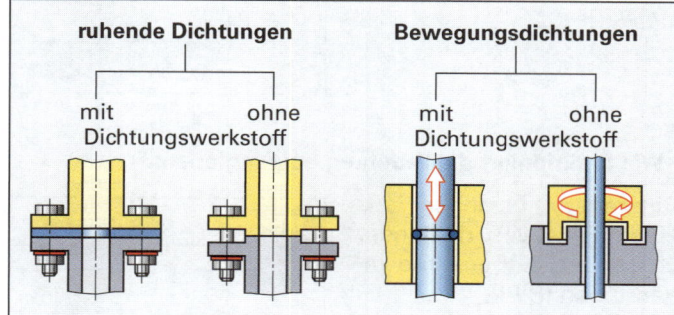

2

Wie wird bei ruhenden Dichtungen die Dichtwirkung erreicht?

Die Dichtwirkung wird durch Aufeinanderpressen der Bauteile an den Dichtflächen erreicht. Dadurch werden Unebenheiten an den Dichtflächen ausgeglichen.

Zwischen die Dichtflächen wird ein Dichtelement aus elastischem Dichtwerkstoff eingelegt.

3

Wozu werden Radial-Wellendichtringe verwendet?

Sie werden zum Abdichten von Wellendurchgängen, z.B. bei Maschinengehäusen, verwendet (Bild).

Radial-Wellendichtringe können keine Räume mit großen Druckunterschieden abdichten.

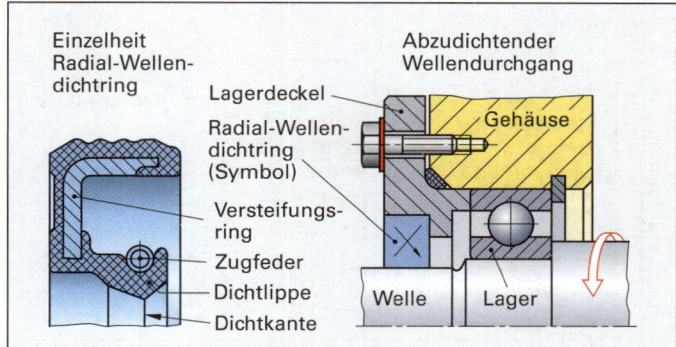

4

Wie dichten Labyrinthdichtungen ab?

Sie dichten durch ineinander greifende Dichtbauteile ab, die einen labyrinthförmigen Spalt zwischen den ineinander verschränkten Dichtbauteilen des Gehäuses und der Welle bilden. Labyrinthdichtungen dichten nur bei Schmierfetten gut ab.

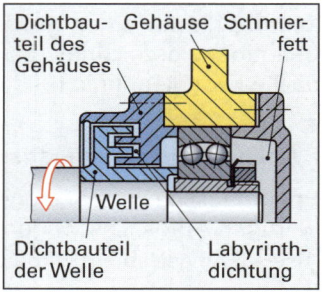

Ergänzende Fragen zu Dichtungen

5

Welche Profildichtungen werden am häufigsten verwendet?

Die am häufigsten verwendeten Profildichtungen sind die Runddichtringe, auch O-Ringe genannt. Sie werden in eine Nut eingelegt und beim Zusammenbau elastisch verformt.

6

Wie wird bei einer Axial-Gleitringdichtung die Dichtwirkung erzielt?

Gegeneinander abdichtende Teile sind zwei aufeinander schleifende Gleitringe (Bild). Der eine Gleitring läuft mit der Welle mit, der andere Gleitring ist fest mit dem Gehäuse verbunden. Dichtfläche ist die Gleitfläche der beiden Gleitringe.

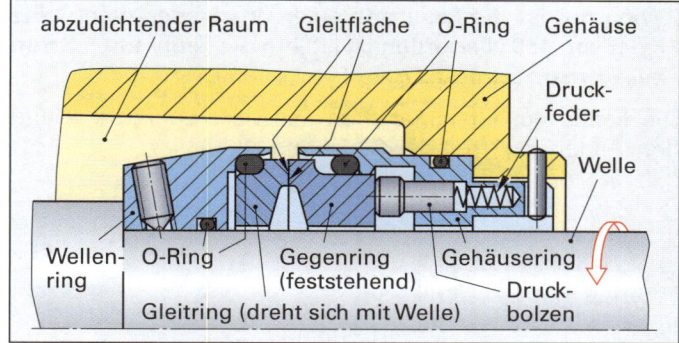

7

Warum können Radial-Wellendichtringe nicht zum Abdichten von Räumen mit hohen Druckunterschieden verwendet werden?

Der flexible Radial-Wellendichtring kann keine großen Druckkräfte aufnehmen. Bei hoher Druckbelastung würde er sich verformen und aus der Dichtnut gedrückt. Bei mittlerer Druckbelastung verschleißt die Dichtlippe rasch durch den hohen Apressdruck.

8

Welche Eigenschaften müssen Dichtungswerkstoffe besitzen?

Dichtungswerkstoffe müssen elastisch oder plastisch verformbar sein, um Unebenheiten der Dichtflächen auszugleichen. Außerdem sollen sie chemisch beständig, temperatur- und alterungsbeständig sowie verschleißfest sein. Dichtungswerkstoffe von Bewegungsdichtungen sollen außerdem eine geringe Reibung aufweisen.

9

Welche Werkstoffe werden für die Gleitringe in Gleitringdichtungen verwendet?

Als Werkstoffe für Gleitringe verwendet man Kunststoffe, Keramik, Hartmetall oder Grafit.

10

Geben Sie die Normbezeichnung für einen Radial-Wellen-Dichtring an, der auf einer Welle mit dem Durchmesser 42 mm sitzt und eine Staublippe besitzt. (Verwenden Sie ein Tabellenbuch).

RWDR DIN 3760 – AS42 x 55 x 8 NB

Federn

Fragen aus Fachkunde Metall, Seite 397

1
Wozu werden Federn verwendet?

Federn können in Maschinen verschiedene Aufgaben übernehmen:

- Auffangen von Stößen und Schwingungen (Fahrzeuge, Kupplungen)
- Aufeinanderpressen von Maschinenteilen (Kupplung)
- Speichern von Spannenergie (z.B. beim Stirnmitnehmer)
- Rückholen von Maschinenteilen (Pneumatikzylinder)

2
Wie groß ist die Federrate einer Druckfeder, wenn eine Kraft von 400 N erforderlich ist, um die Feder um 5,5 mm zusammenzudrücken?

Die Federrate berechnet man aus der Federkraft F und dem Federweg s mit der Gleichung

$$R = \frac{F}{s} \; ; \quad \text{daraus folgt:}$$

$$\mathbf{R} = \frac{400 \text{ N}}{5,5 \text{ mm}} \approx \mathbf{72,7 \text{ N/mm}}$$

3
Welche Federarten unterscheidet man?

- Nach der Art der Beanspruchung unterscheidet man Druckfedern, Zugfedern, Biegefedern und Drehfedern (Bilder unten).
- Nach der äußeren Form unterscheidet man Schraubenfedern, Spiralfedern, Blattfedern, Drehstabfedern, Tellerfedern und Ringfedern.
- Nach der Art des federnden Stoffes unterscheidet man Stahlfedern, Gummifedern und pneumatische Federn.

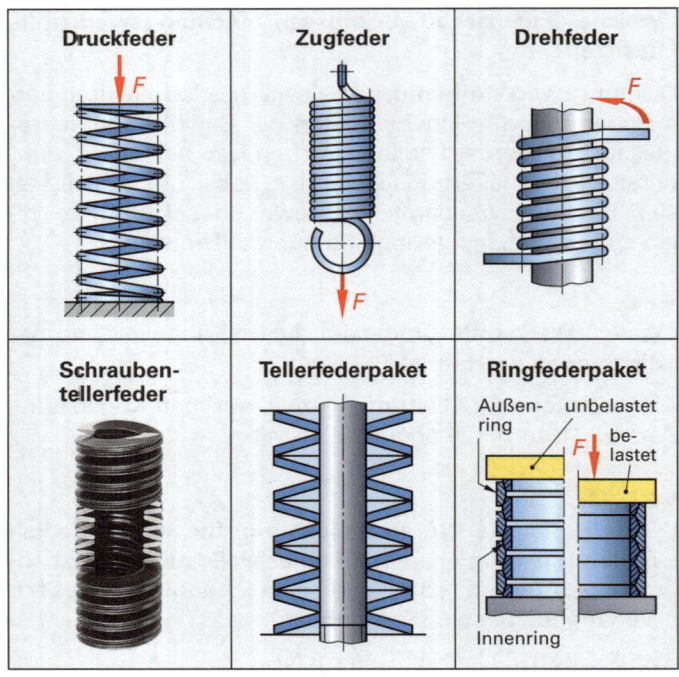

4
Wie kann bei Tellerfedern der Federweg ohne Veränderung der Federkraft vergrößert werden?

Durch wechselsinnige Schichtung von Tellerfedern zu Tellerfederpaketen kann der Federweg vergrößert werden (Bild).

Die Federkraft bleibt dabei konstant.

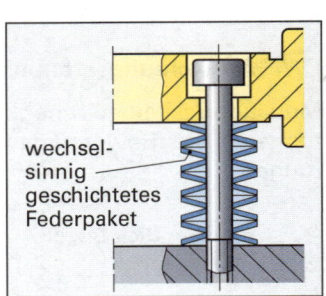

5
Wie funktioniert die Federung bei Ringfedern?

Ringfedern bestehen aus einem Paket von ineinander passenden Außen- und Innenringen (Bild).

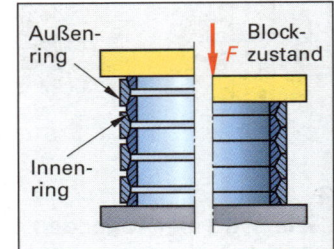

Sie haben auf ihren Außen- bzw. Innenflächen Schrägen. Wirkt auf das Ringfederpaket eine Kraft in axialer Richtung, drücken die Schrägen aufeinander. Die Außenringe werden elastisch geweitet, die Innenringe elastisch zusammengedrückt. Bei Wegnahme der Kraft weiten sich die Innenringe elastisch und die Außenringe ziehen sich elastisch zusammen.

Stoßen die Außen- und Innenringe bei Belastung zusammen, so ist ihr maximaler Federweg erreicht.

Ergänzende Fragen zu Federn

6
Was kann man aus Federkennlinien ablesen?

Aus einer Federkennlinie kann man die zum Federweg s gehörende Federkraft F ablesen. Federkennlinien dienen zudem zur Beurteilung der Federeigenschaften.

Federkennlinien können linear, progressiv oder degressiv verlaufen (Bild).

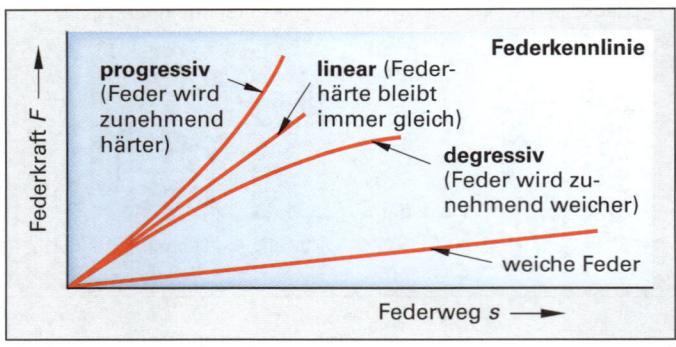

7
Welche Federn werden als „weiche" Federn bezeichnet?

Federn, die für einen großen Federweg eine kleine Kraft benötigen, bezeichnet man als „weich". Sie haben eine flache Federkennlinie (Bild oben).

8
Wozu werden pneumatische Federn verwendet?

Pneumatische Federn dienen z.B. zur Federung von hochwertigen Autos, Lastwagen und ICE-Zügen.

Als Federungselement wird Luft oder ein anderes Gas verwendet.

5.5 Funktionseinheiten zur Energieübertragung

Wellen und Achsen

Fragen aus Fachkunde Metall, Seite 395

1

Wodurch unterscheiden sich Wellen und Achsen?

Wellen und Achsen unterscheiden sich in der Funktion:
- Wellen übertragen Drehmomente, z.B. bei Zahnradgetrieben.
- Achsen dienen zum Tragen ruhender, umlaufender oder schwingender Maschinenteile.

Achsen werden vorwiegend auf Biegung, Wellen auf Verdrehung (Torsion) und Biegung beansprucht.

2

Wovon hängt die Größe des Wellendurchmessers ab?

Der Wellendurchmesser muss so groß sein, dass die zulässigen Spannungen für Torsion und Biegung in der Welle nicht überschritten werden.

3

Warum müssen Wellen in mindestens zwei Lagern gelagert werden?

Durch eine Lagerung in mindestens zwei Lagern ist die Welle radial fixiert und stützt die auf sie wirkenden Querkräfte F_Q auf das Gehäuse (F_G) ab (Bild). Das Antriebsdrehmoment M_A wird von der Welle auf das Sägeblatt übertragen und wirkt dort als Sägeblattmoment M_S.

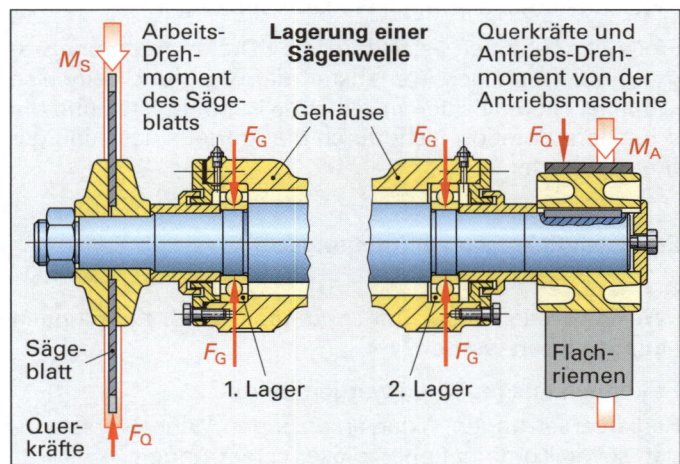

Lagerung einer Sägenwelle

Ergänzende Fragen zu Wellen und Achsen

4

Welche Arten von Wellen gibt es?

Nach ihrer Funktion können Wellen in Antriebswellen, Getriebewellen, Spindeln, Gelenkwellen sowie Kurbel- und Nockenwellen unterteilt werden.

Nach der Bauform unterscheidet man starre Wellen, Gelenkwellen und biegsame Wellen.

5

Warum sind Getriebewellen meist abgesetzt?

Durch Wellenabsätze können andere Maschinenteile, wie z.B. Zahnräder oder Wälzlager, leichter montiert und in axialer Richtung festgelegt werden.

Maschinenteile mit Übermaß, wie z.B. Wälzlager, müssten bei nicht abgesetzten Wellen bis zu ihrem Sitz über die Welle getrieben werden.

6

Welche Zapfenarten gibt es?

Bei den Wellenzapfen unterscheidet man Stirn-, Hals- und Kugelzapfen sowie Spur- und Kurbelzapfen (Bild).

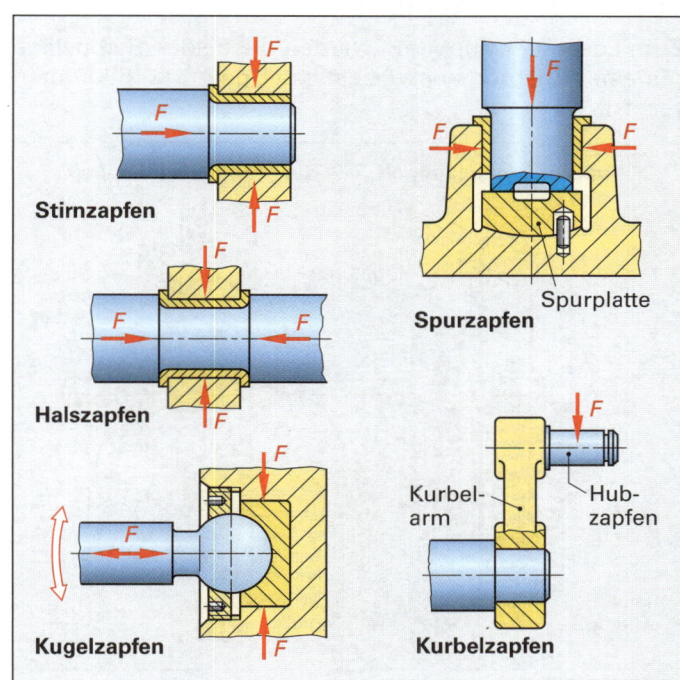

Am Übergang vom Zapfen zur Wellenschulter besteht durch Kerbwirkung die Gefahr eines Dauerbruchs. Aus diesem Grunde muss der Übergang mit großem Radius oder genormtem Freistich erfolgen.

7

Wozu werden Gelenkwellen verwendet?

Gelenkwellen werden dann zur Drehmomentübertragung verwendet, wenn sich die Lage der Antriebsseite zur Abtriebsseite einer Welle verändern kann.

8

Welche Aufgaben haben Kurbelwellen?

Kurbelwellen wandeln Drehbewegungen in geradlinige Bewegungen oder geradlinige Bewegungen in Drehbewegungen um.

Kurbelwellen werden z.B. bei Kolbenverdichtern und Verbrennungsmotoren verwendet.

Kupplungen

Fragen aus Fachkunde Metall, Seite 400

1

Welche Aufgaben haben Kupplungen?

Kupplungen verbinden zwei Wellen und übertragen das Drehmoment von der einen zur anderen Welle. Zum Teil dienen sie zum Zu- und Abschalten von Baugruppen, z.B. von Getriebewellen.

Manche Kupplungsarten sind in der Lage, Wellenversetzungen auszugleichen.

2
Wie arbeitet eine Einscheibenkupplung?

Bei der Einscheibenkupplung wird eine, auf der Abtriebs-welle sitzende Kupplungsscheibe mit Reibbelägen gegen eine mit der Antriebswelle verbundene Reibscheibe ge-presst (Bild unten links).

Dadurch wird das Drehmoment kraftschlüssig von der Antriebs- auf die Abtriebswelle übertragen.

Zum Lösen der Kupplung werden die beiden Reibbeläge mit einer Ausrückgabel auseinander gedrückt (Bild unten rechts).

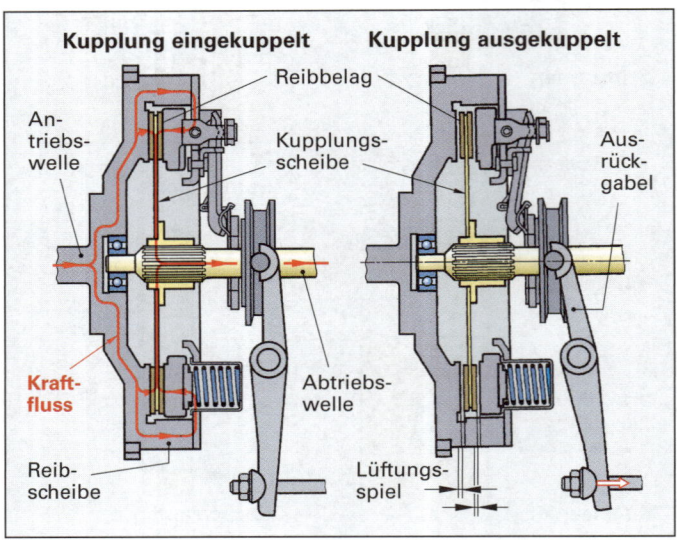

3
Wo werden elastische Kupplungen eingesetzt?

Elastische Kupplungen werden eingesetzt, wenn stark schwankende Drehmomente übertragen werden müssen und/oder Stöße und Schwingungen sowie kleine radiale, axiale und winklige Wellenversetzungen auszugleichen sind.

Als elastische Elemente werden Formteile aus Gummi sowie Schrauben- und Blattfedern, Metallbälge und druckluftgefüllte Gummibälge eingesetzt.

4
Welche Vorteile bieten Metallbalgkupplungen?

Wichtige Vorteile der Metallbalgkupplungen sind:

- Ausgleich von kleinem radialen, axialen und winkligem Wellenversatz.
- Einfacher, robuster Aufbau mit hoher Verdrehfestigkeit sowie einfache Montage (Bild).
- Keine Beeinträchtigung durch erhöhte Betriebs-temperaturen.

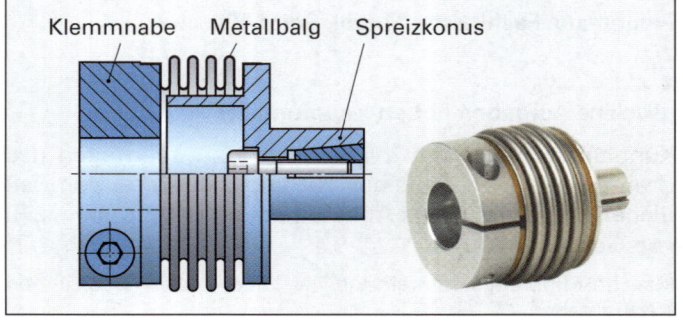

5
Wie werden Lamellenkupplungen geschaltet?

Beim Schalten der Kupplung werden die Innenlamellen gegen die Außenlamellen gepresst (Bild rechts oben). Damit wird das Drehmoment kraftschlüssig von der An-triebswelle auf die Abtriebswelle übertragen.

Beim Lösen der Kupplung werden die Lamellen von-einander getrennt, sodass sich die Außenlamellen mit der Antriebswelle und die Innenlamellen mit der Abtriebs-welle drehen.

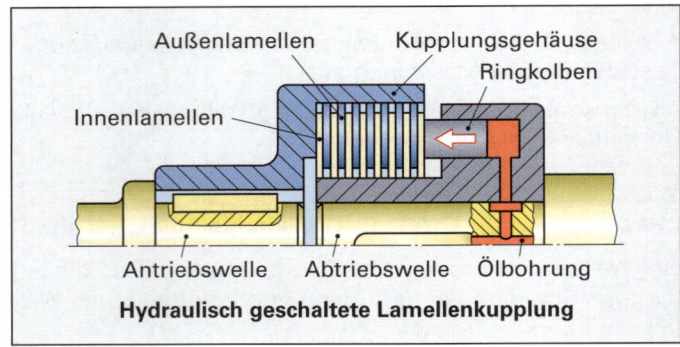

Hydraulisch geschaltete Lamellenkupplung

6
Welche Vorteile haben Durchrastkupplungen?

Durchrastkupplungen schalten bei Erreichen des einge-stellten Überlastdrehmoments in wenigen Millisekunden ab und sind nach Unterschreitung des Überlastdrehmo-ments sofort wieder betriebsbereit.

7
Welche Aufgabe erfüllen Freilaufkupplungen?

Freilaufkupplungen schalten die Drehmomentübertra-gung ab, wenn der Abtriebsteil der Kupplung zeitweise schneller rotiert als der antreibende Kupplungsteil und die schnellere Rotation nicht durch die Antriebsmaschine ge-bremst werden soll.

Ergänzende Fragen zu Kupplungen

8
Welche Wellenversetzungen können durch Kupplungen ausgeglichen werden?

Es können ausgeglichen werden (Bild):

Radialversetzungen, Axialversetzungen, Winkelversetzun-gen sowie Kombinationen dieser Versetzungen.

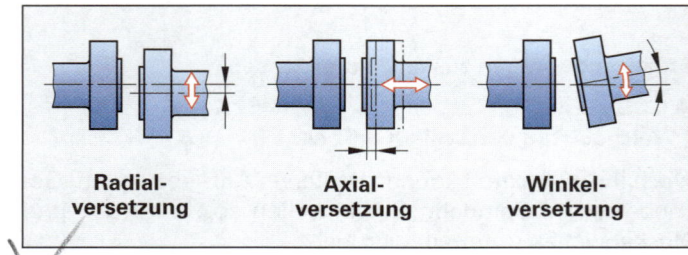

9
Wozu werden starre Kupplungen verwendet?

Starre Kupplungen werden zur Kraftübertragung zwi-schen zwei fluchtenden Wellen eingesetzt, die auch in axialer Richtung fest miteinander verbunden sind.

Starre Kupplungen können keine Wellenversetzungen ausglei-chen.

10

Welche Kupplungen gehören zu den drehstarren Kupplungen?

Zu den drehstarren Kupplungen zählen Bogenzahnkupplungen, Gelenkkupplungen und Gelenkwellen.

Diese Kupplungen können Drehbewegungen drehstarr übertragen und gleichzeitig Winkel- und Axialversetzungen ausgleichen.

Mit zwei Gelenken auf einer Welle können auch große radiale Versetzungen ausgeglichen werden.

11

In welchen Fällen werden elastische Kupplungen eingesetzt?

Elastische Kupplungen werden eingesetzt, wenn z.B. eine Maschine weich angefahren werden muss oder wenn in Umfangsrichtung Stöße und Schwingungen gedämpft werden sollen.

Häufig verwendet man elastische Kupplungen zum Antrieb von Arbeitsmaschinen mit stark schwankender oder stoßartiger Belastung, wie z.B. bei Kolbenpumpen und Kolbenverdichtern.

12

Wozu werden Sicherheitskupplungen verwendet?

Sicherheitskupplungen werden verwendet, um z.B. hochwertige Maschinenteile bei Überlastung vor Beschädigung zu schützen.

13

In welchen Fällen verwendet man Lamellenkupplungen?

Lamellenkupplungen werden verwendet, wenn der Kraftfluss der verbundenen Wellen häufig unterbrochen werden muss und große Drehmomente mit einer kompakten Kupplung übertragen werden sollen.

Lamellenkupplungen mit elektromagnetischer Betätigung eignen sich besonders für automatisch gesteuerte Werkzeugmaschinen.

14

Wozu dienen Anlaufkupplungen?

Anlaufkupplungen ermöglichen ein unbelastetes Anlaufen der Kraftmaschine. Sie kuppeln erst ab einer vorgewählten Drehzahl die Arbeitsmaschine zu.

Anlaufkupplungen sind bei Kraftmaschinen erforderlich, die bei niedrigen Drehzahlen ein kleines Drehmoment besitzen, wie z.B. Verbrennungsmotore.

15

Worin besteht der Unterschied zwischen formschlüssigen und kraftschlüssigen Schaltkupplungen?

Bei den formschlüssigen Schaltkupplungen wird die Verbindung der Wellen durch zwei ineinander passende Formteile hergestellt.

Bei kraftschlüssigen Schaltkupplungen erfolgt die Drehmomentübertragung durch Reibungskräfte.

Zu den formschlüssigen Schaltkupplungen gehören die Klauenkupplung und die Zahnkupplung.

Kraftschlüssige Schaltkupplungen sind die Einscheibenkupplung und die Lamellenkupplung.

16

Wie sind Freilaufkupplungen aufgebaut?

Freilauf- bzw. Überholkupplungen enthalten Klemmkörper (z.B. Kugeln), die bei schnellerem Lauf der Antriebswelle die Klemmkörper zwischen Antriebs- und Abtriebswelle einklemmen und dadurch eine formschlüssige Verbindung herstellen (Bild).

Bei langsamerem Lauf der Antriebswelle werden die eingeklemmten Kugeln freigesetzt und die Abtriebswelle überholt die Antriebswelle frei laufend.

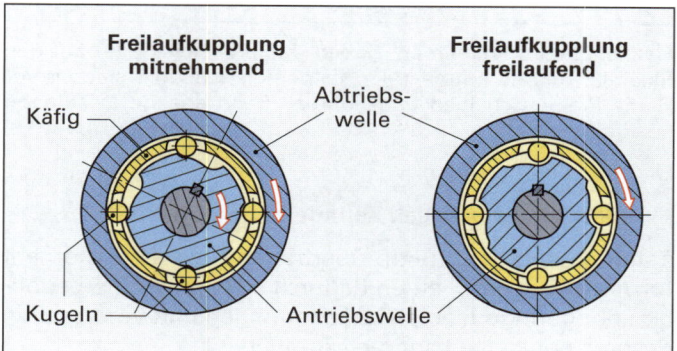

Riementriebe

Fragen aus Fachkunde Metall, Seite 402

1

Welche besonderen Eigenschaften haben Flachriemenantriebe?

Die besonderen Eigenschaften der Flachriemenantriebe sind:

- Geräuscharmer, stoßdämpfender Lauf
- Geringer Wartungsaufwand
- Hohe Riemengeschwindigkeit und große übertragbare Leistungen möglich
- Hohe Spannkraft des Riemens erforderlich, um ausreichend große Reibungskräfte zu erreichen
- Schlupf durch Riemendehnung und Riemengleitung bewirkt eine geringe Drehzahldifferenz zwischen Antriebs- und Abtriebswelle
- Begrenzte Einsatztemperatur aufgrund des Riemenmaterials

2

Welche Keilriemenprofile gibt es?

Man unterscheidet Schmalkeilriemen, Breitkeilriemen, Verbundkeilriemen und Keilrippenriemen (Bild).

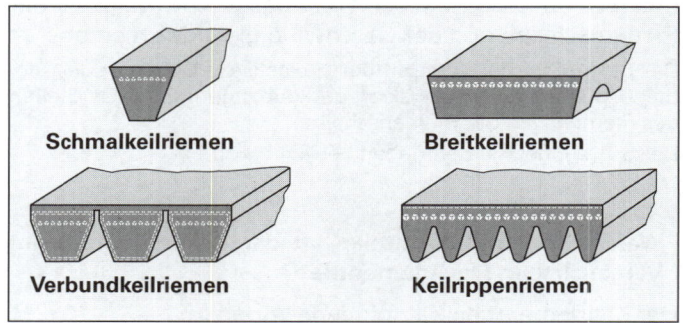

Die verschiedenen Keilriemen werden für unterschiedliche Anwendungsfälle eingesetzt.

3
Was versteht man unter flankenoffenen Keilriemen?

Flankenoffene Keilriemen besitzen kein Umhüllungsgewebe (Bild).

Flankenoffene Keilriemen haben höhere Reibkräfte an den Rillenflanken als ummantelte Keilriemen. Dadurch sind sie für kleine Riemenscheiben und hohe zu übertragende Leistungen geeignet.

4
Wodurch zeichnen sich Zahnriementriebe aus?

Zahnriementriebe (Bild) übertragen das Drehmoment formschlüssig und laufen dadurch schlupffrei. Sie benötigen nur geringe Riemenvorspannungen und verursachen deshalb nur kleine Lagerbelastungen.

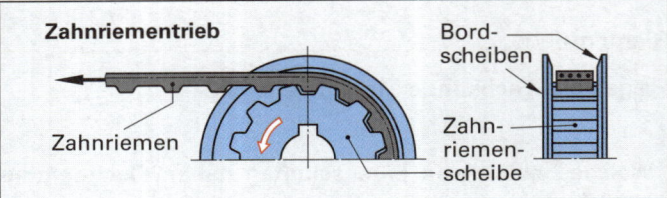

Zahnriementriebe eignen sich zur schlupflosen Übertragung von kleinen und mittleren Leistungen bei Umfangsgeschwindigkeiten bis 80 m/s.

Ergänzende Fragen zu Riementrieben

5
Welche Arten von Riementrieben unterscheidet man?

Man unterscheidet unverzahnte (kraftschlüssige) Riementriebe und verzahnte (formschlüssige) Riementriebe.

Kraftschlüssige Riementriebe übertragen das Drehmoment durch Reibung zwischen Riemenscheibe und Treibriemen. Bei formschlüssigen Riementrieben erfolgt die Drehmomentübertragung durch das formschlüssige ineinander Greifen von Zahnriemen und Zahnriemenscheibe.

6
Was versteht man bei Riementrieben unter dem Schlupf?

Unter Schlupf versteht man den Geschwindigkeitsunterschied zwischen der Umfangsgeschwindigkeit der Riemenscheibe und der Geschwindigkeit des Riemens.

Der Schlupf wird verursacht durch elastische Dehnung des Riemens infolge der Umfangskraft und durch geringfügiges Gleiten des Riemens auf der Riemenscheibe.

Der Schlupf bei Riementrieben beträgt bis zu 2%.

7
Welche Vor- und Nachteile hat der Keilriementrieb im Vergleich zum Flachriementrieb?

Der Keilriementrieb hat folgende Vorteile:
Hohe Übertragungsleistung bei geringer Baugröße, große Durchzugskraft bei geringem Schlupf, sehr hohe

Leistungsübertragung durch mehrere nebeneinander angeordnete Keilriemen (Verbundkeilriemen). Nachteilig sind die höheren Kosten und die begrenzten Achsabstände.

Kettentriebe

Fragen aus Fachkunde Metall, Seite 404

1
Welche Gruppen von Kettenbauarten werden grundsätzlich unterschieden?

Man unterscheidet Gliederketten und Gelenkketten (Bild).

Gliederketten dienen nur als Lastketten, Gelenkketten sind das Zugmittel in Kettentrieben.

2
Erläutern Sie vier Merkmale, durch welche sich die Gelenkketten von den Riemen unterscheiden.

- Sie sind nicht empfindlich gegen Feuchtigkeit, Schmutz und höhere Temperaturen
- Gelenkketten müssen geschmiert werden.
- Die Kettengeschwindigkeit ist begrenzt, sie schwingen bei stoßartiger Belastung
- Sie haben eine größere Geräuschentwicklung

3
Erklären Sie den Aufbau einer Rollenkette und erläutern Sie ihre Vorteile.

Die Rollenkette hat gegenüber der einfacheren Bolzenkette gehärtete und geschliffene Rollen, die auf den Zahnflanken des Kettenrades abrollen (Bild). Rollenketten besitzen eine kleinere Reibung und deshalb einen geringeren Verschleiß als Bolzenketten.

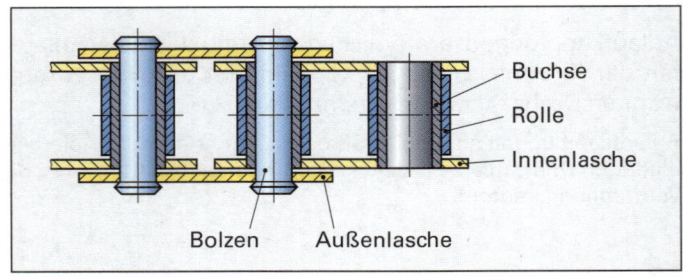

4
Welche Merkmale kennzeichnen Zahnketten? Nennen Sie einen Einsatzbereich.

Zahnketten (Bild) laufen geräuscharm und können für Kettengeschwindigkeiten bis 30 m/s eingesetzt werden.

Sie werden z.B. als Steuerketten in Motoren verwendet.

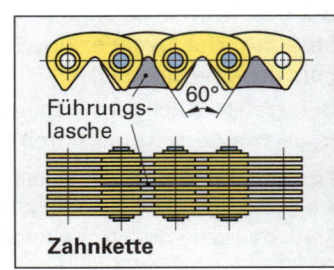

Ergänzende Fragen zu Kettentrieben

5

In welchen Fällen werden Kettentriebe verwendet?

Kettentriebe werden verwendet:

- zur Übertragung großer Zugkräfte.

- bei rauem Betrieb mit starker Verschmutzung und erhöhten Temperaturen.

- wenn genaue Übersetzungsverhältnisse ohne Schlupf erforderlich sind.

Kettentriebe haben sich bei Fahrrädern und Motorrädern besonders bewährt. Außerdem werden sie in der Fördertechnik sowie bei Holzbearbeitungs- und Baumaschinen eingesetzt.

6

Wie werden die Kettenräder eines Kettentriebs günstig angeordnet?

Günstig für einen ruhigen Lauf der Kette ist eine waagrechte oder bis 60° geneigte Anordnung der Kettenräder (Bild).

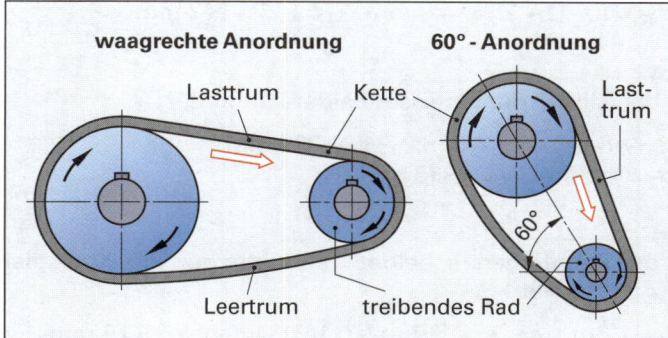

7

Wozu dient bei Kettentrieben die Spannrolle?

Die Spannrolle soll die Kette immer leicht spannen, sodass Dehnungs-Verlängerungen der Kette ausgeglichen werden. Dadurch können Schwingungen der Kette vermieden werden (Bild).

Kettentriebe mit Spannrolle können auch senkrecht angeordnet werden.

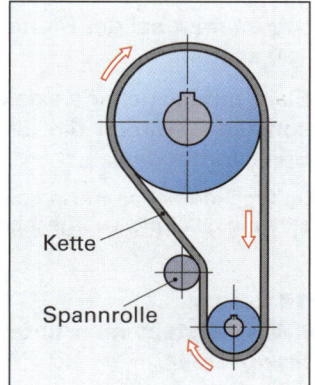

8

Welche Arten von Ketten gibt es für Kettentriebe?

Es gibt Rollenketten, Buchsenketten sowie Bolzenketten in den Bauarten Gallketten, Fleyerketten und Zahnketten.

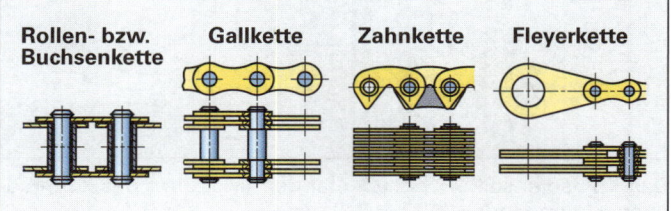

Zahnradtriebe

Fragen aus Fachkunde Metall, Seite 407

1

Welche Aufgaben haben Zahnräder?

Zahnräder übertragen Drehbewegungen formschlüssig von einer Welle auf eine andere Welle.

Dabei können sich die Drehzahl, die Drehrichtung und das Drehmoment ändern.

2

Was versteht man unter dem Modul eines Zahnrades?

Der Modul m ist eine Kennzahl einer Verzahnung. Er wird berechnet aus der Teilung p des Zahnrades dividiert durch die Zahl π.

$$m = \frac{p}{\pi}$$

Die Werte für den Modul sind genormt und haben glatte Zahlen, z.B. 0,3, 1,5, 2,0, 3,0 usw. Der Modul hat die Einheit einer Länge, z.B. $m = 2$ mm.

3

Wie entsteht eine Evolvente?

Die Kurvenbahn einer Evolvente entsteht, wenn der Endpunkt eines Fadens, der um einen Zylinder gewickelt ist, vom Zylinder abgewickelt wird (Bild). Die Flanken von Zahnrädern haben häufig die Form einer Evolvente.

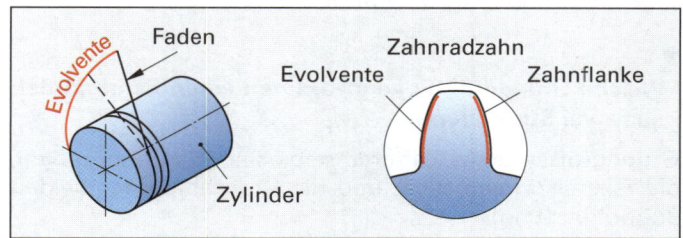

4

Welche Grundformen der Zahnradtriebe unterscheidet man?

Grundformen der Zahnradtriebe sind Stirnradtriebe, Kegelradtriebe und Schneckenradtriebe (Bild).

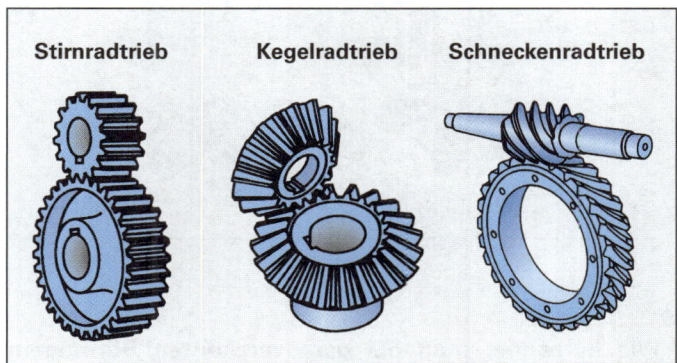

Stirnradtriebe verwendet man bei parallelen Achsen, Kegelradtriebe bei sich schneidenden Achsen und Schneckenradtriebe sowie Schraubenradtriebe bei sich kreuzenden Achsen.

5

Welche Vorteile und Nachteile haben schrägverzahnte Stirnräder?

Bei schrägverzahnten Zahnrädern sind immer mehrere Zähne gleichzeitig im Eingriff. Sie können deshalb eine höhere Umfangskraft übertragen und laufen ruhiger als geradverzahnte Räder.

Zahnräder mit Schrägverzahnung erzeugen jedoch Axial-kräfte, die von den Lagern aufgenommen werden müssen.

6

Welche Wälzverfahren zur Zahnradherstellung unterscheidet man?

Man unterscheidet das Wälzfräsen, das Wälzstoßen, das Wälzhobeln und das Wälzschleifen (Bild).

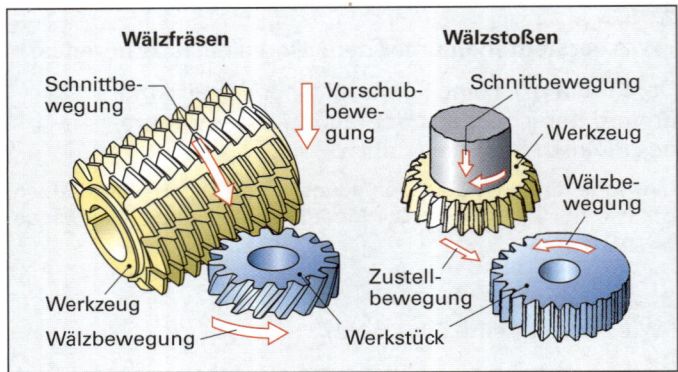

Ergänzende Fragen zu Zahnradtrieben

7

Welche Grundgrößen kennzeichnen einen Zahnradtrieb aus zwei Stirnrädern?

Grundgrößen eines Zahnradtriebs sind die Zähnezahlen, die Teilkreisdurchmesser und die Drehzahlen der beiden Zahnräder (Bild).

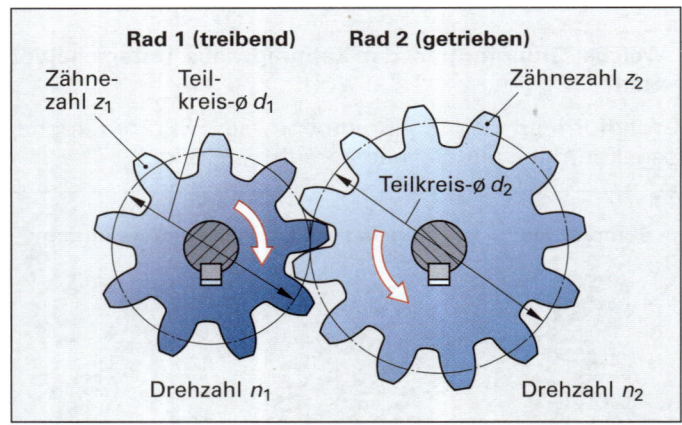

8

Wie berechnet man bei geradverzahnten Stirnrädern und Kegelrädern den Teilkreisdurchmesser?

Aus der Zähnezahl z mal den Modul m: $d = m \cdot z$

9

Für ein Hebezeug, das ein Zahnräderpaar mit dem Achsabstand $a = 270$ mm enthält (Bild rechts oben), soll das getriebene Zahnrad hergestellt werden.
Von dem treibenden Zahnrad sind die Zähnezahl $z_1 = 46$ und der Kopfkreisdurchmesser $d_{a1} = 216$ mm bekannt.
Berechnen Sie die folgenden Größen:

a)
den Modul m beider Zahnräder

$$d_a = m \, (z + 2) \quad \Rightarrow$$

$$m = \frac{d_a}{z + 2}$$

$$m = \frac{216 \text{ mm}}{46 + 2} = \textbf{4,5 mm}$$

b)
die Zähnezahl z_2 des getriebenen Zahnrades

$$a = \frac{m \cdot (z_1 + z_2)}{2} \quad \Rightarrow$$

$$z_2 = \frac{2a - m \cdot z_1}{m}$$

$$z_2 = \frac{2 \cdot 270 \text{ mm} - 4,5 \text{ mm} \cdot 46}{4,5} = \textbf{74}$$

c)
den Kopfkreisdurchmesser d_{a2} des getriebenen Zahnrades

$$d_{a2} = m \cdot (z + 2) = 4,5 \text{ mm} \cdot (74 + 2) = \textbf{342 mm}$$

d)
die Teilkreisdurchmesser beider Zahnräder

$d = m \cdot z$; $d_1 = 4,5 \text{ mm} \cdot 46 = 207 \text{ mm}$
$d_2 = 4,5 \text{ mm} \cdot 74 = \textbf{333 mm}$

e)
die Zahnhöhen h beider Zahnräder für ein Kopfspiel $c = 0,167 \cdot m$

$h = 2 \cdot m + c = 2 \cdot 4,5 \text{ mm} + 0,167 \cdot 4,5 \text{ mm} = \textbf{9,75 mm}$

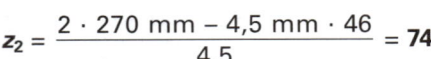

10

Worauf ist bei der Montage von Kegelrädern besonders zu achten?

Es ist auf die richtige axiale Lage der Räder zu achten. Ansonsten klemmen die Zähne oder es ist ein zu großes Spiel vorhanden.

In Kegelradtrieben muss daher die Möglichkeit zur axialen Einstellung des Spiels vorgesehen sein.

11

Was versteht man unter dem „Kopfspiel" eines Zahnradpaares?

Das Kopfspiel ist der Abstand zwischen dem Kopfkreis des einen Zahnrades und dem Fußkreis des Gegenzahnrades (Bild).

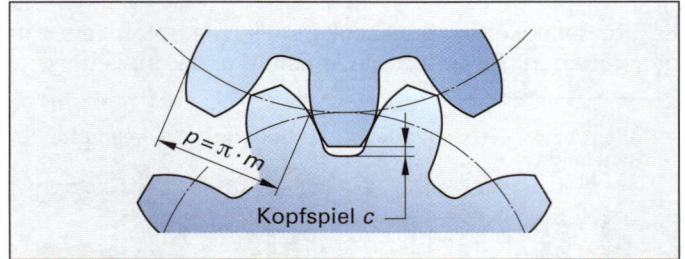

Das Kopfspiel soll 0,1 bis 0,3 mal dem Modul m des Zahnradpaares betragen: $c = (0,1 \text{ bis } 0,3) \cdot m$

Welche geometrische Form hat die Zahnflanke von Zahnrädern?

Der Krümmungsverlauf der Zahnflanke hat meist die Form einer Evolvente.

Ein Zahnrädergetriebe soll eine Schutzhaube erhalten (Bild). Bekannt sind:
Achsabstand a = 82,5 mm, Modul m = 2,5 mm und Zähnezahl z_2 = 24.
Wie groß muss die lichte Weite x der Schutzhaube bei einem Abstand von je 10 mm zu den Zahnrädern sein?

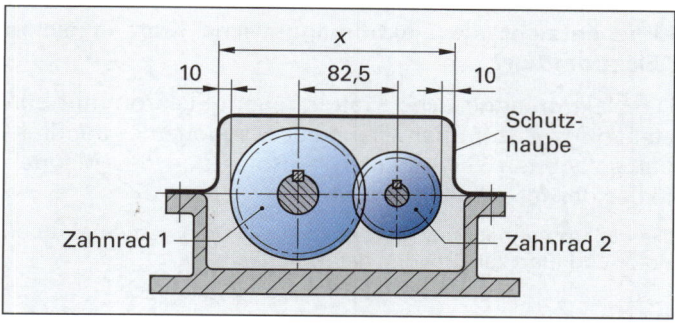

Gegeben: a = 82,5 mm, m = 2,5 mm, z_2 = 24
$$d_2 = m \cdot z_2 = 2,5 \text{ mm} \cdot 24 = 60 \text{ mm}$$

$$a = \frac{d_1 + d_2}{2} \quad \Rightarrow \quad d_1 = 2 \cdot a - d_2$$

$d_1 = 2 \cdot 82,5 \text{ mm} - 60 \text{ mm} = 105 \text{ mm}$

$d_{a1} = d_1 + 2 \cdot m = 105 \text{ mm} + 2 \cdot 2,5 \text{ mm} = 110 \text{ mm}$

$d_{a2} = d_2 + 2 \cdot m = 60 \text{ mm} + 2 \cdot 2,5 \text{ mm} = 65 \text{ mm}$

$$x = a + \frac{d_{a1}}{2} + \frac{d_{a2}}{2} + 2 \cdot 10 \text{ mm}$$

x = 82,5 mm + 55 mm + 32,5 mm + 20 mm = **190 mm**

5.6 Antriebseinheiten

Elektromotoren

Fragen aus Fachkunde Metall, Seite 414

Welche Elektromotorenarten unterscheidet man nach der Stromart?

Nach der Stromart unterscheidet man Gleichstrommotoren, Einphasen-Wechselstrommotoren und Drehstrommotoren.

Nach dem Drehverhalten, d.h. dem Gleichlauf oder Nichtgleichlauf mit dem Drehfeld des Stroms, unterscheidet man Synchronmotoren und Asynchronmotoren.

2

Welches sind die kennzeichnenden Eigenschaften des Drehstrom-Asynchronmotors?

- Einfacher, robuster Aufbau, da dem Rotor kein Strom zugeführt werden muss
- Wartungsarm, wenig störungsanfällig

- Das Anzugsmoment ist etwa so groß wie das Nennmoment (siehe Motorkennlinie im Bild)
- Hoher Anlaufstrom
- Die Drehzahl verändert sich bei Belastung nur wenig

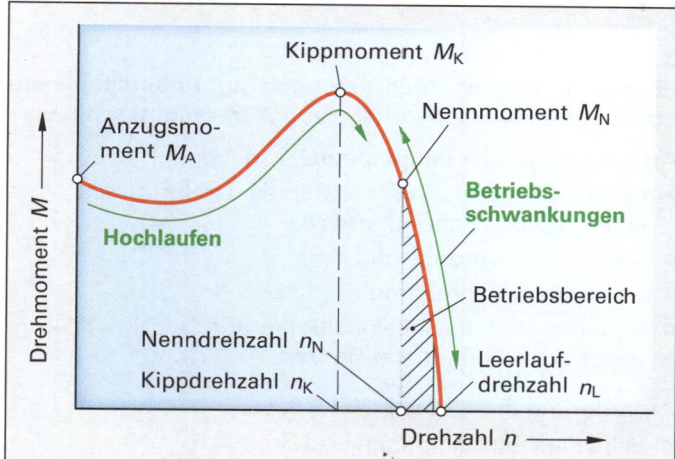

3

Erläutern Sie den Aufbau und die Funktion eines Drehstrom-Asynchronmotors.

Drehstrom-Asynchronmotoren bestehen aus einem feststehenden Stator (Ständer) und dem drehbaren Rotor (Bild unten). Sie haben einen rundkäfigartigen Rotor aus Aluminum-Leiterstäben, die von zwei Endringen (Kurzschlussringen) zusammengehalten werden. Die Rotorzwischenräume sind Blechpakete.

Das umlaufende Statormagnetfeld induziert in den Rotor-Leiterstäben einen Stromfluss und damit ein ebenfalls umlaufendes Magnetfeld. Das Statormagnetfeld nimmt das Rotormagnetfeld mit. Der Rotor dreht sich mit dem Statormagnetfeld. Die Rotordrehzahl ist um den Schlupf s geringer als das umlaufende Magnetfeld.

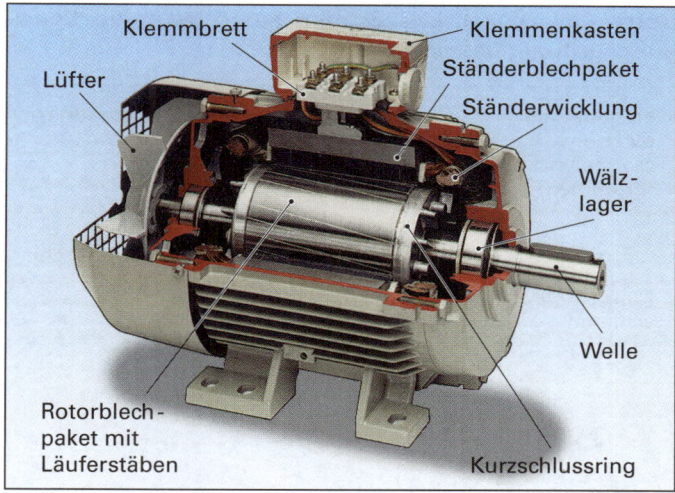

Warum benötigen Drehstrom-Asynchronmotoren höherer Leistung eine Anlasssteuerung?

Elektromotoren mit großer Leistung entnehmen beim Anfahren dem Stromnetz große Ströme. Dadurch würde die Spannung im Leitungsnetz abfallen, was für viele am Netz angeschlossene Elektrogeräte schädlich ist.

Große Elektromotoren besitzen deshalb eine Anlasssteuerung. Sie bewirkt ein langsames Anlaufen des Motors und damit eine weniger große Anfangsentnahme von Strom aus dem Stromnetz.

5 _____

Erläutern Sie die Anforderungen an Hauptspindelantriebe und Vorschubantriebe von Werkzeugmaschinen.

Anforderungen an **Hauptspindelantriebe:**
- Große Leistung und konstantes Drehmoment über einen weiten Drehzahlbereich
- Stufenlose Drehzahlsteuerung
- Schnelles Anfahren und Bremsen
- Möglichkeit der Winkelpositionierung, z.B. beim Werkzeugwechsel oder beim Bohren.

Anforderungen an **Vorschubantriebe:**
- Schnelles Beschleunigen und Bremsen
- Hohes Haltemoment bei Stillstand
- Überschwingfreies Anfahren der Position
- Zustellung kleiner Weginkremente.

6 _____

Erläutern Sie den Aufbau eines Linearmotors.

Ein Linearmotor entspricht im Grundaufbau einem in die Ebene abgewickelten Drehstrommotor (Bild).

Auf der Bewegungsstrecke ist eine Bahn aus Dauermagneten angeordnet. Sie sind der Ständer des Linearmotors. Der bewegliche Maschinenschlitten enthält linear angeordnete Magnetwicklungen.

Werden die Wicklungen an Drehstrom angeschlossen, so entsteht dort ein linear wanderndes Magnetfeld. Es stößt sich vom Magnetfeld der Dauermagnetbahn ab und treibt den Maschinenschlitten vor sich her.

Durch Umschalten der Stromrichtung wird die Bewegungsrichtung geändert.

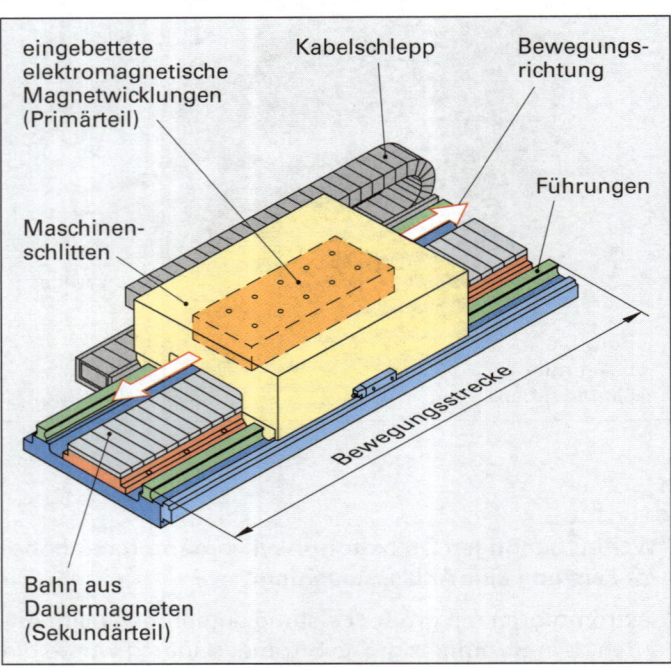

eingebettete elektromagnetische Magnetwicklungen (Primärteil)

Kabelschlepp

Bewegungsrichtung

Führungen

Maschinenschlitten

Bewegungsstrecke

Bahn aus Dauermagneten (Sekundärteil)

Ergänzende Fragen zu Elektromotoren

7 _____

Welche Vorteile besitzen Elektromotoren?

Wichtige Vorteile der Elektromotoren sind:
- Es sind geräuscharme, wartungsarme und umweltfreundliche Antriebe.
- Ihre Leistung steht sofort bereit.
- Sie haben einen hohen Wirkungsgrad.
- Es gibt Elektromotoren in vielen Leistungsgrößen, Bauformen und Betriebsverhaltensweisen.

8 _____

Wie entsteht die elektromagnetische Kraft in einem Elektromotor?

Die elektromagnetische Kraft in einem Elektromotor entsteht durch Zusammenwirken des Magnetfeldes der drehbar gelagerten Leiterspulen im Rotor und des Magnetfeldes des feststehenden Stators.

Die elektromagnetische Kraft bewirkt ein Drehmoment auf den Rotor und führt zur Drehung der Motorwelle.

9 _____

Welches sind die gebräuchlichsten Elektromotoren?

Der Drehstrom-Asynchronmotor mit Kurzschlussläufer sowie der Gleichstrommotor mit Schleifringläufer.

Daneben gibt es den Drehstrom-Synchronmotor.

Jede Motorart hat spezifische Eigenschaften, sodass sie sich für ganz besondere Antriebsaufgaben eignet.

10 _____

Wie kann die Drehzahl von Drehstrommotoren gesteuert werden?

Bei polumschaltbaren Drehstrommotoren kann die Drehzahl in ein oder zwei Stufen umgeschaltet werden.

Mit Frequenzumrichtern kann die Drehzahl von Drehstrommotoren in einem weiten Drehzahlbereich stufenlos verstellt werden.

11 _____

Wie reagiert ein Drehstrom-Asynchronmotor auf eine Erhöhung der Belastung?

Seine Drehzahl vermindert sich geringfügig und sein Drehmoment vergrößert sich bis zu einem maximalen Drehmoment, dem Kippmoment. (Siehe Bild des Betriebsverhaltens des Drehstrom-Asynchronmotors, Seite 177, Frage 2).

Der Motor passt sich in diesem Bereich der Belastung an.

Übersteigt die Belastung das Kippmoment, so bleibt der Motor stehen.

12 _____

Welche Eigenschaften haben Synchronmotoren?

Eigenschaften der Synchronmotoren sind:
- Die Motorwelle dreht sich synchron, d.h. drehzahlgleich mit der Drehfelddrehzahl.
- Die Drehzahl bleibt auch bei Lastschwankungen konstant.

- Bei Überlastung bleibt der Motor stehen.
- Synchronmotoren benötigen eine Anlaufhilfe.
- Drehzahlsteuerung ist durch elektronische Steuerung möglich.

13

Wozu werden Universalmotoren verwendet?

Universalmotoren werden zum Antrieb von Haushaltsmaschinen und Kleingeräten, wie z.B. Staubsaugern, Handbohrmaschinen und Mixern, verwendet.

Universalmotoren können mit Gleichstrom oder einphasigem Wechselstrom betrieben werden.

14

Welche Aufgabe hat der Stromwender eines Gleichstrommotors?

Der Stromwender sorgt dafür, dass der Strom in den Leiterschleifen des Motors stets in der richtigen Richtung fließt und ein ununterbrochenes Drehen des Rotors bewirkt.

Um eine fortlaufende Drehbewegung zu erhalten, muss der Strom jeweils auf eine andere Leiterschleife geleitet werden.

15

Welche Vorteile hat ein Direktantrieb der Hauptspindel mit einem Einbaumotor bei einer Werkzeugmaschine?

Die Vorteile sind:

- Geringer Platzbedarf, keine Energieübertragungsbaugruppen zwischen Motor und Spindel (Bild).
- Hohe Torsionssteifigkeit und Laufruhe.
- Hohe Kreisformgenauigkeit und große Positioniergenauigkeit.

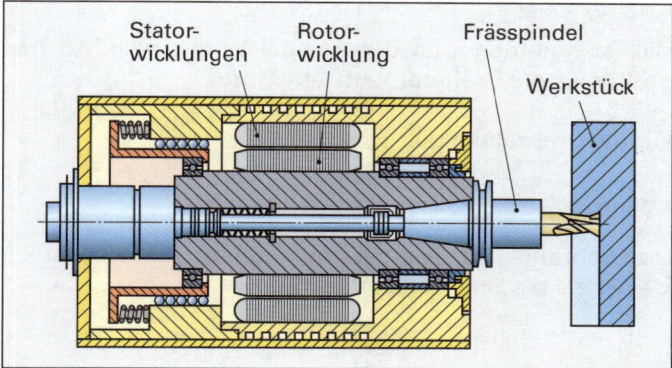

16

Welche Elektromotoren verwendet man für Vorschubantriebe?

Für Vorschubantriebe werden meist bürstenlose Drehstrom-Synchronmotoren eingesetzt.

17

Welche Anforderungen muss ein Vorschubantrieb erfüllen?

- Große Dynamik beim Beschleunigen und Bremsen.
- Hohes Haltemoment beim Stillstand.
- Anfahren der Position ohne Überlauf.
- Zustellung kleiner Weginkremente.

18

Wie wird bei Drehstrom-Asynchronmotoren und Drehstrom-Synchronmotoren die Drehzahl gesteuert?

Die Drehzahl wird bei diesen Motoren durch Verstellen der Frequenz des Antriebsstroms mit einem Frequenzumrichter gesteuert.

Getriebe

Fragen aus Fachkunde Metall, Seite 420

1

Welche Aufgaben haben Getriebe?

Getriebe dienen zur Änderung von Drehzahlen, Drehmomenten und Drehrichtungen.

2

Welche Bauarten unterscheidet man bei den mechanischen Getrieben?

Man unterscheidet Getriebe mit gestufter und mit stufenloser Übersetzung.

Getriebe mit gestufter Übersetzung werden unterteilt in schaltbare und nicht schaltbare Getriebe.

Getriebe mit stufenloser Übersetzung in reibschlüssige und formschlüssige Getriebe.

3

Wie können sechs verschiedene Drehzahlen durch ein Getriebe mit Schieberäderblöcken verwirklicht werden, wenn der Antriebsmotor nur eine Drehzahl aufweist?

Durch die Kombination von einem dreistufigen Getriebe mit einem zweistufigen Vorgelege (Bild).

Das dreistufige Getriebe hat drei Schaltstellungen, die in zwei Schaltstellungen des Vorgeleges beaufschlagt werden können. Das ergibt insgesamt 3 · 2 = 6 Schaltstellungen.

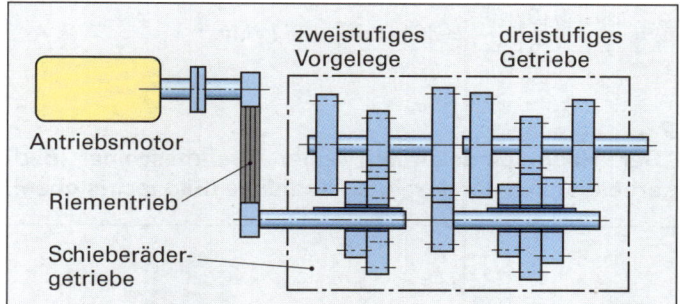

4

Welche Vorteile haben stufenlose Getriebe?

Bei stufenlosen Getrieben können die Abtriebsdrehzahlen bei konstanter Antriebsdrehzahl stufenlos zwischen einer kleinsten und einer größten Drehzahl eingestellt werden.

5

Welche Getriebe ermöglichen große Übersetzungen ins Langsame?

Große Übersetzungen ins Langsame können mit Schneckengetrieben und mit Harmonic-Drive-Getrieben erzielt werden.

6

Das Schieberäder-Getriebe (Bild) wird mit 40 kW bei 910/min angetrieben. Die Zähnezahlen betragen: $z_1 = 34$; $z_2 = 54$; $z_3 = 44$; $z_4 = 44$; $z_5 = 25$; $z_6 = 63$.

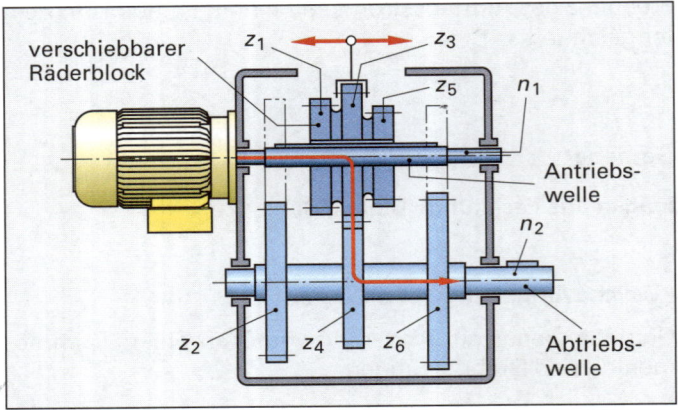

verschiebbarer Räderblock · z_1 · z_3 · z_5 · n_1 · Antriebswelle · n_2 · z_2 · z_4 · z_6 · Abtriebswelle

a)

Wie groß sind die Übersetzungsverhältnisse der Übersetzungsstufen?

Stufe I (z_1/z_2) : $i = \dfrac{z_2}{z_1} = \dfrac{54}{34} = 1{,}588$

Stufe II (z_3/z_4) : $i = \dfrac{z_4}{z_3} = \dfrac{44}{44} = 1$

Stufe III (z_5/z_6) : $i = \dfrac{z_6}{z_5} = \dfrac{63}{25} = 2{,}52$

b)

Wie groß sind die Leistung, das Drehmoment und die Drehzahl bei der größten Übersetzung bei einem Getriebewirkungsgrad von 92 %?

$P_2 = \eta \cdot P_1 = 0{,}92 \cdot 40\ \text{kW} = \textbf{36,8 kW} = 36\,800\ \dfrac{\text{N·m}}{\text{s}}$

$M_2 = \dfrac{P_2}{2 \cdot \pi \cdot n_2} = \dfrac{36\,800\ \frac{\text{N·m}}{\text{s}}}{2 \cdot \pi \cdot 6/\text{s}} = \textbf{996 N·m}$

$n_2 = \dfrac{n_1}{i} = \dfrac{910\,/\text{min}}{2{,}52} = 361\,/\text{min} = \textbf{361 min}^{-1}$

7

Der Hauptspindelantrieb einer Drehmaschine (Bild) arbeitet nach der gezeigten Kennlinie (Bild rechts oben).

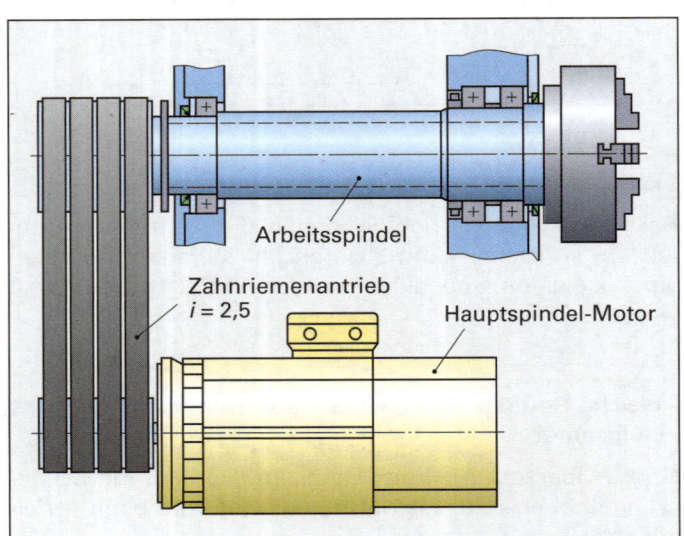

Arbeitsspindel · Zahnriemenantrieb $i = 2{,}5$ · Hauptspindel-Motor

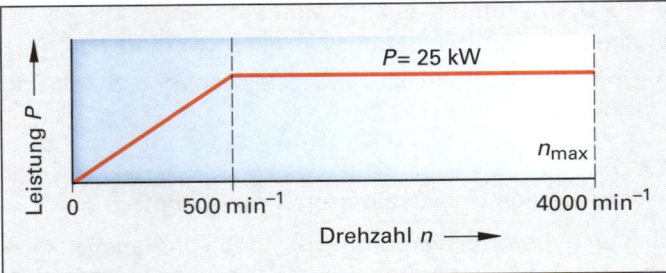

Leistung P · $P = 25$ kW · n_{max} · 0 · 500 min^{-1} · 4000 min^{-1} · Drehzahl n

a)

Wie groß sind die vom Motor bei den Drehzahlen 500 1/min, 2000 1/min und 4000 1/min abgegebenen Drehmomente?

$M = \dfrac{P}{2 \cdot \pi \cdot n}$

$n = 500\ \text{min}^{-1}$: $M = \dfrac{25\,000\ \frac{\text{N·m}}{\text{s}}}{2 \cdot \pi \cdot 8{,}33\ \text{s}^{-1}} = \textbf{477 N·m}$
  $= 8{,}33\ \text{s}^{-1}$

$n = 2000\ \text{min}^{-1}$: $M = \dfrac{25\,000\ \frac{\text{N·m}}{\text{s}}}{2 \cdot \pi \cdot 33{,}33\ \text{s}^{-1}} = \textbf{119 N·m}$
  $= 33{,}33\ \text{s}^{-1}$

$n = 4000\ \text{min}^{-1}$: $M = \dfrac{25\,000\ \frac{\text{N·m}}{\text{s}}}{2 \cdot \pi \cdot 66{,}66\ \text{s}^{-1}} = \textbf{60 N·m}$
  $= 66{,}66\ \text{s}^{-1}$

b)

Der Zahnriementrieb zwischen Motor und Spindel hat ein Übersetzungsverhältnis $i = 2{,}5$. Wie wirkt sich dieses auf die Drehmomente und Drehzahlen an der Hauptspindel aus?

Für die Drehmomente gilt: $M_2 = M_1 \cdot i$

z.B. $M_2 = 477\ \text{N·m} \cdot 2{,}5 = 1193\ \text{N·m}$

Die Drehmomente an der Spindel sind jeweils 2,5 mal größer als die Drehmomente am Motor.

Für die Drehzahlen gilt: $i = \dfrac{n_1}{n_2} \Rightarrow n_2 = \dfrac{n_1}{i}$

z.B. $n_2 = \dfrac{500\,/\text{min}}{2{,}5} = 200\,/\text{min} = 3{,}33\,/\text{s}$

Die Drehzahlen der Spindel sind jeweils um den Faktor 2,5 kleiner als die Drehzahlen des Motors.

Ergänzende Fragen zu Getrieben

8

Warum können Schieberädergetriebe nicht während des Laufens geschaltet werden?

Bei diesen Getrieben werden die Zahnräder, die miteinander kämmen sollen, axial ineinander geschoben. Dies ist nur bei Stillstand oder sehr kleinen Drehzahlunterschieden möglich.

Schieberädergetriebe können deshalb auch nicht unter Last geschaltet werden.

9

Das einstufige Zahnrädergetriebe (Bild) wird durch einen drehzahlgeregelten Motor angetrieben. Dieser gibt im Drehzahlbereich von 100 min⁻¹ bis 2500 min⁻¹ ein konstantes Drehmoment $M_1 = 65$ N · m ab. Die Zähnezahlen des Zahnrädergetriebes sind $z_1 = 23$ und $z_2 = 81$. Der Wirkungsgrad beträgt $\eta = 0{,}92$.

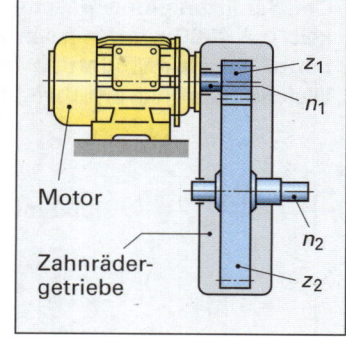

Motor

Zahnrädergetriebe

Wie groß sind die Ausgangsgrößen P_2, M_2 und n_2 bei kleinster und größter Motordrehzahl?

Bei $n = 100$ min⁻¹ = 1,67 s⁻¹

$P_2 = 2 \cdot \pi \cdot n \cdot M \cdot \eta = 2 \cdot \pi \cdot 1{,}67 \text{ s}^{-1} \cdot 65 \text{ N} \cdot \text{m} \cdot 0{,}92$

$P_2 = 627 \dfrac{\text{N} \cdot \text{m}}{\text{s}} = \mathbf{627\ W}$

$M_2 = i \cdot M \cdot \eta$; mit $i = \dfrac{z_2}{z_1} = \dfrac{81}{23} = 3{,}52$

$M_2 = 3{,}52 \cdot 65 \text{ N} \cdot \text{m} \cdot 0{,}92 = \mathbf{210\ N \cdot m}$

$n_2 = \dfrac{n_1}{i} = \dfrac{100/\text{min}}{3{,}52} = \mathbf{28{,}4/min}$

Bei $n = 2500$ min⁻¹ = 41,67 s⁻¹

$P_2 = 2 \cdot \pi \cdot n \cdot M \cdot \eta = 2 \cdot \pi \cdot 41{,}67 \text{ s}^{-1} \cdot 65 \text{ N} \cdot \text{m} \cdot 0{,}92$

$P_2 = 15657 \dfrac{\text{N} \cdot \text{m}}{\text{s}} = \mathbf{15657\ W}$

$M_2 = i \cdot M \cdot \eta = 3{,}52 \cdot 65 \text{ N} \cdot \text{m} \cdot 0{,}92 = \mathbf{210\ N \cdot m}$

$n_2 = \dfrac{n_1}{i} = \dfrac{2500/\text{min}}{3{,}52} = \mathbf{710/min}$

10

Bei dem Breitkeilriemen-Getriebe (Bild) können die wirksamen Durchmesser der beiden Kegelscheibenpaare zwischen $d_{min} = 80$ mm und $d_{max} = 400$ mm stufenlos eingestellt werden. Der Antriebsmotor leistet 4 kW bei einer konstanten Drehzahl von 2700 min⁻¹.

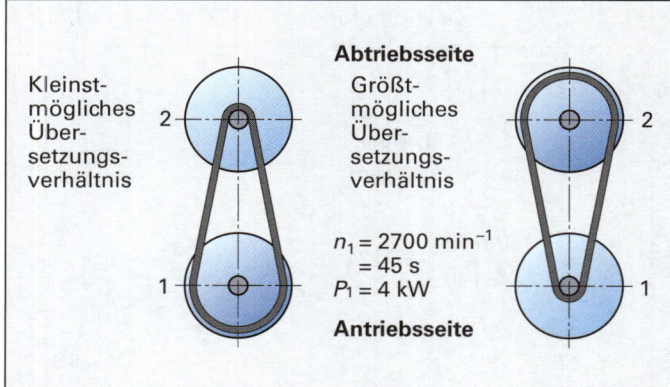

Kleinstmögliches Übersetzungsverhältnis

Abtriebsseite

Größtmögliches Übersetzungsverhältnis

$n_1 = 2700$ min⁻¹ = 45 s
$P_1 = 4$ kW

Antriebsseite

Wie groß sind Drehzahl, Riemengeschwindigkeit, Leistung und Drehmoment der Antriebswelle für …

a)

das kleinstmögliche Übersetzungsverhältnis?

$i = \dfrac{d_2}{d_1} = \dfrac{80 \text{ mm}}{400 \text{ mm}} = 0{,}2;$

$d_1 = 400$ mm

$d_2 = 80$ mm

$\dfrac{n_1}{n_2} = \dfrac{d_2}{d_1} \Rightarrow n_2 = n_1 \cdot \dfrac{d_1}{d_2} = 2700/\text{min} \cdot \dfrac{400 \text{ mm}}{80 \text{ mm}}$

$n_2 = \mathbf{13500}$ min⁻¹ = **225 s⁻¹**

$v_2 = n_2 \cdot \pi \cdot d_2 = 225 \dfrac{1}{\text{s}} \cdot \pi \cdot 0{,}08 \text{ m} = \mathbf{56{,}5\ m/s}$

$P_2 = P_1 = \mathbf{4\ kW}$

$M_2 = \dfrac{P_2}{2 \cdot \pi \cdot n_2} = \dfrac{4000 \dfrac{\text{N} \cdot \text{m}}{\text{s}}}{2 \cdot \pi \cdot 225 \text{ s}^{-1}} = \mathbf{2{,}83\ N \cdot m}$

b)

das größtmögliche Übersetzungsverhältnis?

$i = \dfrac{d_2}{d_1} = \dfrac{400 \text{ mm}}{80 \text{ mm}} = 0{,}2;$

$d_1 = 80$ mm

$d_2 = 400$ mm

$n_2 = n_1 \cdot \dfrac{d_1}{d_2} = 2700/\text{min} \cdot \dfrac{80 \text{ mm}}{400 \text{ mm}} = \mathbf{540}$ min⁻¹ = **9 s⁻¹**

$v_2 = n_2 \cdot \pi \cdot d_2 = 9 \text{ s}^{-1} \cdot \pi \cdot 0{,}4 \text{ m} = \mathbf{11{,}3\ m/s}$

$P_2 = P_1 = \mathbf{4\ kW}$

$M_2 = \dfrac{P_2}{2 \cdot \pi \cdot n_2} = \dfrac{4000 \dfrac{\text{N} \cdot \text{m}}{\text{s}}}{2 \cdot \pi \cdot 9 \text{ s}^{-1}} = \mathbf{70{,}74\ N \cdot m}$

Linearantriebe

Fragen aus Fachkunde Metall, Seite 422

1

Welche Antriebsarten gibt es für geradlinige Bewegungen?

- Linearantriebe mit Pneumatik- oder Hydraulikzylindern (Bild unten links)
- Linearantriebe durch Umwandlung der Drehbewegung eines Elektromotors in eine geradlinige Bewegung, z.B. mit einem Riementrieb (Bild unten rechts)
- Gewindespindel mit Mutter (Seite 182, Bild oben).
- Linearmotore (Seite 182, Bild oben).

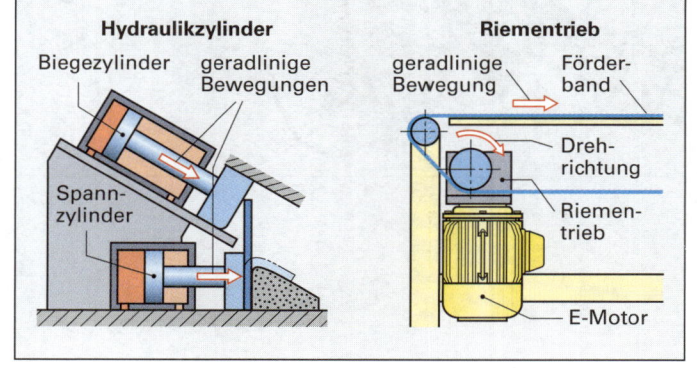

Hydraulikzylinder

Biegezylinder   geradlinige Bewegungen

Spannzylinder

Riementrieb

geradlinige Bewegung   Förderband

Drehrichtung

Riementrieb

E-Motor

Kugelgewindetrieb   **Linearmotor**

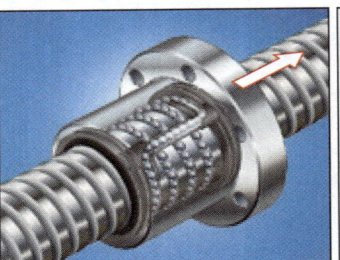 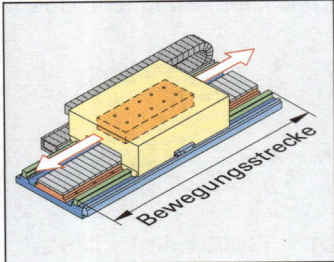

4

Der Schlitten einer Maschine soll mit der Geschwindigkeit v = 4000 mm/min verschoben werden. Der eingebaute Kugelgewindetrieb hat die Steigung P = 4 mm.
Welche Spindeldrehzahl ist dazu erforderlich?

$$v = n \cdot P \quad \Rightarrow \quad n = \frac{v}{P}$$

$$n = \frac{4000 \text{ mm/min}}{4 \text{ mm}} = \textbf{1000 min}^{-1}$$

2

Wie kann die Geschwindigkeit eines hydraulischen Vorschubantriebes eingestellt werden?

Die Vorschubgeschwindigkeit v eines hydraulischen Vor-
schubantriebs (Hydrozylinders) wird durch Verstellen des
zugeführten Volumenstroms Q eingestellt (Bild).

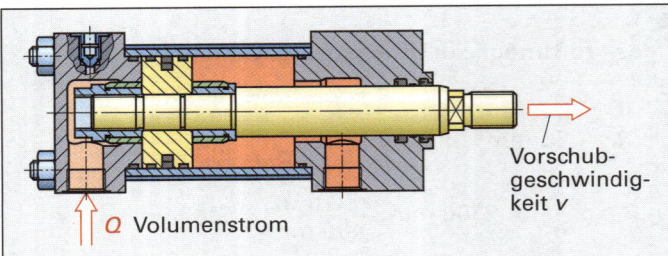

Q Volumenstrom

Vorschub-
geschwindig-
keit v

Ergänzende Fragen zu Linearantrieben

5

Nennen Sie Beispiele für geradlinige Bewegungen an
Maschinen.

- Zustell- und Vorschubbewegungen an Werkzeugma-
schinen.
- Be- und Entladen von Werkzeugmaschinen durch Hand-
habungsautomaten.
- Hub- und Arbeitsbewegungen bei Pressen.
- Transport von Werkstücken mit Fördersystemen.

3

Welche Vorteile hat ein Kugelgewindetrieb?

- Kugelgewindetriebe (Bild) sind leichtgängig, reibungs-
arm und praktisch spielfrei positionierbar.
- Auch bei geringen Geschwindigkeiten tritt kein Ruckgleiten (Stick-slip) auf.
- Positionen können deshalb sehr genau angefahren
werden.
- Sie haben einen geringen Verschleiß und eine gleichbleibende Genauigkeit.

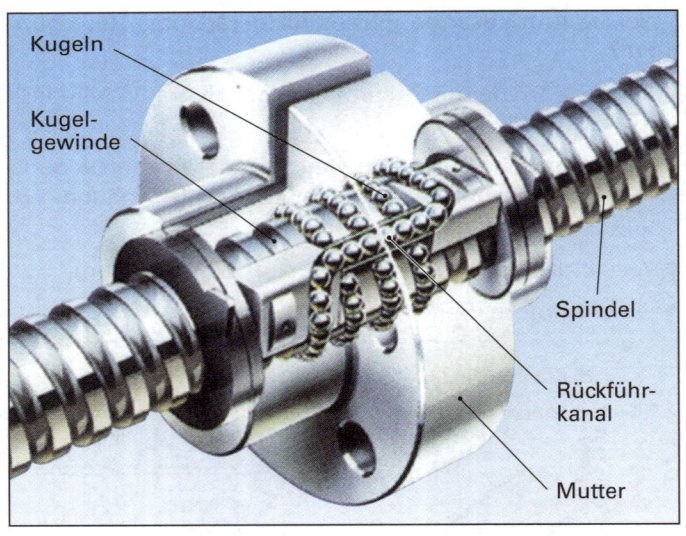

Kugeln

Kugel-
gewinde

Spindel

Rückführ-
kanal

Mutter

6

Ein Förderband soll Werkstücke mit einer Geschwindigkeit von 4,7 cm/s bewegen (Bild). Der Elektromotor
hat eine Drehzahl von 980 min^{-1}, die Antriebsriemen-
scheibe des Förderbandes hat einen Durchmesser von
120 mm.
Wie groß muss das Übersetzungsverhältnis des Getrie-
bes sein?

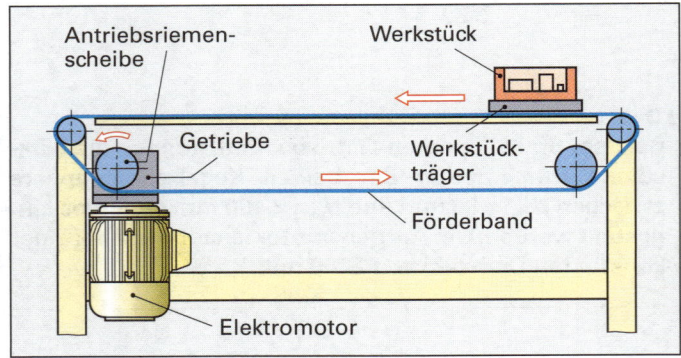

Antriebsriemen-
scheibe

Werkstück

Getriebe

Werkstück-
träger

Förderband

Elektromotor

$$v_2 = \pi \cdot d \cdot n_2 \quad \Rightarrow$$

$$n_2 = \frac{v_2}{\pi \cdot d} = \frac{47 \text{ mm/s}}{\pi \cdot 120 \text{ mm}} = 0{,}125/\text{s} = \textbf{7,48/min}$$

$$i = \frac{n_1}{n_2} = \frac{980/\text{min}}{7{,}48/\text{min}} = \textbf{131}$$

Testfragen zur Maschinentechnik

Einteilung der Maschinen

TM 1

Was versteht man in der Technik unter einer Kraftmaschine?

a) Eine kraftvolle Maschine
b) Eine Kraft erzeugende Maschine
c) Eine Energie umsetzende Maschine
d) Eine Stoff umsetzende Maschine
e) Eine Kraft verbrauchende Maschine

TM 2

Welche der genannten Maschinen ist eine Kraftmaschine?

a) Brückenkran
b) Bohrmaschine
c) Härteofen
d) Verbrennungsmotor
e) Kolbenverdichter

TM 3

Mit welcher Formel berechnet man den Wirkungsgrad?

a) $\eta = \dfrac{P_{zugeführt}}{P_{abgegeben}}$

b) $\eta = P_{zugeführt} \cdot P_{abgegeben}$

c) $\eta = \dfrac{P_{abgegeben}}{P_{zugeführt}}$

d) $\eta = P_{zugeführt} + P_{abgegeben}$

e) $\eta = P_{zugeführt} - P_{abgegeben}$

TM 4

Welche der genannten Maschinen ist eine Arbeitsmaschine?

a) Bohrmaschine
b) Elektromotor
c) Druckluftmotor
d) Taschenrechner
e) Hydrozylinder

TM 5

Mit welcher Formel berechnet man die Dichte eines Werkstoffes?

a) $\varrho = \dfrac{s}{V}$ b) $\varrho = m \cdot V$ c) $\varrho = \dfrac{m}{V}$

d) $\varrho = \dfrac{V}{m}$ e) $\varrho = \dfrac{m}{t}$

TM 6

Welche der genannten Maschinen bzw. Geräte ist *keine* EDV-Anlage?

a) CNC-Steuerung
b) Druckluftschrauber
c) Fertigungs-Leitstand
d) Auswerteeinheit einer Härteprüfmaschine
e) Personalcomputer

TM 7

Mit welchem der genannten Geräte kann man *keine* Daten in eine EDV-Anlage eingeben?

a) Tastatur eines Rechners
b) Steuerpult einer Pressensteuerung
c) Bedienfeld einer CNC-Steuerung
d) Drucker einer CAD-Anlage
e) Schalttafel einer Bohrmaschine

Funktionseinheiten von Maschinen

TM 8

Welches Bauteil ist eine Energieübertragungseinheit?

a) Der Elektromotor
b) Das Maschinengestell
c) Das Getriebe
d) Die Maschinenverkleidung
e) Die Steuerung

TM 9

Welches Bauteil ist die Arbeitseinheit einer Drehmaschine?

a) Das Maschinengestell
b) Die Arbeitsspindel mit Spannfutter sowie das Werkzeug mit der Einspannung
c) Der Antriebsmotor mit Spindel
d) Das Spannfutter
e) Die CNC-Steuerung mit den Haupt- und Vorschubantrieben

Funktionseinheiten zum Verbinden

TM 10

In einer Stückliste steht die Bezeichnung Sechskantschraube ISO 4014 – M12 × 60 – 10.9. Was heißt M12 × 60 –10.9?

a) Metrisches Gewinde M12, 60 mm Nennlänge, Zugfestigkeit 900 N/mm²
b) Metrisches Gewinde M12, 60 mm Nennlänge, Streckgrenze 1090 N/mm²
c) Metrisches Gewinde M12, Nennlänge 60 bis 109 mm
d) Metrisches Gewinde M12, 60 mm Nennlänge, Zugfestigkeit 1090 N/mm²
e) Metrisches Gewinde M12, 60 mm Nennlänge, Festigkeitsklasse 10.9

TM 11

Welche Schrauben zeigt das Bild in der Reihenfolge von links nach rechts?

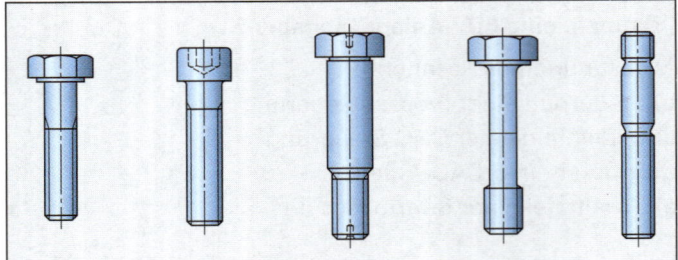

a) Zylinderschraube mit Innensechskant, Dehnschraube, Sechskantschraube, Stiftschraube, Passschraube

b) Sechskantschraube, Stiftschraube, Dehnschraube, Zylinderschraube mit Innensechskant, Passschraube

c) Stiftschraube, Dehnschraube, Sechskantschraube, Zylinderschraube mit Innensechskant, Passschraube

d) Sechskantschraube, Zylinderschraube mit Innensechskant, Passschraube, Dehnschraube, Stiftschraube

e) Stiftschraube, Passschraube, Sechskantschraube, Dehnschraube, Zylinderschraube mit Innensechskant

TM 12

Welcher der genannten Schlüssel kann *nicht* zum Festziehen einer Kronenmutter verwendet werden?

a) Maulschlüssel

b) Steckschlüssel

c) Ringschlüssel

d) Hakenschlüssel

e) Doppelmaulschlüssel

TM 13

Welchen Zweck hat die Verwendung eines Drehmomentschlüssels?

a) Das Eindrehen der Schraube geht schneller als mit anderen Schraubenschlüsseln.

b) Durch die Verwendung des Drehmomentschlüssels wird eine Schraubensicherung eingespart.

c) Die richtige Vorspannkraft der Schraube kann eingestellt werden.

d) Festgefressene Schrauben können leicht gelöst werden.

e) Mit dem Drehmomentschlüssel wird vorwiegend das Axialspiel von Lagerungen eingestellt.

TM 14

Bei welchem Stift ist ein Reiben der Bohrung nicht nötig?

a) Zylinderstift

b) Spannstift

c) Gehärteter Zylinderstift

d) Kegelstift mit Innengewinde

e) Zylinderstift mit Längsrille

TM 15

In welchen Fällen werden gehärtete Zylinderstifte ISO 8734 (DIN EN ISO 8734) verwendet?

a) Für gehärtete Aufnahmebohrungen

b) Als Abscherstifte

c) Vorwiegend für nicht durchgehende Aufnahmebohrungen

d) Wenn die Bohrung nicht gerieben werden soll

e) Bei hohen Ansprüchen an die Genauigkeit und Festigkeit

TM 16

Zwei Bleche aus einer Aluminiumlegierung sollen miteinander vernietet werden. Aus welchem der genannten Werkstoffe sollten die eingesetzten Niete bestehen?

a) Rein-Aluminium

b) Rostfreier Stahl

c) Messing

d) Unlegierter Stahl

e) Derselben Aluminiumlegierung wie die Bleche.

TM 17

Welche Nietart verwendet man, wenn die Nietstelle nur von einer Seite zugänglich ist?

a) Flachrundniet

b) Blindniet

c) Halbrundniet

d) Spreizniet

e) Linsensenkniet

TM 18

Welche Aussage über Welle-Nabe-Verbindungen ist *falsch*?

a) Passfeder-Verbindungen übertragen das Drehmoment formschlüssig.

b) Polygonwellen-Verbindungen sind vorgespannte Formschluss-Verbindungen.

c) Ringfeder-Spannverbindungen entstehen durch gegenseitiges Verspannen ringförmiger Spannelemente.

d) Keilwellen-Verbindungen werden für hochbeanspruchte Verbindungen, z.B. bei Getriebewellen, verwendet.

e) Kegelverbindungen übertragen das Drehmoment kraftschlüssig.

TM 19

Für welche Maschinenteile ist die Verbindung mit einer Scheibenfeder vorteilhaft?

a) Für scheibenförmige Teile

b) Für kegelige Wellenansätze

c) Für lange zylindrische Wellen

d) Für Teile, die große Kräfte übertragen

e) Für Teile, die axiale Kräfte in wechselnder Richtung übertragen

TM 20

Welche Welle-Nabe-Verbindung zeigt das Bild?

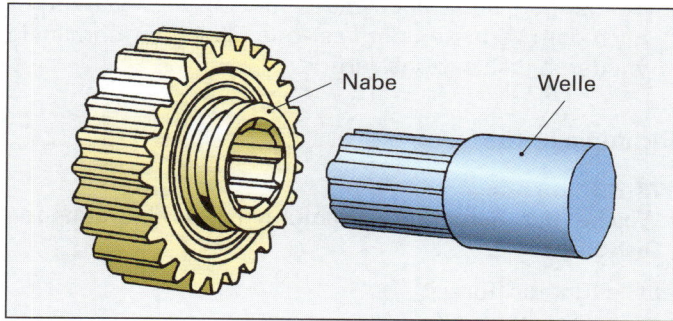

Nabe   Welle

a) Passfederverbindung
b) Keilwellenverbindung
c) Kerbzahnverbindung
d) Stirnzahnverbindung
e) Kreiskeilverbindung

TM 21

Welches der genannten Bauteile ist *keine* Wellensicherung?

a) Unterlegscheibe
b) Sicherungsring
c) Sicherungsscheibe
d) Sprengring
e) Nutmutter

Funktionseinheiten zum Stützen und Tragen

Reibung und Schmierstoffe

TM 22

Wovon hängt die Reibungskraft *nicht* ab?

Von der …
a) Normalkraft F_N
b) Werkstoffpaarung
c) Größe der Gleitflächen
d) Oberflächenbeschaffenheit der Gleitflächen
c) Reibungsart

TM 23

Welche Eigenschaft muss ein Schmierstoff *nicht* besitzen?

Er muss …
a) druckfest sein.
b) eine geringe innere Reibung aufweisen.
c) alterungsbeständig sein.
d) durchsichtig sein.
e) haftfähig sein.

Gleitlager

TM 24

Welche Aussage zu den Gleitlagern ist richtig?

a) Die bei der Drehung des Wellenzapfens erzeugte Reibungskraft wirkt in Bewegungsrichtung.
b) Bei Gleitlagern mit hydrostatischer Schmierung wird der Schmierfilm durch die Drehbewegung des Zapfens erzeugt.
c) Schmiertaschen und Schmierbohrungen sollten auf der belasteten Lagerseite liegen.
d) Hochbelastete Wellen werden durch Tropföler mit Schmierstoff versorgt.
e) Bei Gleitlagern mit Ölbadschmierung wird das Öl durch drehende Teile, wie z.B. Tauchringe oder Schmierscheiben, zur Schmierstelle transportiert.

TM 25

Welcher Werkstoff ist als Lagerwerkstoff *nicht* geeignet?

a) Gehärteter Stahl
b) Sinterbronze
c) Bleilegierungen
d) Polyamid-Kunststoff
e) Gusseisen mit Lamellengrafit

TM 26

Welche Aussage über Mehrschichtgleitlager ist richtig?

Mehrschichtgleitlager …
a) bestehen meist aus Kunststoff.
b) besitzen eine Gleitschicht, die mindestens 0,5 mm dick sein muss.
c) können nur eingesetzt werden, wenn das Lager keine großen Kräfte aufnehmen muss.
d) besitzen eine Stahlstützschale.
e) benötigen zum Einbau viel Platz.

Wälzlager

TM 27

Welche Aussage zu Wälzlagern im Vergleich zu Gleitlagern ist richtig?

Wälzlager …
a) laufen leiser.
b) haben einen größeren Einbaudurchmesser.
c) besitzen bei gleicher Baugröße eine höhere Tragfähigkeit.
d) dämpfen Schwingungen besser.
e) sind unempfindlicher gegen Schmutz.

TM 28

Welche Werkstoffe eignen sich für die Herstellung folgender Bauteile in Wälzlagern?

a) Aluminiumlegierungen für die Wälzkörper
b) Stahlblech für die Käfige
c) Kugelgrafitguss für die Laufringe
d) Keramik für die Käfige
e) Kupfer für die Wälzkörper

TM 29

**Einzelne Teile eines Wälzlagers oder das ganze Wälzlager können aus Keramik bestehen.
Welche Aussage ist richtig?**

a) Hybridlager besitzen Laufringe aus Keramik.

b) Bei Vollkeramiklagern werden alle Einzelteile aus Siliziumkarbid hergestellt.

c) Keramikwälzkörper bestehen aus Siliziumnitrid.

d) Die Fliehkräfte sind bei Keramikwälzkörpern größer als bei Wälzkörpern aus Stahl.

e) Hybridlager bestehen aus Hybrid-Keramik.

Führungen

TM 30

Welche Aussage zur abgebildeten Führung ist richtig?

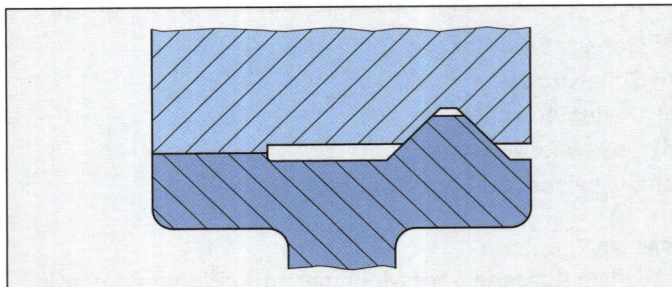

Das Bild zeigt eine …

a) Wälzführung

b) Schwalbenschwanzführung

c) hydrostatisch geschmierte Führung

d) kombinierte V-Flach-Führung

e) geschlossene Führung

TM 31

Welche Aussage trifft für Führungen zu?

a) Hydrostatisch geschmierte Führungen besitzen als Wälzkörper meist Kugeln.

b) Bei aerostatisch geschmierten Führungen wird Öl als Schmierstoff verwendet.

c) Bei Gleitführungen, bei denen die aufeinander gleitenden Teile aus Metallen bestehen, ist ein Ruckgleiten (Stick-Slip-Effekt) ausgeschlossen.

d) Bei kunststoffbeschichteten Gleitführungen sind die Beläge stets zwischen den Gleitteilen frei beweglich.

e) Bei hydrostatisch oder aerostatisch geschmierten Gleitführungen ist ein Ruckgleiten nicht möglich.

TM 32

Welche Aussage über Wälzführungen ist richtig?

a) Die Reibung in einer Wälzführung ist etwa so groß wie die Reibung in einer Gleitführung.

b) Die Kraftübertragung erfolgt über die Schmierkeile der Wälzkörper.

c) Als Wälzkörper werden meist Kegelrollen verwendet.

d) Wälzführungen mit runden Führungsbahnen sind nie verdrehfest.

e) Bei langen Verschiebewegen laufen die Wälzkörper nach dem Verlassen der Lastzone über Rückführkanäle wieder in die Lastzone zurück.

Dichtungen

TM 33

Welche der genannten Dichtungen ist eine ruhende Dichtung?

a) Gleitringdichtung

b) Labyrinthdichtung

c) Flachdichtung

d) Radial-Wellendichtring

e) Nutring

TM 34

Welche Aufgabe können Dichtungen nicht erfüllen?

Sie können nicht …

a) die Reibung vermindern.

b) bewegliche Maschinenteile vor Staub schützen.

c) Druckverluste verhindern.

d) Schmierstoffverluste verhindern.

e) Unebenheiten an Dichtflächen ausgleichen.

Federn

TM 35

Bei welcher Feder liegen die Windungen dicht aneinander?

Bei der …

a) Scheibenfeder

b) Tellerfeder

c) Druckfeder

d) Zugfeder

e) Blattfeder

TM 36

Wie arbeiten pneumatische Federn?

a) Wasser wird in einen Federbalg gepresst.

b) Luft wird zusammengepresst und dehnt sich wieder aus.

c) Öl fließt unter der Kraft durch eine enge Düse und wieder zurück.

d) Luft strömt unter der Kraft langsam aus einem Balg aus.

e) Wasser und Luft werden gemischt und anschließend entmischt.

TM 37

Bei welcher Federart ist der Federquerschnitt nicht rund?

Bei der …

a) Schrauben-Zugfeder

b) Drehstabfeder

c) Schrauben-Druckfeder

d) Schraubendrehfeder

e) Tellerfeder

Funktionseinheiten zur Energieübertragung

TM 38

| **Mit welchen Maschinenelementen können Drehmomente übertragen werden?**

a) Achsen
b) Wellen
c) Bolzen
d) Schrauben
e) Schubstangen

TM 39

| **Welche Welle dient zur Umwandlung einer Drehbewegung in eine kurzhubige geradlinige Hin- und Herbewegung?**

a) Hohlwelle
b) Keilwelle
c) Profilwelle
d) Kurbelwelle
e) biegsame Welle

TM 40

| **Warum haben Wellen an Durchmesserübergängen Ausrundungen oder Freistiche?**

a) Damit sie besser aussehen.
b) Zur Vermeidung von Schmutzansammlungen.
c) Zur Verminderung der Kerbwirkung.
d) Damit die Lager besser anliegen.
e) Zur Verminderung der Korrosion.

TM 41

| **Welche Aufgaben können Kupplungen *nicht* übernehmen?**

a) Kupplungen verändern die Drehzahl.
b) Kupplungen übertragen ein Drehmoment.
c) Elastische Kupplungen dämpfen Stöße.
d) Kupplungen verbinden zwei Wellen.
e) Gelenkkupplungen können Wellenversetzungen ausgleichen.

TM 42

| **Mit welcher Kupplung kann die Kraftübertragung kurzfristig unterbrochen werden?**

Mit einer …
a) Schalenkupplung
b) Scheibenkupplung
c) Lamellenkupplung
d) Kreuzgelenkkupplung
e) Bogenzahnkupplung

TM 43

| **Welche Kupplung zählt nicht zu den Reibungskupplungen?**

a) Die Einscheibenkupplung
b) Die Lamellenkupplung
c) Die Kegelkupplung
d) Die Klauenkupplung
e) Die elektromagnetische Kupplung

TM 44

| **Welche Aufgabe hat eine Sicherheitskupplung?**

Mit ihr werden …
a) Wellen stoffschlüssig miteinander verbunden.
b) Stöße gedämpft.
c) Wellen fest miteinander verbunden.
d) axiale Verschiebungen zweier Wellen ausgeglichen.
e) Maschinenteile vor Beschädigungen geschützt.

TM 45

| **Wo muss bei einem Riementrieb die Spannrolle angeordnet werden?**

a) Im losen Trum
b) Im ziehenden Trum
c) In der Nähe der großen Scheibe
d) Sie muss auf die Laufflächen des Riemens drücken
e) Sie muss auf der großen Scheibe laufen

TM 46

| **Welche Scheibe erhält bei Keilriementrieben den kleineren Rillenwinkel?**

a) Die treibende Scheibe
b) Die getriebene Scheibe
c) Die Scheibe mit der kleineren Drehzahl
d) Die Scheibe mit dem größtzulässigen Durchmesser
e) Die Scheibe mit dem kleinstzulässigen Durchmesser

TM 47

| **Welche Kette wird eingesetzt, wenn bei einem Antrieb sehr große Kräfte übertragen werden müssen?**

a) Buchsenkette
b) Zahnkette
c) Einfachrollenkette
d) Fleyerkette
e) Mehrfachrollenkette

TM 48

| **Welche Kette läuft besonders geräuscharm?**

a) Zahnkette
b) Rollenkette
c) Mehrfach-Rollenkette
d) Gliederkette
e) Hülsenkette

TM 49

| **Bei welchen Zahnrädertrieben schneiden sich die Achsen?**

a) Stirnrädern
b) Schraubenrädern
c) Pfeilrädern
d) Kegelrädern
e) Schneckentrieben

TM 50

| **Mit welchem Zahnrädertrieb lässt sich bei gleicher Baugröße die größte Übersetzung erreichen?**

a) Stirnrädertrieb

b) Schraubenrädertrieb

c) Pfeilrädertrieb

d) Kegelrädertrieb

e) Schneckentrieb

TM 51

| **Wie sind die Zähne bei Schrägstirnrädern auf dem Radkörper angeordnet?**

a) Gerade im Schrägungswinkel zur Achse

b) Schraubenförmig

c) Kreisbogenförmig

d) Spiralförmig

e) Evolventenförmig

TM 52

| **Welches Zahnrad ist im nebenstehenden Bild gezeigt?**

a) Geradverzahntes Stirnrad

b) Schrägverzahntes Schneckenrad

c) Pfeilverzahntes Schrägstirnrad

d) Doppelschrägverzahnte Schnecke

e) Schrägverzahntes Kegelrad

TM 53

| **Wie bezeichnet man die im Bild mit *c* benannte Größe?**

a) Modul

b) Kopfspiel

c) Zahnkopfhöhe

d) Teilung

e) Kopfkreisdurch-
messer

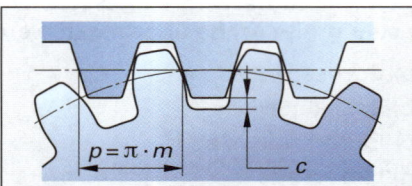

$p = \pi \cdot m$

c

Antriebseinheiten

TM 54

| **Ein Motor hat das gezeigte Leistungsschild. Welche Kenndaten hat der Motor?**

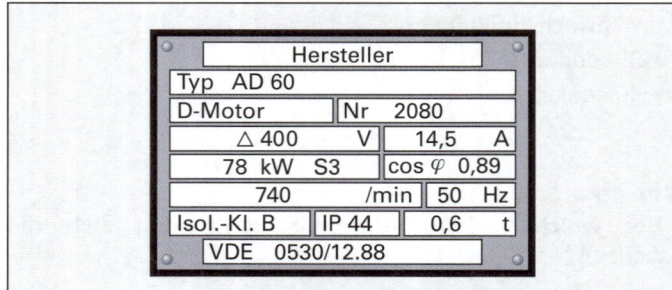

Hersteller			
Typ AD 60			
D-Motor	Nr 2080		
△ 400	V	14,5	A
78 kW S3		cos φ 0,89	
740		/min 50 Hz	
Isol.-Kl. B	IP 44	0,6	t
VDE 0530/12.88			

a) 740 V Nennspannung, 14,5 A Nennstrom,
78 kW Nenndrehzahl

b) 400 V Nennspannung, 78 A Nennstrom,
14,5 kW Nennleistung

c) 400 V Nennspannung, 14,5 A Nennstrom,
78 1/min Nenndrehzahl

d) 60 AD Nennspannung, 400 A Nennstrom,
78 kW Nennleistung

e) 400 V Nennspannung, 14,5 A Nennstrom,
78 kW Nennleistung

TM 55

| **Was versteht man bei Drehstrom-Asynchronmotoren unter dem Schlupf?**

a) Eine besondere Wicklungsart der Rotorwicklung

b) Das Induzieren eines Stroms in der Wicklung

c) Das Kurzschließen der Rotorwicklungen

d) Den Unterschied zwischen der Drehfelddrehzahl und der Motordrehzahl

e) Den Abfall des Drehmoments

TM 56

| **Wozu besitzen große Elektromotoren eine Anlasssteuerung?**

a) Zum schnellen Hochlaufen

b) Um die Stromaufnahme beim Hochlaufen zu vermindern

c) Zum langsamen Hochlaufen

d) Um Energie zu sparen

e) Um Überhitzung zu vermeiden

TM 57

| **Welche Betriebsgrößen kann man mit einem Getriebe *nicht* verändern?**

a) die Leistung

b) die Drehzahl

c) die Drehrichtung

d) das Drehmoment

e) das Übersetzungsverhältnis

TM 58

| **Wie viel Schaltstufen hat ein Schieberädergetriebe, das aus einem 3-stufigen Hauptgetriebe und einem 2-stufigen Vorlegegetriebe besteht?**

a) 5   b) 3

c) 4   d) 6

e) 8

TM 59

| **Woraus besteht der Spindelantrieb einer modernen Drehmaschine?**

a) Aus einem polumschaltbaren Elektromotor und einem Reibradgetriebe

b) Aus einem drehzahlfesten Elektromotor mit nichtschaltbarem Zahnrädergetriebe

c) Aus einem drehzahlfesten Elektromotor und einem Breitkeilriemengetriebe

d) Aus einem drehzahlgesteuerten Elektromotor und einem Kupplungsgetriebe

e) Aus einem drehzahlfesten Elektromotor mit Schieberädergetriebe

6 Elektrotechnik

6.1 Der elektrische Stromkreis

6.2 Schaltung von Widerständen

Fragen aus Fachkunde Metall, Seite 428

1

Welche Wirkungen hat der elektrische Strom? Geben Sie zu den einzelnen Wirkungen jeweils ein Beispiel an.

Der elektrische Strom hat mehrere Wirkungen:
Wärmewirkung; Beispiel: Lötkolben
Magnetische Wirkung; Beispiel: Elektromotor
Lichtwirkung; Beispiel: Laserschweißen
Chemische Wirkung; Beispiel: Verchromen
Physiologische Wirkung; Beispiel: Herzschrittmacher

2

Wie müssen die Messgeräte zum Messen des elektrischen Stroms, wie zum Messen der elektrischen Spannung geschaltet werden?

Strommessgeräte (Amperemeter) werden in Reihe in den zu messenden Stromkreis geschaltet (Bild).

Spannungsmessgeräte (Voltmeter) werden parallel zum zu messenden Stromkreisabschnitt (Verbraucher) geschaltet.

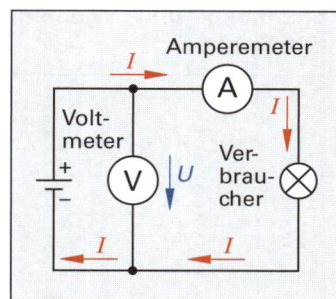

3

Welche Auswirkungen hat es, wenn die Zuleitung zu einem Verbraucher
  a) bei einer Reihenschaltung (Bild)
  b) bei einer Parallelschaltung (Bild)
unterbrochen wird?

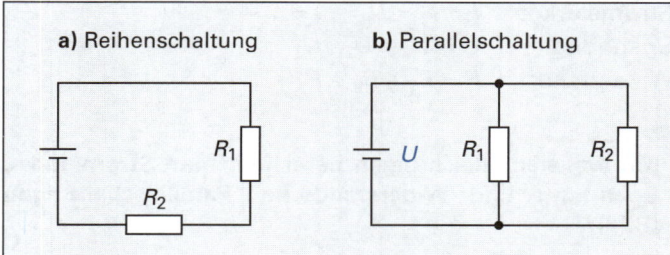

a) Bei einer Unterbrechung in einem Stromkreis mit Reihenschaltung fließt im gesamten Stromkreis kein Strom mehr.

b) Bei einer Unterbrechung in einem Stromkreis mit Parallelschaltung wird der betroffene Verbraucher im Stromkreis nicht mehr von Strom durchflossen. Der andere Verbraucher wird weiterhin von Strom durchflossen, jedoch mit geringerer Stromstärke.

4

Warum sind in allen Firmen und Haushalten praktisch alle Maschinen parallel geschaltet?

Damit an den Maschinen die volle Netzspannung anliegt (Bild).

Dies ist nur bei Parallelschaltung der Geräte der Fall.

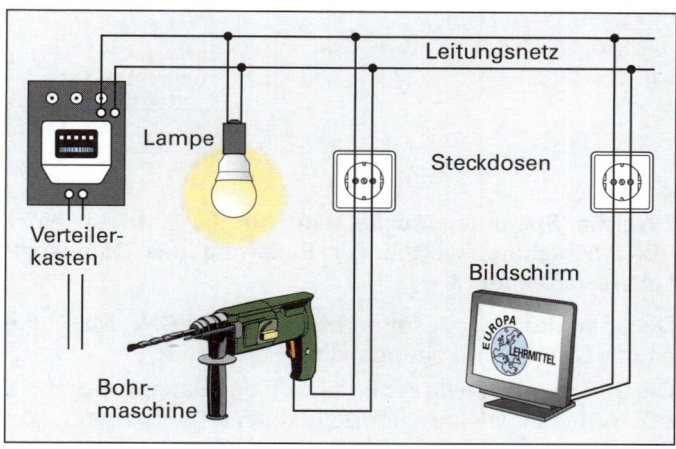

Ergänzende Fragen zum elektrischen Stromkreis

5

Unter welchen Voraussetzungen fließt elektrischer Strom?

Strom fließt, wenn in einem geschlossenen Stromkreis eine elektrische Spannung vorhanden ist.

Ein Stromkreis besteht aus einer Spannungsquelle, Verbrauchern und Verbindungsleitungen (Bild).

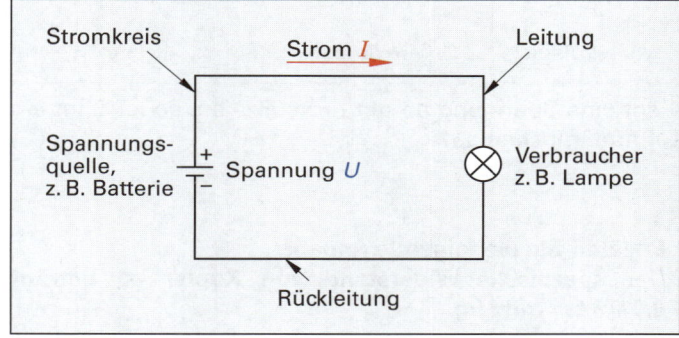

6

Welches sind die drei wichtigsten Größen in einem elektrischen Stromkreis?

Die drei wichtigsten Größen sind:
Elektrische Spannung, elektrische Stromstärke und elektrischer Widerstand.

Bei einem Vergleich des Stromkreises mit einer Wasserleitung entspricht die elektrische Spannung dem Druck des Wassers, die elektrische Stromstärke der Wassermenge und der elektrische Widerstand der Reibung in den Rohrleitungen.

7

In welcher Einheit wird die elektrische Spannung gemessen?

Die elektrische Spannung U wird in Volt (V) gemessen.

Die Licht- und Kraftanlagen haben meist Spannungen von 230 Volt oder 400 Volt. Hochspannungsleitungen führen Spannungen bis zu 400 000 V = 400 kV.

8

Wie ist die technische Stromrichtung festgelegt?

Die technische Stromrich-
tung in einem Stromkreis
ist vom Pluspol (+) zum
Minuspol (−) festgelegt
(Bild).

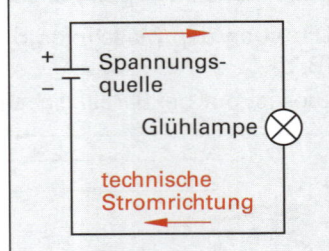

9

Welche Spannungsquelle wird für die Antriebe einer CNC-Maschine, welche zur Pufferung des Datenspeichers verwendet?

Die Spannungsquelle für den Antrieb einer CNC-Maschine
ist das Drehstrom-Leitungsnetz.

Die Spannungsquelle zur Pufferung des Datenspeichers in
EDV-Anlagen ist eine Knopfzelle mit 5 V Gleichspannung.

10

Was ist ein Phasenprüfer?

Ein einfaches Prüfgerät, das anzeigt, ob eine Leitung elektrische Spannung führt (Bild).

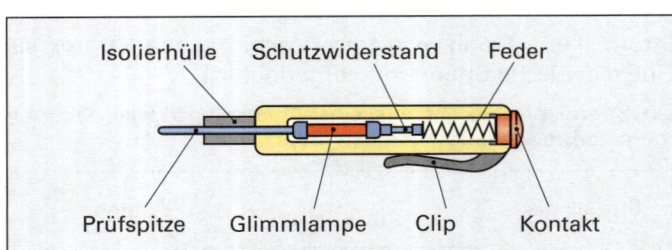

Liegt eine Spannung an der Prüfspitze an, so leuchtet ein
Glimmlämpchen auf.

11

**Erklären Sie die folgende Angabe:
Der spezifische Widerstand von Kupfer ϱ_{el} beträgt
0,0179 Ω · mm²/m.**

Die Angabe ϱ_{el} = 0,0179 Ω · mm²/m bedeutet, dass ein 1 m
langer Kupferdraht von 1 mm² Querschnittsfläche einen
elektrischen Widerstand von 0,0179 Ω besitzt.

12

Wie lautet das Ohm'sche Gesetz?

Das Ohm'sche Gesetz lautet: $I = \dfrac{U}{R}$

$$\text{Stromstärke} = \frac{\text{Spannung}}{\text{Widerstand}}$$

Es besagt, dass der in einem Stromkreis fließende elektrische
Strom umso größer ist, je größer die angelegte Spannung und je
kleiner sein elektrischer Widerstand ist.

13

**In welcher Einheit wird der elektrische Widerstand
gemessen?**

Die Einheit des elektrischen
Widerstands ist das Ohm (Ω). $1\ \Omega = \dfrac{V}{A}$

14

**Welchen Widerstand hat ein Tauchsieder, durch den beim
Anschluss an 230 V Spannung ein elektrischer Strom
von 3 A fließt?**

$$I = \frac{U}{R} \quad\Rightarrow\quad R = \frac{U}{I} = \frac{230\ \text{V}}{3\ \text{A}} = \mathbf{76{,}7\ \Omega}$$

15

**Der Draht für eine Heizwicklung ist 6 m lang. Bei einer
angelegten Spannung von 230 V fließt ein Strom von
2,9 A. Aus Festigkeitsgründen darf der Drahtdurchmesser nicht kleiner als 0,2 mm sein. Welchen spezifischen
elektrischen Widerstand muss der Draht haben?**

$$R = \frac{\varrho \cdot l}{A} \quad\Rightarrow\quad \varrho = \frac{R \cdot A}{l} = \frac{R \cdot \pi \cdot d^2}{l \cdot 4}$$

$$\text{mit}\ \ R = \frac{U}{I} = \frac{230\ \text{V}}{2{,}9\ \text{A}} = 79{,}3\ \Omega$$

$$\varrho = \frac{79{,}3\ \Omega \cdot \pi \cdot 0{,}2^2\ \text{mm}^2}{6\ \text{m} \cdot 4} = \mathbf{0{,}415\ \frac{\Omega \cdot \text{mm}^2}{\text{m}}}$$

Ergänzende Fragen zur Schaltung von Widerständen

16

**Mit welchen Gleichungen berechnet man Stromstärke,
Spannung und Widerstand bei Reihenschaltungen
(Bild)?**

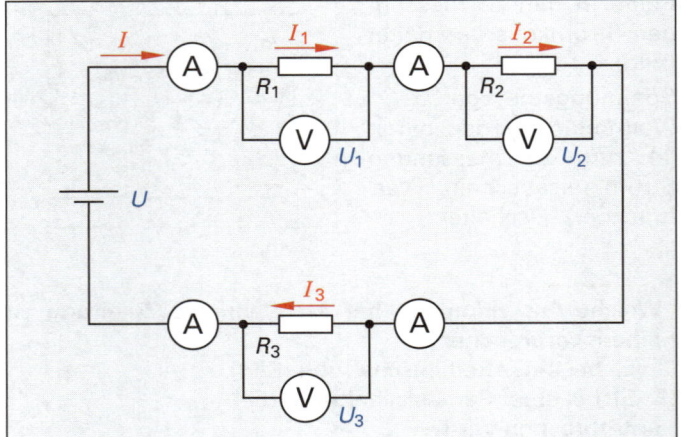

Stromstärke: $I = I_1 = I_2 = I_3 = \ldots$
Spannung: $U = U_1 + U_2 + U_3 + \ldots$
Widerstand: $R = R_1 + R_2 + R_3 + \ldots$

17

**Mit welchen Gleichungen berechnet man Stromstärke,
Spannung und Widerstand bei Parallelschaltungen
(Bild)?**

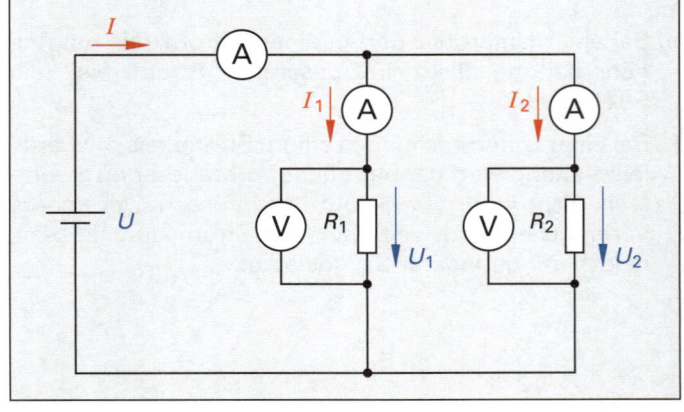

Stromstärke: $I = I_1 + I_2 + I_3 + \dots$

Spannung: $U = U_1 = U_2 = U_3 = \dots$

Widerstand: $\dfrac{1}{R} = \dfrac{1}{R_1} + \dfrac{1}{R_2} + \dfrac{1}{R_3} + \dots$

18

Wie kann man elektrische Geräte vor zu hohen Spannungen und zu hohen Stromstärken schützen?

Vor zu hohen Spannungen kann ein elektrisches Gerät durch einen parallel geschalteten Innenwiderstand geschützt werden.

Vor zu hoher Stromstärke wird ein elektrisches Gerät entweder mit einem in Reihe geschalteten Innenwiderstand oder mit einer Überstrom-Schutzeinrichtung (Sicherung) geschützt.

19

Zwei parallel geschaltete Widerstände $R_1 = 60\ \Omega$ und $R_2 = 90\ \Omega$ sollen durch einen einzelnen Widerstand ersetzt werden. Wie groß muss dieser Ersatzwiderstand sein?

Der Ersatzwiderstand muss betragen:

$$R = \frac{R_1 \cdot R_2}{R_1 + R_2} = \frac{60\ \Omega \cdot 90\ \Omega}{60\ \Omega + 90\ \Omega} = \mathbf{36\ \Omega}$$

20

Ein Gerät mit einem Widerstand von $R = 20\ \Omega$ liegt an einer Spannung von 230 V an (Bild). Die elektrische Stromstärke, mit der es betrieben wird, soll stufenlos zwischen 2 A und 6 A einstellbar sein. Dazu wird ein Schiebewiderstand R_S in Reihe geschaltet. Welche Grenzwerte muss dieser Widerstand haben?

Die beiden Widerstände sind in Reihe geschaltet, sodass gilt:

$R_{ges} = R + R_S$

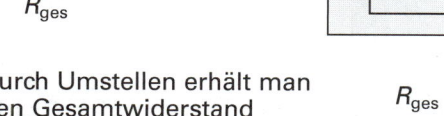

Der Strom beträgt im gesamten Stromkreis:

$I = \dfrac{U}{R_{ges}}$

Durch Umstellen erhält man den Gesamtwiderstand $R_{ges} = \dfrac{U}{I}$

Eingesetzt in die obige Gleichung $R + R_S = \dfrac{U}{I}$

erhält man durch Umstellen: $R_S = \dfrac{U}{I} - R$

Daraus berechnet man die Grenzwerte des Schiebewiderstands:

$$R_{S1} = \frac{230\ V}{2\ A} - 20\ \Omega = 115\ \Omega - 20\ \Omega = \mathbf{95\ \Omega}$$

$$R_{S2} = \frac{230\ V}{6\ A} - 20\ \Omega = 38{,}3\ \Omega - 20\ \Omega = \mathbf{18{,}3\ \Omega}$$

21

Wie kann die elektrische Leistung von Verbrauchern direkt und indirekt ermittelt werden?

Die **direkte Leistungsmessung** erfolgt mit einem Leistungsmessgerät (Bild). Hierbei wird die Spannung und die Stromstärke gemessen und daraus intern die Leistung berechnet und angezeigt.

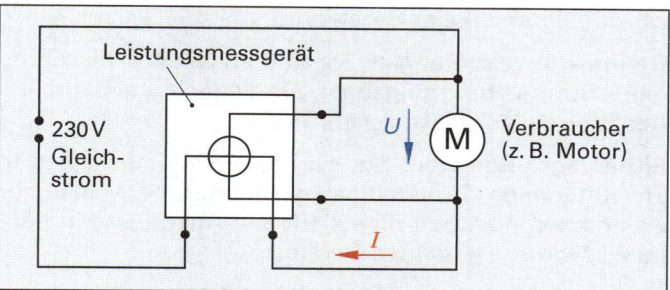

Indirekt ermittelt man die Leistung eines Verbrauchers in einem Stromkreis durch die Messung der Spannung und der Stromstärke und anschließender Berechnung mit der Formel $P = U \cdot I$.

6.3 Stromarten

6.4 Elektrische Leistung und elektrische Arbeit

6.5 Überstrom-Schutzeinrichtungen

6.6 Fehler an elektrischen Anlagen

6.7 Schutzmaßnahmen an elektrischen Maschinen

6.8 Hinweise für den Umgang mit Elektrogeräten

Fragen aus Fachkunde Metall, Seite 435

1

Welche und wie viele Leiter hat ein Wechselstrom-Leiternetz bzw, ein Drehstrom-Leiternetz?

Ein Wechselstrom-Leiternetz hat drei Leiter: L, N, PE.

L und N sind stromführende Leiter, PE ist ein geerdeter Schutzleiter.

Ein Drehstrom-Leiternetz hat fünf Leitungen: L1, L2, L3, N, PE.

L1, L2, L3 sind stromführende Leiter, N ist der stromrückführende Neutralleiter, PE ist ein geerdeter Schutzleiter.

2

Mit welcher Gleichung berechnet man die Leistung eines Drehstroms, der durch ein Gerät fließt?

Die Leistung eines Drehstrom-betriebenen Geräts wird mit der Gleichung: $P = \sqrt{3} \cdot U \cdot I \cdot \cos\varphi$ berechnet.

3

Wie berechnet man die verbrauchte elektrische Arbeit eines Elektrogeräts?

Die verbrauchte elektrische Arbeit eines Elektrogeräts berechnet man mit der Gleichung: $W = P \cdot t$

4

Welche Arten von Sicherungen gibt es und wie werden sie eingesetzt?

Es gibt verschiedene Sicherungen:

Schmelzsicherungen: Sie sind in einem Sicherungskasten in die zuführende Stromleitung eingebaut. Sie dienen zur Absicherung von elektrischen Installationsabschnitten, z.B. von Räumen oder Geräten.

Geräteschutzsicherungen: Sie sind im Gerät in die zuführende Stromleitung eingebaut. Sie dienen zur elektrischen Absicherung des elektrischen Geräts.

Sicherungsautomaten: Sie sind im Sicherungskasten in die zuführende Stromleitung eingebaut und dienen zur elektrischen Absicherung elektrischer Anschlüsse in Räumen sowie von einzelnen Geräten.

Motorschutzschalter: Sie sind im Schaltschrank eines Elektromotors oder direkt am Motor eingebaut. Sie dienen zum Schutz des Motors gegen Überlastung.

5

Wie entstehen Kurzschluss, Erdschluss, Leiterschluss und Körperschluss?

Kurzschluss: Zwei unter Spannung stehende elektrische Leiter berühren sich (Bild unten).

Erdschluss: Ein spannungsführender Leiter hat Kontakt mit der Erde oder geerdeten Geräteteilen.

Leiterschluss: Es liegt, z.B. in einem Schalter, eine schadhafte Isolierung und damit eine Überbrückung vor. Der Schalter kann nicht abgeschaltet werden.

Körperschluss: Maschinenteile (z.B. Gehäuse) haben durch Isolationsfehler elektrischen Kontakt zu einem spannungsführenden Leiter und führen damit eine nicht zulässige Spannung.

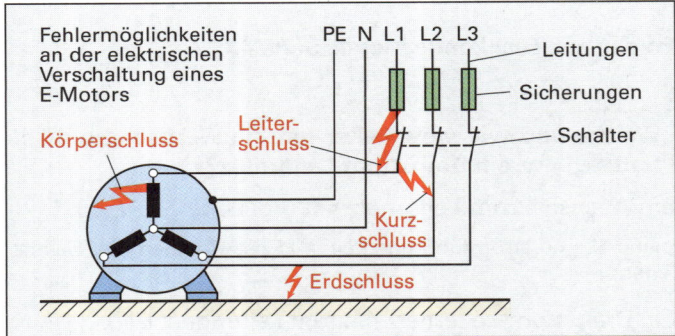

6

Welchen Schutz bietet ein Schutzleiter im Leitungsnetz bei einem Körperschluss im Gerät?

Bei einem Körperschluss im Gerät liegt eine Spannung am Gehäuse des Geräts an.
Der Strom kann über den, mit dem Gehäuse verbundenen Schutzleiter PE abfließen.
Beim Anfassen eines spannungsführenden Gehäuses fließt nur ein kleiner, ungefährlicher Strom durch den menschlichen Körper.

7

Welches Symbol tragen Elektrogeräte mit Schutzleiter?

Sie tragen das folgende Symbol:

8

Wie arbeitet ein FI-Schutzschalter?

Ein Fehlerstrom-Schutzschalter (auch FI-Schalter genannt) misst und vergleicht die Stromstärken in der Zuleitung und der Rückleitung der Maschine oder des abzusichernden Bereichs. Sind die beiden Ströme nicht gleich groß (z.B. aufgrund eines Körperschlusses), so schaltet der FI-Schalter die Stromzufuhr sofort ab.

9

Welche Schutzmaßnahmen haben CEE-Stecker?

CEE-Rundstecker (Bild) haben ein stärker isoliertes Steckergehäuse, eine Nut/Feder-Passung zur Unverwechselbarkeit und einen dicken Schutzkontaktstift zur Ableitung eines Fehlerstroms.

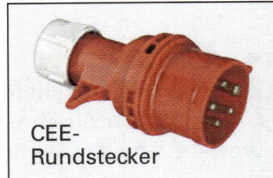

CEE-Rundstecker

Ergänzende Fragen zu Stromarten

1

Wozu werden die verschiedenen Stromarten eingesetzt?

- Gleichstrom wird z.B. zum Antrieb drehzahlgeregelter Elektromotoren und zum Galvanisieren verwendet.

- Wechselstrom benützt man zum Betrieb von Lichtquellen und elektrischen Kleingeräten.

- Mit Dreiphasen-Wechselstrom (Drehstrom) werden Maschinen und Apparate mit großem Energiebedarf angetrieben.

- Hochfrequenzstrom dient z.B. zum Betrieb von Induktionsspulen in Anlagen zum Randschichthärten.

2

Wie ist der zeitliche Verlauf der Spannung für Gleichstrom und Wechselstrom?

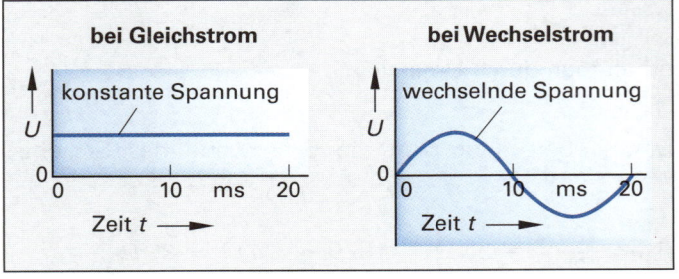

3

Wie sind die Verbraucher am Dreiphasen-Wechselstromnetz angeschlossen?

Leistungsstarke Verbraucher, wie z.B. große Elektromotoren, sind an den drei Phasen L1, L2, L3 des Stromnetzes angeschlossen (Bild).

Leistungsschwache Verbraucher, wie z.B. Lampen, kleine Elektrogeräte und Computer, sind an einer Phase des Stromnetzes angeschlossen, z.B. an L3.

Die Stromrückleitung erfolgt über den Neutralleiter N.

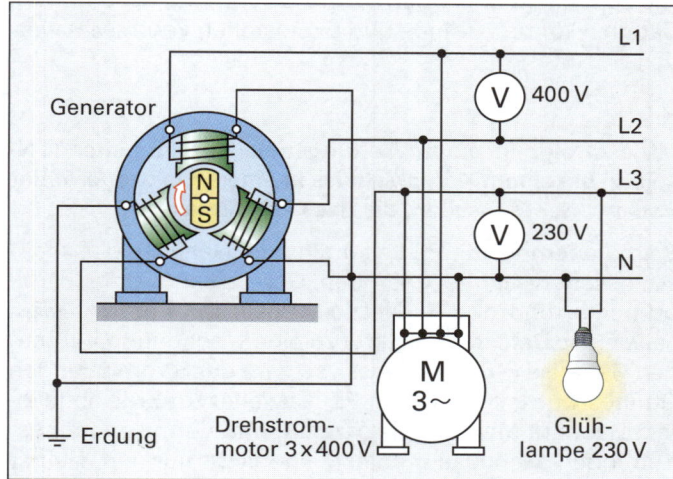

Ergänzende Fragen zu elektrische Leistung und Arbeit

1

Auf dem Leistungsschild eines elektrischen Gerätes für Einphasen-Wechselstrom stehen folgende Daten:
$P = 60$ W, $\cos \varphi = 0{,}8$, $U = 230$ V.
Wie groß ist die Stromstärke, wenn das Gerät in Betrieb ist?

$$P = U \cdot I \cdot \cos \varphi \quad \Rightarrow \quad I = \frac{P}{U \cdot \cos \varphi}$$

$$I = \frac{60\ \text{W}}{230\ \text{V} \cdot 0{,}8} = \mathbf{0{,}326\ A}$$

$1\ Beispiel$

2

Ein Drehstrommotor nimmt bei der Betriebsspannung $U = 400$ V einen elektrischen Strom von 3,5 A auf. Sein Leistungsfaktor ist $\cos \varphi = 0{,}83$.
Wie groß ist die elektrische Leistung des Motors?

$$P = \sqrt{3} \cdot U \cdot I \cdot \cos \varphi = \sqrt{3} \cdot 400\ \text{V} \cdot 3{,}5\ \text{A} \cdot 0{,}83 = \mathbf{2013\ W}$$

3

Ein Wechselstrommotor hat die Leistung $P = 1$ kW. Bei der Betriebsspannung $U = 230$ V beträgt die Stromstärke 5 A. Wie groß ist der Leistungsfaktor des Motors?

$$P = U \cdot I \cdot \cos \varphi \quad \Rightarrow \quad \cos \varphi = \frac{P}{U \cdot I} \quad \text{und} \quad 1\ \text{kW} = 1000\ \text{W}$$

$$\cos \varphi = \frac{1000\ \text{W}}{230\ \text{V} \cdot 5\ \text{A}} = \mathbf{0{,}87}$$

4

Ein Drehstrommotor hat bei der Betriebsspannung $U = 400$ V die Leistung $P = 5{,}5$ kW. Sein Leistungsfaktor beträgt $\cos \varphi = 0{,}83$.
Wie groß ist die elektrische Stromstärke I in der Zuleitung des Motors?

$$P = \sqrt{3} \cdot U \cdot I \cdot \cos \varphi \quad \Rightarrow \quad I = \frac{P}{\sqrt{3} \cdot U \cdot \cos \varphi}$$

$$I = \frac{5\,500\ \text{W}}{\sqrt{3} \cdot 400\ \text{V} \cdot 0{,}83} = \mathbf{9{,}56\ A}$$

5

Ein elektrisch betriebener Härteofen mit der Anschlussleistung 25 kW und rein Ohmschem Widerstand ist an 5 Tagen der Woche jeweils 9 Stunden in Betrieb.
Was kostet die dabei verbrauchte elektrische Energie, wenn die Kilowattstunde mit 0,11 € berechnet wird?

Kosten $= P \cdot t \cdot$ Tarif $= 25$ kW $\cdot 5 \cdot 9$ h $\cdot 0{,}11$ €/kWh $= \mathbf{123{,}75\ €}$

6

Welche Daten können aus dem Leistungsschild des Motors (Bild) abgelesen werden?

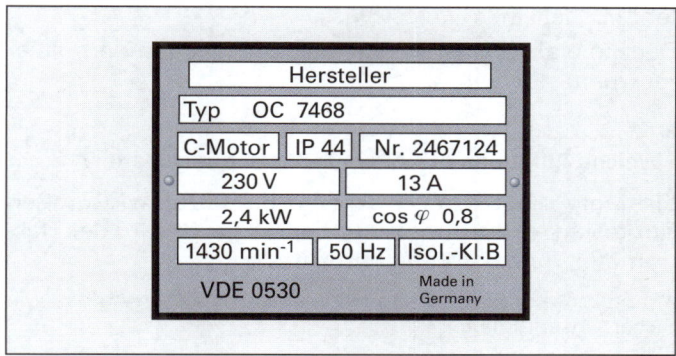

Betriebsspannung: 230 V,
Nennstrom: 13 A,
Nennleistung: 2,4 kW,
Leistungsfaktor: $\cos \varphi = 0{,}8$
Nenndrehzahl: 1430 min^{-1}
Netzfrequenz: 50 Hz

Ergänzende Fragen zu

Überstrom-Schutzeinrichtungen

Fehler in elektrischen Anlagen

Schutzmaßnahmen bei elektrischen Maschinen

Umgang mit Elektrogeräten

1

Wozu dienen Sicherungen?

Sicherungen verhindern ein gefährliches Überschreiten der zulässigen Stromstärke in einem Stromkreis.

Bei Überschreiten der zulässigen Stromstärke unterbrechen sie den Stromkreis.

2

Wie ist ein Sicherungsautomat aufgebaut?

Sicherungsautomaten, auch Leitungsschutzschalter genannt, sind mit einem Bimetallschalter und einem magnetischen Schalter ausgestattet (Bild).

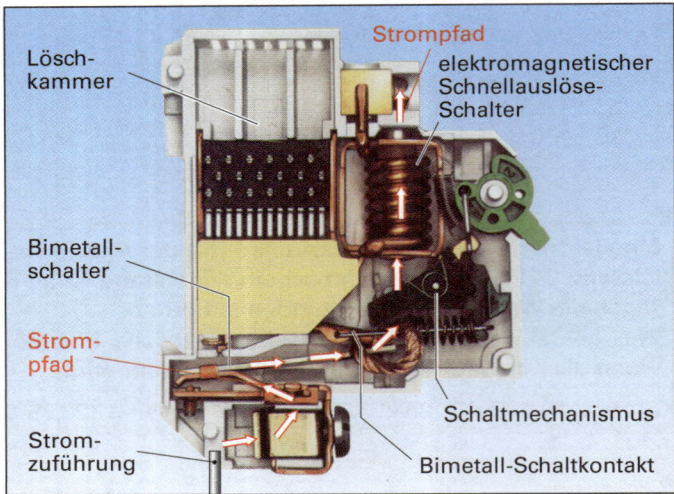

Der elektromagnetische Schnellauslöseschalter unterbricht den Stromkreis sofort bei stark erhöhten Stromwerten, z.B. bei einem Kurzschluss.

Der Bimetallschalter schaltet bei langandauernder mittlerer Überlastung ab.

3

Welche Aufgaben erfüllt ein Motorschutzschalter?

Ein Motorschutzschalter schaltet bei unzulässig großen Stromstärken die Stromzufuhr ab. Dadurch wird der Elektromotor vor Zerstörung geschützt.

Motorschutzschalter haben prinzipiell den gleichen Aufbau wie Sicherungsautomaten.

4

Was versteht man unter Schutzisolierung?

Bei einer schutzisolierten Maschine sind alle spannungsführenden Bauteile mit einer isolierenden Umhüllung versehen, z.B. Leitungen mit einer PVC-Ummantelung oder Wicklungen mit einem Isolierlack. Zusätzlich bestehen die Gehäuse und Griffe von elektrisch betriebenen Maschinen aus isolierendem Kunststoff.

5

Wie können Unfälle durch elektrischen Strom entstehen?

Unfälle durch elektrischen Strom entstehen meist durch technische Mängel an elektrischen Geräten und Anlagen, aber auch durch Unachtsamkeit beim Umgang mit elektrischen Einrichtungen.

6

Welche Wirkungen hat der elektrische Strom auf den menschlichen Körper?

Durch den menschlichen Körper fließender elektrischer Strom hat gesundheitsschädliche Wirkungen:

- Er lähmt die Muskulatur (Nichtloslassenkönnen).
- Er setzt körpereigene Steuerungsvorgänge außer Kraft, wie z.B. die Steuerung des Herzschlags.
- Er führt an den Stromeintritts- und Stromaustrittsstellen zu Verbrennungen.

7

Warum dürfen elektrische Leitungen nicht geflickt werden?

Behelfsmäßig geflickte Leitungen sind häufig die Ursache von Unfällen und Bränden.

Nicht sachgemäße Isolation an der Flickstelle führt zu Körperschluss, das Gehäuse steht unter Spannung. Beim Anfassen erleidet man einen gefährlichen Stromschlag.

Die Überbrückung einer unterbrochenen Leitung durch Verdrillen der Leiter kann wegen zu geringer Kontaktfläche zu Funken und Überhitzung an der Flickstelle führen. Dadurch können Brände und Explosionen verursacht werden.

8

Wie erfolgt in einem Leitungsnetz mit PE-Leiter (TN-Netz) bei einem Körperschluss in einem Elektrogerät der Schutz der Menschen, die das Gerät anfassen?

Beim Leiternetz mit PE-Leiter sind die Gehäuse der angeschlossenen Geräte über den Geräteschutzleiter (Farbe grüngelb) und den PE-Netzleiter geerdet. Kommt es im Falle eines Defektes im Gerät zu einem spannungsführenden Gehäuse (Körperschluss), so wird der Strom über den Geräteschutzleiter und den PE-Netzleiter zur Erde abgeleitet. Hat ein Mensch gleichzeitig mit dem spannungsführenden Gehäuse Kontakt, so fließt nur ein kleiner ungefährlicher Strom durch den menschlichen Körper.

9

Für welche Anlagen sind Schutzmaßnahmen gegen zu hohe Berührungsspannung vorgeschrieben?

Für alle Anlagen mit Betriebsspannungen über 50 V Wechselspannung bzw. 120 V Gleichspannung sind Schutzmaßnahmen vorgeschrieben.

10

Woran erkennt man bei Elektrogeräten die Schutzklasse?

Man erkennt die Schutzklasse der Elektrogeräte an den entsprechenden Symbolen:

Geräte der Schutzklasse I haben einen PE-Schutzleiter und tragen das nebenstehende Symbol.

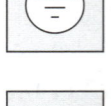

Elektrogeräte der Schutzklasse II besitzen eine Schutzisolierung (siehe nebenstehendes Symbol). Alle Metallteile des Geräts sind mit einer Isolierung versehen.

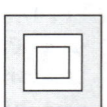

Elektrogeräte der Schutzklasse III werden mit einer Schutzkleinspannung von höchstens 50 Volt betrieben.

Sie tragen das nebenstehende Symbol.

11

Wodurch erreicht man die Unverwechselbarkeit von CEE-Steckverbindungen?

Die Unverwechselbarkeit von CEE-Steckverbindungen wird durch die Anordnung der Schutzkontaktbuchse zur Führungsnut (Unverwechselbarkeitsnut) und einen größeren Durchmesser des Schutzkontaktstiftes gewährleistet.

**Fragen zu
Leiter, Isolatoren, Halbleiter, elektronische Bauteile**

1

Welche Stoffe leiten den elektrischen Strom gut?

Gute elektrische Leiter sind Kupfer und Aluminium.

Kupfer und Aluminium werden als Leiterwerkstoffe verwendet. Auch die anderen Metalle, wie z.B. die Stähle oder Kohlenstoff leiten den Strom. Ihre Leitfähigkeit ist aber wesentlich geringer als die der Leiterwerkstoffe.

2

Nennen Sie einige Isolierwerkstoffe.

Isolierwerkstoffe sind: Kunststoffe, Gummi, Glas, Porzellan, Öl, Luft und andere Gase.

3

Woraus bestehen Halbleiterwerkstoffe?

Halbleiterwerkstoffe bestehen aus einem hochreinen Grundwerkstoff, z.B. aus Silicium (Si), dem genau dosierte, sehr geringe Gehalte an Antimon (Sb) oder Indium (In) beigemischt sind.

4

Wozu werden Halbleiterdioden hauptsächlich verwendet?

Halbleiterdioden werden eingesetzt:
- als Wechselstrom-Gleichrichter
- zur Verknüpfung und Entkoppelung elektrischer Signale

Dioden können als einzelnes Bauelement oder als Bestandteil integrierter Schaltungen (IC) eingesetzt werden.

5

Welche Aufgaben erfüllen Transistoren?

Transistoren wirken als elektronische Verstärker. Mit ihnen kann mit einem kleinen Steuerstrom ein z.B. 1000fach größerer Arbeitsstrom gesteuert werden.

6

Was sind integrierte Schaltkreise (IC)?

Ein integrierter Schaltkreis (kurz IC genannt) ist ein kleines Siliciumplättchen, auf dem eine Vielzahl von eingeprägten elektronischen Bauelementen mit Leitungen zu einer vollständigen elektronischen Funktionseinheit zusammengefasst sind.

Das Siliciumplättchen ist in ein Kunststoffgehäuse mit Anschlüssen eingeschweißt (Bild).

Auf einem IC können z.B. durch die Kombination von Dioden, Transistoren, Widerständen und Kondensatoren komplette Verstärkerschaltungen, Rechenwerke, Speicherbausteine usw. untergebracht sein.

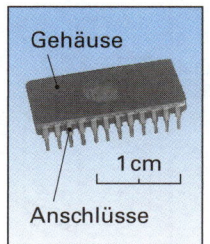

Gehäuse

1 cm

Anschlüsse

Fragen zu Magnetismus

1

Was versteht man unter Magnetismus und Elektromagnetismus?

Als Magnetismus bezeichnet man die Fähigkeit einiger Stoffe, andere Stoffe, wie z.B. Eisenwerkstoffe, Nickel, Cobalt und einige ihrer Legierungen, anzuziehen und festzuhalten.
Elektromagnetismus ist der durch den elektrischen Strom bewirkte Magnetismus.

2

Welche Kräfte wirken zwischen den Polen von zwei Stabmagneten?

Die gleichartigen Pole von zwei Stabmagneten stoßen sich ab, die ungleichartigen Pole ziehen sich an.

3

Welche Richtung haben die Feldlinien um einen stromdurchflossenen Leiter?

Die magnetischen Feldlinien um einen stromdurchflossenen Leiter bilden konzentrische Ringe um den Leiter. In Blickrichtung der technischen Stromrichtung verlaufen die Feldlinien rechtsdrehend (Bild).

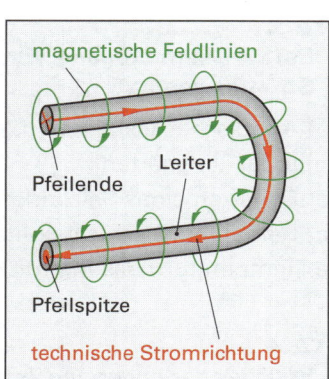

magnetische Feldlinien

Leiter

Pfeilende

Pfeilspitze

technische Stromrichtung

4

Wie ändert sich das Magnetfeld einer Spule, wenn ein Eisenkern in die Spule eingeschoben wird?

Das Magnetfeld verstärkt sich um ein Vielfaches. Ursache ist die Ausrichtung der Elementarmagnete im Weicheisenkern und die dadurch bedingte Verstärkung des Magnetfeldes der Spule (Bild).

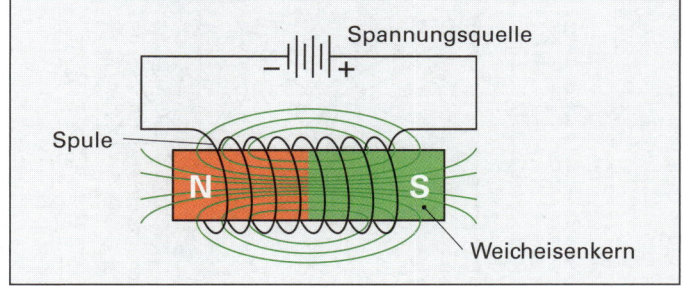

Spannungsquelle

Spule

N S

Weicheisenkern

5

Wo werden Elektromagnete eingesetzt?

Elektromagnete werden z.B. in Elektromotoren, in Hubmagneten, in Magnetspannplatten, in Schaltrelais und in Messgeräten eingesetzt.

Testfragen zur Elektrotechnik

TE 1

Von welchen Größen hängt der elektrische Widerstand eines metallischen Leiters ab?

a) Querschnitt, Länge, Leiterwerkstoff, Temperatur
b) Masse, Länge, spezifischer Widerstand
c) Spannung, Querschnitt, Länge und Temperatur
d) Stromstärke, Querschnitt, spezifischer Widerstand
e) Länge, Querschnitt, Temperatur

TE 2

Welches der genannten Geräte beruht auf der magnetischen Wirkung des Stromes?

a) Bimetallthermostat
b) Heizspirale
c) Akkumulator
d) Galvanobad
e) Drehstrommotor

TE 3

Bei welchem Vorgang wird die chemische Wirkung des Stromes genutzt?

a) Anodisches Oxidieren (Eloxieren)
b) Induktionshärten
c) Beheizen eines Salzbadofens
d) Betrieb einer Leuchtstofflampe
e) Temperaturmessung mit Widerstandsthermometer

TE 4

Welches der folgenden Zeichen ist das Sinnbild für Drehstrom?

a)　　　　b)　　　　c)　　　　d)　　　　e)
$3\sim$　　　$\approx$　　　$\sim$　　　$-$　　　$\approx$

TE 5

Welches Schaltbild zeigt eine reine Reihenschaltung von Widerständen?

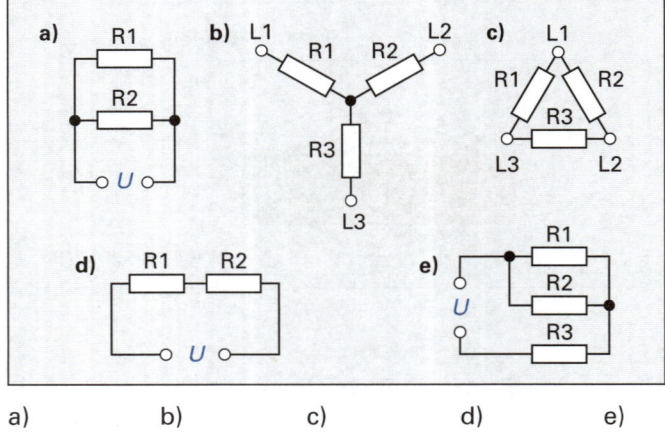

a)　　　　b)　　　　c)　　　　d)　　　　e)

TE 6

Welches Schaltbild in Aufgabe TE 5 zeigt eine reine Parallelschaltung von Widerständen?

a)　　　　b)　　　　c)　　　　d)　　　　e)

TE 7

Welche Stromart wird überwiegend beim Galvanisieren eingesetzt?

a) Wechselstrom
b) Gleichstrom
c) Drehstrom
d) Hochfrequenzstrom
e) Wirbelstrom

TE 8

Durch Umlegen des Schalters S in die Position 2 wird der Widerstand R_2 in den Stromkreis eingeschaltet (Bild). Mit welcher Gleichung berechnet man den Gesamtwiderstand der Schaltung?

a) $R = \dfrac{1}{R_1} + \dfrac{1}{R_2}$

b) $R = R_1 + R_2$

c) $R = R_1 + \dfrac{1}{R_2}$

d) $R = \dfrac{1}{R_1} + R_2$

e) $R = R_1 = R_2$

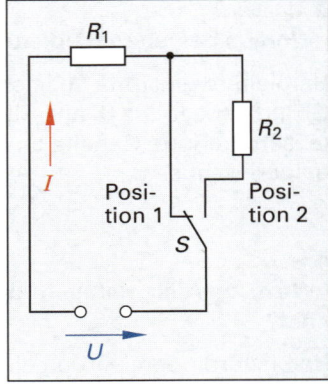

TE 9

Welche Folgen hat es, wenn in der skizzierten Schaltung der Widerstand R_1 durchbrennt?

a) Die Gesamtspannung U nimmt zu
b) Die Gesamtspannung U nimmt ab
c) Die Gesamtstromstärke I nimmt zu
d) Die Gesamtstromstärke I nimmt ab
e) Es verändert sich nichts

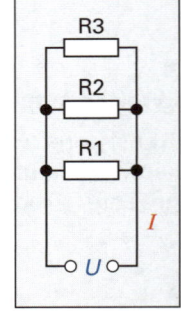

TE 10

Wo muss ein Spannungsmessgerät zur Messung des Spannungsabfalls am Verbraucher in der gezeigten Schaltung angeschlossen werden?

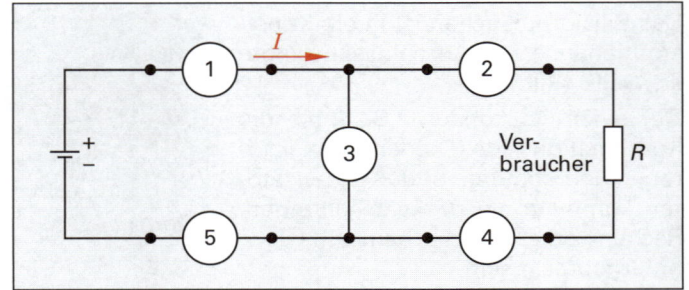

a) bei 1　　　b) bei 2　　　c) bei 3
d) bei 4　　　e) bei 5

TE 11

Mit welchem Messgerät können die Spannung und die Stromstärke gemessen werden?

a) Voltmeter

b) Amperemeter

c) Ohmmeter

d) Kilowattzähler

e) Vielfachmessgerät (Universalmessgerät)

TE 12

Aus dem Leistungsschild eines Wechselstrommotors (Bild) können die Betriebsdaten entnommen werden. Wie groß ist die Nennleistung des Motors?

a) 3,036 kW

b) 4,518 kW

c) 11,709 kW

d) 16,595 kW

e) 6,027 kW

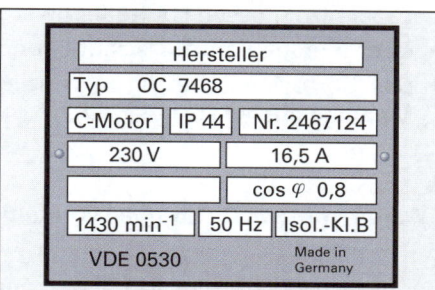

Hersteller		
Typ OC 7468		
C-Motor	IP 44	Nr. 2467124
230 V		16,5 A
		cos φ 0,8
1430 min⁻¹	50 Hz	Isol.-Kl.B
VDE 0530		Made in Germany

TE 13

Wie kann man die elektrische Leistung eines Gleichstromverbrauchers berechnen?

a) Durch Messung der Spannung und Stromstärke und Berechnung mit $P = \dfrac{U}{I}$

b) Durch Messung der Spannung und Stromstärke und Berechnung mit $P = \dfrac{I}{U}$

c) Durch Messen der Spannung und Stromstärke und Berechnung mit $P = U \cdot I$

d) Durch Messung der Stromstärke und des Leistungsfaktors cos φ und Berechnung mit $P = \dfrac{U \cdot I}{\cos \varphi}$

e) Durch Messung der Stromstärke und des elektrischen Widerstands und Berechnung mit $P = R \cdot I$

TE 14

Welche Größen müssen bekannt sein, um die elektrische Arbeit eines Heizofens berechnen zu können?

a) Spannung und Strom

b) Spannung und Leistung

c) Leistung und Einschaltdauer

d) Spannung und Widerstand

e) Strom und Einschaltdauer

TE 15

In welcher Einheit wird die elektrische Arbeit von einem Zähler gemessen?

a) kW   b) N · m   c) V · A

d) kΩ   e) kWh

TE 16

Welche Aussage beschreibt die typische Eigenschaft einer Schmelzsicherung (Bild)?

a) Sie schaltet das abgesicherte Gerät nach einer festgelegten Zeit der Überlastung ab.

b) Sie schmilzt bei Überlastung und unterbricht die Stromzufuhr.

c) Sie hat einen Sofort-Abschaltmechanismus und einen Langzeit-Überlastungs-Abschaltmechanismus.

d) Sie wird zur Absicherung von Elektromotoren eingesetzt.

e) Sie misst die Stromstärke in der Zu- und der Rückleitung und unterbricht den Stromkreis bei einer Abweichung der beiden Stromstärken.

TE 17

Wo müssen Motorschutzschalter eingebaut werden?

a) Direkt vor dem Motor

b) Direkt hinter dem Motor

c) Am Anfang der Motorzuleitung

d) Im Motorgehäuse

e) In die Motorwicklung

TE 18

Wann liegt bei einem elektrischen Gerät ein Körperschluss vor?

a) Wenn sich im Gerät zwei, unter Spannung stehende, Leiter berühren.

b) Wenn eine direkte Verbindung eines, unter Spannung stehenden, Leiters mit der Erde besteht.

c) Wenn ein, unter Spannung stehender, Leiter mit dem Gerätegehäuse elektrischen Kontakt hat.

d) Wenn ein elektrisches Gerät nicht abgeschaltet werden kann.

e) Wenn die Sicherungen, die das Gerät elektrisch absichern, schadhaft sind.

TE 19

Welche der genannten Ausstattungen bzw. Geräte gehört nicht zu den Schutzmaßnahmen bei elektrischen Maschinen?

a) Spannungsmessgerät im Stromkreis

b) Trennung durch Transformator

c) Isolierung sämtlicher Metallteile der Maschine

d) Schuko-Steckerverbindung

e) PE-Leiter in den Geräten und im Leitungsnetz

7 Montage, Inbetriebnahme Instandhaltung

7.1 Montagetechnik

Fragen aus Fachkunde Metall, Seite 445

1

Welchen Vorteil hat die Fließmontage?

Bei der Fließmontage, auch Taktstraßenmontage genannt, bewegen sich die zu montierenden Bauteile auf einem Takt-Förderband von Mitarbeiter zu Mitarbeiter (Bild).

Die Zeiten für die Wege der Mitarbeiter zum Bauteil entfallen. Dadurch werden kurze Montagezeiten erreicht.

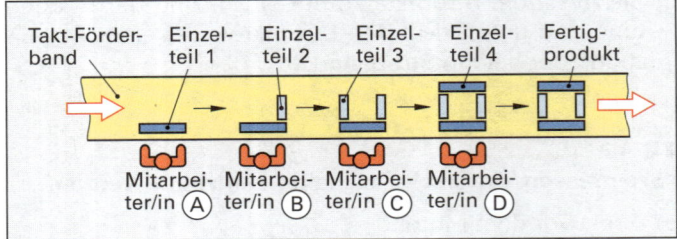

Die Investitionskosten sind bei der Fließmontage im Vergleich zur stationären Montage höher.

2

Was versteht man unter stationärer Montage?

Bei der stationären Montage erfolgt der Zusammenbau einer Maschine an einem festen Standort.

Die stationäre Montage wird vor allem bei großen und schweren Bauteilen oder Baugruppen angewandt.

3

Warum werden große Maschinen stationär montiert?

Große Maschinen sind sehr schwer und haben sperrige und schwere Maschinenteile, die nur aufwendig zu bewegen sind. Die stationäre Montage solch großer Maschinen hat den Vorteil, dass dabei z.B. die schweren Ständer und Maschinenbette der Werkzeugmaschinen während der Montage nicht bewegt werden müssen (Bild).

4

Welche allgemeinen Regeln sind bei der Getriebemontage zu beachten?

Bei der Getriebemontage sind folgende Regeln zu beachten:

- Bei geschweißten Getriebegehäusen müssen Schweißnähte und innere Gehäuseflächen verputzt werden.
- Nach dem Reinigen sollten innere Gehäuseflächen einen Schutzanstrich erhalten.
- Bearbeitungsgrate müssen entfernt, alle Kanten gebrochen werden.
- Wellen- und Gehäusemaße müssen vor der Montage überprüft werden.
- Die Formtoleranzen der Sitzflächen und die Rauheit der Lagersitze müssen kontrolliert werden.
- Der Montageplatz muss sauber und staubfrei sein.
- Das Korrosionsschutzöl an Wälzlagern muss vor der Montage abgewischt werden.

5

Warum müssen Dichtungen sorgfältig montiert werden?

Bei nicht fachgerechter Montage können Dichtungen beschädigt werden und damit ihre Aufgabe der Abdichtung von Bauteilen oder Maschinenbereichen nicht erfüllen.

Beschädigte Dichtungen beeinträchtigen z.B. die Funktionsfähigkeit einer Maschine. Sie müssen deshalb unter oftmals großem Zeitaufwand ausgewechselt werden.

6

In welchen Fällen muss bei Wälzlagern der Außenring vor dem Innenring montiert werden?

Der Außenring wird dann zuerst montiert, wenn im gefügten Zustand zwischen ihm und der Gehäusebohrung Übermaß vorhanden sein muss. Dies ist der Fall bei Lagern, die am Außenring Umfangslast aufnehmen müssen.

Der Außenring wird mit einer Montagehülse in die Gehäusebohrung gepresst (Bild).

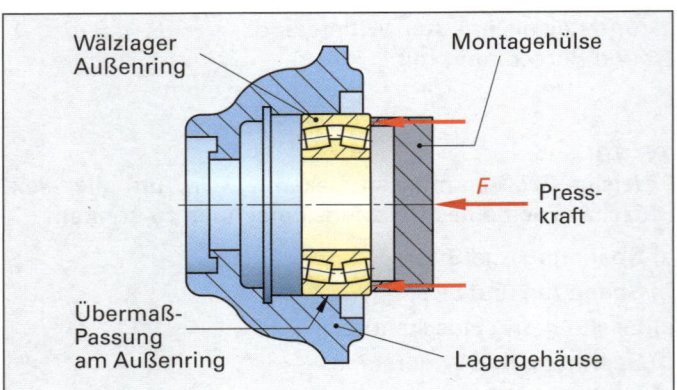

7

Welchen Zweck hat der Probelauf einer Maschine?

Beim Probelauf wird die einwandfreie Funktion einer Maschine unter Last geprüft.

Kontrolliert wird beim Probelauf z.B., ob das Gehäuse einer Maschine dicht ist und ob sich die Temperaturerhöhung, hervorgerufen durch den Betrieb der Maschine, innerhalb vorgeschriebener Grenzen hält.

Ergänzende Fragen zur Montagetechnik

8
Welche Teile und Hilfsmittel müssen vor der Montage bereit gestellt werden?

Die zur Montage benötigten Bauteile, Normteile, Befestigungsmittel usw. müssen bereit liegen.

Erforderliche Werkzeuge, Mess- und Prüfmittel, Montage-Vorrichtungen sowie Schmiermittel müssen vorhanden sein. Die zur Montage erforderlichen Zeichnungen und Montageanweisungen müssen greifbar sein.

9
Wie müssen Einzelteile vor dem Zusammenbau vorbereitet werden?

Die Einzelteile müssen, falls erforderlich, vor dem Zusammenbau entgratet und von Spänen, Kühlschmierstoffen und Schmutz gereinigt werden.

Sorgfältig vorbereitete Einzelteile erleichtern die Montage und sichern die Qualität des Endproduktes.

10
In welchen Teilschritten erfolgt die Montage einer großen Maschine?

Zuerst werden die gefertigten Einzelteile mit Normteilen wie Schrauben und Muttern, zu den Baugruppen montiert, z.B. zu einem Getriebe, zu einer Aufhängung, zu einem Maschinengestell usw. (Baugruppenmontage).

Dann erfolgt die Endmontage der Baugruppen zur größeren Baueinheit oder zur Gesamtmaschine.

11
In welchen Organisationsformen kann die Montage erfolgen?

Die Montage kann fließend an Bändern und Hängebahnen oder stationär an einem festen Standort erfolgen.

Auch eine Kombination beider Montagearten ist möglich, wenn z.B. die Baugruppen fließend montiert werden und die Endmontage der Baugruppen zum Fertigprodukt stationär erfolgt.

12
Womit werden Wälzlager zur leichteren Montage am zweckmäßigsten erwärmt?

Wälzlager werden am zweckmäßigsten im Ölbad (Bild) oder mit Induktions-Anwärmgeräten erwärmt.

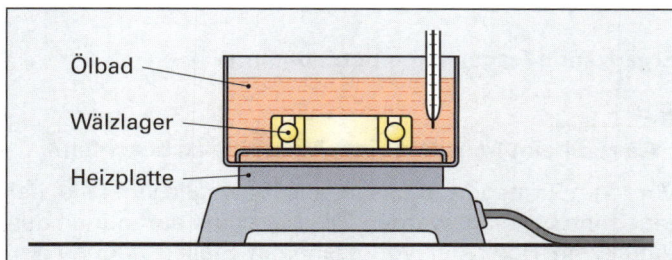

Die Anwärmtemperatur beträgt etwa 80 bis 100 °C.

13
Warum muss bei der Montage von Kegelrädern das Tragbild der Kegelradflanken geprüft werden?

Bei einem nicht einwandfreien Tragbild ist der Verschleiß an den Kegelradflanken groß.

Das Tragbild kann durch geringes axiales Verschieben der Räder verändert werden.

14
Wie werden Radial-Wellendichtringe gefahrlos über Passfedernuten hinweg montiert?

Zur Montage werden Hülsen mit geringer Wanddicke verwendet, die an ihren Enden lange Außenkegel besitzen (Bild).

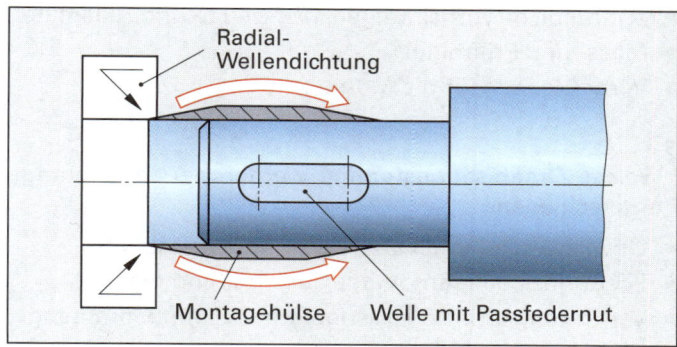

Über diese Hülsen hinweg können die elastischen Dichtringe geschoben werden, ohne dass die Gefahr der Beschädigung der Dichtlippen an den scharfen Kanten der Passfedernut besteht.

15
Warum werden beim Verschrauben eines Maschinenteils die Schrauben über Kreuz angezogen?

Das Anziehen über Kreuz (Bild) gewährleistet, dass das Maschinenteil unverkantet und flächig an dem Teil, mit dem es gefügt werden soll, anliegt. Dadurch wird ein Verkanten der Bauteile vermieden und z.B. bei Dichtungen eine gleichmäßige Flächenpressung erreicht.

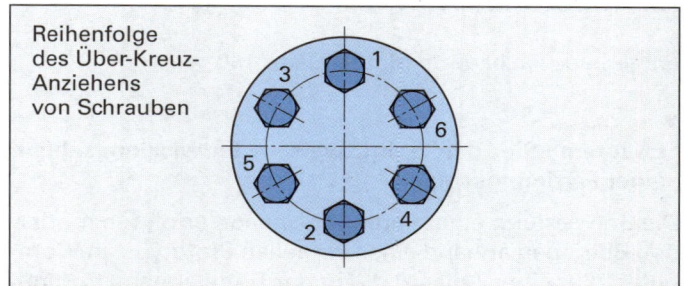

Das Anziehen der Schrauben erfolgt in mehreren Zyklen (1 – 2 – 3 – 4 – 5 – 6) zuerst mit geringer Anziehkraft und wird bis zur End-Anziehkraft gesteigert.

16
Was versteht man unter montagegerechter Konstruktion?

Montagegerecht ist eine Konstruktion, wenn die Einzelteile so gestaltet sind, dass sie einfach und schnell zusammengebaut und bei Bedarf ebenso wieder demontiert werden können.

Beispielsweise kann das Wälzlager im Bild bei abgesetzter Welle schneller montiert werden als bei glatter Welle.

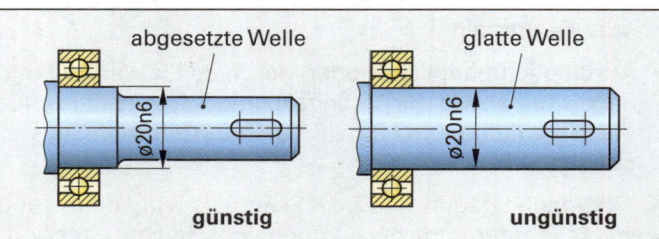

17

Welche Bestandteile enthält ein Montageplan?

Der Montageplan enthält neben den zur Montage erforderlichen Zeichnungen alle Anweisungen zur Durchführung des Montageablaufs:

- Reihenfolge des Zusammenbaus
- erforderliche Vorrichtungen, Werkzeuge und Hilfsmittel
- Mess- und Prüfmittel
- Vorgabezeiten für die Montage

18

Welche Organisationsformen werden bei der Montage unterschieden?

- Unverzweigter und verzweigter Montageablauf
- Fließprinzip (Fließmontage, Taktstraßenmontage)
- Verrichtungsprinzip (periodische Gruppenmontage. Baustellenmontage)

19

Welchen Zweck verfolgt die Automatisierung der Montage?

Die Automatisierung der Montage soll
- die Qualität der Erzeugnisse steigern
- die Montagezeiten verkürzen
- die Arbeitsproduktivität erhöhen
- die Montagekosten verringern

7.2 Inbetriebnahme

Fragen aus Fachkunde Metall, Seite 450

1

Erläutern Sie den schrittweisen Entwicklungsablauf einer Fertigungsanlage.

Die Entwicklung einer Fertigungsanlage erfolgt in modernen Betrieben anhand eines virtuellen Prototyps am Computer, d.h. einer Anlage, die in der Software des Computers existiert. Damit werden die verschiedenen Komponenten der Anlage entworfen, konstruiert und gefertigt. Im Einzelnen sind dies:

- Das Grundgerüst und die mechanischen Teile
- Die Hydraulik-Funktionspläne und das hydraulische System
- Die elektrische Verschaltung und die elektrischen Baugruppen
- Die Steuerungssoftware und die Hardware der Maschine.

2

Nennen Sie wichtige Aufstellbedingungen für eine Maschine oder Anlage.

- Tragfähiger und erschütterungsfreier Gebäudeboden oder Fundament
- Allseitige Zugänglichkeit der Maschine für Wartung und Reparatur sowie Sicherheitsabstand für ausfahrende Maschinenteile, um Unfälle durch Einklemmen zu vermeiden
- Trockener, gegen Nässe, Schmutz, Flugstaub und starke Temperaturschwankungen geschützter Standort.

3

Welche wesentlichen Punkte müssen bei der Inbetriebnahme einer pneumatischen Anlage kontrolliert werden?

- Die Höhe des Drucks im pneumatischen System
- Das Anliegen elektrischer Spannung an den elektrischen Anschlüssen
- Die Dichtheit der Leitungen und Anschlüsse
- Die Funktionsfähigkeit der Ventile und Aktoren
- Der Arbeitsablauf ohne und mit Werkstück

4

Womit können Fehler bei der Inbetriebnahme festgestellt werden?

Offentsichtliche Fehler der Funktionen einer Maschine können bei der Inbetriebnahme und einem Probelauf durch sorgfältige Inaugenscheinnahme bzw. auffällige Geräusche erkannt werden.

Fehler, die durch Sehen und Hören nicht feststellbar sind, werden durch die Messung von Verfahrwegen und Geschwindigkeiten, von Leistungsdaten und der Fertigungsgenauigkeit von Werkstück-Prototypen ermittelt.

5

Welche Abnahmeprüfungen erfolgen an einer Maschine oder Anlage?

Es werden folgende Abnahmeprüfungen in der beschriebenen Reihenfolge durchgeführt:

- Geometrische Prüfungen: Mit ihnen werden z.B. der Geradlauf, die Parallelität, die Rechtwinkligkeit der Vorschubachsen oder der Rundlauf der Maschine geprüft.
- Musterwerkstückprüfungen: Es werden Muster-Werkstücke gefertigt. An ihnen werden die Fertigungsgenauigkeit, wie Maß-, Winkel- und Kreisformabweichungen, Parallelität und Oberflächengüte geprüft.
- Prüfung der Leistungsfähigkeit: Es werden Prüfwerkstücke mit den maximal garantierten Schnittgeschwindigkeiten und Vorschüben gefertigt und ihre Maßhaltigkeit und Oberflächengüte geprüft.
- Maschinenfähigkeitsprüfung: In einem längeren Fertigungslauf wird die Prozessfähigkeit der Maschine gemäß statistischer Prozessregelung (SPC) geprüft, d.h. ihre Fähigkeit auf Dauer fehlerfreie Teile zu fertigen.

Ergänzende Fragen zur Inbetriebnahme

6

Was ist beim Transport einer Maschine zu beachten?

Vor dem Transport müssen alle beweglichen Teile der Maschine befestigt werden. Die Maschine darf nur an den dafür vom Hersteller vorgesehenen Stellen angehoben, gestützt, geschoben und befestigt werden.

7

Was versteht man unter einem Fehler bei der Inbetriebnahme von Maschinen oder Anlagen?

Als Fehler wird bei der Inbetriebnahme die Nichterfüllung mindestens einer Anforderung bezeichnet.

Fehler verursachen Ausfälle oder Störungen einer Anlage bzw. einer Maschine.

8

Welche Daten sind auf einer Maschinenkarte festgehalten?

Die Maschinenkarte enthält alle wichtigen Daten einer Maschine:

- die Identitätsdaten der Maschine, wie den Hersteller, den Maschinennamen und -typ, die Nummer, das Baujahr.
- die wichtigsten Maschinenmaße
- die Arbeitsbereiche einer Maschine
- die Leitungsdaten der Maschine angegeben.

Maschinenkarte eines Bearbeitungszentrums (Beispiel)

Bearbeitungs-zentrum	Maschinen-typ	BAZ 15 CNC 60.40, 2008	Maße und Daten
Arbeitsbereich			
Verfahrwege x-Achse		mm	600
y-Achse		mm	400
z-Achse		mm	600 (900)
Abstand Spindel-Tisch, min./max.		mm	140-740
Aufspannfläche b x t		mm x mm	750 x 450
T-Nuten (DIN 650 in x-Richt.) (Anzahl x Breite x Abstand) Mittlere T-Nut ausgeführt als Führungsnut		mm	5 x 14 x 100/80 14 H 7
max. Tischbelastung		kg	500
Leistungsdaten			
Hauptspindelantrieb		kW	13
Drehmoment　Nm			82 (55)
max. Vorschubkraft x-y-Achse		N	5000
z-Achse		N	8000
Drehzahlbereich (stufenlos)		min-1 (13000)	50-9000
Vorderer Spindellager-⌀		mm	55
Werkzeugeinzugskraft		kN	13
Bohrleistung in St 60 (WP)		mm	40 (25)
Gewindeschneiden in St 60 Fräsleistung in St 60		metrisch cm³/min	M 24 (M 20) 350 (200)

7.3　Instandhaltung

Tätigkeitsgebiete, Begriffe, Instandhaltungskonzepte

Fragen aus Fachkunde Metall, Seite 455

1

Welche Maßnahmen versteht man unter dem Begriff Instandhaltung in der Fertigungstechnik?

Die Instandhaltung umfasst alle Maßnahmen zur Bewahrung, zur Feststellung, zur Wiederherstellung und zur Verbesserung des funktionsfähigen Zustands einer Fertigungsmaschine bzw. Anlage.

2

Wie unterscheiden sich häufig die Instandhaltungsmaßnahmen zwischen Großbetrieb und Kleinbetrieb?

Einfache Instandhaltungarbeiten, wie z.B. das Schmieren gemäß dem Wartungsplan, werden im Großbetrieb wie im Kleinbetrieb vom Maschinenführer durchgeführt.

Für die Ausführung größerer Instandhaltungsmaßnahmen, wie z.B. den Austausch von defekten Maschinenteilen, haben Großbetriebe eigene, dazu qualifizierte Mitarbeiter, während in Kleinbetrieben der Reparaturservice des Maschinenherstellers in Anspruch genommen wird.

3

Erklären Sie am Beispiel eines Pkw-Reifens die Begriffe Abnutzung und Abnutzungsvorrat.

Der Abnutzungsvorrat bei einem Pkw-Reifen ist die Differenz der Reifen-Profiltiefe vom Neureifen mit ca. 10 mm Profiltiefe bis zum abgefahrenen Reifen mit weniger als 2 mm Restprofiltiefe.

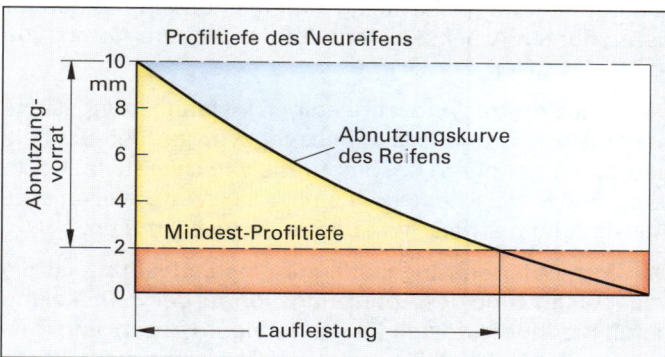

4

Welche wirtschaftlichen Ziele werden durch die Instandhaltung verfolgt?

Das wirtschaftliche Ziel der Instandhaltung ist die Sicherstellung einer Fertigung mit hoher Qualität zu günstigen Kosten.

5

In der Verdichterstation eines Betriebes wird vorsorglich ein Ölfilter gewechselt. Um welche Instandhaltungsmaßnahme handelt es sich?

Es handelt sich hierbei um eine vorbeugende Instandhaltung. Der weitgehend verbrauchte Ölfilter wird gegen einen neuen ausgetauscht, bevor er völlig unbrauchbar ist.

6

Nennen Sie für jedes Instandhaltungkonzept ein Beispiel anhand einer Schrägbett-Drehmaschine.

Bei der **intervallabhängigen Instandhaltung** wird bei einer Schrägbett-Drehmaschine z.B. routinemäßig das Öl der Hydraulikanlage, sowie der Filter des Kühlschmiermittelkreislaufs und die Kohlebürsten der Antriebsmotoren gewechselt.

Bei der **zustandsabhängigen Instandhaltung** werden z.B. die Werkzeuge gewechselt, wenn ihr Abnutzungsvorrat aufgebraucht ist.

Bei der **störungsbedingten Instandhaltung** wird z.B. ein Werkzeughalter ausgetauscht, wenn er durch ein „Auffahren" beschädigt wurde und nicht mehr einwandfrei das Werkzeug einspannen kann.

Ergänzende Fragen zu Tätigkeitgebieten, Begriffen und Instandhaltungskonzepten

7

Welches ist das für einen Betrieb am besten geeignete Instandhaltungekonzept?

Die optimale Instandhaltung für einen bestimmten Betrieb hängt von den betrieblichen Bedingungen ab und besteht häufig aus einer Kombination von vorbeugender, zustandsabhängiger und störungsbedingter Instandhaltung.

8

Welche Vor- bzw. Nachteile haben die intervallabhängige, die zustandsabhängige und die störungebedingte Instandhaltung?

Der Vorteil der intervallabhängigen Instandhaltung ist die Reduzierung von störungsbedingten Stillstandszeiten der Fertigungsmaschine und damit eine große Zuverlässigkeit der Fertigung. Nachteilig sind die höheren Kosten für den erhöhten Arbeitsaufwand für die größere Anzahl von Austauschteilen.

Der Vorteil der zustandsabhängigen Instandhaltung ist die maximale Nutzung des Abnutzungsvorrats der Bauteile und damit geringere Kosten für die Verschleißteile. Nachteilig sind höhere Kosten für eine größere messtechnische Ausstattung der Maschine und mehr Inspektionen.

Der Vorteil der störungsbedingten Instandhaltung ist die volle Ausnutzung des Abnutzungsvorrats der Bauteile und damit niedrigere Kosten für die geringere Anzahl von Austauschteilen. Nachteilig sind häufige unvorhersehbare Fertigungsunterbrechungen und damit größere Stillstandszeiten.

9

Wie wird bei einer „intelligenten Schneidplatte" das Abtragen des Abnutzungsvorrats gemessen?

Auf den Seitenflächen der „intelligenten Schneidplatte" sind elektrische Leiterbahnen aufgedruckt, die bis an die Abnutzungsgrenze reichen. Sie sind an eine Spannungsquelle und ein Strommessgerät angeschlossen.

Wird eine Schneide der Schneidplatte durch den Verschleiß bis zur Abnutzungsgrenze abgetragen, wird die Leiterbahn durchtrennt. Das Strommessgerät registriert die Leitungsunterbrechung und gibt ein Signal zum Wechseln der Schneide.

10

Welche Arbeiten umfasst die Instandhaltung einer Werkzeugmaschine?

Die Instandhaltung umfasst:

● Die regelmäßige Wartung, d.h. Reinigen, Schmieren, Nachstellen

● Die Inspektion der Maschine in regelmäßigen Intervallen z.B. auf Rundlaufgenauigkeit und fehlerhafte oder verschlissene Maschinenteile

● Die Instandsetzung bzw. der Austausch fehlerhafter Teile

Wartung	Inspektion	Instandsetzung
Reinigen	Messen	Ausbessern
Schmieren	Prüfen	Reparieren
Nachstellen	Diagnostizieren	Austauschen

Nur durch eine sachgemäße Instandhaltung kann die Betriebssicherheit und die Fertigungsqualität einer Werkzeugmaschine erhalten werden.

11

Was versteht man unter vorbeugender Instandhaltung?

Bei der vorbeugenden Instandhaltung werden die Wartungsarbeiten mit Austausch der Verschleißteile in regelmäßigen Zeitabständen durchgeführt.

12

Was versteht man unter störungsbedingter Instandhaltung?

Bei der störungsbedingten Instandhaltung wird erst instandgesetzt, wenn eine Betriebsstörung die Fertigungsmaschine stillgelegt hat.

Wartung

Fragen aus Fachkunde Metall, Seite 458

1

Warum zählt die Wartung zu den vorbeugenden Instandhaltungsmaßnahmen?

Die Wartungsarbeiten werden nach bestimmten Zeitabschnitten durchgeführt, unabhängig davon, ob eine Störung vorlag. Sie sind deshalb vorbeugend.

2

Welche typischen Wartungsarbeiten werden am Ende eines Arbeitstages an einer Drehmaschine durchgeführt?

Die Reinigung der Maschine, insbesondere des Maschinenarbeitsraums und der Führungsbahnen von Spänen und Kühlschmierstoff.
Die Prüfung der Ölstände der Zentralschmierung, der Hydraulik- und Pneumatikeinheiten sowie das Nachfüllen von Öl bei Bedarf. Eine allgemeine Prüfung der Maschine auf Laufruhe und Funktion der Baugruppen.

3

Welche Angaben können aus dem Wartungs- und Pflegeplan einer Maschine herausgelesen werden?

Aus dem Wartungs- und Pflegeplan können die vom Maschinenhersteller vorgeschriebenen Reinigungs-, Schmier-, Nachfüll-, Nachstell- und Auswechselarbeiten entnommen werden. Außerdem sind dort die Zeitintervalle genannt, nach denen diese Arbeiten durchzuführen sind.

4

Warum müssen bei der Wartung die vom Maschinenhersteller vorgeschriebenen Schmierstoffe verwendet werden?

Jede Schmierstelle an einer Maschine erfordert bezüglich der Schmierstoffart, der mechanischen Belastbarkeit und der Viskosität bzw. Konsistenz des Schmierstoffs einen ganz speziellen, hierfür geeigneten Schmierstoff.
Darüber hinaus ist auf die Verträglichkeit der Schmierstoffe mit dem verwendeten Kühlschmierstoff zu achten. Es sind die Herstellerempfehlungen zu beachten.

Ergänzende Fragen zur Wartung

5

Womit sollte eine Maschine gereinigt werden?

Die Reinigung ist mit einem fusselfreien Putztuch durchzuführen.
Keine fusselnden Putzlappen, Putzwolle oder Druckluft verwenden!

6

Welche Arbeitsregeln sind bei der Instandhaltung einer Werkzeugmaschine zu beachten?

- Regelmäßiges Schmieren entsprechend dem Schmierplan
- Verwendung der vorgeschriebenen Schmierstoffe
- Tägliche Reinigung der Maschine von Spänen und Kühlschmierstoffen
- Wöchentliche gründliche Reinigung
- Inspektion und Austausch der mechanischen und elektrischen Verschleißteile gemäß dem Instandhaltungsplan

7

Warum müssen die Wartungsarbeiten bei einer Maschine in einer Wartungsliste dokumentiert werden?

Die Dokumentation in einer Wartungsliste mit der Unterschrift des Durchführenden gilt als Nachweis für die fachgerechte Ausführung der Wartungsarbeiten.

Nur bei Führung einer Wartungsliste gilt die Gewährleistung des Maschinenherstellers.

Fragen zu Inspektionen, Instandsetzung, Verbesserungen

1

Welche Aufgaben haben Inspektionen?

Durch Inspektionen wird der Zustand einer Maschine festgestellt, insbesondere der Abnutzungsgrad verschiedener Bauteile. Anschließend wird durch einen Probelauf die Fertigungsqualität geprüft.

2

Welche Arten von Inspektionen gibt es und zu welchen Zeitpunkten werden sie durchgeführt?

Die **Erstinspektion** wird nach dem Aufstellen und der Inbetriebnahme der Maschine gemäß einer Prüfvorschrift durchgeführt.

Die **Regelinspektionen** werden im Rahmen der Wartungsarbeiten gemäß einem Wartungs- und Pflegeplan der Maschine in regelmäßigen Zeitabschnitten durchgeführt.

Ergibt die Regelinspektion, dass der Abnutzungsvorrat eines Maschinenteils oder Werkzeugs aufgebraucht ist, so wird das Bauteil ausgemustert und durch ein neues ersetzt.

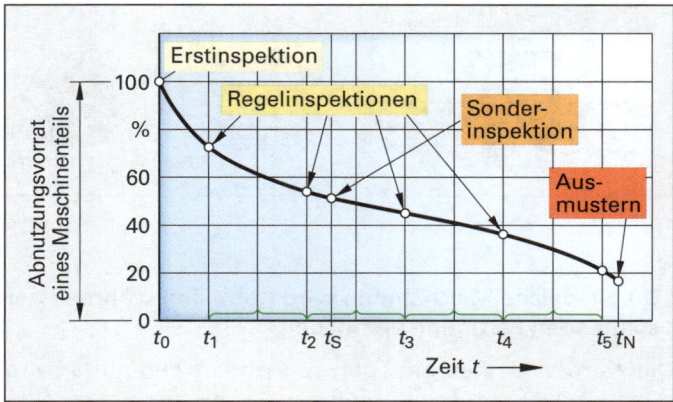

Eine **Sonderinspektion** ist z.B. vor der Wiederinbetriebnahme einer Maschine erforderlich, wenn eine schwere Betriebsstörung die Maschine stillgelegt hatte und Abweichungen von der Fertigungsgenauigkeit zu befürchten sind.

3

Nennen Sie einige einfache Inspektionsmöglichkeiten des Maschinenbedieners während der laufenden Fertigung.

- Überwachen des Schmierölstands
- Achten auf die Laufgeräusche der Maschine
- Überwachen von Temperatur- und Druckanzeigen
- Fühlen rauer Oberflächen bzw. erhöhter Temperaturen mit der Hand
- Achten auf ungewöhnliche Gerüche, z.B. von heißgelaufenen Dichtungen oder verschmorten Stromleitungen.

4

Welche objektiven Inspektions- und Diagnosemöglichkeiten gibt es zur Überwachung von Maschinen?

Objektive Überwachungs- oder Diagnosegeräte bei Maschinen sind Messgeräte und Sensoren. Mit eingebauten Sensoren in der Maschine, z.B. zur Messung der Temperatur des Schmieröls oder z.B. zur Messung der Schwingungen an der Arbeitsspindel einer Drehmaschine, kann eine Überwachung während des laufenden Fertigungsprozesses erfolgen.

5

Was versteht man unter Instandsetzung und wie wird sie durchgeführt?

Die Instandsetzung umfasst alle Maßnahmen, um eine Maschine nach einem erzwungenen Stillstand wieder einsatzfähig zu machen. Sie erfolgt durch Reparatur oder Austausch von Bauteilen.

6

Wie bekommt man Hinweise für die Verbesserung der Schwachstellen einer Fertigungsmaschine?

Erkenntnisse über die Schwachstellen einer Fertigungsmaschine erhält man durch die Dokumentation der Störfälle und der Störfall-Stillstandszeiten der verschiedenen Maschinenbaugruppen über einen längeren Zeitraum.

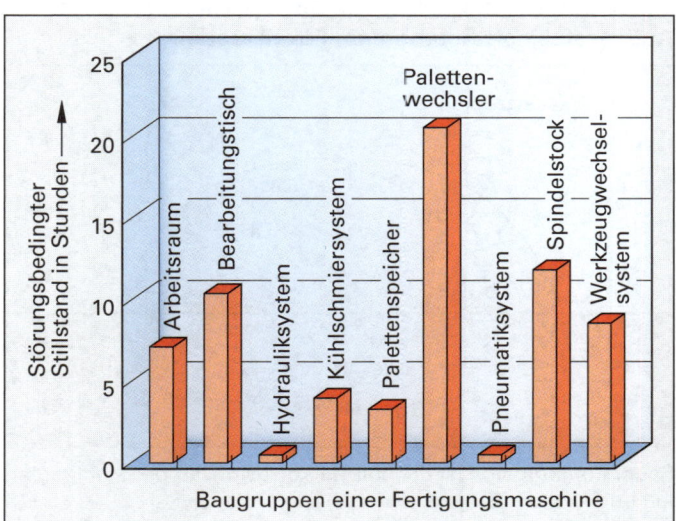

Aus dem Schaubild sieht man, dass Verbesserungen beim Palettenwechsler die größte Verminderung der Stillstandszeiten erbringen. Das Hydraulik- und das Pneumatiksystem hingegen sind wenig reparaturanfällig.

Eine Auswertung der Schwachstellen einer Maschine erfolgt mit der Pareto-Analyse (Seite 27).

Fragen zum Auffinden von Störstellen und Fehlerquellen

1

Welche Methoden dienen zur Störstellensuche?

Einfache Störstellen können durch Sichtprüfung, durch Störgeräuscherkennung, durch Auftreten von Überhitzung und durch Prüfung von Anzeigewerten gefunden werden.

Schwierige Störursachen müssen durch systematische Eingrenzung und Ausschluss ermittelt werden. Dies kann unter Zuhilfenahme einer Störstellensuchhilfe des Maschinenherstellers ermittelt werden.

Moderne Maschinen besitzen ein Störstellen-Diagnosesystem, mit dem die Störursache aufgefunden werden kann. Die Störung wird im Klartext oder mit einer Fehlernummer angezeigt.

2

Welche Unterlagen sind für das Auffinden von Maschinen-Störfallursachen hilfreich?

- Störstellensuchhilfe
- Gesamtzeichnung des mechanischen Aufbaus
- Elektrische, hydraulische und pneumatische Schaltpläne
- Funktionsablaufpläne der Steuerung.

7.4 Korrosion und Korrosionsschutz

Fragen aus Fachkunde Metall, Seite 470

1

Was geschieht bei der Sauerstoffkorrosion?

Auf der feuchten Stahloberfläche kommt es durch Sauerstoffkorrosion zum Rosten des Stahls.

Es laufen dort folgende Vorgänge ab (Bild):

An vielen Stellen löst sich örtlich begrenzt (Lokalanode) das Eisen auf (Fe^{2+}) und reagiert mit dem im Wasser gelösten Sauerstoff zu Rost FeOOH. Er scheidet sich um die Auflösestelle als Rostring ab (Lokalkatode).

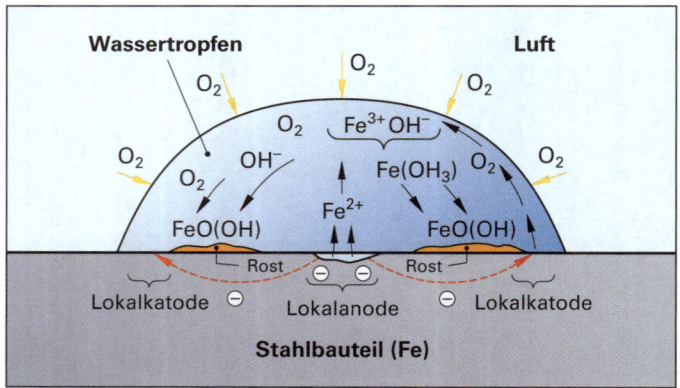

Sauerstoffkorrosion ist die übliche Korrosionsart bei Stahlbauteilen im Freien.

2

Welche elektrochemischen Vorgänge laufen an einem Korrosionselement ab?

Bei einem Korrosionselement geht das unedlere der beiden Metalle, die das Korrosionselement bilden, in Lösung. Am edleren der beiden Werkstoffe bildet sich Wasserstoff.

Durch diese Vorgänge entsteht zwischen den beiden Werkstoffen eine kleine elektrische Spannung, ein Potential. Die Normalpotentiale der Metalle gegen Wasserstoff sind in der Spannungsreihe der Metalle aufgetragen.

3

Welche Korrosionsarten unterscheidet man?

Es gibt eine Reihe von Korrosionsarten: Gleichmäßige Flächenkorrosion, Muldenkorrosion und Lochfraß, Kontaktkorrosion, Spaltkorrosion, Belüftungskorrosion, die selektiven Korrosionsarten interkristalline und transkristalline Korrosion sowie die Spannungsriss- und Schwingungsrisskorrosion (Bilder).

Jede Korrosionsart hat ein typisches Korrosionsbild, aus dem auf die Korrosionsart rückgeschlossen werden kann.

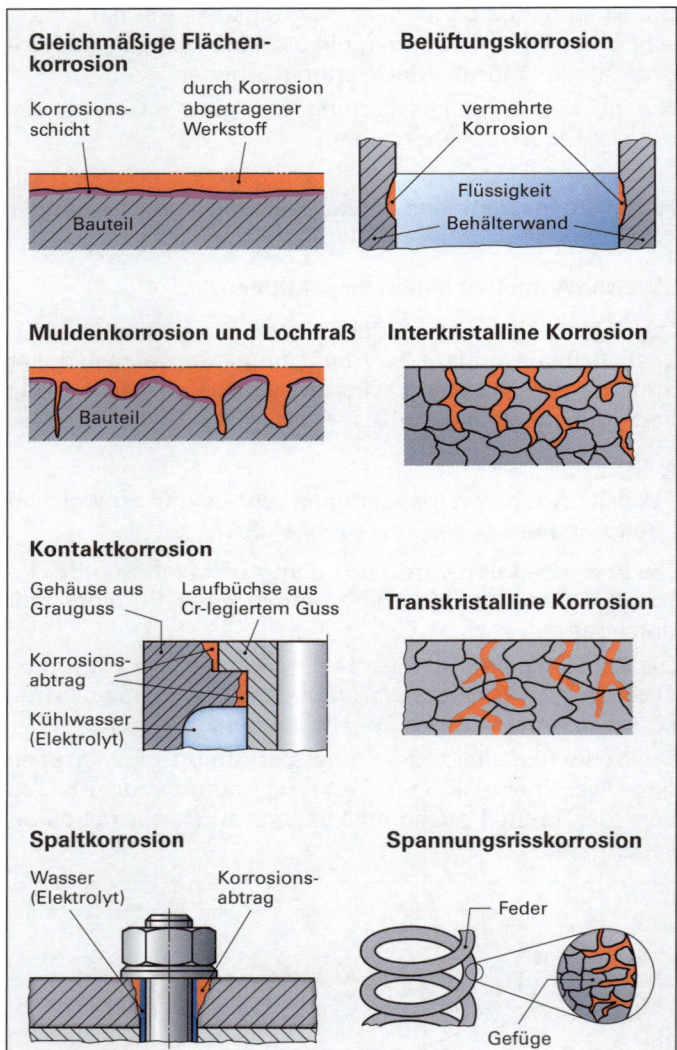

4

Durch welche Maßnahmen wird Korrosion während der spanenden Fertigung vermieden?

Die Korrosion während der spanenden Fertigung wird durch Zusatz von Inhibitoren zum Kühlschmierstoff vermieden. Inhibitoren sind passivierend wirkende Öle oder Salze, die einen Schutzfilm auf dem Werkstoff bilden.

Direkt nach der spanenden Fertigung muss das Werkstück durch Trocknen und Tauchen in Korrosionsschutzöl vor Korrosion geschützt werden.

5

Wie wird die Stahloberfläche vor dem Auftrag eines Korrosionsschutzanstriches behandelt?

Die Stahloberfläche muss von Schmutz und Fett gereinigt werden, z.B. durch Waschen in Waschlauge. Eventuell vorhandener Rost wird z.B. durch Strahlen, Bürsten oder Schleifen abgetragen. Entfettet wird durch Tauchen oder Absprühen mit Waschlösungen.

Ein zusätzlicher Schutz gegen Unterrosten eines Anstrichs wird durch Phosphatieren oder einen Wash-Primer-Anstrich erreicht.

Ergänzende Fragen zu Korrosion und Korrosionsschutz

6

Was ist ein Korrosionselement?

Als Korrosionselement bezeichnet man eine Stelle an einem Bauteil oder auf einer Werkstückoberfläche, an der zwei unterschiedliche Metalle oder Gefügebestandteile und Feuchtigkeit vorhanden ist.

Ein Korrosionselement liegt z.B. an der Schadstelle einer Metallbeschichtung (oberes Bild) oder an der Berührungsstelle zweier Bauteile aus verschiedenen Metallen vor (unteres Bild).

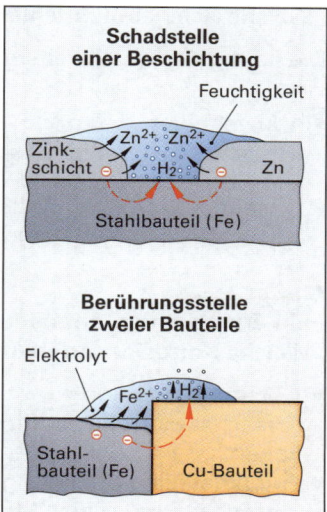

7

Warum wird bei einem Riss in der metallischen Schutzschicht je nach Metallüberzug einmal die Schutzschicht und zum anderen Mal das Grundmetall angegriffen?

Angegriffen wird immer das Metall, das elektrochemisch den Minuspol bildet.

Bei einer Zinkbeschichtung auf Stahl ist Zink der Minuspol, d.h. die Zinkbeschichtung wird angegriffen.

Bei einer Nickelbeschichtung auf Stahl ist der Stahl der Minuspol, also wird der Stahl angegriffen.

Eine Nickelbeschichtung wirkt so lange korrosionsschützend, wie sie keine Schadstellen hat. Eine Zinkbeschichtung hingegen wirkt so lange korrosionsschützend, bis der lezte Rest der Zinkbeschichtung aufgelöst ist.

8

Was ist selektive Korrosion?

Bei der selektiven Korrosion (selektiv bedeutet auswählend) werden bevorzugt nur bestimmte Gefügebestandteile des Werkstoffs angegriffen und zerstört.

Verläuft die Korrosion zwischen den Kristallen, so spricht man von interkristalliner Korrosion, verläuft sie innerhalb der Kristalle, so nennt man sie transkristalline Korrosion.

9

Welche Werkstoffe sind gegenüber Reinluftatmosphäre korrosionsbeständig?

Besonders hochlegierte Chrom-Nickel-Stähle, wie z.B. X6CrNiTi18-10 oder Kupfer, Aluminium und Titan sowie deren Legierungen sind in Reinluftatmosphäre korrosionsbeständig.

10

Worin besteht der Unterschied zwischen elektrochemischer und chemischer Korrosion?

Bei der elektrochemischen Korrosion laufen die Korrosionsvorgänge auf der Metalloberfläche in einer meist dünnen, leitenden Wasserschicht ab. Sie wirkt als Elektrolyt.

Bei der chemischen Korrosion reagiert der Werkstoff direkt mit dem angreifenden Wirkstoff, also ohne die Mitwirkung eines Elektrolyts.

11

Unter welchen Bedingungen kommt es zur elektrochemischen Sauerstoffkorrosion?

Elektrochemische Sauerstoffkorrosion tritt auf, wenn die Oberflächen unlegierter oder niedrig legierter Stähle mit einer Feuchtigkeitsschicht bedeckt sind.

Ein mikroskopisch dünner Feuchtigkeitsfilm ist im Freien und in feuchten Räumen auf Metallteilen praktisch immer vorhanden.

12

Was versteht man unter korrosionsschutzgerechter Konstruktion?

Die Gestaltung von Bauteilen und Werkstücken nach Gesichtspunkten, die Angriffsmöglichkeiten für Korrosion vermeidet.

Zu vermeiden sind z.B. Kontaktstellen zweier unterschiedlicher Metalle, Spalte, gegliederte Oberflächen, Kerben.

13

Wie schützt man frisch gespante Werkstücke bis zum nächsten Bearbeitungsschritt vor Korrosion?

Man taucht sie kurz in Korrosionsschutzöl, das Inhibitorsubstanzen und einen Wasserverdrängerzusatz enthält.

Der Wasserverdrängerzusatz beseitigt Wasserreste des Kühlschmiermittels von der Werkstückoberfläche.

Die Inhibitorsubstanzen binden korrosionsverursachende Salzreste.

Das Korrosionsschutzöl überzieht das Werkstück mit einer schützenden, dünnen Ölschicht.

14

Wie wirkt der katodische Korrosionsschutz mit Opferanoden?

Beim Korrosionsschutz mit Opferanoden wird ein zu schützendes Bauteil, z.B. ein Pipelinerohr, leitend mit Magnesium-Opferanoden verbunden, die um das Rohr angeordnet sind (Bild). Das Bauteil ist der positive Pol (Katode) dieses galvanischen Elements und wird deshalb vor Korrosion geschützt.

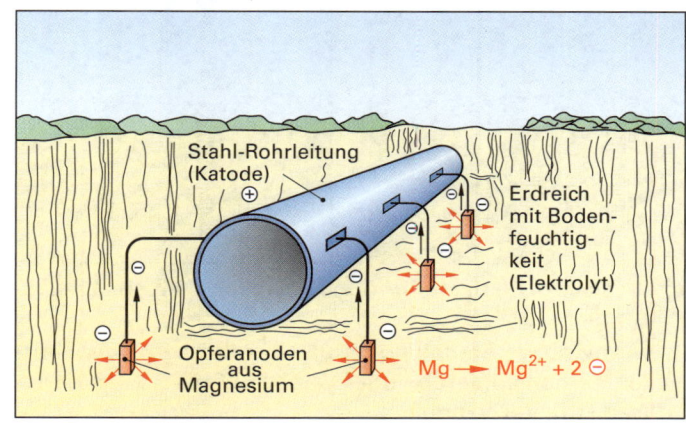

15

Wie wird das Feuerverzinken durchgeführt?

Das zu verzinkende Werkstück aus Stahl wird kurz in ein Zinkschmelzbad (450 °C) getaucht. Dabei reagiert der Stahl auf seiner Oberfläche mit dem Zink und bildet eine fest haftende dünne Zinkbeschichtung.

16

Wie sind Korrosionsschutzanstriche aufgebaut?

Einfache Korrosionsschutzanstriche bestehen aus einem Phosphat-Haftgrund, einem Grundanstrich und einem Deckanstrich.

Aufwändige Korrosionsschutzanstriche sind aus bis zu sechs Schichten aufgebaut.

7.5 Schadensanalyse und Schadensvermeidung

1

Welche Möglichkeiten gibt es, um die Ursache eines Bauteilschadens festzustellen?

Zur Ermittlung von Schadensursachen dienen:

- Schadensbilder des Bauteils, z.B. von Rissen, Verformungen, Bruchbildern, die man mit speziellen Verfahren erstellt hat.
- Klärung, ob eine mechanische Überlastung zum Schaden geführt hat, z.B. durch das Bruchbild.
- Klärung, ob nicht zulässige Umgebungsbedingungen zum Bauteilversagen geführt haben, wie zu hohe Temperatur oder korrosive Medien, z.B. durch Bauteilschäden.
- Mikroskopische Gefügeuntersuchungen, Bauteil-Betriebslasten-Prüfungen usw.

2

Wie kann nach dem Auftreten eines Bauteilschadens derselbe Schaden in Zukunft vermieden werden?

- Durch Verändern der Konstruktion des Bauteils.
- Durch die Wahl eines geeigneteren Werkstoffs für das Bauteil.
- Durch bessere Wartung des Bauteils, wie z.B. durch kürzere Schmierintervalle bei Lagern.

3

Welche Ursachen könnten die nachfolgend gezeigten Schäden haben und wie könnten sie in Zukunft vermieden werden?

a) Dauerbruch bei einer Getriebewelle

b) Auskolkung auf einer Lagerlauffläche

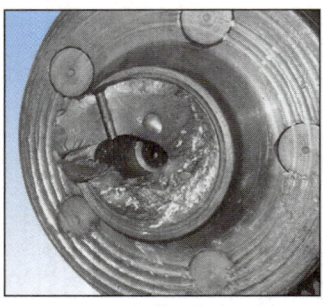 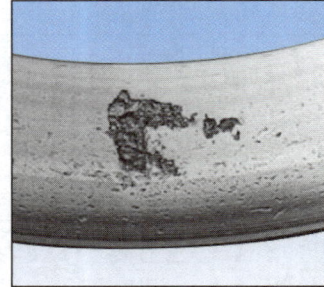

a) Ursache: Überlastung durch zu hohe Wechselbelastung.

Vermeidung: Bauteil konstruktiv verbessern bzw. stärker dimensionieren oder einen höher belastbaren Werkstoff verwenden.

b) Ursache: Materialermüdung durch zu hohe Belastung oder mangelhafte Schmierung.

Vermeidung: Verbessern der Schmierung oder Lager mit höherer Belastbarkeit auswählen.

4

Woran erkennt man einen Dauerbruch (Ermüdungsbruch)?

Dauerbrüche sind zu erkennen an einer oder mehreren Anrissstellen, einer Dauerbruchzone (glatte, matte Oberfläche) mit Rastlinien und einem Restbruch (Gewaltbruch) mit glänzendem, körnigem Bruchgefüge.

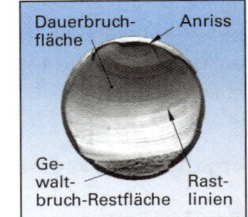

5

Welche Schweißnahtfehler gibt es?

Die häufigsten, festigkeitsmindernden Schweißnahtfehler sind

- Wurzelfehler.
  Ursache: zu wenig Zusatzwerkstoff beim Schweißen
- Bindefehler.
  Ursache: zu niedrige Schweißtemperatur.

6

Ein Bauteilbruch entsteht häufig an Korrosionsstellen. Welche Korrosionsarten unterscheidet man dabei?

- Lochfraßkorrosion.
  Ursache: korrosives Einwirkmedium, meist Chloridionen.
- Interkristalline Spannungsrisskorrosion.
  Ursache: aggressives Medium bei großer Belastung.

7.6 Beanspruchung und Festigkeit der Bauelemente

Fragen aus Fachkunde Metall, Seite 474

1

Welche Beanspruchungsarten unterscheidet man?

Nach der Richtung der angreifenden Kräfte unterscheidet man folgende Beanspruchungsarten: Zug, Druck, Abscherung, Biegung und Verdrehung. Sonderformen der Druckbeanspruchung sind die Flächenpressung und die Knickung.

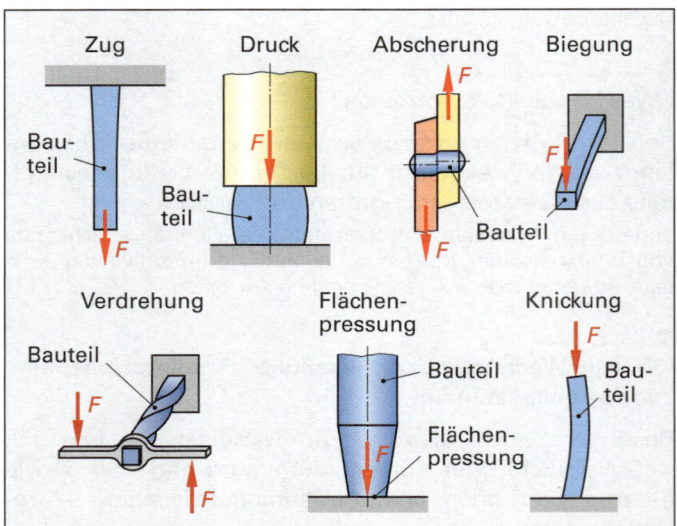

2

Was versteht man unter der Festigkeit eines Werkstoffs?

Unter der Festigkeit versteht man die höchstmögliche Spannung, die im Werkstoff herrschen kann. Sie führt zum Bruch des Werkstoffes.

Jeder Beanspruchungsart wird eine Festigkeit zugeordnet, z.B. der Beanspruchungsart Zug die Zugfestigkeit, der Beanspruchungsart Druck die Druckfestigkeit.

3

Welche Maßnahmen dienen zur Verminderung der Kerbwirkung?

Die Kerbwirkung kann konstruktiv vermindert werden durch Rundungen oder Freistiche anstatt scharfer Ecken an Wellenabsätzen und durch Entlastungskerben (Bild). Bei ebenen Bauteilen wird die Kerbwirkung durch Erhöhen der Oberflächengüte vermieden.

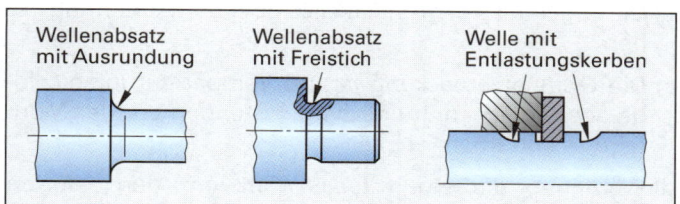

4

Warum ist die zulässige Spannung geringer als die maßgebende Grenzspannung?

Die zulässige Spannung in einem Bauteil muss aus Sicherheitsgründen wesentlich unterhalb der maßgebenden Grenzspannung liegen.

Das Verhältnis von maßgebender Grenzspannung R_e zu zulässiger Spannung σ_{zul} wird durch die Sicherheitszahl ν angegeben.

$$\nu = \frac{R_e}{\sigma_{zul}}$$

Ergänzende Fragen zur Beanspruchung und Festigkeit

5

Was versteht man unter dynamischer Belastung?

Bei dynamischer Belastung ändern sich die Größe und gegebenenfalls auch die Richtung der Belastung dauernd.

Man unterscheidet zwischen dymanisch-schwellender, dynamisch-wechselnder und allgemein-dynamischer Belastung (Bild).

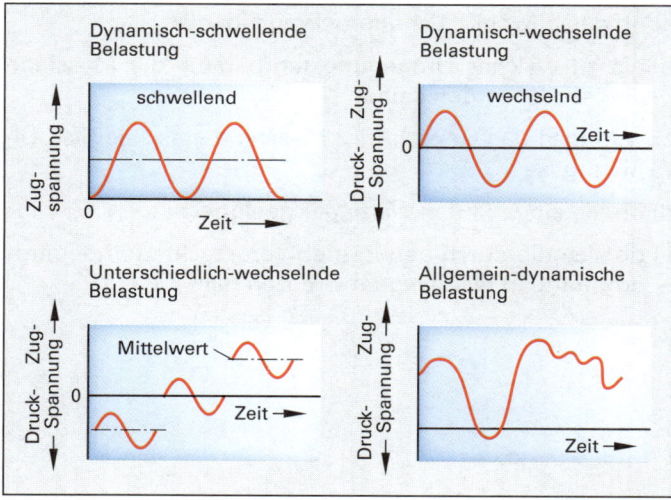

6

Wovon ist die Dauerfestigkeit eines Bauteils mit Kerbe abhängig?

Die Dauerfestigkeit ist von der Form und der Größe der Kerbe abhängig.

Als Kerben wirken vor allem Querschnittsveränderungen an Bauteilen, wie z.B. Wellenabsätze, Nuten, Eindrehungen und raue Oberflächen. Grafitlamellen in Gusseisen wirken wie innere Kerben.

7

Welches ist die maßgebende Grenzspannung für ein Werkstück, das statisch auf Zug beansprucht wird und das aus einem zähen Werkstoff besteht?

Die maßgebende Grenzspannung bei statischer Belastung ist die Streckgrenze R_e oder die 0,2%-Dehngrenze $R_{p0,2}$.

Bei dynamischer Beanspruchung ist die Dauerfestigkeit die maßgebende Grenzspannung.

8

Welches sind die Hauptbeanspruchungen, die auf einen Bohrer wirken?

Auf Torsion (Verdrehung) wird der Bohrer durch die Schneidkraft am Werkstück beansprucht.

Auf Druck wird der Bohrer durch die Vorschubkraft beansprucht.

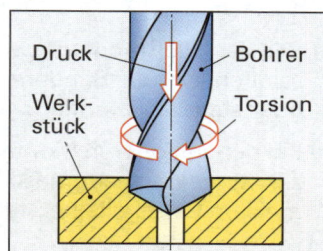

9

Was versteht man unter der Elastizität eines Werkstoffes?

Elastizität ist das Vermögen eines Werkstoffes, Verformungen durch Krafteinwirkung nach Kraftwegnahme wieder rückgängig zu machen.

10

Der Zugversuch an einer Werkstoffprobe mit d = 10 mm und L_o = 100 mm liefert folgende Messwerte:
Zugkraft bei der Streckgrenze F_e = 27,882 kN
Höchstzugkraft F_m = 38,485 kN
Messlänge nach dem Bruch L_u = 122 mm
Berechnen Sie: **a) Streckgrenze R_e**
b) Zugfestigkeit R_m   **c) Bruchdehnung A**
d) Welche unlegierten Baustähle weisen die berechneten Kennwerte auf? (Verwenden Sie zur Information ein Tabellenbuch.)

a) $R_e = \dfrac{F_e}{S_o}$ mit $S_o = \dfrac{\pi \cdot d^2}{4}$ $\Rightarrow$ $R_e = \dfrac{F_e \cdot 4}{\pi \cdot d^2}$

  $R_e = \dfrac{27\,882 \text{ N} \cdot 4}{10^2 \text{ mm}^2 \cdot \pi} = \mathbf{355 \ \dfrac{N}{mm^2}}$

b) $R_m = \dfrac{F_m}{S_o} = \dfrac{38\,485 \text{ N} \cdot 4}{10^2 \text{ mm}^2 \cdot \pi} = \mathbf{490 \ \dfrac{N}{mm^2}}$

c) $A = \dfrac{L_u \cdot L_o}{L_o} \cdot 100\,\%$

  $A = \dfrac{122 \text{ mm} - 100 \text{ mm}}{100 \text{ mm}} \cdot 100\,\% = \mathbf{22\,\%}$

d)   S355JR, S355JO, S355J2, S355K2

Testfragen zu Montage, Inbetriebnahme, Instandhaltung

Montagetechnik

TMo 1
Welche Aussage über die Montagetechnik ist richtig?

a) Der Montageplan enthält die Zeitvorgaben zur Herstellung der Einzelteile.

b) Die Reihenfolge des Zusammenbaus der Einzelteile wird von den Monteuren festgelegt.

c) Unter einer Baugruppe versteht man die Vormontage zweier Einzelteile.

d) Die Endmontage erfolgt wegen der Transportschwierigkeiten stets beim Kunden.

e) Fertig montierte Erzeugnisse werden zur Überprüfung, zum Transport oder zur Reparatur demontiert.

TMo 2
Welche Aussage zur Organisationsform bei der Montage ist falsch?

a) Bei der Fließmontage werden Baugruppen oder Maschinen z.B. an Bändern oder Hängebahnen gleitend oder stationär montiert.

b) Bei der stationären Montage erfolgt der Zusammenbau z.B. einer Werkzeugmaschine in der Abteilung, die die meisten Einzelteile herstellt.

c) Bei der gleitenden Fließmontage bewegen sich die zu montierenden Erzeugnisse an den Mitarbeitern vorbei.

d) Bei der stationären Montage müssen Einzelteile oder vormontierte Baugruppen sowie Vorrichtungen zum Montageplatz transportiert werden.

e) Bei der stationären Fließmontage bewegen sich die Mitarbeiter zu den einzelnen Montageplätzen.

TMo 3
Welche Antwort zur Montage von Kegelrädern ist falsch?

a) Bei ineinander kämmenden Kegelrädern wird der richtige Bauabstand durch Probefügen ermittelt.

b) Spiel zwischen den Zähnen der Kegelräder kann durch schnelles Hin- und Herdrehen der Kegelräder festgestellt werden.

c) Mit Spaltlehren kann das richtige Einbaumaß ermittelt werden.

d) Die Kegelräder müssen so montiert werden, dass ihre Zähne mit Vorspannung aneinander liegen.

e) Das Tragbild kann durch geringes axiales Verschieben der Räder verändert werden.

TMo 4
Welche Aussage zur Automation der Montage ist falsch?

Die Automation soll ...

a) bei Großpressen Anschlussaufträge sichern.

b) die Qualität der Erzeugnisse steigern.

c) die Arbeitsproduktivität erhöhen.

d) die Montagezeiten verkürzen.

e) die Rentabilität des Betriebes erhöhen.

TMo 5
Was ist bei der Montage von Wälzlagern zu beachten? Welche Antwort ist richtig?

a) Das Korrosionsschutzöl muss ausgewaschen werden.

b) Die Fügekraft soll grundsätzlich über den Außenring gehen.

c) Die Originalverpackung ist, um Temperaturunterschiede auszugleichen, möglichst 24 Stunden vor der Montage zu entfernen.

d) Wälzlager, die einen festen Sitz erfordern, dürfen höchstens auf 300 °C erwärmt werden.

e) Der Lagerring mit der größeren Fügekraft wird möglichst zuerst montiert.

TMo 6
Was ist bei der Montage von Dichtelementen zu beachten? Welche Aussage ist falsch?

a) Bauteile und Dichtelemente sind vor der Montage einzufetten bzw. einzuölen.

b) Bei ungünstigen Einbauverhältnissen sind Montagedorne bzw. Montagehülsen zu verwenden.

c) Alle Dichtelemente müssen vor dem Einbau in einem die Oberfläche anlösenden Bad gereinigt werden.

d) Bei der Montage dürfen keine scharfkantigen Werkzeuge verwendet werden.

e) Dichtelemente dürfen nicht überdehnt werden.

TMo 7
Wozu dient der Probelauf einer Maschine?

Beim Probelauf wird unter anderem festgestellt,

a) ob das gewählte Schmieröl brauchbar ist.

b) bis zu welcher Umgebungstemperatur die Maschine eingesetzt werden kann.

c) wie hoch das Gewicht der Maschine einschließlich Ölfüllung ist.

d) ob die eingebauten Wälzlager geeignet sind.

e) ob sich die durch den Betrieb verursachte Temperaturerhöhung in festgelegten Grenzen hält.

Inbetriebnahme

TMo 8

Welche Bedingung für den Platz und die Aufstellung ist *nicht* erforderlich, um eine hohe Arbeitsgenauigkeit und einen sicheren Betrieb einer Werkzeugmaschine zu gewährleisten?

a) Der Untergrund der Maschine darf keine Schwingungen und Erschütterungen übertragen.

b) Es darf keine einseitige Erwärmung oder Abkühlung der Maschine auftreten.

c) Die Maschine muss allseitig zugänglich sein

d) Die Maschine darf nicht dem Tageslicht ausgesetzt sein.

e) Um die Maschine muss ein ausreichender Sicherheitsabstand zu Wänden vorhanden sein.

TMo 9

Welche Angabe über eine Maschine ist *nicht* auf der Maschinenkarte genannt?

a) Die Leistungsdaten der Maschine

b) Die wichtigsten Maschinenmaße

c) Der Preis

d) Die Maße des Arbeitsbereichs

e) Der Hersteller und das Baujahr

Instandhaltung

TMo 10

Welche Arbeiten werden im Rahmen der Wartung durchgeführt?

a) Messen, Prüfen, Diagnostizieren

b) Reinigen, Nachfüllen, Schmieren, Nachstellen

c) Auswerten, Analysieren, Protokollieren

d) Prüfen, Entscheiden, Dokumentieren

e) Ausmessen, Reparieren, Austauschen

TMo 11

Was versteht man unter dem Abnutzungsvorrat eines Bauteils?

a) Die minimale Abnutzung, bis zu der das Bauteil eingesetzt werden darf.

b) Die Zeit, während der das Bauteil eingesetzt werden darf.

c) Der Vorrat an Bauteilen, den man bereithalten muss.

d) Den maximalen Maßbereich, bis zu dem das Bauteil abgenutzt werden darf.

e) Den Zeitvorrat, den man für die Abnutzung zur Verfügung hat.

TMo 12

Das Diagramm zeigt die Abnutzungskurve einer Wendeschneidplatte. Wie viel Millimeter des Abnutzungsvorrats sind bei einer Standzeit von 13 Minuten aufgebraucht?

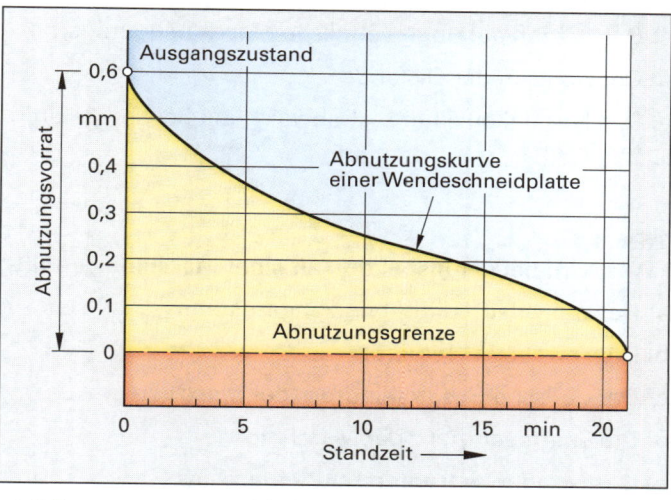

a) 0,5 mm   b) 0,35 mm   c) 0,6 mm

d) 0,3 mm   e) 0,4 mm

TMo 13

Was versteht man unter vorbeugender Instandhaltung?

a) Nach Auftreten eines Schadens wird das beschädigte Bauteil ausgewechselt.

b) Verschleißteile werden in regelmäßigen Zeitabständen ausgewechselt.

c) Werkzeuge werden in regelmäßigen Zeitabständen ausgewechselt.

d) Die Schmierstoffe werden in regelmäßigen Zeitabständen erneuert.

e) Die Maschine wird nach einer bestimmten Zeit verschrottet.

TMo 14

Welche Aussage trifft für die zustandsabhängige Instandhaltung zu?

a) Gute Planbarkeit der Instandhaltungsmaßnahmen.

b) Eingeschränkte Nutzung etwa des hälftigen Abnutzungsvorrats.

c) Maximale Nutzung des Abnutzungsvorrats der Bauteile.

d) Nutzung der Bauteile über den Abnutzungsvorrat hinaus.

e) Kein messtechnischer Aufwand bzw. Inspektionsmittel erforderlich.

TMo 14

Wann erfolgt die regelmäßige Wartung eines Bearbeitungszentrums durch den Maschinenführer?

a) Jede volle Stunde

b) Einmal pro Woche

c) Nach ca. 100 Betriebsstunden

d) Am Ende eines Arbeitstages bzw. einer Schicht

e) Immer, wenn sich eine Arbeitspause ergibt.

TMo 16

Welche der genannten Maßnahmen dient dem Auffinden von Störstellen an einer Maschine?

a) Das Nachstellen eines Anschlagmaßes

b) Das Schmieren aller Schmierstellen

c) Das Achten auf ungewöhnliche Maschinengeräusche

d) Das Ablesen der Ölstände

e) Das Feststellen einer Maßabweichung bei den gefertigten Teilen.

TMo 17

Was wird bei der Inspektion an einer Maschine geprüft?

a) Der Verschleiß- und Abnutzungszustand

b) Der Vorrat an Schmieröl

c) Der optische Gesamteindruck der Maschine

d) Die Energieeffizienz der Maschine

e) Das Fertigungsprogramm der Maschine

TMo 18

Welche Arbeit bzw. Prüfung gehört zur Instandsetzung einer Maschine?

a) Die Maschine wird gründlich gereinigt und geschmiert.

b) Die Maschine wird auf Fertigungsgenauigkeit vermessen.

c) Der Abnutzungsvorrat der Bauteile (Werkzeuge) wird festgestellt.

d) Die Störfallhäufigkeit der einzelnen Baugruppen einer Maschine wird ermittelt.

e) Abgenutzte oder defekte Bauteile werden repariert oder ausgetauscht.

TMo 19

Was versteht man bei einer Werkzeugmaschine unter Einrichtebetrieb?

a) Das Ausrichten der Maschine nach den Hauptachsen des Fertigungsbetriebs.

b) Die Installation der Maschine in der Fertigungshalle.

c) Den Betrieb der Maschine kurz nach der Aufstellung der Maschine.

d) Das Anfahren der Maschine nach der Aufstellung.

e) Das Einrichten der Maschine auf einen neuen Fertigungsschritt.

TMo 20

Welche der genannten Maßnahmen gehört *nicht* zum Auffinden von Störstellen?

a) Prüfen auf Überhitzung

b) Prüfen der elektrischen Spannung

c) Prüfen der Maße der gefertigten Werkstücke

d) Sichtprüfung auf Festsitzen von Maschinenteilen

e) Achten auf ungewöhnliche Maschinengeräusche

Korrosion und Korrosionsschutz

TMo 21

Was versteht man unter Korrosion?

a) Das Abtragen von Werkstoff durch Verschleiß

b) Das Abblättern eines Farbanstrichs

c) Die Reaktion mit Sauerstoff

d) Das Auflösen in Säuren

e) Die Zerstörung metallischer Werkstoffe durch chemische oder elektrochemische Reaktionen

TMo 22

Welches der angeführten Metalle bildet in einem galvanischen Element gegenüber Eisen den Pluspol?

a) Aluminium

b) Zink

c) Magnesium

d) Kupfer

e) Mangan

TMo 23

Bei welcher Werkstoffkombination liegt ein Korrosionselement vor?

a) An der Schadstelle einer Lackschicht auf einem Stahlbauteil

b) An der Berührungsstelle eines Stahl- und eines Kunststoffteils

c) Zwischen den Gefügekörnern eines reinen Metalls

d) Zwischen zwei Stahlblechen, die verklebt sind

e) An der Berührungsstelle zwischen einem Aluminium- und einem Stahlbauteil

TMo 24

Was versteht man unter der Passivierung eines Werkstoffs?

a) Die Randschichthärtung eines Werkstücks

b) Die Lackierung eines Werkstücks

c) Den Korrosionsschutz einer Werkstückoberfläche, z.B. durch einen Chromgehalt im Stahl

d) Das Härten der Werkstückoberfläche

e) Das Beschichten der Oberfläche mit Zink

TMo 25

Was versteht man unter transkristalliner Korrosion?

a) Korrosion zwischen verschiedenen Metallen ohne isolierende Zwischenlage

b) Korrosion zwischen Metallkristallen entlang der Korngrenze

c) Korrosion, die durch die Metallkristalle verläuft

d) Korrosion durch eingepresste Fremdmetalle

e) Keine der genannten Antworten ist richtig

TMo 26

Bei welchen Bedingungen wird ein unlegierter Baustahl nicht korrodiert?

a) In Industrieluft im Freien

b) In Meerluft im Freien

c) In trockener Raumluft

d) In Meerwasser

e) In Landluft im Freien

TMo 27

Welcher Legierungsbestandteil ist in allen nichtrostenden Stählen enthalten?

a) Mangan

b) Chrom

c) Aluminium

d) Wolfram

e) Kupfer

TMo 28

Wie werden Werkstücke aus unlegiertem Stahl zwischen zwei spanenden Fertigungsschritten vor Korrosion geschützt?

a) Durch Abwaschen mit Wasser

b) Durch Tauchen in Korrosionsschutzöl

c) Durch Lackieren

d) Durch Eloxieren

e) Durch Galvanisieren

TMo 29

Was versteht man unter Phosphatieren?

a) Bilden einer Phosphatschicht auf Stahl

b) Bilden einer Phosphorschicht auf Stahl

c) Anstreichen mit Phosphor

d) Galvanisieren aus einer Phosphatlösung

e) Anodisieren

TMo 30

Was ist ein Korrosionsschutzsystem?

a) Das systematische Entrosten

b) Ein mehrschichtiger Anstrich aus Grund- und Deckbeschichtungen

c) Ein System von Korrosionsbehandlungen

d) Ein System von besonderen Wirkstoffkombinationen

e) Ein System zum Feuerverzinken

TMo 31

Welches Beschichtungsmetall schützt Stahl bei der Verletzung der Schutzschicht am besten vor dem Unterrosten?

a) Kupfer   b) Blei   c) Nickel   d) Zinn   e) Zink

TMo 32

Woraus besteht eine Anodisierschicht auf einem Aluminium-Bauteil?

a) Aus Klarlack   b) Aus Al_2O_3

c) Aus FeOOH   d) Aus Korrosionsschutzöl

e) Aus Aluminium-Phosphat

Schadensanalyse und Schadensvermeidung

TMo 33

Welche Schadensart ist im Bild gezeigt?

a) Bauteilbruch

b) Grobkorngefüge

c) Auskolkungen

d) Seigerungen und Lunker

e) Schweißnahtfehler

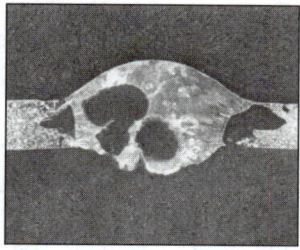

TMo 34

An einem Bauteil ist ein Überlastungsschaden aufgetreten. Welches sind geeignete Maßnahmen, um in Zukunft einen Schaden an diesem Bauteil zu vermeiden?

a) Die Maschine wird nur noch bei halber Fertigungsleistung gefahren.

b) Das neue Bauteil wird aus einem höher belastbaren Werkstoff gefertigt.

c) Das neue Bauteil wird häufigeren Inspektionen unterzogen.

d) Das Bauteil wird mit „Spiel" in die Maschine eingebaut.

e) Das neue Bauteil wird mit einem Schutzanstrich versehen.

Beanspruchung und Festigkeit der Bauelemente

TMo 35

Auf welche Beanspruchungsarten wird ein Fräserdorn beim Fräsen beansprucht?

a) Zug und Verdrehung

b) Druck und Biegung

c) Abscherung und Druck

d) Biegung und Verdrehung

e) Flächenpressung und Druck

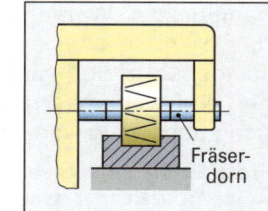
Fräserdorn

TMo 36

Welche Belastungsart ist im Bild dargestellt?

a) Statische Belastung

b) Dynamisch-schwellende Belastung

c) Dynamisch-wechselnde Belastung

d) Allgemein-dynamische Belastung

e) Dynamisch-pendelnde Belastung

TMo 37

Nach welcher Formel berechnet man die zulässige Spannung für Bauteile aus Stahl?

a) $\sigma_{zul} = \nu \cdot R_e$ b) $\sigma_{zul} = \dfrac{\nu}{R_e}$

c) $\sigma_{zul} = \dfrac{R_e}{\nu}$ d) $\sigma_{zul} = R_e \cdot \nu$

e) $\sigma_{zul} = \dfrac{1}{R_e} \cdot \nu$

8 Automatisierungstechnik

8.1 Steuern und Regeln

Fragen aus Fachkunde Metall, Seite 482

1
Welche Eigenschaften hat eine Verknüpfungssteuerung?

Bei einer Verknüpfungssteuerung erfolgt das Weiterschalten in den nächsten Schritt erst durch das Verknüpfen mehrerer Eingangssignale.

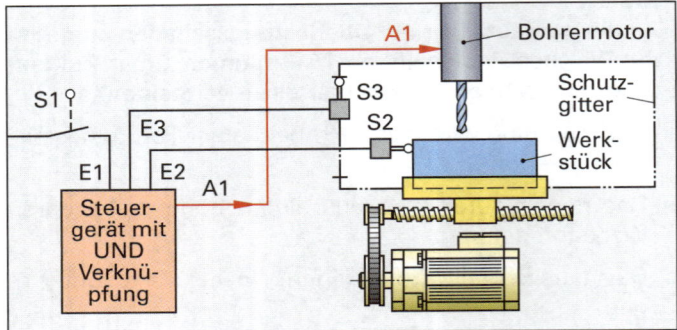

So kann z.B. mit einer UND-Verknüpfung erreicht werden, dass eine Anlage erst in Betrieb genommen wird, wenn der Schutzgitterschalter geschlossen (Schalter S3) UND ein Werkstück eingelegt (Schalter S2) UND die Starttaste S1 gedrückt ist.

2
Wodurch unterscheiden sich die beiden Arten der Ablaufsteuerungen voneinander?

Ablaufsteuerungen können zeitabhängig oder prozessabhängig sein. Während bei zeitabhängigen Steuerungen das Weiterschalten in den nächsten Schritt durch einen Taktgeber erfolgt, wird bei prozessabhängigen Steuerungen erst weitergeschaltet, wenn der vorausgehende Vorgang abgeschlossen ist.

Prozessabhängige Steuerungen werden auch als Wegplansteuerungen bezeichnet, wenn die Steuerschritte den abgefahrenen Wegen einer Arbeitsmaschine entsprechen.

3
Wie unterscheidet sich eine verbindungsprogrammierte Steuerung von einer speicherprogrammierten Steuerung?

Bei verbindungsprogrammierten Steuerungen ist der Ablauf durch die Bauteile und deren Verbindungen fest vorgegeben.

Bei speicherprogrammierten Steuerungen wird der Ablauf durch ein gespeichertes Programm festgelegt.

Für eine Programmänderung müssen bei verbindungsprogrammierten Steuerungen Bauteile und Leitungsverbindungen gewechselt werden. Bei speicherprogrammierten Steuerungen ist das Programm durch Umprogrammieren änderbar.

4
Wie unterscheiden sich unstetige und stetige Regler?

Ein unstetiger Regler (Zweipunktregler) besitzt nur die Schaltstellungen EIN und AUS. Bei einem stetigen Regler hängt die Größe des Ausgangssignals von der Größe des Eingangssignals ab.

So wird z.B. bei einem Härteofen durch einen unstetigen Regler der Heizstrom nur ein- oder ausgeschaltet. Bei einem stetigen Regler wird der Heizstrom in Abhängigkeit von der Temperaturdifferenz verstellt.

5
Welche Eigenschaften hat ein P- bzw. I-Regler?

P-Regler (Proportionalregler) reagieren schnell auf Signaländerungen, besitzen aber eine bleibende Regelabweichung.

I-Regler (Integralregler) sind langsamer als P-Regler, beseitigen aber die Regelabweichung vollständig.

Eine Kombination der beiden Reglerarten (PI-Regler) verbindet die Vorteile beider Regelverhalten.

6
Was bewirkt der D-Anteil bei einem stetigen Regler?

Der D-Anteil eines Reglers beschleunigt die Stellgröße und bewirkt damit ein schnelleres Eingreifen des Reglers (Bild).

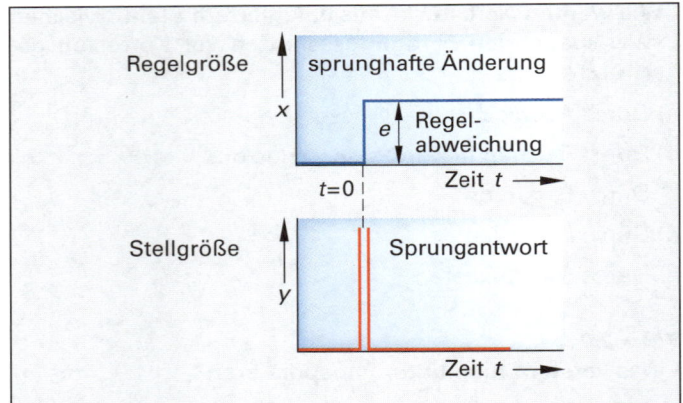

Der D-Anteil kann nur zusammen mit einem P-, I- oder PI-Regler angewendet werden, z.B. in einem PID-Regler.

7
Nennen Sie zwei Anwendungsbeispiele von PID-Reglern.

Mit PID-Reglern kann z.B. die Drehzahl von Motoren oder die Temperatur von Wärmeeinrichtungen unabhängig von der Störgröße konstant gehalten werden.

Auftretende Störungen werden durch eine angepasste Änderung der Stellgröße ausgeglichen.

Ergänzende Fragen zu Grundbegriffe der Steuer- und Regeltechnik

10
Welche Vor- und Nachteile haben zeitabhängige Steuerungen?

Vorteilhaft ist der vorausbestimmbare Zeitbedarf, der eine Abstimmung mehrerer Anlagen aufeinander erleichtert.

Nachteilig ist, dass der Taktgeber auch bei Störungen weiterläuft.

Verkehrsampeln werden meist mit einem Taktgeber zeitabhängig gesteuert und können daher nicht auf ein geändertes Verkehrsaufkommen reagieren.

9

Was wird bei einem Blockschaltplan dargestellt?

Ein Blockschaltplan enthält den vereinfachten Ablauf einer Steuerung oder Regelung.

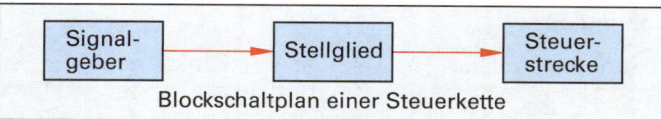

Blockschaltplan einer Steuerkette

Jedes für die Anlage wichtige Element wird als Rechteck dargestellt. Pfeile geben die Wirkungsrichtung an.

10

Nennen Sie Elemente und Begriffe, aus denen eine Steuerung aufgebaut ist.

- *Signalgeber* erzeugen die Signale für die Steuerbefehle.

- Die *Stellgröße* ist die physikalische Größe, z.B. die elektrische Spannung, die von der Steuerung direkt beeinflusst wird.

- Die *Steuergröße,* z.B. die Geschwindigkeit und Bewegungsrichtung eines Maschinentisches, ist die Ausgangsgröße einer Steuerung.

- Die *Steuerstrecke* nennt man den gesamten gesteuerten Bereich einer Anlage.

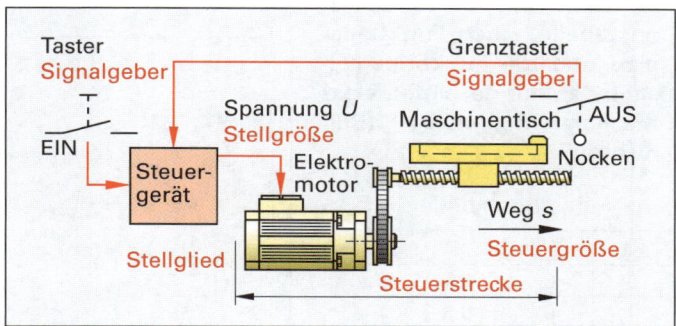

Eine Steuerung stellt einen offenen Wirkungsablauf dar, der durch die Eingabe der Steuersignale über die Änderung der Stellgröße den Wert der Steuergröße beeinflusst.

11

Erläutern Sie den Begriff Regeln am Beispiel der Lageregelung eines Maschinentisches (Bild).

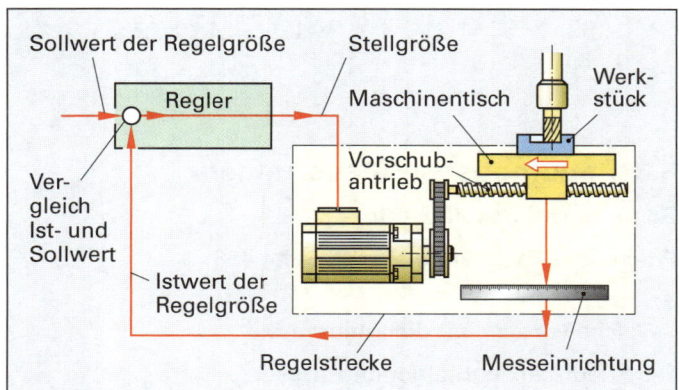

- Eine Wegmesseinrichtung stellt fortlaufend die momentane Stellung des Maschinentisches fest: Ermitteln des Istwertes der Regelgröße (Bild).

- Der Regler vergleicht den gemessenen Istwert mit dem vorgegebenen Sollwert der Regelgröße.

- Eine Regelabweichung (Differenz zwischen Ist- und Sollwert) bewirkt eine entsprechende Änderung des Vorschubantriebes, bis Istwert und Sollwert übereinstimmen.

- Der Wirkungsablauf findet in einem geschlossenen Regelkreis statt.

8.2 Grundlagen und Grundelemente von Steuerungen

1

Wodurch sind digitale Signale gekennzeichnet?

Digitale Signale stellen Zahlenwerte dar. Sie sind als Binärzahlen oder als dezimale Gruppen von Binärzahlen codiert.

Digitale Signale werden meist zum Übertragen und Auswerten von Messergebnissen, z.B. bei Wegmesssystemen, verwendet.

2

Welche Vor- und Nachteile haben analoge Signale gegenüber binären Signalen?

Vorteile: Bei der Verwendung analoger Signale ist die Steuergröße proportional der Eingangsgröße. Eine stufenlose Verstellung, z.B. eines Ventils über einen Steuernocken, ist dadurch sehr einfach.

Nachteile: Für viele Steuerstrecken ist eine binäre Steuerung erforderlich, z.B. EIN-AUS, RECHTS-LINKS. In diesem Falle ist eine Signalumwandlung nötig. Zur Umwandlung in digitale Signale müssen für analoge Signale Grenzwerte bestimmt werden.

3

Eine Anlage darf nur in Betrieb gehen, wenn 2 Taster gleichzeitig gedrückt werden. Stellen Sie die erforderliche Signalverknüpfung durch einen Logikplan (Schaltzeichen), eine Funktionstabelle und eine Funktionsgleichung dar.

Die Signalverknüpfung wird mit UND bezeichnet.

Funktionstabelle   Schaltzeichen

E1	E2	A1
0	0	0
1	0	0
0	1	0
1	1	1

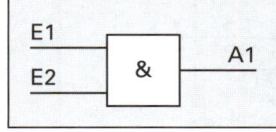

Funktionsgleichung: $E1 \wedge E2 = A1$

4

Was versteht man in der Steuerungstechnik unter einer Signalverarbeitung?

Die Signalverarbeitung beinhaltet die logische Verknüpfung von Signalen (UND, ODER, NICHT), das Einwirken auf ein Zeitverhalten (Verzögerung, Speicherung) und die Verstärkung von Signalen.

Die Signalverarbeitung kann mit unterschiedlichen Energiearten verwirklicht werden. Die Elektronik bietet dabei die größte Vielfalt an Möglichkeiten.

5

Weshalb erfolgt bei Steuerungen und Regelungen meist eine Trennung in Steuer- und Energieteil?

Im Steuerteil der Anlage …

- können ein kleinerer Druck bzw. eine kleinere Spannung verwendet werden. Dies ermöglicht Energieeinsparungen und erübrigt, z.B. bei elektrischen Steuerungen, Schutzmaßnahmen gegen zu hohe Berührungsspannung.

- können Leitungen und Bauelemente wesentlich kleiner ausgelegt sein. Dadurch ist die Miniaturisierung der Teile möglich.

- ist die mögliche Zahl und Vielfalt, z.B. elektronischer Bauelemente, wesentlich größer.

Wegen der kleinen Leistungen im Steuerteil und der erforderlichen großen Leistungen im Energieteil ist zwischen beiden eine Signalverstärkung erforderlich.

6

Wodurch unterscheiden sich die Funktionspläne von den Funktionsdiagrammen?

Funktionspläne zeigen den Steuerungsablauf in aufeinanderfolgenden Schritten auf übersichtliche Weise. Die Schritte sind untereinander angeordnet. Ihre Funktion und Übergangsbedingung wird eingetragen (Bild zu Frage 16 b, Seite 230).

In Funktionsdiagrammen wird der Bewegungsablauf der Arbeitsglieder einer Steuerung und das Zusammenwirken aller Bauteile mit genormten Schaltzeichen dargestellt (Bild zu Frage 12, Seite 219).

7

Eine Kontrolllampe soll leuchten, wenn ein Anschluss ohne Signal ist.
Stellen Sie die erforderliche Signalverknüpfung durch einen Funktionsplan, eine Funktionstabelle und eine Funktionsgleichung dar.

Funktionstabelle

E1	A1
0	1
1	0

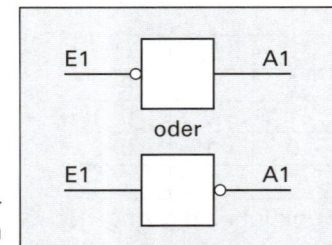

Funktionsplan

Funktionsgleichung: $\overline{E1} = A1$ oder $E1 = \overline{A1}$

Die Verknüpfung wird mit NICHT bezeichnet.

8

In welcher Weise können Steuersignale verknüpft werden?

Die Grundfunktionen der Verknüpfung sind UND, ODER und NICHT.

Durch Kombinationen der Grundfunktionen sind viele Erweiterungen, z.B. NOR und NAND, möglich.

9

Eine Transporteinrichtung kann von zwei Seiten aus durch einen Tastschalter gestartet werden. Stellen Sie die erforderliche Signalverknüpfung durch einen Funktionsplan, eine Funktionstabelle und eine Funktionsgleichung dar.

Funktionstabelle

E1	E2	A1
0	0	0
1	0	1
0	1	1
1	1	1

Funktionsplan

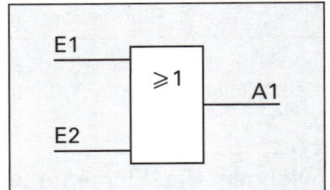

Funktionsgleichung: $E1 \vee E2 = A1$

Die Verknüpfung wird mit ODER bezeichnet.

10

Was kann in Funktionsplänen dargestellt werden?

Funktionspläne dienen der grafischen Darstellung von Verknüpfungs- und Ablaufsteuerungen.

Verknüpfungssteuerungen werden mit den Schaltzeichen der logischen Verknüpfungen, Ablaufsteuerungen mit Schritt- oder Befehlssymbolen dargestellt.

11

Erstellen Sie eine Funktionstabelle, einen Funktionsplan und die Funktionsgleichung zu der gezeigten elektrischen Schaltung (Bild rechts).

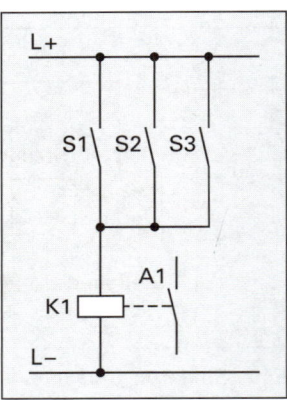

Funktionstabelle

S1	S2	S3	A1
0	0	0	0
1	0	0	1
0	1	0	1
1	1	0	1
0	0	1	1
1	0	1	1
0	1	1	1
1	1	1	1

Funktionsgleichung

$S1 \vee S2 \vee S3 = A1$

Funktionsplan

8.3 Pneumatische Steuerungen

Baugruppen, Bauelemente

Fragen aus Fachkunde Metall, Seite 498

1

Welche Vorteile hat die Pneumatik?

Die Pneumatik hat folgende Vorteile:

- Kräfte und Geschwindigkeiten der Zylinder und Motore sind stufenlos einstellbar.

- Es können hohe Geschwindigkeiten und Drehzahlen erreicht werden.

- Druckluftgeräte können ohne Schaden bis zum Stillstand überlastet werden.

2

Welche Anforderungen werden an das Druckluftnetz gestellt?

- Das Druckluftnetz ist als geschlossene Ringleitung mit beidseitigen Absperrmöglichkeiten zu errichten, damit im Schadensfall die Versorgung aufrechterhalten werden kann (Bild).
- Die Leitungsquerschnitte müssen ausreichend groß sein, damit der Druckverlust gering bleibt.
- Kondenswasser muss aus der Druckluft abgeschieden und aus dem Druckluftnetz entfernt werden.

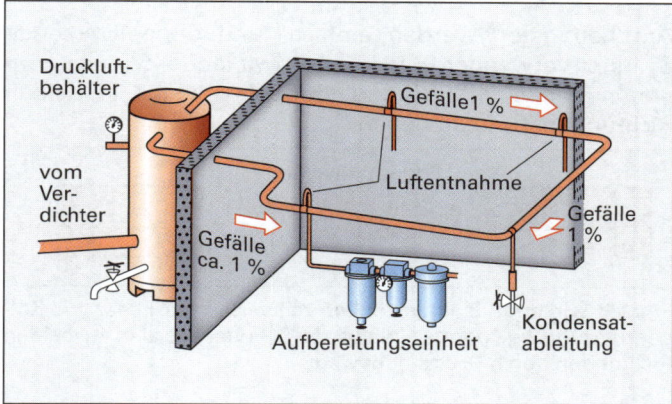

3

Wozu braucht man Aufbereitungseinheiten?

Die Aufbereitungseinheit dient zum Filtern der Druckluft, zum Regeln des Drucks und zum Beimischen von Öl.

Die Aufbereitungseinheit soll möglichst nah vor dem Verbraucher eingebaut werden.

4

Bei welchen pneumatischen Steuerungen wird mit ölfreier Druckluft gearbeitet?

In der Nahrungsmittel- und Computerindustrie ist ölfreie Druckluft zu verwenden.

Zunehmend wird auch zum Schutz der Gesundheit der Mitarbeiter und wegen des Umweltschutzes in anderen Industriezweigen mit ölfreier Luft gearbeitet.

5

Welchen Vorteil haben kolbenstangenlose Zylinder?

Kolbenstangenlose Zylinder benötigen weniger Platz als Zylinder mit Kolbenstangen (Bild).

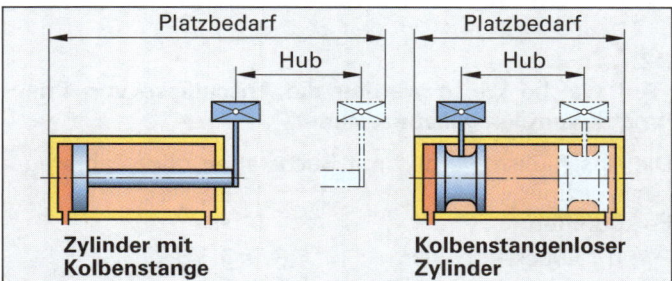

Die Kraftübertragung erfolgt entweder über eine geschlitzte Zylinderwand oder ein Zugband.

6

Mit welchen Bauelementen kann die Geschwindigkeit von Zylindern eingestellt werden?

Mit einem Drosselrückschlagventil (Bild) lässt sich die Kolbengeschwindigkeit stufenlos einstellen.

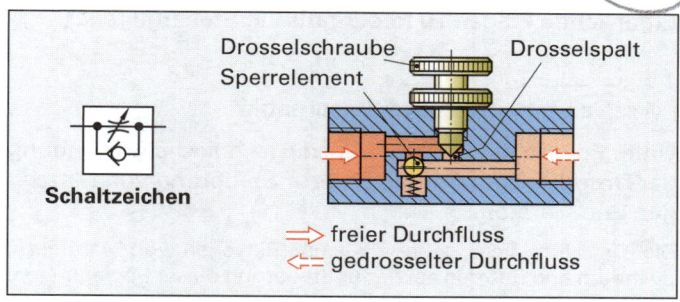

Das Drosselrückschlagventil wird meist in die Abluftleitung des Zylinders eingebaut (Abluftdrosselung).

7

Skizzieren Sie das Schaltzeichen eines 5/3-Wegeventiles, bei dem in der Mittelstellung alle Anschlüsse gesperrt sind und das durch einen Hebel betätigt wird.

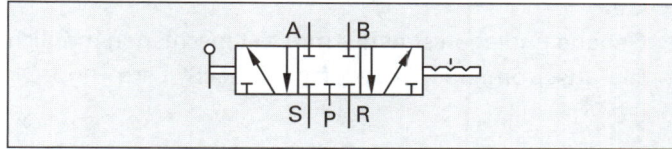

Die Leitungsanschlüsse werden an die Ruhelage der Ventile angezeichnet.

8

Welche Signalverknüpfung ist mit Wechselventilen möglich?

Wechselventile (Bild) bewirken eine ODER-Verknüpfung.

Die Druckluft strömt von P1 oder P2 nach A.

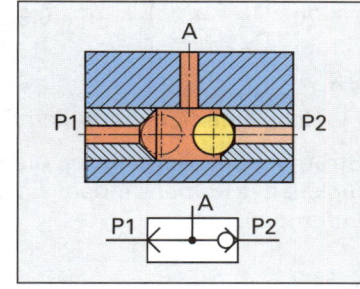

9

Warum bezeichnet man die Funktion von Zweidruckventilen auch als „UND"-Verknüpfung?

Druckluft kann nur durchströmen, wenn die Anschlüsse P1 UND P2 beaufschlagt werden.

10

Welche Aufgaben haben Druckbegrenzungsventile und Druckregelventile?

Druckbegrenzungsventile schützen die Anlage vor einem unzulässig hohen Druck.

Druckregelventile vermindern den Druck aus der Versorgungsleitung in den benötigten Arbeitsdruck und halten diesen konstant.

In jeder Pneumatikanlage muss mindestens ein Druckbegrenzungsventil sein. Meist wird es am Druckkessel angebracht. Druckregelventile befinden sich vor jeder Entnahmestelle. Sie sind meist in der Aufbereitungseinheit integriert.

Ergänzende Fragen zu Pneumatische Steuerungen

11
Was versteht man unter Pneumatik?

Unter Pneumatik versteht man die technische Anwendung der Druckluft zum Antrieb und zur Steuerung von Maschinen und Geräten.

Die Druckluft dient dabei z.B. zum Bewegen von Hämmern, Zylindern und Rotoren sowie zur Steuerung dieser Bewegungen.

12
Welche Nachteile hat die Pneumatik?

Nachteile der Pneumatik sind:

- Große Kolbenkräfte sind nur mit sehr großen Zylinderdurchmessern zu erreichen
- Die Kolbengeschwindigkeit ändert sich mit der Gegenkraft
- Genaue Endlagen sind nur mit Festanschlägen möglich
- Die ausströmende Druckluft verursacht Lärm und Ölnebel

13
Welche wirksame Kolbenkraft hat ein Druckluftzylinder von 100 mm Durchmesser und einem Wirkungsgrad von 90 %, der mit p_e = 7 bar betrieben wird?

$F = p_e \cdot A \cdot \eta$ mit $p_e = 7 \text{ bar} = 70 \, \dfrac{\text{N}}{\text{cm}^2}$

$\boldsymbol{F} = 70 \, \dfrac{\text{N}}{\text{cm}^2} \cdot \dfrac{(10 \text{ cm})^2 \cdot \pi}{4} \cdot 0{,}9 = 4948 \text{ N} \approx \boldsymbol{5 \text{ kN}}$

14
Welche Funktionen erfüllen Stromventile?

Stromventile beeinflussen die Ein- und Ausfahrgeschwindigkeit des Kolbens indem sie die ein- oder ausströmende Luft regulieren.

15
Wozu werden Druckluftmotore verwendet?

Druckluftmotore werden vorwiegend zum Antrieb von leistungsstarken Handgeräten, z.B. Druckluftschraubern, verwendet.

Druckluftmotore sind klein im Verhältnis zu ihrer Leistung und können ohne Schaden bis zum Stillstand überlastet werden.

16
Beschreiben Sie das Arbeitsprinzip eines Kolbenverdichters.

Kolbenverdichter arbeiten nach dem Verdrängungsprinzip:

Luft wird aus der Umgebung in den Zylinder gesaugt, eingeschlossen, komprimiert und in das angeschlossene Drucksystem gepresst (Bild).

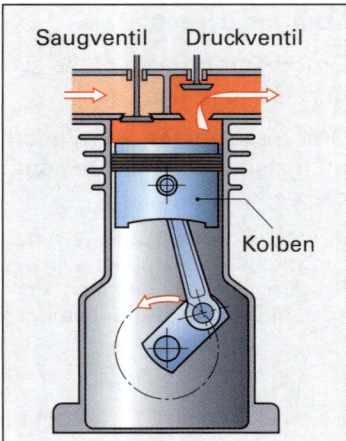

Saugventil   Druckventil

Kolben

17
Welche Aufgaben haben Druckluftbehälter in pneumatischen Anlagen?

Druckluftbehälter sollen …

- die Druckluft speichern und kühlen.
- die restliche Luftfeuchtigkeit abscheiden.
- Druckschwankungen ausgleichen.

18
Welche zwei Zylinderbauarten kommen in der Pneumatik am häufigsten zum Einsatz und worin unterscheiden sie sich?

Am häufigsten werden einfach- und doppeltwirkende Zylinder verwendet (Bild). Einfachwirkende Zylinder können nur in einer Richtung, doppeltwirkende in beiden Richtungen Kräfte abgeben.

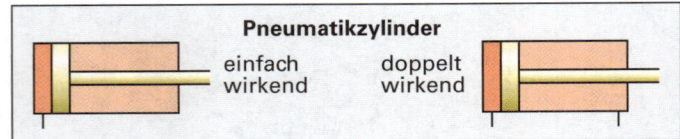

Pneumatikzylinder

einfach wirkend   doppelt wirkend

Einfach wirkende Zylinder haben teilweise eine Feder zur Kolbenrückführung, doppelt wirkende Zylinder werden in beiden Richtungen durch Druckluft bewegt.

19
Welchen Zweck hat die Endlagendämpfung eines Pneumatikzylinders?

Sie verringert die Kolbengeschwindigkeit, sodass der Kolben sanft in seine Endlage fährt.

Die Dämpfung ist besonders beim Bewegen großer Massen wichtig. Sie ist meist einstellbar.

20
In welche Gruppen werden Pneumatikventile unterteilt?

Man unterscheidet Wegeventile, Sperrventile, Stromventile und Druckventile.

Es gibt auch Bauelemente, die mehrere dieser Ventilarten vereinen.

21
Erläutern Sie die Bezeichnung 3/2-Wegeventil.

Das 3/2-Wegeventil ist ein Ventil mit 3 gesteuerten Anschlüssen und 2 Schaltstellungen.

Das Kurzzeichen enthält keine Aussage über die Größe und die Bauart des Ventils.

22
Auf welche Weise werden die Anschlüsse von Pneumatik-Ventilen gekennzeichnet?

Die Anschlüsse werden mit Buchstaben oder Zahlen gekennzeichnet.
Es bedeuten:

P ≙ 1   Druckanschluss   R ≙ 3   Entlüftungen
A ≙ 2   Arbeitsleitung Nr. 1   S ≙ 5
B ≙ 4   Arbeitsleitung Nr. 2   Z ≙ 12   Steuerleitungen
                              Y ≙ 14

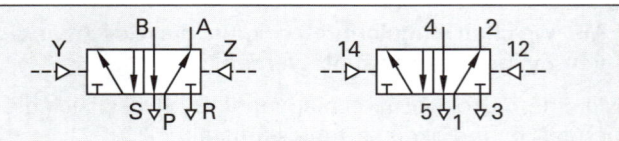

23

Welche Betätigungsarten gibt es für Wegeventile?

Wegeventile können durch Muskelkraft, mechanisch, durch Druck oder elektrisch betätigt werden.

Die elektrische Betätigung wird vielfach mit Druckbetätigung kombiniert, um größere Betätigungskräfte zu erreichen.

24

Welches Ventil wird durch das gezeigte Sinnbild dargestellt?

Ein 3/2-Wegeventil mit elektromagnetischer Betätigung und Federrückstellung.

Das Ventil besitzt 3 Anschlüsse und 2 Schaltstellungen. Die Entlüftung mündet direkt ins Freie.

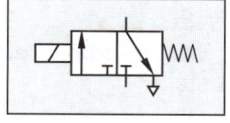

25

Welches Ventil ist zur Steuerung eines einfachwirkenden Zylinders erforderlich?

Erforderlich ist mindestens ein 3/2-Wegeventil (Bild).

Das Ventil hat einen Anschluss für Druckluft (P ≙ 1), einen für die Arbeitsleitung (A ≙ 2) und einen für die Entlüftung (R ≙ 3).

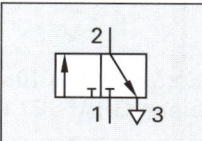

26

Mit welchem Pneumatikventil kann eine UND-Verknüpfung verwirklicht werden?

Mit einem Zweidruckventil (Bild).

Das Zweidruckventil nimmt nur dann am Arbeitsanschluss A (1) den Zustand 1 an, wenn P1 und P2 mit Druckluft beaufschlagt sind.

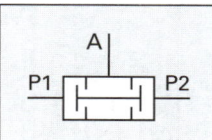

27

Welches Ventil ist zur Steuerung eines doppelt wirkenden Zylinders erforderlich?

Erforderlich ist ein 4/2-Wegeventil oder ein 5/2-Wegeventil (Bild).

Auch Ventile mit 3 Schaltstellungen werden teilweise verwendet.

4/2-Wegeventile haben 1 Entlüftungsanschluss, 5/2-Wegeventile 2 Entlüftungsanschlüsse.

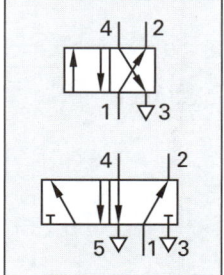

28

Mit welchem Pneumatikventil kann eine ODER-Verknüpfung verwirklicht werden?

Mit einem Wechselventil (Bild).

Bei einem Wechselventil hat der Arbeitsanschluss den Zustand 1, wenn P1 oder P2 mit Druckluft beaufschlagt ist. Gleichzeitig wird der gegenüberliegende Druckluftanschluss gesperrt.

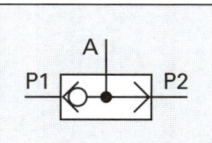

29

Wie arbeitet ein Druckregelventil?

Die aus der Druckleitung über ein Ventil einströmende Luft wirkt auf eine Membrane, die beim Erreichen des eingestellten Druckes das Ventil schließt (Bild). Sinkt der Druck in der Arbeitsleitung, so öffnet das Ventil wieder.

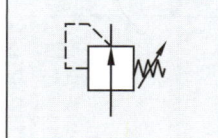

30

Aus welchen Hauptbaugruppen besteht eine Pneumatikanlage?

Eine Pneumatikanlage besteht aus der Verdichteranlage, der Druckluft-Aufbereitung und der eigentlichen Steuerung (Bild).

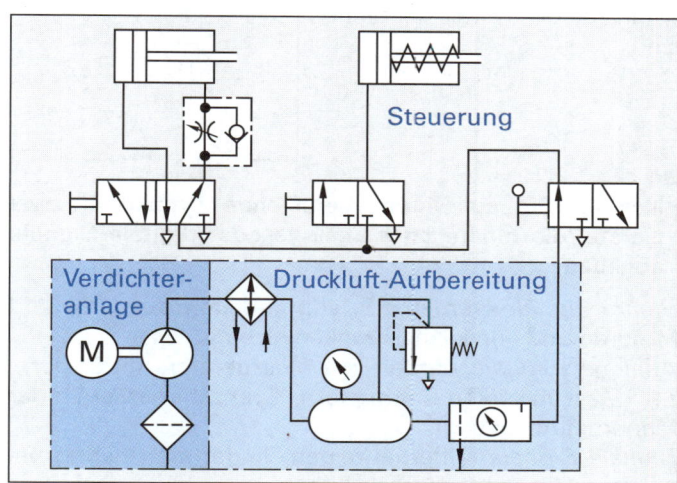

Meist wird eine zentrale Verdichteranlage für viele Verbraucher gemeinsam verwendet.

31

Erläutern Sie die in dem auszugsweise dargestellten Funktionsplan getroffenen Angaben.

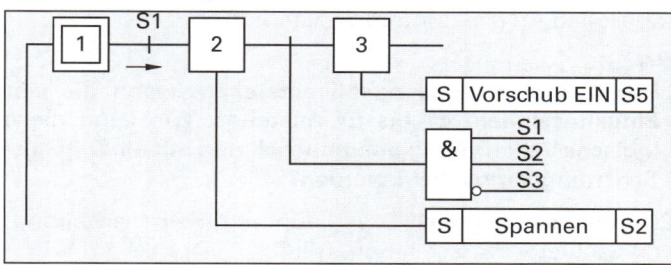

Mit dem Schalter S1 wird der Spannvorgang eingeleitet. Liegen nach dem Abschluss des Spannens die Signale S2 UND S3 UND NICHT S4 an, dann wird der Vorschub eingeschaltet.

32

Erläutern Sie den im Funktionsdiagramm dargestellten Steuerungsablauf.

Bauelemente			Schritt							
Benennung	Nr.	Lage	0	1	2	3	4	5	6	7
Spannzylinder	1.0	2 / 1								
Vorschubzylinder	2.0	2 / 1								
Biegezylinder	3.0	2 / 1								

Schritt 1: Zylinder 1.0 fährt aus
Schritt 2: Zylinder 2.0 fährt im Eilgang vor
Schritt 3: Zylinder 2.0 fährt mit Vorschubgeschwindigkeit
Schritt 4: Zylinder 2.0 fährt ein
Schritt 5: Zylinder 3.0 fährt aus
Schritt 6: Zylinder 3.0 fährt ein
Schritt 7: Zylinder 1.0 fährt ein

33

Wie kann die UND-Verknüpfung auch mit zwei 3/2-Wegeventilen allein verwirklicht werden?

Die Ventile werden in Reihe geschaltet (Bild). Damit kann Druckluft nur durchströmen, wenn beide Ventile betätigt sind.

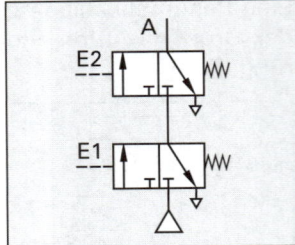

34

Nennen Sie aus Ihrem beruflichen Umfeld je zwei Geräte, die binäre oder analoge oder digitale Signale abgeben.

Binäre Signale werden z.B. von Schaltern für Licht und Motoren und von Lichtschranken erzeugt.
Analoge zSignale werden von Messgeräten mit Zeigern, z.B. Messuhren, Thermometern, Drehzahlmessern oder Manometern erzeugt.
Digitale Signale (Ziffernanzeigen) findet man häufig bei neueren Messgeräten und Uhren.

35

Aus welchen Baugliedern besteht eine Steuerkette?

Eine Steuerkette besteht aus Signalgliedern (z.B. Schalter, Sensoren), Steuergliedern (z.B. Verknüpfungsgliedern, Prozessoren), Stellgliedern (z.B. Schaltgeräten) und Antriebsgliedern (z.B. Motoren, Zylindern).

36

Das Ausgangssignal A soll entstehen, wenn die vier Eingangssignale E1 bis E4 anstehen. Wie kann diese logische Verknüpfung pneumatisch und mit einer Relais-Schaltung verwirklicht werden?

Erforderlich ist eine UND-Verknüpfung (Reihenschaltung) von Ventilen bzw. Schließern (Bild).

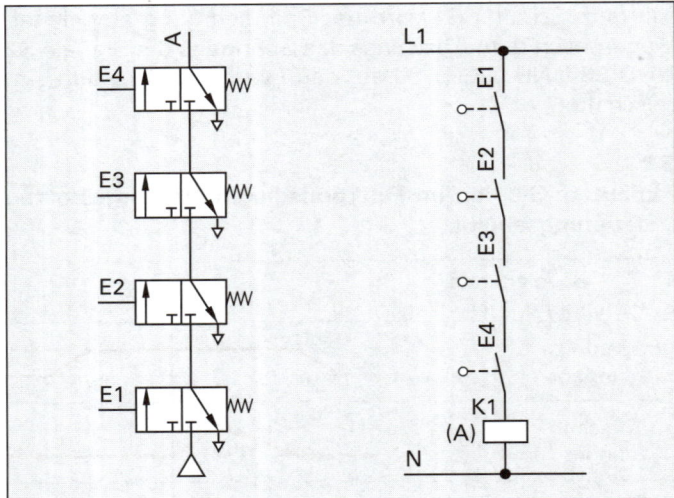

Schaltpläne pneumatische Steuerungen
Fragen aus Fachkunde Metall, Seite 503

1

Wodurch unterscheidet sich eine kontinuierliche Aktion von einer gespeicherten Aktion?

Kontinuierlich wirkende Aktionen werden über eine bestimmte Zeit ausgeführt. Dann wird die Aktion automatisch zurückgenommen.

Speichernd wirkende Aktionen werden in einem bestimmten Ablaufschritt auf logisch „1" gesetzt und zu einem späteren Zeitpunkt in einem weiteren Schritt auf logisch „0" zurückgesetzt.

2

Erklären Sie den Begriff „Schrittvariable X3".

Der Zustand eines Schrittes kann durch seine Schrittvariable X (Wert 1 oder 0) abgefragt werden.

3

Wie werden Zeitverzögerungen im GRAFCET dargestellt?

Zeitverzögerungen werden als Transitionen (Übergänge) zwischen zwei Schritten neben einer waagrechten Linie angegeben. Links (in Klammer) steht der Name der Transition, rechts die Übergangsbedingung (Zeitverzögerung) als Text oder Boole'scher Ausdruck (siehe Bild 2 zu Aufgabe 4).

4

Erstellen Sie für die im Bild gezeigte Hubvorrichtung einen GRAFCET mit speichernd wirkenden Aktionen.

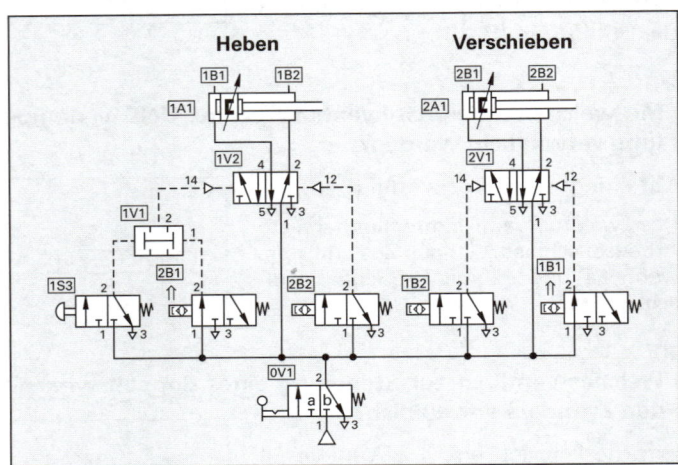

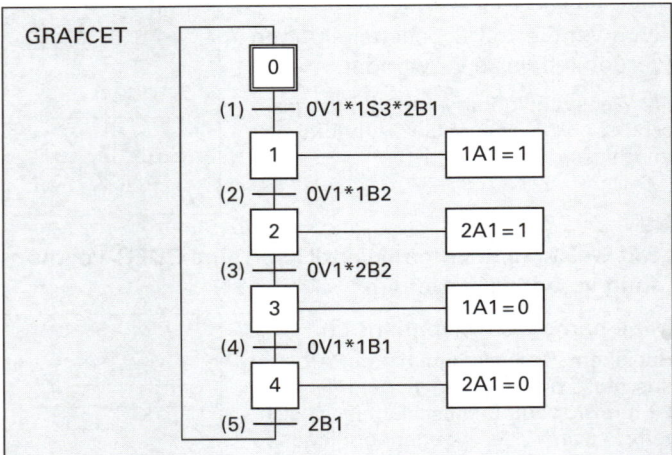

5

Stellen Sie für den gezeigten Funktionsplan (Bild) die vollständige Funktionstabelle auf.

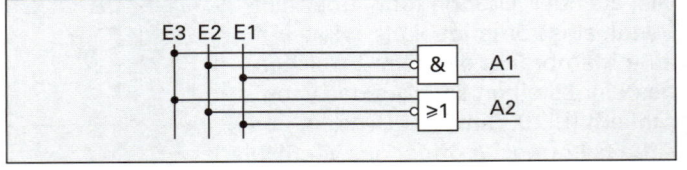

Funktionstabelle

E1	E2	E3	A1	A2
0	0	0	0	1
1	0	0	0	1
0	1	0	0	0
1	1	0	0	1
0	0	1	0	1
1	0	1	1	1
0	1	1	0	1
1	1	1	0	1

Ergänzende Fragen zu Schaltpläne pneumatischer Steuerungen

6

Wie werden die Bauteile in pneumatischen Schaltplänen bezeichnet?

Die vollständige Bezeichnung eines Bauteils umfasst vier Positionen, z.B. 3 – 1S2

3 = Anlagennummer

1 = Schaltkreisnummer

S = Kennbuchstabe des Bauteils

2 = Bauteilnummer

Die Anlagennummer wird weggelassen, wenn der Schaltplan eindeutig einer Maschine zugeordnet werden kann.

7

Welche Vorteile hat die einheitliche Bezeichnung der Signalgeber am Zylinder?

Der Schaltplan wird übersichtlich und eine genaue Zuordnung ist möglich. Bei Signalgebern z.B., welche die Endlagen eines Zylinders erfassen, kennzeichnet die Zählnummer „1" die hintere, die Zählnummer "2" die vordere Endlage der Kolbenstange.

8

Welche Nachteile haben Betätigungen durch Rollenhebel?

Die Betätigung mit Rollenhebel hat folgende Nachteile:

- Die Ventile können nicht in der Endlage des Zylinders eingebaut werden.
- Es ist ein großer Betätigungsweg erforderlich.
- Bei hohen Kolbengeschwindigkeiten ist die Betätigungszeit zu kurz.
- Schmutz, insbesondere Späne, können den Hebel blockieren.

In hochwertigen Steuerungen wird anstelle von einseitig wirkenden Betätigungen eine Signalabschaltung verwendet.

9

Welche Aufgabe haben pneumatische Schaltpläne?

Schaltpläne stellen den Wirkzusammenhang einer Pneumatikanlage möglichst übersichtlich dar. Sie dienen als Grundlage für die Planung, Montage und Wartung der Anlage.

Zur Darstellung der Einzelteile werden genormte Sinnbilder verwendet. Pneumatikschaltpläne werden noch durch Gerätelisten ergänzt.

10

Erläutern Sie die im Bild dargestellte Steuerung.

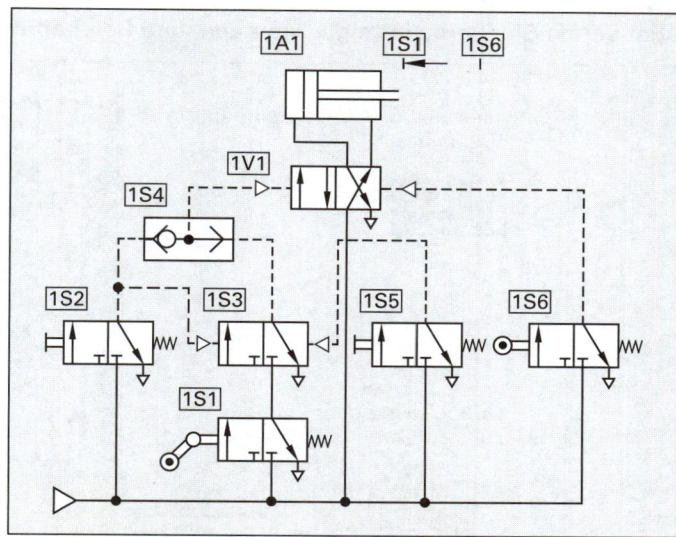

Nach kurzer Betätigung des Signalelementes fährt der Zylinder 1A1 so lange vor und zurück, bis das Signalelement 1S betätigt wird.

11

Welchen Zweck erfüllen Funktionsdiagramme?

In Funktionsdiagrammen werden die Zustände und Zustandsänderungen von Arbeitsmaschinen und Fertigungsanlagen grafisch dargestellt.

Schmale Volllinien bedeuten Ruhe- oder Ausgangsstellung der Bauglieder. Breite Volllinien stehen für alle von der Ruhe- oder Ausgangsstellung abweichenden Zustände.

12

Erstellen Sie ein vereinfachtes Funktionsdiagramm (nur Zylinder) zu der Aufgabe 13a von Seite 220.

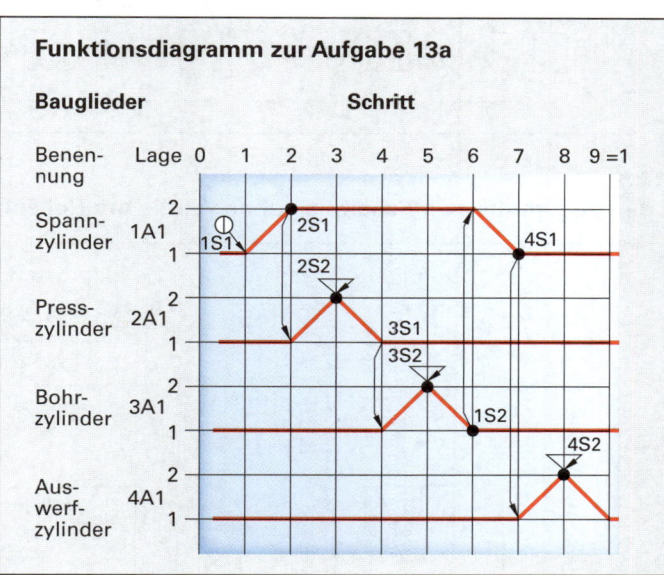

Beispiele pneumatischer Steuerungen

13

Entwerfen Sie für die gezeigte Montage- und Bearbeitungsmaschine

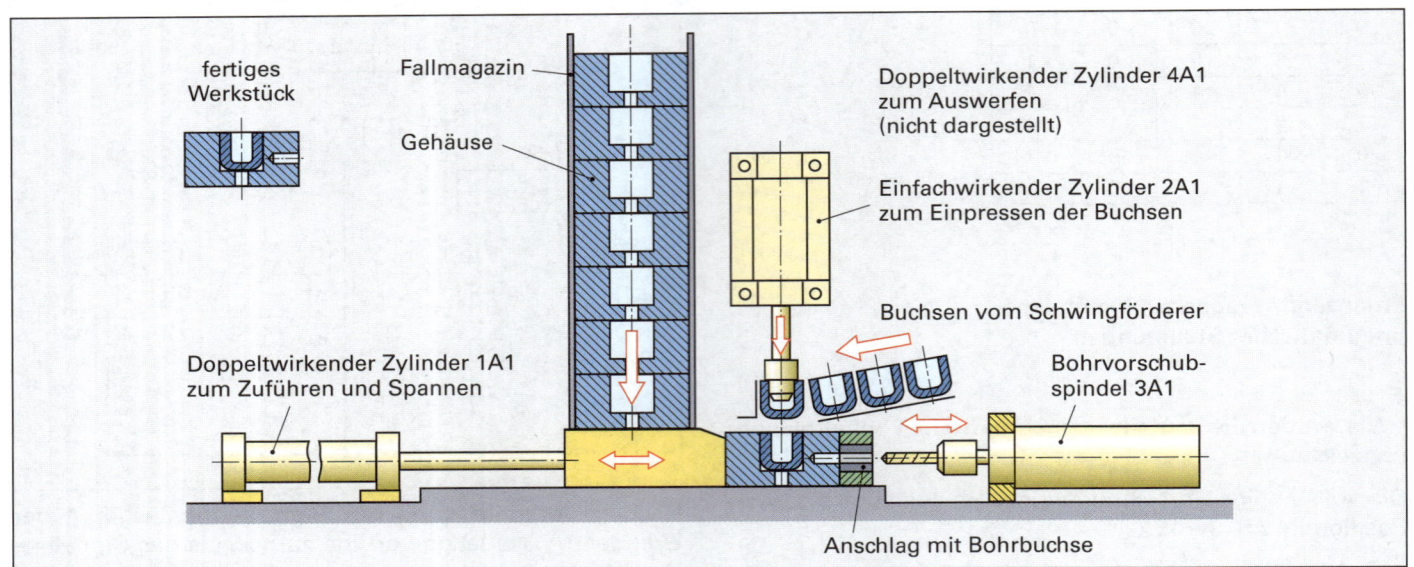

13a

den pneumatischen Schaltplan, der auch Wegeventile mit Rollenhebel enthalten darf

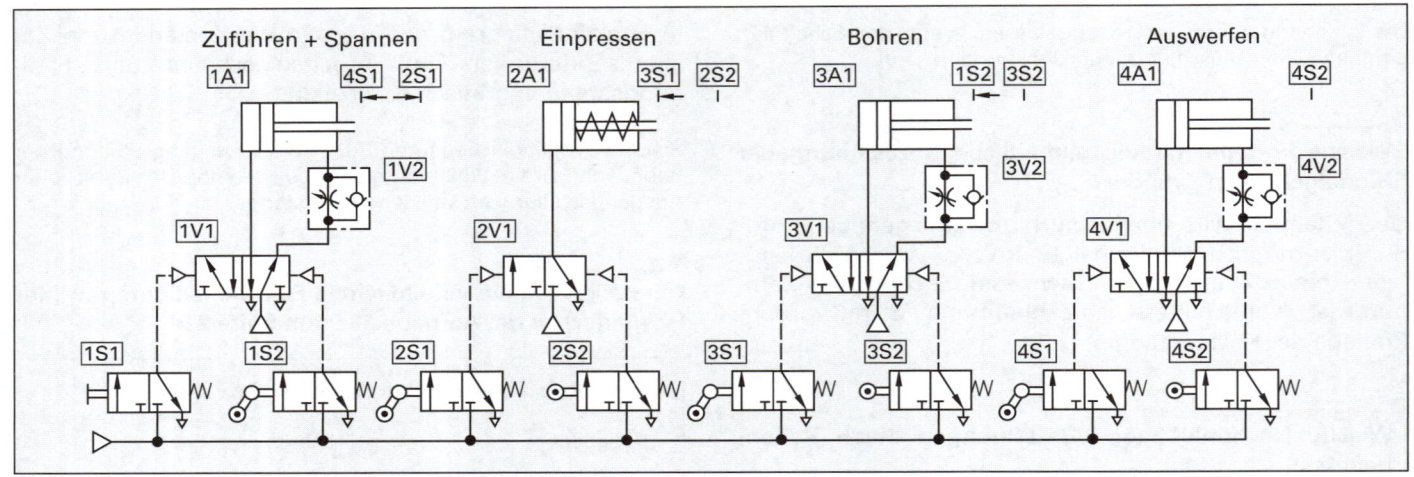

13b

den pneumatischen Schaltplan ohne Ventile mit Rollenhebel

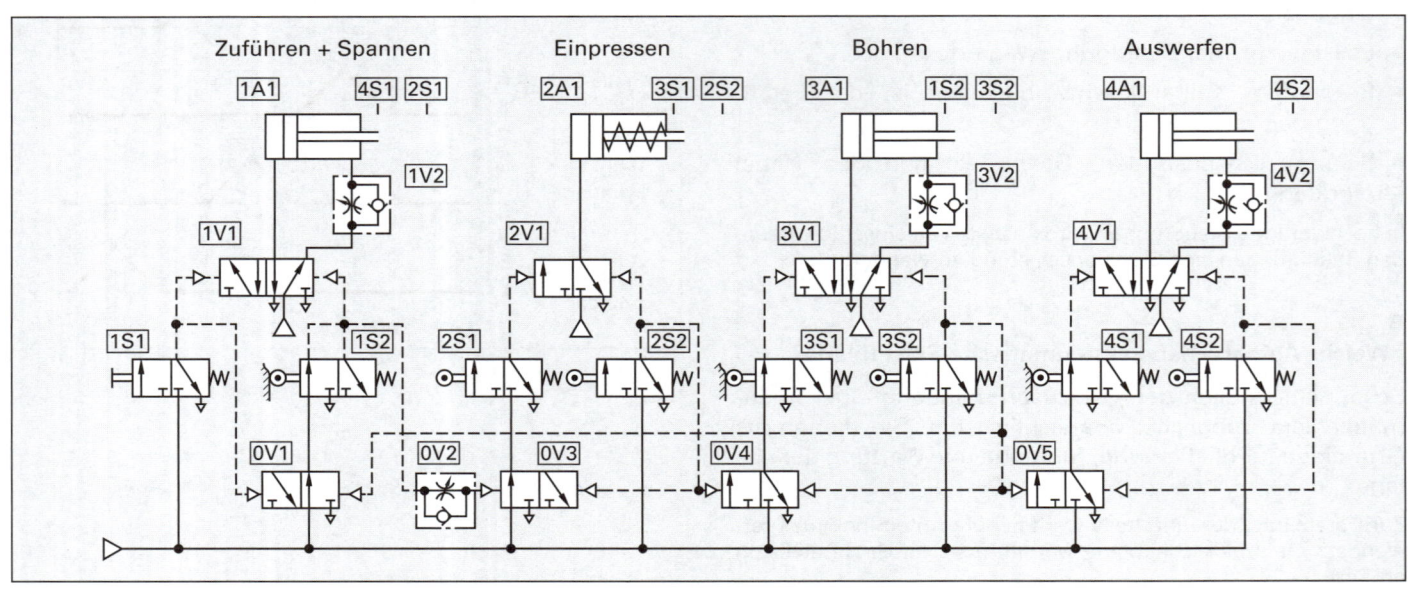

Vakuumtechnik

1

Welche Aufgaben erfüllen Vakuumsysteme in der Handhabungstechnik?

Mit Vakuumsystemen lassen sich Bauteile mit glatter bis rauer Oberfläche unterschiedlicher Werkstoffe (z.B. aus Metall, Kunststoff, Holz, Papier) sowohl mit ebenem als auch mit gekrümmten Profilen bewegen.

2

Beschreiben Sie das Prinzip eines Ejektors für die Vakuumerzeugung.

Die Druckluft strömt durch eine Einströmdüse in die Venturidüse (Bild). Nach dem Austritt aus der Venturidüse strömt die expandierte Luft in den Schalldämpfer und dann ins Freie. An der engsten Stelle der Venturidüse entsteht ein Unterdruck. Er saugt die Luft aus dem zu evakuierenden Gefäß, sodass dort Unterdruck (Vakuum) entsteht.

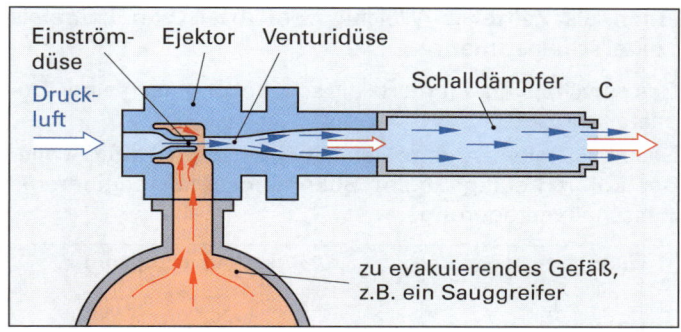

3

Welche Vorteile und damit Einsatzgebiete hat ein Balgsauer in der Handhabungstechnik?

Er eignet sich für unebene Flächen und kann sehr gut Höhenunterschiede ausgleichen Das Haupteinsatzgebiet liegt deshalb beim Greifen von Karosserieblechen, Rohren. Kartonagen und empfindlichen Elektronikbauteilen.

4

Welche theoretische vertikale Haltekraft F_V und welche horizontale Haltekraft F_H erzeugt ein Sauggreifer für glatte trockene Kunststoffteile, dessen Unterdruck 0,8 bar beträgt (Bild)?
Der Greifer hat eine Fläche von 20 cm², der Reibungskoeffizient zu Glas beträgt 0,6.

Es ist: $p_e = 0,8$ bar
Mit 1 bar = 10^5 N/m² = 10 N/cm²
$p_e = 0,8 \cdot 10 \cdot$ N/cm²
$p_e = 8$ **N/cm²**

Vertikale Haltekraft:
$F_V = A \cdot p_e = 20$ cm² $\cdot 8$ N/cm²
$F_V = $ **160 N**

Horizontale Haltekraft:
$F_H = F_V \cdot \mu$
$F_H = 160$ N $\cdot 0,6$
$F_H = $ **96 N**

8.4 Elektropneumatische Steuerungen

Bauelemente elektrischer Kontaktsteuerungen

1

Auf welche Weise können elektrische Signale erzeugt werden?

Durch Öffnen oder Schließen von Kontakten oder durch kontaktlose, elektronische Bauelemente.

2

Wie werden die elektrischen Kontakte nach ihrer Wirkung unterteilt?

Man unterscheidet Öffner, Schließer und Wechsler.

Die Bezeichnung gibt die Wirkung des Kontaktes im Stromkreis bei Betätigung an. Ein Wechsler vereinigt die Funktion von Öffner und Schließer.

3

Welcher Unterschied besteht zwischen einem Taster und einem Schalter?

Taster werden nach Wegfall der Betätigungskraft durch eine Feder in die Ausgangsstellung zurückgeführt, Schalter behalten die eingenommene Schaltstellung bei.

Das Signal ist bei Tastern nur so lange vorhanden, wie der Taster betätigt wird. Schalter bewirken dagegen ein Dauersignal.

4

Welcher Unterschied besteht zwischen Grenztastern und Näherungsschaltern?

Grenztaster besitzen Springkontakte, die mechanisch oder magnetisch betätigt werden. Näherungsschalter sind kontaktlos. Sie erzeugen durch Induktion oder kapazitive Aufladung ein zum Abstand analoges Signal.

Grenztaster schalten daher bei Erreichen einer bestimmten Stellung schlagartig um, während Näherungsschalter ein allmählich ansteigendes Signal abgeben.

5

Welche Vorteile haben elektronische Bauelemente gegenüber elektromagnetisch betätigten Schaltern?

Die Vorteile elektronischer Bauelemente sind:
- kontaktloses, daher verschleißfreies Schalten
- hohe Schaltgeschwindigkeiten
- kleine Abmessungen der Schaltelemente

Verwendet werden Halbleiterbauelemente, z.B. Transistoren, Thyristoren oder Dioden.

6

Wofür werden z.B. bei NC-Fräsmaschinen und Fotoapparaten Sensoren verwendet?

In Fräsmaschinen dienen Sensoren zum Lesen des Glasmaßstabes, zur Drehzahlmessung und zur Wegbegrenzung. Bei Fotoapparaten werden Sensoren zur Einstellung der Belichtungszeit und der Entfernung sowie zum Erkennen der Filmart verwendet.

7

Schalter mit elektromagnetisch betätigten Kontakten nennt man Relais oder Schütze. Erklären Sie die Funktionsweise eines Relais.

Fließt ein 24-V-Gleichstrom durch die Erregerspule, so wird der bewegliche Anker angezogen und die Schaltkontakte durch die Schaltzunge betätigt. Dabei wird der Öffnerkontakt geöffnet und die Kontaktfedern des Schließers zusammengedrückt. Wird der Stromdurchfluss unterbrochen, stellt eine Feder den Anker wieder in die Ausgangsstellung zurück.

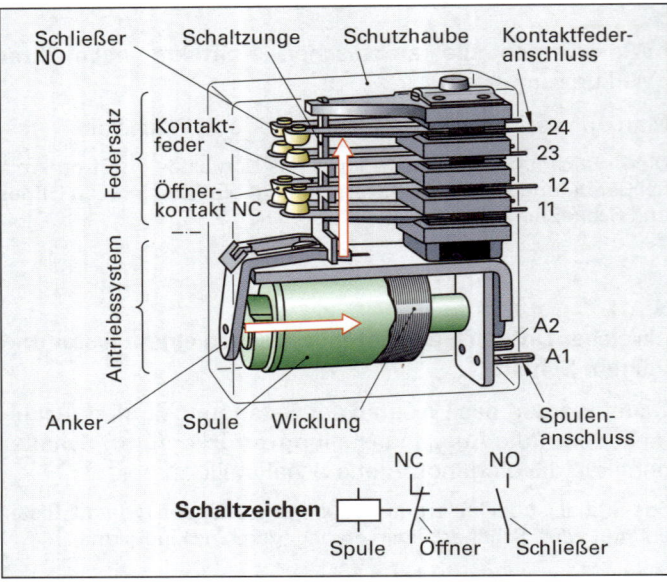

8

Welche Aufgaben haben Relais?

Mit Relais können

- fernbetätigte Steuerungen aufgebaut werden
- Signale verknüpft, vervielfacht, umgekehrt oder gespeichert werden
- schwache Steuersignale zum Schalten großer Leistungen verwendet werden

Relais können mehrere Öffner, Schließer oder Wechsler elektromagnetisch betätigen. Der Stromkreis für die Magnetspule ist von den Kontaktstromkreisen getrennt.

9

Wie werden Relais in einem Schaltplan dargestellt und bezeichnet?

Die Relaisspule wird mit einem Rechteck, die Kontakte werden als Öffner, Schließer oder Wechsler in dem jeweiligen Strompfad eingezeichnet (Bild). Die Darstellung erfolgt in der Ausgangsstellung der Steuerung.

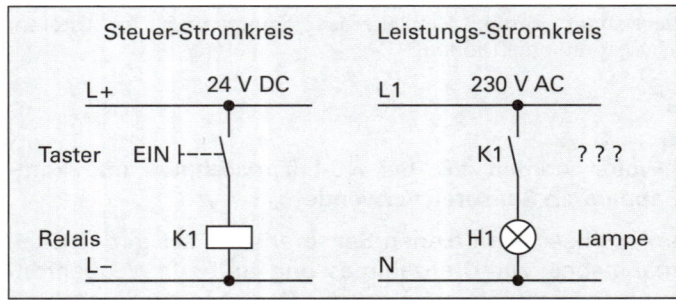

Meist wird eine aufgelöste Darstellung mit getrennten Steuer- und Hauptstromkreisen verwendet.

10

Warum wird zur Steuerung eines Zylinders durch ein Wegeventil mit Federrückstellung eine Selbsthalteschaltung benötigt?

Ein Ventil mit Federrückstellung kann das EIN-Signal nicht speichern. Dies übernimmt die Selbsthaltung des Relais.

Ohne Selbsthaltung würde beim Loslassen des EIN-Tasters das Ventil sofort wieder zurückschalten (Bild).

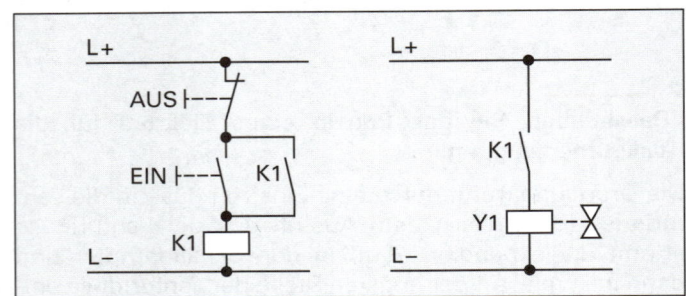

11

Zeitabhängige elektromagnetische Schalter bezeichnet man als Zeitrelais. Welche zwei Arten von Zeitrelais unterscheidet man?

Das einschaltverzögerte Relais schaltet erst nach einer eingestellten Zeit.

Das ausschaltverzögerte Relais werden Öffner und Schließer sofort betätigt, beim Spannungsabfall beginnt die Ausschaltverzögerung.

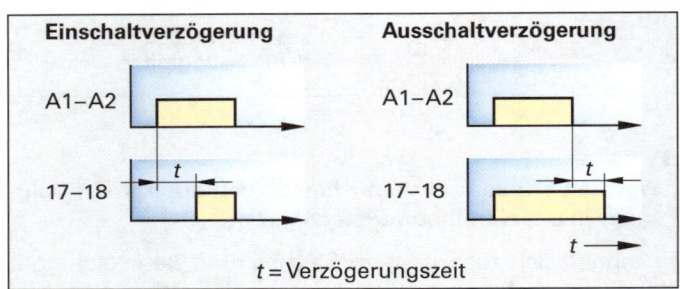

12

Magnetventile sind elektropneumatische Wandler. Erklären Sie die Wirkungsweise.

Magnetventile bestehen aus einer Magnetspule, der elektrischen Schaltkomponente und einem Pneumatikventil. Fließt durch die Magnetspule ein elektrischer Strom, wird ein elektromagnetisches Feld erzeugt, das den Spulenanker bewegt. Dieser Spulenanker ist mit dem Ventilstößel verbunden, der den Luftdurchlass steuert.

13

Welche Aufgaben hat eine NOT-AUS-Schaltung?

Mit einer NOT-AUS-Schaltung wird eine Maschine in einer Gefahrsituation sofort stillgelegt.

14

Wie sieht ein NOT-AUS-Schalter aus und wo ist er platziert?

Der NOT-AUS-Schalter ist rot und gelb hinterlegt (Bild). Er ist gut sichtbar und leicht erreichbar angebracht. Er ist ein rastender Schalter.

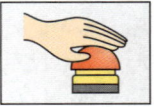

Signalelemente – Sensoren

1

Was versteht man unter „Sensoren"?

Ein Sensor ist ein Bauteil, das physikalische Messgrößen erfasst, diese in Spannung oder Strom wandelt und weitergibt. Sensoren wandeln eine nichtelektrische Größe in eine elektrische Größe um.

2

Wozu dienen Sensoren in der Steuerungstechnik?

Als Eingangsgrößen stellen sie z.B. fest, ob ein Gegenstand vorhanden ist oder nicht, erfassen dessen Position oder Weg und geben dann das elektrische Signal als Ausgangssignal ab.

3

Wodurch unterscheiden sich aktive Sensoren von passiven Sensoren?

Bei aktiven Sensoren ist keine Hilfsenergie erforderlich, sie wandeln Energie von außen direkt in elektrische Energie um.

Passive Sensoren benötigen eine Versorgungsenergie, um physikalische Größen in elektrische Signale zu wandeln.

4

Nach der Art der Ausgangssignale unterscheidet man drei Arten von Sensoren. Erläutern Sie kurz die drei Arten.

- **Analoge Sensoren** liefern am Signalausgang ein Analogsignal zur Weiterverarbeitung ab. Mit analogen Sensoren lassen sich physikalische Größen in analogische elektrische Größen verwandeln. Dies sind z.B. Potentiometer, induktive und kapazitive Wegsensoren.
- **Binäre Sensoren** sind passive Sensoren und liefern am Ausgang ein Binärsignal. Alle binären Signale haben eine Schaltdifferenz. Binäre Sensoren sind z.B. induktive, kapazitive, magnetische und optische Sensoren.
- **Digitale Sensoren** verwendet man zum zahlenmäßigen Erfassen von Strecken oder Drehbewegungen und teilt sie ein in inkrementale und absolute Messsysteme.

5

Zur Wegmessung verwendet man induktive Wegsensoren. Beschreiben Sie das Funktionsprinzip.

Induktive Wegsensoren haben als Führungselement eine Doppelspule, die mit Wechselstrom versorgt wird. In der Doppelspule befindet sich ein Eisenkern, der beweglich ist und mit dem Wegmess-Element verbunden ist. Bewegt sich der Eisenkern in der Spule, so führt dies zur Veränderung der Induktivität der Spulenhälften. Sie dient als Maß für die Wegänderung.

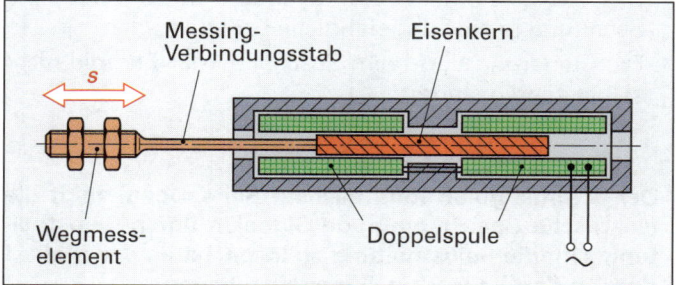

6

Beschreiben Sie die Funktion von induktiven Sensoren.

Induktive Sensoren haben eine Spule mit einem magnetischen Streufeld. Durch Annäherung von metallischen Gegenständen an die aktive Sensorfläche wird dieses Streufeld gestört. Die Änderung der Selbstinduktion der Spule löst einen Schaltkontakt aus.

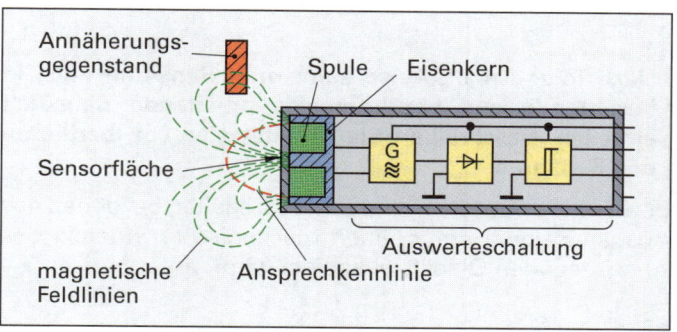

7

Optische Sensoren werden nach der Bauart in drei Gruppen eingeteilt. Nennen Sie die drei Gruppen.

Lichttaster, Reflexions-Lichtschranke und Einweg-Lichtschranke (Bilder).

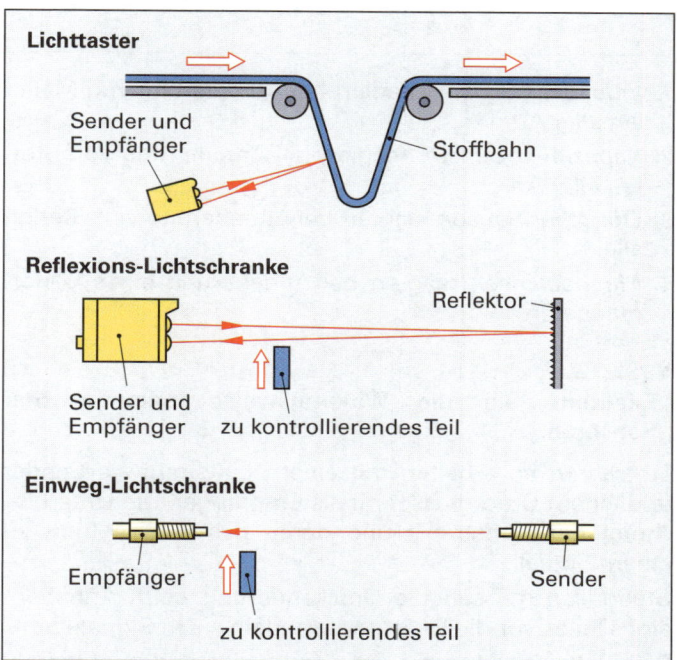

8

Warum hat bei einem optischen Reflexions-Licht-Sensor die Werkstückoberfläche einen großen Einfluss auf den Schaltabstand?

Der Licht-Sensor sendet Infrarotlicht aus, das vom zu erfassenden Objekt reflektiert wird. Je matter bzw. dunkler die Werkstückoberfläche des Gegenstandes ist umso schlechter wird das gesendete Licht reflektiert und umso kürzer muss der Schaltabstand sein

9

Wo werden optische Sensoren eingesetzt?

Das Einsatzgebiet optische Sensoren umfasst Zählfunktionen in Fördereinrichtungen, Überwachung von Werkstoffen auf Transportbändern, Überwachung von Werkzeugen in Werkzeugmaschinen (Bohrerbruch kontrolle) oder Überwachung von Gefahrenbereichen an Maschinen.

10

Wodurch unterscheiden sich optische Sensoren von Ultraschallsensoren nach dem Messprinzip?

Optische Sensoren erzeugen eine gepulste Infrarotstrahlung, die von einer Infrarot-Diode ausgesandt wird.

Ultraschallsensoren senden durch einen Piezoquarz erzeugte Ultraschallwellen aus.

11

Nach ihrer Arbeitsweise kann man Sensoren auch in berührende und berührungslos arbeitende Sensoren einteilen. Beschreiben Sie Arbeitsweise von berührenden Sensoren.

Berührende Sensoren sind z.B. Endschalter, bei denen das Ausgangssignal durch einen mechanischen Kontakt des zu erfassenden Objekts ausgelöst wird.

12

Welche Bedeutung haben die abgebildeten Schaltzeichen?

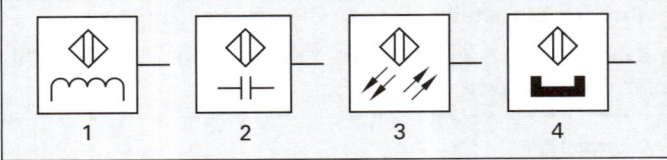

1. *Induktiver Sensor,* reagiert bei Annäherung von Metallen aller Art
2. *Kapazitiver Sensor,* reagiert bei Annäherung von Stoffen aller Art
3. *Optischer Sensor,* reagiert bei Annäherung von Stoffen aller Art
4. *Magnetsensor,* reagiert bei Annäherung eines Dauermagneten

13

Erläutern Sie die Wirkungsweise pneumatischer Sensoren.

Luftschranken arbeiten mit einem Luftstrahl als Sender und einem Druckmessgerät als Empfänger. Die Unterbrechung des Luftstrahls und damit des Drucks führt zu einem Signal.

Staudüsen messen die Druckänderung beim Annähern eines Teiles vor der Düse und wandeln sie in Signale um.

Bei *Reflexionsdüsen* wird ein austretender Luftstrahl durch ein sich näherndes Werkstück zum Empfänger umgelenkt.

Alle Bauarten der pneumatischen Sensoren arbeiten berührungslos.

Verdrahtung mit Klemmleiste

1

Welche Ziele verfolgt man bei elektropneumatischen oder speicherprogrammierten Steuerungen mit der Einzelverdrahtung durch Klemmen auf Klemmleisten?

- niedrige Verdrahtungskosten
- eine Erleichterung bei der Fehlersuche
- eine verbesserte Reparaturfreundlichkeit.

So lassen sich defekte Bauteile Bauelemente an der Leiste abklemmen und austauschen.

2

Aus welchen Hauptbestandteilen besteht der Klemmenanschlussplan?

Im Klemmenanschlussplan ist die Belegung der einzelnen Klemmen im Stromlaufplan dokumentiert. Die einzelnen Klemmen erhalten Nummern, die in der Klemmenbelegungsliste festgehalten werden.-

Beispiele für elektropneumatische Steuerungen

1

Erläutern Sie die im Bild dargestellte Motorsteuerung.

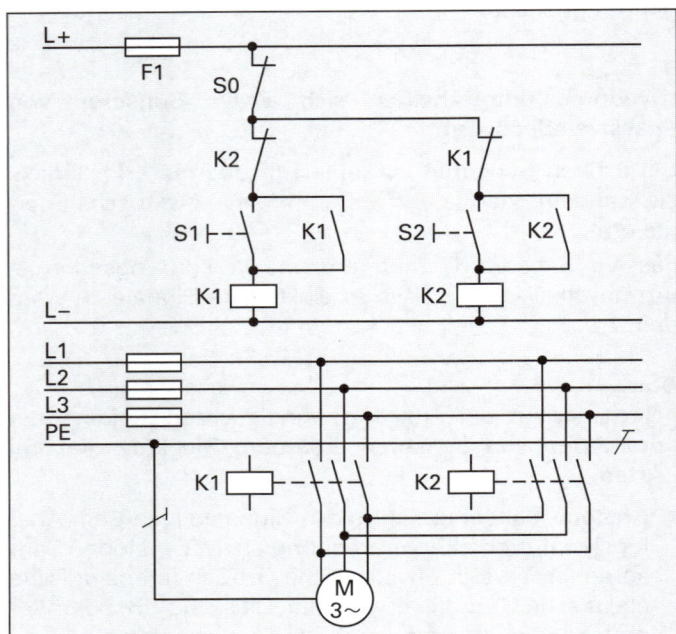

Nach Betätigung des Tasters S1 wird Schütz K1 betätigt. Die Selbsthalteschaltung bewirkt, dass er auch nach Loslassen von S1 weiter betätigt bleibt.

Die elektrische Verriegelung verhindert die Betätigung von Schütz K2. Mit Taster S2 wird derselbe Vorgang für den Schütz K2 eingeleitet. Durch den Taster S0 kann der Motor abgeschaltet werden.

Der Hauptstromkreis zeigt die Anwendung der Steuerung für einen Drehstrommotor mit Rechts- und Linkslauf (Wendeschützschaltung).

2

Welche Anforderungen werden schalttechnisch an eine NOT-AUS-Schaltung gestellt?

- Der Funktionsablauf muss sofort unterbrochen werden.
- Die Steuerung muss von der Stromversorgung getrennt werden.
- Das Arbeitselement (z.B. Zylinder) muss über eine Schaltung in eine ungefährliche Lage fahren.
- Die Steuerung darf beim Zuschalten der Energie nicht selbstständig starten.

3

Der Stromlaufplan (Bild nächste Seite, oben) zeigt die elektrische Speicherung von Signalen durch Selbsthaltung. Um die Selbsthaltung zu lösen, ist an der Stelle 1 oder an der Stelle 2 ein Öffner einzubauen.

a) Wie nennt man die Selbsthaltung, wenn der Öffner an der Stelle 1 oder an der Stelle 2 eingebaut wird?

b) Welcher wesentliche Unterschied ergibt sich hierbei in der Signalspeicherung?

c) Erstellen Sie für beide Fälle die entsprechende Funktionstabelle und den Funktionsplan.

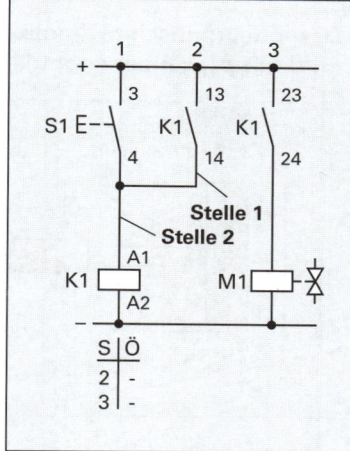

a) Die Selbsthaltung mit einem Öffner an der Stelle 1 heißt: dominierend EIN
Die Selbsthaltung mit dem Öffner an der Stelle 2 heißt: dominierend AUS

b) Der wesentliche Unterschied ist dann erkennbar, wenn Schließer S1 und Öffner S2 gleichzeitig betätigt werden. Während bei Stelle 1 immer das Setzen-Signal (SET) dominiert (Kolben fährt aus), überwiegt bei Stelle 2 immer das Rücksetz-Signal (RESET) (Kolben fährt ein).

c)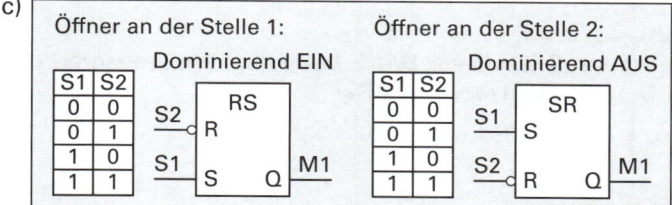

Ventilinseln

1

Was ist eine elektropneumatische Ventilinsel?

Eine elektropneumatische Ventilinsel ist eine Kombination von mehreren scheibenförmigen Magnetventilen, die zu einem kompakten Steuerungselement gefügt sind (Bild zu Aufgabe 2). Die elektrischen Anschlüsse sind oben, die pneumatischen Anschlüsse seitlich.

2

Welche elektrische Anschlusstechnik wird für Ventilinseln verwendet?

Ventilinseln werden entweder mit Einzelleitungen für jede Ventilscheibe angeschlossen oder über einen Steckverbinder, dem Multipol. Dies ist ein 9- oder 25-poliger Stecker.

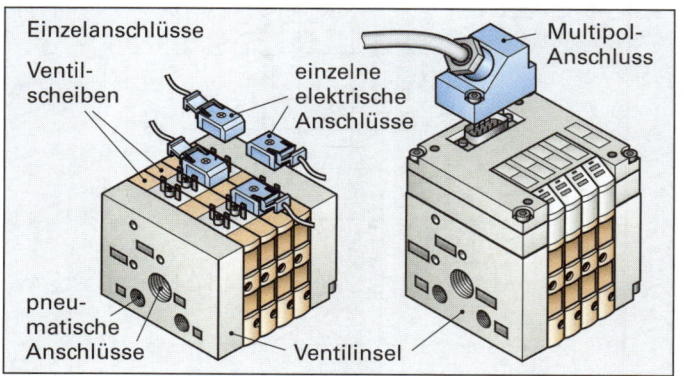

8.5 Hydraulische Steuerungen

Fragen aus Fachkunde Metall, Seite 541

1

Welche Aufgaben haben Hydraulikflüssigkeiten?

Die Hydraulikflüssigkeit überträgt die Energie von der Pumpe zu den Arbeitselementen und dient gleichzeitig zur Schmierung der bewegten Teile.

Je nach den Betriebsbedingungen der Hydraulikanlage werden Mineralöle mit Zusätzen, wässerige Emulsionen oder Lösungen sowie synthetische Flüssigkeiten verwendet.

2

Worin besteht der Unterschied zwischen Antrieben mit Konstantpumpen und Antrieben mit Verstellpumpen?

Konstantpumpen haben ein gleich bleibendes (nicht verstellbares) Fördervolumen. Bei Verstellpumpen kann die Fördermenge dem Bedarf angepasst werden.

Antriebe mit Konstantpumpen haben einen höheren Energieverlust als Antriebe mit Verstellpumpen.

3

Wie sind Hydrospeicher aufgebaut?

Hydrospeicher besitzen einen Raum für die Hydraulikflüssigkeit und einen Raum mit zusammen drückbarem Gas, z.B. Stickstoff (Bild). Der Stickstoff ist durch eine Blase, eine Membrane oder einen Kolben von der Hydraulikflüssigkeit getrennt.
Strömt Hydraulikflüssigkeit in den Hydrospeicher, so wird der Stickstoff komprimiert und schafft Platz für die Hydraulikflüssigkeit.

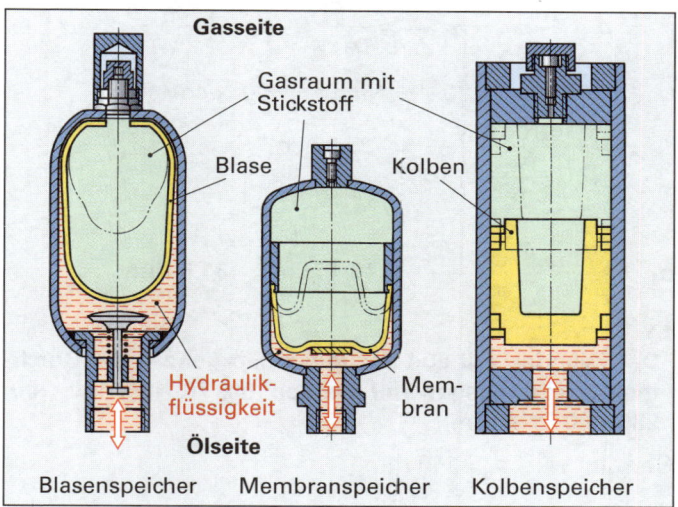

4

In welchen Fällen werden vorgesteuerte Wegeventile eingesetzt?

Vorgesteuerte Wegeventile werden für die elektromagnetische Betätigung größerer Wegeventile verwendet.
Ein kleines Vorsteuerventil wird elektromagnetisch betätigt. Dieses gibt die Druckflüssigkeit für die hydraulische Betätigung des Hauptventils frei.

5

Wofür werden entsperrbare ventile eingesetzt?

Mit entsperrbaren Rückschlagventilen können Zylinder in jeder Stellung stillgesetzt werden.
Dies wäre durch Wegeventile allein nicht möglich, da diese stets etwas Leckflüssigkeit durchlassen.

6

Wodurch unterscheidet sich ein Stomregelventil von einem Drosselventil?

Stromregelventile halten im Gegensatz zu Drosselventilen den Volumenstrom konstant.

Beim Drosselventil hängt der Volumenstrom nicht nur vom Durchflussquerschnitt, sondern auch vom Druckunterschied zwischen Zu- und Abfluss ab.

7

Eine hydraulische Presse soll bei einem Öldruck von 80 bar eine nutzbare Kolbenkraft von $F = 100$ kN erzeugen (Bild).

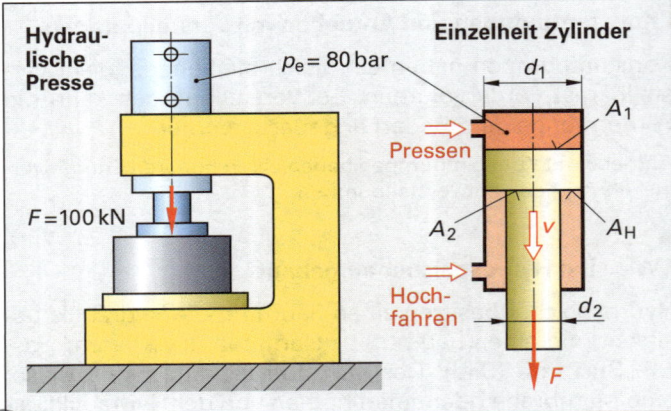

a)

Wie groß muss der Kolbendurchmesser sein, wenn als Wirkungsgrad der Presse $\eta = 0,92$ angegeben ist?

$$F = p_e \cdot A_1 \cdot \eta \Rightarrow A_1 = \frac{F}{p_e \cdot \eta}; \quad d_1 = \sqrt{\frac{A_1 \cdot 4}{\pi}}$$

Mit $p_e = 80$ bar $= 80 \cdot 10$ N/cm² $= 800$ N/cm² folgt:

$$A_1 = \frac{100\,000 \text{ N}}{800\,\frac{\text{N}}{\text{cm}^2} \cdot 0,92} = 135,87 \text{ cm}^2$$

$$d_1 = \sqrt{\frac{135,87 \text{ cm}^2 \cdot 4}{\pi}} = 13,15 \text{ cm} = \textbf{131,5 mm}$$

b)

Der Zylinder soll aus der folgenden genormten Durchmesserreihe ausgewählt werden: 50, 70, 100, 140, 200, 280, 400 (d in mm).

Gewählt wird $d_1 = 140$ mm

c)

Wie schnell fährt der Kolben hoch, wenn der Durchmesser der Kolbenstange halb so groß ist, wie der Kolbendurchmesser und der dem Zylinder zugeführte Volumenstrom 38,5 Liter pro Minute beträgt?

$d_2 = d_1/2 = 140$ mm$/2 = 70$ mm $= 7$ cm

$$A_2 = \frac{d_2^2 \cdot \pi}{4} = \frac{(7 \text{ cm})^2 \cdot \pi}{4} = 38,5 \text{ cm}^2$$

$$A_H = A_1 - A_2 = 154 \text{ cm}^2 - 38,5 \text{ cm}^2 = 115,5 \text{ cm}^2$$

$Q = 38,5$ L/min $= 38,5 \cdot 1000$ cm³/min $= 38\,500$ cm³/min

$$v = \frac{Q}{A_H} = \frac{38500 \text{ cm}^3/\text{min}}{115,5 \text{ cm}^2} = 333,3\,\frac{\text{cm}}{\text{min}}$$

$$v = 333,3\,\frac{\text{cm}}{60 \text{ s}} = \textbf{5,55}\,\frac{\textbf{m}}{\textbf{s}}$$

8

Der pneumatisch-hydraulische Druckübersetzer (Bild) wird mit $p_{e1} = 6$ bar angetrieben.

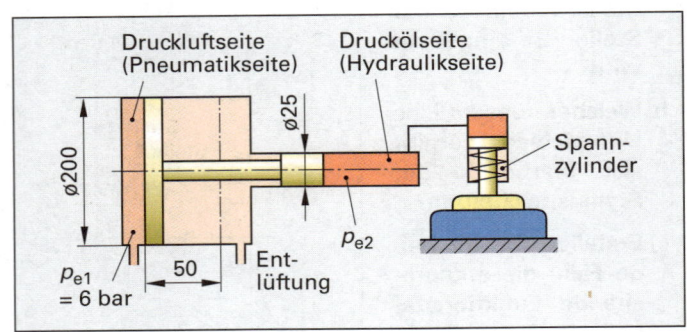

a)

Wie groß ist der Druck auf der Hydraulikseite, wenn die Reibungsverluste unberücksichtigt bleiben?

$$p_{e1} \cdot A_1 = p_{e2} \cdot A_2 \Rightarrow p_{e2} = \frac{p_{e1} \cdot A_1}{A_2}$$

Mit $p_{e1} = 6$ bar $= 6 \cdot 10$ N/cm² $= 60$ N/cm²

$$p_{e2} = \frac{60\,\frac{\text{N}}{\text{cm}^2} \cdot \frac{(20 \text{ cm})^2 \cdot \pi}{4}}{\frac{(2,5 \text{ cm})^2 \cdot \pi}{4}} = 3840\,\frac{\text{N}}{\text{cm}^2} = \textbf{384 bar}$$

b)

Wie groß ist dieser Druck bei einem Wirkungsgrad des Druckübersetzers von 85%?

$$p_e = p_{e2} \cdot \eta = 384 \text{ bar} \cdot 0,85 = \textbf{326,4 bar}$$

c)

Welches Hydraulikölvolumen gibt der Druckübersetzer bei einem Kolbenhub von 50 mm ab?

$$V = s \cdot A_2 = 5 \text{ cm} \cdot \frac{(2,5 \text{ cm})^2 \cdot \pi}{4} = \textbf{24,5 cm}^3$$

9

Für die Vorschubsteuerung (Bild) ist eine Liste mit den Namen der Bauelemente zu erstellen.

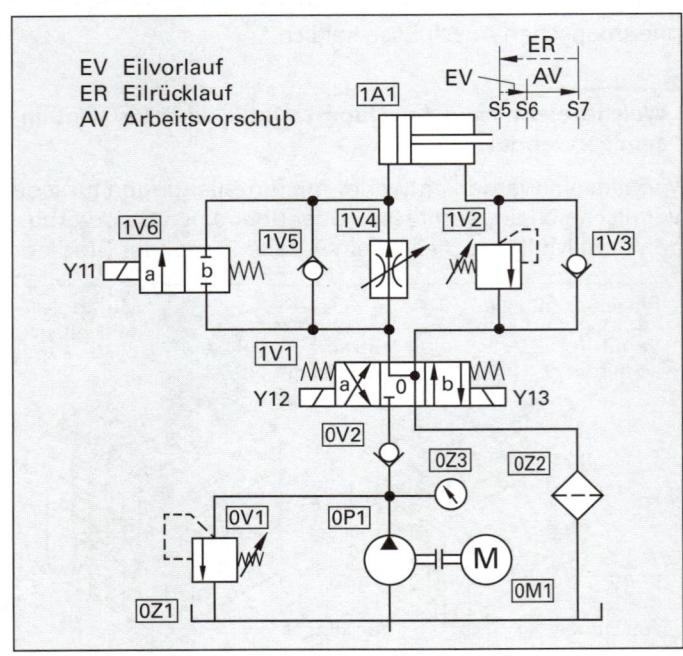

0V1 Druckbegrenzungsventil, verstellbar
0Z1 Behälter
0M1 Elektromotor mit Kupplung
0P1 Konstant-Hydropumpe
0Z3 Manometer
0Z2 Filter
0V2 Rückschlagventil
1V1 4/3-Wegeventil, Schwimm-Mittelstellung, beidseitig magnetisch betätigt und federzentriert
1V6 Absperrventil, magnetisch betätigt
1V5 Rückschlagventil
1V4 2-Wege-Stromregelventil mit veränderlichem Auslassstrom
1V2 Druckbegrenzungsventil, verstellbar
1V3 Rückschlagventil
1A1 doppeltwirkender Zylinder mit einseitiger Kolbenstange

10 ⎯⎯⎯⎯

Auf einem Rundschalttisch ist ein Hydraulikzylinder mit Drucköl zu versorgen (Bild). Welche Verschraubung braucht man dazu an den Stellen 1, 2 und 3?

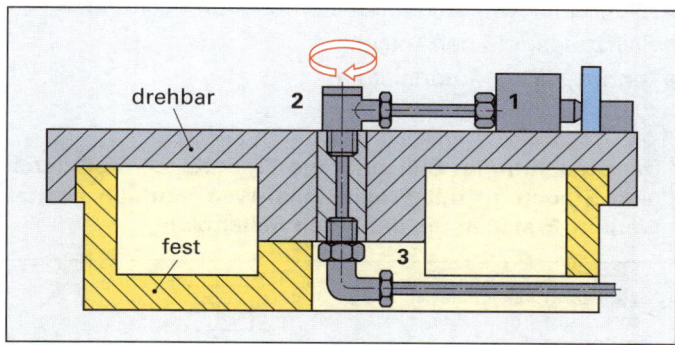

1 Gerade Verschraubung   2 Drehverbindung
3 Winkelverschraubung

11 ⎯⎯⎯⎯

Welchen Bewegungsablauf hat der Zylinder in nachfolgend gezeigter Hydrauliksteuerung und welche Funktion haben dabei die Ventile?

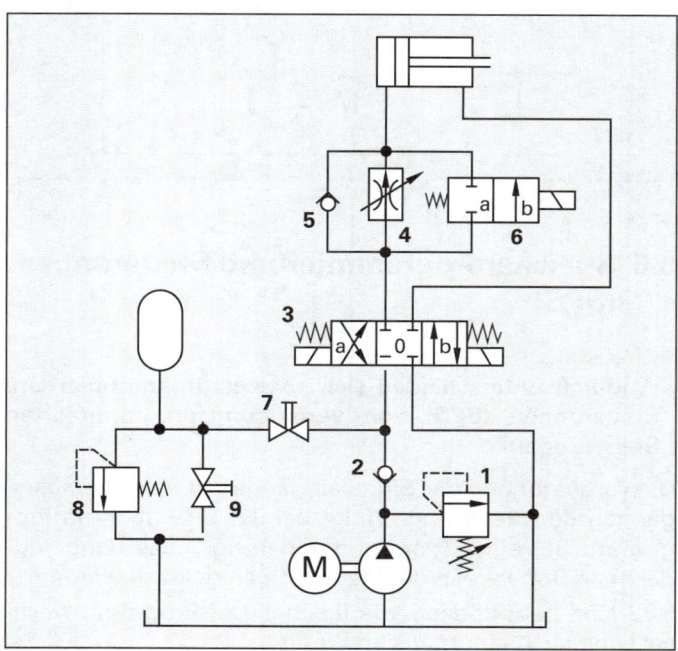

Bewegungszustände des Zylinders:
Stillstand, Eilvorlauf, Arbeitsvorschub und Eilrücklauf.

Ventilfunktionen:
1 begrenzt den Druck in der Anlage
2 verhindert Rücklauf der Hydraulikflüssigkeit
3 steuert den Weg des Hydrauliköls
4 regelt den Volumenstrom
5 sperrt den Durchfluss in einer Richtung
6 umgeht das Stromregelventil im Eilvorlauf
7 schaltet den Hydrospeicher zu oder ab
8 begrenzt den Druck im Hydrospeicher
9 entleert den Hydrospeicher

12 ⎯⎯⎯⎯

Welche Ventile müssen bei Wartungsarbeiten an der links unten gezeigten Steuerung (Bild zu Frage 11) geschlossen bzw. geöffnet werden?

Für Wartungsarbeiten muss die Anlage drucklos sein. Dazu müssen der Motor abgeschaltet, Ventil 3 in Stellung a oder b gebracht und die Ventile 7 und 9 geöffnet werden.

Betreffen die Wartungsarbeiten nur einen Teil der Anlage, so kann auch nur teilweise drucklos geschaltet werden:

Für Arbeiten im linken Teil der Anlage (Druckspeicher) wird zunächst Ventil 7 geschlossen und danach Ventil 9 geöffnet.

Für Arbeiten im rechten Teil der Anlage (Arbeitsteil) wird zunächst Ventil 7 geschlossen und danach Ventil 3 in Stellung a oder b gebracht.

Ergänzende Fragen zu Hydraulische Steuerungen

13 ⎯⎯⎯⎯

Welche Vor- und Nachteile hat die Hydraulik gegenüber der Pneumatik?

Vorteile:
● Große Kräfte auf kleinen Raum
● Gleichförmige Kolbengeschwindigkeiten

Nachteile:
● Lärmentwicklung durch Pumpen, Motore und Ventile
● Verschmutzung und Brandgefahr durch Lecköl
● höhere Kosten für Bauelemente
● höherer Energieverlust

14 ⎯⎯⎯⎯

Welche Anforderungen werden an Hydraulikflüssigkeiten gestellt?

Hydraulikflüssigkeiten müssen möglichst schmierfähig und alterungsbeständig sein. Ihre Viskosität soll sich mit der Temperatur möglichst wenig verändern. Bei Einwirkung höherer Temperaturen müssen sie zusätzlich schwer entflammbar sein. Sie dürfen nicht schäumen und nicht korrodierend wirken.

Verwendet werden Mineralöle mit Zusätzen, Wassermischungen sowie synthetische Flüssigkeiten.

15

Wie werden Hydraulikpumpen nach der Art der Verdrängerelemente unterteilt?

In Zahnrad-, Flügelzellen- und Kolbenpumpen.

Zahnradpumpen haben einen konstanten Volumenstrom, Flügelzellen- und Kolbenpumpen können als Konstant- oder Verstellpumpen gebaut sein.

16

Auf welche Weise kann bei einer Radialkolbenpumpe der Volumenstrom verstellt werden?

Bei einer Radialkolbenpumpe (Bild) kann der Volumenstrom durch das Exzentermaß des Hubringes, der den Kolbenweg steuert, verstellt werden.

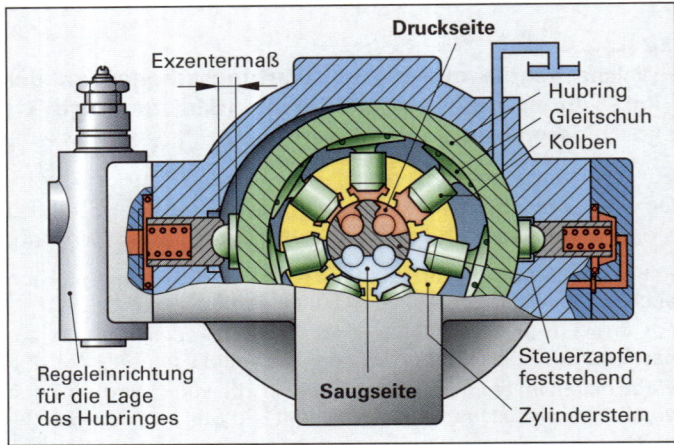

Durch Veränderung des Kolbenweges wird der Volumenstrom stufenlos von Null bis zur maximalen Fördermenge verstellt.

17

Wie arbeiten Proportionalventile?

Der Proportionalmagnet verschiebt den Steuerkolben und gibt den Volumenstrom Q frei. Er ist proportional zur Stromstärke I des Proportionalmagnets. Dabei wird das analoge elektrische Eingangssignal I in ein stufenloses hydraulisches Ausgangssignal, z.B. einen Druck p oder einen Volumenstrom Q umgesetzt.

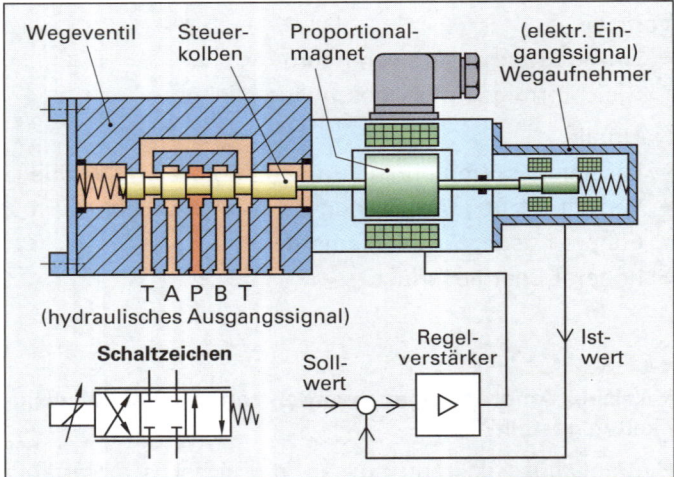

Mit Hilfe eines Regelkreises werden Soll- und Istwert der Ventilstellung verglichen und zur Übereinstimmung gebracht.

18

Welche Kenngrößen sind bei der Auswahl hydraulischer Bauelemente maßgebend? Beantworten Sie die Frage anhand des nachfolgend gezeigten Schaltplanes.

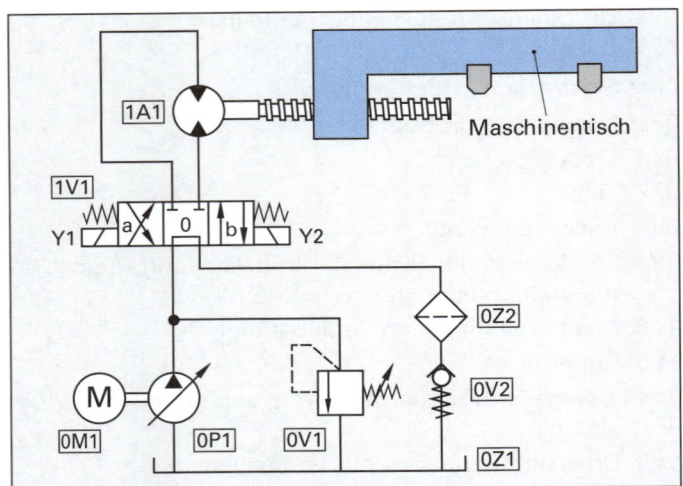

Ausgangswerte sind die gewünschte Vorschubgeschwindigkeit und Vorschubkraft des Maschinentisches. Danach sind zu bestimmen

- Verdrängungsvolumen und Drehzahl von Hydromotor und Pumpe
- Volumenstrom
- Betriebsdruck
- Nennquerschnitte der Bauelemente und Leitungen
- Wirkungsgrad der Anlage
- erforderliche Motorleistung

19

Die Steuerung im Bild zu Frage 11, Seite 227 soll durch eine Steuerung mit Proportional-Wegeventilen ersetzt werden. Erstellen Sie dafür den Schaltplan.

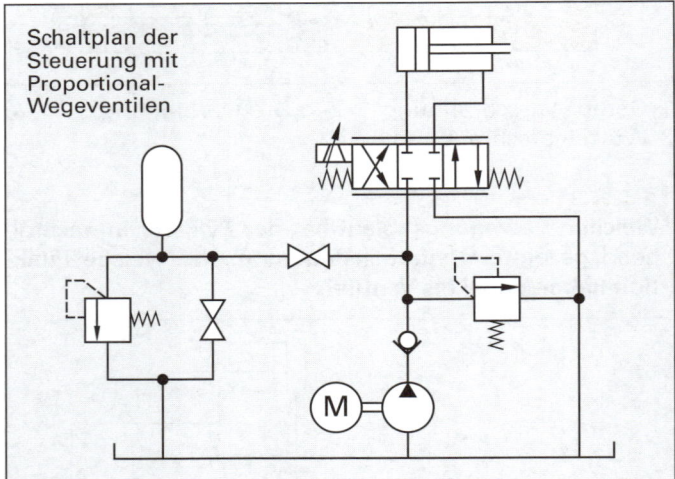

Schaltplan der Steuerung mit Proportional-Wegeventilen

8.6 Speicherprogrammierbare Steuerungen (SPS)

1

Wodurch unterscheiden sich speicherprogrammierbare Steuerungen (SPS) von verbindungsprogrammierten Steuerungen?

Die Verbindungen der Signaleingänge mit den Signalausgängen der Steuerung erfolgt bei der SPS über ein Programm. Bei einer Programmänderung muss daher nur die neue Software in die Steuerung eingelesen werden.

SPS sind daher besonders flexibel. Der Programmwechsel kann auch automatisiert werden.

2

Aus welchen Baugruppen sind modulare SPS-Steuerungen aufgebaut?

Die wesentlichen Baugruppen modularer speicherprogrammierbarer Steuerungen sind (Bild):

- die Eingabebaugruppe und die Ausgabebaugruppe
- die Zentraleinheit mit Programmspeicher und Pufferbatterie
- das Netzteil

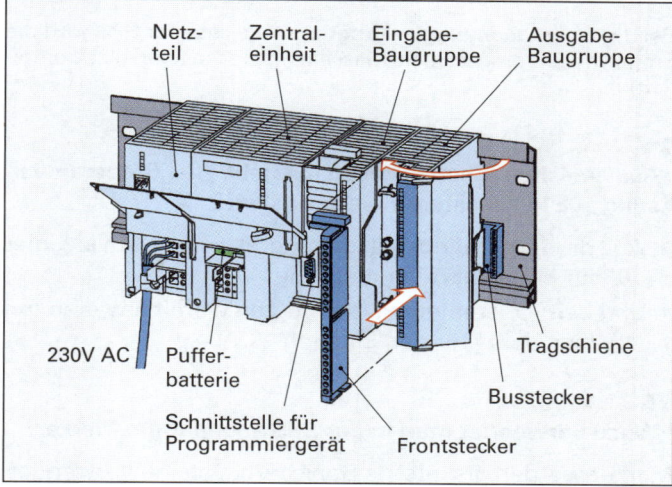

Die Baugruppen sind durch eine gemeinsame Datenleitung (Datenbus genannt) miteinander verbunden.

3

Warum wird vor dem Programmieren einer SPS eine Zuordnungsliste erstellt?

Die Zuordnungsliste gibt dem Programmierer an, welche Geräte an welchen Ein- bzw. Ausgängen (Zuordnung) der SPS angeschlossen sind.

Die Zuordnungsliste hat Spalten, wobei in der ersten Spalte der Bauteilname steht, in der zweiten Spalte das Kennzeichen des Bauteils mit einer Zählnummer aufgeführt ist. In der dritten Spalte vermerkt man die Zuordnung der Ein- bzw. Ausgänge. In einer vierten Spalte steht der bewirkte Vorgang des Bauteils.

4

Entwerfen Sie für die folgende Verknüpfungssteuerung die Zuordnungsliste, den Funktionsplan und die Anweisungsliste: Der doppelt wirkende Zylinder einer Spannvorrichtung soll durch den Taster S1 oder den Taster S2 ausfahren, wenn der Sensor B1 meldet, dass ein Werkstück eingelegt ist.

Zuordnungsliste		Funktionsplan	Anweisungsliste
Bauteil	Operand		
S1	E1	E1, E3 &	UE1
S2	E2	≥1 A1	UE3 O
B1	E3	E2, E3 &	UE2 UE3
Y1	A1		=A1

5

Welche Unterschiede bestehen zwischen einer SPS-Steuerung und einer Relaissteuerung?

Bei einer Relaissteuerung ist der Ablauf durch die Leitungsverbindungen und die Art der Bauelemente festgelegt.

Bei speicherprogrammierten Steuerungen wird der Ablauf durch ein vorher erstelltes und in der SPS gespeichertes Programm bestimmt.

Eine Änderung des Ablaufs ist bei Relaissteuerungen nur durch die Änderung der Leitungsverbindungen möglich, bei einer SPS durch eine Programmänderung.

6

Wodurch unterscheiden sich die Programmiersprachen Funktionsplan und Anweisungsliste?

Ein Funktionsplan zeigt schematisch die Signalverknüpfung und den schrittweisen Ablauf durch genormte Sinnbilder (Schaltzeichen). Beispiele von Funktionsplänen Seite 230, Bild oben).

Bei einer Anweisungsliste werden die einzelnen Steueranweisungen für die SPS in der erforderlichen Reihenfolge geschrieben (Seite 230, Bild oben).

Die Steueranweisungen einer SPS sind teilweise herstellerabhängig.

7

Für die Hubanlage (Bild) sollen der Ablaufplan, die Zuordnungsliste, der Funktionsplan und die Anweisungsliste aufgestellt werden.

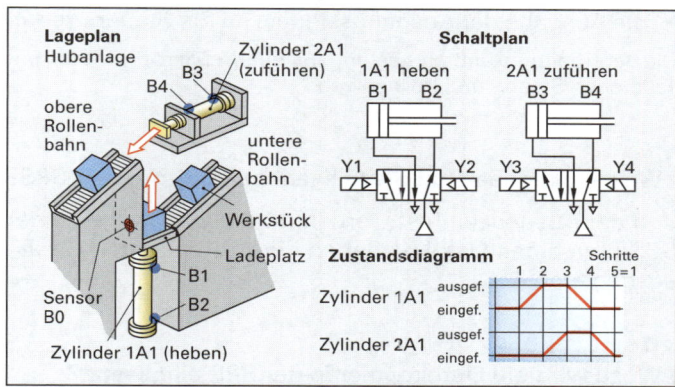

Ablaufplan		Zuordnungsliste	
		Bauteil	Operand
0	1.0 eingefahren B1 / 2.0 eingefahren B3	B0	E1
	Werkstück vorhanden B0	B1	E2
1	Zylinder 1.0 AUS	B2	E3
	1.0 ausgefahren B2	B3	E4
2	Zylinder 2.0 AUS	B4	E5
	2.0 ausgefahren B4	Y1	A1
3	Zylinder 1.0 EIN	Y2	A2
	1.0 eingefahren B1	Y3	A3
4	Zylinder 2.0 EIN	Y4	A4

Funktionsplan	Anweisungsliste
E1 E2 &— A1 E4	UE1 UE2 UE4 =A1
E3 &— A3 E4	UE3 UE4 =A3
E3 &— A2 E5	UE3 UE5 =A2
E2 &— A4 E5	UE2 UE5 =A4
	PE

8

Welche Aufgaben hat die Verarbeitungseinheit (Zentraleinheit) einer SPS?

Die Verarbeitungseinheit einer SPS übernimmt

- den Start der SPS über ein Betriebssystem.
- die Abfrage der Eingangssignale bei jedem Steuertakt.
- die Verarbeitung der Eingangssignale entsprechend dem gespeicherten Programm.
- das Speichern und Abfragen von Zwischenergebnissen in Merkern.
- die Ausgabe der Ausgangssignale an die Steuerstrecke.

Die Verarbeitungseinheit besteht aus einem Mikroprozessor mit Taktgeber, Steuer- und Rechenwerk.

9

Welche Aufgaben hat die Ausgabebaugruppe einer SPS?

Von der Ausgabeeinheit werden die Ausgangssignale der SPS über einen Optokoppler an die zu steuernden Geräte ausgegeben.

10

Wozu wird ein Optokoppler in der SPS eingesetzt?

Der Optokoppler ist ein Wandler zwischen optischen und elektrischen Signalen und wird in der SPS als Bauelement zur galvanischen Absicherung der Eingänge gegen zu hohe Eingangsspannungen eingesetzt.

11

Welche Peripheriegeräte gehören zu einer speicherprogrammierten Steuerung?

Erforderlich sind Geräte für die Programmerstellung, z.B. Handprogrammiergeräte oder Personalcomputer, und Geräte für die Programmdokumentation, z.B. Drucker.

Die Speicherung der Programme erfolgt meist in der SPS.

12

Welche Programmiersprachen werden für die Erstellung von SPS-Programmen verwendet?

Die Programmierung kann mit Hilfe einer Anweisungsliste, mit einem Kontaktplan oder einem Funktionsplan erfolgen.

Die Anweisungsliste kann mit Hilfe einer Tastatur oder einem Handprogrammiergerät direkt in die SPS eingegeben werden. Kontaktpläne oder Funktionspläne werden meist mit einem PC erstellt und über einen Postprozessor an die Steuerung übergeben.

13

Welche drei anwenderorientierten Programmiersprachen werden bei einer SPS verwendet?

Bei einer SPS werden Anweisungsliste (AWL), Kontaktplan (KOP) und Funktionsplan (FUP) verwendet.

Bei der Übertragung in den Programmspeicher der SPS wird die Programmiersprache in die Maschinensprache übersetzt (kompiliert).

14

Aus welchen Bestandteilen besteht die Steueranweisung „0E10" in einer Anweisungsliste?

- Aus dem Operationsteil (der angibt, was zu tun ist), hier „0" für eine ODER-Verknüpfung
- und dem Operantenteil (der angibt, womit etwas zu tun ist), hier „E10" für den Eingang 10.

15

Wozu verwendet man in der SPS sogenannte Merker?

Merker werden als interne Speicherbausteine verwendet. Als Operanden im Programm dienen sie zur Ablage von Informationen.

16

Es liegt die im nachfolgenden Bild gezeigte Verknüpfung vor.

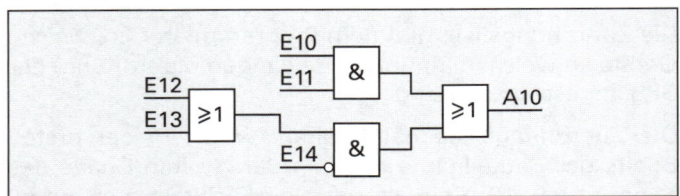

a)

Skizzieren Sie den Funktionsplan der einzelnen Verknüpfungen.

b)

Schreiben sie die Anweisungsliste der einzelnen Verknüpfungen.

a) Funktionsplan   b) Anweisungsliste

E10 E11 &— M10	L E 10 A E 11 = M 10
E12 E13 ≥1— M20	L E 12 O E 13 = M 20
M10 ≥1— A10 M20 E14 &	L M20 AN E 14 O M 10 = A 10 PE

17

Was versteht man unter Signalinvertierung in der SSP-Technik?

Signalinvertierung bedeutet eine Signalumkehr, d.h. ein Signal von „0" in „1" oder von „1" in „0". Die Signalumkehr wird auch als Negation bezeichnet.
Beispiel: UN E0.O bedeutet „0" am Eingang, intern „1".

18

Eine häufige Anforderung in der Steuerungstechnik ist das Speichern von nur kurzfristig auftretenden Signalen. Welche Speicherfunktionen werden dafür verwendet?

Speicher-funktionen	Funktions-plan	Anweisungs-liste
Setzen speichernd	E0.0 [A4.0 S]	U E 0.0 S A 4.0
Rücksetzen speichernd	E0.1 [A4.0 R]	U E 0.1 R A 4.0
SR-Flipflop	E0.0 S E0.1 R Q [A4.0 SR]	U E 0.0 S A 4.0 U E 0.1 R A 4.0 NOP 0
RS-Flipflop	E0.1 R E0.0 S Q [A4.0 RS]	U E 0.1 R A 4.0 U E 0.0 S A 4.0 NOP 0 4.0

19

Erläutern Sie den Unterschied zwischen einer SR- und RS-Flipflop-Operation.

Das SR-Flipflop entspricht einer dominierend löschenden Selbsthaltung. Die letzte Zuweisung ist „R" (= Rücksetzen speichernd oder Reset).

Das RS-Flipflop entspricht einer dominierend setzenden Selbsthaltung, letzte Anweisung ist „S" (= Setzen).

20

Nennen und beschreiben Sie drei Zeitfunktionen von modularen SPS-Steuerungen.

- **S_Impuls** (Impuls):
  Die Operation startet eine Zeit, wenn der Starteingang eine steigende Flanke aufweist (d.h. wenn der Signalzustand von „0" auf „1" wechselt). Um die Zeit freizugeben ist immer ein Signalwechsel erforderlich. Die Zeit läuft so lange mit dem Wert weiter, bis die programmierte Zeit abgelaufen und der Eingang S = 1 ist. Die Ausgabe ist „1", wenn die Zeit läuft und am Eingang S ein Signal anliegt, der Eingang R hat keine Auswirkungen.
- **S_EVERZ** (Einschaltverzögerung):
  Wie bei S_Implus, aber die Ausgabe ist „1", wenn keine Zeit läuft und am Eingang S ein Signal anliegt, kommt am Eingang R ein Signal fällt die Abfrage auf „0".
- **S_AVERZ** (Ausschaltverzögerung):
  Die Operation startet eine Zeit, wenn der Starteingang eine fallende Flanke aufweist (d.h. wenn der signalzustand von „1" auf „0" wechselt). Die Zeit läuft so lange mit dem Wert weiter, bis die programmierte Zeit abgelaufen und der Eingang S = 0 ist.
  Die Ausgabe ist „1", wenn die Zeit läuft und am Eingang S kein Signal anliegt, kommt am Eingang R eine „1" fällt die Abfrage auf „0".

8.7 Handhabungstechnik in der Automation

Fragen aus Fachkunde Metall, Seite 561

1

Wie viele Freiheitsgrade können Industrieroboter haben?

Industrieroboter können insgesamt sechs Freiheitsgrade haben (siehe Bild).

Man unterscheidet drei translatorische (lineare) und drei rotatorische (drehende) Freiheitsgrade.

Translatorische Freiheitsgrade sind lineare Bewegungen in der X-, Y- und Z-Richtung.

Unter den rotatorischen Freiheitsgraden versteht man die Drehbewegungen A (um die X-Achse), B (um die Y-Achse) und C (um die Z-Achse).

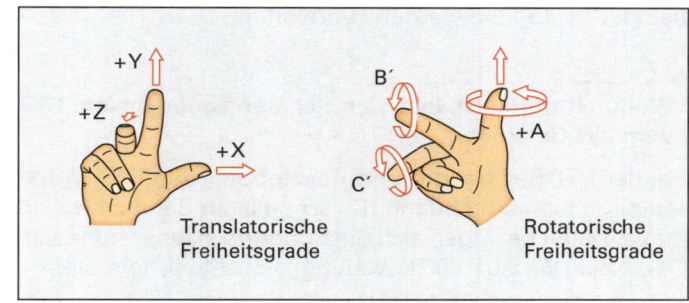

Translatorische Freiheitsgrade   Rotatorische Freiheitsgrade

2

Welche Roboterbauarten ergeben sich aus den rotatorischen und translatorischen Bewegungsachsen?

Roboter mit drei translatorischen Bewegungsachsen (TTT) nennt man Portalroboter.

Roboter mit zwei translatorischen und einer rotatorischen (TTR) bzw. zwei rotatorischen und einer translatorischen Bewegungsachse (RRT) heißen Horizontal-Schwenkarm-Roboter.

Roboter mit drei rotatorischen Bewegungsachsen (RRR) gehören zur Gruppe der Vertikal-Knickarm-Roboter (Gelenkroboter).

Die Bewegungsachsen bestimmen den Arbeitsraum. Bei Portalrobotern ist dieser quaderförmig, bei Horizontal-Schwenkarm-Robotern zylindrisch und bei Vertikal-Knickarm-Robotern kugelförmig.

3

Nennen Sie drei Sensortypen und ihre Funktionen bei Industrierobotern.

Sensortypen sind z.B. Winkelschrittgeber, Lichtschranken, Taster, Näherungssensoren.

- Winkelschrittgeber bestimmen z.B. Lage, Geschwindigkeit und Beschleunigung eines zu bearbeitenden Werkstücks.

- Lichtschranken überwachen die Sicherheit.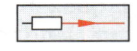

- Taster messen Abstände, erfassen Werkstückkonturen und Bauteile.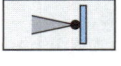

- Näherungssensoren übermitteln Annäherungsinformationen von Bauteilen, Werkzeugen und Werkstücken an die Steuerung des Roboters.

4

Erklären Sie den Begriff Arbeitspunkt TCP.

Zur Beschreibung der Position des Werkzeuges wird der Arbeitspunkt TCP (von engl. tool center point) als Werkzeugkoordinatenursprung festgelegt. Er befindet sich an geeigneter Stelle des Werkzeugs. Seine Lage und Orientierung werden als translatorische und rotatorische Verschiebung zum Flanschmittelpunkt definiert.

5

Welche Getriebe-Bauformen werden bei Robotern verwendet?

Für die Untersetzung der meist hochtourigen, drehzahlregelbaren Drehstrom-Servomotoren mit Drehzahlen von 1450 min^{-1} bzw. 725 min^{-1} werden Harmonic-Drive-Getriebe oder Cyclo-Fine-Getriebe verwendet.

6

Wodurch unterscheidet sich der Bewegungsbefehl PTP vom LIN-Befehl?

Bei der PTP-Bewegung führt der Roboter den TCP (Werkzeugarbeitspunkt) entlang der schnellsten Bahn zum Zielpunkt. Dabei bewegen sich die Roboterachsen rotatorisch. Der exakte Verlauf der Bewegung ist nicht vorhersehbar.

Bei der LIN-Bewegung führt der Roboter den TCP mit einer definierten Geschwindigkeit entlang einer Geraden zum Zielpunkt.

7

Nennen Sie Möglichkeiten der Absicherung der Arbeitsräume von Industrierobotern.

Schutzeinrichtungen, die den Zutritt zur Roboterzelle (Arbeitsraum) verhindern bzw. erschweren, sind z.B.

- Umgitterungen, Verkleidungen und Abdeckungen der Arbeitszelle
- Sicherheitslaserscanner zur Überwachung von Schutz- und Warnfeldern vor und in der Arbeitszelle
- optoelektronische Lichtvorhänge und Lichtschranken sowie Sicherheitsschaltmatten.

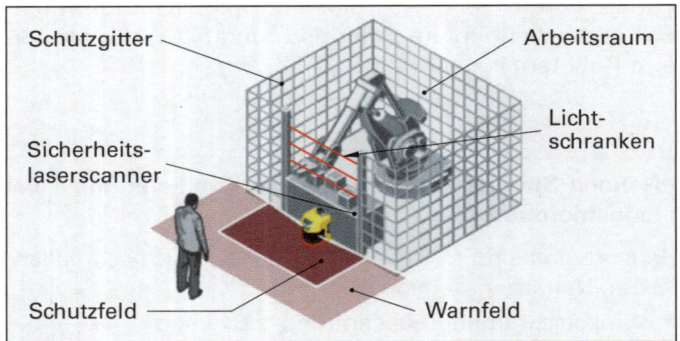

Ergänzende Fragen zur Handhabungstechnik in der Automation

8

Welche Handhabungssysteme unterscheidet man?

Die Handhabungssysteme werden unterteilt in Manipulatoren, Einlegegeräte und Industrieroboter.

Manipulatoren werden von Hand gesteuert, während Einlegegeräte und Industrieroboter programmgesteuert sind.

9

Nennen Sie die Teilbereiche der Handhabungsfunktionen.

Die Handhabungsfunktionen werden in fünf Teilbereiche gegliedert:

- Speichern, z.B. in Magazinen
- Mengen ändern, z.B. verzweigen mittels Verteiler
- Bewegen, z.B. bis zu einem Anschlag positionieren
- Sichern, z.B. spannen in einer Aufnahme
- Kontrollieren, z.B. prüfen mittels eines Sensors.

10

Wie werden die Handhabungsfunktionen vereinfachend dargestellt?

Sie werden mit Symbolen in einem Fließschema dargestellt.

Speichern	Mengen ändern	Bewegen	Sichern	Kontrolle
geordnet speichern	verzweigen	positionieren	spannen	prüfen
z.B. Magazin, Speicher	z.B. Weiche, Verteiler	z.B. Anschlag	z.B. Greifer, Aufnahme	z.B. Sensor, Prüfeinrichtung

Beispiel: Handhabungsvorgang an einer Prüfstation

Positionieren	Spannen	Kontrolle	Entspannen	Positionieren

11

Bei welchen Abläufen sind bei der Herstellung von Werkstücken Handhabungsvorgänge erforderlich?

Handhabungsvorgänge sind vor allem bei Transport-, Bearbeitungs-, Montage- und Prüfabläufen erforderlich.

Solche Handhabungsvorgänge werden durch geeignete Handhabungssysteme, z.B. Industrieroboter in einer Montagelinie, durchgeführt (Bild).

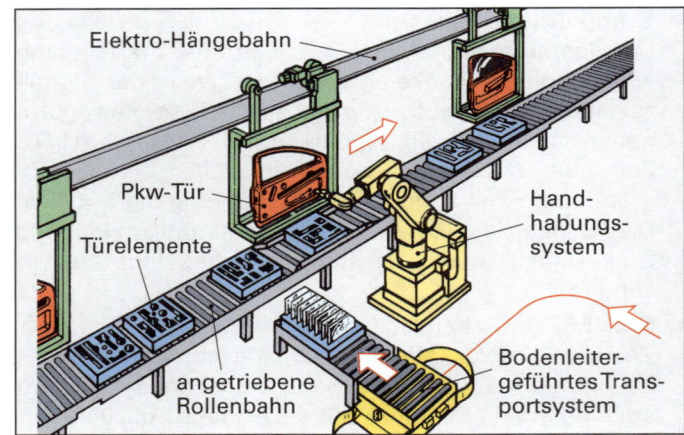

12

Was versteht man unter dem Arbeitsraum eines Industrieroboters?

Der Arbeitsraum beschreibt den möglichen Bewegungsraum des Werkzeugs am Roboterarm.

Dieser Bewegungsraum wird aus den Verfahrbereichen aller Achsen gebildet. Er stellt gleichzeitig den Gefahrenbereich für das Bedien- und Wartungspersonal dar.

13

| Was ist ein Resolver?

Ein Resolver ist ein analoger Drehmelder zur Erfassung des Drehwinkels einer Welle.

Resolver werden an den Läuferwellen des Antriebsmotors angebracht. Sie entsprechen im Aufbau einem Wechselstromgenerator mit einer Rotorwicklung und zwei um 90° zueinander versetzten Statorwicklungen. Beide Statorwicklungen werden mit Spannung versorgt. Im Rotor wird beim Drehen eine phasenverschobene Spannung induziert. Der Phasenverschiebungswinkel α_x ist analog zum Drehwinkel α_x.

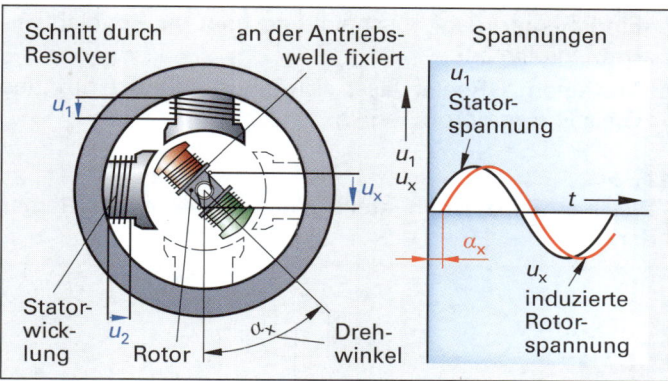

14

| Mit Roboterprogrammen werden Bewegungen und Abläufe des Roboters und seiner Peripherie festgelegt. Worin unterscheidet sich die ONLINE- von der OFFLINE-Programmierung?

Bei der ONLINE- oder Teach-In-Programmierung werden von Hand über ein entsprechendes Bedientablett Raumpunkte angefahren bzw. Greiferfunktionen ausgelöst und die Punkte abgespeichert.

Bei der OFFLINE-Programmierung wird über ein textuelles oder grafisch interaktives Verfahren das Programm erstellt. Bei der textuellen Programmerstellung wird der Programmablauf durch Befehle in einer Programmiersprache beschrieben. Bei der graphisch interaktiven OFFLINE-Programmierung greift man auf CAD-Daten der Roboterzelle zurück.

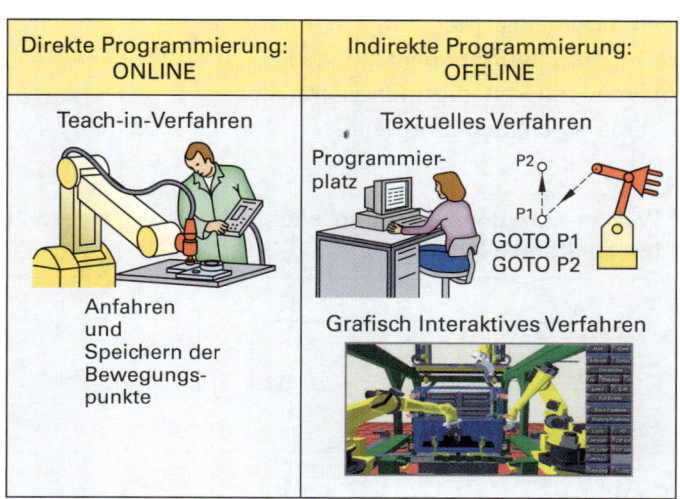

15

| Nennen sie die sechs Leistungsmerkmale von Industrierobotern, die sich aus der Bauart ergeben und erläutern Sie diese.

– Anzahl der Bewegungsachsen:
  Je mehr Achsen ein Roboter besitzt desto beweglicher ist er. Der höchste Freiheitsgrad f = 6 erfordert mindestens sechs Bewegungsachsen.

– Arbeitsraum:
  Er beschreibt den möglichen Bewegungsraum. Dieser wird aus den Verfahrbereichen aller Achsen gebildet und stellt gleichzeitig den Gefahrenbereich des Roboters dar.

– Nennlast:
  Sie ist immer kleiner als die maximale zulässige Traglast und kann vom Roboter ohne Einschränkungen der Geschwindigkeit bewegt werden.

– Geschwindigkeit:
  Sie setzt sich anteilig aus den Bewegungen der Achsen zusammen.

– Wiederholgenauigkeit:
  Sie ist die maximale Abweichung, die beim wiederholten Anfahren einer Position unter gleichen Bedingungen entsteht.

– Positionsgenauigkeit:
  Sie ist die maximale Abweichung beim Positionieren der Nennlast.

16

| Wonach richtet sich die Eigenart und Charakteristik eines Industrieroboters?

Die Eigenart und Charakteristik eines Industrieroboters richtet sich nach seinem Leistungsprofil: der Anzahl der Bewegungsachsen, seiner Positionier- und Wiederholgenauigkeit sowie der Geschwindigkeit.

17

| Welche Koordinatensysteme unterscheidet man bei Robotern?

– WORLD: Kartesisches Koordinatensystem. Ursprungskoordinatensystem für ROBROOT und Base.

– ROBROOT: Koordinatensystem des Roboterfußes

– BASE: Koordinatensystem, das an einem Werkstückpunkt ansetzt

– TOOL: Koordinatensystem, das im Arbeitspunkt des Werkzeuges liegt.

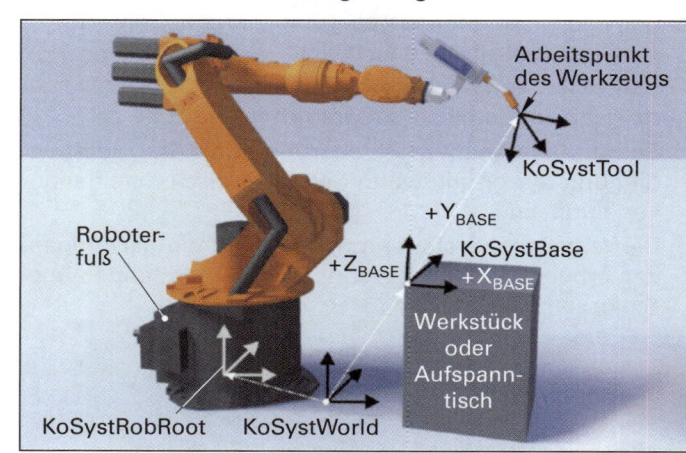

Testfragen zur Automatisierungstechnik

Steuern und Regeln

TA 1

Durch welches Merkmal unterscheidet sich eine Regelung von einer Steuerung? Welche Aussage trifft zu?

a) Der Ablauf einer Regelung erfolgt nach einem Programm.

b) Eine Regelung kann nur elektrisch erfolgen.

c) Für eine Regelung sind Lochkarten oder Lochstreifen erforderlich.

d) Bei einer Regelung erfolgt eine Rückwirkung.

e) Eine Regelung kann nur mit Hilfe einer Datenverarbeitungsanlage durchgeführt werden.

TA 2

Welche der folgenden Aussagen zum unstetigen Regler ist richtig?

a) Er besitzt stets einen P-Anteil.

b) Er gibt zu jedem Eingangssignal ein entsprechendes Ausgangssignal ab.

c) Er hat nur zwei Schaltstellen.

d) Er gleicht eine Regelabweichung vollständig aus.

e) Er kann die Regelgröße genauer einhalten als ein stetiger Regler.

TA 3

Welche Behauptung über eine Steuerung ist richtig?

a) Bei einer Steuerung wird eine Abweichung der Istgröße von der Sollgröße korrigiert.

b) Die Steuerung hat einen geschlossenen Wirkungsablauf (Regelkreis).

c) Bei der Steuerung findet eine dauernde Rückwirkung der Regelgröße auf die Stellgröße statt.

d) Bei der Steuerung wird eine Abweichung der Istgröße von der Sollgröße nicht korrigiert.

e) Eine Steuerung und eine Regelung sind von Ablauf her gleich.

TA 4

Welche Aussage über eine Verknüpfungssteuerung ist richtig?

a) Bei einer Verknüpfungssteuerung ist der Programmablauf durch die Bauteile fest vorgegeben.

b) Bei der Verknüpfungssteuerung werden Bewegungsvorgänge schrittweise ausgelöst.

c) Bei einer Verknüpfungssteuerung wird der Steigerungsablauf durch ein Programm festgelegt.

d) Bei einer Verknüpfungssteuerung wird eine Schaltbedingung nur erfüllt, wenn Signale logisch miteinander verknüpft sind.

e) Bei Verknüpfungssteuerungen beginnt ein nachfolgender Arbeitsschritt erst, wenn der vorhergehende abgeschlossen ist.

TA 5

Welche Aussage beschreibt einen Proportionalregler (P-Regler)?

a) Der P-Regler reagiert schnell auf Signaländerungen, besitzt aber eine bleibende Regelabweichung.

b) Ein P-Regler ist langsamer als ein I-Regler, beseitigt aber die Regelabweichung vollständig.

c) Ein P-Regler ändert sich bei einer sehr schnellen Regelabweichung die Stellgröße kurzzeitig und kehrt wieder auf den ursprünglichen Wert zurück.

d) Ein P-Regler reagiert schnell und hebt die Regelabweichung völlig auf.

e) Mit einem P-Regler lässt sich z.B. die Drehzahl eines Gleichstrommotors regeln.

TA 6

Welches Bildzeichen stellt einen allgemeinen Regler dar?

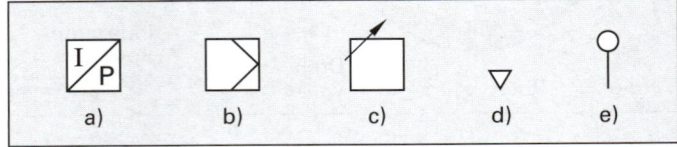

a) b) c) d) e)

TA 7

Was bedeutet das „EVA"-Prinzip in der Steuerungstechnik?

a) Dateneingabe, -verschiebung und -abbruch

b) Dateneingabe, -überprüfung und -ausgabe

c) Elektronische Verarbeitung von Aufgaben

d) Ein-Ausgabe-Schnittstelle

e) Dateneingabe, -verarbeitung, -ausgabe

Grundlagen und Grundelemente von Steuerungen

TA 8

Was gibt ein Bit an?

a) Die kleinste binäre Informationseinheit

b) Die kleinste analoge Informationseinheit

c) 1 Billion Informationseinheiten

d) Einen binären Informationstransfer

e) Eine binäre Zeitinformation

TA 9

Welche Funktionsgleichung entspricht dem dargestellten Funktionsplan?

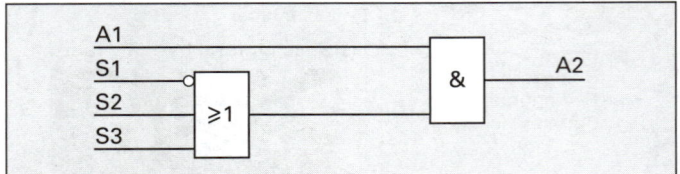

a) $A1 \wedge (\overline{S1} \vee S2 \vee S3) = A2$

b) $A1 \vee (\overline{S1} \wedge S2 \wedge S3) = A2$

c) $A1 \wedge (S1 \vee \overline{S2} \vee \overline{S3}) = A2$

d) $A1 \wedge (S1 \wedge S2 \wedge \overline{S3}) = A2$

e) $A1 \vee (S1 \wedge S2 \wedge S3) = A2$

TA 10

Welche Verknüpfung ist in der Tabelle dargestellt?

a) UND

b) ODER

c) NICHT

d) NOR

e) NAND

E1	E2	A1
0	0	0
0	1	0
1	0	0
1	1	1

TA 11

Man unterscheidet analoge, digitale und binäre Signalformen. Welche Aussage beschreibt das digitale Signal?

Digitale Signale

a) nehmen nur zwei Werte bzw. Zustände an.

b) können beliebige Werte annehmen

c) ändern sich stetig mit der Eingangsgröße

d) bestehen aus einer endlichen Anzahl von gestuften Werten

e) sie stellen die kleinste Einheit der Information dar.

TA 12

Mit welchen Grundfunktionen können alle Signalverknüpfungen verwirklicht werden?

a) UND, ODER, exklusiv ODER

b) ODER, NEGATION, UND-NICHT

c) UND, ODER, NICHT

d) UND, ODER, Speicher

e) UND, ODER, NEGATION

TA 13

Wie viele Kombinationswerte hat eine Funktionstabelle bei 6 Eingängen?

a)   2 Kombinationen   b)   6 Kombinationen

c) 12 Kombinationen   d) 32 Kombinationen

e) 64 Kombinationen

TA 14

Wodurch kann eine UND-Funktion durch ein ODER-Glied gebildet werden?

a) Indem ein weiteres UND-Glied zugeschaltet wird.

b) Indem am ODER-Glied alle Ein- und Ausgänge negiert werden

c) Indem am Ausgang das Signal negiert wird.

d) Indem am Eingang alle Signale negiert werden

e) Dies ist nicht möglich

Pneumatische Steuerungen

TA 15

Welche Aussage zu den Anforderungen an das Druckluftnetz ist falsch?

a) Das Druckluftnetz ist als Ringleitung anzulegen.

b) Die Leitungsquerschnitte sind so groß zu wählen, dass maximal 0,2 bar Druckverlust entsteht.

c) Die Leitungen sind mit Gefälle zu verlegen, damit das Kondenswasser abgelassen werden kann.

d) Die Leitungen sind waagrecht oder senkrecht zu verlegen, damit die Luft besser strömen kann.

e) Es gibt keine Anforderungen an das Druckluftnetz.

TA 16

Welches Bauelement wird durch das Sinnbild dargestellt?

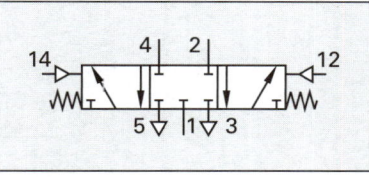

a) Einfach wirkender Zylinder ohne Rückfeder

b) Doppelt wirkender Zylinder mit Differenzialkolben

c) Doppelt wirkender Zylinder mit über den ganzen Hub verstellbaren Kolbengeschwindigkeit

d) Doppelt wirkender Zylinder mit Ringmagnet zur Steuerung von Kontakten

e) Doppelt wirkender Zylinder mit beidseitiger, einstellbarer Endlagendämpfung

TA 17

Welche Aussage über das Bauelement (Ventil) ist richtig?

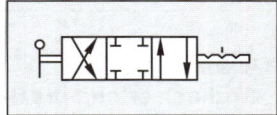

a) Es ist ein 5/2-Wegeventil mit Druckluftzentrierung.

b) Es ist ein 5/2-Wegeventil mit Federzentrierung.

c) Es ist ein 5/3-Wegeventil mit Druckluftzentrierung.

d) Es ist ein 5/3-Wegeventil mit Federzentrierung.

e) Es verbindet bei entlüfteten Steueranschlüssen den Anschluss 1 mit Anschluss 2.

TA 18

Welches Ventil wird durch das Sinnbild dargestellt?

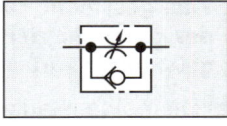

a) 4/2-Wegeventil mit Impulsbetätigung

b) 4/3-Wegeventil mit magnetischer Betätigung

c) 4/2-Wegeventil mit magnetischer Betätigung

d) 5/3-Wegeventil mit Handhebelbetätigung

e) 4/3-Wegeventil mit Handhebelbetätigung

TA 19

Welche Aussage über das Bauelement ist richtig?

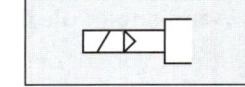

a) Der Durchfluss wird in einer Richtung gesperrt.

b) Der Durchfluss wird in beiden Richtungen gedrosselt.

c) Der Durchfluss erfolgt in einer Richtung gedrosselt, in der anderen ungehindert.

d) Der Durchfluss erfolgt in beiden Richtungen.

e) Der Durchfluss wird verringert und geregelt.

TA 20

Welche Betätigungsart ist im Bild dargestellt?

a) Elektromagnetische Betätigung mit Vorsteuerung

b) Druckluftbetätigung

c) Elektromagnetische Betätigung ohne Vorsteuerung

d) Pedal

e) Hydraulische Betätigung

TA 21

Welche Aufgabe wird von einer Aufbereitungseinheit *nicht* erfüllt?

a) Kühlung der Luft   b) Filterung der Luft

c) Druckreduzierung   d) Ölen der Luft

e) Alle genannten Aufgaben werden *nicht* erfüllt

Schaltplan zu den Aufgaben TA 22 bis TA 27

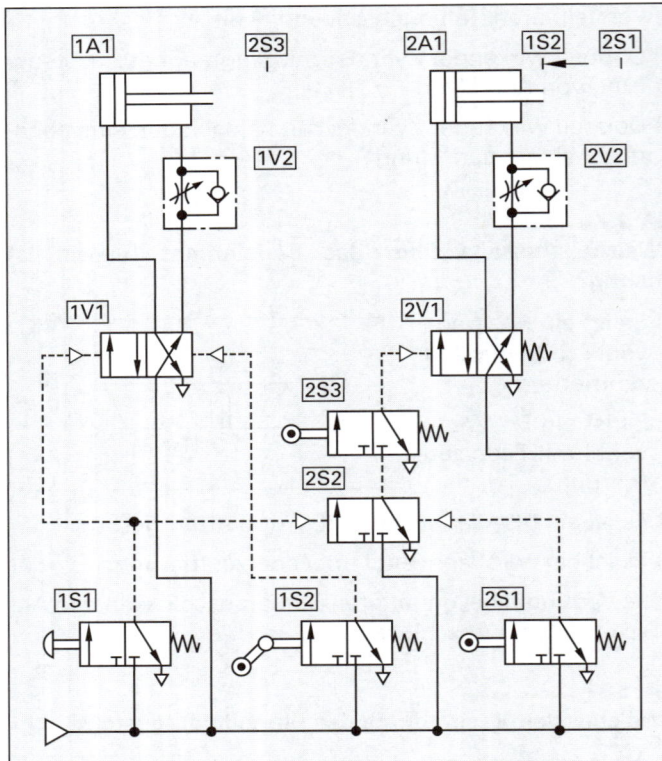

TA 22

Wodurch erfolgt die Betätigung von Signalelement 1S2?

a) Hebel
b) Pedal
c) Zweihandsicherheitshebel
d) Schaltnocken und Rolle
e) Rolle, nur in einer Richtung wirkend

TA 23

Was geschieht, wenn während des Programmablaufes der oben skizzierten Steuerung die Kolbenstange 1A1 gewaltsam zurückgeschoben wird?

a) Die Kolbenstange 2A1 fährt im Eilgang zurück.
b) Die Kolbenstange 2A1 fährt mit gedrosselter Geschwindigkeit zurück.
c) Das Programm läuft ungestört weiter.
d) Nach Rücklauf der Kolbenstange 2A1 läuft das Programm selbsttätig erneut ab.
e) Die Kolbenstange 1A1 fährt sofort ganz zurück.

TA 24

Wann erfolgt die Betätigung von Signalelement 1S2?

a) Beim Vorlauf der Kolbenstange 1A1
b) Beim Rücklauf der Kolbenstange 1A1
c) Beim Vorlauf der Kolbenstange 2A1
d) Beim Rücklauf der Kolbenstange 2A1
e) Beim Vor- und Rücklauf der Kolbenstange 2A1

TA 25

Welche Bezeichnung für Ventil 2V1 ist richtig?

a) 4/2-Wegeventil mit Steuerung durch Druckluftentlastung und Rückstellfeder

b) 5/2-Wegeventil mit Steuerung durch Druckluftbeaufschlagung und Rückstellfeder

c) 4/2-Wegeventil mit Steuerung durch Druckluftbeaufschlagung und Rückstellfeder

d) 3/2-Wegeventil mit Steuerung durch Druckluftbeaufschlagung und Rückstellfeder

e) 5/2-Wegeventil mit Steuerung durch Druckluftentlastung und Rückstellfeder

TA 26

Wann erfolgt die Betätigung von Ventil 2V1 durch Druckluftbeaufschlagung?

a) Bei Betätigung von Signalelement 1S1.
b) Bei Erreichen der Endlage von Kolbenstange 1A1, wenn zuvor Signalelement 1S1 betätigt wurde.
c) Bei Erreichen der Endlage von Kolbenstange 1A1, wenn zuvor Signalelement 2S1 betätigt wurde.
d) Bei Erreichen der Endlage von Kolbenstange 2A1, wenn zuvor Signalelement 2S1 betätigt wurde.
e) Bei Rücklauf der Kolbenstange 2A1.

TA 27

Welche Aussage zu der im Bild links gezeigten Steuerung ist richtig?

Nach kurzem Betätigen von Signalelement 1S1 ...

a) läuft Kolbenstange 1A1 vor und bleibt so lange ausgefahren, bis Kolbenstange 2A1 vor und wieder zurück gelaufen ist.
b) läuft Kolbenstange 1A1 vor und bleibt so lange ausgefahren, bis Kolbenstange 2A1 zweimal vor und wieder zurück gelaufen ist.
c) läuft Kolbenstange 1A1 vor und wieder zurück; sodann läuft Kolbenstange 2A1 vor und zurück.
d) läuft Kolbenstange 1A1 vor. Sodann läuft Kolbenstange 2A1 vor, Kolbenstange 1A1 zurück und darauf auch Kolbenstange 2A1 zurück
e) läuft zunächst Kolbenstange 2A1 vor und wieder zurück.

TA 28

Welche Aussage zur Pneumatik ist richtig?

a) Mit kleinen Zylinderdurchmessern lassen sich große Kolbenkräfte erzielen.
b) Die Kolbengeschwindigkeit ist von der Gegenkraft unabhängig.
c) Mit einem Drosselventil lässt sich eine gleichbleibende Kolbengeschwindigkeit einstellen.
d) Bei niedriger Kolbengeschwindigkeit kann sich der Kolben ruckartig bewegen.
e) Für die Verringerung der Kolbengeschwindigkeit wird stets die Zuluft gedrosselt.

Auf dem gezeigten Schaltplan basieren die Aufgaben TA 29 bis TA 34.

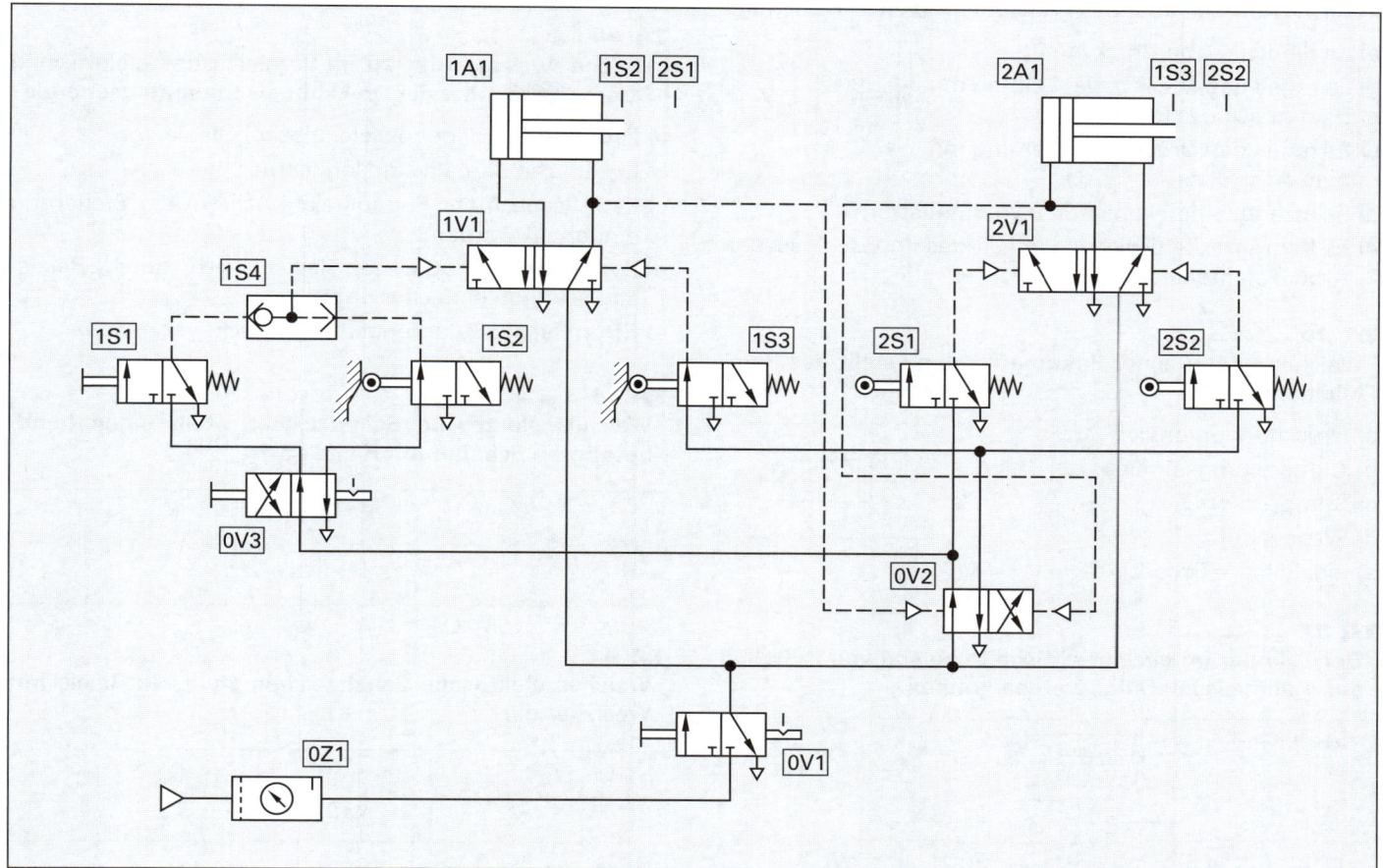

TA 29

Welche Aufgabe hat Ventil 0V2?

a) Vorhubsteuerung von Zylinder 1A1

b) Rückhubsteuerung von Zylinder 1A1

c) Vorhubsteuerung von Zylinder 2A1

d) Rückhubsteuerung von Zylinder 2A1

e) Signalabschaltung

TA 30

Welche Aufgabe hat Ventil 0V3?

a) Es dient als Absperrventil für die Anlage.

b) Es bewirkt die Umschaltung von Einzelhub auf Automatikbetrieb.

c) Es steuert den Rückhub von Zylinder 1A1.

d) Es dient als Not-Aus-Schalter.

e) Es ist in der Anlage überflüssig.

TA 31

Welche Aussage zur Steuerung ist richtig?

a) Ventil 1S2 bewirkt einen Einzelhub.

b) Bauteil 0Z1 ist ein Absperrventil.

c) Ventil 0V1 dient als Hauptventil.

d) Ventil 0V1 dient als Not-Aus-Schalter.

e) Ventil 0V2 dient als Not-Aus-Schalter.

TA 32

Welche Angabe zu Schritt 3 des Steuerungsablaufs ist richtig?

a) Zylinder 1A1 fährt zurück

b) Zylinder 1A1 fährt vor

c) Zylinder 2A1 fährt vor

d) Zylinder 2A1 fährt zurück

e) Zylinder 1A1 und 2A1 fahren zurück

TA 33

Welche Aufgabe hat das Signalelement 1S2?

a) Es steuert den Vorhub von Zylinder 1A1 im Automatikbetrieb.

b) Es steuert den Rückhub von Zylinder 1A1 im Automatikbetrieb.

c) Es steuert den Einzelvorhub von Zylinder 1A1.

d) Es steuert einen Einzelrückhub von Zylinder 1A1.

e) Es dient zur Signalabschaltung.

TA 34

Welche Aussage ist richtig?

a) Signalelement 2S1 müsste eine einseitig wirkende Rolle besitzen.

b) Die Signalelemente 1S2 und 1S3 müssten eine einseitig wirkende Rolle besitzen.

c) Ventil 0V1 müsste eine Rückstellfeder besitzen.

d) Signalelement 1S4 dient zur Signalverknüpfung.

e) Ventil 0V2 wird beim Rückhub von Zylinder 2A1 umgeschaltet.

TA 35

Welche Aussage über das Bauelement (Ventil) ist richtig?

a) Es dient als Überdruckventil.

b) Es regelt den Druck in der Leitung mit dem Anschluss P.

c) Es regelt den Druck in der Leitung mit dem Anschluss A.

d) Es erzeugt einen konstanten Volumenstrom.

e) Es begrenzt die Geschwindigkeit des angeschlossenen Arbeitselementes.

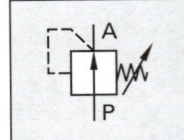

TA 36

Welches Bauteil einer Pneumatikanlage stellt das Sinnbild dar?

a) Druckminderventil

b) Aufbereitungseinheit

c) Kompressor

d) Wegeventil

e) einstellbare Drossel

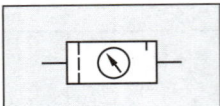

TA 37

Der Zylinder im gezeigten Schaltplan soll von 2 Stellen aus wahlweise betätigt werden können.

Schaltplan

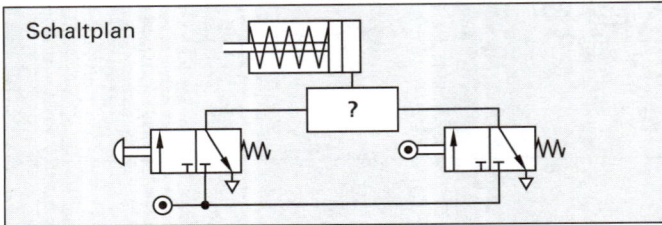

Welches der Sinnbilder a) bis d) fehlt in dem Schaltbild?

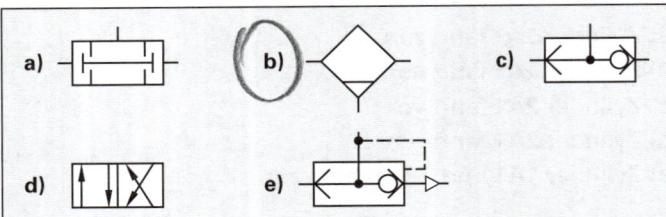

TA 38

Aus welchen Bauteilen setzt sich ein Zeitverzögerungsventil in der Pneumatik zusammen?

a) Ein 3/2-Wegeventil und einem Luftspeicher

b) Einem 3/2 Wegeventil, einem Drosselrückschlagventil und einem kleinen Luftspeicher

c) Einem Drosselrückschlagventil und einem Luftspeicher

d) Einem 5/3 Wegeventil, einem Drosselrückschlagventil und einem Luftspeicher

e) Ein 4/2 Wegeventil erfüllt die Anforderung

TA 39

Welches Symbol aus der Vakuumtechnik steht für einem einstufigen Ejektor?

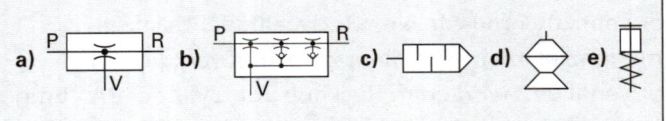

Elektropneumatische Steuerungen

TA 40

Welche Aussage trifft zu im Vergleich des elektrischen Stroms gegenüber der Druckluft als Steuerungsenergie?

a) Druckluft ist billiger als elektrischer Strom.

b) Elektrische Signale sind langsamer.

c) Es müssen mehr Pneumatikbauteile in die Steuerung eingebaut werden.

d) Logische Verknüpfungen lassen sich durch Relaissteuerungen einfacher umsetzen.

e) Strom ist als Steuerungsenergie nicht verwendbar.

TA 41

Welches elektrische Schaltzeichen stellt einen handbetätigten Schalter mit Raste dar?

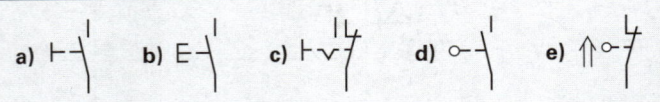

TA 42

Welches elektrische Schaltzeichen stellt ein Relais mit Wechsler dar?

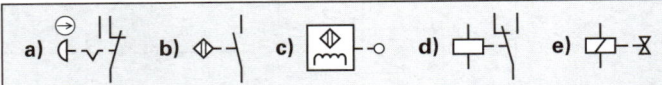

TA 43

Welche Aussage zu einem Relais ist richtig?

a) Man schaltet damit elektrische Leistungen über 1 kW.

b) Relais sind elektromagnetisch betätigte Kontakte.

c) Die Erregerspule des Relais liegt an der Spannung 230 V an.

d) Ein Relais ist nicht für logische Verknüpfungen von Signalen ersetzbar.

e) Für die Signalspeicherung können Relais nicht eingesetzt werden.

TA 44

Welche Aussage zu aktiven Sensoren ist richtig?

a) Bei aktiven Sensoren wird durch Energieumwandlung elektrische Energie erzeugt.

b) Bei aktiven Sensoren wird eine von außen erzeugte elektrische Größe durch eine nichtelektrische Störgröße beeinflusst.

c) Aktive Sensoren arbeiten nur als berührende Sensoren.

d) Aktive Sensoren besitzen Spulen, die durch Energiezufuhr von außen ein magnetisches Feld aufbauen.

e) Aktive Sensoren sind immer analoge Sensoren.

TA 45

Welche Symboldarstellung zeigt einen magnetischen berührungslosen binären Näherungsschalter?

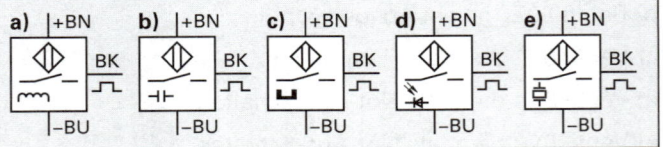

Auf dem gezeigten Schaltplan basieren die Aufgaben TA 46 bis TA 52

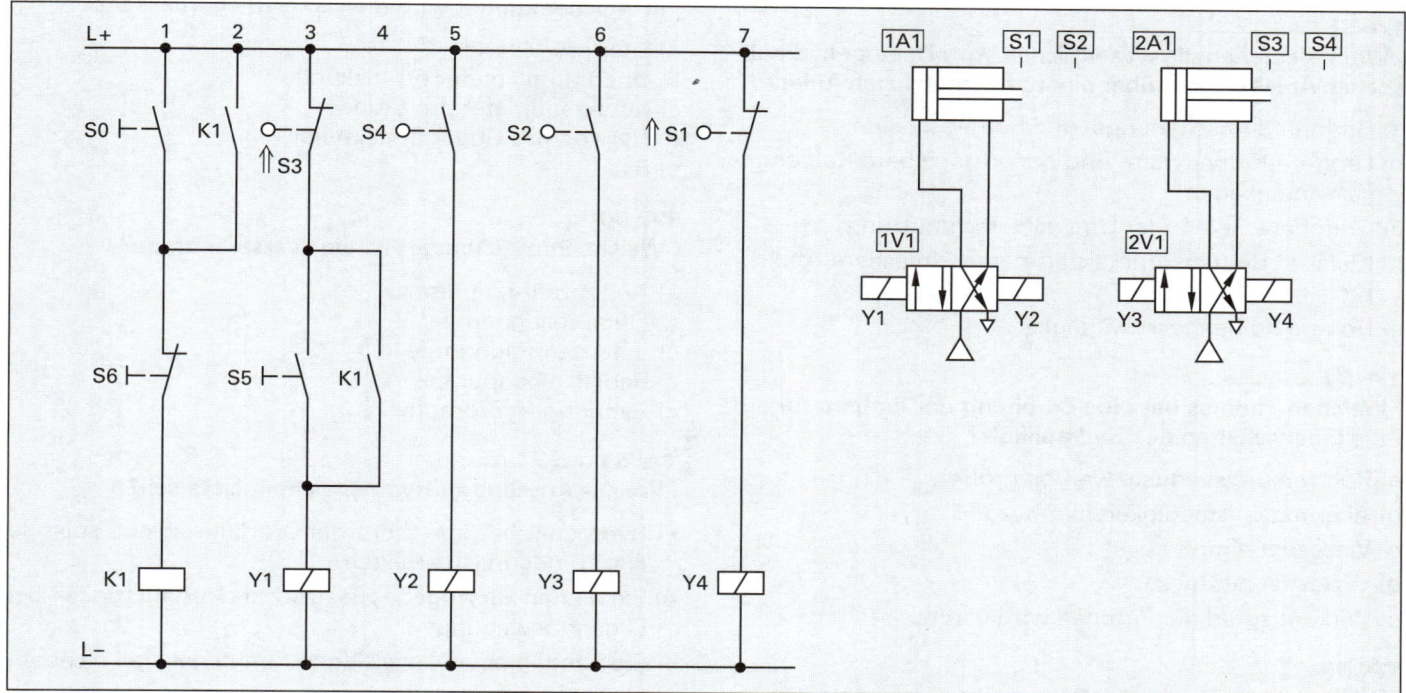

Elektrische Steuerungen

TA 46

Welche Aussage zu Signalelement S1 im Strompfad 7 ist richtig (Bild oben)?

Das Signalelement S1...

a) schaltet Magnet Y1.

b) ist in betätigtem Zustand gezeichnet.

c) steuert den Vorlauf von Zylinder 2A1.

d) steuert den Rücklauf von Zylinder 1A1.

e) bewirkt einen Dauerlauf.

TA 47

Welche Aussage zu Kontakt K1 im Strompfad 2 ist richtig (Bild oben)?

Der Kontakt K1 ...

a) bewirkt einen Dauerlauf (Automatikbetrieb).

b) bewirkt eine Selbsthaltung von Y1.

c) unterbricht den Programmablauf.

d) startet einen Einzelzyklus.

e) wird von Zylinder 1A1 betätigt.

TA 48

Mit welchem Schalter kann ein Einzelzyklus gestartet werden (Bild oben)?

a) Schalter S0   b) Schalter S2

c) Schalter S4   d) Schalter S5

e) Schalter S6

TA 49

Mit welchem Schalter kann die Anlage (Bild oben) auf Automatik (Dauerlauf) geschaltet werden?

a) Schalter S0   b)   Schalter S2
c) Schalter S4   d)   Schalter S5
e) Schalter S6

TA 50

Welche Bedingungen für den Start der oben im Bild gezeigten Anlage sind richtig?

Es muss (müssen)...

a) beide Zylinder eingefahren sein und Schalter S6 betätigt werden.

b) beide Zylinder eingefahren sein und Schalter S0 oder S5 betätigt werden.

c) Zylinder 1A1 eingefahren, Zylinder 2A1 ausgefahren sein und Schalter S5 betätigt werden.

d) beide Zylinder eingefahren sein. Nach Betätigung von Schalter S0 muss zusätzlich Schalter S5 betätigt werden.

e) beide Zylinder ausgefahren sein und Schalter S0 betätigt werden.

TA 51

Wie wird die durch Kontakt K1 in Strompfad 2 bewirkte Schaltung bezeichnet (Bild oben)?

a) NOT-AUS-Schaltung

b) Zweiwegeschaltung

c) Einzelaufschaltung

d) Sicherheitsschaltung

e) Selbsthalteschaltung

TA 52

Durch welchen Schalter kann ein Dauerlauf der Anlage abgeschaltet werden (Bild oben)?

a) Schalter S0

b) Schalter S2

c) Schalter S4

d) Schalter S5

e) Schalter S6

Hydraulische Steuerungen

TA 53

Worin bestehen die wesentlichen Vorteile einer hydraulischen Anlage gegenüber einer pneumatischen Anlage?

a) Geringere Anschaffungs- und Betriebskosten
b) Größere Kolbenkräfte und genau regelbare Kolbengeschwindigkeiten
c) Geringere Gefahr der Umweltverschmutzung
d) Kleinere Betriebsdrücke und damit einfachere Abdichtung
e) Höhere Kolbengeschwindigkeit

TA 54

Welchen Einfluss hat eine Erhöhung der Temperatur auf die Eigenschaften des Hydrauliköls?

a) Rohrreibungsverluste werden größer
b) Alterungsbeständigkeit nimmt zu
c) Viskosität nimmt ab
d) Viskosität nimmt zu
e) Wirkungsgrad der Pumpen wird verbessert

TA 55

Welche der aufgeführten Pumpen kann *nicht* als Pumpe mit veränderlichem Verdrängungsvolumen gebaut werden?

a) Zahnradpumpe
b) Flügelzellenpumpe
c) Radialkolbenpumpe
d) Axialkolbenpumpe
e) Taumelscheibenpumpe

TA 56

Welche Aussage über eine Pumpe mit konstantem Verdrängungsvolumen ist richtig?

a) Sie hält die Viskosität des Öls konstant.
b) Sie hält den Druck konstant.
c) Sie hält die Drehzahl des angeschlossenen Verstellmotors konstant.
d) Sie liefert einen konstanten Volumenstrom.
e) Sie kann nur mit einer konstanten Drehzahl angetrieben werden.

TA 57

Mit welchem der genannten Bauelemente lässt sich eine von der Gegenkraft unabhängige Arbeitsgeschwindigkeit stufenlos einstellen?

a) Zahnradpumpe
b) Stromventil mit veränderlichem Ausgangsstrom
c) Verstellbare Drossel
d) Blende
e) Drosselrückschlagventil

TA 58

Welche Aufgabe hat das Hydrauliköl nicht zu erfüllen?

a) Übertragung der Kraftenergie von der Pumpe zum Verbraucher
b) Schmierung beweglicher Innenteile.
c) Abführung von Verunreinigungen und Wärme.
d) Metallteile vor Korrosion schützen.
e) Dämpfen von impulsförmigen Druckwellen.

TA 59

In welcher Einheit wird die Viskosität gemessen?

a) Liter pro Minute
b) Quadratmillimeter pro Sekunde
c) Kubikzentimeter pro Stunde
d) Newton pro Quadratmillimeter
e) Bar

TA 60

Welche Pumpenbauart ist eine Verstellpumpe?

a) Außenzahnradpumpe
b) Flügelzellenpumpe
c) Innenzahnradpumpe
d) Radialkolbenpumpe
e) Zahnring-Hydromotor

TA 61

Welche Aussage zu Hydrospeichern ist falsch?

a) Hydrospeicher speichern die Druckflüssigkeit, solange die Zylinder nicht arbeiten.
b) Sie dienen zur Abgabe zusätzlicher Druckflüssigkeit bei Eilgangbewegungen.
c) Sie können einen kurzzeitigen Pumpenausfall nicht abdecken.
d) Sie können Leckverluste ausgleichen.
e) Hydrospeicher dämpfen Druckstöße.

TA 62

Welches Ventil ist im Bild und im Schaltzeichen dargestellt?

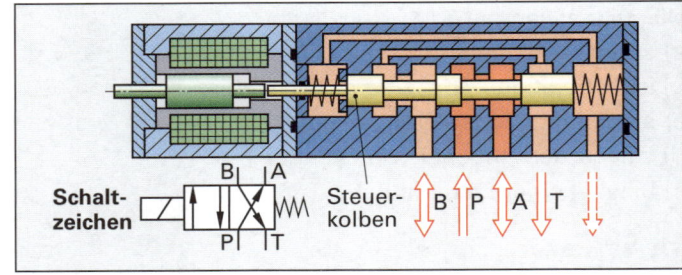

a) Elektromagnetisch betätigtes 4/2-Wegeventil
b) Elektromagnetisch betätigtes 4/3-Wegeventil
c) Elektromagnetisch betätigtes 5/3-Wegeventil
d) 4/2-Wegeventil
e) 3/2-Wegeventil

TA 63

Welches Ventil ist im nachfolgend gezeigten Schaltzeichen und Bild dargestellt?

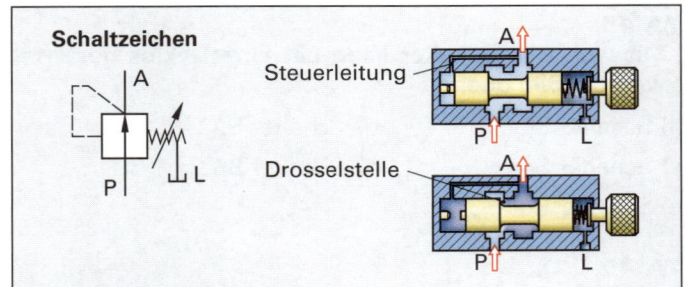

a) Druckbegrenzungsventil
b) Druckminderventil
c) Vorgesteuertes Druckventil
d) Zuschaltventil
e) Rückschlagventil

Schaltplan zu den Aufgaben TA 64 und TA 65

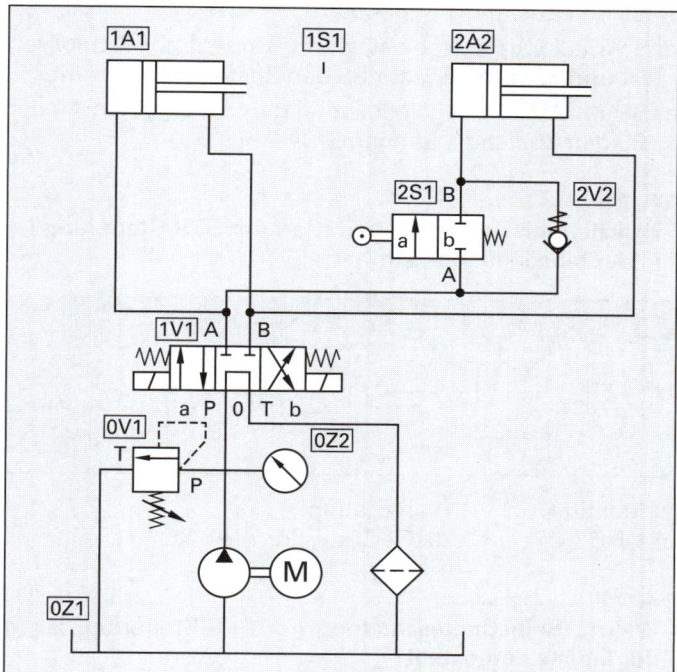

TA 64

Die Kolbenstange des Zylinders 2A soll erst ausfahren, nachdem die Kolbenstange des Zylinders 1A die vordere Endlage erreicht hat. Beide Kolbenstangen der Zylinder sollen dann gleichzeitig wieder einfahren.
Warum kann die im Schaltplan dargestellte Steuerung nicht wie beschrieben ablaufen?

a) Weil zur Steuerung der beiden Kolbenstangen der Zylinder ein vorgesteuertes 4/3-Wegeventil erforderlich ist.

b) Weil die Ventile 1S und 2V vertauscht sind.

c) Weil beim Ventil 1V die Arbeitsleistungen an den Anschlüssen A und B vertauscht sind.

d) Weil das Ventil 1S in der Ausgangsstellung nicht betätigt ist.

e) Weil die Anschlüsse des Ventils 2V vertauscht sind.

TA 65

Welches der genannten Bauteile ist im oben gezeigten Schaltplan *nicht* enthalten?

a) 4/2 Wegeventil

b) unbelastetes Rückschlagventil

c) 2/2 Wegeventil, durch einen Elektromagnet gesteuert

d) Druckbegrenzungsventil

e) Verstellhydropumpe

TA 66

Welche Aussage trifft für Proportionalventile zu?

a) Sie werden zum harten Beschleunigen von Hydromotoren eingesetzt.

b) Sie dienen zur gestuften Einstellung von Volumenströmen.

c) Sie wandeln analoges oder digitales Eingangssignal in ein entsprechendes hydraulisches Ausgangssignal um.

d) Sie können die Richtung eines Volumenstromes ändern.

e) Sie können nur als Druckbegrenzungsventile eingesetzt werden.

TA 67

In welchem Bild ist die Verlegung von Schlauchleitungen in der Hydraulik *falsch* dargestellt?

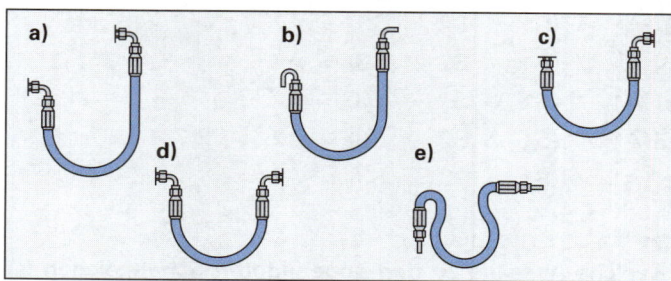

Speicherprogrammierbare Steuerungen

TA 68

Welche Aussage zu einer speicherprogrammierten Steuerung (SPS) ist richtig?

a) Es können nur analoge Eingangssignale verarbeitet werden.

b) Bei einer Programmänderung müssen die Anschlüsse neu verlegt werden.

c) Die Programmeingabe erfolgt über getrennte Programmiergeräte.

d) Die Steuerung ist nur für elektrische Anlagen verwendbar.

e) Der Programmablauf ist hardwaremäßig festgelegt.

TA 69

In welcher Antwort sind für SPS verwendeten Programmiersprachen angegeben?

a) AWL, KOP, FUP   b) AWF, KOP, FUP

c) AWP, KOL, FUL   d) AOL, KWP, FUL

e) AOF, KOL, FMP

TA 70

Welche Aussage zur Zuordnungsliste für eine SPS ist richtig?

Die Zuordnungsliste ordnet...

a) jedem Eingang einen Ausgang zu.

b) jedem Eingang eine Funktion zu.

c) jeder Funktion einen Ausgang zu.

d) jedem Ein- und Ausgang eine Funktion zu.

e) jedem Ein- und Ausgang ein Schaltglied zu.

TA 71

Welche Anweisungsliste entspricht dem dargestellten Funktionsplan?

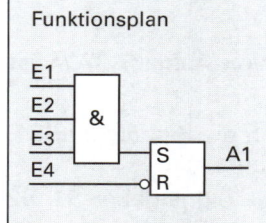

Funktionsplan	Anweisungsliste				
	a)	b)	c)	d)	e)
E1	UE1	UE1	UE1	UNE1	UE1
E2	UE2	UNE2	UNE2	UE2	UE2
E3	UE3	UE3	UE3	UE3	UNE3
E4	SA1	RA1	SA1	RA1	SA1
	ONE4	OE4	OE4	ONE4	ONE4
	RA1	SA1	RA1	SA1	RA1

TA 72

Welche Funktionsgleichung entspricht dem dargestellten Funktionsplan von Aufgabe 71?

a) $A1 \wedge (\overline{S1} \vee S2 \vee S3) = A2$

b) $A1 \vee (\overline{S1} \wedge S2 \wedge S3) = A2$

c) $A1 \wedge (S1 \vee \overline{S2} \vee \overline{S3}) = A2$

d) $A1 \wedge (S1 \wedge S2 \wedge \overline{S3}) = A2$

e) $A1 \vee (S1 \wedge S2 \wedge S3) = A2$

TA 73

Welche Aussage zu den abgebildeten Schaltzeichen ist richtig?

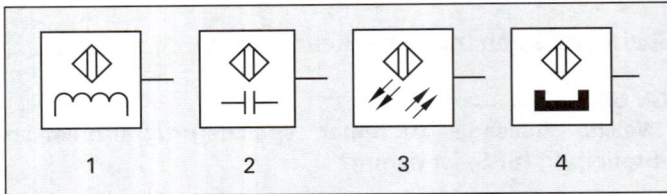

a) Bild 1: Der Sensor reagiert auf Wärme.

b) Bild 2: Der Sensor reagiert auf Annäherung aller Stoffe.

c) Bild 3: Der Sensor reagiert auf Spritzwasser.

d) Bild 4: Der Sensor wird durch Nocken betätigt.

e) Keine der genannten Antworten ist richtig.

TA 74

Welche Aussage zu dem gezeigten GRAFCET ist richtig?

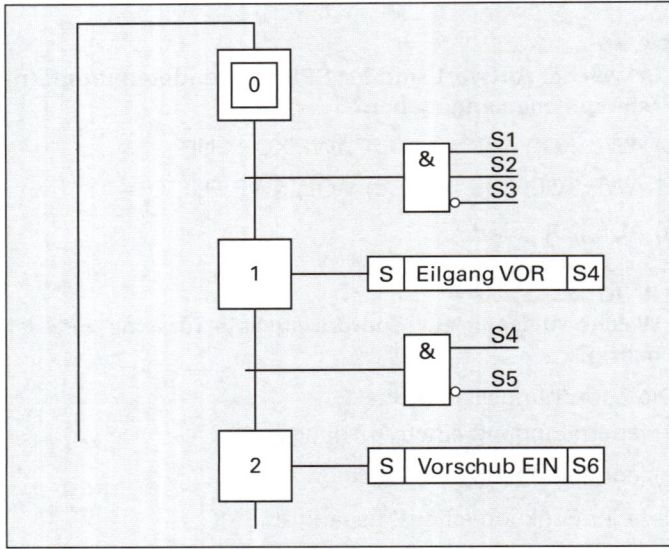

a) Die Schritte 1 und 2 werden in den Speichern S4 und S6 gespeichert.

b) Die Schritte 1 und 2 sind verzögert

c) Schritt 0 ist die Ausgangsstellung der Anlage

d) Schritt 2 wird durch S6 ausgelöst

e) Schritt 1 wird durch S4 ausgelöst

TA 75

Welche Aussage zum GRAFCET von Aufgabe TA74 ist richtig?

a) Der Start der Anlage erfolgt, wenn die Signalgeber S1, S2 und S3 den Zustand 1 annehmen.

b) Schritt 1 wird ausgelöst, wenn die Signalgeber S1, S2 und S3 den Zustand 0 annehmen.

c) Schritt 2 wird ausgelöst, wenn die Signalgeber S4 und S5 den Zustand 1 annehmen.

d) Schritt 2 wird ausgelöst, wenn Schritt 1 abgeschlossen ist und der Signalgeber S5 den Zustand 0 annimmt.

e) Schritt 2 wird ausgelöst, wenn die Signalgeber S4 oder S5 den Zustand 1 annehmen.

TA 76

Welche logische Grundoperation der SPS-Steuerung ist in der Tabelle dargestellt?

Schaltzeichen DIN EN 60617	Funktions-tabelle	FUP/FBS	AWL	KOP
E1 &—A, E2	E2 E1 A / 0 0 0 / 0 1 0 / 1 0 0 / 1 1 1	E0.0 & A4.0 / E0.1 =	U E 0.0 / U E 0.1 / = A 4.0	E0.0 E0.1 A4.0 ─┤├─┤├─( )─

a) Identität   b) Negation

c) UND   d) ODER   e) XOR

TA 77

Welche Selbsthalteschaltung der SPS-Steuerung ist in der Tabelle dargestellt?

FUP/FBS	AWL	KOP
A4.0 ≥1 / E0.0 & A4.0 / E0.1 =	U(/ O A 4.0 / O E 0.0 /) / U E 0.1 / = A 4.0	A4.0 E0.1 A4.0 ─┤├─┤├─( )─ / E0.0 ─┤├─

a) dominierend löschen

b) setzen

c) setzen dominat

d) rücksetzen dominant

e) speichern

TA 78

Welche Speicherfunktion der SPS-Technik ist in der Tabelle dargestellt?

FUP/FBS	AWL	KOP
A4.0 / E0.0 S	U E 0.0 / S A 4.0	E0.0 A4.0 ─┤├─(S)─

a) setzen speichernd

b) rücksetzen speichern

c) SR-Flipflop

d) RS-Flipflop

e) ODER mit Zwischenmerker

Handhabungstechnik in der Automation

TA 79

Welche Aussage über Industrieroboter ist richtig?

a) Linearachsen in kleinen Montagerobotern werden meist hydraulisch angetrieben.

b) Sonsoren haben die Aufgabe, die Roboter bei Überschreiten ihrer Betriebstemperatur abzuschalten.

c) Als Antrieb der Achsen werden häufig Drehstrom-Synchronmotoren verwendet.

d) Das Wegmesssystem misst z.B. bei Vertikal-Knickarm-Robotern die Linearbewegung.

e) Die Steuerung muss über ein gespeichertes Programm den Bewegungsablauf steuern und überwachen.

TA 80

Um welche Bauart handelt es sich beim abgebildeten Roboter?

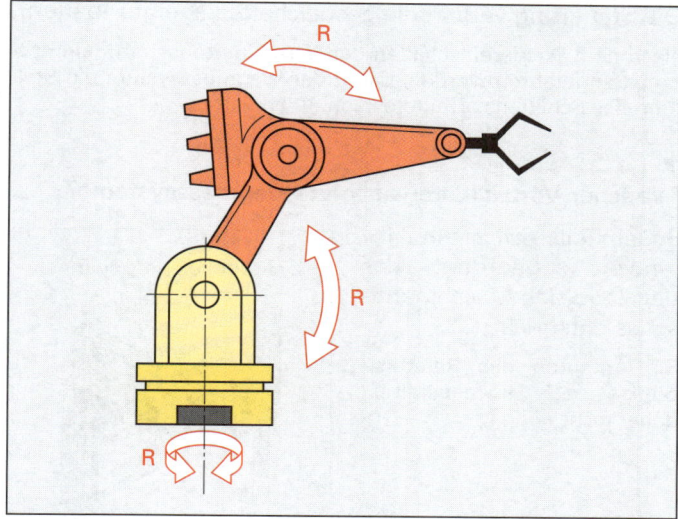

a) Vertikal-Knickarm-Roboter

b) Portalroboter

c) Lineararm-Roboter

d) Horizontal-Schwenkarm-Roboter

e) Positionsroboter

TA 81

Welche Arbeiten können mit Vertikal-Knickarm-Robotern *nicht* durchgeführt werden?

a) Schweißen   d) Entgraten
b) Montieren   e) Lackieren
c) Sägen

TA 82

Welche Aussage zu Fertigungseinrichtungen ist richtig?

a) Manipulatoren werden für Schweißarbeiten eingesetzt.

b) Lineararm-Roboter besitzen 2 Linearachsen und 1 Drehachse.

c) Portalroboter können wegen der hohen Positioniergenauigkeit als Messroboter verwendet werden.

d) Horizontal-Schwenkarm-Roboter werden überwiegend als Montage-Roboter eingesetzt.

e) Vertikal-Knickarm-Roboter besitzen einen quaderförmigen Arbeitsraum.

TA 83

Welche Aussage über die Leistungsmerkmale von Industrierobotern ist falsch?

a) Je mehr Achsen ein Roboter besitzt, desto beweglicher ist er.

b) Der Arbeitsraum beschreibt den möglichen Bewegungsraum des Roboters.

c) Die Nennlast ist immer kleiner als die maximale zulässige Traglast.

d) Die Positionsgenauigkeit ist die maximale Abweichung, die beim wiederholten Anfahren einer Position erreicht wird.

e) Die Geschwindigkeit setzt sich anteilig aus den Bewegungen der Achsen zusammen

TA 84

Die Sensoren sind die Sinnesorgane des Industrieroboters. Es gibt eine Vielzahl von eingesetzten Sensoren mit unterschiedlichen Funktionen.
Bei welcher Aussage stimmt die Zuordnung *nicht*?

a) Winkelschrittgeber dienen zur Positionsbestimmung.

b) Lichtschranken überwachen die Sicherheit.

c) Induktive Näherungsschalter überwachen den Arbeitsraum des Roboters.

d) Taster erfassen die Werkstückkontur.

e) Schaltsensoren erfassen Bauteile.

TA 85

Um die Lage von Raumpunkten, bezüglich der Achsbewegungen von Industrierobotern zu beschreiben, benötigt man verschiedene Koordinatensysteme.
Welches der genannten Koordinatensysteme findet bei der Roboterprogrammierung keine Anwendung?

a) WORLD
b) ROBROOT
c) KUGELKS
d) BASE
e) TOOL

TA 86

Mit welchem Befehl wird die im Bild dargestellte Bewegungsart von Industrierobotern programmiert?

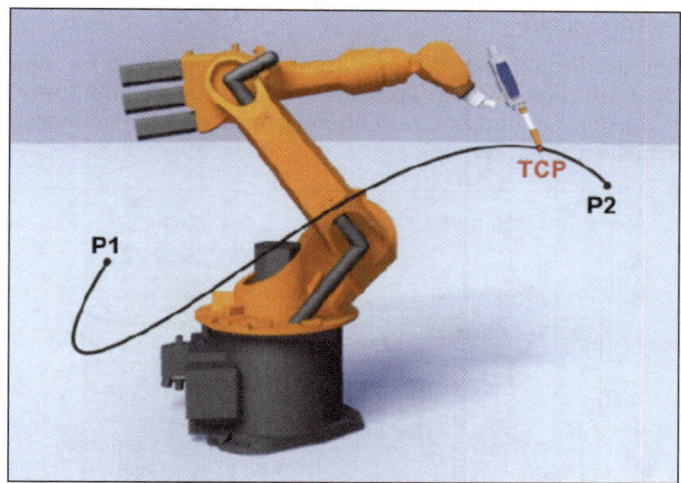

a) PTP
b) LIN
c) CONT
d) CIRC
e) HOME

TA 87

Bei der ONLINE-Programmierung von Industrierobotern werden Sicherheitseinrichtungen zum Teil außer Kraft gesetzt. Welche besondere Schutzmaßnahme gilt nicht für den Einrichtebetrieb?

a) Vorrangschaltung des Handprogrammiergeräts gegenüber dem Gesamtsystem der Roboteranlage.

b) Leistungsreduzierung und Geschwindigkeitsbegrenzung.

c) Not-Aus-Knopf am Handprogrammiergerät.

d) Zustimmtaster am Bedienpanel.

e) Softwareschalter lassen ein Überfahren der Schutzzäune zu.

9 Automatisierte Fertigung

9.1 CNC-Steuerungen

9.1.1 Merkmale CNC-gesteuerter Maschinen

Fragen aus Fachkunde Metall, Seite 567

1

Welche Möglichkeiten gibt es, die Drehzahl von Antriebsmotoren zu regeln?

Man verwendet drehzahlgeregelte Gleichstrom- oder Drehstrommotoren.

In beiden Fällen wird die Ist-Drehzahl von einem Tachogenerator erfasst, mit der Soll-Drehzahl verglichen und über die Regeleinrichtung geändert.

2

Welche Anforderungen werden an Vorschubantriebe gestellt?

Vorschubantriebe sollen

- große Vorschubkräfte erzeugen
- sehr kleine Vorschub- und sehr große Eilganggeschwindigkeiten ermöglichen
- schnelles Positionieren ermöglichen
- große Positioniergenauigkeit besitzen
- hohe Haltekräfte aufweisen

3

Warum sind bei Vorschubantrieben zwei Regelkreise erforderlich?

Für die Einhaltung der Schlittengeschwindigkeit ist eine Drehzahlregelung des Vorschubmotors, für die Positionierung des Schlittens eine Lageregelung des Maschinentisches erforderlich.

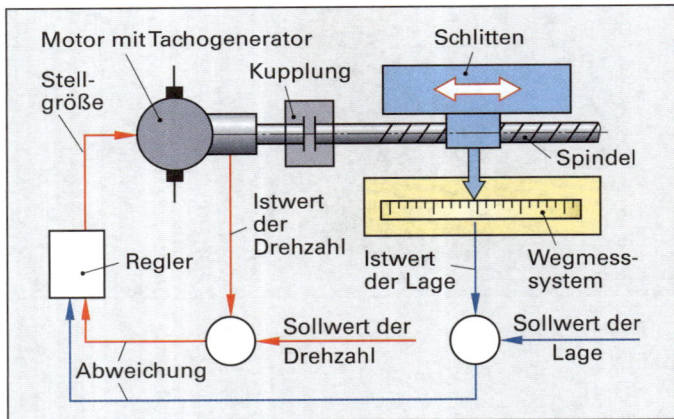

Als Messsysteme werden ein Tachogenerator für die Drehzahl und ein Wegmesssystem für die Lage verwendet.

4

Wodurch unterscheidet sich die indirekte von der direkten Wegmessung?

Bei der indirekten Wegmessung wird die Stellung der Vorschubspindel gemessen, bei der direkten Wegmessung die Lage des Maschinentisches.

5

Welchen Vorteil bieten direkte Wegmesssysteme?

Direkte Wegmesssysteme liefern die genauesten Messwerte.
Das Wegmesssystem wird am Maschinentisch und am Gestell befestigt und muss besonders sorgfältig vor Beschädigungen und Verschmutzung gesichert werden.

6

Wie wirkt sich bei einem inkrementalen Wegmesssystem das Abschalten der Maschine aus?

Die Steuerung verliert die gespeicherte Lageinformation.

Nach dem Wiedereinschalten der Maschine muss ein Referenzpunkt angefahren werden, damit das Wegmesssystem die Stellung des Schlittens ermitteln kann.

7

Welchen Vorteil bieten absolute Wegmesssysteme?

Jedem Teilstrich ist ein Zahlenwert zugeordnet, der der Lage des Maschinentisches entspricht.

Ein Anfahren des Referenzpunktes nach Stromausfall ist daher nicht nötig.

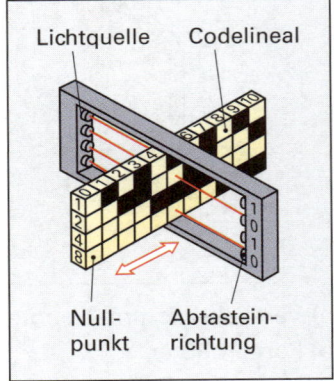

8

In welchen Fällen erfolgt die Dateneingabe in die CNC-Steuerung über eine Schnittstelle?

Eine Schnittstelle dient zur Datenfernübertragung, z.B. von einem Leitrechner oder einem Programmiergerät, zur CNC-Steuerung der Maschine.

9

Welche Aufgabe erfüllt die Anpasssteuerung?

Die Anpasssteuerung verstärkt die Signale der Steuerung und gibt sie an die Stellglieder der Werkzeugmaschine, z.B. Schütze und Ventile, aus.

Die Anpasssteuerung ist die Schnittstelle zwischen der CNC-Steuerung und der Werkzeugmaschine. Die Anpasssteuerung ist von der Bauweise der Werkzeugmaschine abhängig und wird daher vom Maschinenhersteller geliefert.

**Ergänzende Fragen
zu Merkmalen von CNC-gesteuerten Maschinen**

10

Erläutern Sie die Kurzzeichen NC, CNC, DNC.

NC   Numerische Steuerung (**n**umerical **c**ontrol)

CNC   NC-Steuerung mit Computer (**c**omputerized **n**umerical **c**ontrol)

DNC   NC-Steuerung durch übergeordneten Rechner (**d**irect **n**umerical **c**ontrol)

Numerische Maschinen ohne Computer (NC-Maschinen) werden heute kaum noch verwendet. Bei CNC-Maschinen kann über die Schnittstelle eine Datenfernübertragung (DNC) erfolgen.

11

Wozu dient das Bedienfeld einer CNC-Steuerung?

Das Bedienfeld enthält einen Bereich für Programmeingabe (Tastatur) und einen Bereich für die Maschinensteuerung (Tasten, Schalter, Drehknöpfe).

In dem Steuerpult ist außerdem ein Bildschirm integriert.

12

| **Nennen Sie wesentliche Vorteile der CNC-Fertigung.**

Wesentliche Vorteile der CNC-Fertigung sind
- hohe Fertigungs- und Wiederholgenauigkeit
- kurze Fertigungszeiten
- Herstellung schwierig geformter Teile an einer Maschine möglich (Komplettbearbeitung)
- einfache Wiederholung gespeicherter Programme
- hohe Wirtschaftlichkeit und Flexibilität

13

| **Welche Anforderungen sollen Vorschubantriebe bei CNC-Maschinen erfüllen?**

Die Vorschubantriebe sollen …
- hohe Beschleunigungen erzielen
- sehr große Eilgang- und sehr kleine Vorschubgeschwindigkeiten ermöglichen
- große Vorschubkräfte erreichen
- eine große Positioniergenauigkeit aufweisen
- eine hohe Steifigkeit besitzen

9.1.2 Koordinaten, Null- und Bezugspunkte

9.1.3 Steuerungsarten, Korrekturen

Fragen aus Fachkunde Metall, Seite 572

1

| **In welcher Richtung bewegt sich das Werkzeug, wenn bei der Drehmaschine Z-20 programmiert wird (Bild)?**

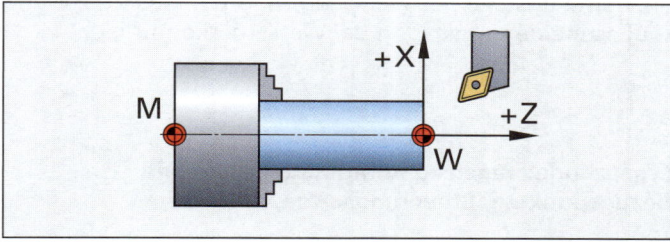

Das Werkzeug bewegt sich nach links.

Bei Drehmaschinen ist die positive Richtung der Achsen so festgelegt, dass sich das Werkzeug vom Werkstück weg bewegt.

2

| **Die Drehbewegung der Arbeitsspindel einer Drehmaschine kann gesteuert werden.**

a)

| **Wie wird diese Drehachse bezeichnet?**

Die Drehachse wird mit C bezeichnet.

Die Zuordnung der Drehachsen zu den Linearachsen von NC-Maschinen ist genormt: A zu X, B zu Y, C zu Z. Die Z-Achse entspricht der Achse der Arbeitsspindel.

b)

| **In welcher Richtung dreht sich die Arbeitsspindel, wenn der Drehwinkel mit + 30° angegeben wird?**

Die Arbeitsspindel dreht sich gegen den Uhrzeigersinn um 30° bei Blickrichtung in die positive Z-Achse.

Da bei der Programmierung stets angenommen wird, dass sich das Werkzeug bewegt, müsste sich bei Drehung in positiver C-Richtung das Werkzeug im Uhrzeigersinn drehen. Da dies nicht möglich ist, dreht sich die Spindel gegen den Uhrzeigersinn.

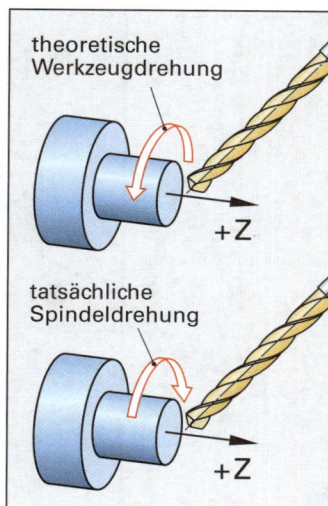

theoretische Werkzeugdrehung

+Z

tatsächliche Spindeldrehung

+Z

3

| **Bei einer Senkrechtfräsmaschine führt der Maschinentisch die Verfahrwege in X- und Z-Richtung aus (Bild).**

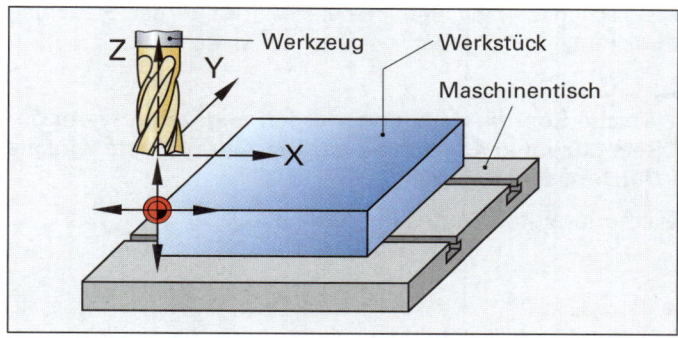

a)

| **In welcher Richtung bewegt sich der Maschinentisch, wenn X100 programmiert wird?**

Der Maschinentisch bewegt sich nach links.

b)

| **In welcher Richtung bewegt sich der Maschinentisch, wenn Z-10 programmiert wird?**

Der Maschinentisch bewegt sich nach oben.

Bei der Programmierung geht man stets davon aus, dass sich das Werkzeug bewegt. Bewegt sich bei einer Maschine anstelle des Werkzeuges das Werkstück (der Maschinentisch), dann erfolgt dessen Bewegung in der Gegenrichtung.

4

| **Wozu benötigen CNC-Maschinen einen Referenzpunkt?**

Bei inkrementalen Wegmesssystemen muss nach dem Einschalten der Steuerung der Maschinennullpunkt angefahren werden. Da dies meist nicht möglich ist, wird auf dem Wegmesssystem ein Referenzpunkt angegeben, der anfahrbar ist.

Das Anfahren des Referenzpunktes geschieht über eine Taste am Bedienfeld. Die Abstände vom Maschinen-Nullpunkt zum Referenzpunkt sind in der Steuerung gespeichert und werden von dieser verrechnet.

5

Bei einer CNC-Drehmaschine liegt der Referenzpunkt an der angegebenen Stelle (Bild).

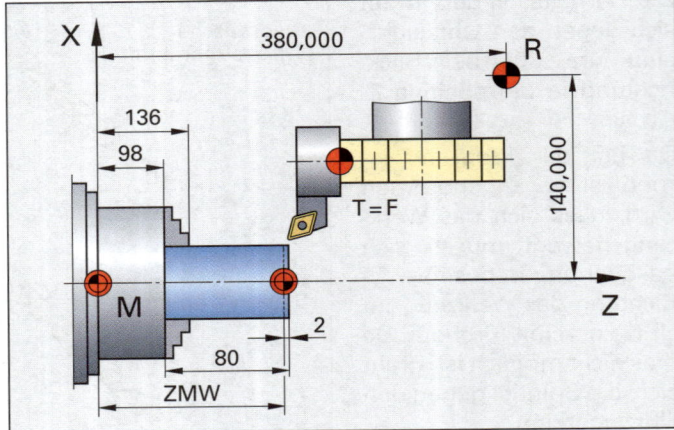

a)

Welcher Bezugspunkt der CNC-Maschine deckt sich mit dem Referenzpunkt, wenn dieser ohne wirksame Werkzeugkorrekturen angefahren wird?

Bezugspunkt für die Maschinenbewegungen ist der Werkzeugträgerpunkt.

Die Lage des Werkzeugträgerpunktes T ist in der Steuerung gespeichert.

b)

Welche Koordinatenwerte werden angezeigt, wenn der Referenzpunkt angefahren ist? Die X-Koordinate wird als Durchmesser angezeigt.

Die angezeigten Werte sind X280 Z380.

6

Auf welchen Nullpunkt beziehen sich die in die Steuerung eingegebenen Koordinatenmaße, wenn keine Nullpunktverschiebung wirksam ist?

Die eingegebenen Werte geben die Lage des Werkzeugträgerpunktes zum Maschinennullpunkt an.

Durch eine Nullpunktverschiebung verrechnet die Steuerung den Unterschied zwischen Maschinennullpunkt und dem Werkstücknullpunkt.

7

Ein Spannfutter hat im Bild von Aufgabe 5 die angegebenen Maße. Bestimmen Sie die Nullpunktverschiebung ZMW, wenn die Rohlänge des Werkstückes 80 mm beträgt. (Für das Plandrehen werden 2 mm benötigt.)

$X = 0$; $Z = 98 + 80 - 2 = 176$

Als Werkstücknullpunkt wird beim Drehen meist die Planfläche des fertigen Werkstücks festgelegt.

8

Welche Steuerungsart ist mindestens erforderlich, wenn ein Kegel gedreht werden soll?

Es ist mindestens eine 2D-Bahnsteuerung nötig.

Die Steuerung muss die X- und Z-Koordinatenwerte für alle Bahnpunkte aus den Start- und Zielpunktkoordinaten errechnen und laufend überwachen.

9

Erklären Sie den Unterschied zwischen interner und externer Werkzeugvermessung.

Bei der internen Vermessung in der Maschine wird der Werkzeugschneidenpunkt unter das Fadenkreuz der Messlupe gefahren. Auf Knopfdruck übernimmt die Steuerung die Korrekturwerte.

Bei der externen Vermessung wird das Werkzeug in einem Adapter der Messeinrichtung vermessen. Die angezeigten Werte müssen in den Werkzeugkorrekturspeicher der Steuerung übertragen werden

10

Auf dem Werkzeugeinstellgerät wurden die zwei Werkzeuge vermessen (Bild). Ermitteln Sie die Werkzeugkorrekturwerte X und Z für beide Werkzeuge mit dem richtigen Vorzeichen.

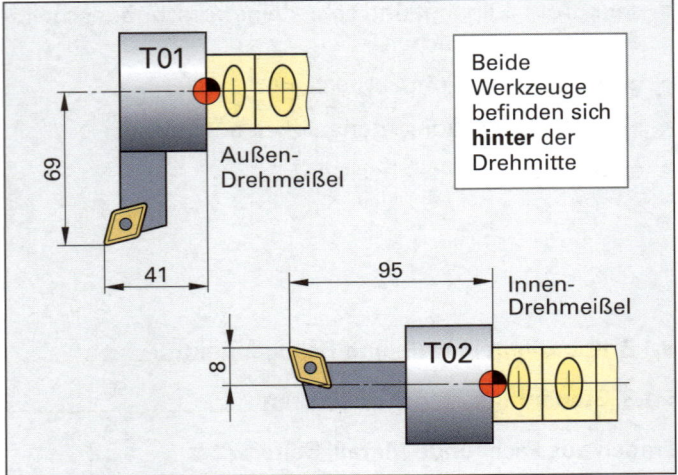

T01: X = 69; Z = 41
T02: X = –8; Z = 95

Die Korrekturwerte geben den notwendigen Verstellweg an, damit anstelle des Werkzeugträgerpunktes T der Werkzeugschneidenpunkt P an der Werkstückkontur ist.

Ergänzende Fragen zu Koordinaten, Null- und Bezugspunkten, Steuerungsarten, Korrekturen

11

Wozu dient der Referenzpunkt bei CNC-Maschinen?

Der Referenzpunkt dient zur Eichung und Kontrolle des Messsystems der Maschine.

Der Referenzpunkt ist eine festgelegte Position auf den Messachsen der Maschinen und wird vom Maschinenhersteller festgelegt.

12

Mit welchen Wegbedingungen werden die Werkzeugbahnkorrekturen angewählt?

G41: Werkzeug links der Kontur

G42: Werkzeug rechts der Kontur

G40: Aufheben der Werkzeugbahnkorrektur

Die Werkzeugbahnkorrektur gleicht den Unterschied zwischen der programmierten Werkstückkontur und dem tatsächlichen Weg des Werkzeugs aus.

13

Wonach richtet sich der Programmierer bei der Festlegung des Werkstücknullpunktes?

Der Werkstücknullpunkt wird so gelegt, dass möglichst viele Maße ohne Umrechnung aus der Zeichnung übernommen werden können.

14

Wo liegt bei CNC-Maschinen der gemeinsame Nullpunkt der Maschinenkoordinaten?

Bei Drehmaschinen liegt der Maschinennullpunkt meist an der Anschlagfläche des Spannfutters, bei Fräsmaschinen am Rand des Arbeitsraumes.

Die Lage des Maschinennullpunktes wird vom Hersteller festgelegt und kann nicht verändert werden.

15

Wie wird die Nullpunktverschiebung durchgeführt?

Mit den Wegbedingungen G54 bis G59 werden die programmierten Koordinatenwerte auf die zugehörigen, in der Steuerung gespeicherten Nullpunkte bezogen. Die Nullpunktverschiebung wird mit G53 wieder aufgehoben.

Nullpunktverschiebungen erlauben die Bearbeitung mehrerer gleichartiger Werkstückkonturen mit dem gleichen Programm.

16

Welche Steuerungsarten unterscheidet man bei CNC-Maschinen?

Bei CNC-Maschinen unterscheidet man die Steuerungsarten Punktsteuerung, Streckensteuerung und Bahnsteuerung.

Bei Punktsteuerung erfolgt die Bearbeitung nur am Zielpunkt, bei Streckensteuerung nur parallel zu einer Maschinenachse, bei Bahnsteuerung entlang einer beliebigen geraden oder gekrümmten Werkzeugbahn.

17

Für welche Maschinen kann eine Punktsteuerung verwendet werden?

Punktsteuerungen sind für Bohr- und Blechbearbeitungsmaschinen geeignet.

18

Weshalb ist bei einer Bahnsteuerung Einzelantrieb für jede Achse einer NC-Maschine erforderlich?

Die Bewegung in den einzelnen Achsen muss unabhängig voneinander steuerbar sein.

19

Benennen Sie die abgebildeten Bezugspunktsymbole und geben Sie deren Bedeutung an.

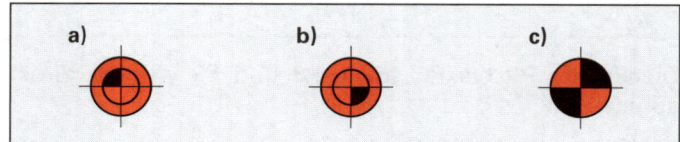

a) Maschinennullpunkt M:
   Ist der Ursprung des Maschinen-Koordinatensystems und wird vom Hersteller festgelegt.

b) Werkstücknullpunkt W:
   Er wird nach fertigungstechnischen Gesichtspunkten als Ursprung des Werkstück-Koordinatensystems vom Programmierer festgelegt.

c) Referenzpunkt R:
   Ist als Ursprung des inkrementalen Wegmesssystems ein je Achse festgelegter Punkt im Arbeitsbereich einer CNC-Werkzeugmaschine. Er dient zur Bestimmung der jeweiligen Ausgangsposition.

9.1.4 Erstellen von CNC-Programmen

Fragen aus Fachkunde Metall, Seite 577

1

Welche Aufgaben haben G-Funktionen in CNC-Programmen?

Die G-Funktionen sind Wegbedingungen, die die Art der Bewegung bestimmen.

Beispiele:

G00 Punktsteuerverhalten
   Werkzeuge oder Maschinentisch werden im Eilgang verfahren, bis die Zielpunktkoordinaten erreicht sind

G01 Geradeninterpolation (geradlinige Bewegung)

G02 Kreisbewegung im Uhrzeigersinn

G03 Kreisbewegung gegen den Uhrzeigersinn

G41 Werkzeug-Bahnkorrektur oder Schneidenradiuskompensation:
   Werkzeug links von der Kontur

G42 Werkzeug-Bahnkorrektur oder Schneidenradiuskompensation:
   Werkzeug rechts von der Kontur

2

Erklären Sie die Wirkung gespeichert wirksamer G-Funktionen.

Gespeicherte (modal wirksame) G-Funktionen sind so lange aktiv, bis sie durch die entgegengerichtete G-Funktion aufgehoben werden.

Beispiel: G00 (Positionierung im Eilgang) wirkt so lange, bis es durch die Programmierung von G01, G02 oder G03 aufgehoben wird.

3

Wie lautet die Programmieranweisung, wenn ein Werkstück mit konstanter Schnittgeschwindigkeit von $v_c = 220$ m/min gedreht werden soll?

G96 S220
Die Wegbedingung G96 bewirkt, dass die Steuerung die S-Anweisung als Schnittgeschwindigkeit (in m/min) auswertet.

4

Warum werden die Koordinaten von Unterprogrammen meist als Inkrementalmaß eingegeben?

Werden Unterprogramme inkremental eingegeben, dann können sie von jeder beliebigen Stelle aus wiederholt und auch in andere Programme übernommen werden.

Auf diese Weise kann z.B. ein Unterprogramm für einen Gewindefreistich unabhängig vom Werkstückdurchmesser für jedes Gewinde mit der gleichen Steigung eingesetzt werden.

5

Ermitteln Sie für die Punkte 1 bis 5 auf dem Lochkreis im Bild die Polarkoordinaten im Absolutmaß.

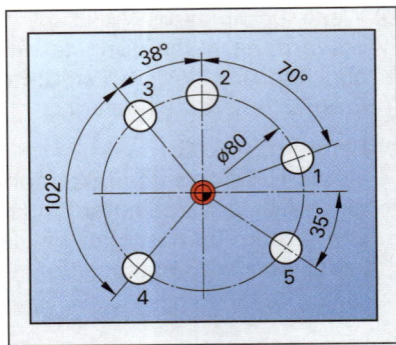

Punkt	R	φ
1	40	20
2	40	90
3	40	128
4	40	230
5	40	– 35

Für Polarkoordinaten wird der Radius mit R bezeichnet. Der Winkel φ ist gegen den Uhrzeigersinn von der rechten Abszisse aus positiv, im Uhrzeigersinn negativ anzugeben.

6

Die Werkstückkontur des Achsbolzens (Bild) soll mit Polarkoordinaten programmiert werden. Ermitteln Sie die Polarwinkel φ_1 bis φ_5.

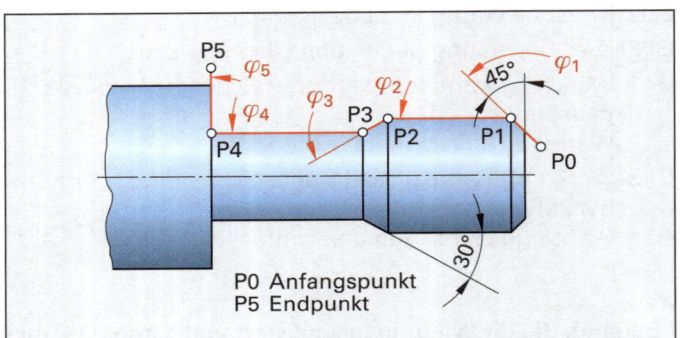

P0 Anfangspunkt
P5 Endpunkt

Weg	φ
P0 ⇒ P1	135
P1 ⇒ P2	180
P2 ⇒ P3	210
P3 ⇒ P4	180
P4 ⇒ P5	90

Der Winkel wird im Absolutmaß stets von der waagrechten, rechten Abszisse aus angegeben. Er ist gegen den Uhrzeigersinn positiv.

7

Welche Angaben benötigt eine Steuerung zur Ausführung einer kreisförmigen Bahn?

Die Steuerung benötigt

- die Wegbedingung für die Kreisbewegung
  G02 Kreis im Uhrzeigersinn
  G03 Kreis im Gegenuhrzeigersinn
- die Koordinaten des Zielpunktes (Kreisendpunktes)
- die Lage des Kreismittelpunktes:
  I ≙ Abstand in X-Richtung
  J ≙ Abstand in Y-Richtung
  K ≙ Abstand in Z-Richtung

Bei DIN-Steuerungen werden I, J und K als Abstände vom Anfangspunkt der Kreisbahn aus angegeben.

8

Eine Stahlplatte soll mit einem Fräskopf mit einem Durchmesser von 63 mm und 9 Schneiden überfräst werden. Die Schnittgeschwindigkeit beträgt 120 m/min, der Vorschub 0,15 mm je Zahn.
Mit welchen Wörtern müssen die Drehzahl n und die Vorschubgeschwindigkeit v_c programmiert werden?

$$n = \frac{v_c}{\pi \cdot d} = \frac{120 \text{ m/min}}{\pi \cdot 0,063 \text{ m}} = \textbf{606/min}$$

$$v_f = f_z \cdot z \cdot n = 0,15 \text{ mm} \cdot 9 \cdot 606/\text{min} = \textbf{818 mm/min}$$

G97 S606   Spindeldrehzahl in 1/min

G94 F818   Vorschubgeschwindigkeit in mm/min

9

Bestimmen Sie für die Kreisbögen (Bild) jeweils die G-Funktion und die Mittelpunktsparameter.

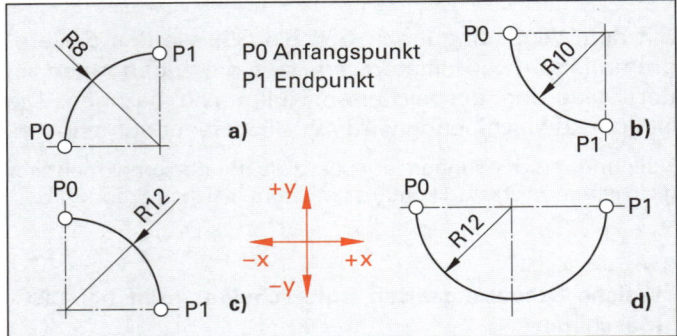

P0 Anfangspunkt
P1 Endpunkt

Kreis	G	I	J
a)	G02	I8	J0
b)	G03	I10	J0
c)	G02	I0	J-12
d)	G03	I12	J0

Für die meisten Steuerungen sind die Werte für I, J und K als Entfernungen vom Kreisanfangspunkt aus anzugeben.

10

Programmieren Sie die Sätze für das Schlichten der Werkstückkontur (Bild). Es sind nur die notwendigen Wegbedingungen, Koordinaten und Mittelpunktsparameter zu programmieren.

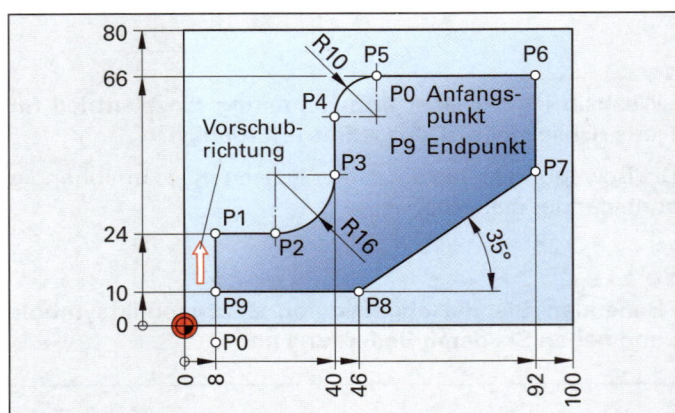

Die Punkte P0 bis P6 sowie P8 und P9 werden direkt abgelesen.

Die Y-Koordinate für Punkt P7 wird berechnet aus: $\tan \alpha = \dfrac{a}{b}$

$\Rightarrow a = b \cdot \tan \alpha = 46 \text{ mm} \cdot 0,7002 = 32,209 \text{ mm}$

$Y_7 = a + 10 \text{ mm} = 32,209 \text{ mm} + 10 \text{ mm} = \textbf{42,209 mm}$

Weg	G	X	Y	I	J
P0 ⇒ P1	G01	X8	Y24		
P1 ⇒ P2	G01	X24	Y24		
P2 ⇒ P3	G03	X40	Y40	I0	J16
P3 ⇒ P4	G01	X40	Y56		
P4 ⇒ P5	G02	X50	Y66	I10	J0
P5 ⇒ P6	G01	X92	Y66		
P6 ⇒ P7	G01	X92	Y42,209		
P7 ⇒ P8	G01	X46	Y10		
P8 ⇒ P9	G01	X8	Y10		

11

Programmieren Sie die Sätze mit den Wegbedingungen, Koordinaten und Mittelpunktsangaben der Radien für das Schlichten des Wellenzapfens (Bild).

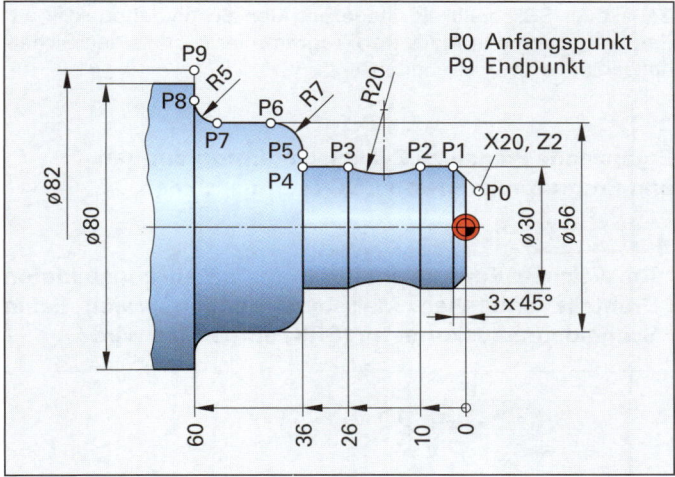

Weg	G	⌀X	Z	I	K
P0 ⇒ P1	G01	X30	-3		
P1 ⇒ P2	G01	X30	Z-10		
P2 ⇒ P3	G02	X30	Z-26	I18,33	K-8
P3 ⇒ P4	G01	X30	Z-36		
P4 ⇒ P5	G01	X42	Z-36		
P5 ⇒ P6	G03	X56	Z-43	I0	K-7
P6 ⇒ P7	G01	X56	Z-55		
P7 ⇒ P8	G02	X66	Z-60	I5	K0
P8 ⇒ P9	G01	X82	Z-60		

**Ergänzende Fragen
zum Erstellen von CNC-Programmen**

12

Was versteht man bei CNC-Programmen unter einem Wort?

Unter einem Wort versteht man bei CNC-Programmen einen Adressbuchstaben mit einem Zahlenwert.

Das Wort enthält in verschlüsselter Form einen Steuerbefehl für die Maschine, wobei der Buchstabe die Art und die Zahl den Betrag der Anweisungen enthält.

13

Wie werden bei CNC-Maschinen die Wegbedingungen gekennzeichnet?

Die Wegbedingungen werden durch den Buchstaben G und eine zweistellige Schlüsselnummer von 00 bis 99 gekennzeichnet.

So bedeutet z.B. G00 Positionieren im Eilgang, G01 Geradeninterpolation und G02 sowie G03 Kreisinterpolation im Uhrzeigersinn bzw. im Gegenuhrzeigersinn.

14

Welche Informationen sind in einem CNC-Satz enthalten?

Ein CNC-Satz enthält Schaltinformationen, Wegbedingungen und Weginformationen für einen Arbeitsschritt.

Schaltinformationen dienen z.B. zur Wahl von Drehzahl und Vorschub, Weginformationen zur Eingabe der Verfahrwege in den einzelnen Achsen.

15

Welche Bedeutung hat die Wegbedingung G90?

Die Wegbedingung G90 schaltet die Absolutmaßeingabe für die Zielpunktkoordinaten ein.

Alle Maßeingaben beziehen sich auf den festgelegten Werkstücknullpunkt. Beim Einrichten der Maschine wird am Werkstücknullpunkt das Wegmesssystem der Steuerung auf Null gesetzt.

16

Was versteht man unter Inkremental- oder Kettenmaßen?

Bei Inkrementalmaßen (Kettenmaßen) geht die Angabe des Zielpunktes vom jeweils letzten Standpunkt aus.

17

Erläutern Sie den Unterschied zwischen G94 und G95.

G94 legt fest, dass der Zahlenwert hinter F die Vorschubgeschwindigkeit in mm/min ist. Mit G95 wird die Vorschubeingabe in mm/Umdrehung festgelegt.

18

**Bei kreisförmigen Arbeitsbewegungen werden der Kreis „absolut" und die Mittelpunktskoordinaten meistens „inkremental" programmiert.
Welche Adressbuchstaben erhalten hierbei die Kreismittelpunktskoordinaten der X-, Y- und Z-Achse?**

Die Kreismittelpunktskoordinaten erhalten für den Abstand vom Kreisanfangspunkt zum Kreismittelpunkt folgende Adressbuchstaben:

I auf der X-Achse

J auf der Y-Achse

K auf der Z-Achse

19

Warum wird beim Plan- oder Kegeldrehen die Wegbedingung „G96" aufgerufen?

Bei diesen Drehverfahren ändert sich während des Drehens der Durchmesser. Durch den Aufruf von G96 wird die Drehzahl automatisch verändert und die Schnittgeschwindigkeit bleibt konstant.

20

Mit welchen Adressbuchstaben werden Schaltinformationen angegeben?

Die Adressbuchstaben für die Schaltinformationen sind:

F Vorschub   S Spindeldrehzahl
T Werkzeug   M Zusatzfunktion

21

Welche Werte müssen in die Steuerung einer CNC-Fräsmaschine eingegeben werden, damit eine Werkzeugkorrektur möglich ist?

Für die Werkzeug-Längenkorrektur muss der Abstand von der Werkzeugschneide bis zum Werkzeug-Bezugspunkt, für die Bahnkorrektur der Fräsradius gespeichert sein.

22

Was versteht man unter „modal wirksamen" G-Funktionen?

Modal wirksame G-Funktionen, wie G00 oder G01, sind selbsthaltend und müssen nur im Satz ihres Wirkungsbeginns geschrieben werden. Sie sind in allen folgenden Sätzen wirksam, bis sie durch eine andere G-Funktion aufgehoben bzw. gelöscht werden.

23

An welche Stelle wird bei Drehteilen der Werkstücknullpunkt gelegt?

Bei Drehteilen liegt der Werkstücknullpunkt immer auf der Drehachse und meistens an der frei zugänglichen rechten Planfläche, seltener an der linken Planfläche.

9.1.5 Zyklen und Unterprogramme

9.1.6 Programmieren von CNC-Drehmaschinen

Fragen aus Fachkunde Metall, Seite 580

1

Welche Größen müssen in den Werkzeugkorrekturspeicher eingegeben werden, damit die SRK (Schneidenradiuskorrektur) durchgeführt werden kann?

Damit die Schneidenradiuskorrektur (SRK) durchgeführt werden kann, müssen jedem Werkzeug zugeordnet werden (Bild):

- Querablage Q der X-Achse (Abstand Werkzeugschneidenpunkt zum Werkzeugeinstellpunkt E in X-Richtung)
- Längenkorrektur L (Abstand Werkzeugschneidenpunkt zum Werkzeugeinstellpunkt E in Z-Richtung)
- Schneidenradius r_ε
- Lage des Werkzeug-Schneidenpunktes P zum Schneidenradiusmittelpunkt M

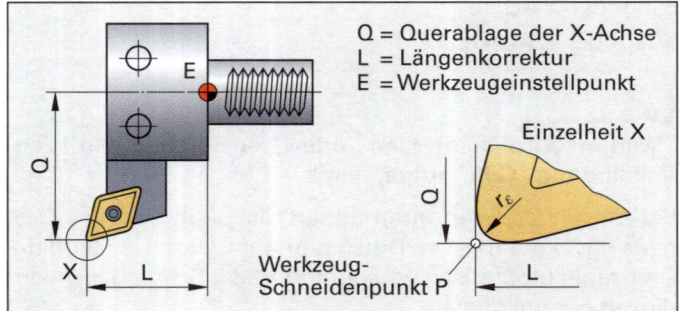

Q = Querablage der X-Achse
L = Längenkorrektur
E = Werkzeugeinstellpunkt

Einzelheit X

Werkzeug-Schneidenpunkt P

2

**Das Anstellen des Werkzeuges erfolgt mit aktiver SRK (Bild).
Bestimmen Sie die zu programmierenden Koordinatenwerte Z für das Längsdrehen und X für das Plandrehen.**

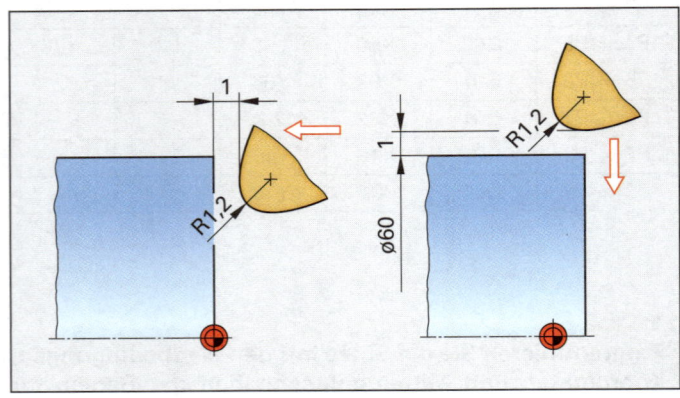

Längsdrehen Z1; Querdrehen X62

Bei aktiver SRK stellt die Steuerung den Schneidenpunkt P auf das programmierte Maß. Der Programmierer muss den Sicherheitsabstand berücksichtigen.

Ergänzende Fragen zu Zyklen, Unterprogrammen und Programmieren von CNC Drehmaschinen

3

An welchen Konturelementen des unten abgebildeten Drehteils entstehen Maßabweichungen, wenn keine Schneidenradiuskorrektur (SRK) aufgerufen wird?

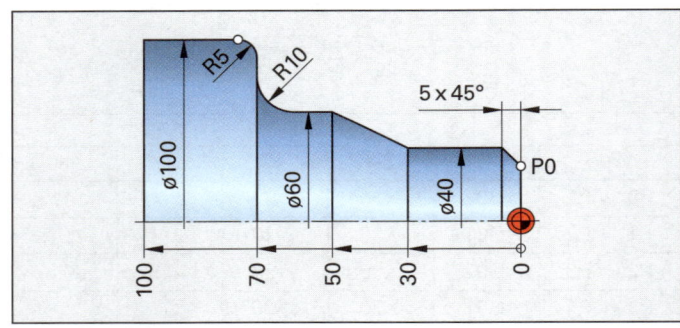

An den Schrägen und den Kreisbögen.

4

Beschreiben Sie, mit Skizze, warum ohne Schneidenradiuskorrektur (SRK) Konturfehler beim Drehen entstehen.

Bei Drehteilen programmiert man so, als ob die Drehmeißelschneide eine Spitze hätte.

Tatsächlich besitzt der Drehmeißel einen Schneidenradius R. Wird dieser Radius nicht berücksichtigt, dann entstehen an nicht achsparallelen Konturen Abweichungen von der theoretischen Kontur.

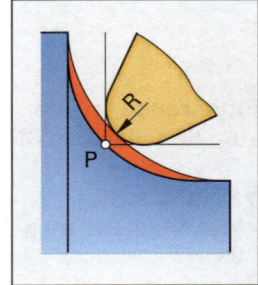

5

| Welche Information benötigt die Steuerung, um die Schneidenradiuskorrektur beim Drehen durchzuführen?

Aufruf der Wegbefehle G41 oder G42. Im Werkzeugkorrekturspeicher müssen die Größen des Schneidenradius R und der Werkzeuglängen L und Q abgelegt sein.

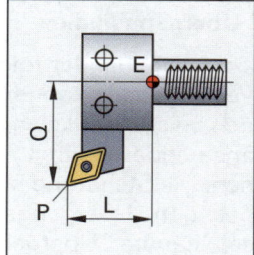

6

| Worin unterscheidet sich ein „Unterprogramm" von einem „Zyklus"?

Die Folge von Sätzen eines Unterprogramms können geändert, gelöscht oder neu erstellt werden.

Zyklen sind zu einer Maschine gehörende, im Speicher fest abgelegte und nicht löschbare Unterprogramme.

7

| Warum werden im Unterprogramm die Koordinaten meistens inkremental eingegeben?

Weil das Unterproramm dann von jeder beliebigen Stelle aus wiederholt aufgerufen oder in andere Programme übernommen werden kann.

Fragen aus Fachkunde Metall, Seite 582

1

| Warum werden beim Gewindedrehen Ein- und Auslaufwege benötigt?

Die Wege sind zum Beschleunigen und Abbremsen des Revolverschlittens erforderlich.

Für eine maßgenaue Gewindesteigung müssen die Spindelumdrehung und der Meißelvorschub im richtigen Verhältnis zueinander stehen, bevor der Meißel in das Werkstück eintritt. Den Auslaufweg benötigt der Revolverschlitten zum Abbremsen.

2

| Von welchen Größen ist die Länge der Ein- und Auslaufwege abhängig?

Die Größe des Ein- und Auslaufweges sind von der Masse des Revolverschlittens und der erforderlichen Vorschubgeschwindigkeit abhängig.

Der erforderliche Einlaufweg Z_E kann aus der Spindeldrehzahl n, der Gewindesteigung P und der Maschinenkenngröße K ermittelt werden.

$$Z_E = \frac{P \cdot n}{K}$$

3

| Durch welche Maßnahmen können der Ein- und Auslaufweg beim Gewindedrehen verringert werden?

Die Verringerung der Spindeldrehzahl ergibt kürzere Ein- und Auslaufwege.

Je kleiner die Spindeldrehzahl beim Gewindedrehen ist, desto geringer wird die Vorschubgeschwindigkeit des Revolverschlittens.

4

| Erstellen Sie einen Auszug eines Teileprogramms für das Vor- und Fertigdrehen des Achsbolzens (Bild) und das zugehörige Unterprogramm für die Fertigkontur.

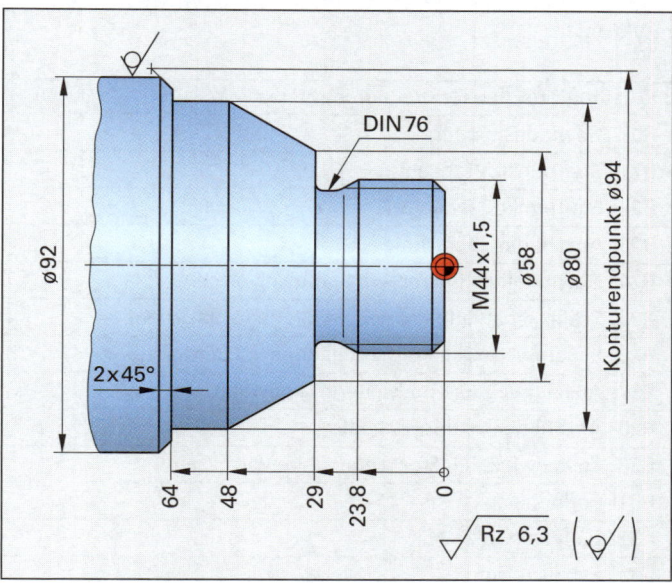

Parameter für den Abspanzyklus	
R20	Unterprogrammnummer der Fertigkontur
R21	Startpunkt X der Fertigkontur (P0)
R22	Startpunkt Z der Fertigkontur (P0)
R24	Schlichtaufmaß X
R25	Schlichtaufmaß Z
R26	Schnitttiefe
R27	Wegbedingung für SRK
R29	Abspanart (31 Schruppen, 21 Schlichten)
L95	Zyklusaufruf

Zyklen
:
:
N25 G0 X94 Z5
N30 G96 S200 F0.4
N35 R2010 R2140 R222
N40 R240.5 R250.1
N45 R265 R2742 R2931
N50 L95
:
N65 G0 X94 Z5
N70 G96 S250 F0.1
N75 R2010 R2140 R222
N80 R240 R250 R2742
N85 R2921
N90 L95

Unterprogramm
L 10
N5   G01 X44 Z-2
N10 Z-23.8
N15 X41.5 Z-26
N20 Z-29
N25 X58
N30 X80 Z-48
N35 Z-64
N40 X88
N45 X94 Z-67
N50 M17

5

Das Gewinde des Achsbolzens (Bild Frage 4, Seite 251) wird mit $v_c = 150$ m/min gedreht. Die Maschinenkenngröße K beträgt 600/min.
Bestimmen Sie die Parameter für den Gewindedrehzyklus.

Parameter für den Gewindedrehzyklus	
R0	Gewindesteigung
R21	Startpunkt X (absolut)
R22	Startpunkt Z (absolut)
R23	Anzahl der Leerschnitte
R24	Gewindetiefe (inkremental, mit Vorzeichen)
R25	Schlichtspantiefe (inkremental, ohne Vorzeichen)
R26	Einlaufweg Z_E (inkremental, ohne Vorzeichen)
R27	Auslaufweg (0: von Steuerung gewählt)
R28	Anzahl der Schruppschnitte
R29	Zustellwinkel (inkremental, ohne Vorzeichen)
R31	Endpunkt in X
R32	Endpunkt in Z
L97	Zyklusaufruf

$$n = \frac{v_c}{\pi \cdot d} = \frac{150 \text{ m/min}}{\pi \cdot 0,044 \text{ m}} = 1085/\text{min}$$

$$Z_E = \frac{P \cdot n}{K} = \frac{1,5 \text{ mm} \cdot 1085/\text{min}}{600/\text{min}} = 2,7 \text{ mm}$$

Gewindetiefe $h_3 = 0,92$ mm (Tabellenbuch)

Parameter für Gewindezyklus:
R201.5 R2144 R220 R232 R24-0.92 R250.05 R262.7 R270 R286 R2929 R3144 R32-26

Programmbeispiele für CNC-Drehmaschinen

Fragen aus Fachkunde Metall, Seite 586

1

Programmieren Sie die im Bild gezeigte Fertigkontur mit Polarkoordinaten.

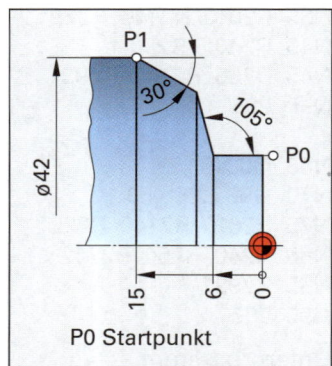

P1

P0 Startpunkt

Ein Satz mit Polarkoordinaten enthält den Kennbuchstaben A und den Winkel, gemessen von der positiven Z-Achse aus gegen den Uhrzeigersinn sowie die Koordinaten des Zielpunktes.

N10　G01　Z-6
N20　A105　A150　X42　Z-15

2

Programmieren Sie die im Bild gezeigten Ansätze mit Polarkoordinaten und Übergangsradius.

Zwei aufeinander folgende Verfahrwege können mit den beiden Winkelangaben aneinandergehängt werden. Die Steuerung berechnet den Übergangspunkt selbständig. Übergangsradien werden mit dem Kennbuchstaben B und dem Radius angehängt.

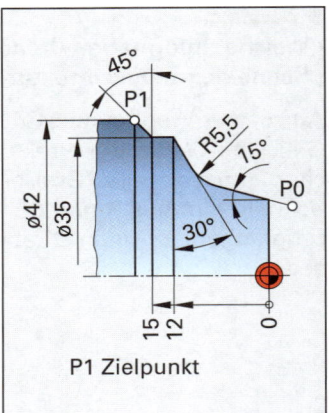

P1 Zielpunkt

N10　G01　A165　A120　X35　Z-12　B5.5
N15　Z-15
N20　A135　X42

3

Erstellen Sie ein Unterprogramm für das Drehen der Kontur des Gewindebolzens (Bild).

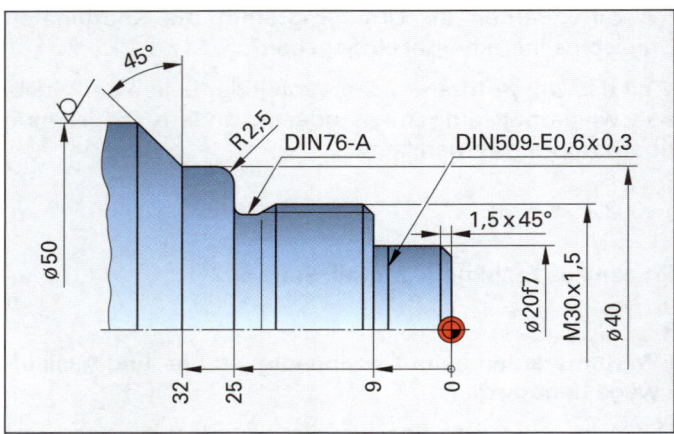

Unterprogramm für Konturzug
L 10
N10　　G01　X19.97　Z-1.5
N15　　Z-6.5
N20　　A195　A180　X19.35　Z-9　B0.6　B0.6
N25　　A90　A135　X29.9　Z-10.5
N30　　Z-19.8
N35　　A210　A180　X27.68　Z-25　B0.8.　B0.8
N40　　X40　B2.5
N45　　Z-32
N50　　A135　X52
N55　　M17

Ergänzende Fragen zu Programmbeispielen für CNC-Drehmaschinen

4

Warum muss ein Stechdrehmeißel an beiden Schneidenecken vermessen sein, wenn der Einstich Schrägen oder Radien enthält?

Eine Schneidenecke fertigt die rechte, die andere die linke Flanke des Einstichs. Die beiden Ecken haben unterschiedliche Lage zum Mittelpunkt ihres Radius.

Die vermessenen Werte werden im Werkzeugkorrekturspeicher zwei verschiedenen Korrekturnummern zugeordnet.

5

Erstellen Sie das Einrichteblatt und das Teileprogramm für die Herstellung des im Bild von Frage 3 gezeigten Gewinde-bolzens mit den Werkzeugen von Tabelle 1.

Tabelle 1: Eingesetzte Werkzeuge		
Werk-zeug-Nr.	Werkzeug-Benennung	
T606	Plandrehmeißel r_ε 0.8 HC-P20, links	
T707 T808	Seitendrehmeißel r_ε 0.6 Seitendrehmeißel r_ε 0.4 HC-P20, links, 55°	
T1111	Gewindedrehmeißel HC-P20, rechts	über Kopf gespannt

Zusätzliche Parameter für Drehmaschine
R18　Schutzzone (Radius X)
R19　Schutzzone Z
L910　Rückzug auf Werkzeugwechselposition Z-X
L920　Rückzug auf Werkzeugwechselposition X-Z

Einrichteblatt für Gewindebolzen Programm Nr. 100			
Nullpunkt X0 Z180	Schutzzone Radius 28 Z5		
Arbeitsgang	Werkz.	v_c m/min	f mm
1 Plandrehen	T0606	200	0,2
2 Kontur vordrehen	T0707	145	0,5
3 Kontur fertigdrehen	T0808	200	0,1
4 Gewindedrehen	T1111	120	1.5

%100	Teileprogramm Nr. 100
N05	G90 G00 G53 X300 Z400 T0	Absolutmaß, Eilgang, Nullpunktverschiebung AUS, Anfahren des Startpunktes, Werkzeugkorrektur AUS
N10	G59 X0 Z180	Nullpunktverschiebung
N15	R1828 R195	Schutzzone festlegen
N20	G92 S3500	Drehzahlbegrenzung
N25	G96 S200 T0606 M04	Konstante Schnittgeschw. 200 m/min, Werkzeug, Spindel LINKS
N30	X52 Z0 M08	Startpunkt für Plandrehen, Kühlmittel EIN
G35	G01 X-1.6 F0.2	Plandrehen
G40	G0 Z2 M09	Abheben, Kühlmittel AUS
G45	L920	Rückzug auf Werkzeugwechselpunkt
N50	G96 S145 T0707 M04	Werkzeugwechsel, Wiedereinstieg in Programm
N55	G00 X55 Z5 M08	Anfahren des Zyklusstartpunktes
N60	R2010 R2112.97 R222 R240.5	Unterprogr. Nr. 10, Startpunkt X12.97 Z 2, Schlichtaufmaß X 0,5
N65	R250.2 R263 R2742 R2931	Schlichtaufmaß Z 0,2 Schnitttiefe 3, G42, Abspanen längs
N70	L95 F0.5	Zyklusaufruf, Vorschub 0,5 mm
N75	L920 M09	Rückzug auf Wechselposition, Kühlmittel AUS
N80	G96 S200 T 0808 M04	Konstante Schnittgeschw. 200 m/min, Werkzeug, Spindel LINKS
N85	G00 X25 Z5 M08	Anfahren des Zyklusstartpunktes, Kühlmittel EIN
N90	R2010 R240 R250 R2742 R2921	Unterprogramm Nr. 10, Schlichtaufmaß X und Z 0, G42, Schlichten
N95	L95 F0.1	Aufruf Zyklus, Vorschub 0,1
N100	L920 M09	Rückzug auf Wechselposition, Kühlmittel AUS
N105	G97 S1273 T0707 M03	Konstante Drehzahl 1273/min, Werkzeug, Spindel RECHTS
N110	G0 X30 Z5 M08	Anfahren Startpunkt Gewindedrehen, Kühlmittel EIN
N115	R201.5 R2130 R220 R232	Gewindesteigung 1,5, Gewindeanfang X30 Z0, 2 Leerschritte
N120	R240.92 R250.05 R265 R270	Gewindetiefe 0,92, Schlichtaufmaß 0,05, Einlauf 5, Auslauf 0
N125	R285 R2929 R3130 R3222	5 Schruppschnitte, Zustellwinkel 29°, Endpunkt X30, Z-22
N130	L97	Zyklusaufruf
N135	G0 G53 X300 Z400 T0 M30	Anfahren Werkzeugwechselpunkt im Eilgang, Nullpunktverschiebung und Werkzeugkorrektur AUS, Programmende

9.1.7 Programmieren von CNC-Fräsmaschinen

9.1.8 Programmierverfahren

Frage aus Fachkunde Metall, Seite 587

1

Bestimmen Sie die Koordinatenwerte der Nullpunktver-schiebung für die angezeigten Positionen im neben-stehenden Bild.

Die Nullpunktverschiebung ist X265 und Z340.

Zu den angezeigten Wegen ist der Abstand von der Werk-stückfläche zu berücksichtigen: In X-Richtung müsste die Frässpindel um 5 mm weiter fahren, in Z-Richtung um 10 mm zurück.

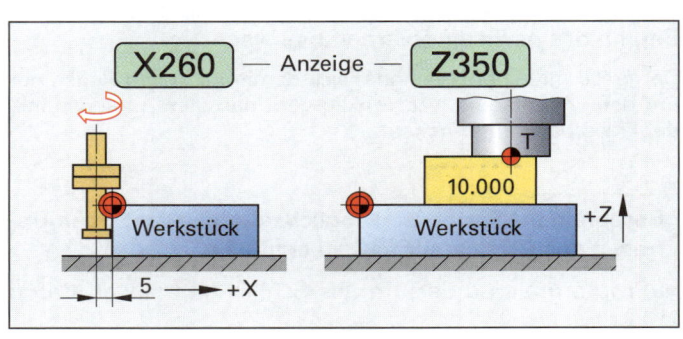

Ergänzende Fragen zum Programmieren von CNC-Fräsmaschinen und Programmierverfahren

1

An welchem Punkt steht das Werkzeug am Ende eines Bearbeitungszyklus?

Am Zyklusende fährt die Maschine in die Lage zurück, die sie am Zyklusanfang hatte.

2

Die Tasche (Bild) soll im Gleichlauf gefräst werden. Definieren Sie den Taschenzyklus und rufen Sie ihn mit G79 an der angegebenen Position auf.

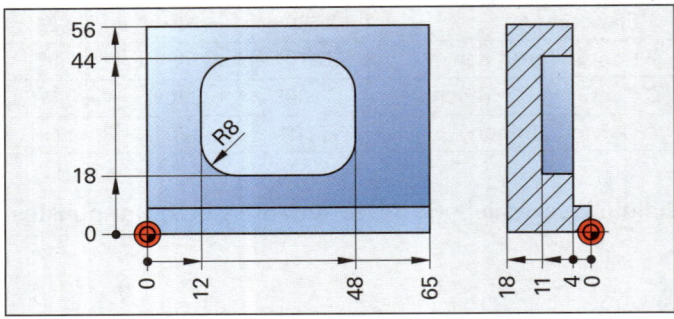

Taschenfräszyklus (steuerungsabhängig)	
G87	Definition des Zyklus
X, Y, Z	
B	Sicherheitsabstand in Z
R	Taschenradius
I	Schnittbreite des Fräsers in %
J1	Gleichlauffräsen
J-1	Gegenlauffräsen
K	Schnitttiefe
G79	Aufruf des Zyklus in Taschenposition

Zyklusdefinition: G87 X36 Y26 Z-11 B2 R8 I65 J1 K4
Zyklusaufruf in Taschenposition: G79 X30 Y31 Z-4

Fragen aus Fachkunde Metall, Seite 594

1

Mit welcher G-Funktion wird die Bahnkorrektur aktiviert, wenn ein rechtsschneidender Fräser im Gleichlauf fräsen soll?

Erforderlich ist die Wegbedingung G41.

G41 bewirkt, dass der Fräser in Vorschubrichtung links von der zu bearbeitenden Kontur geführt wird.

2

Welche Position wird vom Fräsermittelpunkt nach Aktivieren der Bahnkorrektur angefahren?

Der Fräser fährt nach Aktivieren von G41 oder G42 an den Beginn des nächsten Bearbeitungsweges.

Der Fräsermittelpunkt befindet sich damit auf einem Punkt, der um den Fräserradius rechtwinklig vom nächsten Anfangspunkt der Fräserbahn entfernt liegt.

3

Beschreiben Sie zwei Möglichkeiten, beim Schruppfräsen das Schlichtaufmaß zu erzeugen.

● Programmieren der um das Schlichtaufmaß größeren Kontur

● Verringern der Werkzeugkorrekturmaße (Fräserradius und -länge) um das Schlichtaufmaß

Die Änderung der Werkzeugkorrektur erlaubt die Verwendung des gleichen Konturzuges für Schruppen und Schlichten. Dem Fräser werden für das Schruppen und das Schlichten zwei verschiedene Werkzeugnummern zugeteilt, z.B. T01 und T02. Diesen Werkzeugen werden die unterschiedlichen Korrekturmaße zugeordnet.

4

Wie muss der Fräser beim Schlichten die Kontur anfahren, um Konturmarkierungen zu vermeiden?

Das Anfahren soll tangential geschehen (in Richtung der folgenden Bahn).

Beim Anfahren an Ecken wird der Startpunkt in Verlängerung der ersten Bearbeitung gelegt. Muss an einer Fläche angefahren werden, z.B. beim Taschenfräsen, dann erfolgt dies in einem Viertelkreis.

5

Wozu dient die Simulation von CNC-Programmen?

Durch die Simulation werden Programmabläufe grafisch auf dem Monitor sichtbar und damit vor dem Einsatz an der Maschine getestet.

Dadurch können Fehler erkannt und Bearbeitungsabläufe optimiert werden.

6

Welche Vorteile bieten werkstattorientierte Programmiersysteme?

Mit Hilfe von werkstattorientierten Programmierverfahren (WOP) wird nicht mit NC-Anweisungen, sondern mit Hilfe einer grafischen Bedienerführung ein Programm erstellt.

WOP eignet sich sowohl für die Programmierung an der Maschine als auch an besonderen Programmierplätzen.

7

Erstellen Sie das Teileprogramm für das Konturfräsen und Bohren der im Bild gezeigten Abdeckplatte aus Einsatzstahl C15E mit den Werkzeugen von Tabelle 1.

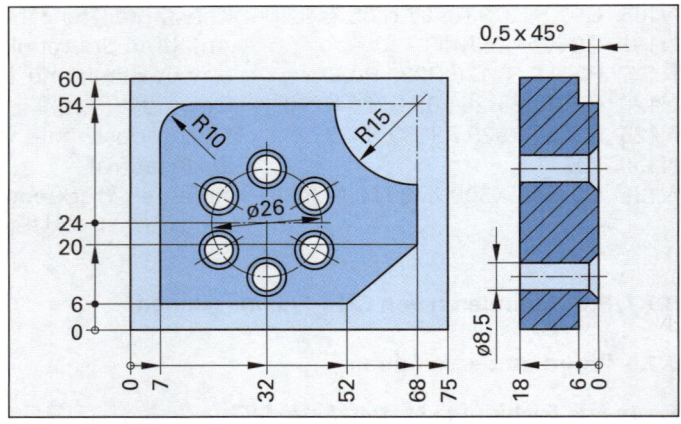

Tabelle 1: Werkzeuge für Aufgabe 7		
Werk-zeug-Nr.	Werkzeug-Benennung	
T1	NC-Anbohrer ⌀ 16 HSS, rechts	
T4	Schaftfräser ⌀ 25 HC-P20; Z = 3	
T12	Spiralbohrer ⌀ 8,5 HSS, rechts	

Bohrzyklus (steuerungsabhängig)	
G81	Definition des Zyklus
X	Verweilzeit in Sekunden
Y	Sicherheitsabstand über Werkstück
Z	Bohrungstiefe

Lochkreiszyklus (steuerungsabhängig)	
G77	Lochkreisdefinition
X Y Z	Lage des Lochkreismittelpunktes
R	Lochkreisradius
I	Anfangswinkel
J	Anzahl der Bohrungen

Einrichteblatt für Abdeckplatte Programm Nr. 200			
Arbeitsgang	Werkzeug-Nr.	n in 1/min	v_f in mm/min
1 Kontur fräsen	T4	2000	600
2 Anbohren	T1	1300	200
3 Bohren	T12	1500	200

Teileprogramm
%200

N1	G17	
N2	G90	
N3	G52	
N4		F600 S2000 T4 M06
N5	G00	X-5 Y-15 M03
N6		Z-6 M08
N7	G41	
N8	G01	X8 Y6
N9		Y44
N10	G02	X17 Y54 Û10 J0
N11	G01	X53
N12	G02	X68 Y39 Û15 J0
N13	G01	Y20
N14		X52 Y6
N15	X-15	
N16	G40	
N17	G00	Z100
N18		F200 S1300 T1 M06
N19	G81	X0,2 Y3 Z-4.75
N20	G77	X32 Y24 Z0 R13 Û30 J6
N21		F200 S1500 T12 M06
N22	G81	X0 Y2 Z-21
N23	G77	X32 Y24 Z0 R13 Û30 J6
N24	G51	M09
N25		M05
N26		T0 M06
N27		M30

8

Welche Angaben enthält das Einrichteblatt?

Im Einrichteblatt sind die Arbeitsfolgen, die Werkzeuge und deren Schnittwerte festgelegt.

Das Einrichteblatt ist die Grundlage für die Programmerstellung. Es enthält vielfach auch noch Angaben über die verwendeten Spannmittel und das Einrichten des Werkstücks.

9

In das gezeigte Werkstück aus S235JR soll der Buchstabe „C" 3 mm tief eingefräst werden.
Erstellen Sie für die Gravur das Unterprogramm L80 und beschreiben Sie die einzelnen Sätze.

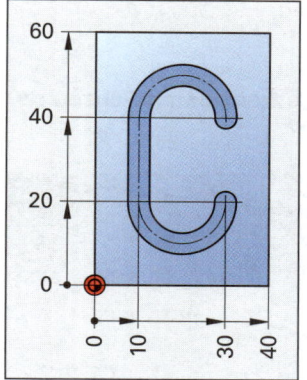

Hauptprogramm

N05	G0	Z100
N10	G0	X150 Y150
N15	T3 M06	
N20	F80 S1910 M03	
N25	G0	X0 Y40
N30	G0	Z1
N35		001
N40	G0	Z100 M08
N45	G0	X150 Y150
N50	M30	

Durch den Aufruf von L8001 im Hauptprogramm (Satz N35) wird das folgende Unterprogramm einmal durchlaufen.

L80

N05	G91
N10	G0 X30 Y-20
N15	F40
N20	G1 Z-4 M07
N25	F80
N30	G2 X-20 Y0 I-10 J0
N35	G1 Y20
N40	G2 X20 Y0 I10 J0
N45	GO Z4
N50	G90
N55	MI7

N05: Aufruf der inkrementalen Maßeingabe.

N10: Inkrementales Anfahren des Eintauch-Startpunktes.

N15: Eintauchen auf Gravurtiefe mit halbem Vorschub und Einschalten der Kühlung.

N20: Normaler Vorschub.

N25 bis N40:
Inkrementale Programmierung des unteren Halbkreises, der Geraden und des oberen Halbkreises im Buchstaben „C".

N45: Inkrementales Herausfahren des Fräsers, 1 mm über das Werkstück.

N50: Aufheben der Inkrementalmaßeingabe durch Aufruf der absoluten Maßeingabe.

N55: Rücksprung in das Hauptprogramm.

Fragen zur 5-Achsen-Bearbeitung nach PAL

1

Wie werden bei der 5-Achsen-Bearbeitung nach PAL die Drehachsen um die drei Hauptachsen bezeichnet und zugeordnet?

Um die Hauptachse X dreht die Achse C; um die Hauptachse Y dreht die Achse B und um die Z- Achse dreht die C-Achse.

2

Wie ist die positive Drehrichtung der Drehachsen festgelegt?

Blickt man vom Koordinatenursprung der Hauptachsen in die positive Richtung, dann dreht die Drehachse im Uhrzeigersinn in die positive Richtung.

3

Wie werden die mit ① und ② bezeichneten Achsen der CNC-Drehmaschine bezeichnet?

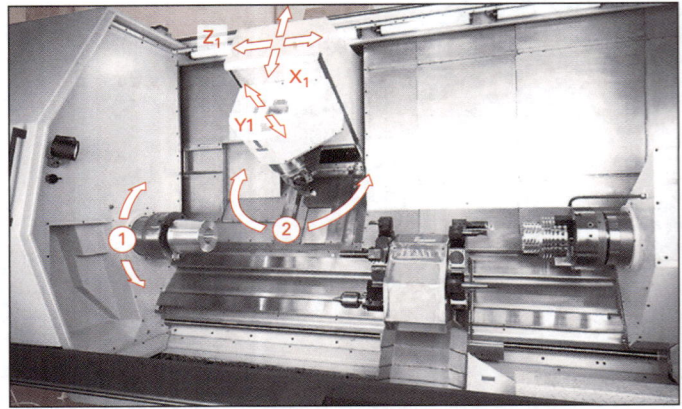

① die Drehachse C, die um die Hauptachse Z dreht und ② ist die Drehachse B, die um die Hauptachse Y dreht.

4

Speziell bei 5-achsigen CNC-Fräsmaschinen mit Drehbewegungen um die B-Achse unterscheidet man zwei Ausführungen. Worin unterscheiden sich diese?

Zum einen wird die die Drehachse durch Drehung des Werkzeuges erreicht. Solche Maschinen besitzen einen Schwenk-Fräskopf.

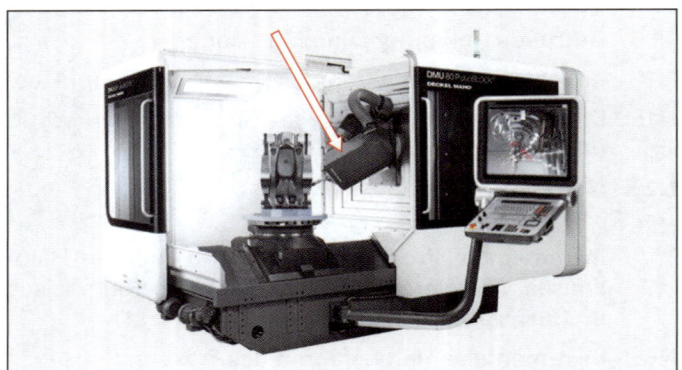

Zum anderen kann der Werkstücktisch um die Y- Achse gedreht werden Diese Maschinen besitzen einen Drehtisch.

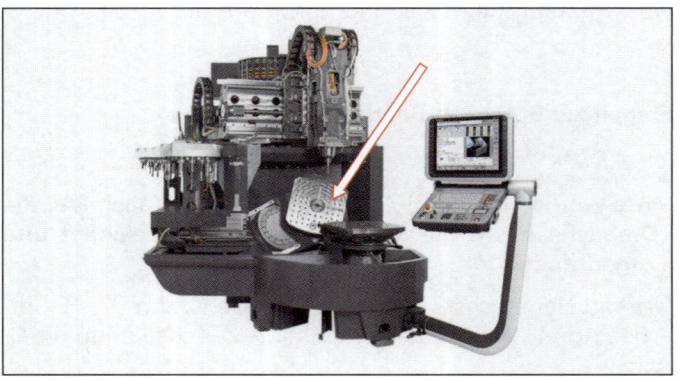

5

Wie wird die im Bild dargestellte Fertigungsmaschine nach ihrer Achsenanordnung bezeichnet?

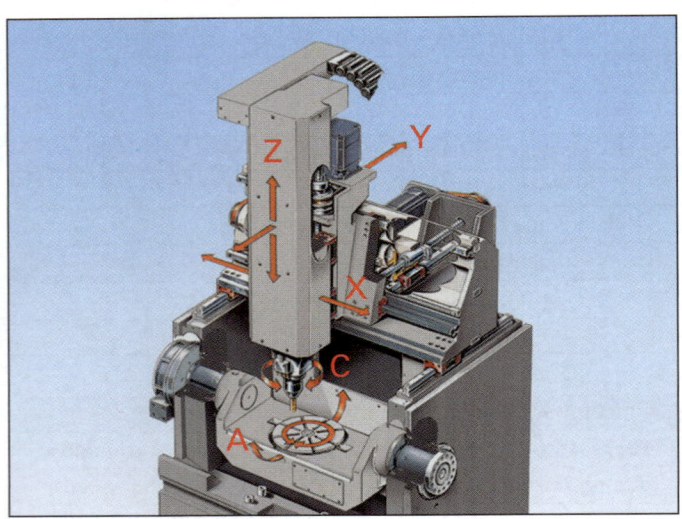

Es ist eine 5-achsige CNC-Fräsmaschine mit den beiden Drehachsen A und C.

6

Erläutern Sie folgenden Auszug aus einem Teileprogramm einer 5-achsigen CNC- Fräsmaschine:
N34 G17 CM-90
N35 G56
N36 T1 TC1 F636 S3180 M3 M6
N37 G73 ZA-20 R30 D5 V2 W2 AK0 AL0
DB80 O1 Q1 H1

G17:	XY-Ebene wird ausgewählt
CM-90:	Drehung in der C-Achse um –90°
G56:	absolute Nullpunktverschiebung wird festgelegt, die zuvor im Nullpunktregister der Steuerung eingegeben ist
T1	Werkzeug 1 wird aufgerufen
TC1	Aufruf Werkzeugkorrekturspeicher
F636:	Vorschubgeschwindigkeit 636 mm/min
S3160:	Drehzahl mit 3160 1/min
M3:	Spindel im Uhrzeigersinn
M6:	Werkzeugwechsel
G73:	Aufruf des Kreistaschenfräszyklus
ZA-20:	Kreistaschentiefe 20 mm
R30:	Kreistaschenradius 30 mm
D5:	5 mm maximale Zustellung
V2:	2 mm Sicherheitsabstand von der Oberfläche
W2:	2mm Rückzug über Oberfläche im Eilgang
AK0:	0 mm Aufmaß auf den Taschenrand
AL0:	0 mm Aufmaß auf den Taschenboden
DB80:	80 % Fräserbahnüberdeckung
O1:	Senkrechtes Eintauchen
Q1:	Gleichlauffräsen
H1:	Schruppen

9.2 Automatisierte Fertigungseinrichtungen

Fragen aus Fachkunde Metall, Seite 607

1

Welche Marktanforderungen erfordern eine flexible Fertigung?

Die flexible Fertigung wird durch den Wunsch nach immer größerer Variantenvielfalt und Leistungsfähigkeit der Produkte sowie der Forderung nach kurzen Lieferzeiten bei gleichzeitig kostengünstiger Fertigung erforderlich (Bild).

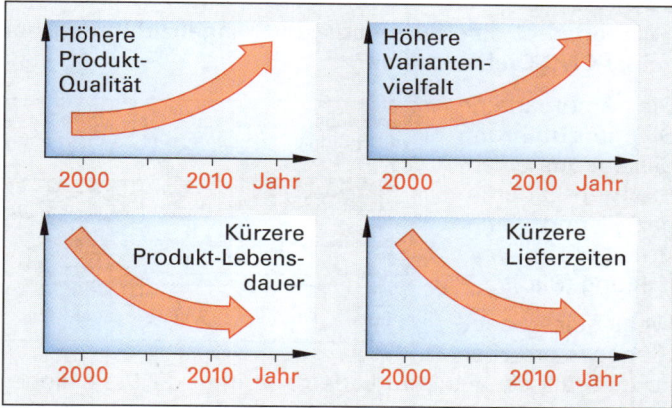

Die Variantenvielfalt der Produkte führt zur Verringerung der Werkstück-Losgröße, d.h. der Menge gleicher Werkstücke.

2

Mit welchen Geräten erfolgt der Materialfluss bei der automatisierten flexiblen Fertigung?

Der Materialtransport erfolgt mit unterschiedlichen, zum Teil miteinander verknüpften Transportgeräten:

Roboter versorgen die Werkzeugmaschinen mit Werkzeugen sowie Rohteilen und führen sie nach dem Gebrauch bzw. der Bearbeitung wieder ab.

Rollen- oder Gurtbandförderer überwinden größere Distanzen zwischen den einzelnen Stationen einer Fertigung.

Schienengeführte oder Leiterbahngeführte *Flurförderer* überbrücken ebenfalls größere Entfernungen zwischen Lagern oder Bearbeitungsstationen.

3

Welche Baugruppen eines Drehzentrums gewährleisten seinen automatisierten Betrieb?

Hierzu gibt es eine Reihe von Baugruppen:

Eine zweite *angetriebene Arbeitsspindel* z.B. ermöglicht die Werkstückbearbeitung von zwei Seiten.

Mit dem *Werkzeugrevolver* können viele Dreharbeiten nacheinander ausgeführt werden, ohne ein neues Werkzeug spannen zu müssen.

Angetriebene Werkzeuge auf dem Werkzeugrevolver ermöglichen Fräs- und Bohrarbeiten auf den Stirn- und Seitenflächen des Werkstücks ohne Umspannen.

Schwenkbare Werkzeuge ermöglichen das Fräsen von Konturen auf den Außenflächen in beliebigen Winkeln; ebenfalls ohne Umspannen.

4

Wie arbeitet eine Standzeitüberwachung?

Bei der Standzeitüberwachung werden alle Einsatzzeiten eines Werkzeugs von der Maschinensteuerung erfasst und mit der eingegebenen Soll-Standzeit verglichen. Die noch verfügbare und am Monitor angezeigte Rest-Standzeit muss größer sein als die Zeit für den nächsten Arbeitsvorgang eines Werkzeuges. Wenn dies nicht der Fall ist, wird ein baugleiches Werkzeug (Schwesterwerkzeug) eingewechselt.

5

Wie kann bei einer CNC-Werkzeugmaschine der Werkzeugverschleiß überwacht werden?

Der Werkzeugzustand kann bei großen Werkzeugen durch die Überwachung der Spindelantriebsleistung oder über die Stromaufnahme des Antriebsmotors erkannt werden (Bild).

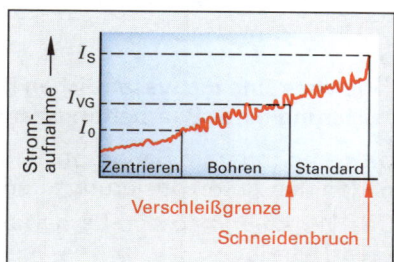

Bei bruchempfindlichen Werkzeugen, z.B. kleinen Bohrern, ist ein Infrarotstrahl auf die Bohrerspitze gerichtet (Bild). Ist die Bohrerspitze abgebrochen, so trifft der Infrarotstrahl einen Reflektor und meldet den Bruch.

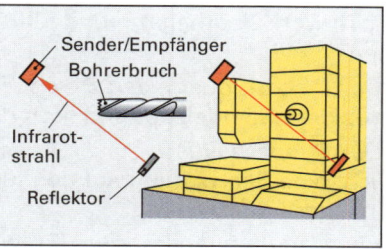

Bei der Standzeit-Überwachung werden die Einsatzzeiten des Werkzeugs erfasst und mit der Soll-Standzeit verglichen (Bild). Daraus wird eine Rest-Standzeit des Werkzeugs ermittelt.

6

Mit welchen Fertigungsanlagen kann eine hohe Produktivität, mit welchen eine hohe Flexibilität erreicht werden?

Eine hohe Produktivität wird bei hohen Stückzahlen durch starr automatisierte Transferstraßen, Rundtaktmaschinen oder mechanische Drehautomaten erreicht.

Wird wegen kleiner Stückzahlen eine hohe Flexibilität verlangt, so werden bahngesteuerte CNC-Maschinen eingesetzt.

**Ergänzende Fragen
zu automatisierten Fertigungseinrichtungen**

7

Was versteht man unter Just-in-time-Produktion?

Darunter versteht man eine Produktion, die jeweils gerade so viele Teile zu einem Zeitpunkt fertigt, wie sie unmittelbar zu diesem Zeitpunkt benötigt werden. Man nennt dies im Deutschen auch eine bedarfssynchrone Produktion.

8

Welche Merkmale kennzeichnen die rechnerintegrierte Fertigung?

Merkmale der rechnerintegrierten Fertigung sind:

- Ein durchgängiger Informationsfluss und Datenzugriff auf alle Fertigungseinrichtungen, Werkzeugmagazine und Informationsspeicher, z.B. für Lagerbestände oder Bestellungen.
- Die Fertigung in flexiblen Fertigungsanlagen mit flexiblem Materialfluss.
- Die automatische Steuerung und der automatische Ablauf der Fertigung.
- Eine sensorgesteuerte Überwachung der Fertigung und der Fertigungsanlagen.

9

Welches sind die wesentlichen Baugruppen zur Automatisierung eines Bearbeitungszentrums?

Dies sind mehrere Baugruppen, die allein oder in Kombination den Automatisierungsgrad ausmachen:

Das *Werkzeugmagazin:* Es hält alle erforderlichen Werkzeuge bereit.

Der *Werkzeugzubringer:* Er entnimmt das Werkzeug aus dem Werkzeugmagazin und führt es zum Werkzeugwechsler.

Der *Werkzeugwechsler:* Er entnimmt das alte Werkzeug aus dem Spindelkopf und setzt das das Neue ein.

Der *Rundschalttisch zur 5-Seiten-Bearbeitung:* Er ermöglicht eine Bearbeitung auf den fünf Seiten des Werkstücks in einer Aufspannung.

Ein *Handhabungsroboter:* Er wechselt automatisch die Paletten und legt sie in einem Palettenspeicher ab.

10

Worin besteht der wesentliche Unterschied zwischen einem Bearbeitungszentrum und einer flexiblen Fertigungszelle?

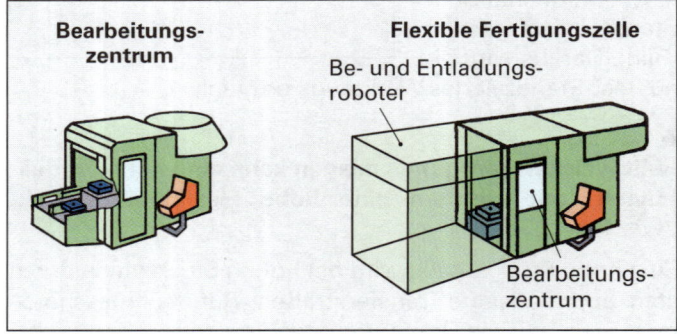

Ein *Bearbeitungszentrum* (Bild links) ist eine automatisierte Fräsmaschine, die mit einem Werkzeugwechsler und einem Werkzeugmagazin ausgerüstet ist.

Sie ermöglicht die gesamte Bearbeitung eines Werkstückes ohne manuellen Eingriff.

Eine *flexible Fertigungszelle* (Bild rechts) besteht aus einem Bearbeitungszentrum mit einem angebauten Be- und Entladungsroboter samt automatischer Steuerung.

Der Roboter versorgt das Bearbeitungszentrum automatisch für einen Zeitraum, z.B. für eine Acht-Stunden-Schicht, mit Rohteilen, entnimmt die Fertigteile aus der Bearbeitungsmaschine und lagert die Fertigteile in einem Speicher ab.

11

Wie arbeitet die Überwachung des Werkzeugverschleißes durch Messung der elektrischen Leistungsaufnahme bei einer Fertigungsmaschine?

Mit zunehmendem Werkzeugverschleiß steigt die erforderliche Spindelantriebsleistung und damit die Stromaufnahme des Antriebsmotors. Bei Erreichen eines festgelegten Strom-Höchstwertes, der der Werkzeugverschleißgrenze entspricht, wird das verschlissene Werkzeug durch ein Neues ausgewechselt.

12

Wie arbeitet eine automatische Stangenzuführung bei einer CNC-Drehmaschine?

Die automatische Stangenzuführung besteht aus einem Stangen-Lademagazin und einer Vorschiebe-Vorrichtung (Bild).

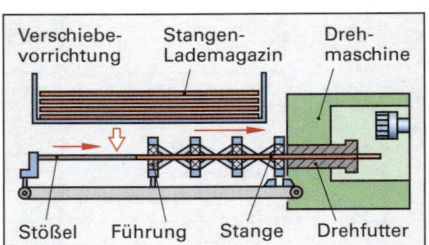

Wenn eine neue Stange erforderlich ist, fällt sie aus dem Lademagazin in die Vorschiebe-Vorrichtung. Ein Stößel schiebt die Stange durch das Drehfutter bis zur erforderlichen Länge vor.

13

Womit wird die Be- und Entladung einer CNC-Drehmaschine durchgeführt, wenn beliebige Rohteile einer Bearbeitungsmaschine zugeführt werden?

Die Be- und Entladung erfolgt dann z.B. mit einem oberhalb der Maschine angeordnetem Industrieroboter oder einem Portalroboter.

14

Warum ist ein flexibles Fertigungssystem ein Kompromiss zwischen einer Transferstraße und einer CNC-Werkzeugmaschine?

Auf einer Transferstraße werden alle Fertigungsschritte immer gleicher Werkstücke mit einem starren Fertigungsablauf automatisch durchgeführt. Dies ist für sehr große Werkstücklose wirtschaftlich. Der Vorteil der Transferstraße ist die hohe Produktivität, ihr Nachteil die fehlende Flexibilität.

Mit einer CNC-Werkzeugmaschine wird ein Werkstück nach einem vom Maschinenführer eingegebenen Programm gefertigt. Im Anschluss daran wird mit einem anderen Fertigungsprogramm ein anderes Werkstück gefertigt.

Der Vorteil der CNC-Maschine ist die große Flexibilität bei der Fertigung von Einzelwerkstücken oder kleinen Losen. Die Produktivität ist allerdings geringer als bei Transferstraßen.

Bei einem flexiblen Fertigungssystem sind mehrere Werkzeugmaschinen zu einer Einheit zusammengefasst und mit automatischem Werkzeug- und Werkstücktransport verknüpft. Dadurch ist sowohl Flexibilität gegeben und es wird eine ausreichend hohe Produktivität erreicht.

Testfragen zu Automatisierte Fertigung

CNC Steuerungen

TAF 1

Bei einer numerisch gesteuerten Stanzmaschine wird das Werkstück in eine Position gebracht, gestanzt und anschließend wieder positioniert.
Wie bezeichnet man diese Steuerungsart?

a) Bahnsteuerung

b) Streckensteuerung

c) Punktsteuerung

d) Positionssteuerung

e) Führungssteuerung

TAF 2

Welche Bedingung muss eine Maschine mit numerischer Bahnsteuerung in jedem Fall erfüllen?

a) Wegmessung durch Linearmaßstab

b) Wegmessung durch Drehmelder

c) Dateneingabe durch Lochstreifen

d) Besondere Führungsbahnen

e) Getrennt regelbare Vorschubantriebe

TAF 3

Eine numerisch gesteuerte Drehmaschine besitzt eine Streckensteuerung. Welche Aussage trifft zu?

a) Es können nur zylindrische Werkstücke und Fasen mit ca. 45 ° gefertigt werden.

b) Die Maschine ist besonders zum Drehen kegeliger Werkstücke ausgerüstet.

c) Auf der Maschine können Kegel und Rundungen jeder Art gedreht werden.

d) Neben Rundungen können auch beliebige Kurven gedreht werden.

e) Es können Kugeln gedreht werden.

TAF 4

Welchen Zweck erfüllt bei CNC-Maschinen die Werkzeugvermessung?

a) Die ermittelten Werkzeugmaße sind für die Konturprogrammierung erforderlich.

b) Die Werkzeugmaße werden für den Austausch verschlissener Werkzeuge benötigt.

c) Die Werkzeugmaße dienen zur Ermittlung des Werkzeugverschleißes.

d) Durch die im Maschinenspeicher abgelegten Werkzeugmaße kann die Programmierung der Werkstückkontur unabhängig von den eingesetzten Werkzeugen erfolgen.

e) Keine der genannten Angaben ist richtig.

TAF 5

Wie wird bei einer CNC-Maschine die Richtung der Hauptspindel genannt?

a) A   b) B   c) X

d) Y   e) Z

TAF 6

Welche Aussage zu einer 2½-D-Bahnsteuerung ist richtig?

a) Die Steuerung kann keine Kreisbahnen erzeugen.

b) Die Steuerung kann nur in der XY-Ebene interpolieren.

c) Die Steuerung kann in allen Ebenen gleichzeitig interpolieren.

d) Die Steuerung kann nur in der XZ-Ebene interpolieren.

e) Die Steuerung kann wahlweise in jeweils zwei der drei Hauptebenen interpolieren.

TAF 7

Welche Aussage zum Referenzpunkt ist richtig?

a) Der Referenzpunkt muss vor jedem Programmstart angefahren werden.

b) Bei absoluten Wegmesssystemen muss der Referenzpunkt nach jedem Einschalten der Maschine angefahren werden.

c) Der Referenzpunkt ist nur bei Maschinen ohne Maschinennullpunkt vorhanden.

d) Bei inkrementalen Wegmesssystemen muss der Referenzpunkt nach jedem Einschalten der Maschine angefahren werden.

e) Der Referenzpunkt ist der Bezugspunkt für die Werkzeugkorrekturen.

TAF 8

Welchen Zweck hat der Interpolator einer CNC-Steuerung?

Der Interpolator …

a) gleicht durch ungenaue Eingaben entstandene Bahnabweichungen aus.

b) berechnet die erforderlichen Bahnpunkte zwischen Start- und Zielpunkt einer Bewegung.

c) berechnet fehlende Übergangspunkte zwischen programmierten Kurventeilen.

d) berechnet Quadrat- und Wurzelzahlen.

e) berechnet aus der programmierten Schnittgeschwindigkeit die Spindeldrehzahl.

TAF 9

Worauf beziehen sich die Werkzeugkorrekturmaße?

Auf den Abstand zwischen …

a) Maschinennullpunkt und Referenzpunkt.

b) Werkzeugbezugspunkt und Schneidenpunkt.

c) Werkzeugbezugspunkt und Referenzpunkt.

d) Werkzeugbezugspunkt und Maschinennullpunkt.

e) Werkzeugbezugspunkt und Werkstücknullpunkt.

TAF 10

Welche Aussage über den Werkstücknullpunkt ist richtig?

a) Bei Absolutbemaßung beziehen sich alle Maßangaben auf diesen Punkt.

b) Bei Kettenbemaßung beziehen sich alle Maßangaben auf diesen Punkt.

c) Der Werkstücknullpunkt kann nicht verschoben werden.

d) Der Werkstücknullpunkt ist stets der Startpunkt für das NC-Programm.

e) Werkstücknullpunkt und Maschinennullpunkt fallen stets zusammen.

TAF 11

Welche Bedeutung besitzen die mit den Buchstaben I, J und K beginnenden Wörter eines CNC-Satzes?

a) Sie kennzeichnen den Beginn eines Unterprogramms.

b) Sie sind Bestandteile eines Zyklus.

c) Sie kennzeichnen die Lage eines Kreismittelpunktes.

d) Sie dienen zur Angabe der Spanungstiefe.

e) Sie sind Bestandteil einer Geradeninterpolation.

TAF 12

Welche Bedeutungen haben bei numerisch gesteuerten Dreh- und Fräsmaschinen die Wörter G40, G41 und G42?

a) Werkzeugbahn- bzw. Schneidenradiuskorrektur

b) Nullpunktverschiebung

c) Aufruf von Arbeitszyklen

d) Werkzeuglängenkorrektur

e) Wahl konstanter Schnittgeschwindigkeit oder Spindeldrehzahl

TAF 13

In welcher Auswahlantwort ist der Satz für die Kreisprogrammierung von P0 nach P1 (Bild) richtig angegeben, wenn sich das Werkzeug vor der Drehmitte befindet?

a) G03 X36 Z-24 I-8 K 0

b) G02 X36 Z-24 I 8 K 0

c) G03 X36 Z-24 I 0 K-8

d) G02 X36 Z-24 I 0 K 8

e) G02 X18 Z-24 I 8 K 0

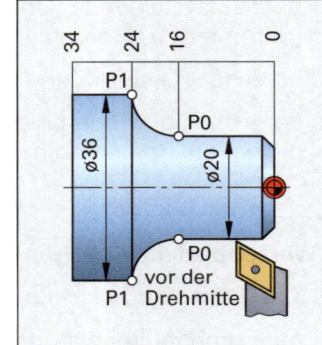

TAF 14

Welche Bedeutung hat die Wegbedingung G96 bei Drehmaschinen?

a) Punktsteuerverhalten

b) Spindel im Uhrzeigersinn

c) Spindel im Gegenuhrzeigersinn

d) Konstante Schnittgeschwindigkeit

e) Drehzahl in 1/min

TAF 15

Welcher Satz N30 beschreibt den Weg von P4 nach P5 richtig (Bild)? (Werkzeuge hinter Drehmitte)

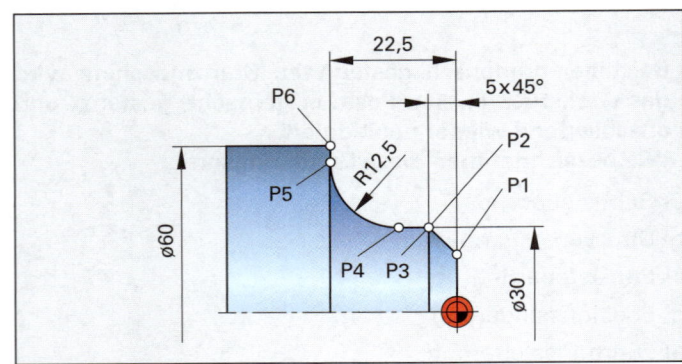

a) G02 X60   Z-22.5   I12.5   K-12.5

b) G03 X60   Z-22.5   I12.5   K-12.5

c) G02 X55   Z-22.5   I12.5   K0

d) G03 X55   Z-22.5   I12.5   K0

e) G02 X55   Z22.5   I0   K-12.5

TAF 16

Bei welchen Formelementen ist beim Fertigdrehen eine Schneidenradiuskorrektur erforderlich?

a) Nur bei Zylinder- und Planflächen

b) Bei allen nicht achsparallelen Konturelementen

c) Nur bei Kegelflächen

d) Nur bei Rundungen

e) Bei allen Flächen mit Schleifaufmaß

TAF 17

Wo liegt der Werkzeugträgerbezugspunkt bei Drehmaschinen?

a) An der Anschlagfläche des Revolverkopfes

b) Am Drehpunkt des Revolverkopfes

c) Auf der Führungsbahn des Revolverkopfes in X-Richtung

d) Auf der Führungsbahn des Revolverkopfes in Z-Richtung

e) Am Referenzpunkt der Drehmaschine

TAF 18

Welche Bedeutung hat die Angabe G92 S2500 bei einem Drehprogramm?

a) Maximale Schnittgeschwindigkeit 2500 m/min

b) Maximale Spindeldrehzahl 2500 min^{-1}

c) Konstante Schnittgeschwindigkeit 2500 m/min

d) Gewählte Spindeldrehzahl 2500 min^{-1}

e) Konstante Drehzahl 2500 min^{-1}

TAF 19

Welcher Korrekturwert ist bei Drehwerkzeugen *nicht* erforderlich?

a) Querablage Q zur X-Achse

b) Werkzeuglängenkorrektur L der Z-Achse

c) Einstellwinkel $\varnothing$ der Drehmeißelschneide

d) Schneidenradius r

e) Lage des Werkzeugschneidenpunktes P zum Mittelpunkt des Schneidenradius

TAF 20

Welcher der Bezugspunkte einer Drehmaschine ist richtig zugeordnet (Bild)?

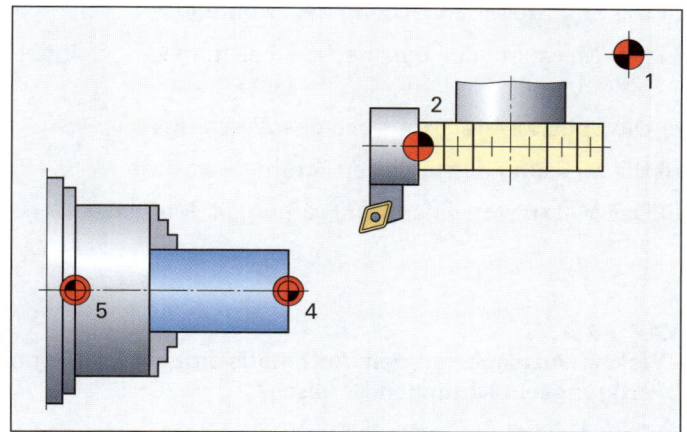

a) 1 ≙ Werkzeugträgerbezugspunkt
b) 2 ≙ Werkzeugschneidenpunkt
c) 3 ≙ Maschinennullpunkt
d) 4 ≙ Werkstücknullpunkt
e) 5 ≙ Referenzpunkt

TAF 21

Welches Sinbild für den Referenzpunkt einer CNC-Drehmaschine ist richtig dargestellt?

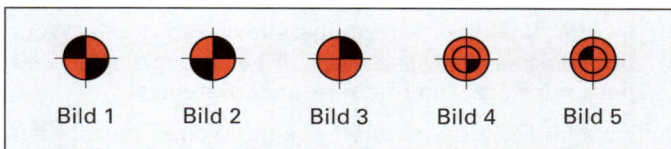

| Bild 1 | Bild 2 | Bild 3 | Bild 4 | Bild 5 |

a) Bild 1   b) Bild 2   c) Bild 3
d) Bild 4   e) Bild 5

TAF 22

In welchen Fällen ist in Fräsprogrammen die Verwendung von Unterprogrammen vorteilhaft?

a) Wenn an der Kontur ein Schlichtmaß erforderlich ist.
b) Für Werkstückformen, die am Frästeil mehrmals vorkommen.
c) Unterprogramme sind für alle Zyklen empfehlenswert.
d) Wenn mehrere verschiedene Fräser zum Einsatz kommen.
e) Wenn die Fräsmaschine mit einer Horizontalspindel ausgestattet ist.

TAF 23

Welche Zuordnung von Spindelrichtung und Z-Achse ist richtig?

a) Horizontal-Konsolfräsmaschine = Z-Achse senkrecht

b) Horizontal-Bettfräsmaschine = Z-Achse senkrecht

c) Vertikal-Konsolfräsmaschine = Z-Achse waagrecht

d) Vertikal-Konsolfräsmaschine = Z-Achse senkrecht

e) Die Z-Achse ist bei allen Fräsmaschinenartensenkrecht

TAF 24

Ein Werkstück soll entlang der Außenkontur mit einem NC-Anbohrer eine Fase 2,5 × 45° erhalten (Bild).
Welcher Fräserradius muss in dem Werkzeugspeicher eingetragen werden und auf welche Tiefe ist der Fräser zu programmieren?

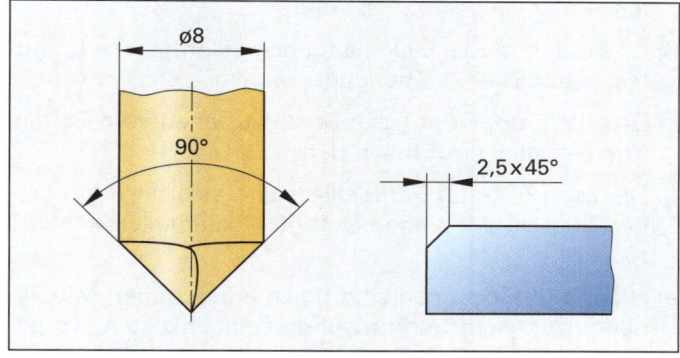

a) R = 4mm;   Z = – 4
b) R = 5 mm;   Z = – 2,5
c) R = 5 mm;   Z = – 4
d) R = 4 mm;   Z = – 2,5
e) R = 2,5 mm;   Z = – 2,5

TAF 25

Welche Bedeutung haben bei einer numerisch gesteuerten Fräsmaschine die Worte G17, G18, G19?

a) Angabe von Werkzeugbahnkorrekturen
b) Bestimmung einer Kreisinterpolation
c) Ebenenauswahl für die Geraden- und Kreisinterpolation
d) Wahl von Arbeitszyklen
e) Auswahl von Nullpunktverschiebungen

TAF 26

Wozu wird bei NC-Fräsmaschinen eine 4. Achse verwendet?

a) Steuerung eines NC-Rundtisches
b) Antrieb eines Teilapparates
c) Fräsen von Gesenken
d) Antrieb von Nutenstoßwerkzeugen
e) Fräsmaschinen können nicht mehr als 3 Achsen haben

TAF 27

Durch welche Wegbedingung wird erreicht, dass sich die Fräserachse nicht auf der Werkstückkontur, sondern auf der parallel verlaufenden Äquidistanten bewegt (Bild)?

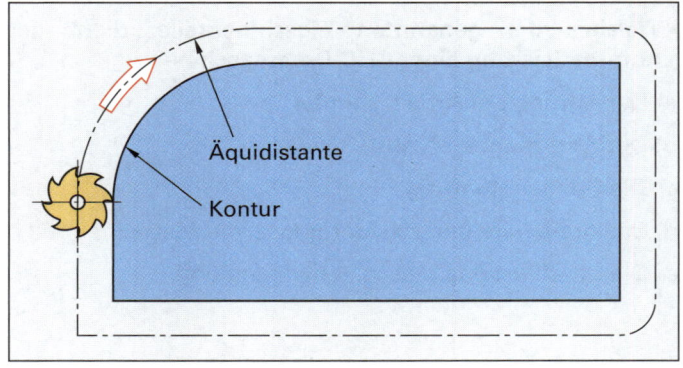

a) G02   b) G03
c) G40   d) G41   e) G42

Automatisierte Fertigungseinrichtungen

TAF 28

Welche Aussage zur wirtschaftlichen Fertigung ist *nicht* zutreffend?

a) Es sollen möglichst große Lagerbestände aller benötigten Fertigteile geschaffen werden.

b) Es werden nur so viele Fertigteile gefertigt, wie unmittelbar zu dieser Zeit benötigt werden.

c) Es sollen möglichst kurze Durchlaufzeiten vom Rohteil zum Fertigteil erreicht werden.

d) Die Losgröße der Fertigteile sollte sich an den demnächst in der Montage benötigten Fertigteilen orientieren.

e) Niedrige Stückkosten sind durch einen hohen Maschinennutzungsgrad und niedrige Gemeinkosten pro gefertigtes Werkstück zu erreichen.

TAF 29

Welche Merkmale sind typisch für die automatisierte flexible Fertigung?

a) Der Facharbeiter führt viele Arbeitsschritte selbst aus.

b) Die Werkzeuge und Rohteile werden manuell vom Facharbeiter gewechselt.

c) Der Materialfluss an Werkstücken und Werkzeugen erfolgt durch vernetzte Transport- und Handhabungssysteme.

d) Der Facharbeiter überwacht den Verschleiß der Werkzeuge durch Inaugenscheinnahme.

e) Die Fertigung der Werkstücke wird vom Maschinenführer in Absprache mit dem Meister per Hand ausgeführt.

TAF 30

Welches der genannten Maschinenteile dient *nicht* der Automatisierung eines Bearbeitungszentrums?

a) Das Werkzeugmagazin

b) Der Werkzeugwechsler

c) Der Rundschalttisch zur 5-Seiten-Bearbeitung

d) Der Palettenwechsler

e) Der Spindelkopf

TAF 31

Welches der genannten Maschinenteile, dient der Automatisierung einer CNC-Drehmaschine?

a) Der Antrieb der Arbeitsspindel

b) Der Werkzeugrevolver

c) Die Späneabführung

d) Das drehsteife und schwingungsarme Maschinenbett

e) Die geschlossene Maschinenverkleidung

TAF 32

Welche Tätigkeit gehört nicht zu den Überwachungseinrichtungen in automatisierten Werkzeugmaschinen?

a) Die Standzeitüberwachung der Werkzeuge

b) Die Messung der elektrischen Leistung des Spindelantriebs

c) Die optische Bruchkontrolle des Werkzeugs

d) Die Messung des täglichen Stromverbrauchs

e) Das Messtastersystem zur Prüfung der Maße des Werkstücks

TAF 33

Welche Aussage zu den Automatisierungsstufen von Fertigungseinrichtungen ist falsch?

a) Bei der flexiblen Fertigungszelle sind Bearbeitungszentren mit einem Umlaufspeicher verbunden.

b) Ein flexibles Fertigungssystem entsteht, wenn mehrere gleichartige oder unterschiedliche Fertigungsmaschinen durch ein Transportsystem untereinander verkettet werden.

c) In einer flexiblen Fertigungsinsel sind in einem begrenzten Werkstattbereich unterschiedliche Werkzeugmaschinen und andere Arbeitsstationen lose verkettet, um ähnliche Werkstücke möglichst vollständig bearbeiten zu können.

d) Bei der flexiblen Fertigungszelle versorgt ein Werkzeugspeicher die Maschinen für einen begrenzten Zeitraum mit Rohteilen und nimmt Fertigteile auf.

e) Flexible Fertigungssysteme sind wegen der hohen Kosten nur selten wirtschaftlich.

TAF 34

Welches Transportsystem ist *nicht* typisch für die automatisierte flexible Fertigung?

a) Der Drehgelenkroboter

b) Der Gabelstapler

c) Der Rollenförderer

d) Der Leitungs-geführte Flurförderer

e) Der Schienen-geführte Palettenwagen

TAF 35

Welche Aussage zu der jeweils genannten Fertigungseinrichtung ist richtig?

a) Eine Tranferstraße hat eine große Fertigungsflexibilität.

b) Eine flexible Fertigungszelle hat die größte Produktivität aller Fertigungseinrichtungen.

c) Eine Standard-Werkzeugmaschine hat die größte Produktivität aller Fertigungseinrichtungen.

d) Ein flexibles Fertigungssystem hat sowohl eine hohe Produktivität als auch eine große Flexibilität.

e) Ein Bearbeitungszentrum hat die größte Produktivität aller Fertigungseinrichtungen.

10 Technische Projekte

10.1 bis 10.4 Grundlagen der Projektarbeit

Fragen aus Fachkunde Metall, Seite 623

1

Weshalb werden komplexe Aufgabenstellungen als Projekt organisiert?

Komplexe Aufgabenstellungen erfordern eine fach- und abteilungsübergreifende Zusammenarbeit, welche durch die Arbeitsorganisation im Projekt mit Teamarbeit, vernetzter Kommunikation und simultaner Zusammenarbeit besser möglich ist als in der klassischen Linienorganisation nach Abteilungen.

2

Nennen Sie fünf kennzeichnende Merkmale von Projekten.

Kennzeichnende Merkmale von Projekten sind:
- Einmaligkeit (keine Wiederholung)
- zeitliche, personelle und finanzielle Begrenzungen
- Abgrenzung als geschlossenes Vorhaben mit eigenem Ergebnis
- hohe Komplexizität
- weisen Risiken auf

3

Welche Handlungsschritte gehören zu einer vollständigen beruflichen Handlung?

Eine vollständige berufliche Handlung besteht aus den Handlungsschritten: Informationsbeschaffung, Planung, Durchführung und Auswertung.

4

Weshalb kann die Initialisierungsphase auch als Vorprojekt bezeichnet werden?

In der Initialisierungsphase geht es im Wesentlichen darum, ob eine Projektidee oder ein erkanntes Problem unter Berücksichtigung der Unternehmensziele und -möglichkeiten überhaupt als Projekt gestartet werden kann. Die Initialisierungsphase beschreibt also die Phase vor der eigentlichen Entscheidung das Projekt durchzuführen.

5

Nennen Sie fünf wesentliche Projektbereiche, die in der Definitionsphase zu klären sind.

Wesentliche Projektbereiche, die in der Definitionsphase zu klären sind, sind:
- Bildung des Projektkernteams
- Projektziele definieren
- Grobstruktur erstellen
- Aufwände grob schätzen
- Machbarkeit bewerten

6

Worauf ist bei der Formulierung von Projektzielen zu achten?

Projektziele müssen als klar beschriebene Funktion oder beschriebener Zustand am Projektende definiert werden. Sie sollten deshalb als spezifische, messbare, attraktive, realistische und terminierte Ziele formuliert werden.

7

Wie werden die Aspekte Inhalt, Zeit und Kosten bei der Projektplanung berücksichtigt?

Die inhaltliche Projektplanung befasst sich mit der Problemlösung, der Zielerreichung sowie der Qualität der Lösungen. Hierzu wird ein Projektstrukturplan erstellt. Die zeitliche Projektplanung erfolgt durch einen detaillierten Termin- und Ablaufplan für das Projekt.

Die Kostenplanung erfolgt anhand einer Ressourcenerfassung und -zuweisung für das Projekt, wodurch die anfallenden Kosten und erforderlichen Finanzmittel im Projekt deutlich werden.

Zu berücksichtigen ist, dass jede Änderung in einem Bereich sich auf die beiden anderen Bereiche auswirkt.

8

Wie lässt sich ein „hohes" Risiko umschreiben?

Bei einem „hohen" Risiko
- ist die Wahrscheinlichkeit hoch, dass schwerwiegende Probleme auftauchen und
- die Auswirkungen bei Eintreten der Probleme (Tragweite, maximaler Schaden) sind gravierend.

Man kann das auch mit einer Grafik darstellen.

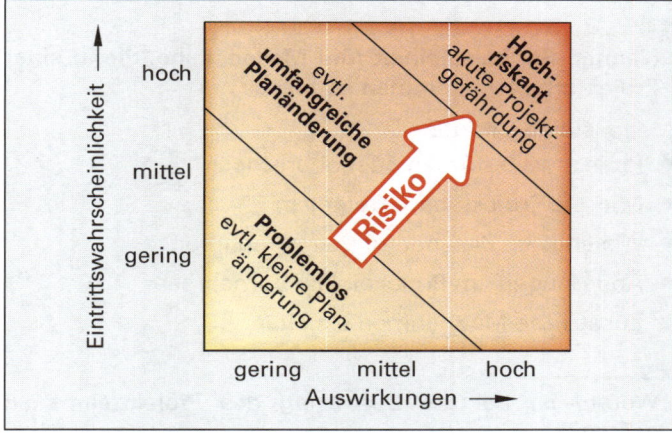

9

In welchen Schritten erfolgt die Projektsteuerung?

Vorgehensschritte der Projektsteuerung sind:
- Erfassung von Istdaten aus dem aktuellen Projektstand
- Analyse und Auswertung der Istdaten im Bezug zur Projektplanung
- Definition von Steuerungsmaßnahmen bei Planabweichung als Reaktion

10

Wie erfolgt ein strukturierter und sinnvoller Projektabschluss?

Beim Projektabschluss sollte durch eine Abnahme überprüft werden, ob die Projektziele wie vereinbart erreicht wurden. Alle vertraglichen und finanziellen Verpflichtungen aus dem Projekt müssen abgeschlossen werden und eine eventuelle Weiterbetreuung des entstandenen Produktes muss geregelt werden. Eine Nachkalkulation ermittelt den wirtschaftlichen Erfolg des Projektes.

Ein Projektabschlussbericht, eine Präsentation und ein würdiger Rückblick können bei einer Abschlusssitzung der Erfahrungssicherung und der Arbeitszufriedenheit dienen.

Ergänzende Fragen zu Grundlagen der Projektarbeit

11

Wodurch unterscheiden sich Non-Profit-Projekte von Wirtschaftsprojekten?

Non-Profit-Projekte sind Projekte von Organisationen, die nicht kommerziell tätig sind und mit dem Projekt keinen eigenen wirtschaftlichen Zweck verfolgen.

12

Nennen Sie drei Projektbeispiele von Non-Profit-Projekten.

Beispiele von Non-Profit-Projekten sind:
- Entwicklungsprojekte
- Schulprojekte
- Ausbildungsprojekte

13

Was versteht man unter „Meilensteine" in der Projektarbeit?

Meilensteine sind Eckpunkte für die laufende Planung, Überwachung und für den strukturierten Ablauf eines Projektes.

14

Nennen Sie beispielhaft fünf Meilensteine, die in einer Projektarbeit Vorkommen können.

Meilensteine sind z.B.:
- Projekt weiterführen oder abbrechen
- Nächste Projektphase freigeben
- Wesentliche Zieländerungen vornehmen
- Änderungen am Projektablauf vornehmen
- Zusätzliche Maßnahmen einleiten

15

Worauf ist bei der Besetzung des Projektteams zu achten?

Die Besetzung des Projektteams sollte möglichst interdisziplinär aus allen betroffenen Bereichen des Projekts anhand einer Projektumfeldanalyse erfolgen.

16

Wodurch unterscheidet sich ein Lasten- von einem Pflichtenheft in der Kunden-Lieferantenbeziehung?

Im **Lastenheft** werden Zieldefinition und Projektinhalte möglichst konkret und strukturiert aus Sicht des Auftraggebers aufgeführt.

Im **Pflichtenheft** beschreibt der Auftragnehmer, wie er bei der Projektrealisierung vorgeht.

17

Projekte sind aufgrund ihrer Einmaligkeit und Komplexität nicht frei von Risiken, die den Projektablauf und damit den Projekterfolg gefährden. Nennen Sie fünf typische Projektrisiken.

- Zu optimistische Zeit- und Kostenplanung
- Ausfall von wichtigen Mitarbeitern
- Nichteinhaltung von vereinbarten Terminen
- Fehlende Unterstützung bei der Leitungsebene
- Technologische Machbarkeit

10.5 Technische Projekte dokumentieren

Textverarbeitung

Fragen aus Fachkunde Metall, Seite 627

1

Welche grundsätzlichen Möglichkeiten des Datenaustausches zwischen verschiedenen Office-Anwendungen gibt es?

Man unterscheidet grundsätzlich drei Möglichkeiten:
- Beim Datenaustausch ohne Verknüpfung werden über das Menü Bearbeiten (Kopieren/Einfügen) Daten von einer Anwendung in die andere übertragen. Änderungen in der Originaldatei werden in der kopierten Version nicht aktualisiert.
- Beim Datenaustausch mit Verknüpfung (Object linking) wird das Objekt in der Zielanwendung aktualisiert, wenn sich dieses in der Quellanwendung ändert.
- Beim Einbetten von Objekten (Object Embedding) wird eine Anwendung (z.B. Textverarbeitung) in eine andere Anwendung (z.B. Tabellenkalkulation) eingefügt.

2

Erläutern Sie den Unterschied zwischen einer Formatvorlage und einer Dokumentenvorlage.

In einer Formatvorlage sind die Einstellungen für den Absatz und die Schrift gespeichert. Dem Anwender werden fertige Formatvorlagen für Überschriften, Aufzählungen usw. angeboten. Diese kann er dann individuell anpassen.

Individuelle Seitenlayouts können als Dokumentenvorlagen definiert werden. Damit lassen sich bestimmt Seitenlayouts z.B. Briefköpfe abspeichern.

3

Beschreiben Sie je vier Parameter, die bei der Text- und Absatz- bzw. der Zeichenformatierung einstellbar sind.

Text- und Absatzformatierung:
- Der Text kann linksbündig, rechtsbündig, zentriert oder als Blocksatz eingestellt werden.
- Beim Einzug wird festgelegt, wie weit der Text des Absatzes links oder rechts eingerückt wird.
- Unter Abstand wird der Zeilenabstand zwischen den Absätzen festgelegt.
- Unter Paginierung versteht man die Seitennummerierung.

Zeichenformatierung:
- Mit der Schriftart wird das Aussehen der Buchstaben festgelegt, z.B. Schrift Arial, Times New Roman
- Mit dem Schriftschnitt wird die Darstellung der Schrift bestimmt, wie z.B. fett, kursiv, unterstrichen
- Die Schriftgröße legt die dargestellte und gedruckte Buchstabengröße fest, z.B. 10 pt, 12 pt usw.
- Die Schriftfarbe legt die Buchstabenfarbe fest, z.B. Rot

4

Wozu dienen automatisierte Beschriftungen?

Wird in größeren Dokumenten mit Tabellen und Abbildungen gearbeitet, müssen diese häufig einheitlich beschriftet oder nummeriert werden. Diese Beschriftung und Nummerierung kann automatisiert werden.

5
Welche Vorteile hat das Verwenden von Feldern?

In umfangreichen Dokumenten werden Felder eingesetzt. Unter einem Feld versteht man ein Textelement, das in Dokumente eingefügt werden kann, um dort bestimmt Funktionen zu steuern (z.B. Anzeigen der Seitenzahl, des aktuellen Datums und des Dateinamens). Die Felder können wie Text im Dokument formatiert werden.

Fügt man z.B. in einen Brief das Datum per Feld ein, würde sich bei jedem Aufruf das Datum im Brief entsprechend ändern. Ist dies nicht gewünscht, kann das Feld gegen Aktualisierung auch gesperrt werden oder die Aktualisierung muss manuell durchgeführt werden.

Häufig werden Felder in Kopf- und Fußzeilen von Dokumenten verwendet.

Ergänzende Fragen zur Textverarbeitung

6
Die grundlegende Gestaltung einer Seite wird im Seitenlayout festgelegt. Benennen Sie fünf Parameter die im Seitenlayout festgelegt werden.

- das Papierformat (DIN A4 quer/hoch)
- der bedruckbare Bereich (Seite einrichten: Seitenränder links/rechts und oben/unten)
- das Format der Zeilennummerierung
- die Art des Rahmens um den Text
- Hintergrundfarbe für das Dokument bzw. Wasserzeichen.

7
Wozu werden Dokumentenvorlagen verwendet?

Individuelle Seitenlayouts können als Dokumentenvorlagen definiert werden. Damit lassen sich bestimmte Seitenlayouts (z.B. Briefkopf) abspeichern und benötigte Formatvorlagen in dieser Dokumentenvorlage zur Verfügung stellen.

Tabellenkalkulation, Präsentationssoftware
Fragen aus Fachkunde Metall, Seite 532

1
Erläutern Sie den Unterschied zwischen einer Tabelle und einer Mappe bei einer Tabellenkalkulation.

Eine Excel-Datei wird als Mappe oder Arbeitsmappe bezeichnet. Jede Mappe besteht aus verschiedenen Tabellen; auch Tabellenblätter genannt, die hintereinander in der Mappe vorliegen.

2
Erläutern Sie den Unterschied zwischen einem relativen und einem absoluten Zellbezug.

Zieht man eine Formel in einer Excel-Tabelle in eine andere Zelle, werden die relativen Bezüge entsprechend verändert (angepasst).
Die absoluten Bezüge ändern sich nicht.

3
Welche Werte liefern folgende Ausdrücke im Arbeitsblatt des Tabellenkalkulationsprogramms (Anm.: F1 = 1; F2 = 2; F3 = 3 usw.):
a) F24/12   b) F36 ^2   c) Summe(F1:F7;F9:F20)

a) $25:12 = 2$
b) $36^2 = 1296$
c) $1+2+3+4+5+6+7 +9+8+10+...+20 = 202$

4
Erläutern Sie den Begriff Priorität. Berechnen Sie folgende Formeleinträge (Anm.: G1 = 10; G2 = 20: G3 = 30 usw.).
a) G8–G9+G20/2   b) G100/2+30   c) G200/(48+52)
d) Summe (G1:G5)^2+G10^2–(G12–G10)^8+G100–G20^2

Operanten werden, falls keine Klammern vorhanden sind, nach Prioritäten ausgeführt, ähnlich wie in der Mathematik (Punkt vor Strich usw.).

a) $800 – 900 + 200 : 2 = 90$
b) $1000 : 2 + 30 = 530$
c) $2000 : (48+52) = 20$
d) $22500 + 10000 – 25600000000 + 1000 – 40000 = 25600000000$

5
Welchen Wert liefern die folgenden Ausdrücke im Arbeitsblatt eines Tabellenkalkuationsprogramms?
a) MITTELWERT(B1;B10:B20)
b) WENN(UND(ODER(B8>B7;B6>B7));
   (UND(B6>B5;B3<B4));"ja";"nein")

a) 13,8333   b) Ja

6
Erläutern Sie, welche verschiedene Folieninhalte unterschieden werden.

Die Folieninhalte bei der Präsentationssoftware besteht grundsätzlich aus fünf verschiedenen Typen von „Bildern": Text, Schaubilder, Fotos, Video/Sound und Stimulanzien.

7
Welche wichtigen Dinge sollten Sie grundsätzlich bei Ihren Folien und beim Folienlayout beachten?

Das Folienlayout und der Folienaufbau sollten bestimmten Bedingungen genügen:
- höchstens zwei Schriftarten verwenden
- gängige Schriftarten wie z.B. Arial, Times New Roman benutzen
- einheitliche Farbgestaltung auf allen Folien und gleiche Farben für gleiche Sachverhalte gebrauchen
- kontrastreiche aber nicht schrille Farben einsetzen

Ergänzende Fragen zur Tabellenkalkulation und Präsentationssoftware

8
Erklären Sie den Begriff Anwendersoftware und gliedern Sie in Softwarebereiche.

Unter Anwendersoftware versteht man Programme die für eine bestimmte Anwendung konzipiert sind, wie z.B. die Texterfassung, das Berechnen, das Zeichnen usw. Eine weitere Gliederung der Anwendersoftware kann erfolgen in:
- **Standardsoftware.** Sie ist für alle Anwender geeignet, wie z.B. die Texterfassung.
- **Branchensoftware.** Sie ist für ganze Berufsgruppen geeignet, z.B. Konstruktions- und Zeichenprogramme.
- **Individuelle Software.** Sie dient zur Aufgabenlösung eines Nutzers, wie z.B. ein Programm zur Flächenberechnung eines Bauteiles.

9

Nennen und erläutern Sie kurz die fünf wichtigsten Programmteile von Office-Softwarepaketen.

- **Textverarbeitung:** Sie bietet umfangreiche Texteingabe und Textausgabemöglichkeiten. Immer wichtiger wird auch die Textgestaltung. Die Arbeit lässt sich durch Serienbriefe und Dokumentenvorlagen automatisieren und vereinfachen.
- **Tabellenkalkulation:** Es lassen sich Tabellen unter Nutzung verschiedener Formeln und Formatierungen erstellen, um komplexe Berechnungen durchzuführen und grafisch auszuwerten sowie darzustellen.
- **Datenbank:** Mit Datenbanken lassen sich Informationssammlungen verwalten, wie z.B. Adressen, Werkzeuglisten. Unterstützt wird dies durch Tabellen, Abfragen, Berichte und Formulare.
- **Präsentationsprogramm:** Damit lassen sich optisch ansprechende Bildschirm- oder Folienpräsentationen erstellen. Der Benutzer wird durch Assistenten unterstützt, um mit wenigen Arbeitsschritten aufwendige Präsentationen professionell aufzubauen.
- **Kommunikationsprogramm:** Es unterstützt den Benutzer in der Büroarbeit. Es lassen sich E-Mails erstellen, Terminkalender, Aufgaben und Adressen können verwaltet werden.

10

Wie sind Datenbankprogramme aufgebaut und wozu können sie eingesetzt werden?

In einem Datenbanksystem sind die einzelnen Daten in Tabellen unterschiedlicher Art gespeichert.

Die Struktur der Daten ist mit der Datenverwaltung in Karteikästen konventioneller Art vergleichbar.

Man unterscheidet Datenfelder und Datensätze.

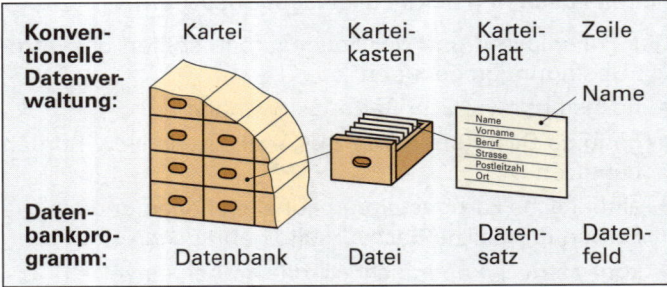

Datenbankprogramme werden z.B. zur Verwaltung von Personen-, Kunden- oder Lagerdaten eingesetzt.

11

Welche didaktischen Grundprinzipen sollten bei der Erstellung einer Präsentation eingehalten werden?

- Welche Zusammensetzung hat die Zielgruppe, ist es eine homogene oder heterogene Gruppe?
- Welche Vorkenntnisse sind vorhanden?
- Welche Erwartungen hat die Zielgruppe?

Lösungswege aufzeigen und dann Lösungen wählen.

- Vom Überblick zum Detail
- Zuerst bekannte Inhalte, dann die neuen.
- Zuerst konkrete dann abstrakte Sachverhalte beschreiben.

12

Welche Sachverhalte können besonders gut in Kreisflächen- und Säulendiagrammen dargestellt werden?

Mit Kreisflächen- und Säulendiagrammen lassen sich besonders Prozentanteile anschaulich darstellen.

13

Was wird in grafischen Darstellungen, z.B. Diagrammen, gezeigt?

Mit grafischen Darstellungen (Diagrammen) werden die Zusammenhänge von veränderlichen Größen bildlich dargestellt.

Formen grafischer Darstellungen sind z.B. Nomogramme und Diagramme.

Technische Kommunikation

1

Was bedeutet die Abkürzung DIN?

DIN ist die Abkürzung für Deutsches Institut für Normung.

Das Deutsche Institut für Normung gibt nationale Normen heraus, die DIN-Normen (gültig für Deutschland) und übernimmt internationale Normen in das Deutsche Normenwerk. Sie heißen z.B. DIN EN-Normen, bzw. DIN EN ISO-Normen

2

Welchen Vorteil haben Normen, die international gültig sind?

Der Austausch von Waren und Dienstleistungen zwischen den Ländern wird durch die einheitliche Normung wesentlich erleichtert.

Internationale Normen (ISO-Normen) und Europäische Normen (EN-Normen) werden zunehmend in das deutsche Normenwerk übernommen. Sie heißen dann DIN ISO-, DIN EN- bzw. DIN EN ISO-Normen.

3

Welche Informationen enthält eine Teilzeichnung?

Teilzeichnungen enthalten alle für die Fertigung des Werkstücks notwendigen Angaben.

Dies sind z.B. Angaben über Maße, Oberflächen, Werkstoff und Bearbeitungsverfahren.

4

Welche Angaben enthalten Stücklisten?

Stücklisten ergeben einen Überblick über die in einer Gruppenzeichnung enthaltenen Bauteile.

Pos.	Menge	Benennung	Norm-Kurzbezeichnung
1	1	Laufrolle	C45E
2	1	Abstandsring	S235JR (St 37-2)
3	2	Rillenkugellager	DIN 625-6004-2RS
4	1	Bolzen	E295 (St 50-2)
5	1	Sicherungsring	DIN 471-20 x 1.2
6	1	Lagerdeckel	E295 (St 50-2)
7	3	Zylinderschraube	ISO 4762-M4 x 12-8.8

In der Stückliste sind alle Teile einer Gruppenzeichnung aufgeführt. Sie enthält die Positionsnummer, die Anzahl, die Bezeichnung und den Werkstoff aller Werkstücke und Normteile dieser Zeichnung. Bei Normteilen sind die Norm-Kurzbezeichnungen der Teile aufgeführt.

5

Welche Datenformate werden verwendet, um CAD-Daten in Präsentationen zu importieren?

Der Datenaustausch kann über JPG- bzw. PNG- Grafikdaten erfolgen.

6
Was sind Explosionsdarstellungen?

Explosionsdarstellungen sind besondere Formen von Gesamtzeichnungen. Sie zeigen die Teile einer Baugruppe räumlich so angeordnet, dass ihre Zusammengehörigkeit und Ordnungsstruktur besonders anschaulich wird (Bild).

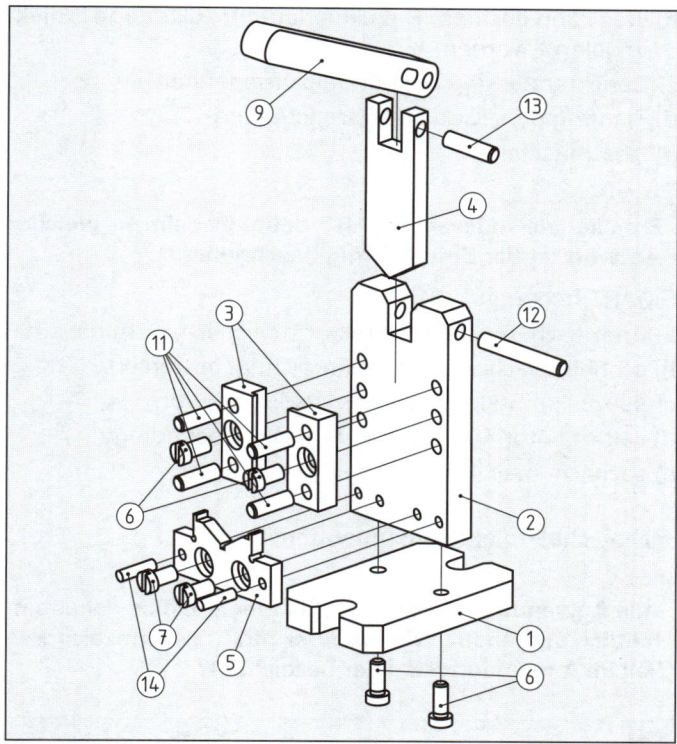

7
Wozu werden Wartungspläne erstellt?

Wartungspläne beschreiben die erforderlichen Tätigkeiten zum Erhalt der Funktionsfähigkeit einer Maschine bzw. Anlage.

Ein Wartungsplan einer Werkzeugmaschine gibt z.B. die Schmierstoffe, Schmierstellen und Schmierintervalle an.

8
Was versteht man bei Belastungsberechnungen unter FEM?

Mit FEM (Finiten Element Methode) können CAD-Daten für Belastungsberechnungen verwendet werden.
Berechnet werden Spannungen und Verformungen bei Bauteilen beim Einwirken von äußeren Kräften und/oder thermischen Belastungen.

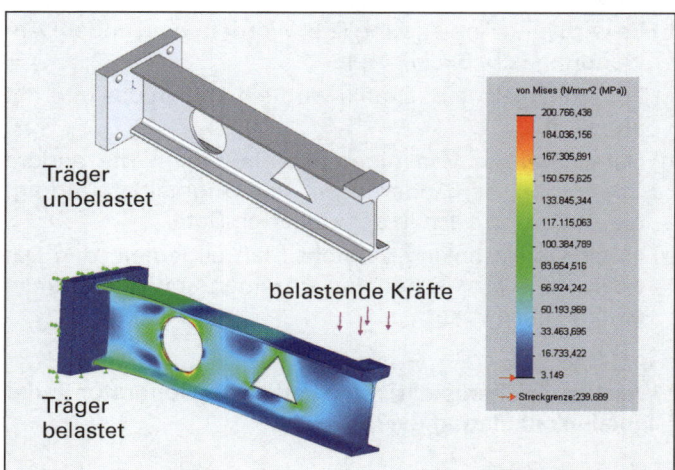

9
Erläutern Sie den Begriff CAD-CAM-Kopplung

Um einen durchgängigen Fertigungsprozess zu gewährleisten wird die Konstruktion (CAD) mit der Fertigung (CAM: Computer Aided Manufactoring) verknüpft.

Die CAD-Software liefert die Geometriedaten für die Fertigung auf Werkzeugmaschinen, die CAM-Software importiert die CAD-Daten. Der Bediener legt in der CAM-Software die Arbeitsschritte inklusive der technologischen Vorgaben zur Fertigung des Werkstückes fest. Damit wird ein Programmcode für die CNC-Fertigung erzeugt.

10
Welche Aufgabe erfüllen Postprozessoren?

Ein Postprozessor erzeugt aus einem Programmcode des CAM-Systems einen steuerungsspezifischen NC-Code, der auf der entsprechenden CNC-Fertigungsmaschine ausgeführt werden kann.

11
Wie lautet der vollständige Montageplan zum Zusammenbau der im Bild gezeigten Laufrollenlagerung?

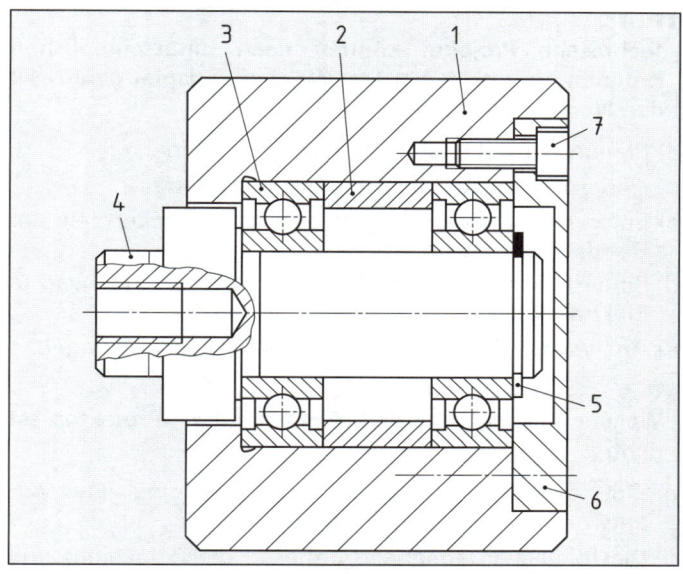

Montageplan	
Auftrag-Nr. 2238	
Bezeichnung: Laufrollenlagerung	
Nr.	Arbeitsgang
1	Einzelteile auf Vollständigkeit prüfen, ggf. reinigen
2	Welle (4) leicht einfetten
3	1. Rillenkugellager (3) mit Presshülse (Fügekraft auf Innenring) auf Bolzen (4) schieben
4	Abstandring (2) einlegen
5	2. Rillenkugellager (3) mit Presshülse auf Bolzen (4) schieben
6	Sicherungsring (5) einsetzen
7	Baugruppe Bolzen mit Lager von rechts in Laufrolle (1) schieben
8	Lagerdeckel (6) einlegen
9	Zylinderschrauben (7) mit Winkelschraubendreher SW 3 anziehen
10	Laufrolle drehen, auf Leichtgängigkeit und zulässiges Spiel prüfen.

Testfragen zu Technische Projekte

Grundlagen der Projektarbeit

TP 1

Welches der kennzeichnenden Merkmale gehört nicht zur Projektdefinition?

a) Einmaligkeit, keine Wiederholung
b) Zeitlich, personell und finanziell begrenzt
c) Nur eine Person arbeitet ein Projekt ab
d) Abgrenzung, es ist ein geschlossenes Vorhaben
e) Hohe Komplexität

TP 2

Aus den Handlungsschritten lässt sich eine systematisch strukturierte Arbeitsweise für eine Problemlösung entwickeln. Welcher Handlungsschritt gehört nicht zur vollständigen beruflichen Handlung?

a) Informationsbeschaffung
b) Durchführung
c) Auswertung
d) Kalkulation
e) Planung

TP 3

Technische Projekte können nach unterschiedlichen Kriterien eingeteilt werden. Welches Beispiel gehört zu den Non-Profit-Projekten?

a) Planung und Bau einer Werkzeugmaschine.
b) Änderung der Arbeitszeiten in einem Betrieb
c) Entwurf und Herstellung eines Lochers im Lernfeld der Berufsschule
d) Eine Hochschule untersucht Batterien für den Einsatz in Elektroautos
e) Analyse des Kraftstoffverbrauchs bei Lastkraftwagen

TP 4

Welche Aussage zu den Phasen eines Projektes ist richtig.

a) Ziel der Definitionsphase ist die Festlegung eines Verantwortlichen für die nächsten Schritte.
b) Die Initialisierungsphase umfasst alle Tätigkeiten und Entscheidungen zur genauen Festlegung des Projekts.
c) In der Planungsphase wird das Gesamtkonzept entwickelt und im Detail ausgearbeitet.
d) Nach Ende der Durchführungsphase ist das Projekt abgeschlossen.
e) In der Durchführungsphase wird der Projektabschlussbericht erstellt.

TP 5

Was versteht man unter Meilensteinen in der Projektarbeit?

a) Meilensteine sind der Start- und Endtermin eines Projektes.
b) Meilensteine sind Eckpunkte für die laufende Planung, die Überwachung und für den strukturierten Ablauf des Projektes.
c) Meilensteine beschreiben den Weg vom Erkennen eines Problems bis zur Entscheidung.
d) Die fünf Schritte einer vollständigen beruflichen Handlungi werden als Meilensteine beschrieben.
e) Die im Lastenheft beschriebenen Ziele werden als Meilensteine bezeichnet.

TP 6

Welches Thema gehört nicht in eine Projektabschlusssitzung?

a) Rückschau, Reflexion und Feedback
b) Was kann aus dem Projektverlauf für zukünftige Projekte gelernt werden
c) Berichterstattung zur Kundenzufriedenheit
d) Planung der „Kick-Off"-Veranstaltung
e) Abschlussfeier

TP 7

Projektziele müssen SMART definiert sein. In welcher Antwort ist der Betriff richtig beschrieben.

SMART bedeutet:

a) Spezifisch, messbar, attraktiv, realistisch, terminiert
b) schnell, machbar, allgemein, richtig, terminiert
c) speziell, mittelbar, attraktiv, realistisch, tun
d) self-monitoring, analysis, reporting technology
e) sachlich, machbar, attraktiv, richtig, teuer

Technische Projekte dokumentieren

8

Alle Anwendungsfenster sind in einem Office-Paket einheitlich aufgebaut. Wie wird der mit ① gekennzeichnete Teil im Anwendungsfenster bezeichnet?

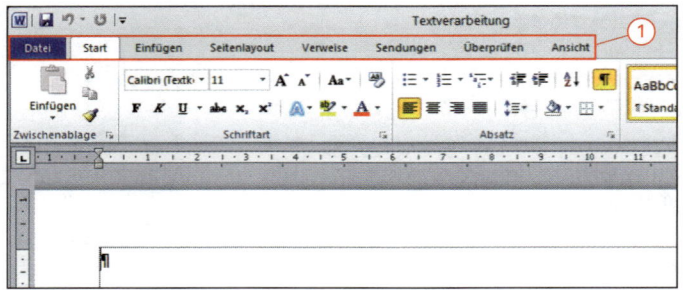

a) Dateileiste   b) Statusleiste   c) Menüleiste
d) Bildlaufleiste   e) Programmleiste

9

Was versteht man unter „Object linking" in einem Office-Paket?

a) Daten werden von einer Anwendung in die andere übertragen, bei Änderung in der Originaldatei erfolgt eine Änderung in der kopierten Datei.
b) Es wird eine Anwendung (z.B. Word) in eine andere Anwendung (z.B. Excel) kopiert.
c) Für ein Objekt (z.B. Grafik) wird ein Link in das Internet angelegt.
d) Daten werden von einer Anwendung in die andere übertragen, bei Änderung in der Originaldatei erfolgt die Änderung auch in der kopierten Datei.
e) Unter Objekt linking versteht man allgemein den Datenaustausch zwischen den einzelnen Anwendungen in einem Office Paket.

10

Welches Zeichen stellt einen Verkettungsoperator in der Tabellenkalkulation dar?

a) +   b) =   c) <>   d) &   e) %

TP 11

Welchen Wert liefert folgender Ausdruck F12^2 in einer Tabellenkalkulation, wenn in der Zelle F12 die Zahl „5" steht?

a) 25   b) 24   c) 6   d) 120   e) 10

TP 12

Was versteht man unter Formatieren bei einer Textverarbeitung?

Formatieren ist …
a) das Einteilen einer Diskette Sektoren.
b) das Festlegen des Dateinamens.
c) das Gestalten der äußeren Form eines Textes.
d) das Einfügen einer Tabelle in einen Text.
e) das Einrichten von Zeilenumbruch und Seitenvorschub.

TP 13

Welchen Zweck erfüllen die Datenbanksysteme?

a) Speicherung des Betriebssystems
b) Speicherung von Anwenderprogrammen
c) Speicherung unterschiedlicher Texte, z.B. Briefe
d) Speicherung von einheitlich strukturierten Daten, z.B. Adressen
e) Verknüpfung unterschiedlicher Betriebssysteme von Rechnern

14

Welche der genannten Anwendersoftware zählt *nicht* zur Standardsoftware?

a) Textverarbeitung
b) SPS-Programmierung
c) Tabellenkalkulation
d) Datenbank
e) Präsentationssoftware

Technische Kommunikation

15

Welche Aussage ist richtig?

a) Teilzeichnungen enthalten keine Angaben über Werkstoffe.
b) Kreisflächendiagramme sind besonders zur Angabe von Prozentwerten geeignet.
c) Explosionsdarstellungen sind eine besondere Form von Teilzeichnungen.
d) Aus Arbeitsplänen ist die Reihenfolge der Fertigungsschritte nicht zu entnehmen.
e) Wartungspläne erfassen die Dauer von Arbeitsunterbrechungen.

16

Für welche Art von technischen Zeichnungen gilt folgende Aussage: Sie enthält alle für die Fertigung des Werkstücks notwendigen Angaben.

a) Die Teilzeichnung
b) Die Gruppenzeichnung
c) Die Gesamtzeichnung
d) Die Explosionszeichnung
e) Die Stückliste

TP 17

Welche Aussage zu Explosionsdarstellungen ist richtig?

a) Explosionsdarstellungen werden vielfach für Ersatzteilkataloge verwendet.
b) Explosionsdarstellungen zeigen alle Einzelheiten eines Bauteils.
c) Explosionsdarstellungen dienen als Unterlage für die Teilefertigung.
d) Explosionsdarstellungen sind nur von besonders geschulten Fachleuten zu erkennen.
e) Explosionsdarstellungen sind als Überblick zu einer Baugruppe ungeeignet.

TP 18

Welche Bedeutung gehört zum Kürzel DIN ISO?

a) Deutsche Norm
b) Europäische Norm (EN), die als DIN-Norm übernommen ist
c) Internationale Norm (ISO), die als DIN-Norm übernommen ist
d) Europäische Norm, die eine unveränderte internationale Norm enthält und in deutscher Fassung vorliegt
e) Deutsche Norm in der internationalen Fassung

TP 19

Was wird mit dem Begriff CAD-CAM-Kopplung bezeichnet?

a) Rechnerintegrierte Verwaltung und Steuerung eines ganzen Betriebes
b) Zeichnen mit Hilfe eines Computers
c) Verbund von rechnerunterstütztem Zeichnen, Planen und Fertigen
d) Rechnerunterstützte kaufmännische Betriebsorganisation
e) Rechnerunterstützte Qualitätsplanung

TP 20

Was versteht man unter einem Postprozessor?

a) Mit Hilfe von Postprozessoren erzeugt man aus CAM-Daten steuerungsspezifische CNC-Programmcodes. Damit wird auf einer Fertigungsmaschine die CNC-Fertigung gesteuert (ausgeführt).
b) Mit einem Postprozessor werden die zwei Drehachsen (A und B) mit den 3 Hauptachsen (X, Y und Z) synchronisiert.
c) Die Schaltfunktionen gelangen als Schaltbefehle in den Postprozessor der CNC-Werkzeugmaschine, in der sie mit den von der Werkzeugmaschine kommenden Rückmeldungen verknüpft und in Steuerbefehle für die zu schaltenden Aggregate umgesetzt werden.
d) Bei speicherprogrammierbaren Steuerungen wird der Steuerungsablaufablauf mithilfe eines Postprozessors festgelegt.
e) Ein Postprozessor ist ein optischer Datenspeicher.

Teil II   Aufgaben zur technischen Mathematik

1 Grundlagen der technischen Mathematik

1.1 Dreisatz, Prozent- und Zinsrechnung

1

Ein Zerspanungsmechaniker benötigt für die Fertigung eines Werkstücks 4,5 Minuten.
Wie viele Werkstücke fertigt er in 6 Arbeitsstunden?

Lösung:
4,5 min für 1 Werkstück
360 min für n Werkstücke

$$n = \frac{1 \text{ Werkstück} \cdot 360 \text{ min}}{4,5 \text{ min}} = \textbf{80 Werkstücke}$$

2

Auf einem Bearbeitungszentrum werden pro Stunde 8 Meißelhalter mit einem Gewicht von insgesamt 20 kg gefertigt. Welches Gewicht befindet sich auf einer Palette mit 56 Meißelhaltern?

Lösung:
8 Meißelhalter wiegen 20 kg

56 Meißelhalter wiegen $m = \dfrac{56 \cdot 20 \text{ kg}}{8} = \textbf{140 kg}$

3

Der Werkstoffverbrauch für drei Drehautomaten eines Betriebes beträgt pro Woche 7,5 Tonnen. Wie groß ist der Werkstoffverbrauch in 4 Wochen, wenn die Anzahl der Drehautomaten auf 5 erhöht wurde?

Lösung:
3 Drehautomaten benötigen pro Woche $m = 7,5$ t
5 Drehautomaten benötigen in 4 Wochen

$$m = \frac{7,5 \text{ t} \cdot 5 \cdot 4}{3} = \textbf{50 t}$$

4

Die Fertigungszeit für ein Frästeil beträgt 2 min 30 s. Wie viele Teile werden pro Stunde gefertigt?

Hinweis: 1 min = 60 s; 1 h = 60 min = 3600 s
Lösung:
2 min 30 s = 2 · 60 s + 30 s = 150 s
In 150 s wird $n = 1$ Frästeil gefertigt
In 3600 s werden gefertig:

$$n = \frac{1 \text{ Frästeil} \cdot 3600 \text{ s}}{150 \text{ s}} = \textbf{24 Frästeile}$$

5

Beim Zuschneiden von Blechteilen ergab sich ein Verschnitt von 8,5 %. Wie viel wiegt der Verschnitt, wenn insgesamt 176 kg Blech verarbeitet wurden?

Gegeben: Grundwert = 176 kg
Prozentsatz = 8,5 %
Gesucht: Prozentwert

Lösung:
$$\text{Prozentwert} = \frac{\text{Grundwert} \cdot \text{Prozentsatz}}{100\,\%} \quad \Rightarrow$$

$$\textbf{Prozentwert} = \frac{176 \text{ kg} \cdot 8,5\,\%}{100\,\%} = \textbf{14,96 kg}$$

6

Von 625 Drehteilen wurden durch die Kontrolle 15 Stück an den Zerspanungsmechaniker zur Nacharbeit zurückgegeben. Wie viel Prozent waren das?

Gegeben: Grundwert   = 625 Stück
Prozentwert = 15 Stück
Gesucht: Prozentsatz

Lösung:
$$\text{Prozentwert} = \frac{\text{Grundwert} \cdot \text{Prozentsatz}}{100\,\%} \quad \Rightarrow$$

$$\textbf{Prozentsatz} = \frac{100\,\% \cdot \text{Prozentwert}}{\text{Grundwert}}$$

$$= \frac{100\,\% \cdot 15}{625} = \textbf{2,4\%}$$

7

Ein metallverarbeitender Betrieb schafft eine Abkantmaschine zum Preis von 48 000,00 € an. 80 % des Preises finanziert der Betrieb über einen Kredit zu einem Zinssatz von 7,3 %.
a) Wie hoch ist die Kreditsumme?
b) Wie hoch ist die monatliche Zinszahlung?
c) Wie hoch ist die monatliche Tilgungszahlung für den Kredit, wenn eine Laufzeit des Kredits von 5 Jahren vereinbart wurde?

Lösung:
a) **Kreditsumme** = 48 000 € · 80% = **38 400 €**

b) **Monatlicher Zinsbetrag** $= \dfrac{38\,400 \text{ € } \cdot 7,3\%}{12} = \textbf{233,60 €}$

c) **Monatliche Tilgung** $= \dfrac{38\,400 \text{ €}}{5 \cdot 12} = \textbf{640,00 €}$

1.2 Umstellen von Gleichungen

1

Stellen Sie die Gleichungen um:

a) $R = \dfrac{\varrho \cdot l}{A}$

Gesucht ist ϱ

Lösung:
$$\varrho = \frac{R \cdot A}{l}$$

b) $U = I \cdot R$

Gesucht ist I

Lösung:
$$I = \frac{U}{R}$$

c) $W_K = \dfrac{1}{2} m \cdot v^2$

Gesucht ist v

Lösung:
$$v^2 = \frac{2 \cdot W_K}{m} \quad \Rightarrow \quad v = \sqrt{\frac{2 \cdot W_K}{m}}$$

2 Physikalisch-technische Berechnungen

2.1 Umrechnung von Größen

1

Rechnen Sie in Meter (m) um:
6,8 mm;   5 µm;   0,24 cm.

Hinweis: 1 mm = 0,001 m; 1 µm = 0,000 001 m
6,8 mm = 6,8 · 0,001 m = **0,0068 m**
5 µm   = 5 · 0,000 001 m = **0,000 005 m**
0,24 cm = 0,24 · 0,01 m = **0,0024 m**

2

Wie viel Millimeter sind ¾ inch?

Hinweis: 1 inch = 25,4 mm
¾ inch = ¾ · 25,4 mm = **19,05 mm**

3

Rechnen Sie in cm³ um: 0,25 m³; 2360 mm³.

Hinweis: 1 m³ = 1 000 000 cm³;
          1 mm³ = 0,001 cm³.
0,25 m³ = 0,25 · 1 000 000 cm³ = **250 000 cm³**
2360 mm³ = 2360 · 0,001 cm³ = **2,36 cm³**

4

Wie viel Gramm sind 2,5 kg und wie viel Kilogramm sind 3,42 t?

Hinweis: 1 kg = 1000 g;   1 t = 1000 kg
2,5 kg = 2,5 · 1000 g = **2500 g**
3,42 t = 3,42 · 1000 kg = **3420 kg**

5

Wie groß ist die Summe der Winkel 20° 45′ 30″ und 45° 30′ 45″?

  20° 45′ 30″
+ 45° 30′ 45″
  65° 75′ 75″ = 65° 76′ 15″ = **66° 16′ 15″**

6

Von 90° sind 36° 40′ 30″ abzuziehen.

90°   = 89° 59′ 60″
  − 36° 40′ 30″
      53° 19′ 30″

7

Wie viel Winkelminuten (′) und Winkelsekunden (″) sind 0,18°?

0,18° = 0,18 · 60′ = 10,8′ = 10′ + 0,8′
0,8′ = 0,8 · 60″ = 48″
0,18° = 10′ 48″

8

Wie viel Grad, in einer Dezimalzahl ausgedrückt, sind 12° 36′ 54″?

$36′ = 36′ \cdot \dfrac{1°}{60′} = 0,6°$

$54″ = 54″ \cdot \dfrac{1°}{3600″} = 0,015°$

12°36′54″ = 12,000° + 0,600° + 0,015° = **12,615°**

2.2 Längen und Flächen

1

Eine Grundplatte mit den Abmessungen 840 x 620 x 65 mm soll im Maßstab 1 : 5 gezeichnet werden. Wie groß sind die einzelnen Maße zu zeichnen?

Hinweis: Maßstab 1 : 5 bedeutet, dass 1 mm in der Zeichnung 5 mm am Werkstück entspricht.
840 mm : 5 = **168 mm**
620 mm : 5 = **124 mm**
 65 mm : 5 = **13 mm**

2

Wie groß sind Flächeninhalt A und Umfang U eines Quadrats, dessen Seitenlänge l = 36 mm beträgt?

Gegeben: l = 36 mm
Gesucht: A und U
Lösung: $A = l^2$
           $A = (36\ \text{mm})^2$
              = **1296 mm²**
           $U = 4 \cdot l$
           $U = 4 \cdot 36\ \text{mm} = $ **144 mm**

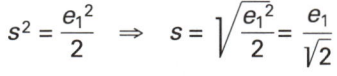

3

Der Flächeninhalt A eines Quadrats beträgt 9082,09 cm². Wie groß ist seine Seitenlänge l in mm?

Gegeben: A = 9082,09 cm² = 908 209 mm²
Gesucht: l
Lösung: $A = l^2 \;\Rightarrow\; l = \sqrt{A}$
$l = \sqrt{908\,209\ \text{mm}^2} = $ **953 mm**

4

An einem Rundstab von 34 mm Durchmesser soll ein scharfkantiger Vierkant angefräst werden. Wie groß wird dessen Schlüsselweite s?

Gegeben: e_1 = 34 mm
Gesucht: s
Lösung: $e_1^2 = s^2 + s^2 = 2s^2 \;\Rightarrow$

$s^2 = \dfrac{e_1^2}{2} \;\Rightarrow\; s = \sqrt{\dfrac{e_1^2}{2}} = \dfrac{e_1}{\sqrt{2}}$

$s \approx \dfrac{34\ \text{mm}}{1,4142} \approx $ **24,04 mm**

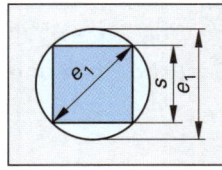

5

Auf welchen Durchmesser muss ein Ansatz gedreht werden, wenn an ihn ein Sechskant mit einer Schlüsselweite von 32 mm angefräst werden soll?

Gegeben: s = 32 mm
Gesucht: e_2
Lösung: $e_2 = 1,155 \cdot s$
$e_2 = 1,155 \cdot 32\ \text{mm} = $ **36,96 mm**

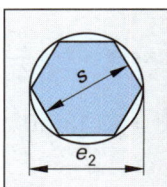

6

Wie groß sind Durchmesser und Umfang eines Kreises, dessen Flächeninhalt 2355 mm² ist?

Gegeben: $A = 2355$ mm²

Gesucht: d und U

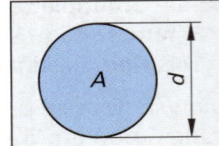

Lösung:

$$A = \frac{\pi \cdot d^2}{4} \quad \Rightarrow \quad d^2 = \frac{4 \cdot A}{\pi} \quad \Rightarrow \quad d = \sqrt{\frac{4 \cdot A}{\pi}}$$

$$d = \sqrt{\frac{4 \cdot 2355 \text{ mm}^2}{\pi}} \approx \sqrt{2998{,}48} \approx \mathbf{54{,}76 \text{ mm}}$$

$$U = \pi \cdot d$$

$$U = \pi \cdot 54{,}76 \text{ mm} \approx \mathbf{172{,}03 \text{ mm}}$$

7

Eine Stahltür erhält eine Diagonalverstrebung. Wie lang muss diese sein, wenn die Tür die Maße $l = 1{,}10$ m und $b = 2{,}10$ m hat?

Gegeben: $l = 1{,}10$ m;
        $b = 2{,}10$ m

Gesucht: e

Lösung: $e^2 = l^2 + b^2$
       $\Rightarrow e = \sqrt{l^2 + b^2}$

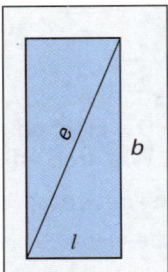

$$e = \sqrt{(1100\text{mm})^2 + (2100 \text{ mm})^2}$$

$$= \sqrt{5\,620\,000 \text{ mm}^2} \approx \mathbf{2371 \text{ mm}}$$

8

In einem rechtwinkligen Dreieck ist die Kathete $a = 27$ mm und die Hypotenuse $c = 45$ mm lang. Die Kathete b und die Winkel α und β sind zu berechnen.

Gegeben: $a = 27$ mm
          $c = 45$ mm

Gesucht: b, α und β

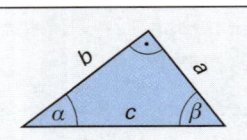

Lösung: $c^2 = a^2 + b^2 \quad \Rightarrow \quad b^2 = c^2 - b^2$

$$b = \sqrt{c^2 - a^2} = \sqrt{(45 \text{ mm})^2 - (27 \text{ mm})^2}$$

$$= \sqrt{2025 \text{ mm}^2 - 729 \text{ mm}^2} = \mathbf{36 \text{ mm}}$$

$$\sin \alpha = \frac{a}{c} = \frac{27 \text{ mm}}{45 \text{ mm}} = 0{,}6$$

$$\alpha = 36{,}869898° = \mathbf{36° \, 52' \, 11''}$$

$$\cos \beta = \frac{a}{c} = \frac{27 \text{ mm}}{45 \text{ mm}} = 0{,}6$$

$$\beta = 53{,}130102° = \mathbf{53° \, 7' \, 48''}$$

9

Ein Dreieck hat bei einem Flächeninhalt von 17,94 cm² eine Grundlinie von 78 mm. Wie groß ist seine Höhe?

Gegeben: $A = 17{,}94$ cm² = 1794 mm²;
         $l = 78$ mm

Gesucht: b

Lösung: $A = \dfrac{l \cdot b}{2} \quad \Rightarrow \quad b = \dfrac{2 \cdot A}{l}$

$$b = \frac{2 \cdot 1794 \text{ mm}^2}{78 \text{ mm}} = \mathbf{46 \text{ mm}}$$

10

Ein Trapez hat einen Flächeninhalt von 780 mm² und eine Breite von 26 mm. Wie lang ist die zweite seiner parallelen Seiten l_2, wenn die Länge der ersten $l_1 = 37$ mm beträgt?

Gegeben: $A = 780$ mm²
         $b = 26$ mm
         $l_1 = 37$ mm

Gesucht: l_2

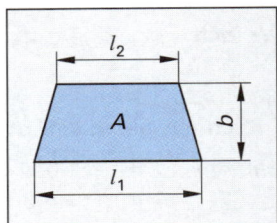

Lösung: $A = \dfrac{l_1 + l_2}{2} \cdot b$

$$\Rightarrow \quad l_2 = \frac{2 \cdot A}{b} - l_1$$

$$l_2 = \frac{2 \cdot 780 \text{ mm}^2}{26 \text{ mm}} - 37 \text{ mm} = \mathbf{23 \text{ mm}}$$

11

Wie groß ist bei nebenstehender Dreharbeit der Spanungsquerschnitt?

Gegeben: d_1, d_2, f

Gesucht: A

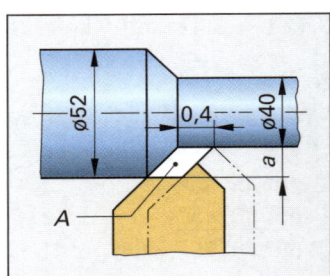

Lösung: $A = f \cdot a$

$$a = \frac{d_1 - d_2}{2}$$

$$a = \frac{52 \text{ mm} - 40 \text{ mm}}{2}$$

$$a = \mathbf{6 \text{ mm}}$$

$$A = 0{,}4 \text{ mm} \cdot 6 \text{ mm} = \mathbf{2{,}4 \text{ mm}^2}$$

2.3 Körpervolumen, Dichte, Masse

1

Es soll ein Vierkantstück mit der Masse 2 kg aus einem Messingvierkantstab mit der Seitenlänge 40 mm hergestellt werden (Bild rechts).
Wie lang muss das Vierkantstück sein?
(Dichte des Messings $\varrho = 8{,}5$ g/cm³)

Gegeben: $a = 40$ mm;
         $m = 2$ kg = 2000 g
         $\varrho = 8{,}5$ g/cm³

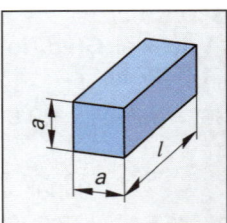

Lösung: $m = \varrho \cdot V \Rightarrow V = \dfrac{m}{\varrho}$

$$V = \frac{2000 \text{ g} \cdot \text{cm}^3}{8,5 \text{ g}} = 235,3 \text{ cm}^3$$

$$V = a^2 \cdot l \Rightarrow l = \frac{V}{a^2} = \frac{235,3 \text{ cm}^3}{(4 \text{ cm})^2} = \textbf{14,7 cm}$$

__2__

__Ein zylindrisches Gegengewicht aus Blei (Bild) soll 5 cm lang und dabei 1,8 kg schwer sein. Welchen Durchmesser muss es erhalten, wenn die Dichte des Werkstoffs Blei 11,34 g/cm³ beträgt?__

Gegeben:
$m = 1,8$ kg; $l = 5$ cm;
$\varrho = 11,34$ g/cm³

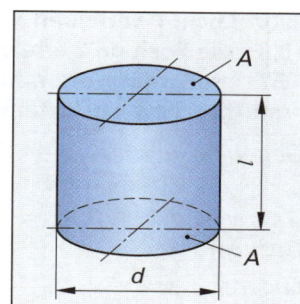

Lösung:
$m = \varrho \cdot V; \quad V = \dfrac{\pi \cdot d^2}{4} \cdot l$

$m = \dfrac{\varrho \cdot \pi \cdot d^2}{4} \cdot l \Rightarrow$

$d = \sqrt{\dfrac{4 \cdot m}{\pi \cdot \varrho \cdot l}}$

$d = \sqrt{\dfrac{4 \cdot 1800 \text{ g}}{\pi \cdot 11,34 \text{ g/cm}^3 \cdot 5 \text{ cm}}} \approx \textbf{6,36 cm}$

__3__

__Wie groß ist die Masse eines Rohres aus Gusseisen, wenn seine Länge 3,5 m, sein Außendurchmesser 80 mm und seine Wanddicke 15 mm beträgt? ($\varrho = 7,2$ g/cm³)__

Gegeben: $D = 80$ mm;
$ s = 15$ mm;
$ l = 350$ cm;
$ \varrho = 7,2$ g/cm³

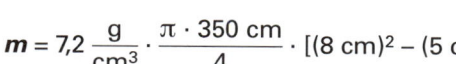

Lösung:
$d = D - 2s = 80 \text{ mm} -$
$ 2 \cdot 15 \text{ mm} = 50 \text{ mm}$

$m = \varrho \cdot V = \varrho \cdot \dfrac{\pi \cdot l}{4} \cdot (D^2 - d^2)$

$m = 7,2 \dfrac{\text{g}}{\text{cm}^3} \cdot \dfrac{\pi \cdot 350 \text{ cm}}{4} \cdot [(8 \text{ cm})^2 - (5 \text{ cm})^2]$

$ \approx 77\,188,93 \text{ g} \approx \textbf{77,19 kg}$

__4__

__Ein kegelförmiger Messbecher soll ½ l Wasser fassen. Wie tief muss er sein, wenn seine obere Weite 120 mm beträgt?__

Gegeben: $V = 500$ cm³;
$ d = 120$ mm
Gesucht: h
Lösung:

$V = \dfrac{\pi \cdot d^2}{4} \cdot \dfrac{h}{3} \Rightarrow h = \dfrac{12 \cdot V}{\pi \cdot d^2}$

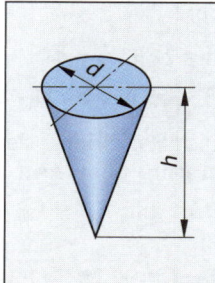

$h = \dfrac{12 \cdot 500 \text{ cm}^3}{\pi \cdot (12 \text{ cm})^2} \approx \textbf{13,26 cm}$

__5__

__Eine Rolle Stahldraht wiegt 1,85 kg. Wie viel Meter Draht sind auf der Rolle, wenn der Drahtdurchmesser 2 mm und seine Dichte 7,85 g/cm³ beträgt?__

Gegeben: $m = 1850$ g; $\quad d = 2$ mm $= 0,2$ cm
$ \varrho = 7,85$ g/cm³
Gesucht: l

Lösung: $\quad m = \varrho \cdot V; \quad V = \dfrac{\pi \cdot d^2}{4} \cdot l$

einsetzen und umstellen:

$m = \varrho \cdot \dfrac{\pi \cdot d^2}{4} \cdot l \Rightarrow l = \dfrac{4 \cdot m}{\pi \cdot \varrho \cdot d^2}$

$l = \dfrac{4 \cdot 1850 \text{ g}}{\pi \cdot 7,85 \text{ g/cm}^3 \cdot (0,2 \text{ cm})^2} \approx 7501,57 \text{ cm}$

$l \approx \textbf{75 m}$

__6__

__Ein Gehäuse aus Gusseisen mit einer Dichte von $\varrho_G = 7,25$ g/cm³ hat eine Masse von 21,75 kg. Was würde dasselbe Gehäuse aus einer Leichtmetall-Legierung mit einer Dichte von $\varrho_L = 2,65$ g/cm³ wiegen und wie viel % würde die Gewichtsersparnis betragen?__

Gegeben: $m_G = 21,75$ kg; $\quad \varrho_G = 7,25$ g/cm³
$ \varrho_L = 2,65$ g/cm³
Gesucht: m_L und Gewichtsersparnis in %

Lösung: $\quad m_G = \varrho_G \cdot V \Rightarrow V = \dfrac{m_G}{\varrho_G}$
$ m_L = \varrho_L \cdot V$

einsetzen: $m_L = \varrho_L \cdot \dfrac{m_G}{\varrho_G}$

$m_L = 2,65 \text{ g/cm}^3 \cdot \dfrac{21\,750 \text{ g}}{7,25 \text{ g/cm}^3} = 7950 \text{ g} = \textbf{7,95 kg}$

Gewichtsersparnis $= 21,75 \text{ kg} - 7,95 \text{ kg} = \textbf{13,8 kg}$ (in kg)

Gewichtsersparnis $= \dfrac{13,8 \text{ kg} \cdot 100 \%}{21,75 \text{ kg}} = \textbf{63,45 \%}$ (in %)

__7__

__Ein Wälzlager hat 18 Kugeln mit einem Durchmesser von 8 mm. Ihre Dichte beträgt 7,85 kg/dm³. Wie groß ist ihre Masse?__

Gegeben: $d = 8$ mm; $\quad$ Anzahl $= 18$;
$ \varrho = 7,85$ kg/dm³ $= 7,85$ g/cm³
Gesucht: m

Lösung: $\quad V = \dfrac{\pi}{6} \cdot d^3; \quad m = \varrho \cdot V$

$V = \dfrac{\pi}{6} \cdot (8 \text{ mm})^3 \approx 268,08 \text{ mm}^3 \approx 0,26808 \text{ cm}^3$

$m \approx 18 \cdot 7,85 \text{ g/cm}^3 \cdot 0,268\,08 \text{ cm}^3 \approx \textbf{37,88 g}$

8

Mit Hilfe der längenbezogenen Masse soll die Masse eines 8,2 m langen IPB-Trägers (IPB 220) berechnet werden.

Gegeben: l = 8,2 m

$\quad\quad\quad m'$ = 71,5 kg/m

Gesucht: m

Lösung: $m = m' \cdot l$

m = 71,5 kg/m · 8,2 m

$\quad$ = **586,3 kg**

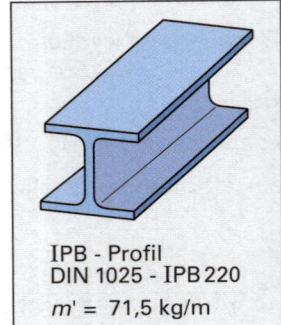

IPB - Profil
DIN 1025 - IPB 220
m' = 71,5 kg/m

2.4 Geradlinige und kreisförmige Bewegungen

1

Die Vorschubgeschwindigkeit eines Werkzeugmaschinentisches beträgt v_f = 1100 mm/min. Wie groß ist die Vorschubgeschwindigkeit in m/s?

Hinweis: 1 mm = 0,001 m; 1 min = 60 s

v_f = 1100 mm/min = 1100 · $\dfrac{0,001\ m}{60\ s}$ ≈ **0,0183 m/s**

2

Aus einem Kunststoffextruder tritt das extrudierte Profil mit einer gleich bleibenden Geschwindigkeit von 12 cm/s aus. Wie lange muss der Extruder laufen, um einen Auftrag von 2500 m Profil zu fertigen?

Gegeben: v = 12 cm/s;　s = 2500 m

Gesucht: t

Lösung: $v = \dfrac{s}{t}$　⇒　$t = \dfrac{s}{v}$

$t = \dfrac{2500\ m}{0,12\ m/s}$ ≈ 20833 s ≈ **5 h 47 min 13 s**

3

Eine Schleifscheibe mit einem Außendurchmesser d = 240 mm hat eine zulässige Umfangsgeschwindigkeit von 32 m/s. Mit welcher Drehzahl darf der Antriebsmotor maximal laufen?

Gegeben:

d = 240 mm = 0,24 m

v_{czul} = 32 m/s = 1920 m/min

Gesucht: n_{max}

Lösung: $v_c = \pi \cdot d \cdot n$

$n = \dfrac{v_c}{\pi \cdot d}$　⇒

$n_{max} = \dfrac{1920\ m/min}{\pi \cdot 0,24\ m}$ ≈ **2546 $\dfrac{1}{min}$**

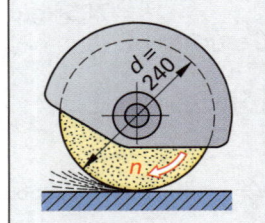

4

Zwei Kraftwagen fahren sich aus 330 km Entfernung entgegen, der erste mit 90 km/h, der zweite mit 75 km/h. Nach welcher Zeit und in welcher Entfernung von ihren Startpunkten treffen sie sich?

Gegeben:　v_1 = 90 km/h;　v_2 = 75 km/h;　s = 330 km

Gesucht:　t, s_1 und s_2

Lösung:　$v = \dfrac{s}{t}$　⇒　$t = \dfrac{s}{v}$

mit $v = v_1 + v_2$　folgt:　$t = \dfrac{s}{v_1 + v_2}$

$t = \dfrac{330\ km}{90\ km/h + 75\ km/h} = \dfrac{330\ km}{165\ km/h}$ = **2 h**

$s_1 = t \cdot v_1$ = 2 h · 90 km/h = **180 km**

$s_2 = t \cdot v_2$ = 2 h · 75 km/h = **150 km**

5

Zum Bohren des Loches 2 (Bild) muss der Bohrer einer numerisch gesteuerten Werkzeugmaschine ausgehend von Loch 1 verfahren werden. Er soll nach höchstens 0,8 s die Position 2 erreicht haben.
Wie groß muss die mittlere Verfahrgeschwindigkeit in mm/min bzw. cm/s mindestens sein?

Gegeben:　α = 30°;

$\quad\quad\quad\quad y$ = 42 mm;

$\quad\quad\quad\quad t$ = 0,8 s

Gesucht:　v

Lösung:　$v = \dfrac{s}{t}$

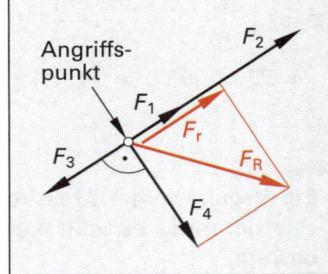

$\sin \alpha = \dfrac{s}{t}$　⇒　$s = \dfrac{y}{\sin \alpha}$

$s = \dfrac{42\ mm}{\sin 30°} = \dfrac{42\ mm}{0,5}$

$\quad$ = 84 mm

$v = \dfrac{s}{t} = \dfrac{84\ mm}{0,5\ s} = 105\ \dfrac{s}{t} = \textbf{6300}\ \dfrac{mm}{min} = \dfrac{630\ cm}{60\ s}$

v = **10,5 cm/s**

2.5 Kräfte, Drehmomente

1

An einem Punkt greifen die gleichgerichteten Kräfte F_1 = 40 N und F_2 = 80 N sowie die entgegengesetzt gerichtete Kraft F_3 = 60 N an (Bild). Senkrecht zu diesen Kräften wirkt eine weitere Kraft F_4 = 80 N. Wie groß ist die Resultierende F_R?

Gegeben:

F_1 = 40 N;　F_2 = 80 N;

F_3 = 60 N;　F_4 = 80 N

Gesucht: F_R

Lösung:

Die Resultierende F_r der Kräfte F_1, F_2 und F_3 kann durch Addieren und Subtrahieren berechnet werden:

$F_r = F_1 + F_2 - F_3$

F_r = 40 N + 80 N − 60 N = **60 N**

Die Resultierende F_R wird durch das Kräfteparallelogramm bestimmt.

Dort gilt: $F_R{}^2 = F_4{}^2 + F_r{}^2$　⇒　$F_R = \sqrt{F_4{}^2 + F_r{}^2}$

$F_R = \sqrt{(80\ N)^2 + (60\ N)^2} = \sqrt{10000\ N^2}$ = **100 N**

2

Ein Fräsdorn wird im Hauptlager der Arbeitsspindel (A) und im Gegenlager (B) abgestützt. Die beiden Lager sind 420 mm voneinander entfernt. Der Fräser, dessen Mitte vom Hauptlager einen Abstand von 180 mm hat, muss eine Schnittkraft von 4 kN aufnehmen. Wie groß sind die in den Lagern A (Hauptlager) und B (Gegenlager) auftretenden Kräfte?

Gegeben:
l_{AB} = 420 mm;
l = 180 mm;
F_s = 4 kN

Gesucht: F_A; F_B

Hinweis: Es muss Momenten-Gleichgewicht herrschen.

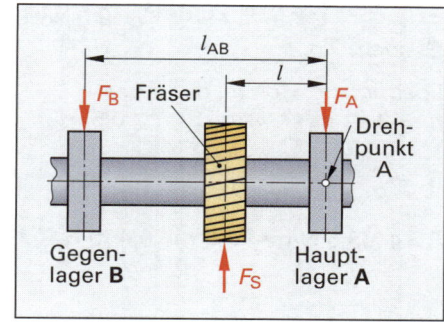

Lösung:
Momentengleichgewicht im Drehpunkt A: $\widehat{M} = \widehat{M}$ $F_B \cdot l_{AB} = F_s \cdot l$

$$\Rightarrow F_B = \frac{F_s \cdot l}{l_{AB}} = \frac{4\ \text{kN} \cdot 180\ \text{mm}}{420\ \text{mm}} = 1{,}714\ \text{kN}$$

$$F_A + F_B = F_s \quad \Rightarrow \quad F_A = F_s - F_B$$

$$F_A = 4\ \text{kN} - 1{,}714\ \text{kN} = \textbf{2,286 N}$$

2.6 Arbeit, Leistung, Wirkungsgrad

1

Ein Mitarbeiter zieht innerhalb 20 Sekunden mit einer festen Rolle eine Last von 60 kg um 3 m hoch (Bild). Welche Hubarbeit ist in der Last gespeichert und welche Leistung hat der Arbeiter beim Hochziehen aufgebracht?

Gegeben: m = 60 kg
            h = 3 m
            t = 20 s
Gesucht: W, P

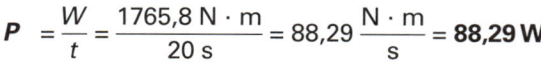

Lösung:

$$F_G = m \cdot g = 60\ \text{kg} \cdot 9{,}81\ \frac{\text{m}}{\text{s}^2}$$
$$= 588{,}6\ \frac{\text{kg} \cdot \text{m}}{\text{s}^2} = \textbf{588,6 N}$$

$$W = F_G \cdot h = 588{,}6\ \text{N} \cdot 3\ \text{m}$$
$$= 1765{,}8\ \text{N} \cdot \text{m} = \textbf{1765,8 J}$$

$$P = \frac{W}{t} = \frac{1765{,}8\ \text{N} \cdot \text{m}}{20\ \text{s}} = 88{,}29\ \frac{\text{N} \cdot \text{m}}{\text{s}} = \textbf{88,29 W}$$

2

Einem Schneckengetriebe wird die Leistung P_1 = 25 kW zugeführt. Wie groß ist sein Wirkungsgrad η, wenn seine abgegebene Leistung P_2 = 18 kW beträgt?

Gegeben: P_1 = 25 kW; P_2 = 18 kW
Gesucht: η

Lösung: $\eta = \dfrac{P_2}{P_1} = \dfrac{18\ \text{kW}}{25\ \text{kW}} = 0{,}72 = \textbf{72 \%}$

2.7 Einfache Maschinen

1

Eine Last mit der Gewichtskraft F_G = 2400 N soll mit dem im Bild gezeigten Flaschenzug 2 m hochgezogen werden. Die Unterflasche mit Haken hat eine Gewichtskraft von 250 N.
a) Welche Zugkraft muss aufgebracht werden?
b) Welche Seillänge ist zu ziehen?

Gegeben: F_G = 2400 N
            F_F = 250 N; h = 2 m
Anzahl der Rollen: n = 4

Gesucht: F, s

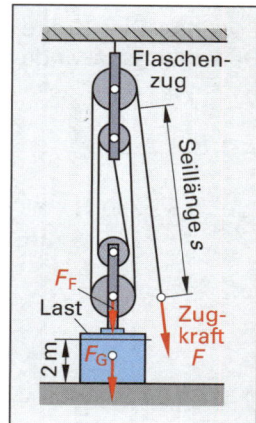

Lösung:

a) $F = \dfrac{F_G + F_F}{n}$

$$F = \frac{2400\ \text{N} + 250\ \text{N}}{4}$$

$$= \textbf{662,4 N}$$

b) $s = n \cdot h = 4 \cdot 2\ \text{m} = \textbf{8 m}$

2

Ein zweiseitiger Hebel, dessen Hebelarme l_1 = 85 mm und l_2 = 1275 mm lang sind, wird am kurzen Hebelarm mit einer Kraft F_1 = 750 N belastet. Welche Kraft F_2 muss am langen Hebelarm wirken, wenn Gleichgewicht herrschen soll?

Gegeben:
l_1 = 85 mm
l_2 = 1275 mm
F_1 = 750 N

Gesucht: F_2

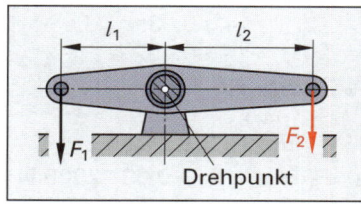

Lösung:

$$F_1 \cdot l_1 = F_2 \cdot l_2 \quad \Rightarrow \quad F_2 = \frac{F_1 \cdot l_1}{l_2} = \frac{750\ \text{N} \cdot 85\ \text{mm}}{1275\ \text{mm}}$$

$$F_2 = \textbf{50 N}$$

3

Eine geneigte Ebene hat eine Länge s = 6 m und eine Höhe von h = 1,2 m. Welche Haltekraft F ist notwendig, um auf ihr eine zylinderförmige Walze von 408 kg am Abrollen zu hindern? (Die Reibung soll unberücksichtigt bleiben.)

Gegeben: s = 6 m
h = 1,2 m; m = 408 kg

Gesucht: F_G

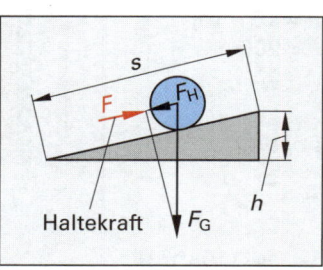

Lösung:

$$F_G = m \cdot g$$
$$F_G = 408\ \text{kg} \cdot 9{,}81\ \text{N/kg}$$
$$F_G = 4002\ \text{N}$$

$$F \cdot s = F_G \cdot h \Rightarrow F = \frac{F_G \cdot h}{s}$$

$$F = \frac{4002\ \text{N} \cdot 1{,}2\ \text{m}}{6\ \text{m}} = \textbf{800,4 N}$$

4

An einer Gewindespindel (Bild) mit Trapezgewinde Tr 28 x 5 wirkt an einem 0,6 m langen Hebel eine Kraft $F_1 = 250$ N. Welche Kraft F_2 übt die Spindel bei einem Wirkungsgrad $\eta = 0,3$ auf das eingeklemmte Werkstück aus?

Gegeben: $r = 600$ mm
$P = 5$ mm; $F_1 = 250$ N
$\eta = 0,3$

Gesucht: F_2

Lösung: Die Kräfte an einem Bewegungsgewinde sind:

$\eta \cdot F_1 \cdot \pi \cdot d = F_2 \cdot P \Rightarrow$

$F_2 = \dfrac{\eta \cdot F_1 \cdot \pi \cdot d}{P}$

$F_2 = \dfrac{0,3 \cdot 250 \text{ N} \cdot \pi \cdot 1200 \text{ mm}}{5 \text{ mm}} \approx \textbf{56 549 N}$

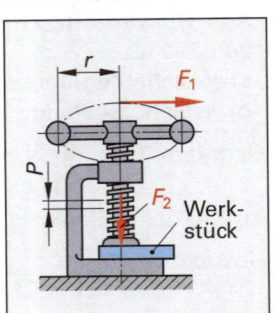

2.8 Reibung

1

Ein Lager (Bild) wird mit einer Kraft $F_N = 2000$ N belastet. Welche Kraft F_R ist zur Überwindung der Reibung notwendig, wenn
a) ein Gleitlager mit einer Gleitreibungszahl $\mu_1 = 0,03$,
b) ein Wälzlager mit einer Rollreibungszahl $\mu_2 = 0,002$ verwendet wird?

Gegeben: $F_N = 2000$ N;
$\mu_1 = 0,03$;
$\mu_2 = 0,002$

Gesucht: F_R

Lösung: $F_R = \mu \cdot F_N$

a) $F_{R1} = \mu_1 \cdot F_N = 0,03 \cdot 2000 \text{ N} = \textbf{60 N}$
b) $F_{R2} = \mu_2 \cdot F_N = 0,002 \cdot 2000 \text{ N} = \textbf{4 N}$

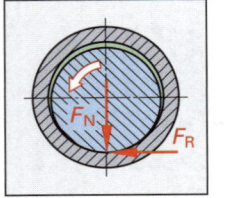

2.9 Druck, Auftrieb, Gasinhalt

1

Ein Kolben mit einem Durchmesser von 16 mm wirkt mit einer Kraft von 200 N auf eine Flüssigkeit. Wie groß ist der Druck p in der Flüssigkeit?

Gegeben:
$d = 16$ mm;
$F = 200$ N

Gesucht: p

Lösung:

$A = \dfrac{\pi \cdot d^2}{4}$

$= \dfrac{\pi \cdot (16 \text{ mm})^2}{4} = 201,1 \text{ mm}^2 = 2,011 \text{ cm}^2$

$p = \dfrac{F}{A} = \dfrac{200 \text{ N}}{2,011 \text{ cm}^2} = 99,45 \dfrac{\text{N}}{\text{cm}^2} \approx \textbf{9,95 bar}$

2

Ein rechteckiges Härtebad mit den Innenmaßen 600 mm Länge und 400 mm Breite ist 500 mm hoch mit Öl gefüllt.
Berechnen Sie den hydrostatischen Druck p am Boden des Härtebads und die Bodenkraft F.
(Dichte des Öls: $\varrho = 0,91$ g/cm³)

Gegeben: $l = 60$ cm; $b = 40$ cm; $h = 50$ cm;
$\varrho = 0,91$ kg/dm³; $g = 9,81$ m/s²

Gesucht: p, F

Lösung: $p = g \cdot \varrho \cdot h$
$p = 9,81 \text{ m/s}^2 \cdot 910 \text{ kg/m}^3 \cdot 0,5 \text{ m} = 4463,5 \text{ N/m}^2$
$\approx \textbf{45 mbar}$

$p = \dfrac{A}{F} \Rightarrow F = p \cdot A$

$F = 4463,5 \text{ N/m}^2 \cdot 0,6 \text{ m} \cdot 0,4 \text{ m} = \textbf{1071,2 N}$

3

Wie groß ist der Auftrieb F_A eines waagrecht liegenden Gießformkernes für eine zu gießende Bohrung mit einem Durchmesser von 92 mm und einer Länge von 220 mm, wenn die Dichte des flüssigen Metalls 7,2 kg/dm³ beträgt?

Gegeben: $d = 92$ mm;
$l = 220$ mm;
$\varrho = 7,2$ kg/dm³;
$g = 9,81$ m/s²

Gesucht: F_A

Lösung:

$V = \dfrac{\pi \cdot d^2}{4} \cdot l$

$= \dfrac{\pi \cdot (0,092 \text{ m})^2}{4} \cdot 0,22 \text{ m} = 0,001463 \text{ m}^3$

$F_A = g \cdot \varrho \cdot V$

$F_A = g \cdot \varrho \cdot V = 9,81 \dfrac{\text{m}}{\text{s}^2} \cdot 7200 \dfrac{\text{kg}}{\text{m}^3} \cdot 0,001463 \text{ m}^3$

$F_A \approx 103,3 \dfrac{\text{kg} \cdot \text{m}}{\text{s}^2} \approx \textbf{103,3 N}$

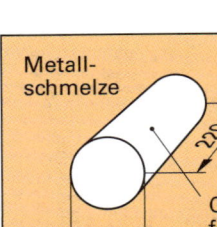

Metallschmelze

Gießformkern

4

Eine Druckgasflasche mit 50 Liter Rauminhalt ist mit Schweißgas von 180 bar Überdruck gefüllt. Welches Gasvolumen kann bei 20 °C und einem Umgebungsdruck von 1 bar entnommen werden?

Gegeben: $V_1 = 50$ l; $p_1 = 181$ bar; $p_2 = 1$ bar

Gesucht: V_2

Lösung:
Das Volumen des Schweißgases bei 1 bar beträgt:

$p_1 \cdot V_1 = p_2 \cdot V_2 \Rightarrow V_2 = \dfrac{p_1 \cdot V_1}{p_2}$

$V_2 = \dfrac{181 \text{ bar} \cdot 50 \text{ l}}{1 \text{ bar}} = \textbf{9050 l}$

Da 50 l in der Flasche verbleiben, können 9050 l – 50 l = **9000 l** entnommen werden.

2.10 Wärmeausdehnung, Wärmemenge

1 _____

Ein Messingring hat bei 20 °C einen inneren Durchmesser von d_1 = 320 mm. Wie groß wird sein Durchmesser d_2, wenn er zum Warmaufziehen auf 300 °C erwärmt wird? ($\alpha_{Messing}$ = 0,000 018 /K)

Gegeben: d_1 = 320 mm; $\Delta\vartheta$ = 280 °C = 280 K

Gesucht: d_2

Lösung: $d_2 = d_1 + \Delta d$ mit $\Delta d = \alpha \cdot d_1 \cdot \Delta\vartheta$

$d_2 = d_1 + \alpha \cdot d_1 \cdot \Delta\vartheta = d_1 \cdot (1 + \alpha \cdot \Delta\vartheta)$

$d_2 = 320 \text{ m} \cdot \left(1 + 0{,}000018 \frac{1}{K} \cdot 280 \text{ K}\right) = \textbf{321,6 mm}$

2 _____

Ein Schwungrad aus Stahlguss soll einen Durchmesser von d = 3,2 m erhalten. Welchen Durchmesser d_1 muss das Gießmodell haben, wenn das Schwindmaß 2% beträgt?

Gegeben: d = 3200 mm; Schwindmaß s = 2%

Gesucht: d_1

Hinweis: Der Durchmesser d des Schwungrades beträgt 98% des Modelldurchmessers d_1.

Lösung: $d = 0{,}98 \cdot d_1 \Rightarrow d_1 = \dfrac{d}{0{,}98}$

$d_1 = \dfrac{3200 \text{ mm}}{0{,}98} = \textbf{3265,3 mm}$

3 _____

Welche Wärmemenge muss einem Werkstück aus Stahl mit einer Masse von 12,5 kg zugeführt werden, um es von 20 °C auf 780 °C zu erwärmen?

Die spezifische Wärmekapazität von Stahl beträgt: $c_{Stahl} = 0{,}49 \dfrac{kJ}{kg \cdot °C}$

Gegeben: m = 12,5 kg; ϑ_1 = 20 °C; ϑ_2 = 780 °C

Gesucht: Q

Lösung: $Q = m \cdot c \cdot \Delta\vartheta = m \cdot c \cdot (\vartheta_2 - \vartheta_1)$

$Q = 12{,}5 \text{ kg} \cdot 0{,}49 \dfrac{kJ}{kg \cdot °C} \cdot (780 °C - 20 °C) = \textbf{4655 kJ}$

4 _____

Welche Wärmemenge wird bei der Verbrennung von 12 kg Steinkohle in einem Ofen nutzbar, wenn der spezifische Heizwert H_u der Steinkohle 30 000 kJ/kg und der Wirkungsgrad der Verbrennung im Ofen 65% beträgt?

Gegeben: m = 12 kg; H_u = 30 000 kJ/kg; η = 65%

Gesucht: Q

Lösung: $Q = \eta \cdot m \cdot H_u$

$Q = 0{,}65 \cdot 12 \text{ kg} \cdot 30\,000 \text{ kJ/kg} = \textbf{234 000 kJ}$

5 _____

Welche Wärmemenge Q muss aufgebracht werden, um 3,2 kg Kupfer von 20 °C so zu erhitzen, dass es schmilzt?

Die Stoffwerte von Kupfer werden einem Tabellenbuch entnommen:

Schmelztemperatur: ϑ_s = 1083 °C

Spezifische Wärmekapazität: c = 0,39 $\dfrac{kJ}{kg \cdot °C}$

Spezifische Schmelzwärme: q = 213 $\dfrac{kJ}{kg}$

Gegeben: m = 3,2 kg; ϑ_1 = 20 °C; ϑ_s = 1083 °C; c = 0,39 kJ/kg °C; q = 213 kJ/kg

Gesucht: Q

Lösung: Die erforderliche Wärmemenge ist die Wärmemenge zum Erwärmen auf 1083 °C plus der Wärmemenge zum Schmelzen.

Wärmemenge zum Erwärmen von 20 °C auf die Schmelztemperatur ϑ_s = 1083 °C:

$Q_1 = m \cdot c \cdot \Delta t = m \cdot c \cdot (\vartheta_s - \vartheta_1)$

$\quad = 3{,}2 \text{ kg} \cdot 0{,}39 \dfrac{kJ}{kg \cdot °C} \cdot (1083 °C - 20 °C)$

$\quad = \textbf{1323,6 kJ}$

Wärmemenge zum Schmelzen:

$Q_2 = m \cdot q$

$\quad = 3{,}2 \text{ kg} \cdot 213 \dfrac{kJ}{kg} = \textbf{681,6 kJ}$

Insgesamt erforderliche Wärmemenge:

$Q = Q_1 + Q_2 = 1326{,}6 \text{ kJ} + 681{,}6 \text{ kJ}$

$\quad = \textbf{2008,2 kJ}$

3 Festigkeitsberechnungen

1 _____

Eine runde Zugstange aus dem Stahl E360 mit einer Streckgrenze von R_e = 355 N/mm² soll mit einer Kraft von 98 000 N auf Zug belastet werden.
Wie groß muss der Durchmesser der Zugstange sein, damit die zulässige Zugspannung $\sigma_{z\,zul}$ nicht überschritten wird?
Es ist 1,6fache Sicherheit vorgeschrieben.

Gegeben: F = 98 000 N; R_e = 355 N/mm²; ν = 1,6

Aus einem Tabellenbuch wird für den Stahl E360 bei einer Erzeugnisdicke von 16 bis 40 mm abgelesen: R_e = 355 N/mm².

Gesucht: $\sigma_{z\,zul}$, d

Lösung:

$\sigma_{z\,zul} = \dfrac{R_e}{\nu}$

$\sigma_{z\,zul} = \dfrac{355 \text{ N/mm}^2}{1{,}6} \approx 221{,}9 \text{ N/mm}^2$

$\sigma_{z\,zul} = \dfrac{F}{S} \Rightarrow S = \dfrac{F}{\sigma_{z\,zul}}$

$S = \dfrac{98\,000 \text{ N}}{221{,}9 \text{ N/mm}^2} \approx 441{,}6 \text{ mm}^2$

$S = \dfrac{\pi \cdot d^2}{4} \Rightarrow d = \sqrt{\dfrac{4 \cdot S}{\pi}}$

$d = \sqrt{\dfrac{4 \cdot 441{,}6 \text{ mm}^2}{\pi}} = \textbf{23,7 mm}$

Gewählt wird ein warmgewalzter Rundstahl mit d = 24 mm.

2

Mit welcher Zugkraft kann eine Schraube M12 der Festigkeitsklasse 8.8 bei 2-facher Sicherheit belastet werden?

Gegeben: Schraube M12-8.8

$\nu = 2$

Aus dem Tabellenbuch kann für eine Schraube M12-8.8 der tragende Querschnitt (Spannungsquerschnitt) $A_s = 84,3$ mm² und die Streckgrenze $R_e = 640$ N/mm² abgelesen werden.

Gesucht: Zugkraft F

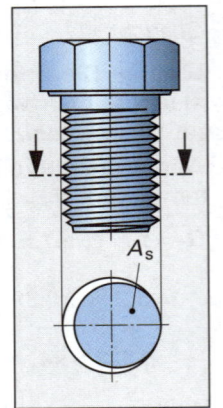

Lösung:

$$\sigma_{z\,zul} = \frac{R_e}{\nu} = \frac{640 \text{ N/mm}^2}{2} = 320 \frac{\text{N}}{\text{mm}^2}$$

$$\sigma_{z\,zul} = \frac{F_{zul}}{A_s} \quad \Rightarrow \quad F_{zul} = \sigma_{z\,zul} \cdot A_s$$

$$F_{zul} = 320 \frac{\text{N}}{\text{mm}^2} \cdot 84,3 \text{ mm}^2 = \textbf{26 976 N} = \textbf{26,976 kN}$$

3

Eine Presse mit einer Masse von 22 500 kg soll auf 4 Unterlegeklötze aufgesetzt werden. Welche Querschnittfläche muss ein Klotz mindestens haben, wenn eine zulässige Druckspannung von $\sigma_{d\,zul} = 20$ N/mm² zugelassen ist?

Gegeben: $m = 22 500$ kg; $\quad \sigma_{d\,zul} = 20$ N/mm²

Gesucht: S

Lösung:

Die Gewichtskraft der Presse beträgt:

$F_G = m \cdot g = 22 500$ kg $\cdot 9,81$ N/kg $= 220 725$ N

$$\sigma_{d\,zul} = \frac{F_G}{A} = \frac{F_G}{4 \cdot S} \quad \Rightarrow \quad S = \frac{F_G}{4 \cdot \sigma_{d\,zul}}$$

$$S = \frac{220 725 \text{ N}}{4 \cdot 20 \text{ N/mm}^2} = 2759 \text{ mm}^2 = \textbf{27,6 cm}^2$$

4

Ein Zylinderstift im Vorschubgetriebe einer Werkzeugmaschine wird auf Abscherung beansprucht. Welche Kraft kann er übertragen, wenn sein Durchmesser 3 mm und die zulässige Scherspannung 90 N/mm² betragen?

Gegeben:

$d = 3$ mm

$\tau_{a\,zul} = 90$ N/mm²

Gesucht: F_{zul}

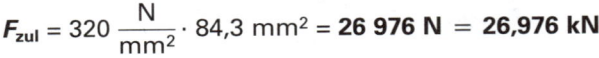

Lösung:

$$\tau_{a\,zul} = \frac{F_{zul}}{S} \quad \Rightarrow \quad F_{zul} = \tau_{a\,zul} \cdot S$$

$$F_{zul} = \tau_{a\,zul} \cdot \frac{\pi \cdot d^2}{4} = 90 \text{ N/mm}^2 \cdot \frac{\pi \cdot (3 \text{ mm})^2}{4} \approx \textbf{636,2 N}$$

5

Eine aus einem Lager herausragende Welle wird im Abstand von 180 mm mit einer Kraft von 9600 N belastet. Welchen Durchmesser muss die Welle erhalten, wenn die in der Welle auftretende Biegespannung 84 N/mm² nicht überschreiten darf?

Gegeben:

$F = 9600$ N

$l = 180$ mm

$\sigma_{b\,zul} = 84$ N/mm²

Gesucht: d

Lösung:

$M_b = F \cdot l = 9600$ N $\cdot 180$ mm $= 1728000$ N $\cdot$ mm

$$\sigma_{b\,zul} = \frac{M_b}{W} \quad \Rightarrow \quad W = \frac{M_b}{\sigma_{b\,zul}} = \frac{1728000 \text{ N} \cdot \text{mm}}{84 \text{ N/mm}^2}$$

$$W = 20571 \text{ mm}^3$$

$$W = \frac{\pi \cdot d^3}{32} \quad \Rightarrow \quad d^3 = \frac{32 \cdot W}{\pi} \quad \Rightarrow \quad d = \sqrt[3]{\frac{32 \cdot W}{\pi}}$$

$$d = \sqrt[3]{\frac{32 \cdot 20 571 \text{ mm}^3}{\pi}} = \textbf{59,4 mm}$$

Gewählter Wellendurchmesser $d = 60$ mm

6

Der Stutzen eines Druckbehälters hat einen inneren Durchmesser von 400 mm. In ihm herrscht ein Überdruck von 6 bar. Wie viele Schrauben M12 müssen den Verschlussdeckel des Stutzens halten, wenn die auftretende Zugspannung in den Schrauben $\sigma_{z\,zul} = 75$ N/mm² nicht überschreiten darf?

Gegeben:

$d = 40$ cm

$p_e = 6$ bar $= 60$ N/cm²

$\sigma_{z\,zul} = 75$ N/mm²

$A_s = 84,3$ mm

Gesucht:

Druckkraft F auf den Stutzendeckel,

Anzahl der Schrauben n

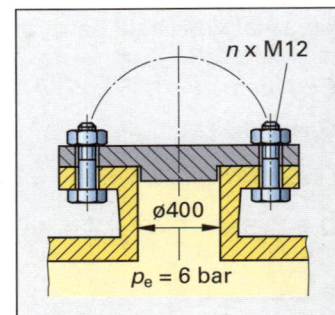

Lösung: $\quad F_{zul} = A \cdot p_e = \frac{\pi \cdot d^2}{4} \cdot p_e$

mit 1 bar = 10 N/cm² folgt: $p_e = 6$ bar $= 60$ N/cm²

$$F_{zul} = \frac{\pi \cdot (40 \text{ cm})^2}{4} \cdot 60 \text{ N/cm}^2 \approx \textbf{75 398 N}$$

$$\sigma_{z\,zul} = \frac{F_{zul}}{n \cdot A_s} \quad \Rightarrow \quad n = \frac{F_{zul}}{\sigma_{z\,zul} \cdot A_s}$$

$$n = \frac{75 398 \text{ N}}{75 \text{ N/mm}^2 \cdot 84,3 \text{ mm}^2} \approx \textbf{11,93}$$

Es werden zwölf Schrauben gewählt.

4 Berechnungen zur Fertigungstechnik

4.1 Maßtoleranzen und Passungen

1

Eine Bohrung mit dem Nennmaß $N = 64$ mm hat die Grenzabmaße $ES = -14\,\mu m$ und $EI = -33\,\mu m$. Wie groß sind das Höchstmaß G_{oB}, das Mindestmaß G_{uB} und die Toleranz T_B?

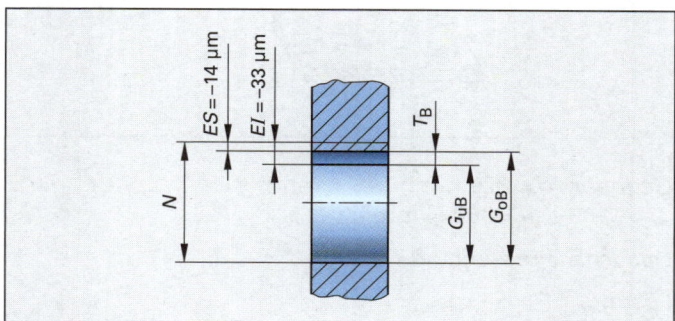

Lösung:

$G_{oB} = N + ES = 64,000$ mm $+ (-0,014$ mm$)$
$= 63,986$ mm

$G_{uB} = N + EI = 64,000$ mm $+ (-0,033$ mm$)$
$= 63,967$ mm

$T_B = ES - EI = -14\,\mu m - (-33\,\mu m) =$ **19 µm** oder

$T_B = G_{oB} - G_{uB} = 63,986$ mm $- 63,967$ mm
$= 0,019$ mm $=$ **19 µm**

2

In einer Zeichnung ist die Passung B75H7/n6 eingetragen. Mit Hilfe eines Tabellenbuches sind zu berechnen:
a) die Grenzabmaße
b) das Höchstspiel und das Höchstübermaß

Lösung:

a) aus einem Tabellenbuch:

   $\varnothing 75$H7: ES: $+30\,\mu m$, EI: $0\,\mu m$
   $\varnothing 75$n6: es: $+39\,\mu m$, ei: $+20\,\mu m$

Grenzabmaße:

Bohrung: $G_{oB} = N + ES = 75,000$ mm $+ 0,030$ mm
$= 75,030$ mm

$G_{uB} = N + EI = 75,000$ mm $+ 0\,\mu m$
$= 75,000$ mm

Welle: $G_{oW} = N + es = 75,000$ mm $+ 0,039$ mm
$= 75,039$ mm

$G_{uW} = N + ei = 75,000$ mm $+ 20$ mm
$= 75,020$ mm

b) Höchstspiel: $P_{SH} = G_{oB} - G_{uW}$
$P_{SH} = 75,030$ mm $- 75,020$ mm $=$ 10 µm
Höchstübermaß: $P_{ÜH} = G_{uB} - G_{oW}$
$P_{ÜH} = 75,000$ mm $- 75,039$ mm $= -39$ µm

4.2 Umformen

1

Ein Biegeteil aus 2 mm dickem Blech wird im rechten Winkel abgebogen. Der Biegeradius beträgt 4 mm, die Länge des Teiles am langen Schenkel $a = 25$ mm, am kurzen Schenkel $b = 12$ mm. Wie groß ist die gestreckte Länge L?

Aus einem Tabellenbuch kann der Ausgleichswert $v = 4,5$ mm abgelesen werden.

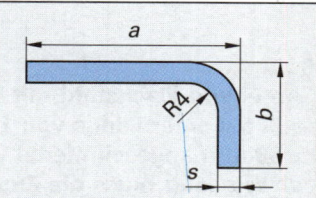

Gesucht: L

Lösung: $L = a + b - v$
$L = 25$ mm $+ 12$ mm $- 4,5$ mm $= 32,5$ mm

2

Wie groß ist die gestreckte Länge des gezeigten Biegeteils? (Berechnung ohne den Ausgleichswert v)

Lösung:
$L = l_1 + l_2 + l_3 + l_4 + l_5$
$l_1 = 64$ mm $- 2 \cdot (20$ mm $+ 4$ mm$) - 6$ mm $= 10$ mm

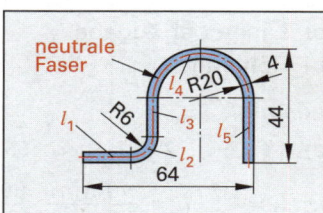

$l_2 = \dfrac{1}{4} \cdot 2r = \dfrac{1}{2} \cdot \pi \cdot r$

$= \dfrac{1}{2} \cdot \pi \cdot 8$ mm $\approx 12,56$ mm

$l_3 = 44$ mm $- 20$ mm $- 4$ mm $- 6$ mm $- 2$ mm $= 12$ mm

$l_4 = \dfrac{1}{2} \cdot \pi \cdot 2r = \pi \cdot r = \pi \cdot 22$ mm $\approx 69,16$ mm

$l_5 = 44$ mm $- 20$ mm $- 4$ mm $= 20$ mm

$L \approx 10$ mm $+ 12,56$ mm $+ 12$ mm $+ 69,16$ mm $+ 20$ mm
$\approx 123,72$ mm

3

Es soll eine Kappe aus Blech gezogen werden, deren Form einem Kugelabschnitt entspricht. Der innere Kappenrand-Durchmesser d beträgt 100 mm, die Kappenhöhe 30 mm. Wie groß ist der Durchmesser D des kreisförmigen Zuschnitts?

Gegeben:
$d = 100$ mm; $h = 30$ mm

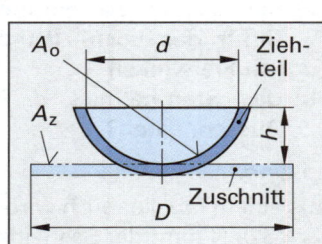

Gesucht: D

Lösung:
Die ebene Fläche des Zuschnitts A_Z ist gleich der inneren Oberfläche A_O des fertigen Ziehteils.

$$A_Z = \frac{\pi \cdot D^2}{4} \quad ; \quad A_O = \pi \cdot h \cdot (2d - h)$$

$$A_Z = A_O$$

$$\frac{\pi \cdot D^2}{4} = \pi \cdot h \cdot (2d - h)$$

$$D^2 = 4 \cdot h\,(2d - h)$$

$$D = 2 \cdot \sqrt{h \cdot (2d - h)}$$

Mit den gegebenen Größen ergibt sich:

$$D = 2 \cdot \sqrt{30\ \text{mm} \cdot (2 \cdot 100\ \text{mm} - 30\text{mm})}$$

$$\boldsymbol{D = 2 \cdot \sqrt{5100\ \text{mm}^2} = \textbf{142,8 mm}}$$

4

An einem Flachstahl mit den Maßen 80 mm x 120 mm soll auf einer Länge von 140 mm ein Ansatz von 40 mm x 60 mm angeschmiedet werden (Bild).
a) **Wie lang muss die Zugabe l_1 für diesen Ansatz ohne Berücksichtigung des Abbrandes sein?**
b) **Wie lang wird die Rohlänge l_R, wenn der Längenzuschlag l_Z für Abbrand 12% beträgt?**

Gegeben:

A_1 = 80 mm x 120 mm
A_2 = 40 mm x 60 mm
l_2 = 140 mm
Abbrand = 12%

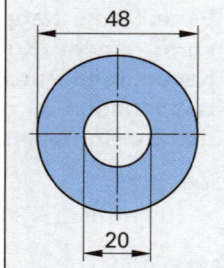

Gesucht:

a) Länge der Zugabe l_1
b) Rohlänge l_R

Lösung:

a) $V_1 = V_2$; $A_1 \cdot l_1 = A_2 \cdot l_2$ $\Rightarrow$

$$l_1 = \frac{A_2}{A_1} \cdot l_2 = \frac{40\ \text{mm} \cdot 60\ \text{mm}}{80\ \text{mm} \cdot 120\ \text{mm}} \cdot 140 = \textbf{35 mm}$$

b) $l_R = l_1 + l_Z = 35\ \text{mm} + \dfrac{12}{100} \cdot 35\ \text{mm}$

$$= 35\ \text{mm} + 4,2\ \text{mm} = \textbf{39,2 mm}$$

4.3 Schneiden

1

Aus einem 1,5 mm dicken Blech mit einer Scherfestigkeit τ_{aB} = 325 N/mm² soll das im Bild gezeigte Schnittteil gefertigt werden.
Wie groß ist
a) **der Schneidplattendurchbruch D für das Loch? (Durchbruch mit Freiwinkel)**
b) **das Stempelmaß d für das Ausschneiden?**

Lösung:

Aus einem Tabellenbuch wird für s = 1,5 mm und τ_{aB} = 325 N/mm² der Schneidspalt zu u = 0,04 mm ermittelt.

Damit folgt:

a) $D = d + 2 \cdot u = 20\ \text{mm} + 2 \cdot 0,04\ \text{mm} = \textbf{20,08 mm}$
b) $d = D - 2 \cdot u = 48\ \text{mm} - 2 \cdot 0,04\ \text{mm} = \textbf{47,92 mm}$

2

Auf einer Presse sollen aus 4 mm dickem Stahlblech mit einer Scherfestigkeit von τ_{aB} = 360 N/mm² Scheiben mit einem Durchmesser von 320 mm ausgeschnitten werden (Bild).
Wie groß ist die erforderliche Pressenkraft F?

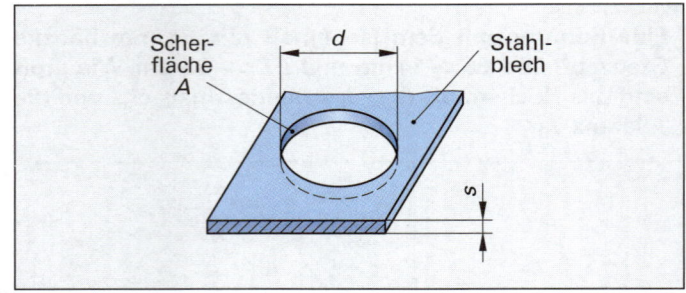

Gegeben: d = 320 mm; s = 4 mm;
          τ_{aB} = 360 N/mm²

Gesucht: Pressenkraft F

Lösung: $F = S \cdot \tau_{aB}$
mit $S = \pi \cdot d \cdot s$ folgt $F = \pi \cdot d \cdot s \cdot \tau_{aB}$
$F = \pi \cdot 320\ \text{mm} \cdot 4\ \text{mm} \cdot 360\ \text{N/mm}^2$
   = **1447 646 N** ≈ **1,45 MN**

Es muss mindestens eine 1,5 MN-Presse verwendet werden.

3

Aus einem 0,5 mm dicken Blechstreifen sollen Formstücke ausgeschnitten werden (Bild).

Es sind zu bestimmen:

a) **Die Randbreite a und die Stegbreite e aus einem Tabellenbuch.**

b) **Die Blechstreifenbreite B.**

c) **Der Streifenvorschub V**

d) **und der Ausnutzungsgrad η für einreihigen Ausschnitt.**

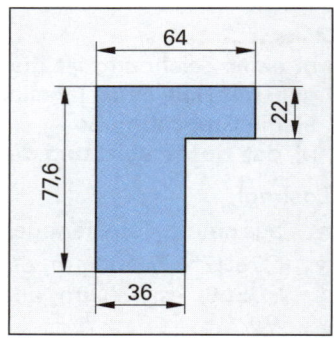

Lösung:

a) Steglänge l_e = 77,6 mm, Randlänge l_a = 64 mm, Blechdicke s = 0,5 mm; $\Rightarrow$
a = 1,2 mm; e = 1,0 mm

b) $B = b + 2a = 77,6\ \text{mm} + 2 \cdot 1,2\ \text{mm} = \textbf{80 mm}$

c) Einreihiger Ausschnitt:
$V = l + e$
   $= 64\ \text{mm} + 1\ \text{mm}$
   $= \textbf{65 mm}$

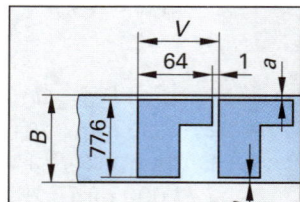

d) $\eta = \dfrac{R \cdot A}{V \cdot B}$

mit A = 77,6 mm · 36 mm + 28 mm · 22 mm
      = 3409,6 mm²

$$\eta = \frac{1 \cdot 3409,6\ \text{mm}^2}{65\ \text{mm} \cdot 80\ \text{mm}} = 0,656 = \textbf{65,6\%}$$

4.4 Schnittgeschwindigkeiten und Drehzahlen beim Spanen

1 _____

Eine Welle mit einem Durchmesser von 100 mm soll mit einer Schnittgeschwindigkeit von 18 m/min überdreht werden. Wie groß muss die Drehzahl je Minute sein?

Gegeben: v_c = 18 m/min; d = 100 mm

Gesucht: n

Lösung: $v_c = \pi \cdot d \cdot n \Rightarrow n = \dfrac{v_c}{\pi \cdot d}$

$$n = \frac{18 \text{ m/min}}{\pi \cdot 0,1 \text{ m}} \approx \textbf{57,3/min}$$

2 _____

Eine geschmiedete Turbinenwelle soll mit einer Schnittgeschwindigkeit von v_c = 60 m/min auf einen Außendurchmesser von d = 150 mm abgedreht werden. An der Drehmaschine befindet sich das gezeigte Drehzahl-Schaubild. Wie groß ist die einzustellende Drehzahl?

Gegeben: v_c = 60 m/min;　d = 150 mm

Gesucht: n

Lösung: Die einzustellende Drehzahl kann aus dem **Drehzahl-Schaubild** abgelesen werden.

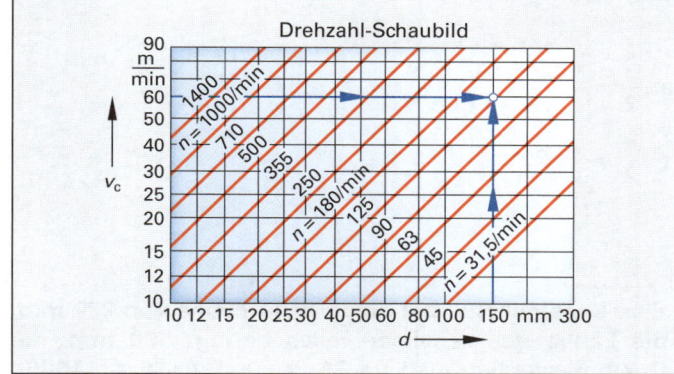

Man geht vom v_c-Wert waagrecht und vom d-Wert senkrecht bis zum Schnittpunkt der Hilfslinien. Dort liest man die Drehzahl auf der Drehzahllinie ab.

n = 125/min

3 _____

Ein Walzenfräser mit d = 60 mm Durchmesser soll mit einer Schnittgeschwindigkeit von vc = 18 m/min arbeiten. Wie groß muss die Drehzahl n der Frässpindel sein?

Gegeben: d = 60 mm;　v_c = 18 m/min

Gesucht: n

Lösung: $v_c = \pi \cdot d \cdot n$

$$n = \frac{v_c}{\pi \cdot d} = \frac{18 \text{ m/min}}{\pi \cdot 0,06 \text{ m}} \approx \textbf{95,5/min}$$

4 _____

Wie groß darf der Durchmesser eines Kreissägeblattes höchstens sein, wenn bei einer Drehzahl von 20/min die Schnittgeschwindigkeit von 25 m/min nicht überschritten werden soll?

Gegeben: n = 20/min;　v_c = 25 m/min

Gesucht: d

Lösung: $v_c = \pi \cdot d \cdot n \Rightarrow d = \dfrac{v_c}{\pi \cdot n}$

$$d = \frac{25 \text{ m/min}}{\pi \cdot 20\text{/min}} \approx 0,398 \text{ m} \approx \textbf{398 mm}$$

4.5 Schnittkräfte, Leistung beim Zerspanen

1 _____

Es soll eine Welle mit dem Durchmesser d = 74 mm aus dem Rundstahl 80-DIN 1013-E295 in einem Schnitt gedreht werden. Der Einstellwinkel soll $\varkappa$ = 70°, der Vorschub f = 0,4 mm und die Schnittgeschwindigkeit v_c = 140 m/min betragen. Die spezifische Schnittkraft k_c ist 2400 N/mm². Wie groß sind die Schnitttiefe a, die Spanungsdicke h, die Schnittkraft F_c und die Schnittleistung P_c?

Gegeben:

d = 74 mm;　d_1 = 80 mm;

$\varkappa$ = 70°;　f = 0,4 mm;

k_c = 2400 N/mm²;

$v_c = 140 \dfrac{\text{m}}{\text{min}} = 2,333 \dfrac{\text{m}}{\text{s}}$

Gesucht: a, h, F_c, P_c

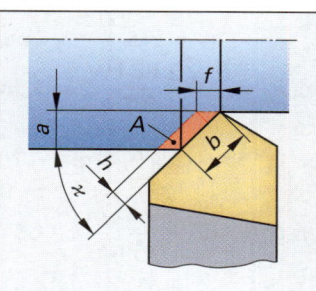

Lösung:

$a = \dfrac{d_1 - d}{2} = \dfrac{80 \text{ mm} - 74 \text{ mm}}{2} = \textbf{3 mm}$

$h = f \cdot \sin \varkappa = 0,4 \text{ mm} \cdot \sin 70° = \textbf{0,376 mm}$

$b = \dfrac{a}{\sin \varkappa} = \dfrac{3 \text{ mm}}{\sin 70°} = 3,193 \text{ mm}$

$A = a \cdot f = 3 \text{ mm} \cdot 0,4 \text{ mm} = 1,2 \text{ mm}^2$

$F_c = A \cdot k_c = 1,2 \text{ mm}^2 \cdot 2400 \dfrac{\text{N}}{\text{mm}^2} = \textbf{2880 N}$

$P_c = F_c \cdot v_c = 2880 \text{ N} \cdot 2,333 \text{ m/s}$

$\quad = 6719 \dfrac{\text{N} \cdot \text{m}}{\text{s}} = \textbf{6,72 kW}$

2 _____

Das Drehen der Welle aus Aufgabe 1 wird in einem Betrieb durchgeführt, der Drehmaschinen mit den Antriebsleistungen 8 kW, 10 kW und 12 kW zur Verfügung hat.
Auf welchen der Drehmaschinen kann die Dreharbeit ausgeführt werden, wenn ihr Wirkungsgrad 82 % beträgt?

Gegeben: P_c = 6,72 kW; η = 0,82

Gesucht: Erforderliche Antriebsleistung P_1

Lösung:

$$P_1 = \frac{P_c}{\eta} = \frac{6,72 \text{ kW}}{0,82} \approx \textbf{8,2 kW}$$

Die Dreharbeit kann auf den Maschinen mit 10 kW oder 12 kW Antriebsleistung durchgeführt werden.

3

Eine Führungsschiene aus dem Stahl C60 soll mit einem Walzenstirnfräser überfräst werden. Der Spanungsquerschnitt beträgt $A = 2,4$ mm², die Schnittkraft $F_c = 2450$ N und die Schnittgeschwindigkeit $v_c = 70$ m/min.
a) Welche Leistung wird am Fräser aufgebracht?
b) Wie groß muss die Antriebsleistung des Fräsmaschinenmotors bei einem Wirkungsgrad der Fräsmaschine von 78% mindestens sein?
c) Wie groß ist das Zeitspanungsvolumen?

Gegeben: $A = 2,4$ mm²; $F_c = 2450$ N;
　　　　$v_c = 70$ m/min; $\eta = 0,78$

Gesucht: P_c; P_e; Q

Lösungen:

a) $P_c = F_c \cdot v_c = 2450$ N $\cdot$ 70 m/min

$$= 171\,500 \, \frac{N \cdot m}{60\,s} = 2\,858\,W \approx \mathbf{2,86\ kW}$$

b) $P_e = \dfrac{P_c}{\eta} = \dfrac{2,86\ kW}{0,78} \approx \mathbf{3,66\ kW}$

c) $Q = A \cdot v_c = 2,4$ mm² $\cdot$ 70 m/min

$$Q = 168\,\frac{mm^2 \cdot m}{min} = 168 \cdot \frac{0,01\ cm^2 \cdot 100\ cm}{min}$$

$$= \mathbf{168\,\frac{cm^3}{min}}$$

4.6 Kegeldrehen

1

Wie groß ist die Kegelverjüngung C, wenn der Kegelansatz einen großen Durchmesser von 400 mm, einen kleinen Durchmesser von 300 mm und eine Länge von 200 mm hat (Bild)?

Gegeben:
$D = 400$ mm;
$d = 300$ mm;
$L = 200$ mm
Gesucht: C

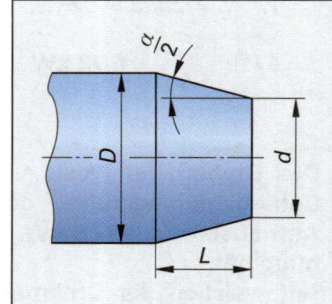

Lösung: $C = \dfrac{D - d}{L}$

$$C = \frac{400\ mm - 300\ mm}{200\ mm}$$

$$= \frac{100\ mm}{200\ mm} = \frac{1}{2} = \mathbf{1:2}$$

2

Ein Kegel mit einem großen Durchmesser von 200 mm, einem kleinen Durchmesser von 120 mm und einer Länge von 140 mm soll mit Oberschlittenverstellung gedreht werden (Bild rechts oben).
Wie groß ist der Kegel-Erzeugungswinkel $\frac{\alpha}{2}$?
(Einstellwinkel)

Gegeben:
$D = 200$ mm; $d = 120$ mm; $L = 140$ mm

Gesucht: $\dfrac{\alpha}{2}$

Lösung:

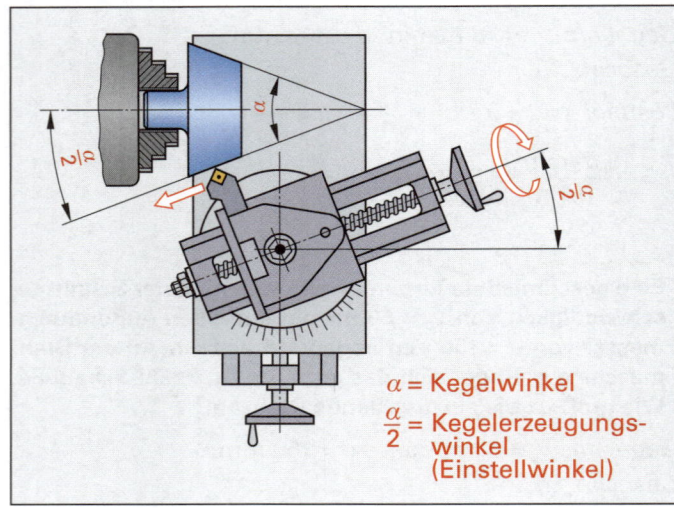

α = Kegelwinkel
$\dfrac{\alpha}{2}$ = Kegelerzeugungswinkel (Einstellwinkel)

Aus dem Bild wird abgelesen:

$$\tan\frac{\alpha}{2} = \frac{D - d}{2 \cdot L}$$

$$\tan\frac{\alpha}{2} = \frac{(200 - 120)\ mm}{2 \cdot 140\ mm} \approx 0,2857$$

$$\Rightarrow \frac{\alpha}{2} \approx \mathbf{15,95°}$$

3

Eine Kegelreibahle hat eine Gesamtlänge von 220 mm, die Länge des kegeligen Teiles beträgt 130 mm, die Durchmesser betragen $D = 34$ mm und $d = 30$ mm (Bild). Wie groß muss die Reitstockverstellung V_R zum Drehen des kegeligen Teiles sein?

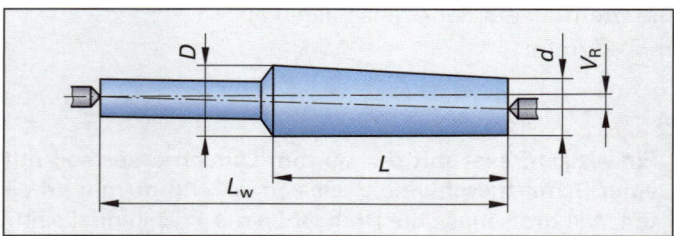

Gegeben: $D = 34$ mm; $d = 30$ mm;
　　　　$L_W = 220$ mm; $L = 130$ mm

Gesucht: V_R

Lösung: $V_R = \dfrac{D - d}{2 \cdot L} \cdot L_W$

$$V_R = \frac{34\ mm - 30\ mm}{2 \cdot 130\ mm} \cdot 220\ mm \approx \mathbf{3,38\ mm}$$

4.7 Teilen mit dem Teilkopf

Hinweis:

Bei allen folgenden **Teilkopfberechnungen** wird ein Übersetzungsverhältnis des Teilkopfes von $i = 40$ angenommen.

Die Lochscheiben haben folgende Lochkreise:

Lochscheibe I: 15, 16, 17, 18, 19, 10.
Lochscheibe II: 21, 23, 27, 29, 31, 33.
Lochscheibe III: 37, 39, 41, 43, 47, 49.

1 _____

In einer Welle sollen am Umfang gleichmäßig verteilt 8 Nuten durch direktes Teilen gefräst werden. Welcher Teilschritt muss an der Teilscheibe mit 24 Löchern eingestellt werden?

Gegeben:
$T = 8$
$n_L = 24$

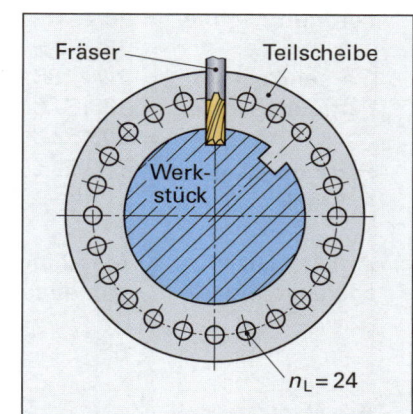

Gesucht:
Teilschritt n_i

Lösung:

$$n_i = \frac{n_L}{T} \quad \Rightarrow$$

$$n_i = \frac{24}{8} = 3$$

Die Anzahl der weiterzuschaltenden Lochabstände (Teilschritte) beträgt 3.

2 _____

Wie viele Teilkurbelumdrehungen sind notwendig, wenn ein Zahnrad mit 35 Zähnen durch indirektes Teilen gefräst werden soll?

Gegeben: $i = 40$; $T = 35$
Gesucht: n_K

Lösung: $n_K = \dfrac{i}{T}$

$$n_K = \frac{40}{35} = 1\frac{5}{35} = 1\frac{1}{7}$$

Durch Erweitern erhält man

$$n_K = 1\frac{1}{7} = 1\frac{1 \cdot 3}{7 \cdot 3} = 1\frac{3}{21} \text{ oder}$$

$$n_K = 1\frac{1}{7} = 1\frac{1 \cdot 7}{7 \cdot 7} = 1\frac{7}{49}$$

Die Kurbel muss um **eine** volle Umdrehung und 3 Lochabstände auf dem **21er** Lochkreis oder um eine volle Umdrehung und **7** Lochabstände auf dem **49er** Lochkreis weitergedreht werden.

3 _____

Durch Differential-Teilen soll eine 67er Teilung (Zahnrad mit 67 Zähnen) hergestellt werden.

Als Hilfsteilzahl wird 70 gewählt.
Vorhandene Wechselräder:
24, 24, 28, 32, 36, 40, 44, 48, 56, 64, 72, 86 und 100.

Gegeben: $i = 40$; $T = 67$; $T' = 70$

Gesucht: n_K und $\dfrac{z_t}{z_g}$

Lösung: $n_K = \dfrac{i}{T'}$, $n_K = \dfrac{40}{70} = \dfrac{4}{7} = \dfrac{\mathbf{12}}{\mathbf{21}}$

(**12** Lochabstände auf dem **21er** Lochkreis)

$$\frac{z_t}{z_g} = \frac{i}{T'} \cdot (T' - T) = \frac{40}{70}(70 - 67) = \frac{4}{7} \cdot 3 = \frac{12}{7}$$

Zerlegen des Bruches:

$$\frac{z_t}{z_g} = \frac{12}{7} = \frac{3 \cdot 4}{2 \cdot 3,5}$$

Durch Erweitern erhält man:

$$\frac{\mathbf{z_t}}{\mathbf{z_g}} = \frac{z_1 \cdot z_3}{z_2 \cdot z_4} = \frac{3 \cdot 24 \cdot 4 \cdot 16}{2 \cdot 24 \cdot 3,5 \cdot 16} = \frac{\mathbf{72 \cdot 64}}{\mathbf{48 \cdot 56}}$$

(Weil T' größer als T ist, müssen Teilkurbel und Lochscheibe gleichen Drehsinn haben.)

4.8 Hauptnutzungszeiten, Kostenberechnungen

1 _____

Durch eine 34 mm dicke Gusseisenplatte sind 12 Löcher mit einem Durchmesser von 20 mm zu bohren. Die Bohrspindeldrehzahl beträgt 160/min, der Vorschub 0,2 mm.
Zu berechnen ist die Hauptnutzungszeit t_h und die Nebennutzungszeit t_n, wenn zum Einstellen für jedes Loch 0,5 min gebraucht werden. Der Anschnitt am Bohrer beträgt $0,3 \cdot d$. An- und Überlauf des Bohrers werden nicht berücksichtigt.

Gegeben: $d = 20$ mm; $l = 34$ mm; $n = 160$/min
$f = 0,2$ mm; $i = 12$; $t = 0,5$ min
$L = l + 0,3 \cdot d = 34$ mm $+ 0,3 \cdot 20$ mm $= 40$ mm
Gesucht: t_h und t_n

Lösung: Hauptnutzungszeit: $t_h = \dfrac{L \cdot i}{f \cdot n}$

$$t_h = \frac{40 \text{ mm} \cdot 12}{0,2 \text{ mm} \cdot 160/\text{min}} = \mathbf{15 \text{ min}}$$

Nebennutzungszeit:
$t_n = 0,5$ min $\cdot 12 = \mathbf{6 \text{ min}}$

2 _____

Wie groß ist die Hauptnutzungszeit zum einmaligen Überdrehen eines Werkstücks, dessen Durchmesser 100 mm und dessen Drehlänge 300 mm betragen, wenn mit einem Vorschub von 0,6 mm und einer Schnittgeschwindigkeit von 30 m/min gearbeitet wird?

An der Drehmaschine können folgende Drehzahlen eingestellt werden: 31,5 – 45 – 63 – 90 – 125 – 180 – 250 – 355 – 500 – 710 – 1000 – 1400/min

Gegeben: $d = 100$ mm; $L = 300$ mm;
         $v_c = 30$ m/min; $f = 0,6$ mm; $i = 1$

Gesucht: Hauptnutzungszeit t_h

Lösung: Drehzahl $v_c = \pi \cdot d \cdot n \;\Rightarrow$

$$n = \frac{v_c}{\pi \cdot d} = \frac{30\ \text{m/min}}{\pi \cdot 0,1\ \text{m}} \approx \mathbf{95,5/min}$$

Eingestellt wird die Drehzahl $n = \mathbf{90/min}$
Hauptnutzungszeit:

$$t_h = \frac{L \cdot i}{n \cdot f} = \frac{300\ \text{mm} \cdot 1}{90\text{/min} \cdot 0,6\ \text{mm}} \approx \mathbf{5{,}56/min}$$

3

Bei einer Fräsarbeit beträgt der Fräsweg 600 mm. Die Vorschubgeschwindigkeit v_f beträgt nach Tabellenbuch 100 mm/min.
Wie groß ist die Hauptnutzungszeit, wenn zwei Schnitte nötig sind?

Gegeben: $L = 600$ mm; $v_f = 100$ mm/min; $i = 2$

Gesucht: t_h

Lösung: Hauptnutzungszeit: $t_h = \dfrac{L \cdot i}{v_f}$

$$t_h = \frac{600\ \text{mm} \cdot 2}{100\ \text{mm/min}} = \mathbf{12\ min}$$

4

Die Führungsbahn eines Maschinenbetts mit $l = 640$ mm und $b = 80$ mm ist mit einer Schleifzugabe $t = 0{,}1$ mm vorgefräst. Sie soll durch Umfangs-Planschleifen mit einem Querhub von $f = 4$ mm und einer Vorschubgeschwindigkeit von $v_f = 8{,}16$ m/min in einem Schnitt geschliffen werden. Die Schleifscheibenbreite beträgt 24 mm, der An- bzw. Überlauf 20 mm.
Es sind zu bestimmen: die Schleifbreite B, der Vorschubweg L, die Hubzahl n und die Hauptnutzungszeit t_h.

Lösung:
Schleifbreite: $B = b - \dfrac{b_s}{3} = 80\ \text{mm} - \dfrac{24\ \text{mm}}{3}$
                       $= \mathbf{72\ mm}$

Vorschubweg: $L = l + 2 \cdot l_a = 640\ \text{mm} + 2 \cdot 20\ \text{mm}$
                       $= \mathbf{680\ mm}$

Hubzahl: $n = \dfrac{v_f}{L} = \dfrac{8{,}16\ \text{m/min}}{680\ \text{mm}} = \mathbf{12/min}$

Hauptnutzungszeit: $t_h = \dfrac{i}{n} \cdot \left(\dfrac{B}{f} + 1\right)$

$$t_h = \frac{1}{12\text{/min}} \cdot \left(\frac{72\ \text{mm}}{4\ \text{mm}} + 1\right) \approx \mathbf{1{,}58\ min}$$

5

Auf einer CNC-Drehmaschine soll ein Auftrag von 150 Werkstücken ausgeführt werden. Die Rüstzeit der Maschine beträgt 1,5 Stunden, die Ausführungszeit je Werkstück 3,5 Minuten. Der Maschinenstundensatz beträgt 62 € pro Stunde, die Lohnkosten 18,40 €/Stunde. Die Fertigungs-Gemeinkosten belaufen sich auf 220% der Lohnkosten. Wie groß sind:
a) Die Auftragszeit
b) Die Fertigungskosten je Stück
c) Die Arbeitsplatzkosten je Stunde?

Gegeben:
Rüstzeit .... 1,5 h = 90 min
Ausführungszeit .... 3,5 min je Stück
Werkstückzahl 150
Maschinenstundensatz .... 62 €/h
Lohnkosten .... 18,40 €/h
Fertigungs-
Gemeinkosten .... 220% der Lohnkosten

Lösungen:

a) Auftragszeit = Rüstzeit + Ausführungszeit
          T = 90 min + 150 · 3,5 min
          T = 615 min = **10,25 h**

b) Fertigungskosten = Fertigungslöhne
                       + Gemeinkosten
   Fertigungslöhne   = 10,25 h · 18,40 €/h
                      = 188,60 €
   Gemeinkosten   = 2,2 · 188,40 € = 414,92 €
   Fertigungskosten = 188,60 € + 414,92 €
                      = 603,52 €

Fertigungskosten je Stück $= \dfrac{603{,}52\ €}{150} = \mathbf{4{,}02\ €}$

c) Arbeitsplatzkosten je Stunde $=$ Maschinenstundensatz $+$ Fertigungskosten je Stunde

$$= 62\ \frac{€}{\text{h}} + \frac{603{,}52\ €}{10{,}25\ \text{h}}$$

Arbeitsplatzkosten je Stunde $= \mathbf{120{,}88\ \dfrac{€}{h}}$

6

Ein Fertigungsbetrieb bekommt einen Auftrag angeboten: Es soll ein Los von 2500 Werkstücken gefertigt werden. Der Erlös pro Werkstück beträgt 275,30 €.
Die variablen Kosten (Werkstoff-, Lohn- und Energiekosten) betragen $K_v = 182{,}40$ €/Stück.
Die fixen Kosten (Gehälter, Zinsen für Maschinen, Abschreibungen) für das Los sind insgesamt $K_f = 217\,500$ €.
a) Wie hoch ist der Deckungsbeitrag DB?
b) Wie hoch ist die Gewinnschwelle Gs?
c) Lohnt es sich für den Betrieb, den Auftrag anzunehmen?

a) Deckungsbeitrag DB

$$DB = \frac{E}{\text{Stück}} - \frac{K_v}{DB\text{/Stück}}$$

= 275,30 €/Stück − 182,40 €/Stück = **92,90 €/Stück**

b) Gewinnschwelle

$$Gs = \frac{K_f}{DB\text{/Stück}} = \frac{217\,500}{92{,}90\ €\text{/Stück}} = \mathbf{2341\ Stück}$$

c) Ja, es lohnt sich für den Betrieb, den Auftrag anzunehmen, da die Losgröße von 2500 Stück über der Gewinnschwelle mit 2341 Stück liegt.

5 Berechnungen an Maschinenelementen

5.1 Gewinde

1

Eine Gummidichtung wird durch einen Deckel, der mit 6 Schrauben M12 befestigt ist, zusammengepresst. Um welche Länge wird die Gummidichtung bei 1,5 Umdrehungen der Schrauben zusammengedrückt?

Gegeben: Umdrehungen der Schrauben $n = 1{,}5$
$P = 1{,}75$ mm (nach Tabellenbuch)

Gesucht: l

Lösung: $l = n \cdot P = 1{,}5 \cdot 1{,}75$ mm = **2,625 mm**

2

Der Werkzeugschlitten eines Bearbeitungszentrums wird mit einem Kugelgewindespindeltrieb verfahren. Die Kugelgewindespindel hat eine Steigung von 10 mm und eine Drehzahl von 60/min. Welche Vorschubgeschwindigkeit in m/min hat der Werkzeugschlitten?

Gegeben: $P = 10$ mm
$n = 60$/min

Gesucht: v

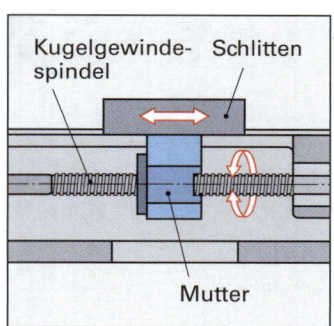

Kugelgewinde-spindel Schlitten

Mutter

Lösung:
$v = n \cdot P = \dfrac{60}{\text{min}} \cdot 10$ mm

$v = 600 \dfrac{\text{mm}}{\text{min}} = \mathbf{0{,}6 \dfrac{m}{min}}$

5.2 Riementriebe

1

Der Durchmesser der treibenden Riemenscheibe eines Riementriebs beträgt 270 mm, sie läuft mit einer Drehzahl von 420/min. Wie groß ist das Übersetzungsverhältnis i und wie groß muss der Durchmesser der getriebenen Scheibe sein, wenn deren Drehzahl 1260/min betragen soll?

Gegeben:

$d_1 = 270$ mm
$n_1 = 420$/min
$n_2 = 1260$/min

Gesucht: i, d_2

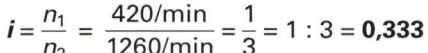

treibend   getrieben

Lösung:
Übersetzungsverhältnis:

$i = \dfrac{n_1}{n_2} = \dfrac{420/\text{min}}{1260/\text{min}} = \dfrac{1}{3} = 1 : 3 = \mathbf{0{,}333}$

Durchmesser: $\dfrac{n_1}{n_2} = \dfrac{d_2}{d_1} \Rightarrow d_2 = \dfrac{n_1 \cdot d_1}{n_2}$

$d_2 = \dfrac{420/\text{min} \cdot 270 \text{ mm}}{1260/\text{min}} = \mathbf{90 \ mm}$

2

Die Umfangsgeschwindigkeit einer Schleifscheibe soll 30 m/s betragen (Bild). Ihr Durchmesser ist 300 mm. Sie wird von einem Elektromotor mit einer Drehzahl von 1440/min und einer Riemenscheibe mit einem Durchmesser von 70 mm angetrieben. Wie groß muss die Drehzahl der Schleifscheibe sein und welchen Durchmesser muss die Riemenscheibe auf die Schleifwelle haben?

Gegeben:

$v = 30$ m/s
$d = 300$ mm
$d_1 = 70$ mm
$n_1 = 1440$/min

Gesucht:
n_2, d_2

E-Motor

Schleif-scheibe

Lösung:
Umfangsgeschwindigkeit: $v = \pi \cdot d \cdot n \Rightarrow$

$n_2 = \dfrac{v}{\pi \cdot d} = \dfrac{1800 \text{ m/min}}{\pi \cdot 0{,}3 \text{ m}} \approx \mathbf{1910/min}$

Drehzahlen und Durchmesser:

$d_1 \cdot n_1 = d_2 \cdot n_2 \Rightarrow d_2 = \dfrac{d_1 \cdot n_1}{n_2}$

$d_2 = \dfrac{70 \text{ mm} \cdot 1440/\text{min}}{1910/\text{min}} \approx \mathbf{52{,}77 \ mm}$

5.3 Zahnradtriebe

1

Das Übersetzungsverhältnis eines Zahnradtriebes soll 1,6 betragen. Das getriebene Rad hat 72 Zähne (Bild). Wie viele Zähne muss das treibende Rad haben?

Gegeben: $i = 1{,}6$; $z_2 = 72$

Gesucht: z_1

Lösung:

$i = \dfrac{z_2}{z_1} \Rightarrow z_1 = \dfrac{z_2}{i}$

$z_1 = \dfrac{72}{1{,}6} = \mathbf{45 \ Zähne}$

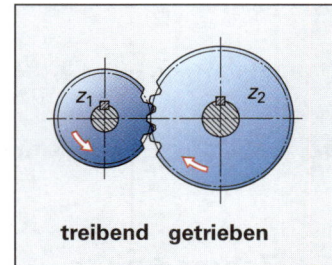

treibend   getrieben

2

Das Übersetzungsverhältnis eines Schneckengetriebes (Bild) soll 24:1 sein. Die Schnecke hat 2 Zähne (Gänge) und läuft mit 300/min. Wie viele Zähne muss das Schneckenrad erhalten und wie groß ist seine Drehzahl?

Gegeben: $i = 24$; $z_1 = 2$; $n_1 = 300$/min

Gesucht: n_2, z_2

Lösung:

$i = \dfrac{n_1}{n_2} \Rightarrow n_2 = \dfrac{n_1}{i}$

$n_2 = \dfrac{300/\text{min}}{24} = \mathbf{12{,}5/min}$

$i = \dfrac{z_2}{z_1} \Rightarrow z_2 = i \cdot z_1$

$z_2 = 24 \cdot 2 = \mathbf{48 \ Zähne}$

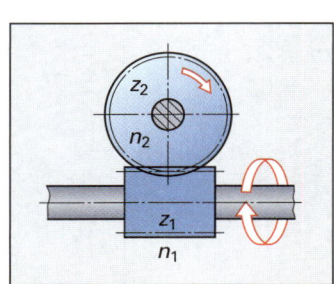

3

Der Spindelantrieb einer Drehmaschine besteht aus einem Elektromotor, dem ein Riementrieb und ein Zahnrad-Kupplungsgetriebe vorgeschaltet sind (Bild). Der Elektromotor hat eine Nenndrehzahl von 1440/min. Mit welcher Drehzahl läuft bei Motor-Nenndrehzahl die Arbeitsspindel, wenn die Zahnradpaare z_1/z_2 des Kupplungsgetriebes geschaltet sind?

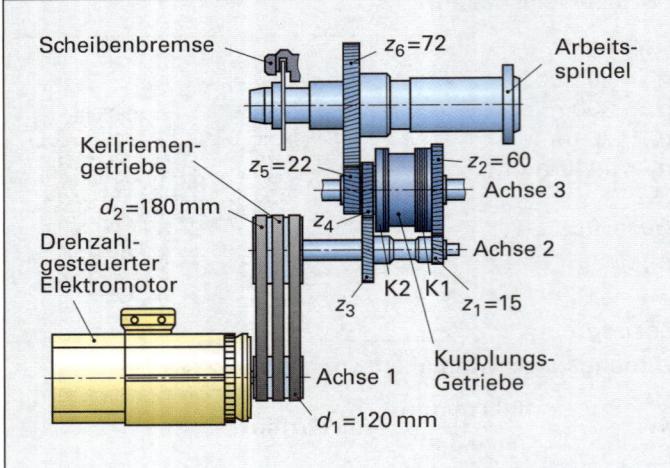

Gegeben: Durchmesser der Riemenscheiben und Zähnezahlen der Zahnräder n_M = 1440/min

Gesucht: Drehzahl der Arbeitsspindel n_{AS}

Lösung:

Drehzahl Achse 2: $\dfrac{n_M}{n_2} = \dfrac{d_2}{d_1} \;\Rightarrow\; n_2 = n_M \cdot \dfrac{d_1}{d_2}$

$n_2 = 1440/\text{min} \cdot \dfrac{120 \text{ mm}}{180 \text{ mm}} = 960/\text{min}$

Drehzahl Achse 3: $\dfrac{n_2}{n_3} = \dfrac{z_2}{z_1} \;\Rightarrow\; n_3 = n_2 \cdot \dfrac{z_1}{z_2}$

$n_3 = 960/\text{min} \cdot \dfrac{15}{60} = 240/\text{min}$

Drehzahl Arbeitsspindel: $\dfrac{n_3}{n_{AS}} = \dfrac{z_6}{z_5} \;\Rightarrow\; n_{AS} = n_3 \cdot \dfrac{z_5}{z_6}$

$n_{AS} = 240/\text{min} \cdot \dfrac{22}{72} = \mathbf{73{,}3/min}$

5.4 Zahnradmaße

1

Ein Zahnrad soll 24 Zähne erhalten und nach Modul 2,5 mm gefräst werden (Bild).
Wie groß werden der Teilkreisdurchmesser d, der Kopfkreisdurchmesser d_a und die Zahnhöhe h? Das Kopfspiel soll $c = 0{,}2 \cdot m$ betragen.

Gegeben:

z = 24,

m = 2,5 mm,

c = 0,2 · m

Gesucht: d, d_a, h

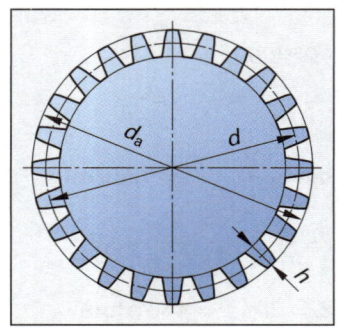

Lösung:

Teilkreisdurchmesser:

$d = m \cdot z = 2{,}5 \text{ mm} \cdot 24 = \mathbf{60 \ mm}$

Kopfkreisdurchmesser:

$d_a = m \cdot (z + 2) = 2{,}5 \text{ mm} \cdot (24 + 2) = \mathbf{65 \ mm}$

Zahnhöhe:

$h = 2 \cdot m + c = 2 \cdot m + 0{,}2 \cdot m = 2{,}2 \cdot m$

$h = 2{,}2 \cdot 2{,}5 \text{ mm} = \mathbf{5{,}5 \ mm}$

2

Der Achsenabstand a zweier Zahnräder (außenverzahnte Geradstirnräder) beträgt 107,5 mm (Bild). Das eine Zahnrad hat 32 Zähne und ist nach Modul 2,5 mm gefräst. Wie viel Zähne muss das andere Rad erhalten und wie groß werden Teilkreisdurchmesser und Kopfkreisdurchmesser?

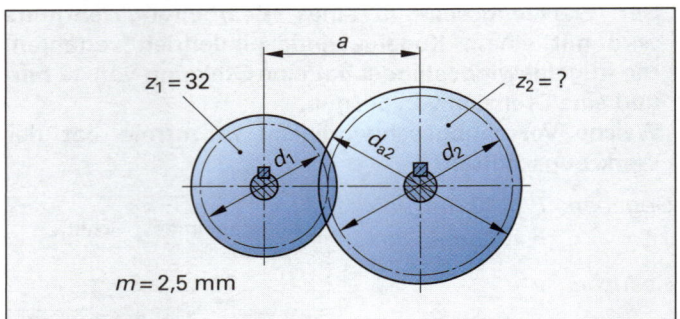

Gegeben: a = 107,5 mm; z_1 = 32; m = 2,5 mm
Gesucht: z_2, d_2 und d_{a2}

Lösung:
Achsabstand: $a = \dfrac{m \, (z_1 + z_2)}{2} \;\Rightarrow\; z_1 + z_2 = \dfrac{2 \, a}{m} \;\Rightarrow\;$

$z_2 = \dfrac{2 \, a}{m} - z_1 = \dfrac{2 \cdot 107{,}5 \text{ mm}}{2{,}5 \text{ mm}} - 32 = \mathbf{54 \ Zähne}$

Teilkreisdurchmesser:

$d_2 = z_2 \cdot m = 54 \cdot 2{,}5 \text{ mm} = \mathbf{135 \ mm}$

Kopfkreisdurchmesser:

$d_{a2} = d_2 + 2 \, m = 135 \text{ mm} + 2 \cdot 2{,}5 \text{ mm} = \mathbf{140 \ mm}$

6   Berechnungen zur Elektrotechnik

1

Ein 800 m langer Kupferdraht hat einen elektrischen Widerstand von 5,6 Ω.
Welchen Querschnitt hat der Draht?

Gegeben: l = 800 m; R = 5,6 Ω;   *Gesucht: A*

Nach Tabellenbuch ist: $\varrho_{Cu} = 0{,}00179 \; \dfrac{\Omega \cdot \text{mm}^2}{\text{m}}$

Lösung: $R = \dfrac{\varrho \cdot l}{A} \;\Rightarrow\; A = \dfrac{\varrho \cdot l}{R}$

$A = \dfrac{0{,}0179 \; \Omega \cdot \text{mm}^2/\text{m} \cdot 800 \text{ m}}{5{,}6 \; \Omega} = \mathbf{2{,}557 \ mm^2}$

2

Der elektrische Widerstand der Lampe eines Kraftfahrzeugscheinwerfers beträgt 5 Ω.
Welcher Strom fließt durch die Lampe, wenn diese von einer Batterie mit 12 V Spannung gespeist wird?

Gegeben: $R = 5 \, \Omega$; $U = 12 \, V$
Gesucht: I

Lösung: $\quad I = \dfrac{U}{R} = \dfrac{12 \, V}{5 \, \Omega} = \mathbf{2{,}4 \, A}$

3

An einem Netzstecker mit 230 V Spannung sind mit einer Mehrsteckerleiste 3 Verbraucher mit 40 W, 75 W und 300 W parallel angeschlossen.
a) Welche Spannung herrscht an den einzelnen Verbrauchern?
b) Welche Ströme fließen durch die einzelnen Verbraucher?

Gegeben: $U = 230 \, V$; $\quad P_1 = 40 \, W$; $\quad P_2 = 75 \, W$
$\quad\quad\quad\quad P_3 = 300 \, W$

Gesucht: a) U_1, U_2, U_3 b) I_1, I_2, I_3

Lösung: Die einzelnen Steckdosen sind parallel geschaltet.

a) $U = U_1 = U_2 = U_3 = \mathbf{230 \, V}$

b) $P = U \cdot I \Rightarrow I = \dfrac{P}{U}$; $I_1 = \dfrac{40 \, W}{230 \, V} \approx \mathbf{0{,}17 \, A}$

$\quad I_2 = \dfrac{75 \, W}{230 \, V} \approx \mathbf{0{,}33 \, A}$; $I_3 = \dfrac{300 \, W}{230 \, V} \approx \mathbf{1{,}30 \, A}$

4

Das Leistungsschild eines Heizofens enthält die Angaben: $U = 230 \, V$, $I = 2{,}4 \, A$.
Wie groß ist die aus dem Netz aufgenommene elektrische Leistung P des Heizofens?

Gegeben: $U = 230 \, V$; $I = 2{,}4 \, A$
Gesucht: P
Grundformel: $\quad P = U \cdot I$
$P = 230 \, V \cdot 2{,}4 \, A = 552 \, W = \mathbf{0{,}552 \, kW}$

5

Die Heizwicklung eines elektrisch beheizten Ölbads nimmt bei einer Spannung von 230 V einen Strom von 2,0 A auf.
Wie groß ist der elektrische Widerstand der Heizwicklung und welche täglichen Stromkosten entstehen, wenn bei einem Tarif von 0,12 €/kWh täglich 8 Stunden geheizt wird?

Gegeben: $U = 230 \, V$; $\quad I = 2{,}0 \, A$; $\quad$ Zeit $t = 8 \, h$
$\quad\quad\quad\quad$ Tarif $= 0{,}12 \, €/kWh$

Gesucht: Widerstand R und Stromkosten

Lösung: $\quad I = \dfrac{U}{R} \Rightarrow R = \dfrac{U}{I}$

$\quad\quad R = \dfrac{230 \, V}{2{,}0 \, A} = \mathbf{115 \, \Omega}$

Stromkosten $=$ Tarif x elektr. Leistung x Zeit
$\quad\quad\quad\quad\quad = $ Tarif $\cdot P \cdot t$

$P = U \cdot I = 230 \, V \cdot 2{,}0 \, A = 460 \, W = 0{,}46 \, kW$

Stromkosten $= 0{,}12 \, €/kWh \cdot 0{,}46 \, kW \cdot 8 \, h = \mathbf{0{,}44 \, €}$

6

Von einem Wechselstrommotor sind folgende Werte bekannt: $U = 230 \, V$; $I = 16 \, A$; $\cos \varphi = 0{,}82$; $\eta = 87 \%$.
Zu berechnen sind:
a) Die aus dem Stromnetz entnommene Leistung P_1.
b) Die vom Motor abgegebene Leistung P_2.

Lösung:
a) $P_1 = U \cdot I \cdot \cos \varphi$
$\quad P_1 = 230 \, V \cdot 16 \, A \cdot 0{,}82 = \mathbf{3017{,}6 \, W}$

b) $\eta = \dfrac{P_2}{P_1} \Rightarrow P_2 = \eta \cdot P_1$

$\quad P_2 = 0{,}87 \cdot 3017{,}6 \, W = \mathbf{2625 \, W}$

7

Auf dem Leistungsschild eines Drehstromasynchronmotors sind seine Kenndaten angegeben (Bild).
Es ist zu ermitteln:
a) Die vom Motor aus dem Stromnetz aufgenommene elektrische Leistung
b) Die Nennleistung des Motors
c) Der Wirkungsgrad des Motors
d) Die Drehzahl des Motors
e) Die geeignete Netzfrequenz
f) Die Schutzart und ihr Bildzeichen

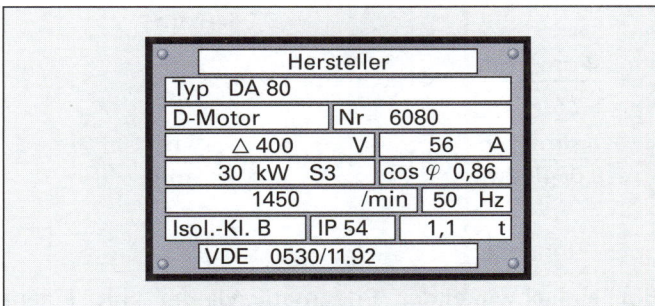

Hersteller		
Typ DA 80		
D-Motor	Nr 6080	
△ 400 V	56 A	
30 kW S3	cos φ 0,86	
1450 /min	50 Hz	
Isol.-Kl. B	IP 54	1,1 t
VDE 0530/11.92		

Gegeben: $U = 400 \, V$; $\quad I = 56 \, A$; $\quad P_N = 30 \, kW$;
$\quad\quad\quad\quad \cos \varphi = 0{,}86$

Gesucht: P_1; η

Lösung:

a) $P_1 = \sqrt{3} \cdot U \cdot I \cdot \cos \varphi$
$\quad\quad = \sqrt{3} \cdot 400 \, V \cdot 56 \, A \cdot 0{,}86 = \mathbf{33{,}37 \, kW}$

b) $P_N = \mathbf{30 \, kW}$

c) $\eta = \dfrac{P_N}{P_1} = \dfrac{30 \, kW}{33{,}37 \, kW} = 0{,}899 \approx \mathbf{90 \%}$

d) $n = \mathbf{1450 \, 1/min}$

e) $f = \mathbf{50 \, Hz}$

f) IP54 bedeutet: **Spritzwasser-geschützt.**

    IP-Bildzeichen:

7 Berechnungen zur Automatisierungstechnik

Pneumatik und Hydraulik

1

In einem Hydraulikzylinder bewegt sich ein Kolben mit 35 mm Außendurchmesser (Bild). Die Kolbenstange hat einen Durchmesser von 20 mm. Wie groß wird die Kolbengeschwindigkeit im Vor- und Rückhub, wenn der Hydrauliköl-Volumenstrom $Q = 4$ l/min beträgt?

Gegeben:
$D = 35$ mm; $d = 20$ mm;

$Q = 4$ l/min $= 4 \dfrac{dm^3}{min}$

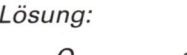

Gesucht: v_1; v_2

Lösung:

$$v = \frac{Q}{A}; \quad A_1 = \frac{\pi \cdot D^2}{4}; \quad A_2 = \frac{\pi \cdot (D^2 - d^2)}{4}$$

$$A_1 = \frac{\pi \cdot (35\ mm^2)}{4} \approx 962\ mm^2 \approx 0{,}0962\ dm^2$$

$$A_2 = \frac{\pi \cdot (35^2\ mm^2 - 20^2\ mm^2)}{4} \approx 647{,}95\ mm^2$$
$$\approx 0{,}0648\ dm^2$$

$$v_1 \approx \frac{4\ dm^3/min}{0{,}0962\ dm^2} \approx 41{,}6\ dm/min \approx \mathbf{4{,}16\ \frac{m}{min}}$$

$$v_2 \approx \frac{4\ dm^3/min}{0{,}0648\ dm^2} \approx 61{,}7\ dm/min \approx \mathbf{6{,}17\ \frac{m}{min}}$$

2

Ein einfachwirkender Pneumatikzylinder mit einem Durchmesser von 50 mm und einem Hub von 40 mm (Bild) wird mit einem Überdruck von 6 bar und einer Hubzahl von 28/min betätigt.

a) Welcher Volumenstrom an Druckluft mit 6 bar wird dazu benötigt?

b) Welchem Volumenstrom an Umgebungsluft entspricht das?

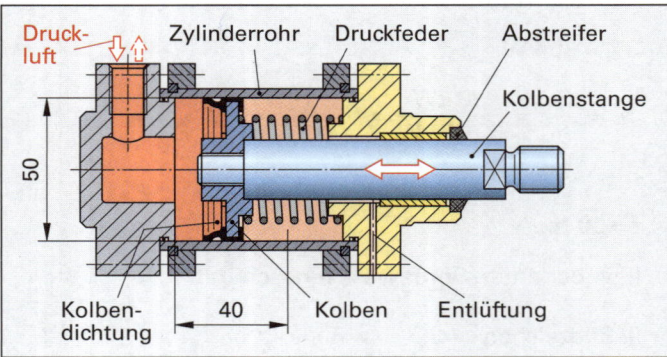

Gegeben: $D = 50$ mm; $s = 40$ mm; $p_e = 6$ bar; $n = 28$/min

Gesucht: Q bis 6 bar, Q bis 1 bar;

a) Druckluft-Volumenstrom (6 bar):

$$Q = A \cdot S \cdot n$$

mit $A = \dfrac{\pi \cdot D^2}{4} = \dfrac{\pi \cdot (50\ mm)^2}{4} \approx 1963{,}5\ mm^2$

$Q = 1963{,}5\ mm^2 \cdot 40\ mm \cdot 28\ 1/min = 2\ 199\ 120\ mm^3/min$

mit $1\ \dfrac{mm^3}{rein} = 0{,}000\,001$ l/min

$Q = 2\ 199\ 120 \cdot 0{,}000\,001$ l/min = **2,199 l/min**

b) Druckluft-Volumenstrom (1 bar)
Nach dem Gesetz von Boyle und Mariotte:

$$p_1 \cdot Q_1 = p_2 \cdot Q_2$$

$$Q_1 = \frac{p_2}{p_1} \cdot Q_2$$

$$Q_1 = \frac{6\ bar}{1\ bar} \cdot 2{,}199\ l/min = \mathbf{13{,}194\ l/min}$$

3

Welchen Durchmesser muss ein Hydraulikkolben haben, der bei einem Druck von 100 bar und einem Wirkungsgrad von 80% eine Kraft von 40 kN erzeugen soll?

Gegeben: $p_e = 100$ bar; $F = 40$ kN; $\eta = 0{,}8$

Gesucht: D

Lösung: $F = p_e \cdot A \cdot \eta$

$$\Rightarrow A = \frac{F}{p_e \cdot \eta} = \frac{40000\ N}{1000\ N/cm^2 \cdot 0{,}8} = 50\ cm^2$$

mit $A = \dfrac{\pi \cdot D^2}{4} \quad \Rightarrow \quad D = \sqrt{\dfrac{4 \cdot A}{\pi}}$

$$D = \sqrt{\frac{4 \cdot 50\ cm^2}{\pi}} \approx \mathbf{7{,}98\ cm} \approx \mathbf{79{,}8\ mm}$$

Logische Verknüpfungen

1

Bei einer Presse (Bild unten) darf der Pressenantrieb nur dann in Bewegung gesetzt werden, wenn mit der linken Hand ein Sicherheitsschalter S0 (E1 =1) und gleichzeitig mit der rechten Hand ein Pressenschalter S1 betätigt wird (E2 = 1).

a) Wie müssen die Signale E1 und E2 miteinander verknüpft werden, um diese Schaltung zu erreichen?

b) Zeigen Sie das Schaltzeichen (Logikplan), die Funktionstabelle und die Funktiongleichung.

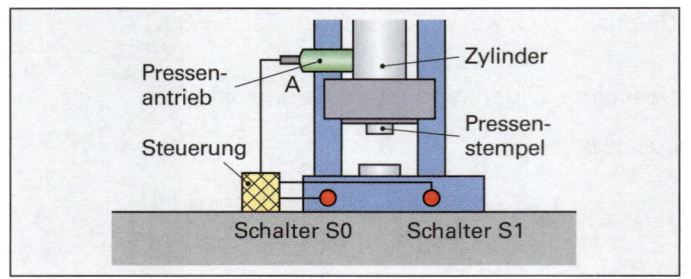

Lösungen:

a) Die Signale müssen mit einer UND-Schaltung verknüpft sein.

b) Schaltzeichen (Logikplan)

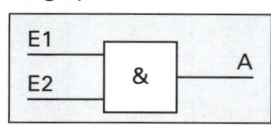

Funktionstabelle

E1	E2	A
0	0	0
0	1	0
1	0	0
1	1	1

Funktionsgleichung: $E1 \wedge E2 = A$

8 Berechnungen zur CNC-Technik

1

Die im Bild gezeigte Platte soll auf einer numerisch gesteuerten Werkzeugmaschine gefertigt werden.
a) Wie groß sind die fehlenden Winkel und Maße?
b) Wie lauten die rechtwinkligen Koordinaten der Punkte P_1, P_2, P_3, P_4?

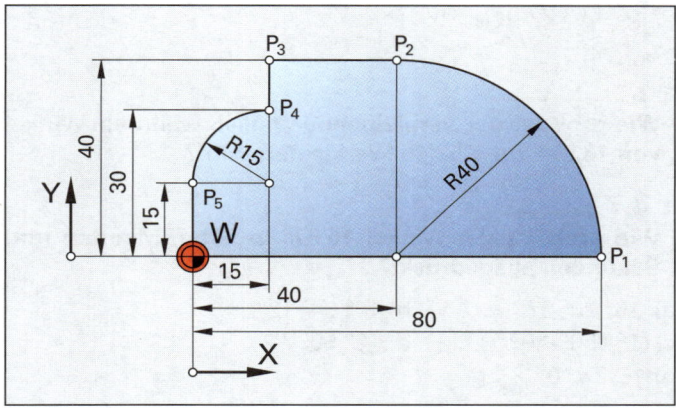

Lösung:

a) *Hinweis:*
   In einem Dreieck ist die Summe der Winkel 180°.

$\alpha = 180° - 90° - 45° = \textbf{45°}$

$\beta = 180° - 90° - 60° = \textbf{30°}$

$x_1 = \textbf{72 mm}$ (gleichschenkliges Dreieck)

$\tan 60° = \dfrac{100 \text{ mm}}{a} \Rightarrow$

$a = \dfrac{100 \text{ mm}}{\tan 60°} \approx \dfrac{100 \text{ mm}}{1{,}732} \approx \textbf{57,7 mm}$

$x_2 = 300 \text{ mm} - 104 \text{ mm} - 57{,}7 \text{ mm} = \textbf{138,3 mm}$

$x_3 = 300 \text{ mm} - 57{,}7 \text{ mm} = \textbf{242,3 mm}$

b) Rechtwinklige Koordinaten der Punkte gemäß Zeichnung und der Strecken aus a)

Punkte	Absolutmaße	
P_1	X 72	Y 72
P_2	X 138,3	Y 100
P_3	X 242,3	Y 100
P_4	X 300	Y 0

2

Die Punkte der Bodenplatte (Bild) sind in folgenden Koordinaten anzugeben:
a) Rechtwinklige Koordinaten im Absolut- und Inkrementalmaß
b) Polarkoordinaten im Absolut- und Inkrementalmaß

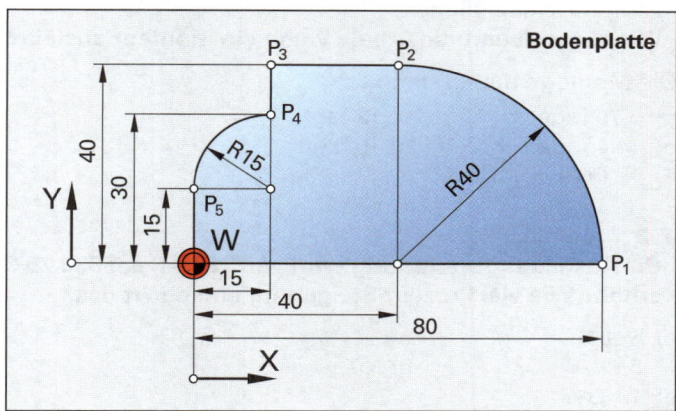

Lösung:

a) Rechtwinklige Koordinaten

Punkte	Absolutmaße		Ikrementalmaße	
P_1	X 80	Y 0	X 80	Y 0
P_2	X 40	Y 40	X – 40	Y 40
P_3	X 15	Y 40	X – 25	Y 0
P_4	X 15	Y 30	X 0	Y – 10
P_5	X 0	Y 15	X – 25	y – 15

b) Polarkoordinaten (als Pol dient der Werkstücknullpunkt)

Punkte	Absolutmaße		Ikrementalmaße	
P_1	R 80	α 0	R 80	α 0
P_2	R 56,6	α 45	R 56,6	α 45
P_3	R 42,7	α 69,4	R 42,7	α 24,4
P_4	R 33,6	α 63,4	R 33,6	α – 6
P_5	R 15	α 90	R 15	α 26,6

Erläuterung: Die Polarkoordinaten werden mit den Winkelfunktionen bestimmt. Beispiel Punkt P_2:

$\tan \alpha = \dfrac{40 \text{ mm}}{40 \text{ mm}} = 1 \Rightarrow \alpha = \textbf{45°}$

$\sin \alpha = \dfrac{40 \text{ mm}}{R_2} \Rightarrow R_2 = \dfrac{40 \text{ mm}}{\sin \alpha} \approx \dfrac{40 \text{ mm}}{0{,}707} \approx \textbf{56,6 mm}$

Testfragen zur technischen Mathematik

Dreisatz, Prozent- und Zinsrechnung

T 1

Vier Monteure benötigen für die Montage einer Werkzeugmaschine 9 Tage.
Wie lange dauert die Arbeit, wenn ein Monteur ausfällt?

Die Montage dauert dann ...

a) 6,75 Tage   b) 12 Tage
c) 14,4 Tage   d) 15 Tage
e) 18 Tage

T 2

Die Ausbildungsvergütung wird von 320,– € auf 336,25 € erhöht. Wie viel Prozent Steigerung entspricht das?

a) 6,98%   b) 3,61%
c) 5,5%   d) 5,08%
e) 13,33%

T 3

Wie groß ist der Wirkungsgrad η eines 2-zähnigen Schneckentriebes, wenn die zugeführte Leistung $P_1 = 32$ kW und die abgegebene Leistung $P_2 = 24$ kW ist?

T 3.1

Welche Formel zur Berechnung von ^{a} (in Prozent) ist richtig?

a) $\eta = \dfrac{P_2}{P_1} \cdot 100\%$ b) $\eta = \dfrac{P_1 \cdot P_2}{100\%}$

c) $\eta = \dfrac{100\%}{P_1 \cdot P_2}$ d) $\eta = \dfrac{P_1}{100\% \cdot P_2}$

e) $\eta = \dfrac{P_1}{P_2} \cdot 100\%$

T 3.2

Welches Ergebnis für η ist richtig?

a) 13,3%   b) 72%
c) 75%   d) 87%
e) 96%

T 4

Wie viel Zinsen bringen 5600,– € Kapital in 9 Monaten, wenn der Zinssatz 6,5% beträgt?

T 4.1

Welche Formel zur Berechnung des Zinswertes ist richtig?

a) $\text{Zinswert} = \dfrac{\text{Kapital} \cdot \text{Zeit in Monaten} \cdot 12}{100 \cdot \text{Zinssatz}}$

b) $\text{Zinswert} = \dfrac{\text{Kapital} \cdot \text{Zinssatz} \cdot 12}{100 \cdot \text{Zeit in Monaten}}$

c) $\text{Zinswert} = \dfrac{\text{Zinssatz} \cdot \text{Zeit in Monaten} \cdot 12 \cdot 100}{\text{Kapital}}$

d) $\text{Zinswert} = \dfrac{\text{Zinssatz} \cdot 12 \cdot 100}{\text{Kapital} \cdot \text{Zeit in Monaten}}$

e) $\text{Zinswert} = \dfrac{\text{Kapital} \cdot \text{Zinssatz} \cdot \text{Zeit in Monaten}}{100 \cdot 12}$

T 4.2

Welches Ergebnis ist richtig?

a) 125,35 €   b) 154,80 €
c) 273,00 €   d) 485,33 €
e) 929,93 €

Physikalisch-technische Berechnungen

T 5

Stellen Sie die Formel nach p_2 um.
Wie lautet das Ergebnis?

$$\Delta V = \frac{V \cdot (p_1 - p_2)}{p_{amb}}$$

a) $p_2 = p_{amb} - \dfrac{\Delta V}{V} \cdot p_1$

b) $p_2 = \dfrac{V \cdot (p_1 - p_{amb})}{\Delta V}$

c) $p_2 = p_1 - \dfrac{\Delta V}{V} \cdot p_{amb}$

d) $p_2 = (\Delta V \cdot p_{amb} - V \cdot p_1)$

e) $p_2 = (\Delta V \cdot p_{amb} - V \cdot p_1) \cdot V$

T 6

Wie groß ist der verbleibende Winkel, wenn ein Winkel von 16,57° um 9°52′45″ verkleinert wird?

T 6.1

Wie groß ist der Winkel 16,57° in Grad, Minuten und Sekunden ausgedrückt?

a) 16° 30′ 27″   b) 16° 34′ 12″
c) 16° 50′ 0,07″   d) 16° 50′ 7″
e) 16° 57′ 0″

T 6.2

Wie groß ist der verbleibende Winkel?

a) 6° 37′ 42″   b) 6° 41′ 27″
c) 6° 57′ 15,07″   d) 6° 57′ 22″
e) 7° 4′ 15″

T 7

Welcher Winkel ergibt sich, wenn die zwei Winkelendmaße 45° und 5′ mit ihren dünnen Enden zusammengeschoben und die 3 Winkelendmaße 3°, 40′ und 20″ mit ihren dicken Enden an die dünnen Enden der beiden ersten geschoben werden?

T 7.1

Welchen Winkel ergeben die 2 Endmaße?

a) 44° 51′   b) 45° 10′
c) 45° 5′   d) 45° 55′
e) 43° 55′

T 7.2

Welchen Winkel ergeben die 3 Endmaße?

a) 3° 20′   b) 3° 40′ 20″
c) 2° 39′ 44″   d) 20° 40′ 3″
e) 4°

T 7.3

| Welchen Winkel ergeben die 5 Endmaße?

a) 48° 45′ 20″   b) 47° 15′ 40″

c) 42° 20′ 20″   d) 41° 24′ 40″

e) 41° 19′ 40″

T 8

| Wie groß ist die Diagonale e eines Rechteckes in mm mit einer Länge l = 84 mm und einer Breite e = 33 mm?

T 8.1

| Welche Formel dient zur Berechnung der Diagonalen e?

a) $e = \sqrt{(l+b)^2}$ b) $e = \sqrt{(l-b)^2}$

c) $e = \sqrt{2 \cdot l \cdot b}$ d) $e = \sqrt{l^2 - b^2}$

e) $e = \sqrt{l^2 + b^2}$

T 8.2

| Welche eingesetzten Zahlenwerte sind richtig?

a) $e = \sqrt{(84 \text{ mm})^2 + (33 \text{ mm})^2}$

b) $e = \sqrt{(84 \text{ mm} + 33 \text{ mm})^2}$

c) $e = \sqrt{2 \cdot 84 \text{ mm} \cdot 33 \text{ mm}}$

d) $e = \sqrt{(84 \text{ mm} - 33 \text{ mm})^2}$

e) $e = \sqrt{(84 \text{ mm})^2 - (33 \text{ mm})^2}$

T 8.3

| Welches gerundete Ergebnis für e ist richtig?

a) 71 mm   b) 75 mm

c) 77 mm   d) 90 mm

e) 117 mm

T 9

| Die Fläche eines Trapezes beträgt 4080 mm², die kurze Seite l_2 = 56 mm und seine Breite b = 60 mm.

T 9.1

| Welche Formel dient zum Berechnen der Fläche?

a) $A = \dfrac{l_1 + l_2}{b} \cdot 2$ b) $A = \dfrac{l_1 - l_2}{2 \cdot b}$

c) $A = \dfrac{l_1 - l_2}{b} \cdot 2$ d) $A = \dfrac{l_1 + b}{2} \cdot l_2$

e) $A = \dfrac{l_1 + l_2}{2} \cdot b$

T 9.2

| Welche umgestellte Formel zum Berech-nen von l_1 ist richtig?

a) $l_1 = \dfrac{2\,(l_2 - b)}{A}$ b) $l_1 = \dfrac{2\,(l_2 + b)}{A}$

c) $l_1 = \dfrac{A \cdot b}{2 \cdot l_2}$ d) $l_1 = \dfrac{A \cdot b}{2} - l_2$

e) $l_1 = \dfrac{2 \cdot A}{b} - l_2$

T 9.3

| Welcher Wert für l_1 ist richtig?

a) 72 mm

b) 80 mm

c) 96 mm

d) 104 mm

e) 112 mm

T 10

| Der Durchmesser D eines Hydraulikkolbens beträgt 72 mm. Welchen Durchmesser d muss die Kolbenstange erhalten, wenn die wirksame Kolbenringfläche A = 3267 mm² sein soll?

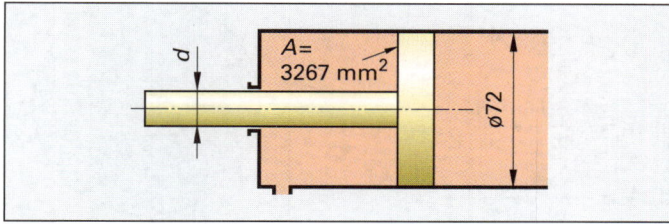

T 10.1

| Nach welcher Formel wird die Kolbenringfläche (Kreisringfläche) A berechnet?

a) $A = \dfrac{\pi \cdot D^2}{4} - d^2$ b) $A = \dfrac{\pi \cdot D^2}{4} + d^2$

c) $A = \dfrac{\pi \cdot d^2}{4} - D^2$ d) $A = \dfrac{\pi}{4}\,(D^2 - d^2)$

e) $A = \dfrac{\pi}{4}\,(D^2 + d^2)$

T 10.2

| Welche umgestellte Formel zur Berechnung des Kolbenstangendurchmessers d ist richtig?

a) $d = \dfrac{\pi}{4}\,\sqrt{D^2 - A}$ b) $d = \dfrac{4}{\pi}\,\sqrt{D^2 - A}$

c) $d = \sqrt{D^2 - \dfrac{4 \cdot A}{\pi}}$ d) $d = \sqrt{\dfrac{\pi \cdot D^2}{4} - A}$

e) $d = \sqrt{\dfrac{4 \cdot A}{\pi} - D^2}$

T 10.3

| Welcher, auf volle mm gerundete Wert ergibt sich für den Durchmesser d der Kolbenstange?

a) 28 mm   b) 32 mm

c) 34 mm   d) 58 mm

e) 56 mm

T 11

| Mit welcher Formel berechnet man das Volumen V eines Kegels der Grundfläche A und der Höhe h?

a) $V = 3 \cdot A \cdot h$ b) $V = 6 \cdot A \cdot h$

c) $V = A \cdot h$ d) $V = \dfrac{A \cdot h}{3}$

e) $V = 2 \cdot A \cdot h$

T 12 _____

Eine Kugel aus Kupfer mit einem Durchmesser $d = 30$ mm besitzt in der Mitte eine durchgehende Bohrung mit $d_1 = 8$ mm.
Wie groß sind das Volumen V und die Masse m der Kugel?
(Für die Länge l der Bohrung wird näherungsweise der Kugeldurchmesser d eingesetzt. Dichte des Kupfers: $\varrho = 8{,}9$ g/cm³)

T 12.1 _____

Nach welcher Formel wird das Volumen V der durchbohrten Kugel berechnet?

a) $V = \dfrac{\pi \cdot d^3}{4} - \dfrac{\pi \cdot d_1^2}{6} \cdot l$

b) $V = \dfrac{6 \cdot d^3}{\pi} - \dfrac{4 \cdot d_1^3}{\pi \cdot l}$

c) $V = \dfrac{4 \cdot d^3}{\pi} - \dfrac{d_1^2}{\pi \cdot 6} \cdot l$

d) $V = \dfrac{\pi \cdot d^2}{6} - \dfrac{d_1^2}{\pi \cdot 4} \cdot l$

e) $V = \dfrac{\pi \cdot d^3}{6} - \dfrac{\pi \cdot d_1^2}{4} \cdot l$

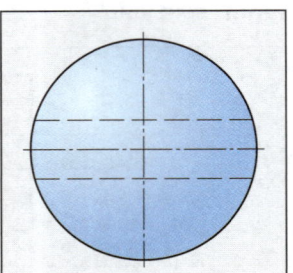

T 12.2 _____

Welches Ergebnis für das Volumen V ist richtig?

a) 4,56 cm³   b) 12,63 cm³
c) 34,28 cm³   d) 49,12 cm³   e) 20,2 cm³

T 12.3 _____

Nach welcher Formel wird die Masse m der Kugel berechnet?

a) $m = V + \varrho$ b) $m = V - \varrho$ c) $m = \dfrac{V}{\varrho}$

d) $m = V \cdot \varrho$ e) $m = \dfrac{\varrho}{V}$

T 12.4 _____

Welcher Wert ergibt sich für die Masse m in g?

a) 40,6 g   b) 112,40 g   c) 179,8 g
d) 305,1 g   e) 437,2 g

T 13 _____

Ein Auto legt eine Strecke $s = 70$ km in der Zeit $t = 35$ min zurück.
Wie groß ist die Geschwindigkeit v in km/h?

T 13.1 _____

Welche Formel dient zur Berechnung der Geschwindigkeit?

a) $v = \dfrac{s}{t}$

b) $v = \dfrac{t}{s}$

c) $v = t \cdot s$

d) $v = s - t$

e) $v = s + t$

T 13.2 _____

Welches Ergebnis ist richtig?

a) 100 km/h   b) 110 km/h
c) 120 km/h   d) 130 km/h
e) 140 km/h

T 14 _____

Ein Verbrennungsmotor mit einem Kolbenhub von 39 mm hat eine Drehzahl von 4200 1/min.

T 14.1 _____

Welche Formel dient zur Berechnung der mittleren Kolbengeschwindigkeit des Kurbeltriebs (Bild)?

a) $v_m = s \cdot n$

b) $v_m = \dfrac{s \cdot n}{2}$

c) $v_m = \dfrac{2 \cdot s}{n}$

d) $v_m = 2 \cdot s \cdot n$

e) $v_m = \dfrac{2 \cdot n}{s}$

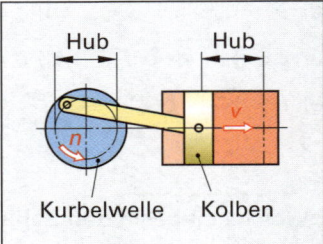

T 14.2 _____

Wie groß ist die mittlere Kolbengeschwindigkeit v_m in m/s?

a) $v_m = 2{,}73$ m/s   b) $v_m = 1{,}37$ m/s
c) $v_m = 5{,}46$ m/s   d) $v_m = 0{,}001$ m/s
e) $v_m = 3{,}59$ m/s

T 15 _____

Ein Kran hebt eine Maschine mit der Masse $m = 2242{,}6$ kg in der Zeit $t = 50$ s auf die Höhe $h = 4{,}5$ m.

T 15.1 _____

Welche Arbeit wird dabei verrichtet?

a) 22 000 J   b) 24 450 J
c) 26 500 J   d) 90 000 J
e) 99 000 J

T 15.2 _____

Wie groß ist die dabei wirksame Leistung am Lasthaken?

a) 0,530 kW   b) 1,800 kW
c) 1,900 kW   d) 1,980 kW
e) 20,000 kW

T 15.3 _____

Welche Leistung muss vom Antriebsmotor abgegeben werden, wenn der Wirkungsgrad η des Krans 0,7 beträgt?

a) 0,760 kW   b) 12,2 kW
c) 2,83 kW   d) 1,43 kW
e) 3,2 kW

T 16

Ein zweiseitiger Hebel (Bild) mit den Hebelarmen $l_1 = 65$ mm und $l_2 = 520$ mm wird am kurzen Hebelarm mit $F_1 = 8000$ N belastet.

Welche Kraft F_2 muss am langen Hebelarm wirken, um das Gleichgewicht herzustellen?

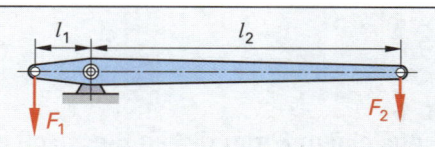

T 16.1

Welche Grundformel ist anzuwenden?

a) $F_2 \cdot l_1 = F_1 \cdot l_2$ b) $F_1 - l_1 = F_2 - l_2$

c) $F_1 \cdot l_1 = F_2 \cdot l_2$ d) $F_1 + l_1 = F_2 + l_2$

e) $\dfrac{F_1}{l_1} = \dfrac{F_2}{l_2}$

T 16.2

Welche nach F_2 umgestellte Formel ist richtig?

a) $F_2 = \dfrac{F_1 \cdot l_1}{l_2}$ b) $F_2 = \dfrac{F_1 \cdot l_2}{l_1}$ c) $F_2 = \dfrac{l_1 \cdot l_2}{F_1}$

d) $F_2 = \dfrac{F_1 \cdot l_1}{l_2}$ e) $F_2 = \dfrac{F_1}{l_1 + l_2}$

T 16.3

Welches Ergebnis für die Kraft F_2 ist richtig?

a) 120 N   b) 900 N   c) 1000 N

d) 1150 N   e) 1200 N

T 17

Das Sperrelement eines Druckbegrenzungsventils (Bild unten) wird mit einer Federkraft von 184,7 N geschlossen gehalten. Das kreisförmige Sperrelement hat eine beaufschlagte Fläche von 154 mm².

Bei welchem Druck öffnet das Ventil?

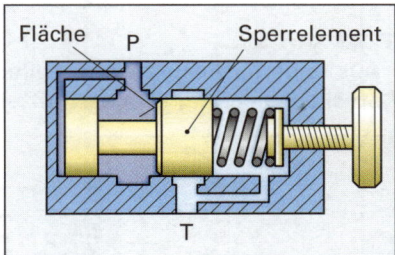

a) 8,3 bar
b) 9,3 bar
c) 11,5 bar
d) 12,0 bar
e) 14,7 bar

T 18

Ein Werkstück aus Stahl mit einer Länge von 100 mm hat kurz nach der Bearbeitung eine Temperatur von 40 °C. Wie groß ist der Messfehler, wenn es direkt nach der Bearbeitung mit einer Bügelmessschraube gemessen wird, die eine Temperatur von 20 °C hat?
Der thermische Längenausdehnungskoeffizient von Stahl ist: $\alpha_{St} = 0,000\,012/°C$

a) 0,018 mm   b) 0,024 mm

c) 0,038 mm   d) 0,048 mm

e) 0,056 mm

T 19

Es soll eine Riemenscheibe aus der Aluminium-Legierung EN AW-Al Si12(a) mit einem Durchmesser von 480 mm durch Gießen gefertigt werden.
Welchen Durchmesser muss das Gussmodell der Riemenscheibe haben, wenn das Schwindmaß der verwendeten Al-Legierung 1,25 % beträgt?

a) 470 mm   b) 474 mm

c) 486 mm   d) 494 mm

e) 496 mm

Festigkeitsberechnungen

T 20

Ein Rundstab aus S235JRG2 (St37-2) mit der Streckgrenze $R_e = 225$ N/mm² und einem Durchmesser von 26 mm soll bei 1,8facher Sicherheit auf Zug belastet werden.
Mit welcher maximalen Zugkraft F_{zul} darf der Rundstab belastet werden?

T 20.1

Welche Formel dient zur Berechnung der zulässigen Zugbelastung?

a) $F_{zul} = S \cdot v$ b) $F_{zul} = \dfrac{\pi \cdot d^2}{4} \cdot R_e$

c) $F_{zul} = \dfrac{S}{R_e}$ d) $F_{zul} = \dfrac{\pi \cdot d^2}{4} \cdot \dfrac{R_e}{v}$

e) $F_{zul} = \dfrac{S \cdot v}{R_e}$

T 20.2

Welches Ergebnis für F_{zul} ist richtig?

a) 25,8 kN   b) 66,4 kN

c) 88,4 kN   d) 180,1 kN

e) 230,7 kN

T 21

Auf den Kopf eines Schneidstempels mit der Fläche $A = 12$ mm x 18 mm wirkt die Schneidkraft $F = 21\,600$ N.

T 21.1

Welche Formel dient zur Berechnung der Flächenpressung p?

a) $p = F \cdot A$ b) $p = \dfrac{A}{F}$

c) $p = \dfrac{F}{A}$ d) $p = \dfrac{F \cdot A}{2}$

e) $p = F + A$

T 21.2

Welches Ergebnis für p ist richtig?

a) 10 N/mm²   b) 21,6 N/mm²

c) 100 N/mm²   d) 216 N/mm²

e) 1000 N/mm²

T 22

Eine runde Zugstange aus E295 (St 50-2) mit der Streckgrenze $R_e = 285$ N/mm² und einer Breite von 25 mm wird mit 30 kN auf Zug beansprucht. Es soll 2-fache Sicherheit vorliegen.

T 22.1

Wie lautet die Formel zur Berechnung der zulässigen Zugspannung?

a) $\sigma_{z\,zul} = \dfrac{R_e}{\nu}$ b) $\sigma_{z\,zul} = R_e \cdot \nu$

c) $\sigma_{z\,zul} = \dfrac{\nu}{R_e}$ d) $\sigma_{z\,zul} = \tau \cdot \nu$

e) $\sigma_{z\,zul} = \dfrac{\tau}{\nu}$

T 22.2

Wie groß ist die zulässige Zugspannung?

a) 80 N/mm²   b) 100 N/mm²
c) 142,5 N/mm²   d) 190 N/mm²
e) 500 N/mm²

T 22.3

Wie lautet die Formel zur Berechnung des erforderlichen Querschnitts?

a) $S = \dfrac{\sigma_{z\,zul}}{F}$ b) $S = \dfrac{F}{\sigma_{z\,zul} \cdot \nu}$

c) $S = F \cdot \sigma_{z\,zul}$ d) $S = \dfrac{F \cdot \nu}{\sigma_{z\,zul}}$

e) $S = \dfrac{F}{\sigma_{z\,zul}}$

T 22.4

Wie dick muss die Zugstange sein?

a) 2,5 mm   b) 8,42 mm
c) 9,6 mm   d) 12,30 mm
e) 14,1 mm

Berechnungen zur Fertigungstechnik

T 23

Für die Passung 90H7/j6 sind die Grenzabmaße für H7 = 0 µm und +35 µm, für j6 = +13 µm und –9 µm.

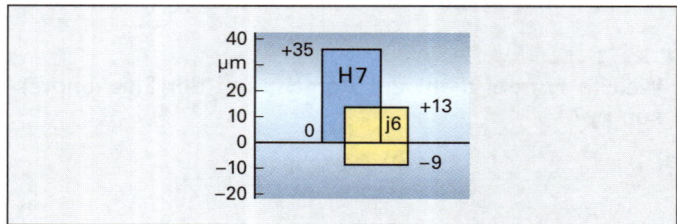

T 23.1

Wie groß ist das Höchstübermaß?

a) –9 µm   b) –13 µm
c) –22 µm   d) –35 µm
e) –44 µm

T 23.2

Wie groß ist das Höchstspiel?

a) 0   b) 9 µm
c) 13 µm   d) 44 µm
e) 48 µm

T 24

Aus einem 2 mm dicken Blech soll das gezeigte Winkelblech gefertigt werden.

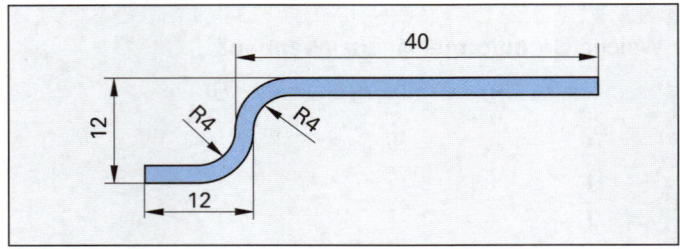

T 24.1

Wie groß ist der Ausgleichswert v in mm nach DIN 6935? (aus Tabellenbuch ermitteln)

a) 3,7   b) 4,2
c) 4,5   d) 4,9   e) 5,9

T 24.2

Wie lautet die Formel zur Berechnung der gestreckten Länge?

a) $L = a + b + c + n \cdot v$ b) $L = a + b - c - n \cdot v$
c) $L = a \cdot b \cdot c - n \cdot v$ d) $L = a - b + c + n \cdot v$
e) $L = a + b + c - n \cdot v$

T 24.3

Wie groß ist die gestreckte Länge?

a) 44 mm   b) 48,5 mm
c) 51 mm   d) 53,5 mm   e) 55 mm

T 25

Aus einem Blechstreifen sollen die gezeigten Formstücke zweireihig ausgeschnitten werden.

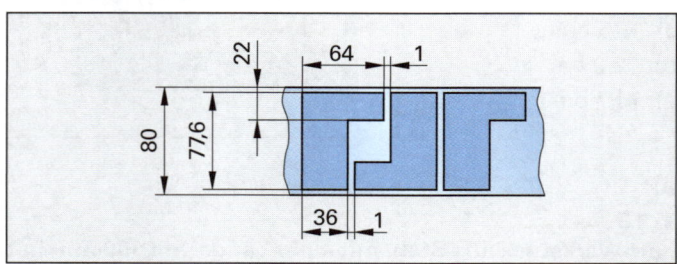

T 25.1

Wie groß ist der Streifenvorschub?

a) 65 mm   b) 102 mm
c) 104 mm   d) 128 mm   e) 130 mm

T 25.2

Wie groß ist der Ausnutzungsgrad?

a) 72,7%   b) 82,8%
c) 75,4%   d) 83,6%   e) 81,3%

T 26 _____

Wie hoch darf die Drehzahl n_s einer Schleifscheibe mit $d_s = 250$ mm sein, wenn die Schnittgeschwindigkeit $v_c = 30$ m/s nicht überschreiten darf?

T 26.1 _____

Nach welcher Formel wird die Schnittgeschwindigkeit v_c berechnet?

a) $v_c = \cdot d_s \cdot n_s$ b) $v_c = \dfrac{d_s}{\pi \cdot n_s}$

c) $v_c = \dfrac{\pi \cdot d_s}{n_s}$ d) $v_c = d_s + \pi \cdot n_s$

e) $v_c = \dfrac{\pi \cdot n_s}{d_s}$

T 26.2 _____

Wie ist die Formel nach n_s richtig umgestellt und wo sind die richtigen Zahlen eingesetzt?

a) $n_s = 1800$ m/min $\cdot \, \pi \cdot 0{,}25$ m

b) $n_s = \dfrac{1800 \text{ m/min}}{\pi \cdot 0{,}25 \text{ m}}$

c) $n_s = \dfrac{\pi \cdot 1800 \text{ m/min}}{0{,}25 \text{ m}}$

d) $n_s = \dfrac{1800 \text{ m/min}}{\pi + 0{,}25 \text{ m}}$

e) $n_s = \dfrac{1800 \text{ m/min} \cdot 0{,}25 \text{ m}}{\pi}$

T 26.3 _____

Wie groß ist die gerundete Drehzahl n_s in der Einheit 1/min?

a) 1440/min   b) 2292/min

c) 3920/min   d) 4000/min

e) 6400/min

T 27 _____

Ein Werkstück aus Stahlguss wird auf einer Drehmaschine bei einem Vorschub von 0,6 mm und einer Spanungstiefe von 3 mm mit einer Schnittgeschwindigkeit von 120 m/min gedreht. Der Wirkungsgrad der Maschine beträgt 70%, die spezifische Schnittkraft $k_c = 1800$ N/mm².

T 27.1 _____

Wie groß ist die Schnittleistung?

a) 4830 W   b) 5220 W

c) 5735 W   d) 6216 W

e) 6480 W

T 27.2 _____

Wie groß ist die Antriebsleistung des Motors?

a) 6216 W   b) 8190 W

c) 8822 W   d) 9257 W

e) 9863 W

T 28 _____

Eine kegelige Bohrung hat folgende Maße: $D = 52$ mm, $L = 125$ mm, $C = 1{:}20$.

T 28.1 _____

Welche Grundformel zur Berechnung der Verjüngung C ist richtig?

a) $C = \dfrac{D - L}{d}$ b) $C = \dfrac{D - d}{L}$

c) $C = \dfrac{d - L}{D}$ d) $C = \dfrac{L - d}{D}$

e) $C = \dfrac{D - d}{2 \cdot L}$

T 28.2 _____

Mit welcher Formel berechnet man den Durchmesser d, auf den höchstens vorgebohrt werden darf?

a) $d = \dfrac{D - L}{C}$ b) $d = D - 2 \cdot L \cdot C$

c) $d = D \cdot C + L$ d) $d = L - D \cdot C$

e) $d = D - C \cdot L$

T 28.3 _____

Welches Ergebnis für d ist richtig?

a) 51,86 mm   b) 48,8 mm

c) 45,75 mm   d) 42,6 mm

e) 39,5 mm

T 29 _____

An eine Welle mit $D = 24$ mm Durchmesser und einer Länge von $L_W = 300$ mm soll durch Reitstockverstellung ein Kegel mit einer Länge $L = 120$ mm und einem kleinen Durchmesser $d = 20$ mm gedreht werden (Bild).

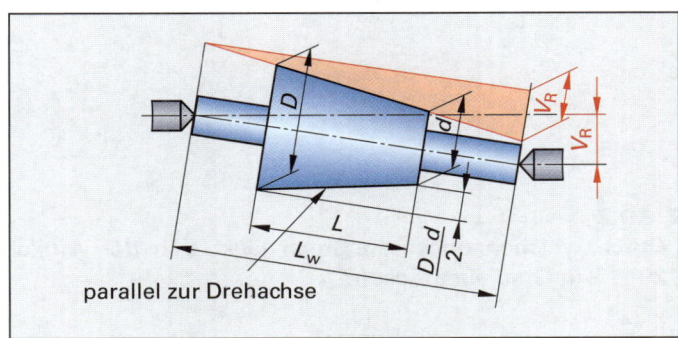

parallel zur Drehachse

T 29.1 _____

Wie groß ist die Kegelverjüngung C?

a) 1 : 27,3   b) 1 : 30

c) 1 : 40   d) 1 : 50

e) 1 : 54,5

T 29.2

Wie groß ist die Reitstockverstellung?

a) 0,8 mm b) 3,2 mm

c) 5 mm d) 5,5 mm

e) 8,8 mm

T 29.3

Wie lautet die Grundformel zur Berechnung der höchstzulässigen Reitstockverstellung $V_{R\,max}$?

a) $V_{R\,max} = \frac{C}{2} \cdot L_W$ b) $V_{R\,max} = \frac{L_W}{50}$

c) $V_{R\,max} = \frac{L_W}{25}$ d) $V_{R\,max} = \frac{C}{2} \cdot L$

e) $V_{R\,max} = \frac{C}{2} \cdot L \cdot L_W$

T 29.4

Wie groß ist die höchstzulässige Reitstockverstellung?

a) 4 mm b) 5 mm

c) 6 mm d) 7 mm e) 8 mm

T 30

In einer Welle sollen 2 Nuten, die um einen Winkel α = 29° 15′ zueinander versetzt sind, mit Hilfe des indirekten Teilens gefräst werden (Bild). Das Übersetzungsverhältnis des Teilkopfes ist i = 40 : 1; die Lochscheibe hat 15, 16, 17, 18, 19 und 20 Löcher.

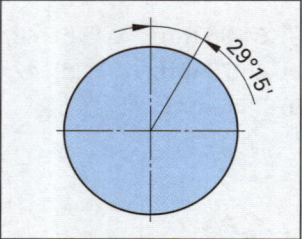

T 30.1

Welche Formel zum Berechnen der Teilkurbelumdrehungen n_K ist richtig?

a) $n_K = \frac{i}{360° \cdot \alpha}$ b) $n_K = \frac{360° \cdot \alpha}{i}$

c) $n_K = \frac{i}{\alpha}$ d) $n_K = \frac{\alpha}{9°}$

e) $n_K = \frac{9°}{\alpha}$

T 30.2

Durch welchen unechten Bruch lässt sich der Winkel 29° 15′ in Grad ausdrücken?

a) $\frac{82°}{3}$ b) $\frac{117°}{4}$

c) $\frac{146°}{5}$ d) $\frac{175°}{6}$ e) $\frac{233°}{8}$

T 30.3

Welche beiden Ergebnisse für n_K sind richtig?

a) $2\frac{5}{15}$ und $2\frac{6}{18}$ b) $2\frac{9}{18}$ und $2\frac{10}{20}$

c) $3\frac{12}{16}$ und $3\frac{15}{20}$ d) $3\frac{4}{16}$ und $3\frac{5}{20}$

e) $3\frac{3}{15}$ und $3\frac{4}{20}$

T 31

Eine Welle aus S235JRG2 (St 37-2) mit d = 40 mm und l = 1,2 m wird mit einer Drehzahl n = 318/min überdreht. Der Vorschub f je Umdrehung beträgt 0,8 mm.

T 31.1

Welche Formel dient zur Berechnung der Hauptnutzungszeit t_h?

a) $t_h = \frac{L \cdot f}{i \cdot n}$ b) $t_h = \frac{i \cdot n}{L \cdot f}$

c) $t_h = \frac{L \cdot i}{f \cdot n}$ d) $t_h = \frac{f \cdot i}{L \cdot n}$ e) $t_h = \frac{f \cdot n}{L \cdot i}$

T 31.2

Welche Hauptnutzungszeit wird für einen Schnitt benötigt?

a) 3 min b) 4,7 min

c) 6,5 min d) 8,5 min e) 8,7 min

T 32

In eine Welle ist eine geschlossene Nut für eine Passfeder (Form A, rundstirnig) von 70 mm Länge und 18 mm Breite zu fräsen (Bild). Die Wellennut ist 7 mm tief. Die Zustellung je Schnitt beträgt a = 0,5 mm und die Vorschubgeschwindigkeit v_f = 140 mm/min.

T 32.1

Wie groß ist der Fräsweg L?

a) 52 mm b) 61 mm

c) 70 mm d) 79 mm

e) 88 mm

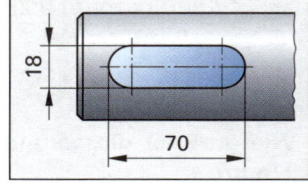

T 32.2

Welche Formel dient zur Berechnung der Hauptnutzungszeit t_h?

a) $t_h = L \cdot i \cdot v_f$ b) $t_h = \frac{L \cdot v_f}{i}$

c) $t_h = \frac{i \cdot v_f}{L}$ d) $t_h = \frac{v_f}{L \cdot i}$

e) $t_h = \frac{L \cdot i}{v_f}$

T 32.2

Welches Ergebnis für t_h ist richtig?

a) 0,2 min b) 0,37 min

c) 3,2 min d) 5,2 min e) 37,7 min

Berechnungen zu Maschinenelementen

T 33

Für ein Trapezgewinde errechnet sich der Kerndurchmesser d_3 des Bolzengewindes, wenn vom Außendurchmesser d die Steigung P und das doppelte Spitzenspiel a_c subtrahiert werden (Bild).

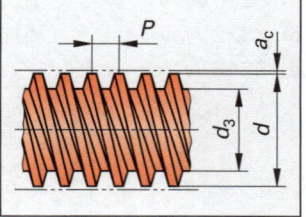

T 33.1

Wie lässt sich diese Aussage durch eine Formel ausdrücken?

a) $d_3 = d - P + 2 \cdot a_c$ b) $d_3 = d - (P + 2 \cdot a_c)$

c) $d_3 = d - 2 \cdot P \cdot a_c$ d) $d_3 = d - (P - 2 \cdot a_c)$

e) $d_3 = d - P - 2 - a_c$

T 33.2

Wie groß ist der Kerndurchmesser für das Trapezgewinde Tr 28 x 5 mit einem Spitzenspiel von $a_c = 0{,}25$ mm?

a) 17,5 mm   b) 19,25 mm

c) 20,5 mm   d) 22,5 mm   e) 23,5 mm

T 34

Die Gesamtübersetzung eines Riementriebes (Bild) mit doppelter Übersetzung soll 1:15 betragen.

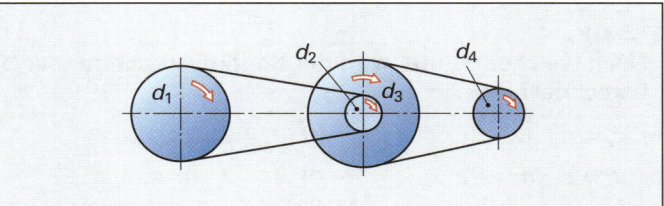

T 34.1

Welche Formel für das Gesamtübersetzungsverhältnis ist richtig?

a) $i = \dfrac{d_2 \cdot d_4}{d_1 \cdot d_3}$ b) $i = \dfrac{d_2 \cdot d_3}{d_1 \cdot d_4}$

c) $i = \dfrac{d_1 \cdot d_2}{d_3 \cdot d_4}$ d) $i = \dfrac{d_1 \cdot d_3}{d_2 \cdot d_4}$

e) $i = \dfrac{d_1 \cdot d_4}{d_2 \cdot d_3}$

T 34.2

Wie groß muss die letzte getriebene Scheibe d_4 sein, wenn $d_1 = 400$ mm, $d_2 = 100$ mm und $d_3 = 450$ mm ist?

a) 60 mm   b) 75 mm

c) 120 mm   d) 180 mm   e) 270 mm

T 35

Ein Zahnrädertrieb soll eine Abtriebsdrehzahl von $n_2 = 60$/min liefern. Die Drehzahl des treibenden Zahnrades ist $n_1 = 120$/min, seine Zähnezahl $z_1 = 40$ (Bild).

T 35.1

Wie lautet die Grundformel zur Berechnung des Zahnrädertriebes?

a) $n_1 : z_1 = z_2 : n_2$

b) $n_1 : n_2 = z_1 : z_2$

c) $n_1 \cdot z_2 = n_2 \cdot z_1$

d) $n_1 \cdot n_2 = z_1 \cdot z_2$

e) $n_1 \cdot z_1 = n_2 \cdot z_2$

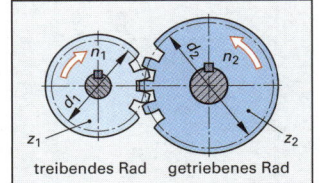

treibendes Rad   getriebenes Rad

T 35.2

Nach welcher umgestellten Formel wird z_2 berechnet?

a) $z_2 = \dfrac{n_1 \cdot z_1}{n_2}$ b) $z_2 = \dfrac{n_2 \cdot z_1}{n_1}$

c) $z_2 = \dfrac{n_1 \cdot n_2}{z_1}$ d) $z_2 = \dfrac{z_1}{n_1 \cdot n_2}$

e) $z_2 = \dfrac{n_1}{n_2 \cdot z_3}$

T 35.3

Welche Zähnezahl z_2 muss das Abtriebs-Zahnrad haben?

a) 20   b) 45

c) 60   d) 80   e) 90

T 36

Bei einem Zahnrädertrieb (Bild) mit doppelter Über $n_1 = 900$/min, das letzte getriebene Rad mit einer Drehzahl $n_4 = 120$/min. Das Übersetzungsverhältnis i_1 des ersten Räderpaares ist 2,5 : 1.

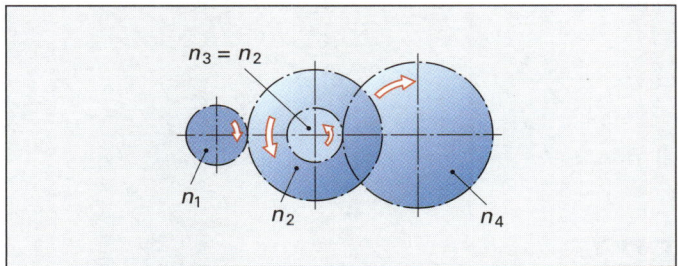

T 36.1

Nach welcher Formel wird das Gesamt-Übersetzungsverhältnis i berechnet?

a) $i = \dfrac{n_1}{n_4}$ b) $i = \dfrac{n_4}{n_1}$

c) $i = \dfrac{n_1}{n_4 \cdot i_1}$ d) $i = \dfrac{n_1 \cdot i_1}{n_4}$ e) $i = \dfrac{n_4 \cdot i_1}{n_1}$

T 36.2

Welcher Wert für i ist richtig?

a) 0,333 : 1   b) 3 : 1

c) 0,133 : 1   d) 7,5 : 1   e) 9 : 1

T 36.3

Nach welcher Formel berechnet man das Teilübersetzungsverhältnis i_2?

a) $i_2 = \dfrac{n_1}{n_4 \cdot i}$ b) $i_2 = \dfrac{n_1}{n_4}$

c) $i_2 = \dfrac{n_4}{n_1}$ d) $i_2 = \dfrac{i}{i_1}$

e) $i_2 = \dfrac{i_1}{i}$

T 36.4

Welches Ergebnis für i_2 ist richtig?

a) 0,333 : 1   b) 0,133 : 1

c) 1 : 1   d) 7,5 : 1   e) 3 : 1

T 37

Eine Schnecke mit $z_1 = 3$ Zähnen (Gängen) treibt ein Schneckenrad mit $z_2 = 96$ Zähnen (Bild). Das Schneckenrad soll eine Drehzahl $n_2 = 90$/min erhalten.

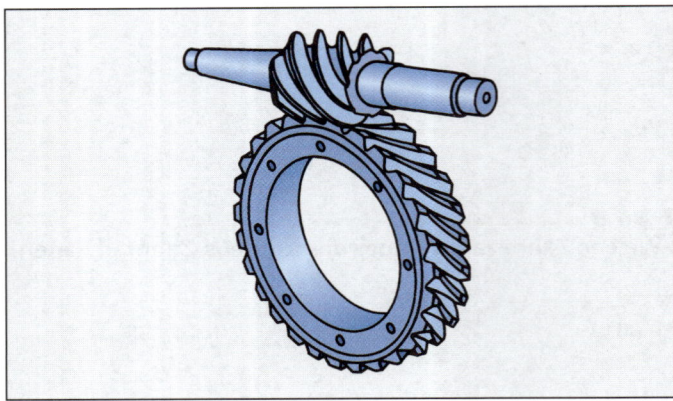

T 37.1

Nach welcher Formel wird die Drehzahl n_1 des Schneckentriebs berechnet?

a) $n_1 = \dfrac{n_2 \cdot z_2}{z_1}$　　　　　b) $n_1 = \dfrac{z_1 \cdot z_2}{n_2}$

c) $n_1 = \dfrac{n_2 \cdot z_1}{z_2}$　　　　　d) $n_1 = \dfrac{n_2}{z_1 \cdot z_2}$

e) $n_1 = \dfrac{z_2}{n_2 \cdot z_1}$

T 37.2

Wie groß muss die Drehzahl der Schnecke n_1 sein?

a) $2820\ \dfrac{1}{\min}$　　　　　b) $2880\ \dfrac{1}{\min}$

c) $3100\ \dfrac{1}{\min}$　　　　　d) $3200\ \dfrac{1}{\min}$

e) $3520\ \dfrac{1}{\min}$

T 37.3

Welche Formel dient zum Berechnen des Übersetzungsverhältnisses i?

a) $i = \dfrac{n_2}{n_1}$　　　　　b) $i = \dfrac{z_2}{z_1}$

c) $i = \dfrac{z_1}{z_2}$　　　　　d) $i = \dfrac{z_1 \cdot n_1}{z_2}$

e) $i = \dfrac{z_1 \cdot n_2}{z_2}$

T 37.4

Welcher Wert für i ist richtig?

a) 0,036 : 1　　　　b) 0,031 : 1
c) 9 : 1　　　　d) 28 : 1
e) 32 : 1

T 38

Ein Zahnrad mit $z = 48$ Zähnen und einem Kopfkreisdurchmesser von $d_a = 125$ mm soll gefräst werden (Bild).

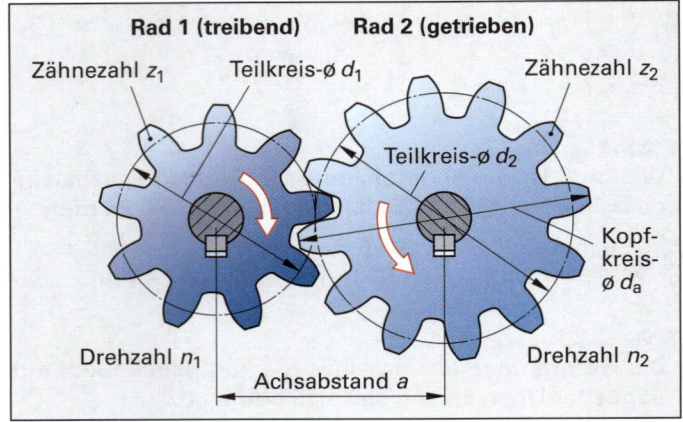

T 38.1

Nach welcher Formel wird der Kopfkreisdurchmesser d_a berechnet?

a) $d_a = m \cdot (z + 2)$　　　　b) $d_a = 2 \cdot (m + z)$

c) $d_a = z \cdot (m + 2)$　　　　d) $d_a = 2 \cdot m + z$

e) $d_a = 2 \cdot z + m$

T 38.2

Welche umgestellte Formel ergibt den Modul m?

a) $m = \dfrac{d_a - 2}{z}$　　　　b) $m = \dfrac{d_a + 2}{z}$

c) $m = \dfrac{d_a - z}{2}$　　　　d) $m = \dfrac{d_a}{z + 2}$

e) $m = \dfrac{z_2}{n_2 \cdot z_1}$

T 38.3

Nach welchem Modul ist das Zahnrad gefräst?

a) $m = 1,5$ mm　　　　b) $m = 2,5$ mm

c) $m = 3$ mm　　　　d) $m = 4$ mm

e) $m = 5$ mm

T 39

Zwei außenverzahnte Geradstirnräder, die nach Modul $m = 3$ mm gefräst sind, haben einen Achsabstand von $a = 135$ mm. Das erste Rad hat $z_1 = 36$ Zähne.

T 39.1

Nach welcher Formel wird der Achsabstand a berechnet?

a) $a = \dfrac{2 \cdot (z_1 + z_2)}{m}$　　　　b) $a = \dfrac{z_1 + z_2}{2\,m}$

c) $a = \dfrac{2 \cdot (z_1 + m)}{z_2}$　　　　d) $a = \dfrac{z_1\,(z_2 + 2)}{m}$

e) $a = \dfrac{m \cdot (z_1 + z_2)}{2}$

T 39.2

Welche umgestellte Formel dient zum Berechnen von z_2?

a) $z_2 = \dfrac{2 \cdot a}{m} - z_1$ b) $z_2 = \dfrac{2 \cdot z_1}{m} - a$

c) $z_2 = \dfrac{a - z_1}{2\,m}$ d) $z_2 = \dfrac{2 \cdot a}{z_1} - m$

e) $z_2 = \dfrac{2 \cdot (a - m)}{z_1}$

T 39.3

Welche Zähnezahl für z_2 ist richtig?

a) 27   b) 45
c) 54   d) 63
e) 72

Berechnungen zur Elektrotechnik

T 40

Ein Elektromotor, der aus dem Stromnetz eine Leistung von $P_1 = 0{,}8$ kW aufnimmt, treibt eine Ölpumpe an. Der Wirkungsgrad des Elektromotors beträgt $\eta_1 = 85\%$, der Pumpenwirkungsgrad $\eta_2 = 80\%$.

T 40.1

Welche Formel dient zur Berechnung der Abgabeleistung der Ölpumpe?

a) $P_2 = \dfrac{\eta_1}{\eta_2}$ b) $P_2 = P_1 \cdot \dfrac{\eta_2}{\eta_1}$

c) $P_2 = \dfrac{\eta_1}{P_1 \cdot \eta_2}$ d) $P_2 = P_1 \cdot \eta_1 \cdot \eta_2$

e) $P_2 = \dfrac{\eta_2}{P_1 \cdot \eta_1}$

T 40.2

Wie groß ist die Leistungsabgabe P_2 der Ölpumpe?

a) 0,362 kW   b) 0,544 kW
c) 0,753 kW   d) 0,850 kW
e) 0,986 kW

T 41

Im Heizdraht eines Glühofens fließt bei einer Netzspannung von 230 V ein Strom von 10 A.

T 41.1

Wie groß ist der Widerstand?

a) 230 Ω   b) 23 Ω
c) 2,3 Ω   d) 0,23 Ω
e) 0,043 Ω

T 41.2

Welche Leistung nimmt der Heizdraht auf?

a) 2,3 kW   b) 23 kW
c) 0,23 kW   d) 230 kW
e) 2300 kW

T 42

Ein Elektromotor hat das gezeigte Leistungsschild.

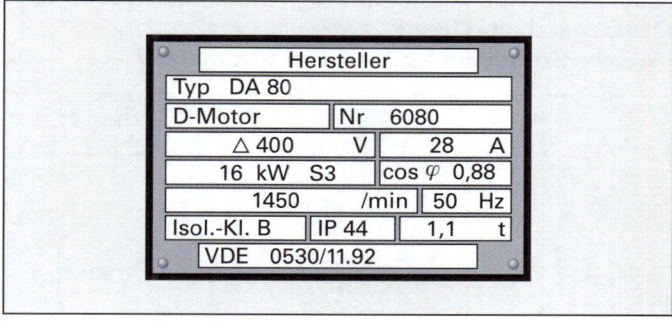

Hersteller		
Typ DA 80		
D-Motor	Nr	6080
△ 400 V		28 A
16 kW S3		cos φ 0,88
1450	/min	50 Hz
Isol.-Kl. B	IP 44	1,1 t
VDE 0530/11.92		

T 42.1

Welche Angabe des Leistungsschilds ist *falsch* übertragen?

a) $U = 400$ V   b) $I = 28$ A
c) $P = 18$ kW   d) $\cos \varphi = 0{,}88$
e) $n = 1450$ /min

T 42.2

Wie groß ist die vom Stromnetz aufgenommene Leistung?

a) 17,07 kW   b) 12,98 kW
c) 9,86 kW   d) 14,86 kW
e) 29,57 kW

T 42.3

Welchen Wirkungsgrad hat der Elektromotor?

a) 84 %   b) 96 %
c) 86 %   d) 90 %
e) 94 %

T 43

In dem gezeigten Stromkreis mit der Spannung $U = 230$ V und dem Widerstand $R_1 = 250\ \Omega$ soll ein Strom mit der Stromstärke $I = 1{,}5$ A fließen.

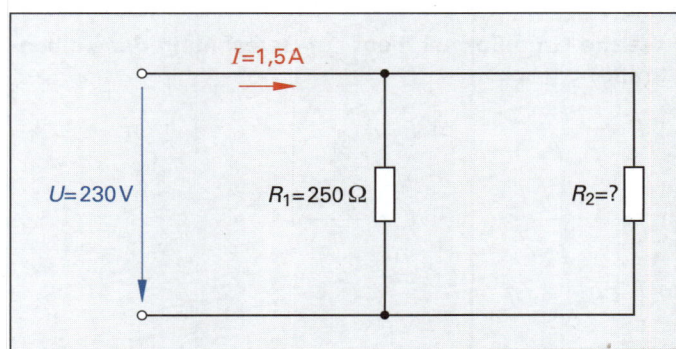

T 43.1

Welchen Gesamtwiderstand haben die parallel geschalteten Widerstände?

a) 6,5 Ω   b) 460 Ω
c) 92 Ω   d) 153,3 Ω   e) 230 Ω

T 43.2

Welchen Widerstand hat R_2?

a) 96 Ω   b) 396 Ω
c) 196 Ω   d) 296 Ω   e) 420 Ω

T 44

In einem Stromkreis mit der anliegenden Spannung 42 V sind zwei Widerstände mit $R_1 = 50\ \Omega$ und $R_2 = 70\ \Omega$ in Reihe geschaltet (Bild).
Welche Stromstärke herrscht im Stromkreis?

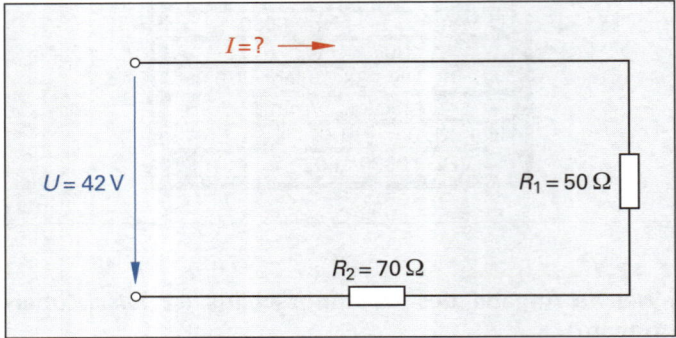

a) 0,84 A   b) 1,24 A

c) 0,35 A   d) 3,50 A   e) 0,60 A

Berechnungen zur Automatisierungstechnik

Hydraulik und Pneumatik

T 45

Ein doppeltwirkender Pneumatikkolben mit einem Außendurchmesser von 50 mm und einem Kolbenstangendurchmesser von 20 mm wird bei einem Überdruck von 6 bar und einem Wirkungsgrad von 80% betrieben.

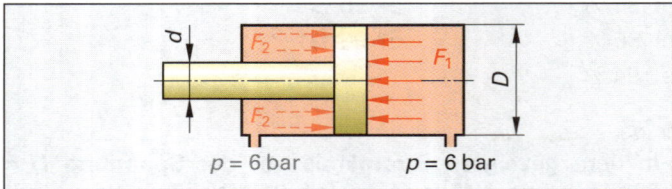

T 45.1

Welche Grundformel dient zur Berechnung der Kolbenkräfte?

a) $F = \dfrac{\eta}{A \cdot p_e}$ b) $F = \dfrac{p_e \cdot A}{\eta}$

c) $F = \dfrac{p_e \cdot \eta}{A}$ d) $F = \dfrac{p_e \cdot A}{\eta}$

e) $F = p_e \cdot A \cdot \eta$

T 45.2

Wie groß ist die Kolbenkraft F_1?

a) 724 N   b) 896 N

c) 942 N   d) 1024 N

e) 1178 N

T 45.3

Wie groß ist die Rückzugskraft F_2?

a) 775 N   b) 792 N

c) 935 N   d) 1025 N

e) 1200 N

T 46

Eine hydraulische Presse hat einen Pumpkolben mit einer Fläche von 6,4 cm² und einen Presskolben mit einer Fläche von 286 cm² (Bild).

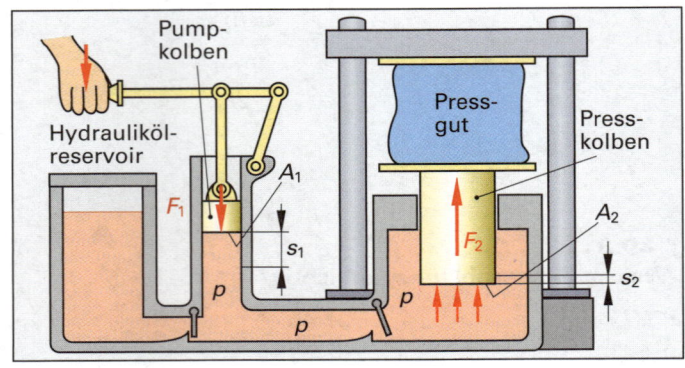

T 46.1

Welche Formel dient zur Berechnung der Kolbenkräfte?

a) $\dfrac{F_1}{F_2} = \dfrac{A_2}{A_1}$ b) $\dfrac{F_2}{F_1} = A_2 \cdot A_1$

c) $F_1 \cdot F_2 = A_1 \cdot A_2$ d) $\dfrac{F_2}{F_1} = \dfrac{A_2}{A_1}$ e) $\dfrac{F_1}{F_2} = A_1 \cdot A_2$

T 46.2

Mit welcher Kraft muss am Pumpkolben gedrückt werden, um am Presskolben eine Kraft von 1400 N zu erzeugen?

a) 31,3 N   b) 62,6 N

c) 24,1 N   d) 56,8 N   e) 82,6 N

Logische Verknüpfungen

T 47

Der Antriebsmotor (A) eines Montagebandes soll wahlweise durch je einen Tastschalter an den beiden Enden des Montagebandes (E1, E2(und von einem Leitstand aus (E3) eingeschaltet werden können (Bild).

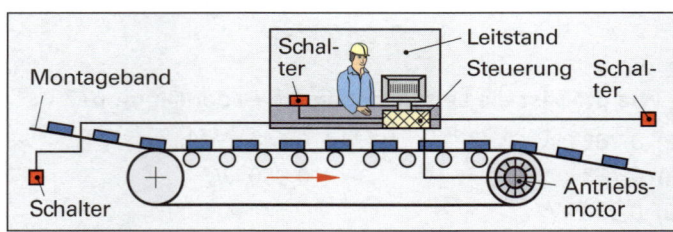

Welches Schaltzeichen zeigt die geeignete Verknüpfung der Steuerung?

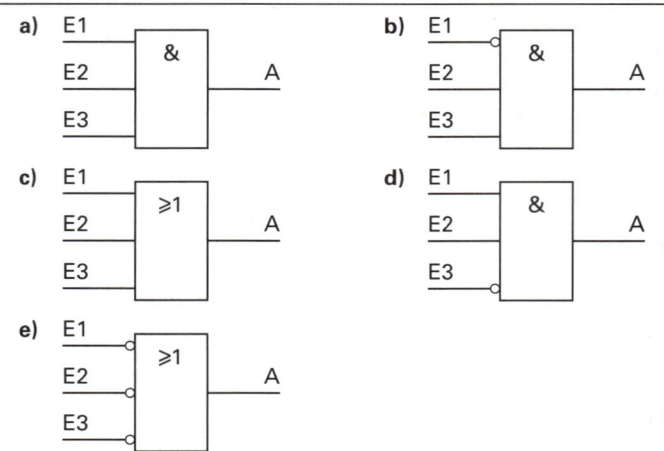

Berechnungen zur CNC-Technik

T 48

An der abgebildeten Welle soll eine Fase vom Punkt P_1 nach P_2 angedreht werden.
Wie lauten die Koordinaten im Absolutmaß für den Punkt P_1? (X ≙ Durchmesser)

a) X 0 Z 0

b) X 0 Z – 12

c) X – 36 Z 0

d) X – 24 Z – 12

e) X – 60 Z – 12

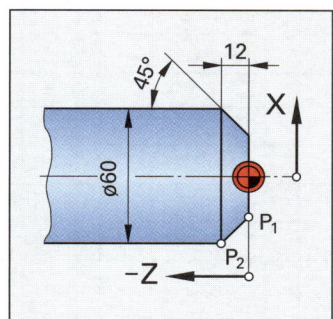

T 49

Das gezeigte Werkstück soll auf einer CNC-Dreh-maschine gefertigt werden.

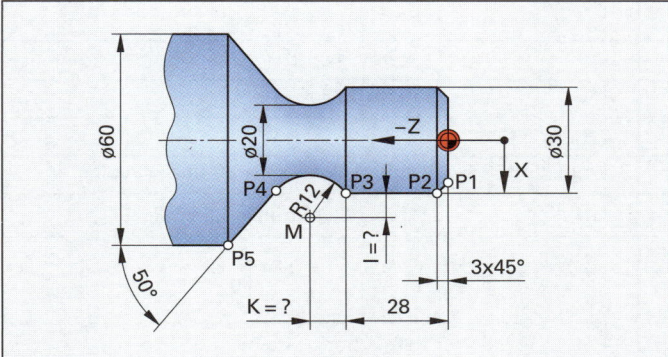

T 49.1

Wie lauten die Koordinaten im Absolutmaß für den Punkt P_4? (X ≙ Durchmesser)

a) X 25 Z – 45,4   b) X 25,6 Z – 447

c) X 28,6 Z – 46,9   d) X 29,3 Z – 44,2

e) X 30 Z – 42,7

T 49.2

Wie lauten die Koordinaten I und K des Mittelpunktes M für den Radius R12?

a) I 5 K – 12

b) I 7 K – 9,7

c) I 7,7 K – 7,7

d) I 9,2 K – 7

e) I 12 K – 5

T 50

Das gezeigte Werkstück (Bild rechts oben) soll auf einer CNC-Drehmaschine gefertigt werden.
Zur Erstellung des Programms sind für die Punkte P1 bis P5 die Koordinatenmaße im Inkrementalmaß anzuge-ben.
Welcher Punkt wurde falsch berechnet?

a) P1: X 19 Z 0

b) P2: X – 4 Z – 20

c) P3: X 0 Z – 22

d) P4: X – 6 Z 0

e) P5: X 0 Z 13

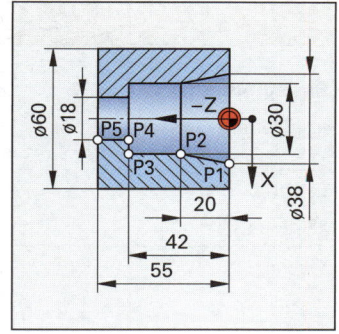

T 51

Das gezeigte Werkstück soll auf einer CNC-Fräsmaschine gefertigt werden.

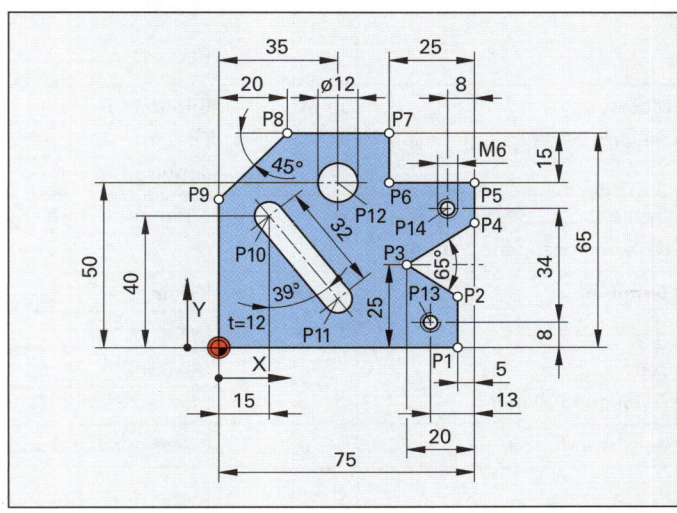

T 51.1

Wie lauten die Koordinaten im Absolutmaß für den Punkt P6?

a) X 25 Y 50   b) X 50 Y 50

c) X 50 Y 55   d) X 55 Y – 15

e) X 30 Y 50

T 51.2

Wie lauten die Koordinaten im Absolutmaß für den Punkt P9?

a) X 0 Y 45   b) X 0 Y 50

c) X 0 Y 55   d) X 20 Y 45

e) X 20 Y 50

T 51.3

Wie lauten die Koordinaten im Absolutmaß für den Punkt P11?

a) X 35,1 Y 15,1   b) X 39,9 Y 14,1

c) X 39,9 Y 19,9   d) X 40,9 Y 14,1

e) X 40,9 Y 15,1

T 51.4

Wie lauten die Koordinaten im Absolutmaß für den Punkt P2?

a) X 70 Y 9,6   b) X 70 Y 12,3

c) X 70 Y 12,7   d) X 70 Y 15,4

e) X 70 Y 16,9

Tabelle: Physikalische Größen und Einheiten im Messwesen (SI-Einheiten)				
Basisgrößen abgeleitete Größen	Formel- zeichen nach DIN 1304	**Basiseinheiten** und abgeleitete Einheiten		Beziehung
		SI-Einheiten Name	DIN 1301 Einheiten- zeichen	
Länge Weglänge (Weg)	l s	**Meter**	**m**	1 m = 10 dm = 100 cm = 1000 mm
Fläche	A, S	Quadratmeter	m²	1 m² = 10 000 cm² = 1 000 000 mm²
		Ar	a	1 a = 100 m²
		Hektar	ha	1 ha = 100 a = 10 000 m²
Volumen	V	Kubikmeter	m³	1 m³ = 1000 dm³ = 1 000 000 cm³
		Liter	l	1 l = 1 dm³ = 0,001 m³
ebener Winkel (Winkel)	$\alpha, \beta, \gamma \dots$	Grad	°	1° = 60′ = 3600″
		Minute, Sekunde	′ ; ″	1′ = 1°/60 = 60″; 1″ = 1′/60 = 1°/3600
		Radiant	rad	$1\ \text{rad} = \dfrac{180°}{\pi} = 57{,}29578°$
Masse, Gewicht als Wägeergebnis	m	**Kilogramm**	**kg**	1 kg = 1000 g
		Gramm	g	1 g = 0,001 kg
		Tonne	t	1 t = 1000 kg
Dichte (volumenbezogene Masse)	ϱ	Kilogramm durch Kubikmeter	kg/m³	1000 kg/m³ = 1 t/m³ = 1 kg/dm³ = 1 g/cm³
Temperatur	T, Θ t, ϑ	**Kelvin**	**K**	0 K ≙ – 273 °C
		Grad Celsius	°C	0 °C ≙ 273 K
Zeit, Zeitspanne, Dauer	t	**Sekunde**	**s**	
		Minute, Stunde, Tag	min, h, d	1 min = 60 s; 1 h = 60 min = 3600 s
Geschwindigkeit	v, u	Meter durch Sekunde	m/s	1 m/s = 60 m/min = 3,6 km/h
Beschleunigung Fallbeschleunigung	a g	Meter durch Sekunde im Quadrat	m/s²	$g = 9{,}81\ \dfrac{\text{m}}{\text{s}^2} = 9{,}81\ \dfrac{\text{N}}{\text{kg}}$
Frequenz	f, ν	Hertz	Hz	1 Hz = 1 s⁻¹ = 1/s
Umdrehungsfrequenz Drehzahl	n	Sekunde hoch minus 1 Minute hoch minus 1	s⁻¹ min⁻¹	1 s⁻¹ = 1/s = 60/min 1 min⁻¹ = 1/min = 1/60 s
Kraft	F	Newton	N	$1\ \text{N} = 1\ \text{kg} \cdot \dfrac{1\ \text{m/s}}{1\ \text{s}} = 1\ \dfrac{\text{kg} \cdot \text{m}}{\text{s}^2}$
Gewichtskraft, Reibungskraft	$F_\text{G}, G, F_\text{R}$			
Drehmoment	M	Newton mal Meter	N · m	1 N · m = 1 N · 1 m
Druck	p	Pascal	Pa, hPa	1 Pa = 1 N/m²; 1 hPa = 100 Pa = 1 mbar
		Bar	bar	1 bar = 100 000 N/m² = 10 N/cm²
Mechanische Spannung	σ τ	Newton durch Quadrat- millimeter	N/mm²	1 N/mm² = 1 MN/m²
Mechanische Energie, Arbeit Wärmemenge	E, W Q	Joule Joule	J J	1 J/s = 1 N · m/s = 1 W
Mechanische Leistung	P	Joule/Sekunde	J/s	1 J/s = 1 N · m/s = 1 W
Elektrische Stromstärke	I	**Ampere**	**A**	
Elektrische Spannung	U	Volt	V	1 V = 1 W/1 A
Elektrischer Widerstand	R	Ohm	Ω	1 Ω = 1 V/1 A
Elektrische Arbeit	W	Wattsekunde	W/s	1 Ws = 0,2778 · 10⁻⁶ kWh
		Kilowattstunde	kW/h	1 kWh = 3 600 000 Ws = 1 MJ
Elektrische Leistung	P	Watt	W	1 W = 1 A · V; 1 kW = 1000 W
Stoffmenge (Rechengröße der Chemie)	n	**Mol**	**mol**	1 mol entspricht rund 6 · 10²³ Atome bzw. Moleküle eines Stoffes
Lichtstärke	I_v	**Candela**	**cd**	Entspricht etwa dem Licht einer Kerze

Bemerkung	Formel-zeichen nach DIN 1304	Nicht mehr zugelassene Einheiten		
		Einheit	Einheiten-zeichen	Umrechnung in SI-Einheiten
	l	Angström	Å	$1\,\text{Å} = 10^{-10}\,\text{m}$
	s	Zoll	″	$1'' \mathrel{\widehat{=}} 25{,}4\,\text{mm}$
Zeichen S nur für Querschnittsflächen	A, S			
Die Einheit Ar nur für Flächen von Grundstücken				
Meist für Flüssigkeiten und Gase	V			
1 rad ist der Winkel, der in einem Kreis mit 1 m Radius einen Bogen von 1 m Länge besitzt.	$\alpha, \beta, \gamma \ldots$	Neugrad Neuminute Neusekunde	g c cc	$1^g = \dfrac{\pi}{200}\,\text{rad}$ $1^c = 1^g/100$ $1^{cc} = 1^c/100$
Gewicht im Sinne eines Wägeergebnisses oder eines Wägestückes ist eine Größe von der Art der Masse (Einheit kg).	m	Pfund Zentner Doppelzentner		1 Pfund = 0,5 kg 1 Zentner = 50 kg 1 Doppelzentner = 100 kg
Die Dichte ist eine vom Ort unabhängige Größe.	ϱ			
Kelvin (K) und Grad Celsius (°C) werden für Temperaturen und Temperaturdifferenzen verwendet.	T, Θ t, ϑ	Grad Grad Kelvin	grd °K	1 grd = 1 K 1 °K = 1 K
3 h bedeutet eine Zeitspanne (3 Stunden) 3^h bedeutet einen Zeitpunkt (3 Uhr)	t			
	v, u			
Formelzeichen g nur für die Fallbeschleunigung	a g			
1 Hz $\mathrel{\widehat{=}}$ 1 Schwingung in 1 Sekunde	f, ν			
	n			
Die Kraft 1 N bewirkt bei Einwirkung auf die Masse 1 kg in 1 s eine Geschwindigkeit von 1 m/s.	F F_G, G M	Kilopond Pond Kilopondmeter	kp p kp · m	**1 kg** = 9,81 N ≈ **10 N** 1 p = 0,00981 N ≈ 0,01 N 1 kp · m ≈ 10 N · m
Unter Druck versteht man die Kraft je Flächeneinheit. Für Überdruck wird das Formelzeichen p_e verwendet, für den atmosphärischen Luftdruck das Zeichen p_{amb}.	p σ τ	techn. Atmosphäre Torr Kilopond je Milli-meter hoch zwei	at Torr kp/mm²	1 at = 0,981 bar **1 at** ≈ **1 bar** 1 Torr = 1 mmHg = 1,33 mbar 1 kp/mm² ≈ 10 N/mm²
Joule für jede Energieart, kWh bevorzugt für elektrische Energie.	W Q P	Kilopondmeter Kilokalorie Pferdestärke	kp · m kcal PS	**1 kg · m** = 9,81 J ≈ **10 J** **1 kcal** = 4186,8 J ≈ **4,2 kJ** 1 PS = 736 W = 0,736 kW
	I			
	U			
	R			
1 mol Sauerstoff (O_2) wiegt 32,000 g, 1 mol Eisen (Fe) wiegt 55,847 g	n			
	I_v	Kerze (Neue Kerze)	K	1 K $\mathrel{\widehat{=}}$ 1 cd

Teil III   Aufgaben zur technischen Kommunikation

1 Fragen zur technischen Kommunikation am Lernprojekt Laufrollenlagerung

Hinweis: Die Fragen der Seiten 305 bis 308 beziehen sich auf die unten dargestellte Laufrollenlagerung.

LERNPROJEKT: Laufrollenlagerung

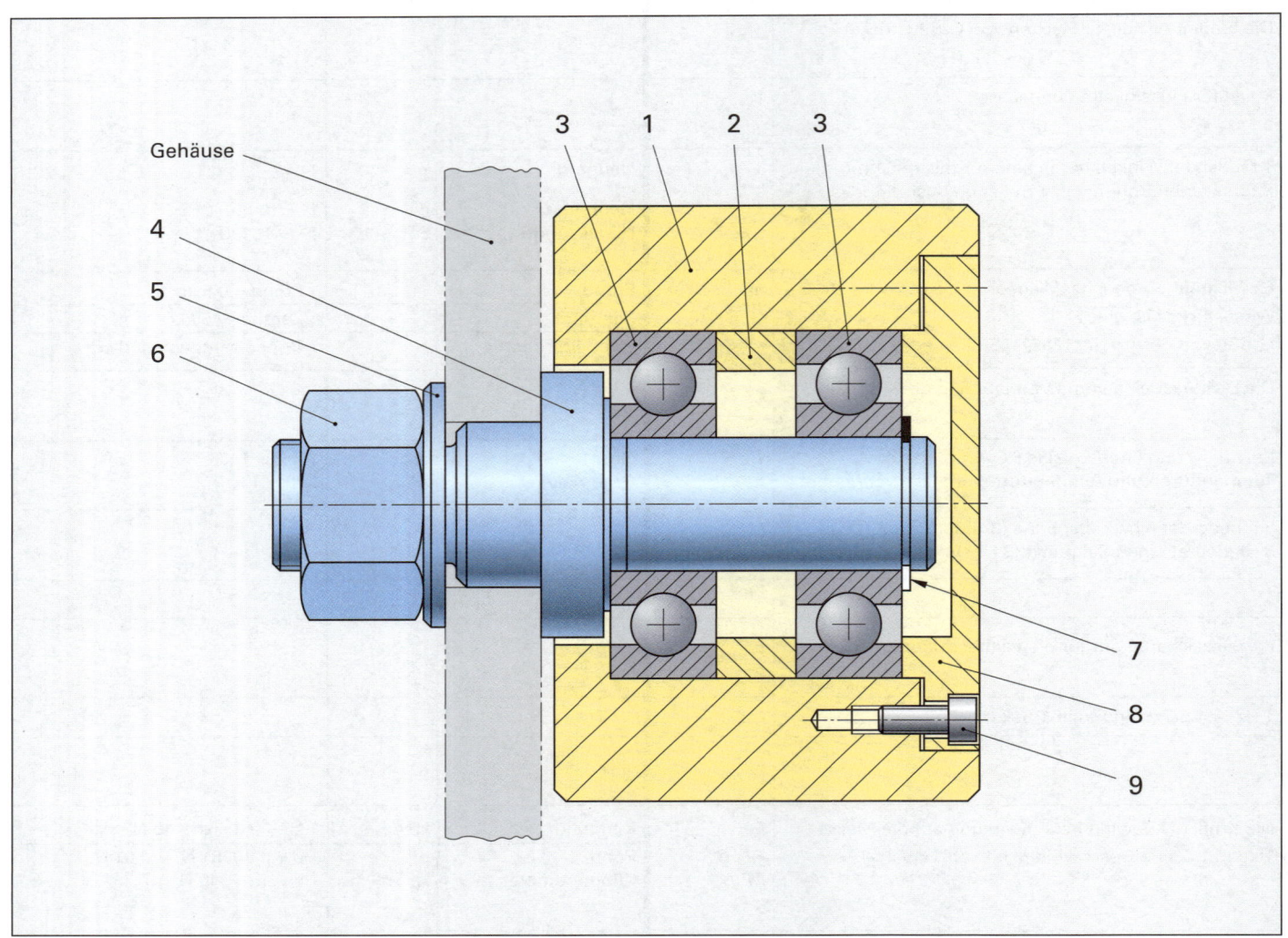

Pos.-Nr.	Menge/ Einheit	Benennung	Werkstoff/ Normkurzbezeichnung	Bemerkung/ Rohteilmaße
1	1	Laufrolle	C45E	Rd 95x66
2	1	Abstandsring	E235+C	Rohr – 55xID39 – EN10305-1 – E235+C
3	2	Rillenkugellager	DIN 625 – 6304 – 2RS	–
4	1	Bundbolzen	E295	Rd 50x110
5	1	Scheibe	ISO 7090 – 20 – 200 HV	–
6	1	Sechskantmutter	ISO 8673 – M20x1,5 – 8	–
7	1	Sicherungsring	DIN 471 – 20x1,2	–
8	1	Lagerdeckel	E295	Rd 85x20
9	4	Zylinderschraube	ISO 4762 – M4x10 – 8.8	–

Hinweise: Zum Bearbeiten der Aufgaben zum Lernprojekt können das Fachkundebuch, Informationsbände zur Technischen Kommunikation, das Tabellenbuch und der Taschenrechner verwendet werden.
Die Zeichnungen sind nicht maßstäblich.

1 _____

Erläutern Sie die Normbezeichnung für die Sechskant-mutter Pos. 6 (Stückliste S. 304).

ISO 8673 : Normblatt-Nummer

M20x1.5 : Feingewinde mit 20 mm Außendurchmesser und 1,5 mm Steigung

8 : Festigkeitsklasse 8

2 _____

Wie groß sind folgende Abmessungen der Rillenkugel-lager Pos. 3: Breite, Außendurchmesser, Innendurch-messer?

Die Rillenkugellager haben nach Tabellenbuch folgende Abmessungen:

Breite : 15 mm
Außendurchmesser : 52 mm
Innendurchmesser : 20 mm

3 _____

Welche Ringe der Rillenkugellager müssen Umfangslast, welche Punktlast aufnehmen? Begründen Sie Ihre Antwort.

Umfangslast liegt vor, wenn bei einer Umdrehung des Lagers jeder Punkt der Laufringbahn einmal belastet wird. Dies ist bei der Laufrollenlagerung der Außenring. Der Innenring muss somit Punktlast aufnehmen.

4 _____

Welche Toleranzklasse erhält die Bohrung der Laufrolle Pos. 1 zur Aufnahme der Lager, wenn der Toleranzgrad 7 betragen soll und die Belastung der Laufrolle „niedrig" ist?

Bei niedriger Belastung und vorgeschriebenem Toleranz-grad 7 erhält die Bohrung die Toleranzklasse J7.

5 _____

Bestimmen Sie Höchstspiel und Höchstübermaß für das Fügen der Laufrolle Pos. 1 mit dem Rillenkugellager Pos. 3, wenn für die Außenringe Pos. 3 das Grundabmaß 0 und die Toleranz 13 μm betragen.

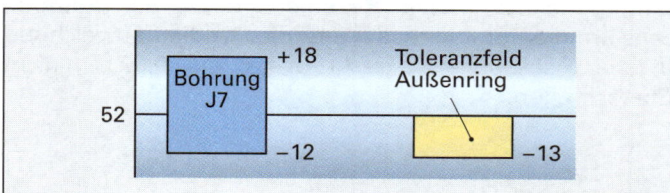

$P_{SH} = G_{oB} - G_{uW} = 52{,}018 \text{ mm} - 51{,}987 \text{ mm}$

$P_{SH} = 0{,}031 \text{ mm}$

$P_{ÜH} = G_{uB} - G_{oW} = 51{,}988 \text{ mm} - 52{,}000 \text{ mm}$

$P_{ÜH} = -0{,}012 \text{ mm}$

6 _____

Skizzieren Sie den Freistich (Form E) des Bundbolzens im Bereich des linken Rillenkugellagers. Bestimmen Sie die Breite f, die Tiefe t_1 und den Radius r (übliche Bean-spruchung). Tragen Sie die Maße und die zugehörigen Toleranzen in die Skizze ein und geben Sie die Norm-bezeichnung des Freistichs an.

Nach Tabellenbuch betragen:
$f = 2{,}5 + 0{,}2 \text{ mm}$; $r = 0{,}8 \text{ mm}$; $t_1 = 0{,}3 + 0{,}1 \text{ mm}$

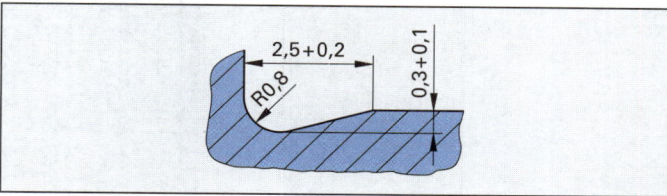

Die Normbezeichnung des Freistichs lautet.
DIN 509 – E0,8x0,3

7 _____

Skizzieren Sie den Bundbolzen Pos. 4 im Bereich des Ein-stichs für die Nut des Sicherungsrings Pos. 7 und tragen Sie die Nutbreite m, den Nutdurchmesser d_2 und den Mindestabstand der Nut von der rechten Planfläche des Bundbolzens Pos. 4 ein. Die Anfasung der Bundbolzen beträgt 1,5x45°, die Toleranzklasse für den Nutdurch-messer h11.

Nach Tabellenbuch beträgt die Nutbreite
$m = 1{,}3$ H13,
der Mindestabstand der Nut bis zur Fase
$n = 1{,}5$ mm.

Damit muss die Nut mindestens 3 mm von der Planfläche entfernt liegen.

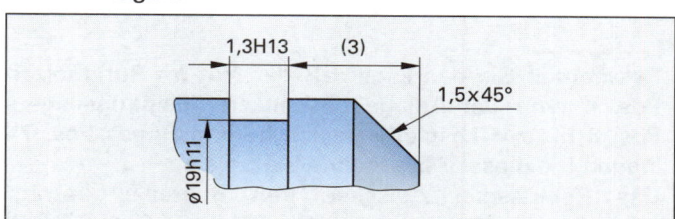

8 _____

Das Gewinde M20x1,5 am Bundbolzen Pos. 4 besitzt einen Gewindefreistich nach DIN 76-A. Tragen Sie den Durchmesser und die Länge des Gewindefreistichs in eine Skizze ein.

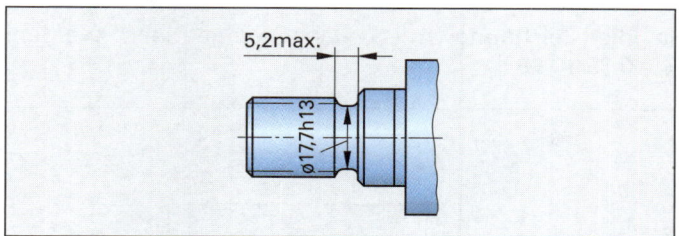

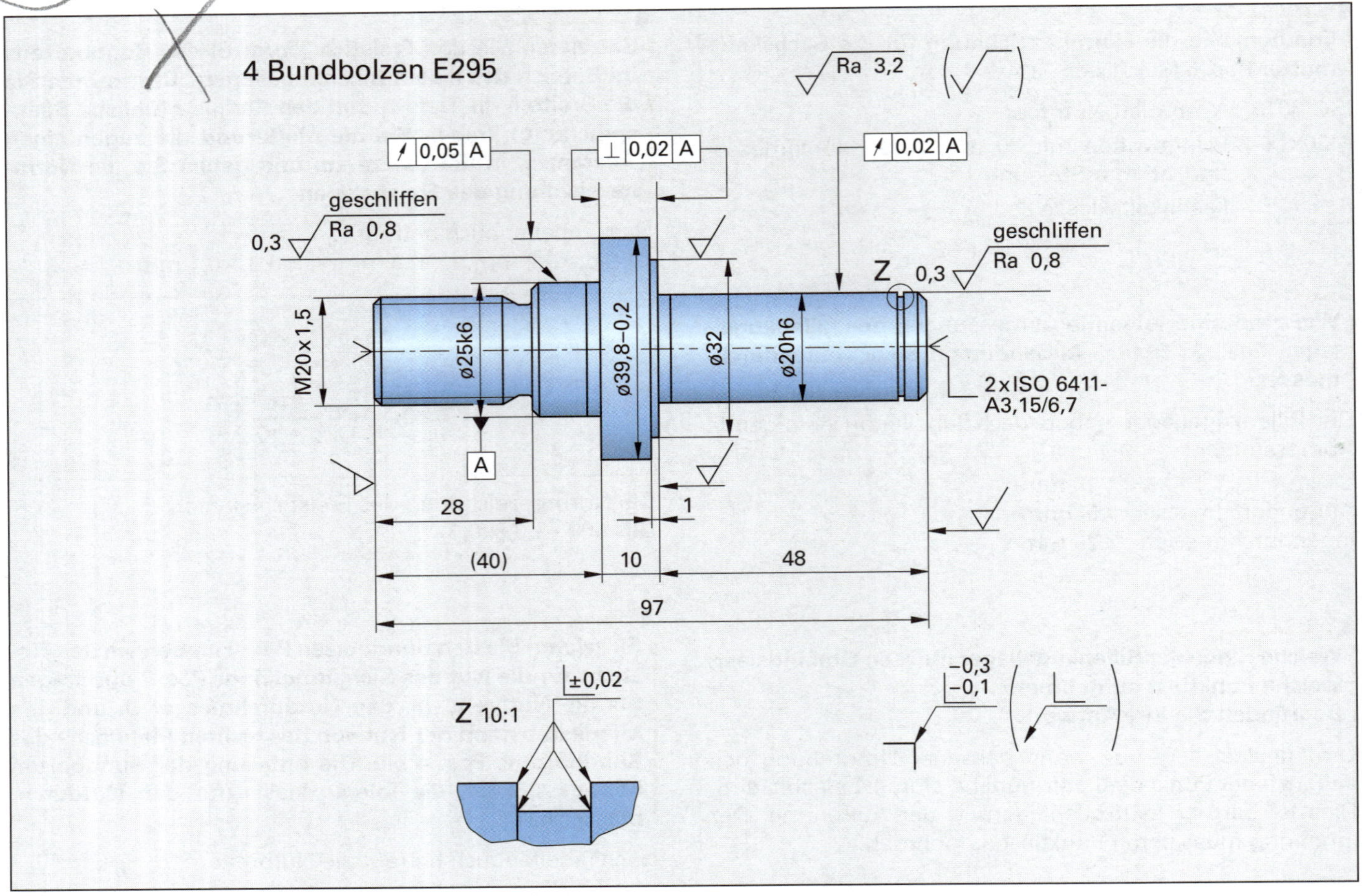

4 Bundbolzen E295

$\sqrt{Ra\ 3,2}$ $\left(\sqrt{}\right)$

$\boxed{\nearrow\ 0,05\ A}$ $\boxed{\perp\ 0,02\ A}$ $\boxed{\nearrow\ 0,02\ A}$

geschliffen
$0,3\ \sqrt{Ra\ 0,8}$

geschliffen
Z $0,3\ \sqrt{Ra\ 0,8}$

M20x1,5   ⌀25k6   ⌀39,8−0,2   ⌀32   ⌀20h6

2×ISO 6411-
A3,15/6,7

$\boxed{A}$

28   1

(40)   10   48

97

Z 10:1 $\boxed{\pm 0,02}$

−0,3
−0,1

9

Bestimmen Sie das Lagemaß der Nut im Bundbolzen Pos. 4 (von der Anlage des linken Rillenkugellagers Pos. 3 bis zur Lastseite des Sicherungsringes Pos. 7). Tragen Sie dieses Maß in eine Skizze ein.

Das Höchstspiel zwischen den Bauteilen beträgt +0,1 mm, das Mindestspiel 0. Die Größe der Toleranz soll 0,1 mm betragen. Die Breitentoleranz der Rillenkugellager wird vernachlässigt, die Breite des Abstandsrings Pos. 2 beträgt 12+0,05 mm, die des Sicherungsringes 1,2−0,06 mm.

Summe der Bauteil-Höchstmaße:

2x15 mm (Pos. 3) + 12,05 mm (Pos. 2) + 1,2 mm (Pos. 7) = 45,25 mm.

In die Zeichnung muss daher eingetragen werden: 45+0,35/+0,25

10

Am Durchmesser 20h6 des Bundbolzens Pos. 4 ist eine Lagetoleranz eingetragen (Bild oben). Welche Bedeutung hat der mittlere, welche der rechte Eintrag?

Bezugselement ist jeweils die Achse des Durchmessers 25k6, der vom Gehäuse Gr. 17 aufgenommen wird.

Eintrag Mitte: Rechtwinkligkeit. Die tolerierten Planflächen müssen zwischen zwei zur Bezugsachse A senkrechten Ebenen vom Abstand t = 0,02 mm liegen.

Eintrag rechts: Rundlauf. Bei einer Drehung des Bundbolzens um die Bezugsachse A darf die Rundlaufabweichung in jeder Messebene senkrecht zur Achse t = 0,02 mm nicht überschreiten.

11

Ermitteln Sie die Maße der Senkungen für die Zylinderschrauben Pos. 9 im Lagerdeckel Pos. 8 (Gesamtzeichnung Seite 304) und tragen Sie diese in eine Skizze ein.

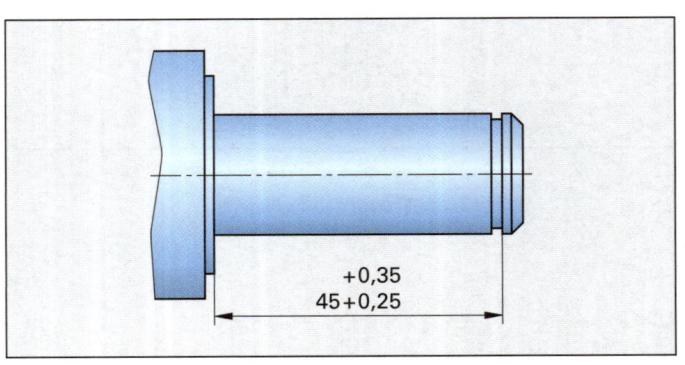

+0,35
45+0,25

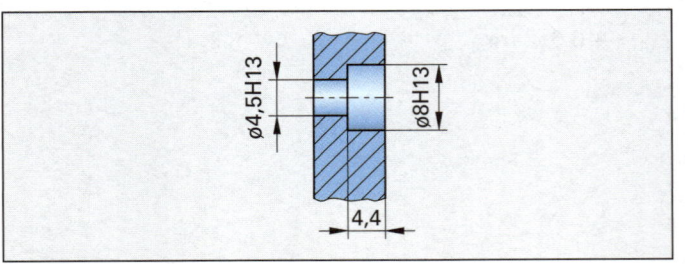

⌀4,5H13   ⌀8H13

4,4

12

Am Bundbolzen Pos. 4 (Bild Seite 306) sind die nachfolgend gezeigten Oberflächenangaben eingetragen. Erläutern Sie deren Bedeutung.

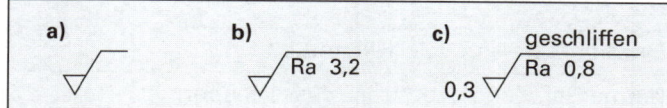

a) Die so gekennzeichneten Flächen sind spanend zu bearbeiten. Ein Rauwert ist nicht vorgeschrieben.

b) Alle nicht besonders gekennzeichneten Oberflächen des Bundbolzens müssen spanend hergestellt werden. Der *Ra*-Höchstwert beträgt 3,2 µm.

c) Alle so gekennzeichneten Oberflächen müssen durch Schleifen mit einem *Ra*-Höchstwert von 0,8 µm hergestellt werden. Die Schleifzugabe beträgt 0,3 mm.

13

Erklären Sie die Bedeutung der im Bild Seite 306 eingetragenen und nachstehend gezeigten Sinnbilder.

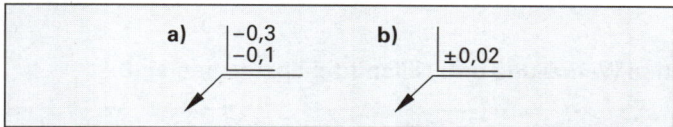

a) Alle Außenkanten des Bundbolzens Pos. 4, die nicht besonders gekennzeichnet sind, müssen eine Abtragung aufweisen, die zwischen 0,1 mm und 0,3 mm liegt.

b) Die so gekennzeichneten Kanten des Bundbolzens müssen scharfkantig sein. Abtragung bzw. Grat dürfen maximal 0,02 mm betragen.

14

Wie tief müssen die Kernlöcher für die Gewinde M4 in der Rolle Pos. 1 mindestens gebohrt werden, wenn die Gewindetiefe $l = 8$ mm betragen soll?

Nach Tabellenbuch beträgt der Gewindeauslauf nach DIN 76-C (Regelfall) bei einer Gewindesteigung $P = 0,7$ mm: $e_1 = 3,8$ mm.

Damit wird die Mindest-Kernlochtiefe
$t = l + e_1 = 8$ mm $+ 3,8$ mm $= 11,8$ mm

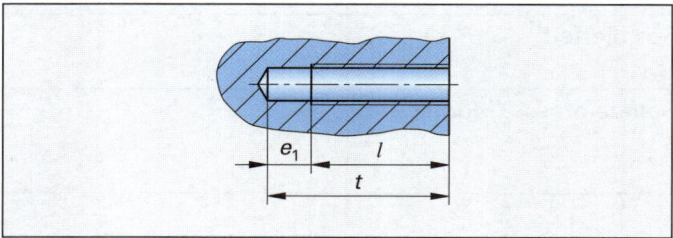

15

Die Länge der Zylinderschrauben Pos. 9 (Bild Seite 304) soll überprüft werden. Der Abstand von der Anlagefläche des Schraubenkopfs am Lagerdeckel Pos. 8 bis zur Planfläche der Eindrehung an der Rolle Pos. 1 beträgt $s = 4,4$ mm. Welche Länge l müssen die Schrauben mindestens besitzen?

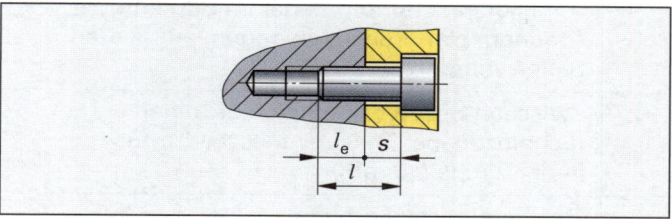

Die Mindesteinschraubtiefe l_e für die Festigkeitsklasse 8.8 beträgt:

$l_e = 0,9 \cdot d = 0,9 \cdot 4$ mm $= 3,6$ mm
Gewählt (wegen Gewindeanfasung): $l_e = 4$ mm
Schraubenlänge:
$l = s + l_e = 4,4$ mm $+ 4$ mm $= 8,4$ mm
Gewählte (Mindest-)Schraubenlänge: $l = 10$ mm

16

Bestimmen Sie die Koordinatenpunkte P1 bis P3 des Freistichs am Durchmesser 25k6 des Bundbolzens Pos. 4 (Bild Seite 306) und tragen Sie diese in eine Tabelle ein.

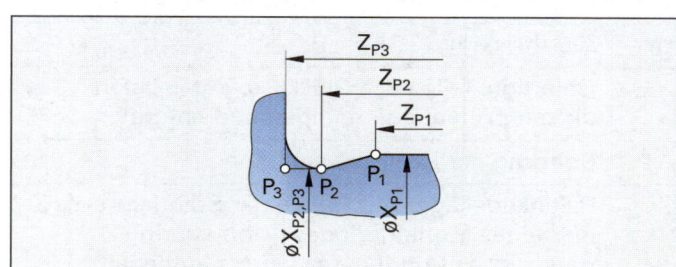

Breite des Freistichs nach Tabellenbuch:
$f = 2,5 + 0,2$ mm

Mittlere Breite: $f = 2,6$ mm

Tiefe des Freistichs nach Tabellenbuch:
$t_1 = 0,3 + 0,1$ mm

Mittlere Tiefe: $t_1 = 0,35$ mm
Berechnung des Abstandes
$P_2 - P_1$:

$$\tan 15° = \frac{0,35 \text{ mm}}{P_2 - P_1}$$

$$P_2 - P_1 = \frac{0,35 \text{ mm}}{\tan 15°} = 1,3 \text{ mm}$$

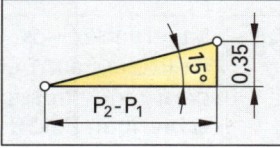

Punkt	X (∅)	Z
P_1	20,009	37,4
P_2	19,3	38,7
P_3	19,3	40

17

Es sollen 10 Laufrollenlagerungen nach Bild Seite 304 gefertigt werden. Nennen Sie in einem Arbeitsplan die Arbeitsschritte für die Herstellung der Bundbolzen Pos. 4 (Bild Seite 306).

Arbeitsplan für die Fertigung der Bundbolzen Pos. 4		
Nr.	Arbeitsschritt	Werkzeuge, Messzeuge, Hilfsmittel
1	Angeliefertes Rundmaterial im Backenfutter spannen, plandrehen, ablängen, auf beiden Seiten zentrieren	Drehmeißel, Zentrierbohrer, Messschieber
2	Zwischen Spitzen spannen, vordrehen (Schnittzugabe: im Durchmesser 1 mm, in der Länge 0,5 mm)	Rechter Seitendrehmeißel, Messschieber
3	Gewindefreistich drehen	Rechter Seitendrehmeißel
4	Gewinde schneiden	Gewindedrehmeißel, Gewindelehrring
5	Fertigdrehen: alle Freistiche, Durchmesser, Längen	Rechter Seitendrehmeißel, Bügelmessschraube, Grenzrachenlehre, Messschieber, Endmaße
6	Einstich für Sicherungsring drehen	Stechdrehmeißel, Endmaße

18

Die Laufrollenlagerung soll montiert werden.
Erstellen Sie einen Montageplan, in dem auch die erforderlichen Werkzeuge und Hilfsmittel anzugeben sind.

Montageplan zum Zusammenbau der Rollenlagerung		
Nr.	Arbeitsschritt	Werkzeuge, Messzeuge, Hilfsmittel
1	Gefertigte Teile nach Stückliste auf Vollständigkeit prüfen; ggf. reinigen und entgraten	
2	Bohrung der Laufrolle einfetten	Schmierfett
3	Rillenkugellager mit Hilfe einer Spindelpresse und eines Montageringes (Montagering muss am Außenring des Lagers aufliegen) in die Bohrung der Laufrolle drücken	Spindelpresse, Montagering
4	Abstandsring Pos. 2 bis zum Anschlag am Außenring des montierten Lagers schieben	
5	Zweites Rillenkugellager Pos. 3 mit Spindelpresse und Montagering bis zum Anschlag am Abstandsring in die Bohrung der Laufrolle drücken	Spindelpresse, Montagering
6	Lagerdeckel Pos. 8 in die Ausdrehung der Laufrolle Pos. 1 schieben, an den Gewindebohrungen ausrichten und mit Zylinderschrauben Pos. 9 anschrauben.	Winkelschraubendreher
7	Bundbolzen Pos. 4 im Bereich der Rillenkugellagersitze einfetten	Schmierfett
8	Bundbolzen Pos. 4 mit Spindelpresse in die Innenringe der Rillenkugellager Pos. 3 schieben (Montagering benutzen)	Spindelpresse, Montagering
9	Scheibe Pos. 5 auf Gewinde des Bundbolzens Pos. 4 stecken, Sechskantmutter Pos. 5 lose auf Gewinde aufschrauben	

2 Testaufgaben zur technischen Kommunikation

TK 1
Welche Blattgröße nach DIN EN ISO 5457 besitzt eine beschnittene Zeichnung im Format A3?

a) 841 mm × 1189 mm

b) 594 mm × 841 mm

c) 420 mm × 594 mm

d) 297 mm × 420 mm

e) 210 mm × 297 mm

TK 2
Welche Aussage ist richtig?

a) Die in der Schnittebene liegende Fläche wird als Schraffurfläche bezeichnet.

b) Schnittflächen werden mit schmalen Volllinien unter 60° zur Achse schraffiert.

c) Die Schraffur ist für Maßzahlen und Beschriftung zu unterbrechen.

d) Fällt bei einem Schnitt eine Körperkante auf die Mittellinie, so darf die Körperkante nicht gezeichnet werden.

e) Der Schnittverlauf muss immer angegeben werden.

TK 3
Wie erfolgt die Darstellung eines Werkstückes in der isometrischen Projektion nach DIN ISO 5456?

a) Seitenverhältnisse 1 : 1 : 1
Winkel 30° und 30°

b) Seitenverhältnisse 1 : 1 : 0,5
Winkel 7° und 42°

c) Seitenverhältnisse 1 : 1 : 2
Winkel 7° und 42°

d) Seitenverhältnisse 1 : 1 : 1
Winkel 0° und 45°

e) Seitenverhältnisse 1 : 1 : 2
Winkel 30° und 30°

TK 4
Welcher Maßstab ist nach DIN ISO 5455 ein genormter Verkleinerungsmaßstab?

a) M 1 : 5

b) M 5 : 1

c) M 2 : 5

d) M 1 : 4

c) M 1 : 2,5

TK 5
Welche Bedeutung hat nach DIN 406 eine Maßzahl, die unterstrichen ist?

a) Das Maß wird besonders gelehrt.

b) Es handelt sich um ein Fertigungsmaß mit einer Toleranz von 0,1 mm.

c) Das Maß wird vom Besteller besonders geprüft.

d) Das Maß ist nicht maßstäblich gezeichnet.

e) Das Maß wird vom Empfänger 100% geprüft.

TK 6
Welche Aussage ist *falsch*?

a) Die Strich-Punktlinie (breit) dient zur Kennzeichnung des Schnittverlaufs.

b) Alle Schnittflächen des gleichen Werkstücks werden in allen Ansichten in gleicher Art schraffiert.

c) Biegelinien werden als breite Volllinien dargestellt.

d) Die Strich-Zweipunktlinie (schmal) dient zur Kennzeichnung von Teilen, die vor der Schnittebene liegen.

e) Oberflächenstrukturen, z.B. Rändel, werden mit breiten Volllinien dargestellt.

TK 7
Welche Aussage ist richtig?

a) Ein eingerahmtes Maß ist ein nicht maßstäblich gezeichnetes Maß.

b) Gewindesenkungen müssen immer gezeichnet und bemaßt werden.

c) Werkstücke werden in Teilzeichnungen vorzugsweise in der Fertigungslage dargestellt.

d) Das Diagonalkreuz (breite Volllinie) kennzeichnet eine Passfläche.

e) Sichtbare Kanten werden in schmalen Volllinien dargestellt.

TK 8
Welche Bereiche werden in einer Zeichnung schraffiert?

a) Volle und hohle Stellen sind zu schraffieren.

b) Schraffiert darf nur dort werden, wo beim Durchschneiden Späne entstehen würden.

c) Das gesamte Werkstück muss schraffiert werden.

d) Eine Schraffur wird nur dort angebracht, wo hohle Stellen sind.

e) Keine der genannten Antworten ist richtig.

3 Testaufgaben zu Ansichten

(Die Anordnung der Ansichten entspricht der Projektionsmethode 1 gemäß DIN ISO 5456-2, d.h. der in den meisten europäischen Ländern angewandten Darstellungsmethode).

TK 9

Welches Schrägbild entspricht dem Werkstück, das in der technischen Zeichnung dargestellt ist?

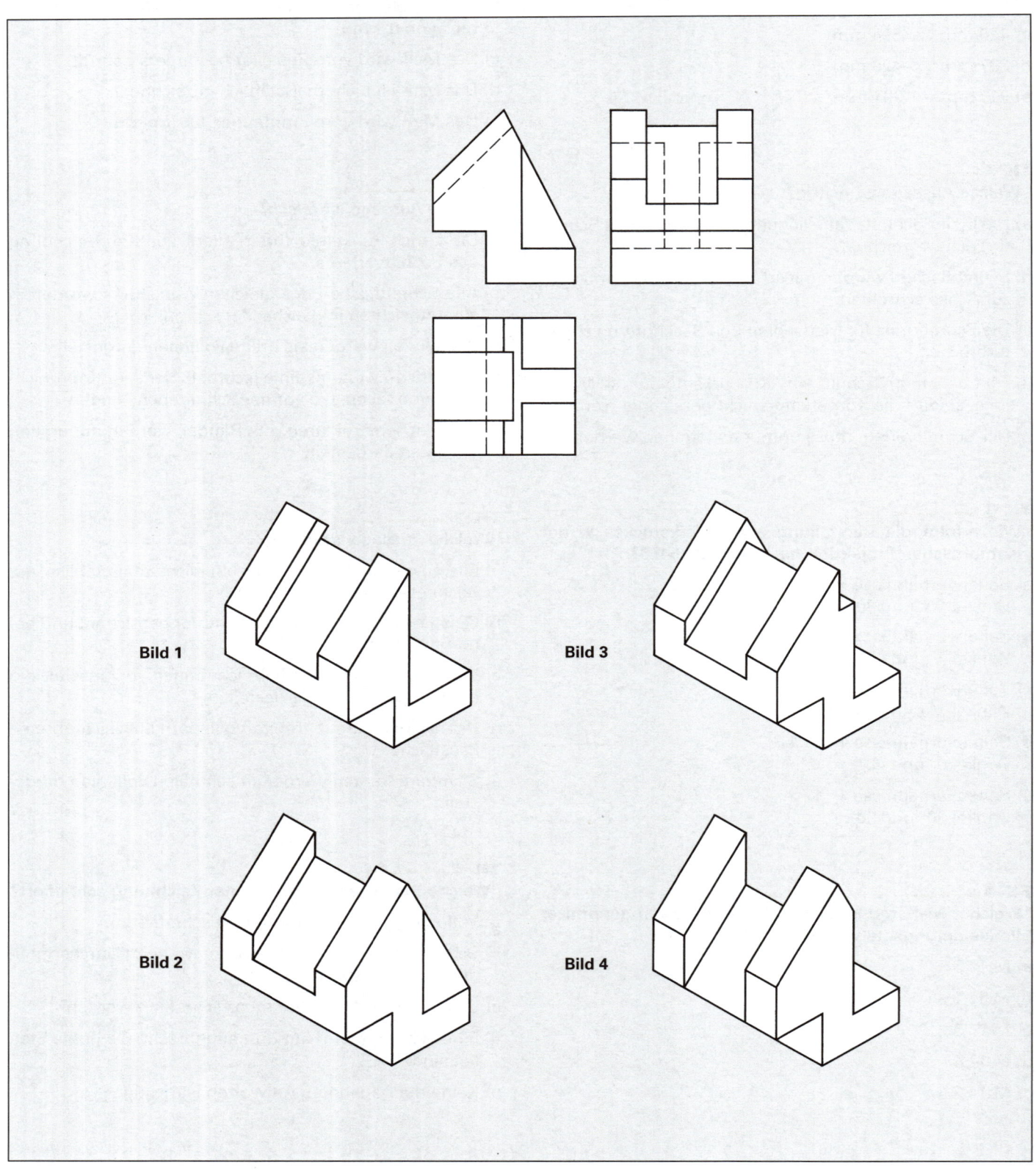

Bild 1

Bild 3

Bild 2

Bild 4

a) Bild 1　　　b) Bild 2　　　c) Bild 3　　　d) Bild 4　　　e) Keines der gezeigten Bilder

TK 10
| Welches Bild zeigt die richtige Seitenansicht?

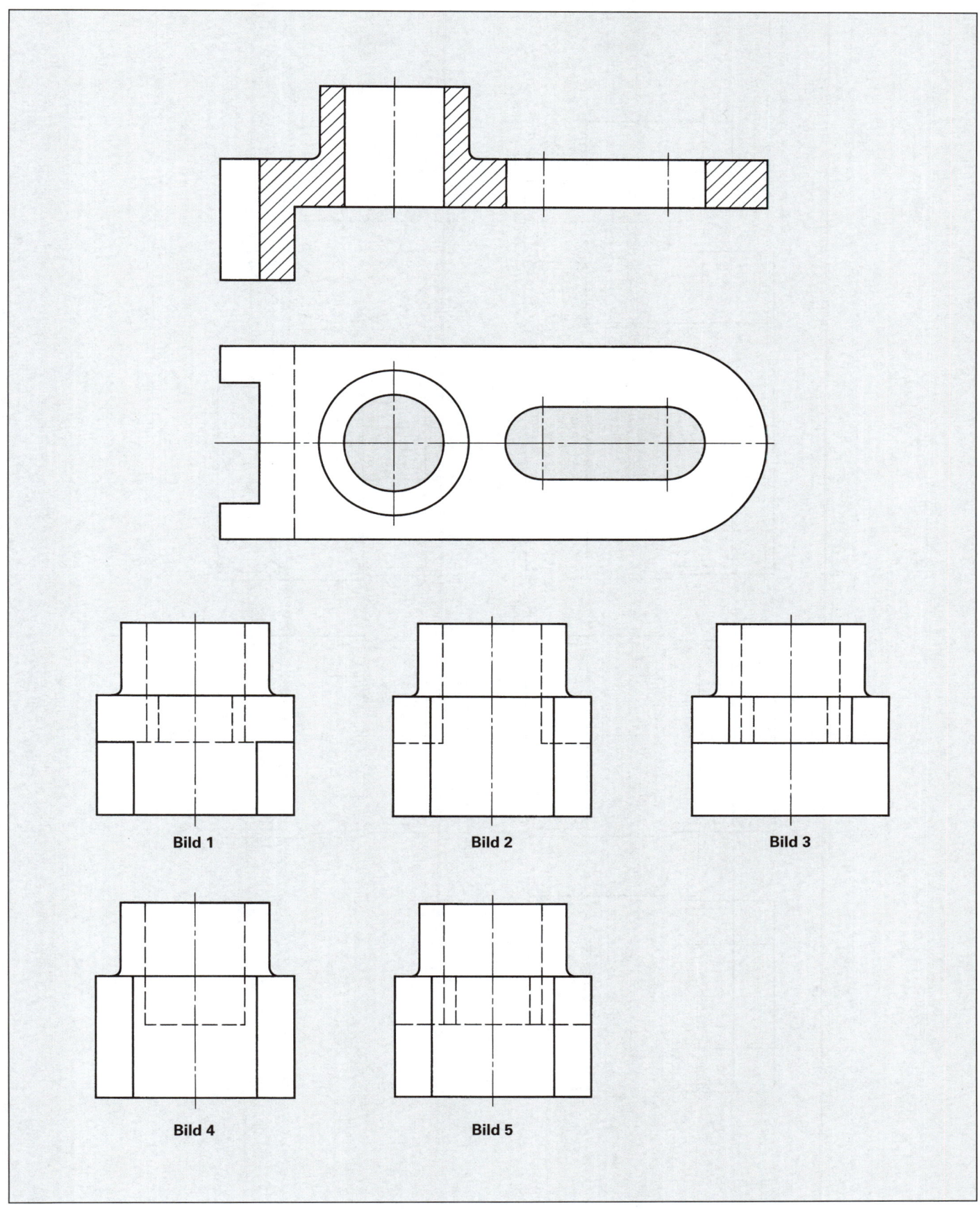

a) Bild 1   b) Bild 2   c) Bild 3   d) Bild 4   e) Bild 5

TK 11
| **Welches Bild zeigt die richtige Draufsicht?**

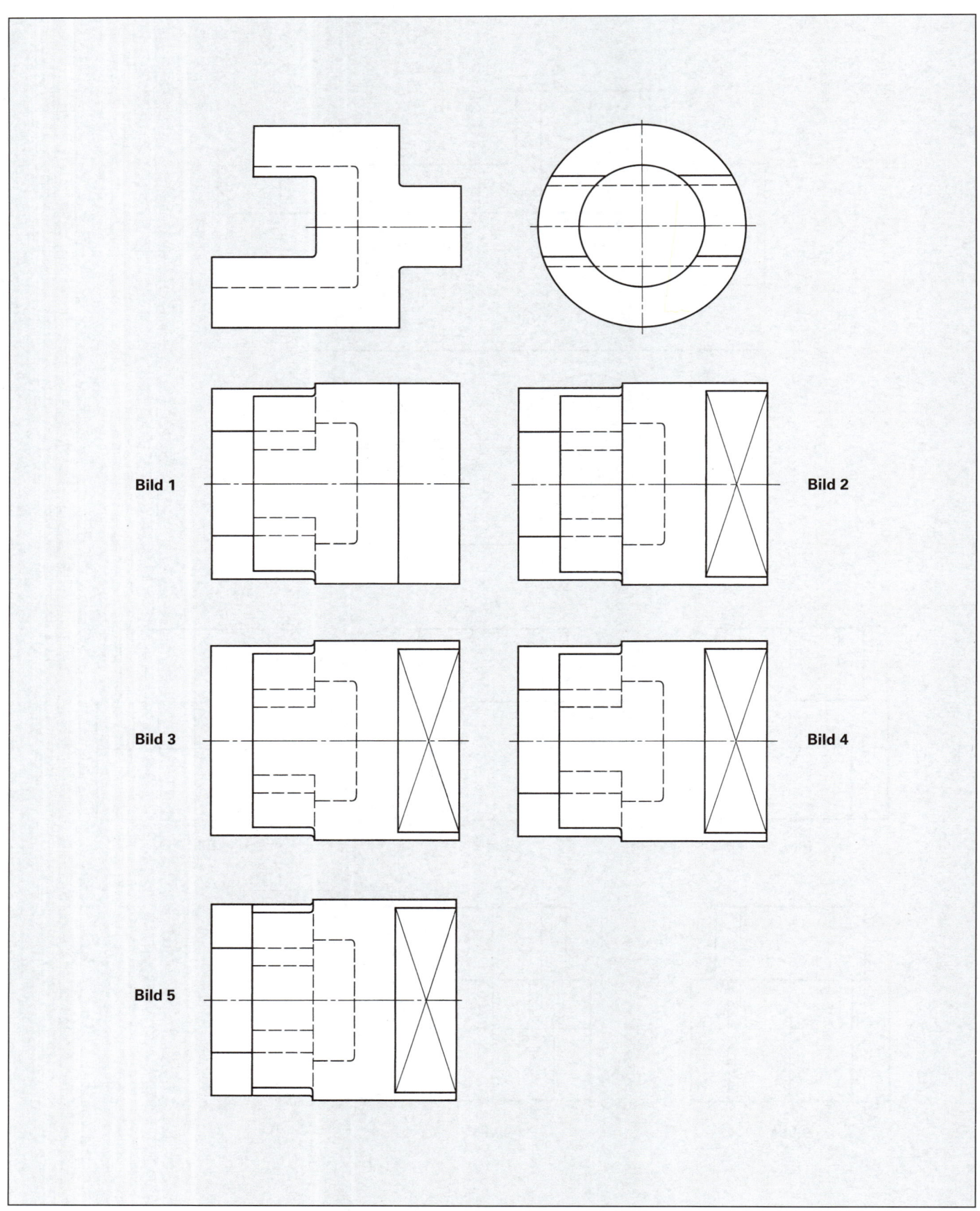

a) Bild 1   b) Bild 2   c) Bild 3   d) Bild 4   e) Bild 5

TK 12
| **Welches Bild zeigt die richtige Seitenansicht?**

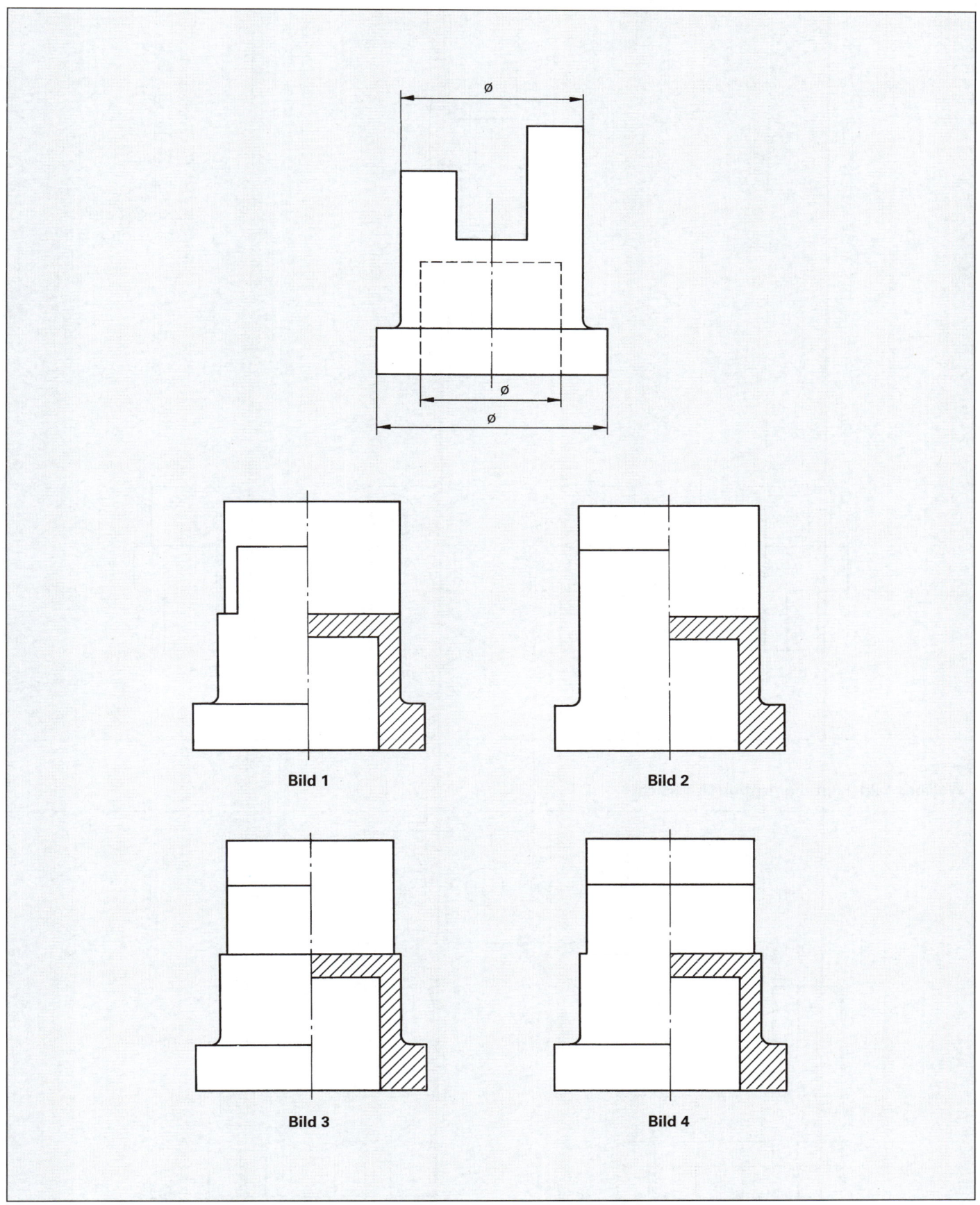

a) Bild 1   b) Bild 2   c) Bild 3   d) Bild 4   e) Keines der gezeigten Bilder

TK 13
| **Welches Bild zeigt die richtige Seitenansicht?**

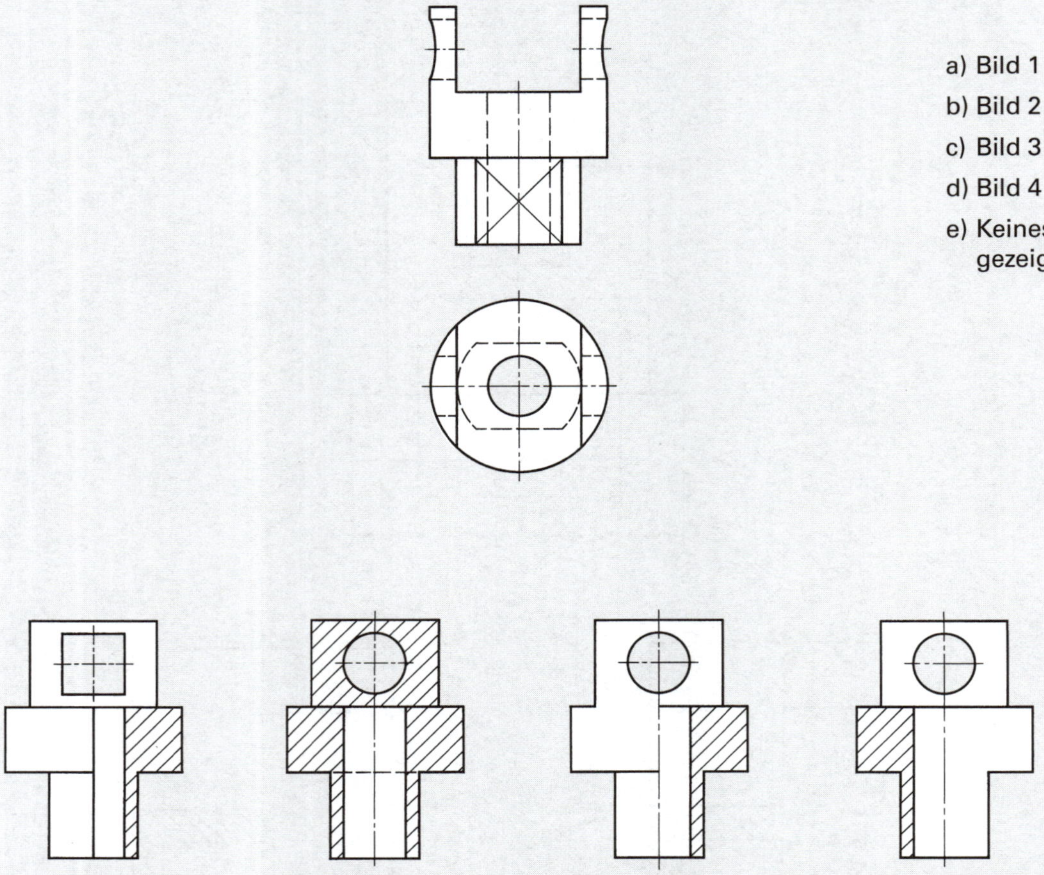

a) Bild 1

b) Bild 2

c) Bild 3

d) Bild 4

e) Keines der gezeigten Bilder

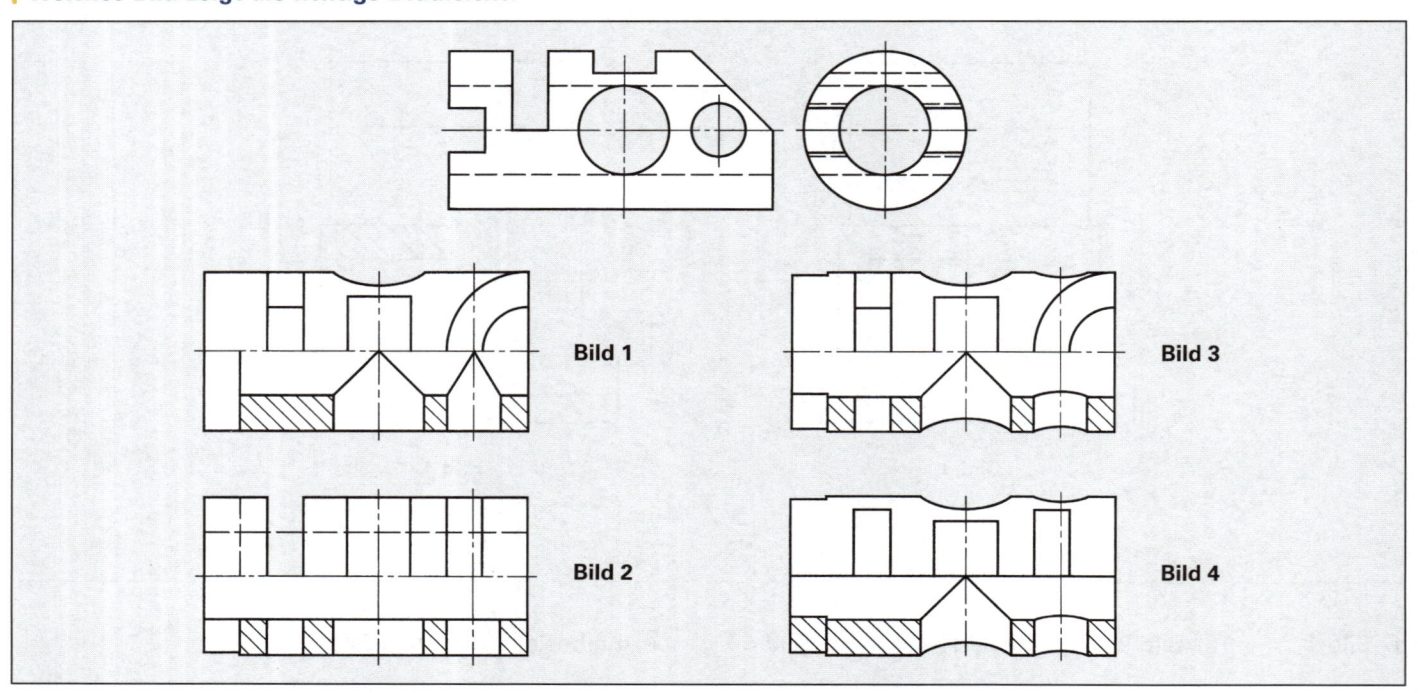

Bild 1   Bild 2   Bild 3   Bild 4

TK 14
| **Welches Bild zeigt die richtige Draufsicht?**

Bild 1   Bild 3

Bild 2   Bild 4

a) Bild 1   b) Bild 2   c) Bild 3   d) Bild 4   e) Keines der gezeigten Bilder

TK 15

| Welches Bild zeigt die richtige Seitenansicht?

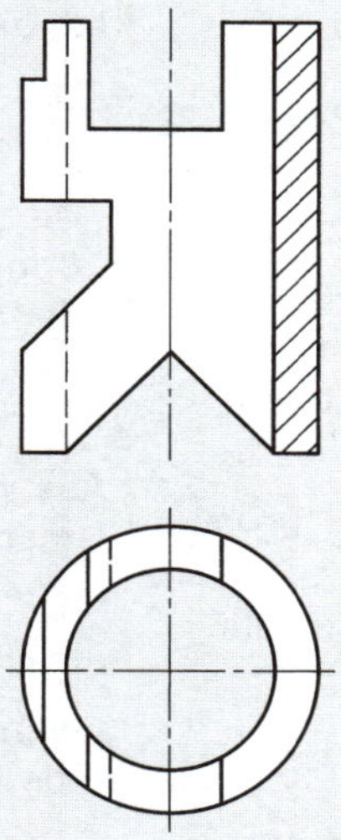

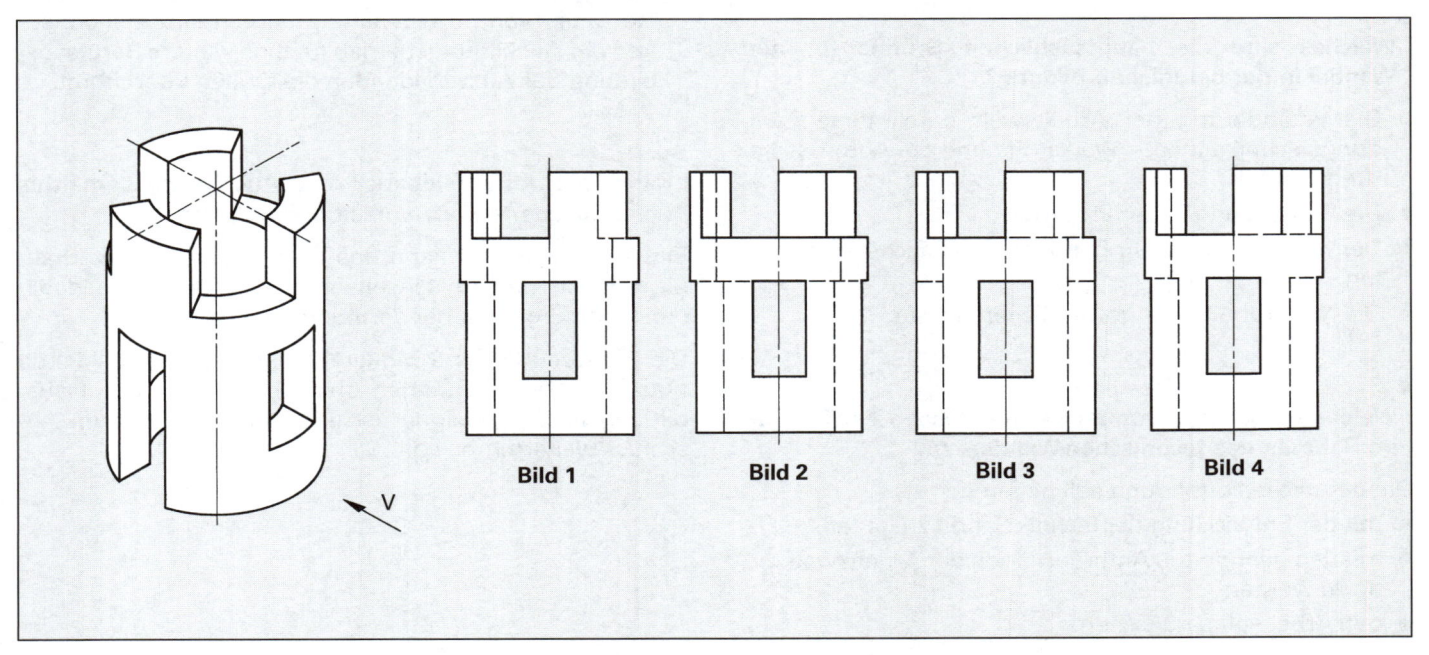

a) Bild 1
b) Bild 2
c) Bild 3
d) Bild 4
e) Keines der gezeigten Bilder

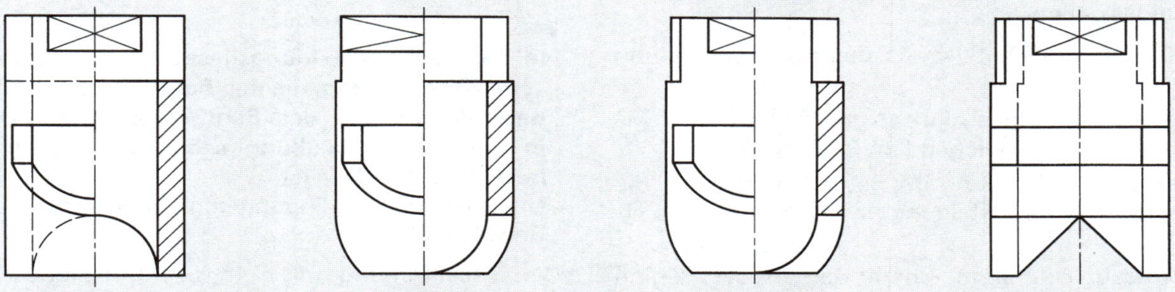

Bild 1   Bild 2   Bild 3   Bild 4

TK 16

| In welchem Bild ist die Vorderansicht des im Schrägbild gezeigten Werkstücks richtig dargestellt?

Bild 1   Bild 2   Bild 3   Bild 4

a) Bild 1   b) Bild 2   c) Bild 3   d) Bild 4   e) Keines der gezeigten Bilder

Teil IV   Wirtschafts- und Sozialkunde

1 Berufliche Bildung

1
Welche Vorteile bietet eine Berufsausbildung? Zeigen Sie die Vorteile an Beispielen auf.

Beispiele für die Vorteile einer Berufsausbildung:
- Das Einkommen eines Facharbeiters ist meist höher als das eines ungelernten Arbeitnehmers.
- Die von Facharbeitern ausgeführten Tätigkeiten sind in der Regel interessanter und anspruchsvoller.
- Die Aufstiegsmöglichkeiten sind für Facharbeiter größer.
- Die Arbeitslosenquote ist bei Facharbeitern geringer als bei ungelernten Arbeitnehmern.

2
**In Deutschland erfolgt die Berufsausbildung nach dem dualen System.
Zeigen Sie anhand von Argumenten die Vorzüge dieses Ausbildungssystems auf.**

Die Vorteile des dualen Systems der Berufsausbildung sind:
- Die Berufsausbildung ist stark an der beruflichen Praxis orientiert, da sie überwiegend im Betrieb erfolgt.
- Die praktische Ausbildung im Betrieb wird durch die fachtheoretische Berufsbildung in der Berufsschule ergänzt.
- Die Berufsausbildung in einem Betrieb der Region ermöglicht ein Hineinwachsen in die gewerbliche Arbeitswelt der Region.
- Nach der Ausbildung ist bei einer Übernahme durch den Ausbildungsbetrieb der Facharbeiter meist in die Arbeitsprozesse des Betriebs eingeführt und eine Einarbeitungszeit kann entfallen.

3
Welches sind die hauptsächlichen Gründe für den Wandel in der beruflichen Bildung?

- Die Veränderung der Arbeitswelt durch neue Fertigungstechniken, neue Werkstoffe und die Automatisierungstechnik.
- Die Entwicklung neuer Produkte.
- Der Wegfall nicht mehr benötigter beruflicher Fertigkeiten.
- Die Neuordnung der gewerblichen Berufe.

4
Welche Aufgaben kommen der beruflichen Fortbildung im Rahmen des technischen Wandels zu?

Die berufliche Fortbildung soll helfen ...
- mit der Entwicklung der Technik Schritt zu halten.
- mit den geänderten Anforderungen der Arbeitswelt fertig zu werden.
- den Arbeitsplatz zu sichern.

5
Welche Fortbildungsmöglichkeiten kann ein Arbeitnehmer nutzen, wenn er sich für eine berufliche Fortbildung entschließt?

- Die **innerbetriebliche Fortbildung**. Sie wird von den Unternehmen durchgeführt und bezahlt.
- Die **außerbetriebliche Fortbildung**. Sie kann durch die Bundesagentur für Arbeit gefördert werden, wenn sie der Sicherung des Arbeitsplatzes dient.

6
Aus welchen Gründen kann für einen Facharbeiter eine Umschulung notwendig werden?

Eine Umschulung kann erforderlich werden ...

wenn jemand z.B. durch einen Unfall seinen Beruf nicht mehr ausüben kann.

wenn jemand arbeitslos wird und in seinem erlernten Beruf auf Dauer keine Vermittlungschance besteht.

7
**In §5 des Berufsbildungsgesetzes ist festgelegt, dass „eine Vereinbarung, die den Auszubildenden für die Zeit nach Beendigung des Berufsausbildungsverhältnisses in der freien Ausübung seiner beruflichen Tätigkeit beschränkt", nichtig ist.
Unter welchen Bedingungen gilt dies nicht? Nennen Sie Beispiele hierfür.**

Diese Bestimmung trifft nicht zu, wenn die Beschränkung mit einer Leistung gekoppelt ist, z.B.

- wenn sich der Auszubildende innerhalb der letzten drei Monate seiner Ausbildung verpflichtet, nach dem Ende seiner Ausbildung ein unbefristetes Arbeitsverhältnis einzugehen.
- wenn der Auszubildende sich unter oben genannten Bedingungen verpflichtet hat, ein Arbeitsverhältnis für die Dauer von höchstens fünf Jahren einzugehen, sofern der Ausbildungsbetrieb für eine weitere Berufsausbildung des Auszubildenden die Kosten übernimmt.

8
Kann ein Auszubildender ein Ausbildungsverhältnis ohne Schadensersatz vorzeitig kündigen?

Ein Auszubildender kann das Berufsausbildungsverhältnis zu jedem Zeitpunkt lösen, ohne dass für ihn Schadensersatzpflicht gegenüber dem Betrieb besteht.

Die Probezeit (1 bis 3 Monate) sollte der Auszubildende nutzen, um herauszufinden, ob die begonnene Berufsausbildung für ihn geeignet ist und ob er sie bis zum Abschluss weiterführen will.

9

Welches Arbeitsverhältnis liegt vor, wenn ein Auszubildender nach Bestehen seiner Berufsabschlussprüfung in seinem Betrieb weiterarbeitet, ohne dass hierfür ausdrücklich etwas vereinbart wurde?

Nach §17 Berufsbildungsgesetz gilt damit ein Arbeitsverhältnis auf unbestimmte Zeit als begründet.

Testfragen zur beruflichen Bildung

TS 1

Um eine umfassende und bundeseinheitliche Grundlage für die berufliche Bildung zu schaffen, beschloss 1969 der Bundestag die entsprechende Rechtsgrundlage. Wie heißt dieses Gesetz?

a) Arbeitnehmerüberlassungsgesetz

b) Arbeitsplatzschutzgesetz

c) Arbeitsförderungsgesetz

d) Beschäftigungsgesetz

e) Berufsbildungsgesetz

TS 2

Welche Aufgabe übernimmt im Rahmen des „Dualen Systems" der Berufsausbildung der Ausbildungsbetrieb?

a) Vermittlung der fachtheoretischen Kenntnisse, die für den Ausbildungsgang erforderlich sind.

b) Vermittlung der notwendigen fachlichen Fertigkeiten und Kenntnisse, die zum Erreichen des Ausbildungszieles erforderlich sind.

c) Vermittlung der fachlichen Fertigkeiten, die zum Bestehen der Zwischenprüfung erforderlich sind.

d) Vermittlung der fachtheoretischen Kenntnisse und einer Fremdsprache.

e) Vermittlung einer umfassenden Allgemeinbildung.

TS 3

Ein Betrieb, der eine Person zur Berufsausbildung einstellt, hat mit dem Auszubildenden eines Berufsausbildungsvertrag zu schließen. Wer muss den Ausbildungsvertrag unterzeichnen?

a) Der ausbildende Betrieb, der Auszubildende und bei minderjährigen Auszubildenden der gesetzliche Vertreter.

b) Nur der ausbildende Betrieb.

c) Der ausbildende Betrieb und die Industrie- und Handelskammer bzw. Handwerkskammer.

d) Nur der Auszubildende.

e) Nur die Industrie- und Handelskammer bzw. Handwerkskammer.

TS 4

Wann muss ein Ausbildungsvertrag schriftlich niedergelegt werden?

a) Sofort bei Zusage des ausbildenden Betriebs

b) Spätestens vor Beginn der Berufsausbildung

c) Mit dem Schulbeginn der Berufsschule

d) Nach bestandener Probezeit

e) Nach bestandener Zwischenprüfung

TS 5

Welche Vereinbarung ist in einem Ausbildungsvertrag *unzulässig*?

a) Dauer und Probezeit

b) Voraussetzungen, unter denen der Berufsausbildungsvertrag gekündigt werden kann

c) Verpflichtung des Auszubildenden, für die Berufsausbildung eine Entschädigung zu zahlen

d) Dauer des Urlaubs

e) Ausbildungsmaßnahmen außerhalb der Ausbildungsstätte

TS 6

Welche der folgenden Aussagen zum ausbildenden Betrieb ist *falsch*?

Der ausbildende Betrieb übernimmt nicht die Verpflichtung ...

a) selbst auszubilden oder einen Ausbilder ausdrücklich damit zu beauftragen.

b) dem Auszubildenden kostenlos die Ausbildungsmittel zur Verfügung zu stellen.

c) den Auszubildenden zum Besuch der Berufsschule anzuhalten.

d) dafür zu sorgen, dass der Auszubildende charakterlich gefördert wird.

e) den Auszubildenden eine ausreichende Verpflegung kostenlos zur Verfügung zu stellen.

TS 7

In welchem Gesetz bzw. in welcher Verordnung ist die Dauer einer Berufsausbildung festgelegt?

a) Im Berufsbildungsgesetz

b) Im Bürgerlichen Gesetzbuch

c) In der Gewerbeordnung

d) Im Jugendarbeitsschutzgesetz

e) In der Ausbildungsordnung

TS 8

Ein Auszubildender will nach Ablauf derProbezeit seine Berufsausbildung aufgeben. Wie kann das Berufsausbildungsverhältnis gekündigt werden?

a) Schriftlich ohne Angabe von Gründen und einer Kündigungsfrist von vier Wochen

b) Mündlich, mit Angabe von Gründen

c) Schriftlich, mit Angabe von Gründen und ohne Kündigungsfrist

d) Mündlich, ohne Angabe von Gründen

e) Schriftlich, mit Angabe von Gründen und mit einer Kündigungsfrist von vier Wochen

TS 9

Welche Verpflichtungen übernimmt ein Auszubildender bei Abschluss eines Berufsausbildungsvertrages *nicht*?

Die Verpflichtung …

a) die aufgetragenen Arbeiten sorgfältig auszuführen.

b) die Werkzeuge und Werkstoffe, die zum Ablegen der Abschlussprüfung erforderlich sind, selbst zu bezahlen.

c) über Betriebsgeheimnisse Stillschweigen zu wahren.

d) Weisungen vom Ausbildenden im Rahmen der Berufsausbildung zu befolgen.

e) die Betriebsordnung einzuhalten.

TS 10

Das Berufsausbildungsverhältnis beginnt mit der Probezeit. Welche Zeit muss diese mindestens betragen und wie lange darf sie höchstens sein?

a) Mindestens einen Monat und höchstens sechs Monate

b) Mindestens zwei Wochen und höchstens drei Monate

c) Mindestens eine Woche und höchstens drei Monate

d) Mindestens einen Monat und höchstens drei Monate

e) Mindestens drei Monate und höchstens sechs Monate

TS 11

Wie wird die Höhe der Ausbildungsvergütung festgelegt?

a) Durch freie Vereinbarung

b) Durch Festlegung des Arbeitgebers

c) Durch Forderung des Auszubildenden

d) Durch Tarifvertrag

e) Durch Festlegung durch die Industrie- und Handelskammer bzw. Handwerkskammer

TS 12

Ein Auszubildender besteht die Abschlussprüfung nicht. Welche der folgenden Aussagen ist dazu richtig?

a) Das Ausbildungsverhältnis kann nicht verlängert werden.

b) Das Ausbildungsverhältnis kann auf sein Verlangen bis zur nächstmöglichen Wiederholungsprüfung, höchstens um ein Jahr, verlängert werden.

c) Das Ausbildungsverhältnis kann beliebig oft verlängert werden.

d) Bei Verlängerung der Ausbildungszeit hat der Auszubildende die zusätzlichen Kosten zu übernehmen.

e) Das Ausbildungsverhältnis kann nur nach Genehmigung des Arbeitsamtes verlängert werden.

TS 13

Was steht im Berufsausbildungsvertrag?

a) Die Inhalte der Ausbildung

b) Die Anzahl der Mindeststunden des Berufsschulunterrichtes

c) Die Pflichten des Auszubildenden

d) Die Pflichten der Berufsschule

e) Das Datum der Abschlussprüfung

TS 14

Dem Auszubildenden ist nach Beendigung des Berufsausbildungsverhältnisses ein Zeugnis auszustellen. Was wird in dieses Zeugnis nur auf Verlangen des Auszubildenden aufgenommen?

a) Art der Ausbildung

b) Ziel der Ausbildung

c) Dauer der Ausbildung

d) Erworbene Fähigkeiten und Kenntnisse

e) Angaben über Führung, Leistung und besondere fachliche Fähigkeiten

2   Eigenes wirtschaftliches Handeln

1

Wozu dient ein Girokonto?

Das Girokonto ist die Bankadresse eines Bankkunden. Der Geldverkehr für die Bankkunden wird von den Banken nur von Bankadresse zu Bankadresse abgewickelt. Deshalb benötigt man ein Girokonto (Bankadresse), auf das z.B. das Gehalt oder die Ausbildungsvergütung angewiesen werden kann oder von dem aus man eine Überweisung tätigt, z.B. die Miete bezahlt.

2

Mit welchem Alter wird man beschränkt geschäftsfähig bzw. voll geschäftsfähig?

Beschränkt geschäftsfähig sind Personen von 7 bis einschließlich 17 Jahren.

Voll geschäftsfähig sind Personen ab 18 Jahre.

Personen unter 7 Jahren und geistig Behinderte sind nicht geschäftsfähig.

3

Welche Möglichkeiten gibt es, um eine Ware zu bezahlen?

Durch **Barzahlung,** d.h. durch Aushändigen des Warenpreises in Geld nach Erhalt der Ware.

Mit **Scheck.** Der Warenpreis wird vom Scheckinhaber auf den Scheckvordruck geschrieben und durch seine Unterschrift bestätigt. Der Scheckempfänger reicht den Scheck bei seiner Bank ein und bekommt den Warenpreis gutgeschrieben. Er wird vom Girokonto des Scheckausstellers abgebucht. Bezahlung mit Scheck ist heute unüblich.

Mit der **Kreditkarte** durch Leisten einer Unterschrift unter einen speziellen Kassenbeleg, der die Kreditkartennummer und den Rechnungsbetrag trägt. Der Rechnungsbetrag des Kassenbelegs (Warenpreis) wird vom Girokonto des Kreditkarteninhabers abgebucht.

Mit der **Euroscheck-Karte** (ec-Karte). An der Kasse eines Kaufhauses z.B. wird die ec-Karte des Käufers durch ein elektronisches Lesegerät geführt, der Käufer gibt seine Geheimzahl ein und bestätigt den Warenpreis. Der Warenpreis wird vom Girokonto des ec-Karteninhabers abgebucht.

4

Warum sollten die ec-Karte und die Geheimzahl niemals zusammen aufbewahrt werden?

Mit der ec-Karte und der Geheimzahl kann auch ein Unbefugter an jedem Geldautomaten vom Konto des ec-Karteninhabers Geld abheben oder mit der ec-Karte Waren auf Rechnung des ec-Karteninhabers erwerben.

5

Wozu verwendet man Überweisungen?

Eine Überweisung, auch Überweisungsauftrag genannt, dient zur Überweisung eines Geldbetrages von einem Auftraggeber an einen Empfänger.

6

Wie wird eine Überweisung ausgeführt?

Der Überweisungsvordruck wird vom Auftraggeber ausgefüllt und bei der eigenen Bank abgegeben. Der Überweisungsbetrag wird vom Girokonto des Auftraggebers abgebucht und auf dem Girokonto des Empfängers gutgeschrieben.

7

Ein Auszubildender will sich ein Motorrad für 3 480 Euro kaufen.
Welche Möglichkeiten der Bezahlung bzw. Finanzierung gibt es für solch einen Kauf?

- Barzahlung, z.B. mit gespartem Geld.
- Bezahlung gemäß einem Ratenkaufvertrag des Motorradhändlers.
- Aufnahme eines Konsumentenkredits oder Ratenkredits bei einer Bank und Barzahlung mit diesem Geld.

8

Welche Angaben muss der Kaufvertrag bei einem Ratenkauf enthalten?

Der Ratenkaufvertrag muss schriftlich abgeschlossen werden und jede der folgenden Angaben enthalten:

- den Barzahlungspreis
- den Teilzahlungspreis (Summe aus den Teilraten und allen anderen Kosten)
- den Betrag, die Anzahl und die Fälligkeit der Teilzahlungen
- den effektiven Jahreszins, der sich aus der Differenz des Teilzahlungspreises und dem Barzahlungspreis ergibt.

Der Verkäufer schützt sich durch den sogenannten Eigentumsvorbehalt vor Betrug, d.h. die Ware bleibt bis zur vollständigen Bezahlung Eigentum des Verkäufers.

Im Zeitraum der Teilzahlungen ist der Käufer lediglich Besitzer, nicht Eigentümer der Ware.

9

Welche Kosten entstehen bei einem Ratenkaufvertrag zusätzlich zum eigentlichen Warenpreis?

Die zusätzlichen Kosten bei einem Ratenkaufvertrag sind:

- Die Kosten für die Zinsen zur Vorfinanzierung des Warenpreises. Sie betragen meist 7% bis 20% des Warenpreises pro Jahr.
- Eine einmalige Bearbeitungsgebühr. Sie beträgt häufig 1% bis 3% des Kaufpreises.

Bei einem über mehrere Jahre laufenden Ratenkaufvertrag können die Ratenkauf-Zusatzkosten so hoch wie der halbe Warenwert und mehr sein.

10

Jemand hat bei einem Autohändler ein gebrauchtes Auto gekauft. Als Bezahlung ist ein Ratenkaufvertrag mit einer monatlichen Rate von 280 Euro vereinbart.
Welche Zahlungsarten sind für die monatliche Überweisung am besten geeignet?

- Ein Dauerauftrag bei der eigenen Bank mit monatlicher Zahlungsanweisung.
- Eine Einzugsermächtigung zur monatlichen Abbuchung, die man dem Autohändler erteilt.

  Anmerkung: Die durch Einzugsermächtigung getätigte Abbuchung kann bei Beanstandung innerhalb von sechs Wochen nach der Abbuchung rückgängig gemacht werden.

11

Ein Auszubildender hat sich bei einem Discounter ein Fernsehgerät gekauft. Es wurde ihm im Geschäft in der Originalverpackung ausgehändigt. Beim Auspacken zuhause stellt der Auszubildende fest, dass das Gehäuse beschädigt ist.
Welche Regress-Möglichkeiten hat der Auszubildende gegenüber dem Discount-Geschäft?

- Er kann das gekaufte Fernsehgerät zurückbringen und ein einwandfreies Fernsehgerät als Ersatz verlangen.

  (Man nennt dies Umtausch)
- Er kann für das mangelhafte Fernsehgerät einen angemessenen Preisnachlass verlangen.

  (Man nennt dies Kaufpreisminderung).

Wichtig ist es, den Kassenzettel aufzubewahren, um ihn als Kaufnachweis vorweisen zu können. Ansonsten kann das Geschäft den Umtausch bzw. die Kaufpreisminderung verweigern.

12

Welche Ansprüche hat ein Käufer, wenn nach drei Monaten an einem gekauften Fernsehgerät der Ton ausfällt?

Für einen Fehler am gekauften Gerät gilt die uneingeschränkte gesetzliche Gewährleistung während der ersten 6 Monate, d.h. der Käufer hat in dieser Frist Anspruch auf Umtausch, Nachbesserung (Reparatur) oder Kaufpreisminderung.

13

Besteht ein Anspruch, wenn ein Fehler am gekauften Gerät erst nach 1,5 Jahren auftritt?

Tritt der Fehler im Zeitraum vom 7. Monat bis zu 2 Jahren nach dem Kauf auf, so besteht ein Anspruch nur, wenn der Käufer nachweisen kann, dass der Fehler von Anfang an im Gerät vorhanden war und sich erst später gezeigt hat.

Dies muss der Käufer nachweisen, was nur mit einem technischen Gutachten möglich ist.

Man nennt dies in der juristischen Fachsprache Beweislastumkehr.

14

Gibt es noch andere Gewährleistungsarten beim Kauf von Geräten?

Mit der sogenannten **Garantie** kann ein Hersteller die gesetzliche Gewährleistung (6 Monate) freiwillig z.B. auf 12 Monate verlängern.

Diese verlängerte Gewährleistung legt er im Garantieschein fest, der dem neuen Gerät beiliegt.

15

Was versteht man unter Kulanz?

Als **Kulanz** bezeichnet man die Bereitschaft des Herstellers über die gesetzliche Gewährleistung oder die Garantiezeit hinaus, Umtausch oder kostenlose Reparatur zu gewähren.

16

Wofür kann das Einkommen verwendet werden?

- Zur Befriedigung der Existenzbedürfnisse, wie Nahrungsmittel, Kleidung, Wohnen, Information, Unterhaltung.
- Zum Tätigen von größeren Anschaffungen, wie z.B. dem Kauf eines Autos, einer TV-Anlage oder Möbeln.
- Zum Bilden von Rücklagen für Notlagen, die Altersvorsorge oder größere Anschaffungen durch Sparen eines Teils des Einkommens.

17

Welche Vorteile hat das Sparen nach dem Vermögensbildungsgesetz?

Zu dem eigenen Sparbetrag von maximal 470 Euro im Jahr auf einen Bausparvertrag gewährt der Staat eine Arbeitnehmer-Sparzulage von 9% des gesparten Betrages.

Das entspricht maximal 470 € · 9% = 42,30 €.

Zu weiteren (maximal) 400 Euro Sparbetrag in langfristigen Aktien-Sparverträgen oder Aktienfonds-Sparverträgen gibt es eine Arbeitnehmer-Sparzulage von 20%.

Das entspricht maximal 400 € · 20% = 80,00 €.

Insgesamt kann man bei eigener Sparleistung von 470 € + 400 € = 870 € eine Arbeitnehmer-Sparzulage von 42,30 + 80,00 € = 122,30 € erhalten.

Die Arbeitnehmer-Sparzulage wird nur gewährt, wenn das gesparte Geld vertraglich langfristig (mindestens 7 Jahre) festgelegt ist und wenn das zu versteuernde Einkommen des Sparers bestimmte Höchstgrenzen nicht übersteigt:

Für das Sparen mit Bausparvertrag gelten als Einkommens-Mindestgrenzen:

17 900 Euro im Jahr bei Alleinstehenden,
35 900 Euro im Jahr bei Verheirateten.

Für das Sparen mit Aktien-Sparverträgen betragen die Einkommens-Höchstgrenzen:

20 000 Euro im Jahr bei Alleinstehenden,
40 000 Euro im Jahr bei Verheirateten.

18

In welchen Anlageformen kann der Sparbetrag beim vermögenswirksamen Sparen nach dem Vermögensbildungsgesetz angelegt werden?

Er kann angelegt werden:

- als Beiträge zu einem Bausparvertrag (maximal 470 Euro im Jahr).
- als Beiträge zu einem langfristigen Sparvertrag über Wertpapiere aller Art, wie z.B. Aktien, Anteilen an Aktienfonds, GmbH- oder Genossenschaftsanteilen (zusätzlich maximal 400 Euro im Jahr).

19

Was ist das Wesentliche des Bausparens gegenüber der Finanzierung eines Bauvorhabens durch Kontensparen oder einen Hypothekenkredit?

Beim **Bausparen** spart man in 3 bis 5 Jahren rund 30 bis 50% der Bausparsumme an (Ansparphase genannt) und erhält nach der Zuteilung des Bausparvertrages von der Bausparkasse für den Rest der Bausparsumme (50 bis 70%) ein zinsgünstiges Darlehen mit kleiner Tilgungsrate. In dieser Rückzahlphase trägt man das Darlehen ab.

Die Gesamtlaufzeit von Bausparverträgen beträgt je nach Vertragstyp 10 bis 25 Jahre.

Beim **Kontensparen und Hypothekenkredit** spart der Sparer rund 30% der Bausumme an (Eigenkapital) und finanziert den Rest mit einem Hypothekenkredit (Fremdkapital).

20

Welche Möglichkeit hat ein Arbeitnehmer, zuviel bezahlte Lohnsteuer vom Finanzamt zurückzubekommen?

Er muss nach Ablauf des Jahres eine ausgefüllte Einkommenssteuererklärung mit seiner Lohnsteuerkarte und den Nachweisen seiner absetzbaren Ausgaben beim Finanzamt abgeben.

Er erhält dann nach einigen Monaten einen Einkommens-Steuerbescheid und im Falle zuviel gezahlter Steuern eine Steuerrückzahlung vom Finanzamt.

21

Ein Arbeitnehmer kann Werbungskosten in seiner Steuererklärung geltend machen.
Was versteht man unter Werbungskosten?
Nennen Sie einige Beispiele.

Werbungskosten sind alle Kosten, die zum Erwerb, zur Sicherung und zur Erhaltung des Arbeitsverhältnisses aufgebracht werden, wie z.B.

- Kosten für die Fahrt zur Arbeitsstätte.
- Kosten für die Mitgliedschaft in einem Berufsverband oder der Gewerkschaft.
- Kosten für Bücher und Kurse für die berufliche Weiterbildung.

22

Ein Arbeitnehmer bekommt von seiner Firma (einer Aktiengesellschaft) jährlich eine begrenzte Anzahl von Aktien zum Vorzugspreis angeboten.
Der Nennwert der Aktie beträgt 5 Euro, der Kurs 38,10 Euro und die im letzten Jahr ausgezahlte Dividende 0,35 Euro.
Was bedeuten diese Angaben?

Der **Nennwert** ist der auf der Aktie angegebene Anteil am Kapital der Aktiengesellschaft.

Der **Kurs** einer Aktie ist der Wert, zu dem die Aktie an der Börse gehandelt wird. Er ist meist höher als der Nennwert der Aktie.

Die **Dividende** ist der jährlich pro Aktie ausgezahlte Ertrag an die Aktionäre.

23

Warum werden die Steuerpflichtigen in verschiedene Steuerklassen eingeteilt?

Durch die Steuerklasse wird der einzelne Steuerpflichtige gemäß seinem Familienstand einem bestimmten steuerlichen Tarif zugeordnet

24

Welche Steuerklassen gibt es?

Steuerklasse I:
Nichtverheiratete Personen, Verwitwete oder Geschiedene.

Steuerklasse II:
Nichtverheiratete, Verwitwete und Geschiedene mit mindestens einem Kind.

Steuerklasse III:
Verheiratete, wenn der Ehegatte keinen oder geringen Arbeitslohn bezieht.

Steuerklasse IV:
Verheiratete, wenn beide Ehegatten Arbeitslohn in etwa gleicher Höhe beziehen.

Steuerklasse V:
Verheiratete, die beide Arbeitslohn beziehen, wenn auf Antrag ein Ehegatte in Steuerklasse III eingestuft ist.

Steuerklasse VI:
Arbeitnehmer, die Arbeitslohn aus einem zweiten oder weiteren Arbeitsverhältnissen beziehen.

25

Worin besteht das Wesen eines Mietvertrags?

Durch den Mietvertrag verpflichtet sich der Vermieter, dem Mieter den Gebrauch der vermieteten Sache, z.B. eine Wohnung, während der vereinbarten Mietzeit zu überlassen.

Der Mieter verpflichtet sich, dem Vermieter dafür den vereinbarten Mietpreis zu entrichten, meist in Form einer monatlichen Mietzahlung.

26

Ein Industriemechaniker will nach erfolgreicher Abschlussprüfung eine Wohnung mieten. Wo erhält er einen Mietvertrag und welche wesentlichen Inhalte müssen in dem Mietvertrag für die Wohnung festgelegt sein?

Am besten verwendet man einen sogenannten Mustermietvertrag, den man im Papier- und Bürohandel oder beim örtlichen Mieterverein kaufen kann. Diese Mustermietverträge sind auf dem letzten Stand der Gesetzeslage und entsprechen der gültigen Rechtssprechung.

In diesen Mietverträgen müssen in dafür vorgesehenen Leerfeldern folgende Dinge eingetragen und festgelegt werden:
- Name und Adresse des Vermieters und des Mieters
- Bezeichnung der Mietsache
- Höhe der Miete und Termine der Mietzahlung
- Mietdauer oder zeitlich unbegrenzte Mietdauer
- Instandhalten der Mietsache und sogenannte Schönheitsreparaturen
- Besondere Vereinbarungen (Höhe der Kaution, Kündigungsfristen, Ablösung)
- Übergabeprotoll mit der Beschreibung des Zustands der Mietsache

Testfragen zum wirtschaftlichen Handeln

TS 15

Ein Auszubildender bekommt seine erste Ausbildungsvergütung angewiesen.
Warum benötigt er ein Girokonto?

a) Damit sein Ausbildungsbetrieb die Ausbildungsvergütung anweisen kann.

b) Damit der Auszubildende die im Lohnbüro ausgezahlte Vergütung dort einzahlen kann.

c) Damit von der Ausbildungsvergütung die Sozialbeiträge abgeführt werden können.

d) Damit der Auszubildende die Arbeitnehmer-Sparzulage erhält.

e) Damit der Ausbildungsbetrieb weiß, ob der Auszubildende sein Geld sinnvoll verwendet.

TS 16

Was benötigt man zur Bezahlung mit einem Scheck?

a) Den Personalausweis

b) Den Personalausweis und einen Scheckvordruck der eigenen Bank

c) 50,00 Euro Bargeld zur Anzahlung und den Scheckvordruck

d) Den Scheckvordruck der eigenen Bank

e) Ein Stück Papier, auf das man die Scheckkartennummer und den Namen schreibt

TS 17

Wie kann man an einem Geldautomaten mit der ec-Karte Geld abheben?

Durch Einführen der ec-Karte und …

a) Eintippen des eigenen Namens.

b) Eintippen des eigenen Namens und der Personalausweisnummer

c) Eintippen der ec-Kartennummer

d) Eintippen des Datums und der Bankleitzahl

e) Eintippen der Geheimzahl

TS 18

Welchen Vorteil hat das Bezahlen einer Rechnung mit einer ec-Karte oder einer Kreditkarte?

a) Man bekommt 5% Rabatt auf den Rechnungsbetrag.

b) Man braucht nicht viel Bargeld mit sich herumtragen.

c) Man ist bei den Verkäufern und Geschäftsinhabern besser angesehen.

d) Man braucht die Rechnung erst in 6 Wochen bezahlen.

e) Man erhält eine Prämie von 5% von seiner Bank.

TS 19

Bei der Jahresabschlussrechnung Ihrer Bank sehen Sie, dass Sie erhebliche Kosten für die Führung Ihres Girokontos hatten.
Welche der folgenden Möglichkeiten helfen Ihnen, diese Kosten zu reduzieren?

a) Sie lassen sich zukünftig die Kontoauszüge per Post zusenden, anstatt sie wie bisher selbst abzuholen.

b) Sie versuchen, mit Ihrer Bank niedrigere Gebühren auszuhandeln.

c) Sie tätigen mehr Überweisungen.

d) Sie wechseln zu einer Bank, die keine Gebühren für das Führen eines Girokontos berechnet.

e) Sie kündigen Ihre Daueraufträge.

TS 20

Warum ist es sinnvoll einen Teil seines Einkommens zu sparen?

a) Damit man alle Freunde zu einem Fest einladen kann.

b) Damit man für Notlagen oder größere Anschaffungen Geld hat.

c) Damit man besonders niedrige Zinsen bei der Bank bekommt.

d) Damit man sich keine Sorgen wegen der Geldentwertung (Inflation) machen muss.

e) Damit man einen Ratenkaufvertrag abschließen kann.

TS 21

Ein Auszubildender will ein Fernsehgerät kaufen und nimmt dazu bei seiner Bank einen Konsumentenkredit von 1200 Euro zu einem effektiven Zinssatz von 12,5 % und einer Laufzeit von einem Jahr auf.
Wie hoch sind die Zinskosten für diesen Kredit?

a) 150 Euro   b) 125 Euro

c) 350 Euro   d) 200 Euro

e) 175 Euro

TS 22

Ein Industriemechaniker will sich zur beruflichen Weiterbildung einen Computer für 1600 Euro kaufen. Da er nicht genügend gespartes Geld hat, kauft er das Gerät mit einem Ratenkaufvertrag.
Welche Aussage über den Ratenkauf ist richtig?

a) Beim Ratenkauf zahlt man in der Summe weniger als beim Barkauf.

b) Im Ratenkaufvertrag müssen nur der Barzahlungspreis und die Teilzahlungsraten angegeben sein.

c) Bei einem Ratenkaufvertrag wird der gekaufte Gegenstand beim Kauf Eigentum des Käufers.

d) Beim Ratenkaufvertrag zahlt man in der Summe genauso viel wie beim Barkauf.

e) Beim Ratenkaufvertrag zahlt man in der Summe wesentlich mehr als beim Barkauf.

TS 23

Ein 18-jähriger Auszubildender will zum Kauf eines Autos einen Leasingvertrag abschließen. Darf er das?

a) Nein, weil er noch nicht 21 Jahre alt ist.

b) Ja, weil er 18 Jahre alt ist.

c) Nein, weil er zwar 18 Jahre alt ist, aber noch Auszubildender ist.

d) Nein, weil er noch nicht 19 Jahre alt ist.

e) Ja, weil er schon 16 Jahre alt ist und eine Ausbildungsvergütung bezieht.

TS 24

Welche Aussage zum Bausparen ist richtig?

a) Man bekommt die Darlehenssumme sofort ausbezahlt und zahlt dann ab.

b) Man bekommt 50% der Darlehenssumme sofort, den Rest nach einem Jahr.

c) Man spart die vereinbarte Bausparsumme zu einem besonders günstigen Verzinsungssatz an.

d) Man spart ca. 30% bis 50% der vereinbarten Bausparsumme an (in 3 bis 5 Jahren) und erhält dann ein zinsgünstiges Darlehen für den Rest der Bausparsumme.

e) Man spart 3 Jahre lang 10% der vereinbarten Bausparsumme an und erhält dann 90% der Bausparsumme als Bausparkredit.

TS 25

Ein Metallbauer mietet an seinem Arbeitsort eine Zweizimmerwohnung.
Welche der folgenden Aussagen zum Mietvertrag ist richtig?

a) Der Mieter kann einen Monat die Miete aussetzen und sie im folgenden Monat nachbezahlen.

b) Der Vermieter darf einmal in der Woche die Wohnung kontrollieren.

c) Wenn er knapp mit dem Geld ist, braucht der Mieter die Miete einen Monat nicht zu bezahlen.

d) Der Mieter muss dem Vermieter den vereinbarten Mietzins monatlich bezahlen.

e) Schäden an der Heizungsanlage muss der Mieter bezahlen.

TS 25

Von welcher Stelle erhält man die Lohnsteuerkarte?

a) Vom Arbeitsamt

b) Von der Gemeinde- bzw. Stadtverwaltung

c) Vom Finanzamt

d) Vom Gewerbeaufsichtsamt

e) Von der zuständigen Handwerkskammer bzw. Industrie- und Handelskammer

TS 27

Welche Steuerklasse hat ein nicht verheirateter, kinderloser Arbeitnehmer?

a) Steuerklasse I

b) Steuerklasse II

c) Steuerklasse III

d) Steuerklasse IV

e) Steuerklasse V

TS 28

Ein Industriemechaniker fährt mit seinem Auto an 220 Tagen im Jahr von seiner Wohnung zu dem 16 km entfernten Arbeitsplatz.
Welchen Betrag kann er dafür als Werbungskosten in seiner Steuererklärung geltend machen?

a) $220 \times 2 \times 16 \times 0{,}30\ € = 2112{,}00\ €$

b) $220 \times 16 \times 0{,}20\ € = 704{,}00\ €$

c) $220 \times 16 \times 0{,}30\ € = 1056{,}00\ €$

d) $220 \times 16 \times 0{,}40\ € = 1408{,}00\ €$

e) $220 \times 2 \times 16 \times 0{,}40\ € = 2816{,}00\ €$

TS 29

Bis zu welchem maximalen Sparbetrag fördert der Staat das vermögenswirksame Sparen auf einem Bausparvertrag durch eine Arbeitnehmersparzulage?

a) 420 Euro   b) 312 Euro

c) 470 Euro   d) 936 Euro

e) 468 Euro

3 Grundlagen der Volks- und Betriebswirtschaft

1

Welche wichtigen Aufgaben erfüllt der Markt im Wirtschaftssystem der Bundesrepublik Deutschland?

Wichtige Aufgaben des Marktes sind:

- Die Versorgung der Verbraucher mit Gütern und Dienstleistungen.

- Der Ausgleich zwischen Angebot und Nachfrage über den Preis.

- Die Bildung des Preises für einen Auftrag nach Angebot und Nachfrage.

- Die Lenkung der Herstellung und Verteilung von Gütern und Dienstleistungen.

- Der Zwang für die Betriebe einen Auftrag so kostengünstig wie möglich anzubieten.

2

Welche Voraussetzungen müssen erfüllt sein, damit auf dem Markt Wettbewerb herrscht?

Wettbewerb herrscht, wenn eine möglichst große Zahl von selbstständig entscheidenden Marktteilnehmern (Betrieben) mit den erlaubten Mitteln des Wettbewerbs (Preis, Qualität, Lieferfrist, Serviceleistungen, Zahlungsbedingungen u.a.) um die Aufträge wetteifern.

Kein einzelnes Unternehmen darf eine marktbeherrschende Stellung besitzen.

Der Zutritt zum Markt muss auch neuen Marktteilnehmern möglich sein.

3

Im Marktgeschehen hat der einzelne Verbraucher meist die schwächere Position. Erläutern Sie, wie der Staat durch Verbraucherschutzgesetze den Verbraucher zu schützen versucht.

- Mit dem **Gesetz zur Regelung der allgemeinen Geschäftsbedingungen** soll der Verbraucher vor unangemessenen Geschäftsbedingungen und Klauseln geschützt werden.

- Durch das **Produkthaftungsgesetz** haftet der Hersteller für die durch technische Fehler des Produktes entstandenen Schäden.

- Das **Gewährleistungsgesetz** verpflichtet die Hersteller für eine bestimmte Zeit (6 Monate) fehlerhafte Waren zu ersetzen, zu reparieren oder deren Preis zu mindern.

4

Was unternimmt der Staat, um den Wettbewerb zu schützen?

Der Staat überwacht das Marktgeschehen auf Einhaltung der Regeln des Wettbewerbs und ahndet Verstöße gegen den lauteren Wettbewerb. Er versucht dies mit dem **Gesetz gegen Wettbewerbsbeschränkungen** und dem **Gesetz gegen den unlauteren Wettbewerb** zu erreichen.

5

Um gemeinsame Aufgaben zu bewältigen oder größere Aufträge zu erhalten, kooperieren häufig mehrere kleinere Betriebe. Nennen Sie Beispiele und erläutern Sie, welche Ziele dabei verfolgt werden.

Beispiele für die Kooperation von Betrieben sind:
- Die Bildung von Arbeitsgemeinschaften bei Großprojekten, um Aufträge zu erhalten, die die Leistungsfähigkeit des einzelnen Betriebs übersteigen.

- Die gemeinsame Werbung eines Industrieverbandes für Auszubildende.

- Die Standardisierung oder Normung häufig gebrauchter Bauteile durch einen Fachverband.

- Das gemeinsame Ausstellen mehrerer Betriebe auf einem gemeinsamen Messestand.

6

Welche Vorteile hat der Verbraucher vom Leistungswettbewerb?

Der Wettbewerb zwischen vielen Anbietern von Waren und Dienstleistungen führt in einem funktionierenden Markt für die Verbraucher zu günstigeren Preisen, zu besserer Produktqualität und zu größerem Warenangebot.

7

Welche gesamtwirtschaftlichen Nachteile können große Unternehmenszusammenschlüsse haben? Erläutern Sie solche Nachteile anhand von Beispielen.

- Die Preise können überhöht sein, wenn ein Großunternehmen eine marktbeherrschende Stellung hat und kein ausreichender Wettbewerb mehr gegeben ist.

- Die Vielfalt des Angebots der Waren und Dienstleistungen wird vermindert.

- Großbetriebe können sich nicht so schnell und flexibel auf Marktveränderungen einstellen.

- Die Auslese unwirtschaftlich arbeitender Betriebe wird verzögert.

8

Jeder Mensch hat eine Vielzahl von Bedürfnissen. Diese werden z.B. in Existenzbedürfnisse, in Kulturbedürfnisse und in Luxusbedürfnisse unterteilt. Nennen Sie Beispiele.

- Existenzbedürfnisse sind:
Nahrung, Kleidung, Wohnen

- Kulturbedürfnisse sind:
zur *Information*: Zeitung, Fernsehen, Radio,
zur *Unterhaltung*: Kino, Theater, Besuch von Sportveranstaltungen, Konzerte.

- Luxusbedürfnisse sind: Genussmittel, Sportwagen, Schmuck, Reisen.

9

Erklären Sie den Unterschied zwischen Konsumgütern und Investitionsgütern.

Konsumgüter sind Güter, die der Verbraucher zur Befriedigung seiner Bedürfnisse benötigt, wie z.B. Nahrungsmittel, Kleidung, Möbel, Zeitschriften.

Investitionsgüter sind Güter, die ein Betrieb zur Fertigung, Montage und Verteilung von Werkstücken und Bauteilen benötigt, wie z.B. Werkzeugmaschinen, Werkzeuge, Transporter.

10

Zeigen Sie an Beispielen, dass das gleiche Gut sowohl als Konsumgut als auch als Investitionsgut verwendet werden kann.

Handbohrmaschine:
Konsumgut im eigenen Haushalt, Investitionsgut für einen Handwerksbetrieb.

Computer:
Konsumgut fürs Internet-Surfen, Investitionsgut in der Konstruktionsabteilung eines Betriebs.

Fotoapparat:
Konsumgut bei privater Verwendung, Investitionsgut für einen Fotojournalisten.

Auto:
Konsumgut für Reisen mit der Familie, Investitionsgut für ein Taxiunternehmen.

11

Was versteht man unter dem Bruttoinlandsprodukt?

Das **B**ruttoinlandsprodukt (Abkürzung: BIP) ist der Wert (z.B. in Euro) aller produzierten Güter und erbrachten Dienstleistungen eines Landes in einem Jahr.

Das BIP ist eine Maßgröße für die wirtschaftliche Leistungsfähigkeit eines Landes.

Im Jahr 2013 betrug das BIP von Deutschland rund 2600 Milliarden Euro, das BIP von Frankreich rund 2000 Euro und das BIP der USA rund 11000 Euro.

12

Was gibt die Inflationsrate an?

Die Inflationsrate gibt die Preissteigerung in Prozent für ein standardisiertes Waren- und Dienstleistungssortiment (Standard-Warenkorb) gegenüber dem Vorjahr an.

Die Inflationsrate betrug in Deutschland im Jahr 2013 rund 1,5 %.

Bei einer Inflationsrate unter 2 % spricht man von annähernder Preisstabilität.

13

Was versteht man in der Wirtschaft unter dem ökonomischen Prinzip?

Das ökonomische Prinzip bedeutet ein wirtschaftliches Handeln nach sparsamen und erfolgsorientierten Grundsätzen.

Dabei unterscheidet man zwei Möglichkeiten:

- Nach dem **Maximalprinzip** soll mit vorgegebenen Mitteln ein höchstmöglicher Ertrag erzielt werden.
- Nach dem **Mininialprinzip** soll ein vorgegebenes Produktionsziel mit niedrigsten Kosten erreicht werden.

14

Nennen Sie Beispiele für das Handeln nach dem ökonomischen Prinzip.

- Aus einer Blechtafel werden durch möglichst günstige Anordnung der Zuschnitte eine möglichst große Anzahl von Zuschnitten gefertigt.
- Bei einem erteilten Fertigungsauftrag für Werkstücke wird durch Auswahl des preisgünstigsten, dafür geeigneten Werkstoffs und Fertigung mit dem kostengünstigsten, dafür geeigneten Fertigungsverfahren der Auftrag kostengünstig abgewickelt.

15

Unter welchen Bedingungen könnte es, abweichend vom ökonomischen Prinzip, in Betrieben zur Unwirtschaftlichkeit kommen? Nennen Sie Beispiele.

Ein Abweichen vom ökonomischen Prinzip ist z.B. gegeben, wenn …

- es durch Nachlässigkeit zu unnötigen Kosten kommt, z.B. durch Werkstoffverschwendung.
- es zu Fehlplanungen gekommen ist, z.B. zur Anschaffung einer teuren Maschine, die nur selten gebraucht wird

16

Erklären Sie anhand eines Beispiels, wie in einem Betrieb der Produktionsfaktor Arbeit durch den Produktionsfaktor Kapital ersetzt wird.

In einem metallverarbeitenden Betrieb wird ein Teil der Handschweißarbeiten durch die Maschinenarbeit eines CNC-gesteuerten Schweißroboters ersetzt.

17

Worin unterscheiden sich in der Aufgabenstellung ein Betrieb der öffentlichen Hand, ein gemeinwirtschaftlicher Betrieb und ein Privatbetrieb?

Öffentliche Betriebe, wie z.B. das Wasserwerk einer Stadt, orientieren sich an den Bedürfnissen der Gemeinschaft. Sie sollen eine Versorgung mit einem Gut übernehmen, deren Bereitstellung oder Produktion man privaten Unternehmen nicht überlassen möchte oder für deren Erzeugung private Unternehmen wegen mangelnder Gewinnaussichten kein Interesse haben.

Gemeinwirtschaftliche Betriebe, wie z.B. die Raiffeisenbanken, sind historisch aus der Notwendigkeit entstanden, ein wichtiges Bedürfnis einer finanzschwachen Kundschaft zu befriedigen, das sie sich unter rein marktwirtschaftlichen Bedingungen nicht leisten können, wie z.B. die Versorgung mit billigen Krediten oder billigem Wohnraum. Gemeinwirtschaftliche Betriebe streben keinen Gewinn an, sondern arbeiten lediglich auf Kostendeckung.

Privatbetriebe werden von Privatpersonen oder Gesellschaften betrieben, um den Wert des betriebes zu steigern und einen möglichst großen Gewinn zu erwirtschaften.

18

Welche Probleme entstehen, wenn ein Betrieb nicht ausreichend moderne Maschinen und Werkzeuge anschafft? Nennen Sie mögliche Folgen.

- Der Betrieb arbeitet nicht mehr konkurrenzfähig. Infolgedessen erhält er keine Aufträge mehr. Er muss Arbeitskräfte entlassen und bei andauerndem Ausbleiben von Investitionen geschlossen werden.

- Trifft dieses auf mehrere Betriebe in einer Region zu, steigt dort die Arbeitslosigkeit. Die Folgen sind ein Rückgang der Steuereinnahmen für den Staat und die Gemeinden, Einnahmeverluste der Sozialversicherungsträger sowie ein Anstieg der Arbeitslosen- und Sozialhilfekosten.

19

Wie werden die Betriebe reagieren, wenn das Betriebsmittel Energie z.B. durch die verteuernden Maßnahmen der Energiewende (EEG-Umlage) oder zusätzliche Steuern weiter verteuert wird?
Zeigen Sie an Beispielen, wie die Betriebe diese Belastung auffangen könnten.

Wenn die Energie teurer wird, würden von den Betrieben verstärkt Anstrengungen unternommen, um die Energiekosten zu senken. Dazu gäbe es eine Vielzahl von Möglichkeiten:

- Entwicklung und Umstellung auf energiesparende Maschinen und Produktionsverfahren.

- Investitionen zur Energieeinsparung und Energierückgewinnung.

- Kostensenkung in anderen Bereichen, um die höheren Energiekosten auszugleichen.

Bei Existenzbedrohung des Betriebs durch zu hohe Energiekosten droht die Verlagerung des Betriebs an einen Standort mit niedrigeren Energiekosten, z.B. ins Ausland.

20

Erklären Sie die Begriffe Rentabilität und Wirtschaftlichkeit.

Rentabilität ist das prozentuale Verhältnis aus dem erzielten Reingewinn eines Betriebes und dem eingesetzten Kapital.
Die Rentabilität gibt die Höhe der Verzinsung des eingesetzten Kapitals an.

Wirtschaftlichkeit ist das Verhältnis der erzielten Gesamteinnahmen zu den Gesamtaufwendungen eines Betriebs. Ein Betrieb arbeitet wirtschaftlich, wenn die erzielten Einnahmen die Gesamtaufwendungen übersteigen.

21

Wie wird in einem metallverarbeitenden Betrieb die betriebswirtschaftliche Kenngröße Produktivität gemessen?

Produktivität misst man, indem man eine Verhältniszahl aus dem Geldwert der erzeugten Produkte oder geleisteten Serviceleistungen und der dafür benötigten Arbeitszeit bildet.

Beispiel: 300 Stück eines Bauteils werden von einem Facharbeiter mit einer alten Werkzeugmaschine in 15 Arbeitstagen zu einem Herstellungspreis von 18 600 € gefertigt.
Die Produktivität beträgt:
$P_1 = 18\,600\ €/15\ \text{Tage} = 1240\ €/\text{Tag}.$

Nach Anschaffung einer modernen Maschine fertigt der Facharbeiter in derselben Zeit Bauteile im Wert von 24 900 €.
Die Produktivität beträgt dann:
$P_2 = 24\,900\ €/15\ \text{Tage} = 1660\ €/\text{Tag}.$

Sie ist um $\dfrac{1660 - 1240}{1240} = 33{,}9\%$ gestiegen.

22

Wie kann sich in einem Betrieb eine Steigerung der Produktivität auf die Zahl der Mitarbeiter auswirken?

Wenn die Produktivität in einem Betrieb gestiegen ist, wird ein gleich großer Auftrag von weniger Arbeitskräften bewältigt. Bei gleich großem Auftragsvolumen eines Betriebes kann eine Erhöhung der Produktivität ein Grund für den Abbau von Arbeitsplätzen sein.

Andererseits kann bei erhöhter Produktivität ein Betrieb wegen seiner verbesserten Konkurrenzfähigkeit eine größere Anzahl von Aufträgen erhalten. Um diese zu bearbeiten, kann es sogar erforderlich sein, zusätzliche Mitarbeiter einzustellen.

23

Der starke Konkurrenzdruck zwingt viele Firmen dazu, alle Rationalisierungsmöglichkeiten in ihrem Betrieb zu nutzen. Beschreiben Sie Maßnahmen, die eine Rationalisierung der Produktion zum Ziel haben.

Automation:
Einsatz von Maschinen und Fertigungsautomaten zur rationelleren Durchführung von Arbeitsvorgängen.

Normierung und Typisierung:
Bevorzugte Verarbeitung von in großer Zahl gefertigten Normteilen und Baugruppen. Sie sind kostengünstig.

Spezialisierung:
Konzentration auf Aufträge, für die der Betrieb besonders gut ausgerüstet ist und besonders qualifizierte Mitarbeiter besitzt.

24

In der Betriebswirtschaft wird zwischen „fixen Kosten" und „variablen Kosten" unterschieden.
Was versteht man unter diesen Begriffen und nennen Sie jeweils eine typische Kostenart.

Fixe Kosten fallen in gleichbleibender Höhe an und sind unabhängig von der Höhe der Produktion. Fixe Kosten sind z.B. Mieten für Betriebsgebäude und Zinsen für langfristige Investitionskredite.

Variable Kosten sind abhängig von der Anzahl der gefertigen Güter bzw. der erledigten Aufträge. Variable Kosten sind z.B. die Kosten für Stahlerzeugnisse, Werkzeuge, Schweißgase und Energie.

25

Welche Probleme bringt ein hoher Fixkostenanteil bei einem deutlichen Rückgang des Auslastungsgrads? Zeigen Sie die Auswirkungen an einem Beispiel auf.

Bei einem Rückgang der Auslastung werden weniger Produkte hergestellt. Die fixen Kosten müssen auf eine geringere Zahl von produzierten Gütern verteilt werden. Damit steigen die Kosten pro Stück. Wenn die am Markt erzielten Erlöse dies nicht mehr decken, entstehen Verluste.

26

Viele Betriebe sehen in der Ausstattung mit automatisch arbeitenden Maschinen eine Möglichkeit für die Rationalisierung ihrer Fertigung.
Nennen Sie Vorteile, die sich aus der Automatisierung für einen Betrieb ergeben können.

- Der Einsatz teurer aber leistungsfähiger Maschinen macht eine kostengünstigere Fertigung möglich.
- Spezielle Bearbeitungs- oder Behandlungsverfahren werden durch die Anschaffung einer teuren Spezialmaschine ermöglicht, z.B. eines Bearbeitungszentrums.
- Durch die Maschinenausstattung wird eine höhere Qualität der gefertigten Bauteile erzielt.

27

Nennen Sie die Besonderheiten der Fließfertigung und führen Sie Beispiele an, bei denen die Fließfertigung typisch ist.

Besonderheiten der Fließfertigung:
- Hohe Produktivität
- Übersichtlicher Produktionsprozess
- Nur für Massengüter geeignet
- Schneller Durchlauf der Werkstücke

Beispiele für Fließfertigung:
- Automobilproduktion
- Computerproduktion
- Herstellung von Geräten der Unterhaltungselektronik

28

Was bringt die Einführung der Gruppenarbeit? Nennen Sie Vorteile.

- Die Gruppendynamik in einem Team führt zu besserer Produktqualität und weniger Fehlern.
- Auch kleinere Stückzahlen können wirtschaftlich gefertigt werden.
- Es besteht eine größere Flexibilität des zu bewältigenden Arbeitsvolumens.

29

Was versteht man unter einer Einzelunternehmung?

Eine Einzelunternehmung ist ein Gewerbebetrieb, dessen Eigenkapital von einer Person aufgebracht wird, die den Betrieb eigenverantwortlich führt und das geschäftliche Risiko für Gewinn und Verlust allein trägt. Kleine Handwerksbetriebe sind häufig Einzelunternehmen.

30

Erklären Sie die wesentlichen Unterschiede zwischen einer Personengesellschaft und einer Kapitalgesellschaft.

Bei einer *Personengesellschaft* steht die persönliche Mitarbeit und die Haftung der Gesellschafter (Personen) im Vordergrund. Es gibt wenigstens einen Gesellschafter, der voll haftet. Die Geschäftsführung wird durch einen oder mehrere der Gesellschafter ausgeübt.
Personengesellschaften sind z.B. die Offene Handelsgesellschaft (OHG), die Kommanditgesellschaft (KG) und die Gesellschaft bürgerlichen Rechts (BGB-Gesellschaft).

Bei *Kapitalgesellschaften* haften die Gesellschafter nur mit ihren Kapitaleinlagen, nicht mit ihrem Privatvermögen. Die Geschäftsführung wird bei Kapitalgesellschaften durch einen bestellten Geschäftsführer oder Vorstand ausgeübt.
Kapitalgesellschaften sind z.B. Aktiengesellschaften (AG) oder eine Gesellschaft mit beschränkter Haftung (GmbH).

31

Viele metallverarbeitende Betriebe haben in ihrem Firmennamen den Zusatz GmbH. Was bedeutet dies?

GmbH ist die Abkürzung für „Gesellschaft mit beschränkter Haftung" und bedeutet, dass der Betrieb die Unternehmens-Rechtsform einer GmbH besitzt.

Eine GmbH gehört einem oder mehreren Gesellschaftern, die mit Geldeinlagen am Stammkapital der GmbH beteiligt sind. Das Stammkapital einer GmbH beträgt mindestens 25 000 €.

Die GmbH haftet mit ihrem Stammkapital. Die Gesellschafter haften nicht mit ihrem Privatvermögen.

32

Nennen Sie Gründe, eine Einzelunternehmung in eine GmbH umzuwandeln.

- Erweiterung der Eigenkapitalbasis eines wachsenden Betriebs durch die Aufnahme weiterer Gesellschafter.
- Begrenzung des wirtschaftlichen Risikos auf das Stammkapital der GmbH.
- Langfristige Bindung oder Beteiligung von wichtigen Mitarbeitern als Gesellschafter.

33

Warum ist die Rechtsform der Aktiengesellschaft (AG) bei einem großen metallverarbeitenden Betrieb mit hohem Kapitalbedarf die geeignete Gesellschaftform?

Der hohe Kapitalbedarf bei großen Betrieben, z.B. zur Anschaffung teurer Maschinen, kann häufig nicht von einem oder wenigen Gesellschaftern aufgebracht werden.

Bei der Aktiengesellschaft kann durch die Ausgabe von Aktien, die jedermann zeichnen kann, eine große Kapitalmenge beschafft werden.

Die Aktionäre nehmen über die Dividende und Kurssteigerungen der Aktien am Gewinn der AG teil.

Bei Verlusten haften sie nur mit ihren Einlagen (Aktien) und nicht mit ihrem Privatvermögen.

Testfragen zu Grundlagen der Volks- und Betriebswirtschaft

TS 30

Welche Wirtschaftordnung hat die Bundesrepublik Deutschland?

a) Zentralgelenkte Wirtschaft

b) Kapitalismus

c) Soziale Marktwirtschaft

d) Freie Kapitalwirtschaft

e) Sozialistische Planwirtschaft

TS 31

Welche Aussage trifft auf die Marktwirtschaft zu?

a) Die Betriebe produzieren nach einem staatlichen Plan die benötigten Waren und Produkte.

b) Die Regierung legt die Preise für die produzierten Waren und Aufträge fest.

c) Angebot und Nachfrage bestimmen, was produziert wird und welcher Preis erzielt wird.

d) Die Handwerkskammern und Industrie- und Handelskammern bestimmen, welche Waren produziert werden.

e) Das Wirtschaftsministerium legt die Menge der zu produzierenden Waren und ihre Preise fest.

TS 32

Welche Aussage über den Wettbewerb ist *falsch*?

a) Der Wettbewerb zwingt die Betriebe, ihre Angebote ständig an die Marktbedingungen anzupassen.

b) Um wettbewerbsfähig zu bleiben, müssen die Betriebe ständig rationalisieren.

c) Je mehr Betriebe sich um einen Auftrag bemühen, desto niedriger ist der erzielte Preis.

d) Um den Wettbewerb zu steigern, setzt der Staat die Preise fest.

e) Der Wettbewerb führt dazu, dass der preisgünstigste Betrieb den Auftrag erhält.

TS 33

Welche Maßnahme eines Betriebes ist eine Investition?

a) Die Umwandlung des bisher als Einzelunternehmen geführten Betriebs in eine GmbH.

b) Der Kauf einer halbautomatischen Brennschneidmaschine.

c) Das Einholen staatlicher Zuschüsse zu den Lohnkosten eines Betriebes.

d) Die Rückgabe der von einem Betrieb erhaltenen Aufträge.

e) Die Verlängerung der Arbeitszeit aufgrund der guten Auftragslage eines Betriebs.

TS 34

Was bestimmt die Rentabilität eines Betriebes?

a) Die Lohnkosten und der Ertrag

b) Die Lohnquote

c) Die Produktivität

d) Die Höhe des Gewinns und des eingesetzten Kapitals

e) Allein der wirtschaftliche Ertrag

TS 35

Welche der folgenden Bauteile eignen sich für die Fließfertigung?

a) Getriebe für eine Spezialmaschine

b) Getriebe für ein Serienauto

c) Hydraulikantrieb einer Presse

d) Werkzeugschlitten einer Drehmaschine

e) Maschinenbett eines Bearbeitungszentrums

TS 36

Welche der genannten Maßnahmen eines Betriebes dient der Steigerung der Arbeitsproduktivität?

a) Die Erhöhung der Arbeitszeit

b) Eine Arbeitszeitverkürzung

c) Die Neueinstellung von Mitarbeitern

d) Die Anschaffung neuer Maschinen

e) Die Minderung der Materialkosten

TS 37

Mit welcher Gleichung lässt sich die Produktivität *P* eines Unternehmens ermitteln?

a) Produktivität $P = \dfrac{\text{Produktionsleistung}}{\text{Arbeitszeit}}$

b) Produktivität $P = \dfrac{\text{Gesamtaufwand}}{\text{Verkaufserlöse}}$

c) Produktivität $P = \dfrac{\text{Produktionsleistung}}{\text{Gesamtaufwand}}$

d) Produktivität $P = \dfrac{\text{Gewinn}}{\text{Arbeitszeit}}$

e) Produktivität $P = \dfrac{\text{Produktionsleistung}}{\text{Kapitaleinsatz}}$

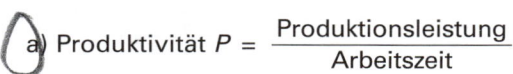

TS 37

Ein Betrieb ist einem starken Preisdruck ausgesetzt. Er kann seine Aufträge nur noch zu einem niedrigeren Preis hereinholen. Welche Aussage zur Situation des Betriebs ist richtig?

a) Die Wirtschaftlichkeit des Betriebs steigt.

b) Die Rentabilität des Betriebs wird größer.

c) Die Produktivität des Betriebs sinkt.

d) Die Rentabilität des Betriebs wird geringer.

e) Die Rentabilität des Betriebs wird größer.

TS 39

Welcher Faktor hat keinen Einfluss auf die Fertigungskapazität eines Betriebs?

a) Die Leistungsfähigkeit der Maschinen

b) Die zeitliche Ausnutzung der Maschinen

c) Die Geschwindigkeit der Bauteilmontage

d) Die Leistungsfähigkeit der Mitarbeiter

e) Die Eigenkapitalausstattung

TS 40

Warum dürfen mehrere Betriebe bei einem Gebot für einen Auftrag keine Preisabsprachen treffen?

a) Die Zuordnung zu einem Betrieb muss sichergestellt sein.

b) Der Ruf des einzelnen Betriebs soll erhalten bleiben.

c) Es sollen keine Verwechslungen möglich sein.

d) Die Preisbildung im freien Wettbewerb soll gewährleistet sein.

e) Der Preis für die erbrachte Leistung muss einem Betrieb überwiesen werden können.

TS 41

Auf einem Firmenschild steht:
   Michael Schröder
   Maschinenbau GmbH
Welche Rechtsform hat dieser Betrieb?

a) Aktiengesellschaft

b) Kommanditgesellschaft

c) Einzelunternehmung

d) Genossenschaft mit beschränkter Haftung

e) Gesellschaft mit beschränkter Haftung

TS 42

Welche Unternehmensform eignet sich am besten, um auf dem freien Kapitalmarkt eine große Geldsumme für Investitionen zu beschaffen?

a) Genossenschaft   b) Aktiengesellschaft
c) Einzelunternehmung d) Kommanditgesellschaft
e) Gesellschaft mit beschränkter Haftung

TS 43

Welche Aussage über die Gesellschaft mit beschränkter Haftung (GmbH) ist *falsch*?

a) Die GmbH ist eine Personengesellschaft.

b) Die GmbH ist eine Gesellschaft, deren Gesellschafter mit ihrer Stammeinlage am Stammkapital beteiligt sind, ohne persönlich für die Verbindlichkeiten der Gesellschaft zu haften.

c) Das Stammkapital muss mindestens 25 000 € betragen.

d) Die Gesellschafter haben Anspruch auf den Jahresüberschuss im Verhältnis ihrer Geschäftsanteile.

e) Die GmbH ist eine juristische Person des privaten Rechts.

TS 44

Bei welcher Unternehmensform gibt es mindestens einen Gesellschafter, der unbeschränkt haftet, und einen Gesellschafter, der beschränkt haftet?

a) KG   b) AG
c) OHG   d) Genossenschaft
e) GmbH

TS 45

Mehrere Unternehmen vereinbaren nicht erlaubte Preisabsprachen für die von ihnen gefertigten Produkte. Wie nennt man eine solche Unternehmenszusammenarbeit?

a) Stiftung   b) Kartell
c) Konzern   d) Konsortium
e) Arbeitsgemeinschaft

4 Sozialpartner im Betrieb

1

Welche Aufgaben übernehmen die Gewerkschaften im Rahmen der Interessenvertretung der Arbeitnehmer? Nennen Sie Beispiele.

Aufgaben der Gewerkschaften sind z.B.:

- Verhandlung und Abschluss von Tarifverträgen, um die Arbeitnehmer am wirtschaftlichen Fortschritt teilnehmen zu lassen.

- Verbesserung der Lohn- und Arbeitsbedingungen, z.B. Lohnfortzahlung bei Krankheit.

- Beratung von Arbeitnehmern in arbeitsrechtlichen Fragen.

- Durchführung von beruflichen und gewerkschaftlichen Fortbildungsmaßnahmen für Arbeitnehmer.

- Vertretung der Arbeitnehmer in Ausschüssen und Aufsichtsratsgremien.

- Abgabe von Stellungnahmen im Rahmen der Gesetzgebung.

2

Erklären Sie das Prinzip der Einheitsgewerkschaft und nennen Sie Argumente, die für dieses Prinzip sprechen.

Das Prinzip der Einheitsgewerkschaft bedeutet, dass es für die Arbeitnehmer einer Branche nur eine Gewerkschaft gibt, die die Interessen aller Arbeitnehmer dieser Branche vertritt.

Argumente für die Einheitsgewerkschaft sind:

- Die Gewerkschaften können sich unabhängig von den politischen Parteien und Religionsgemeinschaften für die Interessen ihrer Mitglieder einsetzen.

- Es gibt keine Konkurrenz zwischen verschiedenen Gewerkschaften und damit keinen Zwang zu sich überbietenden Forderungen.

- Den Arbeitgebern steht bei Tarifverhandlungen nur ein Verhandlungspartner gegenüber.

- Vereinbarte Verhandlungsergebnisse sind für alle Arbeitnehmer einer Branche verbindlich.

3

Welche erlaubten Kampfmittel haben die Gewerkschaf-
ten bzw. die Arbeitgeber in einem Arbeitskampf?

- Das Kampfmittel der organisierten Arbeitnehmer (unter Führung der Gewerkschaften) zum Erreichen arbeitsrechtlicher Ziele ist der Streik.

- Das Kampfmittel der Arbeitgeber gegen einen Streik ist die Aussperrung.

4

Wer vertritt die Interessen der Arbeitgeber bei Verhand-
lungen mit den Gewerkschaften?

Verhandlungspartner der Gewerkschaften sind die Arbeitgeberverbände, z.B. der Bundesverband der deutschen Industrie (BDI).

5

Welche Ziele verfolgen die Arbeitgeberverbände?
Nennen Sie Beispiele.

Die Arbeitgeberverbände verfolgen u.a. folgende Ziele:

- Die Flexibilisierung und Ausdehnung der Regelarbeitszeiten, um die Maschinenlaufzeiten zu erhöhen.

- Den Abschluss von Tarifabschlüssen mit möglichst angemessenen Lohnkosten.

- Die Senkung der Lohnnebenkosten, wie z.B. den Arbeitgeberanteil an der Kranken- und Rentenversicherung.

- Die Verringerung der Unternehmenssteuern.

- Die Kürzung der Lohnfortzahlung bei Krankheit.

- Den Ausbau der betrieblichen Berufsausbildung und die teilweise Reduzierung der Ausbildung in der Berufsschule.

6

Nennen Sie wichtige Aufgaben der Handwerkskammern
(HK) sowie der Industrie- und Handelskammern (IHK) im
Rahmen der Berufsausbildung.

- Die Handwerkskammern und IHKen überwachen die Berufsausbildung in den Betrieben.

- Sie nehmen die Abschlussprüfungen ab.

- Sie führen das Verzeichnis der Ausbildungsbetriebe.

- Sie entscheiden auf Antrag des Auszubildenden über die Verlängerung der Ausbildungszeit, wenn dies zum Erreichen des Ausbildungsziels erforderlich ist.

- Sie fördern die Berufsausbildung durch Beratung der Auszubildenden und der ausbildenden Betriebe.

7

Durch welche Einrichtung erhalten die Arbeitnehmer in
einem Betrieb ein Mitspracherecht?

Die gemeinsame Vertretung der Arbeitnehmer gegenüber der Betriebsleitung ist der Betriebsrat.

Über den Betriebsrat erhalten die Arbeitnehmer in sie betreffenden Angelegenheiten ein Mitspracherecht.

Testfragen zu den Sozialpartnern

TS 46

Welcher Vorteil ist mit der Mitgliedschaft in einer
Gewerkschaft verbunden?

a) Besserer Kündigungsschutz

b) Längerer Urlaub

c) Geringerer Krankenkassenbeitrag

d) Anspruch auf übertarifliche Entlohnung

e) Rechtsschutz bei arbeitsrechtlichen Auseinandersetzungen mit dem Arbeitgeber

TS 47

Was ist die wichtigste Finanzquelle der Gewerkschaften?

a) Beiträge von der Bundesagentur für Arbeit

b) Beiträge der Gewerkschaftsmitglieder

c) Einkünfte aus Betriebsbeteiligungen

d) Abgaben von Betriebsratsmitgliedern

e) Zuschüsse aus dem Bundeshaushalt

TS 48

Welche Aufgaben können nicht vom Deutschen
Gewerkschaftsbund (Dachverband der Einzelgewerk-
schaften) wahrgenommen werden?

a) Einflussnahme auf das Gesetzgebungsverfahren im Bereich des Arbeitsrechts

b) Abschluss von Tarifverträgen

c) Vertretung gesamtgewerkschaftlicher Interessen

d) Aus- und Fortbildung von Gewerkschaftsmitgliedern

e) Abstimmung der Aktionen der Einzelgewerkschaften

TS 49

Herr Stahlmann ist als Industriemechaniker in einem
metallverarbeitenden Betrieb beschäftigt. Welcher
Gewerkschaft kann er beitreten?

a) Jeder beliebigen Einzelgewerkschaft

b) Dem Deutschen Gewerkschaftsbund

c) Der Industriegewerkschaft Chemie, Papier, Keramik

d) Der Gewerkschaft Holz und Kunststoff

e) Der Industriegewerkschaft Metall

TS 50

Bei welcher Organisation der Betriebe gibt es eine
Zwangsmitgliedschaft?

a) Bundesvereinigung der Deutschen Arbeitgeberverbände

b) Handwerkskammern sowie Industrie- und Handelskammern

c) Bundesverband der Deutschen Industrie

d) Deutscher Stahlbauverband

e) Deutsches Institut für Normung

TS 51

Welche der folgenden Aufgaben gehört *nicht* zum Zuständigkeitsbereich von Arbeitgeber- und Arbeitnehmerorganisationen?

a) Beratung der Mitglieder in Arbeitsrechtsfragen

b) Abschluss von Tarifverträgen

c) Einflussnahme bei der sozialpolitischen Gesetzgebung

d) Vertretung der Mitglieder bei Streitfällen vor Arbeits- und Sozialgerichten

e) Auswahl der hauptamtlichen Richter an Arbeitsgerichten

TS 52

Welche Forderung könnte von den Arbeitgeberverbänden aufgestellt sein?

a) Ausbau der betrieblichen Mitbestimmung

b) Kopplung der Löhne an die Leistungsfähigkeit der Betriebe

c) Abbau der Subventionen für Betriebe, die Schwerbehinderte beschäftigen

d) Verkürzung der Arbeitszeit bei vollem Lohnausgleich

e) Verlängerung der Ausbildungszeit von Auszubildenden

TS 53

Was ist *nicht* die Aufgabe der Handwerkskammern und der Industrie- und Handelskammern?

a) Förderung der gewerblichen Wirtschaft

b) Unterstützung von Behörden durch Gutachten

c) Beratung bei Existenzgründungen

d) Finanzielle Unterstützung von bestreikten Betrieben

e) Durchführung der Gesellen- und Facharbeiterprüfung

TS 54

Welche Aussage über die Handwerkskammern ist richtig?

a) Sie wirken bei Tarifverhandlungen mit.

b) Sie vertreten die Interessen der Handwerksbetriebe.

c) Sie schreiben den Berufsschulen die Lerninhalte der Handwerksberufe vor.

d) Sie nehmen die sozialen Interessen ihrer Mitglieder wahr.

e) Sie vertreten die Mitarbeiter der Betriebe bei arbeitsrechtlichen Streitfällen.

5 Arbeits- und Tarifrecht

1

Im Arbeitsvertrag wird das Rechtsverhältnis zwischen Arbeitgeber und Arbeitnehmer geregelt. Nennen Sie wichtige Punkte, die in einem Arbeitsvertrag festgeschrieben werden sollten.

- Beginn und Dauer des Arbeitsverhältnisses
- Dauer der Probezeit und Kündigungsfristen
- Art und Höhe der Entlohnung
- Anzahl der Urlaubstage
- Bezeichnung der Tätigkeit und Beschreibung des Aufgabengebietes
- Benennung des regelmäßigen Arbeitsortes

2

Die Bedeutung des Tarifvertrages für die betriebliche Praxis zeigt sich darin, dass rund 90 % sämtlicher Arbeitsverhältnisse durch Tarifverträge geregelt werden. Welche drei wesentlichen Funktionen soll der Tarifvertrag erfüllen?

- Schutzfunktion: Der Tarifvertrag soll den Arbeitnehmer davor schützen, dass der wirtschaftlich stärkere Arbeitgeber sich bei der Festlegung der Arbeitsbedingungen einseitig durchsetzt.
- Ordnungsfunktion: Die Tarifverträge führen zu einer Vereinheitlichung und Überschaubarkeit der Personalkosten für alle Betriebe einer Branche.
- Friedensfunktion: Während der Laufzeit des Tarifvertrags herrscht Friedenspflicht, d.h. es dürfen keine Arbeitskämpfe stattfinden.

3

Nur die Arbeitnehmer, die Mitglied der tarifvertragschließenden Gewerkschaft sind, haben einen unmittelbaren Anspruch auf den vereinbarten Tariflohn.
Warum zahlen die Arbeitgeber in der Regel auch den nicht gewerkschaftlich organisierten Arbeitnehmern den Tariflohn?
Begründen Sie Ihre Aussage.

Wenn die nicht gewerkschaftlich organisierten Arbeitnehmer nicht den Tariflohn bekämen, würden sie in die Gewerkschaft eintreten. Dadurch würde sich der Organisationsgrad der Arbeitnehmerschaft stark erhöhen und die Position der Gewerkschaft bei einem Arbeitskampf stärken.

Da dies die Arbeitgeber nicht wollen, zahlen sie auch den nicht gewerkschaftlich organisierten Arbeitnehmern den mit den Gewerkschaften vereinbarten Tariflohn.

4

Was versteht man unter Zeitarbeit?

Bei der Zeitarbeit, auch Leiharbeit oder Arbeitnehmerüberlassung genannt, hat ein Arbeitnehmer einen Arbeitsvertrag mit einer Zeitarbeitsfirma.

Die Zeitarbeitsfirma (Arbeitgeber) schickt seine Mitarbeiter (Leiharbeiter) für begrenzte Zeit (Tage bis Monate) zu verschiedenen Firmen zur Erledigung von Arbeiten.

5

Gesetzt den Fall:
Der Bundeswirtschaftsminister sieht in einer bestimmten wirtschaftlichen Situation bei einem anstehenden Tarifabschluss über der Preissteigerungsrate eine Gefahr für die Beschäftigung.
Kann er den Tarifparteien die höchstzulässige Lohnerhöhung vorschreiben?
Begründen Sie Ihre Auffassung.

Der Wirtschaftsminister kann eine politische und wirtschaftliche Meinung äußern. Er darf aber nicht in die Tarifautonomie der Sozialpartner eingreifen und Vorschriften machen.

Es gehört zum verfassungsrechtlichen Betätigungsrecht der Tarifparteien, die Arbeits- und Wirtschaftsbedingungen durch den Abschluss von Tarifverträgen zu regeln.

6

Es gibt mehrere Arten von Tarifverträgen, z.B. den Lohn- und Gehaltstarifvertrag sowie den Manteltarifvertrag. Erläutern Sie den Unterschied.

Der **Lohn- und Gehaltstarifvertrag** regelt vorwiegend die Bedingungen der Entlohnung der Arbeit, z.B. den Stundenlohn, den Monatslohn, die Ausbildungsvergütung.

Er hat meist eine Laufzeit von 1 bis 2 Jahren.

Im **Manteltarifvertrag** sind die allgemeinen Arbeitsbedingungen festgelegt, z.B. die Anzahl der wöchentlichen Arbeitsstunden, die Anzahl der Urlaubstage, die Höhe des Weihnachts- und Urlaubsgeldes, Zuschläge für Nacht- und Sonntagsarbeit, Kündigungsfristen.

Der Manteltarifvertrag hat meist eine Laufzeit von mehreren Jahren oder eine unbestimmte Laufzeit.

7

Ein Metallbauer arbeitet in einem Handwerksbetrieb und will sein Einkommen durch eine geringfügige Nebenbeschäftigung als Hausmeister bei einer Hausverwaltung verbessern.
Ist dies zulässig? Wenn ja, begründen Sie Ihre Meinung.

Die geringfügige Nebentätigkeit ist zulässig.

Mit der Nebenbeschäftigung wird das Arbeitsverhältnis mit dem Arbeitgeber nicht gestört und dem Arbeitgeber keine unlautere Konkurrenz gemacht.

Bedingung ist jedoch, dass die Pflichten aus dem Arbeitsverhältnis als Metallbauer ordnungsgemäß erfüllt werden.

8

In einem Betrieb der Chemieindustrie sind auch mehrere Arbeitnehmer als Industriemechaniker, Rohrleitungsbauer und Zerspanungsmechaniker beschäftigt. Nach welchem Tarifvertrag werden diese Arbeitnehmer entlohnt?
Begründen Sie Ihre Aussage.

Im allgemeinen kommt in einem Betrieb nach dem Willen der Tarifvertragsparteien nur ein Tarifvertrag zur Anwendung. Deshalb werden auch die Industriemechaniker, Rohrleitungsbauer und Zerspanungsmechaniker nach dem Tarif der Industriegewerkschaft Chemie, Papier, Keramik bezahlt.

9

Kann von den geltenden Tarifverträgen abgewichen werden?

In einer schwierigen, für den Betrieb existenzbedrohenden Situation kann ein Betrieb in Absprache mit dem Betriebsrat von dem vereinbarten Tarifvertrag abweichen und einen geringeren Arbeitslohn und eine höhere Arbeitszeit vereinbaren.

Diese Möglichkeit ist in den sogenannten **Öffnungsklauseln** des Tarifvertages geregelt.

10

Ein Betrieb bietet seinen Beschäftigten eine Arbeitsplatzgarantie an, wenn sie sich mit einem Jahresurlaub von 18 Werktagen begnügen. Ist dies zulässig? Begründen Sie Ihre Meinung.

Nach § 3 des Bundesurlaubsgesetzes beträgt der jährliche Mindesturlaub 24 Werktage. Eine vertragliche Festlegung, die gegen das Gesetz verstößt, ist deshalb nicht zulässig.

(Als Werktage gelten alle Kalendertage, die nicht Sonn- oder gesetzliche Feiertage sind.)

11

Ein Arbeitnehmer hat im September bereits seinen ganzen Jahresurlaub genommen und wechselt zum 1. Oktober seinen Arbeitgeber. Steht ihm für die letzten drei Monate des Kalenderjahres noch Urlaub zu?

Ein Anspruch auf Urlaub besteht nicht, wenn dem Arbeitnehmer für das laufende Kalenderjahr bereits der volle Urlaub von einem früheren Arbeitgeber gewährt worden ist. Zum Nachweis eines noch vorhandenen Urlaubsanspruches ist vom Arbeitnehmer eine Bestätigung des früheren Arbeitgebers vorzulegen.

12

Ein Arbeitnehmer erkrankt während seines Urlaubs. Nach Rückkehr von seinem Urlaub weist er dies durch ein ärztliches Attest mit Angabe der Krankheitstage nach.
Werden die Krankheitstage auf seinen Jahresurlaub angerechnet?
Begründen Sie Ihre Aussage.

Nach § 9 Bundesurlaubsgesetz werden durch ärztliches Zeugnis nachgewiesene Krankheitstage nicht auf den Jahresurlaub angerechnet. Der Zeitpunkt für den restlichen Jahresurlaub ist mit dem Arbeitgeber zu vereinbaren.

13

| Neben dem Zeitlohn gibt es die Entlohnung im Akkord. Nennen Sie jeweils Argumente, die für bzw. gegen eine Entlohnung im Akkord sprechen.

Vorteile des Akkordlohnes:

- Leistungsanreiz durch Lohnsteigerung bei höherem Arbeitstempo
- Lohnkosten pro gefertigtem Teil sind vom Betrieb genau kalkulierbar.

Nachteile des Akkordlohnes:

- Gefahr der Überforderung von Mensch und Maschine
- Gefahr der Qualitätsminderung durch Zeitdruck
- Größerer Aufwand für die Kalkulation der Vorgabezeiten

14

| Ein Arbeitnehmer hält bei der Ermittlung der Zeiten für den Akkordlohn seine Arbeitsleistung bewusst zurück. Er will dadurch eine niedrigere Leistungsnorm erreichen. Ist dies zulässig? Begründen Sie Ihre Aussage.

Der Arbeitnehmer darf seine Arbeitsleistung nicht bewusst zurückhalten. Er muss unter angemessener Anspannung seiner Kräfte und Fähigkeiten arbeiten.

Er sollte aber nicht kurzfristigen Raubbau mit seinen Kräften treiben, da dadurch seine Arbeitsfähigkeit langfristig geschädigt wird.

15

| Welche Möglichkeiten hat ein Arbeitnehmer, sich gegen eine ungerechtfertigte Kündigung zu wehren?

- Er kann beim Arbeitgeber oder beim Betriebsrat binnen einer Woche Einspruch einlegen.
- Er kann beim Arbeitsgericht binnen drei Wochen Klage gegen die Kündigung erheben.

16

| In welchen Fällen ist eine außerordentliche Kündigung (fristlose Kündigung) möglich?

Sie ist bei schwerem persönlichem Fehlverhalten möglich, wie z.B. bei Arbeitsverweigerung, unentschuldigtem Fernbleiben von der Arbeit, Tätlichkeiten, Diebstahl, Unterschlagung und schweren Beleidigungen am Arbeitsplatz, Schwarzarbeit nach Feierabend und am Wochenende sowie grob betriebsschädigendem Verhalten.

17

| Die im Arbeitsvertrag vereinbarte Vergütung ist der Bruttoarbeitslohn. Wodurch unterscheidet er sich vom Nettolohn?

Der Bruttolohn ist höher als der ausgezahlte Nettolohn.
Vom Bruttoarbeitslohn wird ein Teil vom Arbeitgeber eingehalten und an die entsprechenden Einrichtungen abgeführt:

- Der Arbeitnehmeranteil zur Kranken- und Pflegeversicherung
- Der Arbeitnehmeranteil zur gesetzlichen Rentenversicherung
- Der Arbeitnehmeranteil der Arbeitslosenversicherung
- Die Lohnsteuer und der Solidaritätszuschlag
- Bei Zugehörigkeit zur katholischen oder evangelischen Kirche die Kirchensteuer.

18

| Was versteht man unter Mindestlohn?

Als Mindestlohn bezeichnet man einen festgelegten, arbeitsrechtlich zulässigen, geringsten Stunden-Arbeitslohn. Er darf in einem Arbeitsvertrag nicht unterschritten werden.

19

| Welche Vorteile bzw. Nachteile hat ein allgemein gültiger Mindestlohn?

Vorteile:

- Ein Mindestlohn soll sicherstellen, dass ein Arbeitnehmer bei einem Vollbeschäftigungs-Verhältnis von seinem Lohn seinen Lebensunterhalt bestreiten kann.
- Lohndumping unter die Mindestlohngrenze ist nicht möglich.

Nachteile:

- Arbeitsplätze mit geringer Wertschöpfung sind nicht mehr wirtschaftlich zu erhalten und werden abgebaut. In der Folge verlieren Arbeitnehmer im Niedriglohnbereich ihren Arbeitsplatz.
- Ein flächendeckend für alle Branchen geltender Mindestlohn kann die Besonderheiten der unterschiedlichen Branchen nicht berücksichtigen.
  Beispiel: Im Gaststättengewerbe führt das dort übliche „Trinkgeld" zu einer wesentlichen Erhöhung des Arbeitslohnes, im Reinigungsgewerbe dagegen gibt es diese Lohnaufbesserung nicht.

20

| Welche Personen werden vom Jugendarbeitsschutzgesetz (JArbSchG) als Kinder und welche als Jugendliche bezeichnet?

Kinder sind nach dem JArbSchG Personen, die noch nicht 14 Jahre alt sind.

Als Jugendliche werden nach dem JarbSchG alle Personen im Alter von 14 bis 18 Jahren bezeichnet.

21

| Was versteht man unter Lohnnebenkosten?

Lohnnebenkosten sind die vom Arbeitgeber zu tragenden gesetzlichen, tariflichen und betrieblichen Sozialleistungen.

Lohnnebenkosten sind die Arbeitgeberanteile zu den Sozialversicherungen (Kranken- und Pflegeversicherung, Rentenversicherung, Arbeitslosenversicherung), die Kosten der Unfallversicherung, die Lohnfortzahlung im Krankheitsfall, bezahlte Feier- und Urlaubstage, der Mutterschutz, Sonderzahlungen wie z.B. Urlaubs- und Weihnachtsgeld sowie vermögenswirksame Leistungen.

22

Erklären Sie den Begriff „technischer Arbeitsschutz" und zeigen Sie an Beispielen die Schwerpunkte des geforderten Schutzes auf.

Der technische Arbeitsschutz soll die Arbeitnehmer vor gesundheitlichen Gefährdungen durch gefährliche Maschinen und Arbeitsstoffe sowie durch eine überzogene Arbeitsbelastung schützen.

Beispiele für den technischen Arbeitsschutz sind:

- Schutz vor Verletzungen durch Befolgen der Unfallverhütungsvorschriften.
- Schutz vor Erkrankungen beim Umgang mit gefährlichen Arbeitsstoffen durch Beachten der Schutzmaßnahmen.
- Schutz vor körperlichen Schäden wegen zu starker körperlicher Belastung durch Verminderung der Lasten.

23

Welche Behörde überwacht die ordnungsgemäße Anwendung und Ausführung des Jugendarbeitsschutzgesetzes und der Arbeitszeitverordnung?

Das Gewerbeaufsichtsamt.

24

Welche Ruhepausen müssen einem jugendlichen Arbeitnehmer gewährt werden?

Ein jugendlicher Arbeitnehmer hat Anspruch auf folgende Ruhepausen:

- Bei einer Arbeitszeit von 4 1/2 Sunden bis 6 Stunden: 30 Minuten Ruhepause.
- Bei mehr als 6 Stunden Arbeitszeit: 60 Minuten Ruhepause.

25

Wie ist die Arbeitszeit für Jugendliche geregelt?

- Die tägliche Arbeitszeit ohne Ruhepause darf 8 Stunden nicht überschreiten.
- Die Wochenarbeitszeit darf 40 Stunden nicht überschreiten.
- Die Unterrichtszeit in der Berufsschule zählt als Arbeitszeit.
- In der Regel sollten Jugendliche nicht an Samstagen beschäftigt werden.

  Ausnahmen hiervon sind Branchen, die berufsspezifisch an Samstagen und Sonntagen ihre Haupteinnahem haben, wie z.B. Gaststätten, Hotels, Bäckereien, Friseure, oder Branchen, die eine allgegenwärtige Versorgung sicherstellen, wie z.B. Verkehrsbetriebe, Krankenhäuser, Feuerwehr, Energie- und Wasserversorgung.

26

Welchen Urlaubsanspruch haben Jugendliche?

Jugendliche Arbeitnehmer, die zu Beginn des Kalenderjahres ...

- noch nicht 16 Jahre alt sind, haben Anspruch auf 30 Werktage Urlaub.
  (6 Werktage = 1 Woche)
- noch nicht 17 Jahre alt sind, haben Anspruch auf 27 Werktage Urlaub.
- noch nicht 18 Jahre alt sind, haben Anspruch auf 25 Werktage Urlaub.

Der Urlaub sollte zusammenhängend zu mehreren Wochen und möglichst in der Zeit der Berufsschulferien genommen werden.

27

Welche Personenkreise genießen einen besonderen Kündigungsschutz?

Einen besonderen Kündigungsschutz haben:

- Auszubildende
  (Das Ausbildungsverhältnis ist vom ausbildenden Betrieb nur bei schwerwiegenden Gründen kündbar)
- Schwerbehinderte
- Wehrdienstleistende
- Betriebsratsmitglieder
- Werdende Mütter in der Schwangerschaft und Mütter während 4 Monaten nach der Entbindung und während des Erziehungsurlaubs.

28

Die Eingliederung der Schwerbehinderten in das Arbeitsleben regelt das Schwerbehindertengesetz. Welche wesentlichen Elemente enthält dieses Gesetz?

- Betriebe mit mehr als 16 Arbeitskräften müssen Schwerbehinderte beschäftigen. Ersatzweise ist eine Ausgleichszahlung zu entrichten.
- Die Schwerbehinderten sind gemäß ihren Fähigkeiten zu beschäftigen.
- Die Betriebsmittel sind so einzurichten, dass der Schwerbehinderte seine Arbeit unter zumutbaren Bedingungen ausführen kann.
- Schwerbehinderte haben Anspruch auf einen zusätzlichen bezahlten Urlaub von 5 Arbeitstagen im Jahr.

Testfragen zum Arbeits- und Tartifrecht

TS 55

Wer kann Tarifverträge abschließen?
Welche Aussage ist richtig?

a) Der Deutsche Gewerkschaftsbund mit der Bundesagentur für Arbeit.

b) Der Bundesminister für Arbeit und Sozialordnung mit dem Arbeitgeberverband.

c) Der einzelne Arbeitnehmer mit dem Betriebsinhaber.

d) Die Handwerkskammer oder Industrie- und Handelskammer mit dem Sozialamt.

e) Die Einzelgewerkschaft mit dem zuständigen Arbeitgeberverband.

TS 56

Welche Aussage über den Streik bei einer Tarifauseinandersetzung ist richtig?

a) Für die Dauer des Streiks zahlt die Gewerkschaft allen Arbeitnehmern ein Streikgeld.

b) Für die Dauer des Streiks erhalten die streikenden Arbeitnehmer vom Arbeitsamt eine Unterstützung.

c) Die Lohnzahlungspflicht des Arbeitgebers besteht für die Dauer des Streiks.

d) Für die Dauer des Streiks zahlt die Gewerkschaft ihren Mitgliedern Streikgeld.

e) Bei einem Streik erhalten die Arbeitnehmer keine finanzielle Unterstützung.

TS 57

Wie ist in einem Tarifvertrag die Arbeitszeit geregelt?

a) Der Beginn und das Ende der täglichen Arbeitszeit sind festgelegt.

b) Der Beginn der täglichen Arbeitszeit ist festgelegt, das Ende ist offen gelassen.

c) Die Gesamtheit der wöchentliche Arbeitszeit ist festgelegt.

d Die Gesamtheit der jährlichen Arbeitsstunden ist festgelegt.

e) Die Arbeitszeit kann vom Arbeitgeber beliebig festgelegt werden.

TS 58

Welche Aussage stimmt mit dem Tarifvertragsgesetz überein?

a) Tarifverträge bedürfen keiner Schriftform.

b) Tarifverträge gelten bundesweit für alle Betriebe.

c) Tarifvertragsparteien sind die Arbeitgeber und das Arbeitsministerium.

d) Tarifvertragliche Öffnungsklauseln erlauben Abweichungen vom Tarifvertrag in wirtschaftlich schwierigen Zeiten.

e) Tarifverträge müssen vom Arbeitsministerium geprüft und für gültig erklärt werden.

TS 59

Wie bezeichnet man die Verpflichtung, während der Laufzeit des Tarifvertrags keine Arbeitskampfmaßnahmen zu ergreifen?

a) Ordnungspflicht   b) Ruhepflicht

c) Friedenspflicht   d) Tarifpflicht   e) Arbeitspflicht

TS 60

Was versteht man unter einem Arbeitsvertrag auf unbestimmte Zeit?

Es ist ein Arbeitsverhältnis, …

a) das so lange fortbesteht, bis ein Vertragspartner kündigt.

b) das bis zur Pensionierung fortgesetzt werden muss.

c) das nur durch fristlose Kündigung beendet werden kann.

d) das überhaupt nicht gekündigt werden kann.

e) das länger als ein Jahr dauern muss.

TS 61

Ein Industriemechaniker bewirbt sich bei einem neuen Arbeitgeber. Der Arbeitnehmer muss gegenüber dem Arbeitgeber alle Umstände wahrheitsgemäß darlegen, die für die Erfüllung der arbeitsvertraglichen Leistungsverpflichtung wesentlich sind.
Welche Frage des Arbeitgebers gehört *nicht* dazu und ist deshalb *nicht* gestattet?

Nicht gestattet ist eine Frage nach …

a) der Gewerkschaftszugehörigkeit.

b) einer Körperbehinderung, wenn sie eine Beeinträchtigung der Eignung des Bewerbers für die vorgesehene Tätigkeit wäre.

c) Berufserfahrungen und Zeugnissen darüber.

d) dem letzten Monatseinkommen.

e) dem Familienstand.

TS 62

Ein Auszubildender will prüfen, ob die in seinem Ausbildungsvertrag vereinbarte Vergütung der garantierten Mindesthöhe entspricht. Wo kann er dies nachsehen?

a) In der Handwerksordnung

b) Im Tarifvertrag

c) In der Lohnsteuertabelle

d) Im bürgerlichen Gesetzbuch

e) In der Innungssatzung

TS 63

Was muss der Betrieb vom Bruttolohn des Arbeitnehmers einbehalten und an die entsprechenden Einrichtungen abführen?

Lohnsteuer und …

a) Arbeitgeberanteil zur Krankenversicherung

b) Beiträge zur privaten Haftpflichtversicherung

c) Arbeitnehmeranteil zur Rentenversicherung

d) Kindergeld

e) Beitrag zur gesetzlichen Unfallversicherung

TS 64

Was versteht man im Arbeitsrecht unter Friedenspflicht?

a) Die Arbeitnehmer sind angehalten, an Friedens-demonstrationen teilzunehmen.

b) Nach dem Streik müssen alle Arbeitnehmer wieder beschäftigt werden.

c) Arbeitswillige Arbeitnehmer sollten den Arbeitsfrieden wieder herstellen.

d) Bei einem Streik darf niemand am Betreten des Betriebes gehindert werden.

e) Während der Laufzeit des Tarifvertrags dürfen keine Arbeitskampfmaßnahmen ergriffen werden.

TS 65

Welche der Aussagen zu den Pflichten eines Arbeitnehmers stimmt *nicht*?

a) Er muss die Arbeitspflicht höchstpersönlich erfüllen.

b) Er muss die vereinbarte Arbeitszeit einhalten.

c) Er muss bei Erkrankung einen Ersatzmann schicken.

d) Er darf nicht über geschäftliche Belange des Arbeitgebers berichten, wenn dadurch dessen Interessen nachteilig betroffen werden.

e) Er ist in dringenden Fällen verpflichtet, über den Rahmen seiner arbeitsvertraglichen Wochenstundenzahl hinaus zu arbeiten.

TS 66

**Gewerkschaften und Arbeitgeber verfolgen im allgemeinen unterschiedliche Interessen.
Welches Anliegen liegt in beiderseitigem Interesse?**

a) Arbeitszeitverkürzung bei vollem Lohnausgleich

b) Verkürzung der Berufsschulzeiten

c) Verringerung der Arbeitslosigkeit

d) Mehr Mitbestimmungsrechte für den Betriebsrat

e) Verringerung der wöchentlichen Arbeitszeit

TS 67

Welche Feststellung über Zeitlohn trifft zu?

a) Der Zeitlohn bietet dem Betrieb eine genauere Kalkulationsgrundlage bei der Berechnung der Stückkosten.

b) Der Zeitlohn erfordert eine umfangreichere Lohnbuchhaltung.

c) Durch den Zeitdruck beim Zeitlohn kann die Qualität der Arbeit leiden.

d) Der Betrieb ist durch den Zeitlohn vom Arbeitswillen des Einzelnen stark abhängig.

e) Bei Zeitlohn können die Qualitätskontrollen entfallen.

TS 68

Was gehört *nicht* zu den Lohnnebenkosten?

a) Beiträge zur Krankenversicherung

b) Lohnsteuer

c) Urlaubsgeld

d) Arbeitgeberanteil zur Arbeitslosenversicherung

e) Kosten für die Lohnfortzahlung im Krankheitsfall

TS 69

Welche der nachfolgenden Aussagen über den Akkordlohn ist richtig?

a) Er berücksichtigt mehr als der Zeitlohn das Leistungsprinzip.

b) Die Lohnberechnung ist einfacher als beim Zeitlohn.

c) Der Akkordlohn ist von der Leistung des Arbeitnehmers unabhängig.

d) Dem Arbeitnehmer fehlt beim Akkordlohn der Anreiz zur Steigerung des Arbeitstempos.

e) Dem Arbeitnehmer ist ein festes Einkommen gesichert.

TS 70

Bis zu welchem Lebensalter schützt den Jugendlichen das Jugendarbeitsschutzgesetz?

Bis zur Vollendung des …

a) 15. Lebensjahres   b) 16. Lebensjahres

c) 17. Lebensjahres   d) 21. Lebensjahres

e) 24. Lebensjahres

TS 71

Wie lange darf die tägliche Arbeitszeit für Jugendliche im Durchschnitt höchstens sein?

a) 6 Stunden   b) 7,5 Stunden

c) 8 Stunden   d) 9 Stunden

e) 10 Stunden

TS 72

**Das Jugendarbeitsschutzgesetz regelt den Mindesturlaubsanspruch jugendlicher Arbeitnehmer.
Welche Aussage ist richtig?**

Der Urlaub beträgt jährlich mindestens …

a) 30 Werktage, wenn der Jugendliche zu Beginn des Kalenderjahres noch nicht 18 Jahre alt ist.

b) 27 Werktage, wenn der Jugendliche zu Beginn des Kalenderjahres noch nicht 16 Jahre alt ist.

c) 30 Werktage, wenn der Jugendliche zu Beginn des Kalenderjahres noch nicht 16 Jahre alt ist.

d) 24 Werktage, wenn der Jugendliche zu Beginn des Kalenderjahres noch nicht 18 Jahre alt ist.

e) 25 Werktage, wenn der Jugendliche zu Beginn des Kalenderjahres noch nicht 17 Jahre alt ist.

TS 73

Jugendliche Arbeitnehmer haben Anspruch auf eine im voraus festgelegte Ruhepause.
Wie lange muss eine Arbeitsunterbrechung mindestens sein, um als Ruhepause zu gelten?

a) 5 Minuten   b) 10 Minuten

c) 15 Minuten   d) 30 Minuten

e) 45 Minuten

TS 74

Welche der genannten Personen wird *nicht* durch das Jugendarbeitsschutzgesetz geschützt?

a) Ein 19-jähriger Auszubildender eines Handwerksbetriebes

b) Eine 16-jährige Heimarbeiterin

c) Ein 16-jähriger Auszubildender in der Niederlassung einer ausländischen Firma

d) Ein 17-jähriger Schüler bei einem Berufspraktikum

e) Ein 17-jähriger Teilnehmer an einem überbetrieblichen Ausbildungslehrgang

TS 75

Welche Behörde übt die Aufsicht über die Anwendung und Ausführung des Jugendarbeitsschutzgesetzes aus?

a) Das Arbeitsamt

b) Die Industrie- und Handelskammer

c) Die Berufsgenossenschaft

d) Das Gewerbeaufsichtsamt

e) Das Jugendamt

TS 76

Welche Zeit für Ruhepausen müssen einem 27-jährigen Arbeitnehmer bei einer regelmäßigen täglichen Arbeitszeit von 7,5 Stunden gewährt werden?

a) Eine Pause von 45 Minuten

b) Drei Pausen von 15 Minuten

c) Eine Pause von 30 Minuten oder zwei Pausen von 15 Minuten

d) Zwei Pausen von 30 Minuten

e) Eine Pause von 60 Minuten

TS 77

Ein Auszubildender wird auf Grund der Wehrpflicht von der Erfassungsbehörde zur Musterung vorgeladen. Wer hat für die dadurch ausfallende Arbeitszeit das Arbeitsentgelt zu zahlen?

a) Das Bundesministerium für Arbeit

b) Die Erfassungsbehörde

c) Die Bundesanstalt für Arbeit

d) Die Wohnortgemeinde

e) Der Arbeitgeber

TS 78

Welche Aussage stimmt *nicht* mit dem Schwerbehindertengesetz überein?

a) Jeder Betrieb mit mindestens 16 Arbeitsplätzen muss Schwerbehinderte einstellen oder eine Ausgleichsabgabe leisten.

b) Der Betrieb hat Schwerbehinderte so zu beschäftigen, dass ihre Fähigkeiten voll verwertet und entwickelt werden.

c) Betriebe sind verpflichtet, Schwerbehindertenarbeitsplätze mit erforderlichen technischen Arbeitshilfen auszustatten.

d) Arbeitgeber haben Schwerbehinderten zusätzlichen bezahlten Urlaub von einer Woche im Jahr zu gewähren.

e) Jeder behinderte Arbeitnehmer hat einen persönlichen Einstellungsanspruch.

TS 79

In welchem Fall ist das Arbeitsgericht zuständig?

Bei Streitigkeiten …

a) eines Arbeitslosengeldempfängers mit der Bundesagentur für Arbeit.

b) über die Kostenübernahme bei einem Unfall auf dem Weg zur Arbeit.

c) mit dem Finanzamt über die Anerkennung von Werbungskosten.

d) wegen der Kündigung eines Arbeitsverhältnisses.

e) mit der Krankenkasse über Selbstkostenbeteiligung bei einer Zahnarztrechnung.

TS 80

Welche Aussage trifft für einen Zeitarbeiter zu?

a) Der Zeitarbeiter arbeitet für seinen Arbeitgeber (die Zeitarbeitsfirma) nur eine bestimmte Zeit.

b) Der Zeitarbeiter muss eine vereinbarte Arbeit in einer bestimmten Zeit ausführen.

c) Der Zeitarbeiter wird von der Zeitarbeitsfirma für begrenzte Zeiten an andere Firmen zur Arbeit ausgeliehen.

d) Der Zeitarbeiter hat kurz hintereinander Kurzzeit-Arbeitsverträge mit Firmen, bei denen er arbeitet.

e) Der Zeitarbeiter hat einen Arbeitsvertrag mit der Agentur für Arbeit.

TS 81

Welche Aussage zum Mindestlohn ist richtig?

a) Der Mindestlohn wird mindestens 3 Monate gezahlt.

b) Der Mindestlohn wird höchstens 3 Monate gezahlt.

c) Der Mindestlohn gilt nur für Verheiratete.

d) Der Mindestlohn wird vom Jobcenter bezahlt.

e) Der Mindestlohn ist für Branchen mit niedrigen Löhnen wichtig.

6 Betriebliche Mitbestimmung

1

Welches Gesetz regelt das Mitwirkungs- und Mitbestimmungsrecht des Betriebsrates, des Betriebsausschusses und des Wirtschaftsausschusses in einem Unternehmen?

Das Betriebsverfassunsgesetz (Abkürzung: BetrVG)

2

Welche Aufgaben hat der Betriebsrat in sozialen Angelegenheiten der Arbeitnehmer?

Er bestimmt mit ...

- bei Entlohnungsgrundsätzen und Einführung neuer Entlohnungsmethoden.
- bei der Festlegung von Arbeitszeiten, Pausen und Urlaubsregelungen.
- bei der Nutzung sozialer Einrichtungen des Betriebs
- bei der Durchführung der Berufsausbildung.
- bei Fragen der Ordnung und Disziplin im Betrieb.

3

Wie viele Mitglieder hat der Betriebsrat eines Unternehmens?

Die Anzahl der Betriebsräte hängt von der Anzahl der wahlberechtigten Arbeitnehmer des Betriebs ab:

5 bis 20 Arbeitnehmer: 1 Betriebsobmann

21 bis 50 Arbeitnehmer: 3 Betriebsräte

51 bis 1000 Arbeitnehmer: 11 Betriebsräte

1001 bis 9000 Arbeitnehmer: bis zu 31 Betriebsräte

4

Sie arbeiten in einem Kleinbetrieb, in dem neben dem Chef, dessen Ehefrau und Ihnen noch weitere drei Personen beschäftigt sind. Kann in Ihrem Betrieb ein Betriebsrat eingerichtet werden?
Wie ist die Rechtslage? Begründen Sie Ihre Aussage.

Ein Betriebsrat kann in Betrieben mit in der Regel mindestens fünf ständigen wahlberechtigten Arbeitnehmern eingerichtet werden.

In oben genanntem Betrieb wird die Zahl nicht erreicht, weil die Ehefrau des Chefs nicht als Arbeitnehmer gilt (§5 Betriebsverfassungsgesetz).

5

Wer ist bei der Betriebsratswahl wahlberechtigt und wer ist wählbar?

Wahlberechtigt sind alle Arbeitnehmer ab 18 Jahren.
Wählbar sind alle Wahlberechtigten, die dem Betrieb mindestens 6 Monate angehören.

6

Wie und für wie lange wird der Betriebsrat gewählt?

Der Betriebsrat wird in geheimer und unmittelbarer Wahl für 4 Jahre gewählt.

7

Der Personalchef einer Maschinenbaufirma mit 150 Mitarbeitern möchte die tägliche Arbeitszeit von 6.00 h bis 14.00 h in 6.30 h bis 14.30 h ändern. Kann er dies nach freiem Ermessen tun, oder braucht er dafür die Zustimmung des Betriebsrats? Begründen Sie Ihre Aussage.

Der Betriebsrat hat nach § 87 ein Mitbestimmungsrecht bei der Festlegung der täglichen Arbeitszeit. Der Personalchef kann also nicht nach eigenem Ermessen die Arbeitszeit verlegen.

8

In einer Maschinenfabrik mit 300 Mitarbeitern soll das Produktionsprogramm verändert werden. Hat der Betriebsrat in diesem Zusammenhang ein Mitbestimmungsrecht? Begründen Sie Ihre Auffassung.

Der Betriebsrat hat kein Mitbestimmungsrecht.
In wirtschaftlichen Angelegenheiten hat der Betriebsrat nur ein Informationsrecht.

9

In Unternehmen mit in der Regel mehr als einhundert ständig beschäftigten Arbeitnehmern ist ein Wirtschaftsausschuss zu bilden. Erläutern Sie die Aufgabe des Wirtschaftsausschusses anhand von Beispielen.

Der Wirtschaftsausschuss hat die Aufgabe, wirtschaftliche Angelegenheiten mit dem Unternehmer zu beraten und den Betriebsrat zu informieren.
Zu den wirtschaftlichen Angelegenheiten gehören insbesondere ...

- die wirtschaftliche Lage des Unternehmens,
- die Produktions- und Absatzlage,
- das Produktions- und Investitionsprogramm,
- die Verlegung von Betriebsteilen,
- die Einschränkung oder Stilllegung von Betrieben oder Betriebsteilen.

10

Welche Aufgabe hat die gemäß Betriebsverfassungsgesetz vorgesehene Jugend- und Auszubildendenvertretung?

Die Jugend- und Auszubildendenvertretung ist die Vertretung der Jugendlichen und Auszubildenden eines Betriebes beim Betriebsrat in allen sie betreffenden Abgelegenheiten, z.B. bezüglich des Jugendarbeitsschutzgesetzes, der Ausbildungsvergütung oder Maßnahmen zur Förderung der Jugendlichen.

11

Erklären Sie den Begriff „Einigungsstelle" gemäß dem Betriebsverfassungsgesetz und zeigen Sie anhand von Beispielen auf, in welchen Angelegenheiten dieses Organ tätig werden kann.

Die Einigungsstelle dient zur Beilegung von Meinungsverschiedenheiten zwischen dem Betriebsrat und dem Arbeitgeber im Rahmen des Mitbestimmungsrechts des Betriebsrats.

Die Einigungsstelle ist im Bedarfsfall zu gründen und paritätisch mit Beisitzern der Arbeitgeberseite und des Betriebsrats sowie mit einem unparteiischen Vorsitzenden besetzt.

Sie wird vor allem in folgenden Angelegenheiten tätig:

- Mitbestimmung in sozialen Angelegenheiten
- Ausgleichsmaßnahmen wegen Arbeitsplatzänderungen
- Schaffung von personellen Auswahlkriterien
- Aufstellung eines Sozialplans

12

Wozu dient die Betriebsversammlung?

Die Betriebsversammlung dient zur Information der Arbeitnehmer über betriebliche Angelegenheiten. Sie wird vom Betriebsrat in der Regel ein Mal pro Kalendervierteljahr einberufen und von ihm durchgeführt.

13

Verstößt ein Arbeitgeber gegen das Betriebsverfassungsgesetz, wenn er ohne Zustimmung des Betriebsrates allgemeine Beurteilungsgrundsätze festlegt? Begründen Sie Ihre Aussage.

Es liegt ein Verstoß vor.

Das Betriebsverfassungsgesetz bestimmt in § 94, dass die Aufstellung allgemeiner Beurteilungsgrundsätze der Zustimmung des Betriebsrats bedarf.

14

Der Betriebsrat kann der ordentlichen Kündigung eines Arbeitnehmers widersprechen, wenn bestimmte Gründe vorliegen. Nennen Sie solche Gründe.

- Der Arbeitnehmer kann an einem anderen Arbeitsplatz im selben Betrieb weiterbeschäftigt werden.
- Eine Weiterbeschäftigung des Arbeitnehmers ist nach einer zumutbaren Umschulungs- oder Fortbildungsmaßnahme möglich.
- Der Arbeitgeber hat bei der Auswahl des zu kündigenden Arbeitnehmers soziale Gründe nicht ausreichend berücksichtigt.

15

Was kann z.B. in freiwilligen Betriebsvereinbarungen geregelt werden? Nennen Sie Beispiele.

In Betriebsvereinbarungen können geregelt werden:

- Die Verringerung der Vergütungen und Erhöhung der Arbeitszeit zur Rettung des Betriebs in wirtschaftlich schwierigen Zeiten.
- Die Verlegung von Betriebsteilen an andere Standorte.
- Maßnahmen zur Förderung der Vermögensbildung bei den Arbeitnehmern.
- Zusätzliche Maßnahmen zur Unfallverhütung.

16

Welche Aufgaben hat ein Sozialplan? Erläutern Sie diese anhand von Beispielen.

Ein Sozialplan soll einen Ausgleich oder die Milderung von wirtschaftlichen Nachteilen schaffen, die den Arbeitnehmern bei Betriebsänderungen, wie Betriebsverlegungen oder Betriebsschließungen entstehen.

Ein Sozialplan kann u.a. vorsehen:

- Abfindungen bei betriebsbedingten Kündigungen.
- Lohnausgleich bei Zuweisung einer geringer bezahlten Arbeit im Betrieb.
- Bezahlte Umschulungsmaßnahmen bei Wegfall der alten Arbeit und Qualifizierung für eine neue Arbeit.
- Fahrgeldzuschüsse für Fahrten zu einer weiter entfernt liegenden Arbeitsstätte.
- Ausgleichszahlungen bei durch eine Betriebsschließung wegfallenden Ansprüchen für die Altersversorgung.

Testfragen
zur betrieblichen Mitbestimmung

TS 82

Wer kann bei der Wahl zum Betriebsrat gewählt werden?

Wählbar sind ...

a) alle im Betrieb tätigen Arbeitnehmer.

b) alle Beschäftigen des Betriebs einschließlich der dort als Leiharbeitnehmer Beschäftigten.

c) alle Beschäftigten, die 12 Monate dem Betrieb angehören.

d) alle Beschäftigten, die das 24. Lebensjahr vollendet haben.

e) alle Arbeitnehmer, die das 18. Lebensjahr vollendet haben und sechs Monate dem Betrieb angehören.

TS 83

Welche Personen können an der Betriebsratswahl teilnehmen?

Wählen können …

a) alle Arbeitnehmer, die das 15. Lebensjahr vollendet haben.

b) alle Arbeitnehmer, die sechs Monate dem Betrieb angehören.

c) nur Arbeitnehmer, die das 21. Lebensjahr vollendet haben.

d) alle Arbeitnehmer, die das 18. Lebensjahr vollendet haben.

e) nur Arbeitnehmer, die das 18. Lebensjahr vollendet haben und 6 Monate dem Betrieb angehören.

TS 84

In welchem Gesetz wird die Zusammenarbeit zwischen dem Arbeitgeber und den Arbeitnehmern eines Betriebes geregelt?

a) Arbeitsgerichtsgesetz

b) Arbeitsplatzschutzgesetz

c) Betriebsverfassungsgesetz

d) Sozialgesetzbuch

e) Beschäftigungsförderungsgesetz

TS 85

Welche Betriebe werden vom Betriebsverfassungsgesetz erfasst?

a) Betriebe mit mindestens fünf ständig wahlberechtigten Arbeitnehmern, von denen drei wählbar sind

b) Betriebe deutscher Unternehmen im Ausland

c) Gemeindeverwaltungen

d) Betriebe von Religionsgemeinschaften

e) Kommunale Verkehrs- und Versorgungsbetriebe

TS 86

Für welche Dauer wird der Betriebsrat regelmäßig gewählt?

a) 2 Jahre   b) 3 Jahre   c) 4 Jahre

d) 5 Jahre   e) 6 Jahre

TS 87

Welche Aussage über die Wahl des Betriebsrats ist richtig?

a) Die Kosten der Betriebsratswahl trägt der Arbeitgeber.

b) Eine Betriebsratswahl kann nur mit Einwilligung des Arbeitgebers stattfinden.

c) Die Arbeitszeit, die zur Ausübung des Wahlrechts erforderlich ist, berechtigt den Arbeitgeber zur Minderung des Arbeitsentgelts.

d) Bei der Betriebsratswahl können nur Gewerkschaftsmitglieder kandidieren.

e) Der Arbeitgeber darf dem Wahlvorstand die erforderlichen Unterlagen zur Aufstellung der Wählerliste verweigern.

TS 88

Wer hat die Kosten und den Sachaufwand für die Betriebsratstätigkeit zu tragen?

a) Alle wahlberechtigten Arbeitnehmer

b) Die gewerkschaftlich organisierten Arbeitnehmer des Betriebs

c) Die Arbeitnehmer und der Arbeitgeber je zur Hälfte

d) Die Gewerkschaften

e) Der Arbeitgeber

TS 89

Wie werden nach dem Betriebsverfassungsgesetz die Entscheidungen des Betriebsrats gefasst?

Die Entscheidungen werden gefasst …

a) mit der Mehrheit der Stimmen der anwesenden Mitglieder. Bei Stimmengleichheit ist ein Antrag angenommen.

b) mit der absoluten Mehrheit seiner gesetzlich vorgeschriebenen Mitgliederzahl.

c) mit der Mehrheit der Stimmen der anwesenden Mitglieder. Bei Stimmengleichheit ist ein Antrag abgelehnt.

d) mit der absoluten Mehrheit seiner gesetzlich vorgeschriebenen Mitgliederzahl. Bei Stimmengleichheit entscheiden die Stimmen der teilnehmenden Jugend- und Auszubildenden-Vertretung.

e) nur mit Einstimmigkeit.

TS 90

Welche der genannten Tätigkeiten ist *nicht* Aufgabe des Betriebsrats?

a) Den Anteil der in einer Gewerkschaft organisierten Arbeitnehmer zu erhöhen.

b) Darüber zu wachen, dass die zugunsten der Arbeitnehmer geltenden Rechte und Unfallverhütungsvorschriften durchgeführt werden.

c) Die Beschäftigung älterer Arbeitnehmer zu fördern.

d) Maßnahmen beim Arbeitgeber zu beantragen, die dem Betrieb und der Belegschaft dienen.

e) Die Wahl einer Jugend- und Auszubildendenvertretung vorzubereiten und durchzuführen.

TS 91

Welche Aussage über die Sitzungen des Betriebsrats ist *falsch*?

a) Die Sitzungen werden vom Vorsitzenden einberufen und geleitet.

b) Die Sitzungen des Betriebsrats sind öffentlich.

c) Die Sitzungen des Betriebsrats finden in der Regel während der Arbeitszeit statt.

d) Der Arbeitgeber nimmt an den Sitzungen teil, die auf sein Verlangen anberaumt sind, und an den Sitzungen, zu denen er ausdrücklich eingeladen ist.

e) Der Betriebsrat hat bei der Ansetzung von Betriebsratssitzungen auf die betrieblichen Notwendigkeiten Rücksicht zu nehmen.

TS 92

In welchem Fall hat der Betriebsrat *kein* Mitbestimmungsrecht?

a) Bei Einführung von Betriebsbußen im Rahmen der Betriebsordnung.

b) Bei Errichtung von Erweiterungsbauten für die Verwaltung.

c) Bei Änderung der Art der Auszahlung der Arbeitsentgelte.

d) Bei Erstellung von allgemeinen Urlaubsgrundsätzen.

e) Bei der Entscheidung, ob im Zeitlohn oder im Akkordlohn gearbeitet werden soll.

TS 93

Welches Vorhaben eines Unternehmers unterliegt *nicht* dem Mitbestimmungsrecht des Betriebsrats?

a) Änderung von Beginn und Ende der täglichen Arbeitszeit

b) Einführung eines Prämienlohnsystems

c) Einführung eines betrieblichen Vorschlagswesens

d) Gewinnbeteiligung für leitende Angestellte

e) Einführung von Rauchverboten

TS 94

Welche Möglichkeiten eröffnet das Betriebsverfassungsgesetz einer Jugend- und Auszubildendenvertretung?

a) Sie kann zu allen Betriebsratssitzungen einen Vertreter entsenden.

b) Sie hat bei allen vom Betriebsrat zu fassenden Beschlüssen volles Stimmrecht.

c) Verletzt nach Auffassung der Mehrheit der Jugend- und Auszubildendenvertreter ein Beschluss des Betriebsrats wichtige Interessen der Jugendlichen, kann sie diesen aufheben.

d) Sie kann ohne Abstimmung mit Betriebsrat und Arbeitgeber jederzeit eine Jugend- und Auszubildendenversammlung einberufen.

e) Sie kann ohne Rücksprache mit Betriebsrat und Arbeitgeber Sprechstunden während der Arbeitszeit einrichten.

TS 95

In welchem Fall hat der Betriebsrat nur ein Recht auf Unterrichtung und Beratung, aber kein Mitbestimmungsrecht?

Unterrichtungs- und Beratungsrecht besteht …

a) bei der Planung des künftigen Personalbedarfs durch eine anstehende Erweiterung der Produktion.

b) bei der Durchführung von Maßnahmen der betrieblichen Berufsbildung.

c) bei der Zuweisung und Kündigung von Werksmietwohnungen.

d) bei der Einführung bargeldloser Lohnzahlung.

e) bei der Verteilung der Arbeitszeit auf die einzelnen Wochentage.

TS 96

Wie viele Jahre beträgt die regelmäßige Amtszeit der Jugend- und Auszubildendenvertretung im Betriebsrat?

a) 1 Jahr

b) 2 Jahre

c) 3 Jahre

d) 4 Jahre

e) 6 Jahre

TS 97

Welche der genannten Personengruppen sind bei der Wahl einer Jugend- und Auszubildendenvertretung wahlberechtigt?

Wahlberechtigt sind …

a) alle Arbeitnehmer eines Betriebs, die das 18. Lebensjahr noch nicht vollendet haben.

b) alle Arbeitnehmer, die das 18. Lebensjahr noch nicht vollendet haben oder zu ihrer Berufsausbildung beschäftigt sind und das 25. Lebensjahr noch nicht vollendet haben.

c) alle Auszubildenden eines Betriebes, unabhängig vom Lebensalter.

d) alle Arbeitnehmer, die das 18. Lebensjahr noch nicht vollendet haben und sechs Monate dem Betrieb angehören.

e) alle Arbeitnehmer, die das 25. Lebensjahr noch nicht vollendet haben und Mitglied einer Gewerkschaft sind.

TS 98

Wer kann in die Jugend- und Auszubildendenvertretung gewählt werden?

Wählbar sind …

a) Mitglieder des Betriebsrates, die das 24. Lebensjahr noch nicht vollendet haben.

b) nur die Arbeitnehmer, die das 18. Lebensjahr noch nicht vollendet haben.

c) alle Arbeitnehmer des Betriebs, die das 25. Lebensjahr noch nicht vollendet haben und sechs Monate dem Betrieb angehören.

d) alle Arbeitnehmer des Betriebs, die das 21. Lebensjahr noch nicht vollendet haben.

e) nur die Auszubildenden, die das 25. Lebensjahr noch nicht vollendet haben.

TS 98

Ein Arbeitnehmer fühlt sich im Betrieb ungerecht behandelt und möchte sich beschweren. Wo ist das Recht des Arbeitnehmers auf eine Beschwerde verankert?

a) Im Arbeitsgerichtsgesetz

b) Im Arbeitsplatzschutzgesetz

c) Im Arbeitszeitgesetz

d) Im Arbeitsstättenverordnung

e) Im Betriebsverfassungsgesetz

TS 100

Der Arbeitgeber kann über seine Beschäftigten Personalakten führen.
Welche Aussage hierzu entspricht den gesetzlichen Bestimmungen?

a) Der Arbeitnehmer kann seine Personalakte generell nicht einsehen.

b) Der Arbeitnehmer darf nur in Anwesenheit eines Betriebsrats eine Personalakte einsehen.

c) Der Arbeitnehmer muss seinen Wunsch auf Einsicht einen Monat vorher beantragen.

d) Die Personalakte darf der zum Stillschweigen verpflichtete Betriebsrat einsehen.

e) Der Arbeitnehmer hat das Recht, in seine Personalakte Einsicht zu nehmen und Erklärungen zum Inhalt seiner Akte beifügen zu lassen.

TS 101

Welche Aussage entspricht *nicht* den gesetzlichen Vorgaben über das Beschwerderecht?

a) Über die Berechtigung der Beschwerde eines Arbeitnehmers hat nur der Betriebsrat zu entscheiden.

b) Jeder Arbeitnehmer hat das Recht, sich zu beschweren, wenn er sich vom Arbeitgeber oder von einem Arbeitnehmer des Betriebs benachteiligt oder in sonstiger Weise beeinträchtigt fühlt.

c) Der Arbeitgeber muss dem Arbeitnehmer über die Behandlung der Beschwerde einen Bescheid erteilen.

d) Der Betriebsrat hat Beschwerden von Arbeitnehmern entgegenzunehmen.

e) Wegen der Erhebung einer Beschwerde dürfen dem Arbeitnehmer keine Nachteile entstehen.

TS 102

Welche Aussage über die Mitbestimmung des Betriebsrates bei Kündigungen entspricht *nicht* dem Betriebsverfassungsgesetz?

a) Der Betriebsrat ist vor jeder Kündigung zu hören.

b) Der Arbeitgeber ist nicht verpflichtet, dem Betriebsrat die Gründe für eine Kündigung mitzuteilen.

c) Eine ohne Anhörung des Betriebsrats ausgesprochene Kündigung ist unwirksam.

d) Der Betriebsrat kann einer ordentlichen Kündigung widersprechen, wenn der Arbeitnehmer an einem anderen Arbeitsplatz im selben Betrieb weiterbeschäftigt werden kann.

e) Legt der Betriebsrat gegen die Kündigung eines Arbeitnehmers innerhalb einer Woche keinen Widerspruch ein, so gilt die Zustimmung als erteilt.

TS 103

Wer sind die beiden Vertragsparteien beim Abschluss einer freiwilligen Betriebsvereinbarung?

Vertragsparteien sind …

a) die im Betrieb vertretenen Gewerkschaften und der Arbeitgeber.

b) die Arbeitnehmer eines Betriebs und der Betriebsrat.

c) Die Arbeitgeber und der Betriebsrat.

d) die Gewerkschaft und der Arbeitgeberverband.

e) die Berufsgenossenschaft und der Betriebsrat.

TS 104

Der Betriebsrat kann über freiwillige Betriebsvereinbarungen viele soziale Fragen regeln.
Welche Anliegen können *nicht* mit einer Betriebsvereinbarung geregelt werden?

a) Maßnahmen zur Verhütung von Gesundheitsschäden, die über die gesetzlichen Vorschriften hinausgehen.

b) Richtlinien für die Vergabe von Werkswohnungen.

c) Kürzung des bezahlten Jahresurlaubs auf 18 Werktage.

d) Fahrtkostenerstattung für die Arbeitnehmer.

e) Zuschüsse zur Vermögensbildung der Arbeitnehmer.

TS 105

Der Unternehmer hat in Betrieben mit in der Regel mehr als 20 wahlberechtigten Arbeitnehmern bei bestimmten Betriebsänderungen mit dem Betriebsrat einen Sozialplan zu vereinbaren.

Ein Sozialplan ist auszuarbeiten …

a) bei Betriebserweiterung.

b) bei Stilllegung des ganzen Betriebs.

c) bei Einführung eines Drei-Schicht-Betriebs.

d) bei Anmeldung von Kurzarbeit.

e) bei Stilllegung eines unwesentlichen Betriebsteils.

TS 106

Was kann *nicht* Inhalt eines Sozialplans sein?

a) Abfindungen bei Entlassungen

b) Abfindungen bei Entlassung nur für Gewerkschaftsmitglieder

c) Lohnausgleich bei der Zuweisung einer anderen Arbeit

d) Fahrgeldzuschuss zu einer neuen Arbeitsstelle

e) Bezahlte Umschulungsmaßnahmen

7 Soziale Absicherung

1

Warum sind die Sozialversicherungen als Pflichtversicherung gesetzlich vorgeschrieben?

Die Sozialversicherungen sind als Pflichtversicherung festgelegt,

- damit alle Arbeitnehmer und ihre Angehörigen vor wirtschaftlicher Not bei Krankheit geschützt sind und bei unfallbedingter Arbeitsunfähigkeit, bei Pflegebedürftigkeit und im Alter versorgt sind.

- damit alle Arbeitnehmer, ob jung oder alt, krank oder gesund, zur Finanzierung der Sozialversicherungsleistungen beitragen und die Sozialversicherungen damit auf eine breite Finanzierungsbasis gestellt sind.

2

Welche Versicherungen zählen zu den gesetzlichen Sozialversicherungen?

- Die Krankenversicherung
- Die Pflegeversicherung
- Die Rentenversicherung
- Die Arbeitslosenversicherung
- Die betriebliche Unfallversicherung.

3

Wer finanziert die Sozialversicherungen?

Die Beiträge

- zur Kranken- und Pflegeversicherung,
- zur Arbeitslosenversicherung
- sowie zur Rentenversicherung

werden etwa je zur Hälfte vom Arbeitnehmer und vom Arbeitgeber aufgebracht.

Dem Arbeitnehmer werden die Beiträge vom Arbeitslohn abgezogen. Der Arbeitgeber überweist sie zusammen mit seinen Beiträgen an die Sozialversicherungen.

Die Beiträge zur Unfallversicherung bezahlt der Arbeitgeber allein.

4

Welche Leistungen werden im Krankheitsfall von der Krankenversicherung getragen?

- Krankheitsbehandlungen und Vorsorgeuntersuchungen
- Zahnbehandlungen und Anteile am Zahnersatz
- Rehabilitationsmaßnahmen
- Krankengeld

5

Welche Krankenkassen gibt es?

- Die gesetzlichen Krankenkassen (GKK).
  Dazu gehören die allgemeinen Ortskrankenkassen (AOK), die Ersatzkassen (z.B. Barmer Ersatzkasse oder Techniker Krankenkasse) und die Betriebskrankenkassen.

- Die privaten Krankenversicherungen (PKV).

6

In welcher Krankenkasse kann sich ein Arbeitnehmer krankenversichern?

Jeder Arbeitnehmer muss krankenversichert sein.

Er kann sich in einer der gesetzlichen Krankenkassen seiner Wahl krankenversichern.

Eine Versicherung in einer privaten Krankenversicherung ist nur möglich, wenn sein Brutto-Einkommen die so genannte Jahresarbeitsentgeltgrenze (JAEG) von 52 200 Euro übersteigt (gemäß Stand 2013).

7

Nennen Sie Argumente, die für die Auswahlmöglichkeit der Krankenversicherung sprechen.

Der Versicherte kann die für ihn kostengünstigste Krankenkasse auswählen.

Die gesetzlichen Krankenkassen sind durch die Konkurrenzsituation gezwungen, wirtschaftlich zu arbeiten und günstige Honorare mit der kassenärztlichen Vereinigung auszuhandeln, um niedrige Beitragssätze anbieten zu können.

Durch die Wahlmöglichkeit erhalten die kostengünstigsten Krankenversicherungen mehr Mitglieder.

8

Erklären Sie anhand von zwei Argumenten die Gründe für die Selbstbeteiligung der Versicherten an den Kosten der von den Krankenkassen zugelassenen Arzneimitteln.

Zuzahlungen bei Arzneimitteln sollen …

- die Krankenkassen finanziell entlasten.
- den Versicherten zum sparsamen Gebrauch von Arzneimitteln veranlassen.

9

Wer ist in der gesetzlichen Rentenversicherung pflichtversichert?

Versicherungspflichtig sind alle Auszubildenden, sowie alle Arbeiter und Angestellte, die aufgrund eines Berufsausbildungs-, Arbeits- oder Dienstverhältnisses beschäftigt sind.

Dazu kommen Wehr- und Zivildienstleistende sowie Personen, die ein freiwilliges soziales Jahr leisten.

10

Warum ist das Versicherungsnachweisheft der Rentenversicherung und die Ausweiskarte für den Versicherten von großer Wichtigkeit?

In das Versicherungsnachweisheft werden vom Arbeitgeber die Jahresverdienste und die an die Rentenanstalt abgeführten Beiträge eingetragen. Sie sind die Basis für die Berechnung und die Höhe des Rentenanspruchs im Alter.

Die Ausweiskarte weist den Arbeitnehmer als den Berechtigten seines Versicherungsnachweisheftes aus und sichert ihm die Ansprüche auf die Rentenzahlung.

11

Was versteht man unter der Dynamisierung der Altersrente?

Die Höhe der Renten wird regelmäßig der allgemeinen Einkommensentwicklung angepasst, z.B. gemäß dem Anstieg der Nettolöhne oder der Inflationsrate.

Dadurch nehmen auch die Rentenbezieher an der allgemeinen Wirtschaftsentwicklung teil.

12

Bislang galten Jahr für Jahr steigende Altersrenten als sicher.
In welchen wirtschaftlichen Situationen ist dieses politische Versprechen der dynamischen Altersrente finanziell nicht mehr einzuhalten?

Finanzierungsprobleme mit der Dynamisierung der Rente treten auf:

- Bei stagnierenden oder abnehmenden Arbeitnehmereinkommen.
- Bei rückläufiger Beschäftigungszahl.
- Bei Verringerung der Beitragszahler durch geburtenschwache Jahrgänge.
- Bei steigender Zahl und höherer Lebenserwartung der Rentner

13

Welche Aufgaben hat die gesetzliche Unfallversicherung?

Die Aufgaben der gesetzlichen Unfallversicherung sind:

- Unfälle verhüten (durch Aufklärung, Herausgabe von Vorschriften usw.)
- Finanzielle Absicherung der Verunfallten und ihrer Familien

14

Vier Beschäftigte eines metallverarbeitenden Betriebes fahren gemeinsam mit dem Pkw zur Arbeit und erleiden dabei einen schweren Verkehrsunfall.
Welche Sozialversicherung muss in diesem Fall leisten? Begründen Sie Ihre Meinung und nennen Sie Leistungen, die von der Versicherung zu bezahlen sind.

Ein Unfall auf dem Weg von und zur Arbeitsstätte gilt als Arbeitsunfall. Damit muss die gesetzliche Unfallversicherung die Kosten übernehmen.

Nach Eintritt eines Arbeitsunfalls gewährt der Träger der Unfallversicherung je nach Art und Schwere folgende Leistungen:
Heilbehandlungen, Übergangsgeld, bei Bedarf Berufshilfe wie z.B. eine Umschulung, gegebenenfalls auch Verletztenrente, Rente an Hinterbliebene oder Sterbegeld.

15

Unter welchen Bedingungen zählt ein Unfall eines Arbeitnehmers auf dem Wege zur Arbeitsstätte als Arbeitsunfall, obwohl von seinem unmittelbaren Weg zwischen Wohnung und Arbeitsstätte abgewichen wurde?
Nennen Sie mögliche Fälle.

Beispiele für die Anerkennung eines Wegeunfalles bei Abweichung vom unmittelbaren Weg zur Arbeit liegen vor, …

- wenn der Versicherte mit anderen versicherten Personen gemeinsam ein Fahrzeug für den Weg von und zur Arbeitsstelle benutzt (Fahrgemeinschaft) und sich auf dem Weg zu den anderen Versicherten befindet.
- wenn der Versicherte vor Aufnahme seiner Berufstätigkeit z.B. ein Kind in den Kindergarten oder zur Schule bringen muss.

Ein Unfall wird nicht als Arbeitsunfall anerkannt, wenn der Versicherte auf dem Weg zur Arbeit wegen einer privaten Besorgung vom Weg zur Arbeit abweicht und der Unfall dabei passiert.

16

Welche Leistungen werden von der Arbeitslosenversicherung getragen?

- Finanzielle Unterstützung durch Arbeitslosengeld bei unverschuldeter Arbeitslosigkeit
- Kurzarbeitergeld, Schlechtwettergeld, Konkursausfallgeld
- Arbeitsvermittlung bei Arbeitslosigkeit
- Finanzierung einer Berufsumschulung bei Chancenlosigkeit im alten Beruf auf dem Arbeitsmarkt.

Die ausführende Stelle der Leistungen der Arbeitslosenversicherung sind die Arbeitsagenturen.

17

Die Weiterbildung der Arbeitnehmer wird immer wichtiger. Die Arbeitsagenturen fördern deshalb berufliche Fortbildungsmaßnahmen.
Unter welchen Bedingungen unterstützen die Arbeitsagenturen die Teilnahme an diesen Maßnahmen? Nennen Sie solche Fortbildungsziele.

Die Arbeitsagenturen fördert die Teilnahme, wenn die Fortbildungsmaßnahmen folgendes zum Ziel haben:

- Die Anpassung der Kenntnisse und Fähigkeiten an die beruflichen Anforderungen
- Den Abschluss einer fehlenden Berufsausbildung
- Die Ausbildung und Fortbildung von Arbeitskräften, die am Arbeitsmarkt nachgefragt werden
- Eine berufliche Qualifikation mit besseren Chancen am Arbeitsmarkt.

18

Die Arbeitsagenturen fördern die Wiedereingliederung von Arbeitslosen in das Berufsleben und die Anschluss-Vermittlung von Arbeitnehmern, die von Arbeitslosigkeit unmittelbar bedroht sind.
Nennen Sie Leistungen, die die Arbeitsagenturen diesem Personenkreis gewähren.

- Zuschuss zu den Bewerbungskosten

- Zuschuss zu den Umzugskosten, falls die Aufnahme der Arbeit einen Umzug erforderlich macht.

- Familienheimfahrten, falls eine tägliche Fahrt zur Arbeit unmöglich und ein Umzug unzumutbar ist.

- Anschaffung einer benötigten Arbeitsausrüstung.

- Bei Härtefällen eine Überbrückungshilfe

19

Welche besondere Hilfe erfährt ein junger Mensch (unter 25 Jahren), der seinen Ausbildungs- oder Arbeitsplatz verloren hat?

Jungen Menschen unter 25 Jahren wird nach Verlust des Ausbildungs- oder Arbeitsplatzes sofort nach der Beantragung des Arbeitslosengeldes von der Agentur für Arbeit entweder ein Ausbildungsplatz, eine berufliche Fortbildungsmaßnahme oder eine Arbeit angeboten.

20

Welche Leistungen erhält ein Arbeitnehmer, wenn er arbeitslos wird?

Bei eingetretener Arbeitslosigkeit erhält der Arbeitslose für die Dauer von maximal 12 Monaten Arbeitslosengeld (auch Arbeitslosengeld I genannt). Dies sind bei einem alleinstehenden Arbeitslosen ohne Kinder 60% des letzten Nettolohns bzw. bei einem Arbeitslosen mit Kindern 67% vom letzten Nettolohn.

Das Arbeitslosengeld I ist eine Versicherungsleistung aus der vom Arbeitnehmer und Arbeitgeber jeweils zur Hälfte bezahlten Arbeitslosenversicherung.

21

Welche Leistungen erhält ein Arbeitsloser, der länger als ein Jahr arbeitslos ist?

Dauert die Arbeitslosigkeit länger als 1 Jahr, so erhält der Arbeitslose Arbeitslosengeld II, kurz Alg II oder Harz IV genannt.

Es orientiert sich am sozialen Versorgungsbedarf des Arbeitslosen (Grundsicherungsleistung).

22

Sind die Bezieher von Arbeitslosengeld sozialversichert?

Die Bezieher von Arbeitslosengeld sind krankenversichert und rentenversichert.

Die Versicherungsbeiträge werden von der Bundesagentur für Arbeit bezahlt.

23

Welche Pflichten hat ein junger Arbeitsloser (unter 25 Jahren), dem von der Agentur für Arbeit besonders geholfen wird.

Der junge Arbeitslose muss die ihm angebotene Ausbildungs- oder Arbeitsstelle annehmen und die Ausbildung bzw. Arbeit gewissenhaft ausführen.

24

Worum handelt es sich beim Arbeitslosengeld II?

Das Arbeitslosengeld II ist eine soziale Grundsicherung für Arbeitssuchende.

Es ist eine steuerfinanzierte Fürsorgeleistung des Staates.

Sie soll dem Arbeitssuchenden in der Zeit der Arbeitssuche eine Grundversorgung bieten. Dadurch kann der Arbeitssuchende sich voll auf die Arbeitssuche konzentrieren, so dass er möglichst schnell wieder in der Lage ist, seinen Lebensunterhalt durch eigene Arbeit zu verdienen.

25

Was versteht man in Bezug auf das Arbeitslosengeld II unter den Schlagwörtern „Fördern" und „Fordern" nach dem neuen Sozialgesetzbuch III?

Fördern:
Der Arbeitssuchende wird durch Qualifizierungsmaßnahmen gefördert, um seine beruflichen Kenntnisse und Fähigkeiten zu verbessern. Damit werden seine Chancen erhöht, einen Arbeitsplatz zu finden. Arbeitssuchende unter 25 Jahren werden besonders gefördert.

Fordern:
Die Ansprüche auf Arbeitslosengeld II werden nur gewährt, wenn der Arbeitssuchende die angebotenen Fördermaßnahmen annimmt und sich selbstständig aktiv um einen Arbeitsplatz bemüht.

Sanktionen:
Lehnt der Arbeitssuchende die angebotenen Fördermaßnahmen ab oder nimmt er einen angebotenen Arbeitsplatz nicht an, so wird das Arbeitslosengeld II in Teilen (30% bzw. 60%) oder im Wiederholungsfall ganz gestrichen.

26

Welche Folgen hat es, wenn ein Bezieher von Arbeitslosengeld-II-Leistungen seine Verpflichtungen gegenüber der Agentur für Arbeit nicht einhält?

Kommt er seinen Verpflichtungen nicht nach, insbesondere wenn er die angebotene Ausbildung, Qualifizierungsmaßnahme oder Arbeit nicht annimmt und gewissenhaft ausführt, so bekommt er einen Teil des Arbeitslosengeldes II gestrichen (Sanktionen).

Er erhält bei einem Verstoß eine Verminderung seiner Regelleistung um 30% oder 60%.

Arbeitssuchende unter 25 Jahren, die ihre Pflichten wiederholt verletzen, erhalten für die Dauer von drei Monaten keine Geldleistungen mehr. Die Kosten für Wohnung und Heizung werden nicht mehr an den Arbeitssuchenden ausbezahlt, sondern werden direkt dem Vermieter überwiesen.

27
Welche Aufgabe soll das Arbeitslosengeld II erfüllen?

Das Arbeitslosengeld II soll während der Suche nach einem neuen Arbeitsplatz ein menschenwürdiges Leben auf bescheidenem Niveau ermöglichen.

28
Welche Leistungen erhält ein Arbeitssuchender aus dem Arbeitslosengeld II?

Das Arbeitslosengeld II ist eine Grundsicherungsleistung für Erwerbsfähige. Es ist vom Alter und Familienstand abhängig und setzt sich aus mehreren Bestandteilen zusammen:

1. Leistung zur Sicherung des Lebensunterhalts, den so genannten Regelbedarf.

   Er beträgt monatlich (Stand 2014):
   - für volljährige Alleinlebende: 391 Euro
   - für Eheleute: je 353 Euro
   - Für Jugendliche von 14 bis 17 Jahren: 296 Euro
   - Für junge Erwachsene bis 25 Jahren,
     die bei ihren Eltern wohnen: 313 Euro

2. Leistungen für Miete und Heizung (Stand 2014):

   Sie werden in Höhe der tatsächlichen Kosten übernommen, soweit sie angemessen sind.

   Was angemessen ist, entscheidet die örtliche Arbeits-Agentur

3. Mehrfachbedarfe (Stand 2014)

   Mehrfachbedarfe werden Schwangeren, Alleinerziehenden und Behinderten zusätzlich gewährt, z.B.
   Alleinerziehende Person mit Kind :   138 Euro

Das Arbeitslosengeld II entspricht dem Sozialgeld für nicht Erwerbsfähige.

29
Was versteht man unter den sogenannten 1-Euro-Jobs?

1-Euro-Jobs sind von den Städten und Gemeinden sowie anderen öffentlichen Einrichtungen geschaffene Arbeitsgelegenheiten für Bezieher von Arbeitslosengeld II. Für diese Arbeiten wird eine Vergütung von 1 bis 2,50 Euro pro Stunde gezahlt. Diese Vergütung dürfen die Bezieher zusätzlich zu ihrem Arbeitslosengeld II in voller Höhe behalten. Es wird nicht als Einkommen auf das Arbeitslosengeld II angerechnet.

Bezieher von Arbeitslosengeld II sind verpflichtet, angebotene 1-Euro-Jobs anzunehmen. Sie gelten als Wiedereinstiegshilfe in den Arbeitsmarkt.

30
**Ein Betrieb hat das Insolvenzverfahren beantragt. Die Beschäftigten des Betriebs haben in den zurückliegenden zwei Monaten keinen Lohn erhalten.
Welche Möglichkeit haben sie, den rückständigen Lohn zu erhalten?**

Die Arbeitnehmer müssen bei der zuständigen Arbeitsagentur einen Antrag auf Insolvenzgeld beantragen. Es wird zum Ausgleich von Ansprüchen auf rückständigen Lohn für die letzten drei vorausgehenden Monate vor Eröffnung des Insolvenzverfahrens gezahlt.

31
Wie kann man sich zusätzlich zu den gesetzlichen Sozialversicherungen gegen Notlagen durch frühzeitigen Tod, gegen Berufsunfähigkeit oder gegen wirtschaftliche Not im Alter versichern?

Durch Abschluss privater Versicherungen.

Gegen Notlagen bei frühzeitigem Tod des Hauptverdieners einer Familie:
Durch Abschluss einer **Privaten Risiko-Lebensversicherung.**

Während der Beitragsdauer sind monatliche Versicherungsbeiträge (Versicherungsprämien) zu bezahlen. Der Tod der versicherten Person ist der Versicherungsfall. Es kommt dann die vereinbarte Versicherungssumme an die Hinterbliebenen zur Auszahlung. Tritt der Versicherungsfall (Tod des Versicherten) im Laufe der Versicherungsdauer nicht ein, so sind die gezahlten Versicherungsbeiträge verloren.

Gegen Berufsunfähigkeit:
Durch Abschluss einer **Privaten Berufsunfähigkeits-Versicherung.**

Während der Beitragsdauer der Versicherung sind regelmäßige Versicherungsprämien zu bezahlen. Bei eingetretener und von der Berufsgenossenschaft bestätigter Berufsunfähigkeit zahlt die Versicherung entweder die vereinbarte Versicherungssumme oder eine gleichwertige monatliche Privatrente aus.

Gegen Unterversorgung im Alter:
Durch Abschluss einer **Privaten Kapital Lebensversicherung.**

Eine Kapital-Lebensversicherung ist vor allem eine Versicherung auf den Erlebensfall. Auch hierbei sind während der Beitragsdauer regelmäßige Versicherungsbeiträge zu leisten. Nach Ablauf der Versicherungsdauer zahlt die Versicherung entweder eine einmalige Geldsumme oder einen monatlichen Privatrentenbetrag an den Versicherten. Stirbt der Versicherte während der Laufzeit der Versicherung, so wird die Versicherungssumme an die Hinterbliebenen ausgezahlt.

Erfüllt die private Rentenversicherung bestimmte Bedingungen, so wird sie durch Steuervorteile und Zulagen vom Staat unterstützt. Sie wird **Riester-Rente** genannt.

Der Abschluss einer privaten Risiko-Lebensversicherung oder einer privaten Berufsunfähigkeits-Versicherung ist vor allem für Berufsanfänger und den Hauptverdiener einer Familie zu empfehlen, insbesondere, wenn Kredite zur Existenzgründung oder für eine Wohnung oder ein Haus aufgenommen wurden. Dadurch sind der Versicherte bzw. die Familie im Versicherungsfall (Berufsunfähigkeit oder Tod) gegen wirtschaftliche Not geschützt.

Testfragen zur sozialen Absicherung

TS 107

Wie werden die meisten Sozialversicherungen finanziert? Welche Antwort ist richtig?

a) Allein durch den Etat des Sozialministeriums des Bundes.

b) Hauptsächlich aus den Beiträgen der Versicherten und deren Arbeitgeber.

c) Allein durch die Arbeitgeberverbände und die Pflichtversicherten.

d) Überwiegend durch die Gewerkschaften und die Versicherten.

e) Ausschließlich durch die Versicherten und das Sozialministerium.

TS 108

Für welche Versicherung wird dem Arbeitnehmer *kein* Beitrag von seinem Lohn abgezogen?

a) Krankenversicherung

b) Rentenversicherung

c) Unfallversicherung

d) Arbeitslosenversicherung

e) Pflegeversicherung

TS 109

Welche Leistung kann *nicht* von den gesetzlichen Krankenkassen in Anspruch genommen werden?

a) Vorsorgeuntersuchungen

b) Krankengeld

c) Kosten für den Krankentransport

d) Kostenzuschüsse bei Zahnersatz

e) Kosten für einen Arztbesuch im Ausland

TS 110

Welche der nachfolgend genannten Krankenkassen gehört *nicht* zu den gesetzlichen Krankenversicherungen?

a) Allgemeine Ortskrankenkassen (AOK)

b) Barmer Ersatzkasse

c) Techniker Krankenkasse

d) Private Krankenkassen

e) Betriebskrankenkassen

TS 111

Wovon ist die Beitragshöhe zur gesetzlichen Krankenversicherung abhängig?

a) Von den gewünschten Leistungen.

b) Vom Bruttoverdienst des Arbeitnehmers.

c) Von der Anzahl der mitversicherten Familienmitglieder.

d) Vom Familienstand.

e) Vom Kostenrisiko durch bei dem Versicherten festgestellte Krankheiten.

TS 112

Welche der folgenden Versicherungen gehört zu den Sozialversicherungen?

a) Hausratversicherung

b) Rechtsschutzversicherung

c) Arbeitslosenversicherung

d) Pkw-Insassenversicherung

e) Krankenhaus-Tagegeldversicherung

TS 113

Welche der genannten Versicherungen ist *nicht* Teil der Sozialversicherung?

a) Haftpflichtversicherung

b) Pflegeversicherung

c) Berufsunfallversicherung

d) Krankenversicherung

e) Rentenversicherung

TS 114

Welche Risiken werden nicht durch die Sozialversicherungen abgedeckt? Welche Antwort ist richtig?

a) Verlust der Rücklagen durch eine Inflation

b) Arbeitslosigkeit

c) Kosten für einen Krankenhausaufenthalt

d) Längere Arbeitsunfähigkeit durch einen Abeitsunfall

e) Frühinvalidität

TS 115

Das System der Sozialversicherungen basiert auf den Grundprinzip der Solidarität. Welche der nachfolgenden Aussagen entspricht diesem Solidaritätsprinzip?

a) Jedes Versicherungsmitglied ist verpflichtet, mit seinem Privatvermögen in Not geratene Mitglieder zu unterstützen.

b) Jedes Mitglied hat den gleichen Beitrag zur Risikoabdeckung zu zahlen.

c) Die Sozialversicherung hilft jedem Mitglied, das durch Krankheit, Unfall oder Arbeitslosigkeit in Not gerät, durch Zahlungen aus der Versicherungskasse.

d) Die einzelne Person muss sich zunächst einmal selbst helfen.

e) Staat, Arbeitnehmer und Arbeitgeber teilen sich zu gleichen Teilen die finanzielle Last der Sozialversicherungen.

TS 116

Welche Beitragsregelung gilt für einen pflichtversicherten Arbeitnehmer in der Krankenversicherung?

a) Der Arbeitnehmer zahlt den gesamten Beitrag.

b) Der Arbeitgeber zahlt einen mit dem Arbeitnehmer zu vereinbarenden Betrag.

c) Der Arbeitgeber zahlt den gesamten Beitrag.

d) Der Arbeitnehmer hat immer den gleichen Festbetrag zu entrichten.

e) Arbeitgeber und Arbeitnehmer zahlen jeweils die Hälfte des am Bruttolohn orientierten Beitrages.

TS 117

Welche der folgenden Aussagen zum Beitrag an gesetzliche Krankenkassen ist *falsch*?

a) Die Beitragssätze werden von der jeweiligen Krankenkasse festgelegt.

b) Die Festlegung eines einheitlichen Beitragssatzes für alle gesetzlichen Krankenkassen ist Aufgabe des Bundesministers für Arbeit und Sozialordnung.

c) Arbeitgeber und beitragspflichtige Arbeitnehmer tragen die Beiträge je zur Hälfte. Die Berechnung erfolgt vom Bruttoverdienst, aber nur bis zur Bemessungsgrenze.

d) Für Arbeitslose übernimmt das Arbeitsamt die Beiträge.

e) Für Wehr- und Zivildienstleistende hat der Bund die Beiträge aufzubringen.

TS 118

Welche Aussage über das von den gesetzlichen Krankenkassen zu zahlende Krankengeld ist richtig?

a) Versicherte haben Anspruch auf Krankengeld, wenn die Krankheit sie arbeitsunfähig macht. Der Anspruch auf Fortzahlung des Arbeitsentgelts bei Arbeitsunfähigkeit richtet sich nach den arbeitsrechtlichen Vorschriften.

b) Das Krankengeld beträgt 60% des erzielten regelmäßigen Arbeitsentgelts.

c) Das Krankengeld darf das Nettoarbeitsentgelt übersteigen.

d) Versicherte erhalten bei Arbeitsunfähigkeit wegen derselben Krankheit Krankengeld ohne zeitliche Begrenzung.

e) Der Anspruch auf Krankengeld ruht, wenn der Versicherte zur Behandlung in ein Krankenhaus eingewiesen wird.

TS 119

Wer hat die Beiträge für die gesetzliche Unfallversicherung von gewerblichen Arbeitnehmern zu erbringen?

a) Der Arbeitnehmer allein

b) Die Berufsgenossenschaften

c) Die Unfallversicherung der Gemeinden

d) Der Arbeitgeber und Arbeitnehmer je zur Hälfte

e) Der Arbeitgeber allein

TS 120

Welche Unfälle werden durch die gesetzliche Unfallversicherung *nicht* abgedeckt?

a) Unfälle auf dem Weg zum Betrieb

b) Unfälle beim Freizeitsport

c) Unfälle auf dem Weg zur Berufsschule

d) Unfälle im Betrieb

e) Unfälle auf der Heimfahrt vom Betrieb

TS 121

Welche Leistung kann nach dem geltenden Recht *nicht* von der gesetzlichen Unfallversicherung in Anspruch genommen werden?

a) Maßnahmen zur Verhütung und zur Ersten Hilfe bei Arbeitsunfällen

b) Altersrente

c) Renten wegen Minderung der Erwerbsunfähigkeit

d) Maßnahmen zur Wiederherstellung der Erwerbsfähigkeit

e) Verletztengeld

TS 122

Welche Aussage über die Aufgaben der gesetzlichen Unfallversicherung ist *falsch*?

a) Die wichtigste Aufgabe der Berufsgenossenschaften ist die Verhütung von Unfällen.

b) Die Berufsgenossenschaften überwachen die Einhaltung der Unfallverhütungsvorschriften.

c) Für Verstöße gegen die Unfallverhütungsvorschriften können die Berufsgenossenschaften Bußgelder bis zu 10 226 € verhängen.

d) Die Berufsgenossenschaften erlassen Unfallverhütungsvorschriften.

e) Den Berufsgenossenschaften obliegt die Überwachung des Jugendarbeitsschutzgesetzes.

TS 123

Welche Aussage über die Mitgliedschaft in der gesetzlichen Rentenversicherung ist richtig?

Versicherungspflichtig sind …

a) Personen, die eine Altersrente beziehen.

b) Beamte, Berufssoldaten und Soldaten auf Zeit.

c) Personen, die gegen Arbeitsentgelt oder zu ihrer Berufsausbildung beschäftigt sind.

d) Personen, die eine geringfügige Beschäftigung (weniger als 15 Stunden in der Woche) ausüben.

e) Deutsche, die für unbegrenzte Zeit im Ausland bei einer ausländischen Firma beschäftigt sind.

TS 124

Was versteht man bei der Rentenversicherung unter der Beitragsbemessungsgrenze?

a) Die Gehaltsobergrenze, ab der man Beiträge zur Rentenversicherung bezahlen muss.

b) Die Obergrenze des monatlichen Einkommens, von dem prozentual Rentenversicherungsbeiträge erhoben werden.

c) Die Gehaltsuntergrenze, ab der man Rentenversicherungsbeiträge zahlen muss.

d) Der Grenzbetrag der Rentenversicherungsbeiträge.

e) Der prozentuale Grenzsatz der Rentenbeiträge.

TS 125

Wer sind für die Arbeitnehmer in Metallbau- und Stahlbaubetrieben die Träger der gesetzlichen Rentenversicherung?

a) Für Arbeiter die Landesversicherungsanstalten und für Angestellte die Bundesversicherungsanstalt in Berlin.

b) Die Bundesanstalt für Arbeit

c) Das Bundessozialministerium

d) Die Sozialämter der Kommunen

e) Die Bundesversicherungskammer

TS 126

Wer bestimmt den Beitrag und die Bemessungsgrenze für die gesetzliche Rentenversicherung?

a) Die Bundesversichertenanstalt in Berlin

b) Der Aufsichtsrat der Rentenversicherung

c) Der Bundestag

d) Der Vorstand der Rentenversicherung

e) Die Vertreterversammlung der Rentenversicherung

TS 127

Wie werden die Leistungen der gesetzlichen Rentenversicherung finanziert?

a) Allein durch die Arbeitnehmer

b) Durch Arbeitnehmer und Arbeitgeber über Beiträge und einen Zuschuss des Bundes

c) Allein durch den Bund

d) Allein durch die Arbeitgeber

e) Durch die Arbeitnehmer mit einem Zuschuss des Bundes

TS 128

Welche Wartezeit gilt für den Anspruch auf Altersrente für langjährig Versicherte?

a) 25 Jahre   b) 30 Jahre
c) 35 Jahre   d) 40 Jahre
e) 45 Jahre

TS 129

Welche Aussage über den Anspruch auf Rente von der gesetzlichen Rentenversicherung ist *falsch*?

a) Versicherte haben Anspruch auf Regelaltersrente, wenn sie das 65. Lebensjahr vollendet und die Wartezeit von 35 Jahren erfüllt haben.

b) Versicherte haben Anspruch auf Altersrente, wenn sie das 55. Lebensjahr vollendet haben.

c) Versicherte haben Anspruch auf Altersrente, wenn sie das 60. Lebensjahr vollendet haben, arbeitslos sind und innerhalb der letzten eineinhalb Jahre vor Beginn der Rente insgesamt 52 Wochen arbeitslos waren.

d) Versicherte haben bis zur Vollendung des 65. Lebensjahres Anspruch auf Rente wegen Erwerbsunfähigkeit, wenn sie erwerbsunfähig sind und die allgemeine Wartezeit erfüllt haben.

e) Die Erfüllung der allgemeinen Wartezeit von fünf Jahren ist Voraussetzung für einen Anspruch auf Rente wegen Todes.

TS 130

Jeder Beschäftigte erhält einen Sozialversicherungsausweis.
Wozu soll unter anderem der Sozialversicherungsausweis dienen?

a) Bei Kontrollen zur Aufdeckung von illegalen Beschäftigungsverhältnissen.

b) Zum automatischen Abruf personenbezogener Daten.

c) Zur Aufdeckung von nicht genehmigten Nebenbeschäftigungen.

d) Zur Verhinderung von Steuerhinterziehung.

e) Zur Erleichterung einer Arbeitsaufnahme in einem EU-Mitgliedsstaat.

TS 131

Welche Personengruppe ist in der Arbeitslosenversicherung pflichtversichert?

a) Beamte

b) Schüler an allgemeinbildenden Schulen

c) Auszubildende und Arbeitnehmer

d) Berufssoldaten

e) Selbstständige Unternehmer

TS 132

Arbeitslosengeld erhält nur, wer die geforderten Voraussetzungen erfüllt.
Wo ist das Arbeitslosengeld zu beantragen?

Das Arbeitslosengeld ist zu beantragen …

a) beim Sozialamt

b) beim letzten Arbeitgeber

c) beim Finanzamt

d) bei der Arbeitsagentur

e) bei der Landesversicherungsanstalt

TS 133

Ein Auszubildender hat die Abschlussprüfung bestanden und wird nach einer dreieinhalbjährigen Ausbildung vom Ausbildungsbetrieb *nicht* übernommen. Er wird arbeitslos.
Was ist die Bemessungsgrundlage für sein Arbeitslosengeld?

a) Das durchschnittliche Nettoeinkommen in den letzten 6 Beschäftigungsmonaten.

b) 100 % des Bruttotariflohnes eines Facharbeiters.

c) 100 % des Nettotariflohns eines Facharbeiters mit der Lohnsteuerklasse 1.

d) 50 % des erreichbaren Tariflohns eines Facharbeiters.

e) 150 % der letzten Ausbildungsvergütung.

TS 134

Der Anspruch auf Arbeitslosengeld ist an bestimmte Bedingungen geknüpft.
Welche der nachfolgenden Voraussetzungen muss *nicht* erfüllt sein, um Arbeitslosengeld zu erhalten?

Anspruch auf Arbeitslosengeld hat nur, wer …

a) die Agentur für Arbeit täglich aufsuchen kann und für sie erreichbar ist.

b) der Arbeitsvermittlung zur Verfügung steht.

c) sich bereit erklärt, jede Beschäftigung anzunehmen.

d) sich persönlich bei der zuständigen Agentur für Arbeit arbeitslos gemeldet hat.

e) die Anwartschaftszeit erfüllt hat.

TS 135

Wenn ein Arbeitnehmer sein Beschäftigungsverhältnis selbst gelöst hat und dadurch vorsätzlich seine Arbeitslosigkeit herbeiführt, so hat dies für die Gewährung des Arbeitslosengeldes Folgen.
Welche der folgenden Aussagen ist richtig?

Der Arbeitslose …

a) erhält ein um die Hälfte reduziertes Arbeitslosengeld.

b) erhält nur Arbeitslosenhilfe.

c) erhält für die Dauer seiner Arbeitslosigkeit keine Leistung der Bundesagentur für Arbeit.

d) eine Ermahnung, aber trotzdem sofort Arbeitslosengeld.

e) erhält erst nach einer Sperrzeit von 12 Wochen Arbeitslosengeld.

TS 136

Wie viel Prozent des Nettoverdienstes erhält ein verheirateter Arbeitsloser, der mindestens ein Kind hat, in den ersten 12 Monaten der Arbeitslosigkeit?

Das Arbeitslosengeld beträgt vom Nettoverdienst …

a) 100 %   b)   75 %

c) 70 %   d)   67 %

e) 60 %

TS 137

Was versteht man unter Arbeitslosengeld II ?

Das Arbeitslosengeld, dass man …

a) nach einer Wartezeit von 2 Monaten erhält.

b) zusätzlich zum Arbeitslosengeld I erhält.

c) nach 2 Monaten Arbeitslosigkeit erhält.

d) in den ersten 2 Monaten Arbeitslosigkeit erhält.

e) nach 12 Monaten Arbeitslosigkeit und dem Ende des Arbeitslosengeldes I erhält.

TS 138

Wer bezahlt für einen Arbeitslosen die Krankenversicherung?

Die Krankenversicherung wird während der Arbeitslosigkeit bezahlt …

a) vom früheren Arbeitgeber

b) von der Agentur für Arbeit

c) von der Solidargemeinschaft aller Versicherten

d) von der Europäischen Gemeinschaft

e) Der Arbeitslose muss die Krankenversicherung selbst bezahlen.

TS 139

Welche private Versicherung ist *nicht* sinnvoll für einen jungen Erwachsenen?

a) Eine private Risiko-Lebensversicherung

b) Eine private Kapital-Lebensversicherung

c) Eine private Unfall-Versicherung

d) Eine Berufsunfähigkeits-Versicherung

e) Eine private Kfz-Haftpflicht-Versicherung

TS 140

Arbeitnehmer haben bei Zahlungsunfähigkeit ihres Arbeitgebers Anspruch auf Ausgleich ihres ausgefallenen Arbeitslohns. (Diese Zahlung wird Insolvenzgeld genannt, früher: Konkursausfallgeld).
Bei welcher Institution müssen sie ihren Antrag auf Insolvenzgeld stellen?

a) Arbeitgeberverband

b) Bundesagentur für Arbeit

c) Industrie- und Handelskammer

d) Arbeitsgericht

e) Sozialamt der Gemeinde

Teil V Lösungen der Testaufgaben in den Teilen I bis IV

Lösungen der Testaufgaben zu: Teil I Technologie

Lösungen der Testaufgaben zu: 1 Längenprüftechnik — Testaufgaben ab Seite 22

TL 1	TL 2	TL 3	TL 4	TL 5	TL 6	TL 7	TL 8	TL 9	TL 10	TL 11	TL 12	TL 13	TL 14	TL 15
d	c	b	b	d	d	a	c	e	b	d	b	c	a	c

TL 16	TL 17	TL 18	TL 19	TL 20	TL 21	TL 22	TL 23	TL 24	TL 25	TL 26	TL 27	TL 28	TL 29	TL 30
e	e	b	d	d	a	c	d	a	a	e	a	b	d	c

TL 31	TL 32	TL 33	TL 34	TL 35
d	c	d	e	d

Lösungen der Testaufgaben zu: 2 Qualitätsmangement — Testaufgaben ab Seite 30

TQ 1	TQ 2	TQ 3	TQ 4	TQ 5	TQ 6	TQ 7	TQ 8	TQ 9	TQ 10	TQ 11	TQ 12	TQ 13	TQ 14	TQ 15
c	c	c	d	a	e	e	e	b	b	c	e	b	e	d

Lösungen der Testaufgaben zu: 3 Fertigungstechnik — Testaufgaben ab Seite 89

TF 1	TF 2	TF 3	TF 4	TF 5	TF 6	TF 7	TF 8	TF 9	TF 10	TF 11	TF 12	TF 13	TF 14	TF 15
e	b	b	b	c	c	b	d	e	e	e	b	b	d	c

TF 16	TF 17	TF 18	TF 19	TF 20	TF 21	TF 22	TF 23	TF 24	TF 25	TF 26	TF 27	TF 28	TF 29	TF 30
e	e	b	b	b	e	d	b	b	b	a	c	c	b	d

TF 31	TF 32	TF 33	TF 34	TF 35	TF 36	TF 37	TF 38	TF 39	TF 40	TF 41	TF 42	TF 43	TF 44	TF 45
c	e	b	a	b	a	e	c	a	d	a	d	a	c	b

TF 46	TF 47	TF 48	TF 49	TF 50	TF 51	TF 52	TF 53	TF 54	TF 55	TF 56	TF 57	TF 58	TF 59	TF 60
b	e	c	c	e	a	e	a	b	b	d	e	c	d	b

TF 61	TF 62	TF 63	TF 64	TF 65	TF 66	TF 67	TF 68	TF 69	TF 70	TF 71	TF 72	TF 73	TF 74	TF 75
b	b	a	b	a	b	c	c	b	d	c	d	b	b	e

TF 76	TF 77	TF 78	TF 79	TF 80	TF 81	TF 82	TF 83	TF 84	TF 85	TF 86	TF 87	TF 88	TF 89	TF 90
c	c	c	c	a	c	b	d	d	d	b	e	e	a	d

TF 91	TF 92	TF 93	TF 94	TF 95	TF 96	TF 97	TF 98	TF 99	TF 100	TF 101	TF 102	TF 103	TF 104	TF 105
d	e	b	d	b	e	e	c	b	c	e	d	d	d	d

TF 106	TF 107	TF 108	TF 109	TF 110	TF 111	TF 112	TF 113	TF 114	TF 115	TF 116	TF 117	TF 118	TF 119	TF 120
a	c	e	b	e	c	a	d	b	a	e	e	d	b	d

TF 121	TF 122	TF 123	TF 124	TF 125	TF 126	TF 127	TF 128	TF 129	TF 130	TF 131	TF 132	TF 133	TF 134	TF 135
c	d	e	e	d	e	d	b	c	a	b	d	d	d	e

TF 136	TF 137	TF 138	TF 139	TF 140	TF 141	TF 142	TF 143	TF 144	TF 145	TF 146	TF 147	TF 148	TF 149	TF 150
c	b	c	d	e	d	d	a	c	b	c	e	b	b	d

TF 151	TF 152	TF 153	TF 154	TF 155	TF 156	TF 157	TF 158	TF 159	TF 160	TF 161	TF 162	TF 163	TF 164	TF 165
b	c	a	b	a	c	c	c	d	a	c	b	b	a	d

TF 166	TF 167	TF 168	TF 169	TF 170	TF 171	TF 172	TF 173	TF 174	TF 175	TF 176	TF 177	TF 178	TF 179	TF 180
e	c	d	b	e	e	a	e	d	c	b	c	a	b	e

TF 181	TF 182	TF 183	TF 184	TF 185	TF 186	TF 187	TF 188	TF 189	TF 190	TF 191	TF 192
d	d	c	c	a	b	b	e	e	b	b	b

Lösungen der Testaufgaben zu: 4 Werkstofftechnik   Testaufgaben ab Seite 140

TW1	TW2	TW3	TW4	TW5	TW6	TW7	TW8	TW9	TW10	TW11	TW12	TW13	TW14	TW15
b	e	c	c	b	a	a	b	b	d	b	b	d	a	e

TW16	TW17	TW18	TW19	TW20	TW21	TW22	TW23	TW24	TW25	TW26	TW27	TW28	TW29	TW30
c	b	b	d	a	d	d	c	c	a	c	d	d	b	d

TW31	TW32	TW33	TW34	TW35	TW36	TW37	TW38	TW39	TW40	TW41	TW42	TW43	TW44	TW45
a	d	b	a	c	b	d	c	e	c	b	b	b	c	c

TW46	TW47	TW48	TW49	TW50	TW51	TW52	TW53	TW54	TW55	TW56	TW57	TW58	TW59	TW60
e	d	b	c	d	a	e	a	d	c	e	c	d	a	c

TW61	TW62	TW63	TW64	TW65	TW66	TW67	TW68	TW69	TW70	TW71	TW72	TW73	TW74	TW75
a	d	e	c	a	d	d	b	c	e	c	c	b	a	a

TW76	TW77	TW78	TW79	TW80	TW81	TW82	TW83	TW84	TW85	TW86	TW87	TW88	TW89	TW90
e	d	e	e	d	d	b	a	d	b	d	e	c	d	b

TW91	TW92	TW93	TW94	TW95	TW96	TW97	TW98
b	d	e	e	b	c	d	e

Lösungen der Testaufgaben zu: 5 Maschinentechnik   Testaufgaben ab Seite 183

TM1	TM2	TM3	TM4	TM5	TM6	TM7	TM8	TM9	TM10	TM11	TM12	TM13	TM14	TM15
c	d	c	a	c	b	d	c	b	e	d	d	c	b	e

TM16	TM17	TM18	TM19	TM20	TM21	TM22	TM23	TM24	TM25	TM26	TM27	TM28	TM29	TM30
e	d	b	b	b	a	c	d	e	a	d	b	b	c	d

TM31	TM32	TM33	TM34	TM35	TM36	TM37	TM38	TM39	TM40	TM41	TM42	TM43	TM44	TM45
e	e	c	a	d	b	e	b	d	c	a	c	d	e	a

TM46	TM47	TM48	TM49	TM50	TM51	TM52	TM53	TM54	TM55	TM56	TM57	TM58	TM59
e	e	a	d	e	a	c	b	e	d	b	a	d	d

Lösungen der Testaufgaben zu: 6 Elektrotechnik   Testaufgaben ab Seite 196

TE1	TE2	TE3	TE4	TE15	TE6	TE7	TE8	TE9	TE10	TE11	TE12	TE13	TE14	TE15
a	e	a	a	d	a	b	b	d	c	e	a	c	c	e

TE15	TE15	TE15	TE15
b	c	c	a

Lösungen der Testaufgaben zu: 7 Montage, Inbetriebnahme, Instandhaltung   Testaufgaben ab Seite 208

TMo1	TMo2	TMo3	TMo4	TMo5	TMo6	TMo7	TMo8	TMo9	TMo10
e	b	d	a	e	c	e	d	c	b

TMo11	TMo12	TMo13	TMo141	TMo15	TMo16	TMo17	TMo18	TMo19	TMo20
d	b	b	c	d	c	a	e	e	c

TMo21	TMo22	TMo23	TMo24	TMo25	TMo26	TMo27	TMo28	TMo29	TMo30
e	d	e	c	c	c	b	b	a	b

TMo31	TMo32	TMo33	TMo34	TMo35	TMo36	TMo37
d	b	e	b	d	a	c

Lösungen der Testaufgaben zu: **8 Automatisierungstechnik** Testaufgaben ab Seite 234

TA 1	TA 2	TA 3	TA 4	TA 5	TA 6	TA 7	TA 8	TA 9	TA 10
d	c	d	d	a	b	c	d	a	a

TA 11	TA 12	TA 13	TA 14	TA 15	TA 16	TA 17	TA 18	TA 19	TA 20
b	d	e	e	b	d	e	d	e	c

TA 21	TA 22	TA 23	TA 24	TA 25	TA 26	TA 27	TA 28	TA 29	TA 30
a	a	e	a	d	c	b	a	d	e

TA 31	TA 32	TA 33	TA 34	TA 35	TA 36	TA 37	TA 38	TA 39	TA 40
b	c	d	a	d	c	b	c	b	a

TA 41	TA 42	TA 43	TA 44	TA 45	TA 46	TA 47	TA 48	TA 49	TA 50
d	c	b	a	c	b	a	d	a	b

TA 51	TA 52	TA 53	TA 54	TA 55	TA 56	TA 57	TA 58	TA 59	TA 60
e	e	b	c	a	d	b	e	b	d

TA 61	TA 62	TA 63	TA 64	TA 65	TA 66	TA 67	TA 68	TA 69	TA 70
c	a	b	e	e	c	e	c	a	e

TA 71	TA 72	TA 73	TA 74	TA 75	TA 76	TA 77	TA 78	TA 79	TA 80
e	a	c	b	c	d	c	d	a	e

TA 81	TA 82	TA 83	TA 84	TA 85	TA 786	TA 87	TA 88		
a	c	d	d	c	c	a	e		

Lösungen der Testaufgaben zu: **9 Automatisierte Fertigung** Testaufgaben ab Seite 259

TAF 1	TAF 2	TAF 3	TAF 4	TAF 5	TAF 6	TAF 7	TAF 8	TAF 9	TAF 10
c	e	a	d	e	e	d	b	b	a

TAF 11	TAF 12	TAF 13	TAF 14	TAF 15	TAF 16	TAF 17	TAF 18	TAF 19	TAF 20
c	a	b	d	c	b	a	b	c	d

TAF 21	TAF 22	TAF 23	TAF 24	TAF 25	TAF 26	TAF 27	TAF 28	TAF 29	TAF 30
b	b	d	e	c	a	d	a	c	e

TAF 31	TAF 32	TAF 33	TAF 34	TAF 35
b	d	e	b	d

Lösungen der Testaufgaben zu: **10 Technische Projekte** Testaufgaben ab Seite 268

TP 1	TP 2	TP 3	TP 4	TP 5	TP 6	TP 7	TP 8	TP 9	TP 10
c	d	c	c	b	d	a	c	d	d

TP 11	TP 12	TP 13	TP 14	TP 15	TP 16	TP 17	TP 18	TP 19	TP 20
a	c								

Lösungen der Testaufgaben zu: Teil II Technische Mathematik   ab Seite 290

T 1	T 2	T 3.1	T 3.2	T 4.1	T 4.2	T 5	T 6.1	T 6.2	T 7.1
b	d	a	c	e	c	c	b	b	c

T 7.2	T 7.3	T 8.1	T 8.2	T 8.3	T 9.1	T 9.2	T 9.3	T 10.1	T 10.2
b	d	e	a	d	e	e	b	d	c

T 10.3	T 11	T 12.1	T 12.2	T 12.3	T 12	T 13.1	T 13.2	T 14.1	T 14.2
b	d	e	b	d	b	a	c	d	c

T 15.1	T 15.2	T 15.3	T 16.1	T 16.2	T 16.3	T 17	T 18	T 19	T 20.1
e	d	c	c	a	c	d	b	c	d

T 20.2	T 21.1	T 21.2	T 22.1	T 22.2	T 22.3	T 22.4	T 23.1	T 23.2	T 24.1
b	c	c	a	c	e	b	b	d	c

T 24.2	T 24.3	T 25.1	T 25.2	T 26.1	T 26.2	T 26.3	T 27.1	T 27.2	T 28.1
e	e	b	d	a	b	b	e	d	b

T 28.2	T 28.3	T 29.1	T 29.2	T 29.3	T 29.4	T 30.1	T 30.2	T 30.3	T 31.1
e	c	b	c	b	c	d	b	d	c

T 31.2	T 32.1	T 32.2	T 32.3	T 33.1	T 33.2	T 34.1	T 34.2	T 35.1	T 35.2
b	a	e	d	b	d	a	c	e	a

T 35.3	T 36.1	T 36.2	T 36.3	T 36.4	T 37.1	T 37.2	T 37.3	T 37.4	T 38.1
d	a	d	d	e	a	b	b	e	a

T 38.2	T 38.3	T 39.1	T 39.2	T 39.3	T 40.1	T 40.2	T 41.1	T 41.2	T 42.1
d	b	e	a	c	d	b	b	a	c

T 42.2	T 42.3	T 43.1	T 43.2	T 44.1	T 44.2	T 45.1	T 45.2	T 45.3	T 46.1
a	e	d	b	c	b	e	c	b	d

T 46.2	T 47	T 48	T 49.1	T 49.2	T 50	T 51.1	T 51.2	T 51.3	T 51.4
a	c	d	c	b	e	b	a	a	d

Lösungen der Testaufgaben zu: Teil III Technische Kommunikation   ab Seite 309

TK 1	TK 2	TK 3	TK 4	TK 15	TK 6	TK 7	TK 8	TK 9	TK 10
d	c	a	a	d	c	c	b	e	e

TK 11	TK 12	TK 13	TK 14	TK 15	TK 16
d	e	c	c	c	a

Lösungen der Testaufgaben zu: Teil IV Wirtschafts- und Sozialkunde

Lösungen zu: **1 Berufliche Bildung**   Testaufgaben ab Seite 317

TS 1	TS 2	TS 3	TS 4	TS 5	TS 6	TS 7	TS 8	TS 9	TS 10
e	b	a	b	c	e	e	e	b	d

TS 11	TS 12	TS 13	TS 14
d	b	c	e

Lösungen zu: **2 Eigenem wirtschaftlichen Handeln**   Testaufgaben ab Seite 322

TS 15	TS 16	TS 17	TS 18	TS 19	TS 20	TS 21	TS 22	TS 23	TS 24
a	d	e	b	d	b	a	e	b	d

TS 25	TS 26	TS 27	TS 28	TS 29
d	b	a	c	c

Lösungen zu: **3 Grundlagen der Volks- und Betriebswirtschaft**   Testaufgaben ab Seite 328

TS 30	TS 31	TS 32	TS 33	TS 34	TS 35	TS 36	TS 37	TS 38	TS 39
c	c	d	b	d	b	d	a	d	e

TS 40	TS 41	TS 42	TS 43	TS 44	TS 45
d	e	b	d	a	b

Lösungen zu: **4 Sozialpartner im Betrieb**   Testaufgaben ab Seite 330

TS 46	TS 47	TS 48	TS 49	TS 50	TS 51	TS 52	TS 53	TS 54
e	b	b	e	b	e	b	d	b

Lösungen zu: **5 Arbeits- und Tarifrecht**   Testaufgaben ab Seite 335

TS 55	TS 56	TS 57	TS 58	TS 59	TS 60	TS 61	TS 62	TS 63	TS 64
e	d	c	d	c	a	a	b	c	e

TS 65	TS 66	TS 67	TS 68	TS 69	TS 70	TS 71	TS 72	TS 73	TS 74
c	c	c	b	a	c	c	c	c	a

TS 75	TS 76	TS 77	TS 78	TS 79	TS 80	TS 81
d	c	e	e	d	c	e

Lösungen zu: **6 Betriebliche Mitbestimmung**   Testaufgaben ab Seite 339

TS 82	TS 83	TS 84	TS 85	TS 86	TS 87	TS 88	TS 89	TS 90	TS 91
e	d	c	a	c	a	e	c	a	b

TS 92	TS 93	TS 94	TS 95	TS 96	TS 97	TS 98	TS 99	TS 100	TS 101
b	d	a	b	a	b	c	c	e	a

TS 102	TS 103	TS 104	TS 105	TS 106
b	c	c	b	b

Lösungen zu: **7 Soziale Absicherung**   Testaufgaben ab Seite 347

TS 107	TS 108	TS 109	TS 110	TS 111	TS 112	TS 113	TS 114	TS 115	TS 116
b	c	e	d	b	c	a	a	c	e

TS 117	TS 118	TS 119	TS 120	TS 121	TS 122	TS 123	TS 124	TS 125	TS 126
b	a	e	b	b	e	c	b	a	c

TS 127	TS 128	TS 129	TS 130	TS 131	TS 132	TS 133	TS 134	TS 135	TS 136
b	c	b	a	c	d	a	a	e	d

TS 137	TS 138	TS 139	TS 140
e	b	b	b